APÊNDICE C-1 Propriedades Físicas dos Metais Comuns

Metal	Módulo de Elasticidade, E		Módulo de Elasticidade Transversal, G		Coeficiente de Poisson, ν	Peso Específico, w (lb/in³)	Massa Específica, ρ (Mg/m³)	Coeficiente de Expansão Térmica, α		Condutividade Térmica		Calor Específico	
	Mpsi	GPa	Mpsi	GPa				$10^{-6}/°F$	$10^{-6}/°C$	Btu/h-ft-°F	W/m-°C	Btu/lbm-°F	J/kg-°C
Aço-carbono	30	207	11,5	79	0,30	0,28	7,7	6,7	12	27	47	0,11	460
Aço inoxidável	27,5	190	10,6	73	0,30	0,28	7,7	8,0	14	12	21	0,11	460
Berílio, cobre	18,5	127	7,2	50	0,29	0,30	8,3	9,3	17	85	147	0,10	420
Cobre	17,5	121	6,6	46	0,33	0,32	8,9	9,4	17	220	381	0,10	420
Ferro fundido cinzento[b]	15	103	6,0	41	0,26	0,26	7,2	6,4	12	29	50	0,13	540
Latão, bronze	16	110	6,0	41	0,33	0,31	8,7	10,5	19	45	78	0,10	420
Liga de aço	30	207	11,5	79	0,30	0,28	7,7	6,3	11	22	38	0,11	460
Liga de alumínio	10,4[a]	72	3,9	27	0,32	0,10	2,8	12,0	22	100	173	0,22	920
Liga de magnésio	6,5	45	2,4	17	0,35	0,065	1,8	14,5	26	55	95	0,28	1170
Liga de níquel	30	207	11,5	79	0,30	0,30	8,3	7,0	13	12	21	0,12	500
Liga de titânio	16,5	114	6,2	43	0,33	0,16	4,4	4,9	9	7	12	0,12	500
Liga de zinco	12	83	4,5	31	0,33	0,24	6,6	15,0	27	64	111	0,11	460

[a]Os valores fornecidos são representativos. Os valores exatos podem variar, por vezes significativamente, com a composição e o processo utilizado.
[b]Veja o Apêndice C-3 para mais detalhes sobre as propriedades elásticas dos ferros fundidos.
Nota: Veja o Apêndice C-18 para as propriedades físicas de alguns plásticos.

APÊNDICE C-18a Propriedades Mecânicas Representativas de Alguns Plásticos Comuns

Plástico	Resistência à Tração, S_u		Elongação em 2 in (%)	Resistência ao Impacto Izod		Coeficiente de Atrito	
	ksi	MPa		ft · lb	J	Com o Mesmo Material	Com Aço
ABS (uso geral)	6	41	5–20	6,5	8,8		
Acrílico (molde-padrão)	10,5	72	6	0,4	0,5		
Celulósico (acetato de celulose)	2–7	14–48		1–7	1,4–9,5		
Epóxi (preenchido com vidro)	10–20	69–138	4	2–30	2,7–41		
Fenólico (preenchido com serragem)	7	48	0,4–0,8	0,3	0,4		
Fluorocarbono (PTFE)	3,4	23	300	3	4,1		0,05
Náilon (6/6)	12	83	60	1	1,4	0,04–0,13	
Policarbonato (uso geral)	9–10,5	62–72	110–125	12–16	16–22	0,52	0,39
Poliéster (preenchido com 20 a 30 % de vidro)	16–23	110–90	1–3	1,0–1,9	1,4–2,6	0,12–0,22	0,12–0,13
Polipropileno (resina sem modificação)	5	34	10–20	0,5–2,2	0,7–3,0		

Nota: Os valores mostrados são típicos; valores maiores e menores podem ser obtidos comercialmente. Veja também o Apêndice C-18b.
Fonte: Machine Design, 1981 Materials Reference Issue, Penton/IPC, Cleveland, Vol. 53, Nº 6 (19 de março de 1981); *Materials Engineering,* 1981 Materials Selector Issue, Penton/IPC, Cleveland, Vol. 92, Nº 6 (dezembro de 1980).

Fundamentos do Projeto de Componentes de Máquinas

Grupo
Editorial
Nacional

O GEN | Grupo Editorial Nacional – maior plataforma editorial brasileira no segmento científico, técnico e profissional – publica conteúdos nas áreas de ciências exatas, humanas, jurídicas, da saúde e sociais aplicadas, além de prover serviços direcionados à educação continuada e à preparação para concursos.

As editoras que integram o GEN, das mais respeitadas no mercado editorial, construíram catálogos inigualáveis, com obras decisivas para a formação acadêmica e o aperfeiçoamento de várias gerações de profissionais e estudantes, tendo se tornado sinônimo de qualidade e seriedade.

A missão do GEN e dos núcleos de conteúdo que o compõem é prover a melhor informação científica e distribuí-la de maneira flexível e conveniente, a preços justos, gerando benefícios e servindo a autores, docentes, livreiros, funcionários, colaboradores e acionistas.

Nosso comportamento ético incondicional e nossa responsabilidade social e ambiental são reforçados pela natureza educacional de nossa atividade e dão sustentabilidade ao crescimento contínuo e à rentabilidade do grupo.

Fundamentos do Projeto de Componentes de Máquinas

Quinta Edição

ROBERT C. JUVINALL
Professor de Engenharia Mecânica
University of Michigan

KURT M. MARSHEK
Professor de Engenharia Mecânica
University of Texas (Austin)

Tradução e Revisão Técnica

FERNANDO RIBEIRO DA SILVA, D.SC.
Professor Titular do Departamento de Engenharia Mecânica do CEFET/RJ

PAULO PEDRO KENEDI, D.SC.
Professor-Associado do Departamento de Engenharia Mecânica do CEFET/RJ

Translation of **FUNDAMENTALS OF MACHINE COMPONENT DESIGN, FIFTH EDITION**
Copyright © 2012, 2006 John Wiley & Sons, Inc.
All Rights Reserved. This translation published under license with the original publisher John Wiley & Sons, Inc.
ISBN: 9781118012895

Direitos exclusivos para a língua portuguesa
Copyright © 2016 by
LTC — Livros Técnicos e Científicos Editora Ltda.
Uma editora integrante do GEN | Grupo Editorial Nacional

Travessa do Ouvidor, 11
Rio de Janeiro, RJ – CEP 20040-040
Tels.: 21-3543-0770 / 11-5080-0770
Fax: 21-3543-0896
faleconosco@grupogen.com.br
www.grupogen.com.br

Capa: M-I-S-H-A/iStockphoto
Editoração Eletrônica: **UNA** | União Nacional de Autores

CIP-BRASIL. CATALOGAÇÃO-NA-FONTE
SINDICATO NACIONAL DOS EDITORES DE LIVROS, RJ

M327f
5. ed.

Juvinall, Robert C.
Fundamentos do projeto de componentes de máquinas / Robert C. Juvinall, Kurt M. Marshek; tradução Fernando Ribeiro da Silva, Paulo Pedro Kenedi. - 5. ed. - [Reimpr.]. - Rio de Janeiro : LTC, 2019.
il.; 28 cm.

Tradução de: Fundamentals of machine component design
Apêndice
Inclui bibliografia e índice
ISBN 978-85-216-3009-8

1. Máquinas - Projetos e construção. 2. Engenharia mecânica. I. Marshek, Kurt M. II. Título.

15-24513   CDD: 621.815
                                                                 CDU: 62-11

Prefácio

Este livro tem como objetivo oferecer um texto para os primeiros cursos sobre projeto de componentes mecânicos, bem como servir de referência para os engenheiros de projetos. Admite-se que o leitor já tenha frequentado os cursos básicos de Mecânica, Resistência dos Materiais e Comportamento Mecânico dos Materiais. Entretanto, os primeiros nove capítulos do livro (Parte 1) podem ser utilizados como revisão e extensão desses conhecimentos básicos. Os demais capítulos (Parte 2) tratam da aplicação desses fundamentos a componentes de máquinas específicos.

Entre as principais características da quinta edição do texto, destacam-se:

- **Questões modernas e atuais, e considerações sobre segurança** – Novos problemas propostos abordando questões de segurança no mundo real foram adaptados com base em estudos de casos reais. Problemas propostos que auxiliam o leitor a investigar, delinear e escrever sobre questões com que se depara o engenheiro moderno estão dispersos ao longo de todo o texto.

- **Compósitos** – Uma nova seção é apresentada para introduzir ao estudante o estudo dos materiais compósitos e suas propriedades. Novas referências fornecem os fundamentos das informações sobre os materiais compósitos.

- **Processo de seleção dos materiais de uso na engenharia** – As cartas de seleção de materiais de Ashby são revistas e discutidas, e estão disponíveis para auxiliar os estudantes a melhorarem seus conhecimentos sobre os materiais de engenharia. Os novos tópicos sobre os manuais *MIL-HDBK-5J* e *MIL-HDBK-17* são apresentados para auxiliar o estudante na seleção e uso dos materiais comuns de uso na engenharia.

- **Endereços da Internet e problemas** – No decorrer do texto são fornecidos endereços da Internet para que os estudantes possam ter acesso às informações adicionais sobre tópicos que incluem os padrões utilizados na indústria, a seleção de componentes e as propriedades dos materiais. Ao final de alguns capítulos são propostos problemas que requerem do estudante o uso da Internet na solução de diversos problemas de projeto de componentes de máquinas.

- **Estado Tridimensional de Tensões** – Um novo problema-exemplo fornece ao estudante uma poderosa ferramenta para analisar estados complexos de tensões, e novos problemas propostos relacionados fornecem a oportunidade para os estudantes melhorarem suas habilidades de análise.

- **Desgaste e Teoria do Dano** – Um texto adicional sobre a teoria da propagação do dano apresenta o uso dos modelos de dano para componentes de máquina. Problemas propostos correspondentes mostram ao estudante o único aparato de testes utilizado para determinar os coeficientes de dano.

- **Velocidades críticas de eixos** – Esta seção é ampliada com métodos de solução adicionais e discussões da teoria incluindo as explicações das equações de Rayleigh e de Dunkerley. Novos e revisados problemas propostos acompanham esta seção para desafiar o estudante sobre esse tema.

- **Apêndices** – Os apêndices foram incluídos para servirem de referência sobre o tópico *MIL-HDBK-5J*, sobre os métodos de solução vetorial, sobre a distribuição normal, sobre as fórmulas para o ciclo de fadiga e sobre a terminologia das engrenagens.

Parte 1

Embora a quase totalidade da Parte 1 deste texto seja uma revisão de cursos realizados anteriormente, uma atenção especial deve ser dada a algumas seções em particular.

- As Seções 1.2, 1.3 e 1.4 tratam de três dos mais amplos aspectos da engenharia – segurança, ecologia e importância social. Os estudantes da atualidade devem ficar particularmente sensíveis a esses aspectos.

- A Seção 1.7 apresenta uma metodologia para a solução dos problemas relacionados com os componentes de máquinas. Agregado a ela está um modelo de problema resolvido que inclui uma redefinição do problema, a solução propriamente dita e os comentários ao tema abordado. Os tópicos do desenvolvimento do problema incluem: características conhecidas, variáveis a serem determinadas, desenhos esquemáticos, decisões, hipóteses, análise e comentários. As *decisões* são escolhas estabelecidas pelo projetista. Uma vez que o projeto é um processo de síntese iterativo do tipo decisão-realização, quando o título "decisões" é utilizado, um problema de projeto é apresentado. Se uma solução é estabelecida sem que alguma decisão seja feita, o problema é de análise. A inclusão da categoria "decisões" permite ao estudante perceber claramente a diferença entre projeto e análise. Uma vez estabelecidas as decisões apropriadas, a análise pode ser realizada. As *hipóteses* utilizadas na solução de um problema são as convicções relacionadas com o comportamento de um componente ou sistema; por exemplo, o material é totalmente homogêneo. O engenheiro projetista e o estudante precisam compreender que as hipóteses são estabelecidas durante a solução do problema. A relação de hipóteses oferece aos estudantes de projeto de máquinas mais uma oportunidade de "pensar antes de fazer". Os *comentários* ressaltam os aspectos fundamentais da solução e discutem como melhores resultados podem ser obtidos a partir da tomada de diferentes decisões de projeto, da relaxação de certas hipóteses e de outras situações que possam se apresentar.

- As Seções 1.8, 1.9 e 1.10 fazem uma revisão das relações fundamentais sobre energia. A grande maioria dos estudantes desse nível precisa ganhar discernimento e compreensão a respeito desse conceito básico, como, por exemplo, a relação existente entre o trabalho de entrada em um eixo de manivelas em movimento de rotação e o trabalho de saída em um seguidor com movimento de translação, e a relação entre a potência do motor, a velocidade do veículo e o consumo de combustível.

- A maioria dos professores de Projeto de Engenharia Mecânica lamenta a deficiência de seus alunos na construção dos diagramas de corpo livre para a análise das cargas atuantes em um corpo. Se o carregamento sobre um componente de máquina não for estabelecido de modo apropriado, o projeto ou análise seguinte será de pouco valor. A Seção 2.2 e os problemas a ela associados são direcionados para auxiliar na superação dessa deficiência muito comum.

- As referências, em geral, representam uma fonte de valor inestimável para o estudante ao fornecer uma cobertura mais profunda de tópicos para os quais o texto só apresenta um único parágrafo. Assim, o manual de orientação *MIL-HDBK-17* é apresentado ao estudante no Capítulo 3 e o *MIL-HDBK-5J* no Apêndice F. Essas duas referências fornecem um valoroso conhecimento pragmático de engenharia sobre os materiais de uso comum e sobre os compósitos. O uso desses manuais juntamente com as referências dos capítulos aumenta significativamente a base de conhecimento dos estudantes.

- Um tratamento elementar das tensões residuais é incluído no Capítulo 4. Uma compreensão dos conceitos básicos envolvidos é vital para uma análise moderna de tensões, particularmente nos casos em que o fenômeno da fadiga está presente.

- O método de Castigliano para a determinação dos deslocamentos no regime elástico e das reações redundantes é apresentado no Capítulo 5. Esse método propicia a rápida solução de muitos problemas não exequíveis pelos métodos básicos tradicionais.

- O Capítulo 6, sobre Teoria das Falhas, Fatores de Segurança, Fatores de Intensidade de Tensão e Confiabilidade, inclui os tratamentos introdutórios da mecânica da fratura e da teoria da interferência na predição da confiabilidade estatística.

- O Capítulo 8 contém uma versão simplificada, condensada e introdutória do Projeto por Fadiga e do Crescimento de Trincas por Fadiga. Esse capítulo é particularmente importante, e representa o principal novo conceito para a maioria dos estudantes.

- O Capítulo 9 trata dos diversos tipos de deterioração de superfície a que os componentes de máquinas estão sujeitos. Esse tema é de grande relevância, uma vez que os componentes de máquinas "falham" (ficam indisponíveis para realizar os trabalhos inerentes às suas funções) mais em virtude dos danos à superfície do que por uma quebra propriamente dita.

Parte 2

A Parte 2 é dedicada à aplicação dos fundamentos dos componentes de máquinas específicos. Na prática da engenharia os problemas envolvendo o projeto, a análise ou a aplicação dos componentes de máquinas raramente podem ser resolvidos pela aplicação isolada dos fundamentos. Embora o conhecimento das ciências seja essencial, ele raramente é suficiente. Quase sempre alguma informação empírica deve ser utilizada, juntamente com um bom "julgamento de engenharia". Os problemas reais de projeto de engenharia raramente possuem apenas uma resposta correta. Por exemplo, as diretorias dos departamentos de engenharia de companhias concorrentes chegam ao projeto de diferentes produtos como "solução" para um mesmo problema. Essas soluções variam quando novas tecnologias, novos materiais, novos processos de fabricação e novas condições de comercialização prevalecem. Para muitos estudantes, o curso com base nesse texto propiciará sua primeira experiência no detalhamento desse tipo de problema profissional de engenharia.

A maioria dos engenheiros concorda que os aspectos da engenharia anteriormente citados se somam ao interesse e à motivação de sua profissão. Existe um paralelo entre os engenheiros e os médicos a esse respeito: ambos devem resolver os problemas da vida real *agora*, fazendo uso das melhores informações científicas disponíveis. Os engenheiros devem projetar motores e construir dispositivos eletrônicos mesmo sabendo que os cientistas ainda procuram um conhecimento mais completo sobre combustão e eletricidade. Da mesma maneira, os médicos não podem pedir a seus pacientes que aguardem um tratamento até que mais pesquisas tenham sido concluídas.

Mesmo sabendo que os fundamentos apresentados na Parte 1 raramente são *suficientes* para a solução dos problemas de engenharia relacionados com os componentes de máquinas, é importante que eles sejam aplicados de forma completa e consistente. Em particular, foi realizado um esforço especial na Parte 2 para tratar das considerações sobre fadiga de superfície de modo consistente com o tratamento apresentado nos Capítulos 8 e 9. Esse fato algumas vezes resulta no desenvolvimento de procedimentos que diferem em detalhes daqueles apresentados na literatura especializada, porém essa discrepância não é de grande importância. O que, de fato, *é* de grande relevância é auxiliar o estudante na compreensão das aproximações adotadas nos problemas de engenharia pela aplicação dos fundamentos e outros conhecimentos científicos tão extensivamente quanto possível, e, em seguida, complementar esses conhecimentos com dados empíricos e julgamentos de engenharia, conforme requerido para que boas soluções sejam fornecidas com as limitações de tempo disponíveis.

Algumas poucas escolas de engenharia alocam tempo suficiente para cobrir todos os componentes de máquinas tratados na Parte 2. Além disso, muitos componentes não são abordados neste livro, e muitos ainda nem existem. Por essas razões, cada componente é tratado não apenas como um fim em si, mas também como um exemplo representativo da aplicação dos fundamentos básicos e das informações empíricas necessárias para se resolver os problemas práticos da engenharia.

Ao longo da Parte 2 o leitor encontrará diversos exemplos nos quais a habilidade, o discernimento e a imaginação são invocados para se tratar efetivamente dos problemas de engenharia associados a um componente de máquina individual. As próximas duas etapas do estudo do Projeto de Engenharia Mecânica geralmente envolvem a concepção e o projeto de uma máquina completa. Como introdução a essa "próxima etapa", o capítulo final do livro (Capítulo 20) apresenta o "estudo de caso" do projeto da primeira transmissão automática para automóveis que logrou sucesso. Esse capítulo pode ser encontrado no site da LTC Editora. Nesse caso, como também em numerosos outros projetos de uma máquina completa, não se pode deixar de ficar impressionado e inspirado pelo discernimento, pela habilidade e imaginação (bem como por um grande esforço e dedicação) demonstrados pelos engenheiros. Também ilustrado nesse estudo de caso está o modo com que o projeto de qualquer componente geralmente é influenciado pelo projeto das partes a ele relacionadas.

Como os engenheiros inevitavelmente precisarão continuar a trabalhar com o sistema internacional de unidades (SI), o sistema gravitacional inglês e as unidades inglesas de engenharia, todos os três sistemas são utilizados no texto e nos problemas. Vale lembrar o caso da nave NASA/JPL Mars Climate Orbiter de 1999, onde a causa da perda da nave espacial foi devida a um erro na conversão de unidades inglesas para unidades métricas de um segmento da base no solo, realizada pelo programa relacionado com a navegação da missão. Esse exemplo pode ajudar os estudantes a se lembrarem de como é importante a compreensão e a aplicação das unidades apropriadas.

Em alguns exemplos este texto utiliza procedimentos gráficos (como as curvas S-N e os diagramas de tensões média e alternada para as análises de fadiga), em vez de utilizar expressões matemáticas equivalentes, que podem ser calculadas mais rapidamente por calculadoras e programas de computador. Essa sistemática é adotada quando um procedimento gráfico auxilia o estudante a compreender e "visualizar" o que está fazendo, desenvolvendo uma percepção adicional acerca do significado de seus resultados e, também, a perceber como o projeto pode ser enriquecido. Na prática corrente, quando esses procedimentos são invocados para uma base repetitiva, o engenheiro competente, obviamente, utilizará as facilidades computacionais com muita vantagem.

ROBERT C. JUVINALL
KURT M. MARSHEK

Agradecimentos

É importante expressar o reconhecimento adequado a muitas pessoas que contribuíram substancialmente para o nosso próprio desenvolvimento profissional, refletido neste livro. Cinco dos mais jovens desse seleto grupo são o Professor Robert R. Slaymaker e o Professor Daniel K. Wright, da Case Western Reserve University, o Professor Ralph I. Stephens da University of Iowa, o Professor Ali Seireg, da University of Wisconsin-Madison, e o Professor Walter L. Starkey, da Ohio State University. Ficamos maravilhados ao lembrar de como nossa escolha pela área da engenharia mecânica foi tão fortemente influenciada pelo fato de inicialmente estudarmos a matéria sob a ótica desses destacados engenheiros, magníficos professores e verdadeiros *gentlemen*, pelos quais temos grande admiração. (Aqueles como nós que labutam na área de ensino da engenharia, facilmente se esquecem de quantos estudantes são influenciados pelo caráter e pelas atitudes profissionais e práticas de seus instrutores.)

Desejamos reconhecer e agradecer sinceramente às diversas autoridades do campo da engenharia que revisaram capítulos específicos da primeira edição e ofereceram valiosas sugestões. Entre esses não poderíamos deixar de citar Joseph Datsko (University of Michigan), Robert J. Finkelston (Standard Pressed Steel Co.), Robert Frayer (Federal Mogul Corp.), Alex Gomza (Grumman Aerospace Corp.), Evan L. Jones (Chrysler Corp.), Vern A. Phelps (University of Michigan), Robert R. Slaymaker (Case Western Reserve University), Gus S. Tayeh (New Departure Hyatt Bearings), Paul R. Trumpler (Trumpler Associates), Lew Wallace (Gleason Machine Div.), James E. West (FAG Bearings Corp.), Charles Williams (Federal Mogul Corp.), Ward O. Winer (Georgia Institute of Technology) e William Wood (Associated Spring Barnes Group). Além de expressar nossa profunda gratidão a essas pessoas, gostaríamos de deixar claro que a responsabilidade por cada um dos capítulos é exclusivamente nossa. Caso o leitor encontre erros ou pontos de vista dos quais discorde, esteja certo de que não devem ser atribuídos a ninguém senão aos autores. Entretanto, gostaríamos de esclarecer que, embora todos os esforços tenham sido despendidos para assegurar a precisão e a conformidade com a boa prática da engenharia de todo material contido neste livro, não existe nenhuma garantia, explícita ou implícita, de que os componentes mecânicos projetados com base neste texto serão sempre apropriados e seguros. O projeto de engenharia mecânica é suficientemente complexo, de modo que sua prática real não dispensa uma literatura especializada na área envolvida, as experiências já realizadas com componentes similares e, o mais importante, os testes adequados para se estabelecer um desempenho apropriado e seguro nos casos críticos.

Gostaríamos também de expressar nossa admiração aos Professores James Barber, Panos Papalambros e Mohammed Zarrugh, da University of Michigan, os quais externaram valiosas sugestões resultantes de suas aulas fundamentadas nas versões preliminares da primeira edição. Nossos melhores agradecimentos são também dirigidos a seus alunos e aos nossos alunos, que forneceram importantes contribuições. Gostaríamos de expressar um agradecimento particular ao Professor Emérito Herbert H. Alvord, da University of Michigan, que generosamente nos permitiu a utilização de sua extensa coleção de problemas, elaborados por ele para suas aulas. Agradecemos também aos Professores J. Darrell Gibson (Rose Hulman Institute of Technology), Donald A. Smith (University of Wyoming) e Petru-Aurelian Simionescu (Texas A&M – CC) e aos Professores Michael D. Bryant, Eric P. Fahrenthold, Kristin L. Wood e Rui Huang, da University of Texas, que ofereceram valiosas sugestões.

Nosso reconhecimento é também expresso àqueles que revisaram esta nova edição: Kuang-Hua Chang, University of Oklahoma, Tim Dalrymple, University of Florida, Hamid Davoodi, North Carolina State University, Thomas Grimm, Michigan Technological University, Thomas Haas, Virginia Commonwealth University, Liwei Lin, University of California at Berkeley, Frank Owen, California Polytechnic State University, San Luis Obispo, Wendy Reffeor, Grand Valley State University, John Schueller, University of Florida, William Semke, University of North Dakota, Albert Shih, University of Michigan, Donald Smith, University of Wyoming, John Thacker, University of Virginia, Raymond Yee, San Jose State University, Steve Daniewicz, Mississippi State University, Richard Englund, Penn State University, Ernst Kiesling, Texas Tech University, Edward R. Evans Jr., Penn State Erie, The Behrend College, Thomson R. Grimm, Michigan Technological University, Dennis Hong, Virginia Polytechnic Institute and State University, E. William Jones, Mississippi State University, Gloria Starns, Iowa state University e Andreas Polycarpou, University of Illinois em Urbana-Champaign.

Gostaríamos de agradecer pessoalmente ao Professor Roger Bradshaw, University of Louisville, pelas contribuições ao Apêndice F, bem como aos conjuntos de problemas propostos e respectivas soluções referentes aos Capítulos 3 e 8, e ao Professor Krishnan Suresh, University of Wisconsin – Madison pelas contribuições aos Apêndices G, H, I e J.

Ficamos também profundamente sensibilizados com a compreensão e o encorajamento de nossas esposas, Arleene e Linda, durante a preparação deste livro, que tomou o tempo que lhes pertencia, por todas as razões de direito, nas atividades importantes para a família e para a sociedade.

Sumário

Símbolos

A	área, área da seção transversal, braço da engrenagem planetária	d_b	diâmetro da circunferência de base
A	ponto A	d_c	diâmetro do colar (ou mancal)
A_0	área da seção transversal original descarregada	dc/dN	taxa de propagação da trinca
a	coeficiente de influência	$(dc/dN)_o$	taxa de propagação da trinca em $(\Delta K)_o$
a, a	aceleração	d_g	diâmetro primitivo de uma engrenagem
a	profundidade de trinca, raio da área de contato entre duas esferas	d_i	diâmetro menor da rosca interna
		d_m	diâmetro médio
A_c	área efetiva de fixação	d_p	diâmetro primitivo, diâmetro primitivo do pinhão
a_{cr}	profundidade de trinca crítica		
A_f	área final	d_r	diâmetro da raiz (ou menor)
A_r	redução de área	E	módulo de elasticidade, constante de proporcionalidade elástica, módulo elástico à tração
A_t	área sob tensão de tração, área sob tensão de tração de uma rosca		
$\overline{B}$	folga real	E	módulo de elasticidade (tração)
b	largura da seção, meia largura da área de contato medida perpendicularmente ao eixo de dois cilindros paralelos em contato, largura de face de uma engrenagem, largura de uma cinta	E_p	deformação plástica
		e	distância entre o eixo neutro e o eixo centroidal, eficiência, excentricidade, valor da relação de transmissão do trem, distância de bordo para junta, elongação percentual na ruptura
C	índice de mola, coeficiente global de transferência de calor, capacidade prescrita de carga, coeficiente de transferência de calor, constante (propriedade do material)	e/D	margem de bordo
		E_b	módulo de Young do material do parafuso
		E_c	módulo de Young do material do elemento de fixação, módulo de elasticidade por compressão
C	calor específico		
c	distância do eixo neutro à fibra extrema, metade do comprimento de uma trinca, folga radial, distância entre centros, distância entre eixos, comprimento de trinca	E_s	módulo secante
		E_t	módulo tangente
		F	força, força compressiva entre superfícies
$\overline{c}$	distância do eixo centroidal até a fibra interna extrema, distância real entre os centros da coroa e do pinhão	f	efetividade da temperabilidade relativa, coeficiente de atrito
		F, F	força
		F_a	força axial
c_{cr}	comprimento crítico da trinca	F_b	carga axial no parafuso
CR	razão de contato	F_{bru}	resistência máxima de mancal
$\overline{CR}$	razão de contato real	F_{bry}	resistência ao escoamento de mancal
CG	centro de gravidade	F_c	força de fixação
C_G	fator gradiente ou constante gradiente	f_c	coeficiente de atrito do colar (ou mancal)
c_i	distância do eixo neutro à fibra interna extrema	F_d	força de arrasto, carga dinâmica
C_L	fator de carga	F_{cy}	resistência ao escoamento por compressão
C_{Li}	fator de vida	F_e	carga radial equivalente, força estática equivalente, força externa
c_o	distância do eixo neutro à fibra externa extrema		
CP	centro de pressão aerodinâmico	$\mathbf{F}_{ext}$	vetor força externa aplicado a um componente
C_p	coeficiente elástico	F_{ga}	força axial na engrenagem
C_R	fator de confiabilidade	F_{gr}	força radial na engrenagem
$c\rho$	calor específico volumétrico	F_{gt}	força tangencial na engrenagem
C_{nec}	valor de C necessário	F_i	força inicial de tração, força inicial de fixação
C_s	fator de superfície	$\mathbf{F}_{int}$	vetor força interna em uma seção transversal
D	diâmetro, diâmetro médio da espira, fator de velocidade	F_n	força normal
		f_n	frequência natural
d	diâmetro, diâmetro principal, diâmetro nominal, diâmetro do fio	F_r	carga radial, força radial
		F_s	capacidade de resistência
		FS	fator de segurança
$d_{méd}$	diâmetro médio	$F_{sólido}$	força quando maciço

F_{su} — resistência máxima por cisalhamento

F_t — força de impulsão, força do tendão, força tangencial, carga impulsão

F_{tu} — resistência máxima por tração

F_{ty} — resistência máxima por escoamento

F_w — capacidade de desgaste

F_{wa} — força axial no sem-fim

F_{wr} — força radial no sem-fim

F_{wt} — força tangencial no sem-fim

G — módulo de elasticidade transversal, torcional ou de cisalhamento

g — aceleração gravitacional, aceleração da gravidade, comprimento de aperto

g_c — constante de proporcionalidade, 32,2 lbm · ft/ lb · s^2

H — dureza superficial, taxa de dissipação de calor

h — profundidade da seção, altura de queda, comprimento da perna, dimensão da solda, espessura do filme, altura

h_0 — espessura mínima do filme

H_B — dureza Brinell

I — momento polar de inércia, momento de inércia, fator geométrico, invariante das tensões

i — inteiro

I_x — momento de inércia em relação ao eixo x

J — momento polar de inércia, fator geométrico de uma engrenagem de dentes retos

K — fator de curvatura, constante de rigidez para deslocamentos angulares, fator de intensidade de tensão, coeficiente de desgaste

k — rigidez de mola, condutividade térmica, rigidez de mola para deslocamentos lineares, número de desvios-padrão, rigidez de um eixo

K — condutividade térmica

K' — propriedade de uma seção

K_I — fator de intensidade de tensão para carregamento de tração (modo I)

K_{Ic} — fator de intensidade de tensão crítico para carregamento de tração (modo I)

K_a — fator de aplicação

K_B — constante de proporcionalidade

k_b — rigidez de um parafuso

K_c — fator de tenacidade à fratura ou fator de intensidade de tensão crítica

k_c — rigidez de mola dos elementos fixados

KE — energia cinética

K_f — fator de concentração de tensão por fadiga

K_i — fator de curvatura para a fibra interna, fator efetivo de concentração de tensão para carregamento de impacto, constante utilizada para o cálculo da pré-carga inicial nos parafusos

K_m — fator de montagem

$K_{máx}$ — fator de intensidade de tensão em $\sigma_{máx}$

$K_{mín}$ — fator de intensidade de tensão em $\sigma_{mín}$

k_{ms} — fator de tensão média

K_o — fator de curvatura para a fibra mais externa, fator de sobrecarga, fator de intensidade de

tensão crítica para uma placa infinita com trinca central na tração uniaxial

K_r — fator de ajuste da confiabilidade para vida

k_r — fator de confiabilidade

K_s — fator de concentração de tensão para carregamento estático

K_t — fator de concentração de tensão teórico ou geométrico

k_t — fator de temperatura

K_v — fator de velocidade ou dinâmico

K_w — fator de Wahl, fator geométrico e de material

L — comprimento, comprimento de contato medido paralelo ao eixo de cilindros em contato, avanço, comprimento de solda, vida correspondente à carga radial F_r ou vida requerida pela aplicação, comprimento do passo de cone

L_0 — comprimento original sem carga

L_e — comprimento equivalente

L_f — comprimento final, comprimento livre

L_R — vida correspondente à capacidade prescrita

L_s — comprimento sólido

L, ST, LT — direção longitudinal, direção transversal curta, direção transversal longa

M — momento, momento interno de flexão, momento fletor

M_0 — momento redundante

m — massa, expoente da deformação por endurecimento, módulo (utilizado apenas com os sistemas de unidades SI e métrico)

m' — massa por unidade de comprimento da correia

$\mathbf{M}_{ext}$ — vetor momento externo aplicado a um componente

M_f — momento das forças de atrito

$\mathbf{M}_{int}$ — vetor momento interno generalizado em uma seção transversal

M_n — momento das forças normais

N — vida por fadiga, carga normal total, número de espiras ativas, número de dentes, número de interfaces de atrito, número de ciclos

n — rotação, número de ciclos, força normal, número de engrenagens planetárias igualmente espaçadas, índice (subscrito), parâmetro de Ramberg-Osgood

N' — número virtual de dentes

n_c — velocidade crítica

N_e — número de dentes

N_t — número total de voltas, número de dentes na roda dentada

P — carga, probabilidade cumulativa de falha, carga unitária no mancal, pressão média do filme, carga radial por unidade de área projetada do mancal, ponto primitivo, passo diametral (utilizado apenas com as unidades inglesas), diâmetro ou número de dentes da planetária, força na cinta, carga (força), carga uniforme

$\overline{P}$ — passo real

p frequência de ocorrência, probabilidade de falha, pressão na interface de superfícies, passo, pressão do filme, passo circular, nível uniforme da pressão na interface, pressão

$\bar{p}$ passo circular real

p_0 pressão máxima de contato

p_a passo axial

p_b passo de base

P_c tração gerada pela força centrífuga

P_{cr} carga crítica

PE   energia potencial

$P_{máx}$ pressão admissível, pressão normal máxima

p_n passo circular medido em um plano normal aos dentes

Q energia térmica transferida para o sistema, carga, força tangencial total, vazão, vazão mássica

q número de revoluções, fator de sensibilidade ao entalhe, força tangencial

Q_f volume do lubrificante por unidade de tempo do escoamento cruzado

Q_s taxa de vazamento lateral

R raio, relação de transmissão, razão de áreas, raio de curvatura, diâmetro ou número de dentes da engrenagem anelar, relação entre os diâmetros da coroa e do pinhão, razão de cargas, razão de tensões no ciclo de fadiga

r raio, confiabilidade

$\bar{r}$ distância radial até o eixo centroidal

$r_{a(máx)}$ raio da circunferência de adendo máximo sem interferência para pinhão ou engrenagem

$r_{ac(máx)}$ raio máximo permitido do adendo do dente da coroa para evitar interferência

$r_{ap(máx)}$ raio máximo permitido do adendo do dente do pinhão para evitar interferência

r_{ap}, r_{ac} raios de adendo do pinhão e da coroa que se engrenam

r_b raio da circunferência de base

r_b raio do cone anterior

r_{bp}, r_{bc} raios da circunferência de base do pinhão e da coroa que se engrenam

r_c raio cordal

r_f raio de fricção ou atrito

$\bar{r}_c$ raio de passo real da coroa

r_i raio interno

$\bar{r}_p$ raio de passo real do pinhão

R_m módulo de resiliência

r_n distância radial até o eixo neutro

r_o raio externo

S deslocamento linear, distância total de atrito, medida do viscosímetro Saybolt em segundos, número característico do mancal ou variável de Sommerfeld, diâmetro ou número de dentes da engrenagem solar, deslize

S_{cr} carga unitária crítica

S_e limite elástico

S_{eq} tensão equivalente – veja a Tabela F.4

S_{fe} resistência à fadiga superficial

S_H limite de resistência à fadiga superficial

$S_{máx}$ tensão máxima do ciclo de fadiga – veja a Tabela F.4

S_n limite de resistência à fadiga

S_n' padrão de resistência à fadiga para eixos sob flexão

S_p carga de prova (ensaio de resistência)

S_{sy} resistência ao escoamento por cisalhamento

S_u resistência última ou limite de resistência à tração

S_{uc} limite de resistência à compressão

S_{us} limite de resistência ao cisalhamento, limite de resistência ao cisalhamento por torção

S_{ut} limite de resistência à tração

S_y resistência ao escoamento

S_{yc} resistência ao escoamento na compressão

S_{yt} resistência ao escoamento na tração

T torque, torque de frenagem, torque do freio de cinta

t tempo, espessura, espessura da porca, comprimento da abertura

T_a torque alternado

t_a temperatura do ar, temperatura do ar ambiente

T_e torque estático equivalente

T_f torque de atrito ou de fricção

T_m módulo de tenacidade, torque médio

t_o temperatura média do filme de óleo, temperatura do óleo

t_s temperatura média das superfícies de dissipação de calor

U energia elástica armazenada, energia cinética de impacto, velocidade do escoamento laminar

U' energia complementar

V força de cisalhamento transversal interna, força cisalhante, volume

$\mathbf{V}, V$ velocidade linear, velocidade na circunferência primitiva da engrenagem

v velocidade de impacto, velocidade de deslizamento

V_{60} velocidade de corte em pés por minuto para 60 minutos de vida da ferramenta sob condições padronizadas de corte

$V_{méd}$ velocidade média

V_c velocidade tangencial da coroa, velocidade na circunferência primitiva da coroa

V_{ct} velocidade da coroa no ponto de contato da direção tangente

V_{pt} velocidade do pinhão no ponto de contato da direção tangente

V_{cn} velocidade da coroa no ponto de contato da direção normal

V_{pn} velocidade do pinhão no ponto de contato da direção normal

V_s velocidade de deslizamento

V_w velocidade tangencial no sem-fim

W trabalho realizado, peso, volume de material gasto, carga axial total

$\dot{W}$ potência

w	carga, intensidade de carga, força gravitacional, largura
Y	fator de forma de Lewis baseado no diâmetro primitivo ou no módulo, fator de configuração
y	distância do eixo neutro, fator de forma de Lewis
Y_{cr}	fator de configuração na dimensão crítica da trinca
Z	módulo da seção

Letras Gregas

α	aceleração angular, coeficiente de expansão térmica, ângulos positivos medidos no sentido horário desde a medida a 0° até os eixos de deformação principal números 1 e 2, fator pelo qual a resistência à compressão é reduzida pela tendência de flambagem, ângulo da rosca, ângulo de contato, ângulo de cone, dimensão normalizada da trinca
α_{cr}	dimensão normalizada crítica da trinca
α_1	dimensão normalizada da trinca em c_1
α_2	dimensão normalizada da trinca em c_2
α_n	ângulo da rosca medido no plano normal
Δ	deslocamento, parâmetro do material importante no cálculo da tensão de contato
δ, δ	deslocamento
δ	deslocamento linear, profundidade do desgaste
ΔA	variação na área
ΔE	variação na energia total do sistema
ΔKE	variação na energia cinética do sistema
ΔK	faixa de intensidade de tensão
ΔK_o	faixa de intensidade de tensão no ponto o
ΔL	variação no comprimento
ΔPE	variação na energia potencial gravitacional do sistema
ΔN_{12}	número de ciclos durante o crescimento da trinca de c_1 a c_2
δ_s	deslocamento sólido
δ_{est}	deslocamento causado por carregamento estático (deslocamento estático)
ΔT	variação de temperatura
ΔU	variação na energia interna do sistema
λ	ângulo de avanço, ângulo de hélice, razão de distâncias real e ideal entre os centros da coroa e do pinhão
ϕ	ângulo entre os eixos principais e os eixos x e y, ângulo de posicionamento da espessura mínima do filme de óleo, ângulo de pressão, ângulo de contato
ϕ_n	ângulo de pressão medido em um plano normal aos dentes
$\bar{\phi}$	ângulo de pressão real
γ	ângulo do cone primitivo

$\gamma_{xy}, \gamma_{xz}, \gamma_{yz}$	deformações cisalhantes
μ	média, viscosidade absoluta
μ	coeficiente de Poisson — veja o Apêndice F
ν	coeficiente de Poisson
ϵ	deformação normal, deformação específica
$\epsilon_1, \epsilon_2, \epsilon_3$	deformações principais
ϵ_f	deformação na fratura
ϵ_p	deformação plástica
ϵ_T	deformação normal "verdadeira"
ϵ_{Tf}	deformação normal verdadeira na fratura
$\epsilon_x, \epsilon_y, \epsilon_z$	deformações normais
θ	deslocamento angular, deflexão angular, inclinação
$\theta_{Pmáx}$	posição da pressão máxima do filme de óleo
ρ	massa específica, distância radial
σ	tensão normal, desvio-padrão, tensão de tração uniaxial uniforme
$\sigma_1, \sigma_2, \sigma_3$	tensões principais nas direções 1, 2 e 3
σ_0	quadrada da constante de proporcionalidade da deformação por endurecimento
σ_a	tensão alternada (ou amplitude de tensão)
σ_e	tensão equivalente
σ_{ea}	tensão alternada equivalente de flexão
σ_{em}	tensão média equivalente de flexão
σ_{eq}	tensão equivalente
σ_g	tensão de tração bruta da seção
σ_H	tensão de fadiga superficial
σ_i	tensão normal máxima na superfície interna
σ_m	tensão média
$\sigma_{máx}$	tensão normal máxima
$\sigma_{mín}$	tensão normal mínima
σ_{nom}	tensão normal nominal
σ_o	tensão normal máxima na superfície externa
σ_T	tensão normal "verdadeira"
σ_x	tensão normal atuante ao longo do eixo x
σ_y	tensão normal atuante ao longo do eixo y
τ	tensão cisalhante, período natural de vibração
τ_a	tensão cisalhante alternada
$\tau_{méd}$	tensão cisalhante média
$\tau_{inicial}$	tensão cisalhante inicial
τ_m	tensão cisalhante média
$\tau_{máx}$	tensão cisalhante máxima
τ_{nom}	tensão cisalhante nominal
$\tau_{sólido}$	tensão cisalhante quando sólido
τ_{xy}	tensão cisalhante atuante sobre a face x na direção y
v	viscosidade cinemática
ω	velocidade angular, velocidade angular de impacto
ω_c	velocidade angular da coroa
ω_n	frequência natural
ω_p	velocidade angular do pinhão
Ψ	ângulo de hélice, ângulo espiral

Material
Suplementar

Este livro conta com os seguintes materiais suplementares:

- Ilustrações da obra em formato de apresentação (acesso restrito a docentes);

- Capítulo 20: capítulo online em formato (.pdf) (acesso livre);

- Solutions Manual: manual de soluções em inglês em formato (.pdf) (acesso restrito a docentes).

O acesso ao material suplementar é gratuito. Basta que o leitor se cadastre em nosso *site* (www.grupogen.com.br), faça seu *login* e clique em GEN-IO, no menu superior do lado direito. É rápido e fácil.

Caso haja alguma mudança no sistema ou dificuldade de acesso, entre em contato conosco (gendigital@grupogen.com.br).

GEN-IO (GEN | Informação Online) é o ambiente virtual de aprendizagem do GEN | Grupo Editorial Nacional, maior conglomerado brasileiro de editoras do ramo científico-técnico-profissional, composto por Guanabara Koogan, Santos, Roca, AC Farmacêutica, Forense, Método, Atlas, LTC, E.P.U. e Forense Universitária. Os materiais suplementares ficam disponíveis para acesso durante a vigência das edições atuais dos livros a que eles correspondem.

Fundamentos do Projeto de Componentes de Máquinas

Fundamentos

O Projeto de Engenharia Mecânica sob uma Perspectiva Ampla

1

1.1 Uma Visão Geral

A essência da engenharia é *a* utilização dos recursos e leis da natureza em benefício da humanidade. A engenharia é uma ciência aplicada, no sentido de que é dedicada à compreensão dos princípios científicos, e sua aplicação atende a um objetivo preestabelecido. O projeto de engenharia mecânica é um dos principais segmentos da engenharia; ele trata dos conceitos, do projeto, do desenvolvimento, do refinamento e das aplicações de máquinas e dispositivos mecânicos de todos os tipos.

Para muitos estudantes, o projeto de engenharia mecânica é um de seus primeiros *cursos profissionais de engenharia* — uma distinção dos cursos básicos em ciência e matemática. A engenharia em nível profissional preocupa-se com a obtenção de *soluções* para os problemas práticos. Essas soluções devem refletir a compreensão dos conceitos estabelecidos pela ciência, porém geralmente essa compreensão não é suficiente; o conhecimento de dados empíricos e o "julgamento de engenharia" também estão envolvidos. Por exemplo, os cientistas não compreendem completamente a eletricidade, mas isso não impede os engenheiros elétricos de desenvolver dispositivos elétricos extremamente úteis. Da mesma forma, os cientistas não compreendem completamente os processos de combustão ou os mecanismos de fadiga de um metal, no entanto os engenheiros mecânicos utilizam o conhecimento disponível para desenvolver motores de combustão extremamente úteis. Quanto mais conhecimento científico se torna disponível, mais os engenheiros se tornam capazes de elaborar soluções para os problemas práticos. Além disso, os processos de engenharia utilizados na solução de problemas em geral destacam áreas particularmente importantes para o aumento da pesquisa científica. Existe uma estreita relação de interesses entre os engenheiros e os físicos. Nenhum deles é um cientista, cujo objetivo principal é descobrir conhecimentos básicos, porém ambos *utilizam* o conhecimento científico — complementado por informações empíricas e julgamento profissional — na solução imediata e precisa de problemas.

Devido à natureza profissional do assunto, muitos problemas de projeto em engenharia mecânica não possuem uma *única* resposta correta. Considere, por exemplo, o problema do projeto de um refrigerador caseiro. Existem diversos projetos realizáveis, nenhum deles poderia ser considerado como fornecendo uma resposta "incorreta". Porém, dentre as respostas "corretas" algumas são, obviamente, *melhores* do que outras, pois utilizam um conhecimento mais complexo da tecnologia envolvida, um conceito mais engenhoso do projeto básico, uma utilização mais efetiva e econômica da tecnologia de produção existente, uma aparência estética mais agradável, e assim por diante. Certamente, este é exatamente o ponto em que se encontra o desafio e a motivação da engenharia moderna. Os engenheiros atuais estão concentrados no projeto e no desenvolvimento de produtos para uma sociedade diferente daquela que existia no passado, e possuem mais conhecimento disponível do que possuíam os engenheiros no passado. Assim, eles são capazes de produzir distintamente *melhores* soluções para as necessidades encontradas atualmente. O quanto melhor é um produto depende da habilidade desses engenheiros, de suas ideias, da profundidade do conhecimento das necessidades envolvidas e da tecnologia suportada pela solução, e assim por diante.

Este livro é dedicado, principalmente, ao projeto de *componentes* específicos de máquinas ou sistemas mecânicos. A competência nessa área é básica para a consideração e a síntese de máquinas e sistemas completos em cursos posteriores e na prática profissional. Será visto aqui que, mesmo no projeto de um simples parafuso ou de uma simples mola, o engenheiro deve utilizar a melhor compreensão científica disponível aliada às informações empíricas, a um bom julgamento e, geralmente, a um grau de habilidade de modo a produzir o melhor produto para a sociedade atual.

As considerações técnicas sobre o projeto de componentes mecânicos são, tipicamente, centradas no entorno de duas principais áreas de concentração: (1) as relações tensão–deformação–resistência, envolvendo o *volume* ocupado por um elemento sólido, e (2) os fenômenos de superfície, incluindo atritos, lubrificação, desgastes e deterioração pelo ambiente. A Primeira Parte do livro é dedicada aos fundamentos envolvidos, e a Segunda Parte é dedicada às aplicações em componentes específicos de máquinas. Os componentes escolhidos são amplamente utilizados e serão bem familiares ao estudante. Não é possível, nem desejável, que o aluno estude as considerações detalhadas de projeto associadas a *todos* os elementos de máquinas. Assim, a ênfase no tratamento dos componentes aqui selecionados está nos *métodos* e *procedimentos* utilizados, de modo que o estudante ganhará competência na aplicação desses métodos e procedimentos aos componentes mecânicos em geral.

Ao considerar uma máquina completa, o engenheiro invariavelmente concluirá que os requisitos e as restrições associadas aos diversos componentes estão relacionados. O projeto da mola de atuação da válvula do motor de um automóvel, por exemplo, depende do espaço disponível para a mola. Essa condição, de fato, representa um compromisso com o espaço necessário para as portas da válvula, passagens de refrigeração, espaço para remoção das velas, e assim por diante. Essa situação incorpora uma ampla e nova dimensão global para a inventividade e a habilidade necessárias aos engenheiros quando procuram determinar um projeto ótimo para uma combinação de componentes relacionados. Esse aspecto do projeto de engenharia mecânica é ilustrado por um "estudo de caso" disponível em http://www.grupogen.com.br.

Além das considerações tecnológicas e econômicas tradicionais, fundamentais para o projeto e o desenvolvimento de componentes mecânicos e sistemas, o engenheiro moderno deve se dedicar cada vez mais a considerações mais amplas, como segurança, aspectos ecológicos e "qualidade de vida" de uma forma geral. Esses itens são discutidos brevemente nas seções a seguir.

1.2 Considerações sobre Segurança

É natural que, no passado, os engenheiros tenham atribuído um maior valor às considerações de caráter funcional e econômico dos dispositivos. Afinal, se os dispositivos não puderem ser construídos para exercer sua função eles não terão qualquer interesse para os engenheiros. Além disso, se um novo dispositivo não puder ser produzido por um custo que seja absorvido pela sociedade contemporânea ele representará um desperdício de tempo de engenharia, que poderia ser melhor utilizado. Todavia, os engenheiros que nos antecederam foram bem-sucedidos no desenvolvimento de uma grande quantidade de produtos que realizam muito bem as funções para as quais foram projetados e que podem ser produzidos economicamente. De certa forma, isso justifica o aumento dos esforços de engenharia que são agora dedicados à considerações mais amplas relacionadas à influência dos produtos projetados sobre as pessoas e sobre o meio ambiente.

A segurança pessoal é uma consideração que os engenheiros têm sempre em mente, e a cada dia requer mais atenção. Em comparação com os cálculos relativamente imediatos e diretos de variáveis como tensão e deslocamentos em estruturas, as considerações sobre segurança são relativamente subjetivas, de difícil quantificação e dependentes de fatores psicológicos e sociológicos. Todavia, essa condição apenas se soma ao apelo da tarefa de um engenheiro. Ela o desafia a reunir todos os fatos pertinentes para que, em seguida, sejam tomadas boas decisões que reflitam a compreensão, a inventividade, a habilidade e o julgamento.

O primeiro passo importante no desenvolvimento da competência em engenharia na área de segurança é cultivar a *consciência* de sua importância. Um produto seguro deve ser de grande preocupação para legisladores, advogados, juízes, jurados, executivos de companhias seguradoras e outros profissionais. Ocorre que nenhum desses indivíduos pode contribuir diretamente com a segurança de um produto; eles apenas podem colocar em ordem a urgência de se atribuir a ênfase apropriada à segurança no *desenvolvimento de engenharia* de um produto. Cabe ao *engenheiro* realizar o desenvolvimento de produtos seguros.

A segurança é, tipicamente, uma matéria de valor *relativo*, e decisões devem ser tomadas considerando os compromissos entre segurança, custo, peso e outros. Há alguns anos o primeiro autor deste livro esteve envolvido com uma empresa particularmente consciente em relação à segurança, e estava na posição de frequentemente advertir o engenheiro de segurança para reduzir ainda mais os riscos inevitáveis associados ao equipamento da empresa. Quando pressionado um pouco mais, um dia, esse engenheiro respondeu, "Olhe, eu tenho fabricado este modelo perfeitamente seguro, porém eu jamais o *amaldiçoei* para ser absolutamente seguro! Se alguém tentar de forma insistente poderá se ferir com essa máquina!" No dia seguinte esse cavalheiro inadvertidamente provou seu ponto de vista quando, por acidente, deixou cair um novo modelo protótipo em seu pé e quebrou um dedo! Todavia, o ponto a ser colocado aqui é que quando a sociedade toma decisões em relação aos requisitos de segurança os engenheiros devem contribuir com importantes sugestões.

1.2.1 Inventividade e Habilidade

Sob uma avaliação consciente, o segundo ponto principal da segurança na engenharia é a *habilidade*. O engenheiro deve ser inventivo e possuir habilidade suficiente para *prever* situações potenciais de risco associadas a um produto. O velho ditado que estabelece que qualquer coisa que *pode* ocorrer provavelmente *ocorrerá* mais cedo ou mais tarde é relevante nessa situação. A seguir são descritos quatro casos, todos envolvendo eventos de grande responsabilidade.

1. Uma grande área aberta, com um alto telhado, devia ser aquecida e resfriada com três unidades de forma cúbica, cada uma suspensa do telhado através de longos cabos de aço fixados em quatro vértices. Os cubículos foram equipados com trocadores de calor, sopradores e filtros por operários no interior e no topo do cercado. A flexibilidade dos longos cabos de sustentação permitia aos cubículos oscilar para a frente e para trás, e os operários, algumas vezes, se divertiam vendo seus cubículos oscilando com amplitudes consideráveis. A falha por fadiga de um cabo de sustentação causou a morte de um dos trabalhadores. Uma vez que as grandes tubulações de vapor (que ainda não estavam instaladas na hora do acidente) evitavam grandes oscilações das unidades completas, e como os cabos foram projetados com um fator de segurança de 17 (baseado no peso estático dos cubículos completos), nenhuma nova ideia foi oferecida para uma maior segurança. Ninguém responsável pelo projeto e pela instalação das unidades havia revisto a sequência de instalação com a inventividade e a habilidade necessárias para prever esse risco de acidente.

2. Um menino foi seriamente ferido pela colisão com um carro quando os freios de sua nova bicicleta falharam

durante uma manobra de emergência. A causa dessa falha foi atribuída à interferência entre um acessório no mecanismo do eixo de três velocidades e um bordo agudo no sistema de freio manual. Tanto o projeto do mecanismo de controle do eixo quanto o projeto do freio manual foram inapropriados. Ambos eram seguros isoladamente e também quando utilizados em combinação com um projeto convencional de outros elementos. Porém, quando esses dois elementos inapropriados eram utilizados em conjunto, era fácil para eles serem montados sobre a barra manual em uma posição tal que tornava o percurso do freio de mão limitado, não permitindo a total aplicação dos freios. Novamente, ninguém responsável pelo projeto da bicicleta como um todo previu essa situação de risco.

3. Um operário perdeu sua mão em uma prensa de 400 t, embora estivesse utilizando um punho de segurança que puxa as mãos para fora da região de perigo da prensa antes de a ferramenta descer. A causa do acidente foi um parafuso frouxo, que permitiu que uma came girasse em relação a seu eixo de fixação, retardando a retração da mão do operário, fazendo com que esse movimento de retração ocorresse *após* a descida da ferramenta. Esse caso ilustra o velho ditado que diz que "Uma corrente é tão forte quanto o mais fraco de seus elos." Nesse caso, outro tipo de dispositivo de segurança muito apropriado e forte ficou inativo devido à fragilidade da união entre peças realizada por um parafuso. As poucas inventividade e habilidade por parte do engenheiro responsável por esse projeto vieram à tona antes de o dispositivo ser liberado para produção.

4. Ao engatinhar no chão, um bebê perdeu as pontas de três dedos ao tentar subir em uma bicicleta ergométrica que estava sendo utilizada por uma irmã mais velha. Quando o bebê segurou a parte inferior da corrente, sua mão foi imediatamente coberta pela manivela da roda dentada. Para minimizar custos, a bicicleta fora projetada de forma a obter vantagens utilizando componentes de baixo custo próprios da bicicleta-padrão. Entretanto, infelizmente o protetor de corrente que fornece a proteção adequada para uma bicicleta comum é totalmente inadequado para o uso em bicicletas ergométricas. Não seria de se esperar que o engenheiro responsável por esse projeto tivesse inventividade suficiente para prever esse risco? Ele não deveria ter sido suficientemente inventivo para desenvolver um protetor alternativo que fosse tanto econômico quanto viável? Será que seria preciso que se exigisse esse tipo de inventividade e habilidade do engenheiro por meio de uma legislação elaborada e aprovada por não engenheiros?

1.2.2 Técnicas e Orientações

Uma vez que o engenheiro esteja suficientemente *consciente* das considerações sobre segurança e aceite esse desafio à sua *inventividade* e *habilidade*, existem algumas técnicas e orientações que geralmente são úteis. Seis delas são sugeridas a seguir.

1. *Examine o ciclo total de vida* do produto, desde a fase inicial de produção até a fase final de utilização, com o foco orientado em possíveis riscos significativos não cobertos pelo produto. Pergunte a si próprio que tipos de situações podem ocorrer durante as diversas etapas de fabricação, transporte, armazenamento, instalação, utilização, revisão, e assim por diante.

2. Assegure-se de que o oferecimento de segurança representa um *procedimento equilibrado*. Não aceite um dólar para retirar um dispositivo de segurança, ao contrário, pague vinte centavos pela possibilidade de eliminar um risco. E, como no exemplo anterior da prensa, não concentre a atenção na resistência do punho, negligenciando a fragilidade da fixação da came.

3. Tanto quanto possível, *torne a segurança uma característica integral* do projeto básico, e não um simples dispositivo complementar de segurança a ser incorporado após ser completado o projeto básico. Um exemplo disso foi o desenvolvimento de uma pistola manual de pintura eletrostática. Esses dispositivos de pintura eletrostática eram, inicialmente, estacionários e possuíam cabeças pulverizadoras de metal que operavam a 100.000 volts. Uma versão manual, incorporando dispositivos de segurança e escudos de proteção, foi rapidamente reconhecida como sendo pouco prática. Em vez disso, foi desenvolvido o projeto de um novo circuito elétrico combinado com uma cabeça não metálica, de modo que mesmo que o operador entre em contato com a cabeça de alta tensão ele não recebe choque; a tensão cai automaticamente quando a mão se aproxima da cabeça, que possui uma capacitância suficientemente baixa para evitar uma descarga significativa para o operador.

4. Utilize um *projeto seguro na condição de falha*, sempre que possível. O conceito, nesse caso, é que devem ser tomadas precauções para evitar falhas, todavia se estas *ocorrerem* o projeto deve ser tal que o produto ainda fique "seguro"; isto é, a falha não será catastrófica. Por exemplo, o primeiro avião a jato comercial foi o British Comets. Alguns desses jatos sofreram falhas catastróficas quando sua fuselagem externa de alumínio começou a romper por fadiga nos bordos das janelas (efeito causado pela alternância da pressão no interior da cabine; alta pressão a altas altitudes e alívio de pressão ao nível do solo). Depois de iniciadas as trincas, rapidamente a fuselagem "rasgava" de forma desastrosa (similar a um balão de borracha). Após determinada a causa dos desastres, os aviões a jato comercializados posteriormente incorporaram a característica de segurança na condição de falha pela fixação de painéis externos aos elementos estruturais longitudinais e circunferenciais da fuselagem. Assim, mesmo que se inicie uma trinca ela só pode se propagar nas proximidades da junta de fixação. Uma trinca relativamente pequena de forma alguma prejudica a segurança do avião. (Essa característica particular de segurança na condição de falha pode ser ilustrada rasgando-se uma camisa velha. Uma vez iniciado é fácil propagar um pequeno rasgo até uma costura, porém é extremamente difícil propagá-lo através da costura.) Os projetos seguros na condição de falha geralmente incorporam elementos *redundantes*, de modo que se um elemento carregado falhar, um segundo elemento é capaz de

sustentar toda a carga. Essa condição às vezes é conhecida como filosofia de projeto do "cinto *e* suspensórios". (Em casos extremos, um "pino de segurança" pode ser empregado como um terceiro elemento.)

5. Verifique as *normas governamentais e da indústria* (como ABNT, ANSI, ISO e OSHA) e a literatura técnica pertinente para assegurar-se de que as exigências legais estão sendo cumpridas e que as experiências relevantes sobre segurança vivenciadas com outros estão sendo consideradas. As normas ABNT podem ser adquiridas na página de Internet http://www.abnt.org.br. Uma pesquisa por títulos específicos das normas ANSI pode ser conduzida através da página http://www.ansi.org. Outras normas podem ser consultadas na página http://www.iso.org.

6. Forneça *avisos* ou faça *advertências* sobre qualquer risco significativo do produto que permaneça após o projeto ter sido realizado tão seguro quanto possível. Os engenheiros que desenvolveram o produto estão na melhor das posições para identificar esses riscos. Os avisos devem ser elaborados de forma a conter informações para chamar a atenção das pessoas expostas aos riscos da forma mais positiva possível. Sinais de aviso conhecidos, fixados permanentemente à máquina, são, em geral, a melhor estratégia de informação. Existem padrões ABNT e ANSI correspondentes aos sinais de aviso. Informações mais completas sobre os avisos são geralmente incluídas de forma apropriada nos manuais de instrução e de operação que acompanham a máquina ou equipamento.

Para aplicar essas técnicas e orientações na forma de procedimento alternativo, considere as seguintes etapas extraídas da referência [9]:

1. Defina o alcance de uso do produto.
2. Identifique o ambiente no qual o produto será utilizado.
3. Descreva a população de usuários.
4. Postule todos os riscos possíveis, incluindo estimativas da probabilidade de ocorrência e severidade dos danos resultantes.
5. Elabore características de projeto ou técnicas de produção alternativas, incluindo avisos e instruções que possam ser necessários para efetivamente atenuar ou eliminar os riscos.
6. Estime essas alternativas em relação aos padrões de desempenho esperados para o produto, incluindo o que se segue:
   a. Outros riscos que possam ser introduzidos pelas alternativas.
   b. Seus efeitos em posteriores aplicações do produto.
   c. Seus efeitos no custo final do produto.
   d. Uma comparação com produtos similares.
7. Decida sobre quais as características que devem ser incluídas no projeto final.

O Conselho de Segurança Nacional dos Estados Unidos publica uma hierarquia de projeto que estabelece uma orientação para

o projeto de equipamentos visando à minimização de prejuízos. A ordem das prioridades de projeto é [10]:[1]

1. **Realize um projeto de modo a eliminar riscos e minimizar acidentes.** Desde o início da concepção do projeto, a prioridade no processo deve ser a eliminação de riscos.
2. **Incorpore dispositivos de segurança.** Se os riscos não puderem ser eliminados ou os acidentes adequadamente reduzidos no decorrer da seleção do projeto, a próxima etapa é reduzir os riscos a níveis aceitáveis. Isso pode ser conseguido com o uso de protetores ou outros dispositivos de segurança.
3. **Forneça as advertências necessárias.** Em alguns casos, os riscos identificados não podem ser eliminados ou seus acidentes reduzidos a um nível aceitável no decorrer das decisões iniciais de projeto ou através dos dispositivos de segurança incorporados. A utilização de avisos é uma solução potencial.
4. **Desenvolva e implemente procedimentos seguros de operação e utilize programas de treinamento para segurança.** Os procedimentos de operação e os treinamentos relativos à segurança são essenciais na minimização de acidentes quando se torna inviável a eliminação dos riscos ou sua redução a um nível aceitável através da seleção do projeto, incorporação de dispositivos de segurança ou com avisos de advertência.
5. **Utilize equipamentos de proteção pessoal.** Quando nenhuma das outras técnicas pode eliminar ou controlar um risco, deve-se fornecer aos empregados equipamento de proteção pessoal para prevenir acidentes e doenças.

1.2.3 Documentação do Projeto de um Produto

A documentação do projeto de um produto é cara, todavia necessária para dar suporte a um possível litígio. Essa documentação foi classificada na referência [9] como:

1. Dados dos riscos e dos acidentes — histórico, área do evento e/ou testes de laboratório, análise das causas.
2. Formulação do projeto de segurança — "árvore" de falhas, modos de falhas, análise de riscos.
3. Formulação dos avisos e das instruções — metodologia para o desenvolvimento e seleção.
4. Padrões — o uso do projeto interno, voluntário e obrigatório ou exigências de desempenho.
5. Programa de garantia da qualidade — metodologia para os procedimentos de seleção e registros de produção.
6. Desempenho do produto — procedimentos de registro, arquivos de reclamações, acompanhamento da aquisição e análise de dados, chamada para revisão, reajustes, instruções e modificações dos avisos.
7. Tomada de decisão — o "como", "quem" e "por quê" do processo.

---

[1] Os números entre colchetes no texto correspondem às referências numeradas no final do capítulo.

Em geral, a documentação de um projeto durante o processo resulta na produção de um produto mais seguro. Algumas vezes, a inventividade e a habilidade também podem ser estimuladas pela exigência da documentação do projeto de um produto.

1.2.4 Aspectos Não Técnicos

São inerentes à Engenharia segura importantes *aspectos não técnicos* relacionados aos *indivíduos* envolvidos. Os engenheiros devem estar conscientes disso para que seus esforços associados à segurança sejam efetivos. Três pontos específicos dentro dessa categoria são sugeridos.

1. *Capacidades* e *características* dos indivíduos, tanto fisiológicas quanto psicológicas. Quando um dispositivo é usado ou revisado, os requisitos de resistência, extensão e durabilidade devem estar associados às limitações fisiológicas da pessoa envolvida. O arranjo dos instrumentos e dos controles, e a natureza dos requisitos mentais de operação devem ser compatíveis com os fatores psicológicos. Na condição em que a possibilidade de acidente não pode ser eliminada, o projeto deve ser preparado para os acidentes pessoais impostos por cargas, minimizando a severidade dos eventuais danos.

2. *Comunicação.* Os engenheiros devem comunicar aos outros o raciocínio e a operação de segurança incorporados a seus projetos e, em muitas situações, eles devem se envolver na "*venda*" do uso apropriado desses dispositivos de segurança. Por exemplo, qual é a vantagem de se desenvolver um capacete de motocicleta eficiente se ele não for utilizado? Ou fornecer uma prensa com chaves de segurança para ambas as mãos se o operador bloqueia uma das chaves para a posição fechada de modo que uma das mãos fique livre para que ele possa fumar? Infelizmente, mesmo com a comunicação mais eficiente possível não há garantias de uso inteligente por parte do operador. Essa irresponsabilidade pode causar controvérsias, como a que questiona a exigência de instalação de *airbags* nos veículos porque um segmento significativo da sociedade não pode ser persuadido a utilizar os cintos de segurança voluntariamente. A solução dessas controvérsias requer argumentos inteligentes de diversos quadrantes da questão, um dos quais certamente está associado à profissão de engenheiro.

3. *Cooperação.* A controvérsia mencionada anteriormente ilustra a necessidade de os engenheiros cooperarem efetivamente com os profissionais de outras áreas — governo, administração, vendas, serviços, jurídico e outras — para que a união de esforços direcionados à segurança seja efetiva.

1.3 Considerações Ecológicas

Tipicamente, as pessoas dependem do ambiente em que vivem, isto é, dependem do ar, da água e de materiais para se vestir e se abrigar. Na sociedade primitiva, os resíduos produzidos pelos humanos eram naturalmente reciclados pelo uso repetido. Quando o esgoto e o lixo a céu aberto foram introduzidos, a natureza se tornou incapaz de recuperar e reciclar esses resíduos em períodos de tempo normais, interrompendo, assim, os ciclos ecológicos naturais. Os sistemas econômicos tradicionais permitem que os produtos sejam produzidos em larga escala e vendidos a preços que geralmente não refletem o custo real para a sociedade em termos de consumo de recursos e dano ecológico. Atualmente, a sociedade está-se tornando, de forma geral, mais consciente desse problema; as exigências legais e os investimentos "totais" mais realísticos estão apresentando um maior impacto nos projetos de engenharia. Certamente, é importante que a melhor concepção de engenharia disponível, envolvendo esse tema, seja uma decisão da sociedade.

Talvez seja possível estabelecer os objetivos ecológicos básicos do projeto de engenharia mecânica de forma bastante simples: (1) utilizar materiais que sejam economicamente recicláveis em um período de tempo razoável sem causar significativa poluição do ar, do solo e da água, e (2) minimizar a taxa de consumo de fontes de energia não recicláveis (como combustível fóssil) tanto para conservar essas fontes quanto para minimizar a poluição térmica. Em alguns casos, a diminuição da poluição sonora também é um fator a ser considerado.

Assim como as considerações de segurança, os fatores ecológicos são muito mais complexos para o engenheiro abordar do que temas como tensão e deformação de corpos elásticos. A seguir é sugerida uma relação de pontos a serem considerados.

1. Considere todos os aspectos envolvidos nos *objetivos do projeto básico* para se assegurar de que eles estão corretos. Por exemplo, algumas questões são levantadas sobre as vantagens globais das construções de grandes barragens. Existem efeitos secundários que poderiam torná-las preferíveis em relação a um projeto alternativo? Antes de se comprometer com o projeto de expansão de um sistema rodoviário ou de um sistema particular de transporte de massa, o engenheiro deve determinar se o melhor conhecimento e o melhor julgamento disponíveis indicam que o projeto proposto representa a melhor alternativa.

2. Depois de aceitos os objetivos do projeto básico, a próxima etapa é uma revisão dos *conceitos globais* a serem incorporados ao projeto proposto. Por exemplo, um conceito modular pode ser mais adequado onde componentes ou módulos específicos muito provavelmente se desgastam ou se tornam obsoletos, podendo ser substituídos por módulos mais modernos que possam ser intercambiáveis com os originais. O motor e o conjunto de transmissão de uma lavadora doméstica automática podem ser um exemplo no qual esse conceito seria apropriado. Outro exemplo é a utilização de painéis externos modernos, substituíveis nos equipamentos de grandes cozinhas, que permitem que as superfícies externas sejam trocadas de forma a facilitar uma nova decoração sem a necessidade de substituição do equipamento como um todo.

3. Uma importante consideração é o conceito *projetando para reciclar*. No início de um novo projeto tem-se tornado cada vez mais importante a consideração pelo engenheiro de todo o ciclo ecológico do produto, incluindo sua destruição e o reuso de todos os seus dispositivos e componentes. Considere o caso de um automóvel. As partes apropriadas para reuso (com ou sem a reconstrução) deveriam ser produzi-

das de modo que pudessem ser facilmente removidas em um ferro-velho. As operações de desmonte e ordenação das partes pelo tipo de material devem ser realizadas de forma tão simples e econômica quanto possível. Já existem sugestões no sentido de que os carros sejam fabricados de forma que todos os elementos de fixação se quebrem quando se deixa cair um veículo obsoleto de uma altura de aproximadamente 10 metros. Equipamentos automáticos classificariam, então, as partes por tipo de material, visando a um futuro reprocessamento. Uma proposta mais realista é a de prender cintas de forma que o veículo possa ser rapidamente desmanchado em partes de fácil recuperação.

No desenvolvimento dos procedimentos de reciclagem aqui citados, obviamente é desejável que o custo para uma empresa de reciclagem em função do custo do abandono de partes obsoletas e a consequente utilização de materiais novos reflita o custo total real para a sociedade. Nenhuma companhia, individualmente, permaneceria no mercado se precisasse absorver o imenso custo de um programa de reciclagem de modo a preservar os materiais em sua forma original e reduzir a produção de poluição se seus competidores pudessem utilizar materiais novos e mais baratos, obtidos a um custo que não refletisse esses custos totais.

4. Selecione os *materiais* pensando nos fatores ecológicos. Nesse caso, as considerações relevantes são o conhecimento da disponibilidade na natureza da matéria-prima necessária ao projeto do produto, os requisitos de processamento de energia, os problemas inerentes à poluição no processo (ar, água, terra, térmica e sonora) e a capacidade de reciclagem. Na realidade, todos esses fatores teriam influência na estrutura de preços, e isso deverá ocorrer com mais frequência no futuro do que ocorreu no passado.

   Outro fator a ser considerado é a durabilidade relativa dos materiais alternativos para uso em um componente perecível. Considere, por exemplo, a grande redução da quantidade necessária de lâminas de barbear (e na quantidade de lâminas de barbear já utilizadas) ao se trocar seu material para aço inoxidável. (Todavia, não seria melhor, de uma forma geral, desenvolver um procedimento conveniente e efetivo de tornar a afiar as lâminas, ao invés de jogá-las fora?)

   O engenheiro deve considerar também a *compatibilidade* dos materiais em relação à reciclagem. O zinco fundido sob pressão, por exemplo, deteriora a qualidade da sobra obtida na fundição das peças de carros sucateados.

5. Considere os fatores ecológicos ao especificar um ciclo de *processamento*. Nesse caso os aspectos importantes são a poluição de todo e qualquer tipo, o consumo de energia e a eficiência no emprego de materiais. Por exemplo, as operações de modelagem, como laminação e forjamento, utilizam menos materiais (e geram menos sobras) do que as operações de corte. Podem também ocorrer diferenças significativas no consumo de energia.

6. O *empacotamento* é uma importante área para a conservação de recursos e a redução de poluentes. As caixas de papelão reusáveis e a utilização de materiais reciclados para empacotamento são duas áreas que têm recebido grande atenção. Talvez a última palavra em empacotamento ecologicamente correto seja o copinho comestível em forma de cone, comumente utilizado para acondicionar sorvetes.

A proteção ambiental é uma questão extremamente séria. Como um dia Adlai Stevenson disse, "Viajamos juntos, passageiros em uma pequena nave espacial, dependentes de suas fontes vulneráveis de ar e terra... preservados da aniquilação apenas pelo zelo, pelo trabalho, e eu diria pelo amor que oferecemos a essa nossa frágil nave".

1.4   Considerações Sociais

Como o leitor bem sabe, a solução de qualquer problema de engenharia começa com a clareza de sua definição. Assim, ao se elaborar um projeto de engenharia mecânica, sempre será possível definir, em termos bem amplos, o problema a ser analisado. A frase de abertura deste capítulo sugere uma definição: o objetivo básico de qualquer projeto de engenharia é o desenvolvimento de uma máquina ou dispositivo que beneficiará a humanidade. Para que essa definição seja aplicada é necessário um raciocínio em termos mais específicos. Exatamente, como se caracteriza um benefício para a humanidade? Qual é o instrumento de medida que deve ser utilizado para a avaliação desse benefício? A formulação das definições precisas dos objetivos do problema e a determinação dos instrumentos a serem utilizados na avaliação dos resultados *são inerentes ao campo específico de atuação do engenheiro*.

O autor tem defendido a ideia [2] de que os objetivos básicos de um projeto de engenharia, assim como outras questões inerentes aos seres humanos, são a melhoria da qualidade da vida na sociedade e que essa melhoria pode ser medida em função do índice de qualidade de vida (IQV). Esse índice é, de alguma forma, similar ao conhecido PIB (produto interno bruto), porém muito mais amplo. Evidentemente, o julgamento sobre a composição adequada do IQV varia não apenas entre os diversos segmentos da sociedade, mas também com o tempo.

Para ilustrar o conceito do IQV, a Tabela 1.1 relaciona alguns dos importantes fatores que muitas das pessoas acreditam que

TABELA 1.1   Relação Preliminar dos Fatores Constituintes do Índice de Qualidade de Vida (IQV)

1. *Saúde física*
2. *Bem-estar material*
3. *Segurança* (estatísticas de crimes e acidentes)
4. *Meio ambiente* (ar, água, terra e gerenciamento das fontes naturais)
5. *Educação e cultura* (taxa de alfabetização, qualidade das escolas públicas, frequentadores de faculdades habilitadas, oportunidades de educação para adultos, infraestrutura de bibliotecas e museus etc.)
6. *Tratamento de grupos especiais* (incapacitados físicos e mentais, idosos etc.)
7. *Igualdade de oportunidades* (e estímulo à iniciativa do aproveitamento de oportunidades)
8. *Liberdade individual*
9. *Controle populacional*

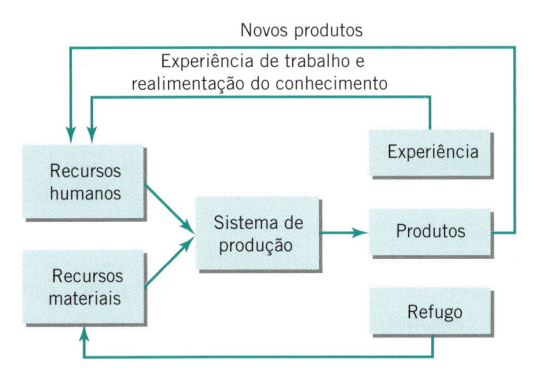

Figura 1.1 **Relações sociais envolvendo os produtos da engenharia.**

Tabela 1.2 **Hierarquia das Necessidades de Maslow**

1. Sobrevivência	4. *Status* ou Reconhecimento
2. Segurança	5. Autossatisfação
3. Sociabilidade	

devam ser computados. Talvez se deva designar, arbitrariamente, o valor 100 para o fator que pareça mais importante, sendo os demais fatores ponderados de forma adequada. Cada fator pode, então, ser multiplicado pela fração correspondente, de modo que a soma total não deva superar o valor 100.

A relação apresentada na tabela é considerada uma indicação muito superficial e simplificada da orientação do pensamento necessário para se chegar ao IQV para um segmento específico da sociedade em um dado tempo. Todavia, esse *tipo* de pensamento deve ser utilizado de modo a propiciar uma base sólida de julgamento em relação ao cumprimento da missão da engenharia a serviço da humanidade.

Os engenheiros engajados na grande área de projeto e desenvolvimento da engenharia têm como um de seus principais papéis, dentro de suas contribuições profissionais, a determinação do IQV de uma população. A Figura 1.1 ilustra as relações com a sociedade envolvendo os produtos da engenharia. Um segmento importante da população trabalha com organizações cuja função é realizar uma ou mais das seguintes atividades: pesquisa, projeto, desenvolvimento, fabricação, comercialização e serviços. Os esforços dessas pessoas, junto com os recursos naturais apropriados, favorecem a produção de sistemas que resultam em produtos de grande utilidade, resíduos de materiais e experiência. Particularmente, a experiência pode ser de dois tipos: (1) a experiência direta resultante do trabalho das pessoas, que é construtiva e propicia grande satisfação, e (2) o conhecimento empírico adquirido pela efetividade do sistema como um todo, com implicações em suas futuras melhorias. O produto fabricado atende a todas as pessoas até que seja descartado, quando então representará uma fonte de material reciclável e possivelmente uma fonte de poluição.

Um IQV válido deve considerar os fatores psicológicos. Um livro como este pode incluir apenas uma breve introdução dessa vasta matéria. Todavia, a esperança é que isso ajude no estímulo aos estudantes em direção a uma longa vida de interesse e envolvimento com essa área básica.

Sabe-se que as pessoas se apresentam com grandes diferenças de temperamento e, geralmente, um conjunto surpreendente de características. É também conhecido que certas características são tipicamente humanas e devem se manter inalteradas — para todos os indivíduos e, supostamente, por todo o tempo. Essa condição foi proposta na forma de *níveis de necessidades humanas* por Abraham Maslow, um psicólogo da Universidade

de Brandeis [4, 5]. Como auxílio à memória, esses níveis são expressos na Tabela 1.2 em função de cinco palavras-chaves, que em inglês começam com "S" [3].

O primeiro nível é, obviamente, a necessidade de imediata *sobrevivência* (**s**urvival) — alimento, proteção, roupas e repouso — aqui e agora.

O segundo nível envolve a *segurança* (**s**ecurity) — assegurando uma sobrevivência segura e duradoura.

O terceiro nível é a *sociabilidade* (**s**ocial acceptance). As pessoas precisam pertencer e interagir com uma família, um clã ou outro grupo qualquer; elas precisam de amor e amparo.

O quarto nível é o *status* ou o reconhecimento — a necessidade não apenas de se ajustar a um grupo social, mas também de ser respeitado e admirado.

O nível mais alto é a *autossatisfação* (**s**elf-fulfillment) — crescimento em direção ao alcance do próprio potencial e ao encontro da satisfação interna resultante.

Em qualquer instante de tempo, tanto as pessoas quanto as próprias nações operam em mais de um desses níveis, ainda que os níveis definam um caminho geral ou uma rota de avanço que leve os indivíduos de uma existência primitiva a uma qualidade de vida evoluída e rica.

Historicamente, os esforços da engenharia têm sido direcionados principalmente para satisfazer às necessidades 1 e 2. Mais recentemente, um percentual maior dos sistemas de produção tem sido planejado para oferecer à sociedade produtos que vão além das necessidades básicas de sobrevivência e segurança, contribuindo, supostamente, para satisfazer as legítimas necessidades maiores do consumidor. Quanto aos operários, é interessante observar que os recentes programas de "extensão do trabalho" e "enriquecimento pelo trabalho" são direcionados às necessidades maiores dos trabalhadores, níveis 3, 4 e 5.

Um ingrediente básico da sociedade humana é a *mudança*. Os engenheiros devem procurar compreender não apenas as necessidades da sociedade atual, mas também a direção e a velocidade das mudanças sociais que estão ocorrendo. Além do mais, deve-se procurar entender a influência da tecnologia — e dos produtos mecânicos e dos sistemas de produção associados em particular — nessas mudanças. Talvez o mais importante objetivo da profissão de engenheiro seja o de realizar inserções na sociedade como *promotores das mudanças no sentido do aumento do índice de qualidade de vida*.

1.5 **Considerações Globais de Projeto**

Muitos dos projetos de engenharia envolvem múltiplas considerações, e é um desafio para o engenheiro reconhecer todas elas na proporção adequada. Embora uma simples verificação baseada nos tópicos aqui apresentados não seja de todo adequada ou completa, ela pode auxiliar no estabelecimento de

Tabela 1.3   Categorias Principais das Considerações de Projeto

Considerações Clássicas
1. Materiais
2. Geometria
3. Condições operacionais
4. Custo
5. Disponibilidade
6. Possibilidade de produção
7. Vida do componente

Considerações Modernas
1. Segurança
2. Ecologia
3. Qualidade de vida

Considerações Diversas
1. Confiabilidade e conservação
2. Ergonômicas e estéticas
3. Montagem e desmontagem
4. Análise

uma forma organizada das principais categorias envolvidas (veja a Tabela 1.3).

As considerações clássicas para a caracterização do corpo de um componente incluem: (a) resistência, (b) deslocamento, (c) peso e (d) dimensões e forma. As considerações clássicas para a caracterização das superfícies de um componente são (a) revestimento, (b) lubrificação, (c) corrosão, (d) forças de atrito e (e) geração de calor por atrito.

Em geral, diversas considerações de projeto são aparentemente incompatíveis, até que o engenheiro elabore uma solução suficientemente imaginativa e inventiva. O projeto da empilhadeira ilustrado na Figura 1.2 representa um exemplo simples.

Figura 1.2   **Empilhadeira projetada com base nos requisitos de funcionalidade, atratividade e aparência única conjugados com baixo custo. (Cortesia da Clark Material Handling Company.)**

Nesse caso, o objetivo de atender à condição desejada de aparência estética foi aparentemente incompatível com as limitações de custo. As matrizes para se modelar metais eram muito caras, e a usinagem, mais barata, resultou em uma união de partes constituintes de má qualidade. A solução, nesse caso, foi trabalhar as partes mal unidas do projeto e eliminar a necessidade de ajuste da precisão. As uniões malfeitas foram utilizadas para fornecer um visual mais robusto à empilhadeira. Os espaços livres sob o capô, por exemplo, gerou uma forte linha horizontal, enquanto disfarçava os acessórios de diversas estruturas e a proteção da solda. Ela também propiciou um apoio para as mãos para o caso da elevação do capô. Outro espaço livre (não mostrado) fez a carcaça do equipamento parecer flutuar de um pórtico de aço, disfarçando novamente uma grande tolerância. O grande capô simplifica a manutenção, propiciando uma ampla abertura de acesso ao motor. Servindo também como suporte do assento, ele ainda reduz os custos, além de agregar ao visual uma aparência limpa e organizada.

1.6   Sistemas de Unidades[2]

Em decorrência de aspectos políticos e da economia global, os engenheiros parecem destinados a sofrer a inconveniência de ter que lidar com diferentes sistemas de unidades; três tipos de sistemas são discutidos neste livro. O Apêndice A-1 lista as unidades associadas a esses sistemas, os fatores de conversão a eles relacionados e a padronização de suas abreviações.

As *unidades* das grandezas físicas utilizadas nos cálculos de engenharia são de grande importância. Uma unidade representa a quantidade específica de uma grandeza física com a qual, através de comparação, outra grandeza do mesmo tipo é medida. Por exemplo, polegadas, pés, milhas, centímetros, metros e quilômetros são, todas, *unidades de comprimento*. Segundos, minutos e horas são *unidades de tempo*.

Como as grandezas físicas são relacionadas através de leis e definições, uma quantidade pequena de grandezas físicas, chamadas *dimensões primárias*, é suficiente para conceber e medir todas as demais. As *dimensões secundárias* representam as grandezas medidas em função das dimensões primárias. Por exemplo, se a massa, o comprimento e o tempo são dimensões primárias, a área, a massa específica e a velocidade serão dimensões secundárias.

As equações da física e da engenharia que relacionam grandezas físicas são dimensionalmente homogêneas. As equações *dimensionalmente homogêneas* devem possuir as mesmas dimensões para cada um de seus termos. A segunda lei de Newton ($\mathbf{F} \propto m\mathbf{a}$) relaciona as dimensões de *força*, *massa*, *comprimento* e *tempo*. Se o comprimento e o tempo são dimensões primárias, a segunda lei de Newton, sendo dimensionalmente homogênea, requer que nem a força nem a massa possam ser dimensões primárias sem a introdução de uma constante de proporcionalidade que possua dimensões (e unidades).

As dimensões primárias em todos os sistemas de dimensões de uso comum são o comprimento e o tempo. A força é adotada como uma dimensão primária em alguns sistemas. A massa

---

[2] Esta Seção é adaptada da referência [1].

é considerada como uma dimensão primária em outros. Para as aplicações em mecânica, têm-se três sistemas básicos de dimensões.

1. Força $[F]$, massa $[M]$, comprimento $[L]$ e tempo $[t]$
2. Força $[F]$, comprimento $[L]$ e tempo $[t]$
3. Massa $[M]$, comprimento $[L]$ e tempo $[t]$

No sistema 1, o comprimento $[L]$, o tempo $[t]$ e ambas, a força $[F]$ e a massa $[M]$, são considerados com dimensões primárias. Nesse sistema, no que diz respeito à segunda lei de Newton ($\mathbf{F} = m\mathbf{a}/g_c$), a constante de proporcionalidade, g_c, não é adimensional. Para que a lei de Newton seja dimensionalmente homogênea as dimensões de g_c devem ser $[ML/Ft^2]$. No sistema 2, a massa $[M]$ é uma dimensão secundária e, na segunda lei de Newton, a constante de proporcionalidade é adimensional. No sistema 3, a força $[F]$ é uma dimensão secundária e, na segunda lei de Newton, a constante de proporcionalidade é novamente adimensional. As unidades de medida adotadas por cada uma das grandezas físicas primárias determinam o valor numérico da constante de proporcionalidade.

Neste texto serão utilizados os sistemas de unidades SI (Sistema Internacional), Gravitacional Inglês e Inglês de Engenharia. As *unidades básicas* empregadas por cada um desses sistemas são listadas na Tabela 1.4 e discutidas nos parágrafos seguintes. A segunda lei de Newton é escrita como $\mathbf{F} = m\mathbf{a}$ nos sistemas Internacional (SI) e Gravitacional Inglês, e como $\mathbf{F} = m\mathbf{a}/g_c$ no sistema Inglês de Engenharia. Para cada sistema, a constante de proporcionalidade na segunda lei de Newton é fornecida na Figura 1.3, que também compara os três sistemas de unidades. Em ambos os sistemas, SI e Gravitacional Inglês, a constante de proporcionalidade é adimensional e possui valor unitário. A força gravitacional (o peso) atuante sobre um corpo de massa m é expresso por $W = mg$ para os sistemas SI e Gravitacional Inglês e por $W = mg/g_c$ para o sistema Inglês de Engenharia.

1. *Sistema Inglês de Engenharia (FMLt)*. O sistema Inglês de Engenharia considera a força, a massa, o comprimento e o tempo como dimensões primárias. As unidades básicas empregadas para essas dimensões primárias são listadas na Figura 1.3. As unidades básicas são a libra-força (lb), a libra-massa (lbm), o pé (ft) e o segundo (s).

Uma força de uma libra (lb) acelera uma massa de uma libra-massa (lbm) a uma taxa igual à aceleração da gravidade-padrão da Terra de 32,2 ft/s².

A segunda lei de Newton é escrita como

$$\mathbf{F} = m\mathbf{a}/g_e \qquad \text{(1.1a)}$$

Pela lei de Newton, tem-se

$$1\ \text{lb} \equiv \frac{\text{lbm} \times 32{,}2\ \text{ft/s}^2}{g_c}$$

ou

$$g_c \equiv 32{,}2\ \text{ft} \cdot \text{lbm/lb s}^2$$

A constante de proporcionalidade, g_c, possui unidades e dimensões.

2. *Sistema Gravitacional Inglês (FLt)*. O sistema Gravitacional Inglês considera a força, o comprimento e o tempo como dimensões primárias. As unidades básicas são a libra (lb) para a força, o pé (ft) para o comprimento e o segundo (s) para o tempo. A massa é uma dimensão secundária. A segunda lei de Newton é escrita como

$$\mathbf{F} = m\mathbf{a} \qquad \text{(1.1b)}$$

A unidade da massa, o slug, é definida utilizando a segunda lei de Newton como

$$1\ \text{slug} \equiv 1\ \text{lb} \cdot \text{s}^2/\text{ft}$$

Uma vez que uma força de 1lb acelera 1 slug a 1 ft/s², ela irá acelerar 1/32,2 slug a 32,2 ft/s². Uma libra-massa também é acelerada a 32,2 ft/s² por uma força de 1 lb. Portanto,

$$1\ \text{lbm} \equiv 1/32{,}2\ \text{slug}$$

3. *SI (MLt)*. O SI (*Système International d'Unités*) considera a massa, o comprimento e o tempo como dimensões primárias. As unidades básicas são o quilograma (kg) para a massa, o metro (m) para o comprimento e o segundo (s) para o tempo. A força é uma dimensão secundária. A segunda lei de Newton, neste caso, é escrita como

TABELA 1.4 Unidades de Comprimento, Tempo, Massa e Força para os Sistemas Inglês de Engenharia, Gravitacional Inglês e SI

Grandeza	Inglês de Engenharia [FMLt]		Gravitacional Inglês [FLt]		SI [MLt]	
	Unidades	Símbolo	Unidades	Símbolo	Unidades	Símbolo
Massa	libra-massa	lbm	slug	slug	quilograma	kg
Comprimento	pé	ft	pé	ft	metro	m
Tempo	segundo	s	segundo	s	segundo	s
Força	libra-força ($=$32,1740 lbm·ft/s²)	lb (ou lbf)	libra ($=$1 slug·ft/s²)	lb	newton ($=$1 kg·m/s²)	N

Sistema de Unidades	Corpo-Padrão	Massa (do corpo-padrão)	Peso (no campo gravitacional-padrão da Terra)	Constante de Proporcionalidade	Segunda Lei de Newton
Inglês de Engenharia [FMLt]		1 lbm	1 lb	$g_c = 32,1740 \dfrac{\text{ft} \cdot \text{lbm}}{\text{lb} \cdot \text{s}^2}$	$\mathbf{F} = m\mathbf{a}/g_c$
Gravitacional Inglês [FLt]		1 slug (=32,2 lbm)	32,2 lb	1	$\mathbf{F} = m\mathbf{a}$
SI [MLt]		1 kg (=2,2046 lbm)	9,81 N (=2,2046 lb)	1	$\mathbf{F} = m\mathbf{a}$

FIGURA 1.3 Comparação entre as unidades de força (ou peso) e massa. Observe que o peso de cada uma das massas padronizadas é válido apenas para o campo gravitacional-padrão da Terra ($g = 9,81$ m/s^2 ou $g = 32,2$ ft/s^2).

$$\mathbf{F} = m\mathbf{a} \qquad\qquad (1.1c)$$

A unidade de força, o newton (N), é definida utilizando a segunda lei de Newton como

$$1\ \text{N} \equiv 1\ \text{kg} \cdot \text{m/s}^2$$

A unidade de força tem particular significado no projeto e na análise em engenharia mecânica, pois ela está envolvida nos cálculos de força, torque, tensão (e pressão), trabalho (e energia), potência e módulos elásticos. No sistema de unidades SI é interessante notar que um *newton* é aproximadamente igual ao peso de (ou força gravitacional da Terra sobre) uma maçã média.

O Apêndice A-2 lista os prefixos padronizados para as unidades SI. Os Apêndices A-3, A-4 e A-5 listam as combinações compatíveis dos prefixos do SI que serão convenientes para a solução das equações de tensão e deformação.

1.7 Metodologia para a Solução de Problemas Envolvendo Componentes de Máquina[3]

Um método de abordagem essencial para os problemas de componentes de máquinas consiste de uma formulação precisa e da apresentação de suas soluções de forma acurada. A formu-

lação do problema requer a consideração da situação física e da base matemática correspondente. A representação matemática de uma situação física é uma descrição ideal ou modelo que se aproxima do fenômeno envolvido, porém jamais corresponde exatamente ao problema físico real.

A primeira etapa na solução dos problemas de componentes de máquinas é a definição (ou a compreensão) do problema. As próximas etapas são: a definição (ou síntese) da estrutura, a identificação das interações com as vizinhanças, o registro das escolhas e decisões, e a elaboração de desenhos, esquemas e diagramas relevantes. A atenção é então voltada para a análise do problema, fazendo-se as hipóteses apropriadas através do uso das leis físicas, das relações e das regras pertinentes que relacionem parametricamente a geometria e o comportamento do componente ou sistema. A última etapa é a verificação da razoabilidade dos resultados e, quando for o caso, a elaboração dos comentários sobre a solução. Muitas das análises utilizam, direta ou indiretamente,

- Estática e dinâmica
- Mecânica dos materiais
- Fórmulas (tabelas, diagramas e panfletos informativos)
- O princípio da conservação da massa
- O princípio da conservação da energia

Além disso, os engenheiros precisam saber como as características físicas dos materiais com os quais os componentes são fabricados se relacionam entre si. A primeira e a segunda lei de Newton do movimento, bem como a terceira lei e as relações como as equações de transferência de calor convectivo e

[3] Esta seção é uma adaptação da referência [6].

o modelo de condução de Fourier, podem também ser necessárias. As hipóteses, geralmente, serão úteis para a simplificação do problema e para a garantia de que as equações e relações são válidas e apropriadas. A última etapa envolve também a verificação da razoabilidade dos resultados.

O principal objetivo deste texto é auxiliar os estudantes na forma de resolver os problemas de engenharia que envolvem componentes mecânicos. Para isso, são apresentados numerosos exemplos resolvidos e problemas são sugeridos ao final dos capítulos. O estudo dos exemplos *e* a solução dos problemas são extremamente importantes para a fixação dos fundamentos através de situações práticas.

Para maximizar os resultados e agilizar a solução dos problemas, é necessário o desenvolvimento de um procedimento sistemático. Recomenda-se que as soluções dos problemas sejam organizadas utilizando uma sequência de sete etapas, as quais são empregadas nos exemplos resolvidos deste livro. Os problemas devem ser iniciados pelo registro do que é conhecido e devem ser concluídos por comentários sobre o que foi aprendido.

Solução

Conhecido: Estabeleça, de forma concisa, o que é conhecido. Para isso, é necessário que você leia o enunciado do problema cuidadosamente e compreenda quais são as informações fornecidas.

A Ser Determinado: Estabeleça de forma clara e objetiva o que deve ser determinado.

Esquemas e Dados Fornecidos: Esquematize o componente ou sistema a ser considerado. Decida pela conveniência ou não da construção de um diagrama de corpo livre para a análise. Faça indicações no componente ou no diagrama do sistema de informações relevantes fornecidas no enunciado do problema.

Registre todas as propriedades de materiais e outros parâmetros que você está fornecendo ou antecipando que possam ser necessários em cálculos subsequentes. Se pertinente, desenhe diagramas onde possam ser localizados os pontos críticos e indique o provável modo de falha.

Os esquemas bem representativos do sistema e os diagramas de corpo livre não devem ser supervalorizados. Eles geralmente representam instrumentos que permitem a você pensar com clareza sobre o problema.

Decisões: Registre suas escolhas e seleções. Os problemas de projeto exigirão de você a tomada de decisões subjetivas. As decisões de projeto envolverão a seleção de parâmetros como variáveis geométricas e tipos de materiais. As decisões são, na realidade, escolhas individuais.

Hipóteses: Para o registro de como você *modelou* o problema, relacione todas as hipóteses simplificadoras e idealizações consideradas com o objetivo de tornar a solução do problema viável. Algumas vezes, essas informações também podem ser anotadas em esquemas, desenhos e croquis. Em geral, uma vez completado o projeto as hipóteses ainda podem ser questionadas, enquanto as decisões são verdadeiras. As hipóteses são teorias sobre a realidade.

Análise: Utilizando suas decisões, hipóteses e idealizações, aplique as equações e relações adequadas para determinar as incógnitas.

É recomendado que se trabalhe, tanto quanto possível, com as equações na forma literal antes da substituição dos valores numéricos. Considere que dados adicionais podem ser necessários. Identifique as tabelas, as folhas de dados ou as relações que fornecem os valores requeridos. Esquemas complementares podem ser úteis, nesta fase, para tornar o problema mais claro.

Quando todas as equações e todos os dados estiverem disponíveis, substitua os valores numéricos nas equações. Certifique-se de que um conjunto de unidades consistente e apropriado está sendo empregado, para assegurar a homogeneidade dimensional. Execute, então, os cálculos necessários.

Finalmente, verifique se as magnitudes dos valores numéricos encontrados parecem razoáveis e se os sinais algébricos associados aos valores numéricos estão corretos.

Comentários: Quando pertinente, discuta brevemente seus resultados. Comente sobre o que foi aprendido, identifique os aspectos determinantes da solução, discuta como melhores resultados podem ser obtidos quando decisões diferentes forem tomadas, relaxando algumas hipóteses, e assim por diante.

Um modelo matemático ou um *modelo de engenharia* formam um registro de como representar o sistema físico ou problema onde hipóteses simplificadoras e idealizações são listadas para reduzir o problema a uma forma tratável. Em relação à metodologia de solução dos problemas de componentes de máquinas, o modelo, em geral, é constituído de um esquema juntamente com os dados fornecidos, as decisões e as hipóteses. Uma vez modelado o problema, segue-se uma análise, embora, nos problemas de projeto, seja comum a ocorrência de iterações.

Serão necessárias aproximações para os modelos matemáticos representativos de sistemas físicos. O nível de precisão requerido e as informações desejadas determinam o grau de aproximação. Por exemplo, o peso de um componente pode, muitas vezes, ser desprezado se as cargas atuantes sobre o componente forem bem maiores do que o peso total do componente. A capacidade de se adotar hipóteses apropriadas na formulação e na solução de um problema de componente de máquina é um requisito de habilidade na área de engenharia.

Ao se envolver com uma solução particular, você pode precisar retornar a uma etapa anterior e revisá-la sob a ótica de uma melhor compreensão do problema. Por exemplo, pode ser necessário incluir ou eliminar uma hipótese, modificar uma decisão, revisar um esquema ou procurar por informações adicionais sobre as propriedades de um material.

O formato da solução de um problema utilizado neste texto tem a intenção de *orientar* seu pensamento, e não substituí-lo. Por conseguinte, você deve evitar a aplicação *cega* dessas sete etapas, pois isoladamente você obteria poucos benefícios. Em alguns dos primeiros problemas resolvidos, e nos problemas ao final do capítulo, o formato da solução pode parecer desnecessário ou mesmo inadequado. Entretanto, quando os problemas se tornam mais complexos você perceberá que ele reduz a chance de erros, otimiza o tempo de solução e propicia uma compreensão mais profunda do problema em questão.

1.8   Trabalho e Energia

Todos os aparatos mecânicos envolvem *cargas* e *movimento*, os quais, em combinação, representam *trabalho*, ou *energia*. Assim, é conveniente rever esses conceitos básicos.

O trabalho realizado pela força **F** atuante em um ponto de um componente quando o ponto se move de uma posição inicial s_1 até uma posição final s_2 pode ser calculado por

$$W = \int_{s_1}^{s_2} \mathbf{F} \cdot d\mathbf{s} \qquad \text{(a)}$$

em que a expressão para o trabalho foi escrita em função do produto escalar do vetor força **F** pelo vetor deslocamento d**s**.

Para se obter o valor da integral é necessário conhecer como a força varia com o deslocamento. O valor de *W* depende dos detalhes da interação ocorrente entre o componente e sua vizinhança durante o processo. Os limites de integração correspondem à trajetória "da posição 1 até a posição 2", e não podem ser interpretados como os valores do trabalho em 1 e 2. A noção de trabalho em 1 ou 2 não possui significado físico, logo a integral nunca indicará uma operação do tipo $W_2 - W_1$.

A Figura 1.4 mostra um disco posto a girar pela aplicação de uma força tangencial *F* atuante a um raio *R*. Suponha que o disco gire *q* voltas. Assim, o trabalho realizado, *W*, é obtido por

$$W = F(2\pi R)(q) = FS \qquad \text{(b)}$$

em que *S* é a distância ao longo da qual a força *F* é aplicada.

Admita agora que o disco gire de um ângulo *θ* pela aplicação de um torque *T* (igual ao produto de *F* por *R*). Nesse caso, o trabalho realizado, *W*, é expresso por

$$W = F(R\theta) = T\theta \qquad \text{(c)}$$

O trabalho realizado pela força ou pelo torque pode ser considerado como uma transferência de energia para o componente, onde ela é armazenada como energia potencial gravitacional, energia cinética ou energia interna, ou duas destas, ou todas as três; ou pode ainda ser dissipada na forma de energia térmica. A energia total é conservada em todas as formas de transferências.

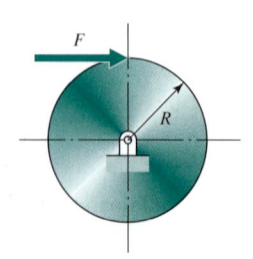

FIGURA 1.4   Disco sendo girado por uma força tangencial.

O trabalho tem unidades de força multiplicada por distância. As unidades de energia cinética, energia potencial e energia interna são iguais às de trabalho. No sistema SI de unidades, a unidade de trabalho é newton·metro (N·m), que é denominada joule (J). As unidades de trabalho e de energia comumente utilizadas nos sistemas Inglês de Engenharia e Gravitacional Inglês são o pé libra-força (ft·lb) e a unidade térmica inglesa (Btu).

PROBLEMA RESOLVIDO 1.1   Torque Necessário a um Eixo de Came

A Figura 1.5*a* mostra uma *came* em rotação que força um *seguidor* a se mover verticalmente. Para a posição mostrada, o seguidor está se movendo para cima sob a ação de uma força de 1 N. Além disso, para essa posição foi determinado que um giro de 0,1 radiano (5,73°) corresponde a um deslocamento de 1 mm do seguidor. Qual é o torque médio necessário para girar o eixo da came durante esse intervalo?

SOLUÇÃO

Conhecido: Uma came atua com certa força sobre um seguidor que se move de uma distância conhecida.

A Ser Determinado: Calcule o torque médio requerido.

Esquemas e Dados Fornecidos:

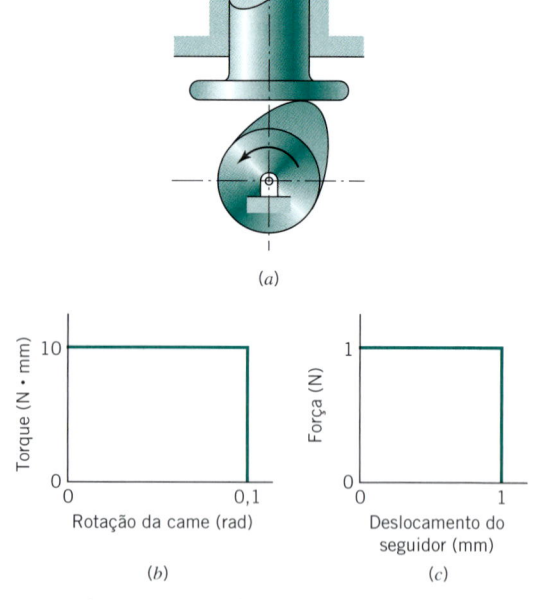

(a)

(b)   *(c)*

FIGURA 1.5   Came e seguidor do Problema Resolvido 1.1.

Hipóteses:

1. Pode-se considerar que o torque se mantém constante durante o giro da came.

2. As perdas por atrito podem ser desprezadas.

Análise:

1. Como o atrito pode ser desprezado, o trabalho realizado sobre o eixo da came é igual ao trabalho realizado pelo seguidor.

2. Trabalho que entra: $T\theta = T(0,1 \text{ rad})$

3. Trabalho que sai: $FS = (1 \text{ N})(0,001 \text{ m})$

4. Igualando-se o trabalho que entra ao trabalho que sai e resolvendo-se para o torque T, tem-se

$$T = \frac{1 \text{ N} \times 0,001 \text{ m}}{0,1 \text{ rad}} = 0,01 \text{ N} \cdot \text{m} = 10 \text{ N} \cdot \text{mm}$$

Comentários: Considerando um atrito constante, se o "ponto" de contato com a came se move ao longo da face do seguidor de uma distância Δ, o trabalho realizado para vencer a força de atrito no ponto de contato será $\mu F\Delta$, em que μ é o coeficiente de atrito entre a came e o seguidor e F é a força orientada para cima.

1.9 Potência

Muitas análises de projetos de máquinas envolvem o tempo gasto para transferir a energia. A taxa de transferência de energia pelo trabalho é denominada *potência* e é representada por $\dot{W}$. Quando o trabalho envolve uma força, como na Eq. a, a taxa de transferência de energia é igual ao produto escalar da força pela velocidade no ponto de aplicação da força:

$$\dot{W} = \mathbf{F} \cdot \mathbf{V} \tag{d}$$

O ponto sobre o W indica uma variação com o tempo. A força e a velocidade estão na forma vetorial. A Eq. d pode ser integrada desde o tempo t_1 até o tempo t_2, fornecendo o trabalho total realizado durante o intervalo de tempo:

$$W = \int_{t_1}^{t_2} \dot{W}\, dt = \int_{t_1}^{t_2} \mathbf{F} \cdot \mathbf{V}\, dt \tag{e}$$

Como a potência representa a taxa de variação com o tempo do trabalho realizado, ela pode ser expressa em função de quaisquer unidades de energia e tempo. No sistema SI, a unidade de potência é joules por segundo (J/s), que é denominada watt (W). Neste livro, o quilowatt (kW) também é utilizado. As unidades de potência comumente utilizadas nos sistemas Inglês de Engenharia e Gravitacional Inglês são ft·lb/s, unidade térmica inglesa por segundo (Btu/s) e cavalo-vapor (hp).

A potência transmitida por um componente de máquina em rotação, como um eixo, um volante, uma engrenagem ou uma polia é de grande interesse no estudo das máquinas. Um eixo em rotação é um elemento comumente encontrado nas máquinas. Considere um eixo sujeito a um torque T e girando com velocidade angular ω. Seja o torque expresso em função de uma força tangencial F e um raio R; ou seja, $T = FR$. A velocidade no ponto de aplicação da força é $V = R\omega$, em que a velocidade ω é expressa em radianos por unidade de tempo. Utilizando essas relações e a Eq. d tem-se uma expressão para a potência transmitida ao eixo por suas vizinhanças:

$$\dot{W} = FV = (T/R)(R\omega) = T\omega$$

No sistema de unidades SI, o watt (W) é definido como 1 J/s, que é igual a 1 N·m/s. Além disso, 1 volta = 2π radianos, 60 s = 1 minuto e 1000 W = 1 kW. A potência em quilowatts é

$$\dot{W} = \frac{FV}{1000} = \frac{T\omega}{1000} = \frac{T(2\pi n)}{1000(60)} = \frac{Tn}{9549} \, [\text{kW}] \tag{1.2}$$

em que $\dot{W}$ = potência (kW), T = torque (N·m), n = velocidade de rotação do eixo (rpm), F = força (N), V = velocidade (m/s) e ω = velocidade angular (rad/s).

Nos sistemas de unidades Inglês de Engenharia e Gravitacional Inglês, o cavalo-vapor (hp) é definido como uma taxa de trabalho de 33.000 ft·lb/min. Além disso, 1 rev = 2π rad. Assim, a potência em cavalo-vapor pode ser expressa por

$$\dot{W} = \frac{FV}{33.000} = \frac{2\pi Tn}{33.000} = \frac{Tn}{5252} \, [\text{hp}] \tag{1.3}$$

em que $\dot{W}$ = potência (hp), T = torque (lb·ft), n = velocidade de rotação do eixo (rpm), F = força (lb), V = velocidade (fpm).

1.10 Conservação da Energia

Para um sistema no qual não ocorra transferência de massa através de seu contorno, o princípio da conservação da energia estabelece que

$$\Delta E = \Delta \text{KE} + \Delta \text{PE} + \Delta U = Q + W \tag{1.4}$$

em que

ΔE = variação na energia total do sistema
$\Delta \text{KE} = \frac{1}{2}m(V_2^2 - V_1^2)$ = variação na energia cinética do sistema
$\Delta \text{PE} = mg(z_2 - z_1)$ = variação na energia potencial gravitacional do sistema
ΔU = variação na energia interna do sistema
Q = energia térmica transferida para o sistema
W = trabalho realizado sobre o sistema

Diversas formas específicas do balanço de energia podem ser escritas. A taxa de variação do balanço de energia pode ser expressa como

$$\frac{dE}{dt} = \frac{d(KE)}{dt} + \frac{d(\text{PE})}{dt} + \frac{dU}{dt} = \dot{Q} + \dot{W} \tag{1.5}$$

A Equação 1.4 pode ser utilizada na aplicação do princípio da conservação da energia. Esse princípio estabelece que embora a energia possa ser alterada de uma forma para outra, ela não pode ser destruída ou perdida; ela pode sair de controle e se tornar inaproveitável, embora ainda exista.

Existem vários aspectos associados ao trabalho, à energia e à potência, alguns dos quais são ilustrados nos exemplos a seguir. Ao se estudar esses exemplos, as seguintes conversões de unidades se tornarão úteis:

1,34 hp/kW = 1	0,746 kW/hp = 1	1,356 J/ft·lb = 1
1 N·m/J = 1	6,89 MPa/ksi = 1	145 psi/MPa = 1

PROBLEMA RESOLVIDO 1.2   Potência Necessária a um Eixo de Came

Se o eixo de came mostrado na Figura 1.6 e discutido no Problema Resolvido anterior gira a uma taxa uniforme de 1000 rpm, qual é a potência média requerida durante o intervalo de tempo envolvido?

SOLUÇÃO

Conhecido: O eixo de came do Problema Resolvido 1.1 gira a 1000 rpm e exerce uma força sobre o seguidor.

A Ser Determinado: Determine a potência média requerida.

Esquemas e Dados Fornecidos:

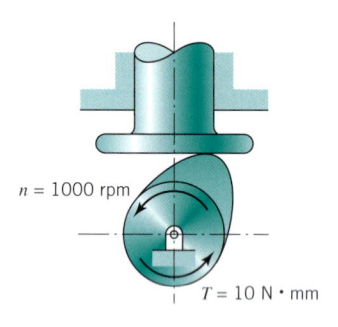

$n = 1000$ rpm

$T = 10$ N · mm

FIGURA 1.6   **Came e seguidor do Problema Resolvido 1.2.**

Hipóteses:

1. Pode-se considerar que o torque se mantém constante durante a rotação da came.

2. As perdas por atrito podem ser desprezadas.

Análise:

1. A velocidade de rotação de 1000 rpm corresponde a 2000π rad/min ou $33,3\pi$ rad/s.

2. Assim, um giro de 0,1 rad ocorre em $(0,1/33,3\pi)$ segundos.

3. Durante esse intervalo de tempo o trabalho realizado sobre o eixo é de 0,001 N·m.

4. Portanto, sendo a potência igual ao trabalho realizado na unidade de tempo, seu valor será de 0,001 N·m por $(0,1/33,3\pi)$ s, ou 1,05 N·m/s. Esse valor corresponde a 1,05 W.

5. A potência equivalente em cavalo-vapor (Apêndice A-1) é

$$1,05 \text{ W} \times 0,00134 \text{ hp/W} \quad \text{ou} \quad 0,0014 \text{ hp}$$

PROBLEMA RESOLVIDO 1.3   Análise do Desempenho de um Automóvel

A Figura 1.7 mostra uma curva representativa da potência requerida de um motor com velocidade constante. O veículo se move em pista plana nivelada e tem um peso de 4000 lb (17.793 N). A Figura 1.8 mostra a curva de potência, em hp, para a borboleta totalmente aberta, de um motor V-8 de 350 in³

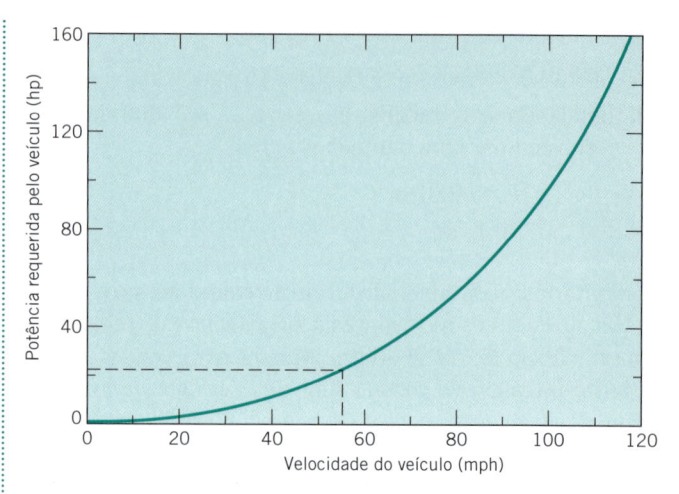

FIGURA 1.7   **Potência requerida por um veículo. Veículo sedan típico de 4000 lb (17.793 N) (pista plana, velocidade constante e sem vento).**

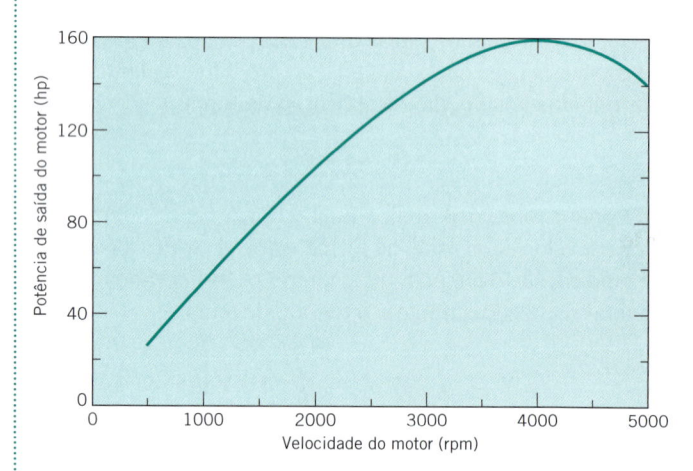

FIGURA 1.8   **Potência de saída do motor em função de sua velocidade. Motor V-8 típico de 350 in³ (5.735 cm³).**

(5.735 cm³). A Figura 1.9 fornece a curva de consumo específico de combustível para o motor do veículo mostrado na Figura 1.10. O ponto extremo do lado direito de cada curva representa a operação com a borboleta totalmente aberta. Os raios das rodas variam um pouco com a velocidade, porém podem ser considerados iguais a 13 in (0,33 m). A transmissão fornece um acionamento direto em marcha alta.

1. Qual é a relação de velocidades motor-eixo de rodas no ponto de velocidade mais alta, e qual é o valor da velocidade da roda nessa condição?

2. Estime o consumo de gasolina a uma velocidade constante de 55 mph (88,5 km/h) utilizando essa relação de velocidades.

3. Descreva, sucintamente, a natureza da transmissão automática teoricamente "ideal". Como ela variaria o consumo de combustível e o desempenho do veículo a 55 mph (88,5 km/h)(isto é, na condição de aceleração e subida de uma colina)?

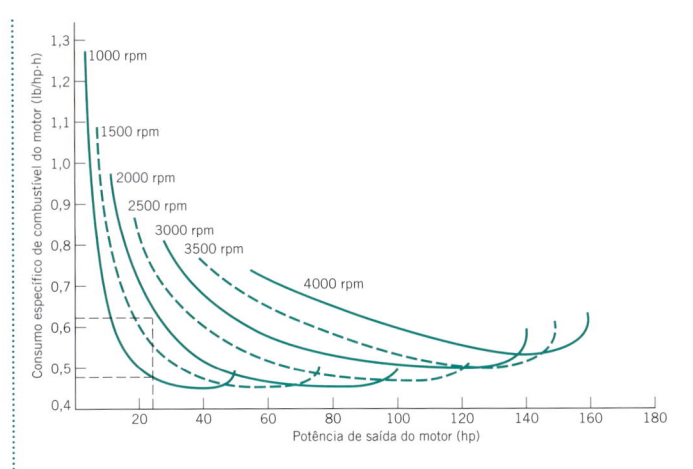

FIGURA 1.9 **Consumo específico de combustível em função da potência de saída do motor. Motor V-8 típico de 350 in³ (5.735 cm³).**

SOLUÇÃO

Conhecido: A curva de potência em função da velocidade do veículo, a curva de potência em função da velocidade do motor e o consumo específico de combustível para o motor são conhecidos.

A Ser Determinado: (1) Determine a relação entre as velocidades do motor e do eixo de rodas para a condição de maior velocidade do veículo, (2) estime o consumo de gasolina, (3) descreva uma transmissão automática ideal.

Esquemas e Dados Fornecidos:

FIGURA 1.10 **Veículo do Problema Resolvido 1.3.**

Hipóteses:

1. O veículo se move em uma pista plana, com velocidade constante, sem ação do vento.

2. A variação do raio de rolamento das rodas com a velocidade é desprezível.

Análise:

1. A Figura 1.8 mostra que a potência máxima do motor é de 160 hp (119,36 kW) a 4000 rpm. A Figura 1.7 mostra que a 160 hp o veículo se moverá a 117 mph (188,3 km/h). A relação de velocidades solicitada deve ser tal que o motor gire a 4000 rpm quando a velocidade do veículo é de 117 mph. A 117 mph a velocidade de roda é

$$\frac{5280 \text{ ft/mi} \times 117 \text{ mi/h}}{60 \text{ min/h} \times 2\pi(13/12) \text{ ft/rev}} = 1513 \text{ rpm}$$

Assim, a relação solicitada é

$$\frac{4000 \text{ rpm (motor)}}{1513 \text{ rpm (rodas)}} = 2{,}64$$

2. A 55 mph, a velocidade do motor é

$$4000 \text{ rpm } (55 \text{ mph}/117 \text{ mph}) = 1880 \text{ rpm}$$

Pela Figura 1.7, a potência requerida a 55 mph (88,5 km/h) é de 23 hp (17,16 kW). Com a potência de saída do motor igual à potência do veículo em movimento, a Figura 1.9 fornece um consumo específico de combustível de aproximadamente 0,63 lb/hp·h (0,38 kg/kWh). Assim, o consumo de combustível por hora é de 0,63 × 23 = 14,5 lb/h (6,577 lg/h).

Como o peso específico da gasolina é de 5,8 lb/gal, (6,82 N/l) o consumo por milha é igual a

$$\frac{55 \text{ mi/h} \times 5{,}8 \text{ lb/gal}}{14{,}5 \text{ lb/h}} = 22 \text{ mi/gal}$$

3. Uma transmissão automática "ideal" permitiria que o motor diminuísse sua velocidade até que o consumo específico de combustível fosse mínimo (cerca de 0,46 lb/hp·h (0,28 kg/kWh)) ou a velocidade mínima de operação satisfatória do motor fosse atingida. O fornecimento de 23 hp (17,16 kW) a 0,46 lb/hp·h (0,28 kg/kWh) exigiria que o motor operasse abaixo de 1000 rpm. Pode-se admitir, de forma conservativa, que 1000 rpm seja a velocidade mais baixa de operação satisfatória do motor. A 1000 rpm uma potência de 23 hp (17,16 kW) pode ser atingida com um consumo de combustível de 0,48 lb/hp·h (0,29 kg/kWh). Em comparação com os 23 hp fornecidos a 1880 rpm, o consumo de gasolina é aumentado pela taxa de velocidades de 0,63/0,48 = 1,31. Assim, com a transmissão "ideal" a 55 mph (88,5 km/h) o consumo de combustível é de 22 mpg (9,35 km/l) × 1,31 = 28,9mpg (122,87 km/l).

Comentários:

1. Relativamente ao desempenho do veículo, uma transmissão "ideal", com o acelerador totalmente acionado, permitiria que o motor atingisse uma rotação de 4000 rpm e fornecesse sua potência máxima de 160 hp (119,36 kW) para *todas as velocidades do veículo* e sob todas as condições de pista, desde que essas velocidades não causassem instabilidade no movimento da roda (*spin*) ou perda de tração. Operando nas condições limites, a velocidade do motor seria aumentada até o ponto de fornecer potência suficiente às rodas motoras para *praticamente* superar o atrito propulsor.

2. A transmissão "ideal" faria com que um motor *menor* (e mais leve) fosse capaz de ser utilizado e ainda atingir o desempenho da faixa normal de velocidades do motor e da transmissão originais. O motor menor com a transmissão "ideal" supostamente propiciaria uma operação com uma velocidade de 55 mph (88,5 km/h) a 0,46 lb/hp·h (0,28 kg/kWh) e um consumo estimado de 30,1 mpg (12,8 km/l).

Referências

1. Fox, Robert W., Philip J. Pritchard, and Alan T. McDonald, *Introduction to Fluid Mechanics*, 7th ed., Wiley, New York, 2009.

2. Juvinall, Robert C., *Production Research—Basic Objectives and Guidelines*, Second International Conference on Production Research, Copenhagen, August, 1973. (Reproduced in full in *Congressional Record—Senate*, May 29, 1974, pp. S9168–S9172.)

3. Juvinall, Robert C., "The Mission of Tomorrow's Engineer: Mission Impossible?," *Agricultural Engineering* (April 1973).

4. Maslow, Abraham H., "A Theory of Human Motivation," *Psychological Review*, **50** (1943).

5. Maslow, Abraham H., *Motivation and Personality*, 3rd ed., Harper-Collins, New York, 1987.

6. Moran, Michael J., and Howard N. Shapiro, *Fundamentals of Engineering Thermodynamics*, 6th ed., Wiley, New York, 2008.

7. Newton, K.,W. Steeds, and T. K. Garrett, *The Motor Vehicle*, 13th ed., Butterworths, London, 2001.

8. U.S. Dept. of Commerce, National Bureau of Standards, "The International System of Units (SI)," Special Publication 330, 1980.

9. Weinstein, Alvin S., et al., *Products Liability and the Reasonably Safe Product: A Guide for Management, Design, and Marketing*,Wiley, New York, 1978.

10. Krieger, G. R., and J. F. Montgomery (eds.), *Accident Prevention Manual for Business and Industry: Engineering and Technology, 11th ed., National Safety Council, Itasca, Illinois, 1997.

11. Ulrich, K. T., and S. D. Eppinger, *Product Design and Development,* 3rd ed., McGraw-Hill, New York, 2004.

Problemas

Seções 1.1–1.5

1.1P Escreva as definições das palavras *ciência*, *engenharia*, *arte* e *projeto* utilizando um dicionário e compare com as fornecidas na Seção 1.1.

1.2P O veículo elétrico Segway de duas rodas autoequilibrado, inventado por Dean Kamen e utilizado no transporte de pessoas em curtas distâncias, declaradamente se move a 12,5 mph (20,12 km/h). O veículo é controlado e acionado por computadores e motores elétricos. Incline o guidão para a esquerda ou para a direita e você girará naquele sentido — veja a página www.youtube.com para assistir a um vídeo. Quando você precisa frear, o motor atua como um dinamômetro. Reveja o projeto do Segway e aborde a questão de se o Segway® ser conceitualmente um "projeto razoavelmente seguro" utilizando as seguintes categorias:

(a) A *utilidade* e conveniência do produto

(b) A *disponibilidade* de outros produtos similares mais seguros atenderem às mesmas necessidades

(c) A *probabilidade* de acidente e sua provável gravidade

(d) A *evidência* do perigo

(e) O *conhecimento comum e a expectativa normal pública* de perigo (particularmente para produtos já estabelecidos)

Figura P1.2P

(f) A *prevenção* de acidentes por cuidados no uso do produto (incluindo o efeito das instruções e avisos)

(g) A habilidade de *eliminar* o perigo sem prejudicar seriamente a utilidade do produto ou tornando-o excessivamente caro

1.3P Em um ginásio desportivo, uma jovem sofreu ferimentos ao sair de um equipamento de agachamento, após completar um ciclo de exercícios. A jovem estava operando o equipamento quando o carrinho de apoio caiu em sua perna. Ela havia entrado no equipamento, completado um conjunto de repetições e, em seguida, desativou as travas manuais. Ela liberou o peso do carrinho de suas pernas e deixou o peso a ser suspenso. Ela então retirou o pé esquerdo da placa de apoio dos pés e colocou-o na parte interna do equipamento e levantou-se. Em seguida o conjunto do carrinho do equipamento caiu na parte de trás de sua perna (panturrilha esquerda). Sua perna esquerda ficou presa sob o carrinho. Antes de poder se

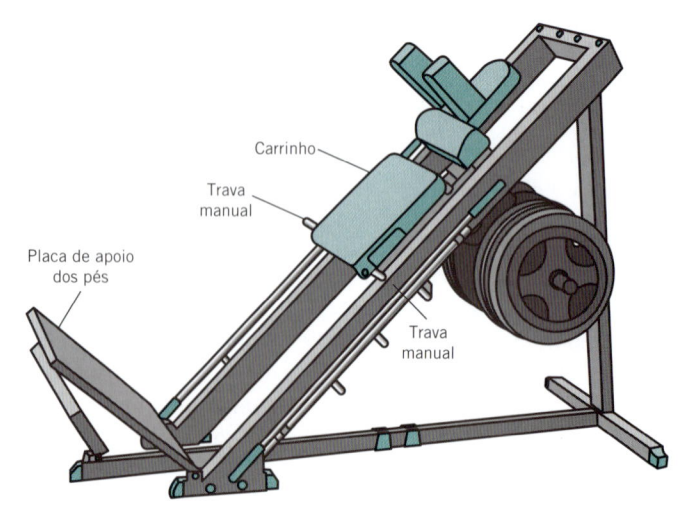

Figura P1.3P

mover, o carrinho teve que ser levantado para que ela pudesse levantar sua perna.

Nota: Provavelmente, a inspeção de um equipamento de agachamento seja necessária para resolver esse problema.

De seu ponto de vista, aborde a questão de saber se o sistema de travamento do equipamento de agachamento acidentalmente gerou uma situação de perigo. (De modo alternativo, aborde a questão de saber se um equipamento similar específico corresponderia a um "projeto razoavelmente seguro" e se existe um projeto alternativo mais seguro.)

1.4P Pesquise na página da OSHA (Occupational Savety & Health Administration — Órgão regulador das atividades de operação de máquinas nos Estados Unidos) http://www.osha.gov e na Regulamentação 29 CFR 1910.211, *Definitions* e defina os seguintes termos sobre prensas: freio (*brake*), embreagem (*clutch*), dispositivo de controle para duas mãos, dispositivo de corte ou formador (*die*), pedal, ponto de aperto, ponto de operação. A regulamentação para prensas são apresentadas no documento 29 CFR 1910.217. Mostre, esquematicamente, uma prensa e identifique a localização de cada item.

1.5P Pesquise na página da OSHA http://www.osha.gov e imprima uma cópia da Regulamentação 29 CFR 1910.212, *General requirements for all machines* (Requisitos gerais para todas as máquinas). Com esses requisitos, identifique uma máquina que você tenha utilizado e que possui proteção contra eventuais acidentes do operador ou de outras pessoas na área de operação da máquina. Faça um esquema da máquina e indique o dispositivo de proteção, a fonte de energia, o ponto de operação e a zona de perigo.

1.6P Pesquise a página da OSHA http://www.osha.gov e reveja a seção relacionada à proteção de máquinas. Liste os métodos gerais utilizados na proteção dos perigos conhecidos relacionados às máquinas. Forneça exemplos específicos de condições em que a proteção deve ser adotada.

1.7P Em um rancho de bovinos ocorreu um acidente que resultou no ferimento do operador de um moedor de cuba. O moedor estava sendo utilizado para moer fardos de feno. O equipamento era acionado por um trator por meio (i) da pressão de um fluido hidráulico (o qual energiza um motor hidráulico que gira a cuba) e (ii) de uma tomada que alimenta um moinho de martelos que gira para "moer" o fardo de feno. A calha de descarga do moedor entupiu durante a operação. O operador saiu da cabine do trator e desligou a tomada de alimentação do moinho de martelos, mantendo o motor do trator ligado. Ele caminhou até a área do bocal de descarga do moedor de cuba, removeu os pinos e abril os escudos protetores do moedor. O operador atingiu a abertura desprotegida e por algum descuido, sua mão direita entrou em contato com o moinho de martelos do moedor que ainda girava. O que se questiona é (a) se o moedor continha sinais de advertência apropriados, (b) se o moinho de martelos do moedor estava protegido adequadamente e (c) se o moinho de martelos desacelera gradativamente até parar, ou se o moinho de martelos poderia parar de girar imediatamente com o desligamento da tomada de alimentação. Pesquise na página de regulamentação da OSHA http://www.osha.gov e reveja, especificamente, as regulamentações 29 CFR 1910.212, *General requirement for all machines* (Requisitos gerais para todas as máquinas), 29 CFR 1910.147, *The control of hazardous energy (lockout/tagout)* (Controle de energias perigosas (bloqueio/etiquetagem)) e 29 CFR 1910.145, *Specifications for accident prevention signs and tags* (Especificações de sinais e etiquetas de prevenção de acidentes). Escreva alguns parágrafos explicando como cada regulamentação seria aplicada ao moedor de cuba.

1.8P Em relação ao Problema 1.7P,

(a) Esquematize um moedor de feno de cuba e estabeleça um dispositivo de proteção, uma fonte de energia, o ponto de operação e uma zona de perigo.

(b) Liste os procedimentos gerais utilizados para proteger o moedor de cuba de perigos conhecidos.

(c) Escreva um parágrafo explicando o procedimento de bloqueio/etiquetagem para o trator e para o moedor de feno de cuba.

(d) Desenvolva uma sinalização/indicação de advertência que possa ser aplicada aos protetores do moedor de cuba.

(e) Esquematize um dispositivo que possa ser utilizado para interromper "imediatamente" a rotação de um moinho de martelos se a tomada de alimentação do trator for "desligada".

1.9P A ocorrência de um acidente resultou na amputação da mão de um operário que operava uma máquina denominada talhadeira de paletes, que corta entalhes de 2 in (5,08 cm) $\times$ 4 in (10,16 cm) em placas de madeira compensada, utilizadas na construção de paletes. As placas se movem sobre uma correia até a talhadeira, onde caem em uma área coberta de cerca de quatro pés (1,219 metros) de comprimento. A área coberta abriga dois conjuntos de facas rotativas escalonadas. As placas passam pelo primeiro conjunto de facas, que realiza o entalhe em uma das extremidades e, em seguida, passam pelo segundo conjunto, que realiza o entalhe na extremidade oposta. Durante o acidente, o operário estava recolhendo as peças entalhadas da área de saída da máquina. Ele estava puxando as placas de madeira para fora ao saírem da máquina. Ele sentiu algo atingindo a ponta de seu dedo e, ao puxar seu braço para trás, sua mão havia sido removida próximo do pulso.

Os fatos adicionais desse acidente incluem:

(a) No dia anterior ao acidente, o empregado não tinha sido designado para trabalhar com a talhadeira.

(b) A máquina de talhar paletes envolvida no acidente não era familiar para o empregado.

(c) O empregado estava trabalhando próximo à área de saída da talhadeira no instante do acidente.

(d) A área onde as placas de madeira saem da máquina possui, aproximadamente, 7 in (17,8 cm) de altura e estão entre 19 e 20 in (48,3 e 50,8 cm) do ponto de operação. Essa distância é facilmente atingida por um empregado que trabalha na região de saída da máquina (registro da OSHA).

(e) Um pedaço de tapete "pendurado" localizado na frente da saída da máquina prejudicou a visibilidade das lâminas e permitiu que o empregado as alcançasse por baixo.

(f) A talhadeira de paletes não estava preparada para proteger os empregados do ponto de operação (registro da OSHA).

(g) O empregado sabia da necessidade de proteção e estava consciente de que a talhadeira de paletes não estava protegida (registro da OSHA).

(h) O empregado, declaradamente, não foi informado da localização das lâminas da máquina do acidente.

(i)   No instante do acidente não havia nenhum aviso na máquina para alertar o empregado que uma lâmina cortante estava a seu alcance.

(j)   O empregado não foi instruído a utilizar um puxador para retirar as placas de madeira que não saíam da máquina.

(k)   Foi proposta uma citação (emitida quando o empregador sabidamente comete uma transgressão) de violação da regulamentação 1910.212(a)(3)(ii) (registro da OSHA).

Consulte a regulamentação da OSHA no endereço http://www.osha.gov e, especificamente, reveja a seção 29 CFR 1910.212(a)(3)(ii). Escreva um parágrafo relacionando essa seção ao acidente descrito. Liste também as formas pelas quais esse acidente poderia ter sido evitado.

1.10P   Um posto de observação de caça é suportado por uma única coluna vertical e estabilizado por meio de, no mínimo, três cabos de sustentação. Os cabos de sustentação podem ser fixados a estacas posicionadas no solo ou fixadas nas proximidades de objetos como pedras, árvores ou raízes. A configuração de coluna única permite sua instalação em diversos terrenos com ou sem sua fixação a árvores. O posto de observação de caça constituído por uma única coluna fornece um campo de visão de 360° e a liberdade de um movimento de rotação completa por meio de um assento giratório fixado no topo da coluna. O assento giratório com encosto pode ser elevado até a altura desejada pela mudança do comprimento da coluna. A coluna é equipada com degraus que permitem o acesso à cadeira sem a necessidade de ajustar ou mover o suporte. O dispositivo de coluna única não requer sua fixação diretamente a uma árvore, nem requer que se escale uma árvore para acesso ou saída. A coluna única pode ser desarmada ou desmontada de modo a se encurtar seu comprimento; a cadeira giratória pode ser destacada; e os fios enrolados para permitir uma embalagem compacta, de fácil transporte, montagem, movimentação e armazenamento. Com base no estudo da coluna única utilizada como posto de observação de caça, conforme descrito, reveja o projeto desse dispositivo e questione se a coluna única do posto de observação de caça é um "projeto razoavelmente seguro" utilizando as seguintes categorias:

(a)   A *utilidade e conveniência* do produto.

(b)   A *disponibilidade* de outros produtos similares mais seguros atenderem às mesmas necessidades.

(c)   A *probabilidade* de acidente e sua provável gravidade.

(d)   A *evidência* do perigo.

(e)   O *conhecimento comum e a expectativa normal pública* de perigo (particularmente para produtos já estabelecidos).

(f)   A *prevenção* de acidentes por cuidados no uso do produto (incluindo o efeito das instruções e avisos).

(g)   A habilidade de *eliminar* o perigo sem prejudicar seriamente a utilidade do produto ou tornando-o excessivamente caro.

Para referência, consulte Sides *et al.*, 4.674,598.

1.11P   Na residência de um senhor idoso ocorreu um acidente quando este se feriu ao tentar reparar a correia de transmissão de uma esteira de exercício utilizando uma lixa. A esteira do acidente era alimentada por um motor CC de 2 hp (1,49 kW), e era operada pelo homem enquanto tentava reparar o equipamento

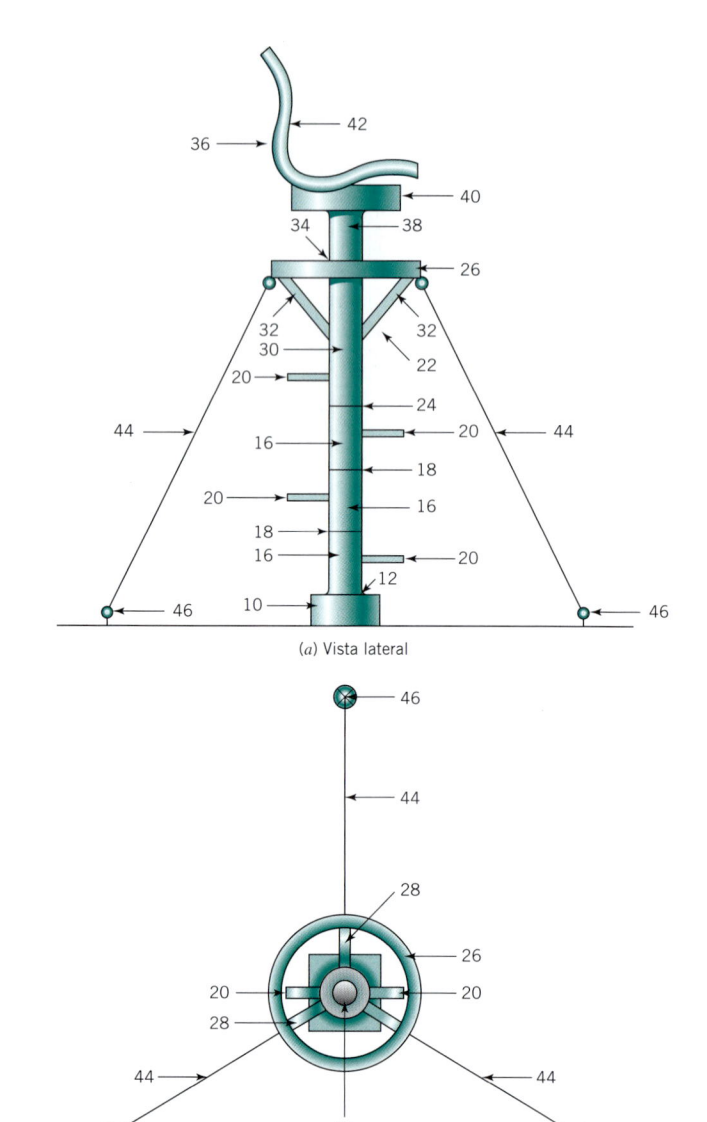

(a) Vista lateral

(b) Vista de topo

FIGURA P1.10P

aplicando uma lixa à correia em V de acionamento do motor no instante do acidente.

Na realidade, ele decidiu remover a proteção do motor da esteira, pois, assim, ele teria melhor acesso à parte inferior da correia da pista da esteira. Ele notou que a correia de acionamento apresentava um certo "brilho". Assim, ele pegou uma lixa de rolo, acionou o motor elétrico de 2 hp (1,49 kW) e tentou aplicar — na região de estreitamento da correia da pista — a lixa à correia de acionamento para remover o "brilho" enquanto o motor da esteira e a correia da pista estavam operando. O dedo médio de sua mão direita foi puxado juntamente com a lixa para região entre a correia do motor e a polia de acionamento. Ele sofreu a lesão de seu dedo como resultado do acidente. Com base em seu ponto de vista, aborde a questão de se a esteira do acidente era razoavelmente segura. Liste também as possíveis causas do acidente.

1.12P   A energização inesperada ou não intencional de uma máquina, ou sua partida, ou ainda a liberação de uma energia armazenada, durante a operação ou manutenção da máquina pode

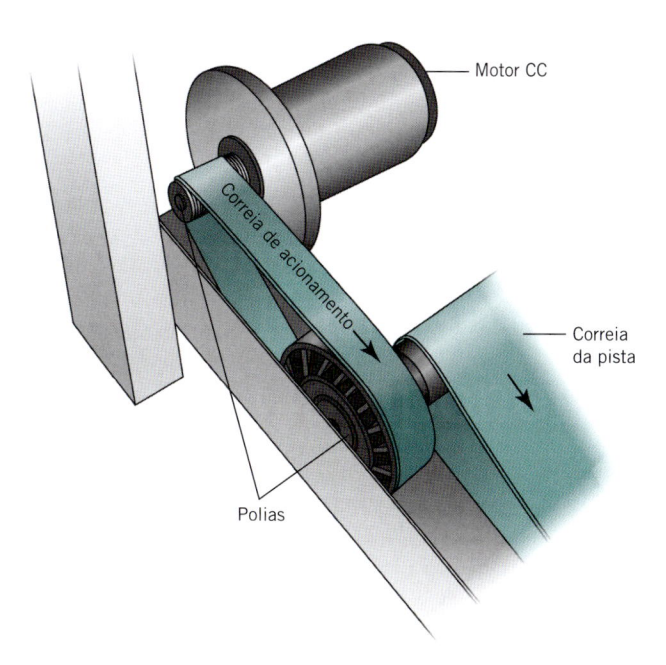

FIGURA P1.15P

FIGURA P1.11P

tambor. A corrente girante deslizou em volta do pulso do trabalhador e puxou-o para junto do tambor quando a folga da corrente foi estirada. A corrente girante também atingiu o trabalhador na região da virilha e fraturou sua perna e cortou sua artéria femoral. O perfurador parou o guincho de perfuração antes do trabalhador ser completamente puxado para dentro do compartimento do tambor. Sua perna foi amputada e os ferimentos em sua mão resultaram em uma incapacidade permanente. O tambor do guincho de perfuração era protegido com um compartimento metálico que isolava o tambor em sua região frontal mais baixa, no topo e nas laterais. Entretanto, havia uma abertura de aproximadamente 4' × 3'(1,219 m x 0,914 m)que propiciava as folgas adequadas à linha rápida para ser enrolada e desenrolada no tambor que não possuía nenhuma barreira de proteção. (Veja a Figura P1.15P.) Aparentemente, os tambores utilizados nos locais de perfuração de poço de petróleo foram projetados e construídos, como descrito acima, sem nenhuma barreira de proteção para proteger os operários que trabalham muito próximos a eles do perigo de ficarem presos no ponto entre o movimento da linha rápida e o tambor. Pesquise as regulações da OSHA no endereço http://www.osha.gov e, especificamente, reveja a regulação 29 CFR 1910.212(a)(1), *General requirements for all machines* (Requisitos gerais para todas as máquinas). Escreva um parágrafo explicando como essa seção se aplicaria ao tambor. Sugira também uma proteção (um projeto) que poderia ter evitado esse acidente.

resultar em acidentes ou mesmo a morte de um operário. Reveja a regulamentação 29 CFR 1910.147 intitulada *The control of hazardous energy (lockout/tagout)* (Controle de energias perigosas (bloqueio/etiquetagem)) na página http://www.osha.gov e escreva um parágrafo explicando o procedimento de bloqueio/etiquetagem para máquinas ou equipamentos.

1.13P Projete um sinal de perigo e um sinal de advertência para uma prensa. Para especificações consulte a página http://www.osha.gov para 29 CFR 1910.145 intitulada *Specifications for accident prevention signs and tags* (Especificações para sinais e etiquetas de prevenção de acidentes). Descreva a diferença entre um sinal de perigo e um sinal de advertência. Quando é que o sinal de "Atenção" é utilizado?

1.14P Com base em suas observações e experiências, descreva sucintamente (talvez uma ou duas páginas impressas em espaço duplo) um exemplo específico de projeto de engenharia mecânica que você considera *excelente* do ponto de vista da *segurança*, *ecológico* e *sociológico*. (Preferivelmente, escolha um exemplo que reflita sua observação e consciência invés de um que tenha destaque na mídia.) Os aspectos positivos destacados por você devem refletir as características técnicas/profissionais esperadas de um engenheiro.

1.15P De acordo com um diretor dos programas de campo da OSHA, uma plataforma de perfuração estava no processo de levantamento do conjunto da catarina, da kelly e da cabeça de injeção (*swivel*) quando ocorreu um acidente na plataforma de perfuração de um poço petróleo. Durante uma operação de perfuração, um cabo do guincho foi fixado ao tubo de kelly como linha assessória para evitar que ele balance. As duas mãos do operador estavam monitorando o tubo de kelly quando ele foi puxado para fora do buraco de rato. Uma das mãos pegou a corrente girante e se posicionou próximo ao tambor de acionamento do guincho de perfuração enquanto esperava pelo posicionamento do tubo de kelly sobre o buraco. Quando o operador jogou a extremidade da corrente de fiação por cima de seus ombros, ele ficou emaranhado no cabo da linha mais rápida quando esta estava sendo enrolada no

1.16P Os blocos estacionamento evitam o movimento de carros e outros veículos atuando como um meio-fio. Infelizmente, para pessoas idosas ou outras com deficiências visuais, eles algumas vezes são de difícil visualização por se apresentarem a apenas quatro a oito polegadas (12,7 a 20,3 cm) acima do piso. Uma norma ASTM recomenda que esses blocos não sejam utilizados em estacionamentos de grande porte e em garagens. Por outro lado, a organização Americans for Disabilities Act (ADA) mostra o uso dos blocos de estacionamento no projeto dos espaços de estacionamento para pessoas com deficiência de habilidades. Quais são as vantagens e desvantagens desses blocos utilizados em estacionamentos? Qual é sua opinião sobre o fato de a utilidade superar o risco de danos com o uso dos blocos de estacionamento? Existem certos locais onde os blocos de estacionamento não devem ser utilizados? Existem estacionamentos de garagens que não utilizam os blocos de estacionamento?

1.17P As escadas — *e os engenheiros mecânicos algumas vezes projetam escadas* — possuem determinados requisitos geométricos para seus projetos, por exemplo, os degraus das escadas devem propiciar uma subida uniforme. Reveja as normas de construção locais relacionadas a escadas e degraus, e registre os requisitos de subida. Aborde e responda também à questão: Por que as normas de construção como a relacionada às escadas são necessárias?

1.18P Um acidente no qual uma seção da viga de uma passarela em demolição caiu em uma área de armazenagem de bagaço de um moinho de açúcar, resultou na morte de um operário posicionado no topo da passarela. A passarela do acidente foi construída com duas vigas mestras de aço na forma de canal C com dimensões de 2,625 in por 10 in(6,67 cm por 25,4 cm)espaçadas de três pés (0,914 metro) com piso de metal constituído de grades soldadas ao topo das vigas com a forma de canal C. A passarela possuía corrimãos soldados e estavam a, aproximadamente, três pés (0,914 metro)de largura, 11 ft (3,35 m)de comprimento e localizados a uma altura de 40 ft (12,19 m) em relação ao nível do solo. Essa seção pesava mais de 800 lbs (3559 N). O operário estava posicionado sobre a região da viga da passarela cortando através do piso gradeado da passarela quando a seção da viga da passarela inesperadamente cedeu e caiu na área imediatamente abaixo. A demolição da passarela deixou uma seção da viga da passarela suportada pelo piso metálico gradeado e por uma solda subdimensionada. A demolição ocorreu sem o estudo de engenharia da integridade estrutural da passarela de bagaço e sem um plano adequado de demolição. Um estudo apropriado de engenharia da integridade estrutural da passarela de armazenagem de bagaço, bem como um plano adequado de demolição dentro de uma probabilidade razoável teria evitado o acidente.

Pesquise a regulação da OSHA no endereço http://www.osha.gov e reveja as seções 29 CFR 1926.501(a)(2) e 29 CFR 1926.850(a). Escreva um parágrafo relatando cada seção referente ao acidente mencionado e descreva de que forma, ao se seguir a regulação, seria possível reduzir o risco aos operários.

1.19P Escreva um relatório consultando o endereço da Internet http://www.uspto.gov. Do ponto de vista de um engenheiro mecânico, discuta *conteúdos*, *utilidade*, *custo*, *facilidade de uso* e *clareza da página*. Identifique as ferramentas de pesquisa disponíveis.

1.20P Repita o Problema 1.19P, dessa vez utilizando o endereço http://www.osha.gov.

1.21P Repita o Problema 1.19P, dessa vez utilizando os endereços http://www.ansi.org e http://www.iso.ch.

1.22P O iPhone 3G e 3GS da Apple utiliza alguns materiais de engenharia os quais, declaradamente, incluem:

(a) vidro, para a cobertura do mostrador frontal

(b) aço, para a peça de acabamento do bordo do perímetro externo

(c) plástico, para tampa traseira fundida (vidro para a tampa traseira do iPhone 4®)

Reveja a Seção 1.3 de seu livro sobre Considerações Ecológicas, no que diz respeito a seleção de materiais tendo os fatores ecológicos em mente, reveja a declaração ambiental da Apple para o iPhone, e pesquise na Internet informações adicionais, especialmente um relatório elaborado pelo Greenpeace. Em seguida, escreva um relatório com três referências sobre os esforços da Apple para projetar e fabricar produtos ambientalmente corretos.

1.23P Como os engenheiros podem ajudar a evitar catástrofes como a inundação de Jonestown, o acidente de Chernobyl, a destruição da ponte do Estreito de Tacoma, o colapso da passarela do hotel em Kansas City, os acidentes da Challenger e da Columbia? Existem algumas causas originárias comuns a essas tragédias? Você pode planejar visando a falha? Você pode aprender com base nas falhas?

1.24P No esforço de conter a liberação de dióxido de carbono pelas usinas nucleares dos Estados Unidos, está sendo considerada a possibilidade dos proprietários das usinas poderem investir em florestas e árvores que convertam o dióxido de carbono em oxigênio. Discuta as posições dos proponentes e dos oponentes em relação ao que algumas vezes é chamado de "imposto do carbono". Quais são suas opiniões sobre as vantagens e desvanta-

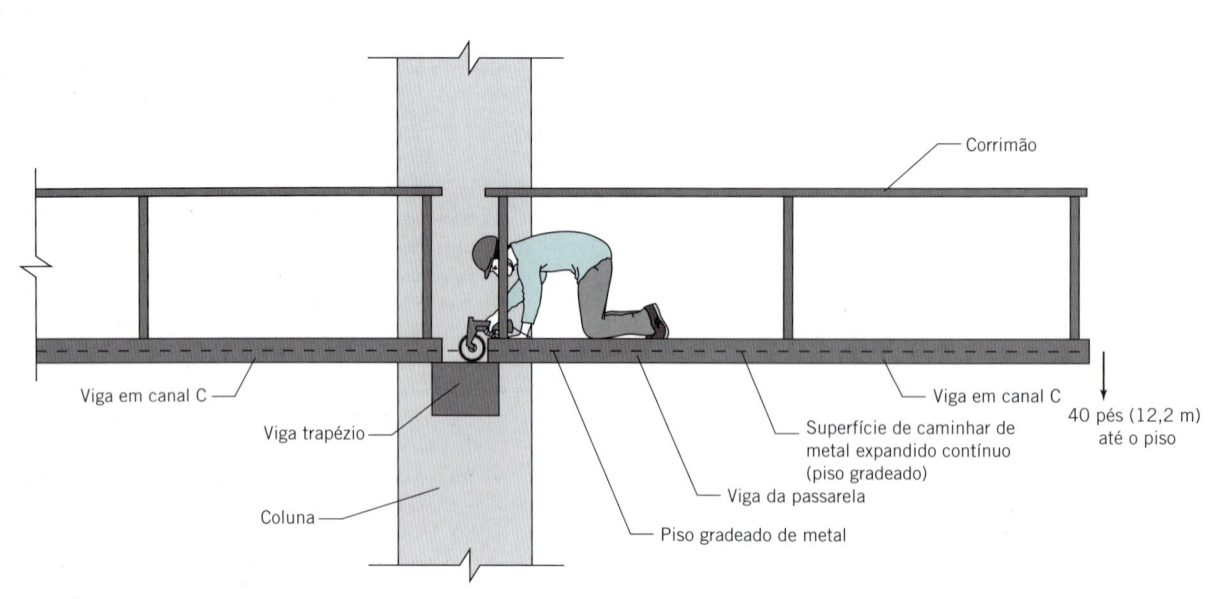

Corrimão

Viga em canal C

Viga trapézio

Coluna

Superfície de caminhar de metal expandido contínuo (piso gradeado)

Viga da passarela

Piso gradeado de metal

Viga em canal C

40 pés (12,2 m) até o piso

FIGURA P1.18P

gens dos incentivos fornecidos pelo governo (incentivos fiscais) para certas ações? Esses incentivos podem ser negociados, isto é, interesse e competitividade podem ser gerados, tornando o incentivo uma atividade de participação das companhias?

1.25P Sendo disponibilizados dez milhões de dólares, como engenheiro, de que modo você gastaria esse dinheiro em um empreendimento para modernizar e melhorar a vida da sociedade?

1.26P Quais seriam as vantagens e desvantagens — admitindo que sejam legais — para uma cidade, juntamente com os proprietários de empresas de fabricação de semicondutores de chips que operam na cidade, em fixar um limite de trabalho para seus empregados?

1.27P Algumas regiões do país têm permitido o estabelecimento legal de cassinos e casas de jogos. Como engenheiro envolvido no desenvolvimento de equipamentos de jogos, qual seria seu conselho técnico para o estado fornecer algum tipo de diretriz, se houver, para sua conduta como engenheiro? De uma perspectiva sociológica, quais são as vantagens e desvantagens em se permitir os jogos de azar?

1.28P No esforço de reduzir a poluição das grandes cidades, um governo estadual forneceu incentivos aos proprietários das indústrias poluentes para se deslocar para áreas menos populosas com significativa queda da poluição, especialmente indústrias como fundições que produzem ruído e poluição do ar com fumaças e mau cheiro. Quais são as vantagens e desvantagens desse tipo de sistema de "distribuição" da poluição? A dispersão da poluição resolve o problema de saúde e/ou reduz as queixas dos cidadãos?

1.29P O risco tem sido definido como a severidade do resultado de um evento relacionado ao risco multiplicado pela probabilidade de ocorrência do evento. Diversas publicações incluem os conceitos de risco residual e aceitável ou risco tolerável. Reveja a literatura, incluindo o relatório técnico ANSI B11. TR3-2000 e escreva um relatório (que inclua três referências) sobre o conceito de risco tolerável e redução de risco. Nesse documento, forneça as definições de risco, probabilidade, risco residual, risco, segurança, severidade e risco tolerável.

1.30P Considere esses trechos de um extenso artigo sobre corridas de automóvel publicado na *Tribuna de Chicago* em 14 de fevereiro de 2001, em que Mario Andretti é citado como tendo dito: "No início de uma estação, eu gostaria de observar do entorno de uma reunião de pilotos e pensar, 'Eu gostaria de saber quem não estará aqui no final?' Houve anos em que perdemos até seis colegas." O extenso artigo apresenta a história das fatalidades nas corridas de automóveis, bem como, relata as notáveis modificações realizadas ao longo dos anos para tornar as corridas menos arriscadas. Apesar disso, o número de fatalidades com pilotos em relação ao número de pilotos envolvidos seria considerado inaceitável em outros ambientes de trabalho.

Reveja a literatura, incluindo o relatório técnico ANSI B11.TR3-2000, e escreva um relatório (que inclua três referências) sobre o conceito de risco tolerável. Nesse relatório, realize uma discussão comparativa entre o risco tolerável para um piloto de carro de corrida e para um empregado e usuário de uma máquina de escritório, como por exemplo, uma copiadora.

Seções 1.6 e 1.7

1.31P Investigue a página da Internet www.analyticcycling.com que fornece alguns procedimentos técnicos para o cálculo e estimativas de desempenho no ciclismo. Constate que os cálculos de conversão fornecidos na página convertem corretamente as unidades de velocidade (mph para km/h), temperatura (F para °C) e força (lb para N). Escreva um breve parágrafo sobre como você verificou que a conversão calculada está "correta". O que poderia aumentar sua confiança no cálculo da conversão fornecido pela página da Internet?

1.32 Verifique a homogeneidade dimensional das seguintes equações: (a) $F = ma$, (b) $W = Fs$ e (c) $\dot{W} = T\omega$, onde m = massa, a = aceleração, F = força, W = trabalho, s = distância, ω = velocidade angular, T = torque e $\dot{W}$ = potência.

1.33 Um corpo possui massa de 10 kg em um local onde a aceleração da gravidade é de 9,81 m/s². Determine seu peso em unidades do sistema (a) Inglês de Engenharia, (b) Gravitacional Inglês e (c) SI.

1.34 Um corpo cuja massa é de 7,8 kg ocupa um volume de 0,7 m³. Determine seu peso, em newtons, e sua massa específica média, em kg/m³, (a) em um local sobre a Terra onde $g = 9,55$ m/s², (b) na Lua, onde $g = 1,7$ m/s².

1.35 Um componente de uma nave espacial ocupa um volume de 8 ft³(0,23 m³)e pesa 25 lb(111 N)em um local onde a aceleração da gravidade é de 31,0 ft/s² (9,45 m/s²). Determine seu peso, em libras, e sua massa específica média, em lbm/ft³, na Lua, onde $g = 5,57$ ft/s²(1,7 m/s²).

1.36 Uma mola se alonga de 5 mm por newton de força aplicada. Um corpo é suspenso dessa mola e um deslocamento de 30 mm é observado. Se $g = 9,81$ m/s², qual é a massa do corpo (em kg)?

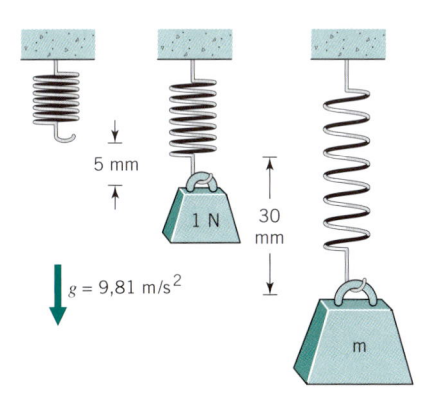

FIGURA P1.36

1.37 Um corpo pesa 20 lb (89 N) em um local onde a aceleração da gravidade é $g = 30,5$ ft/s²(9,3 m/s²). Determine a magnitude da força líquida (lb) necessária para acelerar um corpo a 25 ft/s²(7,62 m/s²).

1.38 O Sistema Gravitacional Inglês utiliza a unidade de massa slug. Por definição, uma massa de 1 slug é acelerada a uma taxa de 1 lb/s² por uma força de 1 lb. Explique por que essa é uma unidade de massa conveniente.

1.39 A desaceleração é, algumas vezes, medida em g's ou múltiplos da aceleração da gravidade-padrão. Determine a força, em newtons, sentida pelo passageiro de 68 kg de um veículo se a desaceleração em um teste de colisão é de 50g.

1.40 Um corpo possui uma massa de 8 kg. Determine (a) seu peso em um local onde a aceleração da gravidade $g = 9,7$ m/s² e

(b) a amplitude de uma força resultante, em N, necessária para acelerar o corpo a 7 m/s².

1.41   Uma camionete pesa 3300 lb (14.679 N). Qual é a amplitude da força resultante (lb) necessária para acelerá-la a uma taxa constante de 5 ft/s² (1,524 m/s²)? A aceleração da gravidade é $g = 32,3$ ft/s² (9,81 m/s²).

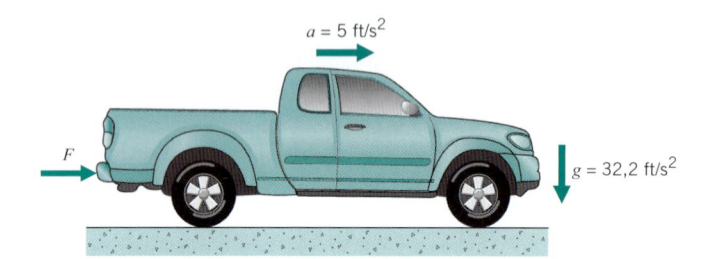

$a = 5$ ft/s²

F

$g = 32,2$ ft/s²

FIGURA P1.41

1.42P   Um corpo metálico maciço possui um volume de 0,01 m³. Selecione um material metálico no Apêndice C-1 e utilize sua massa específica para determinar: (a) o peso do corpo em um local onde a aceleração da gravidade é $g = 9,7$ m/s², e (b) a amplitude da força resultante, em N, necessária para acelerar o corpo a 7 m/s² na direção horizontal.

Seções 1.8–1.10

1.43   Um bloco pesando 3000 lb (13.345 N) desliza sobre uma superfície plana cujo coeficiente de atrito é de 0,7 a uma velocidade inicial de 88 pés por segundo (26,82 m/s). Determine a força de atrito que causa a desaceleração do bloco. Qual a distância percorrida pelo bloco em desaceleração até parar? Quantos segundos são gastos para o bloco atingir o repouso? Qual o valor do trabalho realizado para parar o bloco? Qual era a energia cinética inicial do bloco?

1.44   Um carro, mostrado na Figura P1.44, pesando 3000 lb (13.345 N) reboca um carrinho de um único eixo e duas rodas que pesa 1500 lb (6.672 N) a uma velocidade de 60 mph (96,56 km/h). O carrinho não possui freios, e o carro, que por si próprio desacelera a 0,7g, produz a força de frenagem global. Determine a força aplicada para desacelerar o carro

e o carrinho. Determine a desaceleração do carro e do carrinho a ele acoplado. Qual a distância percorrida pelo carro e o carrinho durante a desaceleração até parar? Quantos segundos são gastos até a parada do veículo?

1.45   Um carro pesando 3000 lb (13.345 N), movendo-se a 60 mph (96,56 km/h), desacelera a uma taxa de 0,7g após os freios serem acionados. Determine a força aplicada para desacelerar o carro. Qual a distância percorrida pelo carro durante a desaceleração até parar? Quantos segundos são gastos para o carro parar?

1.46   Uma corda de pular é feita de material elástico com dois seguradores ocos de plástico fixados nas extremidades. Dois garotos, em vez de utilizar a corda para pular, decidem utilizá-la como cabo de guerra. Cada garoto puxa uma extremidade da corda. Em um dado instante, um dos garotos soltou seu lado da corda, o outro segurou a outra extremidade e foi quase que imediatamente atingido no olho pela ponta do segurador liberado. Deduza uma equação para a energia armazenada na corda. Uma força de 9 lb (40 N) estava aplicada a cada segurador alongando a corda em 10 in (25,4 cm) no instante imediatamente anterior à liberação de uma de suas extremidades. A corda e o segurador pesam 2 oz (0,556 N). Qual foi a velocidade aproximada do segurador quando atingiu o olho de um dos garotos?

1.47P   Um fio, suspenso verticalmente, possui uma área de seção transversal de 0,1 in² (0,645 cm²). Uma força orientada para baixo, aplicada à sua extremidade, provoca seu alongamento. A força é aumentada linearmente desde um valor inicial nulo até o valor de 2500 lb (11.121 N), e o comprimento do fio aumenta de 0,1%. Defina um comprimento para o fio e utilize-o para determinar (a) a tensão normal atuante sobre ele, em lb/in², e (b) o trabalho realizado durante esse alongamento, em ft·lb.

1.48   A Figura P1.48 mostra um corpo com massa de 5 lbm (2,27 kg) preso a uma corda enrolada a uma polia cujo raio é de 3 in (7,6 cm). Se a massa cai a uma velocidade constante de 5 ft/s (1,524 m/s), determine a potência transmitida à polia, em hp, e a velocidade de rotação da polia, em rotações por minuto (rpm). A aceleração da gravidade é $g = 32,2$ ft/s² (9,81 m/s²).

[Resp.: 0,045 hp, 191 rpm]

1.49   O eixo de entrada de uma caixa de transmissão gira a 2000 rpm e transmite uma potência de 40 kW. A potência do eixo

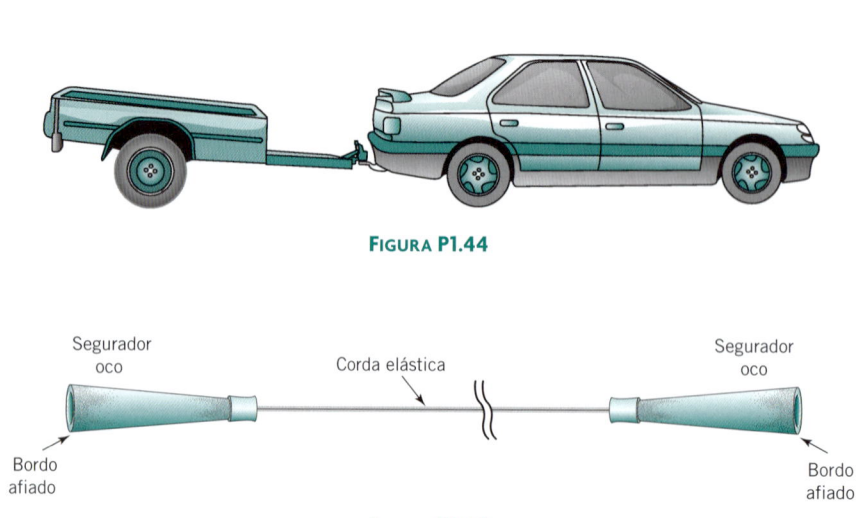

FIGURA P1.44

Segurador oco   Corda elástica   Segurador oco

Bordo afiado   Bordo afiado

FIGURA P1.46

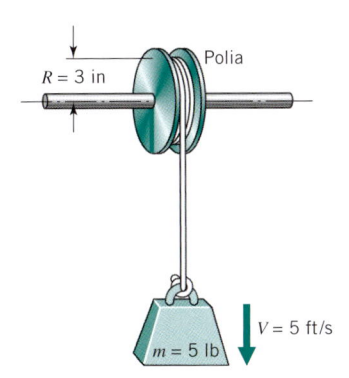

FIGURA P1.48

de saída é de 36 kW a uma velocidade de rotação de 500 rpm. Determine o torque atuante em cada eixo, em N·m.

1.50 Um motor elétrico consome uma corrente de 10 ampères (A) de uma fonte de alimentação de 110 V. O eixo de saída desenvolve um torque de 9,5 N·m a uma velocidade de rotação de 1000 rpm. Todos os dados de operação são constantes em relação ao tempo. Determine (a) a potência elétrica necessária ao motor e a potência desenvolvida pelo eixo de saída, ambas em quilowatts; (b) a potência líquida de entrada para o motor, em quilowatts; (c) a energia transferida para o motor pelo trabalho elétrico e a energia transferida pelo motor para o eixo, em kW·h e em Btu, durante 2 h de operação.

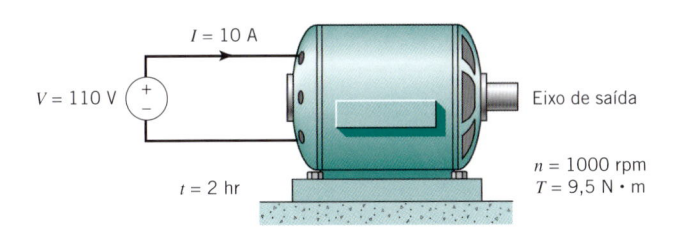

FIGURA P1.50

1.51 Um aquecedor elétrico consome uma corrente constante de 6 A de uma fonte cuja tensão é de 220 V, durante 10 h. Determine a energia total fornecida ao aquecedor pelo trabalho elétrico, em kW·h.

1.52P A força de arrasto, F_d, imposta pelo ar nas vizinhanças de um automóvel em movimento com velocidade V, é expressa por

$$F_d = C_d A \tfrac{1}{2} \rho V^2$$

em que C_d é uma constante denominada coeficiente de arrasto, A é a área frontal projetada do veículo e ρ é a massa específica do ar. Para $C_d = 0,42$, $A = 2$ m^2 e $\rho = 1,23$ kg/m^3, (a) calcule a potência necessária (kW) para o veículo vencer o arrasto a uma velocidade constante de 100 km/h e (b) calcule e represente graficamente a potência necessária (kW) para vencer o arrasto em função da velocidade, para uma faixa de V entre 0 e 120 km/h.

1.53 Para um veículo movendo-se a uma velocidade V, determine a *potência*, em kW, para vencer o arrasto aerodinâmico. Em geral, a força de arrasto, F_d, imposta a um veículo pelo ar em seu entorno é expressa por

$$F_d = C_d A \tfrac{1}{2} \rho V^2$$

em que C_d é uma constante para o veículo denominada coeficiente de arrasto, A é a área frontal projetada do veículo e ρ é a massa específica do ar. Para esse veículo, $C_d = 0,60$, $A = 10$ m^2, $\rho = 1,1$ kg/m^3 e $V = 100$ km/h.

1.54 A resistência ao rolamento dos pneus, F_r, oposta ao movimento de um veículo é expressa por

$$F_r = fW$$

em que f é uma constante denominada coeficiente de resistência ao rolamento e W é o peso do veículo. Para um veículo que se move a 100 km/h com peso $W = 300$ kN, calcule a *potência* em kW necessária para vencer a resistência ao rolamento do veículo para $f = 0,0070$.

1.55 Desenvolva uma equação para a potência necessária, em hp, a um veículo movendo-se em uma pista nivelada para vencer (a) a força de arrasto aerodinâmico do ar no entorno do veículo e (b) a força de resistência ao rolamento dos pneus. A força de arrasto, F_d, imposta a um veículo pelo ar em seu entorno é expressa por

$$F_d = C_d A \tfrac{1}{2} \rho V^2$$

em que C_d é uma constante para o veículo denominada coeficiente de arrasto, A é a área frontal projetada do veículo, ρ é a massa específica do ar e V é a velocidade do veículo. A resistência ao rolamento dos pneus, F_r, oposta ao movimento do veículo é expressa por.

$$F_r = fW$$

em que f é uma constante denominada coeficiente de resistência ao rolamento e W é o peso do veículo. Qual é a equação para a potência requerida em kW?

1.56 Uma barra cilíndrica maciça com 5 mm de diâmetro é alongada vagarosamente desde um comprimento inicial de 100 mm até um comprimento final de 101 mm. A tensão normal atuante na extremidade da barra varia de acordo com a expressão $\sigma = E(x - x_1)/x_1$, em que x é a posição da extremidade da barra, x_1 é o comprimento inicial e E é uma constante característica do material (módulo de elasticidade). Para $E = 2 \times 10^7$ kPa, determine o trabalho realizado sobre a barra (J).

1.57 Um cabo de aço, suspenso verticalmente, possui uma área de seção transversal de 0,1 in^2 (0,645 cm^2) e um comprimento inicial de 10 ft (3,05 m). Uma força direcionada na vertical para baixo aplicada à extremidade do cabo provoca seu alongamento. A força varia linearmente com o comprimento do cabo desde um valor inicial nulo até 2500 lb (11.121 N), quando o comprimento do cabo aumentou de 0,01 ft (3,05 mm). Determine (a) a tensão normal, em lb/in^2, na extremidade do cabo em função de seu comprimento e (b) o trabalho realizado durante o alongamento do cabo, em ft·lb.

1.58 O eixo de manivela de um compressor de ar monocilindro gira a 1800 rpm. A área do pistão é de 2000 mm^2 e o curso do pistão é de 50 mm. Admita um caso "idealizado" em que a pressão média do gás atuante sobre o pistão durante o curso de compressão seja de 1 MPa e a pressão durante o curso referente à entrada de gás seja desprezível. O compressor possui uma eficiência de 80%. Um volante propicia um controle adequado da flutuação da velocidade.

(a) Qual é a potência do motor (kW) necessária para acionar o eixo de manivela?

(b) Qual é o torque transmitido pelo eixo de manivela?

[Resp.: 3,75 kW, 19,9 N·m]

1.59 Qual é a taxa de trabalho de saída de uma prensa que desenvolve 120 golpes por minuto, sendo que em cada golpe é desenvolvida uma força de 8000 N que percorre uma distância de 18 mm? Se a eficiência da prensa é de 90%, qual o torque médio que deve ser fornecido por um motor de acionamento a 1750 rpm?

1.60P Uma prensa desenvolve uma força de 8000 N através de uma distância de 18 mm por golpe. Determine um número de golpes por minuto e calcule a taxa de trabalho de saída por segundo. Se a eficiência da prensa é de 90%, qual o torque médio que deve ser fornecido por um motor de acionamento a 1750 rpm?

1.61 Uma prensa, com volante adaptado para minimizar as flutuações de velocidades, executa 120 golpes por minuto, e cada golpe corresponde a uma força média de 2000 N aplicada ao longo de um curso de 50 mm. A prensa se move através de um redutor de engrenagens que é acionado por um eixo cuja velocidade de rotação é de 300 rpm. A eficiência global é de 80%.

   (a)   Qual é a potência (W) transmitida através do eixo?

   (b)   Qual é o torque médio aplicado ao eixo?

[Resp.: 250 W, 8,0 N·m]

1.62 Repita o Problema 1.61 considerando que a força da prensa seja de 10.000 N, o curso seja de 50 mm e a velocidade do eixo motriz seja de 900 rpm.

[Resp.: 1250 W, 13,26 N·m]

1.63 A lixadeira mostrada na Figura P1.63 pesa 10 lb (44,5 N) e possui uma lixa que se move a uma velocidade de 1000 ft/min (5,08 m/s). Uma força de 10 lb orientada para baixo (além do peso) é aplicada à lixadeira. Se o coeficiente de atrito entre a lixa e o topo de uma mesa plana que está sendo lixada é de 0,30, determine (a) a potência transmitida pela lixa em hp e (b) o trabalho realizado ao se lixar o topo da mesa por um período de 15 minutos, em ft·lb.

FIGURA P1.63

1.64 Um motor a 1800 rpm aciona um eixo de came a 360 rpm através de uma transmissão por correia. Durante cada volta da came o seguidor sobe e desce através de uma distância de 20 mm. Durante cada subida do seguidor ele resiste a uma força constante de 500 N. Durante a descida a força no seguidor é desprezível. A inércia das partes girantes (incluindo um pequeno volante) propicia a uniformidade da velocidade. Desprezando o atrito, qual é a potência necessária ao motor? Você deve ser capaz de fornecer a resposta de três formas: calculando a potência (a) no eixo do motor, (b) no eixo de cames e (c) no seguidor.

[Resp.: 60 W]

1.65 Repita o Problema 1.64 considerando o sistema de unidades Inglês de Engenharia e utilizando um deslocamento de 1 in (2,54 cm) para o seguidor e uma força de 100 lb (445 N) (durante a subida) nele atuante.

1.66P Consulte os endereços http://www.bodine-electric.com e www.electricmotors.machine.design.com, copie as curvas de torque *versus* velocidade e atribua aplicações típicas para vários tipos de motores fracionados e subfracionados (por exemplo, motor de fase dividida, motor de arranque a capacitor, motor de indução, motor monofásico de indução, motor síncrono, motor universal, motor em derivação, motor de campo dividido em série, motor composto etc.).

1.67 O eixo de manivela de uma pequena prensa gira a 100 rpm, com o torque no eixo flutuando entre 0 e 1000 N·m de acordo com a curva A mostrada na Figura P1.67. A prensa é acionada (através de um redutor de engrenagens) por um motor a 1200 rpm. Desprezando as perdas por atrito, qual é a potência teoricamente requerida ao motor:

   (a)   Com um volante apropriado para minimizar as flutuações da velocidade.

   (b)   Sem volante.

[Resp.: (a) 2618 W, (b) 10.472 W]

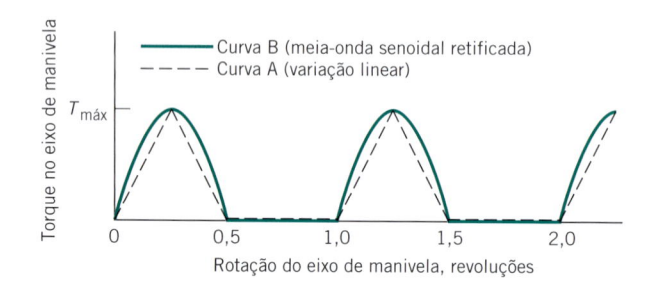

FIGURA P1.67

1.68 Repita o Problema 1.67 considerando o uso da curva B da Figura P1.67.

[Resp.: (a) 3333 W, (b) 10.472 W]

1.69 Qual a inclinação da ladeira que o veículo do Problema Resolvido 1.3 poderia subir (com uma relação de velocidades de 2,64) mantendo uma velocidade constante de 55 mph:

   (a)   Com uma transmissão direta?

   (b)   Com uma transmissão com taxa de redução de 1,6?

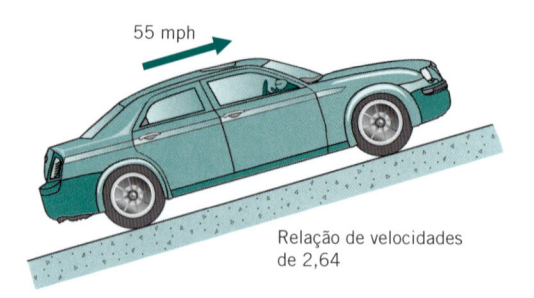

FIGURA P1.69

1.70 Qual é a maior velocidade que o carro do Problema Resolvido 1.3 (com relação de velocidades de 2,64) pode manter quando sobe uma ladeira com inclinação de 10% (isto é, sobe 1 ft (0,305 m) em um trajeto horizontal de 10 ft (3,05 m))?

[Resp.: 73 mph (117,48 km/h)]

1.71 De acordo com a Figura 1.7 para a potência requerida, qual seria a maior redução necessária para permitir que o veículo com uma transmissão "ideal" apresente um desempenho de 30 milhas por galão (mpg) a 70 mph (12,74 km/l a 112,65 km/h)? (Admita que o motor apresente um consumo específico mínimo de combustível de 0,45 lb/hp·h, conforme mostrado na Figura 1.9.)

[Resp.: Cerca de 25%]

2 Análise dos Carregamentos

2.1 Introdução

Este livro é dedicado ao projeto e à análise de máquinas e componentes estruturais. Como esses elementos estão *sujeitos a carregamentos* diversos, uma análise dos esforços aplicados é de fundamental importância. Uma análise completa de tensões e deformações (ou deslocamentos) não terá grande valor se estiver baseada em carregamentos incorretos. Um componente mecânico só será adequado se seu projeto tiver base em cargas operacionais realísticas.

Em alguns casos, as cargas de serviço ou operacionais podem ser determinadas com relativa facilidade, por exemplo, em alguns tipos de motores, compressores e geradores elétricos, os quais operam com torques e velocidades de rotação conhecidas. Em geral, as cargas são de difícil determinação, como as que atuam nos componentes do chassi de um automóvel (as quais dependem das condições das pistas e da forma de dirigir o veículo) ou na estrutura de um avião (que dependem da turbulência do ar e das decisões do piloto). Algumas vezes, são utilizados procedimentos experimentais para a obtenção de uma definição estatística das cargas aplicadas. Em outros casos, os engenheiros utilizam os registros de falhas em serviço em conjunto com as análises de resistência para inferir estimativas razoáveis para as cargas atuantes nos componentes em operação. A determinação das cargas apropriadas é, em geral, uma etapa inicial difícil e desafiadora do projeto de uma máquina ou componente estrutural.

2.2 Equações de Equilíbrio e Diagramas de Corpo Livre

Uma vez determinadas ou estimadas as cargas aplicadas, as equações básicas de equilíbrio permitem que os esforços atuantes em outros pontos de um componente sejam determinados. Para um corpo sem aceleração, essas equações podem ser simplesmente expressas como

$$\Sigma F = 0 \quad \text{e} \quad \Sigma M = 0 \qquad (2.1)$$

Para um corpo acelerado, as equações a serem atendidas são

$$\Sigma F = ma \quad \text{e} \quad \Sigma M = I\alpha \qquad (2.2)$$

Essas equações se aplicam relativamente a cada um dos três eixos mutuamente perpendiculares (geralmente representados por X, Y e Z), embora, em muitos problemas, as forças e os momentos estejam presentes em relação a apenas um ou dois desses eixos.

A importância da análise do equilíbrio de um corpo como procedimento para a determinação das cargas sobre ele atuantes deve ser bastante enfatizada. Sugere-se ao estudante analisar cuidadosamente cada um dos problemas resolvidos a seguir, bem como estudar os procedimentos vetoriais para a garantida do equilíbrio, apresentados no Apêndice G.

PROBLEMA RESOLVIDO 2.1 Automóvel Movendo-se com Velocidade Constante em Linha Reta ao Longo de uma Pista Plana Nivelada

O automóvel carregado de 3000 lb (13.345 N) mostrado na Figura 2.1 se move a 60 mph (96,6 km/h) e, com essa velocidade, a força de arrasto aerodinâmico gera uma perda de potência de 16 hp. O centro de gravidade (CG) e o centro de pressão (CP) aerodinâmico são posicionados conforme indicado. Determine as forças de reação da pista sobre as rodas dianteiras e traseiras.

Solução

Conhecido: Um automóvel de peso definido se move a uma certa velocidade com uma perda de potência devida ao arrasto conhecida.

A Ser Determinado: Determine as forças da pista sobre os pneus.

Esquemas e Dados Fornecidos:

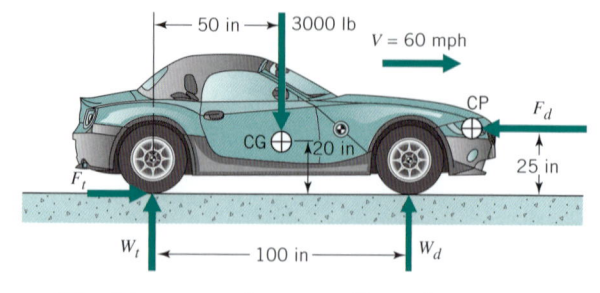

Figura 2.1 Diagrama de corpo livre de um automóvel movendo-se com velocidade constante.

Hipóteses:

1. A velocidade é constante.
2. O automóvel possui tração nas rodas traseiras.
3. As forças aerodinâmicas na direção vertical são desprezíveis.
4. A resistência ao rolamento das rodas é desprezível.

Análise:

1. A potência é igual ao produto da força pela velocidade; 1 hp = 33.000 ft·lb/min e 60 mph = 5280 ft/min (96,6 km/h = 26,8 m/s); logo,

$$hp = \frac{\text{força de arrasto (lb)} \cdot \text{velocidade (ft/min)}}{33.000}$$

$$16 = \frac{(F_d)(5280)}{33.000}$$

$$F_d = 100 \text{ lb}$$

2. O somatório das forças na direção do movimento é igual a zero (sendo a velocidade constante, a aceleração é nula); assim, a força de propulsão do veículo, F_t, deve ser igual a 100 lb (444,8 N) e orientada no sentido do movimento. Essa é a força aplicada *pela* superfície da pista *aos* pneus. (A força aplicada pelos pneus à pista é igual e de sentido oposto.) Essa força é dividida igualmente entre as rodas traseiras para o automóvel de tração traseira mostrado; ela seria aplicada às rodas dianteiras para um veículo de tração nas rodas dianteiras, sem alterar as demais forças.

3. Aplicando a equação de equilíbrio de momentos em relação a um eixo transversal ao veículo, que passa pelos pontos de contato dos pneus traseiros, tem-se

$$\sum M = (3000 \text{ lb})(50 \text{ in}) - (100 \text{ lb})(25 \text{ in}) - (W_d)(100 \text{ in}) = 0$$

Pode-se, assim, obter W_d = 1450 lb (6450 N).

4. Finalmente, igualando a zero o somatório de forças atuantes na direção vertical, obtém-se

$$W_t = 3000 \text{ lb} - 1475 \text{ lb}$$
$$= 1525 \text{ lb}$$

Comentários: Antes de concluir este problema, pode-se observar dois pontos adicionais de interesse.

1. O peso do automóvel, *quando parado*, é suportado igualmente pelas rodas dianteiras e traseiras, isto é, $W_d = W_t$ = 1500 lb (6672 N). Ao se mover a 60 mph (96,9 km/h), as forças F_d e F_t introduzem um binário de 2500 lb·in (282,5 N·m) em relação a um eixo transversal ao automóvel (qualquer eixo perpendicular à página na Figura 2.1), que tende a elevar a dianteira do automóvel. Esse binário é equilibrado por um binário oposto gerado pela força adicional de 25 lb (111 N) a ser suportada pelas rodas traseiras e pela redução de 25 lb da força a ser suportada pelas rodas dianteiras. (Nota: Esta análise simplificada despreza as forças aerodinâmicas *verticais*, que podem ser importantes nas condições de altas velocidades, justificando, assim, a utilização de *spoilers* e aerofólios nos carros de corrida.)

2. A força motora, em geral, não é igual ao peso sobre as rodas motrizes multiplicado pelo coeficiente de atrito, todavia ela *não pode exceder* esse valor. Neste problema, as rodas mantêm a tração do veículo enquanto o coeficiente de atrito for igual ou superior ao valor extremamente pequeno de 100 lb/1525 lb (444,8 N/6784 N), ou 0,066.

Automóvel Sujeito a uma Aceleração

O automóvel mostrado na Figura 2.1, movendo-se a 60 mph (96,6 km/h), é repentinamente acelerado. A correspondente potência do motor é de 96 hp. Estime as forças de reação da pista sobre as rodas dianteiras e traseiras, e a aceleração do automóvel.

SOLUÇÃO

Conhecido: Um veículo de peso definido, com força de arrasto e velocidade conhecidas, é acelerado.

A Ser Determinado: Determine as forças da pista sobre os pneus e a aceleração do veículo.

Esquemas e Dados Fornecidos:

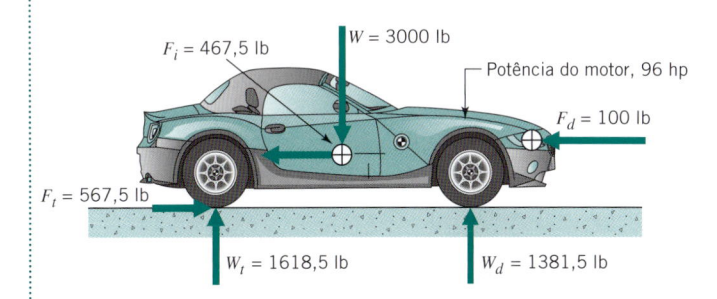

FIGURA 2.2 **Diagrama de corpo livre de um automóvel acelerado.**

Hipóteses:

1. O efeito da inércia rotacional é equivalente ao de um automóvel cujo peso é 7% maior.

2. As rodas traseiras desenvolvem a propulsão necessária.

Análise:

1. A influência da inércia de *rotação* das rodas do automóvel, do volante do motor e de outros elementos girantes será considerada. Quando o veículo é acelerado, esses elementos são acelerados *angularmente* e consomem potência do motor. Os cálculos mais detalhados indicam que na condição de operação em marchas "altas" o efeito da inércia rotacional corresponde, tipicamente, a um aumento no peso do veículo da ordem de 7%. Isso significa que apenas 100/107 da potência disponível para aceleração serão utilizados na aceleração *linear* da massa do veículo.

2. Neste problema, 16 hp geram a força propulsiva de 100 lb (444,8 N) para manter o veículo a uma velocidade constante. Com a potência total aumentada para 96 hp, 80 hp produzirão aceleração, dos quais 74,8 hp produzem uma aceleração linear. Se 16 hp produzem uma propulsão de 100 lb, então por proporção, 74,8 hp aumentarão a propulsão para 467,5 lb (2080 N).

3. Pela Eq. 2.2, tem-se

$$a = \frac{F}{m} = \frac{Fg}{W} = \frac{(467,5 \text{ lb})(32,2 \text{ ft/s}^2)}{3000 \text{ lb}} = 5,0 \text{ ft/s}^2$$

4. A Figura 2.2 mostra o automóvel em equilíbrio. A força de inércia de 467,5 lb atua no sentido da dianteira para a traseira e causa uma diferença adicional de 93,5 lb(416 N) da roda dianteira para a roda traseira (os detalhes do cálculo são deixados para o leitor).

Comentários: Neste problema as rodas manterão a tração do veículo enquanto o coeficiente de atrito for igual ou superior ao valor de 567,5/1617, ou seja, 0,351.

PROBLEMA RESOLVIDO 2.3   Componentes do Sistema de Transmissão de um Automóvel

A Figura 2.3 mostra a vista "explodida" de um motor, da caixa de transmissão e do eixo de transmissão do automóvel mostrado nas Figuras 2.1 e 2.2. O motor fornece um torque T a uma caixa de transmissão, e a relação de transmissão de velocidades (ω_e/ω_s) vale R. Determine os esforços, exceto os decorrentes do efeito da gravidade, atuantes nesses três componentes.

SOLUÇÃO

Conhecido: Um motor de configuração genérica conhecida fornece potência à caixa de transmissão e ao eixo de transmissão de um veículo.

A Ser Determinado: Determine os esforços atuantes no motor, na transmissão e no eixo de transmissão.

Esquemas e Dados Fornecidos:

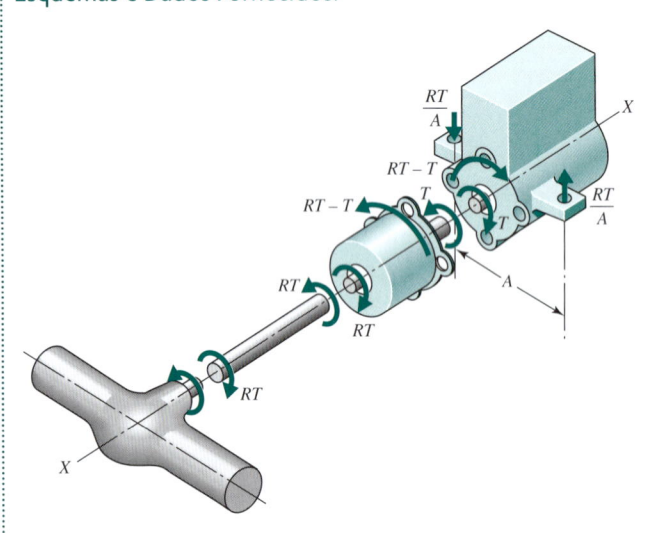

FIGURA 2.3   Equilíbrio de momentos em relação ao eixo X para o motor, para a transmissão e para o eixo de propulsão de um veículo com motor dianteiro e tração nas rodas traseiras (T é o torque do motor, R é a relação de transmissão de torques; visto da transmissão, o motor gira no sentido anti-horário).

Hipóteses:

1. O motor está apoiado em dois pontos, conforme mostrado na figura.

2. Os pesos dos componentes são desprezíveis.

3. As perdas por atrito na transmissão são desprezíveis.

Análise:

1. Considere, inicialmente, a transmissão. Esse componente recebe o torque T do motor e fornece o torque RT ao eixo de transmissão[1] (através de uma junta universal, não mostrada). O eixo de transmissão aplica um torque reativo RT igual e oposto à caixa de transmissão, conforme indicado na figura. Para atender à condição de equilíbrio, o torque $RT - T$ *deve* ser aplicado *à* caixa de transmissão *pela* estrutura do motor ao qual é fixada.

2. O motor recebe os torques T e $RT - T$ da transmissão (princípio da ação e reação). O momento RT deve ser aplicado pela estrutura (através dos suportes do motor), conforme mostrado.

3. O eixo de transmissão está em equilíbrio sob a ação de torques iguais e opostos aplicados às suas duas extremidades.

Comentários: Essa análise simplificada do sistema de transmissão fornece uma estimativa das forças e dos momentos atuantes nos componentes.

PROBLEMA RESOLVIDO 2.4   Componentes da Caixa de Transmissão de um Automóvel

A Figura 2.4a mostra uma versão simplificada da caixa de transmissão representada na Figura 2.3. O motor está fornecendo um torque T = 3000 lb·in (339 N.m) à transmissão, que está na condição de marcha de baixa velocidade com uma relação R = 2,778. (Para este problema, considere que R seja a relação de torques, T_s/T_e. Considerando o nível de perdas por atrito presente na transmissão, a relação de velocidades, ω_e/ω_s, seria ligeiramente maior.) As outras três partes da figura mostram os principais elementos da transmissão. Os diâmetros das engrenagens são indicados na figura. A engrenagem de entrada A gira com a velocidade do motor e aciona a engrenagem B do eixo secundário. A engrenagem C do eixo secundário se engrena com a engrenagem D do eixo principal de saída. (O posicionamento do eixo principal é tal que as extremidades de entrada e de saída giram em relação um eixo comum, porém as duas metades são livres para girar com diferentes velocidades.) O eixo principal é apoiado na caixa pelos mancais I e II. De forma análoga, o eixo secundário se apoia nos mancais III e IV. Determine todos os esforços atuantes nos componentes mostrados nas Figuras 2.4b, c e d, representando-os como diagramas de corpo livre em equilíbrio. Admita que as forças atuantes entre os dentes das engrenagens em contato sejam tangenciais. (Desprezam-se, assim, as componentes radiais e axiais dessas forças. Essas componentes são discutidas nos Capítulos 15 e 16, que abordam, como tema, as engrenagens.)

SOLUÇÃO

Conhecido: Um sistema de transmissão com configuração e relação de transmissão $R = T_s/T_e$ conhecidas recebe, de um

---

[1] Desprezando as perdas por atrito na caixa de transmissão.

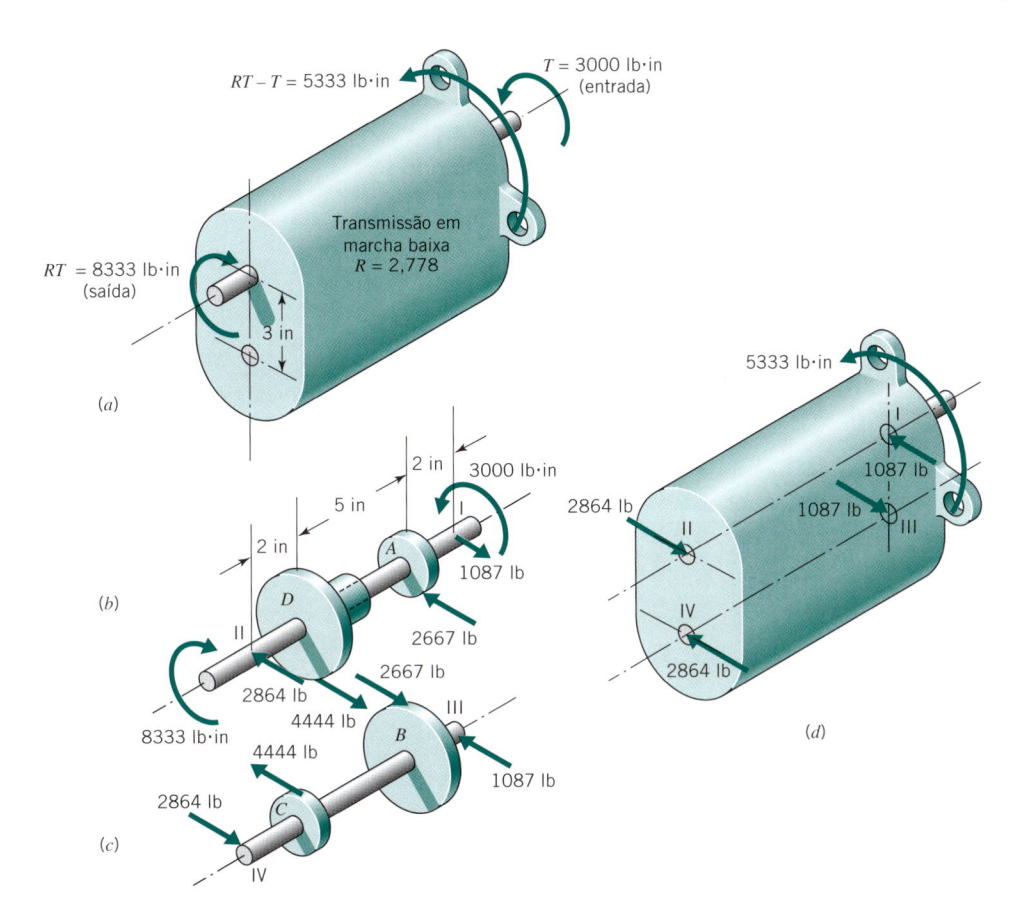

Figura 2.4 **Diagramas de corpo livre da transmissão e de seus principais componentes: (*a*) Conjunto completo da transmissão. (*b*) Eixo principal (suas metades posterior e anterior giram livremente uma em relação à outra). (*c*) Eixo secundário. (*d*) Caixa de transmissão. Nota: os diâmetros das engrenagens *A* e *C* são de 2 1/4 in (5,72 cm). Os diâmetros das engrenagens *B* e *D* são de 3 3/4 in (9,53 cm).**

motor, um torque definido *T*. Os arranjos e localizações das engrenagens, eixos e mancais no interior da caixa de transmissão também são conhecidos, bem como os diâmetros de todas as engrenagens.

A Ser Determinado: Determine todos os esforços atuantes nos componentes.

Hipóteses:

1. As forças atuantes entre os dentes de engrenagens em contato são tangenciais ao círculo primitivo das engrenagens. Por simplicidade, as forças radiais atuantes nos dentes das engrenagens são ignoradas.

2. Os torques de entrada e de saída da transmissão são estacionários (não ocorrem acelerações ou desacelerações).

Análise:

1. Uma observação inicial muito importante é que o equilíbrio da transmissão *como um todo* (Figura 2.4*a*) é *independente* de qualquer evento no interior da caixa. Esse diagrama de corpo livre seria igualmente válido para uma transmissão com *R* = 2,778 *sem nenhuma* engrenagem interna — por exemplo, uma transmissão hidráulica ou elétrica. Para o funcionamento normal da transmissão, qualquer que seja

o componente em seu interior, ele *deve* fornecer um *torque de 5333 lb·in (603 N.m) a ser suportado pela caixa*. (Um exemplo impressionante desse conceito foi percebido pelo primeiro autor quando muitas pessoas das principais fábricas de veículos lhe enviaram um volume significativo de material referente ao projeto de transmissão automática que elas desejavam vender. O estudo de todos os desenhos, análises, descrições etc. exigiu muitas horas de trabalho. Entretanto, em muitos desses trabalhos rapidamente se verificava que não havia qualquer previsão para um torque reativo a ser transmitido para a caixa e que, portanto, a transmissão talvez não funcionasse.)

2. O trecho de entrada do eixo principal (Figura 2.4*b*) requer a força tangencial de 2667 lb (11.863 N) para equilibrar o torque de entrada de 3000 lb·in (339 N·m), atendendo, assim, à condição de equilíbrio de momentos em relação ao eixo de rotação, $\Sigma M = 0$. Essa força é aplicada *à* engrenagem *A pela* engrenagem *B*. A engrenagem *A* aplica uma força igual e oposta à engrenagem *B*, conforme mostrado na Figura 2.4*c*. Como não existem torques aplicados ao eixo secundário, a não ser através das duas engrenagens, a engrenagem *C* deve receber uma força de 4444 lb (19.768 N) da engrenagem *D*. Uma força oposta de 4444 lb é aplicada pela engrenagem *C* à engrenagem *D*. O equilíbrio

de momentos em relação ao eixo de saída do eixo principal requer que um torque de 8333 lb·in (942 N.m) seja aplicado ao eixo de saída pelo eixo motriz, conforme mostrado. (Observe que o torque de saída também pode ser obtido multiplicando o torque de entrada pelas relações de diâmetros, B/A e D/C.) Assim,

$$3000 \text{ lb} \cdot \text{in} \times \frac{3\frac{3}{4}\text{ in}}{2\frac{1}{4}\text{ in}} \times \frac{3\frac{3}{4}\text{ in}}{2\frac{1}{4}\text{ in}} = 8333 \text{ lb} \cdot \text{in}$$

3. A força aplicada ao eixo principal pelo mancal II é obtida pelo equilíbrio de momentos em relação ao mancal I, isto é,

$$\Sigma M = 0: (2667 \text{ lb})(2 \text{ in}) - (4444 \text{ lb})(7 \text{ in}) + (F_{\text{II}})(9 \text{ in}) = 0$$

ou

$$F_{\text{II}} = 2864 \text{ lb}$$

A força referente ao mancal I é obtida pelo equilíbrio de forças, $\Sigma F = 0$, (ou por $\Sigma M_{\text{II}} = 0$). As reações nos mancais do eixo secundário são determinadas da mesma forma.

4. As Figuras 2.4b e c mostram as forças aplicadas *aos* eixos, através dos mancais, e *pela* caixa. A Figura 2.4d mostra as correspondentes forças aplicadas *à* caixa, através dos mancais, e *pelos* eixos. Os *únicos* elementos em contato com a caixa são os quatro mancais e os parafusos que a conectam à estrutura do motor. A Figura 2.4d mostra que a caixa é, de fato, um corpo livre em equilíbrio, uma vez que tanto as forças quanto os momentos atendem às condições de equilíbrio.

Comentários:

1. Os exemplos anteriores ilustraram como o procedimento envolvendo a construção do diagrama de corpo livre pode ser utilizado na determinação dos esforços a vários níveis — isto é, os esforços atuantes em um dispositivo complexo como um todo (como um automóvel), os esforços atuantes em uma unidade complexa como um todo (como a transmissão de um automóvel) e os carregamentos atuantes em uma das partes de uma unidade complexa (como o eixo de transmissão secundário).

2. O conceito de equilíbrio de um corpo livre é igualmente efetivo e valioso na determinação dos esforços *internos*, conforme ilustrado a seguir no Problema Resolvido 2.5. Isso também é verdadeiro para os esforços internos em componentes como o eixo secundário de transmissão mostrado na Figura 2.4c, como será visto na próxima seção.

PROBLEMA RESOLVIDO 2.5   Determinação dos Esforços Internos

As Figuras 2.5a e 2.6a mostram dois exemplos de elementos que suportam cargas aplicadas. Utilizando os diagramas de corpo livre, determine e mostre os esforços atuantes na seção transversal AA de cada um dos elementos.

SOLUÇÃO

Conhecido: A configuração e a orientação das cargas atuantes nos dois elementos são fornecidas.

A Ser Determinado: Determine e mostre os esforços atuantes na seção transversal AA de cada um dos elementos.

Esquemas e Dados Fornecidos:

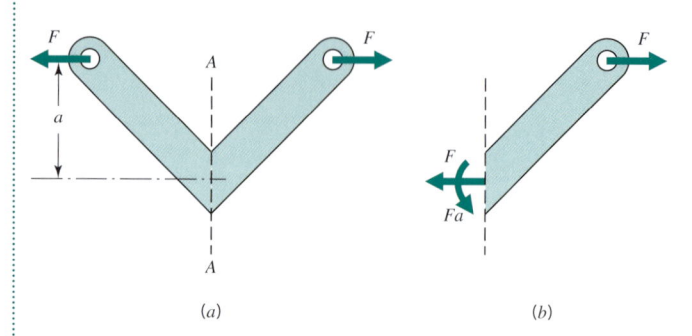

(a)   (b)

FIGURA 2.5   **Carregamento atuante em uma seção interna, determinado a partir do diagrama de corpo livre.**

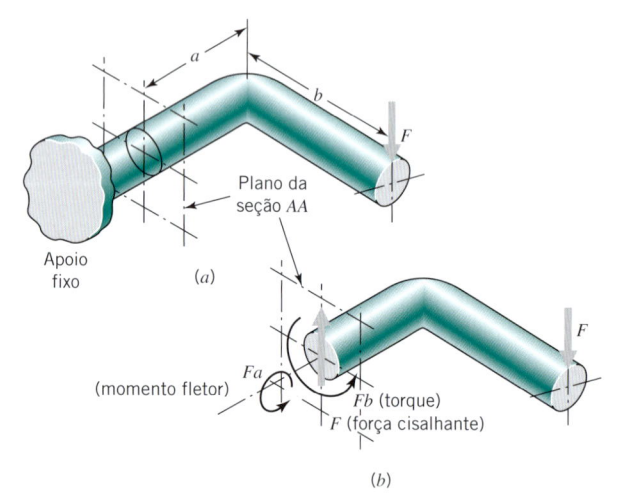

FIGURA 2.6   **Carregamento atuante em uma seção interna, determinado a partir do diagrama de corpo livre.**

Hipótese: Os deslocamentos (e deformações) dos elementos não causam variação significativa na geometria.

Análise: As Figuras 2.5b e 2.6b mostram os segmentos de um dos lados da seção AA como corpos livres em equilíbrio. As forças e os momentos atuantes na seção são determinados a partir das equações de equilíbrio.

Comentários:

1. O deslocamento do elemento mostrado na Figura 2.5a causará uma diminuição no momento aF. Para muitos carregamentos essa variação é insignificante.

2. Consulte o Apêndice G para um tratamento vetorial do elemento sujeito ao carregamento mostrado na Figura 2.6.

Os próximos dois exemplos ilustram a determinação dos esforços atuantes em componentes sujeitos a três forças, em que apenas uma das três forças é completamente conhecida e de uma segunda força apenas a direção é conhecida.

PROBLEMA RESOLVIDO 2.6 · Componente Sujeito a Três Forças

A Figura 2.7 mostra uma manivela em ângulo (elemento 2) que pivota livremente em relação ao mancal fixo (elemento 1). Uma barra horizontal (elemento 3, não mostrado) fixada no topo da manivela exerce uma força de 40 lb (178 N), conforme indicado. (Observe a notação do subscrito: F_{32} é uma força aplicada *pelo* elemento 3 *ao* elemento 2.) Uma barra posicionada a 30° com a direção horizontal (elemento 4, não mostrado) é fixada na parte inferior da manivela e atua com a força F_{42} de magnitude desconhecida. Determine a magnitude de F_{42} e também a direção e a magnitude da força F_{12} (a força aplicada pelo mancal fixo 1 à manivela 2 através da conexão por pino nas proximidades do centro do elemento).

SOLUÇÃO

Conhecido: Uma manivela de geometria definida é posicionada conforme mostrado na Figura 2.7.

A Ser Determinado: Determine a força F_{12} e a magnitude da força F_{42}.

Esquemas e Dados Fornecidos:

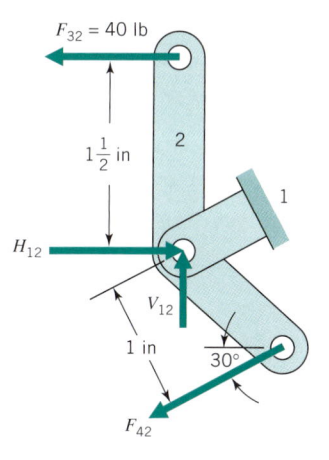

FIGURA 2.7 **Forças atuantes na manivela em ângulo — solução analítica.**

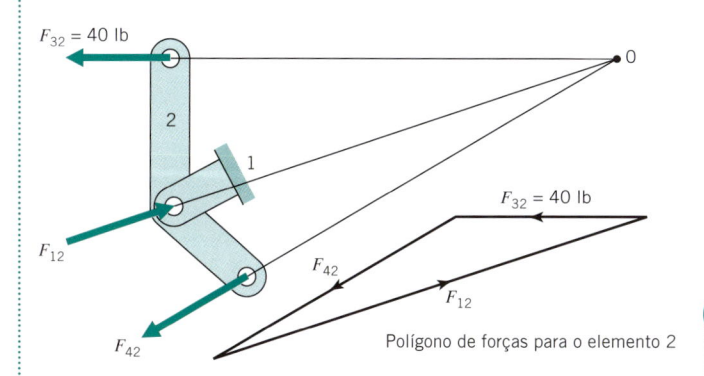

Polígono de forças para o elemento 2

FIGURA 2.8 **Forças atuantes na manivela em ângulo — solução gráfica.**

Hipóteses:

1. As uniões através de pinos não apresentam atrito.
2. A manivela em ângulo não está acelerada.

Análise A (Analítica):

1. O somatório de momentos em relação ao pino requer que $F_{42} = 60$ lb (267 N) (note que 40 lb × 1 1/2 in = 60 lb × 1 in (178 N × 3,81 cm = 267 N × 2,54 cm)).

2. Decompondo F_{12} nas componentes horizontal e vertical, e igualando-se a zero o somatório das forças verticais e o somatório das forças horizontais atuantes no elemento 2, tem-se $V_{12} = (60$ lb)(sen 30°) = 30 lb (133,4 N); $H_{12} = 40$ lb + (60 lb)(cos 30°) = 92 lb (409,2 N). A magnitude de F_{12}, portanto, vale $\sqrt{30^2 + 92^2} = 97$ lb; sua orientação é para cima e para a direita a um ângulo igual a tan⁻¹ 30/92 = 18° em relação à horizontal.

Análise B (Gráfica):

1. Pela condição de equilíbrio, o somatório dos momentos de todas as forças atuantes no elemento 2 em relação a *qualquer* ponto deve ser igual a zero, incluindo o ponto 0, obtido pela interseção das linhas de ação conhecidas de duas das forças. Como duas das três forças não produzem momento em relação ao ponto 0, a condição de equilíbrio estabelece que a terceira força também não deve gerar momento em relação ao ponto 0. Essa situação só pode ser atendida se a linha de ação de F_{12} também passar por 0.

2. Uma das forças é plenamente conhecida e, para as outras duas, são conhecidas apenas as direções. A solução gráfica representativa do somatório de forças igual a zero é mostrada no polígono de forças da Figura 2.8. Este polígono é construído traçando-se inicialmente a força conhecida F_{32} com sua correspondente orientação e com uma dimensão representando suas 40 lb (178 N) de magnitude, utilizando uma escala apropriada. Uma reta com a direção de F_{12} é traçada a partir da origem do vetor representativo de F_{32}, e uma reta com a direção de F_{42} é desenhada a partir da extremidade desse vetor. As magnitudes das duas forças incógnitas podem agora ser determinadas pela escala do polígono. (Observe que o mesmo resultado é obtido se uma reta com a direção de F_{42} for traçada a partir da *origem* do vetor F_{32} e outra for traçada com a direção de F_{12} passando pela *extremidade* de F_{32}.)

Comentários: A solução analítica resolveu as três equações representativas das condições de equilíbrio no plano para três incógnitas. Esta mesma solução de equações simultâneas foi realizada graficamente na Figura 2.8. A compreensão do procedimento gráfico aumenta a sensibilidade do engenheiro em relação às direções e às magnitudes das forças necessárias para atender ao equilíbrio do elemento. Note que a Figura 2.7 e a Figura 2.8 mostram o diagrama de corpo livre correto se o elemento de apoio 1 for removido.

PROBLEMA RESOLVIDO 2.7 · O Dedo Humano como um Componente de Três Forças

Os princípios do projeto de engenharia mecânica tradicionalmente aplicados aos componentes de máquinas e estruturas inanimadas estão sendo, cada vez mais, utilizados no campo relativamente novo da *bioengenharia*. Um dos casos de interesse no estudo das deformidades provocadas pela artrite é a aplicação dos procedimentos de análise das cargas atuantes nos corpos livres para a determinação dos carregamentos internos a serem suportados pelos componentes de um dedo humano [2,4]. A Figura 2.9 ilustra um trecho simplificado desse estudo, em que a força de 10 lb (44,5 N), atuante na ponta de um dedo para segurar um objeto, é gerada pela contração de um músculo, dando origem a uma força F_t no tendão. Determine a força no tendão e no osso do dedo.

Solução

Conhecido: O polegar e um dos dedos da mão exercem uma força conhecida sobre um objeto de forma arredondada. A geometria é fornecida.

A Ser Determinado: Estime a força de tração atuante no tendão e a força compressiva atuante no osso do dedo.

Esquemas e Dados Fornecidos:

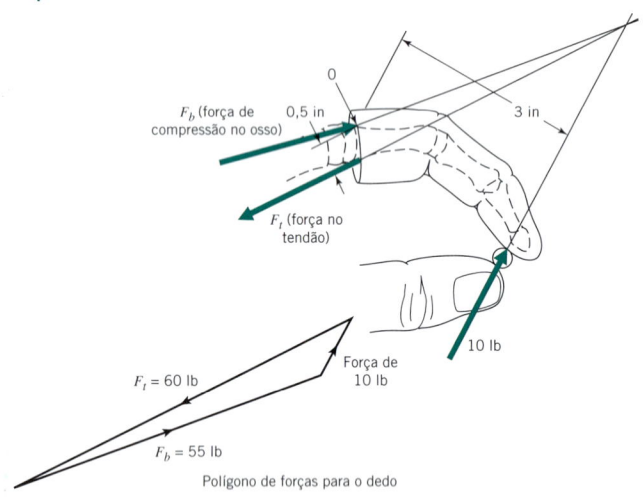

Figura 2.9 **Estudo das forças atuantes em um dedo humano.**

Hipóteses:

1. A carga atuante no dedo é suportada unicamente pelo tendão e pelo osso.
2. O dedo não está acelerado.
3. O peso do dedo pode ser desprezado.

Análise: Como a força atuante no tendão possui um braço de momento em relação ao ponto 0 igual a um sexto do braço correspondente à força atuante no dedo, a força de tração no tendão deve ser igual a 60 lb (267 N). O polígono de forças mostra que a força compressiva entre o osso do dedo (falange proximal) e o osso metacarpo da mão é de aproximadamente 55 lb (245 N) — um valor que pode causar o esmagamento de um tecido ósseo deteriorado por artrite.

As referências [1], [3] e [5] fornecem outros exemplos de análise dos diagramas de corpo livre.

2.3 Carregamentos em Vigas

Esta seção sobre "Carregamentos em Vigas" se refere aos carregamentos transversais de elementos relativamente longos em comparação com as dimensões de sua seção transversal. Os carregamentos torcionais e axiais, ou ambos, podem ou não ser envolvidos na análise. A título de revisão, dois casos são mostrados na Figura 2.10. Observe que cada situação está associada

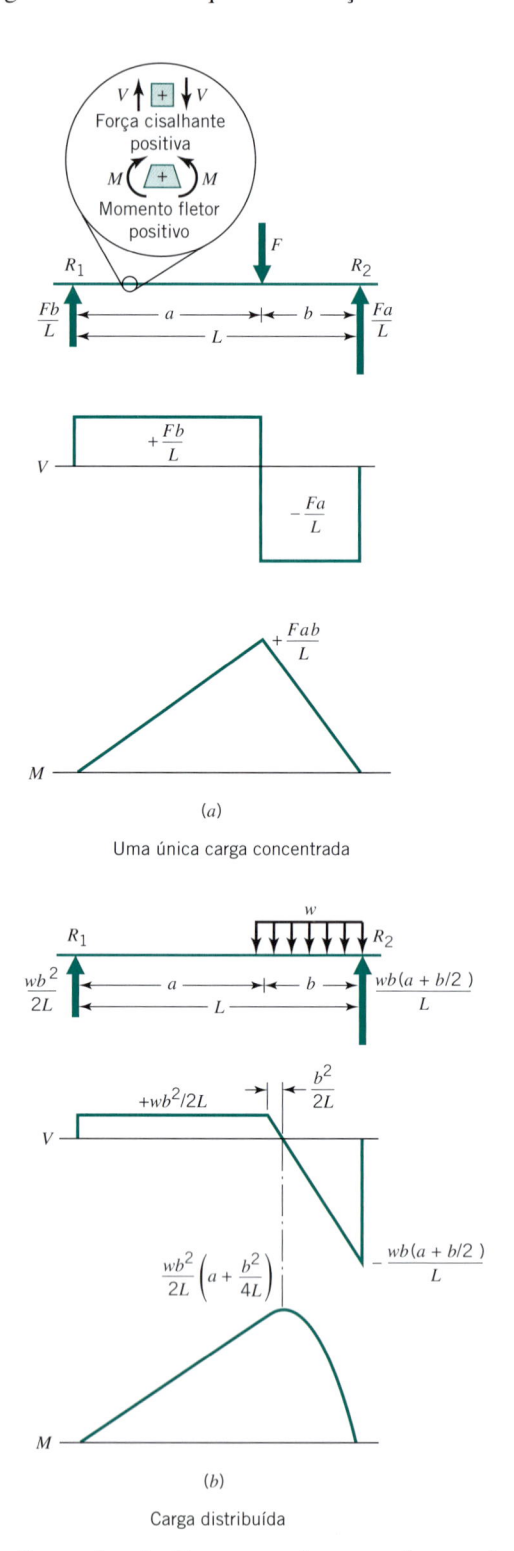

Figura 2.10 **Exemplos de diagramas de carga, forças cisalhantes e momentos fletores atuantes em uma viga.**

a três diagramas básicos: carregamento externo, forças de cisalhamento transversal interno (V) e momentos fletores internos (M). Todas as expressões indicadas para as magnitudes são resultantes de cálculos que o leitor é aconselhado a verificar como exercício de revisão. (Inicialmente as reações R_1 e R_2 são calculadas com base nas condições de equilíbrio estático $\Sigma F = 0$ e $\Sigma M = 0$, com a carga distribuída w tratada como uma força concentrada wb atuante no ponto médio do vão b.)

A convenção de sinais para o diagrama de forças cisalhantes é arbitrária, porém a utilizada aqui é a recomendada: construa o diagrama da esquerda para a direita, seguindo a orientação das cargas aplicadas. Nesse caso, não haverá qualquer força à esquerda da reação R_1 e, portanto, nenhuma força de cisalhamento. Em R_1, uma força para cima de valor Fb/L é encontrada. Continuando para a direita, não há qualquer outra força — e, portanto, não há variação na força de cisalhamento — até que a força F, orientada para baixo, seja encontrada. Nesse ponto, a curva do diagrama de cisalhamento cai, diminuindo de um valor F, e assim por diante. O diagrama deve atingir o valor nulo em R_2, uma vez que não existe qualquer carga atuante à direita dessa reação.

As forças internas de cisalhamento transversal V e os momentos fletores internos M atuantes em uma determinada seção transversal da viga são positivos quando atuarem conforme indicado na Figura 2.10a. O cisalhamento em uma seção é positivo quando o trecho da viga à esquerda da seção tende a mover-se para cima em relação ao trecho da direita da seção. O momento fletor em uma viga horizontal é positivo nas seções para as quais a fibra superior da viga esteja sob compressão e a fibra inferior esteja sob tração. Geralmente, um momento positivo fará com que a viga "sorria".

As convenções de sinais apresentadas são resumidas da seguinte forma: as forças cisalhantes internas V e os momentos fletores internos M em uma seção transversal da viga são positivos quando atuam com os sentidos indicados na Figura 2.10a.

A convenção de sinais (arbitrária) aqui recomendada para a flexão é decorrente da relação que estabelece que

1. *O valor da força cisalhante (V) atuante em qualquer seção da viga é igual à inclinação da curva do diagrama de momentos fletores naquela seção.*

Assim, um valor positivo constante do cisalhamento no trecho da esquerda da viga resulta em uma inclinação positiva constante da curva do diagrama de momentos fletores referente ao mesmo trecho.

Cabe aqui relembrar as três outras importantes regras ou relações relativas aos diagramas de carregamento, cisalhamento e momentos.

2. *O valor da intensidade de carga local em qualquer seção ao longo da viga é igual à inclinação da curva do diagrama de forças cisalhantes (V) naquela seção. (Por exemplo, os apoios nas extremidades, atuando como "pontos", produzem, teoricamente, uma força para cima de intensidade infinita. Logo, a inclinação da curva do diagrama de forças cisalhantes nesses pontos é infinita.)*

3. *A diferença nos valores da força de cisalhamento, entre quaisquer duas seções ao longo da viga, é igual à área sob a curva do diagrama de cargas entre essas mesmas duas seções.*

4. *A diferença nos valores do momento fletor, entre quaisquer duas seções ao longo da viga, é igual à área sob a curva do diagrama de cisalhamento entre essas duas seções.*

PROBLEMA RESOLVIDO 2.8 Carregamento Interno em um Eixo de Transmissão Secundário

Localize a seção transversal do eixo mostrado na Figura 2.11 (Figura 2.4c) sujeita ao maior carregamento e determine os esforços nessa seção.

SOLUÇÃO

Conhecido: Um eixo com diâmetro constante e comprimento conhecido suporta engrenagens localizadas nas posições B e C.

A Ser Determinado: Determine a seção transversal do eixo sujeita ao maior carregamento e os esforços nessa seção.

Esquemas e Dados Fornecidos:

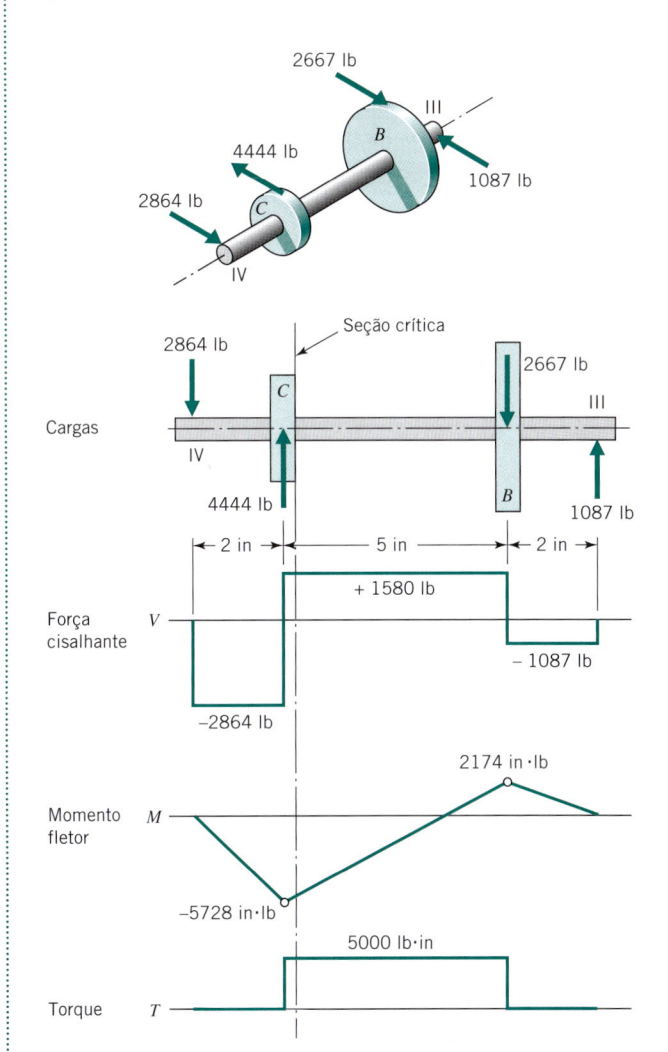

FIGURA 2.11 **Carregamento no eixo secundário e determinação da seção crítica.**

Hipóteses:

1. O eixo e as engrenagens giram com velocidade uniforme.

2. As tensões cisalhantes transversais são desprezíveis em comparação com as tensões de flexão e de cisalhamento por torção.

Análise:

1. A Figura 2.11 mostra os diagramas de carregamentos, de forças cisalhantes, de momentos fletores e de torques para esse eixo. Observe as condições particulares a seguir:

a. O diagrama de carregamentos representa uma condição de equilíbrio — as forças e os momentos atuantes no plano da página atendem às condições de equilíbrio.

b. A convenção de sinais recomendada e as quatro relações básicas fornecidas em itálico são ilustradas.

c. A convenção de sinais utilizada no *diagrama de torques* é arbitrária. O torque atuante no trecho do eixo externo às engrenagens é nulo, uma vez que o atrito nos mancais, em geral, pode ser desprezado. Os torques de (4444 lb)(2,25 in/2) ((19.768 N)(5,72 cm/2)) e (2667 lb)(3,75 in/2)((11.863) (9,53 cm/2))são aplicados ao eixo nos pontos C e *B*.

2. A localização da seção crítica do eixo é imediatamente à direita da engrenagem *C*. Nessa seção tem-se o torque máximo atuante, combinado com um momento de flexão cujo valor é praticamente igual ao máximo. (A força cisalhante transversal é menor que a máxima, porém, exceto em casos extremamente particulares envolvendo eixos muito curtos, as cargas de cisalhamento são menos importantes em comparação com as cargas de flexão.)

Comentários A Figura 2.12 mostra o diagrama de corpo livre do trecho do eixo secundário à esquerda da seção crítica. Observe que esse *trecho do eixo* constitui um *corpo livre em equilíbrio* sob a ação de todas as cargas externas a ele. Isso inclui as cargas externas mostradas e também as cargas *internas* aplicadas *ao* corpo livre *pelo* trecho da direita do eixo secundário.

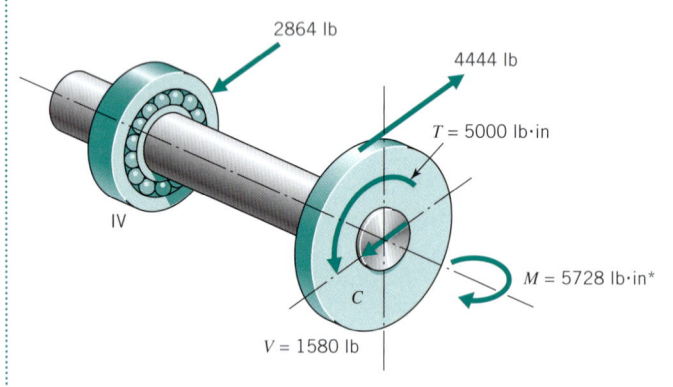

* Na realidade um pouco menor, dependendo da largura da engrenagem *C*

Figura 2.12 **Carregamento atuante na seção crítica do eixo secundário.**

2.4   Localização das Seções Críticas — O Conceito de Fluxo de Força

As seções escolhidas para a determinação das cargas nos exemplos anteriores (isto é, nas Figuras 2.5, 2.6 e 2.12) foram aque-

las sujeitas ao carregamento mais crítico, e foram obtidas por simples inspeção. Entretanto, nos casos mais complexos, diversas seções podem ser críticas, e suas localizações podem não ser tão óbvias. Nessas circunstâncias, geralmente torna-se útil o emprego do procedimento ordenado de acompanhamento das "linhas de força" (trajetórias aproximadas seguidas pela força e determinadas por simples inspeção) ao longo dos diversos trechos de um componente, e observando-se, ao longo do componente, quaisquer seções candidatas a serem críticas. Esse procedimento é ilustrado no exemplo a seguir.

PROBLEMA RESOLVIDO 2.9   Junta Yoke

Utilizando o conceito de fluxo de força, localize as seções e superfícies críticas nos componentes mostrados na Figura 2.13.

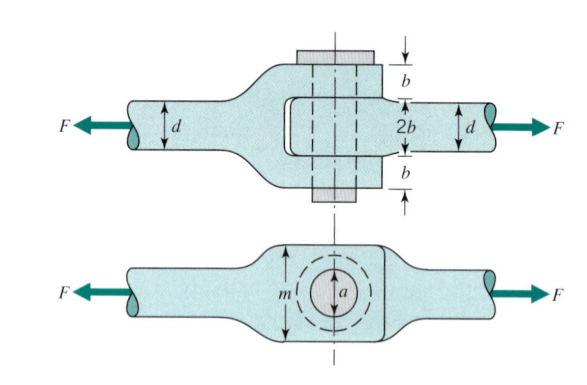

FIGURA 2.13   **Junta yoke.**

SOLUÇÃO

Conhecido: Uma junta yoke está carregada sob tração.

A Ser Determinado: Localize as seções e as superfícies críticas no garfo yoke, no pino e no elemento de ligação.

Esquemas e Dados Fornecidos:

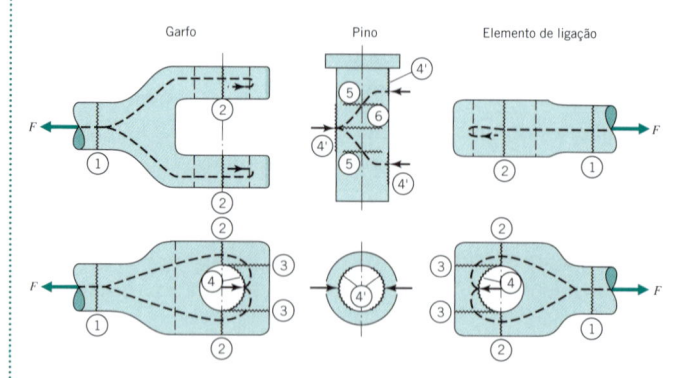

FIGURA 2.14   **Linhas de fluxo de força e seções críticas em uma junta yoke.**

Hipóteses:

1. O peso da junta yoke pode ser desprezado.

2. A carga é distribuída igualmente entre os dois dentes do garfo (o carregamento e a junta são perfeitamente simétricos).

3. A carga em cada dente é dividida igualmente entre as regiões de cada lado do furo.

4. As cargas distribuídas são representadas por suas equivalentes concentradas.

5. Os efeitos das deformações do pino, do elemento de ligação e do garfo na distribuição das cargas são desprezíveis.

6. O pino é fixado firmemente no garfo e no elemento de ligação.

Análise: A trajetória do fluxo das forças através de cada elemento é indicada por linhas tracejadas na Figura 2.14. Ao longo dessas trajetórias, da esquerda para a direita, as principais áreas críticas são indicadas por linhas serrilhadas e identificadas pelos números circulados.

a. A seção ① do garfo está sujeita a uma carga de tração. Se as seções de transição possuírem material suficiente e dimensões adequadas, a próxima seção crítica será a ②, onde o fluxo de forças encontra um gargalo, pois a área é reduzida pelos furos. Observe que, em virtude da simetria do projeto, a força F é dividida em outras quatro com trajetórias idênticas, cada uma tendo uma área localizada pelo número ② de $\frac{1}{2}(m-a)b$.

b. O fluxo de força prossegue para a próxima seção questionável, que se refere à posição ③. Nessa posição, o retorno da trajetória de fluxo está associado às tensões cisalhantes, que tendem a "empurrar para fora" os segmentos de extremidade ligados pelas linhas serrilhadas ③.

c. A próxima área crítica é a interface ④ e ④, onde existe um carregamento de apoio entre o furo no garfo e as superfícies do pino, respectivamente. Da mesma forma, são desenvolvidos carregamentos de apoio idênticos na interface entre o pino e as superfícies dos furos no elemento de ligação.

d. As forças em ④ carregam o pino como se fosse uma viga, causando um cisalhamento direto das seções ⑤ (note que o pino fica sujeito à ação de um "duplo cisalhamento" quando as duas superfícies ⑤ são carregadas em paralelo, cada uma suportando uma força de corte igual a $F/2$). Além disso, as cargas devidas aos mancais produzem um momento de flexão máximo na área ⑥, no centro do pino.

e. Após as forças emergirem do pino e entrarem no elemento de ligação, elas fluem passando pelas áreas críticas ④, ③, ② e ①, o que corresponde diretamente à numeração utilizada nas seções do garfo.

f. Embora não esteja mostrado no padrão de fluxo de força simplificado da Figura 2.14, deve-se perceber que as cargas dos apoios aplicadas às superfícies dos furos não estão concentradas sobre o eixo das cargas, mas sim, conforme admitido por este modelo, *distribuídas* sobre essas superfícies, conforme mostrado na Figura 2.15. Essa condição dá origem a uma *tração em arco* (ou carregamento de tração circunferencial) que tende a causar uma falha por tração na seção identificada como ⑦.

Comentários: Embora a determinação das tensões nas diversas seções críticas esteja além do escopo desse capítulo, este é

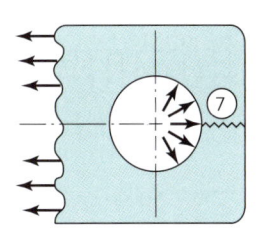

Figura 2.15 O carregamento distribuído no apoio pode causar uma falha na seção (7) por tensão em arco.

um bom momento para se fazer alguns comentários sobre os cuidados a serem tomados com as hipóteses simplificadoras adotadas quando essas tensões forem calculadas.

a. A seção ② pode ser admitida como estando sob a ação de uma tração uniforme. Na realidade, existe também um efeito de flexão que se *soma* à tração na superfície interna, ou superfície do furo, e se subtrai na superfície externa. Essas tensões podem ser visualizadas imaginando-se a distorção do garfo e do elemento de ligação como se fossem de borracha e carregados por um pino de ligação metálico. A avaliação *quantitativa* desse efeito envolve os detalhes da geometria, e não é uma matéria tão simples de ser analisada.

b. A distribuição do carregamento compressivo sobre as superfícies ④ e ④ pode ser admitida como uniforme, porém isso poderia estar longe do caso real. Os principais fatores envolvidos são a justeza do pino no furo e a rigidez dos elementos. Por exemplo, a flexão do pino tende a causar um carregamento maior no apoio próximo das interfaces garfo-elemento de ligação. Além disso, a extensão da flexão do pino depende não apenas de sua própria flexibilidade, mas também da justeza de sua montagem. A qualidade da restrição à flexão imposta ao pino em relação a uma montagem rígida tem maior influência nas tensões de flexão no pino.

Como muitos problemas de engenharia, este ilustra três requisitos: (1) ser capaz de estabelecer hipóteses simplificadoras razoáveis e fornecer respostas úteis rapidamente, (2) ficar *atento* às hipóteses adotadas e interpretar os resultados de acordo com as mesmas, e (3) fazer um bom julgamento de engenharia, verificando se uma solução simplificada é adequada para a situação particular estudada ou se seria justificada uma análise mais complexa, requerendo procedimentos analíticos mais avançados e análises experimentais.

2.5 Distribuição do Carregamento entre Apoios Redundantes

Um apoio *redundante* é aquele que poderia ser removido e, ainda assim, o componente apoiado permaneceria em equilíbrio. Por exemplo, na Figura 2.16, se o apoio do centro (que é redundante) fosse removido, a viga ainda seria mantida em equilíbrio pelos apoios em suas extremidades. Quando apoios redundantes (reações) estão presentes, as equações de equilíbrio

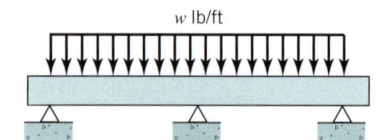

w lb/ft

FIGURA 2.16 Apoio redundante.

não são suficientes para a determinação dos módulos das cargas sustentadas por *qualquer* dos apoios. Isso ocorre porque existem mais incógnitas do que equações de equilíbrio.

Um apoio redundante *adiciona rigidez* à estrutura e suporta uma parte da carga proporcional à sua rigidez. Por exemplo, o peso de 100 lb (445 N) no dispositivo da Figura 2.17*a* é suportado em sua parte inferior por uma mola helicoidal sob compressão e, em sua parte superior, por uma mola sob tração. (Admita que sem a carga de 100 lb as molas ficam desprovidas de qualquer solicitação.) A mola superior possui um *coeficiente de rigidez constante* de 10 lb/in (1751 N·m), enquanto na mola inferior esse coeficiente vale 40 lb/in (7005 N/m). Sob o efeito da gravidade o peso se move para baixo, distendendo a mola superior de um valor δ e encurtando a mola inferior do mesmo valor. Assim, o peso fica em equilíbrio sob a ação de uma força gravitacional de 100 lb e das forças nas molas, cujos valores são 10δ e 40δ (Figura 2.17*b*). Pela condição $\Sigma F = 0$, tem-se $\delta = 2$ in (5,1 cm). Portanto, as forças nas molas superior e inferior são iguais a 20 lb (89 N) e 80 lb (356 N), respectivamente, o que constata o fato de a *carga ser dividida na proporção da rigidez dos apoios redundantes*.

Suponha, agora, que se deseje reduzir o deslocamento — e, para isso, um terceiro apoio seja adicionado — isso poderia ser realizado com um fio de aço de 10 in (25,4 cm) de comprimento e 0,020 in (0,51 mm) de diâmetro colocado no interior da mola superior, com a extremidade superior fixada ao suporte superior e a extremidade inferior fixada ao peso. A constante de rigidez do fio (AE/L) seria de aproximadamente 942 lb/in (164.969 N/m), e a rigidez *total* do apoio do peso seria da ordem de 992 lb/in (173.726 N/m). Assim, o fio poderia sustentar

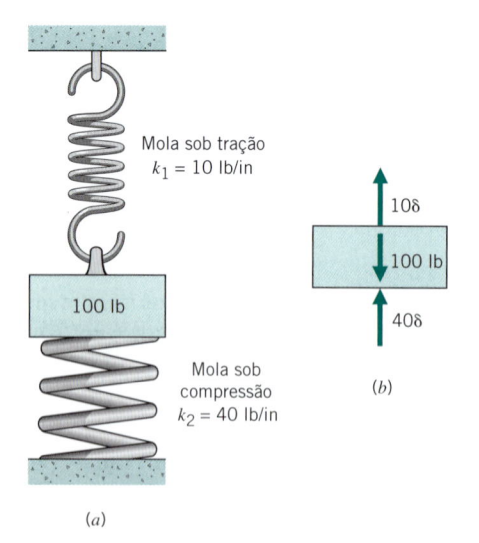

Mola sob tração
$k_1 = 10$ lb/in

100 lb

Mola sob compressão
$k_2 = 40$ lb/in

10δ

100 lb

40δ

(b)

(a)

FIGURA 2.17 Peso suportado de forma redundante por duas molas, uma superior e outra inferior.

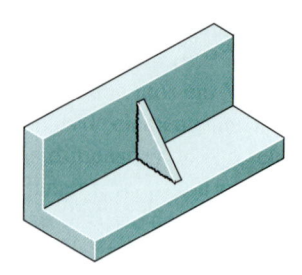

FIGURA 2.18 Placa triangular adicionada como reforço de um perfil de ferro.

942/992 das 100 lb, ou 95 lb (423 N). A tensão normal nele atuante seria

$$\frac{P}{A} = \frac{95 \text{ lb}}{0,000314 \text{ in}^2}, \quad \text{ou} \quad 303.000 \text{ psi}$$

um valor que provavelmente excede sua resistência à tração e, portanto, ele falharia (romperia ou escoaria). Assim, *as cargas atuantes nos elementos sujeitos a cargas redundantes podem ser consideradas como sendo aproximadamente proporcionais à sua rigidez.*

Para ilustrar melhor essa característica, considere o perfil de ferro em forma de L mostrado na Figura 2.18. Admita que quando instalado como parte de uma máquina ou estrutura, o perfil apresente uma rigidez inadequada, tendo em vista que o ângulo de 90° se deforma mais do que o desejado, embora não cause qualquer rompimento na estrutura. A deflexão angular é reduzida soldando-se uma pequena placa triangular no local indicado na figura. Essa placa se torna um apoio redundante que limita a deflexão angular. Porém, ela também aumenta a rigidez da estrutura além da proporção de sua resistência. Podem aparecer trincas nas juntas soldadas ou em suas proximidades, eliminando, assim, a rigidez adicionada. Além disso, as trincas assim formadas podem se propagar ao longo do perfil de ferro. No caso dessa ocorrência, a adição de "reforços triangulares", na realidade, *enfraquece* o componente. Algumas vezes, as falhas ocorrentes em elementos estruturais complexos (como peças fundidas) podem ser corrigidas *removendo-se* partes rígidas, porém fracas (como placas finas), *desde que* as partes remanescentes sejam suficientemente fortes para suportar o acréscimo de carga a elas imposto pelos aumentos das deflexões e desde que, obviamente, o aumento da deflexão em si seja aceitável.

Um procedimento muito útil (o método de Castigliano) para o cálculo das reações redundantes em sistemas puramente *elásticos* é fornecido na Seção 5.9. Por outro lado, o padrão de carregamento associado a falhas *dúcteis* de um conjunto de apoios redundantes será discutido na seção a seguir.

2.6 O Conceito de Fluxo de Força Aplicado às Estruturas Dúcteis com Redundância de Apoios

Conforme observado na Seção 2.5, as cargas distribuídas entre trajetórias redundantes paralelas são divididas na proporção da rigidez das trajetórias. Se as trajetórias forem frágeis e a carga for aumentada até a falha, uma trajetória será rompida primeiro, transferindo, assim, sua distribuição de cargas às outras trajetórias, e assim por diante, até que todas as trajetórias falhem. Para o caso usual envolvendo materiais com alguma ductibilidade, uma trajetória *escoará* primeiro, reduzindo, desse modo, sua rigidez (a rigidez, nesse caso, sendo proporcional ao *módulo tangente*),[2] o que permite que uma parte de sua carga seja transferida para outras trajetórias. Para o caso do comportamento dúctil do material, o escoamento generalizado da estrutura como um todo só ocorre após a carga ter sido aumentada suficientemente para conduzir todas as trajetórias paralelas aos seus limites de resistência.

O conceito de fluxo de força, introduzido na Seção 2.4, é bastante útil no tratamento de estruturas com redundâncias dúcteis. Esse caso é ilustrado no exemplo a seguir.

<hr>

PROBLEMA RESOLVIDO 2.10 | Junta Rebitada [1]

A Figura 2.19*a* mostra uma junta de topo tripla rebitada, na qual duas placas são unidas de topo, e cargas são transmitidas

através da junta pelas chapas superior e inferior. Cada chapa possui uma espessura igual a dois terços da espessura da placa, e seu material é idêntico ao das placas. Três linhas de rebites prendem cada placa às chapas, conforme mostrado. O padrão de distribuição dos rebites, desenhado para a largura de um passo, é repetido para toda a largura da junta. Determine as seções críticas e discuta a resistência da junta utilizando o conceito de fluxo de força.

SOLUÇÃO

Conhecido: Uma junta de topo tripla rebitada de geometria especificada é carregada sob tração.

A Ser Determinado: Determine as seções críticas.

Esquemas e Dados Fornecidos:

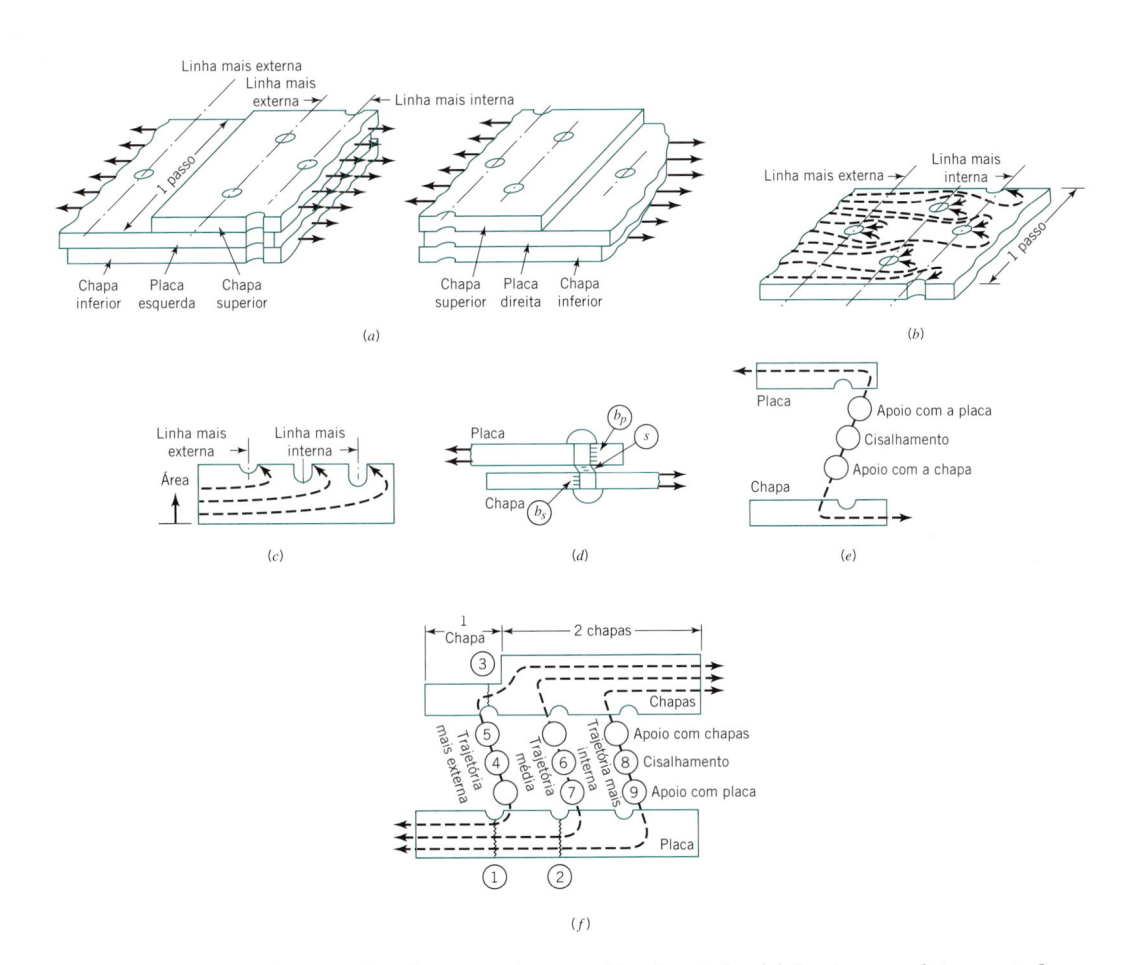

FIGURA 2.19 Conceito de fluxo de força aplicado a uma junta rebitada tripla. (*a*) Junta completa, cortada no centro, mostrando a carga total sustentada pelas chapas. (*b*) Fluxo de força através da placa para os rebites. (*c*) Diagrama do fluxo de força *versus* área de seção transversal da placa. (*d*) Fluxo de força através do rebite. (*e*) Representação, por um diagrama, do fluxo de força através do rebite. (*f*) Representação completa do fluxo de força.

<hr>

[2]O módulo tangente é definido como a inclinação da curva do diagrama tensão-deformação em um nível particular de tensão.

Hipóteses:

1. O peso da junta rebitada pode ser desprezado.

2. A carga é distribuída uniformemente ao longo da largura da junta (não ocorre desalinhamento).

3. Os rebites são fixados de forma justa tanto na placa quanto nas chapas.

Análise:

1. A Figura 2.19*b* mostra um esquema do padrão de fluxo de força na placa. Uma parcela da carga é transferida a cada uma das três linhas de rebites. (Uma vez que o equilíbrio estático poderia ser atendido utilizando-se qualquer uma das linhas, a estrutura é redundante.) Observe que na linha externa a força total cruza uma seção que contém um furo de rebite. Na linha do meio, uma seção contendo dois furos de rebite está sujeita a toda a força, não indo para a linha externa de rebites. A seção da placa na linha interna transmite apenas a força que vai para a linha interna de rebites. Essa relação entre força e área em cada seção da placa é representada esquematicamente na forma do diagrama mostrado na Figura 2.19*c*. Observe a representação da redução na área devida aos furos de rebites nas linhas do meio e interna sendo igual a duas vezes a da linha externa.

2. A Figura 2.19*d* mostra como cada rebite está associado a seus três carregamentos mais importantes: apoio na placa, cisalhamento e apoio nas chapas. Um diagrama do fluxo das forças no rebite é fornecido na Figura 2.19*e*, que mostra a trajetória da força encontrando cinco seções críticas em série: a área reduzida sob tração contendo os furos na placa, as seções correspondentes aos três carregamentos envolvendo o rebite e a área reduzida sob tração da chapa.

3. A Figura 2.19*f* mostra uma representação similar de toda a junta. As seções críticas são identificadas e numeradas de ① a ⑨. Basicamente, estão envolvidas três trajetórias de força, uma para cada linha de rebites. Partindo da parte inferior esquerda, todas as três trajetórias fluem através da seção reduzida da placa na linha mais externa. Esta é a área crítica ①. A falha nesse ponto rompe todas as trajetórias de fluxo de força, causando a fratura total da junta. Apenas duas trajetórias de fluxo cruzam a placa na seção ②, porém, como a área nesse ponto é menor que a área da seção ① há uma possibilidade de falha nessa seção. A placa não pode falhar na trajetória interna, pois apenas uma trajetória de força flui através de uma área idêntica à área da seção ② .

4. Rediscutindo as possibilidades de falha por tração nas chapas, observe que a espessura da chapa em relação à da placa é tal que a falha por tração na chapa somente é possível na linha mais externa no ponto crítico ③.

5. Em relação à possibilidade de falha envolvendo os rebites, pode-se verificar que cada um deles fica vulnerável em relação a uma área de cisalhamento e a *uma* área de apoio (qualquer que seja será menor). Na linha mais externa, a área de apoio vulnerável envolve a chapa, pois esta é mais fina do que a placa. Nas outras linhas a área de apoio vul-

nerável envolve a placa, pois a carga da chapa é compartilhada pelas duas chapas, cujas espessuras combinadas excedem a da placa. Note também que as linhas de rebites do meio e interna dividem sua carga de cisalhamento entre *duas* áreas (isto é, elas são carregadas em *duplo cisalhamento*), enquanto os rebites da linha externa possuem uma única área de cisalhamento. As possibilidades de o rebite falhar são numeradas de ④ a ⑨.

6. A distribuição da carga entre as três trajetórias redundantes depende das rigidezes relativas; porém, como as juntas rebitadas são geralmente feitas de materiais dúcteis, um leve escoamento localizado permite a redistribuição da carga. Assim, a falha final da junta ocorrerá apenas quando a carga externa exceder a capacidade de suportar o carregamento combinado de todas as três trajetórias. Isso envolve a falha simultânea de todas as trajetórias, e pode ocorrer de três maneiras possíveis:

   a. Falha por tração na seção ①.

   b. Falha simultânea da união mais fraca em cada uma das três trajetórias.

   c. Falha simultânea em ② e na ligação mais fraca da trajetória externa ③, ④ ou ⑤.

Referências

1. Juvinall, Robert C., Engineering Consideration of Stress, Strain and Strength, McGraw-Hill, New York, 1967.

2. Juvinall, Robert C., "An Engineering View of Musculoskeletal Deformities," Proceedings of the IVth International Congress of Physical Medicine, Paris, 1964.

3. Riley,William F., L. D. Sturges, and D. H. Morris, Statics and Mechanics of Materials: An Integrated Approach, 2nd ed.,Wiley, New York, 2001.

4. Smith, Edwin M., R. C. Juvinall, L. F. Bender, and J. R. Pearson, "Flexor Forces and Rheumatoid Metacarpophalangeal Deformity," J. Amer. Med. Assoc., **198** (Oct. 10, 1966).

5. Craig, R. R., Jr., Mechanics of Materials, 3rd ed., Wiley, New York, 2011.

Problemas

Seção 2.2

2.1P Escreva as definições para os termos *diagrama de corpo livre, análise do equilíbrio, esforços internos, cargas externas e componentes de três forças.*

2.2 No equipamento de exercícios denominado Iron Arms™ as alças de rotação do antebraço os exercitam resistindo à rotação das alças — veja a Figura P2.2. A rotação da alça em relação a seu centro (o centro do anel) se opõe à força na extremidade da mola helicoidal sob compressão. A alça possui a forma de um "D". A parte curva do D desliza suavemente no interior do anel oco da carcaça. A parte reta do D é utilizada para segurar com a mão e possui um enchimento de espuma.

O comprimento da alça é de aproximadamente 4,0 in (10,2 cm) e possui um diâmetro de 1,25 in (3,18 cm). Os anéis possuem um diâmetro externo de 7,75 in (19,7 cm) e um diâmetro interno de 5,375 in (13.652 cm). O equipamento como um todo possui um comprimento total de 15,40 in (39,1 cm), uma largura de 7,75 in (diâmetro externo do anel) e uma espessura de 1,25 in.

Quando a mão direita gira no sentido anti-horário a mola é comprimida e resiste à rotação dessa mão. Simultaneamente, a mão esquerda pode girar no sentido horário, e a mola da esquerda será comprimida.

Na posição mostrada na Figura P2.2 (a), as molas estão, ambas, comprimidas (pré-carregadas) e em equilíbrio estático. Nessa posição, construa um diagrama de corpo livre para cada mola, para cada alça, para a carcaça (anéis) e para o conjunto do equipamento. Desconsidere os efeitos da força gravitacional, das forças de atrito ou dos torques aplicados pelas mãos aos componentes.

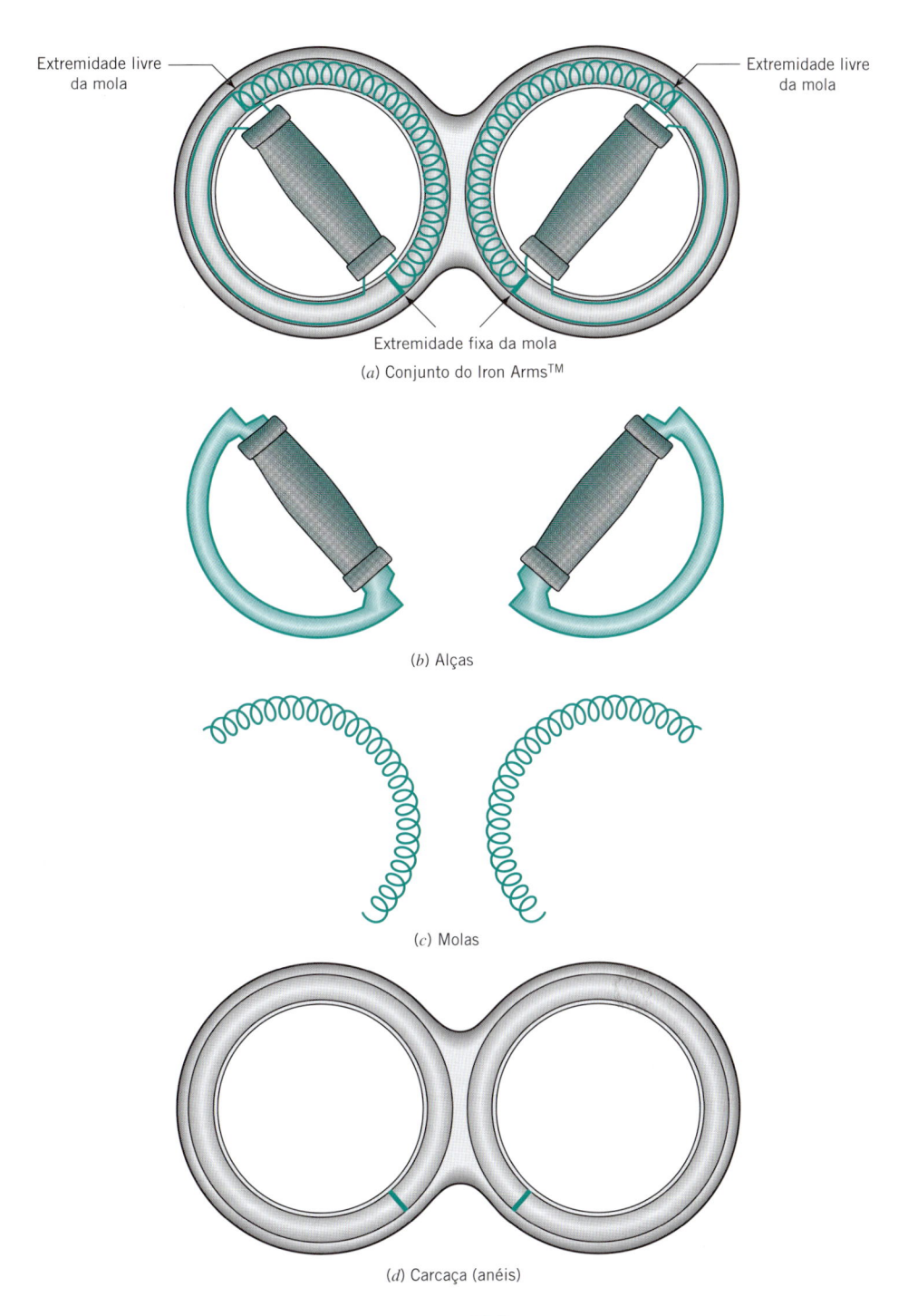

Extremidade livre da mola

Extremidade livre da mola

Extremidade fixa da mola

(a) Conjunto do Iron Arms™

(b) Alças

(c) Molas

(d) Carcaça (anéis)

FIGURA P2.2

2.3 Em relação ao equipamento Iron Arms descrito no Problema 2.2, construa um diagrama de corpo livre para as molas, as alças, a carcaça (anéis) e para o equipamento como um todo para a condição na qual uma pessoa tenha girado a alça direita de 90° no sentido anti-horário e a alça esquerda de 90° no sentido horário com suas mãos — veja a Figura P2.3. Admita que o conjunto esteja em equilíbrio estático e que um torque puro seja aplicado por cada mão a cada alça. Despreze o peso dos componentes.

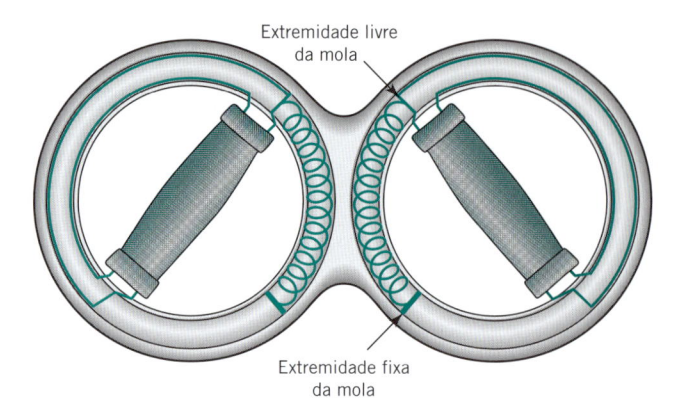

Extremidade livre da mola

Extremidade fixa da mola

FIGURA P2.3

2.4 (a) Se uma pessoa em cada extremidade de um cabo de aço fino o puxa com uma força de 75 lb (334 N), qual é a força de tração que estará atuante no cabo? (b) Se uma das extremidades do cabo for presa direta e permanentemente a uma árvore, e uma pessoa puxar a outra extremidade com uma força de 75 lb, qual será a força atuante no cabo de aço?

2.5P Quais são as forças atuantes em uma pessoa que caminha ao nível de uma rodovia? Se a pessoa caminhar sobre a esteira, quais serão as forças que estarão atuando na pessoa? Qual dessas atividades requer um maior esforço?

2.6P Desenhe um diagrama de corpo livre para a motocicleta de peso W mostrada na Figura P2.6P para (a) apenas a roda traseira freando, (b) apenas a roda dianteira freando e (c) ambas as rodas, dianteira e traseira, freando. Determine também as magnitudes das forças exercidas pela pista sobre os dois pneus durante a frenagem para os casos anteriormente citados. A motocicleta possui uma distância L entre os eixos de suas rodas. O centro de gravidade está localizado a uma distância c adiante do eixo traseiro e a uma distância h acima da pista. O coeficiente de atrito entre a pista e os pneus é μ.

FIGURA P2.6P

2.7 Em relação ao Problema 2.6P, para $W = 1000$ lb (4448 N), $L = 70$ in (1,78 m), $h = 24$ in (0,61 m), $c = 38$ in(0,97 m) e $\mu = 0,7$, determine as forças atuantes na roda traseira para as condições (a) e (b).

2.8 Desenhe o diagrama de corpo livre de um automóvel de peso W durante a frenagem de suas quatro rodas. O veículo possui uma distância L entre seus eixos de rodas. O centro de gravidade está localizado a uma distância c adiante do eixo traseiro e a uma distância h acima da pista. O coeficiente de atrito entre o pavimento e os pneus é μ. Mostre também que a carga suportada pelos dois pneus dianteiros durante a frenagem com o motor em ponto morto é igual a $W(c\ \mu h)/L$.

2.9 Em relação ao Problema 2.8, considere $W = 4000$ lb (17.793 N), $L = 117$ in (2,97 m), $c = 65$ in (1,65 m), $h = 17,5$ in(0,44 m) e $\mu = 0,7$, e determine a força atuante em cada um dos dois pneus traseiros.

2.10 Repita o Problema 2.8 admitindo que o automóvel está rebocando um trailer de um eixo cujo peso é W_t. Determine a menor distância de parada do veículo e do trailer, admitindo (a) que o trailer não possa ser freado e (b) que há frenagem total do trailer. Qual seria a menor distância de parada para o automóvel se ele não estivesse rebocando um trailer?

2.11 Repita o Problema 2.8 admitindo que o automóvel está descendo uma ladeira com uma inclinação na relação de 10:1.

2.12P Selecione um metal com massa específica conhecida para as barras maciças A e B. As barras estão posicionadas no interior de um canal C entre as paredes verticais. Desenhe os diagramas de corpo livre das barras A e B e para o canal C, mostrados na Figura P2.12P. Determine também a magnitude das forças que atuam sobre a barra A, a barra B e o canal C.

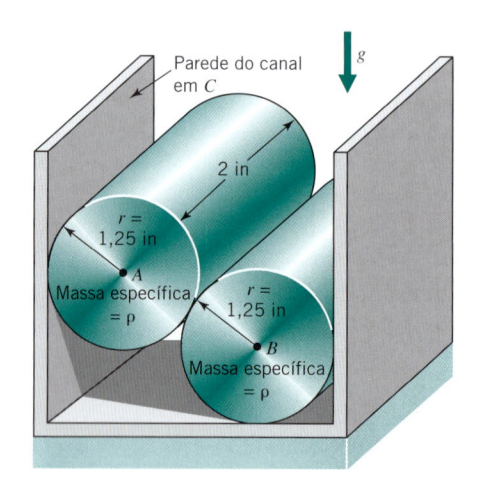

Parede do canal em C

g

2 in

$r = 1,25$ in

A

Massa específica $= \rho$

$r = 1,25$ in

B

Massa específica $= \rho$

FIGURA P2.12P

2.13P Desenhe os diagramas de corpo livre para as esferas A e B e para o recipiente, mostrados na Figura P2.13P. Determine também as magnitudes das forças atuantes nas esferas A e B e no recipiente.

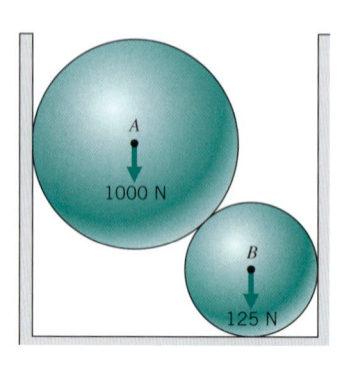

A

1000 N

B

125 N

FIGURA P2.13P

2.14   Desenhe o diagrama de corpo livre da estrutura treliçada mostrada na Figura P2.14. Determine as magnitudes das forças atuantes em cada elemento da estrutura.

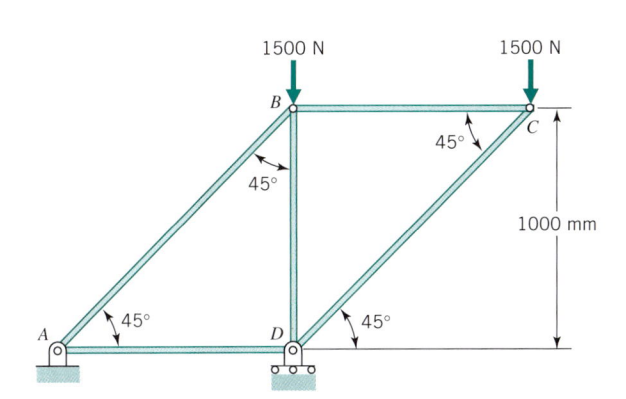

FIGURA P2.14

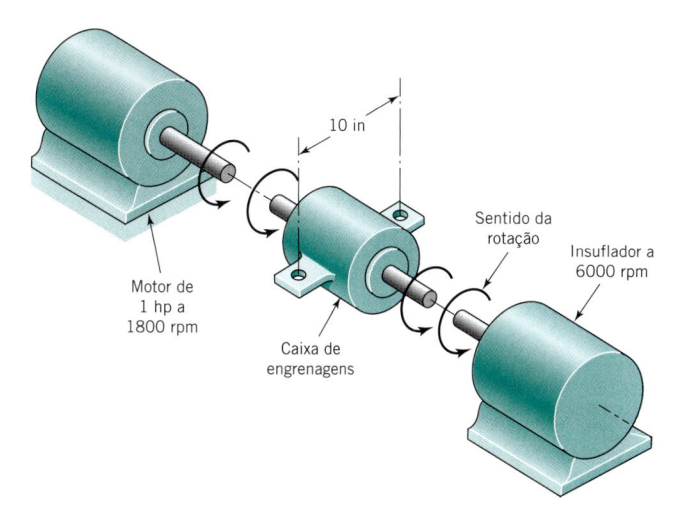

FIGURA P2.16

2.15   Em relação ao Problema 2.14, se as duas forças externas de 1500 N são reduzidas para 750 N (cada), determine as forças atuantes a estrutura em *A* e *D*.

2.16   O desenho da Figura P2.16 mostra a vista "explodida" de um motor com rotação de 1800 rpm, uma caixa de engrenagens e um insuflador com rotação de 6000 rpm. A caixa de engrenagens pesa 20 lb, com centro de gravidade no ponto médio dos dois pontos de fixação. Todos os eixos giram no sentido anti-horário, quando vistos do insuflador. Desprezando as perdas por atrito, determine todos os esforços atuantes na caixa de engrenagens quando a potência de saída do motor for de 1 hp. Esquematize a caixa de engrenagens como um corpo livre em equilíbrio.

2.17   Repita o Problema Resolvido 2.16 considerando que o peso da caixa de engrenagem é de 40 lb.

2.18   O motor mostrado opera a uma velocidade constante e desenvolve um torque de 100 lb·in (11,3 N·m) durante sua operação normal. Um redutor de engrenagens com relação de transmissão de 5:1 é acoplado ao eixo do motor, isto é, o eixo de saída do redutor gira no mesmo sentido que o eixo de saída do motor, porém a um quinto da velocidade do motor. A rotação da carcaça do redutor é evitada por um "braço de torque" fixado por pinos em cada uma de suas extremidades, como mostrado na Figura P2.18. O eixo de saída do redutor aciona a carga através de uma junta flexível. Desprezando os efeitos da gravidade e os atritos, quais são as cargas aplicadas (a) ao braço de torque, (b) ao eixo de saída do motor, (c) ao eixo de saída do redutor?

2.19   Repita o Problema 2.18 considerando que o motor desenvolve um torque de 200 lb·in durante sua operação.

2.20   O desenho da Figura P2.20 mostra o motor, a caixa de transmissão e o eixo de transmissão do protótipo de um automóvel. A transmissão e o motor não são fixados entre si por parafusos, mas estão presos ao chassi separadamente. A caixa de transmissão pesa 100 lb, recebe um torque do motor de 100 lb·ft em *A* por meio de um acoplamento flexível e transmite o movimento para o eixo de transmissão em *B* por meio de uma junta universal. A caixa de transmissão é fixada ao chassi através de parafusos em *C* e *D*. Se a relação da caixa de transmissão é de –3, isto é, a velocidade da engrenagem de inversão fixada ao eixo de transmissão é igual a –1/3 da velocidade do motor, analise, mostrando em um desenho, a caixa de transmissão como um corpo livre em equilíbrio.

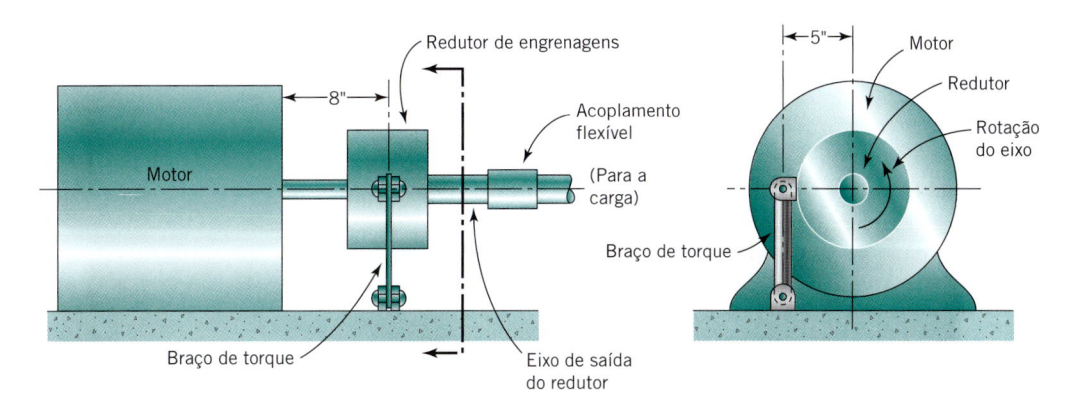

FIGURA P2.18

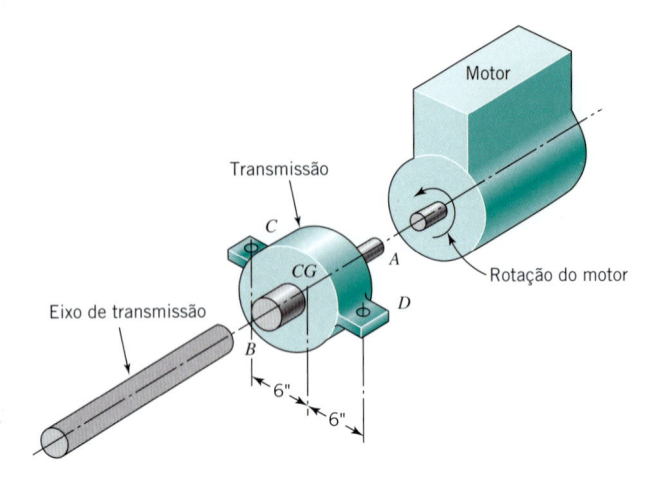

FIGURA P2.20

2.21 Repita o Problema 2.20 considerando que a caixa de transmissão pese 50 lb (222,4 N).

2.22 O desenho da Figura P2.22 mostra um ventilador elétrico suportado por parafusos em *A* e *B*. O motor fornece um torque de 2 N·m às pás do ventilador. Elas, quando giram, sopram o ar para frente com uma força de 20 N. Desprezando as forças devidas à gravidade, determine todos os esforços atuantes no ventilador (conjunto completo). Esquematize-o como um corpo livre em equilíbrio.

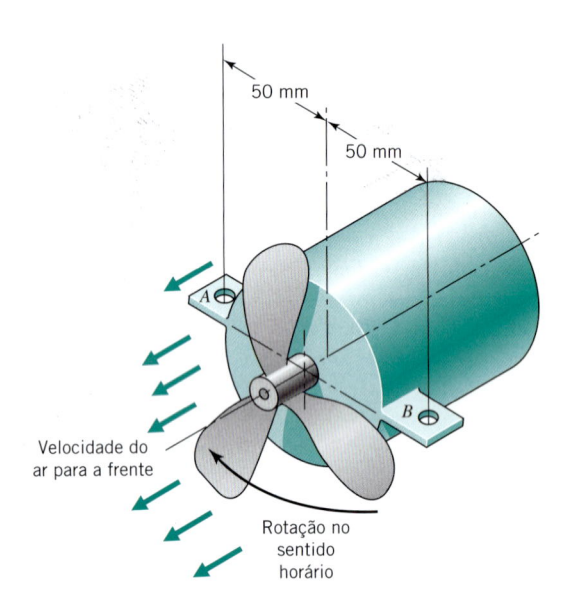

FIGURA P2.22

2.23 Repita o Problema 2.22 considerando que o motor forneça um torque de 4 N·m às pás do ventilador e que as pás empurrem o ar para frente com uma força de 40 N.

2.24 A Figura P2.24 mostra a vista "explodida" de uma bomba acionada por um motor de 1,5 kW a 1800 rpm, plenamente acoplado a um redutor de engrenagens com uma taxa de 4:1. O eixo *C* do redutor é conectado diretamente ao eixo *C* da bomba por meio de um acoplamento flexível (não mostrado). A face *A* da caixa do redutor é aparafusada ao flange *A'* do tubo de conexão (um corpo único maciço). A face *B* da bomba é, de forma análoga, fixada ao flange *B'*. Esquematize o tubo de conexão e mostre os esforços atuantes sobre ele. (Despreze os efeitos da gravidade.)

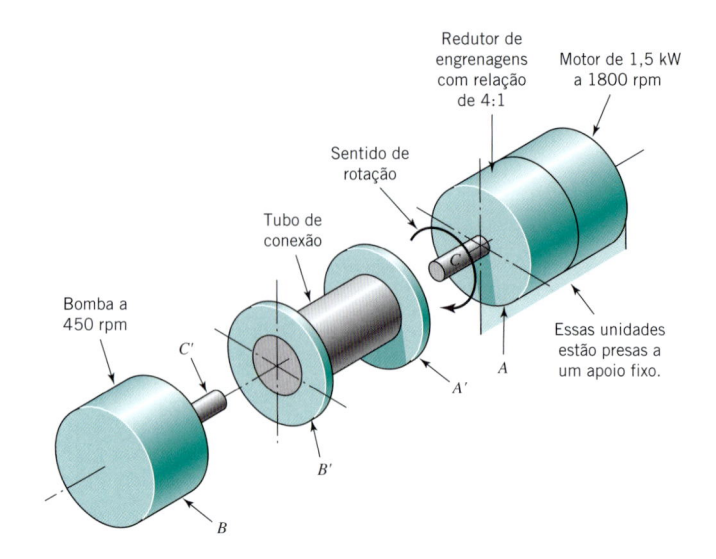

FIGURA P2.24

2.25 Em relação ao Problema 2.24, calcule o torque de saída se o redutor com razão de transmissão de 4:1 possui uma eficiência de 95%.

2.26 A Figura P2.26 mostra a vista "explodida" do motor de um avião, a caixa de redução e a hélice. O motor e a hélice giram no sentido horário, quando vistos da extremidade da hélice. A caixa de redução é fixada à carcaça do motor por meio dos furos para parafusos, conforme mostrado. Despreze as perdas por atrito na caixa de redução. Quando o motor desenvolve 150 hp a 3600 rpm,

(a) Qual é a magnitude e o sentido do torque aplicado *à* carcaça do motor *pela* caixa de redução?

(b) Qual é a magnitude e o sentido do torque de reação que tende a girar o avião (rolagem)?

(c) Qual é a vantagem de se utilizar, nos aviões, dois motores de propulsão com rotações opostas?

[Resp.: (a) 109 lb·ft no sentido anti-horário, (b) 328 lb·ft no sentido anti-horário]

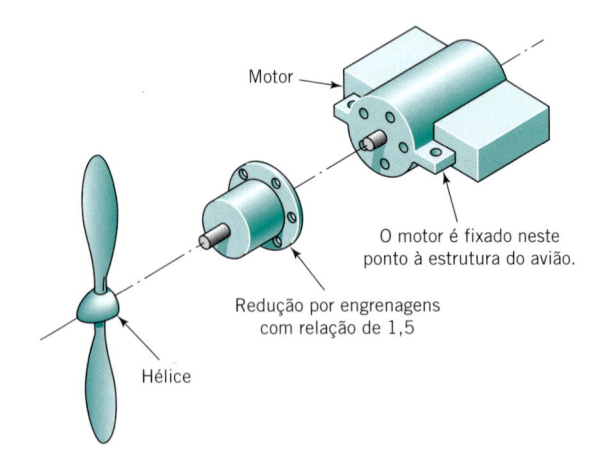

FIGURA P2.26

2.27 O motor de uma embarcação naval fornece um torque de 200 lb·ft (271 N·m) à caixa de engrenagens mostrada na Figura P2.27, a qual produz uma relação de transmissão reversa na relação de −4:1. Qual é o valor do torque necessário para manter a caixa de engrenagens no lugar?

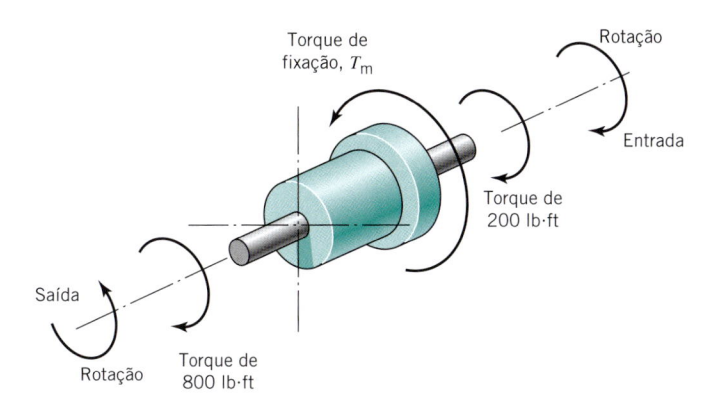

Figura P2.27

2.28 Repita o Problema 2.27 considerando que o motor da embarcação desenvolva um torque de 400 lb·ft (542 N·m).

2.29 Um motor fornece um torque de 50 lb·ft (68 N·m) a 2000 rpm a um redutor de engrenagens a ele fixado. As carcaças do redutor e do motor são fixadas entre si por seis parafusos localizados em uma circunferência de 12 in (30,5 cm) de diâmetro, centrada em relação ao eixo. O redutor possui uma relação de transmissão de 4:1. Desprezando os atritos e o peso dos componentes, qual é a força de cisalhamento média suportada por cada parafuso?

2.30P Considere um compressor alternativo monocilindro. Faça um esquema do eixo de manivela, da biela, do pistão e de sua carcaça como corpos livres quando a manivela estiver a 60° antes do ponto morto superior na fase de compressão. Esquematize o compressor como um todo, considerando-o como um único corpo livre para essa condição.

2.31 A Figura P2.31 mostra uma unidade de redução por engrenagens e a hélice do motor externo de um barco. O motor é fixado à estrutura do barco através de um flange de montagem na parte superior. O motor é montado sobre esta unidade e gira o eixo vertical com um torque de 20 N·m. Utilizando um par de engrenagens cônicas, esse eixo gira a hélice com a metade da velocidade do eixo vertical. A hélice fornece um

empuxo de 400 N para acionar a embarcação para a frente. Desprezando os efeitos da gravidade e os atritos, mostre todos os esforços externos atuantes sobre o conjunto ilustrado na figura. (Faça um esquema dos componentes e indique os momentos aplicados ao flange de montagem utilizando a notação sugerida no desenho.)

2.32 O desenho mostrado na Figura P2.32 representa uma bicicleta com um ciclista de 800 N aplicando todo o seu peso em um dos pedais. Trate este problema com o bidimensional, com todos os componentes no plano da figura. Desenhe os seguintes corpos ou conjuntos como corpos livres em equilíbrio:

(a) O pedal, a manivela e o conjunto pedal-roda dentada.

(b) A roda traseira e o conjunto com a roda dentada.

(c) A roda dianteira.

(d) O conjunto bicicleta-ciclista.

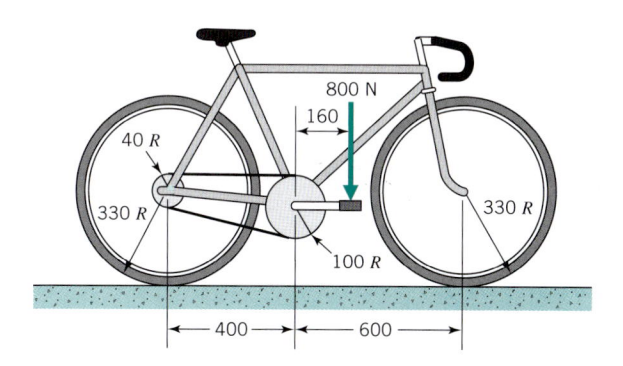

Figura P2.32

2.33 Em relação à bicicleta do Problema 2.32, com uma pequena ciclista aplicando todo o seu peso de 400 N a um dos pedais, determine as forças atuantes nos pneus traseiro e dianteiro.

2.34 A barra de seção circular contínua maciça mostrada na Figura P2.34 pode ser vista como constituída de um trecho reto e um trecho curvo. Desenhe os diagramas de corpo livre para

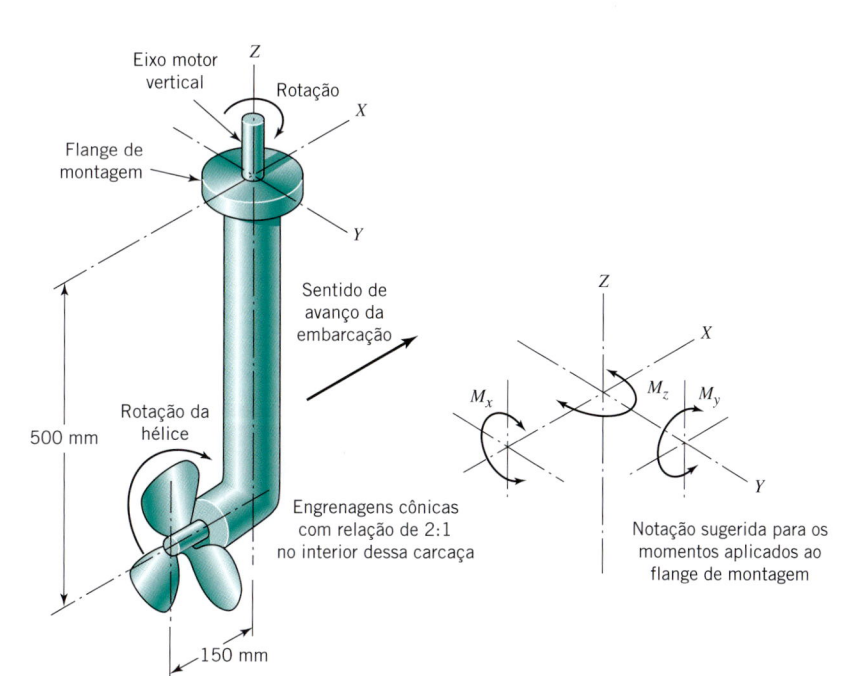

Figura P2.31

os trechos 1 e 2. Determine também as forças e os momentos atuantes nas extremidades de ambos os trechos. Despreze o peso da barra.

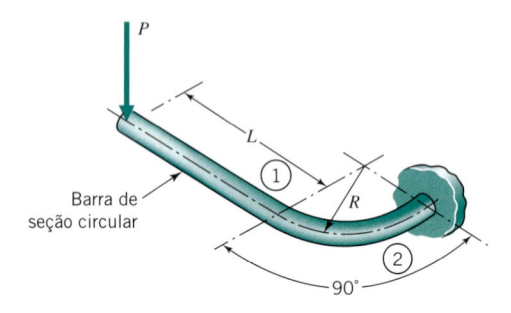

FIGURA P2.34

2.35   Desenhe os diagramas de corpo livre para os trechos 1 e 2 do clipe de mola mostrado na Figura P2.35, sujeito à ação da força *P* atuante em sua extremidade livre. Determine também a força e os momentos atuantes nas extremidades de ambos os segmentos. Despreze o peso do componente.

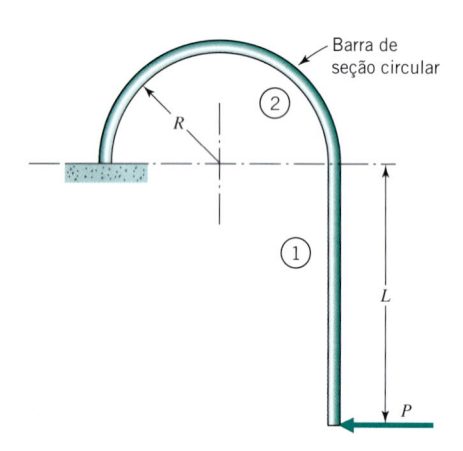

FIGURA P2.35

2.36   Uma barra semicircular de seção transversal retangular possui uma extremidade rotulada (Figura P2.36). A extremidade livre está carregada conforme indicado. Desenhe um diagrama de corpo livre para a barra semicircular como um todo e para a parte esquerda da barra. Analise a influência do peso da barra semicircular nesse problema.

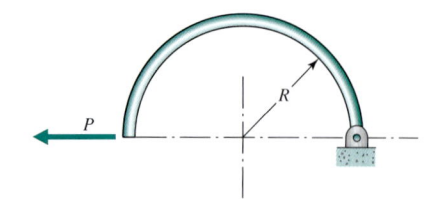

FIGURA P2.36

2.37   O desenho da Figura P2.37 mostra um redutor com engrenagens cônicas acionado por um motor que gira a 1800 rpm e fornece um torque de 12 N·m. Sua saída movimenta uma carga a 600 rpm. O redutor é mantido em sua posição através de forças verticais aplicadas à carcaça nos pontos *A*, *B*, *C* e *D*. O torque reativo do eixo do motor é equilibrado nos pontos *A* e *B*; o torque reativo em relação ao eixo de saída é equi-

librado nos pontos *C* e *D*. Determine as forças aplicadas ao redutor em cada ponto de sua fixação,

(a)   Admitindo que a eficiência do redutor seja 100%.

(b)   Admitindo que a eficiência do redutor seja 95%.

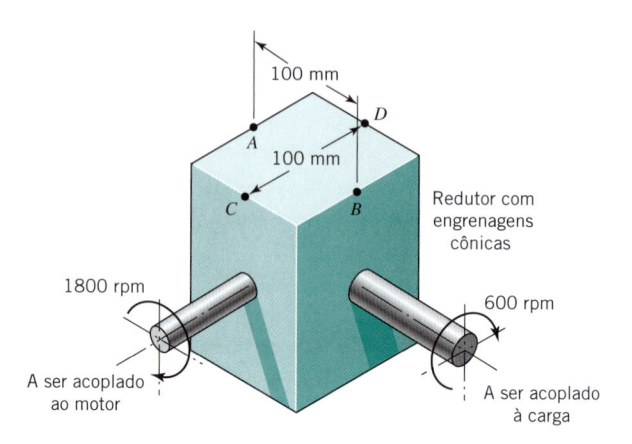

FIGURA P2.37

2.38   Repita o Problema 2.37 considerando que o motor desenvolva um torque de 24 N·m a 1800 rpm.

2.39   Repita o Problema 2.37 considerando as distâncias *AB* = 50 mm e *CD* = 50 mm.

2.40   A Figura P2.40 representa um redutor com um par de engrenagens. Um motor fornece um torque de 200 lb·ft (271 N·m) ao eixo do pinhão, conforme mostrado. O eixo da coroa move a carga na saída. Os dois eixos são conectados com acoplamentos flexíveis (que transmitem apenas torques). As engrenagens são montadas no ponto médio de seus eixos, entre os mancais. O redutor é suportado por quatro pontos de fixação idênticos na lateral de sua carcaça, espaçados, de forma simétrica em relação ao centro, em 6 in (15,2 cm) e 8 in (20,3 cm), conforme indicado. Por simplicidade, despreze os efeitos gravitacionais e admita que as forças entre as engrenagens (isto é, entre a coroa e o pinhão) atuam tangencialmente às engrenagens. Faça um esquema como corpo rígido em equilíbrio,

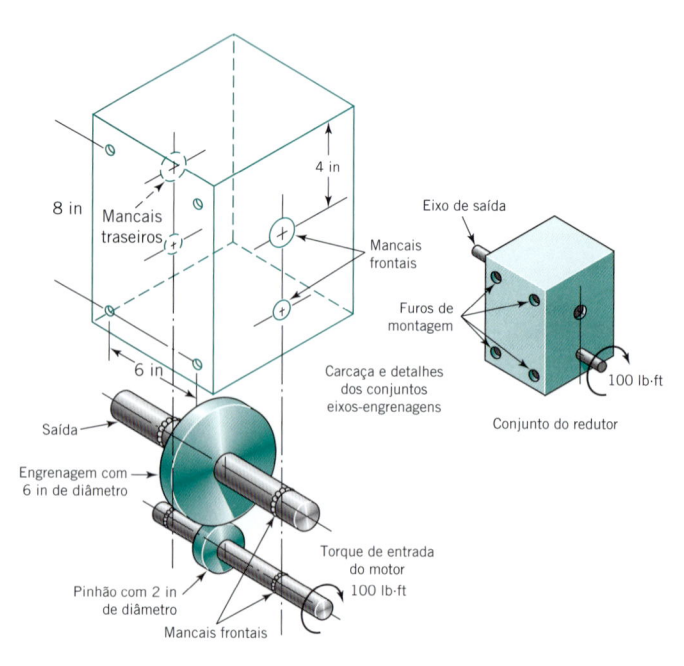

FIGURA P2.40

(a) Do conjunto pinhão-eixo.

(b) Do conjunto coroa-eixo.

(c) Da carcaça.

(d) Do redutor como um conjunto único.

2.41 Um aro e um cubo são conectados por meio de molas radiais, conforme mostrado na Figura P2.41. Cada mola é fixada com uma força de tração de 20 lb. Desenhe um diagrama de corpo livre (a) do cubo, (b) do aro, (c) de uma das molas e (d) da metade do aro (180)°. Despreze o peso de cada componente.

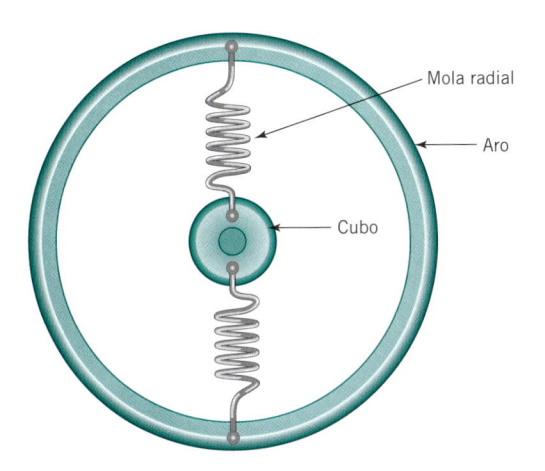

FIGURA P2.41

2.42 O desenho mostrado na Figura P2.42 é uma representação muito simplificada do motor, da transmissão, dos eixos motrizes e do eixo dianteiro de um carro com tração nas quatro rodas. Todos os componentes mostrados podem ser considerados como um único corpo livre suportado por apoios nos pontos *A*, *B*, *C* e *D*. O motor gira a 2400 rpm e desenvolve um torque de 100 lb·ft. A relação de transmissão vale 2,0 (o eixo de transmissão gira a 1200 rpm); as relações de transmissão para os eixos dianteiro e traseiro são, ambas, iguais a 3,0 (as rodas giram a 400 rpm). Despreze os atritos e a gravidade, e admita que os apoios rea-

gem apenas com forças na direção vertical. Determine as forças aplicadas ao corpo livre nos pontos *A*, *B*, *C* e *D*.

[Resp.: 150 lb para baixo, 150 lb para cima, 100 lb para baixo e 100 lb para cima, respectivamente]

2.43P O desenho da Figura P2.43P mostra um misturador preso através de apoios simétricos em *A* e *B*. Determine um torque para o motor entre 20 N·m e 50 N·m para acionar as pás do misturador e, em seguida, determine todos os esforços nele atuantes. Faça um esquema de seu corpo livre em equilíbrio.

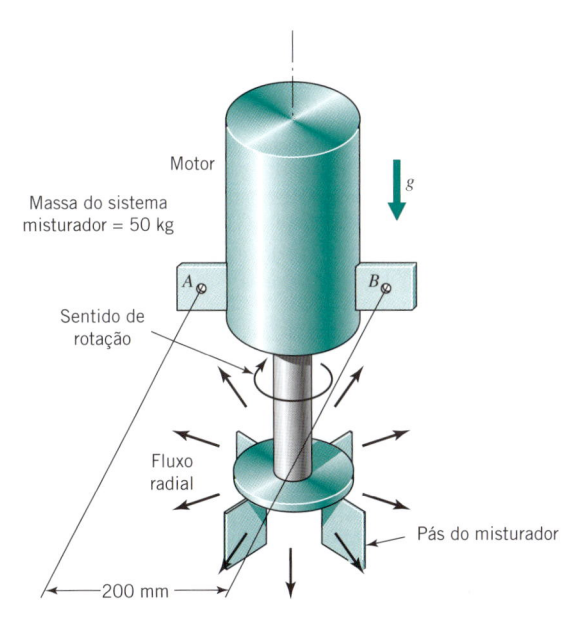

FIGURA P2.43P

2.44 Construa o diagrama de corpo livre de um veículo acionado pelas rodas traseiras movendo-se com velocidade constante em uma rodovia reta e nivelada considerando que as forças que se opõem ao movimento são (i) a força de arrasto, F_d, imposta ao veículo pelo ar ambiente, (ii) a força de resistên-

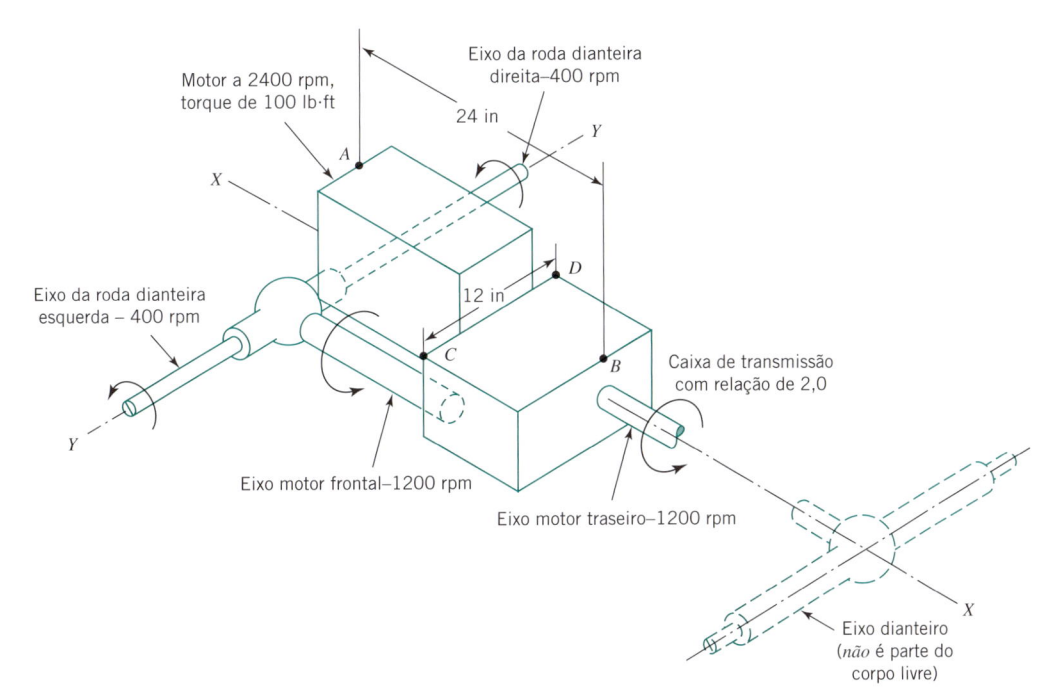

FIGURA P2.42

cia ao rolamento sobre as rodas, F_r, opondo-se ao movimento do veículo e (iii) as forças da pista atuantes sobre os pneus. Admita que o veículo tenha um peso W. Descreva, também, como o diagrama de corpo livre será alterado se o pedal do acelerador for acionado e o veículo começar a se acelerar.

2.45 Repita o Problema 2.44 considerando um veículo acionado pelas rodas dianteiras.

2.46 Construa o diagrama de corpo livre de um clipe de grandes dimensões para a posição em que ele é mantido aberto e sendo preparado para prender 40 folhas de papel — veja a Figura P2.46. Construa também um diagrama de corpo livre para os seguradores e um diagrama para a mola de aço do clipe. Os seguradores possuem aproximadamente 2,5 in (6,35 cm) de comprimento e o arame do segurador possui 1/16 in (1,59 mm) de diâmetro. A mola do clipe (vista de trás), quando fechado possui a forma de um triângulo. O triângulo possui duas pernas, cada uma com 1 1/8 in (2,86 cm) de comprimento e um terceiro lado de conexão com comprimento de 1 in (2,54 cm). A mola do clipe (vista lateral) possui uma largura aproximada de 2 in (5,1 cm).

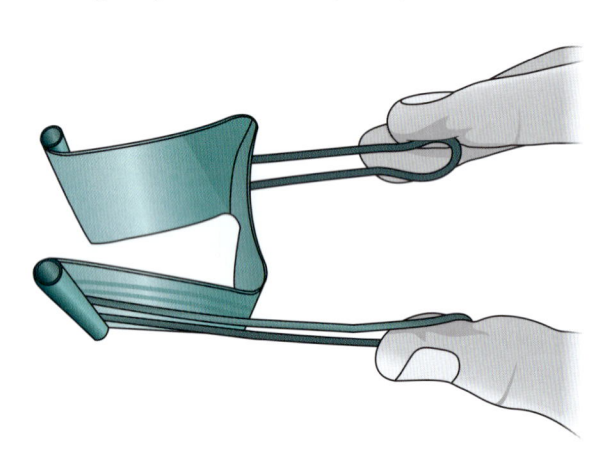

FIGURA P2.46

2.47P O desenho mostrado na Figura P2.47P mostra um ventilador radial acionado por motor elétrico com gaiola de esquilo

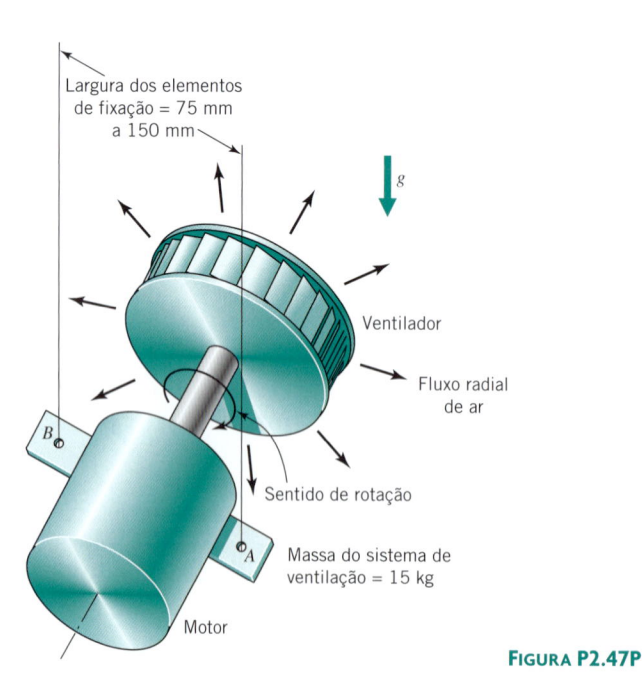

Largura dos elementos de fixação = 75 mm a 150 mm

g

Ventilador

Fluxo radial de ar

Sentido de rotação

B

Massa do sistema de ventilação = 15 kg

A

Motor

FIGURA P2.47P

suportado por apoios simétricos em A e B. O motor fornece um torque de 1 N·m ao ventilador. Determine a largura dos apoios, entre 75 mm e 150 mm, e, em seguida, determine todos os esforços atuantes no ventilador. Faça um desenho representando o corpo livre do ventilador em equilíbrio.

2.48 Desenhe um diagrama de corpo livre para o conjunto de engrenagens e eixo mostrado na Figura P2.48. Construa também os diagramas de corpo livre das engrenagens 1 e 2, e do eixo.

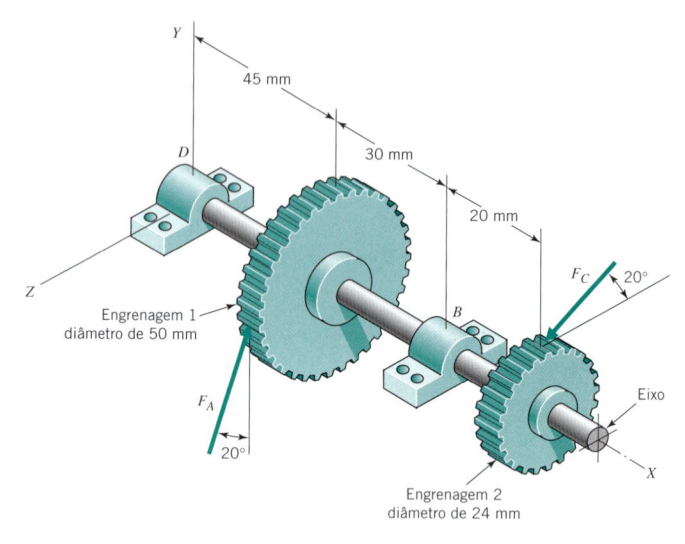

Y

45 mm

D

30 mm

20 mm

F_C 20°

Z

Engrenagem 1 diâmetro de 50 mm

B

Eixo

F_A

20°

X

Engrenagem 2 diâmetro de 24 mm

FIGURA P2.48

2.49 Para o conjunto de eixo e engrenagens mostrado na Figura P2.48, considere $F_A = 550$ N e determine a magnitude da força F_C. Liste suas hipóteses.

2.50 Para o conjunto de eixo e engrenagens mostrado na Figura P2.48, considere $F_A = 1000$ N e determine as forças atuantes no mancal D.

2.51 Para o conjunto de eixo e engrenagens mostrado na Figura P2.48, considere $F_C = 750$ N e determine as forças atuantes no mancal B.

Seção 2.3

2.52 O componente estrutural contínuo maciço mostrado na Figura P2.52 pode ser visto como sendo constituído de diversos seg-

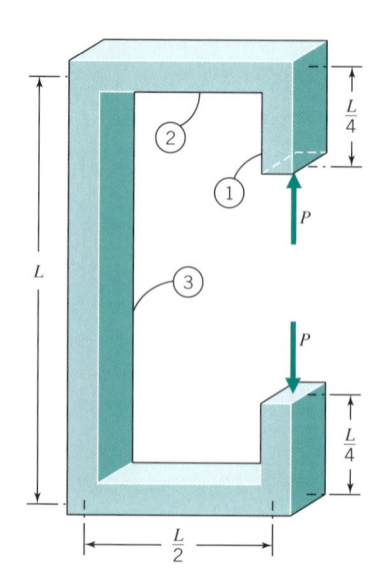

$\frac{L}{4}$

2

1

P

L

3

P

$\frac{L}{4}$

$\frac{L}{2}$

FIGURA P2.52

mentos retos. Desenhe os diagramas de corpo livre para os segmentos retos 1, 2 e 3 indicados na Figura P2.52. Determine também (de forma simbólica) as magnitudes das forças e dos momentos atuantes nos segmentos retos. Despreze o peso do componente.

2.53 Os desenhos mostrados na Figura P2.53 mostram eixos de aço suportados por mancais autoalinhados (que podem resistir a cargas radiais e não às devidas à flexão dos eixos) em *A* e *B*. Uma engrenagem (ou polia, ou roda dentada) gera cada uma das forças aplicadas, conforme indicado. Construa cuidadosamente os diagramas de forças cisalhantes e de momentos fletores e determine os valores característicos para cada caso. (As dimensões fornecidas estão em milímetros.)

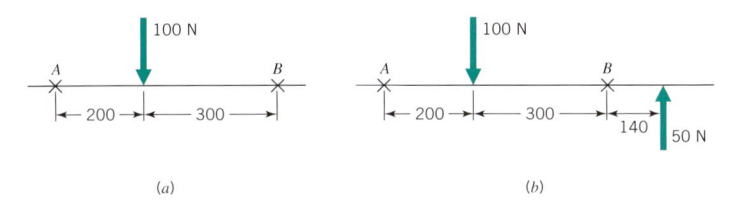

(a) (b)

FIGURA P2.53

2.54 Para cada um dos seis casos mostrados na Figura P2.54, determine as reações dos mancais e desenhe os diagramas de forças cisalhantes e momentos fletores correspondentes para o eixo de aço com diâmetro de 2 in apoiado em mancais de esfera autoalinhados em *A* e *B*. Uma engrenagem especial com diâmetro primitivo de 6 in montada no eixo gera as forças aplicadas, conforme indicado.

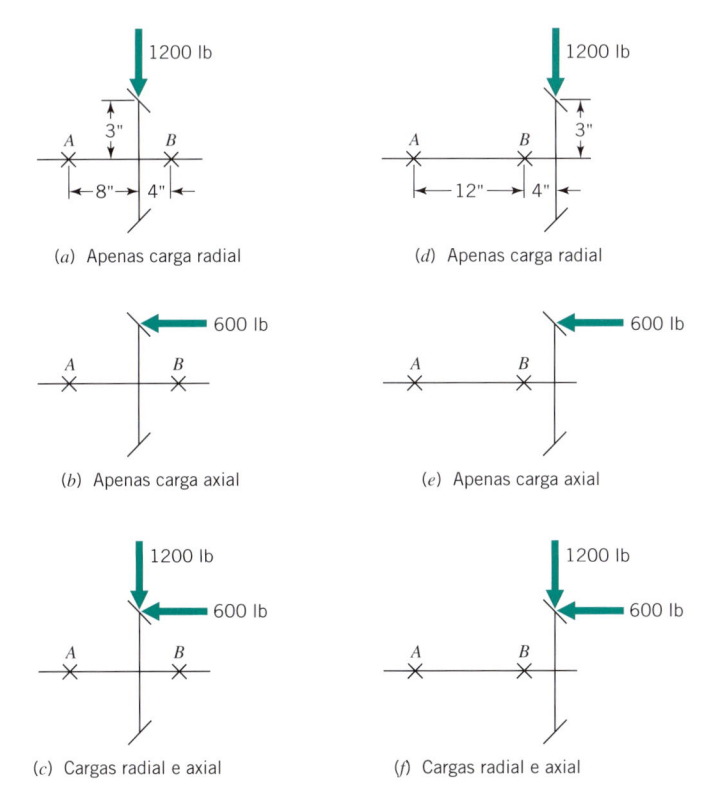

(a) Apenas carga radial
(d) Apenas carga radial
(b) Apenas carga axial
(e) Apenas carga axial
(c) Cargas radial e axial
(f) Cargas radial e axial

FIGURA P2.54

2.55 Em relação à Figura P2.55,

(a) Desenhe o diagrama de corpo livre da estrutura de apoio da polia.

(b) Desenhe os diagramas de forças cisalhantes e de momentos fletores para os trechos vertical e horizontal da estrutura.

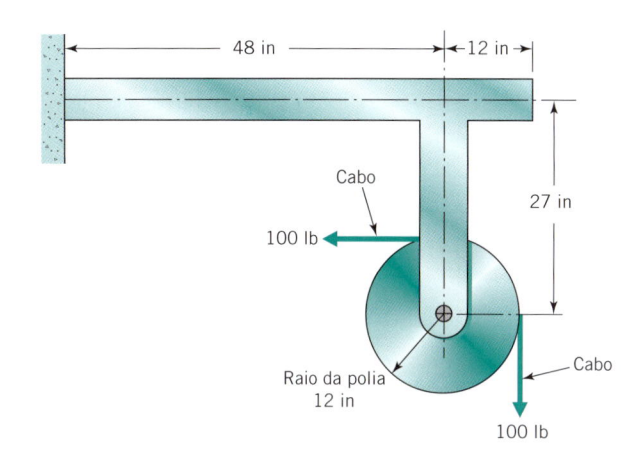

FIGURA P2.55

2.56 O desenho mostrado na Figura P2.56 mostra uma engrenagem cônica fixada a um eixo apoiado em mancais autoalinhados nas posições *A* e *B* e acionado por um motor. As componentes axial e radial da força atuante na engrenagem são indicadas na figura. A componente tangencial (a que produz torque) é perpendicular ao plano da figura e possui um módulo de 2000 N. O mancal *A* resiste às forças horizontais, o mancal *B* não. As dimensões estão em milímetros.

(a) Desenhe (em escala) os diagramas de cargas axiais, forças cisalhantes, momentos fletores e torques atuantes no eixo.

(b) Quais os valores da carga axial e do torque a que o eixo está sujeito, e que trecho(s) do eixo fica(m) sujeito(s) a essas cargas?

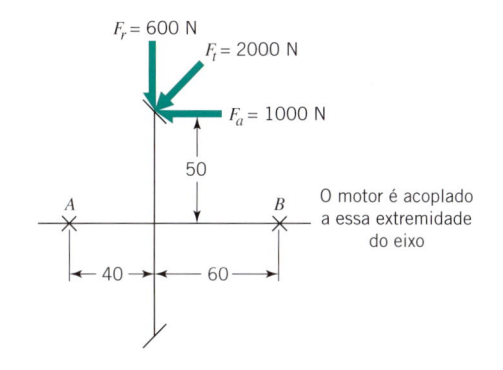

FIGURA P2.56

2.57 O eixo com engrenagem cônica mostrado na Figura P2.57 está apoiado em mancais com autoalinhamento *A* e *B*. (As dimensões fornecidas estão em milímetros.) Apenas o mancal *A* resiste às cargas horizontais. As forças atuantes na engrenagem, no plano da figura, são mostradas (a componente tangencial da força ou a que produz torque é perpendicular ao plano da figura). Construa os diagramas de cargas axiais, forças cisalhantes, momentos fletores e torques para o eixo.

2.58 Idêntico ao Problema 2.57, exceto que o eixo, neste caso (Figura P2.58), possui uma engrenagem cônica e uma engrenagem de dentes retos, e nenhuma das extremidades do eixo está conectada a um motor ou sujeita a uma carga aplicada.

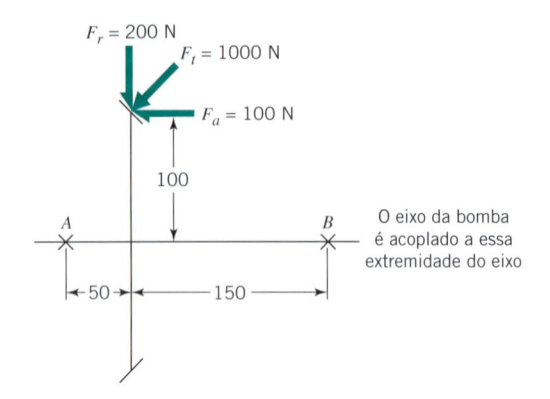

FIGURA P2.57

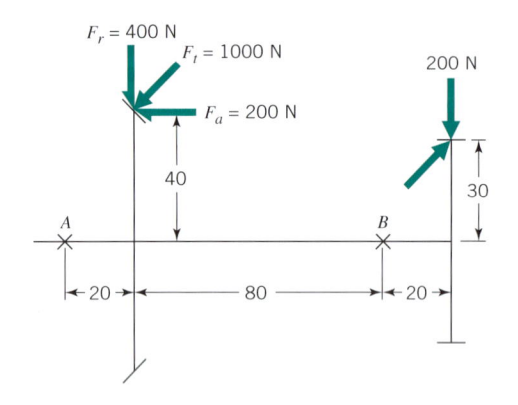

FIGURA P2.58

2.59 Idêntico ao Problema 2.57, exceto que o eixo, neste caso (Figura P2.59), possui duas engrenagens cônicas e nenhuma das extremidades do eixo está conectada a um motor ou sujeita a uma carga aplicada.

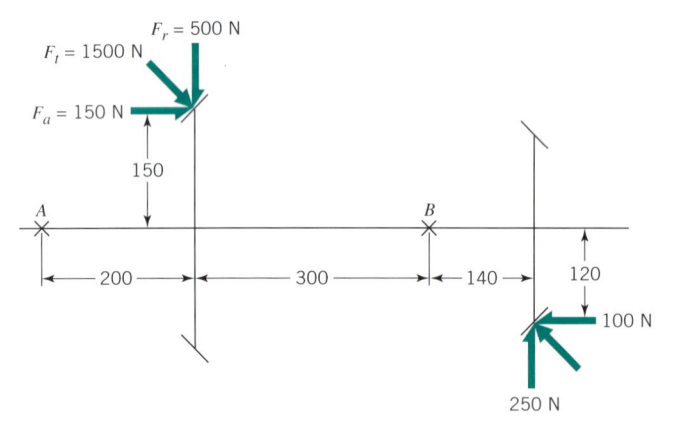

FIGURA P2.59

Seção 2.4

2.60 A Figura P2.60 mostra uma força estática, F, aplicada ao dente de uma engrenagem que está fixada a um eixo através de uma chaveta. Adote hipóteses simplificadoras adequadas, identifique as tensões atuantes na chaveta e escreva uma equação para cada componente.[*] Estabeleça as hipóteses adotadas e discuta, sucintamente, seus efeitos.

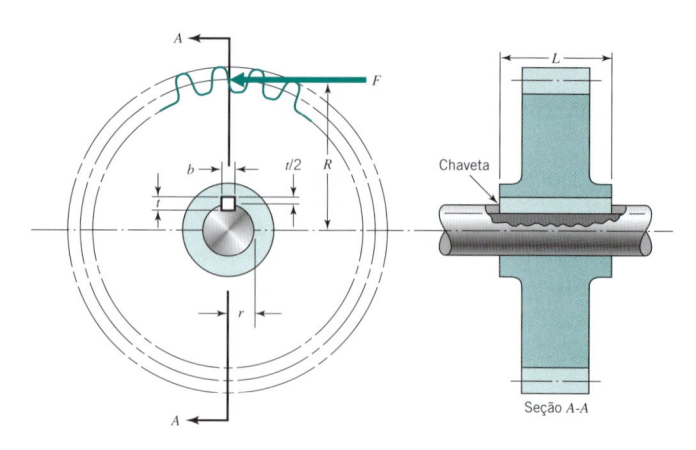

FIGURA P2.60

2.61 A Figura P2.61 mostra um parafuso de rosca quadrada transmitindo uma força axial F através dos n passos de uma porca (o desenho ilustra o caso de $n = 2$). Fazendo hipóteses simplificadoras apropriadas, identifique as tensões ocorrentes no trecho do parafuso em contato com a porca e escreva uma equação para cada uma dessas tensões.[*] Estabeleça as hipóteses e faça uma breve discussão sobre seus efeitos.

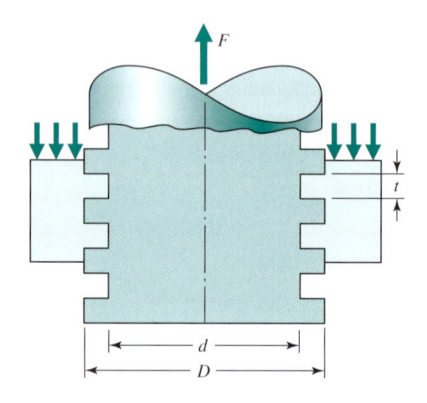

FIGURA P2.61

2.62 O reservatório cilíndrico metálico de paredes finas mostrado na Figura P2.62 é aberto em sua extremidade direita e fechado em sua extremidade esquerda. Considerando que esteja sujeito à força P aplicada como indicado, faça um esquema indicando as linhas de fluxo de força na estrutura do reservatório. O reservatório possui um diâmetro de 3 in (7,6 cm) e um comprimento de 6 in (15,2 cm). Utilizando o conceito de fluxo de força, localize a seção e/ou superfície crítica do reservatório.

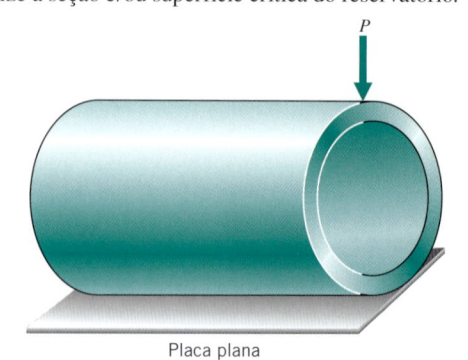

Placa plana

FIGURA P2.62

---

*As primeiras cinco seções do Capítulo 4 apresentam uma breve revisão das equações das tensões.

2.63 A Figura P2.63 mostra a força total F exercida por um gás sobre a cabeça de um pistão.

    (a) Copie o desenho e esquematize as trajetórias das forças através do pistão, através do pino do pistão e na biela.

    (b) Fazendo hipóteses simplificadoras apropriadas, identifique as tensões atuantes no pino do pistão e escreva as equações para cada uma delas.[*] Estabeleça as hipóteses adotadas e discuta, brevemente, seus efeitos.

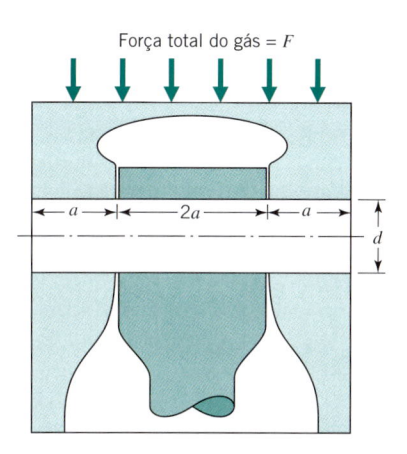

Força total do gás = F

FIGURA P2.63

2.64 A Figura P2.64 mostra a força P aplicada pela biela à manivela de um motor. O eixo é apoiado pelos mancais principais A e B. O torque é transmitido a uma carga externa através do flange F.

    (a) Desenhe o eixo e mostre todos os esforços necessários para que fique em equilíbrio como um corpo livre.

    (b) Partindo com a força P e seguindo as trajetórias de forças através do eixo até o flange, identifique os locais onde ocorrem as tensões potencialmente críticas.

    (c) Fazendo hipóteses simplificadoras apropriadas, escreva uma equação para cada uma delas.[*] Estabeleça as hipóteses adotadas.

Seção 2.5

2.65 Na Figura P2.65, todas as uniões são rotuladas e todas as barras possuem o mesmo comprimento L e a mesma área de seção transversal A. A junta central (o pino) é carregada com uma força P. Determine as forças atuantes nas barras.

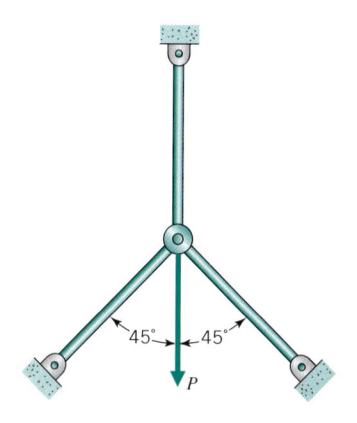

FIGURA P2.65

2.66 Repita o Problema 2.65, considerando que a barra superior possui uma área de seção transversal A e as duas barras inferiores possuem uma área de seção transversal A'. Determine (a) as forças atuantes nas barras e (b) a relação A/A' que fará com que as forças atuantes em todas as barras sejam numericamente idênticas.

2.67 Um suporte "T", preso a uma superfície fixa por quatro parafusos, é carregado no ponto E conforme mostrado na Figura P2.67.

    (a) Copie o desenho e esquematize o fluxo das trajetórias de força em direção a cada parafuso.

    (b) Se a rigidez entre o ponto E e a placa através dos parafusos B e C é igual ao dobro da rigidez entre o ponto E e a placa através dos parafusos A e D, como a carga fica dividida entre os quatro parafusos?

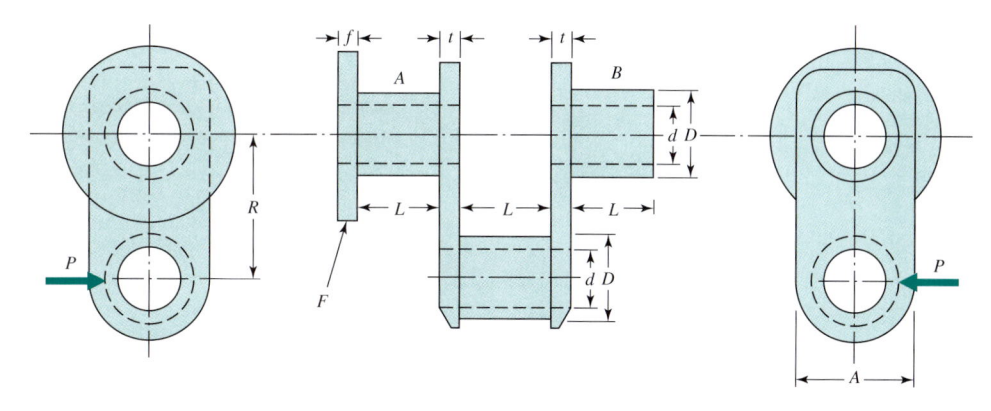

FIGURA P2.64

---

[*]As primeiras cinco seções do Capítulo 4 apresentam uma breve revisão das equações das tensões.

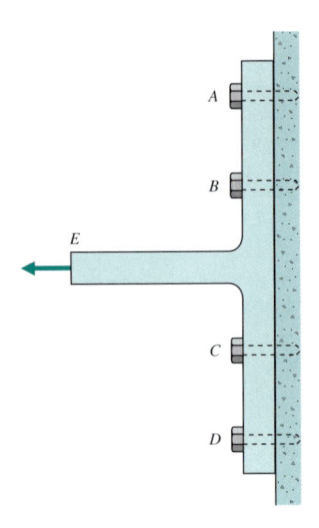

FIGURA P2.67

2.68 Uma barra horizontal muito rígida, suportada por quatro molas idênticas, conforme mostrado na Figura P2.68, está sujeita a uma força central de 100 N. Qual é o valor da carga aplicada a cada mola?

[Resp.: nas molas inferiores, 40 N; nas molas superiores, 20 N]

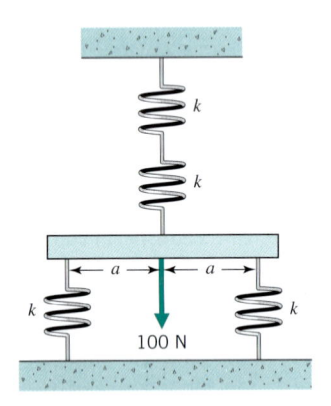

FIGURA P2.68

2.69 Repita o Problema 2.68 admitindo, agora, que a barra horizontal, como apresentada, não é rígida e também possua uma rigidez elástica k.

Seção 2.6

2.70 Em relação aos parafusos do Problema 2.67,

   (a) Se eles são frágeis e cada um se rompe com uma carga de 6000 N, qual é a maior força F que pode ser aplicada ao apoio?

   (b) Qual é a carga que pode ser aplicada se eles forem dúcteis e o material de cada parafuso tiver uma resistência ao escoamento de 6000 N?

2.71 A Figura P2.71 mostra duas placas unidas por uma chapa e uma única linha de rebites (ou parafusos). As placas, as chapas e os rebites são todos feitos de um aço dúctil com resistência ao escoamento por tração, por compressão e por escoamento de 284, 284 e 160 MPa, respectivamente. Despreze as forças de atrito entre as placas e as chapas.

   (a) Qual é a força F que pode ser transmitida através da junta por passo P de largura da junta, baseada na resistência ao cisalhamento do rebite?

   (b) Determine os menores valores de t, t' e P que permitirão à junta como um todo transmitir essa mesma força (resultando, assim, em um projeto "equilibrado").

   (c) Utilizando esses valores, qual é a "eficiência" da junta (relação entre a resistência da junta e a resistência de uma placa contínua)?

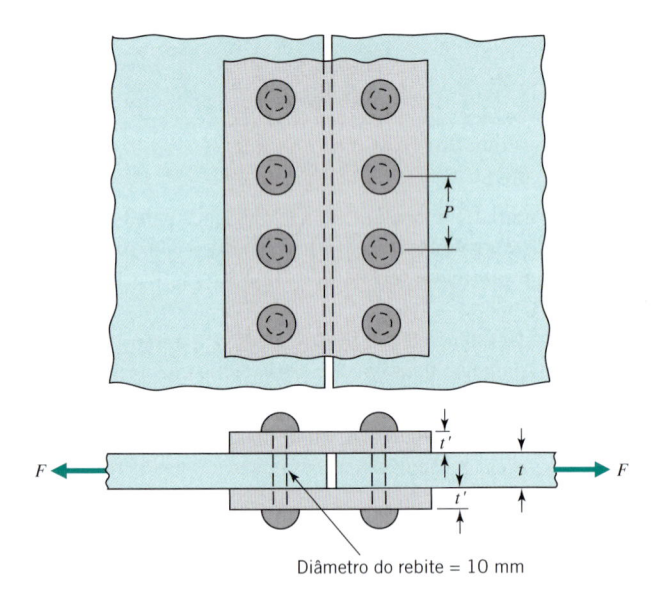

Diâmetro do rebite = 10 mm

FIGURA P2.71

2.72 Placas de 20 mm de espessura são unidas e fixadas uma à outra utilizando chapas de 10 mm de espessura e rebites (ou parafusos) de 40 mm de diâmetro. Uma junta rebitada dupla é utilizada, e essa configuração é exatamente a mostrada na Figura 2.19, exceto pelo fato de que a linha interna de rebites é eliminada de ambos os lados. Todos os materiais possuem resistência ao escoamento por tração, por compressão e por cisalhamento de 200, 200 e 120 MPa, respectivamente. Despreze o atrito entre as placas e as chapas. Determine o passo, P, que fornece a maior resistência à junta. Como esse resultado se compara com a resistência de uma placa contínua?

Materiais

3.1 Introdução

A seleção de materiais e de processos utilizados na fabricação é parte integrante do projeto de qualquer componente de máquina. A resistência e a rigidez são, tradicionalmente, fatores determinantes a serem considerados na seleção de um material. Igualmente importantes são a confiabilidade e a durabilidade relativas do componente, quando fabricado com outros materiais. Quando se espera que o componente opere a temperaturas extremas, este fator deve ser considerado cuidadosamente na ocasião da seleção do material. Nos últimos anos, a escolha dos materiais tem sido cada vez mais influenciada pela possibilidade de reciclagem, pelo gasto de energia e pela poluição ambiental provocada. O custo e a disponibilidade são também de importância vital. O custo a ser considerado é o *custo total do componente fabricado*, incluindo mão de obra e despesas adicionais, bem como o custo do material em si. O custo relativo e a disponibilidade de vários materiais variam com o tempo e, em função disso, o engenheiro geralmente é chamado para avaliar a utilização de outros materiais à luz das mudanças das condições de mercado. Resumindo, o melhor material para uma aplicação em particular é aquele que oferece o melhor valor, definido como a relação entre seu desempenho *global* e o custo *total*.

Admite-se que o leitor tenha conhecimento prévio dos fundamentos dos materiais utilizados em engenharia. Além disso, considera-se que o engenheiro atuante estará sujeito a grandes desafios e deverá se manter a par do desenvolvimento de novos materiais, aplicáveis aos produtos que ele ou ela utilizam. Posicionando entre estas duas fases do estudo dos materiais utilizados em engenharia, este capítulo se propõe a resumir algumas das informações básicas relevantes e destacar a crescente importância de uma abordagem racional para o uso dos dados empíricos das propriedades dos materiais.

A vida útil de muitas máquinas e componentes estruturais termina com *falha por fadiga* ou com *deterioração superficial*. Outras informações sobre a resistência de diversos materiais a esses tipos de falha são fornecidas, respectivamente, nos Capítulos 8 e 9.

As informações quanto as propriedades dos materiais são dadas no Apêndice C. O Apêndice C-1 fornece as constantes físicas para diversos materiais utilizados em engenharia. As propriedades mecânicas são relacionadas através de tabelas e gráficos subsequentes.

O Apêndice F apresenta a *MIL-HDBK-5J*, um manual militar que apresenta uma ampla coleção de propriedades para metais utilizados para o projeto de estruturas aeronáuticas, incluindo aço, duralumínio, titânio e outros. O documento é facilmente obtenível na Internet e é extenso, totalizando mais de 1700 páginas. O Apêndice F também apresenta equações e relações que são importantes para a utilização apropriada da *MIL-HDBK-5J*.

Uma base de dados com as propriedades dos materiais é fornecida na Internet em http://www.matweb.com. A base de dados inclui informações sobre aço, duralumínio, titânio e ligas de zinco, superligas, materiais cerâmicos, termoplásticos e polímeros termofixos. A base de dados compreende as planilhas de dados e as folhas de especificação fornecidas pelos fabricantes e distribuidores. O *website* admite várias formas de abordagem de pesquisa na base de dados para se obter (1) as propriedades de materiais específicos ou (2) pesquisar por materiais que atendam aos requisitos de propriedades selecionadas. O *website* http://www.machinedesign.com apresenta informações gerais sobre plásticos, compósitos, elastômeros, metais não ferrosos, metais ferrosos e materiais cerâmicos.

Finalmente, o leitor deve lembrar que o escopo e a complexidade da matéria são tais que a consulta a profissionais metalurgistas e especialistas em materiais é frequentemente desejável.

3.2 O Ensaio de Tração Monotônico — Relações de Tensão–Deformação de "Engenharia"

O ensaio básico de engenharia para a determinação da resistência e da rigidez de um material é o ensaio de tração-padrão, através do qual são obtidas as curvas tensão–deformação, conforme mostrado na Figura 3.1. As tensões e as deformações ali representadas são as nominais ou os assim chamados valores de *engenharia*, definidas como

- $\sigma = P/A_0$, em que P é a carga e A_0 é a área da seção transversal inicial *descarregada*, e
- $\epsilon = \Delta L/L_0$, em que ΔL é a variação no comprimento causado pela carga e L_0 é o comprimento inicial descarregado.

Uma importante convenção de notação será observada ao longo deste livro: a letra grega σ representa *tensão* normal, que é função das cargas aplicadas; S (com os subscritos apropriados) representa as *propriedades de resistência do material*. Por exemplo, a Figura 3.1 mostra que quando $\sigma = 39$ ksi[1] (269 MPa),

---

[1]Quilolibras-força (milhares de libras-força) por polegada quadrada.

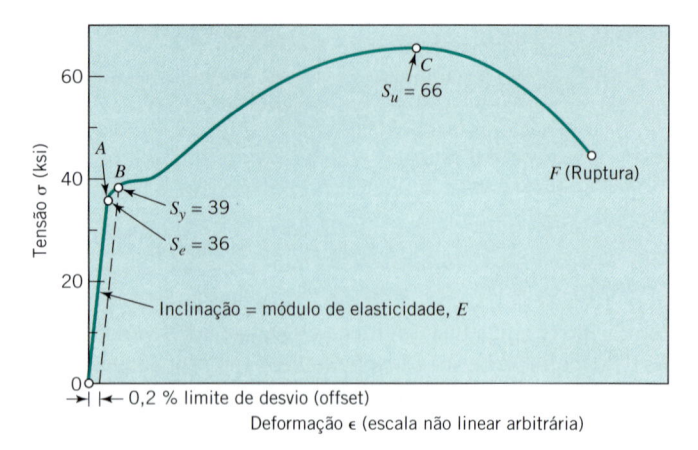

FIGURA 3.1 **Curva tensão–deformação de Engenharia — aço 1020 laminado a quente.**

o material começa a escoar. Assim, S_y = 39 ksi (269 MPa). Analogamente, a maior carga (última) que o corpo de prova pode suportar corresponde a uma tensão de engenharia de 66 ksi (455 MPa). Logo, S_u = 66 ksi (455 MPa).

Enquanto a letra S (com o subscrito apropriado) é utilizada para todos os valores de resistência, incluindo aqueles relacionados à torção ou ao cisalhamento, a letra grega σ será usada apenas para as tensões normais, isto é, tensões causadas por cargas de tração, de compressão ou de flexão. As tensões cisalhantes, causadas por esforços torcionais ou por cargas de cisalhamento transversal, serão representadas pela letra grega τ.

Revendo a Figura 3.1, várias outras propriedades mecânicas são indicadas na curva tensão–deformação. O ponto A representa o *limite elástico*, S_e. Esta é a maior tensão a que o material pode ser submetido e ainda retornar exatamente a seu comprimento inicial quando descarregado. Ao ser carregado além do ponto A, o material apresenta uma resposta parcialmente plástica. Para muitos materiais utilizados em engenharia o ponto A está bem próximo do *limite de proporcionalidade*, que é definido como o ponto onde a curva tensão–deformação começa a desviar (muito suavemente) de uma linha reta. Abaixo do limite de proporcionalidade, a lei de Hooke é aplicável. A constante de proporcionalidade entre tensão e deformação (que é a inclinação formada pela origem e o limite de proporcionalidade) é o *módulo de elasticidade*, ou *módulo de Young*, E. Para alguns materiais, ocorre um ligeiro desvio da linearidade entre a origem e um ponto como o ponto A, onde o desvio começa a se tornar mais aparente. Um material com esse comportamento não possui um limite de proporcionalidade verdadeiro, nem seu módulo de elasticidade é bem definido. O valor calculado depende do trecho da curva utilizado para medir a inclinação.

O ponto B na Figura 3.1 representa a *resistência ao escoamento*, S_y. Este é o valor da tensão para o qual começa a ocorrer escoamento plástico significativo. Em alguns materiais dúcteis, tipicamente em aços de baixo carbono, o escoamento ocorre repentinamente a um valor bem definido de tensão. Em outros materiais, o início do escoamento significativo ocorre gradualmente, e a resistência ao escoamento para esses materiais é determinada utilizando-se o "método do desvio". Este

método é ilustrado na Figura 3.1; ela mostra uma linha desviada de uma quantidade arbitrária de 0,2 % de deformação, desenhada paralela ao trecho linear do gráfico tensão–deformação original. O ponto B é o *ponto de escoamento* do material a 0,2 % de desvio. Se a carga é removida após o escoamento do material até o ponto B, o corpo de prova apresenta um alongamento permanente de 0,2 %. A determinação da resistência ao escoamento correspondente a um desvio específico (muito pequeno) é um padrão de laboratório, enquanto o limite elástico e de proporcionalidade, não são.

3.3 Implicações da Curva Tensão–Deformação de "Engenharia"

As Figuras 3.1 e 3.2 representam relações tensão–deformação idênticas, porém diferem em dois aspectos: (a) a Figura 3.1 utiliza uma escala de deformação não linear arbitrária de modo a ilustrar, com mais clareza, os pontos característicos discutidos anteriormente, enquanto a escala de deformação na Figura 3.2 é linear; e (b) a Figura 3.2 contém duas escalas de deformação adicionais que são descritas no ponto 3 a seguir. Diversos conceitos importantes estão relacionados a essas duas figuras.

1. No limite elástico de 36 ksi (248 MPa) deste aço em particular, a deformação (ϵ) possui um valor σ/E = 0,0012. A Figura 3.2 mostra a deformação na tensão última e na ruptura como cerca de 250 e 1350 vezes este valor. Obviamente, para a escala utilizada, a região elástica da curva na Figura 3.2 é praticamente coincidente com o eixo vertical.

2. Suponha que um componente sob tração, fabricado com este aço, tenha um entalhe (ou um furo, um canal, uma ranhura etc.) de modo que a deformação na superfície do entalhe seja igual a três vezes o valor nominal P/AE. Uma carga de tração que cause uma tensão nominal (P/A) de 30 ksi (207 MPa) e uma deformação nominal (P/AE) de 0,001 produz uma deformação igual a três vezes este valor (0,003) na superfície do entalhe. Como mesmo esta deformação é quase imperceptível na Figura 3.2, a alteração sofrida pelo componente não seria normalmente detectável por qualquer meio, apesar da *tensão elástica calculada* (mas totalmente fictícia) no entalhe ser de 90 ksi (621 MPa), um valor bem acima da tensão última.

3. É difícil medir-se precisamente as grandes deformações que ocorrem após a "estricção" de um corpo de prova de tração. Isto se deve ao fato do alongamento *local* ser muito maior na região de estricção do que em qualquer outro local, e o valor calculado do alongamento depende do comprimento nominal utilizado. A determinação mais precisa do alongamento na fratura, na *região da falha*, pode ser obtida indiretamente, pela medição da área da seção transversal no local da fratura. O alongamento é então calculado admitindo-se que a variação no volume do material foi desprezível. Por exemplo, considere que tanto a área da seção transversal inicial quanto o comprimento nominal, extremamente curto, sejam unitários. Suponha que a área após

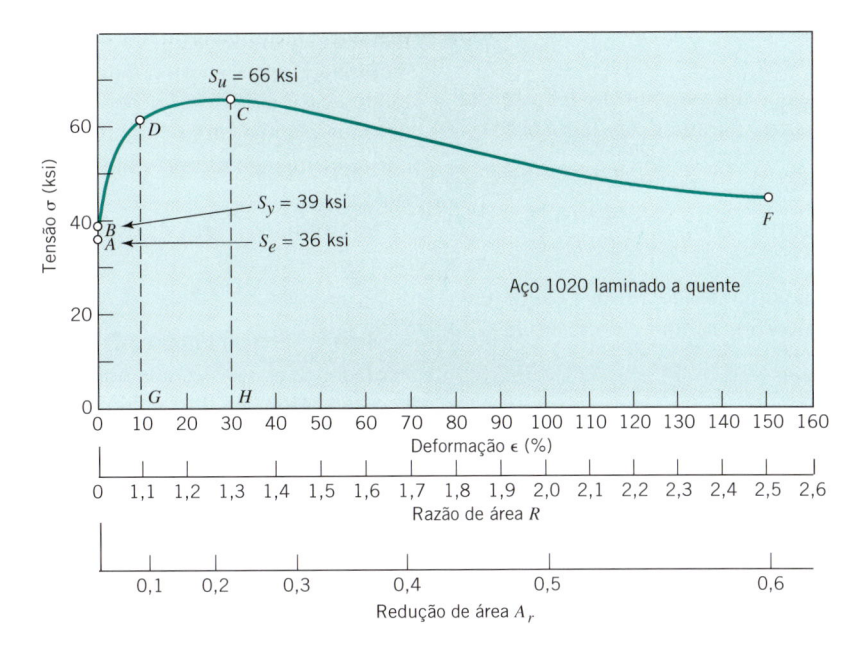

FIGURA 3.2 **Figura 3.1 refeita com uma escala linear para as deformações.**

a fratura seja igual a 0,4. Este valor fornece uma *razão R entre as áreas inicial e final de 1/0,4 = 2,5.* Analogamente, a *redução na área A_r seria de 60 % da área inicial, ou 0,6.* Se o volume permanece constante, o comprimento nominal deveria ter aumentado de 2,5, fornecendo, portanto, deformação (ϵ) devido ao alongamento de 1,5. Todas as três escalas para a abscissa na Figura 3.2 representam grandezas comumente utilizadas na literatura. Serão deduzidas, agora, as relações existentes entre elas. Para a condição de volume constante e utilizando os subscritos 0 e f para representar os valores inicial e final, respectivamente, tem-se

$$A_0 L_0 = A_f(L_0 + \Delta L) = A_f L_0(1 + \epsilon)$$

$$A_f = \frac{A_0}{1 + \epsilon} \qquad (3.1)$$

$$\text{Razão de área } R = \frac{A_0}{A_f} = 1 + \epsilon \qquad (3.2a)$$

$$\Delta A = A_0 - A_f = A_0\left(1 - \frac{1}{1 + \epsilon}\right) \qquad (3.2b)$$

$$\text{Redução de área } A_r = \frac{\Delta A}{A_0} = 1 - \frac{1}{1 + \epsilon} = 1 - \frac{1}{R} \qquad (3.3)$$

Na prática, sugere-se que o leitor verifique a correspondência entre as três escalas para a abscissa na Figura 3.2 em um ou dois pontos.

4. Quando se determina experimentalmente a curva σ–ϵ para a maioria dos materiais de engenharia, a carga pode ser removida em qualquer ponto e, em seguida, reaplicada sem alterar significativamente os pontos subsequentes do ensaio. Assim, se a carga for removida no ponto D da Figura 3.2, a tensão é reduzida a zero ao longo da linha DG, que possui uma inclinação $E = 30 \times 10^6$ psi (207 GPa). A reaplicação da carga traz essencialmente o material de volta ao ponto D, e um acréscimo de carga adicional produz o mesmo resultado que seria obtido se a remoção da carga não tivesse acontecido. Suponha que se considere o corpo de prova em G como um *novo* corpo de prova e determine *sua* resistência ao escoamento, tensão última e a redução de área na condição de fratura. O "novo" corpo de prova terá uma resistência ao escoamento maior que o original — de fato, a sua resistência ao escoamento será maior do que os 62 ksi (427 MPa) mostrados no ponto D, porque a área do novo corpo de prova é menor do que a inicial. No ponto G o corpo de prova foi permanentemente alongado para 11/10 de seu comprimento inicial; assim, a sua área é de apenas 10/11 da área inicial. Com base na nova área, a resistência ao escoamento do "novo" corpo de prova é de 62 ksi (427 MPa) divididos por 10/11, ou S_y = 68 ksi (469 MPa). Analogamente, a tensão última do "novo" corpo de prova é igual a 66 divididos por 10/11, ou S_u = 73 ksi (503 MPa). A redução da área na condição de ruptura para o "novo" corpo de prova é de 10/11 (área em G) para 10/25 (área em F), ou 56 %. Este valor é compatível com A_r = 60 %, com base na área inicial.

PROBLEMA RESOLVIDO 3.1 Estime a Resistência e a Ductilidade de um Aço

A posição crítica de um componente feito de aço AISI 1020 laminado a quente é trabalhada a frio durante a sua fabricação, até corresponder ao ponto C da Figura 3.2. Quais são os valores de S_u, S_y e da ductilidade (em função de ϵ, R e A_r na fratura) aplicáveis a esta posição?

Conhecido: A posição crítica de um componente feito de um aço conhecido é trabalhada a frio durante a sua fabricação.

A Ser Determinado: Estime S_u, S_y e a ductilidade.

Esquemas e Dados Fornecidos: Consulte a Figura 3.2.

Hipóteses: Após a realização do trabalho a frio, a curva tensão–deformação para a região crítica começa do ponto H.

Análise:

1. No ponto H na Figura 3.2, o corpo de prova apresenta permanente alongado de 1,3 vez seu comprimento inicial. Assim, sua área é de 1/1,3 vez sua área inicial A_0.

2. Com base nessa nova área, a resistência ao escoamento do material é $S_y = 66$ ksi(1,3) = 85,8 ksi (592 MPa), e a tensão última é $S_u = 66(1,3) = 85,8$ ksi (592 MPa)

3. A área A_H no ponto H é 1/1,3 vez a área inicial A_0. Analogamente, A_f no ponto F é 1/2,5 vezes a área inicial A_0. Portanto, a razão de áreas $R = A_H/A_F = 2,5/1,3 = 1,92$.

4. Utilizando a Eq. 3.3, determina-se que a redução na área, A_r, de uma área inicial no ponto H para uma área final no ponto F é

$$A_r = 1 - 1/R = 1 - 1/1,92 = 0,480 \text{ ou } 48\%.$$

5. Utilizando a Eq. 3.2, determina-se a deformação como $\epsilon = R - 1 = 1,92 - 1 = 0,92$, ou 92 %.

Comentários:

1. O trabalho a frio severo, como o que ocorre ao se carregar até o ponto C (ou além dele), esgota a ductilidade do material, fazendo com que S_y fique idêntico a S_u.

2. A ductilidade é uma propriedade de um material (normalmente à temperatura ambiente) frequentemente medida em termos de percentual de alongamento e percentual de redução de área para um carregamento trativo.

3. Um alongamento de 5 % na falha pode ser usado para marcar a transição de um material frágil para um material dúctil.

Uma importante implicação desta análise é que as características de resistência e ductilidade dos metais mudam significativamente durante os processos de fabricação envolvendo o trabalho a frio.

3.4 O Ensaio Monotônico de Tração — Relações Tensão–Deformação "Verdadeira"

Uma análise da Figura 3.2 revela que quando um material é alongado muitas vezes a sua deformação elástica máxima (em torno de 20 a 30 vezes), a tensão de "engenharia" calculada torna-se um tanto irreal, porque é baseada em uma área significativamente diferente daquela que na realidade existe no corpo de prova. Nestes casos, esta limitação pode ser evitada calculando-se a tensão "verdadeira" (designada neste texto por σ_T), definida como a carga dividida pela área da seção transversal existente quando a carga está atuando. Assim, $\sigma = P/A_0$ e $\sigma_T = P/A_f$.

Substituindo a área A_f, expressa pela Eq. 3.1, tem-se

$$\sigma_T = (P/A_0)(1 + \epsilon) = \sigma(1 + \epsilon) = \sigma R \quad \textbf{(3.4)}$$

Se o gráfico da Figura 3.2 fosse refeito utilizando a tensão verdadeira, os valores nos pontos B, C e F seriam 39(1) = 39 ksi (269 MPa), 66(1,3) = 86 ksi (593 MPa) e 45(2,5) = 113 ksi (779 MPa), respectivamente. Observe que a tensão verdadeira aumenta continuamente até o ponto de ruptura.

Da mesma maneira, a deformação de engenharia não é uma medida realística na qual grandes deformações estão envolvidas. Nestes casos é conveniente utilizar os valores de deformação verdadeira, ϵ_T. Considera-se, por exemplo, um corpo de prova muito dúctil de comprimento unitário que é alongado até um comprimento de 5 unidades e, em seguida, alonga-se um pouco mais até 5,1 unidades. A deformação de engenharia adicionada pela 0,1 unidade final de alongamento é igual a 0,1/1 ou 0,1. A deformação verdadeira correspondente, entretanto, é de apenas 0,1/5 ou 0,02 (variação no comprimento dividida pelo comprimento existente *no instante imediatamente anterior ao* último pequeno incremento de deformação). Matematicamente, a deformação verdadeira é definida como

$$\epsilon_T = \sum_{L_0}^{L_f} \frac{\Delta L}{L} = \int_{L_0}^{L_f} \frac{dL}{L} = \ln R = \ln(1 + \epsilon) \quad \textbf{(3.5)}$$

em que L_0 e L_f representam, respectivamente, os comprimentos inicial e final, e ln é o logaritmo natural. Para os metais, as deformações de engenharia e verdadeira são, basicamente, as mesmas quando menores que algumas vezes a deformação *elástica* máxima.

A Figura 3.3 mostra um gráfico da tensão–verdadeira–deformação–verdadeira com os dados apresentados na Figura 3.2. Tais gráficos ilustram relações gerais que são úteis na predição do efeito do trabalho a frio nas propriedades de resistência de muitos metais. Uma análise das três regiões identificadas na Figura 3.3 revela diversos conceitos e relações importantes.

1. *Região elástica.* Em seu sentido estrito, o módulo de Young é a razão entre a tensão e a deformação de *engenharia*, porém, a menos de um pequeno erro que pode ser desprezado, ele representa, também, a razão entre a tensão e a deformação *verdadeira*; logo,

$$\sigma_T = E\epsilon_T \quad \textbf{(3.6)}$$

No sistema de coordenadas log-log utilizadas na Figura 3.3, esta equação é representada por uma linha reta com inclinação unitária, posicionada de modo que a linha (estendida) passe pelo ponto ($\epsilon_T = 1$, $\sigma_T = E$). Observe que E pode ser imaginado como o valor da tensão necessária para produzir uma deformação elástica unitária.

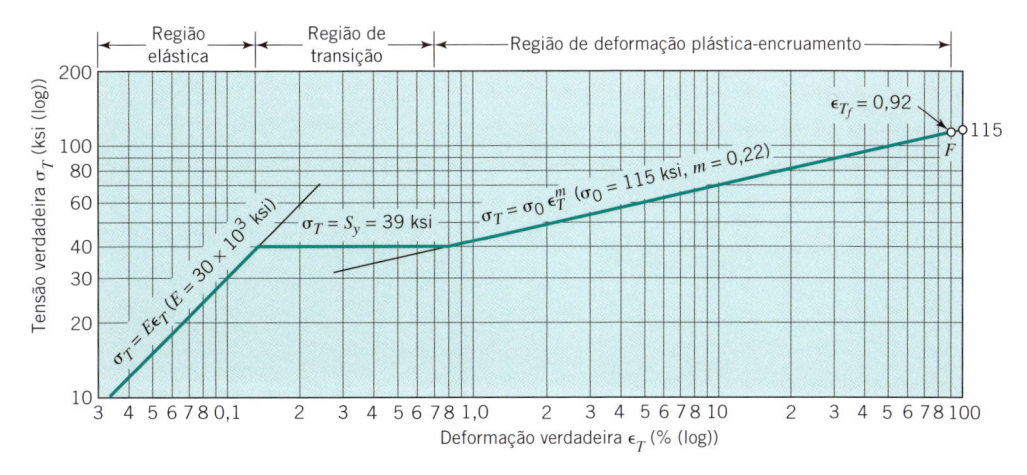

FIGURA 3.3 Curva tensão verdadeira–deformação verdadeira para um aço 1020 laminado a quente (corresponde às Figuras 3.1 e 3.2).

2. *Região de deformação plástica–encruamento.* Essa região corresponde à equação de encruamento

$$\sigma_T = \sigma_0 \epsilon_T^m \qquad (3.7)$$

Note que esta equação possui a mesma forma da Eq. 3.6, exceto pelo fato do expoente de encruamento m, ser a inclinação da linha quando representada em um gráfico com coordenadas log-log. A constante de proporcionalidade de encruamento σ_0 é análoga à constante de proporcionalidade elástica E, em que σ_0 pode ser considerada como o valor da tensão verdadeira associada a uma deformação verdadeira unitária.[2]

3. *Região de transição.* Para um material "ideal", o valor do limite elástico (aproximado pelo ponto de escoamento) corresponde à interseção das linhas elástica e plástica, conforme mostrado na Figura 3.4. Os materiais reais podem apresentar valores de S_e tanto maiores quanto menores do que desse ponto de interseção, requerendo a utilização de uma curva de transição empírica, como as curvas I ou II da Figura 3.4.

Infelizmente, os valores numéricos referentes as características de encruamento de muitos materiais de engenharia ainda não estão disponíveis. Muitas das informações disponíveis foram obtidas por Datsko [2]. Alguns valores para diversos materiais são fornecidos no Apêndice C-2. Esses valores são típicos, porém sofrem alguma variação devido a pequenas diferenças na composição química e no histórico de processamento. Isto é particularmente verdadeiro para a deformação verdadeira na ruptura (ϵ_{Tf}).

3.5 Capacidade de Absorção de Energia

Alguns componentes devem ser projetados mais com base na energia absorvida que na capacidade de resistir aos carregamentos. Como a energia envolve tanto as cargas quanto os deslocamentos, as curvas tensão–deformação se tornam particularmente relevantes. A Figura 3.5 será utilizada como ilustração. Ela é, em sua essência, idêntica à Figura 3.1, exceto pelo fato da escala de deformação ter sido expandida nas proximidades da origem com o objetivo de obter maior clareza.

A capacidade de absorção de energia de um material na região elástica é uma propriedade denominada *resiliência*. Sua medida-padrão é o *módulo de resiliência* R_m, definido como a energia absorvida por um cubo unitário de material quando carregado sob tração até seu limite elástico.[3] Esta grandeza é igual à área triangular abaixo da região elástica da curva (Figura 3.5); assim,

$$R_m = \tfrac{1}{2}(S_e)(S_e/E) = S_e^2/2E \quad \text{(vide a nota de rodapé 3)} \quad (3.8)$$

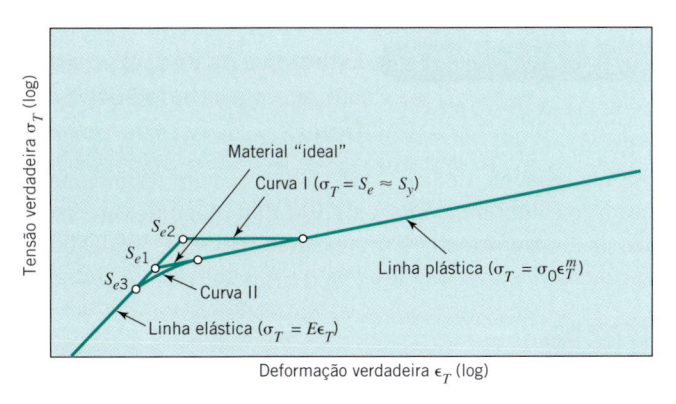

FIGURA 3.4 Curvas tensão verdadeira–deformação verdadeira mostrando variações na região de transição.

---

[2]Como σ_0 é uma propriedade do material, o símbolo S_0 poderia ser mais apropriado; entretanto, σ_0 é utilizado em função de sua aceitação geral na literatura de engenharia sobre materiais.

[3]Na prática, S_y é geralmente substituído por S_e, uma vez que S_y é mais fácil de ser estimado e está muito próximo de S_e.

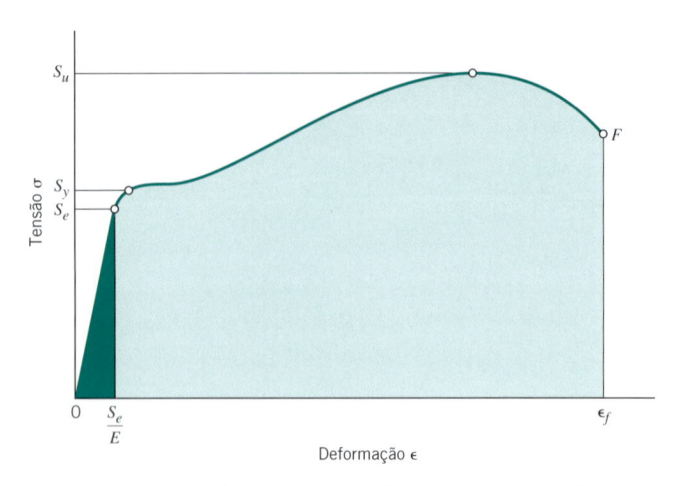

Figura 3.5 **Resiliência e tenacidade representadas pela curva tensão–deformação.**

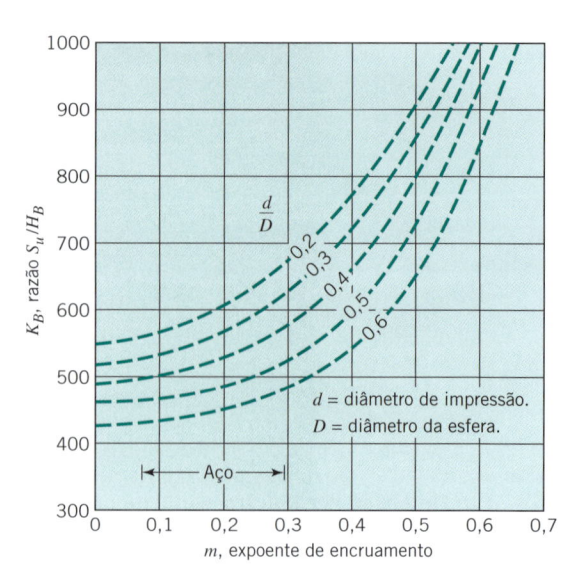

Figura 3.6 **Relações aproximadas entre K_B e m [2].**

A capacidade total de um material de absorver energia sem se romper é chamado de *tenacidade*. O *módulo de tenacidade*, T_m, é igual à energia absorvida por unidade de volume de material quando carregado sob tração até a ruptura. Este valor é igual à área sombreada total sob a curva mostrada na Figura 3.5:

$$T_m = \int_0^{\epsilon_f} \sigma \, d\epsilon \qquad (3.9)$$

Muitas vezes é conveniente efetuar esta integração graficamente. Algumas vezes é utilizada uma aproximação grosseira,

$$T_m \approx \frac{S_y + S_u}{2} \epsilon_f \qquad (3.10)$$

Deve-se observar que os componentes projetados para absorver energia estão, geralmente, sujeitos a cargas de impacto e que ensaios especiais (tradicionalmente, o ensaios *Charpy* e *Izod*) são utilizados para estimar mais precisamente a capacidade de absorção de energia de impacto de diversos materiais a várias temperaturas [5].

3.6 Estimativa de Propriedades de Resistência a partir de Ensaios de Dureza por Penetração

Os ensaios de dureza por penetração (usualmente Brinell ou Rockwell) propiciam uma forma conveniente e não destrutiva para estimar as propriedades de resistência dos metais. Basicamente, os testadores de dureza por penetração medem a resistência de um material à deformação permanente quando sujeito a uma combinação particular de tensão compressiva triaxial e um gradiente de tensão em degrau.

Os resultados dos testes de dureza Brinell apresentam boa correlação com a tensão última, por meio da relação

$$S_u = K_B H_B \qquad (3.11)$$

em que H_B é o número da dureza Brinell, K_B é uma constante de proporcionalidade e S_u é a tensão última em psi. Para a maior parte dos aços, $K_B \approx 500$. Datsko [1,2] apresentou uma justificativa racional para a constante K_B ser uma função do expoente de encruamento m. A Figura 3.6 fornece curvas empíricas que representam essa relação.

A Figura 3.7 apresenta as relações aproximadas entre os números das durezas Brinell, Rockwell e outras.

Após uma análise extensiva dos dados, Datsko [2] concluiu que uma estimativa razoável da resistência ao escoamento por tração para os aços submetidos ao alívio de tensões (*não* trabalhados a frio) pode ser obtida pela equação

$$S_y = 1{,}05 S_u - 30.000 \text{ psi} \qquad (3.12)$$

ou, substituindo-se $K_B = 500$ na Eq. 3.11, tem-se

$$S_y = 525 H_B - 30.000 \text{ psi} \qquad (3.13)$$

PROBLEMA RESOLVIDO 3.2 Estimativa da Resistência de um Aço a partir de Sua Dureza

Um componente de aço AISI 4340 é tratado termicamente para apresentar uma dureza de 300 Bhn (número representativo da dureza Brinell). Estime os valores correspondentes de S_u e de S_y.

Solução

Conhecido: Um componente de aço AISI 4340 é tratado termicamente para apresentar uma dureza de 300 Bhn.

A Ser Determinado: Estime S_u e S_y.

Hipóteses:

1. A relação entre a tensão última e a dureza, determinada experimentalmente, é suficientemente precisa.

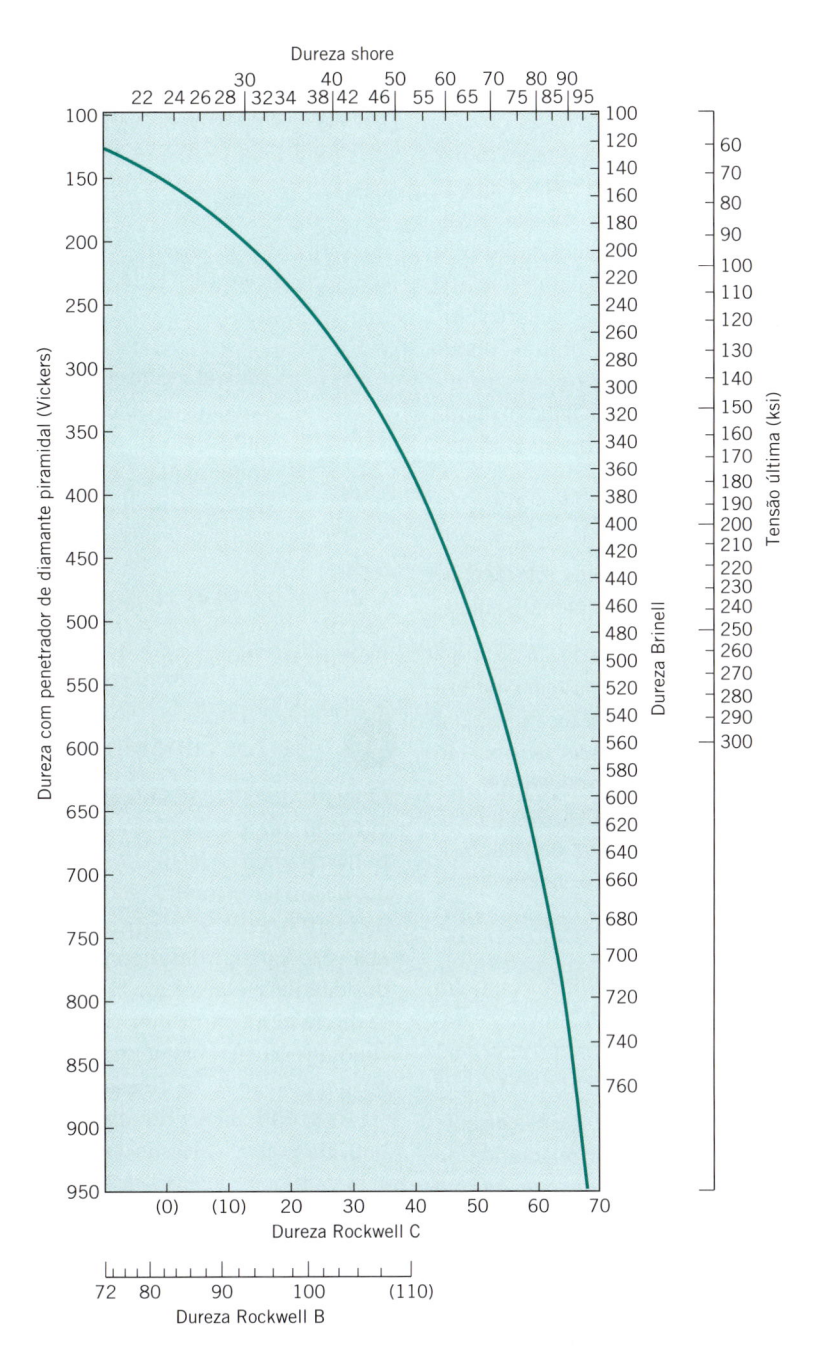

FIGURA 3.7 **Relações aproximadas entre as escalas de dureza e a tensão última à tração para um aço. (Cortesia da International Nickel Company, Inc.)**

2. A relação desenvolvida experimentalmente entre a resistência ao escoamento e a tensão última é suficientemente precisa para os objetivos aqui definidos.

Análise:

1. O S_u pode ser estimado utilizando a Eq. 3.11.

$$S_u = K_B H_B$$
$$S_u = 500(300) = 150.000 \text{ psi}$$

em que $K_B \approx 500$ para a maior parte dos aços.

2. S_y pode ser estimado pela utilização da Eq. 3.12.

$$S_y = 1,05 S_u - 30.000 \text{ psi} = 1,05(150.000)$$
$$- 30.000 = 127.500 \text{ psi}$$

Comentários:

1. A Equação 3.12 é uma boa estimativa da resistência ao escoamento a tração para os aços submetidos ao alívio de tensões (não trabalhados a frio).

2. Os dados experimentais seriam úteis para o aperfeiçoamento das equações apresentadas para este material.

3.7 O Uso de "Manuais" com os Dados de Propriedades de Resistência de Materiais

Do ponto de vista ideal, um engenheiro deveria sempre tomar como base em seus cálculos as resistências em testes reais de exatamente o mesmo material utilizado no componente envolvido. Isso demandaria o uso de corpos de prova fabricados com o mesmo material do componente, não apenas em relação à composição química, mas também em todos os detalhes dos processos mecânicos e térmicos utilizados. Como os dados desses corpos de prova raramente estão disponíveis, os resultados de ensaios padronizados, registrados em manuais e outras fontes, como o Apêndice C deste livro, são utilizados com frequência.

Existem alguns riscos ao se fazer uso de dados de "manuais", como evidenciado pelo fato de frequentemente serem encontradas informações contraditórias em diferentes referências. Ao utilizar esses dados, o engenheiro deve ficar atento às questões como as relacionadas a seguir.

1. Os valores publicados representam os resultados de um único ensaio ou são valores médios, medianos, típicos ou mínimos de diversos ensaios? Dependendo da precisão com a qual as variáveis associadas à composição, à história térmica e à história mecânica são controladas, haverá um espalhamento estatístico na resistência do material. Em muitas situações, é aconselhável considerar as propriedades de resistência em função de valores médios e desvios-padrão (veja a Seção 6.14).

2. A composição, as dimensões, o tratamento térmico prévio e o trabalho mecânico prévio dos corpos de prova ensaiados são *próximos o suficiente* daqueles do componente real em sua condição final de fabricação?

3. Os dados publicados são consistentes entre si, e consistente com os padrões gerais de aceitação dos resultados de ensaios para materiais similares? Em outras palavras, os dados são razoáveis?

Muitas tabelas com propriedades de materiais fornecem os valores do módulo de elasticidade e do coeficiente de Poisson (v). Pela teoria da elasticidade, o módulo de cisalhamento ou torsional pode ser calculado como

$$G = \frac{E}{2(1 + v)} \qquad \textbf{(3.14)}$$

3.8 Usinabilidade

O custo de produção de um componente usinado é, obviamente, influenciado tanto pelo custo do material quanto pela facilidade com que o material pode ser usinado. As classificações de usinabilidade determinadas empiricamente (definida como a velocidade de corte relativa para uma dada vida da ferramenta, sob condições de corte prescritas padronizadas) são publicadas para diversos materiais. Embora frequentemente úteis, estes dados são, algumas vezes, não confiáveis e até mesmo contra-

ditórios. Em um esforço para relacionar a usinabilidade aos parâmetros do material sob uma base racional, Datsko[1] mostrou que a usinabilidade é uma propriedade secundária do material e depende de três de suas propriedades físicas primárias,

$$V_{60} = \frac{1150k}{H_B}(1 - A_r)^{1/2} \qquad \textbf{(3.15)}$$

em que

V_{60} = velocidade de corte em ft/min para uma vida da ferramenta de 60 min sob condições de corte padronizadas

k = condutividade térmica em Btu/($h \cdot ft \cdot °F$)

H_B = dureza Brinell

A_r = redução de área na ruptura

Como o valor de k é aproximadamente o mesmo para todos os metais, a usinabilidade de metais é, essencialmente, uma função da *dureza* e da *ductilidade*.

3.9 Ferros Fundidos

O ferro fundido é uma liga contendo quatro elementos: ferro, carbono (entre 2 % e 4 %), silício e manganês. Algumas vezes, outros elementos de liga são adicionados. As propriedades físicas de um ferro fundido são fortemente influenciadas pela taxa de resfriamento utilizada em sua solidificação. Esta taxa, por sua vez, depende das dimensões e da forma da peça fundida e dos detalhes relacionados à prática da fundição. Por essa razão (e diferentemente de outros materiais de engenharia), os ferros fundidos são geralmente selecionados pelas suas *propriedades mecânicas*, ao invés de análise química.

As propriedades características dos ferros fundidos resultam, em grande parte, da quantidade de carbono neles presente. (1) O alto teor de carbono torna o ferro fundido muito fluido, de modo que ele pode ser despejado em recipientes de formas complexas. (2) A precipitação de carbono durante a solidificação neutraliza a contração normal para gerar seções maciças. (3) A presença de grafita no metal propicia uma excelente usinabilidade (mesmo a níveis de dureza resistentes ao desgaste), amortece as vibrações e auxilia na lubrificação das superfícies desgastadas. Quando o material é "resfriado", isto é, quando o calor é removido rapidamente da superfície durante a solidificação, virtualmente todo o carbono presente nas proximidades da superfície permanece combinado na forma de carbonetos de ferro, propiciando uma superfície extremamente dura e resistente ao desgaste.

As propriedades mecânicas de diversos ferros fundidos são fornecidas no Apêndice C-3.

Ferro Fundido Cinzento A aparência do ferro fundido cinzento deve-se ao carbono que está precipitado na forma de flocos de grafita. Mesmo as estruturas mais macias possuem boa resistência ao desgaste. O aumento da dureza (fornecendo uma ainda melhor resistência ao desgaste) é alcançável utilizando-se técnicas especiais de fundição, tratamentos térmicos ou adição de elementos de liga. Como os flocos de grafita notadamente reduzem a resistência à tração dos ferros fundidos, a resistência à compressão se torna três a cinco vezes maior. Geralmente se aproveita esse diferencial de resistência incorporando-se, por exemplo, nervuras na região sujeita à compressão de um componente carregado à flexão.

Aplicações típicas do ferro fundido cinzento incluem blocos de motor a gasolina e a diesel, base de máquinas e estruturas, engrenagens, volantes, e discos e tambores de freio.

Ferro Fundido Nodular O ferro fundido nodular é ligado com magnésio, que causa, a precipitação do excesso de carbono na forma de pequenas esferas ou nódulos. Esses nódulos rompem a estrutura menos do que os flocos de grafita do ferro fundido cinzento, propiciando, desse modo, uma ductilidade significativa, com um aumento na resistência à tração, na rigidez e na resistência ao impacto. O ferro nodular é especificado por três números, como, por exemplo, 60-40-18, que representa a resistência à tração (60 ksi), a resistência ao escoamento (40 ksi) e o alongamento (18 %).

Aplicações típicas incluem eixos de manivela de motores, engrenagens para trabalhos pesados e ferragens em geral, como as dobradiças das portas de um automóvel.

Ferro Fundido Branco O ferro fundido branco (assim chamado devido à aparência branca das superfícies de fratura) é produzido nas partes externas da fundição dos ferros cinzento e nodular pela *resfriamento* de superfícies selecionadas do molde, não dando tempo para a precipitação de carbono. A estrutura resultante é extremamente dura, resistente ao desgaste e frágil.

Aplicações típicas são encontradas nos moinhos de esferas, nas matrizes de extrusão, nas betoneiras, nas sapatas dos freios de trens, nos rolos de laminadores, nas britadeiras e nos pulverizadores.

Ferro Fundido Maleável Utilizações típicas em componentes associados a trabalhos pesados com superfícies de suporte necessárias em caminhões, equipamentos de ferrovias, máquinas de construção e equipamentos agrícolas.

3.10 Aços

O aço é o material mais utilizado na fabricação de componentes de máquinas. Os fabricantes podem obter uma extensa gama de propriedades mecânicas variando adequadamente a sua composição, utilizando tratamentos térmicos e tratamentos mecânicos. Três relações básicas são fundamentais para a seleção apropriada da composição de um aço.

1. Todos os aços possuem, essencialmente, o mesmo módulo de elasticidade. Assim, se a *rigidez* é o requisito crítico de um componente, *todos os aços apresentam o mesmo desempenho*, e o de menor custo (incluindo os custos de fabricação) seria naturalmente o escolhido.

2. A dureza máxima que pode ser obtida em um aço é determinada quase que exclusivamente pelo teor de carbono. O potencial máximo de dureza aumenta com o teor de carbono até cerca de 0,7 %. Isto significa que componentes relativamente pequenos, de forma regular, fabricados com

aço-carbono comum podem ser tratados termicamente de modo a ficarem com a mesma dureza e a mesma resistência que teriam se fossem fabricados de aço-liga mais nobre e, consequentemente, mais caro.

3. Elementos de liga (manganês, molibdênio, cromo, níquel e outros) aumentam a facilidade com a qual os aços podem ser endurecidos. Assim, a dureza e a resistência potenciais (que são controlados pelo teor de carbono) podem ser realizados por meio de tratamentos térmicos menos drásticos quando estes elementos de liga são utilizados. Isto significa que com uma liga de aço (a) componentes com seções maiores podem atingir durezas maiores no centro ou no núcleo da seção, e (b) componentes de formas irregulares, sujeitos a distorções durante um resfriamento drástico, podem atingir a dureza desejada a partir de um tratamento térmico mais moderado.

As propriedades mecânicas de alguns dos aços mais comumente utilizados são fornecidas nos Apêndices C-4 até C-8.

Aço-carbono Comum O aço-carbono comum contém apenas carbono como elemento de liga significativo. Os aços de baixo carbono possuem menos 0,3 % de carbono, os de médio carbono possuem entre 0,3 % e 0,5 % e os de alto carbono acima de 0,5%. No Apêndice C-4b são relacionados algumas das aplicações típicas dos aços em função do teor de carbono.

Aços-liga Conforme já mencionado, o principal objetivo de se adicionar elementos de liga aos aços é o aumento de sua temperabilidade. A temperabilidade é geralmente medida realizando-se o ensaio de resfriamento rápido de Jominy (ASTM A-255 e SAE J406b), proposto por Walter Jominy, da Chrysler Corporation. Neste ensaio, uma barra de 4 in (101,6 mm) de comprimento e 1 in (25,4 mm) de diâmetro é suspensa, aquecida acima de sua temperatura crítica e, em seguida, sua extre-

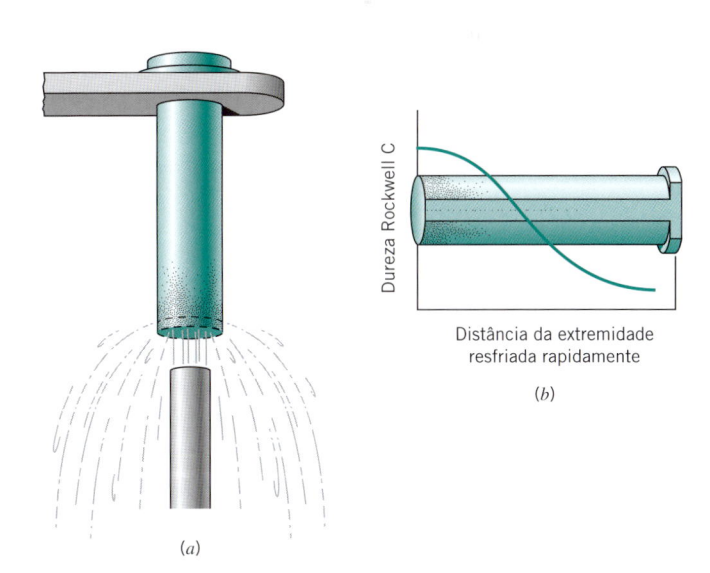

(a)

(b)

FIGURA 3.8 **Extremidade resfriada rapidamente e o método de ensaio de dureza e o corpo de prova de temperabilidade: (a) corpo de prova sendo resfriado rapidamente com água; (b) corpo de prova de temperabilidade após a retificação e a medida da dureza Rockwell C [3].**

midade inferior é resfriada rapidamente com água, enquanto sua extremidade superior fica exposta ao ar ambiente (Figura 3.8*a*). A dureza é então medida a intervalos de 1/16 in (1,59 mm) a partir da extremidade resfriada com água (Figura 3.8*b*). A distância na qual a ação de aumento de dureza se estende é uma medida da temperabilidade incorporada pelos elementos de liga.

A Tabela 3.1 apresenta os resultados de um estudo realizado por Datsko [2] sobre a eficácia relativa de diversos elementos de liga em aumentar a capacidade de têmpera de um aço. Os elementos estão relacionados em ordem decrescente de eficácia. As equações fornecem um fator de temperabilidade relativa *f* em função da concentração do elemento utilizado. Por exemplo, o manganês é o segundo elemento mais eficaz, e a equação é válida para concentrações de até 1,2 %. Caso seja utilizado 1 % de Mn, o fator de temperabilidade será de 4,46. Analogamente, uma concentração de 2 % de cromo é apenas um pouco mais eficaz, apresentando um fator de 5,36. A Tabela 3.1 não é completa (uma omissão facilmente observável é a do elemento vanádio), e os elementos de liga também podem apresentar influências secundárias significativas. Todavia, as equações apresentadas na Tabela 3.1 fornecem uma orientação útil para a seleção de meios mais econômicos para a obtenção de um nível desejado de temperabilidade.

Muitas ligas de aço podem ser classificadas como "temperadas" ou "carbonetadas", sendo as últimas utilizadas quando um núcleo tenaz e uma camada superficial relativamente rasa e dura são desejados. A nitretação e outros processos de endurecimento superficial são também utilizados.

Aços HSLA   Os aços de baixa liga e alta resistência (HSLA — *high-strength low-alloy*) foram inicialmente desenvolvidos em torno da década de 1940 como uma classe de aços de custo relativamente baixo, que apresentavam muitas das vantagens dos aços-liga mais caros. Em muitas aplicações, sua maior resistência, comparada aos aços-carbono comuns, permite uma redução de peso com pouco ou mesmo nenhum aumento no custo total do componente. Ultimamente, o uso dos aços HSLA na indústria automobilística tem sido significativo.

Aços Cementados   A cementação é um endurecimento apenas na superfície do material. Ela normalmente é acompanhada pela carbonetação, cianetação, nitretação, têmpera por indução ou têmpera a fogo. O processo de *carbonetação* introduz mais carbono à superfície de um aço de baixo carbono e, em seguida, é tratado térmicamente para fornece uma alta dureza superficial. Alguns materiais específicos e suas durezas correspondentes são relacionados no Apêndice C-7.

A *cianetação* é um processo similar que adiciona tanto nitrogênio quanto carbono à superfície de aços de baixo e médio carbono.

A *nitretação* adiciona nitrogênio a um componente já usinado e tratado termicamente. A temperatura do processo é de 1000°F (538°C), ou menos, e nenhum resfriamento rápido é envolvido. Esta característica elimina possíveis problemas de distorção. Para se obter a máxima cementação, são geralmente utilizados aços especiais, denominados "nitralloy" (contendo alumínio como liga). As ligas de aço de médio carbono (tipicamente 4340) também são nitretadas.

Os processos de *têmpera por indução* e *têmpera a fogo* aquecem apenas as superfícies dos componentes fabricados de aço de médio carbono e de aços-liga que, em seguida, sofrem resfriamento rápido e recozimento.

Aços Inoxidáveis   Os aços inoxidáveis contêm, por definição, um mínimo de 10,5 % de cromo. Os aços inoxidáveis forjados são austeníticos, ferríticos, martensíticos ou endurecidos por precipitação. As propriedades de alguns aços inoxidáveis forjados são fornecidas no Apêndice C-8. Os aços inoxidáveis fundidos são classificados como resistentes ao calor ou resistentes à corrosão.

Superligas à Base de Ferro   As superligas à base de ferro são utilizadas principalmente em aplicações de altas temperaturas, como nas turbinas. As propriedades das superligas à base de ferro típicas são relacionadas no Apêndice C-9. Alguns especialistas em materiais consideram que apenas os materiais austeníticos podem ser considerados como superligas. Em geral, eles são utilizados em temperaturas acima de 1000°F (538°C), e os materiais martensíticos são utilizados em temperaturas mais baixas. Dentre as propriedades mais importantes das superligas têm-se a resistência a altas temperaturas e a resistência à fluência, à oxidação, à corrosão e ao desgaste. O uso típico das superligas inclui partes de turbinas a gás (inclusive parafusos), motores a jato, trocadores de calor e fornos.

3.11   Ligas Não Ferrosas

Ligas de Alumínio   Literalmente centenas de ligas de alumínio estão disponíveis, tanto na forma de forjados quanto fundidos. As propriedades de algumas das ligas mais comuns são listadas nos Apêndices C-10 e C-11. A composição química das ligas de alumínio é designada por quatro dígitos para as ligas forjadas e por três dígitos para as ligas fundidas. O tratamento térmico, o tratamento mecânico, ou ambos, são indicados por uma designação de temperabilidade que segue o número de identificação da liga. As designações de temperabilidade são fornecidas no Apêndice C-12.

O tratamento térmico das ligas de alumínio para aumentar sua dureza e sua resistência é completamente diferente do tratamento térmico para aços. As ligas de alumínio são mantidas,

TABELA 3.1   **Eficácia Relativa dos Elementos de Liga Utilizados nos Aços [2]**

Elemento	Concentração (percentual)	Eficácia Relativa da Temperabilidade
Boro	$B < 0{,}002$	$f_B = 17{,}23B^{0{,}0268}$
Manganês	$Mn < 1{,}2$	$f_{Mn} = 3{,}46Mn + 1$
Manganês	$1{,}2 < Mn < 2{,}0$	$f_{Mn} = 5{,}125Mn - 1$
Molibdênio	$Mo < 1{,}0$	$f_{Mo} = 3{,}0\,Mo + 1$
Cromo	$Cr < 2{,}0$	$f_{Cr} = 2{,}18Cr + 1$
Silício	$Si < 2{,}0$	$f_{Si} = 0{,}7Si + 1$
Níquel	$Ni < 2{,}0$	$f_{Ni} = 0{,}4Ni + 1$

inicialmente, a uma temperatura elevada por um tempo suficiente para que os constituintes endurecedores (como Cu, Mg, Mn, Si, Ni) na solução, em seguida resfriada rapidamente e, então, endurecida por envelhecimento. A última fase desse processo faz com que alguns dos elementos endurecedores se precipitem por toda a estrutura. Algumas ligas se precipitam a temperatura ambiente; outras necessitam de uma temperatura elevada (envelhecimento artificial).

Embora o alumínio seja um metal facilmente fundível, servindo em uma série de aplicações úteis, problemas no processo de fundição existem. A contração durante a fundição é relativamente alta (3,5 % a 8,5 % do volume), e não existe um mecanismo benéfico análogo a precipitação de carbono no ferro fundido que compense a contração. O rompimento a quente e a absorção de gases podem ser problemas, a menos que alguns detalhes da prática de fundição sejam especificados e controlados.

Ligas de Cobre As ligas de cobre incluem uma variedade de *latões*, ligas feitas principalmente de cobre e zinco, e os *bronzes*, ligas feitas principalmente de cobre e estanho. Como uma categoria de materiais, as ligas de cobre possuem boa condutividade elétrica, boa condutividade térmica e boa resistência à corrosão, porém uma relação resistência–peso relativamente baixa. Elas podem ser trabalhadas a quente ou a frio, porém encruam durante o processo. A ductilidade pode ser restaurada por um processo de recozimento ou por calor associado a um processo de soldagem ou brasagem. As propriedades específicas desejadas, como maior resistência mecânica, resistência ao amolecimento por aquecimento e usinabilidade, podem frequentemente ser notadamente melhoradas pela adição de pequenas quantidades de agentes de ligas.

As propriedades de diversas ligas de cobres de uso comum são relacionadas no Apêndice C-13.

Ligas de Magnésio As ligas de magnésio constituem os metais mais leves de uso em engenharia. Elas são designadas por um sistema estabelecido pela ASTM (American Society for Testing and Materials), que cobre tanto a composição química quanto a temperabilidade. A designação começa com duas letras representativas dos elementos de liga com a maior e com a segunda maior concentração. As letras utilizadas para a caracterização dessas ligas são

A – Alumínio	K – Zircônio	O – Prata
E – Terras-raras	L – Lítio	S – Silício
H – Tório	N – Manganês	Z – Zinco

Em seguida existem dois dígitos que representam os percentuais correspondentes desses dois elementos, arredondados para números inteiros. Depois desses dígitos, uma série de letras indicam alguma variação na composição ou constituintes de liga secundários, ou ainda impurezas. A designação de temperabilidade, ao final, é idêntica à utilizada para o alumínio (Apêndice C-12). Por exemplo, a liga AZ31B-H24 contém 3 % de alumínio, 1 % de zinco e é encruada.

As propriedades mecânicas de algumas das ligas de magnésio mais comuns são fornecidas no Apêndice C-14.

Ligas de Níquel, Incluindo as Superligas Baseadas em Níquel As ligas de níquel são utilizadas em uma grande variedade de aplicações estruturais que, em geral, necessitam de uma resistência à corrosão específica e resistência e tenacidade a temperaturas extremas — temperaturas tão altas quanto de 2000°F (1093°C), e temperaturas tão baixas quanto −400°F (−240°C).

Suas propriedades físicas típicas são fornecidas no Apêndice C-15. As ligas de níquel e Duraníquel contêm mais de 94 % de níquel. Monel representa uma série de ligas de níquel–cobre, baseada na solubilidade mútua desses dois elementos em todas as proporções. Estas ligas são fortes e tenazes em temperaturas abaixo de zero grau, e especialmente resistentes a corrosão sob tensão (Seção 9.5). As ligas Hastelloy designam uma série de superligas de Ni–Mo e de Ni–Mo–Cr. Vários Hastelloys resistem à oxidação e mantêm as suas propriedades de resistência mecânica e fluência dentro da faixa de 2000°F (1093°C). As ligas Inconel, Incoloy, Rene e Udimet, listadas no Apêndice C-15, são ligas de Ni–Cr e Ni–Cr–Fe.

Ligas de Titânio As ligas de titânio são não magnéticas e extremamente resistentes à corrosão, possuem baixa condutividade térmica e têm excepcional relação resistência–peso. Por outro lado, são ligas muito caras e de difícil usinagem. As propriedades mecânicas de algumas das ligas mais comuns são fornecidas no Apêndice C-16.

Ligas de Zinco O zinco é um metal relativamente barato, com resistência moderada. Ele tem uma baixa temperatura de fusão e, portanto, está disponível e é economicamente viável para fundição sob pressão. Tipicamente os fundidos sob pressão de zinco são utilizados em componentes automotivos, em fabricação de dispositivos de construção, componentes de máquinas de escritório e brinquedos. De forma limitada, este metal também é utilizado em outras aplicações. As propriedades mecânicas de ligas de zinco fundido sob pressão comum são relacionadas no Apêndice C-17. Também está incluída uma liga relativamente nova (ZA-12), que pode ser fundida através de diversos processos.

3.12 Plásticos e Compósitos

As informações contidas nesta seção formam uma breve visão geral de uma área extensa e complexa. Informações técnicas adicionais relacionadas aos polímeros utilizados em engenharia estão disponíveis nos endereços http://plastics.dupont.com/ e http://www.sabic-ip.com/. Grandes volumes de informações a cerca de materiais compósitos são dados na *MIL-HDBK 17*, e Manuais de Materiais Compósitos [15], [16], [17], [18] e [19].

3.12.1 Plásticos

Os plásticos constituem um grupo amplo e variado de materiais orgânicos sintéticos. As unidades químicas básicas dos materiais plásticos são os *monômeros*. Sob condições apropriadas, geralmente envolvendo calor, pressão ou ambos, a *polimerização* ocorre pela combinação dos monômeros em *polímeros*. Os monômeros típicos e suas correspondentes unidades poliméricas de repetição são mostrados na Figura 3.9.

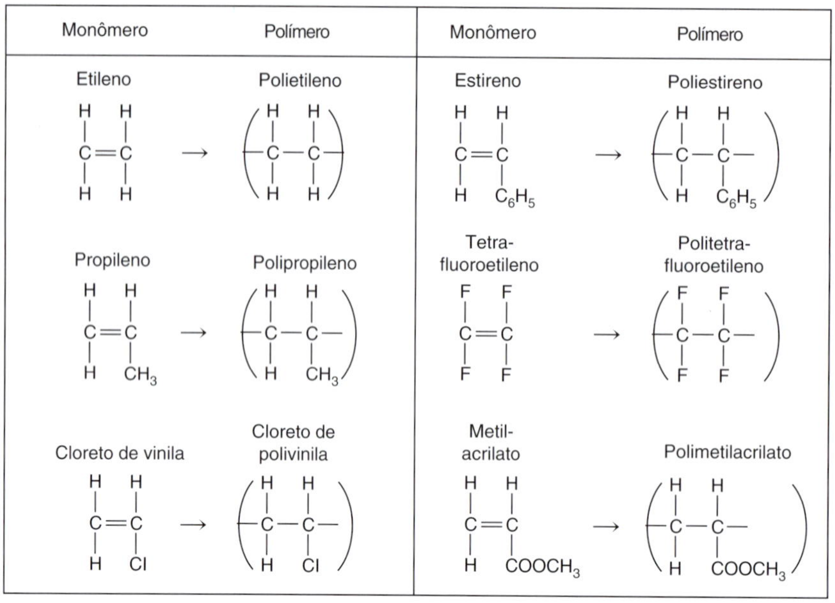

FIGURA 3.9 **Monômeros típicos e suas unidades poliméricas de repetição.**

A adição de mais e mais monômeros, formando cadeias poliméricas maiores, aumenta o peso molecular e altera significativamente as propriedades físicas. Por exemplo, a Figura 3.10 mostra o CH_4, que é o gás metano. Adicionando-se uma unidade de CH_2 tem-se o gás etano mais pesado (C_2H_6). Continuando-se a adicionar unidades de CH_2 tem-se o pentano, um líquido (C_5H_{12}) e a cera de parafina ($C_{18}H_{38}$). Em $C_{100}H_{202}$ o material fica suficientemente tenaz a ponto de se tornar um plástico útil, conhecido como *polietileno de baixo peso molecular*. O polietileno mais tenaz, chamado de *polietileno de alto peso molecular*, contém aproximadamente meio milhão de unidades de CH_2 em uma única cadeia polimérica.

As estruturas de cadeias poliméricas podem incorporar ramos laterais, também mostrados na Figura 3.10. O grau de ramificação influencia a proximidade em que as cadeias se encaixam.

Isto, por sua vez, influencia as propriedades físicas. Ramificação mínima promove cadeias poliméricas firmemente empacotadas (e, portanto, fortes forças de atração intermoleculares), o que resulta em uma massa específica relativamente alta, uma estrutura cristalina rígida e também uma relativamente extensa contração do molde. Ramificação extensa produz um material amorfo, mais flexível, com menores contração e distorção de molde. As propriedades físicas do plástico em sua forma final também podem ser alteradas pelo processo de *copolimerização*, a formação de cadeias poliméricas com dois monômeros e, através de *ligas*, uma mistura estritamente mecânica ou combinação de constituintes que não envolvem ligações químicas.

Tradicionalmente, os plásticos têm sido designados como *termoplásticos*, aqueles que amolecem com o calor, e *termofixos*, aqueles que não amolecem com o calor. Uma designação

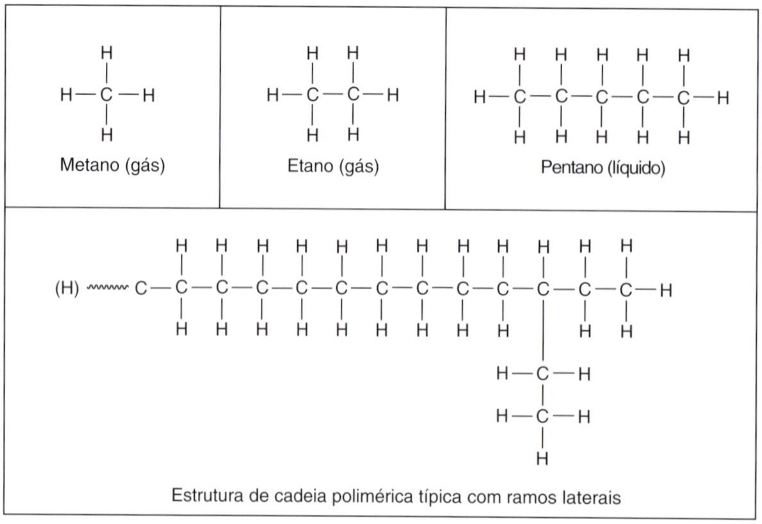

FIGURA 3.10 **Cadeias moleculares.**

preferível para os plásticos é *linear* e de *cadeia cruzada*. As cadeias poliméricas nos plásticos lineares permanecem lineares e se separam depois de moldadas. As cadeias nos plásticos de cadeia cruzada são inicialmente lineares, porém tornam-se unidas de forma *irreversível* durante a moldagem em uma rede molecular interconectada.

O processo de cruzamento das cadeias pode ser iniciado por calor, agentes químicos, irradiação ou uma combinação desses meios. Alguns plásticos podem ser tanto de cadeias cruzadas quanto lineares. A forma cruzada é mais resistente ao calor, ao ataque químico e a fluência (melhor estabilidade dimensional). Por outro lado, a forma linear é menos frágil (mais resistente ao impacto), é mais facilmente processada e melhor adaptada a geometrias complexas.

Ao serem reforçados com fibras de vidro os plásticos aumentam sua resistência de um fator igual a dois ou mais. A um custo significativamente maior, uma melhora adicional é conseguida através de um reforço com fibras de carbono. Esses materiais relativamente novos (com teor de carbono entre 10 % e 40 %) possuem resistência à tração da ordem de 40 ksi (276 MPa). Comparados às resinas reforçadas com fibras de vidro eles apresentam uma menor contração à moldagem, coeficientes de expansão mais baixos e aumento de sua resistência a fluência, da resistência ao desgaste e da tenacidade. Os novos plásticos reforçados com fibras vêm sendo utilizados cada vez mais na fabricação de máquinas e componentes estruturais que necessitam de baixo peso e alta relação resistência-peso.

As propriedades de alguns plásticos comuns são fornecidas no Apêndice C-18a. Uma comparação das propriedades dos termoplásticos com e sem reforço de fibras de vidro é apresentada no Apêndice C-18b. Os plásticos termofixos se beneficiam, de forma análoga, pelo reforço por fibras de vidro; os mais importantes, disponíveis comercialmente, são o poliéster e as resinas epóxi. Ao utilizar as tabelas com as propriedades dos plásticos, o leitor deve se recordar da Seção 3.7, que alerta sobre os riscos de se utilizar dados sobre as propriedades de materiais fornecidos por manuais. Esses riscos são particularmente procedentes quando se trata de dados sobre os plásticos desta seção. Os valores publicados refletem os resultados obtidos a partir de condições *padronizadas*, simples, econômicas e facilmente reproduzidas para o processo de moldagem. Os valores da resistência correspondente às condições *reais* do processo de moldagem podem diferir significativamente. Além disso, a resistência dos plásticos é mais sensível à temperatura e à taxa de carregamento do que a resistência dos metais, requerendo, assim, um esforço adicional para sua adequada seleção.

O Apêndice C-18c fornece uma lista de aplicações típicas dos plásticos mais comuns. Os comentários relativos a cada um deles são apresentados a seguir. Lembre-se de que os *termoplásticos* são geralmente resistentes ao impacto, e os *termofixos* são, em geral, resistentes ao calor.

Plásticos Comuns [4]

Comentários sobre Termoplásticos

ABS (acrilonitrila butadieno-estireno): Muito tenaz, ainda que duro e rígido; considerável resistência química; absorve pouca água, o que o deixa com boa estabilidade dimensional; alta resistência à abrasão; fácil galvanização.

Acetal: Material muito forte, plástico de engenharia resistente, com excepcional estabilidade dimensional e resistência à fluência e à fadiga por vibração; baixo coeficiente de atrito; alta resistência à abrasão e aos agentes químicos; mantém muitas de suas propriedades quando imerso em água quente; pouca tendência à fratura sob tensão (*stress crack*).

Acrílico: Alta transparência óptica; excelente resistência às ações do tempo; superfície dura e brilhante; excelentes propriedades elétricas; considerável resistência química; disponível em cores brilhantes e transparentes.

Celulósicos: Família de materiais tenazes e duros; acetato de celulose, propionato, butirato e etilcelulose. As faixas de valores das propriedades são amplas devido à composição; disponível em diversas condições de resistência ao ambiente, a umidade e aos agentes químicos; estabilidade dimensional de considerável a fraca; cores brilhantes.

Cloreto de Polivinil (PVC): Muitas formulações disponíveis; quanto ao grau de rigidez são duros, tenazes e possuem excelentes propriedades elétricas; estabilidade em ambientes externos e resistência à umidade e aos agentes químicos; quanto ao grau de flexibilidade, são mais fáceis de serem processados, porém propriedades baixas; a resistência ao calor é de baixa a moderada para a maioria dos tipos de PVC; baixo custo.

Fluoroplásticos: Família grande de materiais (PTFE, FEP, PFA, CTFE, ECTFE, ETFE e PVDF), caracterizada pela excelente resistência elétrica e química, baixo atrito e excepcional estabilidade em altas temperaturas; sua resistência é de baixa a moderada; o custo é alto.

Náilon (poliamida): Família de resinas utilizadas em engenharia, possuindo excepcional tenacidade e resistência ao desgaste; baixo coeficiente de atrito e excelente propriedades elétricas e de resistência química. As resinas são higroscópicas; a estabilidade dimensional é mais fraca do que a maioria dos outros plásticos utilizados em engenharia.

Óxido Fenileno: Excelente estabilidade dimensional (absorção de umidade muito baixa); propriedades mecânicas e elétricas superiores por uma ampla faixa de temperaturas. Resiste à maioria dos agentes químicos, porém é atacado por alguns hidrocarbonetos.

Policarbonato: O mais resistente às cargas de impacto dentre todos os plásticos rígidos, é um plástico transparente; excelente estabilidade em relação às ações ambientais e resistência à fluência sob carregamento; razoável resistência aos agentes químicos; alguns solventes aromáticos causam fraturamento sob tensão (*stress cracking*).

Poliéster: Excelente estabilidade dimensional, propriedades elétricas, tenacidade e resistência aos agentes químicos, exceto a produtos muito ácidos ou básicos; sensível a entalhes; não é adequado para uso em ambientes abertos ou para trabalhar em água quente; também disponível em formulações de termofixos.

Poliestireno: Baixo custo, de fácil processamento, rígido, transparente, material frágil; pouca absorção de umidade, baixa resistência térmica, baixa estabilidade em ambientes externos; frequentemente modificado para aumentar a resistência ao calor ou ao impacto.

Polietileno: Ampla variedade de configurações: formulações de baixa, média e alta densidades. Os tipos LD são flexíveis e tenazes. Os tipos MD e HD são mais resistentes, mais duros e mais rígidos; todos os tipos são pouco densos, de fácil processamento e de baixo custo; possuem baixa estabilidade dimensional e resistência ao calor; excelente resistência aos agentes químicos e propriedades elétricas. São também disponíveis nas configurações de peso molecular ultra-alto.

Poli-imida: Excepcional resistência ao calor, 500°F (260°C) contínuo, 900°F (482°C) intermitente, e ao envelhecimento por calor. Alta resistência ao impacto e resistente ao desgaste; baixo coeficiente de expansão térmica; excelentes propriedades elétricas; difícil de processar através de procedimentos convencionais; alto custo.

Polipropileno: Excepcional resistência à flexão e ao fraturamento sob tensão (*stress cracking*); excelente resistência aos produtos químicos e excelentes propriedades elétricas; boa resistência ao impacto para temperaturas acima de 15°F (−9,5°C); boa estabilidade térmica; pouco denso, baixo custo, pode ser galvanizado.

Polissulfona: Dentre os termoplásticos possíveis de serem moldados, é o que produz a maior termodistorção quando aquecido; requer alta temperatura de processamento; é tenaz (porém sensível ao entalhe), resistente e rígido; excelentes propriedades elétricas e estabilidade dimensional, mesmo a altas temperaturas; pode ser galvanizado; alto custo.

Poliuretano: É um material tenaz, extremamente resistente à abrasão e ao impacto; boas propriedades elétricas e boa resistência aos agentes químicos; pode ser produzido na forma de filmes, peças sólidas ou espuma flexível; quando exposto aos raios ultravioleta aumenta a sua fragilidade, diminuiu suas propriedades e torna-se amarelado; é também produzido na forma de termofixos.

Sulfeto de Polifenileno: Excepcional resistência aos agentes químicos e ao calor (450°F (232°C) contínuo); excelente resistência a baixas temperaturas; inerte a muitos produtos químicos para uma ampla faixa de temperaturas; é intrinsecamente um retardador de chamas; requer alta temperatura de processamento.

Comentários sobre Termofixos

Alilo (dialilo ftalato):   Estabilidade dimensional e propriedades elétricas excepcionais; fácil de moldar, excelente resistência à umidade e a produtos químicos a altas temperaturas.

Alquido: Excelentes propriedades elétricas e resistência ao calor; mais fácil e rápido de ser moldado do que muitos dos termofixos; não apresenta subprodutos voláteis.

Amino (ureia, melamina):   Resistente à abrasão e ao desbaste; boa resistência aos solventes; a ureia se molda mais rápido e a um menor custo do que a melamina; a melamina possui uma superfície mais dura, e é mais resistente ao calor e a produtos químicos.

Epóxi: Excepcionais resistência mecânica, propriedades elétricas e aderência a muitos materiais; pequena contração durante o processo de moldagem; algumas formulações podem ser curadas sem calor ou pressão.

Fenólico: Material de baixo custo, com bom equilíbrio entre as propriedades mecânicas, elétricas e térmicas; cores limitadas a preto e marrom.

Poliéster: Excelente equilíbrio de propriedades; cores ilimitadas, transparentes ou opacas; não apresenta materiais voláteis durante a cura, porém a contração durante a moldagem é considerável; pode utilizar moldes de baixo custo, sem a necessidade de calor ou pressão; amplamente utilizado com reforços de vidro a fim de produzir componentes de "fibra de vidro"; também disponível na forma de termoplásticos.

Poliuretano: Pode ser flexível ou rígido, dependendo da formulação; excepcionais tenacidade e resistência à abrasão e ao impacto; particularmente adequado para grandes partes de espuma, tanto o tipo rígido quanto o tipo flexível; também produzido na forma de termoplásticos.

Silicone: Excepcionais resistência ao calor (de −100°F (−73°C) a +500°F (260°C)), propriedades elétricas e compatibilidade com a pele; cura através de uma variedade de mecanismos; alto custo; disponível em muitas formas; resinas para laminação, resinas para moldagem, revestimentos, resinas de fundição e selantes.

3.12.2   Compósitos

Um compósito é composto ou é formado por dois ou mais materiais constituintes cada qual dissimilar e tendo propriedades diferentes. Dentro do compósito, os materiais permanecem distintos e separados em um nível macroscópico.

Materiais compósitos não são uniformes por toda matriz e não são macroscopicamente homogêneos. Materiais compósitos, portanto, não são isotrópicos e nem possuem propriedades direcionais uniformes como os metais. Visto que um compósito é feito de combinações de materiais, estes podem ser projetados para melhorar propriedades térmicas e mecânicas. Uma grande vantagem de alguns compósitos é a sua alta relação resistência-peso, que pode ser quatro vezes maiores que as de metais de alta resistência. As relações de rigidez-peso podem ser sete vezes maiores que as de metais de alta resistência.

Como exemplos comuns, os compósitos de engenharia são combinações de fibras resistentes como vidro, carbono e boro unidas em conjunto em um material como náilon, epóxi ou poliéster.

Os constituintes de um material compósito compreendem (1) materiais de matriz e (2) materiais de reforço. Várias resinas plásticas e por vezes até metais são utilizados como materiais de matriz. Materiais comuns de reforço são (a) vidro, (b) carbono, (c) SiC, (d) Kevlar (aramida), os quais pode estar na forma de (i) fibras curtas, (ii) fibras longas, (iii) fibras contínuas, (iv) fibras orientadas randomicamente, (v) tecidos de fibras (mantas), ou (vi) partículas (cargas). As partículas (cargas) podem agir como um reforço embora estes são normalmente adicionados à uma matriz para reduzir custos ou para alcançar determinadas propriedades de material. Exemplos são esferas de vidro adicionadas à uma matriz termoplástica para reduzir custos ou adicionar mica à uma matriz fenólica para melhorar propriedades elétricas e/ou de processamento do material.

Como os nomes sugerem, os materiais de reforço fornecem o melhoramento de propriedades físicas e mecânicas — resistência e rigidez — e o material da matriz sustenta, envolve e mantém a posição e transfere a carga para os materiais de reforço.

Como o material de reforço é frequentemente feito de fibras de grandes pedaços de material, os compósitos se beneficiam do efeito de tamanho. As fibras de diâmetros menores têm resistência à tração maiores que os materiais originais. O vidro, por exemplo, tem uma resistência a tração relativamente baixa, mas a fibra de vidro tem uma resistência muito maior que vidro em forma de chapa.

A direcionalidade e a orientação dos materiais compósitos determinam as suas propriedades e comportamento. A orientação das fibras de reforço no interior do compósito como (a) em paralelo, (b) entrelaçado, (c) randômico, (d) enrolamento filamentar, e (e) angulado podem ser usados para tirar o melhor proveito das propriedades direcionais do material. Onde uma única camada tem fortes propriedades direcionais, estruturas de camadas múltiplas ou laminadas são empregadas onde cada camada está organizada para fornecer resistência e rigidez melhoradas.

Em geral, devido à influência da direcionabilidade do material compósito, um mínimo de, ao menos, dois módulos de Young, um módulo de cisalhamento e um coeficiente de Poisson são necessários para a análise da rigidez.

O Apêndice C-18 fornece as propriedades de epóxi com carga de vidro, poliéster com carga de vidro e fenólico com carga de pó de madeira. O Apêndice C-18b fornece as propriedades de resinas termoplásticas reforçadas com vidro (tipicamente 30 % de vidro). As Figuras 3.11, 3.12 e 3.13 fornecem informações adicionais sobre materiais compósitos em relação, respectivamente, a resistência *versus* o módulo de Young, da resistência *versus* a massa específica e da resistência *versus* a temperatura. Os tipos de materiais compósitos identificados incluem polímeros reforçados por fibra de carbono (CFRP), polímeros reforçados por fibra de vidro (GFRP), alumínio reforçado por SiC (Al-SiC), e polímeros reforçados por fibra de Kevlar (KFRP).

Informações técnicas adicionais, incluindo aplicações de compósitos de matriz polimérica (PMC), compósitos de matriz metálica (MMC) e compósitos de matriz cerâmica (CMC) são fornecidas nas referências [17], [18] e [19].

3.13 Cartas de Seleção de Materiais[4]

As informações contidas nesta seção representam um breve panorama das cartas de seleção de materiais de Ashby, as quais apresentam graficamente, informações concisas que auxiliam na seleção de tipos de materiais com base em propriedades como rigidez, resistência e massa específica. As informações contidas nas cartas servem para cálculos preliminares e não para análises de projetos de execução. As propriedades reais de um material selecionado a ser utilizado em projetos de execução devem ser acompanhadas de verificação e de ensaios experimentais. O Apêndice C-19 fornece as classes e as abreviações relacionadas as cartas de seleção de materiais.

3.13.1 Cartas com a Relação Resistência–Rigidez

Vários materiais são traçados na Figura 3.11 para resistência *versus* módulo de Young. Os valores nele indicados para resistência são: (a) a resistência ao escoamento para metais e para os polímeros, (b) a resistência à compressão para materiais cerâmicos e vidros, (c) a resistência à tração para os materiais compósitos e (d) a resistência ao rasgamento para elastômeros. Os requisitos de projeto para os valores de resistência ou módulo de Young sugerem os materiais a serem selecionados. Para os requisitos de projeto que são limitados ao comportamento elástico ou a uma relação específica entre a resistência e o módulo de Young, os materiais apropriados podem ser selecionados ou comparados através (1) do armazenamento de energia por unidade de volume, como em uma mola, $S^2/E = C$; (2) do raio de curvatura, como nas juntas elásticas, $S/E = C$; ou (3) do deflexão devido ao carregamento, como no projeto de membranas, $S^{3/2}/E = C$. Por exemplo, quando se deseja maximizar a energia armazenada por unidade de volume antes da falha, deve-se maximizar o valor de $S^2/E = C$. A menos de outras limitações de projeto, uma observação da carta mostra que os materiais cerâmicos de engenharia possuem o maior valor de S^2/E admissível, seguido pelos elastômeros, pelas ligas de engenharia (aços), pelos materiais compósitos de engenharia, pelos polímeros de engenharia, pelas madeiras e pelos espumas poliméricas que possuem os menores valores.

3.13.2 Cartas com a Relação Resistência–Massa Específica

Para uma grande variedade de materiais, o valor da resistência situa-se entre 0,1 MPa e 10.000 MPa, enquanto o valor da massa específica está entre 0,1 e 20 Mg/m³. A Figura 3.12 ilustra a relação resistência–massa específica para diversos materiais. As linhas de referência para $S/\rho = C$, $S^{2/3}/\rho = C$ e $S^{1/2}/\rho = C$ são utilizadas, respectivamente, nos projetos de peso mínimo de (i) discos rotativos, (ii) vigas (eixos) e (iii) placas. Os valores das constantes aumentam quando as linhas de referência são deslocadas para cima e para a esquerda. Os materiais com as maiores relações resistência–peso estão localizados no canto superior esquerdo.

---

[4]Esta seção foi adaptada de Ashby, M. F., *Materials Selection in Mechanical Design*, Editora Pergamon, Oxford, Inglaterra, 1992.

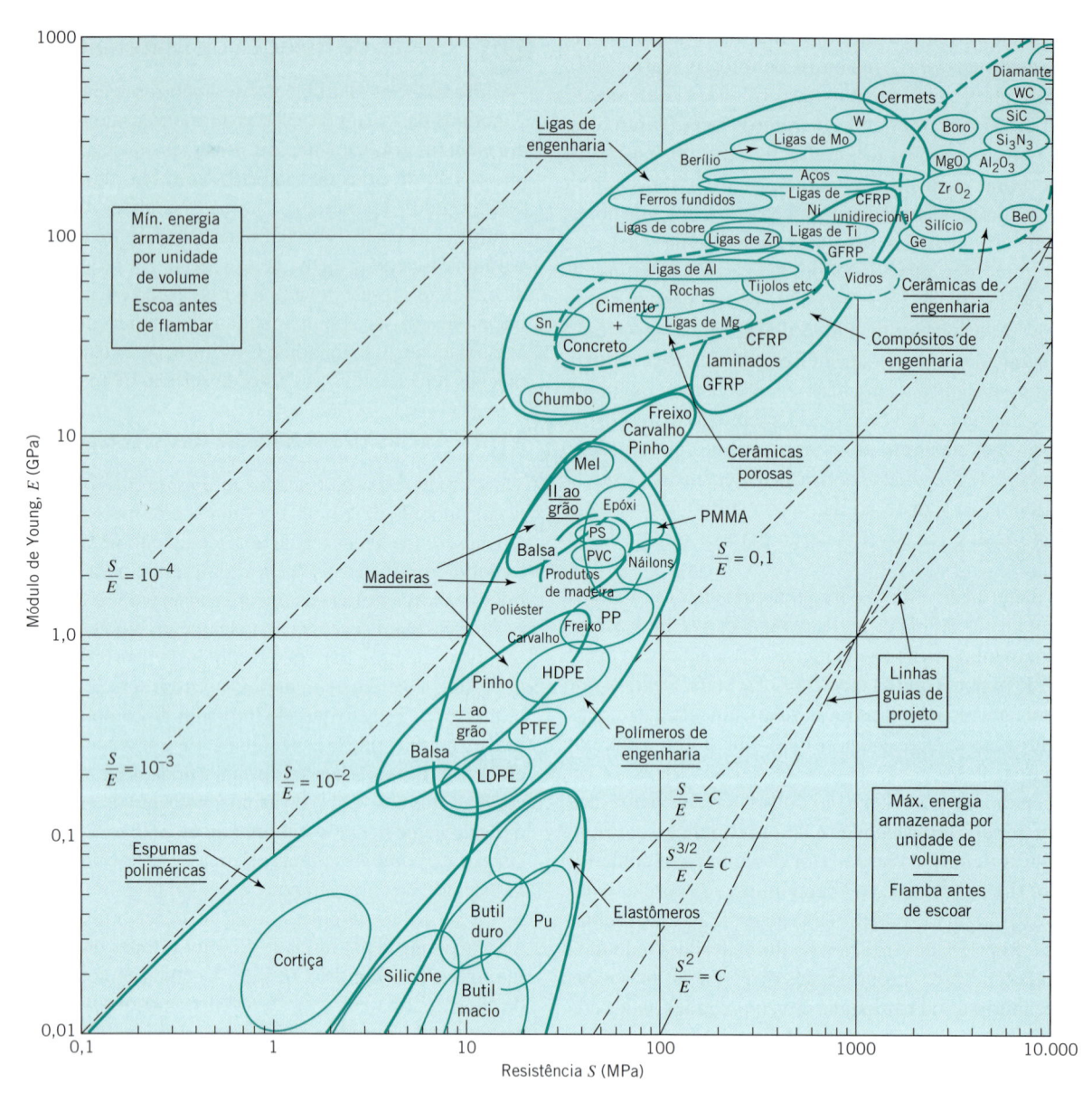

Figura 3.11 **Resistência, *S*, em relação ao módulo de Young, *E*. A resistência, *S*, é a resistência ao escoamento para metais e polímeros, resistência à compressão para cerâmicos, resistência ao rasgamento para elastômeros e resistência à tração para compósitos. De Ashby, M. F.,** *Materials Selection in Mechanical Design,* **Editora Pergamon, 1992.**

3.13.3 Cartas com a Relação Resistência-Temperatura

Somente os materiais cerâmicos possuem resistência acima de 1000°C, os metais se tornam maleáveis a aproximadamente 800°C e os polímeros possuem baixa resistência acima de 200°C. A Figura 3.13 apresenta um quadro geral da resistência em função da temperatura para diversos materiais. A figura inserida no diagrama esclarece a forma dos losangos. A resistência à temperatura, $S(T)$, representa a resistência ao escoamento à temperatura para os metais e os polímeros, a resistência à compressão à temperatura para os materiais cerâmicos, a resistência ao rasgamento à temperatura para os elastômeros e a resistência à tração em relação à temperatura para os materiais compósitos. Para as ligas utilizadas em engenharia, o termo "resistência" é corriqueiramente utilizado para a resistência ao escoamento, considerando um carregamento de uma hora. As resistências são menores para um tempo de carregamento de longa duração (por exemplo, 10.000 h) e envolveriam o projeto contra a fluência e/ou ruptura por fluência — veja Juvinall, R. C., *Engineering Considerations of Stress, Strain, and Strength*, McGraw-Hill, Nova York, 1967.

3.14 Procedimento de Seleção dos Materiais de Engenharia

3.14.1 Introdução

Conforme comentado na introdução deste capítulo, a seleção dos materiais e dos processos utilizados na fabricação são partes

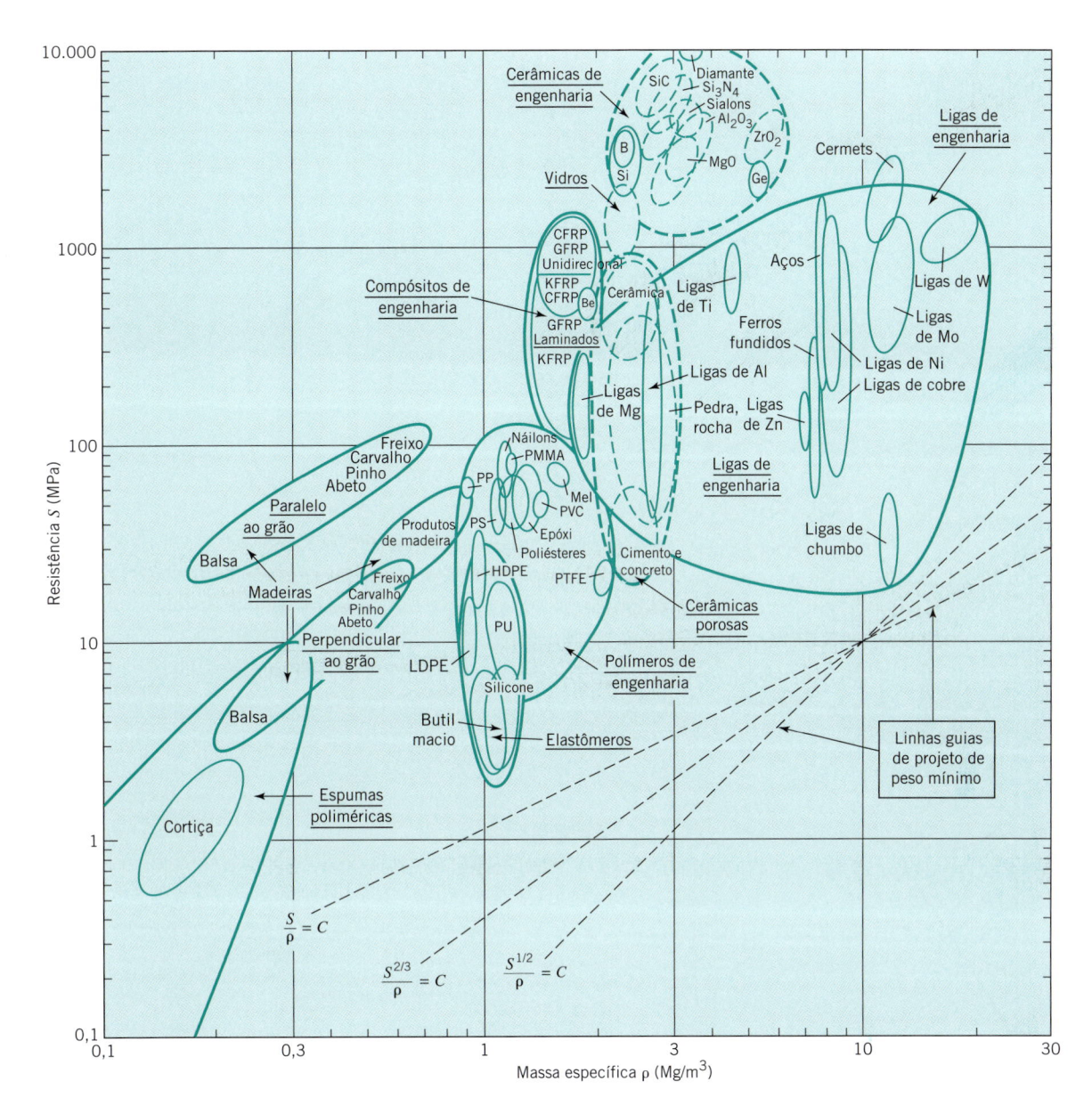

FIGURA 3.12 Resistência, *S*, *versus* massa específica, *ρ*. A resistência *S*, é a resistência ao escoamento para metais e polímeros, resistência à compressão para cerâmicos, resistência ao rasgamento para elastômeros, e resistência a tração para compósitos. De Ashby, M. F., *Materials Selection in Mechanical Design*, Editora Pergamon, 1992.

integrantes do projeto de um componente de máquina. O objetivo desta seção é oferecer ao estudante de engenharia uma introdução aos procedimentos adotados para uma escolha inteligente na seleção de materiais a serem utilizados nos componentes de máquinas. Embora a seleção de materiais seja baseada na experiência e no conhecimento, esta seção apresenta um procedimento racional para a seleção de materiais.

A Tabela 3.2 apresenta uma relação de características gerais de desempenho para a utilização de um componente de máquina. Uma vez compreendidas as características da aplicação e da função de um componente, a seleção do material é baseada (1) na disponibilidade do material com o tipo e a forma desejados, (2) no custo total do material incluindo os custos iniciais e futuros, (3) nas propriedades que o material deve possuir para atender aos requisitos de desempenho em serviço e (4) nos pro-

cessos aplicados ao material para produzir a peça acabada. A Seção 3.14.2 fornece as fontes de informações que podem ser utilizadas para identificar os materiais.

Outros fatores que devem ser considerados na seleção de um material incluem: (1) os limites de suas propriedades, (2) a necessidade de redução de custos, (3) o aumento da eficiência energética do produto/máquina através da redução de peso, (4) a escassez do material, (5) a facilidade de recuperação e reciclagem, (6) a colocação no mercado e (7) as questões legais e de saúde.

No *processo de projeto*, as especificações de desempenho da máquina são estabelecidas e, em seguida, os componentes são identificados e as especificações de seu desempenho são desenvolvidas a partir dos conceitos gerais do projeto da máquina. A especificação da seleção dos materiais ocorre, basicamente, quando os desenhos de detalhamento dos componentes

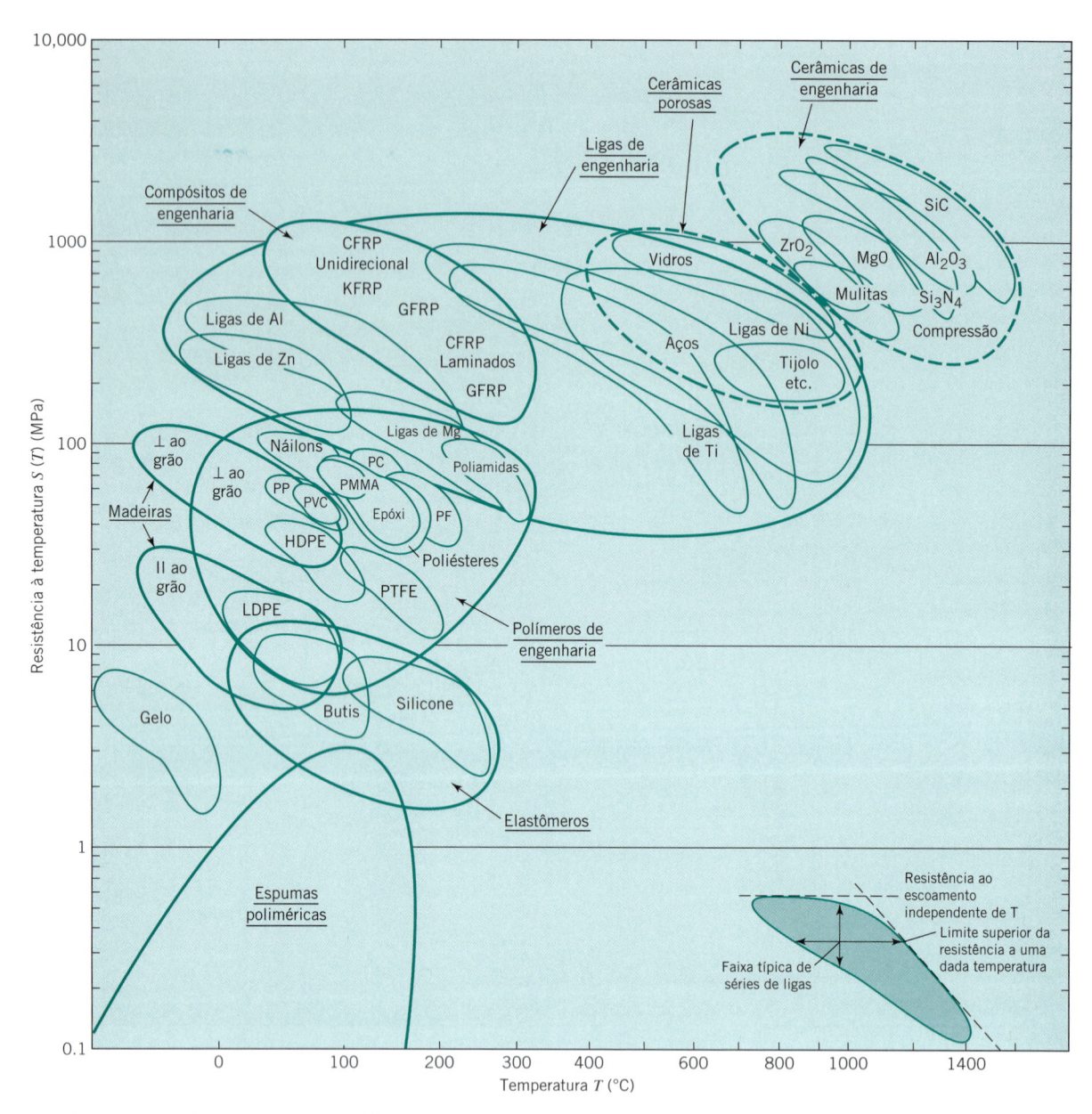

Figura 3.13 Resistência à temperatura, $T(S)$, *versus* a temperatura, T. A resistência à temperatura, $S(T)$, é a resistência ao escoamento a uma dada temperatura para metais e polímeros, resistência à compressão a uma dada temperatura para cerâmicos, resistência ao rasgamento a uma dada temperatura para elastômeros, e resistência a tração a uma dada temperatura para compósitos. A figura inserida no diagrama esclarece a forma dos losangos. De Ashby, M. F., *Materials Selection in Mechanical Design*, Editora Pergamon, 1992.

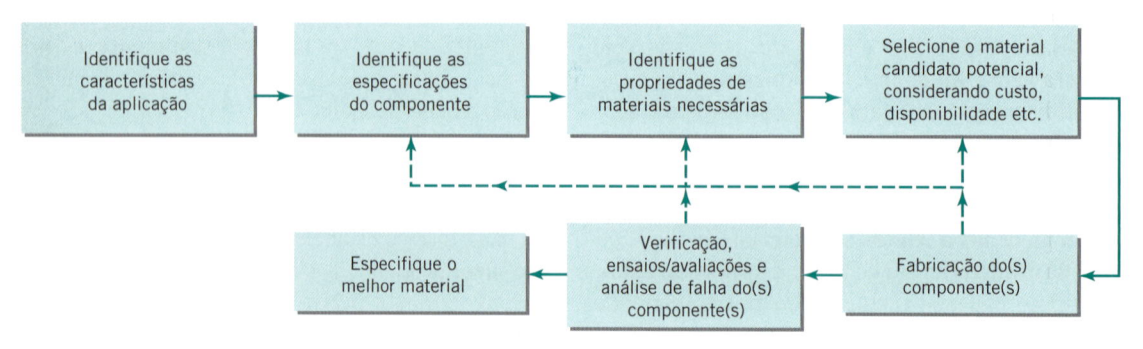

Figura 3.14 Seleção de material para um componente de máquina.

TABELA 3.2 Características Gerais da Aplicação

TABELA 3.2 Características Gerais da Aplicação

Capacidade (potência, carga, térmica)

Movimento (cinemática, vibrações, dinâmica, controlabilidade)

Interfaces (aparência, limites de espaço, tipo(s) de carregamento(s), compatibilidade ambiental)

Custo (inicial, operacional)

Vida

Confiabilidade

Saúde e segurança

Ruído

Produtibilidade

Capacidade de manutenção

Geometria (tamanho, forma)

Rigidez

Estabilidade elástica (flambagem)

Peso

Incertezas (carga, meio ambiente, custo)

são preparados. A Figura 3.14 ilustra a seleção de um material e o processo de avaliação de um componente.

O processo de seleção de um material envolve, tipicamente, o atendimento a mais de um requisito de desempenho em serviço, isto é, mais de uma característica específica de aplicação.

Esta condição pode ser satisfeita pela ponderação de diversos requisitos de desempenho relacionados às propriedades importantes do material que controlam seu desempenho. As especificações são, assim, transformadas em propriedades de material, e os materiais que possuem as propriedades desejadas e podem atingir as especificações de desempenho são identificados. O desempenho, o custo e a disponibilidade são considerados para se chegar a um único ou a um pequeno grupo de materiais para o componente. O menor grupo de materiais torna-se os materiais candidatos a avaliações adicionais e possíveis ensaios na fase de detalhamento do projeto. Os ensaios podem ser conduzidos de forma a eliminar ou ordenar os materiais. Podem ser necessários muitos ensaios para estabelecer-se a integridade e a variabilidade dos materiais, os efeitos dos processos de fabricação e os efeitos de montagem de partes etc. Na realidade, a máquina como um todo, um subconjunto, um produto ou um componente podem ser avaliados em condições de ensaio simuladas ou em condições de ensaio reais. Também não é incomum que componentes colocados em serviço sejam monitorados quando experiências operacionais começam a ser acumuladas e, se ocorrer uma falha em serviço, a seleção de material e/ou correções de projeto são implementadas e as substituições de partes são preparadas para manutenção e reposição programadas.

A seleção de materiais (assim como o projeto em si) é um processo iterativo de decisão-execução de síntese, requerendo experiência, treinamento e conhecimento de engenharia combinados com a arte de selecionar um material que será adequado para realizar a tarefa. A experiência passada com a seleção de materiais propicia a compreensão dos sistemas de materiais, a familiaridade com os materiais específicos de engenharia, um entendimento das propriedades de um pequeno grupo de materiais — alguns metais, plásticos, materiais cerâmicos, aços-ferramenta etc. Essa experiência é útil quando o conhecimento anterior é aplicável a um novo problema de seleção de materiais. A experiência permite ao projetista depender menos dos engenheiros metalúrgicos e de materiais.

3.14.2 Fontes de Informações sobre as Propriedades dos Materiais

A literatura técnica publicada na forma de artigos técnicos, relatórios de empresas, textos comerciais, manuais e documentos da Internet fornece um valoroso banco de dados disponível sobre as propriedades dos materiais. Compêndios de dados sobre propriedades de materiais também são encontrados em grandes corporações e nas agências governamentais, como a NASA, nos Estados Unidos.

As propriedades de materiais são fornecidas no Apêndice C. As utilizações típicas de materiais comuns são descritas nos Apêndices C-3a, C-3b, C-3c, C-4b, C-8, C-10, C-11, C-18c e C-23. As referências indicadas ao final deste capítulo também apresentam as propriedades de materiais, e estão disponíveis em muitas bibliotecas técnicas. O Apêndice C-20 apresenta um pequeno subconjunto de propriedades de materiais utilizados no projeto de componentes.

As propriedades dos materiais são geralmente apresentados em um formato estatístico, com um valor médio e um desvio-padrão. Os dados de propriedades listados em manuais e publicados na literatura técnica fornecem um único valor para uma propriedade. Este valor único deve ser entendido como um valor típico. Quando existe uma variação, uma faixa de valores (maiores e menores) podem ser listados ou mostrados graficamente através de faixas de dispersão. Para aplicações críticas, pode ser necessária a determinação da frequência de distribuição da propriedade do material e do correspondente parâmetro que descreve o desempenho em serviço.

Processos informatizados de seleção de materiais estão disponíveis; consulte, por exemplo, o endereço http://www.grantadesign.com. Sistemas de engenharia informatizados disponíveis comercialmente podem oferecer (1) a comparação entre materiais, (2) a caracterização e a especificação de metais e não metais, (3) sistemas de seleção de materiais, (4) exemplos de seleção de materiais, (5) procedimentos de fabricação e de processos e (6) dados sobre os custos, continuamente atualizados, dos materiais e dos processos.

3.14.3 Fatores que Influenciam a Seleção de Materiais

Os principais fatores que têm relação com a seleção de um material e com o atendimento às exigências de projeto são:

1. Disponibilidade
2. Custo
3. Propriedades mecânicas, físicas, químicas e dimensionais do material
4. Processos de fabricação — usinabilidade, formabilidade, capacidade de união, acabamento e revestimentos

A Tabela 3.3 lista os fatores secundários relacionados a esse importante parâmetro de seleção. A não utilização dos fatores

TABELA 3.3 Características do Material

Propriedades mecânicas (resistência, elasticidade, dureza, coeficiente de Poisson, amortecimento, tração, compressão, impacto, tenacidade, fadiga, fluência, desgaste, rigidez, cisalhamento)

Propriedades físicas (massa específica, elétrica, magnética, óptica, condução, expansão, inflamabilidade, ponto de fusão, calor específico, emissividade, capacidade de absorção)

Propriedades químicas (resistência à corrosão, degradação, composição, capacidade de ligação, estrutura, oxidação, estabilidade, fragilização, fatores ambientais)

Propriedades dimensionais (dimensões, forma, planicidade, perfil, acabamento superficial, estabilidade, tolerâncias)

Processos de fabricação (capacidade de fundição, possibilidade de revestimento, tratamento térmico, capacidade de endurecimento, conformabilidade, usinabilidade, capacidade de união, soldabilidade)

Disponibilidade (no estoque, solicitação de outro lugar, requisitos de solicitação, fornecedores, processos de fabricação especiais necessários)

Custo (matéria-prima, quantidade necessária, tempo de vida operacional prevista, fabricação adicional necessária)

Aspectos legais (conformidade com códigos, ambientais, saúde, capacidade de reciclagem, descartabilidade, garantias do produto)

de seleção de materiais apropriados e a escolha de um material inadequado podem comprometer a função do material, a vida operacional e o custo do componente e do produto.

Desempenho em Serviço (Especificações)

Uma vez conhecidas as características gerais da aplicação, elas podem ser colocadas na forma de requisitos de desempenho em serviço. Exemplos de condições de desempenho em serviço poderiam ser as cargas flutuantes, as altas temperaturas e um ambiente altamente oxidante. O desempenho em serviço, também conhecido como especificações de desempenho ou requisitos funcionais, para um componente de máquina precisa ser relacionado com as propriedades do material. Isto porque as propriedades dos materiais são indicadores de desempenho em serviço; por exemplo, o desgaste está relacionado com a dureza, a rigidez está relacionada com o módulo de elasticidade, o peso está relacionado com a massa específica. O projetista deve ser capaz de associar os requisitos de desempenho em serviço às propriedades do material a ser selecionado.

Em outras palavras, as características gerais de desempenho em serviço (condições de operação), genericamente descritas na Tabela 3.2 e especificamente representadas por tensões, movimentos, forças aplicadas etc., precisam ser "traduzidas" para as propriedades mecânicas de um material. Isso é, o material deve possuir as características — propriedades, custo e disponibilidade — apropriadas para as condições de serviço, carregamentos e tensões.

Disponibilidade

Apesar dos materiais candidatos possuam as propriedades necessárias, eles devem também estar "disponíveis". Respondendo às questões apresentadas a seguir, pode auxiliar o projetista esclarecendo se o material candidato atende ao critério de disponibilidade:

1. Qual é o tempo total necessário para se obter o material?
2. Existe mais de uma empresa que pode fornecer o material?
3. O material está disponível com a configuração geométrica necessária?
4. Qual é a quantidade máxima de material disponível?
5. Qual é a probabilidade do material estar disponível no futuro?
6. É necessário um processamento específico?
7. O acabamento específico limita a disponibilidade do material?

É de responsabilidade do projetista estabelecer cronograma para a obtenção do material. Este tempo deve coincidir com o tempo ditado pelo planejamento.

Aspectos Econômicos (Custo Total)

O custo deve ser utilizado como um fator inicial na triagem de materiais, mesmo sabendo que os preços reais dos materiais para um componente só podem ser obtidos através de cotações solicitadas a fornecedores uma vez que é complexa a estrutura de preços de muitos materiais de engenharia. Os custos relativos de alguns materiais de engenharia são apresentados na Figura 3.15, que fornece um quadro de custos de diversos materiais em dólares por libra massa e em dólares por polegada cúbica.

O custo mais apropriado a ser considerado é o custo referente ao ciclo total de vida do componente. O custo total inclui (1) os custos iniciais do material, (2) o custo de processamento e fabricação, (3) o custo de instalação e (4) o custo de operação e manutenção. Outros fatores a serem considerados são: (1) previsão de vida em serviço, (2) despesas com transporte e manuseio, (3) reciclabilidade e (4) descarte.

Propriedades dos Materiais

O conhecimento e a compreensão das propriedades dos metais, dos plásticos, dos materiais cerâmicos etc., suas designações e sistemas de numeração e suas qualidades favoráveis e desfavoráveis são fundamentais para a seleção de um material. As propriedades dos materiais a serem consideradas incluem aspectos (1) físicos; (2) mecânicos; (3) químicos — resistência ao meio ambiente, corrosão, oxidação; e (4) dimensionais — tolerâncias, acabamento superficial etc. — veja a Tabela 3.3, que apresenta uma lista de verificação das propriedades de materiais, importante para uma avaliação do atendimento às condições de desempenho em serviço.

Processos de Fabricação

É importante reconhecer o elo entre as propriedades dos materiais e o uso dos materiais. Embora relacionado com as propriedades de materiais, o processo de fabricação influenciará o tipo de material que pode ser utilizado, e o material será o elemento determinante do processo de fabricação que pode ser empregado. Igualmente, o material (devido às suas propriedades) também pode impor limitações ao projeto e à fabricação do componente. Em outras palavras, os métodos de fabricação, estampagem, união e ligação são definidos pela escolha do material e, do mesmo modo, se um determinado processo de fabricação será utilizado para fabricar um componente então a escolha do material pode ser limitada (veja o Apêndice C-21, que mostra os métodos de fabricação mais utilizados com diferentes materiais).

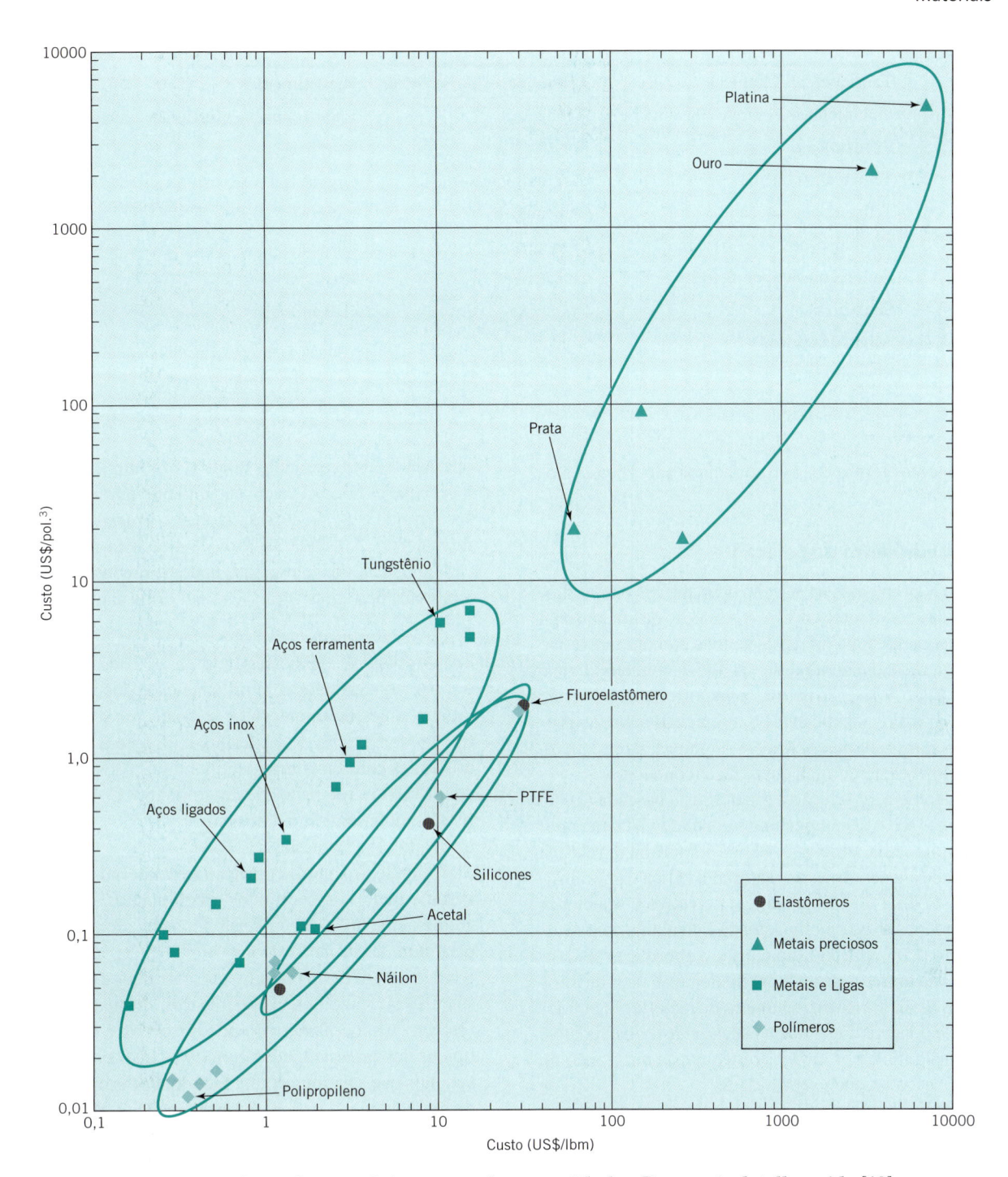

Figura 3.15 Custo de materiais em grandes quantidades. Para mais detalhes vide [10].

Conformabilidade e Capacidade de União Embora a capacidade de conformação e de uniões esteja relacionada com as propriedades do material, a capacidade de conformar, unir e fixar materiais é um importante aspecto a ser considerado na seleção de materiais. O material deve suportar processos de conformação, união ou fixação para atender às formas desejadas, através de cisalhamento, estampagem, furação, flexão, repuxamento, trefilação, jateamento com granalha, soldagem, brasagem, soldagem de estanho/chumbo, roscamento, rebitamento, grampeamento ou colagem por adesivos. O Apêndice C-22 mostra como os materiais influenciam a capacidade de união.

Acabamento e Revestimento Embora relacionados com as propriedades de materiais, os acabamentos e/ou a habilidade de um material de projeto têm influência (é outro fator) na seleção do material a ser utilizado em um componente. Por exemplo, os dentes de aço de baixo carbono de valetadeiras quando sofrem endurecimento superficial (com camadas aplicadas através de operações de soldagem) resultam em componentes mais resistentes ao desgaste e de menor custo. A Tabela 3.4

TABELA 3.4 Tratamentos de Materiais e Revestimentos [10]

Tratamentos Térmicos	Tratamentos Superficiais	Revestimentos
Endurecimento por envelhecimento	Anodização	Endurecimento superficial
Recozimento	Boretação	Metalização
Têmpera por chama	Carbonitretação	Organossol
Têmpera por indução	Cementação	Pinturas
Normalização	Cromagem	Plasma
Endurecimento por têmpera	Cianetação	Plastissol
Solubilização	Nitretação	Galvanização
Alívio de tensões	Óxidos	
Revenimento	Fosfatação	

lista os tratamentos térmicos, os tratamentos superficiais e os revestimentos.

3.14.4 Procedimento de Seleção

Introdução Os problemas na seleção de materiais para o projeto de máquinas geralmente envolvem a seleção de um material para um componente novo ou reprojetado, e embora o objetivo em geral esteja relacionado ao desempenho, à confiabilidade e a custos, o processo de seleção normalmente envolve uma tomada de decisão com dados insuficientes e imprecisos sobre as propriedades, sujeita a múltiplas restrições, algumas vezes concorrentes, e geralmente sem um objetivo claro (conhecido).

Uma metodologia de seleção de materiais é baseada (1) em considerações sobre o desempenho do ponto de vista da engenharia para uma dada aplicação, (2) na importância relativa das propriedades necessárias ao material e (3) na disponibilidade e no custo final do componente. O objetivo é selecionar um material adequado que melhor atenda à demanda dos requisitos de projeto. Para uma dada aplicação, a abordagem é identificar a conexão entre os requisitos funcionais e os requisitos do material, reduzindo, assim, o número de materiais candidatos a serem selecionados. Quando da seleção entre os candidatos, a escolha, em alguns casos, pode ser inequívoca ou a razão da dificuldade de escolha pode ser revelada.

Embora a seleção de materiais envolva uma tomada de decisão iterativa, quando se tem uma descrição ou uma definição de uma peça ou componente, pode-se reconhecer que os passos a serem seguidos na seleção de um material para um componente seguem um caminho típico:

(a) Determine o "propósito" do componente. Estabeleça os requisitos de desempenho em serviço do componente. O desempenho em serviço ou das condições operacionais do componente devem compreender bem como essas condições influenciam na seleção do material. Por exemplo, uma engrenagem operando sob grandes cargas e a altas velocidades a uma temperatura elevada provavelmente deverá necessitar de um material diferente do que para uma engrenagem que opere a baixa velocidade, com baixo torque e a temperatura ambiente.

Esse primeiro passo pode exigir uma análise dos requisitos do material; isto é, a determinação das condições de operação e ambientais às quais o produto deve resistir de modo que as condições de desempenho em serviço possam ser retratadas pelas correspondentes propriedades críticas do material. A Tabela 3.3 fornece uma lista de importantes características do material que podem ser consideradas como lembretes das áreas gerais a serem examinadas.

(b) Selecione um material que pareça ser capaz de atender ao "propósito". Este segundo passo pode, inicialmente, envolver uma triagem e o ordenamento dos materiais candidatos antes de o material candidato ser selecionado. As Cartas de Seleção de Materiais da Seção 3.13 podem ser utilizadas para fazer uma escolha inicial dos materiais que atenderão aos requisitos de desempenho. O Apêndice C-23 lista os materiais candidatos para componentes comumente utilizados em máquinas.

O conhecimento dos grupos de materiais — plásticos, metais, materiais cerâmicos e compósitos — e o tipo de componente no qual o material foi utilizado anteriormente, permitem ao projetista comparar os materiais a partir do conhecimento de que tratamentos térmicos e outros processos utilizar quando da especificação do material. Utilize, também, a experiência, revendo o Apêndice C para os usos típicos dos materiais mais comuns, e não reinvente a roda, a menos que seja importante fazê-lo. Por exemplo, o Apêndice C-10 poderia sugerir a consideração do alumínio 6063-T6 para reservatórios de combustíveis de baixo peso utilizados em embarcações navais. A disponibilidade, o custo e a fabricação devem ser considerados no início do processo de seleção do material, mesmo não sendo possível obter um detalhamento do custo.

Além da experiência, um método racional de seleção de materiais é utilizar a análise de falhas de componentes similares que falharam em serviço (objetivando um novo projeto). Os materiais selecionados possivelmente não falharão com base no conhecimento obtido da análise de falhas do componente. A tabela apresentada no Apêndice C-24 identifica as propriedades dos materiais relacionadas aos modos comuns de falhas. Como as condições de desempenho em serviço são complexas, precisa-se geralmente de mais de uma propriedade do material para identificar as propriedades importantes em um determinado modo de falha. Durante o processo de seleção de materiais deve-se ter em mente que a vida útil de muitas máquinas e componentes termina com uma falha por fadiga ou com a deterioração superficial — corrosão localizada, lascamento ou desgaste excessivo.

Após fazer as considerações sobre os materiais, selecione alguns dos materiais candidatos que melhor atendem às propriedades críticas, ao custo e às restrições de disponibilidade. Reconsidere os processos como conformabilidade, fabricação, fixação e união, disponibilidade e custo do material, bem como o custo devido ao processo de produção. Durante a classificação dos materiais candidatos, responda à seguinte questão: "Este material teria que ser melhor avaliado para esta aplicação?" A tomada de decisão deve ser cuidadosa, porém rápida. Não há o conhecimento perfeito.

(c) Realize uma avaliação final dos materiais candidatos, incluindo os processos de fabricação e os procedimentos de acabamento, se necessário, e faça uma recomendação final. Selecione o melhor material para a aplicação. O melhor material para uma aplicação particular é aquele que oferece o melhor valor, definido pela relação entre o desempenho *global* e o custo *total*, e definido pelo índice de seleção do material, onde

$$SI = \text{Índice de seleção} = \frac{(\text{disponibilidade})(\text{desempenho})}{(\text{custo total})}$$

Quanto maior for o valor de SI, melhor a escolha. O índice de seleção pode ser utilizado para ordenar os materiais. Infelizmente, para os materiais e processos disponíveis, em muitos casos, a melhor solução de engenharia e a melhor solução econômica para um determinado projeto não coincidem, e o material final será o obtido através de um compromisso que ofereça uma seleção ótima que combine conjuntos de requisitos.

(d) Teste, teste, teste. Uma vez que um material candidato atenda aos critérios de propriedades de material, de disponibilidade e de custo, é recomendado que o candidato selecionado seja testado. O(s) teste(s) deve(m) simular as condições de operação do produto. Se os materiais selecionados atendem a todos os requisitos, então não há necessidade de selecionar outro(s) candidato(s) alternativo(s). Como uma etapa final, o produto em si pode necessitar que os testes e a seleção de materiais serem reavaliadas. A necessidade ou não de um extenso programa de testes dependerá do custo total, das condições de serviço e da experiência (com o material e com a aplicação).

O grau de incerteza na seleção do material em relação ao desempenho e aos riscos necessita ser ponderado; isto é, as consequências de uma falha requerem que uma análise de riscos seja considerada no processo de seleção do material.

3.14.5 Resumo

O processo de seleção de materiais pode ser tão desafiador quanto outros aspectos dos processo de projeto, uma vez que ele requer o mesmo procedimento de tomada de decisão. Os passos do processo de seleção de materiais, embora sejam ite-

rativos, são: (1) análise dos requisitos, (2) identificação dos materiais, (3) seleção e avaliação dos materiais candidatos e (4) testes e verificação. A questão fundamental é o estabelecimento dos requisitos de desempenho de propriedades/serviço necessários para o projeto. Uma vez identificadas as propriedades necessárias, o projetista seleciona um ou dois materiais e tratamentos candidatos. É conveniente a comparação entre os materiais candidatos específicos quanto à disponibilidade e aos aspectos econômicos. Finalmente, a facilidade de manutenção e os riscos devem ser considerados. A seleção final envolve um compromisso entre a disponibilidade, as propriedades, os processos e os aspectos econômicos.

Em resumo, a seleção de materiais deve incluir considerações sobre a disponibilidade, o custo total, as propriedades dos materiais e os processos de fabricação através do uso da experiência, o conhecimento de engenharia, o índice de seleção e o conhecimento dos possíveis modos de falhas para a escolha do melhor material.

PROBLEMA RESOLVIDO 3.3 Selecionando um Material

Selecione um aço inoxidável forjado usinável que possa ser utilizado na fabricação de um parafuso, que tenha uma resistência ao escoamento, para evitar deformações plásticas, de pelo menos 88 ksi (606 MPa).

SOLUÇÃO

Conhecido: Um parafuso deve ser fabricado a partir da usinagem do material aço inoxidável forjado com uma resistência ao escoamento de 88 ksi (606 MPa) ou mais.

A Ser Determinado: Selecione um material de aço inoxidável forjado usinável, que possua uma resistência ao escoamento de, no mínimo, 88 ksi (606 MPa).

Esquemas e Dados Fornecidos:

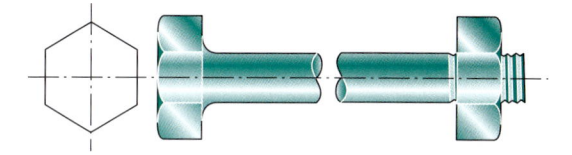

FIGURA 3.16 Problema Resolvido 3.3 — um parafuso de aço inoxidável.

Hipóteses:

1. Os dados fornecidos no Apêndice C-8 são precisos.
2. O material pode ser selecionado tendo como base as características de usinabilidade e as propriedades do material.
3. O custo e a disponibilidade são admitidos como de menor importância.

Análise:

1. De acordo com a coluna "uso típico" do Apêndice C-8, os seguintes aços inoxidáveis são usados para a fabricação de parafusos: classes 303, 414, 410 e 431.

2. As classes dos aços inoxidáveis 303 e 410 são eliminadas porque sua resistência ao escoamento é menor que 88 ksi (606 MPa). Quando as tensões atuantes no componente forem superiores à resistência ao escoamento, o material entra na região plástica e passa a apresentar uma mudança de comprimento permanente. O parafuso não deve mudar de comprimento permanentemente a 88 ksi (606 MPa).

3. As classes 414 e 431 possuem resistências ao escoamento superiores a 88 ksi (606 MPa). Estes materiais não mudarão seu comprimento permanentemente a 88 ksi (606 MPa).

4. A classe 431 é eliminada porque não possui boa usinabilidade.

5. Assim, o material selecionado é da classe 414, pois apresenta boa usinabilidade e uma resistência ao escoamento superior a 88 ksi (606 MPa).

Comentários:

1. O aço inoxidável selecionado deve atender aos requisitos das propriedades do material.

2. O custo e a disponibilidade, em geral, também devem ser ponderados pelo processo de seleção de materiais.

Referências

1. Datsko, J., *Material Properties and Manufacturing Processes*, Wiley, New York, 1966.

2. Datsko, J., *Materials in Design and Manufacturing*, Malloy, Ann Arbor, Mich., 1977.

3. Lindberg, R. A., *Materials and Manufacturing Technology*, Allyn and Bacon, Boston, 1977.

4. *Machine Design 1981 Materials Reference Issue*, Penton/IPC, Cleveland, Ohio, Vol. 53, No. 6, 19 de Março, 1981.

5. Avallone, E. A., T. Baumeister, e A. Sadegh, *Marks' Standard Handbook for Mechanical Engineers*, 11ª ed., McGraw-Hill, New York, 2007.

6. *ASM Handbook, Vol. 1: Properties and Selection: Irons, Steels, and High Performance Alloys*, 10ª ed., ASM International, Metals Park, Ohio, 1990.

7. *ASM Handbook*, Vol. 2: *Properties and Selection: Nonferous Alloys and Special-Purpose Materials*, 10ª ed., ASM International, Metals Park, Ohio, 1990.

8. Ashby, M. F., *Materials Selection in Mechanical Design*, Butterworth Heinemann Publications, Oxford, 1999.

9. Datsko, J., *Materials Selection for Design and Manufacturing*, Marcel Dekker, New York, 1997.

10. Budinski, K. G. e M. K. Budinski, *Engineering Materials: Properties and Selection*, 7ª ed., Prentice Hall, Upper Saddle River, New Jersey, 2002.

11. Budinski, K. G. e M. K. Budinski, *Engineering Materials: Properties and Selection*, 9ª ed., Prentice Hall, Upper Saddle River, New Jersey, 2010.

12. Dieter, G. E., *Engineering Design: A Materials and Processing Approach*, McGraw-Hill, New York, 2000.

13. Daniel, I. M. e O. Ishai, *Engineering Mechanics of Composite Materials*, 2ª ed., Oxford University Press, 2005.

14. *SAE Handbook, Vol. 1: Metals, Materials, Fuels, Emissions, Threads, Fasteners, and Common Parts*, SAE International, Warrendale, Pa., 2004.

15. *MIL-HDBK-17-1F, Vol. 1: Polymer Matrix Composites Guidelines for Characterization of Structural Materials*, Department of Defense Handbook, Composite Materials Handbook, Junho 2002.

16. *MIL-HDBK-17-2F, Vol. 2: Polymer Matrix Composites Materials Properties*, Department of Defense Handbook, Composite Materials Handbook, Junho 2002.

17. *MIL-HDBK-17-3F, Vol. 3: Polymer Matrix Composites Materials Usage, Design, and Analysis*, Department of Defense Handbook. Composite Materials Handbook, Junho 2002.

18. *MIL-HDBK-17-4A, Vol. 4: Metal Matrix Composites*, Department of Defense Handbook, Composite Materials Handbook, Junho 2002.

19. *MIL-HDBK-17-5, Vol. 5: Ceramic Matrix Composites*, Department of Defense Handbook, Composite Materials Handbook, Junho 2002.

Problemas

Seções 3.1–3.3

3.1 Escreva as definições para os termos: t*ensão, resistência, resistência ao escoamento, tensão última, ductilidade, limites elásticos, limite de proporcionalidade, módulo de elasticidade e ponto de escoamento.*

3.2 Discuta o propósito deste livro-texto de usar (1) a letra grega σ para representar *tensão normal* causada por cargas de tração, compressão ou flexão; (2) a letra grega τ para representar *tensão cisalhante* causada por cargas de torção ou de cisalhamento transversal; e (3) a letra S para representar as *propriedades de resistência do material.*

3.3 Pesquise sobre as propriedades dos materiais no banco de dados disponível no endereço da Internet http://www.matweb.com, e liste os valores para (1) o módulo de elasticidade, E, (2) a tensão última à tração, S_u, (3) o alongamento na ruptura em % e (4) a resistência ao escoamento, S_y, para o aço AISI 4340, temperado em óleo a 800°C (1470°F), e revenido a 540°C (1000°F), 25 mm seção circular.

3.4 Pesquise sobre as propriedades dos materiais no banco de dados disponível no endereço da Internet http://www.matweb.com, e liste os valores para (1) o módulo de elasticidade, E, (2) a tensão última à tração, S_u, (3) o alongamento na ruptura em % e (4) a massa específica em g/cc, para os seguintes materiais:

(a) Aços-carbono AISI: 1010 trefilado, 1020 laminado a frio, 1040 laminado, 1050 laminado, 1080 laminado e 1116 trefilado;

(b) Ligas de aço: 4140 recozido, 4340 recozido e 4620 recozido.

3.5 Repita o Problema 3.4, dessa vez para os seguintes materiais:

(a) Ferros fundidos: ASTM classes 20 e 35

(b) Ligas de alumínio: 3003-H12, 3003-H18, 5052-H32, 5052-H38, 5052-O, 6061-T4, 6061-T91 e 7075-O.

3.6 (a) Pesquise sobre as propriedades dos materiais no banco de dados disponível no endereço da Internet http://www.matweb.com e identifique cinco materiais que tenham o módulo de elasticidade, E, maior que de aço com E = 30 × 10^6 psi (207 GPa), (b) Também, identifique cinco materiais com tensão última, S_u, maior que 200 ksi (1378 MPa).

3.7P   Pesquise um aço de sua escolha dos materiais no banco de dados disponível no endereço da Internet http://www.matweb.com e liste os valores para (1) o módulo de elasticidade, E, (2) a tensão última, S_u, (3) o alongamento na ruptura em % e (4) a massa específica em g/cc.

3.8   Quais dos materiais listados no Apêndice C-1 possuem massas específicas menores e condutividades térmicas maiores que do aço?

3.9   A seção crítica de um componente feito de aço AISI 1020 laminado a quente é trabalhado a frio durante sua fabricação até atingir um ponto correspondente ao ponto D da Figura 3.2. Quais os valores de S_u, de S_y e de ductilidade (em função de ϵ, R e A_r na ruptura) são aplicáveis nesta situação?

3.10   A seção crítica de um componente feito de aço AISI 1020 é trabalhado a frio durante a sua fabricação até atingir um ponto correspondente ao ponto I [situado entre os pontos D e C da Figura 3.2 e correspondente a uma deformação (e) de 20 %]. Quais os valores de S_u, de S_y e da ductilidade (em função de e, R e A_r na rupura) são aplicáveis nesta situação?

3.11   Um corpo de prova de tração de aço AISI 1020 laminado a quente é carregado até o ponto C da Figura 3.2. Quais são os valores de σ, ϵ, σ_T e ϵ_T envolvidos? Em seguida, o corpo de prova é descarregado. Tratando-o então como um novo corpo de prova, este é recarregado até o ponto C. Quais são os valores destas mesmas grandezas para o novo corpo de prova?

3.12   Um corpo de prova de tração de aço AISI 1020 laminado a quente é carregado até o ponto D da Figura 3.2. Quais são os valores de σ, ϵ, σ_T e ϵ_T envolvidos? Em seguida, o corpo de prova é descarregado. Tratando-o então como um novo corpo de prova, este é recarregado até o ponto D. Quais são os valores dessas mesmas grandezas para o novo corpo de prova?

3.13   Um corpo de prova de tração, feito de aço AISI 1020 laminado a quente, é carregado até o ponto I [situado entre os pontos D e C da Figura 3.2 e correspondente a uma deformação (ϵ) de 20 %]. Quais são os valores de σ, ϵ, σ_T e ϵ_T envolvidos? Em seguida, o corpo de prova é descarregado. Tratando-o então como um novo corpo de prova, este é recarregado até o ponto I. Quais são os valores destas mesmas grandezas para o novo corpo de prova?

Seções 3.4–3.14

3.14   Um componente de aço AISI 1030 é recozido até 126 Bhn. Estime os valores das resistências S_u e S_y para este componente.

3.15   Um componente de aço AISI 1040 é recozido até 149 Bhn. Estime os valores das resistências S_u e S_y para este componente.

3.16   Uma peça de aço AISI 4340 é recozida até uma dureza de 217 Bhn. Estime os valores de S_u e S_y. Compare estes valores com os correspondentes aos de uma outra peça feita de aço AISI 4340 que seja normalizada até atingir uma dureza de 363 Bhn.

3.17P   Selecione um aço a partir do Apêndice C-4a, e estime os valores das resistências S_u e S_y a partir de sua dureza Brinell.

3.18P   Selecione um aço recozido a partir do Apêndice C-4a e estime os valores das resistências S_u e S_y a partir de sua dureza Brinell. Compare os resultados com os fornecidos para a tensão última e a resistência ao escoamento deste material.

3.19P   Selecione um aço a partir do Apêndice C-4a que tenha as propriedades listadas para as condições de laminado, normalizado e recozido. Estime os valores das resistências S_u e S_y para as três condições a partir do valor da dureza Brinell. Compare os resultados com os fornecidos para a tensão última e a resistência ao escoamento deste material.

3.20   Um componente de aço AISI 3140 é tratado termicamente até atingir uma dureza de 210 Bhn. Estime os valores das resistências S_u e S_y para este componente.

3.21   Um componente de aço AISI 1020 é recozido até 111 Bhn. Estime os valores das resistências S_u e S_y para este componente.

3.22   Se a curva mostrada na Figura P3.22 representa os resultados de um ensaio de resfriamento rápido de Jominy de um aço AISI 4340, represente (aproximadamente) as curvas correspondentes para um aço de baixa liga e para um aço-carbono comum, cada um possuindo 0,40 % de carbono e tratados termicamente de forma a apresentar a mesma dureza superficial do aço 4340.

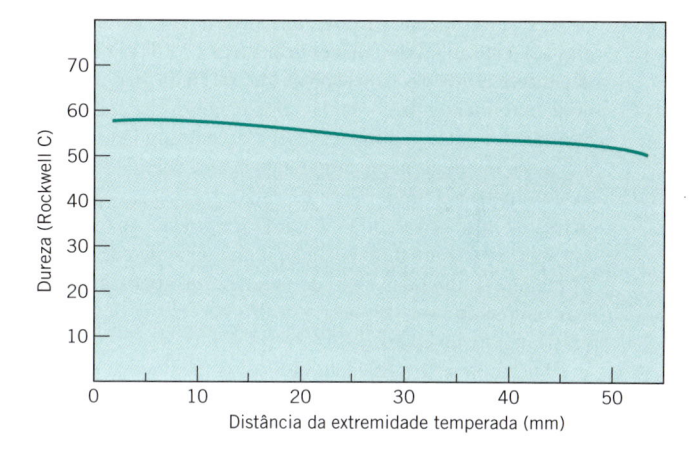

FIGURA P3.22

3.23P   Para cada uma das aplicações a seguir, onde um aço deve ser utilizado, escolha entre (1) 0,1 % e 0,4 % de carbono e entre (2) um aço-carbono comum e um aço-liga.

(a)   A estrutura de uma máquina em que é necessária uma rigidez extremamente alta (quando ficar maciça o suficiente para atender a este requisito, as tensões serão bem baixas).

(b)   Uma pequena barra, de seção circular, sujeita a altas-tensões devidas à flexão e à torção.

(c)   Um componente de grandes dimensões, de formas irregulares sujeito a altas-tensões.

(d)   Uma roda de vagão (tensões internas baixas, porém a superfície deve ser cementada para resistir ao desgaste).

3.24   Transcreva os valores das propriedades do alumínio 7075-0, apresentadas no endereço de Internet www.matweb.com. Destaque o número UNS para o alumínio 7075-0. Compare os valores, que foi transcrito com aqueles listados no Apêndice C-10 para a liga de alumínio 7075-0.

3.25   Repita o Problema 3.24, desta vez com o alumínio 2024–T4.

3.26   Repita o Problema 3.24, desta vez com o alumínio 6061–T6.

3.27P   Revise a referência [16] e faça um parágrafo sobre o propósito da *MIL-HDBK-17-2F, Vol. 2*.

3.28P Revise a referência [17] e faça um parágrafo sobre o propósito da *MIL-HDBK-17-3F, Vol.* 3.

3.29 Consulte a referência [15] Tabela 2.3.4.1.4 e liste exemplos de materiais chave ou parâmetros de desempenho estrutural.

3.30 Códigos de sistemas de materiais [veja a Tabela 1.5.1 (a) e (b)] são usados na *MIL-HDBK-17-2F* — veja a referência [16] — são compostos de um código de sistema de fibras e um código de material de matriz, separados por uma vírgula. Apresente vários exemplos de códigos de sistemas de materiais para compósitos de matriz polimérica.

3.31P Um experiente engenheiro projetista que trabalhou em uma indústria fabricante de telefones relacionou uma lista de materiais de sua preferência:

(a) aço 1020, aço 1040 e aço 4340

(b) alumínio 2024–T4

(c) náilon (6/6), acetal

Compare as propriedades específicas de cada um destes materiais.

3.32P Uma corda de salto é feita de duas alças vazadas de plástico rígido que são ligadas a cada extremidade de uma corda muito elástica. Dois meninos, em vez de utilizar a corda para saltar, decidiram usá-la para um cabo de guerra. Cada menino puxa uma extremidade da corda. Um dos meninos deixa escapar a sua alça; o outro menino mantém a sua extremidade segura e é quase imediatamente atingido pela alça solta.

Ao contrário, uma corda de saltar antiga tem alças de madeira e corda de algodão. A corda de algodão, quando tracionada, armazena uma pequena quantidade de energia de forma que se uma das alças de madeira for liberada (como no exemplo do cabo de guerra), a alça liberada iria cair inofensivamente no chão.

Determine as propriedades da corda de algodão do tipo que eram utilizadas antigamente para as cordas de saltar, especialmente a resistência e a "elasticidade". Também selecione um material (como um elastômero) que poderia ser usado como um substituto seguro para uma corda de algodão. Forneça o nome do material e liste as suas propriedades.

3.33P Uma carta aberta de página inteira com mais de 700 assinaturas foi recentemente lançada em um jornal universitário. A carta de acordo com endereço www.texasenvironment.org reclamou da venda de garrafas de água de plástico, de uso único, descartáveis, "moldadas" como um "símbolo" universitário. As garrafas são vendidas aos estudantes em mercados locais e de acordo com o artigo isto não está alinhado com o programa da própria escola de sustentabilidade. O artigo revela que com o movimento global para banir garrafas plásticas de água dos *campi* universitários, a decisão da universidade deixou os estudantes para trás no movimento ambiental. Quais são as vantagens e as desvantagens de garrafas plásticas? Que passos ou procedimentos poderiam ser tomados para minimizar o impacto ambiental do uso "único" das garrafas? Como o engenheiro lidaria de forma diferente que um comerciante com a venda de garrafas de água plástico descartáveis?

3.34 Faça uma pesquisa no banco de dados de propriedades de materiais no endereço http://www.matweb.com e relacione as propriedades do náilon 6 com 30 % de fibras de vidro. Compare as propriedades do náilon preenchido com 30 % de fibras de vidro com as do náilon 6 sem reforço.

3.35P Selecione um material para o eixo de um trem de engrenagens. O eixo está sujeito a cargas elevadas e para repentinamente.

3.36P Selecione um náilon (poliamida) no endereço www.platics. dupont.com com 35 % de reforço com vidro que combina boa aparência superficial, excelente soldabilidade e resistência à fadiga, e excepcional resistência em ar quente e óleo quente de motor. Relacione a tensão ao quebrar em MPa e a deformação ao quebrar em %. Também relacione a temperatura de deflexão em °C com 1,80 MPa.

3.37P Foi relatado que iPhones (3G e 3GS) da Apple utilizam vários materiais de engenharia: (a) vidro, para a cobertura frontal, (b) aço, para o acabamento da borda, e (c) plástico, para a parte traseira moldada. Pesquise em banco de dados as propriedades de material e selecione materiais candidatos para o (a) vidro, (b) aço, e (c) plástico. Liste os requerimentos para cada aplicação e liste as características desejáveis para cada material.

Apêndice F

Para os problemas a seguir, leia o Apêndice F e então baixe e use a *MIL-HDBK-5J* para concluir. As referências as páginas ou as seções da *MIL-HDBK-5J* começam com o texto *MH*. Todos os problemas são para materiais a temperatura ambiente a menos que seja dito o contrário.

3.A1 Considere um corpo de prova que tem 12 in (304,8 mm) de comprimento × 1,50 in (38,1 mm) de largura que é cortado a partir de uma chapa de 0,0625 in (1,59 mm) de espessura de aço inox 17-7PH com envelhecimento TH1050. As propriedades para este material são descritas na Seção *MH*2.6.10. A carga é aplicada na direção das 12 in (304,8 mm), que corresponde a direção *L* da chapa.

(a) O PH na designação do material significa "endurecíveis por precipitação". Reveja a informação na página *MH*2-213 e diga os passos do tratamento térmico para que o material tenha um envelhecimento TH1050.

(b) Qual é a carga trativa (em lbf) necessária para o corpo de prova atingir o patamar *B* da tensão de escoamento?

(c) Qual é o comprimento do corpo de prova sob carregamento no item (b)?

3.A2 Considere um corpo de prova que tem 12 in (304,8 mm) de comprimento × 2,00 in (50,8 mm) de largura que é cortado a partir de uma placa de 0,250 in (6,35 mm) de espessura de Ti-6Al-4V recozido. As propriedades para este material são descritas na Seção *MH*5.4.1. A carga é aplicada na direção das 12 in (304,8 mm), que corresponde a direção LT da chapa.

(a) Reveja a informação na página *MH*5-51 quanto ao Ti-6Al-4V. Como este material é posto na condição de recozido? Ainda, quais elementos, se levados ao contato com o corpo de prova, pode levar a fragilização do material?

(b) Qual é a carga trativa que irá levar o corpo de prova a sua tensão última, utilizando o valor de *B*?

(c) Que tensão trativa a tensão determinada no item (b), se tornaria após 1/2 hora de exposição a 600°F (316°C)? Veja a Figura *MH*5.4.1.1.1.

3.A3 Um terminal de largura *b* e espessura *h* é utilizado para sustentar uma carga *P* utilizando um pino passando através de um furo de diâmetro *d* como mostrado na Figura P3.A3. O terminal é fabricado de uma placa de 0,375 in (9,5 mm) de espessura de 2024-T351 [veja a Tabela *MH.2.3.0* (b1) na

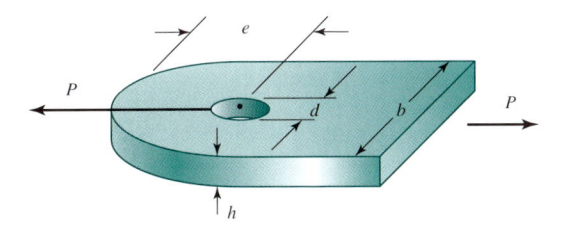

página *MH3-71* para propriedades mecânicas]. A carga é aplicada no sentido *L* da placa e valor de projeto *B* é considerado. Para o projeto a tensão última, a tensão trativa no terminal é assumida ser $\sigma = P/[(b-d)h]$ e a tensão de contato que age no terminal ao longo da interface pino-terminal é $\sigma_b = P/(d\,h)$;

(a) Determine a largura mínima *b* para o terminal sustentar uma carga $P = 15.000$ lbf (66.723 N) utilizando um diâmetro de pino $d = 0{,}50$ in (12,7 mm). Projete para tensão última.

(b) Suponha que o terminal tem uma largura *b* de 1,25 in (31,75 mm) e o pino o diâmetro de $d = 0{,}50$ in (12,7 mm). Determine a carga *P* necessária para causar falha por contato (utilizando a tensão última de contato) para uma borda e/D = 2,0 (projeto típico). Repita o cálculo para uma margem e/D = 1,5 (borda curta). Observe que *d = D*.

(c) Para algumas escolhas de largura b e diâmetro d, o projeto do terminal torna-se "de contato crítico" significando que a tensão de contato (σ_b) atinge a sua tensão última (Fbru) antes da tensão trativa (σ) alcançar tensão última (Ftu). Determine uma equação para b na qual esta mudança ocorre, esta será função de F_{tu}, F_{btu} e *d*.

3.A4 A curva tensão–deformação para certos materiais pode ser desenhada utilizando-se a fórmula de Ramberg-Osgood, que requer a resistência de escoamento de desvio de 0,2 % (F_{ty}), o módulo de Elasticidade (E), e o parâmetro n de Ramberg-Osgood.

(a) Suponha a resposta tensão–deformação de uma barra de 17-4PH (com tratamento térmico H900), uma placa 2024-T851 e um extrudado de Ti-6Al-4V na condição recozida; o parâmetro n para cada material é dado em gráficos nas páginas *MH2-208*, *MH3-136*, e *MH5-65*, respectivamente, e os valores de F_{ty} e E podem ser encontrados em tabelas vizinhas. Calcule e grafique as curvas de tensão–deformação, a temperatura ambiente, de todos os três materiais em um único gráfico para deformações variando de 0 a 0,010.

(b) Suponha que uma tensão seja aplicada a cada corpo de prova do item (a) para atingir uma deformação de 0,010 in/in e então a tensão ser aliviada. Se o comprimento inicial do corpo de prova fosse de 20 in (508 mm) em todos os três casos, qual seria o comprimento final de cada material?

Tensões Estáticas Atuantes em Componentes

4.1 Introdução

Uma vez determinadas as *cargas* externas atuantes em um componente (veja o Capítulo 2), a próxima etapa de interesse é, geralmente, o cálculo das *tensões* delas consequentes. Este capítulo é dedicado à determinação das tensões atuantes no interior dos *componentes* como um todo, distinguindo-se das tensões de *superfície* ou de *contato* que atuam nas regiões onde as cargas externas são aplicadas. Este capítulo também apresenta as tensões resultantes de carregamentos essencialmente *estáticos*, e não as tensões causadas por cargas de impacto ou fadiga. (As tensões decorrentes de cargas de impacto, fadiga e de superfície são consideradas nos Capítulos 7, 8 e 9, respectivamente.)

Conforme observado na Seção 3.2, este livro utiliza, como convenção, a letra maiúscula S para uma *resistência do material* (por exemplo, S_u para a resistência limite, S_y para a resistência ao escoamento etc.) e as letras gregas σ e τ para as tensões normal e cisalhante, respectivamente.

4.2 Carregamento Axial

A Figura 4.1 ilustra o caso de uma barra sujeita a uma *tração* simples. Se o sentido das cargas externas P for invertido (isto é, se elas possuírem valores negativos), a barra ficará sujeita a uma *compressão* simples. Em ambos os casos, o carregamento será *axial*. O pequeno bloco E representa um elemento infinitesimal do material localizado arbitrariamente em um componente, e é mostrado em duas vistas nas Figuras 4.1b e 4.1c. Assim como o equilíbrio da barra como um todo requer que as duas forças externas P sejam idênticas, o equilíbrio do pequeno elemento requer que as tensões de tração atuantes em suas faces opostas sejam também idênticas. Elementos como esse são geralmente mostrados conforme indicado na Figura 4.1c, onde é importante lembrar que as tensões estão atuando nas faces *perpendiculares ao plano da página*. Esta condição se torna mais clara na vista isométrica da Figura 4.1b.

A Figura 4.1d ilustra o equilíbrio da parte esquerda da barra sob a ação da força externa atuante na extremidade esquerda e as tensões trativas atuantes no plano de corte. Desse equilíbrio resulta, talvez, a fórmula mais simples de toda a engenharia:

$$\sigma = P/A \qquad (4.1)$$

É importante lembrar que embora esta fórmula esteja sempre correta para expressar a tensão *média* em qualquer seção, erros desastrosos podem ser cometidos admitindo-se, por ingenuidade, que ela representa também o valor correto da tensão *máxima* atuante na seção. A menos que diversos importantes requisitos sejam atendidos, a tensão máxima será maior do que P/A talvez em centenas de vezes. A tensão máxima somente será igual a P/A se a carga for *uniformemente distribuída* sobre a seção transversal. Essa condição requer que as considerações descritas a seguir sejam atendidas.

1. A seção em consideração é bem afastada das extremidades carregadas. A Figura 4.1e mostra o "fluxo das linhas de força" para ilustrar a natureza geral da distribuição das tensões na seção transversal a várias distâncias das extremidades. Em muitos casos, uma distribuição tipicamente uniforme é obtida nas seções a uma distância de três diâmetros das extremidades.

2. A carga é aplicada *exatamente* ao longo do eixo centroidal da barra. Se, por exemplo, as cargas forem aplicadas muito próximas do topo, as tensões serão mais altas no topo da barra e menores na região inferior. (Expresso de outra forma, se a carga for excêntrica, com excentricidade e, um momento de flexão de intensidade Pe será sobreposto à carga axial.)

3. A barra é um cilindro perfeitamente reto, sem furos, entalhes, roscas, imperfeições internas ou mesmo danos em sua superfície. Qualquer desses eventos teria como consequência uma *concentração de tensões*, assunto que será tratado na Seção 4.12.

4. A barra fica totalmente livre de tensões quando as cargas externas são removidas. Em geral, isso não ocorre. A fabricação de um componente e sua subsequente história de carregamentos mecânicos e térmicos podem ter originado *tensões residuais*, conforme descrito nas Seções 4.14, 4.15 e 4.16.

5. A barra se mantém em equilíbrio estável quando carregada. Este requisito é violado se a barra for relativamente esbelta e carregada sob compressão. Neste caso ela pode se tornar elasticamente instável e propiciar a ocorrência da *flambagem*. (Veja as Seções 5.10 a 5.15.)

6. A barra é homogênea. Um exemplo comum de *não* homogeneidade é o caso da utilização de materiais compostos,

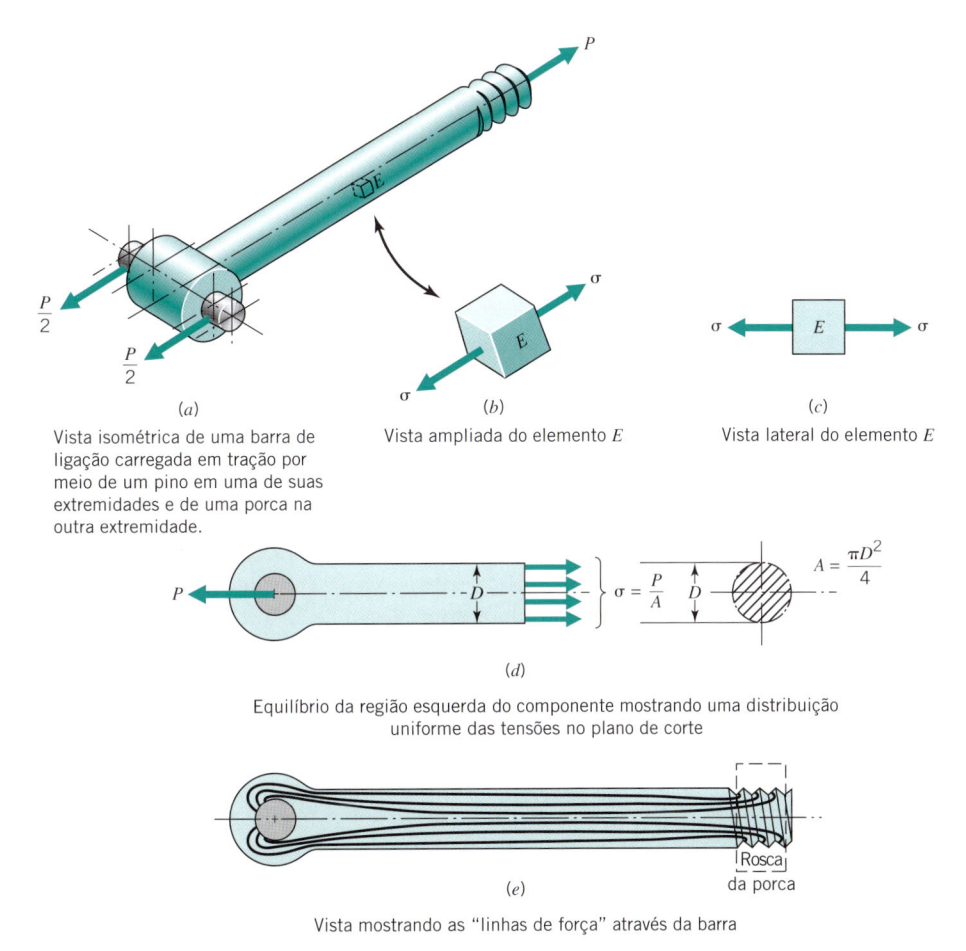

(a)
Vista isométrica de uma barra de ligação carregada em tração por meio de um pino em uma de suas extremidades e de uma porca na outra extremidade.

(b)
Vista ampliada do elemento E

(c)
Vista lateral do elemento E

(d)
Equilíbrio da região esquerda do componente mostrando uma distribuição uniforme das tensões no plano de corte

(e)
Vista mostrando as "linhas de força" através da barra

FIGURA 4.1 Carregamento axial.

como fibras de vidro ou de carbono usadas em uma matriz plástica. Nesse caso, a matriz e as fibras suportam o carregamento de *forma redundante* (veja a Seção 2.5), e o material mais rígido (isto é, o que possui o maior módulo de elasticidade) é o que fica sob a ação das maiores tensões.

A Figura 4.2 ilustra um exemplo em que pode ocorrer uma falha inesperada em virtude da hipótese inadequada de que o cálculo da tensão axial envolveria simplesmente a utilização da relação "P/A". Suponha que a carga P seja de 600 N e que seis soldas idênticas são utilizadas para unir o suporte a uma superfície plana fixa. A carga *média* atuante em cada solda

seria, certamente, de 100 N. Entretanto, as seis soldas representam trajetórias de força redundantes referentes a rigidezes muito diferentes. As trajetórias para as soldas 1 e 2 são *muito* mais rígidas do que as demais; assim, essas duas soldas podem suportar praticamente toda a carga. Uma distribuição de carga muito mais uniforme entre as seis soldas poderia ser obtida pela colocação de duas placas laterais, conforme ilustrado por linhas tracejadas na Figura 4.2*b*; essas placas enrijeceriam as trajetórias de força das soldas 3 a 6.

Assim, pode-se descartar a ideia de utilizar *sempre* a relação P/A como um valor aceitável para a tensão máxima a ser relacionada às propriedades de resistência de um material. Infelizmente, o problema não é tão simples. O estudante deve aumentar progressivamente sua sensibilidade no sentido do "julgamento de engenharia" relativo a esses fatores, ao longo de seus estudos e com o crescimento de suas experiências.

4.3 Carregamento por Cisalhamento Direto

O carregamento por cisalhamento direto envolve a aplicação de forças iguais e opostas tão proximamente colineares que o material entre elas fica sob a ação de tensões cisalhantes, com um efeito de flexão desprezível. A Figura 4.3 mostra um parafuso utilizado para evitar o deslizamento relativo entre duas placas sujeitas às forças P de sentidos opostos. Desprezando-

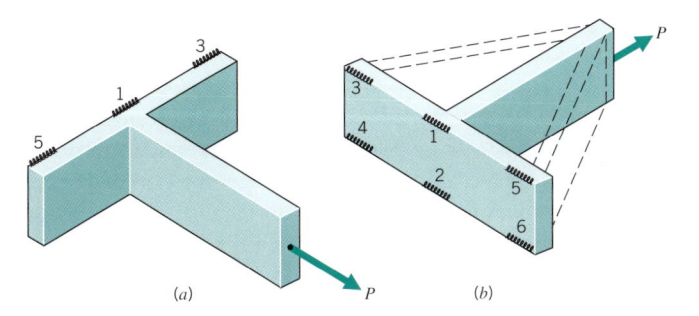

(a) *(b)*

FIGURA 4.2 Suporte em forma de T carregado por tração e fixado através de seis pontos de solda.

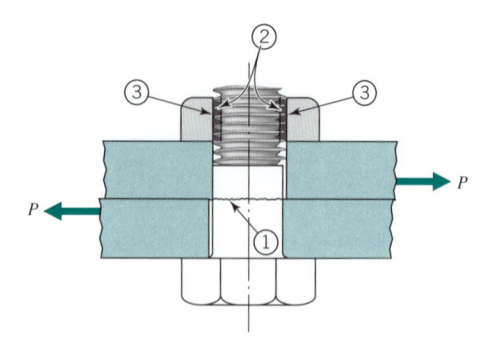

Figura 4.3   **Junta aparafusada, mostrando três áreas de cisalhamento direto.**

se o atrito entre as superfícies das placas, a seção transversal A do parafuso (indicada por ①) sofre a ação de uma tensão cisalhante direta, cujo valor *médio* é

$$\tau = P/A \qquad (4.2)$$

Se a rosca do parafuso da Figura 4.3 é apertada produzindo uma força de tração inicial P no parafuso, as tensões cisalhantes diretas na raiz da rosca do parafuso (área ②) e na raiz da rosca da porca (área ③) possuem valores *médios* de acordo com a Eq. 4.2. As áreas das raízes das roscas envolvidas são cilindros de altura igual à espessura da porca.[1] Se a tensão cisalhante for excessiva a rosca irá "espanar" no parafuso ou na porca, o que for mais fraco.

Situações semelhantes de cisalhamento direto ocorrem em rebites, pinos, chavetas, estrias e outros. Além disso, o carregamento de cisalhamento direto é comumente utilizado nas operações de corte, como nas *tesouras* domésticas, nas cortadeiras de papel e nas guilhotinas para corte de metal nas indústrias.

A Figura 4.4 mostra o pino de uma junta carregado em cisalhamento duplo, onde a carga P é suportada pelo cisalhamento ocorrente em duas áreas paralelas; assim, a área A utilizada na Eq. 4.2 é igual ao *dobro* da área da seção transversal do pino. Exemplos de pinos carregados com cisalhamento duplo são comuns: contrapinos utilizados para evitar o rosqueamento de porcas (como as porcas de retenção dos apoios das rodas de um veículo), pinos de cisalhamento utilizados para acionar as hélices de um barco (o pino rompe por cisalhamento duplo

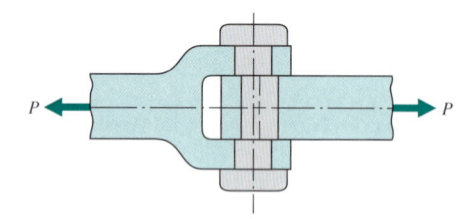

Figura 4.4   **Carregamento de cisalhamento direto (mostrando a falha por duplo cisalhamento).**

---

[1] É estritamente verdadeiro somente para roscas com o perfil em "V" de cantos vivos. As áreas de cisalhamento de roscas padronizadas são um pouco menores. Veja a Seção 10.4.5.

quando a hélice toca um obstáculo rígido, protegendo, assim, componentes mais caros e de difícil substituição), pinos transversais utilizados para manter componentes telescópicos em uma posição fixa, e muitos outros.

O carregamento de cisalhamento direto não produz um cisalhamento *puro* (como nos carregamentos de torção), e a distribuição real das tensões é relativamente complexa. Esse carregamento envolve um ajuste entre os componentes a serem unidos entre si e as rigidezes relativas. A tensão cisalhante máxima será sempre maior do que o valor P/A estabelecido pela Eq. 4.2. Entretanto, no projeto de máquinas e componentes estruturais a Eq. 4.2 é comumente utilizada em combinação com os valores conservativos apropriados da tensão cisalhante de trabalho. Além disso, para que uma falha total por cisalhamento seja produzida em um componente fabricado com um material dúctil a carga deve superar simultaneamente a resistência ao cisalhamento em todos os elementos do material no plano de cisalhamento. Assim, para uma falha total a Eq. 4.2 poderia ser aplicada, com τ sendo igual à resistência-limite ao cisalhamento, S_{us}.

4.4   Carregamento por Torção

A Figura 4.5 ilustra o carregamento por torção de uma barra de seção transversal circular. Observe que a orientação do torque (T) aplicado determina que a face esquerda do elemento E está sujeita a uma tensão cisalhante direcionada *para baixo*, e a face direita a uma tensão direcionada *para cima*. Juntas, essas tensões exercem um binário no sentido *anti-horário* sobre o elemento que deve ser equilibrado por um correspondente binário no *sentido horário*, gerado pelas tensões cisalhantes atuantes nas faces superior e inferior. O estado de tensão mostrado no elemento E é de *cisalhamento puro*.

A convenção de sinais para um carregamento axial (positivo para tração e negativo para compressão) distingue, basicamente, entre dois tipos diferentes de carregamento: a compressão pode causar flambagem, o que não ocorre no caso da tração. Uma corrente ou um cabo pode resistir às cargas de tração e não de compressão, o concreto é resistente à compressão e fraco em relação a cargas de tração, e assim por diante. A convenção de sinais para as cargas de *cisalhamento* não possui funções similares a essas — os cisalhamentos positivos e negativos são, essencialmente, os mesmos — e a convenção de sinais é meramente arbitrária. Qualquer convenção de sinais para o cisalhamento é satisfatória, isto é, a *mesma* convenção pode ser utilizada em qualquer problema. Este livro utiliza a convenção de *positivo para o sentido horário*; isto é, as tensões cisalhantes atuantes nas faces superior e inferior do elemento E (na Figura 4.5) tendem a girar o elemento no *sentido horário*, logo são consideradas como *positivas*. As faces verticais estão sujeitas a um cisalhamento no *sentido anti-horário*, correspondendo, portanto, a tensões cisalhantes *negativas*.

Para uma barra de seção transversal circular, as tensões variam linearmente desde zero, no eixo geométrico da barra, até um valor máximo na superfície externa. Os livros de resistência dos materiais fornecem a prova formal de que o valor da tensão cisalhante atuante a um raio r arbitrário pode ser calculado pela expressão

$$\tau = Tr/J \qquad (4.3)$$

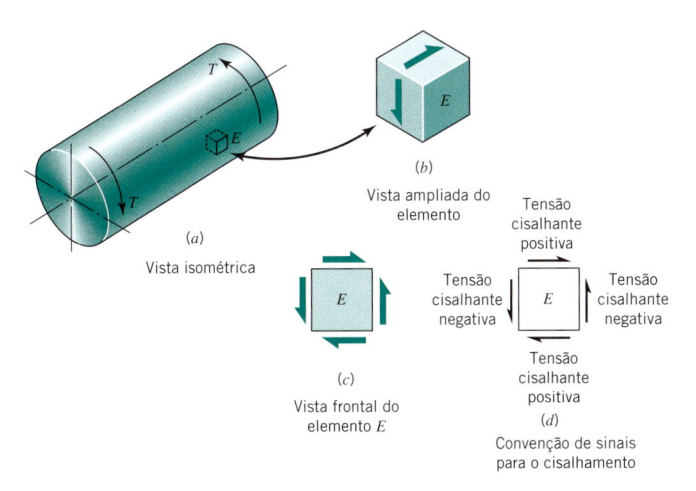

FIGURA 4.5 Carregamento por torção de uma barra de seção transversal circular.

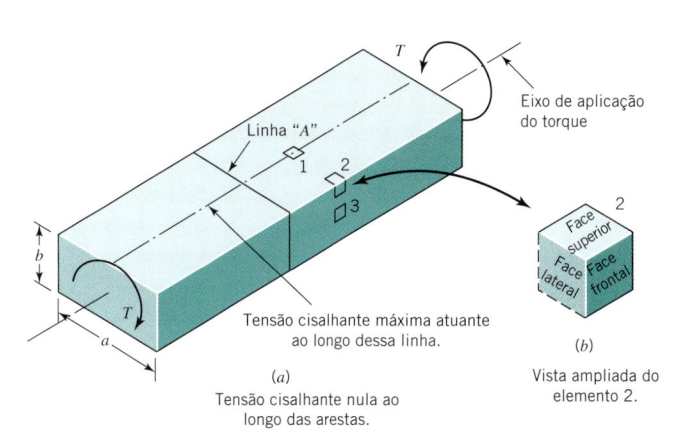

FIGURA 4.6 Borracha marcada para ilustrar a deformação por torção (e as correspondentes tensões) em uma barra de seção transversal retangular.

De particular interesse, certamente, é o valor da tensão atuante na superfície, em que r é igual ao raio externo da barra e J é o momento polar de inércia da área da seção transversal, que é igual a $\pi d^4/32$ para uma barra de seção circular maciça de diâmetro d (veja o Apêndice B-1). A simples substituição dessa expressão na Eq. 4.3 fornece a equação para a tensão cisalhante por torção atuante na superfície de uma barra de seção circular maciça de diâmetro d:

$$\tau_{máx} = 16T/\pi d^3 \qquad (4.4)$$

A correspondente equação para a tensão cisalhante por torção atuante em uma barra de seção circular *oca* (isto é, um tubo ou uma tubulação) pode ser obtida pela substituição da equação apropriada do momento polar de inércia (veja o Apêndice B-1).

As hipóteses importantes associadas à Eq. 4.3 são

1. A barra deve ser reta e de seção transversal circular (maciça ou oca), e o torque deve ser aplicado em relação ao eixo longitudinal.

2. O material deve ser homogêneo e perfeitamente elástico na faixa de tensões envolvidas.

3. A seção transversal considerada deve estar suficientemente afastada dos pontos de aplicação do carregamento e de concentradores de tensões (como furos, entalhes, chavetas, chanfros etc.).

Para barras de seção transversal não circulares, as equações anteriores fornecem resultados *completamente* errôneos. Isto pode ser demonstrado para barras de seções transversais retangulares feitas de borracha com pequenos elementos quadrados 1, 2 e 3, conforme mostrado na Figura 4.6. Quando a borracha é torcida em relação a seu eixo longitudinal, a Eq. 4.3 estabelece que a maior tensão cisalhante ocorre nas quinas (elemento 2), por ser esta a posição mais afastada do eixo neutro. Analogamente, a menor tensão cisalhante atuante na superfície seria no elemento 1, pois este é o mais próximo do eixo. A observação da borracha torcida mostra exatamente o oposto — o ele-

mento 2 (se pudesse ser desenhado suficientemente pequeno) praticamente não é distorcido, enquanto o elemento 1 é, dentre todos os elementos de toda a superfície, o elemento que fica sujeito à *maior* distorção!

Uma revisão formal da dedução da Eq. 4.3 permite que seja lembrada a hipótese de que *os planos transversais à barra antes da torção devem permanecer planos após a torção*. Se um plano transversal for representado pela linha "A" desenhada sobre a borracha, será fácil observar a ocorrência de uma distorção após a torção; portanto, essa hipótese não é válida para uma seção retangular.

As condições de equilíbrio para o elemento 2 posicionado na aresta tornam claro que esse elemento *deve* apresentar tensões cisalhantes nulas: (1) as superfícies "livres" superior e frontal não estão em contato com nenhuma outra superfície que pudesse aplicar as tensões cisalhantes; (2) assim sendo, as condições de equilíbrio eliminam a possibilidade de qualquer outra superfície apresentar uma tensão de cisalhamento. Portanto, as tensões cisalhantes ao longo das arestas da borracha são nulas.

As equações a serem utilizadas no cálculo das tensões decorrentes da torção de barras com seção transversal não circular são resumidas em textos como o da referência [8]. Por exemplo, a tensão cisalhante máxima atuante em uma seção retangular, como a mostrada na Figura 4.6, pode ser calculada pela expressão

$$\tau_{máx} = T(3a + 1,8b)/a^2b^2 \qquad (4.5)$$

4.5 Flexão Pura de Vigas Retas

As Figuras 4.7 e 4.8 mostram vigas carregadas *apenas* em flexão; daí o termo "flexão pura". A partir dos estudos da resistência dos materiais, as tensões consequentes desse carregamento podem ser obtidas pela equação

$$\sigma = My/I \qquad (4.6)$$

na qual I é o momento de inércia da área da seção transversal em relação ao eixo neutro e y é a distância do eixo neutro. As tensões decorrentes da flexão são as *tensões normais*, isto é, elas possuem a mesma natureza das tensões correspondentes

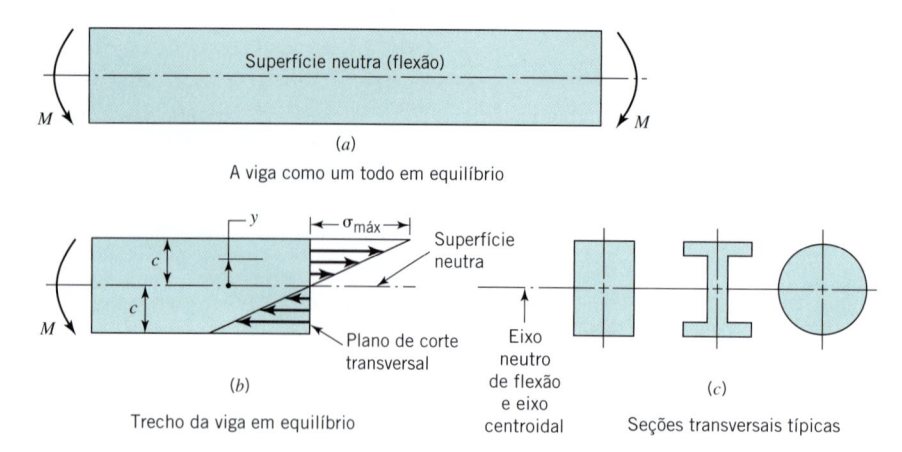

(a)

A viga como um todo em equilíbrio

(b)

Trecho da viga em equilíbrio

(c)

Seções transversais típicas

FIGURA 4.7 Flexão pura de seções transversais com dois eixos de simetria.

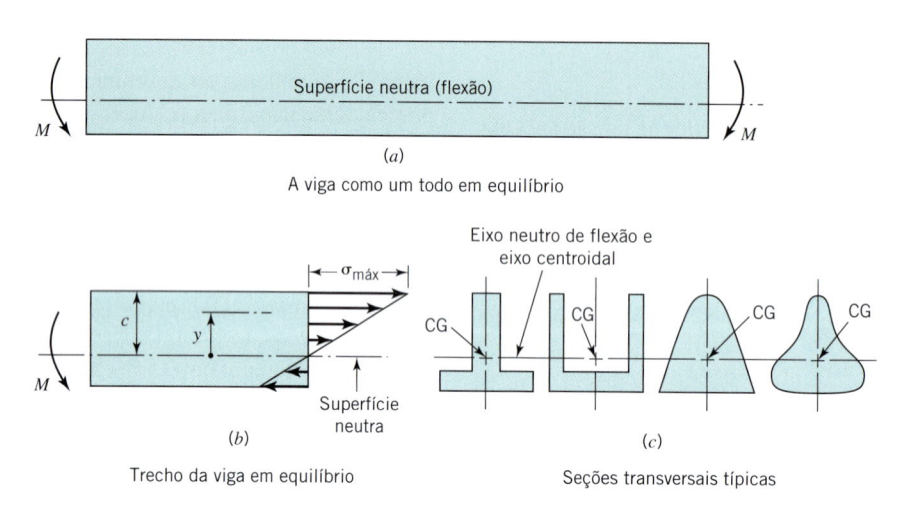

(a)

A viga como um todo em equilíbrio

(b)

Trecho da viga em equilíbrio

(c)

Seções transversais típicas

FIGURA 4.8 Flexão pura de seções transversais com um único eixo de simetria.

às solicitações axiais. Algumas vezes é feita uma distinção entre as tensões normais decorrentes desses dois tipos de solicitações utilizando-se subscritos apropriados, como σ_b para tensões de flexão e σ_a para tensões devidas às solicitações axiais. Para o problema de flexão, ilustrado pelas Figuras 4.7 e 4.8, as tensões normais de tração ocorrem acima do eixo neutro da seção (ou acima da superfície neutra da viga), e as tensões normais compressivas abaixo desse eixo. Seus valores máximos ocorrem nas superfícies superior e inferior.

A Eq. 4.6 pode ser aplicada a qualquer seção transversal (como as várias ilustradas na figura), que possua as seguintes importantes limitações:

1. A viga deve estar inicialmente reta e ser carregada em um plano de simetria.

2. O material deve ser homogêneo, e todas as tensões devem corresponder à região elástica.

3. As seções para as quais as tensões são calculadas não devem se situar muito próximas de concentradores de tensões ou das regiões onde as cargas externas são aplicadas.

A Figura 4.7 mostra um momento M aplicado a uma viga de seção transversal com dois eixos de simetria. Note que, no plano de corte, a tensão indicada como $\sigma_{máx}$ é obtida a partir da Eq. 4.6 substituindo-se y por c, em que c é a distância do eixo neutro até a fibra mais externa na superfície superior. Frequentemente, o *módulo de flexão* Z (definido como a razão I/c) é utilizado para o cálculo da tensão de flexão máxima, isto é,

$$\sigma_{máx} = M/Z = Mc/I \qquad (4.7)$$

Para uma viga de seção circular maciça, $I = \pi d^4/64$, $c = d/2$ e $Z = \pi d^3/32$. Assim, neste caso,

$$\sigma_{máx} = 32M/\pi d^3 \qquad (4.8)$$

O Apêndice B-1 fornece as propriedades de diversas seções transversais.

A Figura 4.8 mostra a flexão de vigas cuja seção transversal possui um único eixo de simetria e o momento fletor é aplicado segundo um plano que contém o eixo de simetria de cada seção. Para essas seções, o leitor pode julgar proveitoso gastar alguns minutos verificando a necessidade do desvio do padrão de distribuição das tensões normais para garantir o equilíbrio do trecho da viga mostrado na Figura 4.8b (isto é, $\Sigma F = \Sigma \sigma dA = 0$ e $\Sigma M = M + \Sigma \sigma dA \, y = 0$).

4.6 Flexão Pura de Vigas Curvas

Quando as vigas que apresentam uma curvatura inicial são carregadas no plano de curvatura, as tensões de flexão se comportam apenas aproximadamente de acordo com as Eqs. 4.6 a 4.8. Como a trajetória mais curta (e, portanto, mais rígida) ao longo do comprimento da viga curva corresponde à superfície mais interna, a consideração sobre as rigidezes relativas de trajetórias de carga redundantes sugere que as tensões nas superfícies internas sejam *maiores* do que as indicadas pelas equações referentes às vigas retas. A Figura 4.9 mostra que este é, de fato, o caso. Esta figura mostra também que as condições de equilíbrio causam um desvio do eixo neutro para dentro (no sentido do centro de curvatura) de um valor *e*, e que a distribuição das tensões se torna hiperbólica. Esse desvio, em relação ao comportamento da viga reta, é importante em vigas com curvaturas significativas, como as comumente encontradas em prensas C, estruturas de prensas de estampagem e de furadeiras de coluna, ganchos, suportes e elos de correntes.

Para se compreender com mais clareza o comportamento-padrão mostrado na Figura 4.9*c*, desenvolvem-se as equações básicas para o cálculo das tensões em vigas curvas. Em relação à Figura 4.10, sejam os pontos *abcd* representantes de um elemento formado pelo plano de simetria *ab* (que não altera sua posição quando o momento *M* é aplicado) e pelo plano *cd*. O momento *M* provoca um giro do plano *cd* ao longo do ângulo *d*ϕ para uma nova posição *c'd'*. (Note a implicação da hipótese de que as seções planas permanecem planas após o carregamento.) A rotação desse plano é, certamente, em torno do eixo neutro de flexão, deslocado de uma ainda desconhecida distância *e* em relação ao eixo centroidal.

A deformação na fibra mostrada a uma distância *y* do eixo neutro é

$$\epsilon = \frac{y \, d\phi}{(r_n + y)\phi} \tag{a}$$

Para um material elástico, a tensão correspondente é

$$\sigma = \frac{E y \, d\phi}{(r_n + y)\phi} \tag{b}$$

Observe que essa equação fornece uma distribuição hiperbólica de tensões, conforme ilustrado na Figura 4.9*c*.

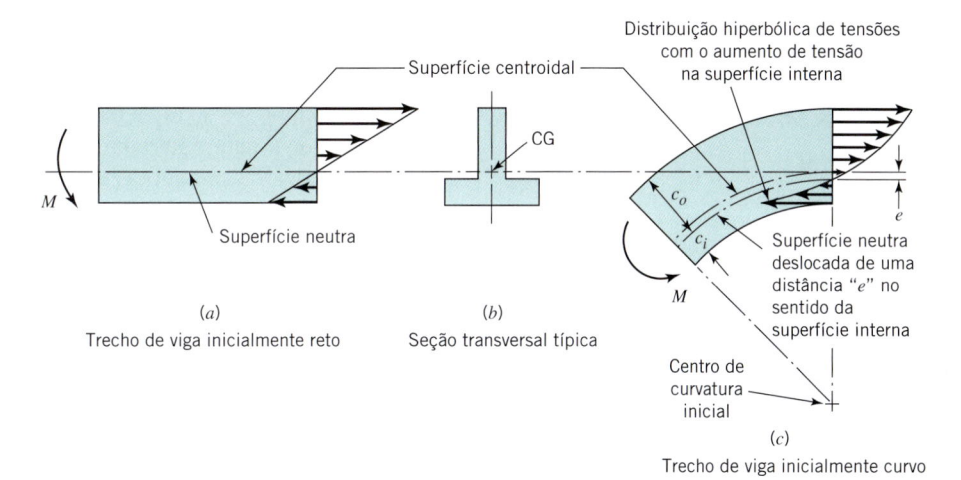

FIGURA 4.9 Efeito da curvatura inicial na flexão pura de vigas com seções transversais com um único eixo de simetria.

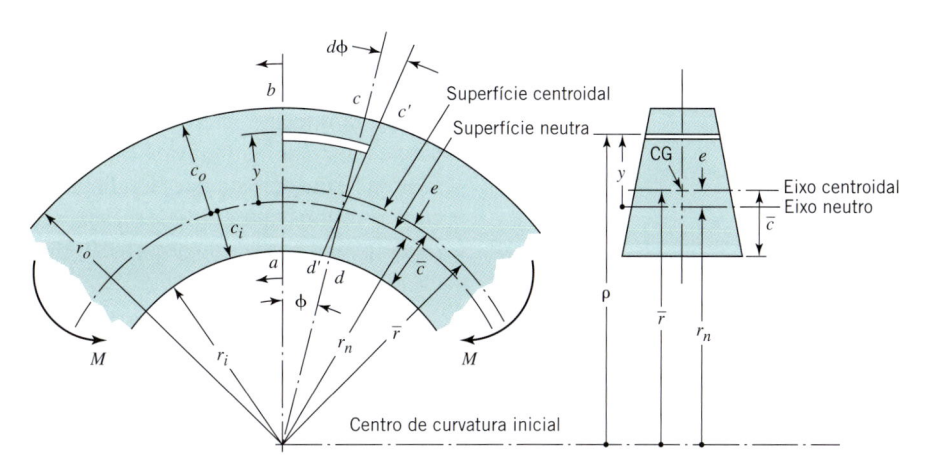

FIGURA 4.10 Viga curva sob flexão.

As condições de equilíbrio do segmento de viga em ambos os lados do plano cd (Figura 4.10) requerem que

$$\Sigma F = 0: \quad \int \sigma \, dA = \frac{E \, d\phi}{\phi} \int \frac{y \, dA}{r_n + y} = 0$$

e, como $E \neq 0$,

$$\int \frac{y \, dA}{r_n + y} = 0 \qquad (c)$$

$$\Sigma M = 0: \quad \int \sigma y \, dA = \frac{E \, d\phi}{\phi} \int \frac{y^2 \, dA}{r_n + y} = M \qquad (d)$$

O termo $y^2/(r_n + y)$ na Eq. d pode ser substituído por $y - r_n y/(r_n + y)$, fornecendo

$$M = \frac{E \, d\phi}{\phi} \left(\int y \, dA - r_n \int \frac{y \, dA}{r_n + y} \right) \qquad (e)$$

A segunda integral na Eq. e é igual a zero em decorrência da Eq. c. A primeira integral é igual a eA. (Observe que essa integral poderia ser nula se a distância y fosse medida em relação ao eixo centroidal. Como y é medido relativamente a um eixo deslocado de uma distância e do eixo centroidal, essa integral possui o valor eA.)

Substituindo as expressões precedentes na Eq. e, obtém-se

$$M = \frac{E \, d\phi}{\phi} eA \quad \text{ou} \quad E = \frac{M\phi}{d\phi \, eA} \qquad (f)$$

Substituindo a Eq. f na Eq. b, tem-se

$$\sigma = \frac{My}{eA(r_n + y)} \qquad (g)$$

Substituindo y por $-c_i$ e por c_o para se obter os valores máximos das tensões nas superfícies interna e externa, respectivamente, tem-se

$$\sigma_i = \frac{-Mc_i}{eA(r_n - c_i)} = \frac{-Mc_i}{eAr_i}$$

$$\sigma_o = \frac{Mc_o}{eA(r_n + c_o)} = \frac{Mc_o}{eAr_o}$$

Os sinais dessas equações estão consistentes com as tensões de tração e de compressão produzidas nas superfícies interna e externa da viga mostrada na Figura 4.10, na qual o sentido do momento M foi escolhido com o propósito de tornar a análise mais clara. Geralmente, um momento de flexão positivo é definido como aquele que tende a *tornar mais reta* uma viga inicialmente curva. Em termos dessa convenção,

$$\sigma_i = +\frac{Mc_i}{eAr_i} \quad \text{e} \quad \sigma_o = -\frac{Mc_o}{eAr_o} \qquad \mathbf{(4.9)}$$

Antes de se utilizar a Eq. 4.9, é necessário deduzir uma equação para a distância e. Iniciando-se com o requisito de equilíbrio de forças, Eq. c, e substituindo-se o termo $r_n + y$ por ρ, tem-se

$$\int \frac{y \, dA}{\rho} = 0$$

Ocorre que $y = \rho - r_n$, assim,

$$\int \frac{(\rho - r_n) \, dA}{\rho} = 0$$

ou

$$\int dA - \int \frac{r_n \, dA}{\rho} = 0$$

Como $\int dA = A$, tem-se

$$A = r_n \int dA/\rho \quad \text{ou} \quad r_n = \frac{A}{\int dA/\rho} \qquad \mathbf{(h)}$$

A distância e é igual a $\bar{r} - r_n$; logo,

$$e = \bar{r} - \frac{A}{\int dA/\rho} \qquad \mathbf{(4.10)}$$

Os valores das tensões calculados pela Eq. 4.9 diferem dos relativos à viga reta "Mc/I" por um fator de curvatura, K. Assim, utilizando os subscritos i e o para representar as fibras interna e externa, tem-se

$$\sigma_i = K_i Mc/I = K_i M/Z \ \text{e} \ \sigma_o = -K_o Mc/I = -K_o M/Z \quad \mathbf{(4.11)}$$

em que a dimensão c é definida na Figura 4.8.

Os valores de K para vigas com as seções transversais mais comuns e com várias curvaturas são fornecidos pelas curvas mostradas na Figura 4.11. Observando-se essas curvas pode-se estabelecer a seguinte regra: "Se $\bar{r}$ for igual a pelo menos dez vezes o valor de $\bar{c}$, as tensões nas fibras internas geralmente não serão superiores ao valor de Mc/I acrescido de 10 %." Os valores de K_o, K_i e e são tabulados para diversas seções transversais na referência [8]. Certamente, qualquer seção pode ser analisada através das Eqs. 4.9 e 4.10. Se necessário, a integral na Eq. 4.10 pode ser calculada numericamente ou graficamente. A utilização dessas equações é ilustrada pelo Problema Resolvido a seguir.

PROBLEMA RESOLVIDO 4.1   Tensões de Flexão em Vigas Retas e Curvas

Uma viga de seção transversal retangular possui um raio de curvatura inicial $\bar{r}$ igual à altura h da seção transversal, conforme mostrado na Figura 4.12. Como se comportam as tensões de flexão nela atuantes nas fibras externas em comparação com as de uma outra viga de mesma seção transversal, porém, sendo a viga reta?

SOLUÇÃO

Conhecido: Uma viga reta e uma viga curva com seção transversal e raio de curvatura conhecidos são carregadas sob flexão.

A Ser Determinado: Compare as tensões de flexão ocorrentes na viga reta e na viga curva.

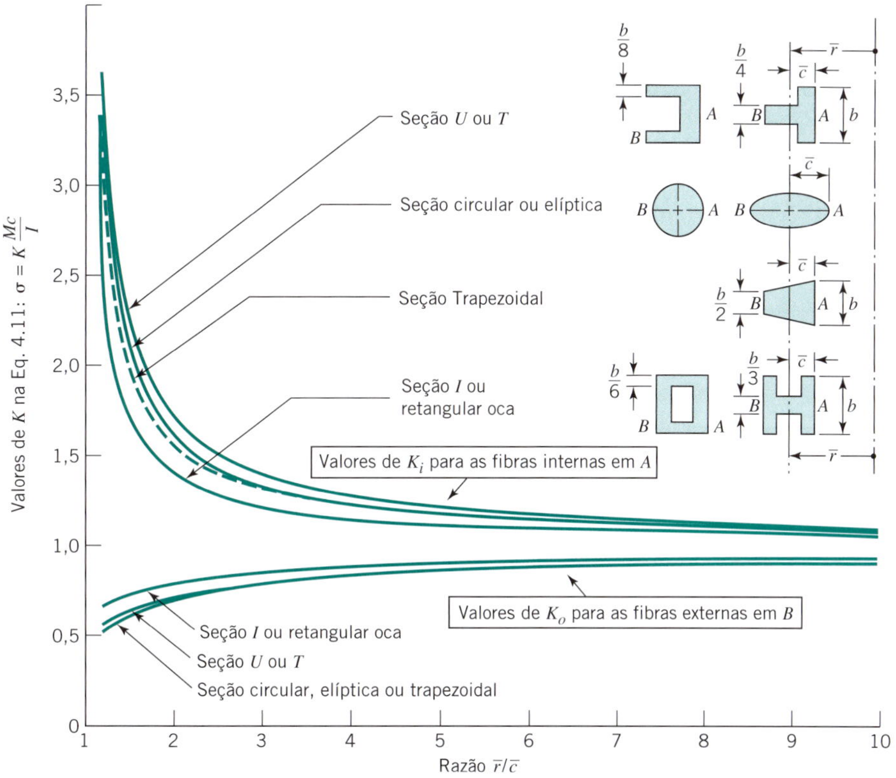

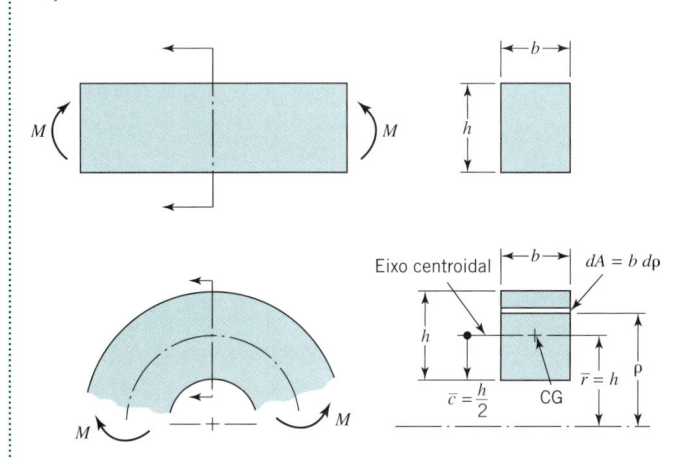

FIGURA 4.11 Efeito da curvatura nas tensões de flexão ocorrentes nas seções transversais mais comuns [8].

Esquemas e Dados Fornecidos:

FIGURA 4.12 Uma viga curva de seção transversal retangular com raio de curvatura $\bar{r}$ e altura h (razão $\bar{r}/\bar{c} = 2$) e uma viga reta com seção transversal retangular.

Hipóteses:

1. A viga reta deve estar inicialmente descarregada.
2. As vigas são carregadas no plano de simetria.
3. O material é homogêneo, e todas as tensões ocorrem no regime elástico.
4. As seções transversais em relação às quais as tensões são calculadas não estão sujeitas a concentradores de tensões significativos e não possuem regiões onde as cargas externas são aplicadas.

5. As seções inicialmente planas permanecem planas após o carregamento.
6. O momento fletor é positivo; isto é, ele tende a tornar reta uma viga inicialmente curva.

Análise:

1. Para a orientação do carregamento mostrado na Figura 4.12, a expressão convencional para vigas retas fornece

$$\sigma_i = +\frac{Mc}{I} = \frac{6M}{bh^2}, \qquad \sigma_o = -\frac{6M}{bh^2}$$

2. Pela Eq. 4.10, tem-se

$$e = \bar{r} - \frac{A}{\int dA/\rho} = h - \frac{bh}{b\int_{r_i}^{r_o} d\rho/\rho} = h - \frac{h}{\ln(r_o/r_i)} = h\left(1 - \frac{1}{\ln 3}\right)$$

$$= 0{,}089761h$$

3. Pela Eq. 4.9, tem-se

$$\sigma_i = +\frac{M(0{,}5h - 0{,}089761h)}{(0{,}089761h)(bh)(0{,}5h)} = \frac{9{,}141M}{bh^2}$$

$$\sigma_o = -\frac{M(0{,}5h + 0{,}089761h)}{(0{,}089761h)(bh)(1{,}5h)} = -\frac{4{,}380M}{bh^2}$$

4. Na Eq. 4.11, considerando $Z = bh^2/6$, tem-se

$$K_i = \frac{9{,}141}{6} = 1{,}52 \quad \text{e} \quad K_o = \frac{4{,}380}{6} = 0{,}73$$

Comentários: Esses valores estão consistentes com os mostrados para outras seções mostradas na Figura 4.11 para $\bar{r}/\bar{c} = 2$.

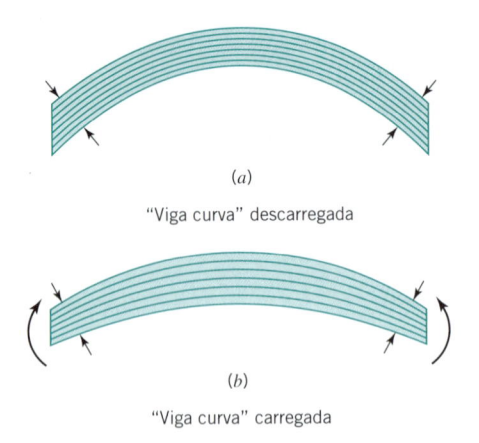

(a)

"Viga curva" descarregada

(b)

"Viga curva" carregada

FIGURA 4.13 **Conjunto de folhas de papel ilustrando a tensão radial presente em uma viga curva sob flexão.**

Observe que as tensões referentes à flexão de vigas curvas são *circunferenciais*. Além disso, em alguns casos *tensões radiais* significantes também estarão presentes. Para visualizar essa condição, pegue um conjunto de folhas de papel e flexione-o formando um arco, conforme mostrado na Figura 4.13a. Aplique forças compressivas com os dedos polegares e indicadores de modo que as folhas não possam deslizar. Em seguida, superponha, cuidadosamente (com os dedos polegares e indicadores) um pequeno momento fletor, como indicado na Figura 4.13b. Perceba a separação das folhas na região central da "viga", indicando a presença de uma *tração radial* (compressão radial, para o caso de um momento fletor oposto). Essas tensões radiais serão pequenas, se o trecho central da viga for razoavelmente espesso. Entretanto, para uma viga I com uma alma fina, por exemplo, as tensões radiais podem ser altas o suficiente para causar um dano — especialmente se a viga for feita de um material frágil ou se estiver sujeita a um carregamento de fadiga. Informações adicionais sobre as tensões radiais em vigas curvas são encontradas nas referências [8] e [9].

4.7 Cisalhamento Transversal em Vigas

Embora as tensões cisalhantes transversais *médias* atuantes em uma viga como o eixo mostrado na Figura 2.11 sejam iguais a V/A (ou seja, 1580 lb (7028 N) divididas pela área da seção transversal na seção crítica do eixo mostrado na Figura 2.12), a tensão cisalhante *máxima* é significativamente maior. Será feita, a seguir, uma análise da distribuição dessa tensão cisalhante transversal, com ênfase na compreensão dos conceitos básicos envolvidos.

A Figura 4.14 mostra uma viga de seção transversal arbitrária, simétrica em relação ao plano de carregamento. Ela é simplesmente apoiada em suas extremidades e está sujeita a uma carga concentrada situada no meio de seu vão. Deseja-se investigar a distribuição da tensão cisalhante transversal em um plano localizado a uma distância x do apoio esquerdo. Para isso, considera-se uma posição a uma distância y, genérica, acima do eixo neutro. Um pequeno cubo elementar nessa posição é mostrado no desenho da parte superior direita desta figura. As faces da direita e da esquerda desse cubo estão sujeitas a tensões cisalhantes (cujo módulo deve ser determinado), com as orientações ali indicadas pelo fato de que apenas a força externa à esquerda do cubo está direcionada para cima, e a resultante das forças externas à direita é orientada para baixo. Se apenas esses dois vetores atuarem no elemento, ele tenderá

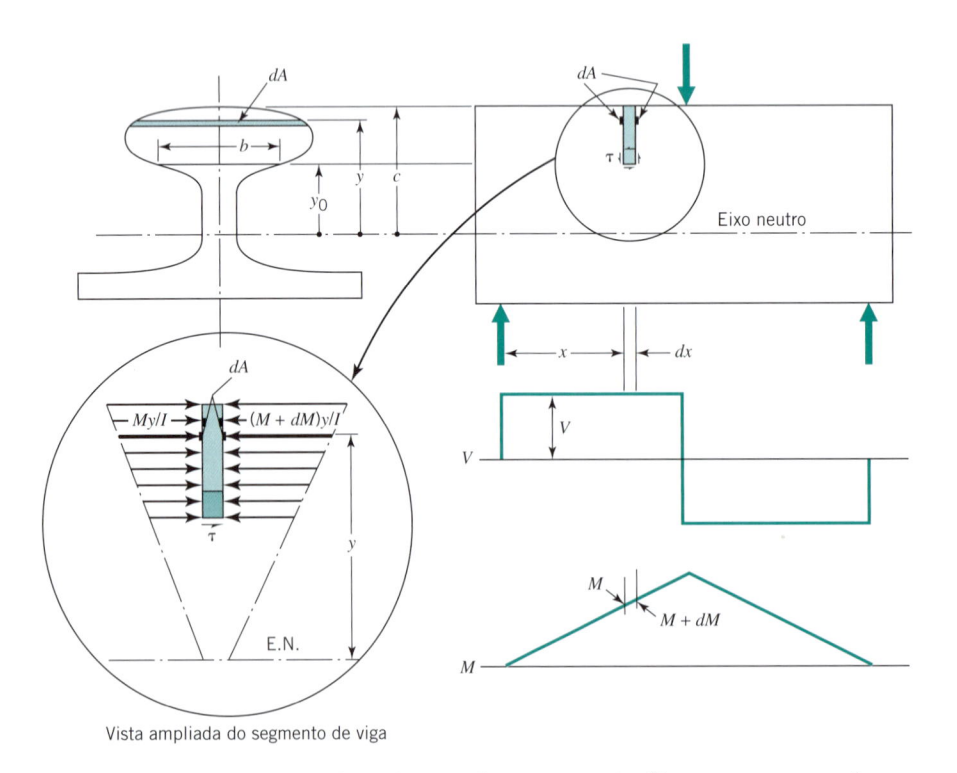

Vista ampliada do segmento de viga

FIGURA 4.14 **Análise da distribuição das tensões cisalhantes transversais.**

a girar no sentido horário. Este movimento é evitado pelas tensões cisalhantes que formam um binário no sentido anti-horário, mostradas nas superfícies superior e inferior do cubo. O efeito físico dessas tensões cisalhantes horizontais é de fácil compreensão: se um livro ou conjunto de folhas de papel for carregado com as forças indicadas na Figura 4.14, as folhas deslizarão entre si; se cartões de plástico forem empilhados, uns sobre os outros, ao se flexionar o conjunto com esses três pontos de apoio os cartões irão quebrar e se separar. Retornando-se ao pequeno cubo da figura, pode-se determinar a amplitude das quatro tensões cisalhantes calculando-se qualquer uma delas. Pode-se, por exemplo, calcular a tensão cisalhante atuante na superfície *inferior* do cubo.

Imagine dois cortes transversais, distando dx um do outro, começando na superfície superior da viga e descendo até incluir os lados do cubo elementar. Esta condição permite que o cubo seja isolado da viga, a superfície inferior do qual é a superfície inferior do cubo, onde atua a tensão cisalhante τ. Note que o segmento de viga envolve toda a largura da viga. Sua superfície inferior, sob a ação da tensão cisalhante desconhecida, possui uma área retangular de dimensões dx e b. A dimensão b será, certamente, diferente para vários valores de y_0 (isto é, para várias alturas do "elemento cortado").

A vista ampliada na Figura 4.14 mostra as forças atuantes no segmento de viga. Um ponto-chave dessa questão é que as tensões de flexão são *ligeiramente maiores do lado direito*, onde o momento devido à flexão é maior do que o do lado esquerdo de um valor igual a dM. A tensão cisalhante incógnita atuante na superfície inferior deve ser suficiente para compensar esse desequilíbrio. Como o somatório de forças na direção horizontal deve ser nulo,

$$\int_{y=y_0}^{y=c} \frac{dM\,y}{I}\,dA = \tau b\,dx$$

Porém, $dM = V\,dx$; logo,

$$\int_{y=y_0}^{y=c} \frac{V\,dx\,y}{I}\,dA = \tau b\,dx$$

Explicitando-se a tensão cisalhante τ, tem-se

$$\tau = \frac{V}{Ib}\int_{y=y_0}^{y=c} y\,dA \qquad \textbf{(4.12)}$$

Algumas observações podem ser feitas em relação a esta equação. Inicialmente, constata-se que a tensão cisalhante é nula na superfície superior (e inferior). Esta condição é verdadeira porque o cubo elementar fica com altura nula e, portanto, não existe um desequilíbrio das forças de flexão dos dois lados a ser compensado pela tensão cisalhante na superfície inferior. (Observando-se de outra forma, se o pequeno cubo desenhado no canto superior direito da Figura 4.14 for deslocado para o topo da superfície, a face superior desse cubo fará parte da superfície livre da viga. Não há nenhum corpo em contato com essa superfície que possa impor uma tensão cisalhante. Se não há tensão cisalhante na face superior desse cubo, os requisitos

de equilíbrio implicam a inexistência de tensões cisalhantes em quaisquer das demais faces do cubo.) Na medida em que o corte na horizontal começa a definir uma altura do trecho da viga, superfícies cada vez maiores ficam expostas a uma desigualdade de tensões cisalhantes; consequentemente, a tensão cisalhante de compensação deve aumentar. Note que na região do corte mostrado na Figura 4.14 haverá um grande aumento da tensão cisalhante correspondente a uma pequena largura (isto é, uma redução suave de y_0) porque a área em relação à qual atua a tensão cisalhante de compensação diminui rapidamente (ou seja, a dimensão b diminui rapidamente quando y_0 diminui). Observe, também, que a tensão cisalhante máxima ocorre no eixo neutro. Esta é uma situação muito gratificante! A tensão cisalhante máxima ocorre exatamente onde ela pode ser melhor tolerada — no eixo neutro, onde a tensão normal de flexão é nula. Nas fibras mais afastadas da linha neutra, onde a tensão normal de flexão é máxima, a tensão cisalhante é nula. (Uma análise da Eq. 4.12 indica que para as seções transversais não usuais com uma largura, b, *no* eixo neutro significativamente maior do que a largura nas *proximidades* do eixo neutro, a tensão cisalhante máxima não ocorrerá no eixo neutro. Entretanto, essa condição raramente implica sérias consequências.)

Para se visualizar esses conceitos em um modelo físico torna-se bastante útil estabelecê-los claramente. A Figura 4.15 mostra uma borracha comum com uma coluna de elementos que indicam as deformações cisalhantes relativas (e, portanto, as tensões) quando a borracha é carregada como se fosse uma viga (conforme mostrado na Figura 4.15b). Se a borracha for carregada cuidadosamente, será possível observar que os elementos posicionados nas partes superior e inferior apresentam uma distorção desprezível (isto é, os ângulos inicialmente retos permanecem retos), enquanto as maiores distorções dos ângulos retos dos vértices ocorrem nos elementos centrais.

Aplicando-se a Eq. 4.12 às seções maciças circulares e retangulares, obtêm-se as distribuições parabólicas de tensões cisalhantes mostradas na Figura 4.16, com os valores máximos no eixo neutro. Para as seções *maciças circulares* esse valor pode ser calculado pela expressão

$$\tau_{\text{máx}} = \tfrac{4}{3}V/A \qquad \textbf{(4.13)}$$

e para seções *maciças retangulares*,

$$\tau_{\text{máx}} = \tfrac{3}{2}V/A \qquad \textbf{(4.14)}$$

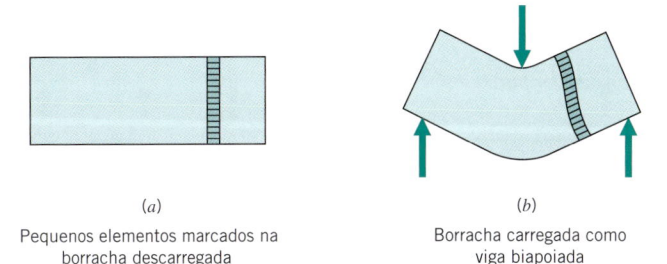

(a)
Pequenos elementos marcados na borracha descarregada
(b)
Borracha carregada como viga biapoiada

FIGURA 4.15 Distribuição da deformação (e, por consequência, da tensão) por cisalhamento transversal apresentada por uma borracha.

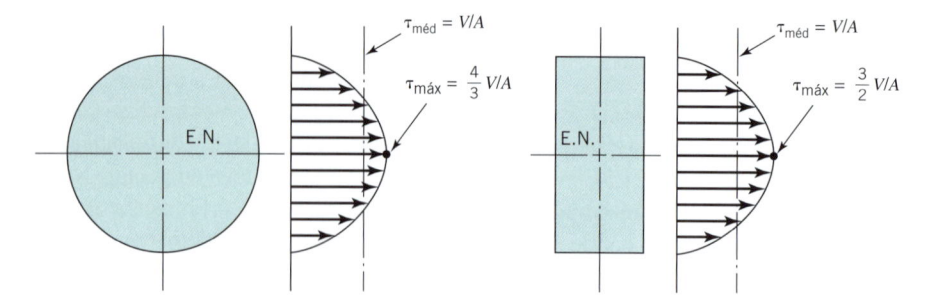

FIGURA 4.16 Distribuição das tensões cisalhantes em seções maciças circulares e retangulares.

Para seções circulares ocas, a distribuição das tensões depende da relação entre os diâmetros interno e externo, porém para *tubos de paredes finas* uma boa aproximação da tensão cisalhante máxima é

$$\tau_{máx} = 2V/A \qquad (4.15)$$

Para uma viga de seção I, em que a dimensão b é muito menor na alma do que nas abas, as tensões cisalhantes são muito maiores na alma. Na prática, as tensões cisalhantes ao longo da alma são, geralmente, aproximadas pela divisão da força cisalhante, V, pela área da alma apenas, com a alma considerada como se estendendo ao longo de toda a altura da viga.

Na análise anterior ficou implícita a hipótese de que a tensão cisalhante é uniforme ao longo da largura b da viga para qualquer distância y_0 do eixo neutro (veja a Figura 4.14). Embora essa hipótese não esteja rigorosamente correta, ela raramente conduz a erros significativos de engenharia. A variação da tensão cisalhante ao longo da largura de uma viga é abordada pelas referências [8] e [11]. Outro tópico deixado para os textos avançados de resistência dos materiais é o carregamento de vigas cujas seções transversais não possuem eixos de simetria.

Uma observação final a ser registrada é que apenas nos casos de vigas muito *curtas* as tensões cisalhantes transversais se tornam importantes *em comparação com as tensões normais de flexão*. O princípio atrás dessa generalização é ilustrado na Figura 4.17, onde as mesmas cargas são aplicadas a uma viga longa e a uma viga curta. Ambas as vigas possuem a mesma carga cisalhante e a mesma *inclinação* do diagrama de momentos fletores. Quando o comprimento da viga se aproxima de zero, o momento fletor (e as tensões normais de flexão) se aproxima de zero, enquanto a carga de cisalhamento e as correspondentes *tensões* permanecem inalteradas.

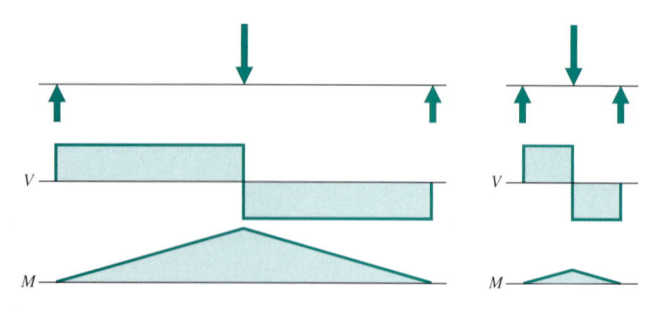

FIGURA 4.17 Efeito do comprimento da viga nos carregamentos de momentos fletores e esforços cisalhantes.

PROBLEMA RESOLVIDO 4.2 Determinação da Distribuição das Tensões Cisalhantes

Determine a distribuição das tensões cisalhantes para a viga com o carregamento mostrado na Figura 4.18. Compare os valores encontrados com o referente à tensão normal de flexão.

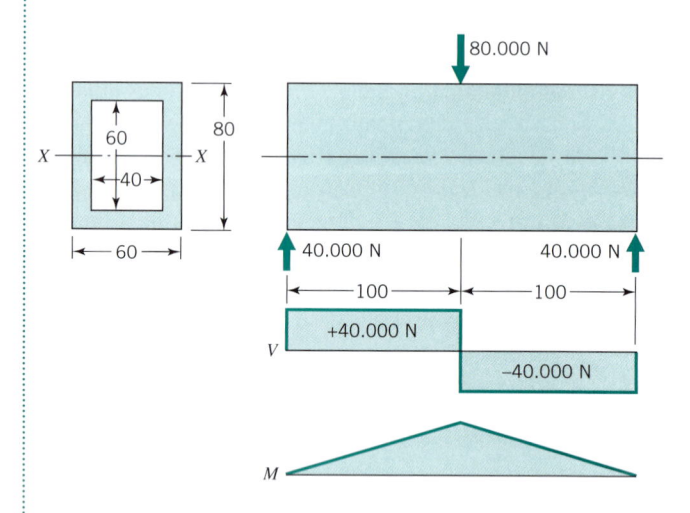

FIGURA 4.18 Problema Resolvido 4.2. Distribuição das tensões cisalhantes em vigas. Nota: todas as dimensões estão em milímetros; as propriedades da seção são $A = 2400 \text{ mm}^2$ e $I_x = 1840 \times 10^6 \text{ mm}^4$.

SOLUÇÃO

Conhecido: Uma viga retangular com geometria da seção transversal fornecida está sujeita a uma determinada carga aplicada em seu centro.

A Ser Determinado: Determine a distribuição das tensões cisalhantes e a máxima tensão normal de flexão.

Hipóteses:

1. A viga está, inicialmente, reta.
2. A viga é carregada em seu plano de simetria.
3. A tensão cisalhante na viga é uniforme em relação à largura da viga em cada posição relativa ao eixo neutro.

Esquemas e Dados Fornecidos:

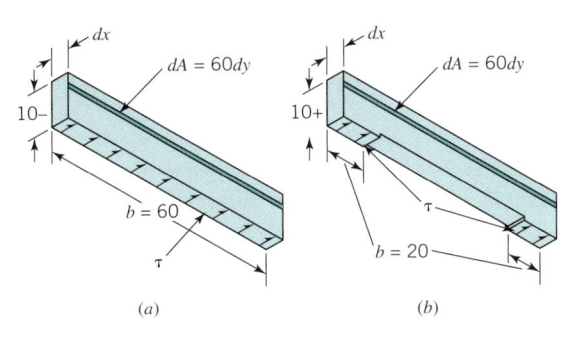

(a)   (b)

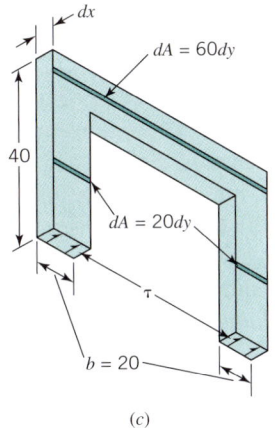

(c)

Figura 4.19 **Solução parcial do Problema Resolvido 4.2 — tensão cisalhante τ em três níveis.**

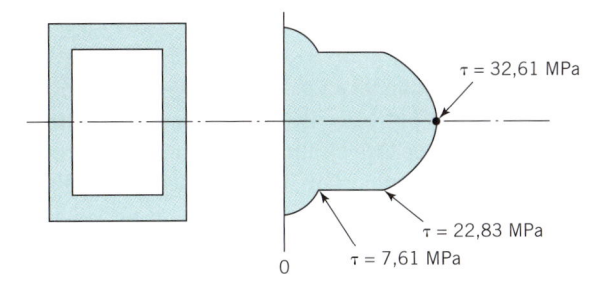

Figura 4.20 **Diagrama com a distribuição das tensões cisalhantes — Problema Resolvido 4.2.**

Análise:

1. Em relação à Figura 4.14 e à Eq. 4.12, sabe-se que nas superfícies superior e inferior a tensão cisalhante é nula, ou seja, $\tau = 0$. Essa condição fornece um ponto de partida para o traçado do diagrama com a distribuição das tensões cisalhantes mostrado na Figura 4.20. Imaginando cortes horizontais paralelos (descritos em combinação com a Figura 4.14), da superfície superior para baixo, aumentando assim a altura do elemento, tem-se a tensão cisalhante de compensação na superfície inferior do segmento de viga imaginário. Essa tensão apresenta um perfil parabólico. Este comportamento continua até que a altura do elemento seja de 10 mm. A Figura 4.19a ilustra o segmento imaginário com o corte imediatamente anterior à posição do retângulo vazio do perfil. A tensão cisalhante nessa posição (que atua na área da superfície inferior igual a $60 \cdot dx$) é calculada, utilizando-se a Eq. 4.12, como

$$\tau = \frac{V}{Ib} \int_{y=y_0}^{y=c} y\, dA = \frac{40.000}{(1,840 \times 10^6)(60)} \int_{y=30}^{y=40} y(60\,dy)$$

$$= \frac{40.000}{(1,840 \times 10^6)(60)}(60)\left[\frac{y^2}{2}\right]_{y=30}^{y=40} = 7,61 \text{ N/mm}^2, \text{ ou } 7,61 \text{ MPa}$$

2. Com o aumento gradativo da altura do elemento, a região oca é atingida e a área sobre a qual atua a tensão cisalhante é bruscamente reduzida para $20\,dy$, conforme mostrado

na Figura 4.19b. As forças de flexão desequilibradas atuantes nos lados do elemento permanecem inalteradas. Assim, o único termo que sofre alteração na Eq. 4.12 é a dimensão b, que é reduzida de um fator igual a 3, fornecendo, portanto, uma tensão cisalhante três vezes maior, ou seja, 22,83 MPa.

3. Quando a altura da seção de corte aumenta até atingir o eixo neutro, a área sobre a qual atua a tensão cisalhante permanece a mesma e o desbalanceamento fica cada vez maior, uma vez que áreas adicionais dA passam a ficar expostas. Todavia, conforme mostrado na Figura 4.19c, essas áreas adicionais dA são apenas um terço maior do que as correspondentes ao trecho superior da seção. Assim, o aumento na tensão cisalhante nas proximidades do eixo neutro não é tão grande como poderia ser inicialmente esperado. Ao utilizar-se a Eq. 4.12 para obter o valor da tensão cisalhante τ no eixo neutro, note que são envolvidas duas integrais, uma para o intervalo de y entre 0 e 30 mm e outra de 30 a 40 mm. (A última integral, certamente, já foi calculada.)

$$\tau = \frac{V}{Ib} \int_{y=y_0}^{y=c} y\, dA$$

$$= \frac{40.000}{(1,840 \times 10^6)(20)}\left[\int_{y=0}^{y=30} y(20\,dy) + \int_{y=30}^{y=40} y(60\,dy)\right]$$

$$= \frac{40.000}{(1,840 \times 10^6)(20)}(20)\left[\frac{y^2}{2}\right]_{y=0}^{y=30} + 22,83$$

$$= 32,61 \text{ N/mm}^2, \text{ ou } 32,61 \text{ MPa}$$

Esses cálculos permitem o traçado do diagrama de tensões cisalhantes mostrado na Figura 4.20.

4. Através de simples comparações, pode-se perceber que as tensões normais de flexão máximas ocorrem nas superfícies superior e inferior da viga, na seção do meio de seu vão, onde o momento fletor é máximo. Neste caso, a tensão normal de flexão é calculada como

$$\sigma = \frac{Mc}{I} = \frac{(40.000 \times 100)(40)}{1,84 \times 10^6} = 86,96 \text{ N/mm}^2$$

$$= 86,96 \text{ MPa}$$

Comentários: Lembrando que a tensão cisalhante deve ser nula nas superfícies internas livres da seção, torna-se óbvio que a distribuição de tensões cisalhantes admitida na Figura 4.19*a* está incorreta, e que as tensões cisalhantes nas regiões externas de apoio da seção nesta posição serão maiores do que o valor calculado de 7,61 MPa. Este fato é de menor importância porque o nível de tensões cisalhantes de interesse ocorrerá na posição imediatamente abaixo, onde o valor calculado de τ é três vezes maior, ou no eixo neutro onde ela é máxima.

4.8   Tensões Induzidas, Representação pelo Círculo de Mohr

Um carregamento de tração ou compressão simples induz tensões cisalhantes em certos planos; de modo análogo, os carregamentos de cisalhamento puro induzem tensões normais trativas e compressivas. Em alguns casos, as tensões induzidas podem ser mais danosas ao material do que as tensões diretas (aquelas calculadas pelas equações referentes ao fenômeno).

A Figura 4.21*a* mostra uma simples borracha marcada com dois grandes elementos quadrados, um orientado na direção dos lados da borracha e outro a 45°. A Figura 4.21*b* mostra a superfície marcada quando a borracha fica sujeita a uma carga trativa (similar à flexão da borracha). Com esse carregamento, fica evidente a distorção por *cisalhamento* do quadrado posicionado a 45°. Caso a borracha seja carregada por compressão, a distorção por cisalhamento do quadrado a 45° será invertida.

A Figura 4.21*c* mostra uma vista ampliada do elemento com as faces vertical e horizontal marcadas com *x* e *y*, e com a tensão trativa σ_x atuante nas faces indicadas por *x*. As faces *x* e *y* do elemento são, certamente, perpendiculares à superfície livre da borracha, conforme pode ser observado na vista em perspectiva, também mostrada na Figura 4.21*c*.

Um círculo de Mohr com as tensões atuantes no elemento é mostrado na Figura 4.21*d*. Os pontos *x* e *y* são indicados para representar as tensões normal e cisalhante atuantes nas faces *x* e *y*. O círculo é, portanto, desenhado com a reta *xy* representando um diâmetro.

A prova das relações matemáticas válidas para o círculo de Mohr pode ser obtida nos livros básicos sobre resistência dos materiais. A ênfase aqui é no entendimento claro da importância e na interpretação do círculo de Mohr. Inicialmente, observe que um plano imaginário de corte do elemento é girado de *apenas 180°* (mantendo-se sempre perpendicular à superfície), desde o plano *x* (vertical), passando pelo plano *y* (horizontal), e novamente até o plano *x*. As tensões normal e cisalhante atuantes em todos esses planos de corte são referentes a um giro completo de *360°* no círculo de Mohr mostrado na Figura 4.21*d*. Assim, os ângulos medidos no círculo representam o dobro dos ângulos no elemento. Por exemplo, os planos *x* e *y* estão defasados de 90° no elemento e 180° no círculo.

O segundo ponto importante é que se a convenção de sinais para as tensões cisalhantes apresentada na Seção 4.4 for utilizada (isto é, tensão positiva para o sentido horário), o giro do plano de corte em qualquer sentido em relação ao elemento corresponderá ao *dobro* desse mesmo giro sobre o círculo e *no mesmo sentido*.

Os pontos *S* e *S'* indicados no círculo (Figura 4.21*d*) representam os planos onde atuam as tensões cisalhantes de valor máximo (positivo) e mínimo (negativo). No círculo, o ponto *S* está indicado a 90° no *sentido anti-horário* em relação ao eixo *x*. Logo, no plano do elemento, *S* é posicionado a 45° no *sentido anti-horário* do plano vertical *x*. O elemento desenhado na Figura 4.21*e* mostra os planos *S* corretamente orientados e muito próximos um do outro; assim, eles, na realidade, repre-

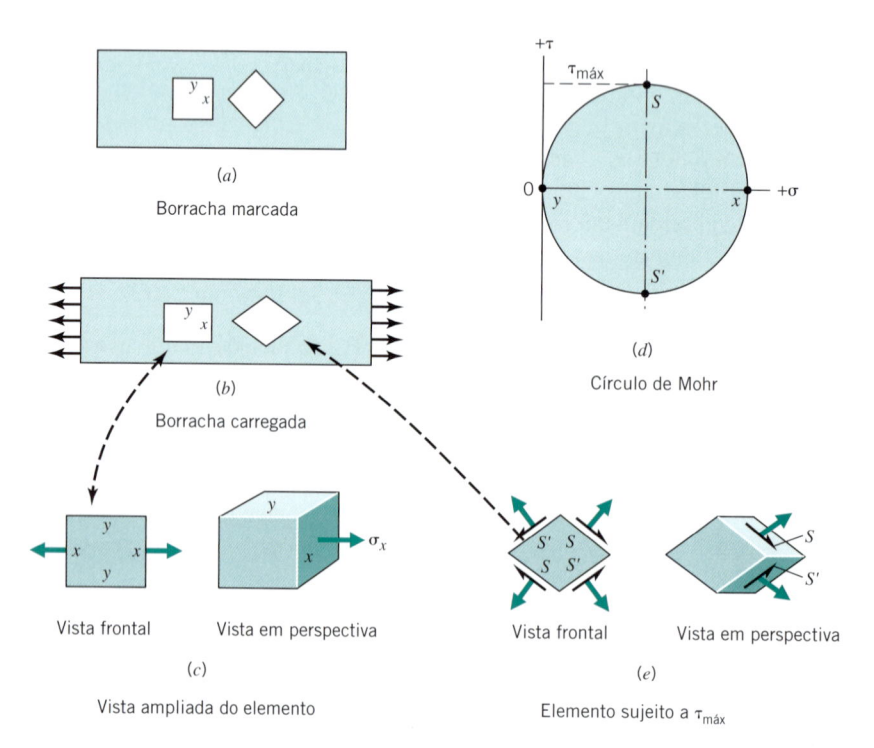

<FIGURA 4.21> Tensões cisalhantes induzidas em um carregamento axial de tração simples.

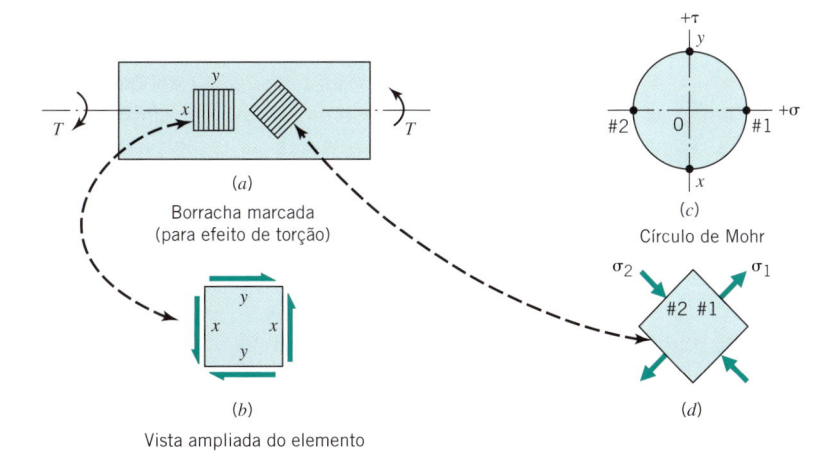

FIGURA 4.22 Tensões normais axiais induzidas por um carregamento de cisalhamento puro.

sentam um único plano. O círculo de Mohr mostra que os planos S estão sujeitos a uma tensão normal positiva e a uma tensão cisalhante *positiva*, ambas com amplitude igual a $\sigma_x/2$. Essas tensões são mostradas na Figura 4.21e. As orientações e as tensões atuantes nos planos S' são determinadas da mesma forma. (Note que os quadrados inclinados de 45° mostrados nas Figuras 4.21a e 4.21b representam um elemento sujeito a um *cisalhamento máximo*.)

A Figura 4.22a mostra uma borracha marcada antes de ser carregada por torção. Quando a carga de torção é aplicada, todos os ângulos inicialmente retos do quadrado e alinhados com os lados da borracha serão alterados significativamente, indicando a presença do cisalhamento. Por outro lado, os ângulos retos do quadrado inclinado de 45° *não* sofrem nenhuma alteração. Quando torcidas em um determinado sentido, duas das linhas paralelas do quadrado a 45° ficam menores e mais afastadas. Invertendo-se o sentido dessa torção, essas mesmas linhas ficarão maiores e mais próximas. Todavia, em nenhum desses casos haverá alteração nos ângulos retos indicando a presença de cisalhamento.

A Figura 4.22b mostra as tensões cisalhantes atuantes nas faces do elemento alinhado com a borracha. Note que as faces x ficam sujeitas a uma tensão cisalhante negativa (sentido anti-horário) devida ao sentido de atuação do toque, que tende a deslocar a face esquerda para baixo e a face direita para cima. Para atender à condição de equilíbrio, é necessário, obviamente, um cisalhamento correspondente atuando nas faces y. As tensões calculadas diretamente são indicadas para as faces x e y para permitir a construção do círculo de Mohr mostrado na Figura 4.22c. Os planos sujeitos a uma tensão cisalhante nula (e também sujeitos às tensões normais de tração e de compressão extremas) são denominados *planos principais*, e são representados no círculo como #1 e #2. Um *elemento* com a posição referente aos planos principais é mostrado na Figura 4.22d.

O círculo de Mohr é assim chamado em homenagem a Otto Mohr, um professor e renomado engenheiro estrutural alemão que o propôs em 1880 e o descreveu em um artigo [4] publicado em 1882. Essa técnica gráfica é extremamente útil na solução de problemas e na visualização da natureza do estado de tensões nos pontos de interesse.

4.9 Tensões Combinadas — Representação pelo Círculo de Mohr

Esse tópico pode ser mais bem apresentado através de um exemplo típico.

PROBLEMA RESOLVIDO 4.3 Tensões Atuantes em um Eixo Estacionário

A Figura 4.23 representa um eixo estacionário e uma polia sujeita a uma carga estática de 2000 lb (8896 N). Determine o ponto onde atuam as maiores tensões no eixo cuja seção transversal possui um diâmetro de 1 in (25,4 mm) e calcule essas tensões.

SOLUÇÃO

Conhecido: Um eixo de geometria conhecida está sujeito a um carregamento combinado conhecido.

A Ser Determinado: Determine o valor das maiores tensões atuantes no eixo e sua localização.

Esquemas e Dados Fornecidos:

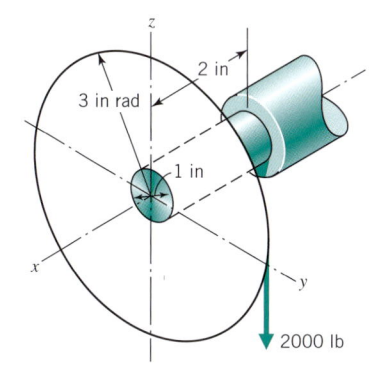

FIGURA 4.23 Eixo sujeito a um carregamento combinado. Para um eixo maciço com diâmetro de 1 in (25,4 mm): $A = \pi d^2/4 = 0,785$ in²; $I = \pi d^4/64 = 0,049$ in⁴ e $J = \pi d^4/32 = 0,098$ in⁴ (veja o Apêndice B-1).

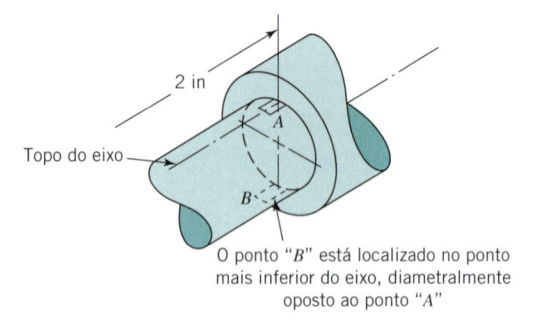

Topo do eixo

2 in

O ponto "B" está localizado no ponto mais inferior do eixo, diametralmente oposto ao ponto "A"

FIGURA 4.24 **Localização do ponto onde atuam as maiores tensões.**

Hipóteses:

1. A concentração de tensões no eixo escalonado de 1 in (25,4 mm) de diâmetro pode ser ignorada.

2. O efeito da tensão compressiva atuante na superfície do eixo, causada pela pressão atmosférica, pode ser desprezado.

Análise:

1. O eixo está sujeito aos efeitos de torção, flexão e cisalhamento transversal. As tensões devidas à torção são máximas em todos os pontos da superfície do eixo. As tensões de flexão são máximas nos pontos A e B, mostrados na Figura 4.24. Note que tanto o momento fletor quanto a distância em relação ao eixo neutro de flexão são máximos nesses dois pontos. As tensões devidas ao esforço cisalhante transversal são relativamente pequenas quando comparadas às tensões de flexão, e são nulas nos pontos A e B (veja a Seção 4.7). Assim, elas podem ser desprezadas. Portanto, a seção que deve ser investigada é, claramente, aquela que contém os pontos A e B.

2. Observando a Figura 4.25, imagine que o eixo possa ser cortado na seção que contém os pontos A e B, e considere o componente assim obtido como um *corpo livre em equilíbrio*. Esta é uma forma conveniente para se assegurar de que todas as cargas atuantes no plano de corte foram identificadas. Neste caso, existem três cargas, *M*, *T* e *V*, con-

forme indicado. Note que o corpo livre está, de fato, em equilíbrio, isto é, os somatórios de forças e de momentos são nulos. São também mostrados na Figura 4.25 os diagramas de cargas, de esforços cisalhantes e de momentos fletores para o corpo livre isolado.

3. Calcule as tensões diretamente associadas às cargas. Tensões devidas à flexão (tração em A e compressão em B):

$$\sigma_x = \frac{Mc}{I} = \frac{(4000 \text{ in} \cdot \text{lb})\left(\frac{1}{2} \text{ in}\right)}{0,049 \text{ in}^4} = 40.816 \text{ psi} \approx 40,8 \text{ ksi}$$

Tensões devidas à torção (atuantes em todos os pontos da superfície):

$$\tau_{xy} = \frac{Tr}{J} = \frac{(6000 \text{ lb} \cdot \text{in})\left(\frac{1}{2} \text{ in}\right)}{0,098 \text{ in}^4} = 30.612 \text{ psi} \approx 30,6 \text{ ksi}$$

4. A Figura 4.26 ilustra as tensões atuantes em um elemento no ponto A. (As tensões em B são idênticas, exceto pelo fato de a tensão de flexão ser compressiva.) Observe que a orientação das duas tensões cisalhantes gerando um momento no sentido anti-horário é uma consequência direta do sentido da torção no eixo. Assim, o sentido horário do momento gerado pelas tensões cisalhantes no outro par de faces do elemento é decorrente da condição de equilíbrio. (Nota: Os subscritos utilizados para as tensões cisalhantes na Figura 4.26 representam uma convenção habitual, porém isso não tem grande relevância neste texto: τ_{xy} é a tensão que atua *na* face *x* e possui a direção *y*, e τ_{yx} atua na face *y* e possui a direção *x*. Não haveria nenhuma dificuldade se ambas fossem representadas por τ_{xy} e se a regra do sentido horário para tensões positivas fosse adotada para manter os sinais corretos.)

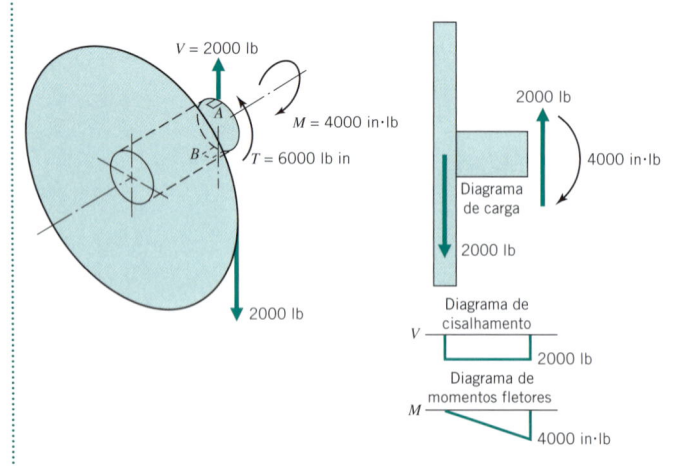

FIGURA 4.25 **Diagramas de corpo livre e de carregamento.**

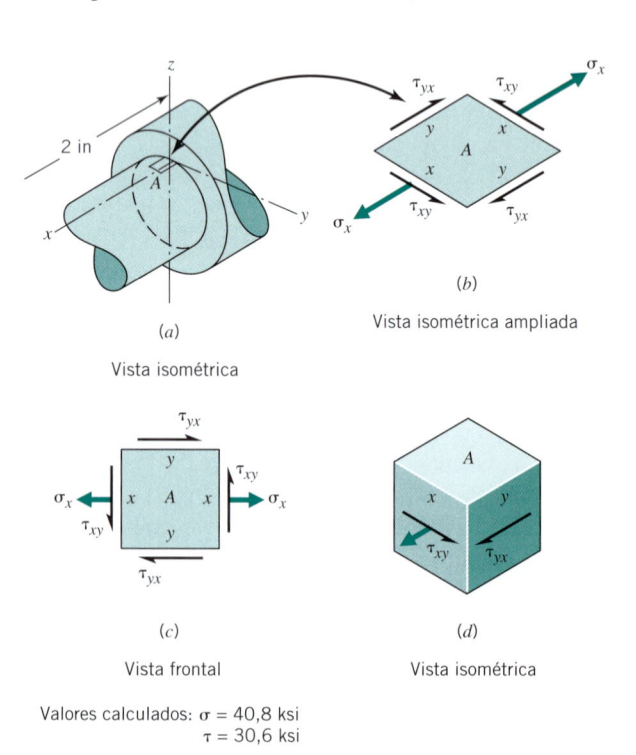

FIGURA 4.26 **Diversas vistas do elemento A.**

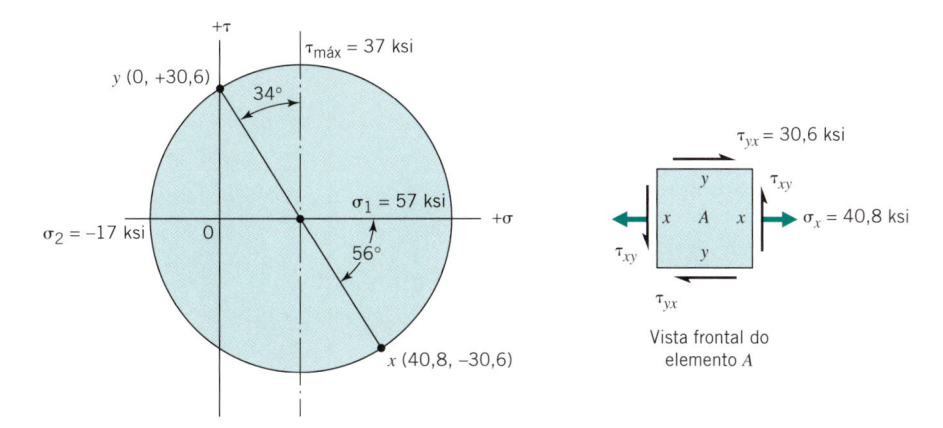

FIGURA 4.27 Representação do círculo de Mohr para o ponto *A* da Figura 4.25.

A vista isométrica é mostrada para uma comparação direta com as figuras anteriores. A vista frontal representa a forma convencional de se mostrar o elemento sob a ação das tensões. A representação tridimensional ilustra como as tensões realmente atuam sobre os *planos perpendiculares à superfície*. A superfície do eixo, propriamente dita, é livre, ou seja, não está carregada, exceto pela pressão atmosférica, que é desprezível.

5. A Figura 4.26 mostra todas as tensões atuantes em um elemento na posição mais crítica. Entretanto, essa análise pode ser mais aprofundada. Inicialmente, lembre-se de que o elemento cúbico é infinitamente pequeno e suas faces *x* e *y* representam *apenas dois* dos infinitos planos perpendiculares à superfície do eixo e passando pelo ponto *A*. Em geral, existirão outros planos sujeitos a níveis maiores de tensões normal e cisalhante. O círculo de Mohr fornece um meio conveniente para se representar e determinar as tensões normal e cisalhante atuantes em *todos* os planos que passam por *A* e são perpendiculares à superfície. Este círculo é desenhado na Figura 4.27 marcando-se, inicialmente, os pontos que representam as tensões nos planos *x* e *y*. Em seguida, unem-se os pontos com uma linha reta e, finalmente, traça-se o círculo com o segmento de linha *xy* como um diâmetro. O círculo fornece uma solução gráfica conveniente para a determinação dos módulos e das orientações das tensões principais σ_1 e σ_2. Essas tensões são mostradas no *elemento principal* no ponto *A*, ilustrado na Figura 4.28. Note que o plano principal #1 é identificado partindo-se do plano *x* e girando-se no sentido anti-horário de um ângulo igual à metade de 56°, medido no círculo, e assim por diante.

6. A Figura 4.28 mostra os valores e as orientações das tensões normais mais altas. Pode também ser de interesse representar, de forma análoga, as tensões cisalhantes de maior valor. Isto é feito na Figura 4.29. Observe, novamente, as regras de

a. giro no *mesmo sentido*, tanto no elemento quanto no círculo, e

b. ângulos indicados no círculo serem iguais ao dobro daqueles indicados no elemento.

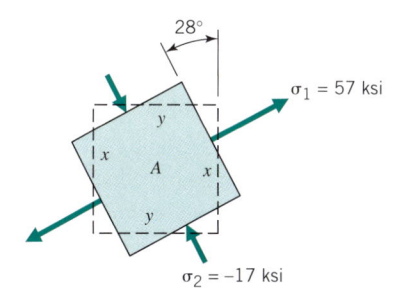

FIGURA 4.28 Elemento *A* com as direções principais (vista frontal) mostrado em relação às faces *x* e *y*.

Comentários: Para justificar o fato de a tensão cisalhante decorrente da flexão ter sido desprezada na primeira etapa da análise, é interessante notar que o valor máximo dessa tensão, ocorrente no eixo neutro de flexão do eixo de 1 in de diâmetro, é $4V/3A = (4)(2000\ \text{lb})/[(3)(\pi)(1\ \text{in})^2/4] = 3{,}4$ ksi.

4.10 Equações para as Tensões Relacionadas com o Círculo de Mohr

A dedução das expressões analíticas que relacionam as tensões normal e cisalhante ao ângulo do plano de corte pode ser obtida nos textos elementares sobre resistência dos materiais, e não

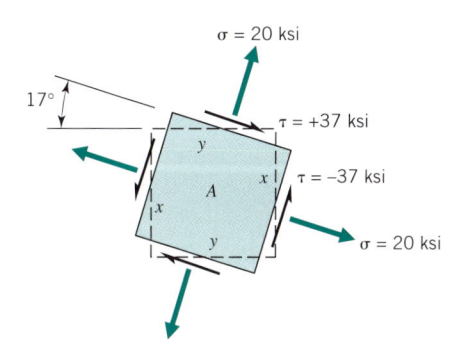

FIGURA 4.29 Elemento *A* na posição de cisalhamento máximo (vista frontal) mostrado em relação às faces *x* e *y*.

precisa ser aqui repetida. Os resultados mais importantes dessa dedução são apresentados a seguir.

Se as tensões atuantes em um elemento com determinada orientação são conhecidas (como na Figura 4.26), as tensões principais, as direções principais e a tensão cisalhante máxima podem ser obtidas a partir da construção de um círculo de Mohr ou a partir das seguintes equações:

$$\sigma_1, \sigma_2 = \frac{\sigma_x + \sigma_y}{2} \pm \sqrt{\tau_{xy}^2 + \left(\frac{\sigma_x - \sigma_y}{2}\right)^2} \quad \textbf{(4.16)}$$

$$2\phi = \tan^{-1}\frac{2\tau_{xy}}{\sigma_x - \sigma_y} \quad \textbf{(4.17)}$$

$$\tau_{máx} = \pm\sqrt{\tau_{xy}^2 + \left(\frac{\sigma_x - \sigma_y}{2}\right)^2} \quad \textbf{(4.18)}$$

em que ϕ é o ângulo entre os eixos principais e os eixos x e y (ou o ângulo entre os planos principais e os planos x e y). Quando ϕ for *positivo*, os eixos (ou planos) principais serão localizados através de um giro no *sentido horário* a partir dos eixos x e y (ou dos correspondentes planos).

Quando as tensões principais são conhecidas e deseja-se determinar as tensões atuantes em um plano orientado a um ângulo ϕ qualquer a partir do plano principal #1, as equações analíticas são

$$\sigma_\phi = \frac{\sigma_1 + \sigma_2}{2} + \frac{\sigma_1 - \sigma_2}{2}\cos 2\phi \quad \textbf{(4.19)}$$

$$\tau_\phi = \frac{\sigma_1 - \sigma_2}{2}\operatorname{sen} 2\phi \quad \textbf{(4.20)}$$

As Eqs. 4.16 a 4.18 podem ser deduzidas a partir do círculo de Mohr mostrado na Figura 4.30, e as Eqs. 4.19 e 4.20 a partir da Figura 4.31. Este procedimento se torna um substituto atrativo para efeito de memorização e auxílio na compreensão do significado físico das equações.

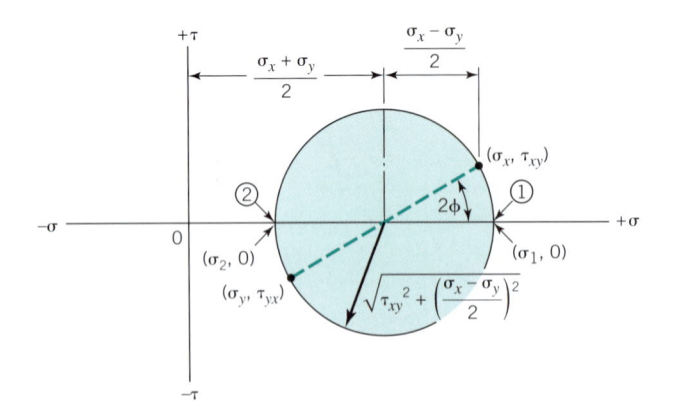

FIGURA 4.30 Círculo de Mohr ilustrando as Eqs. 4.16, 4.17 e 4.18.

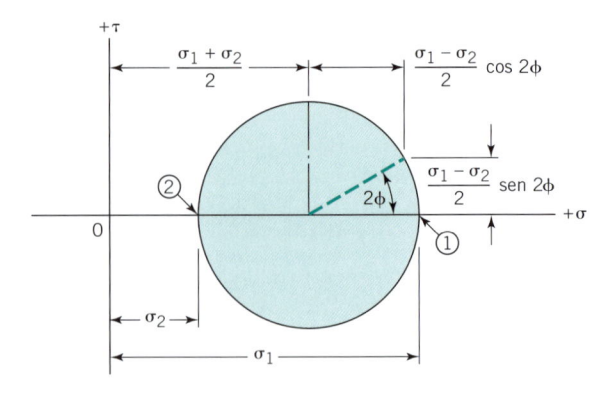

FIGURA 4.31 Círculo de Mohr ilustrando as Eqs. 4.19 e 4.20.

4.11 Estado Tridimensional de Tensões

Como as tensões apenas ocorrem em corpos reais que possuem três dimensões, é sempre importante imaginar o estado das tensões em termos tridimensionais. O estado uniaxial de tensões (tração ou compressão pura) envolve três tensões principais, porém duas delas são nulas. O estado plano (bidimensional) de tensões (como o cisalhamento puro ou o problema representado nas Figuras 4.23 a 4.29) envolve uma tensão principal nula. O esquecimento da tensão principal nula pode conduzir a sérios erros, conforme ilustrado a seguir nesta seção.

A análise do estado de tensões do ponto A da Figura 4.24 pode ser ampliada considerando-se o problema como tridimensional. A Figura 4.32 mostra cinco vistas dos elementos representativos do ponto A: (*a*) uma vista em perspectiva, mostrando os planos originais x e y e as tensões atuantes sobre eles; (*b*) o elemento posicionado em relação às direções principais através de um giro de 28° em torno do eixo z; (*c, d, e*) vistas frontais dos planos 1–2, 1–3 e 2–3 do elemento com a posição referente às direções principais.

Uma representação completa através dos círculos de Mohr desse estado de tensões é mostrada na Figura 4.33a. O círculo maior entre os pontos 1 e 3 representa as tensões em todos os planos que passam pelo ponto A e contêm o eixo 2, ou eixo z. O círculo menor entre os pontos 2 e 3 fornece as tensões referentes a todos os planos que passam pelo ponto A e contêm o eixo 1, e o círculo entre os pontos 1 e 2 representa as tensões nos planos que passam pelo ponto A e contêm o eixo 3.

Embora cada um dos três círculos represente um número infinito de planos que passam por A, a maior parte desses planos não contém *nenhum* dos eixos principais. Pode-se mostrar que *todos* esses planos estão sujeitos a tensões representadas por pontos situados na área sombreada entre os círculos. A localização de um ponto específico nessa área, que corresponde a um plano qualquer, raramente tem importância, porém o leitor interessado pode obter o procedimento envolvido em referências como, por exemplo, [1, Seção 3.7].

Como o maior dos três círculos de Mohr sempre representa a tensão cisalhante máxima, bem como os dois valores extremos da tensão normal, Mohr chamou este círculo de *círculo principal*.

Um exemplo ilustrativo, em que a tensão cisalhante máxima poderia ser calculada erroneamente por se deixar de incluir a

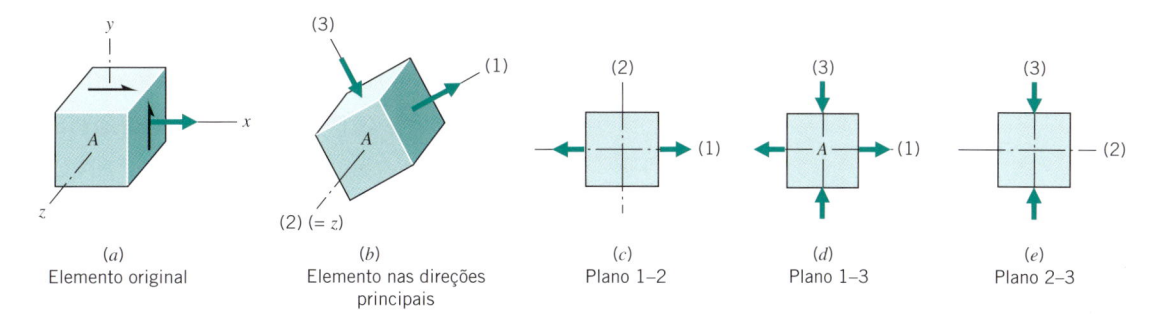

(a)
Elemento original

(b)
Elemento nas direções
principais

(c)
Plano 1–2

(d)
Plano 1–3

(e)
Plano 2–3

FIGURA 4.32 **Elementos representando o estado de tensões no ponto A.**

tensão principal nula no diagrama com os círculos de Mohr, é o caso das tensões ocorrentes na superfície externa de um vaso de pressão cilíndrico. Neste caso, as tensões axial e tangencial são tensões principais de tração, e a superfície externa descarregada caracteriza a terceira tensão principal nula. A Figura 4.33b ilustra tanto o valor correto da tensão cisalhante máxima quanto o valor incorreto obtido a partir de uma simples análise bidimensional. Uma situação análoga ocorre na superfície interna do cilindro; a única diferença é que a terceira tensão principal (que atua nessa superfície) não é nula, e sim negativa e igual à pressão interna do fluido.

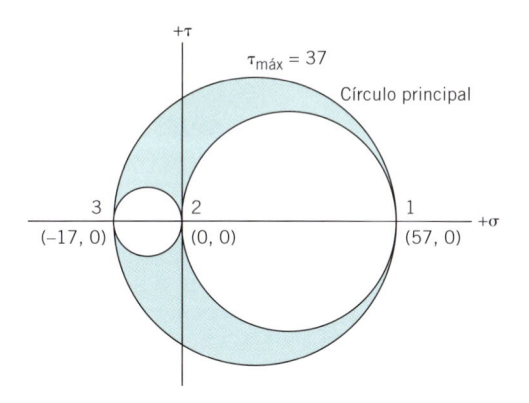

FIGURA 4.33a **Representação completa por círculos de Mohr do estado de tensões no ponto A da Figura 4.25.**

Para o caso raro em que existem tensões cisalhantes significativas atuantes em *todas* as faces do elemento, o leitor deve consultar textos detalhados sobre análise teórica de tensões — por exemplo, [1, 11]. Esse tópico também pode ser apresentado por meio de um exemplo.

PROBLEMA RESOLVIDO 4.4 Estado Tridimensional de Tensões

A Figura 4.34a representa o estado tridimensional de tensões do ponto crítico de um componente sujeito a uma compressão combinada com torção e flexão e sujeito ainda a uma pressão externa. Nesse ponto, $\sigma_x = 60.000$ psi, $\sigma_y = 40.000$ psi, $\sigma_z = -20.000$ psi, $\tau_{xy} = 10.000$ psi, $\tau_{yz} = 20.000$ psi e $\tau_{zx} = -15.000$ psi. Determine as tensões normais principais e a tensão cisalhante máxima, e desenhe o círculo de Mohr do estado de tensões.

SOLUÇÃO

Conhecido: Um componente possui um ponto crítico onde o estado tridimensional de tensões é conhecido.

A Ser Determinado: Determine as tensões normais principais e a tensão cisalhante máxima, e desenhe os correspondentes círculos de Mohr.

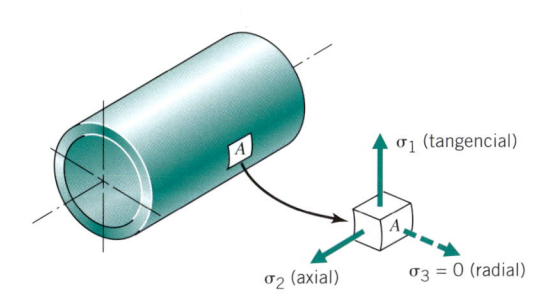
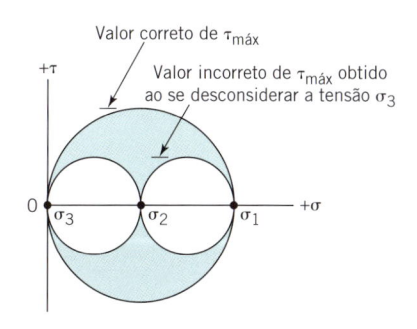

FIGURA 4.33b **Exemplo de um estado bidimensional de tensões onde a determinação correta da tensão $\tau_{máx}$ requer a consideração da tensão principal σ_3. Um vaso cilíndrico pressurizado ilustra um estado bidimensional de tensões onde a determinação do valor correto de $\tau_{máx}$ requer a consideração de σ_3. Note que (1) para um elemento na superfície interna, a tensão principal σ_3 é negativa e numericamente igual à pressão interna do fluido, e (2) para cilindros de paredes finas $\sigma_2 \approx \sigma_1/2$.**

Esquemas e Dados Fornecidos:

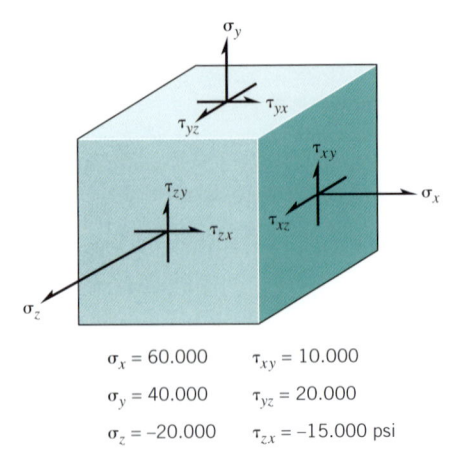

$$\sigma_x = 60.000 \qquad \tau_{xy} = 10.000$$
$$\sigma_y = 40.000 \qquad \tau_{yz} = 20.000$$
$$\sigma_z = -20.000 \qquad \tau_{zx} = -15.000 \text{ psi}$$

FIGURA 4.34a   Elemento representativo do ponto crítico mostrando o estado de tensões.

Hipóteses:

1. O estado de tensões é completamente definido pelas tensões normais e cisalhantes fornecidas.
2. O componente se comporta como um contínuo.

Análise:

1. As três tensões principais são determinadas pela obtenção das raízes da *equação característica*:

$$\sigma^3 - I_1\sigma^2 + I_2\sigma - I_3 = 0 \qquad (a)$$

na qual o *primeiro*, o *segundo* e o *terceiro invariantes*, I_1, I_2 e I_3, são determinados pelas expressões

$$I_1 = \sigma_x + \sigma_y + \sigma_z \qquad (b)$$

$$I_2 = \sigma_x\,\sigma_y + \sigma_y\,\sigma_z + \sigma_z\,\sigma_x - \tau_{xy}^2 - \tau_{yz}^2 - \tau_{zx}^2 \qquad (c)$$

$$I_3 = \sigma_x\,\sigma_y\,\sigma_z + 2\tau_{xy}\,\tau_{yz}\,\tau_{zx} - \sigma_x\tau_{yz}^2 - \sigma_y\tau_{zx}^2 - \sigma_z\tau_{xy}^2 \qquad (d)$$

2. A equação característica é resolvida para as *tensões normais principais*.

$$\sigma_1, \sigma_2 \text{ e } \sigma_3, \text{ em que } \sigma_1 > \sigma_2 > \sigma_3.$$

3. As tensões cisalhantes principais são então calculadas como τ_{13}, τ_{21} e τ_{32}, como

$$\tau_{13} = \frac{|\sigma_1 - \sigma_3|}{2}$$

$$\tau_{21} = \frac{|\sigma_2 - \sigma_1|}{2}$$

$$\tau_{32} = \frac{|\sigma_3 - \sigma_2|}{2}$$

4. Os cálculos se iniciam pela determinação dos primeiro, segundo e terceiro invariantes:

$$I_1 = \sigma_x + \sigma_y + \sigma_z = 60.000 + 40.000 - 20.000 = 80.000$$

$$I_2 = \sigma_x\,\sigma_y + \sigma_y\,\sigma_z + \sigma_z\,\sigma_x - \tau_{xy}^2 - \tau_{yz}^2 - \tau_{zx}^2$$
$$= (60.000)(40.000) + (40.000)(-20.000) + (60.000)(-20.000)$$
$$= -(-10.000)^2 - (2.000)^2 - (-15.000)^2 = -3,25E^8$$

$$I_3 = \sigma_x\,\sigma_y\,\sigma_z + 2\,\tau_{xy}\,\tau_{yz}\,\tau_{zx} - \sigma_z\,\tau_{xz}^2 - \sigma_y\,\tau_{zx}^2 - \sigma_z\,\tau_{xy}^2$$
$$= (60.000)(40.000)\,(-20.000) + 2(-10.000)(20.000)(-15.000)$$
$$\quad - 60.000(20.000)^2 - (40.000)(-15.000)^2$$
$$\quad - (-20.000)(-10.000)^2 = -7,3E^{13}$$

5. Em seguida, os valores desses invariantes são substituídos na equação característica, a qual é resolvida para as tensões normais principais:

$$\sigma^3 - I_1\sigma^2 + I_2\sigma + I_3 = 0$$
$$\sigma^3 - 80.000\sigma^2 - 3,25E^8\sigma + 7,3E^{13} = 0$$
$$\sigma_1 = 69.600; \sigma_2 = 38.001; \sigma_3 = -27.601 \text{ psi}$$

6. As tensões cisalhantes principais podem, assim, ser calculadas como τ_{13}, τ_{21} e τ_{32} utilizando

$$\tau_{13} = \frac{|\sigma_1 - \sigma_3|}{2} = \frac{|69.600 - (-27.601)|}{2} = 48,600$$

$$\tau_{21} = \frac{|\sigma_2 - \sigma_1|}{2} = \frac{|38.001 - 69.600|}{2} = 15.799$$

$$\tau_{32} = \frac{|\sigma_3 - \sigma_2|}{2} = \frac{|-27.601 - (38.001)|}{2} = 3.280 \text{ psi}$$

Comentário: Como $\sigma_1 > \sigma_2 > \sigma_3$, a tensão cisalhante máxima é τ_{13}. O diagrama de círculos de Mohr para o estado tridimensional é mostrado a seguir.

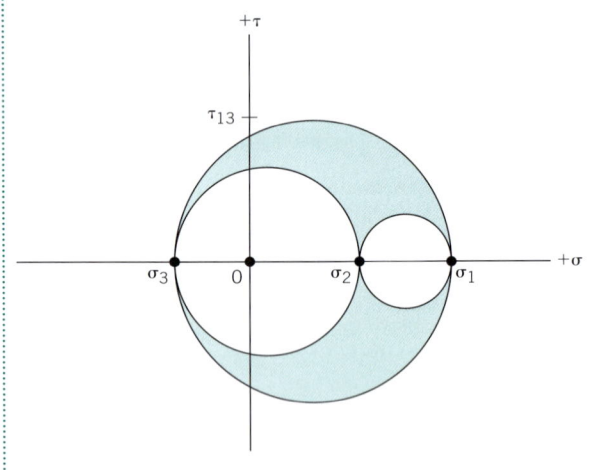

FIGURA 4.34b   Problema Resolvido 4.4. Representação por círculos de Mohr do estado de tensões do ponto crítico da Figura 4.34a.

4.12 Fatores de Concentração de Tensões, K_t

Na Seção 4.2, a Figura 4.1*e* indicou o fluxo das linhas de força através de uma barra de ligação sob tração. Foi observado, inicialmente, que existia uma distribuição uniforme dessas linhas (e, portanto, uma distribuição uniforme das tensões normais) apenas nas regiões relativamente distantes das extremidades. Nas proximidades das extremidades, essas linhas de fluxo indicam uma concentração de tensões nas vizinhanças da superfície externa. Esse mesmo efeito de concentração de tensões ocorre nos casos de carregamentos por flexão e por torção. Deseja-se, agora, avaliar a concentração de tensões associada a diversas configurações geométricas, de modo que as tensões máximas atuantes em um componente possam ser determinadas.

O primeiro tratamento matemático dos concentradores de tensões foi publicado logo após o ano de 1900 [5]. De modo a tratar-se de outros casos, que não sejam os mais simples, foram desenvolvidos e utilizados procedimentos experimentais para a medição de altas-tensões localizadas. Recentemente, procedimentos computacionais, como o método dos elementos finitos, também têm sido empregado. Os resultados de muitos desses procedimentos estão disponíveis na forma de gráficos, como os mostrados nas Figuras 4.35 a 4.41. As curvas apresentadas nesses gráficos fornecem os valores do *fator de concentração de tensões teórico*, K_t (com base na teoria dos materiais elásticos, homogêneos e isotrópicos), para serem utilizados nas equações

$$\sigma_{\text{máx}} = K_t\sigma_{\text{nom}} \quad \text{e} \quad \tau_{\text{máx}} = K_t\tau_{\text{nom}} \quad (4.21)$$

Por exemplo, a tensão máxima para um carregamento axial (atuante em um material ideal) deve ser obtida multiplicando-se P/A pelo valor apropriado de K_t.

Note que os gráficos referentes à concentração de tensões são representados com base em *razões adimensionais*, indicando que apenas a *forma* (e não as dimensões) do componente está envolvida. Observe também que os fatores de concentração de tensões são distintos para os carregamentos axiais, de flexão e de torção. Dentre as referências mais completas e com credibilidade sobre os fatores de concentração de tensões pode-se citar a obra de R. E. Peterson [6,7].

Em muitas situações envolvendo componentes com entalhes sujeitos a um carregamento de tração ou de flexão, o entalhe não apenas aumenta as tensões primárias, mas também altera uma ou duas das tensões principais que teriam valor nulo. Este fato é referido como *efeito biaxial ou triaxial dos amplificadores de tensões* ("amplificadores de tensões" é um termo geral aplicável a entalhes, furos, roscas etc.). Embora este seja um pequeno efeito secundário que não será objeto de análise posterior neste texto, é recomendado que se compreenda como essas componentes de tensões adicionais podem surgir. Considere, por exemplo, um eixo de borracha macia com entalhe sujeito a uma carga de tração, conforme ilustrado na Figura 4.36*b*. Quando a carga de tração aumenta, haverá uma tendência da superfície externa de puxar o material para dentro, fazendo com que o componente se torne próximo a um cilindro na região do entalhe. Isto envolverá um *aumento* no diâmetro e na circunferência da seção no plano do entalhe. O aumento da circunferência dá origem a uma tensão *tangencial*, que será máxima na superfície. O aumento no diâmetro está associado ao surgimento das tensões *radiais*. (Lembre-se, no entanto, de que essa tensão radial deve ser nula na superfície, porque não existem forças radiais externas atuantes nessa superfície.)

Os gráficos com os fatores de concentração de tensões, como os apresentados nas Figuras 4.35 a 4.41, correspondem à tensão máxima atuante na superfície da irregularidade geométrica que provocou o aumento da tensão. Os valores menores da tensão atuante em outro local da seção transversal raramente são de interesse, porém em alguns casos mais simples podem ser determinados analiticamente a partir da teoria da elasticidade ou podem ser aproximados por técnicas como a dos elementos finitos, ou ainda podem ser determinados por procedimentos experimentais, como a fotoelasticidade. A variação da tensão ao longo da seção transversal (isto é, o *gradiente* de tensão) é fornecida para alguns casos na referência [3].

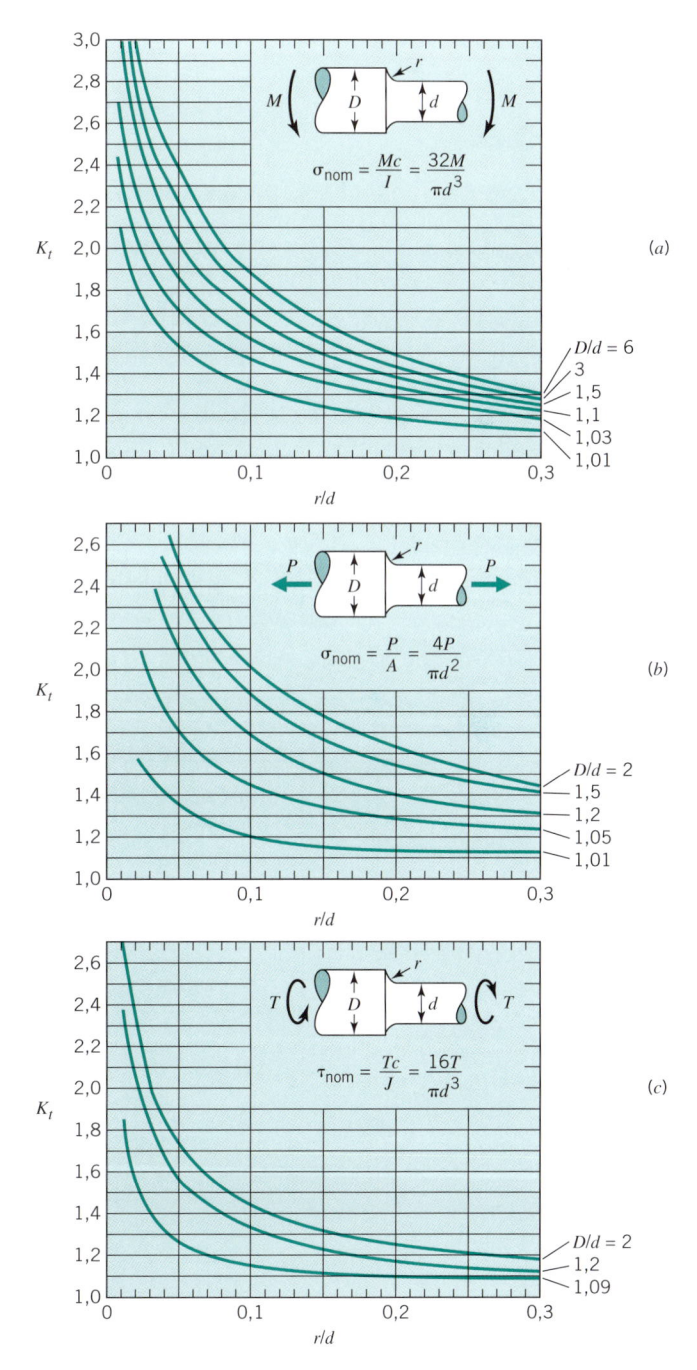

FIGURA 4.35 Eixo com adoçamento (*a*) flexão; (*b*) carga axial; (*c*) torção [7].

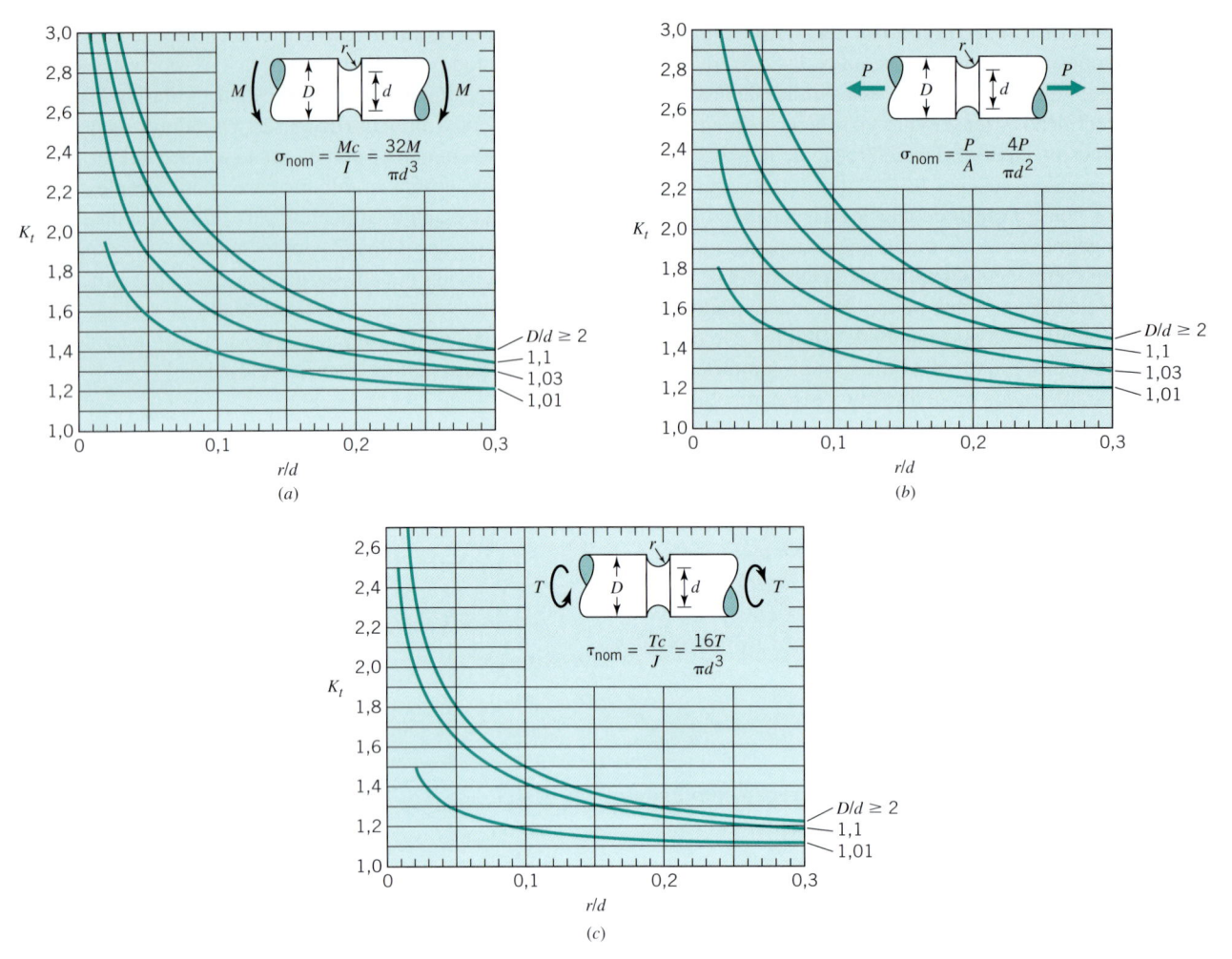

FIGURA 4.36 Eixo com entalhe (*a*) flexão; (*b*) carga axial; (*c*) torção [7].

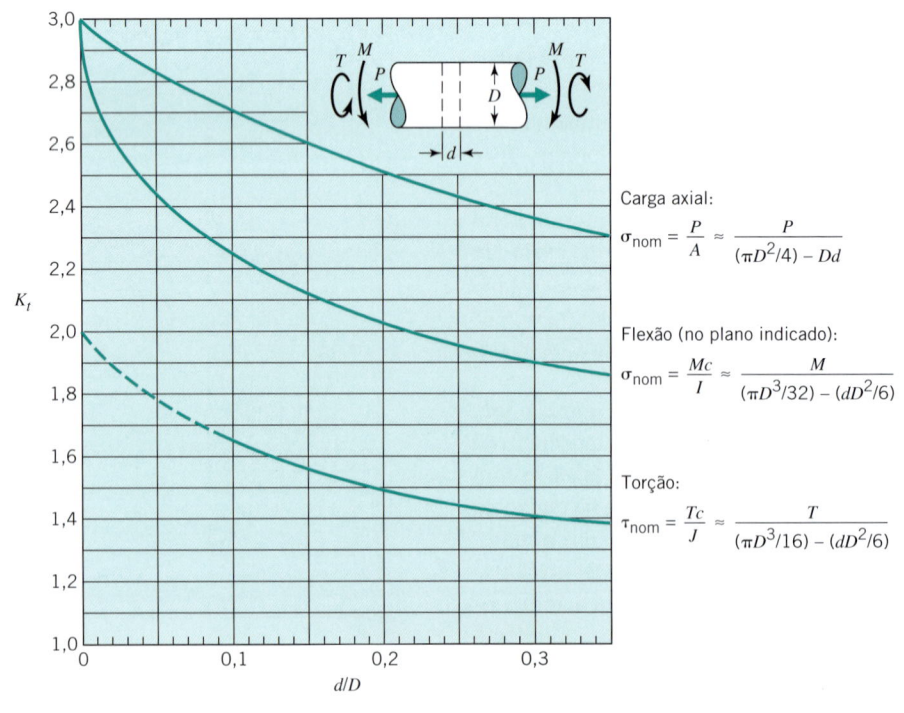

FIGURA 4.37 Eixo com furo diametral [7].

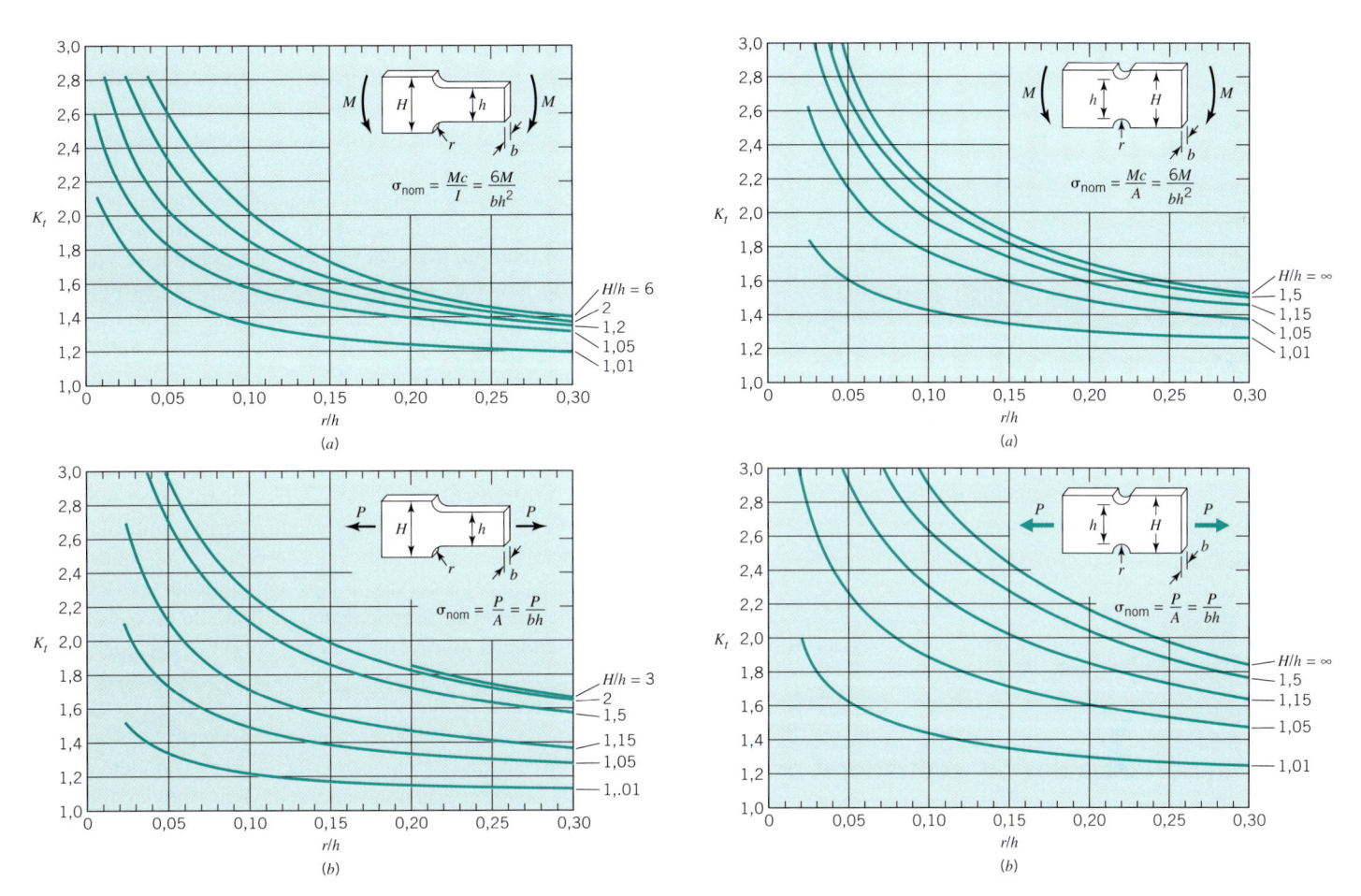

FIGURA 4.38 Barra com adoçamento (*a*) flexão; (*b*) carga axial [7].

FIGURA 4.39 Barra plana com entalhe (*a*) flexão; (*b*) tração [7].

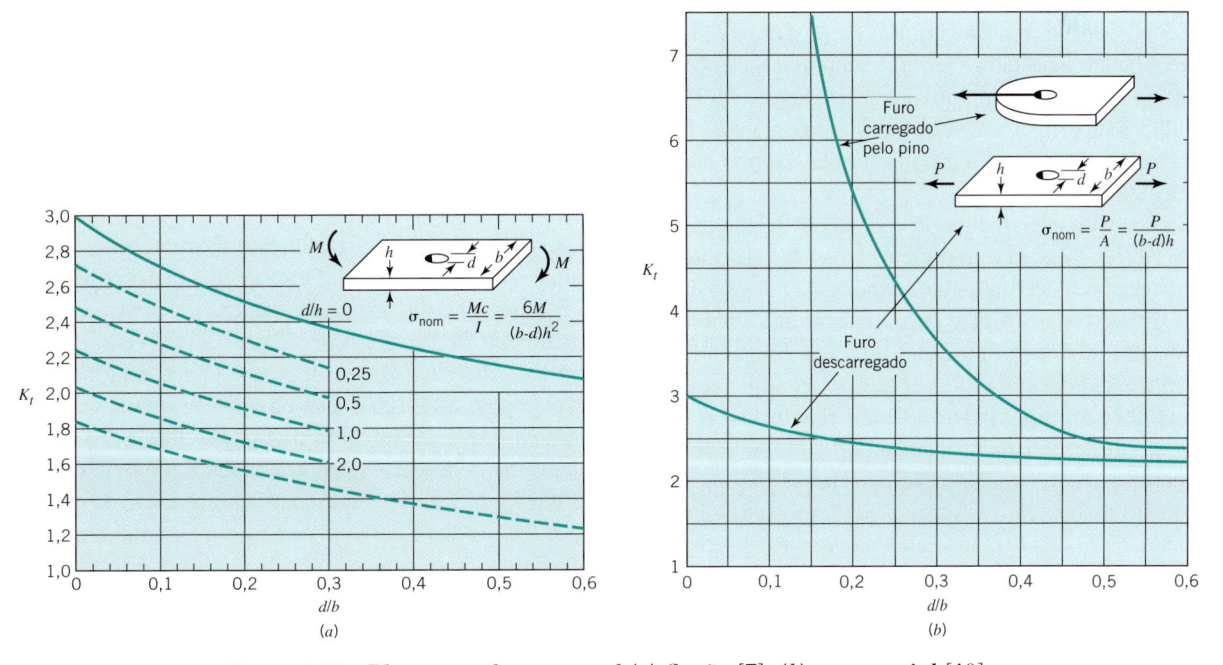

FIGURA 4.40 Placa com furo central (*a*) flexão [7]; (*b*) carga axial [10].

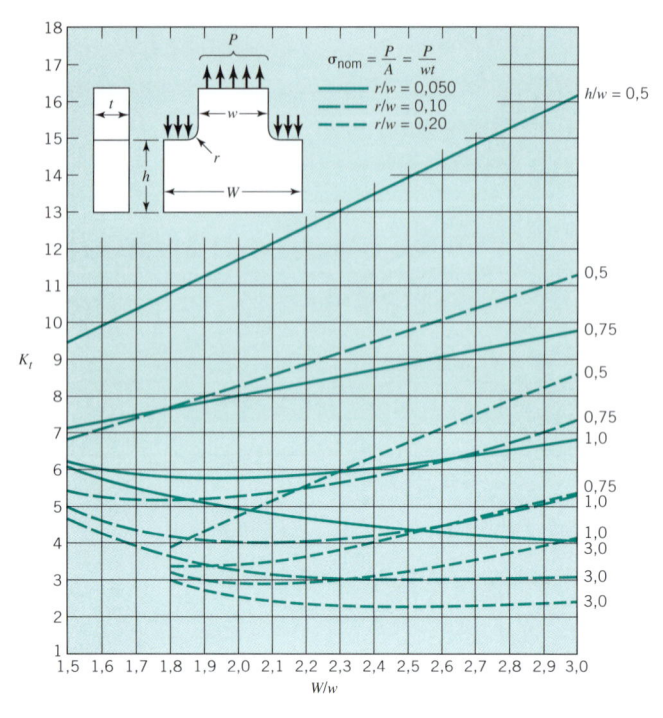

FIGURA 4.41 **Componente em T com carga axial** [7].

4.13 Importância dos Concentradores de Tensões

Deve ser enfatizado que os fatores de concentração de tensões fornecidos nos gráficos são *teóricos* (daí a razão do subscrito *t*) ou fatores geométricos com base em um material teórico homogêneo, isotrópico e elástico. Os materiais reais possuem irregularidades microscópicas que causam certa não uniformidade na distribuição das tensões ao nível microscópico, mesmo em componentes sem entalhes. Assim, a introdução de um amplificador de tensões pode não causar muito dano *adicional*, conforme indicado pelo fator teórico. Além disso, os componentes reais — mesmo se livres dos concentradores — possuem irregularidades superficiais (resultantes dos processos de fabricação e do uso) que podem ser consideradas como entalhes extremamente pequenos.

A decisão de um engenheiro em considerar ou não os concentradores de tensões em seus projetos depende (1) de até que ponto o material real se distingue do teórico e (2) se o carregamento é estático ou se envolve impacto ou fadiga. Para materiais permeados de descontinuidades internas, como os ferros fundidos cinza, os concentradores de tensões geralmente apresentam um efeito mínimo, independentemente da natureza da carga. Isso porque as irregularidades superficiais ou geométricas raramente causam concentração de tensões mais severas do que aquelas associadas às irregularidades internas. Para o carregamento de fadiga e de impacto de diversos materiais de uso em engenharia a concentração de tensões deve ser considerada, conforme será discutido nos capítulos subsequentes. Para o caso do carregamento estático tratado neste capítulo a concentração de tensões é importante apenas para materiais não usuais que sejam tanto frágeis quanto relativamente homo-

gêneos;[2] ou para materiais normalmente dúcteis que, sob condições especiais, se *comportam* de forma frágil (veja o Capítulo 6 para outras discussões). Para os materiais de uso comum em engenharia com alguma ductilidade (e sob condições tais que se *comportem* como dúctil) é usual ignorar a concentração de tensões para cargas estáticas. O embasamento para essa atitude é ilustrado pela discussão a seguir.

As Figuras 4.42a e b mostram duas barras planas sob tração, cada uma com área de seção transversal mínima A e fabricada de um material dúctil com a curva tensão–deformação "idealizada" mostrada na Figura 4.42e. A carga na barra sem entalhe (Figura 4.42a) pode ser aumentada até um valor igual ao produto da área pela resistência ao escoamento antes de ocorrer uma falha (escoamento global da seção). Essa condição é representada na Figura 4.42c. Como a barra com entalhe da Figura 4.42b possui um fator de concentração de tensão igual a 2, o escoamento terá *início* com apenas metade da carga, conforme mostrado na Figura 4.42d. Esta condição se repete com a curva "a" da Figura 4.42f. Quando a carga é aumentada, a distribuição das tensões (mostrada na Figura 4.42f) passa a ser representada pelas curvas "b", "c" e finalmente "d". Essas curvas refletem um aprofundamento contínuo do escoamento local, que começa na raiz do entalhe; porém, o escoamento global (ou generalizado) envolvendo toda a seção transversal não ocorre até que o ponto "d" seja atingido. Note que a carga associada à curva "d" é idêntica à capacidade de carga da barra sem entalhe, mostrada na Figura 4.42c. Observe também que a curva "d" pode ser atingida sem um alongamento significativo do componente. A barra, como um todo, não pode ser alongada significativamente sem que o escoamento atinja toda a seção transversal, incluindo a região central. Assim, para muitas situações práticas a barra com entalhe suportará a mesma carga estática que a barra sem o entalhe.

4.14 Tensões Residuais Causadas pelo Escoamento — Carregamento Axial

Quando a seção transversal de um componente escoa de modo não uniforme, *tensões residuais* permanecerão nessa seção transversal após a carga externa ser removida. Considere, por exemplo, os quatro níveis de carregamento da barra plana com entalhe sob tração mostrada na Figura 4.42f. Esta mesma barra e os quatro níveis de carregamento são representados na coluna esquerda da Figura 4.43. Observe que ocorre apenas um *leve* escoamento, e não um escoamento significativo, como o que geralmente ocorre nos processos. A coluna central nessa figura mostra a *distribuição* das tensões quando a carga é removida. Exceto para a Figura 4.43a, na qual a carga não foi suficiente para causar o escoamento na raiz do entalhe, a mudança do diagrama de tensões quando a carga é removida não cancela exatamente as tensões causadas pela aplicação da carga. Assim, após a retirada da carga permanecem algumas *tensões residuais*. Estas são mostradas na coluna direita da Figura 4.43.

---

[2] Um exemplo comum: para abrir uma caixa revestida em um filme plástico transparente um entalhe agudo nos bordos é *muito* útil!

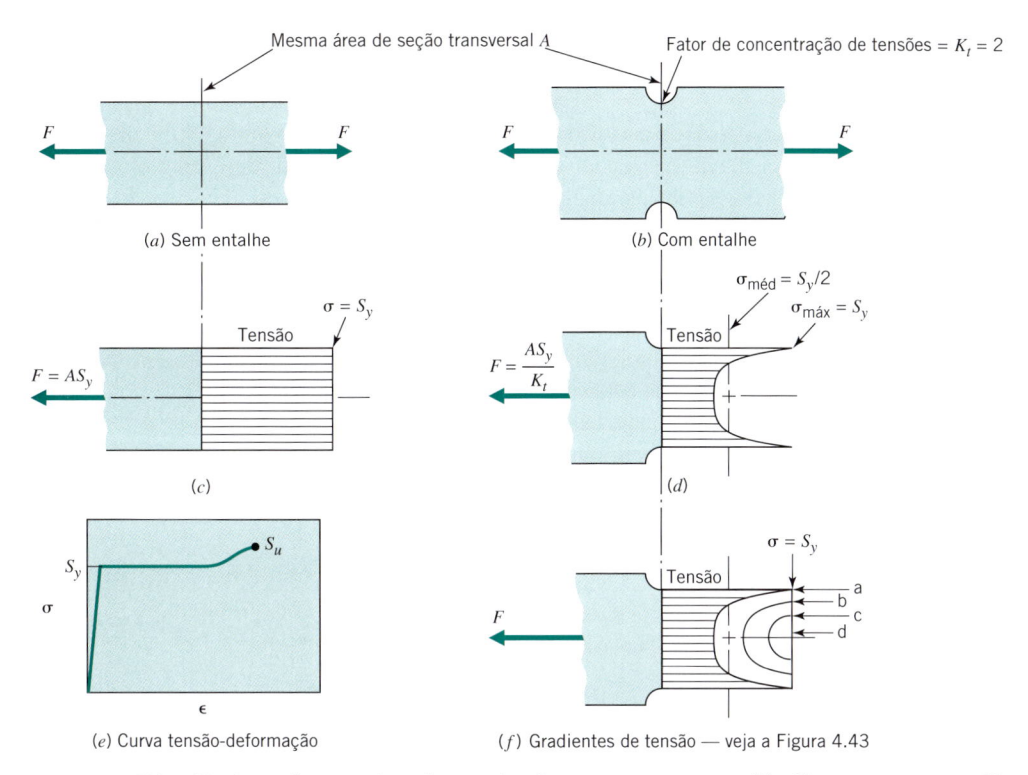

FIGURA 4.42 Distribuição das tensões de tração de um componente dúctil com e sem entalhe.

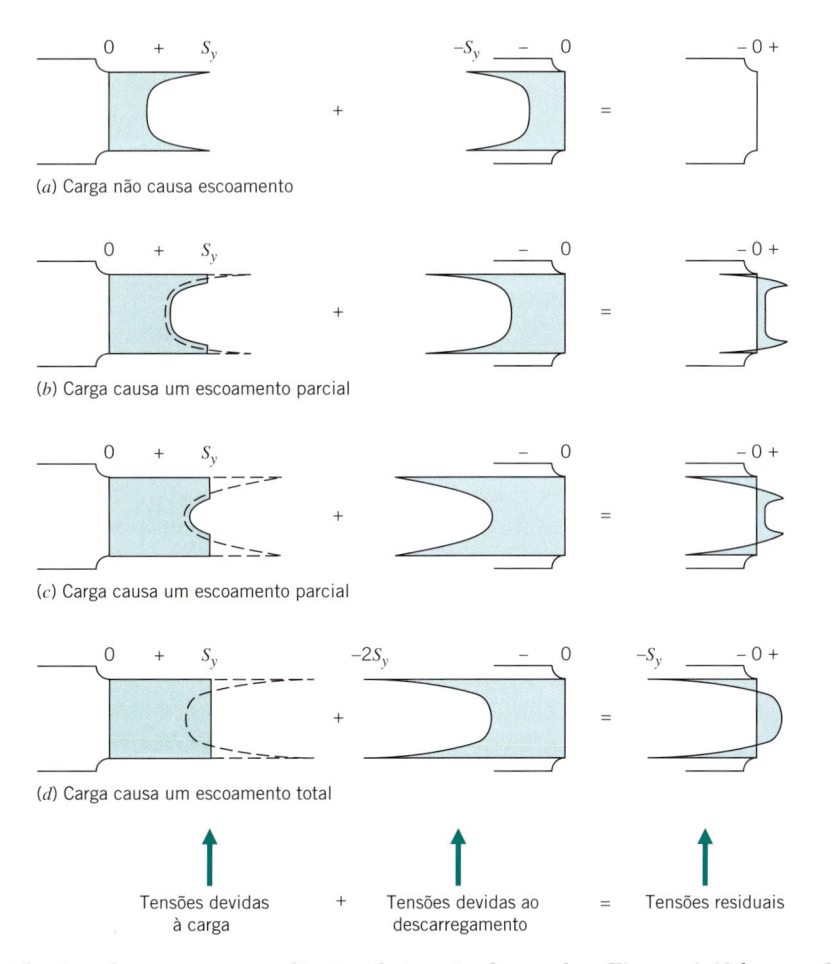

FIGURA 4.43 Tensões residuais referentes aos gradientes de tensão de a a d na Figura 4.42f, causadas pelo escoamento de uma barra com entalhe tracionada com $K_t = 2$.

Note que em cada caso mostrado na Figura 4.43 a *distribuição* das tensões durante o descarregamento corresponde a um comportamento *elástico*.

Geralmente, a visualização das tensões residuais desenvolvidas, como aquelas mostradas na Figura 4.43, é facilitada imaginando-se uma coluna de pequenos extensômetros colados desde a parte superior até a parte inferior da seção com entalhe. Se esses extensômetros forem colados *enquanto a carga é aplicada à barra*, eles, inicialmente, indicarão uma leitura nula, embora as tensões reais na seção transversal se apresentem conforme indicado na coluna da esquerda. Quando a carga de tração é aliviada todos os extensômetros indicarão uma *compressão*, conforme mostrado na coluna do meio da figura. A tensão compressiva *média* indicada pelos extensômetros quando a carga é completamente removida será, obviamente, igual a *P/A*, porém a distribuição dessa tensão compressiva será completamente elástica, de modo que não ocorrerá nenhum escoamento *durante o alívio da carga*. Essa condição é atendida em todos os casos mostrados. Mesmo no caso da Figura 4.43*d*, em que o descarregamento elástico na raiz do entalhe é de $2S_y$ (a variação média na tensão é de S_y, e na raiz do entalhe ela vale $K_t S_y$), não ocorrerá nenhum escoamento. Admitindo-se resistências ao escoamento idênticas para tração e compressão, o material na raiz do entalhe fica sujeito a uma tensão que vai de S_y em tração, quando a carga é aplicada, até S_y em compressão, quando a carga é retirada.

As curvas do gradiente de tensão elástica associadas às diversas cargas podem ser estimadas graficamente, conforme ilustrado pelas linhas tracejadas na coluna esquerda da Figura 4.43. (Note que, em cada caso, a curva tracejada corresponde à mesma tensão *média* que a curva contínua e que a tensão máxima mostrada na curva tracejada é igual ao dobro da tensão média, uma vez que $K_t = 2$.) Após as curvas tracejadas serem esboçadas, as curvas de alívio da carga, mostradas na coluna do centro, podem ser obtidas por simples inversão de sinal. Uma vez compreendido esse procedimento, os gráficos da coluna central podem ser dispensados e as curvas referentes às tensões residuais podem ser obtidas por simples subtração das curvas tracejadas das curvas contínuas na coluna esquerda.

Sem a determinação da forma real das curvas de distribuição das tensões (isto é, os gradientes de tensões), as curvas referentes às tensões residuais obtidas na Figura 4.43 são, evidentemente, aproximações. Entretanto, elas refletem a tensão residual correta ocorrente na superfície e a forma genérica da curva de distribuição das tensões residuais, e estas são, em geral, as informações de maior interesse. Deve-se lembrar, também, que este desenvolvimento para obtenção das curvas das tensões residuais foi baseado na hipótese de que o material se comporta conforme previsto na curva tensão–deformação idealizada da Figura 4.42*e*. Também por essa razão, as curvas de tensões residuais apresentadas na Figura 4.43 não podem ser consideradas mais do que uma boa aproximação.

4.15 Tensões Residuais Causadas pelo Escoamento — Carregamentos de Flexão e de Torção

A Figura 4.44 ilustra as tensões residuais causadas pela flexão de uma viga de seção retangular sem entalhe. A figura mostra o caso específico de uma viga de 25 × 50 mm feita de um aço cuja curva tensão–deformação idealizada possui $S_y = 300$ MPa. O momento fletor incógnito M_1 produz a distribuição de tensões mostrada na Figura 4.44*a*, com o escoamento ocorrendo até uma profundidade de 10 mm. Pode-se, inicialmente, determinar a intensidade do momento M_1.

Se o padrão de distribuição de tensões for substituído por forças concentradas F_1 e F_2 posicionadas nos centroides das regiões retangulares e triangulares da distribuição, respectivamente, M_1 será igual à soma dos binários produzidos por F_1 e F_2. A magnitude de F_1 é igual ao produto da tensão média (300 MPa) pela área sobre a qual está atuando (10 mm × 25 mm). Analogamente, F_2 é igual a uma tensão média de 150 MPa multiplicada por uma área de 15 mm × 25 mm. Os braços de momento dos binários são de 40 mm e 20 mm, respectivamente. Assim,

$$M_1 = (300 \text{ MPa} \times 250 \text{ mm}^2)(0{,}040 \text{ m})$$
$$+ (150 \text{ MPa} \times 375 \text{ mm}^2)(0{,}020 \text{ m})$$
$$= 4125 \text{ N} \cdot \text{m}$$

Em seguida, as tensões residuais remanescentes são determinadas após o momento fletor M_1 ser removido. A tensão elástica quando este momento é removido vale

$$\sigma = M/Z = 4125 \text{ N} \cdot \text{m}/(1{,}042 \times 10^{-5} \text{ m}^3)$$
$$= 3{,}96 \times 10^8 \text{ Pa} = 396 \text{ MPa}$$

A distribuição das tensões elásticas quando a carga é removida é mostrada nos diagramas centrais da Figura 4.44*b*. Esses diagramas são superpostos aos correspondentes das tensões da carga, resultando nos diagramas de tensões residuais mostrados no lado direito da figura.

A linha tracejada no diagrama da Figura 4.44*b*, referente às tensões da fase de carregamento, é o inverso do diagrama de tensões referente à remoção da carga. Uma vez que tanto as linhas contínuas quanto as tracejadas desse diagrama correspondem ao mesmo valor de momento fletor, pode-se observar a relação gráfica que indica que o momento referente à linha contínua é igual ao momento da linha tracejada. Este fato poderia ter sido utilizado para se esboçar a linha tracejada de forma bastante precisa sem a realização de nenhum cálculo. Note como os pontos no diagrama de tensões da fase de carregamento servem para localizar os pontos de tensão nula e igual a 62 MPa no diagrama de tensões residuais.

Observe que, a esta altura, a viga está *levemente* fletida. A região externa que sofreu escoamento pela carga não retorna à sua posição inicial, enquanto a região central que não sofreu nenhum escoamento retorna. Assim, o equilíbrio dessas tendências opostas fica atendido, com as tensões residuais atendendo aos requisitos de equilíbrio de forças, $\Sigma F = 0$, e de momentos, $\Sigma M = 0$. *Sabe-se* que a viga está levemente fletida exatamente pela observação do diagrama de tensões residuais. A região central, que era inicialmente reta e livre de tensões, não apresenta escoamento. Ela pode se tornar novamente reta se o núcleo central for aliviado de tensões.

A Figura 4.44*c* mostra que a condição desejada de que a região central seja livre de tensões requer a superposição de uma carga

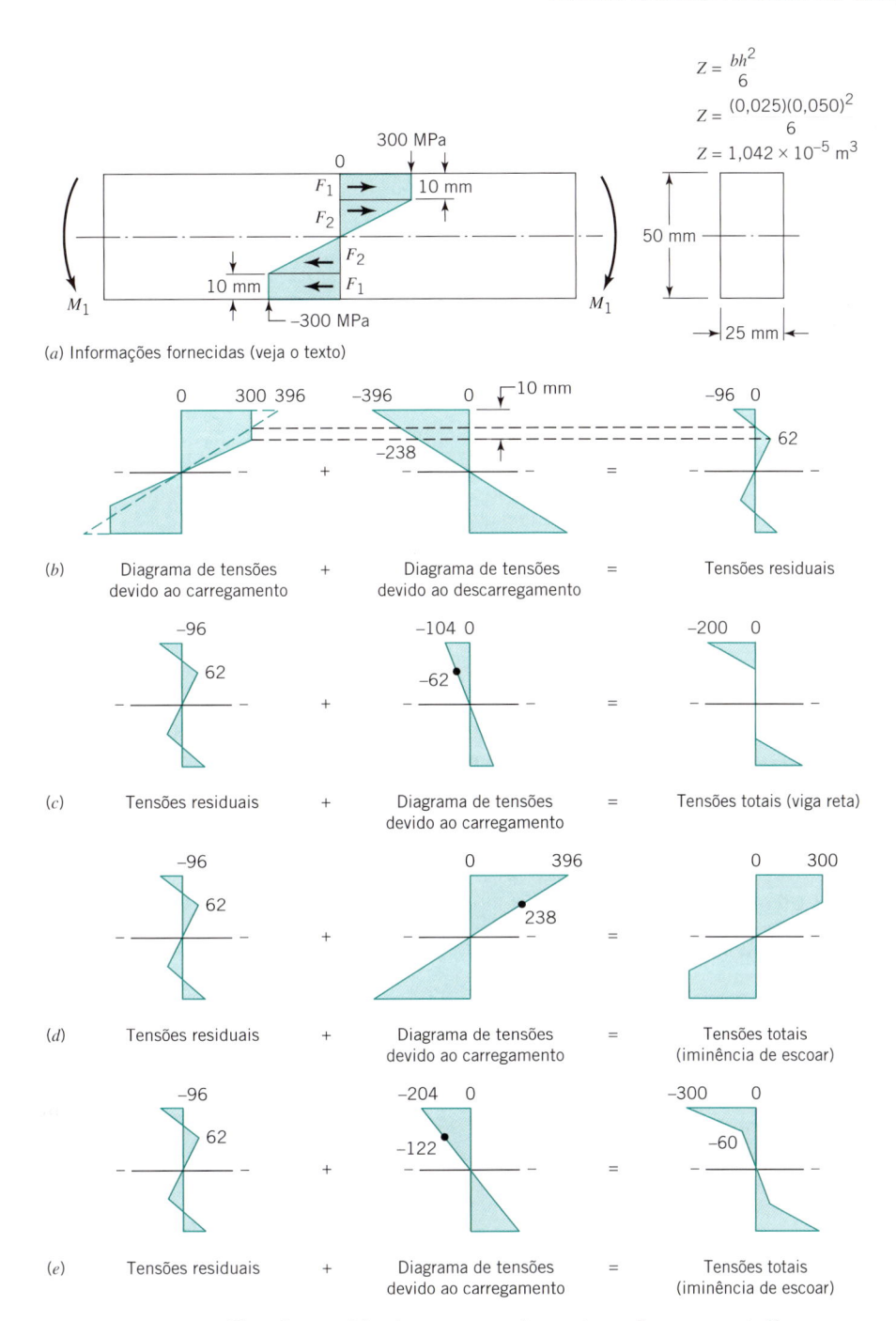

(a) Informações fornecidas (veja o texto)

(b) Diagrama de tensões devido ao carregamento + Diagrama de tensões devido ao descarregamento = Tensões residuais

(c) Tensões residuais + Diagrama de tensões devido ao carregamento = Tensões totais (viga reta)

(d) Tensões residuais + Diagrama de tensões devido ao carregamento = Tensões totais (iminência de escoar)

(e) Tensões residuais + Diagrama de tensões devido ao carregamento = Tensões totais (iminência de escoar)

Figura 4.44 **Tensões residuais em uma viga retangular sem entalhe.**

que provoca uma tensão compressiva de 62 MPa, 10 mm abaixo da superfície. Com esta carga posicionada as tensões totais resultantes ficam com a configuração mostrada à direita da figura. Como as tensões na região central são nulas, a viga realmente estará reta. Pode-se, assim, calcular a magnitude do momento fletor necessário para manter a viga reta. Já se sabe que uma tensão elástica na superfície de 396 MPa está associada a um momento de 4125 N · m. Por simples proporção, uma tensão de 104 MPa estará associada a um momento de 1083 N · m.

Determina-se, agora, a capacidade de aplicação de um momento fletor *elástico* à viga *após as tensões residuais terem*

sido estabelecidas. A Figura 4.44d mostra que pode ser aplicado um momento no mesmo sentido de M_1 que resulte em uma tensão na superfície de +396 MPa, sem que ocorra escoamento. Pelos cálculos anteriores, sabe-se que essa tensão está associada a um momento de 4125 N · m. Um instante de reflexão indica que essa condição é óbvia: a *liberação* do momento original $M_1 = 4125$ N · m não causou escoamento; logo, ele pode ser *reaplicado* sem que ocorra mais escoamento. A Figura 4.44e mostra que, no sentido oposto ao momento original M_1, o momento que resulte em uma tensão na superfície de 204 MPa é o máximo que pode ser elasticamente suportado. Novamente, por simples proporção este valor corresponde a um momento de 2125 N · m.

Essa análise ilustra um importante princípio.

Uma sobrecarga que cause escoamento produz tensões residuais que são favoráveis aos futuros carregamentos no mesmo sentido e desfavoráveis aos futuros carregamentos no sentido oposto.

Além disso, com base na curva tensão–deformação de um material elastoplástico ideal o aumento na capacidade de carga em um sentido é exatamente igual à diminuição da capacidade de carga no sentido oposto. Esse princípio também pode ser ilustrado para carregamentos de tração axial, utilizando a Figura 4.43.

No exemplo da Figura 4.44 poderia ser desenvolvida uma etapa a mais, considerando o momento externo necessário para tornar a viga reta permanentemente (de modo que o centro da seção fique novamente livre de tensão e, portanto, a viga fique reta após a retirada desse momento) e a distribuição das novas tensões residuais nela resultante. Essa condição é mostrada na referência [2].

As barras de seção circular sobrecarregadas em torção podem ser analisadas da mesma forma descrita no exemplo anterior para a barra de seção retangular sobrecarregada em flexão. A introdução do concentrador de tensão tanto na flexão quanto na torção não requer novos conceitos, além dos apresentados nesta seção e nas anteriores.

4.16   Tensões Térmicas

Até agora, apenas foram consideradas as tensões causadas pela aplicação de carregamentos externos. As tensões podem também ser causadas por restrições a uma expansão ou a uma contração devida a variações de temperatura ou a uma mudança de fase do material. Nos componentes mecânicos e estruturais reais uma avaliação quantitativa precisa dessas tensões está, em geral, além do escopo deste texto. Todavia, é importante que o estudante se familiarize com os princípios básicos envolvidos. A partir deles, importantes informações qualitativas podem geralmente ser obtidas.

Quando a temperatura de um corpo homogêneo e sem restrições é alterada de modo uniforme, ele se expande (ou se contrai) uniformemente em todas as direções, de acordo com a relação

$$\epsilon = \alpha \Delta T \qquad (4.22)$$

na qual ϵ é a deformação, α é o coeficiente de expansão térmica e ΔT é a variação da temperatura. Os valores de α para diversos metais de uso comum são fornecidos no Apêndice C-1. Esta variação de volume uniforme e sem restrições não produz nenhuma deformação cisalhante, e também não gera nenhuma tensão axial ou cisalhante.

Se alguma restrição for imposta ao corpo durante a variação da temperatura as tensões resultantes podem ser determinadas (1) calculando-se as variações dimensionais que ocorreriam na *ausência* das restrições, (2) determinando-se as cargas de restrição necessárias para *forçar* as variações dimensionais impostas pela restrição e (3) calculando-se as tensões associadas a essas cargas de restrição. Esse procedimento é ilustrado no Problema Resolvido a seguir.

Tensões Térmicas Atuantes em uma Tubulação

Uma tubulação de aço com 10 in (25,4 cm) de comprimento (com propriedades $E = 30 \times 10^6$ psi e $\alpha = 7 \times 10^{-6}/°F$), tendo uma área de seção transversal de 1 in², é instalada com suas extremidades "fixas", livres de tensões, a 80°F (26,7°C). Durante sua operação a tubulação é aquecida de forma uniforme até 480°F (249°C). Medições precisas indicam que as extremidades fixas se separam de 0,008 in (0,203 mm). Quais são as cargas exercidas sobre as extremidades da tubulação e quais são as tensões resultantes?

SOLUÇÃO

Conhecido: Uma tubulação de aço com comprimento e área de seção transversal conhecidos se expande de 0,008 in (0,203 mm) a partir de uma condição livre de tensões a 80°F (26,7°C) quando é aquecida, de modo uniforme, até uma temperatura de 480°F (249°C) (veja a Figura 4.45).

A Ser Determinado: Determine as cargas e as tensões atuantes na tubulação de aço.

Esquemas e Dados Fornecidos:

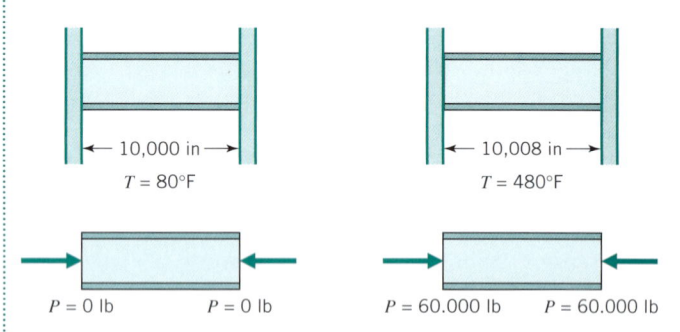

← 10,000 in → $T = 80°F$

← 10,008 in → $T = 480°F$

$P = 0$ lb $P = 0$ lb

$P = 60.000$ lb $P = 60.000$ lb

FIGURA 4.45   Problema Resolvido 4.5. Expansão térmica de uma tubulação com restrições.

Hipóteses:

1. O material da tubulação é homogêneo e isotrópico.
2. As tensões atuantes no material permanecem no regime elástico.

Análise:

1. Para a tubulação sem restrição

$$\epsilon = \alpha \Delta T = (7 \times 10^{-6})(400) = 2,8 \times 10^{-3}$$
$$\Delta L = L\epsilon = 10 \text{ in } (2,8 \times 10^{-3}) = 0,028 \text{ in}$$

2. Como a expansão medida foi de apenas 0,008 in (0,203 mm), as restrições devem aplicar forças suficientes para produzir uma deformação de 0,020 in (0,5075 mm). Pela relação

$$\delta = \frac{PL}{AE}$$

que é prevista pela teoria elástica elementar, revista no Capítulo 5,

$$0,020 = \frac{P(10)}{(1)(30 \times 10^6)} \qquad \text{ou} \quad P = 60.000 \text{ lb}$$

3. Como a área é unitária (1 in^2), $\sigma = 60$ ksi.

Comentários: Como essas respostas são baseadas em relações elásticas, elas apenas serão válidas se o material possuir uma resistência ao escoamento de pelo menos 60 ksi a 480°F.

Se as tensões causadas pela variação da temperatura forem muito além dos valores desejáveis, a melhor solução, em geral, é aliviar a restrição. Por exemplo, no Problema Resolvido 4.5 a eliminação ou a redução drástica da extremidade fixa corresponderia à eliminação ou à redução da tensão calculada de 60 ksi. Esta solução é realizada utilizando juntas de expansão ou uniões telescópicas com selagens apropriadas.

As tensões térmicas também resultam da introdução de *gradientes de temperatura* no interior do componente. Por exemplo, se uma placa metálica espessa é aquecida no centro de uma de suas faces através de um maçarico, a superfície aquecida fica impedida de se expandir pelo material mais frio em sua vizinhança; consequentemente, ela fica em um estado de compressão. Assim, o material mais afastado e mais frio é forçado a se expandir, ficando sujeito a tensões de tração. Uma placa espessa que seja aquecida em ambas as faces tem o material de sua superfície externa em um estado biaxial de compressão e o material em seu interior em um estado biaxial de tração. As leis de equilíbrio estabelecem que todas as forças e momentos gerados a partir dessas tensões internas devem se equilibrar entre si. Caso as forças e os momentos não se equilibrem para a geometria original do componente, ele se distorcerá ou se empenará para uma dimensão e uma forma que o *conduzam* a um equilíbrio interno. Em princípio, as tensões assim introduzidas estarão sempre no limite elástico para as temperaturas envolvidas. Assim, o componente retornará a sua geometria original quando as condições iniciais de temperatura forem restabelecidas. Caso alguma região do componente escoe, essa região não tenderá a retornar para sua geometria inicial e haverá empenamento e tensões internas (residuais) quando as condições iniciais de temperatura forem restabelecidas. O empenamento ou a distorção do componente ocorrerá de modo que as condições de equilíbrio sejam atendidas. Esta situação deve ser considerada, por exemplo, no projeto dos tambores de freio.

As tensões residuais são geralmente produzidas por gradientes térmicos associados a tratamentos térmicos, corte com fogo, soldagem e, em um nível mais baixo, por retificação e algumas operações de usinagem. Por exemplo, quando um componente aquecido uniformemente é resfriado rapidamente, a superfície resfria primeiro e, com sua temperatura mais baixa, ela possui uma resistência ao escoamento relativamente mais alta. A subsequente contração térmica do material do núcleo é resistida pela camada externa, na qual é induzida uma compressão residual. O núcleo é deixado em um estado de tração triaxial, obedecendo à regra "o que resfria por último fica sob tração". (Note que as tensões da superfície não podem ser triaxiais, porque a superfície exposta é descarregada.)

Este mesmo princípio explica por que o corte a fogo e muitas operações de soldagem tendem a deixar as superfícies com tensões residuais: ocorrendo o aquecimento predominantemente nas proximidades da superfície, sua tendência de expansão térmica é resistida pelo núcleo mais frio. Com uma resistência ao escoamento relativamente baixa a alta temperatura, a superfície escoa em compressão. Com o resfriamento, a camada da superfície tende a se contrair, porém é novamente impedida pelo núcleo. Assim, a superfície do material fica sujeita a um estado biaxial de tensões.

Um fenômeno análogo que produz tensões residuais em um aço é a transformação de fase. Quando um aço com suficiente teor de carbono é resfriado de uma temperatura acima de sua temperatura crítica até formar martensita, sua nova estrutura é ligeiramente menos densa, causando no material transformado uma leve expansão. Com o endurecimento por completo, a transformação normalmente ocorre por último em seu interior. Este fato gera uma tensão residual trativa indesejável na superfície. Processos especiais podem fazer com que a transformação ocorra por último na camada externa, propiciando uma tensão residual compressiva favorável na superfície do material.

As tensões residuais são superpostas a quaisquer outras tensões decorrentes de cargas subsequentes, de modo a se obter as tensões totais que atuam no componente. Além disso, se um componente com tensões residuais é usinado em seguida, a remoção das tensões residuais do material pode causar no componente um empenamento ou uma distorção. Isso ocorre porque com a remoção de material aparece uma desordem no equilíbrio interno do componente. Subsequentes rearranjos *devem* ocorrer para que seja obtida uma nova geometria que atenda às condições de equilíbrio. De fato, um método comum (destrutivo) para a determinação das tensões residuais em uma região particular de um componente consiste em remover muito cuidadosamente material da região e, em seguida, realizar uma medição precisa da variação resultante na geometria.

As tensões residuais são geralmente removidas pelo processo de recozimento. O componente, sem nenhuma restrição, é uniformemente aquecido (a uma temperatura suficientemente alta e por um período suficientemente longo) para causar virtualmente o alívio completo das tensões internas decorrentes de escoamentos localizados. A subsequente operação de resfriamento lento não introduz nenhum escoamento. Assim, o componente atinge a temperatura ambiente em um estado literalmente livre de tensões.

Para uma discussão mais detalhada do fenômeno relacionado às tensões residuais, consulte a referência [2].

4.17 Importância das Tensões Residuais

Em geral, as tensões residuais são importantes nas situações em que a concentração de tensão é relevante. Essas situações incluem os materiais frágeis envolvidos em todo tipo de carregamento e a fadiga e as cargas de impacto de materiais, tanto dúcteis quanto frágeis. Para o carregamento estático de materiais dúcteis um escoamento local inofensivo pode usualmente ocorrer para aliviar as altas-tensões localizadas resultantes tanto de concentrações de tensões quanto de tensões residuais sobrepostas (ou ambas).

É habitual desconsiderar, por omissão, as tensões residuais, porque elas não envolvem algo que desperte a atenção dos sentidos. Ao se segurar um componente de máquina descarregado, por exemplo, não há, em geral, um modo de se saber se as tensões são todas nulas ou se elevadas tensões residuais ali estão presentes. Geralmente não há um meio prontamente disponível para se determinar as tensões residuais. Entretanto, uma estimativa qualitativa razoável pode ser realizada considerando a história de carregamentos térmicos e mecânicos do componente, tanto durante quanto após a fabricação.

Almen e Black[3] mencionam um exemplo interessante que mostra que as tensões residuais permanecem em um componente enquanto o calor ou os carregamentos externos não são dele removidos por escoamento. O Sino da Liberdade, fundido em 1753, possui tensões residuais de tração em sua superfície externa porque o resfriamento durante o processo de fundição foi muito rápido na superfície *interna* (o princípio de que "*o que resfria por último fica sujeito a uma tração residual*"). Após 75 anos de bons serviços o sino trincou, provavelmente em consequência da fadiga das tensões vibratórias superpostas causadas durante o toque do sino. Furos foram realizados em suas extremidades para evitar o crescimento das trincas, porém a ruptura subsequente estendeu-se ao longo de sua estrutura. Almen e Black citam este caso como prova de que as tensões residuais ainda estão presentes no sino.

Referências

1. Durelli, A. J., E. A. Phillips, and C. H. Tsao, *Introduction to the Theoretical and Experimental Analysis of Stress and Strain*, McGraw-Hill, New York, 1958.

2. Juvinall, R. C., *Engineering Considerations of Stress, Strain, and Strength*, McGraw-Hill, New York, 1967.

3. Lipson, C., and R. C. Juvinall, *Handbook of Stress and Strength*, Macmillan, New York, 1963.

4. Mohr, O., *Zivilingenieur*, p. 113, 1882.

5. Neuber, Heinz, *Theory of Notch Stresses*, J. W. Edwards, Inc., Ann Arbor, Mich., 1946 (translation of the original German version published in 1937).

6. Peterson, R. E., *Stress Concentration Factors*, Wiley, New York, 1974.

7. Peterson, R. E., *Stress Concentration Design Factors*, Wiley, New York, 1953.

8. Young, W. C., and R. G. Budynas, *Roark's Formulas for Stress and Strain*, 7th ed., McGraw-Hill, New York, 2002.

9. Seely, F. B., and J. O. Smith, *Advanced Mechanics of Materials*, 2nd ed., Wiley, New York, 1952. (Also 5th ed. by Boresi, A. P., R. J. Schmidt, and O. M. Sidebottom, Wiley, New York, 1993.)

10. Smith, Clarence R., "Tips on Fatigue," Report NAVWEPS 00-25-559, Bureau of Naval Weapons, Washington, D.C., 1963.

11. Timoshenko, S., and J. N. Goodier, *Theory of Elasticity*, 2nd ed., McGraw-Hill, New York, 1951. (Also, Timoshenko, S., *Theory of Elasticity*, Engineering Societies Monograph, McGraw-Hill, New York, 1934.)

12. Beer, F. P., E. R. Johnston, Jr., J. T. DeWolf, and D. Mazurek, *Mechanics of Materials*, McGraw-Hill, New York, 2009.

13. Huston, R., and H. Josephs, *Practical Stress Analysis in Engineering Design*, 3rd ed., CRC Press, Boca Raton, Florida, 2009.

14. Philpot, Timothy A., *Mechanics of Materials: An Integrated Learning System,* 2nd ed., Wiley, Hoboken, NJ, 2011.

15. Pilkey, Walter D., *Formulas for Stress, Strain, and Structural Matrices*, 2nd ed., Wiley, New York, 2005.

16. Ugural, A. C., and S. K. Fenster, *Advanced Strength and Applied Elasticity*, 4th ed., Prentice Hall, Upper Saddle River, New Jersey, 2003.

Problemas

Seção 4.2

4.1   A barra retangular com abertura ovalizada mostrada na Figura P4.1 é carregada sob compressão por meio de duas esferas de aço temperado. Estime a tensão de compressão máxima em cada uma das seções de *A* até *E*. Admita que, uma vez deformado até o ponto de escoamento, um elemento da barra continuará a se deformar sem um correspondente aumento na tensão; isto é, o material segue a curva tensão–deformação de um material elastoplástico ideal. A barra possui uma polegada de espessura e é usinada de um aço com S_y = 50 ksi, e as esferas são de aço temperado.

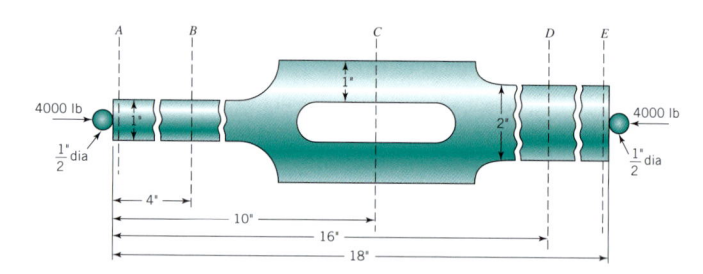

FIGURA P4.1

4.2   A barra de seção retangular mostrada na Figura P4.2 é carregada em compressão através de duas esferas de aço temperado. Estime a tensão de compressão máxima em cada uma das seções de *A* até *D*. Admita que, uma vez deformado até o ponto de escoamento, um elemento da barra continuará a se deformar sem um correspondente aumento na tensão; isto é, o material segue uma curva tensão–deformação idealizada (material elastoplástico ideal).

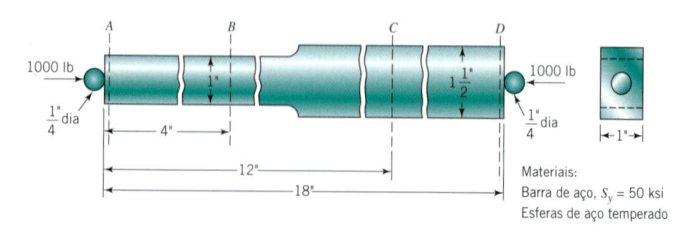

FIGURA P4.2

4.3   Em quais das seções indicadas no eixo carregado axialmente mostrado na Figura P4.3 a tensão compressiva média é igual a *P/A*? Em quais dessas seções a tensão máxima é igual a *P/A*?

---

[3] John O. Almen e Paul H. Black, *Residual Stresses and Fatigue in Metals*, McGraw-Hill, Nova York, 1963.

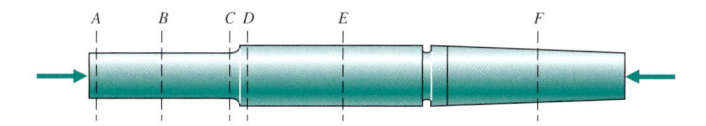

FIGURA P4.3

4.4 A Figura 4.1 da Seção 4.2 mostra uma barra de ligação carregada axialmente por tração. Quais as seções transversais em que a tensão média de tração é igual a P/A? Em que local a tensão máxima é igual a P/A?

4.5 Um cone vertical uniforme de altura h e diâmetro de base d é fundido de um material uretano cuja massa específica é ρ. Determine a tensão compressiva na seção transversal da base, B, e na seção transversal A à meia altura do cone e compare a tensão compressiva em B com a tensão compressiva em A. O volume do cone é expresso por $V_{cone} = (1/12)\ \pi d^2 h$.

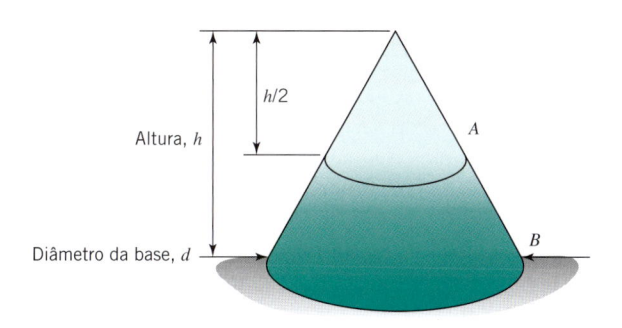

FIGURA P4.5

4.6 Tijolos de calcário medindo aproximadamente 8 in (20,3 cm) de largura, 14 in (35,6 cm) de comprimento e 6 in (15,2 cm) de altura são, algumas vezes, utilizados na construção de paredes pela superposição de linhas de tijolos. Se a estabilidade da parede não é questionada, e a única questão é a resistência do tijolo sujeito à compressão, a que altura os tijolos podem ser superpostos se o calcário possui uma resistência à compressão de 4000 psi (27,6 Mpa) e uma massa específica de 135 libras por pé cúbico (2.164 kg/m³)?

4.7 Qual é a força, P, necessária para produzir uma falha por cisalhamento em um parafuso ou pino de 60 mm de diâmetro fabricado de um metal dúctil com $S_{us} = 200$ MPa com a configuração mostrada na Figura 4.4?

4.8P Selecione um aço com base no Apêndice C-4a e adote $S_{us} = 0,62\ S_u$ para determinar a força, P, necessária para produzir uma falha por cisalhamento em um parafuso ou pino de 0,750 in (19,05 mm) de diâmetro com a configuração mostrada na Figura 4.4.

4.9 Qual é a força, P, necessária para produzir uma falha por cisalhamento em um parafuso ou pino de 60 mm de diâmetro fabricado de um metal dúctil com $S_{us} = 200$ MPa com a configuração mostrada na Figura 4.3?

4.10P Selecione um aço com base no Apêndice C-4a e adote $S_{us} = 0,62\ S_u$ para determinar a força, P, necessária para produzir uma falha por cisalhamento em um parafuso ou pino de 0,750 in (19,05 mm) de diâmetro com a configuração mostrada na Figura 4.3.

Seção 4.3

4.11 Para a configuração mostrada na Figura 4.4 com a carga $P = 12.325$ lb (58.824 N) e um pino fabricado de aço AISI 1040

com $S_u = 90,0$ ksi (para o qual $S_{us} = 0,62\ S_u$), calcule o diâmetro mínimo do pino para evitar sua falha por cisalhamento.

4.12P Selecione um aço com base no Apêndice C-4a e considere $S_{us} = 0,62\ S_u$ para determinar a força, P, necessária para produzir uma falha por cisalhamento em um parafuso ou pino de 0,375 in (9,52 mm) de diâmetro.

  (a) Com a configuração mostrada na Figura 4.3?

  (b) Com a configuração mostrada na Figura 4.4?

4.13 Qual é a força, P, necessária para produzir uma falha por cisalhamento em um parafuso ou pino de 60 mm de diâmetro fabricado de um metal dúctil com $S_{us} = 200$ MPa:

  (a) Com a configuração mostrada na Figura 4.3?

  (b) Com a configuração mostrada na Figura 4.4?

Seção 4.4

4.14P Determine o diâmetro necessário a um eixo motriz de aço que transmite 250 hp a 5000 rpm. As cargas de flexão e axiais são desprezíveis.

  (a) Qual é o valor da tensão cisalhante nominal na superfície do eixo?

  (b) Se um eixo oco com diâmetro interno igual a 0,9 do diâmetro externo for utilizado, qual é o diâmetro externo necessário, de modo que a tensão atuante na superfície externa não se altere?

  (c) Compare os pesos dos eixos maciço e oco.

4.15 O eixo de propulsão de 2 in (5,08 mm) de diâmetro de um barco experimental de alta velocidade é fabricado de aço e transmite 2500 hp a 2000 rpm. As cargas de flexão e axiais são desprezíveis.

  (a) Qual é o valor da tensão cisalhante nominal na superfície do eixo?

  (b) Se um eixo oco com diâmetro interno igual a 0,9 do diâmetro externo for utilizado, qual é o diâmetro externo necessário, de modo que a tensão atuante na superfície externa não se altere?

  (c) Compare os pesos dos eixos maciço e oco.

4.16 Um eixo de 30 mm de diâmetro transmite 700 kW a 1500 rpm. As cargas de flexão e axiais são desprezíveis.

  (a) Qual é o valor da tensão cisalhante nominal na superfície do eixo?

  (b) Se um eixo oco com diâmetro interno igual a 0,8 do diâmetro externo for utilizado, qual é o diâmetro externo necessário, de modo que a tensão atuante na superfície externa não se altere?

  (c) Compare os pesos dos eixos maciço e oco.

4.17P Selecione, com base no Apêndice C-4a, um aço e uma rotação entre 1250 e 2000 rpm para um eixo com diâmetro de 40 mm transmitir uma potência de 500 kW. As cargas de flexão e axiais são desprezíveis. Admita, por questões de segurança, uma tensão cisalhante $\tau \leq 0,2\ S_u$.

  (a) Qual é o valor da tensão cisalhante nominal na superfície do eixo?

  (b) Se um eixo oco com diâmetro interno igual a 0,8 do diâmetro externo for utilizado, qual é o diâmetro externo necessário, de modo que a tensão atuante na superfície externa não se altere?

  (c) Compare os pesos dos eixos maciço e oco.

4.18 A potência de um motor de 3200 hp é transmitida por um eixo com diâmetro de 2½ in girando a 2000 rpm. As cargas de flexão e axiais são desprezíveis.

   (a) Qual é o valor da tensão cisalhante nominal na superfície do eixo?

   (b) Se um eixo oco com diâmetro interno igual a 0,8 do diâmetro externo for utilizado, qual é o diâmetro externo necessário, de modo que a tensão atuante na superfície externa não se altere?

   (c) Compare os pesos dos eixos maciço e oco.

4.19 Estime o torque necessário para produzir uma tensão cisalhante máxima de 570 MPa em um eixo oco com diâmetro interno de 20 mm e diâmetro externo de 25 mm — veja a Figura P4.19.

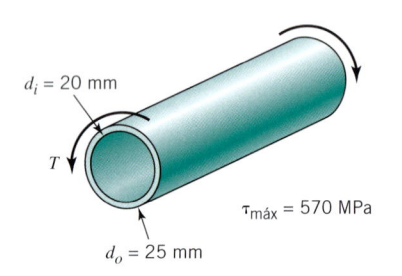

FIGURA P4.19

4.20 Um mesmo torque é aplicado a um eixo de seção transversal quadrada maciça com dimensões $b \times b$ e a um eixo de seção circular maciça de raio r. Para ambos os eixos apresentarem um mesmo valor para a tensão cisalhante máxima na superfície externa, qual deve ser a relação b/r? Para esta relação, compare os pesos dos dois eixos e também a relação resistência/peso — veja a Figura P4.20.

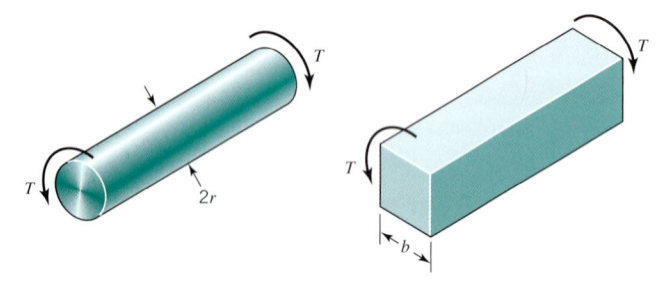

FIGURA P4.20

4.21 Qual é o valor do torque necessário para produzir uma tensão cisalhante máxima de 400 MPa:

   (a) Em um eixo de seção transversal circular com 40 mm de diâmetro?

   (b) Em um eixo de seção transversal quadrada com 40 mm de lado?

4.22 Compare a relação torque transmitido/resistência de um eixo maciço de seção transversal circular com a de um eixo maciço de seção quadrada com as mesmas dimensões (diâmetro do círculo igual ao lado do quadrado). Compare o peso dos dois eixos e também a relação resistência/peso.

Seção 4.5

4.23 Duas barras retas maciças, uma de seção transversal retangular e outra de seção transversal circular, estão sujeitas a cargas de tração, flexão e torção. As tensões nas superfícies devem ser calculadas para cada carga e para cada barra. Discuta, brevemente, qualquer limitação relacionada à aplicação das expressões para o cálculo das tensões $\sigma = P/A$, $\sigma = My/I$, $\tau = Tr/J$ a este problema.

4.24 Uma viga engastada de aço, de comprimento L e largura w constante, é carregada em sua extremidade livre com uma força F, como mostrado na Figura P4.24. Determine a forma geométrica, $h = h(x)$, para a viga que produzirá uma tensão de flexão máxima constante ao longo do comprimento da viga. Despreze o peso da viga.

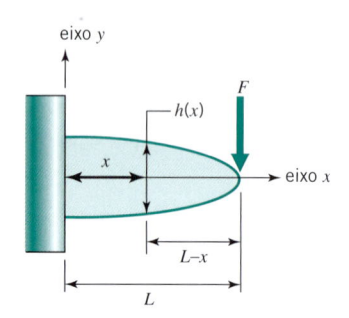

FIGURA P4.24

4.25 Um eixo reto de seção transversal circular com 2 in (5,08 mm) de diâmetro está sujeito a um momento fletor de 2000 ft · lb (2713 N · m).

   (a) Qual é o valor da tensão nominal de flexão na superfície desse eixo?

   (b) Se um eixo oco com diâmetro interno igual à metade do diâmetro externo for utilizado, qual o diâmetro externo necessário para fornecer o mesmo valor para a tensão na superfície externa? (Nota: Se o eixo oco for muito fino, poderá ocorrer o fenômeno de flambagem. Veja a Seção 5.15.)

4.26 Determine a tensão de flexão na superfície de um eixo de 3 in (7,62 cm) de diâmetro sujeito a um momento fletor de 3200 ft · lb (4341 N · m).

4.27 Repita o Problema 4.26 para um eixo de 6 in (15,2 cm) de diâmetro.

4.28 Determine o modo com que a tensão de flexão na superfície de um eixo de diâmetro d varia com os valores do momento fletor M.

4.29 Determine o modo com que a tensão de flexão na superfície de um eixo sujeito a um momento fletor M varia com os valores do diâmetro d do eixo.

4.30 Um momento fletor de 2000 N · m é aplicado a um eixo de 40 mm de diâmetro. Estime a tensão de flexão na superfície do eixo. Se um eixo oco com diâmetro externo de 1,15 vez o diâmetro interno for utilizado, determine o diâmetro externo necessário que fornece a mesma tensão na superfície externa.

4.31 Qual é o momento fletor necessário para produzir uma tensão normal máxima de 400 MPa:

   (a) Em uma viga de seção transversal circular com diâmetro de 40 mm?

   (b) Em uma viga reta de seção transversal quadrada com 40 mm de lado (com a flexão em torno do eixo X, conforme mostrado para a seção retangular no Apêndice B-2)?

4.32 Como você espera que a circunferência do tronco de uma árvore varie com a altura acima do solo? Como a circunferência do galho de uma árvore varia quando a distância do tronco aumenta? Podem as equações da engenharia mecânica e da resistência dos materiais mostrar uma relação com (a) a geometria, (b) a forma e (c) a força — da gravidade e do vento? Qual o objetivo estabelecido pelo desejo da árvore de luz do sol e água?

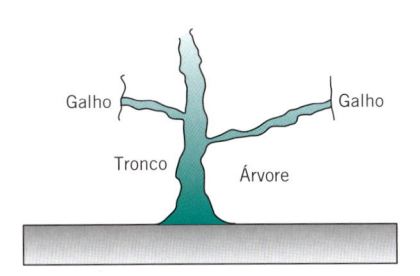

FIGURA P4.32

Seção 4.6

4.33 A viga de seção retangular mostrada na Figura P4.33 possui uma curvatura inicial, $\bar{r}$, igual a duas vezes a altura h da seção. Como se comportam as tensões de flexão nas fibras externas dessa viga? Compare os resultados com os de outra viga idêntica, porém reta.

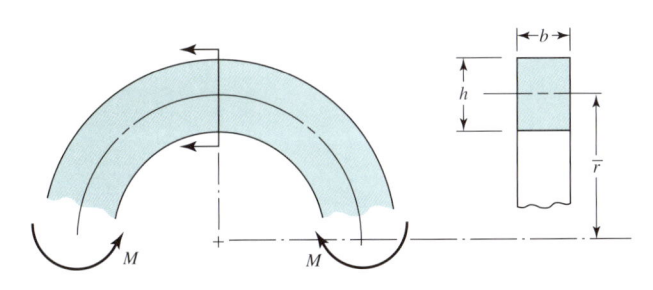

FIGURA P4.33

4.34 Determine a localização e a intensidade da tensão de tração máxima no gancho S mostrado na Figura P4.34. (Nota: a região mais baixa fica sujeita a um momento fletor maior, porém a região superior possui um raio de curvatura menor; logo, ambas as regiões devem ser investigadas.)

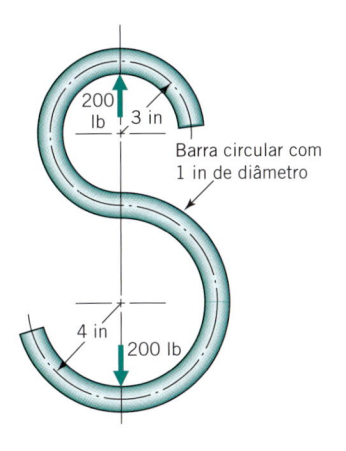

FIGURA P4.34

4.35 Repita o Problema P4.34, considerando, agora, que o raio de curvatura menor seja de 5 in (12,7 cm) e que o raio de curvatura maior seja de 7 in (17,8 cm).

4.36 A seção crítica AA do gancho de um guindaste (Figura P4.36) é considerada, para efeito de análise, como trapezoidal com as dimensões mostradas. Determine as tensões resultantes (flexão combinada com tração) nos pontos P e Q.

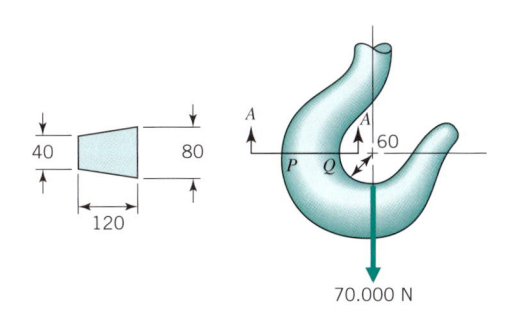

FIGURA P4.36

4.37 Repita o Problema 4.36 para um gancho com seção transversal circular (com a área da seção igual à do gancho do Problema 4.36).

4.38 Prove que a distância centroidal ($\bar{c}$) em relação ao eixo X para o trapézio mostrado na Figura P4.38 pode ser expresso por $(h)(2b + a)/(3)(b + a)$.

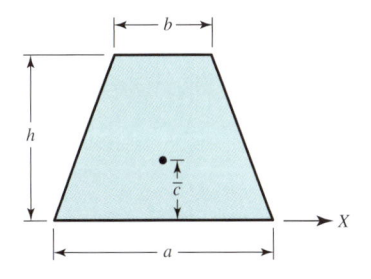

FIGURA P4.38

4.39 A Figura P4.39 mostra uma região de um "sargento" em forma de C. Qual é o valor da força F que pode ser exercida pelo parafuso se a tensão de tração máxima no sargento não deve ultrapassar 30 ksi?

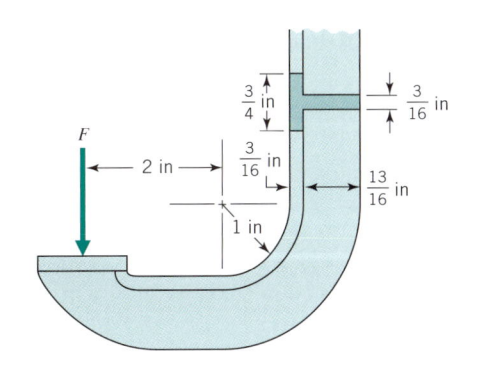

FIGURA P4.39

4.40 Para o braço oscilante mostrado na Figura P4.40, determine a tensão de tração máxima na seção AA.

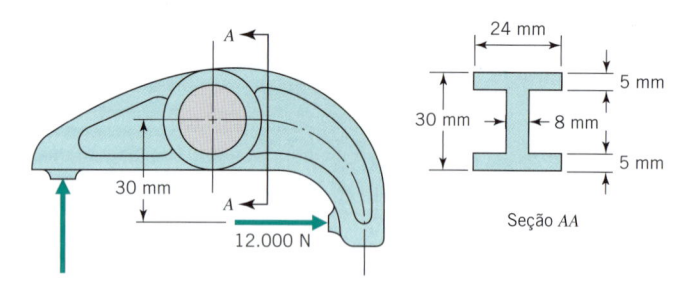

FIGURA P4.40

Seção 4.7

4.41   Uma viga de seção maciça quadrada, com 60 mm de lado, é utilizada em substituição à viga do Problema Resolvido 4.2. Em que local da viga atua a maior tensão cisalhante e qual é o seu valor? Utilize a Eq. 4.12 e verifique o resultado com a Eq. 4.14.

4.42   Deduza a Eq. 4.13 utilizando a Eq. 4.12.

4.43   Deduza a Eq. 4.14 utilizando a Eq. 4.12.

4.44   Para a viga I de 8 in (20,3 cm) mostrada na Figura P4.44, calcule a tensão cisalhante transversal máxima quando ela é simplesmente apoiada em cada uma de suas extremidades e sujeita a uma carga de 1000 lb (4449 N) em seu centro. Compare sua resposta com a aproximação obtida dividindo-se o esforço cisalhante pela área da alma (apenas), com esta considerada estendida ao longo da altura total de 8 in.

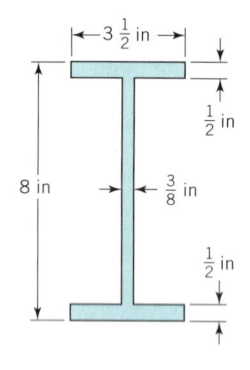

FIGURA P4.44

4.45   A Figura P4.45 mostra uma viga de plástico com seção caixão onde a placa superior é colada, conforme indicado. Todas as dimensões estão em milímetros. Para a carga mostrada de 12 kN, qual é o valor da tensão cisalhante atuante na união colada?

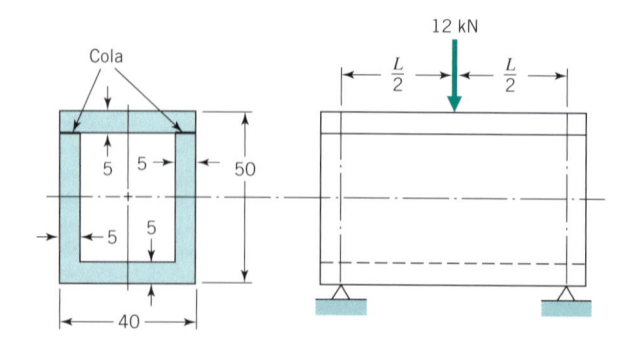

FIGURA P4.45

Seções 4.9 e 4.11

4.46   O eixo mostrado na Figura P4.46 tem um comprimento de 200 mm entre os mancais com autoalinhamento A e B. As forças da correia são aplicadas à polia fixada no centro do eixo, conforme indicado. A extremidade esquerda do eixo está conectada a uma embreagem através de um acoplamento flexível. A extremidade direita está livre.

(a)   Determine as tensões atuantes nos elementos T e S, posicionados no topo e na lateral do eixo, localizados numa seção adjacente à polia, e faça um esquema indicando essas tensões. (Despreze as concentrações de tensões.)

(b)   Represente os estados de tensões em T e S através de círculos de Mohr do estado tridimensional.

(c)   Mostre as orientações e as tensões atuantes nas direções principais do elemento posicionado em S. Mostre também este elemento sob a ação das tensões cisalhantes máximas com suas correspondentes orientações.

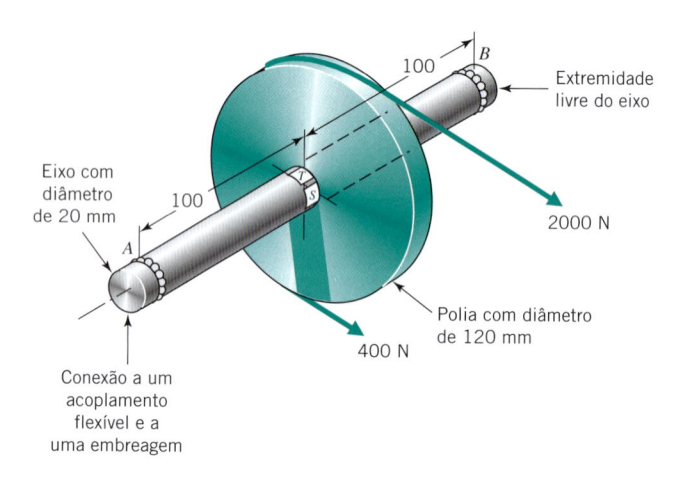

FIGURA P4.46

4.47   Repita o Problema 4.46, considerando, desta vez, um diâmetro de 140 mm para a polia.

4.48   Deseja-se analisar as tensões no eixo de manivela de uma bicicleta. (Este é um eixo horizontal, apoiado na estrutura através de dois rolamentos de esfera, os quais se conectam aos dois braços de alavanca dos pedais.) Obtenha qualquer dimensão que você precise medindo em uma bicicleta real de um adulto de dimensões padronizadas.

(a)   Mostre, com o auxílio de um esquema simples, a condição mais severa de carregamento normalmente suportada por este eixo. Mostre todas as dimensões importantes e estabeleça qualquer hipótese adotada para o carregamento.

(b)   Mostre em seu esquema a localização da maior tensão atuante nesse eixo e construa um círculo de Mohr representativo desse estado de tensões. (Despreze as concentrações de tensões.)

4.49   A Figura P4.49 mostra uma manivela sujeita a uma carga vertical estática aplicada ao segurador.

(a)   Copie o desenho e marque nele a localização da maior tensão de flexão. Construa uma representação por círculos de Mohr a três dimensões com as tensões ocorrentes nesse ponto. (Despreze as concentrações de tensões.)

(b) Marque no desenho a localização da maior tensão cisalhante combinada resultante dos efeitos da torção e do cisalhamento transversal. Construa uma representação por círculos de Mohr a três dimensões com as tensões ocorrentes nesse ponto e, novamente, despreze as concentrações de tensões.

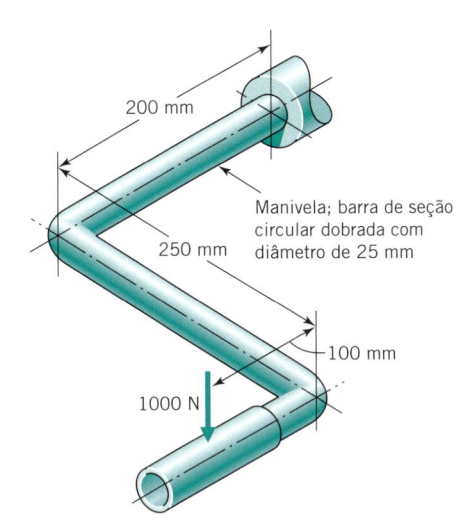

Figura P4.49

4.50 Repita o Problema 4.49, desta vez alterando a dimensão de 200 mm para 50 mm.

4.51 A Figura P4.51 mostra um motor elétrico carregado por uma correia motora. Copie o desenho e mostre, em ambas as vistas, a localização ou as localizações no eixo onde atuam as maiores tensões. Construa uma representação completa através dos círculos de Mohr do estado de tensões nesse ponto. (Despreze as concentrações de tensões.)

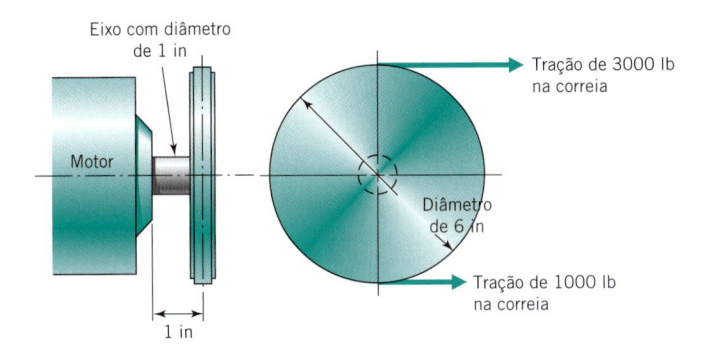

Figura P4.51

4.52 Repita o Problema 4.51, desta vez considerando que o diâmetro da polia é de 5 in (127 mm).

4.53 A Figura P4.53 mostra um eixo de seção circular maciça com diâmetro de 1 in (25,4 mm) suportado por mancais com autoalinhamento em A e B. Fixadas ao eixo estão duas polias carregadas conforme mostrado. Considere o carregamento neste problema como estático, ignorando os efeitos de fadiga e de concentração de tensões. Identifique a localização específica do eixo sujeita ao mais severo estado de tensões, e faça uma representação por círculos de Mohr desse estado de tensões.

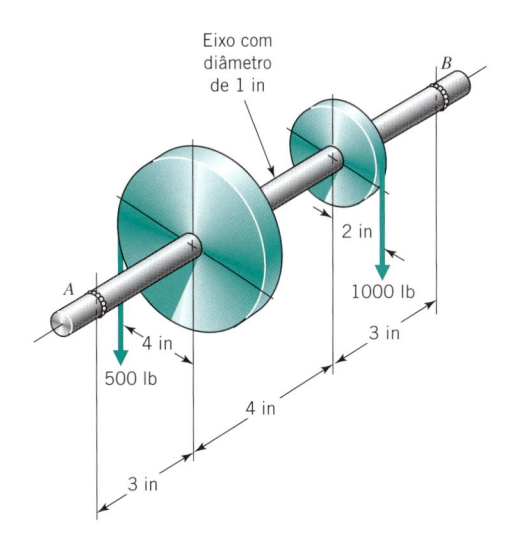

Figura P4.53

4.54 Repita o Problema 4.53, desta vez considerando que as polias estão afastadas de 3 in (76,2 mm).

4.55 Repita o Problema 4.53, desta vez utilizando a Figura P4.55.

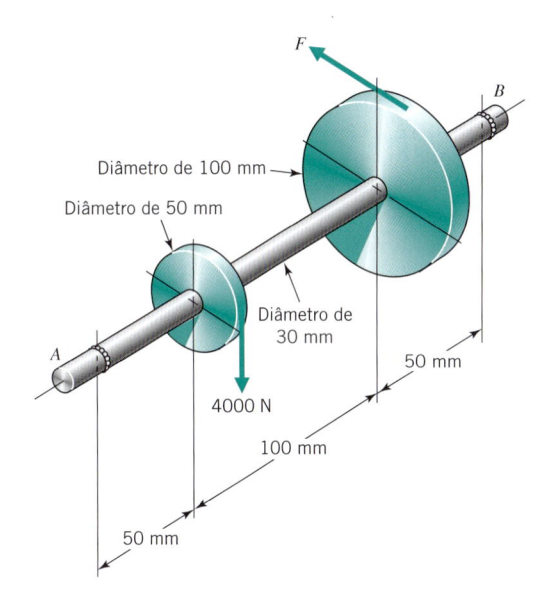

Figura P4.55

4.56 A Figura P4.56 mostra um pequeno cilindro pressurizado, fixado em uma de suas extremidades e carregado, por meio de uma chave, na outra extremidade. A pressão interna causa uma tensão tangencial de 400 MPa e uma tensão axial de 200 MPa, que atuam em um elemento no ponto A. A chave superpõe uma tensão de flexão de 100 MPa e uma tensão devida à torção de 200 MPa.

(a) Construa um círculo de Mohr representando o estado de tensões do ponto A.

(b) Qual é a intensidade da tensão cisalhante máxima no ponto A?

(c) Faça um esquema mostrando a orientação do elemento com as tensões principais (em relação ao elemento original desenhado em A), e mostre todas as tensões nele atuantes.

[Resp.: (b) 278 MPa]

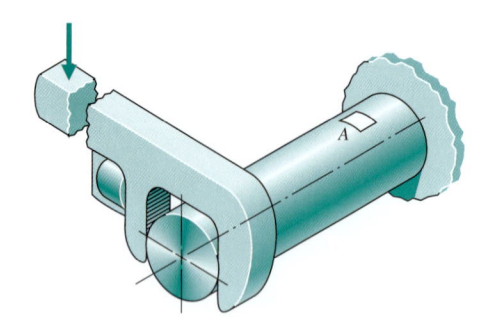

Figura P4.56

4.57   Determine a tensão cisalhante máxima atuante no ponto *A* do cilindro pressurizado mostrado na Figura P4.56. O cilindro é fixado em uma de suas extremidades e carregado através de uma chave na outra extremidade, de modo que fica sujeito a uma tensão de flexão de 75 MPa e a uma tensão devida à torção de 100 MPa. A pressão interna causa uma tensão tangencial de 100 MPa e uma tensão axial de 60 MPa, que atua em um elemento no ponto *A*.

4.58   A seção circular de um tubo de aço pressurizado internamente está sujeita às tensões tangencial e axial na superfície de 200 MPa e 100 MPa, respectivamente. Superposta a essas tensões existe uma tensão devida à torção de 50 MPa. Construa um círculo de Mohr representativo das tensões atuantes nessa superfície.

4.59   Represente, através de um círculo de Mohr, as tensões na superfície da seção circular pressurizada internamente de uma tubulação de aço. A superfície da tubulação está sujeita às tensões tangencial e axial de 400 MPa e 250 MPa, respectivamente. Superposta a essas tensões existe uma tensão decorrente de uma torção com valor de 200 MPa.

4.60   Repita o Problema 4.59, considerando desta vez que a tensão devida à torção é de 150 MPa.

4.61   Construa o círculo de Mohr para as tensões atuantes na superfície de um tubo de aço pressurizado internamente que esteja sujeito às tensões tangencial e axial na superfície externa de 45.000 psi e 30.000 psi, respectivamente, e a uma tensão devida à torção de 18.000 psi — veja a Figura P4.61.

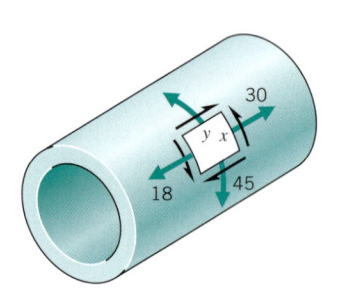

Figura P4.61

4.62   Um cilindro está pressurizado internamente com uma pressão de 100 MPa. Esta pressão provoca tensões tangencial e axial na superfície externa que valem 400 MPa e 200 MPa, respectivamente. Construa o círculo de Mohr representativo dessas tensões atuantes na superfície externa. Qual é o valor da tensão cisalhante máxima atuante na superfície externa?

[Resp.: 200 MPa]

4.63   Um anel cilíndrico possui um diâmetro externo *D*, um diâmetro interno *d* e uma largura *w*. Um disco cilíndrico maciço de diâmetro ($d + \Delta d$) e largura *w* é forçado a ajustar-se à

parte interna do anel. Se o anel fosse fino (isto é, a espessura ($D{-}d$) muito pequena), de que modo você poderia calcular a pressão atuante na superfície cilíndrica externa do disco cilíndrico interno?

4.64   Determine a tensão cisalhante máxima na superfície externa de um cilindro pressurizado internamente onde a pressão interna gera as tensões tangencial e axial, nesta superfície, de 300 MPa e 150 MPa, respectivamente.

4.65   A Figura P4.65 mostra um cilindro pressurizado internamente a uma pressão de 7000 psi. Esta pressão dá origem às tensões tangencial e axial, na superfície externa, de 30.000 psi e 20.000 psi, respectivamente. Determine a tensão cisalhante máxima na superfície externa.

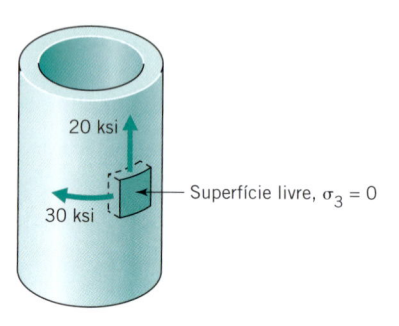

Figura P4.65

4.66   Repita o Problema 4.65, desta vez considerando que o cilindro é pressurizado a 10.000 psi.

4.67   A superfície interna de um cilindro oco pressurizado internamente a 100 MPa está sujeita às tensões tangencial e axial de 600 MPa e 200 MPa, respectivamente. Construa um círculo de Mohr representando as tensões atuantes na superfície interna. Qual é o valor da tensão cisalhante máxima atuante na superfície interna?

[Resp.: 350 MPa]

4.68   A superfície interna de um cilindro oco pressurizado internamente a 100 MPa está sujeita às tensões tangencial e axial de 350 MPa e 75 MPa, respectivamente, conforme mostrado na Figura P4.68. Represente as tensões na superfície interna utilizando um círculo de Mohr e determine a tensão cisalhante máxima.

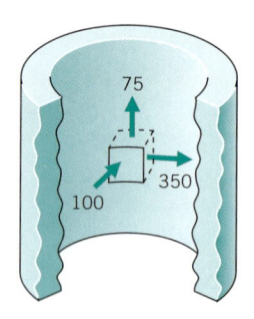

Figura P4.68

4.69   A superfície interna de um cilindro oco está sujeita às tensões tangencial e axial de 40.000 psi e 24.000 psi, respectivamente. Determine a tensão cisalhante máxima na superfície interna se o cilindro é pressurizado a 10.000 psi.

4.70   A Figura 4.70 mostra o cubo representativo das tensões referentes a um estado tridimensional crítico de tensões, no qual $\sigma_x = 60.000$ psi, $\sigma_y = -30.000$ psi, $\sigma_z = -15.000$ psi,

$\tau_{xy} = 9000$ psi, $\tau_{yz} = -2000$ psi e $\tau_{zx} = 3500$ psi. Calcule os valores do primeiro, do segundo e do terceiro invariantes. Em seguida, resolva a equação característica para as tensões normais principais. Calcule também a tensão cisalhante máxima e desenhe os círculos de Mohr representativos desse estado de tensões.

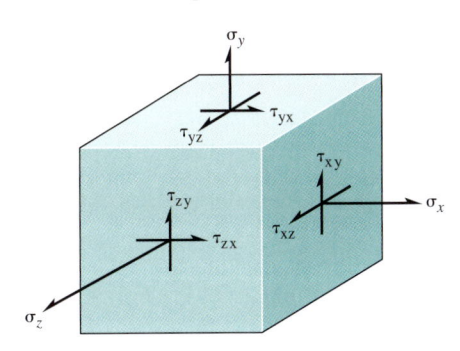

FIGURA P4.70

4.71 Para o estado tridimensional crítico de tensões, no qual $\sigma_x = 45.000$ psi, $\sigma_y = -25.000$ psi, $\sigma_z = -50.000$ psi, $\tau_{xy} = 4000$ psi, $\tau_{yz} = 2000$ psi e $\tau_{zx} = -3500$ psi, determine as tensões principais e desenhe os círculos de Mohr representativo desse estado de tensões.

4.72 Um componente de aço inoxidável está sujeito a um estado tridimensional de tensões em um ponto crítico, no qual $\sigma_x = 50.000$ psi, $\sigma_y = -10.000$ psi, $\sigma_z = 15.000$ psi, $\tau_{xy} = -35.000$ psi, $\tau_{yz} = -1000$ psi e $\tau_{zx} = 2000$ psi. Calcule os valores do primeiro, do segundo e do terceiro invariantes e resolva a equação característica para as tensões normais principais. Calcule também a tensão cisalhante máxima e desenhe os círculos de Mohr representativos do estado de tensões desse ponto crítico.

Seções 4.12–4.14

4.73 Determine o valor máximo da tensão no furo e no entalhe semicircular do componente mostrado na Figura P4.73.

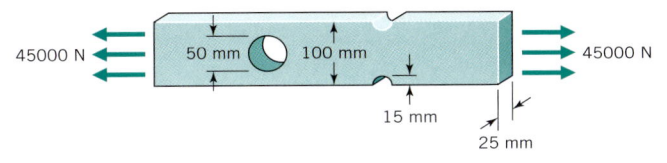

FIGURA P4.73

4.74 Para o componente mostrado na Figura P4.74, qual é o valor da tensão máxima atuante no furo e no entalhe?

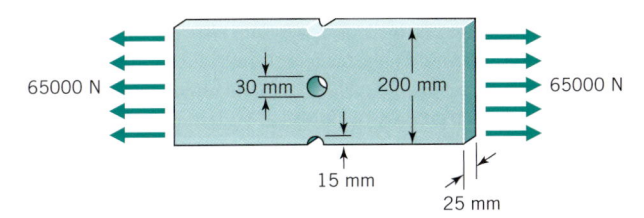

FIGURA P4.74

4.75 O uso do fluxo de força para estudar as tensões em um componente é uma arte ou ciência? Pode o conceito de fluxo de força ser utilizado para se analisar problemas nos quais os valores numéricos das cargas sejam indefinidos?

4.76 De que forma um engenheiro pode melhor explicar porque os diagramas de corpo livre são tão importantes na determinação de forças e tensões?

4.77 Um eixo é apoiado em mancais em suas extremidades A e B, e é carregado com uma força de 1000 N orientada para baixo, conforme mostrado na Figura P4.77. Determine a tensão máxima atuante no adoçamento do eixo. O adoçamento crítico do eixo está posicionado a 70 mm da extremidade B.

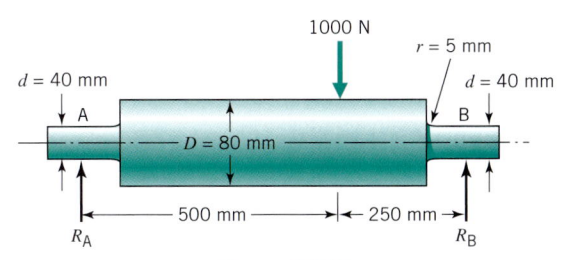

FIGURA P4.77

4.78 Uma barra plana com entalhe (conforme mostrado na Figura P4.39 da Seção 4.13) possui um fator de concentração de tensões de 2 para cargas de tração. Sua área de seção transversal no plano do entalhe é de 0,5 in² (3,23 cm²). O material é um aço cuja resistência ao escoamento para tração e para compressão é de 30 ksi. Admita a curva tensão–deformação de um material elastoplástico ideal. A barra está inicialmente livre de tensões residuais.

(a) Faça um desenho mostrando a forma aproximada da curva de distribuição de tensões quando a barra for carregada por 5000 lb (22.241 N) em tração e também depois da carga ser removida.

(b) Repita o problema para uma carga de 10.000 lb (44.482 N).

(c) Repita o problema para uma carga de 15.000 lb (66.723 N).

4.79 Repita o Problema 4.78, desta vez considerando que o carregamento cause uma compressão.

4.80 Repita o Problema 4.78, desta vez utilizando um fator de concentração de tensões de 3.

4.81 Repita o Problema 4.78, desta vez utilizando um fator de concentração de tensões de 3 e um carregamento de compressão.

4.82 Uma barra retangular de 20×60 mm ($h \times b$) com um furo central de 10 mm de diâmetro (conforme mostrado na Figura 4.40) é fabricada de um aço cujas resistências ao escoamento por tração e por compressão são de 600 MPa. Admita a curva de comportamento elastoplástico ideal para o material. A barra está, inicialmente, livre de tensões residuais. Faça um desenho mostrando a distribuição de tensões aproximada no plano do furo (Figura P4.82):

(a) Quando uma força de tração de 400 kN é aplicada a cada extremidade da barra.

(b) Após a carga ser removida.

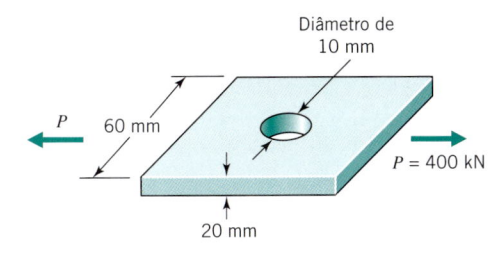

FIGURA P4.82

4.83 Repita o Problema 4.82, desta vez considerando que a barra esteja carregada em compressão.

4.84 Uma barra de aço de seção retangular de 10×40 mm ($h \times b$), com resistência ao escoamento por tração e compressão de 300 MPa, possui um furo central com diâmetro de 6 mm (conforme mostrado na Figura 4.40). Admita que a barra, inicialmente, esteja livre de tensões residuais e que o aço se comporte como um material elastoplástico ideal. Faça um esquema mostrando a distribuição aproximada de tensões no plano do furo:

(a) Quando uma força de tração de 100 kN é aplicada a cada extremidade da barra.

(b) Após a carga ser removida.

4.85 Repita o Problema 4.84, desta vez considerando que a barra seja carregada por compressão.

4.86 Uma barra com entalhe (ilustrada na Figura 4.39) possui um fator de concentração de tensões de 2,5 para cargas de tração. Ela é fabricada de um aço dúctil (material elastoplástico ideal) com resistência ao escoamento por tração e por compressão de 200 MPa. A barra é carregada por tração, com as tensões na raiz do entalhe *calculadas* variando com o tempo, conforme mostrado na Figura P4.86. Reproduza o desenho e acrescente a ele uma curva mostrando a variação com o tempo das tensões *reais* atuantes na raiz do entalhe.

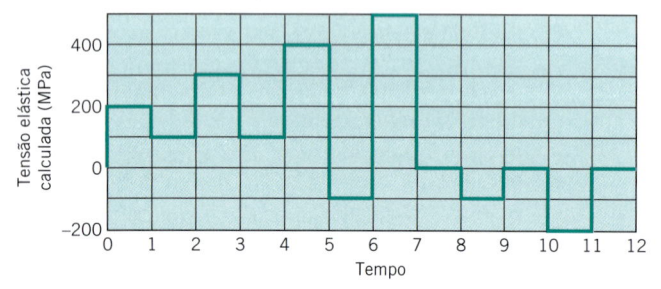

FIGURA P4.86

4.87 Repita o Problema 4.86, desta vez utilizado um fator de concentração de tensões de 3.

4.88 Três barras de tração com entalhe (veja a Figura 4.39) possuem fatores de concentração de tensões de 1, 1,5 e 2,5, respectivamente. Cada uma das barras é fabricada de um aço dúctil com $S_y = 100$ ksi, possui uma seção transversal retangular com área mínima de 1 in^2 (6,45 cm^2) e está inicialmente livre de tensões residuais. Desenhe a forma da curva de distribuição das tensões para cada caso quando (*a*) uma carga trativa de 50.000 lb (222.411 N) é aplicada, (*b*) a carga é aumentada para 100.000 lb (444.822 N) e (*c*) a carga é removida.

Seção 4.15

4.89 Duas vigas de seção transversal retangular são fabricadas de um aço com resistência ao escoamento por tração de 80 ksi e uma curva tensão–deformação referente a um material com comportamento elastoplástico ideal. A viga A possui uma seção uniforme de $1 \times 0,5$ in (25,4 mm $\times$ 12,7 mm). A viga B possui uma seção de $1 \times 0,5$ in que se combina simetricamente com uma seção de $1,5 \times 0,5$ in (38,1 mm $\times$ 12,7 mm) através de adoçamentos cujo fator de concentração de tensões é igual a 3. As vigas são carregadas em flexão, de modo que $Z = I/c = bh^2/6 = 0,5(1)^2/6 = 1/12$ in^3 (1366 mm^3).

(a) Para cada uma das vigas, qual é o momento, M, que causa (1) o início do escoamento e (2) o escoamento completo?

(b) A viga A é carregada de modo a causar o escoamento até uma espessura de ¼ in (6,35 mm). Determine e represente graficamente a distribuição das tensões residuais que permanecem após a carga ser removida.

[Resp.: (a1) viga A, 6667 in · lb (753 N · m), viga B, 2222 in · lb (251 N · m); (a2) 10.000 in · lb (1130 N · m) para ambas as vigas]

4.90 Duas vigas de seção transversal retangular são fabricadas de um aço com resistência ao escoamento por tração de 550 MPa e uma curva tensão–deformação referente a um material com comportamento elastoplástico ideal. A viga A possui uma seção uniforme de 25 mm $\times$ 12,5 mm. A viga B possui uma seção de 25 mm $\times$ 12,5 mm que se combina simetricamente com uma seção de 37,5 mm $\times$ 12,5 mm através de adoçamentos, cujo fator de concentração de tensões é igual a 2,5. As vigas são carregadas em flexão de modo que $Z = I/c = bh^2/6 = 12,5(25)^2/6 = 1302$ mm^3.

(a) Para cada uma das vigas, qual é o momento, M, que causa (1) o início do escoamento e (2) o escoamento completo?

(b) A viga A é carregada de modo a causar o escoamento até uma espessura de 6,35 mm. Determine e represente graficamente a distribuição das tensões residuais que permanecem após a carga ser removida.

Seção 4.16

4.91 Uma tubulação de alumínio com comprimento de 12 in (e propriedades $E = 10,4 \times 10^6$ psi e $\alpha = 12 \times 10^{-6}/°F$), tendo uma área de seção transversal de 1,5 in^2 (9,68 cm^2), é instalada com suas extremidades "fixas", de modo que ela está livre de tensões a 60°F (15,5°C). Durante a operação, a tubulação é aquecida uniformemente até 260°F (126,7°C). Medidas cuidadosas indicam que as extremidades fixas se separam de 0,008 in (0,203 mm). Quais são as cargas exercidas sobre as extremidades da tubulação e quais são as tensões resultantes?

4.92 Uma tubulação de aço com comprimento de 250 mm (e propriedades $E = 207 \times 10^9$ Pa e $\alpha = 12 \times 10^{-6}/°C$), tendo uma área de seção transversal de 625 mm^2, é instalada com suas extremidades "fixas", de modo que ela está livre de tensões a 26°C. Durante a operação, a tubulação é aquecida uniformemente até 249°C. Medidas cuidadosas indicam que as extremidades fixas se separam de 0,20 mm. Quais são as cargas exercidas sobre as extremidades da tubulação e quais são as tensões resultantes?

Deformações, Deslocamentos e Estabilidade no Regime Elástico

5

5.1 Introdução

As deformações, os deslocamentos, a rigidez e a estabilidade no regime elástico são considerações de fundamental importância para o engenheiro. Em geral, o deslocamento (ou a rigidez) é o fator que regula o projeto de um componente (e não a tensão). As estruturas das máquinas, por exemplo, devem ser extremamente rígidas para que o processo de fabricação seja suficientemente preciso. Quando as estruturas possuem massa suficiente para atender ao requisito de rigidez, as tensões podem ser significativamente baixas. Outros componentes podem necessitar de uma alta rigidez com o objetivo de eliminar ou reduzir os problemas de vibrações. Deslocamentos excessivos podem causar a interferência entre componentes e o desacoplamento de engrenagens.

Outro aspecto importante das deformações elásticas é seu envolvimento nos procedimentos experimentais para a medida das tensões. Em geral, a tensão não é uma grandeza mensurável diretamente; a deformação, sim. Quando as constantes elásticas de um material são conhecidas, os valores das deformações determinados experimentalmente podem ser utilizados para o cálculo dos valores das correspondentes tensões por meio das relações tensão-deformação elásticas revistas na Seção 5.5.

As Figuras 5.1a até d ilustram sistemas elasticamente estáveis. Nesses sistemas uma pequena perturbação da condição de equilíbrio mostrada será corrigida pelas forças e/ou momentos elásticos restauradores. Este pode não ser o caso da coluna mostrada na Figura 5.1e. Neste caso, se a coluna for suficientemente esbelta, o módulo elástico relativamente baixo e a carga relativamente alta, o componente sob compressão se tornará *elasticamente instável* e a pequena perturbação poderá causar o fenômeno da *flambagem*, ou mesmo o colapso do componente. Esta situação pode de fato ocorrer, mesmo que a tensão P/A seja *bem inferior* ao limite elástico do material. As Seções 5.10 a 5.15 deste capítulo discutirão esse fenômeno.

A Seção 5.16 introduz os conceitos utilizados na análise por elementos finitos.

5.2 Definição de Deformação, Medições e Representação pelo Círculo de Mohr

A Figura 5.2 mostra as deformações ocorrentes em um elemento sujeito a uma carga de tração uniaxial. As equações que definem as três componentes lineares de deformação são indicadas na figura. Os ângulos inicialmente retos do elemento carregado não sofrem nenhuma alteração. As deformações por cisalhamento, γ_{xy}, γ_{xz} e γ_{yz}, são, portanto, nulas, e o elemento mostrado possui a orientação das direções principais. Como consequência, ϵ_x, ϵ_y e ϵ_z são também as deformações principais ϵ_1, ϵ_2 e ϵ_3, em que os subscritos 1, 2 e 3 representam as direções principais. Os valores negativos mostrados para ϵ_y e ϵ_z resultam de um material com coeficiente de Poisson positivo.

A Figura 5.3 mostra um elemento similar sujeito a um cisalhamento puro. As deformações por cisalhamento resultantes são definidas na figura. A notação com subscrito duplo corresponde à convenção brevemente mencionada na Seção 4.9, em referência à Figura 4.26. Conforme ocorreu para o caso das tensões cisalhantes, também aqui não há necessidade de se fazer a distinção entre γ_{xy} e γ_{yx}.

A Figura 5.4 ilustra como um círculo de Mohr para deformações pode ser traçado a partir do conhecimento de ϵ_x, ϵ_y e γ_{xy}. O procedimento é idêntico ao utilizado com o círculo de Mohr das tensões, exceto pelo cuidado a ser tomado com a marcação das ordenadas, que deve considerar apenas a *metade* da deformação por cisalhamento γ. As equações analíticas para as tensões (Eqs. 4.15 a 4.19) possuem uma correspondência direta com as equações das deformações, bastando substituir a tensão normal σ pela deformação linear ϵ e a tensão cisalhante τ pela metade da deformação angular, $\gamma/2$.

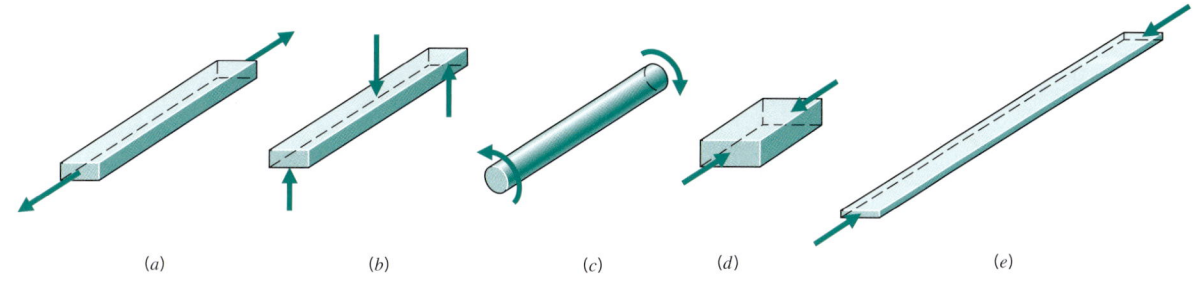

(a)   *(b)*   *(c)*   *(d)*   *(e)*

FIGURA 5.1 Componentes carregados elasticamente estáveis (*a–d*) e potencialmente instáveis (*e*).

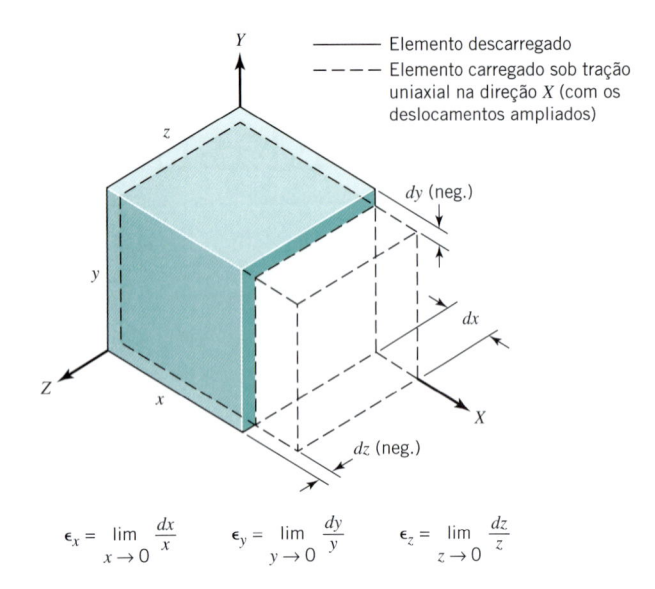

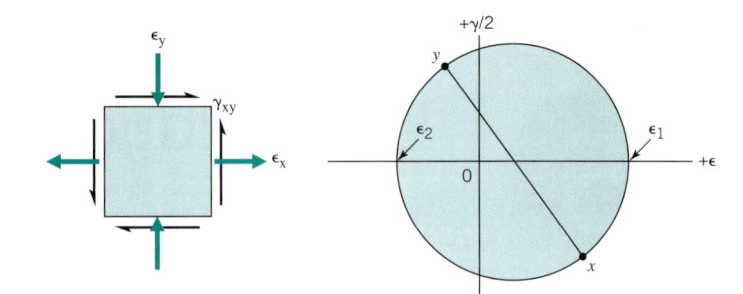

FIGURA 5.4 Círculo de Mohr desenhado para os valores de ϵ_x, ϵ_y e γ_{xy}.

FIGURA 5.2 Indicação das deformações lineares para um carregamento uniaxial de tração.

A determinação experimental das tensões nos pontos críticos de uma máquina ou de um componente estrutural começa pela medida das deformações para, em seguida, calcular-se as correspondentes tensões atuantes nos materiais cujas constantes elásticas devem ser conhecidas. Caso as direções dos eixos principais sejam conhecidas, as deformações principais ϵ_1 e ϵ_2 podem ser medidas diretamente utilizando-se extensômetros elétricos por resistência (*strain gages*) com uma única malha (do tipo mostrado na Figura 5.5a) ou através das rosetas de duas malhas (Figura 5.5b). Se as direções principais não forem conhecidas pode-se, teoricamente, determinar ϵ_1 e ϵ_2 medindo-se inicialmente as deformações orientadas arbitrariamente ϵ_x, e ϵ_y e γ_{xy} e, em seguida, obter ϵ_1, ϵ_2 a partir de um círculo de Mohr, conforme mostrado na Figura 5.4. Infelizmente, em geral a medida experimental direta da deformação por cisalhamento não é prática. Assim, utilizam-se as rosetas com três malhas ilustradas nas Figuras 5.5c e d. O procedimento associado a essas medições é descrito a seguir.

Inicialmente, note que a construção convencional do círculo de Mohr — tanto para as tensões, conforme mostrado na Figura 4.27, quanto para as deformações, como se vê na Figura 5.4 — representa uma solução gráfica conveniente de três equações com três incógnitas. As incógnitas são os valores das duas tensões (ou deformações) principais e o ângulo entre os planos principais e os planos de referência (geralmente representados por x e y). A solução requer que três valores sejam conhecidos. Esses valores são referentes às tensões σ_x, σ_y e τ_{xy} (ou referentes às deformações ϵ_x, ϵ_y e γ_{xy}). As rosetas com três malhas permitem que as mesmas três incógnitas sejam determinadas, porém os valores conhecidos são todos referentes às deformações *lineares*. Não há uma solução gráfica simples através de um círculo de Mohr, assim é utilizada uma solução analítica. Esta solução é possível quando três deformações lineares em *quaisquer* direções são fornecidas [5], porém apenas as duas configurações mais utilizadas serão aqui consideradas: as rosetas delta (Figura 5.5c) e as rosetas retangulares (Figura 5.5d).

Um guia interativo sobre a tecnologia dos extensômetros elétricos por resistência (*strain gages*) está disponível no endereço http://www.vishaypg.com/micro-measurements. Neste endereço está disponível uma relação com a literatura técnica sobre extensômetros, instrumentação e produtos fotoelásticos, bem como simuladores para a tecnologia dos extensômetros. Por exemplo, os simuladores permitem que sejam determinadas as deformações principais a partir das rosetas do tipo delta e retangular.

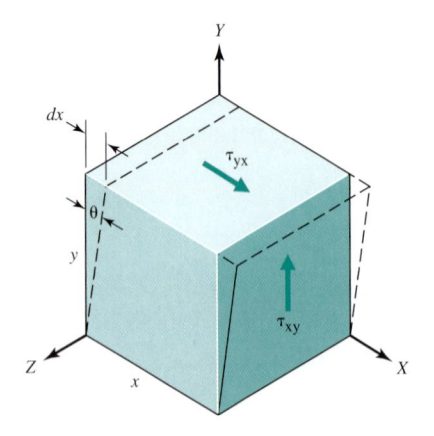

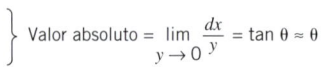

γ_{xy} (mostrada no sentido anti-horário e, portanto, negativo)
γ_{yx} (mostrada no sentido horário e, portanto, positivo) } Valor absoluto $= \lim\limits_{y \to 0} \dfrac{dx}{y} = \tan\theta \approx \theta$

FIGURA 5.3 Indicação das deformações por cisalhamento para um carregamento de cisalhamento puro.

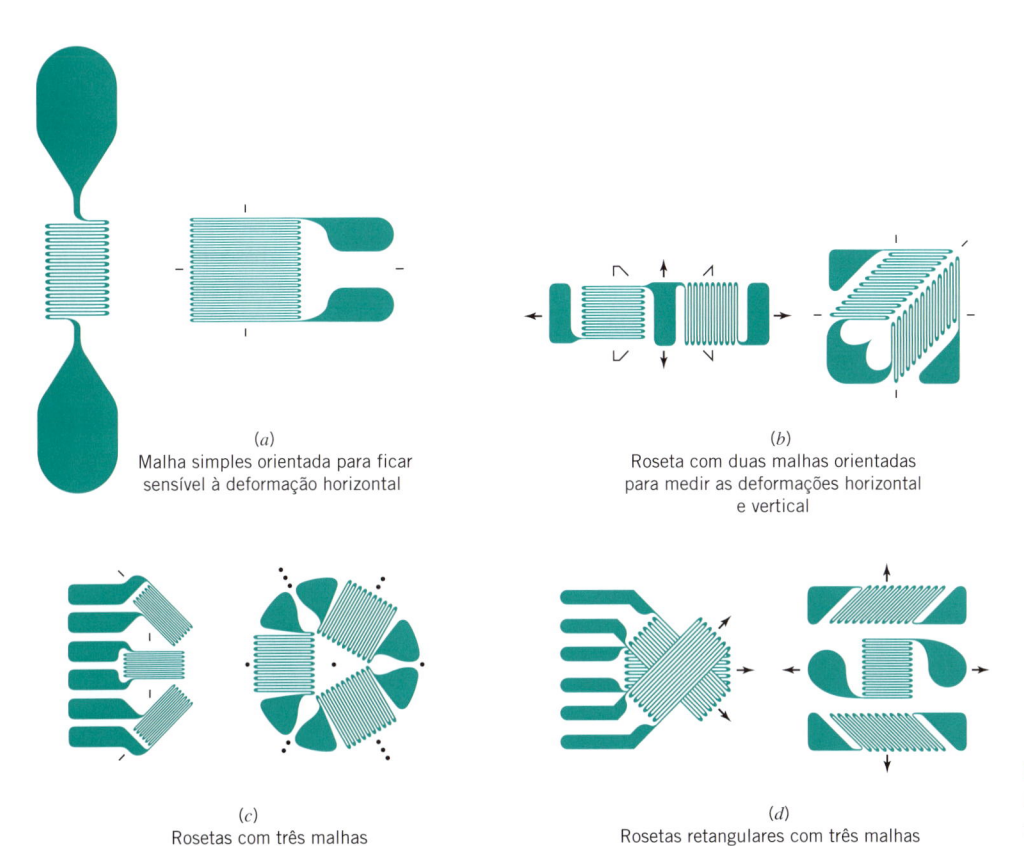

(a)
Malha simples orientada para ficar
sensível à deformação horizontal

(b)
Roseta com duas malhas orientadas
para medir as deformações horizontal
e vertical

(c)
Rosetas com três malhas
(com ângulos idênticos entre elas)

(d)
Rosetas retangulares com três malhas

Figura 5.5 **Configurações de malhas dos extensômetros por resistência elétrica (*strain gages*) com filamento metálico típico.**

5.3 Análise das Deformações — Rosetas Delta

Todas as rosetas do tipo delta podem ser representadas pelo diagrama ilustrado na Figura 5.6a, que mostra as medidas individuais a 0°, 120° e 240°, *nesta ordem, no sentido anti-horário*. O ângulo α é médio a partir da medida a 0° no sentido do ainda desconhecido eixo principal. As Figuras 5.6b e c mostram outras combinações das orientações das medidas que são equivalentes. Utilizando a notação precedente, tem-se, para a magnitude da deformação principal e para a orientação, as equações [3]

$$\epsilon_{1,2} = \frac{\epsilon_0 + \epsilon_{120} + \epsilon_{240}}{3} \pm \sqrt{\frac{(2\epsilon_0 - \epsilon_{120} - \epsilon_{240})^2}{9} + \frac{(\epsilon_{120} - \epsilon_{240})^2}{3}}$$

(5.1)

$$\tan 2\alpha = \frac{\sqrt{3}(\epsilon_{120} - \epsilon_{240})}{2\epsilon_0 - \epsilon_{120} - \epsilon_{240}}$$

(5.2)

Um valor *positivo* de α indica que a medida deve ser realizada no sentido horário a partir da orientação da deformação ϵ_0 para cada uma das orientações dos dois eixos principais obtidas pela Eq. 5.2. Para determinar que ângulo é referente a que eixo principal, utilize a regra que estabelece que a maior deformação principal sempre se situa no intervalo de 30° com o maior valor

algébrico entre as deformações ϵ_0, ϵ_{120} e ϵ_{240}. O uso e a interpretação das Eqs. 5.1 e 5.2 são ilustrados pelo problema resolvido a seguir.

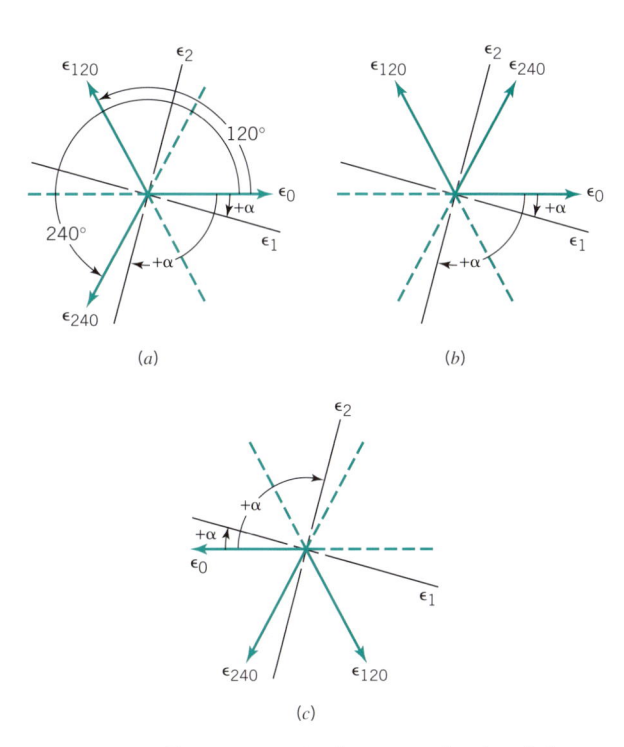

(a)

(b)

(c)

Figura 5.6 **Representação da roseta do tipo delta.**

Extensômetro Elétrico do
Tipo Roseta Delta

As seguintes deformações foram obtidas de um extensômetro elétrico do tipo roseta delta:

$$\epsilon_0 = -0,00075 \text{ m/m}$$

$$\epsilon_{120} = +0,0004 \text{ m/m}$$

$$\epsilon_{240} = +0,00185 \text{ m/m}$$

Determine as magnitudes e as orientações das deformações principais e verifique os resultados através de um círculo de Mohr.

SOLUÇÃO

CONHECIDO: Os valores das três deformações referentes a um extensômetro do tipo roseta delta.

A Ser Determinado: Calcule as magnitudes e as orientações das deformações principais. Construa um círculo de Mohr representativo das deformações.

Esquemas e Dados Fornecidos:

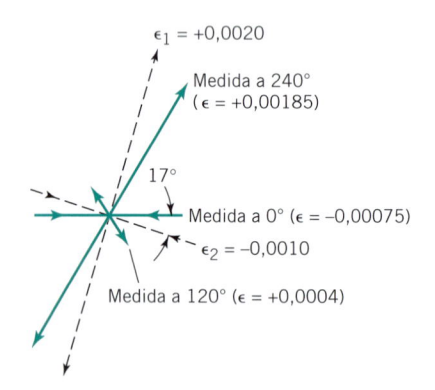

FIGURA 5.7   Representação vetorial da solução do Problema Resolvido 5.1.

Hipóteses: As três deformações conhecidas são lineares.

Análise:

1. Por substituição direta das deformações conhecidas na Eq. 5.1, tem-se

$$\epsilon_{1,2} = 0,0005 \pm 0,0015, \qquad \epsilon_1 = 0,0020 \text{ m/m},$$
$$\epsilon_2 = -0,0010 \text{ m/m}$$

2. Pela Eq. 5.2, obtém-se

$$\tan 2\alpha = +0,67, \qquad 2\alpha = 34°, 214°, \qquad \alpha = 17°, 107°$$

3. Os eixos das deformações principais situam-se a 17° e a 107° no sentido horário a partir do eixo referente à deformação a 0°. De acordo com a regra dos 30°, a orientação a 17° de ϵ_0 é referente ao eixo de ϵ_2 (é também intuitivo que, como ϵ_0 é a única leitura de deformação negativa, a

deformação principal mais próxima a ela será a deformação principal negativa).

4. Uma representação vetorial das magnitudes e das orientações das deformações medidas e das deformações principais é mostrada na Figura 5.7.

5. A exatidão da solução é verificada na Figura 5.8, onde um círculo de Mohr é construído com base nos valores calculados de ϵ_1 e ϵ_2. Os pontos marcados no círculo correspondem às orientações angulares de ϵ_0, ϵ_{120} e ϵ_{240}, conforme mostrado na Figura 5.7 (lembre-se de que os ângulos reais são duplicados ao serem representados no círculo). Como as abscissas desses três pontos correspondem aos valores medidos do extensômetro, a solução está correta.

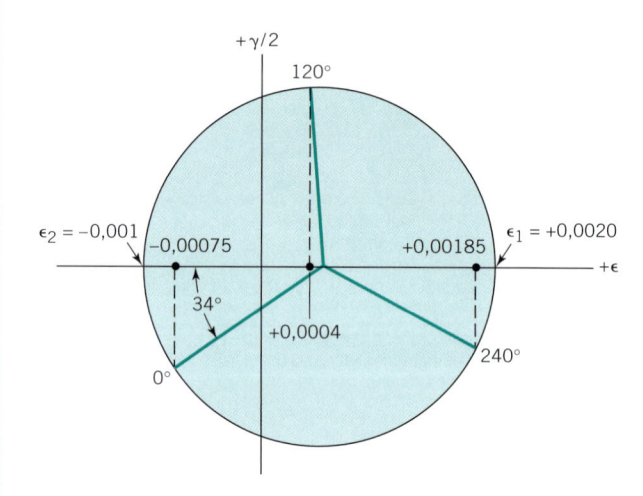

FIGURA 5.8   Verificação pelo círculo de Mohr da solução do Problema Resolvido 5.1.

Comentários: Uma análise cuidadosa das Figuras 5.7 e 5.8 é bastante útil para a compreensão intuitiva do significado dos cálculos executados pelas Eqs. 5.1 e 5.2. A partir dessas figuras pode-se também compreender a convenção associada à designação das deformações e a distinção entre as orientações de ϵ_1 e ϵ_2.

5.4 Análise das Deformações — Rosetas Retangulares

A Figura 5.9*a* mostra a configuração básica da roseta retangular, com as três direções das medidas de deformação orientadas progressivamente no *sentido anti-horário* com incrementos de 45° a partir de uma orientação arbitrariamente escolhida como 0°. Da mesma forma que a roseta delta, existem diversas possibilidades para a orientação retangular básica. Duas outras são mostradas nas Figuras 5.9*b* e *c*. Novamente, o ângulo α é medido em relação à orientação de 0° para cada uma das direções principais. As equações para as magnitudes e as orientações das deformações principais são [5]

$$\epsilon_{1,2} = \frac{\epsilon_0 + \epsilon_{90}}{2} \pm \sqrt{\frac{(\epsilon_0 - \epsilon_{45})^2 + (\epsilon_{45} - \epsilon_{90})^2}{2}} \quad \textbf{(5.3)}$$

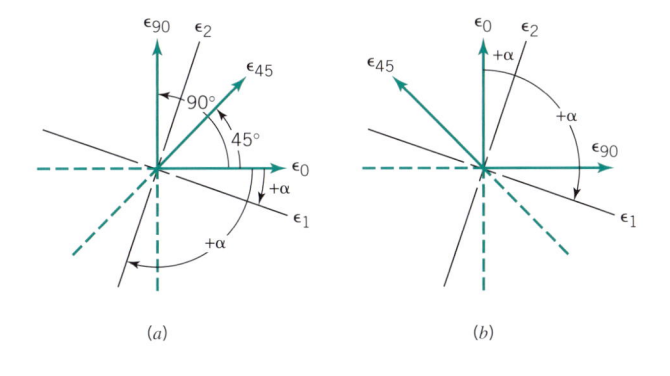

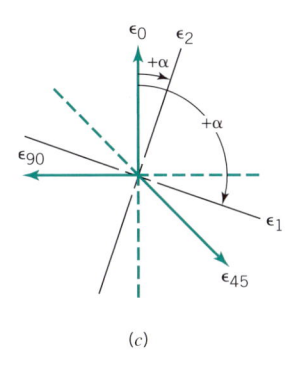

FIGURA 5.9 Representação da roseta retangular.

$$\tan 2\alpha = \frac{\epsilon_0 - 2\epsilon_{45} + \epsilon_{90}}{\epsilon_0 - \epsilon_{90}} \qquad \textbf{(5.4)}$$

Analogamente à roseta delta, um valor positivo de α significa que a orientação da deformação principal deve ser indicada no *sentido horário* em relação à deformação ϵ_0. A distinção entre os dois eixos principais pode ser baseada na regra que estabelece que a deformação principal com o maior valor algébrico ocorre a um ângulo menor que 45° em relação ao maior valor algébrico entre as deformações ϵ_0 e ϵ_{90}.

PROBLEMA RESOLVIDO 5.2 Extensômetro Elétrico do Tipo Roseta Retangular

As leituras obtidas a partir de uma roseta retangular são mostradas na Figura 5.10a (os valores fornecidos estão em micrômetros por metro, o que, obviamente, é idêntico a micropolegadas por polegada). Determine as magnitudes e as orientações das deformações principais e verifique os resultados construindo um círculo de Mohr.

SOLUÇÃO

Conhecido: Os três valores das deformações obtidos a partir de uma roseta retangular.

A Ser Determinado: Calcule as magnitudes e as orientações das deformações principais. Construa um círculo de Mohr para verificar os resultados.

Esquemas e Dados Fornecidos:

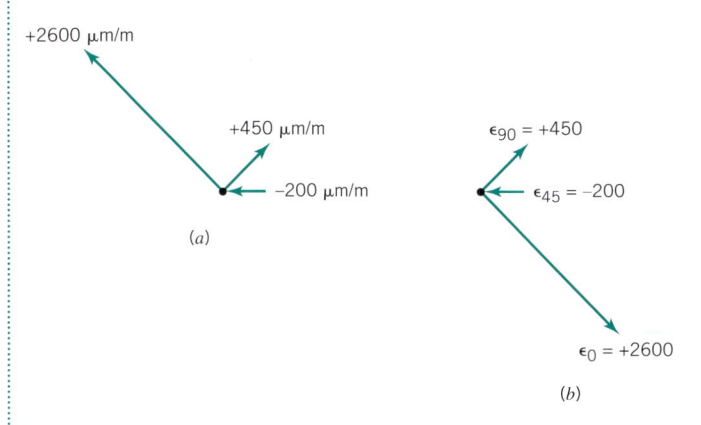

FIGURA 5.10 **Dados fornecidos para o Problema Resolvido 5.2. (a) Valores das deformações. (b) Roseta equivalente.**

Hipóteses: As três deformações conhecidas são lineares.

Análise:

1. Observe, inicialmente, que, em conformidade com o incremento angular progressivo de 45° no sentido anti-horário, as medidas devem ser indicadas conforme mostrado na Figura 5.10b.

2. A substituição dos valores conhecidos nas Eqs. 5.3 e 5.4 fornece

$$\epsilon_{1,2} = 1525 \pm 2033, \quad \epsilon_1 = 3558 \ \mu m/m, \quad \epsilon_2 = -508 \ \mu m/m$$

$$\tan 2\alpha = 1,605, \quad 2\alpha = 58°, 238°, \quad \alpha = 29°, 119°$$

Esses resultados são representados na Figura 5.11.

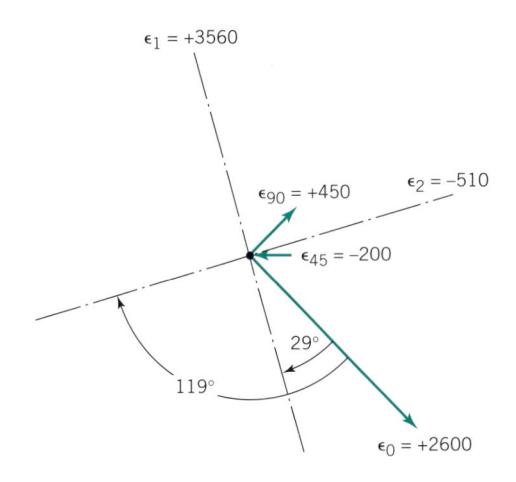

FIGURA 5.11 **Representação vetorial da solução do Problema Resolvido 5.2.**

3. A Figura 5.12 mostra o círculo de Mohr construído com base nos valores calculados para ϵ_1 e ϵ_2. Os pontos marcados no círculo correspondem às orientações angulares das deformações ϵ_0, ϵ_{45} e ϵ_{90} mostradas na Figura 5.11. As abscissas desses pontos foram obtidas visando uma comparação com as leituras de deformações fornecidas.

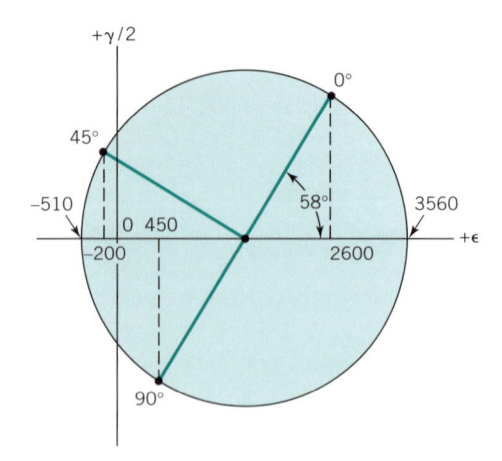

FIGURA 5.12 **Verificação da solução do Problema Resolvido 5.2 pelo círculo de Mohr.**

Comentários: Novamente, é recomendável uma análise cuidadosa das Figuras 5.11 e 5.12 no sentido de uma melhor compreensão da situação física.

5.5 Relações Tensão–Deformação no Regime Elástico e Círculos de Mohr para o Estado Geral de Tensões e de Deformações

As relações tensão–deformação no regime elástico ou, mais precisamente, relações *elásticas lineares* para o caso tridimensional de tensões são fornecidas em diversas referências, como, por exemplo, em [3]. Para o caso *bidimensional de tensões* frequentemente encontrado (em que ϵ_1 e ϵ_2 são determinadas experimentalmente), essas relações se reduzem a

$$\sigma_1 = \frac{E}{1 - \nu^2}(\epsilon_1 + \nu\epsilon_2)$$

$$\sigma_2 = \frac{E}{1 - \nu^2}(\epsilon_2 + \nu\epsilon_1)$$

$$\sigma_3 = 0 \qquad \qquad \textbf{(5.5)}$$

$$\epsilon_3 = \frac{-\nu}{1 - \nu}(\epsilon_1 + \epsilon_2)$$

Ou, se as tensões principais forem conhecidas e as deformações calculadas,

$$\epsilon_1 = \frac{1}{E}(\sigma_1 - \nu\sigma_2)$$

$$\epsilon_2 = \frac{1}{E}(\sigma_2 - \nu\sigma_1) \qquad \textbf{(5.6)}$$

$$\epsilon_3 = -\frac{\nu}{E}(\sigma_1 + \sigma_2)$$

Para o caso *unidimensional de tensões*, essas equações se reduzem a

$$\left.\begin{array}{c}\sigma_1 = E\epsilon_1 \\ \sigma_2 = \sigma_3 = 0\end{array}\right\} \qquad \textbf{(5.7a)}$$

$$\left.\begin{array}{c}\epsilon_1 = \dfrac{\sigma_1}{E} \\[2mm] \epsilon_2 = \epsilon_3 = -\dfrac{\nu\sigma_1}{E}\end{array}\right\} \qquad \textbf{(5.7b)}$$

Um erro sério e muito comum é o uso da relação $\sigma = E\epsilon$ para todos os estados de tensões. Por exemplo, suponha que a roseta delta do Problema Resolvido 5.1 tenha sido instalada em um componente de alumínio cujas constantes elásticas são $E = 71 \times 10^9$ Pa e $\nu = 0,35$. A partir das deformações $\epsilon_1 = 0,0020$ e $\epsilon_2 = -0,0010$, a Eq. 5.5 para o estado bidimensional de tensões fornece $\sigma_1 = 134$ MPa e $\sigma_2 = -24$ MPa. O cálculo errôneo das tensões principais pela simples multiplicação de cada deformação principal pelo módulo de elasticidade E fornece $\sigma_1 = 142$ MPa e $\sigma_2 = -71$ MPa.

Para completar a determinação dos estados de tensões e deformações do Problema Resolvido 5.1, sendo o material um alumínio, precisa-se apenas calcular a deformação $\epsilon_3 = -0,0005$

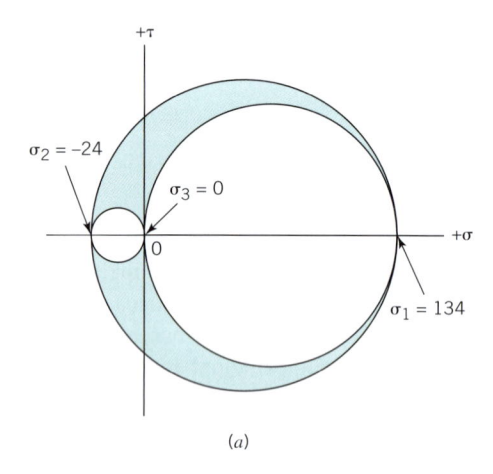

(a)

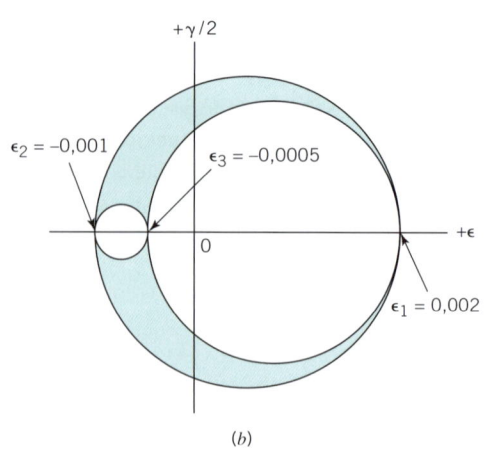

(b)

FIGURA 5.13 **Estado de (*a*) tensões e de (*b*) deformações para o Problema Resolvido 5.1, considerando que o material seja alumínio.**

a partir da Eq. 5.5 ou da Eq. 5.6. A representação completa através de círculos de Mohr para os estados de tensões e deformações é mostrada na Figura 5.13.

5.6 Deslocamentos e Rigidez — Casos Simples

As expressões básicas para o deslocamento e a rigidez de peças prismáticas simples são fornecidas na Tabela 5.1, que é complementada, no caso da torção, pela Tabela 5.2. As deduções dessas expressões não são incluídas, pois admite-se que foram desenvolvidas em cursos anteriores. Nenhum esforço deve ser direcionado à memorização dessas equações. Ao contrário, deve-se assegurar sua compreensão racional e o modelo adotado em seu desenvolvimento — dessa forma, muitas dessas equações serão memorizadas automaticamente.

Note que os primeiros três casos envolvem o deslocamento no ponto de aplicação do carregamento e no sentido correspon-

dente a esse carregamento. Em cada um desses casos, a equação simplesmente estabelece que o deslocamento varia linearmente com o carregamento (o que deve ocorrer na região linear elástica da curva tensão-deformação) e com o comprimento, e inversamente com a propriedade de rigidez geométrica da seção transversal e com a correspondente propriedade de rigidez elástica do material. A "rigidez" é também conhecida como *constante de mola*. Para deslocamentos lineares, a rigidez é designada por k (expressa em libras por polegada, newtons por metro etc.). Para os deslocamentos angulares, o símbolo K é utilizado (com as unidades de lb · ft por radianos, N · m por radianos etc.).

Observe que, no caso 4, o comprimento está elevado ao quadrado. Isso se deve ao fato de o deslocamento linear aumentar tanto com o comprimento quanto com a inclinação na extremidade da peça, que, por sua vez, é uma função do comprimento. No caso 5 o comprimento está *elevado ao cubo* porque o momento fletor é um fator adicional que aumenta com o comprimento. Neste caso, a equação fornecida para o cálculo do

TABELA 5.1 **Expressões para o Cálculo dos Deslocamentos e da Rigidez de Peças Prismáticas Retilíneas (Barras e Vigas) de Seção Transversal Uniforme**

Número	Caso	Deslocamento	Rigidez
1.	Tração ou compressão Área da seção transversal = A	$\delta = \dfrac{PL}{AE}$	$k = \dfrac{P}{\delta} = \dfrac{AE}{L}$
2.	Torção K'^a = propriedade da seção. Para seção circular maciça, $K' = J = \pi d^4/32$.	$\theta = \dfrac{TL}{K'G}$ Para barra de seção circular maciça e deslocamento angular em graus, $\theta° = \dfrac{584TL}{d^4 G}$	$K = \dfrac{T}{\theta} = \dfrac{K'G}{L}$
3.	Flexão (deslocamento angular) I = momento de inércia em relação ao eixo neutro de flexão	$\theta = \dfrac{ML}{EI}$	$K = \dfrac{M}{\theta} = \dfrac{EI}{L}$
4.	Flexão (deslocamento linear) I = momento de inércia em relação ao eixo neutro de flexão	$\delta = \dfrac{ML^2}{2EI}$	$k = \dfrac{M}{\delta} = \dfrac{2EI}{L^2}$
5.	Viga engastada carregada na extremidade livre I = momento de inércia em relação ao eixo neutro de flexão	$\delta = \dfrac{PL^3}{3EI}$	$k = \dfrac{P}{\delta} = \dfrac{3EI}{L^3}$

Nota: Consulte os Apêndices A-4 e A-5 para as unidades apropriadas do SI e para os prefixos. Consulte o Apêndice D-1 para o cálculo da inclinação na extremidade livre e do deslocamento em um ponto qualquer para os casos 3, 4 e 5.
[a]Consulte a Tabela 5.2 para os valores de K' referentes a outras seções.

TABELA 5.2 Expressões para o Cálculo dos Deslocamentos Angulares (Deflexões) – Caso 2 da Tabela 5.1

$\theta = \dfrac{TL}{K'G}$ na qual os valores de K' são listados a seguir

Seção Transversal	Expressão para o Cálculo de K'
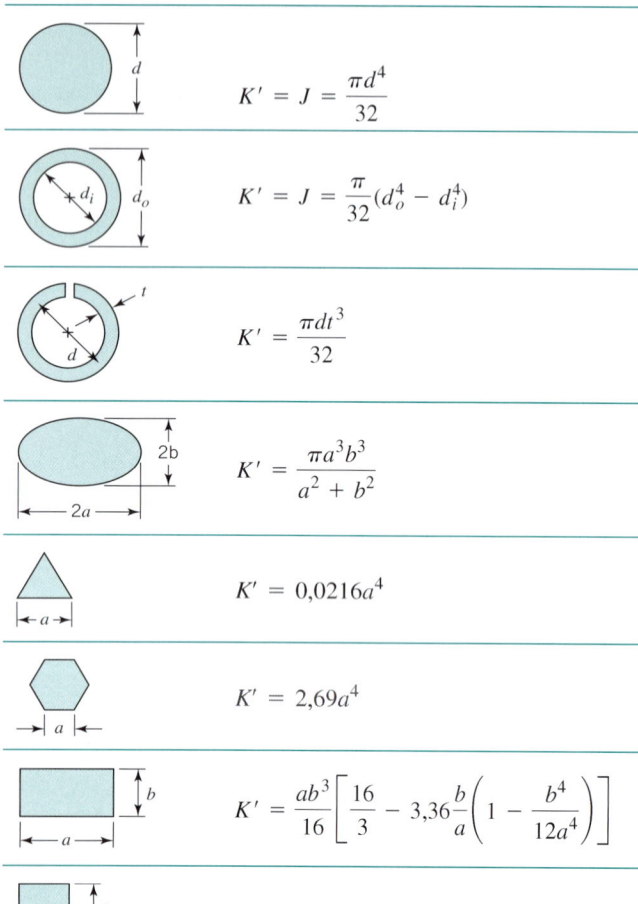	$K' = J = \dfrac{\pi d^4}{32}$
	$K' = J = \dfrac{\pi}{32}(d_o^4 - d_i^4)$
	$K' = \dfrac{\pi d t^3}{32}$
	$K' = \dfrac{\pi a^3 b^3}{a^2 + b^2}$
	$K' = 0{,}0216 a^4$
	$K' = 2{,}69 a^4$
	$K' = \dfrac{ab^3}{16}\left[\dfrac{16}{3} - 3{,}36\dfrac{b}{a}\left(1 - \dfrac{b^4}{12a^4}\right)\right]$
	$K' = 0{,}1406 a^4$

deslocamento resulta *apenas* das tensões de flexão; a contribuição devida ao cisalhamento transversal foi desprezada. O método de Castigliano, tratado na Seção 5.8, permite que a contribuição do cisalhamento para o cálculo desse deslocamento seja considerada. Por hora, pode-se simplesmente observar que a contribuição do cisalhamento ao deslocamento segue exatamente o padrão dos casos 1, 2 e 3, isto é, o deslocamento por cisalhamento varia linearmente com a carga de cisalhamento e com o comprimento, e inversamente com o módulo de elasticidade transversal e com uma propriedade geométrica de rigidez ao cisalhamento da seção transversal. Esta propriedade é, muitas das vezes, aproximada à área para diversas seções (a título de exemplo, ela é igual a cinco sextos da área para uma seção retangular).

Tabelas que fornecem as equações de deslocamentos para vigas com uma vasta variedade de condições de carregamentos são encontradas em diversos manuais e referências, como, por exemplo, a referência [4].

5.7 Deslocamentos em Vigas

As vigas são componentes estruturais sujeitos a cargas transversais. Alguns exemplos incluem eixos de máquinas, vigamentos para construção de pisos, feixes de molas, estruturas do chassi de um veículo e diversos outros componentes de máquinas e estruturas. Uma viga geralmente requer uma seção transversal para limitar os deslocamentos maior do que a necessária para limitar as tensões. Assim, muitas das vigas de aço são fabricadas de ligas de baixo custo, pois possuem um módulo de elasticidade da ordem de grandeza do dos aços mais resistentes e de alto custo (e, portanto, a mesma resistência ao deslocamento elástico).

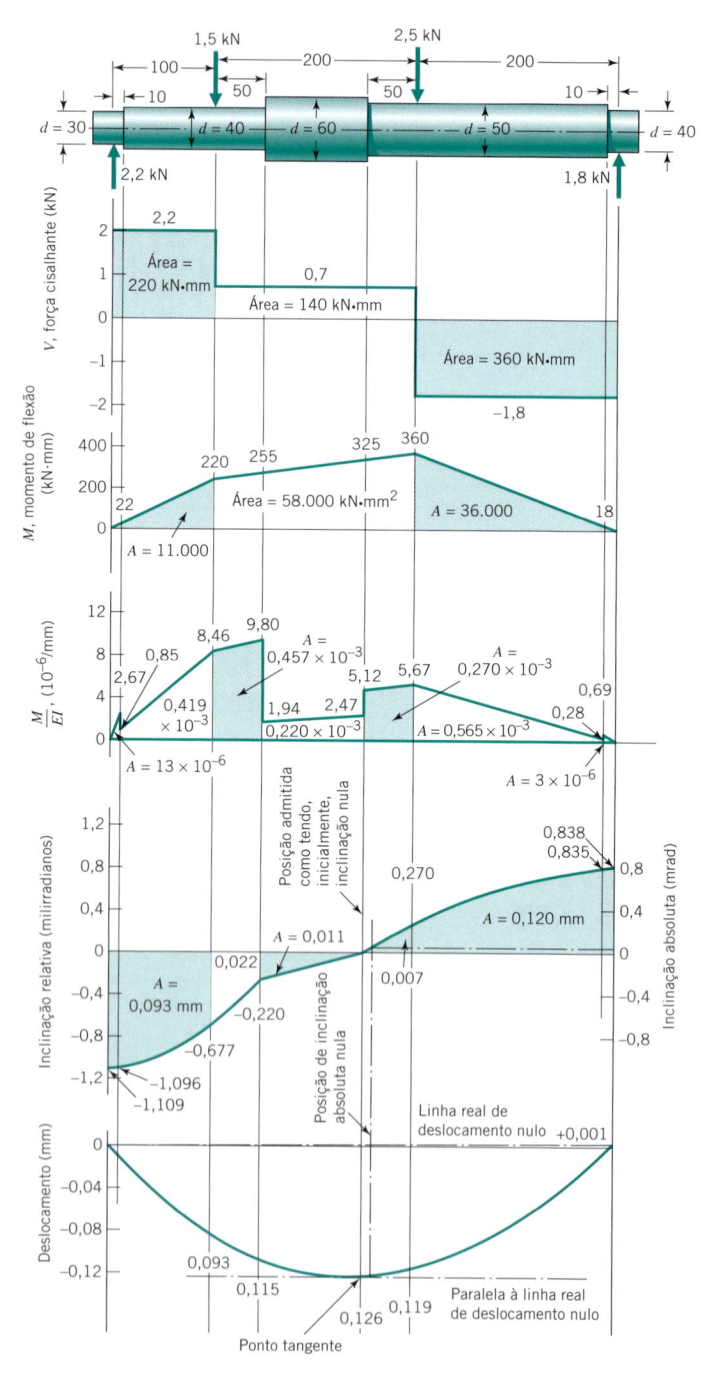

FIGURA 5.14 Determinação dos deslocamentos para um eixo de aço escalonado apoiado em suas extremidades sujeito a duas cargas concentradas (Problema Resolvido 5.3).

O leitor certamente já estudou um ou mais dos diversos métodos para o cálculo dos deslocamentos de vigas (por exemplo, utilizando o cálculo da área do diagrama de momentos fletores, realizando a integração por funções singulares, integração gráfica e integração numérica). O Apêndice D apresenta um sumário das equações para os deslocamentos (bem como para os esforços de cisalhamento e momentos fletores) correspondentes às vigas de seção transversal uniforme com os carregamentos normalmente encontrados. Tabelas mais completas estão disponíveis em muitos manuais, como a referência [4]. Para o caso de mais de uma carga aplicada a uma viga (admitindo uma resposta na faixa elástica linear), o deslocamento em qualquer ponto da viga será igual à superposição dos deslocamentos individuais produzidos no ponto considerado por cada uma das cargas atuando isoladamente. Este *método de superposição* (utilizando informações como as fornecidas no Apêndice D) geralmente fornece a solução mais fácil e rápida para os problemas de deslocamentos de vigas envolvendo diversas cargas.

Por diversas razões, muitas vigas não possuem uma seção transversal uniforme. Por exemplo, os eixos de máquinas rotativas, em geral, são escalonados para acomodar os mancais e outros componentes, conforme mostrado na Figura 5.14. O cálculo dos deslocamentos dessas vigas é trabalhoso quando os métodos convencionais são utilizados. Felizmente, esses problemas podem ser resolvidos pela integração numérica da curva M/EI por meio de programas disponíveis.

Atualmente, pela facilidade de uso dos computadores, é incomum para os engenheiros resolver os problemas de deslocamentos de um eixo escalonado através de procedimentos manuais. O problema resolvido a seguir é apresentado principalmente para auxiliar o estudante na compreensão das manipulações matemáticas básicas envolvidas. Essa compreensão é de vital importância para a engenharia moderna que utiliza, de forma inteligente, programas computacionais. Entretanto, é sempre interessante para o engenheiro ter a satisfação de saber como resolver o problema sem um computador caso isso seja, algumas vezes, necessário para os casos mais simples.

A solução do Problema Resolvido 5.3 é desenvolvida com base nas equações:

Intensidade da carga em um ponto x qualquer $= \dfrac{d^4\delta}{dx^4}EI = w$

Força cisalhante em um ponto x qualquer $= \dfrac{d^3\delta}{dx^3}EI = V$

Momento fletor em um ponto x qualquer $= \dfrac{d^2\delta}{dx^2}EI = M$ **(5.8)**

Inclinação em um ponto x qualquer $= \dfrac{d\delta}{dx} = \theta$

Deslocamento em um ponto x qualquer $= \delta$

Os conceitos envolvidos nos processos de integração ou diferenciação para se obter qualquer das grandezas precedentes a partir de outras são fundamentais, e o estudante de engenharia é instigado a estudar cuidadosamente o problema a seguir. A compreensão da solução deste problema é válida, também, para outros campos que se utilizam essencialmente das mesmas equações diferenciais. Um exemplo típico é a área de dinâmica, onde derivadas temporais sucessivas do deslocamento fornecem a velocidade, a aceleração e o *jerk*.

PROBLEMA RESOLVIDO 5.3 Deslocamentos em um Eixo Escalonado

SOLUÇÃO

O eixo escalonado mostrado na parte superior da Figura 5.14 é fabricado de aço ($E = 207$ GPa) e carregado (através de engrenagens e polias fixadas sobre o eixo) com as forças de 1,5 e 2,5 kN. Ele é simplesmente apoiado por mancais em cada uma de suas extremidades. Determine os deslocamentos e inclinações em todos os pontos ao longo do eixo.

Conhecido: Um eixo escalonado com geometria e carregamento fornecidos.

A Ser Determinado: Determine os deslocamentos e inclinações em todos os pontos ao longo do eixo.

Esquemas e Dados Fornecidos: Veja a Figura 5.14.

Hipóteses:

1. A inclinação nula da curva de deslocamentos ocorre no ponto médio do eixo.

2. As deformações ocorrentes no eixo são elásticas e lineares.

Análise:

1. As forças de apoio nos mancais (2,2 e 1,8 kN) e os diagramas de forças cisalhantes e momentos fletores são determinados conforme mostrado na Figura 2.11.

2. Observe cuidadosamente os fatores mais importantes envolvidos na integração gráfica de qualquer curva (como o diagrama de forças cisalhantes) para se obter a próxima curva, mais abaixo (como o diagrama de momentos fletores).

   a. A *diferença nos valores das ordenadas* em quaisquer dois pontos ao longo da curva mais abaixo (como o diagrama de momentos fletores) é igual à *área sob a curva* imediatamente acima (como o diagrama de forças cisalhantes) entre esses dois pontos.

   b. O valor absoluto da ordenada da curva mais abaixo é determinado a partir das condições conhecidas nas extremidades. Por exemplo, os momentos fletores atuantes nos mancais de apoio são conhecidos como nulos.

   c. A *inclinação* em qualquer ponto da curva mais abaixo é igual à ordenada da curva mais acima.

3. De modo a se considerar as diferenças no diâmetro ao longo do eixo, cada trecho da curva de momentos fletores é dividido pelo correspondente produto EI. (Os valores de I para os trechos de 30, 40, 50 e 60 mm são, respectivamente, 39.761, 125.664, 306.796 e 636.173 mm^4.)

4. Ao se integrar a curva de *M/EI* para obter a inclinação, depara-se com o problema do desconhecimento do local onde a inclinação é nula. Por simples visualização ou através de um esquema grosseiro da curva de deslocamentos, verifica-se que a inclinação será nula nas proximidades do ponto médio do eixo. Dessa forma, admite-se inicialmente, por hipótese, que a inclinação nula seja escolhida conforme mostrado. (Nota: A precisão final não é afetada por essa hipótese — o local da inclinação nula poderia ser admitido como um dos mancais de apoio.) Sendo adotada uma hipótese, torna-se necessário designar a ordenada como "inclinação *relativa*".

5. A integração da curva de inclinações para se obter a curva de deslocamentos começa com a localização conhecida onde o deslocamento é nulo no mancal de apoio da esquerda. *Se* o local onde a inclinação foi admitida nula estiver correto, o deslocamento calculado no apoio da direita também resultará em um valor nulo. No caso deste exemplo, o local onde a inclinação é nula está apenas ligeiramente desviado. Para corrigir essa situação, una os dois pontos de deslocamento nulo conhecidos com a "linha verdadeira de deslocamento nulo". Os valores dos deslocamentos reais em quaisquer pontos *devem ser medidos perpendicularmente a esta linha*.

6. Finalmente, a localização correta do ponto onde a inclinação é nula é determinada desenhando-se uma linha tangente à curva de deslocamentos, paralela à "linha verdadeira de deslocamento nulo". Esta linha representa uma referência para as "inclinações absolutas".

Comentários: Neste caso, um erro desprezível teria sido introduzido pela eliminação dos trechos das extremidades do eixo; isto é, o problema poderia ter sido simplificado estendendo-se os diâmetros de 40 e 50 mm até as extremidades.

O projeto e a análise de eixos são discutidos mais adiante, no Capítulo 17.

5.8 Determinação dos Deslocamentos Elásticos pelo Método de Castigliano

É muito comum ocorrerem situações em que o cálculo dos deslocamentos elásticos não se enquadra nos casos previstos pela Tabela 5.1 e envolve mais que os carregamentos de flexão tratados na seção anterior. O método de Castigliano é escolhido aqui para lidar com essas situações. Ele é escolhido devido a sua versatilidade no manuseio de uma ampla faixa de problemas relacionados com deslocamentos e porque também é bastante útil na determinação de reações redundantes (a serem tratadas na próxima seção). O teorema que estabelece as premissas do método foi publicado como parte da tese de Alberto Castigliano enquanto estudante do Instituto Politécnico de Turim (Itália), em meados do século XIX.

A Figura 5.15 mostra a curva carga–deslocamento referente a um caso totalmente genérico. A carga pode ser qualquer força ou momento, e o deslocamento é o correspondente deslocamento linear ou angular. A área sombreada clara (U) sob a curva é igual à energia elástica armazenada. A área sombreada escura (U') é conhecida como energia complementar. Por simples geometria,

$$U = U' = Q\Delta/2$$

isto é, a energia elástica armazenada é igual ao deslocamento multiplicado pela força média. A energia adicional associada a uma carga incremental dQ é

$$dU' = dU = \Delta \, dQ$$

Resolvendo-se para o deslocamento, Δ, tem-se

$$\Delta = dU/dQ$$

TABELA 5.3 **Resumo das Equações de Energia e de Deslocamento para Uso com o Método de Castigliano**

Tipo de Carregamento (1)	Fatores Envolvidos (2)	Equação de Energia para o Caso em que Nenhum dos Três Fatores Varia com a Coordenada x (3)	Equação Geral da Energia (4)	Equação Geral do Deslocamento (5)
Axial	P, E, A	$U = \dfrac{P^2 L}{2EA}$	$U = \displaystyle\int_0^L \dfrac{P^2}{2EA}\,dx$	$\Delta = \displaystyle\int_0^L \dfrac{P(\partial P/\partial Q)}{EA}\,dx$
Flexão	M, E, I	$U = \dfrac{M^2 L}{2EI}$	$U = \displaystyle\int_0^L \dfrac{M^2}{2EI}\,dx$	$\Delta = \displaystyle\int_0^L \dfrac{M(\partial M/\partial Q)}{EI}\,dx$
Torção	T, G, K'	$U = \dfrac{T^2 L}{2GK'}$	$U = \displaystyle\int_0^L \dfrac{T^2}{2GK'}\,dx$	$\Delta = \displaystyle\int_0^L \dfrac{T(\partial T/\partial Q)}{GK'}\,dx$
Cisalhamento transversal (seção retangular)	V, G, A	$U = \dfrac{3V^2 L}{5GA}$	$U = \displaystyle\int_0^L \dfrac{3V^2}{5GA}\,dx$	$\Delta^a = \displaystyle\int_0^L \dfrac{6V(\partial V/\partial Q)}{5GA}\,dx$

[a]Altere a constante 6/5 para 1 para uma rápida *estimativa* envolvendo seções que não sejam retangulares [3].

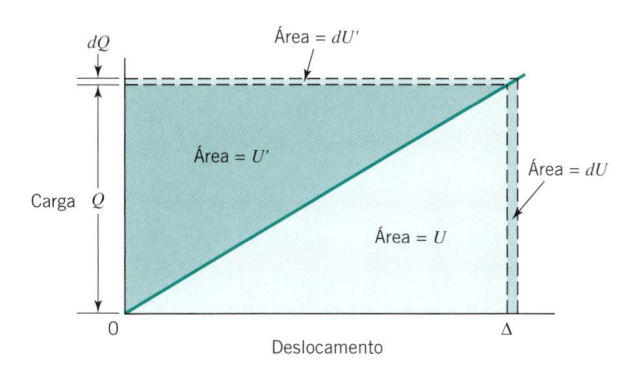

FIGURA 5.15 **Curva carga–deslocamento genérica para a faixa linear.**

No caso geral, Q pode ser apenas uma das muitas cargas atuantes no componente. O deslocamento na direção da carga Q e no ponto onde Q é aplicada é obtido pela derivada de U em relação a esta carga, mantidas todas as demais constantes. Assim, a equação geral para o deslocamento, estabelecida pelo teorema de Castigliano, é

$$\Delta = \partial U / \partial Q \qquad \text{(5.9)}$$

A grande importância dessa simples equação justifica seu enunciado em palavras.

Quando um corpo é deformado elasticamente por qualquer combinação de cargas, o deslocamento em qualquer ponto e em qualquer direção é igual à derivada parcial da energia de deformação (calculada com todas as cargas atuantes) em relação à carga localizada naquele ponto e atuante naquela direção.

O teorema pode ser utilizado para se obter o deslocamento em qualquer ponto e em qualquer direção, mesmo se não houver carga aplicada naquele ponto e naquela direção. Para isso, basta aplicar uma carga *imaginária* (força ou momento), genericamente designada por Q, no ponto e na direção desejados e escrever a expressão do deslocamento em função de Q. Obtida essa expressão, a carga Q deve ser igualada a zero para se obter a resposta final.

Em todas as situações, exceto nos casos mais simples, a expressão da energia U na Eq. 5.9 envolverá mais de um termo, cada um dos quais expressa a energia associada a uma componente do carregamento. As equações para a energia de deformação elástica associada aos diversos tipos de carregamento são resumidas na terceira e na quarta coluna da Tabela 5.3. Para uma breve revisão de como essas equações foram obtidas, considere o caso do carregamento axial. Conforme observado na Figura 5.15,

$$U = Q\Delta/2$$

Para o caso particular de uma carga axial, com esta designada por P e o deslocamento axial representado por δ, tem-se

$$U = P\delta/2 \qquad \text{(a)}$$

Porém, considerando o caso 1 da Tabela 5.1,

$$\delta = PL/AE \qquad \text{(b)}$$

Substituindo-se a Eq. b na Eq. a, tem-se

$$U = P^2 L/2EA \qquad \text{(c)}$$

Para uma barra de comprimento L que possua uma seção transversal variável e, eventualmente, um módulo de elasticidade variável,

$$U = \int_0^L \frac{P^2}{2EA} \, dx \qquad \text{(d)}$$

As demais equações apresentadas na Tabela 5.3 são deduzidas de forma similar (veja a referência [3]).

A aplicação mais direta do método de Castigliano consiste (1) na obtenção das expressões apropriadas para todos os termos de energia utilizando as equações para U da Tabela 5.3 e, em seguida, (2) no cálculo das derivadas parciais apropriadas para a obtenção dos deslocamentos. Recomenda-se que o estudante desenvolva um ou dois problemas dessa forma para se assegurar de que o procedimento básico esteja perfeitamente compreendido. Uma solução mais rápida e talvez mais adequada pode, em geral, ser obtida pela aplicação da técnica de integração da equação diferencial, representada pela equação de deslocamento apresentada na última coluna da Tabela 5.3.

Os Problemas Resolvidos 5.4 e 5.5 ilustram uma comparação entre os dois procedimentos precedentes. A seguir, diversos exemplos são introduzidos para ilustrar a grande variedade de problemas para os quais pode-se aplicar o teorema de Castigliano. Recomenda-se que o estudante analise cuidadosamente cada um dos casos. Note que a chave da solução é sempre utilizar a expressão apropriada para a carga. O trabalho posterior representará uma mera manipulação matemática.

PROBLEMA RESOLVIDO 5.4 **Viga Simplesmente Apoiada com Carga Concentrada no Meio do Vão**

Determine o deslocamento no centro de uma viga carregada no meio de seu vão, conforme mostrado na Figura 5.16.

SOLUÇÃO

CONHECIDO: Uma viga de seção retangular simplesmente apoiada, de geometria conhecida, é carregada no meio de seu vão por uma força concentrada fornecida.

A Ser Determinado: Determine o deslocamento no centro da viga.

Esquemas e Dados Fornecidos:

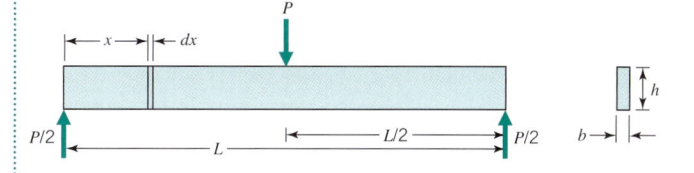

FIGURA 5.16 **Problema Resolvido 5.4 — viga simplesmente apoiada sujeita a um único carregamento no meio de seu vão.**

Hipótese: As deformações são elásticas.

Análise 1:

1. Inicialmente calcule a energia; em seguida calcule a derivada parcial para obter o deslocamento. A viga está sujeita a dois tipos de carregamento — flexão e forças cisalhantes — com magnitudes em um ponto x qualquer (veja a Figura 5.16) de

$$M = \frac{P}{2}x \quad \text{e} \quad V = \frac{P}{2}$$

2. Assim, a equação de energia é constituída pelos dois termos correspondentes:

$$U = 2\int_0^{L/2} \frac{M^2}{2EI}\,dx + \int_0^L \frac{3V^2}{5GA}\,dx$$

$$= 2\int_0^{L/2} \frac{P^2 x^2}{8EI}\,dx + \int_0^L \frac{3(P/2)^2}{5GA}\,dx$$

$$= \frac{P^2}{4EI}\int_0^{L/2} x^2\,dx + \frac{3P^2}{20GA}\int_0^L dx$$

$$= \frac{P^2 L^3}{96EI} + \frac{3P^2 L}{20GA}$$

3. O desenvolvimento da derivada parcial para se obter o deslocamento fornece

$$\delta = \frac{\partial U}{\partial P} = \frac{PL^3}{48EI} + \frac{3PL}{10GA}$$

Comentários: Antes de continuar, três pontos dessa análise merecem atenção.

1. A equação para o carregamento devido à flexão, $M = Px/2$, é válida apenas entre $x = 0$ e $x = L/2$. A maneira mais simples de perceber essa situação é reconhecer que a viga é simétrica em relação a seu centro, com as energias referentes às suas metades direita e esquerda sendo iguais. Assim, basta calcular a energia decorrente da flexão por integração entre 0 e $L/2$ e, em seguida, dobrar o valor calculado.

2. Como V, G e A não variam com x, pode-se obter a energia devida ao cisalhamento transversal mais rapidamente utilizando a equação da coluna 3 da Tabela 5.3. (Essa condição é ilustrada na Análise 2.)

3. A resposta final, consistindo em dois termos, pode surpreender aqueles que reconhecem *apenas* o primeiro termo como a equação tradicional para o cálculo do deslocamento dessa viga. Obviamente, quando apenas o primeiro termo é utilizado o deslocamento causado pelo cisalhamento transversal estará sendo desprezado. Como será visto no Problema Resolvido 5.5, esta condição é justificada em quase todos os casos. Todavia, é importante para o engenheiro *ter consciência* da hipótese que despreza o termo de cisalhamento. E quando houver qualquer dúvida sobre

o desprezo do termo de cisalhamento, o método de Castigliano propiciará uma avaliação rápida de sua magnitude.

Análise 2:

1. Calcule o deslocamento derivando o termo de flexão sob o símbolo de integral e utilize a coluna 3 da Tabela 5.3 para o termo de cisalhamento.

2. Como na primeira solução, escreva as equações para os dois tipos de carregamento presentes (em uma localização qualquer x ao longo da viga):

$$M = \frac{P}{2}x \quad \text{e} \quad V = \frac{P}{2}$$

3. Novamente, manipulando o termo de flexão integrando-se ao longo da metade do comprimento e duplicando o valor do resultado, determina-se o deslocamento diretamente:

$$\delta = 2\int_0^{L/2} \frac{M(\partial M/\partial P)}{EI}\,dx + \frac{\partial}{\partial P}\ (U \text{ para cisalhamento transversal})$$

$$= \frac{2}{EI}\int_0^{L/2} \frac{Px}{2}\frac{x}{2}\,dx + \frac{\partial}{\partial P}\left(\frac{3(P/2)^2 L}{5GA}\right)$$

$$= \frac{2}{EI}\int_0^{L/2} \frac{Px^2}{4}\,dx + \frac{3PL}{10GA}$$

$$= \frac{P}{2EI}\left[\frac{(L/2)^3}{3} - 0\right] + \frac{3PL}{10GA}$$

$$= \frac{PL^3}{48EI} + \frac{3PL}{10GA}$$

PROBLEMA RESOLVIDO 5.5   Comparação dos Termos de Flexão e de Cisalhamento do Problema Resolvido 5.4

Utilizando a expressão deduzida no Problema Resolvido 5.4, avalie a magnitude dos dois termos do deslocamento quando $P = 5000$ N, $L = 400$ mm, $b = 25$ mm, $h = 50$ mm e considere que a viga seja de aço com $E = 207$ GPa e $G = 80$ GPa (Figura 5.17).

SOLUÇÃO

Conhecido: A expressão para o cálculo do deslocamento de uma viga simplesmente apoiada com carga aplicada em seu centro e geometria conhecida.

A Ser Determinado: Determine a magnitude de cada um dos termos de deslocamento, o de flexão e o de cisalhamento.

Esquemas e Dados Fornecidos:

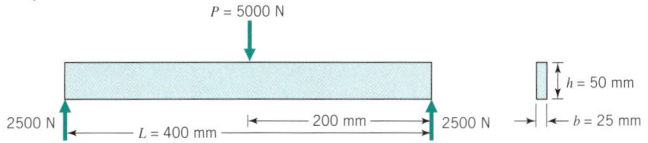

Figura 5.17 **Problema Resolvido 5.5 — viga simplesmente apoiada sujeita a um único carregamento no meio de seu vão.**

Hipótese: As deformações são elásticas.

Análise: O deslocamento no meio do vão de uma viga carregada em seu centro é

$$\delta = \frac{PL^3}{48EI} + \frac{3PL}{10GA}$$

$$= \frac{5000(0,400)^3}{48(207 \times 10^9)\left[\dfrac{25(50)^3}{12} \times 10^{-12}\right]} + \frac{3(5000)(0,400)}{10(80 \times 10^9)(0,025)(0,050)}$$

$$= (1,237 \times 10^{-4}) + (6,000 \times 10^{-6}) = 1,297 \times 10^{-4}\ \text{m}$$

Comentários:

1. Este problema sugere a seguinte regra geral:
   Para vigas de seção transversal retangular com comprimento de pelo menos oito vezes sua altura, o deslocamento pelo efeito do cisalhamento transversal é menor que 5 % do deslocamento devido à flexão.
2. É incomum o fato do cisalhamento transversal apresentar uma contribuição significativa para *qualquer* problema de deslocamentos em engenharia.

PROBLEMA RESOLVIDO 5.6 **O Uso da Carga Fictícia**

Determine o deslocamento vertical da extremidade livre da viga engastada dobrada a 90° mostrada na Figura 5.18.

SOLUÇÃO

Conhecido: Os dados geométricos e o carregamento de uma viga engastada dobrada a 90° são conhecidos.

A Ser Determinado: Determine o deslocamento vertical da extremidade livre da viga.

Esquemas e Dados Fornecidos:

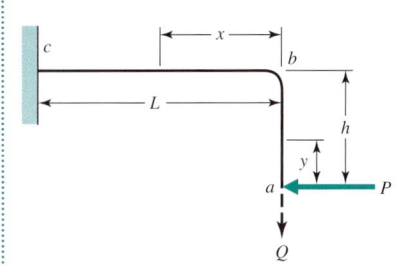

Figura 5.18 **Problema Resolvido 5.6 — viga engastada dobrada a 90° e carregada em sua extremidade livre.**

Hipóteses:

1. As deformações são elásticas.
2. O termo de deslocamento devido ao cisalhamento transversal é desprezível.

Análise:

1. Como não existem cargas atuantes *no ponto e na direção* do deslocamento desejado, uma carga fictícia *deve* ser incluída (a carga Q indicada na Figura 5.18).
2. Sendo o efeito do cisalhamento transversal desprezível, quatro componentes de energia estão presentes.
   i. Flexão no trecho *ab*, em que $M_{ab} = Py$ (note que a coordenada y foi arbitrariamente definida de modo a fornecer uma expressão simples para M_{ab}).
   ii. Flexão no trecho *bc*, em que $M_{bc} = Qx + Ph$ (novamente, a coordenada x foi arbitrariamente definida por conveniência).
   iii. Tração no trecho *ab*, com magnitude Q.[1]
   iv. Compressão no trecho *bc*, com magnitude P.[1]
3. Os deslocamentos para os quatro termos, i até iv, são determinados como

$$\delta = \int_0^h \frac{M_{ab}(\partial M_{ab}/\partial Q)}{EI}\,dy + \int_0^L \frac{M_{bc}(\partial M_{bc}/\partial Q)}{EI}\,dx$$

$$+ \int_0^h \frac{Q(\partial Q/\partial Q)}{EA}\,dx + \int_0^L \frac{P(\partial P/\partial Q)}{EA}\,dx$$

$$= \int_0^h \frac{(Py)(0)}{EI}\,dy + \int_0^L \frac{(Qx + Ph)x}{EI}\,dx + \frac{Qh}{EA} + \int_0^L \frac{P(0)}{EA}\,dx$$

4. Agora que as derivadas parciais foram obtidas, pode-se substituir

$$Q = 0$$

   para simplificar o desenvolvimento matemático, ou seja,

$$\delta = 0 + \int_0^L \frac{Phx}{EI}\,dx + 0 + 0, \qquad \delta = \frac{PhL^2}{2EI}$$

Comentário: A dificuldade na solução desse problema pelo (1) cálculo da energia U e, em seguida, pela (2) determinação da derivada parcial é praticamente a mesma. Assim, a utilização dessas duas etapas constitui um bom exercício para aqueles que não estão muito familiarizados com o método de Castigliano.

---

[1]Observe, pelo Problema Resolvido 5.8, que os termos de cargas axiais são quase sempre desprezíveis quando os termos de flexão, torção ou ambos estiverem presentes. Os termos de carregamento axial são incluídos neste problema para ilustrar a generalidade do procedimento.

PROBLEMA RESOLVIDO 5.7 Deslocamento Tangencial de um Anel Aberto

A Figura 5.19*a* mostra o anel de segmento de um pistão sendo expandido por uma ferramenta para facilitar sua instalação. O anel é suficientemente "fino" para justificar o uso das expressões correspondentes à flexão de vigas retas. Deduza uma expressão que relacione a força F de separação com o correspondente deslocamento δ. Inclua todos os termos.

SOLUÇÃO

CONHECIDO: A geometria e a força de separação referentes ao anel de segmento de um pistão são conhecidas.

A Ser Determinado: Desenvolva uma expressão que relacione a força de separação ao correspondente deslocamento.

Esquemas e Dados Fornecidos:

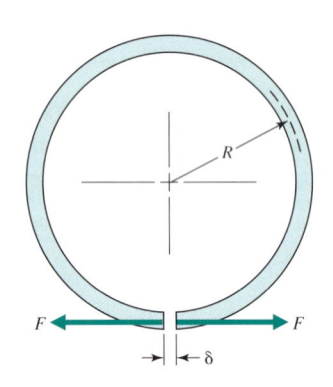

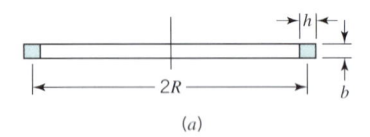

(a)

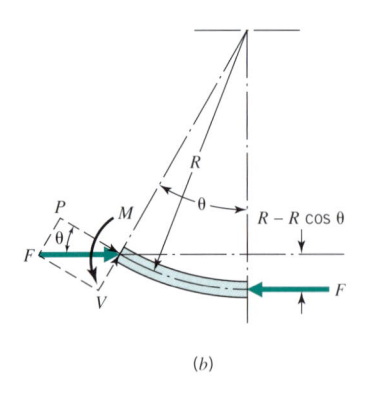

(b)

FIGURA 5.19 **Problema Resolvido 5.7 — anel de segmento de um pistão carregado por um expansor.**

Hipóteses:

1. As deformações são elásticas.
2. O anel permanece no plano das cargas aplicadas (não ocorre flambagem).

Análise:

1. A Figura 5.19*b* mostra o diagrama de corpo livre de um segmento típico do anel correspondente a um ângulo θ (definido na figura). O deslocamento possui três componentes causadas pelos esforços de flexão, de carga axial (compressão na metade inferior e tração na metade superior) e de cisalhamento transversal. As correspondentes equações são

$$M = FR(1 - \cos \theta)$$
$$P = F \cos \theta$$
$$V = F \operatorname{sen} \theta$$

2. As equações precedentes são válidas para todos os valores de θ. Assim, podem ser integradas no intervalo de 0 a 2π:

$$\delta = \frac{1}{EI} \int_0^{2\pi} M \frac{\partial M}{\partial F} R\, d\theta + \frac{1}{EA} \int_0^{2\pi} P \frac{\partial P}{\partial F} R\, d\theta$$
$$+ \frac{6}{5GA} \int_0^{2\pi} V \frac{\partial V}{\partial F} R\, d\theta$$

$$= \frac{1}{EI} \int_0^{2\pi} FR(1 - \cos \theta)R(1 - \cos \theta)R\, d\theta$$

$$+ \frac{1}{EA} \int_0^{2\pi} F(\cos^2 \theta)R\, d\theta$$

$$+ \frac{6}{5GA} \int_0^{2\pi} F(\operatorname{sen}^2 \theta)R\, d\theta$$

$$= \frac{FR^3}{EI} \int_0^{2\pi} (1 - 2\cos \theta + \cos^2 \theta)\, d\theta + \frac{FR}{EA} \int_0^{2\pi} \cos^2 \theta\, d\theta$$

$$+ \frac{6FR}{5GA} \int_0^{2\pi} \operatorname{sen}^2 \theta\, d\theta$$

$$= \frac{FR^3}{EI}(2\pi - 0 + \pi) + \frac{RF\pi}{EA} + \frac{6FR\pi}{5GA}$$

$$= \frac{3\pi FR^3}{EI} + \frac{\pi FR}{EA} + \frac{6\pi FR}{5GA}$$

Comentários:

1. Na solução apresentada, os valores das integrais definidas foram escritos diretamente, sem a preocupação (e a possibilidade de erros) de integrar-se as expressões para, em seguida, substituir-se os limites superior e inferior. O cálculo das integrais definidas pode ser acompanhado, por

conveniência, considerando-se as interpretações gráficas elementares da Figura 5.20. Essas figuras podem ser reproduzidas rapidamente a partir dos conceitos mais simples do cálculo integral, evitando-se, desse modo, a dependência de memorizações ou tabelas de integrais.

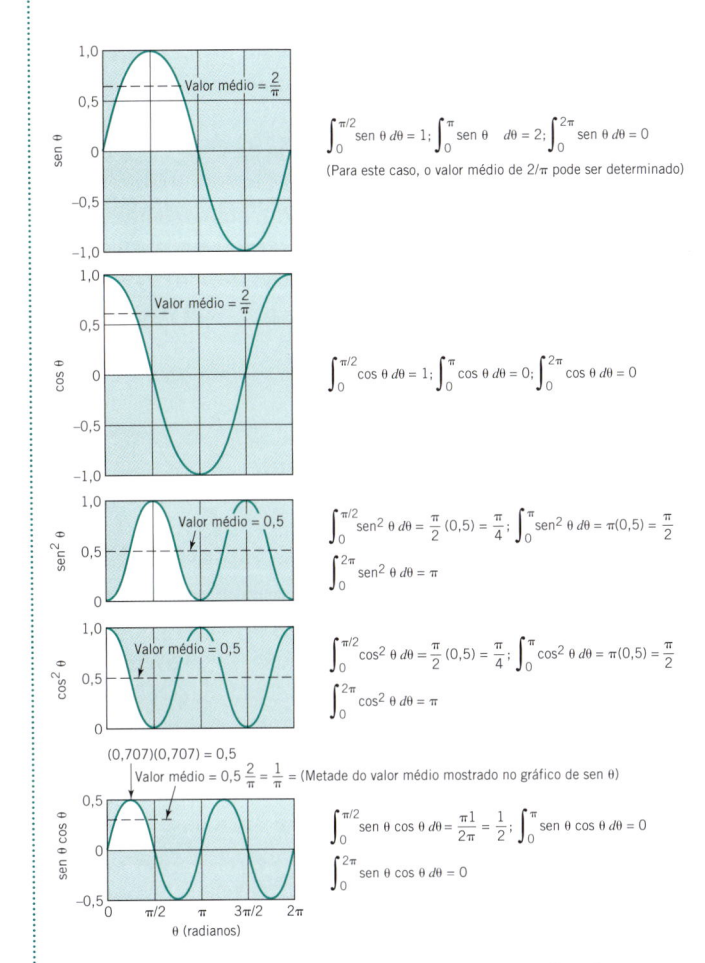

FIGURA 5.20 **Avaliação gráfica das integrais definidas, como as encontradas no Problema Resolvido 5.7.**

2. Observe que o anel é simétrico em relação à direção vertical; o mesmo não ocorre em relação ao eixo horizontal. Assim, a integração poderia ter sido realizada no intervalo de 0 a π e, em seguida, o resultado seria duplicado para cada integral, porém as integrações não poderiam ser realizadas para um intervalo entre 0 e $\pi/2$ e, em seguida, multiplicadas por 4.

PROBLEMA RESOLVIDO 5.8 Comparação dos Termos na Solução do Problema Resolvido 5.7

Determine os valores numéricos envolvidos no cálculo do deslocamento no Problema Resolvido 5.7 considerando $R = 2$ in (50,8 mm), $b = 0,2$ in (5,08 mm), $h = 0,3$ in (7,62 mm) e que o material do anel seja um ferro fundido com $E = 18 \times 10^6$ psi e $G = 7 \times 10^6$ psi.

SOLUÇÃO

CONHECIDO: As dimensões e as propriedades do material de um anel de segmento de pistão são fornecidas.

A Ser Determinado: Determine a magnitude das componentes do deslocamento.

Esquemas e Dados Fornecidos:

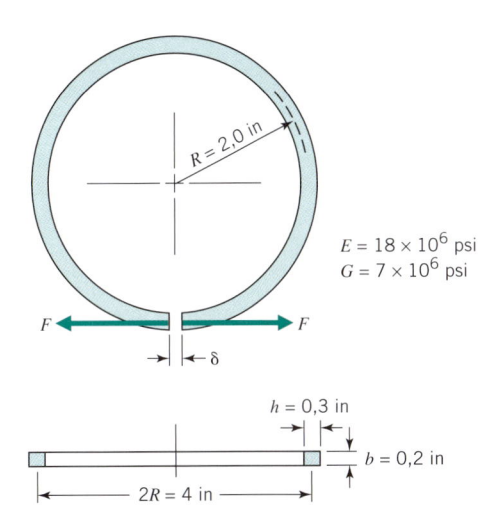

FIGURA 5.21a **Problema Resolvido 5.8 — anel de segmento de um pistão carregado com uma força F.**

Hipóteses:

1. As deformações são elásticas.

2. O anel permanece no plano das cargas aplicadas (não ocorre flambagem).

Análise: A partir das dimensões fornecidas pode-se determinar a área da seção transversal, $A = 0,06$ in² (38,71 mm²), e seu momento de inércia, $I = 0,00045$ in⁴ (0,0187 mm⁴). A substituição desses valores na expressão do deslocamento no Problema Resolvido 5.7 fornece

$$\delta = (930 + 0,58 + 1,79)F \times 10^{-5} \text{ in}$$

Comentários:

1. A análise revela que o primeiro termo da equação do deslocamento contribui com 99,7 % do deslocamento total.

2. Este problema ilustra a seguinte regra geral:

   Se os termos de flexão, de torção ou ambos estiverem presentes, os termos associados à carga axial e ao cisalhamento transversal serão, na maioria das vezes, desprezíveis.

   Note que a regra frisa "*na maioria das vezes*". Uma boa característica do método de Castigliano é que ao se deparar com uma situação incomum, para a qual os termos de carga axial e de cisalhamento transversal sejam significativos, eles poderão ser prontamente calculados.

3. Uma análise do primeiro termo na equação do deslocamento revela que o deslocamento aproximado é $\delta = 3\pi FR^3/EI$. O efeito do raio R do anel, da largura h e do

módulo de elasticidade E pode ser explorado calculando-se e representando-se graficamente o deslocamento para h na faixa de 0,2 a 0,5 in (5,08 mm $\times$ 12,7 mm), para R na faixa de 1,0 a 3,0 in (25,4 mm a 76,2 mm) e para o módulo de elasticidade E do cobre, do ferro fundido e do aço, com $F = 1$ lb (4,45 N) — veja as Figuras 5.21b e c.

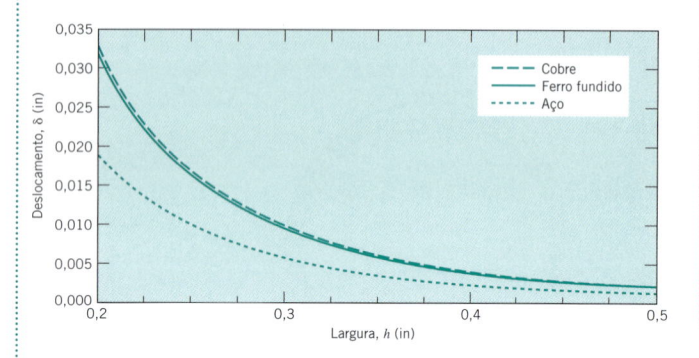

FIGURA 5.21b Deslocamento do anel de segmento do pistão em função da largura h ($F = 1$ lb).

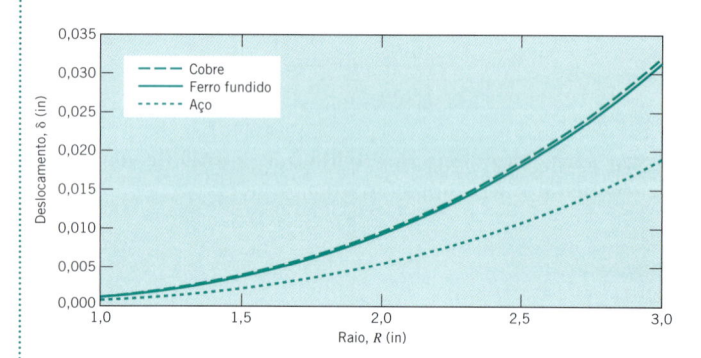

FIGURA 5.21c Deslocamento do anel de segmento do pistão em função do raio R ($F = 1$ lb).

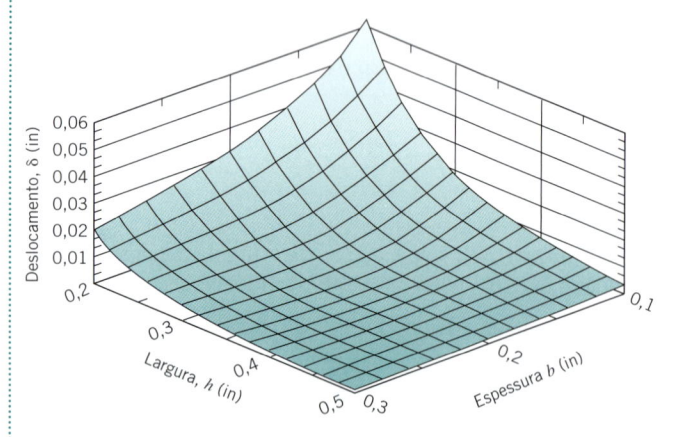

FIGURA 5.21d Deslocamento do anel de segmento do pistão em função da espessura b e da largura h.

4. Analiticamente, como $I = bh^3/12$, o deslocamento $\delta \sim 1/h^3$. O gráfico de $\delta \times h$ mostrado na Figura 5.21b também revela essa relação.

5. O efeito da espessura b e da largura h no deslocamento δ pode ser explorado calculando-se e representando-se graficamente o deslocamento δ para b na faixa de 0,1 a 0,3 in

(2,54 mm a 7,62 mm), para h na faixa de 0,2 a 0,5 in (5,08 mm $\times$ 12,7 mm), para $R = 2,0$ e para o módulo de elasticidade E de um ferro fundido, com $F = 1$ lb (4,45 N) — veja a Figura 5.21d.

6. Um importante cálculo adicional necessário refere-se à verificação da ocorrência de escoamento no anel do pistão durante o deslocamento, situação em que a equação de deslocamento torna-se inválida. Como o raio de curvatura da viga (anel) é grande comparado com a espessura da viga (anel), uma análise através da teoria da viga reta pode ser empregada. A tensão máxima de flexão é expressa por $\sigma = Mc/I + F/A$, onde $M = 2FR$. Como exemplo, com $F = 1$ lb (4,45 N), $b = 0,2$ in (5,08 mm), $h = 0,3$ in (7,62 mm), $R = 2$ in (50,8 mm) e $\delta = 932,36 \times 10^{-5}$ in (0,237 mm), tem-se $\sigma = 1333,33 + 16,67 = 1350$ psi (9,31 Mpa).

5.9   Reações Redundantes pelo Método de Castigliano

Conforme observado no Capítulo 2, uma reação redundante é uma força ou um momento de apoio que não é necessário para o equilíbrio de um corpo. Assim, quando a magnitude de uma reação redundante varia os deslocamentos se alteram, porém o equilíbrio permanece. O teorema de Castigliano estabelece que o deslocamento associado a qualquer reação (ou carga aplicada) que possa variar sem violar o equilíbrio é igual à derivada parcial da energia elástica total em relação àquela reação (ou carga). Na seção anterior, as cargas eram todas conhecidas e desejava-se obter o deslocamento a elas associado. Nesta seção, o deslocamento será conhecido e deseja-se determinar as cargas a ele associadas. Novamente, o procedimento será melhor compreendido através da análise cuidadosa de problemas resolvidos típicos.

PROBLEMA RESOLVIDO 5.9   Tração Atuante em um Cabo para Evitar o Deslocamento de um Mastro

A Figura 5.22 representa um mastro que suporta uma carga excêntrica. O mastro é "fixado" em sua extremidade inferior e suportado horizontalmente por um cabo no ponto a. Qual é o valor da força de tração F, atuante no cabo, necessária para que o deslocamento do mastro seja nulo no ponto de fixação desse cabo?

SOLUÇÃO

CONHECIDO: É fornecida a geometria de um mastro que suporta uma carga excêntrica conhecida e é suportado horizontalmente por um cabo que torna o deslocamento no local em que é fixado igual a zero.

A Ser Determinado: Determine a tração atuante no cabo.

Esquemas e Dados Fornecidos:

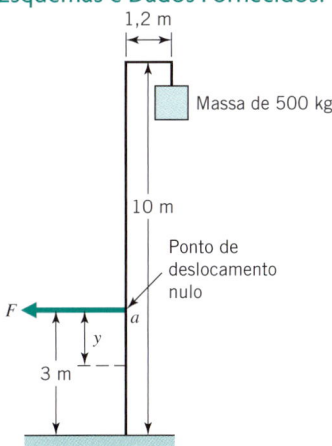

FIGURA 5.22 Problema Resolvido 5.9 — coluna carregada excentricamente com apoio redundante.

Hipóteses:

1. As deformações são elásticas.
2. Não ocorre flambagem.
3. O mastro está instalado em um local onde a aceleração da gravidade vale 9,8 m/s².

Análise:

1. Como a aceleração da gravidade vale 9,8 m/s², a força gravitacional sobre a massa é de 4900 N.

2. A força de tração F é uma reação redundante (isto é, o mastro continuaria em equilíbrio se o cabo fosse retirado), e o deslocamento no ponto de aplicação de F e em sua direção deve ser nulo. Assim, a derivada parcial da energia elástica total do sistema em relação a F deve ser nula.

3. Antes de escrever a expressão completa da energia, deve-se omitir os termos que serão eliminados posteriormente porque suas derivadas parciais em relação a F são nulas. Essa situação ocorre para todos os termos que representam a energia no mastro acima do ponto a e para o termo de compressão do mastro abaixo de a. Os termos restantes representam a energia de flexão abaixo de a.

4. Definindo-se, por conveniência, a posição y conforme mostrado na Figura 5.22, tem-se, para o momento fletor,

$$M = (4900\ \text{N})(1,2\ \text{m}) - Fy \quad \text{ou} \quad M = 5880 - Fy$$

5. A energia devida à flexão abaixo do ponto a será

$$U = \int_0^3 \frac{M^2}{2EI}\,dy = \frac{1}{2EI}\int_0^3 (5880^2 - 11.760Fy + F^2 y^2)\,dy$$

$$= \frac{1}{2EI}(5880^2 \times 3 - 52.920F + 9F^2)$$

6. O deslocamento horizontal no ponto a é obtido pela expressão

$$\delta = 0 = \frac{\partial U}{\partial F} = \frac{1}{2EI}(-52.920 + 18F)$$

Como E e I só podem possuir valores finitos, o termo entre parênteses deve ser nulo, o que resulta em uma força $F = 2940\ \text{N}$.

Comentários: Observe o resultado aparentemente surpreendente, definindo uma força completamente independente de E e de I. A rigidez do mastro não é um fator *importante quando o deslocamento não resulta em um braço de momento muito diferente de 1,2 m para a força gravitacional.* Esta é uma condição que se aplica a todos os problemas em que se utiliza o teorema de Castigliano. As equações dos carregamentos são escritas em função da geometria fornecida. Para a situação em que os deslocamentos subsequentes alterem a geometria serão introduzidos erros nas equações dos carregamentos, os quais causarão erros correspondentes no deslocamento calculado. Embora essa situação deva ser sempre lembrada, ela raramente é a causa dos problemas associados à engenharia.

PROBLEMA RESOLVIDO 5.10 Deslocamento de um Suporte com Apoios Redundantes

Determine o deslocamento vertical no ponto de aplicação da carga concentrada P aplicada ao suporte de três lados mostrado na Figura 5.23. O suporte é de um mesmo material e todos os seus lados possuem a mesma seção transversal.

SOLUÇÃO

Conhecido: A geometria é fornecida para um suporte de três lados carregado em seu centro.

A Ser Determinado: Deduza uma expressão para o deslocamento vertical no local da força aplicada.

Esquemas e Dados Fornecidos:

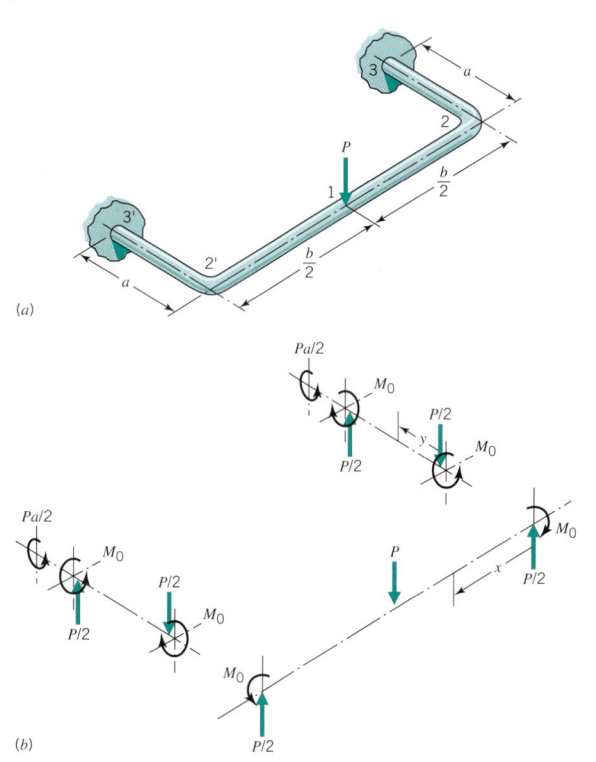

FIGURA 5.23 Problema Resolvido 5.10 — suporte retangular carregado em seu centro.

Hipóteses:

1. As deformações são elásticas.
2. A contribuição do cisalhamento transversal ao deslocamento pode ser desprezada.

Análise:

1. A Figura 5.23b mostra uma vista "explodida" de cada um dos trechos do suporte como um corpo livre em equilíbrio. Todos os carregamentos podem ser expressos em função de P e das dimensões a e b, *exceto* para o momento redundante M_0. *Deve-se* determinar uma expressão para M_0 antes de o teorema de Castigliano ser aplicado na determinação do deslocamento.

2. Para que o momento redundante M_0 possa ser visualizado com mais clareza, pode-se considerar a seguinte situação: imagine que em vez de o suporte ser soldado à parede vertical ele possa deslizar através de buchas ou mancais montados naquela parede. Assim, quando a carga P é aplicada os deslocamentos do suporte causarão uma ligeira rotação das extremidades que se estendem até as buchas. Imagine que, agora, com a carga P aplicada, chaves inglesas sejam fixadas adjacentes à parede em cada uma das extremidades do suporte e que seja aplicado um torque de modo a girar as extremidades, retornando-as às suas posições originais. As chaves estarão, assim, aplicando o torque reativo redundante M_0. Com o suporte soldado na parede vertical antes de a carga ser aplicada, esse torque redundante é aplicado ao suporte pela parede, através da solda.

3. O método de Castigliano será agora utilizado na determinação de M_0 como o torque necessário para provocar um deslocamento angular nulo nos pontos de fixação do suporte à parede.

4. Ao se escrever as expressões dos diversos termos de carregamento deve-se, sempre que possível, tirar vantagem da simetria; as energias das metades direita e esquerda do suporte são idênticas. As dimensões x e y indicadas na Figura 5.23a podem ser definidas conforme desejado, e isso é feito para simplificar as equações dos carregamentos. Tendo o cisalhamento transversal uma influência desprezível, estarão presentes três fontes de energia. Considerando apenas o lado direito, essas energias são devidas a

   Flexão entre 1 e 2, em que $M_{1,2} = -M_0 + Px/2$.

   Flexão entre 2 e 3, em que $M_{2,3} = Py/2$.

   Torção entre 2 e 3, em que $T_{2,3} = M_0$.

5. Escrevendo-se diretamente a equação para um deslocamento angular nulo no ponto onde o momento M_0 é aplicado, tem-se

$$\theta = 0 = 2 \int_0^{b/2} \frac{M_{1,2}(\partial M_{1,2}/\partial M_0)}{EI} \, dx$$
$$+ 2 \int_0^a \frac{M_{2,3}(\partial M_{2,3}/\partial M_0)}{EI} \, dy + 2 \frac{T_{2,3}a}{GK'}$$

Simplificando e substituindo os valores fornecidos, obtém-se

$$0 = \frac{1}{EI} \int_0^{b/2} \left(-M_0 + \frac{Px}{2} \right)(-1) \, dx$$
$$+ \frac{1}{EI} \int_0^a \frac{Py}{2}(0) \, dy + \frac{M_0 a}{GK'}$$

Integrando e substituindo os limites de integração, tem-se

$$0 = \frac{1}{EI} \left(\frac{M_0 b}{2} - \frac{Pb^2}{16} \right) + 0 + \frac{M_0 a}{GK'}$$

Explicitando-se para M_0, tem-se

$$M_0 \left(\frac{b}{2EI} + \frac{a}{GK'} \right) = \frac{Pb^2}{16EI}$$

que reduz-se a

$$M_0 = \frac{Pb^2 GK'}{8(bGK' + 2aEI)}$$

6. No procedimento de determinação do deslocamento depara-se com um algebrismo que pode ser facilitado fazendo-se $M_0 = PZ$, em que Z é uma constante definida por

$$Z = \frac{b^2 GK'}{8(bGK' + 2aEI)} \qquad \text{(e)}$$

7. Os mesmos três termos de energia citados anteriormente estarão presentes. Calcula-se, agora, a derivada parcial em relação a P, e o resultado é o deslocamento desejado:

$$\delta = \frac{2}{EI} \int_0^{b/2} M_{1,2} \frac{\partial M_{1,2}}{\partial P} \, dx + \frac{2}{EI} \int_0^a M_{2,3} \frac{\partial M_{2,3}}{\partial P} \, dy$$
$$+ \frac{2}{GK} \int_0^a T_{2,3} \frac{\partial T_{2,3}}{\partial P} \, dy$$
$$= \frac{2}{EI} \int_0^{b/2} \left(-PZ + \frac{Px}{2} \right) \left(-Z + \frac{x}{2} \right) dx + \frac{2}{EI} \int_0^a \frac{Py}{2} \frac{y}{2} \, dy$$
$$+ \frac{2}{GK} \int_0^a (PZ)(Z) \, dy$$

A avaliação dessas três integrais definidas fornece

$$\delta = \frac{P}{EI} \left(Z^2 b - \frac{Zb^2}{4} + \frac{b^2}{48} \right) + \frac{P}{EI} \frac{a^3}{6} + \frac{2PZ^2 a}{GK'}$$

8. A substituição da Eq. e na equação precedente fornece, após uma manipulação algébrica certamente rotineira e tediosa,

$$\delta = \frac{P}{48EI}(b^2 + 8a^3) - \frac{Pb^4 GK'}{64EI(bGK' + 2aEI)}$$

Comentários: À primeira vista, este problema resolvido pode parecer mais adequadamente relacionado à Seção 5.8. Uma análise cuidadosa mostra, obviamente, que o deslocamento desejado não poderia ter sido calculado sem que, *inicialmente,* a reação redundante torcional fosse avaliada.

5.10 Flambagem de Colunas — Instabilidade Elástica

Em geral, os deslocamentos são imaginados como ocorrendo no regime elástico e variando linearmente com o carregamento. Todavia, a experiência mostra que na realidade ocorrem diversas exceções importantes, todas envolvendo componentes relativamente esbeltos ou regiões finas de material carregado sob tensões compressivas. Talvez os mais comuns desses componentes sejam as colunas esbeltas carregadas em compressão. Exemplos incluem colunas de prédios, elementos estruturais de ligação sob compressão (como nas pontes), bielas utilizadas no acionamento de pistões, molas espirais sob compressão e mecanismos de elevação acionados por parafusos. Esses exemplos se enquadram no caso geral tratado por Leonhard Euler em 1744, quando publicou o primeiro tratado conhecido sobre estabilidade elástica.

A análise de Euler remete à Figura 5.24, que mostra uma coluna longa e esbelta — como uma régua — carregada em compressão. Euler admitiu o caso ideal de uma coluna perfeitamente alinhada (reta), sujeita a uma carga precisamente axial, um material idealmente homogêneo e com as tensões ocorrentes no regime elástico linear. Sendo uma coluna como esta carregada abaixo de um certo valor, P_{cr}, qualquer pequeno deslocamento lateral imposto à coluna (como o mostrado na Figura 5.24 de forma exagerada) resulta em um momento restaurador elástico interno suficiente para recuperar o alinhamento da coluna quando a força que provocou esse deslocamento for removida. Com esse comportamento, a coluna é *elastica-*

mente estável. Quando a carga compressiva for superior a P_{cr}, por menor que seja o deslocamento lateral imposto surgirá um momento de flexão Pe, maior do que o momento restaurador elástico interno e, como consequência, a coluna se desestabiliza. Assim, as cargas superiores a P_{cr} tornam a coluna *elasticamente instável.*

A equação clássica de Euler para P_{cr} é deduzida em quase todos os textos sobre resistência dos materiais. Ela é fornecida aqui sem que sua dedução seja repetida:

$$P_{cr} = \frac{\pi^2 EI}{L_e^2} \qquad (5.10)$$

em que

E = módulo de elasticidade

I = momento de inércia da seção reta em relação à flambagem–eixo de flexão. Este deve ser o *menor* valor de I em relação a qualquer eixo, conforme ilustrado na Figura 5.24.

L_e = comprimento efetivo (ou equivalente) da coluna. Para o caso mostrado na Figura 5.24, na qual a coluna é rotulada em suas extremidades, ele é idêntico ao comprimento real L. Os valores de L_e para colunas com outras condições de extremidade são fornecidos na próxima seção.

A substituição na Eq. 5.10 da relação $I = A\rho^2$ (ou seja, momento de inércia = área multiplicada pelo raio de giração ao quadrado[2]) fornece

$$S_{cr} = \frac{P_{cr}}{A} = \frac{\pi^2 E}{(L_e/\rho)^2} \quad \text{ou} \quad \frac{S_{cr}}{E} = \frac{\pi^2}{(L_e/\rho)^2} \qquad (5.11)$$

em que a relação L_e/ρ é conhecida como o *índice de esbeltez* da coluna. Observe que esta equação fornece o valor da tensão P/A para a qual a coluna se torna elasticamente instável. Ela não tem nenhuma relação com a resistência ao escoamento ou com a resistência-limite do material.

A Eq. 5.11 é mostrada graficamente na Figura 5.25 utilizando um sistema de coordenadas log-log. Note que a linha reta representa uma relação geral que se aplica a todos os materiais (na região elástica). Sendo adimensional, a Eq. 5.11 pode ser utilizada tanto no sistema SI quanto no sistema inglês de unidades. O gráfico mostra que a tensão crítica de flambagem P/A, como uma porcentagem do módulo de elasticidade, depende apenas do índice de esbeltez.

As curvas de Euler correspondentes aos módulos de elasticidade do aço e do alumínio são mostradas graficamente em coordenadas lineares na Figura 5.26. São também mostradas as curvas referentes às tensões compressivas de escoamento

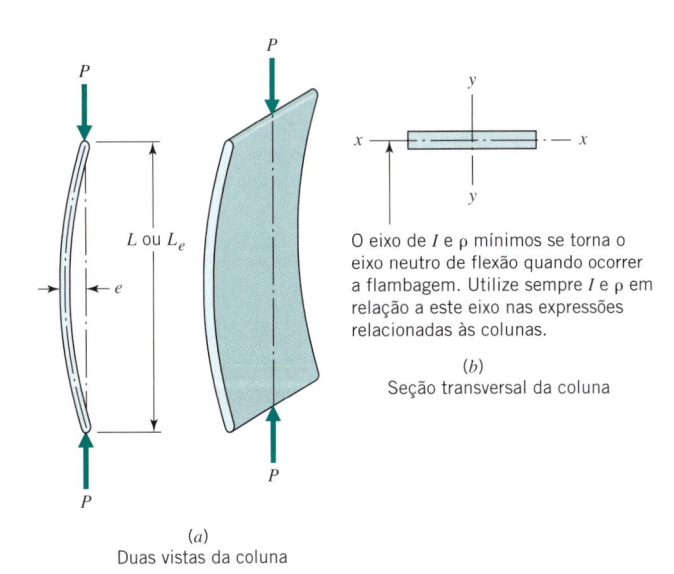

O eixo de I e ρ mínimos se torna o eixo neutro de flexão quando ocorrer a flambagem. Utilize sempre I e ρ em relação a este eixo nas expressões relacionadas às colunas.

(b)
Seção transversal da coluna

(a)
Duas vistas da coluna

FIGURA 5.24 **Flambagem de uma coluna inicialmente reta. Teoria de Euler.**

---

[2]Diversos símbolos são utilizados para o raio de giração, e o mais comum é a letra *r*. O símbolo ρ é utilizado aqui (e em algumas outras referências) para não ser confundido com o raio real de uma coluna de seção transversal circular.

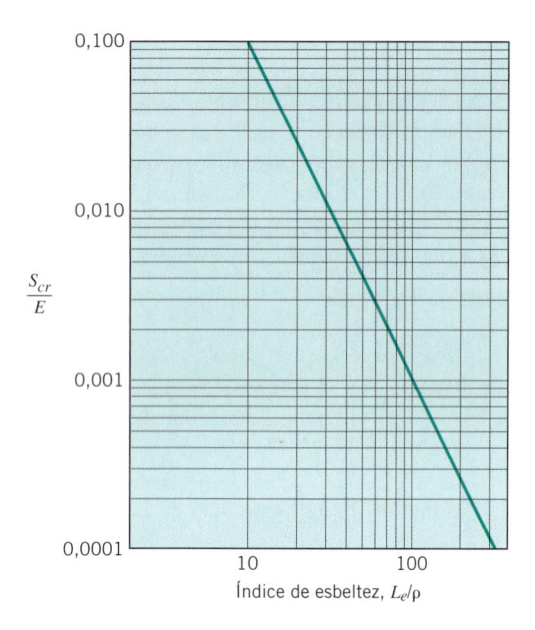

Figura 5.25   **Equação de Euler (Eq. 5.11) representada em um gráfico log-log (relações adimensionais de forma a serem válidas para todos os materiais em suas faixas elásticas).**

$S_y = 496$ MPa (72 ksi) e $S_y = 689$ MPa (100 ksi). Um componente de aço sob compressão tendo uma resistência ao escoamento de 689 MPa poderia, de acordo com a teoria de Euler, falhar se sua combinação de carga e geometria fosse representada por um ponto acima da curva ACE. Analogamente, um componente de alumínio com resistência ao escoamento de 496 MPa poderia, teoricamente, falhar sob condições representadas por um ponto acima da curva BDF. Na Seção 5.11 será mostrado que, na vida real, as falhas poderiam ocorrer para valores menores de P/A, principalmente nas proximidades dos pontos de transição C e D.

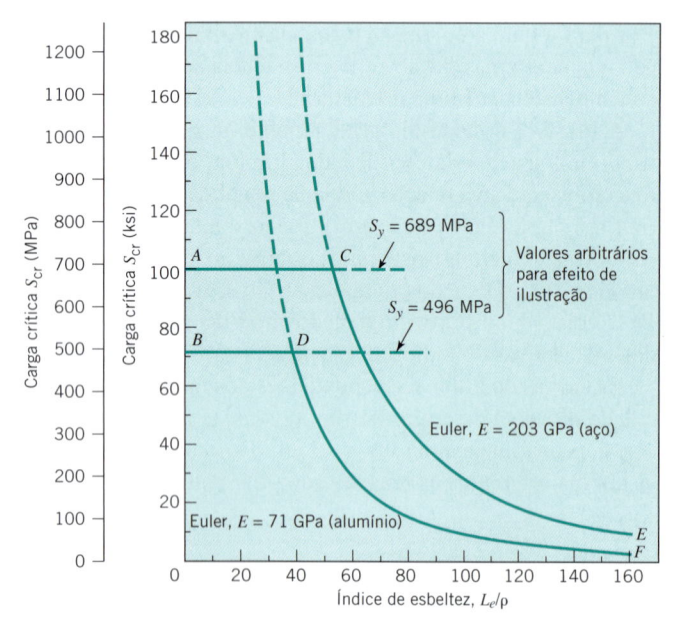

Figura 5.26   **Curvas de resistência à flambagem (colunas de Euler) ilustradas para dois valores de E e S_y.**

5.11   Comprimento Efetivo da Coluna para Diversas Condições de Extremidade

A análise de Euler indica que a forma teórica da curva de deslocamentos mostrada na Figura 5.24 é a meia onda de uma senoide. Para que uma única equação de Euler seja utilizada — como a Eq. 5.10 ou 5.11 — para todas as condições de extremidade é comum se trabalhar com o comprimento *equivalente* da coluna, definido como o comprimento de uma coluna *equivalente* rotulada em ambas as extremidades (ou o comprimento correspondente à meia onda de uma senoide ou, ainda, o comprimento entre os pontos onde o momento fletor é nulo).

A Figura 5.27 mostra os tipos mais comuns de condições de extremidades para as colunas. Os valores teóricos do comprimento equivalente correspondem à *rigidez absoluta* de todas as extremidades fixas (isto é, rotação nula devida à reação de momento fletor). Na prática, essa condição só pode ser aproximada; assim, as colunas com uma ou ambas as extremidades fixas sempre possuem comprimentos maiores do que o teórico. As "recomendações mínimas da AISC" listadas na Figura 5.27 se aplicam à idealização de uma extremidade onde as "condições ideais são aproximadas". Uma análise mais criteriosa deverá ser realizada quando a vinculação das extremidades fixas for menos rígida. No caso de a rigidez da vinculação ser questionável, algumas vezes será mais prudente adotar a hipótese conservativa de que a rigidez à flexão do apoio fixo é desprezível e, portanto, equivalente a uma situação de extremidade rotulada.

5.12   Equações de Projeto de Colunas — A Parábola de J. B. Johnson

Em virtude do inevitável desvio da situação ideal representada pelas curvas ACE e BDF mostradas na Figura 5.26, as colunas podem falhar quando sujeitas a cargas menores do que as preestabelecidas pela teoria, particularmente nas vizinhanças dos pontos C e D. Muitas modificações empíricas têm sido propostas para tratar dessa condição. Algumas delas são incorporadas nos códigos utilizados para projetos de equipamentos específicos envolvendo colunas. Talvez a modificação mais amplamente utilizada seja a parábola proposta por J. B. Johnson no início do século XX. Essa modificação é mostrada para dois casos na Figura 5.28. A equação da parábola é

$$S_{cr} = \frac{P_{cr}}{A} = S_y - \frac{S_y^2}{4\pi^2 E}\left(\frac{L_e}{\rho}\right)^2 \qquad (5.12)$$

Embora exista um espalhamento relativamente grande nos dados empíricos, tem sido constatado que a parábola de Johnson apresenta boa concordância com os resultados experimentais.

Conforme ilustrado na Figura 5.28, a parábola é sempre tangente à curva de Euler no ponto $(S_{cr}, L_e/\rho)$, em que

$$S_{cr} = \frac{S_y}{2} \qquad e \qquad \frac{L_e}{\rho} = \left(\frac{2\pi^2 E}{S_y}\right)^{1/2} \qquad (5.13)$$

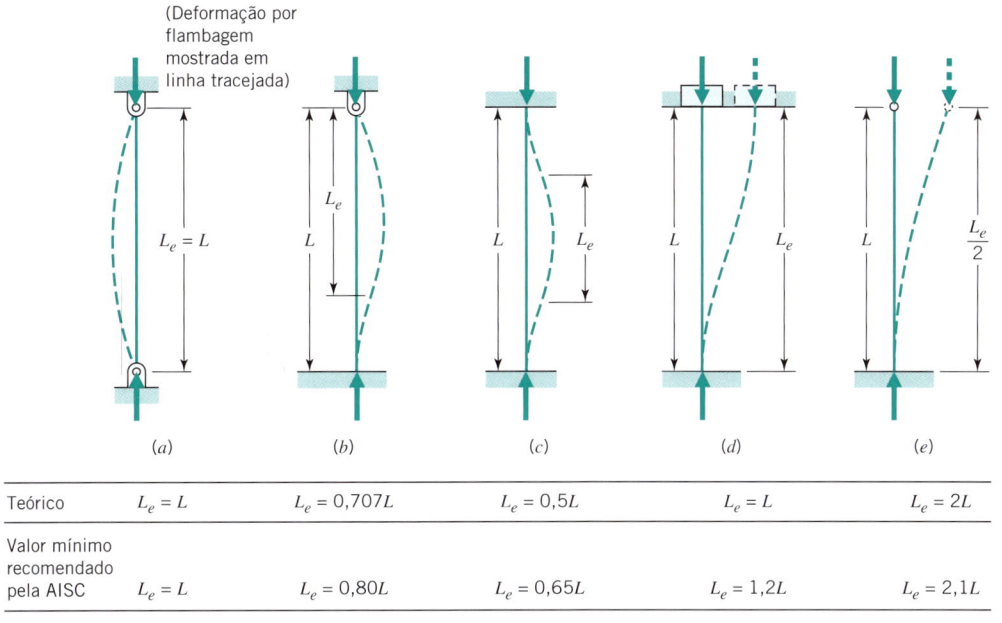

	(a)	(b)	(c)	(d)	(e)
Teórico	$L_e = L$	$L_e = 0{,}707L$	$L_e = 0{,}5L$	$L_e = L$	$L_e = 2L$
Valor mínimo recomendado pela AISC	$L_e = L$	$L_e = 0{,}80L$	$L_e = 0{,}65L$	$L_e = 1{,}2L$	$L_e = 2{,}1L$

Fonte: Da referência *Manual of Steel Construction*, 7th ed., American Institute of Steel Construction, Inc., New York, 1970, pp. 5–138.

FIGURA 5.27 **Comprimento equivalente de colunas para diversas condições de extremidade.**

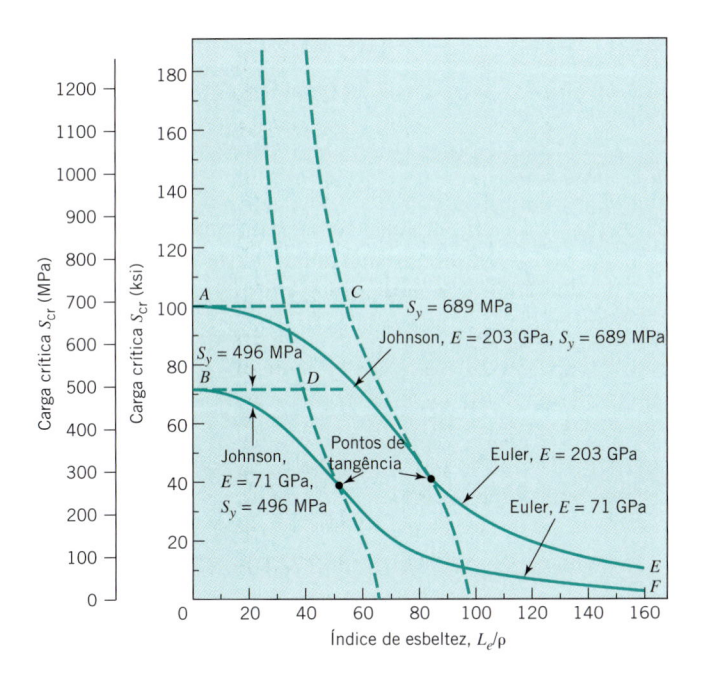

FIGURA 5.28 **Curvas de Euler e Johnson para colunas. Comportamento ilustrado para dois valores de E e S_y (utilizadas nos Problemas Resolvidos 5.11 e 5.12).**

Esse ponto de tangência geralmente serve para fazer uma distinção entre as colunas "intermediárias" (faixa parabólica) e as "longas" (faixa de Euler). Colunas "curtas" são normalmente consideradas como tendo uma relação L_e/ρ inferior a 10, caso em que a carga crítica pode ser considerada como S_y.

A Eq. 5.12 foi escrita de forma a corresponder à equação geral de uma parábola:

$$y = a - bx^2$$

Algumas vezes são utilizadas outras constantes, diferentes daquelas da Eq. 5.12, para se obter uma melhor concordância com os resultados experimentais.

> **PROBLEMA RESOLVIDO 5.11** **Determinação do Diâmetro Necessário a uma Barra de Ligação de Aço**

Uma máquina industrial utiliza uma barra de ligação maciça de seção transversal circular com 1 m de comprimento (distância entre os pinos nas extremidades). A barra está sujeita a uma força compressiva máxima de 80.000 N. Utilizando um fator de segurança de 2,5, determine o diâmetro necessário, considerando que o material da barra é um aço com as propriedades $S_y = 689$ MPa e $E = 203$ GPa.

> **SOLUÇÃO**

Conhecido: Uma barra de aço com 1 m de comprimento (Figura 5.29) com módulo de elasticidade, resistência ao escoamento e fator de segurança conhecidos é comprimida por uma força específica.

A Ser Determinado: Determine o diâmetro da barra.

Esquemas e Dados Fornecidos:

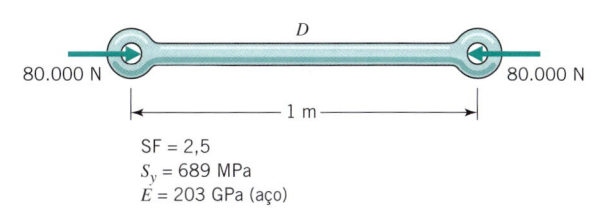

SF = 2,5
$S_y = 689$ MPa
$E = 203$ GPa (aço)

FIGURA 5.29 **Barra de ligação de aço maciça com seção transversal circular sob compressão (utilizada no Problema Resolvido 5.11).**

Hipóteses:

1. A barra é reta.

2. As extremidades rotuladas constituem uma barra cujo comprimento efetivo é de 1 m.

3. A barra não falha por tensão compressiva.

4. O limite de carga para efeito de flambagem do material obedece à linha AE da Figura 5.28.

5. A relação de Euler pode ser aplicada.

Análise: Por hipótese, o material apresenta um comportamento correspondente à linha AE da Figura 5.28 e a barra possui um comprimento efetivo $L_e = L = 1$ m. Além disso, admitindo-se inicialmente que a relação de Euler pode ser aplicada, tem-se

$$\frac{P}{A} = \frac{\pi^2 E}{(L_e/\rho)^2}$$

em que a *carga de projeto*, P, vale 80.000 N $\times$ 2,5, ou seja 200.000 N, A é a área da seção transversal e ρ é o raio de giração. Para a seção circular maciça especificada, tem-se

$$A = \pi D^2/4, \qquad \rho = D/4$$

Assim,

$$\frac{4P}{\pi D^2} = \frac{\pi^2 E D^2}{16 L_e^2}, \qquad 64 P L_e^2 = \pi^3 E D^4$$

$$D = \left(\frac{64 P L_e^2}{\pi^3 E}\right)^{1/4} = \left[\frac{64(200.000)(1)^2}{\pi^3(203 \times 10^9)}\right]^{1/4} = 0,0378 \text{ m}$$

Comentários:

1. O diâmetro calculado fornece um índice de esbeltez de

$$\frac{L_e}{\rho} = \frac{1}{0,0378/4} = 106$$

2. A Figura 5.28 mostra que o índice de esbeltez calculado está bem distante do ponto de tangência da curva AE e na faixa onde a relação de Euler pode, de fato, ser aplicada. Logo, a resposta final (ligeiramente arredondada) é 38 mm.

PROBLEMA RESOLVIDO 5.12   Diâmetro Necessário a uma Barra de Ligação de Alumínio

Repita o Problema Resolvido 5.11, considerando um comprimento de 200 mm, e utilize, como material, um alumínio com as propriedades $S_y = 496$ MPa e $E = 71$ GPa.

SOLUÇÃO

Conhecido: Uma barra de alumínio com 200 mm de comprimento (Figura 5.30) com módulo de elasticidade, resistência ao escoamento e fator de segurança conhecidos é comprimida por uma força específica.

A Ser Determinado: Determine o diâmetro da barra.

Esquemas e Dados Fornecidos:

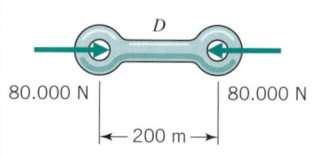

80.000 N | 80.000 N

$\longleftarrow$ 200 m $\longrightarrow$

SF = 2.5
S_y = 496 MPa
E = 71 GPa (alumínio)

FIGURA 5.30   **Barra de ligação de alumínio (utilizada no Problema Resolvido 5.12).**

Hipóteses:

1. A barra é reta.

2. As extremidades rotuladas constituem uma barra cujo comprimento efetivo é de 200 mm.

3. A barra não falha por tensão compressiva.

4. O limite de carga para efeito de flambagem do material obedece à linha AE da Figura 5.28.

5. A relação de Euler pode ser aplicada.

Análise:

1. Novamente, com a hipótese de que a coluna esteja se comportando na faixa de validade da equação de Euler tem-se

$$D = \left(\frac{64 P L_e^2}{\pi^2 E}\right)^{1/4} = \left[\frac{64(200.000)(0,2)^2}{\pi^3(71 \times 10^9)}\right]^{1/4} = 0,0220 \text{ m}$$

$$\frac{L_e}{\rho} = \frac{0,20}{0,0220/4} = 36,4$$

2. A Figura 5.28 mostra que, com o índice de esbeltez calculado, trata-se de uma coluna muito "curta" para que a relação de Euler seja aplicada e, portanto, a equação de Johnson deve ser utilizada:

$$\frac{P}{A} = S_y - \frac{S_y^2}{4\pi^2 E} a\frac{L}{\rho}b^2, \qquad A = \frac{\pi D^2}{4}, \qquad \rho = \frac{D}{4}$$

$$\frac{200.000(4)}{\pi D^2} = (496 \times 10^6) - \frac{(496 \times 10^6)^2}{4\pi^2(71 \times 10^9)} \frac{(0,2)^2(16)}{D^2}$$

$$\frac{254,648}{D^2} = (496 \times 10^6) - \frac{56,172}{D^2}$$

$$D = \left(\frac{254.648 + 56.172}{496 \times 10^6}\right)^{1/2} = 0,025 \text{ m}$$

$$\frac{L_e}{\rho} = \frac{0,2(4)}{0,025} = 32$$

Comentários:

1. A equação de Euler estabelece que um diâmetro de 22 mm deve ser utilizado, enquanto a equação de Johnson mostra que na realidade o diâmetro necessário deve ser maior do que 22 mm, ou seja, 25 mm.

2. Comparativamente à resposta do problema resolvido anterior, em que a barra possuía 1 m e o material era um aço, o resultado aqui obtido já seria esperado.

5.13 Colunas Sujeitas a um Carregamento Excêntrico — A Fórmula da Secante

Se a linha de ação da carga P resultante atuante na coluna não passar pelo eixo centroidal da seção transversal, a coluna estará sendo carregada de forma excêntrica. A distância entre o eixo de ação da carga e o eixo da coluna é a excentricidade e. Quando o momento Pe decorrente da excentricidade é considerado, a seguinte equação analítica, conhecida como a *fórmula da secante*, pode ser deduzida:[3]

$$S_{cr} = \frac{P_{cr}}{A} = \frac{S_y}{1 + (ec/\rho^2)\sec[(L_e/\rho)\sqrt{P_{cr}/4AE}]} \quad \text{(5.14)}$$

em que c é a distância do plano neutro de flexão até a fibra mais externa, e o termo ec/ρ^2 é conhecido como *índice de excentricidade*.

É importante observar que a Eq. 5.14 refere-se à flambagem *no plano de aplicação do momento fletor Pe*. Assim, o raio de giração ρ deve ser calculado em relação ao correspondente eixo de flexão. Caso o menor raio de giração não corresponda a este eixo, deve-se verificar a flambagem em relação ao eixo de menor ρ utilizando o procedimento para carregamento concêntrico de coluna descrito na seção anterior.

Para ilustrar esse ponto, suponha que a coluna mostrada na Figura 5.24 seja carregada com uma força cuja linha de ação esteja deslocada de uma pequena distância ao longo do eixo X. Embora esta excentricidade aumente qualquer tendência de flambagem em relação ao eixo Y, ela não tem nenhum efeito sobre a flambagem em relação ao eixo X. Se a seção transversal mostrada da coluna fosse mais próxima de um quadrado seria fácil visualizar a flambagem em relação ao eixo Y para excentricidades (ao longo do eixo X) maiores do que algum valor crítico e a flambagem em relação ao eixo X para excentricidades menores.

A fórmula da secante é de uso inconveniente para efeito do projeto de colunas em virtude da forma pela qual diversas dimensões da coluna aparecem na equação. Curvas como as mostradas no gráfico da Figura 5.31 podem ser preparadas para o projeto de colunas carregadas excentricamente e para análises envolvendo um material com valores específicos de E e S_y.

A fórmula da secante também pode ser utilizada nos casos de colunas com carga centralizada, pois é razoável admitir que uma pequena excentricidade estimada estará sempre presente em qualquer situação realística. Em alguns casos sugere-se uma excentricidade igual a $L_e/400$ [8]. Em geral, para as situações de estruturas de colunas com carga "centralizada" um índice de excentricidade assumido (ec/ρ^2) de 0,025 é utilizado, como o resultado de um longo estudo realizado em 1933 por um comitê da ASCE (American Society of Civil Engineers).[4]

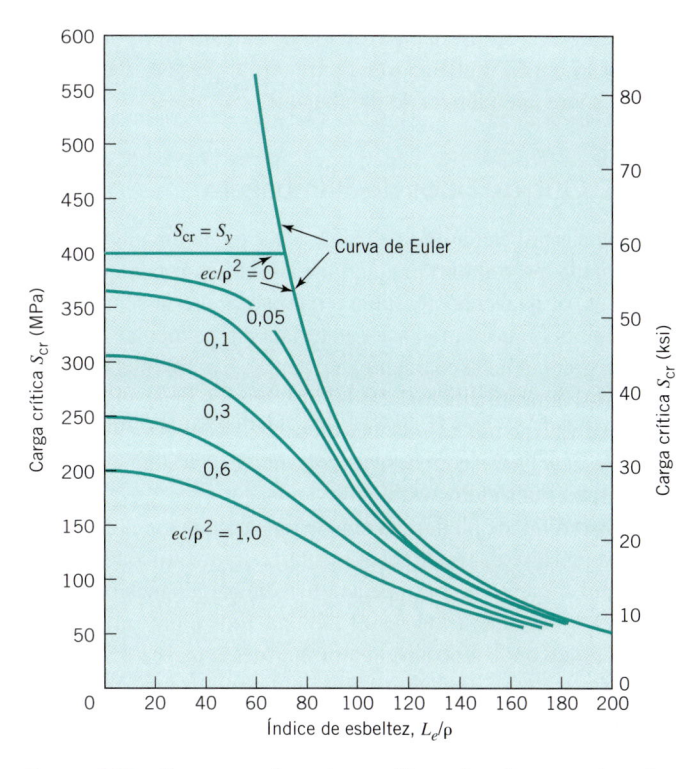

FIGURA 5.31 **Comparação entre as fórmulas da secante e de Euler para $E = 207$ GPa e $S_y = 400$ MPa.**

5.14 Tensão Equivalente para Colunas

Conforme observado anteriormente, as fórmulas utilizadas na análise de colunas (como as de Euler e Johnson) fornecem as equações para a tensão S_{cr} com as quais uma tensão igual a P/A pode ser comparada. Pode-se imaginar a tensão S_{cr} como estando relacionada a S_y pela equação

$$S_{cr} = \frac{S_y}{\alpha} \quad \text{(a)}$$

em que α é um fator com o qual a resistência à compressão é reduzida devido à tendência de flambagem da coluna. Para colunas extremamente curtas (quando $L_e/\rho < 10$), α é basicamente igual à unidade. Para colunas longas, α assume valores maiores.

Na faixa de Euler, a Eq. 5.11 substituída na Eq. (a) fornece

$$\alpha = \frac{S_y}{S_{cr}} = \frac{S_y(L_e/\rho)^2}{\pi^2 E} \quad \text{(5.15)}$$

Analogamente, na faixa de Johnson e utilizando a Eq. 5.12, tem-se

$$\alpha = \frac{S_y}{S_{cr}} = \frac{4\pi^2 E}{4\pi^2 E - S_y(L_e/\rho)^2} \quad \text{(5.16)}$$

Algumas vezes é conveniente utilizar o fator α como um multiplicador de tensões. Assim, compara-se a tensão $\alpha P/A$ diretamente com S_y. Esse conceito é particularmente útil ao se trabalhar com tensões combinadas. Por exemplo, se uma ten-

---

[3]Veja qualquer texto básico de resistência dos materiais.
[4]Relatório de um Comitê Especial de Pesquisas em Colunas de Aço, *Trans. Amer. Soc. Civil Engrs.*, **98** (1933).

são compressiva direta é envolvida no cálculo de σ_x ou σ_y nas Eqs. 4.15 até 4.17, utilize $\alpha P/A$ para tornar possível a consideração sobre a tendência de flambagem.

5.15 Outros Tipos de Flambagem

As colunas projetadas para estruturas que requerem uma relação resistência–peso muito alta geralmente utilizam materiais não ferrosos, os quais não possuem um ponto de escoamento precisamente definido. Para esses materiais em particular o surgimento gradual do escoamento, ao qual S_{cr} é aproximado, reduz progressivamente a inclinação da curva tensão–deformação com uma redução no módulo elástico efetivo, E. Alguns métodos têm sido desenvolvidos com base no conceito do "módulo tangente" para tratar mais efetivamente essa situação.

A estabilidade na flambagem de uma coluna longa de seção transversal circular pode ser aumentada significativamente sem nenhum aumento no peso pela redistribuição do mesmo material em uma seção transversal tubular. Existe um limite para se saber até onde é possível caminhar nessa direção, uma vez que as estruturas tubulares com paredes muito finas tendem a apresentar uma flambagem localizada — dobramentos na forma de acordeão — mantendo o eixo da coluna em si retilíneo. Essa condição é ilustrada na Figura 5.32a e pode ser demonstrada facilmente utilizando uma simples folha de papel e uma fita um pouco transparente. As proporções não são tão críticas, porém, tente enrolar uma folha de 8 ½ × 11 in (21,59 cm × 27,9 cm) na forma de um tubo com 8 1/2 in (21,59 cm) de comprimento, tanto com a espessura referente a uma única folha acrescida de uma pequena superposição (referente a um diâmetro de aproximadamente 3 ¼ in (82,6 mm)), quanto com uma espessura correspondente a duas folhas (referente a um diâmetro de aproximadamente 1 1/3 in (33,9 mm)). Se o papel tiver uma qualidade razoável, a "coluna" resultante suportará facilmente o peso deste livro. Empurrando o livro para baixo, tendo o cuidado de manter a carga concêntrica, será provocada uma falha por dobramento ou do "tipo acordeão". Os melhores padrões de falha serão geralmente obtidos empurrando-se o livro para baixo rapidamente.

Se um tubo de parede fina estiver sujeito a uma pressão externa (como nos tubos de aquecedores, nos revestimentos de poços de petróleo, nos reservatórios a vácuo, nos tubos de sucção etc.), as tensões compressivas circunferenciais podem causar uma flambagem localizada na forma de caneluras ou corrugações longitudinais, conforme mostrado na Figura 5.32b. Quando se tenta fletir um tubo de parede fina em um arco circular, a experiência mostra que há uma tendência de ocorrer flambagem localizada na região sob compressão. A flexão desejada pode, algumas vezes, ser obtida colocando-se suportes laterais para a superfície sob compressão tanto externamente, através de um gabarito, quanto internamente, preenchendo-se o tubo com areia ou outro material disponível.

Uma placa fina fletida na forma de uma cantoneira ou canal pode falhar por flambagem localizada ou amassamento, conforme mostrado na Figura 5.32c. Falha similar pode ocorrer nas abas de um perfil I que é fletido e sujeito à compressão. A alma fina de um perfil I pode "amassar" quando uma alta tensão cisalhante a submete a uma compressão. As tensões cisalhantes induzidas causam amassamentos similares em componentes fabricados por meio da construção de membranas, como os painéis utilizados em aviões. (Isso pode ser permitido até um determinado nível sem que ocorra algum dano.)

Fórmulas apropriadas para tratar uma grande variedade de situações de flambagem localizada estão apresentadas nas referências [4, 9]. Tratamentos analíticos são desenvolvidos em textos avançados, como o da referência [5].

É interessante notar que na natureza aparecem muitas colunas.[5] As instalações de linhas de vapor são geralmente tubulares e se enquadram na faixa de Euler, com valores de L_e/ρ igual a 150 ou mais. As espessuras das paredes são adequadamente projetadas, propiciando segurança para a flambagem localizada maior do que para a flambagem generalizada de Euler. Os longos ossos dos vertebrados propiciam um interessante estudo relativo ao projeto de colunas. Um exemplo é o fêmur humano carregado excentricamente, o osso da coxa.

---

[5]Veja a referência *Mechanical Design in Organisms* de Wainwright, Biggs, Currey e Gosline, Wiley, Nova York, 1975.

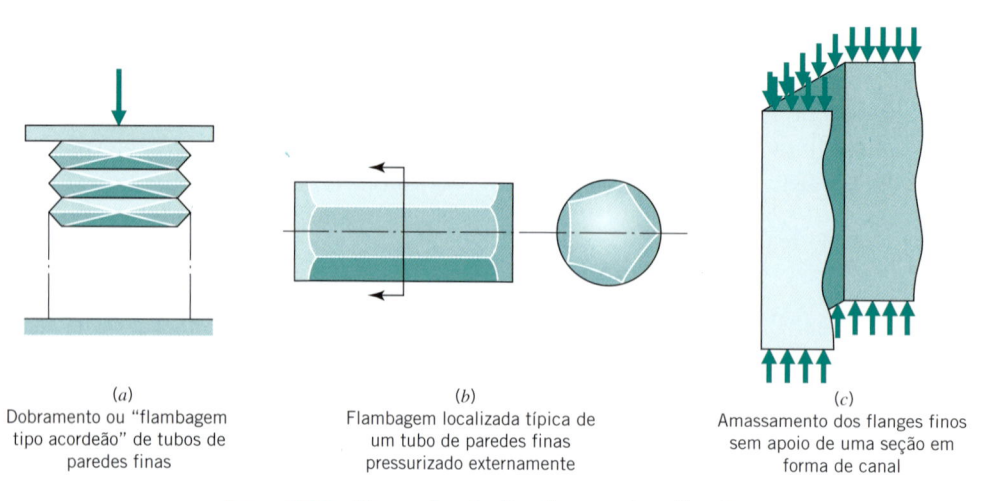

(a)
Dobramento ou "flambagem tipo acordeão" de tubos de paredes finas

(b)
Flambagem localizada típica de um tubo de paredes finas pressurizado externamente

(c)
Amassamento dos flanges finos sem apoio de uma seção em forma de canal

FIGURA 5.32 Exemplos de flambagem localizada.

5.16 Análise pelo Método dos Elementos Finitos[6]

5.16.1 Introdução

Ao longo de várias gerações, um tema de interesse direto dos engenheiros tem sido a determinação das tensões e deformações que ocorrem em máquinas e estruturas. Embora o método de Castigliano apresentado nas Seções 5.8–5.9 calcule os deslocamentos e as cargas ocorrentes no regime elástico do material para problemas com nível de dificuldade superior ao daqueles relacionados na Tabela 5.1, o método dos elementos finitos resolve problemas quando a geometria do componente é mais complexa e não pode ser modelada precisamente com as análises estabelecidas pela resistência dos materiais. Nesses casos mais complexos a determinação das tensões, das deformações, dos deslocamentos e das cargas torna do método dos elementos finitos um procedimento com vasta aplicabilidade para diferentes tipos de análises (deformações, tensões, plasticidade, estabilidade, vibrações, impacto, fratura etc.), bem como para diferentes classes de estruturas — cascas, uniões, treliças — e componentes — engrenagens, mancais e eixos, por exemplo.

A filosofia básica do método dos elementos finitos é a discretização e a solução aproximada. O método dos elementos finitos é basicamente uma técnica de aproximação numérica que divide um componente ou estrutura em regiões discretas (os elementos finitos), e a resposta é descrita por um conjunto de funções que representam os deslocamentos ou as tensões naquela região. O método dos elementos finitos requer uma formulação, um processo de solução e uma representação dos materiais, da geometria, das condições de contorno e do carregamento.

Para que a análise por elementos finitos seja tratada de forma adequada, seria necessária uma apresentação mais extensa do que seria possível justificar neste texto. Sendo o assunto muito importante, qualquer engenheiro envolvido com o projeto e com o desenvolvimento de componentes mecânicos e estruturais deve ter pelo menos um conhecimento de seus princípios básicos. É com este objetivo em mente que o material introdutório sobre o método dos elementos finitos descrito a seguir é apresentado. Acredita-se que o estudante interessado terá oportunidade de prosseguir seus estudos nesta área.

5.16.2 As Etapas da Análise por Elementos Finitos

Os componentes de máquinas podem envolver partes geométricas complexas fabricadas de diferentes materiais. Para se determinar as tensões, as deformações e os fatores de segurança, um componente é dividido em elementos básicos, cada um de forma geométrica simples e feito de um único material. A análise detalhada de cada elemento torna-se então possível. Conhecendo-se as relações físicas mútuas entre os elementos, baseadas no modo com que eles se agrupam, pode-se obter uma avaliação aproximada, porém relativamente precisa, do comportamento do componente. Algumas formas básicas de elementos finitos são mostradas na Figura 5.33.

[6]Esta seção é adaptada da referência Pao, Y. C., *Elements of Computer-Aided Design and Manufacturing*, Wiley, Nova York, 1984.

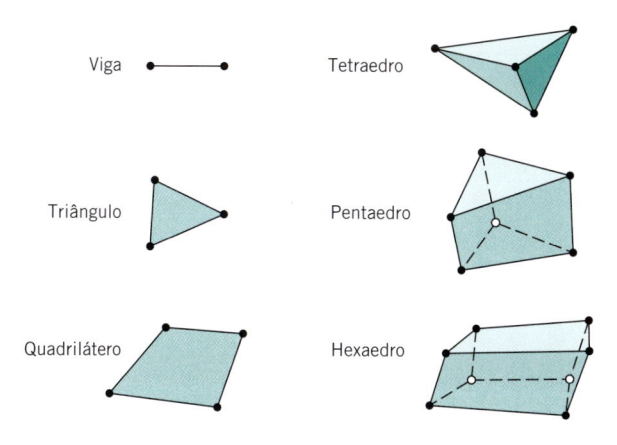

FIGURA 5.33 Elementos finitos.

Geralmente o método dos elementos finitos para análise de tensões é aplicado através das seguintes etapas:

1. Divida o componente em elementos discretos.
2. Defina as propriedades de cada elemento.
3. Justaponha as matrizes de rigidez dos elementos.
4. Aplique as cargas externas conhecidas nos nós.
5. Estabeleça as condições de apoio do componente.
6. Resolva o sistema de equações algébricas lineares simultâneas.
7. Calcule as tensões referentes a cada elemento.

Basicamente, as etapas 1, 2, 4, 5 e 7 requerem do usuário a utilização de um programa de análise baseado no método dos elementos finitos.

Conforme estabelecido, o componente (estrutura) é dividido em um conjunto de elementos finitos individuais. As propriedades do material de cada elemento são definidas. As forças e os deslocamentos nos nós são identificados para cada elemento. Cada elemento possui suas forças nodais, e quando os elementos são conectados todas as forças nodais são combinadas entre si em um nó, igualando a carga real aplicada àquele nó. Para um componente fixo, as forças atuantes em cada nó devem caracterizar seu equilíbrio estático. As equações são desenvolvidas para relacionar as forças nodais aos deslocamentos nodais, e essas equações, além das forças e dos deslocamentos, geralmente envolvem o módulo de elasticidade do elemento, a área de sua seção transversal e seu comprimento. Um *coeficiente de rigidez* é utilizado para relacionar as forças aos deslocamentos nodais. A força total pode ser expressa em termos dos deslocamentos e dos coeficientes de rigidez. As matrizes de rigidez $[K^{(j)}]$ dos elementos são combinadas em uma *matriz de rigidez estrutural* $[K]$ que modelará a estrutura. A equação matricial da estrutura pode, assim, ser expressa por

$$[K]\{\delta\} = \{F\} \qquad \text{(a)}$$

em que $\{\delta\}$ é o vetor com os deslocamentos nodais e $[F]$ é o vetor força. A partir da solução da Eq. (a) obtêm-se as forças nodais e as reações de apoio. A partir das forças, da geometria e das propriedades dos materiais pode-se calcular as tensões em cada elemento.

Referências

1. Durelli, A. J., E. A. Phillips, and C. H. Tsao, *Introduction to the Theoretical and Experimental Analysis of Stress and Strain*, McGraw-Hill, New York, 1958.

2. Meier, J. H., "Strain Rosettes," in *Handbook of Experimental Stress Analysis*, M. Hetenyi (ed.), Wiley, New York, 1950.

3. Juvinall, R. C., Engineering Considerations of Stress, Strain, and Strength, McGraw-Hill, New York, 1967.

4. Pilkey, Walter D., *Formulas for Stress, Strain, and Structural Matrices*, 2nd ed.,Wiley, New York, 2005.

5. Seely, F. B., and J. O. Smith, *Advanced Mechanics of Materials*, 2nd ed., Wiley, New York, 1952. (Also 5th ed. by A. P. Boresi, R. J. Schmidt, and O. M. Sidebottom, Wiley, New York, 1993.)

6. Shanley, F. R., *Strength of Materials*, McGraw-Hill, New York, 1957.

7. Timoshenko, S., and J. N. Goodier, *Theory of Elasticity*, 2nd ed., McGraw-Hill, New York, 1951.

8. Timoshenko, S., and G. H. McCullough, *Elements of Strength of Materials*, Van Nostrand, New York, 1935.

9. Young, Warren C., and R. G. Budynas, *Roark's Formulas for Stress and Strain,* 7th ed., McGraw-Hill, New York, 2002.

10. Cook, R., et al., *Concepts and Applications of Finite Element Analysis*, 4th ed., Wiley, New York, 2001.

Problemas

Seções 5.2–5.4

5.1 Uma roseta delta é instalada sobre a superfície livre e descarregada de um componente. As deformações obtidas pelas medições são $\epsilon_0 = -0,0005$ m/m, $\epsilon_{120} = +0,0003$ m/m e $\epsilon_{240} = +0,001$ m/m. Os ângulos de orientação das medições são medidos no sentido anti-horário. Determine as intensidades e as orientações (em relação à medida de 0°) das deformações principais e verifique os resultados construindo um círculo de Mohr.

5.2P Obtenha dados de fabricantes de três tipos diferentes de extensômetros por resistência elétrica (*strain gages*) ou produtos fotoelásticos que poderiam ser utilizados para medir deformações (tensões). Explique os princípios básicos de operação de cada produto e compare suas vantagens e desvantagens. Considere fatores como sensibilidade, acurácia, calibração e custo.

5.3 As seguintes leituras foram obtidas de uma roseta delta instalada sobre a superfície livre e descarregada de um componente: $\epsilon_0 = +950$, $\epsilon_{120} = +625$ e $\epsilon_{240} = +300$. Os ângulos de orientação das medidas são indicados no sentido anti-horário, e os valores das deformações estão expressos em micrometros por metro (ou micropolegadas por polegada) — veja a Figura P5.3.

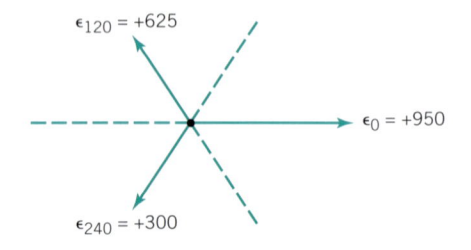

Figura P5.3P

Determine a magnitude das deformações principais e suas orientações em relação à medida a 0°. Verifique os resultados obtidos utilizando um círculo de Mohr.

[Resp.: $\epsilon_1 = 0,0010$, $\epsilon_2 = 0,00025$, a orientação de ϵ_1 deve ser marcada a 15° no sentido horário em relação à medida a 0°]

5.4 Uma roseta delta instalada sobre a superfície livre e descarregada de uma peça fornece as seguintes leituras: $\epsilon_0 = +1900$, $\epsilon_{120} = +1250$ e $\epsilon_{240} = +600$. Os ângulos de orientação das medidas são medidos no sentido anti-horário, e os valores das deformações estão expressos em micrometros por metro (ou micropolegadas por polegada). Determine a magnitude das deformações principais e suas orientações em relação à medida a 0°. Verifique os resultados obtidos utilizando um círculo de Mohr.

[Resp.: $\epsilon_1 = 0,0020$, $\epsilon_2 = 0,0005$, a orientação de ϵ_1 deve ser marcada a 15° no sentido horário em relação à medida a 0°]

5.5P Para as deformações obtidas para a roseta delta instalada sobre o material homogêneo fornecido no Problema Resolvido 5.1, utilize o simulador disponível no endereço http://www.vishaypg.com/micro-measurements/stress-analysis-strain-gauges/calculator-list para determinar a magnitude e a orientação das deformações principais. Compare os resultados com os do Problema Resolvido 5.1.

5.6 As seguintes leituras foram obtidas de uma roseta retangular instalada em uma superfície livre e descarregada: $\epsilon_0 = +2000$, $\epsilon_{90} = -1200$ e $\epsilon_{225} = -400$. Os ângulos de orientação das medidas são indicados no sentido anti-horário, e os valores das deformações estão expressos em micrometros por metro. Determine a magnitude das deformações principais e suas orientações em relação à medida a 0°. Verifique os resultados obtidos utilizando um círculo de Mohr.

5.7 Repita o Problema 5.6, desta vez utilizando as seguintes orientações e leituras: $\epsilon_0 = -300$, $\epsilon_{135} = -380$ e $\epsilon_{270} = -200$ (veja a Figura P5.7).

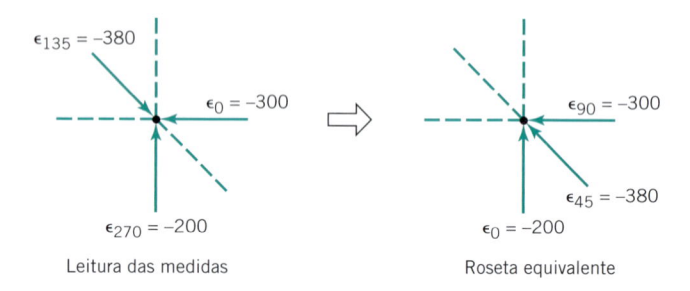

Figura P5.7

Seção 5.5

5.8 Calcule as tensões bidimensionais σ_1 e σ_2 utilizando a Eq. 5.5 para o caso de tensões bidimensionais, em que $\epsilon_1 = 0,0020$ e $\epsilon_2 = -0,0010$ são determinadas experimentalmente sobre um componente de alumínio com constantes elásticas $E = 71$ GPa e $v = 0,35$. Determine também o valor da tensão de cisalhamento máxima.

5.9 Repita o Problema 5.8 considerando que o componente seja de cobre com as constantes elásticas $E = 121$ GPa e $v = 0,33$.

5.10 Repita o Problema 5.8 considerando que o componente seja de uma liga de titânio com as constantes elásticas $E = 114$ GPa e $v = 0,33$.

5.11 Repita o Problema 5.8 considerando que o componente seja de uma liga de magnésio com as constantes elásticas $E = 45$ GPa e $v = 0,35$.

5.12 Repita o Problema 5.8 considerando que o componente seja de uma liga de níquel com as constantes elásticas $E = 207$ GPa e $v = 0,30$.

5.13 Repita o Problema 5.8 considerando que o componente seja de uma liga de alumínio com as constantes elásticas $E = 72$ GPa e $v = 0,32$.

5.14 Uma roseta delta é fixada à superfície livre e descarregada de um componente fabricado de aço. Quando carregada, as medições são $\epsilon_0 = +1900$, $\epsilon_{120} = -700$ e $\epsilon_{240} = +300$ micrometros por metro. Determine todas as tensões e deformações principais e construa os círculos de Mohr para as tensões e para as deformações.

5.15 Repita o Problema 5.14, desta vez utilizando uma roseta retangular fixada sobre um componente de magnésio, que fornece as seguintes leituras: $\epsilon_0 = -625$, $\epsilon_{90} = 1575$ e $\epsilon_{135} = -390$ micrometros por metro. (Os ângulos associados às medições são medidos no sentido anti-horário.)

5.16 Determine os valores das tensões principais e da tensão cisalhante máxima para os seguintes casos:

   (a) Problema Resolvido 5.1, sendo o material aço.

   (b) Problema Resolvido 5.2, sendo o material alumínio.

   (c) Problema 5.3, sendo o material titânio.

   (d) Problema 5.6, sendo o material aço.

   (e) Problema 5.7, sendo o material alumínio.

Seção 5.6

5.17 A mola de torção da mala de um veículo é fabricada a partir de uma barra de aço maciça de seção circular com 30 in (76,2 cm) de comprimento e 0,5 in (1,27 cm) de diâmetro. Calcule a constante elástica torcional da mola.

5.18 Repita o Problema Resolvido 5.17 considerando o cálculo da constante elástica torcional para um diâmetro de 0,25 in (6,35 mm). Mostre também como a constante elástica torcional varia com o diâmetro d do eixo.

5.19 Qual é o valor da constante elástica de uma mola de torção (torque por grau de deslocamento angular), em N · m/grau, para uma barra de aço de seção circular de 400 mm de comprimento se seu diâmetro for de

   (a) 30 mm?

   (b) 20 mm?

   (c) 30 mm para a metade de seu comprimento e 20 mm para a outra metade?

5.20 A Figura P5.20 mostra a extremidade de uma mola fixada a uma barra rígida rotulada. Qual é o valor da rigidez da mola (expressa em newtons por milímetro de deslocamento):

   (a) Em relação à força horizontal aplicada em A?

   (b) Em relação à força horizontal aplicada em B?

   (c) Em relação à força horizontal aplicada em C?

5.21 Qual é o deslocamento angular na extremidade do eixo de 25 mm de diâmetro e o deslocamento linear do ponto A da estrutura mostrada na Figura P5.21?

Seção 5.7

5.22 Repita o Problema 5.21 considerando uma força aplicada de 500 N.

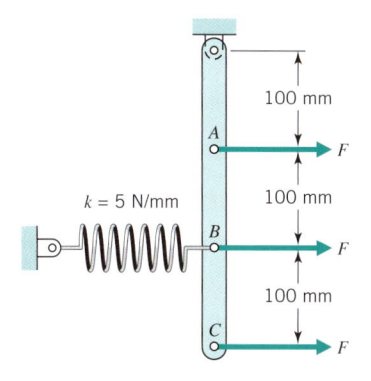

FIGURA P5.20

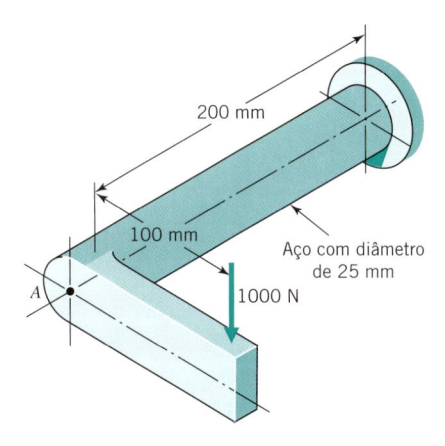

FIGURA P5.21

5.23 Repita o Problema 5.21 considerando uma barra de seção circular de 12,5 mm de diâmetro

5.24 Para uma viga simplesmente apoiada com duas posições indicadas ao longo de seu vão (A e B), mostre que o deslocamento no ponto A decorrente de uma carga aplicada no ponto B e o deslocamento no ponto B decorrente de uma carga aplicada no ponto A são proporcionais à razão das cargas em A e B. Mostre também que se as cargas em A e B forem idênticas, então os deslocamentos em B e em A (respectivamente) serão idênticos. [Sugestão: Utilize como referência o Apêndice D-2, Caso 2.]

5.25 Uma viga de alumínio simplesmente apoiada se desloca de 0,4 in (10,2 mm) em uma posição A quando uma força de 200 lb (889,64 N) é aplicada em uma posição B. Qual é a força a ser aplicada em A para causar um deslocamento de 0,1 in (2,54 mm) no ponto B?

5.26 A Figura P5.26 mostra um eixo de aço simplesmente apoiado sujeito a duas forças aplicadas. Determine o deslocamento de todos os pontos ao longo do eixo.

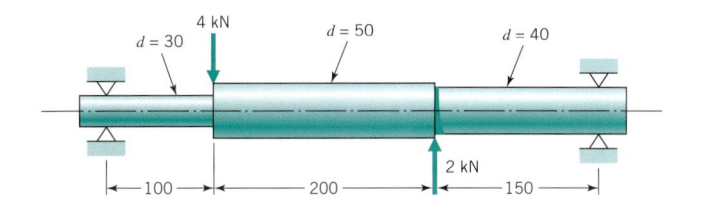

FIGURA P5.26

Seção 5.8

5.27   O suporte mostrado na Figura P5.27 é carregado com uma força na direção Y, conforme indicado. Deduza uma expressão para o deslocamento da extremidade livre na direção Y.

[Resp.: $Fb^3/3EI + Fa^3/3EI + Fb^2a/GJ$ + termos devidos ao cisalhamento transversal (em geral desprezíveis)]

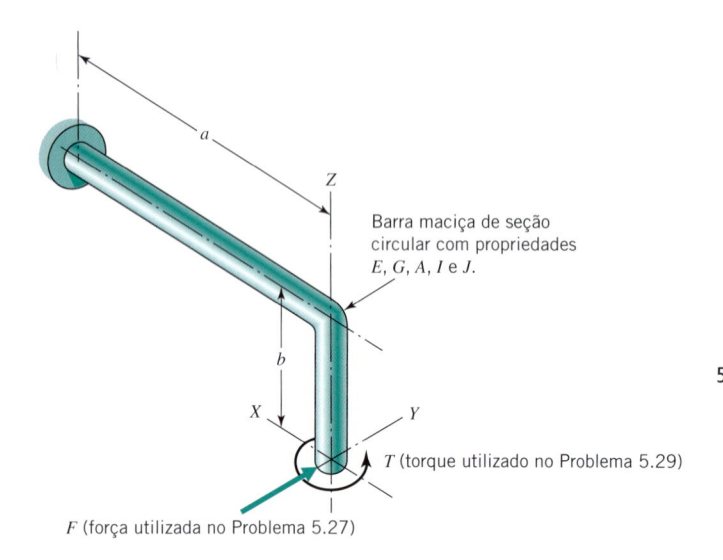

Barra maciça de seção circular com propriedades E, G, A, I e J.

T (torque utilizado no Problema 5.29)

F (força utilizada no Problema 5.27)

FIGURA P5.27

5.28   Repita o Problema 5.27 para uma barra maciça de aço de seção circular e, em seguida, calcule o deslocamento da extremidade livre na direção Y considerando $a = 10$ in (25,4 cm), $b = 5$ in (12,7 cm), o diâmetro $d = 0,50$ in (1,27 cm) e $F = 20$ lb (88,96 N).

5.29   O suporte mostrado na Figura P5.27 está carregado com um torque em relação ao eixo Z, conforme indicado. Deduza uma expressão para o deslocamento resultante da extremidade livre na direção Y.

[Resp.: $Ta^2/2EI$]

5.30   Repita o Problema 5.29 e calcule o deslocamento resultante da extremidade livre na direção Y para uma barra maciça de aço de seção circular considerando $a = 10$ in (25,4 cm), um diâmetro $d = 0,50$ in (1,27 cm) e $T = 40$ in · lb (4,52 N · m).

5.31   A Figura P5.31 mostra um eixo de aço suportado por mancais autoalinhados e sujeito a um carregamento uniformemente distribuído. Utilizando o método de Castigliano, determine o diâmetro d necessário para limitar o deslocamento a 0,2 mm. (Você pode admitir que o cisalhamento transversal é desprezível.)

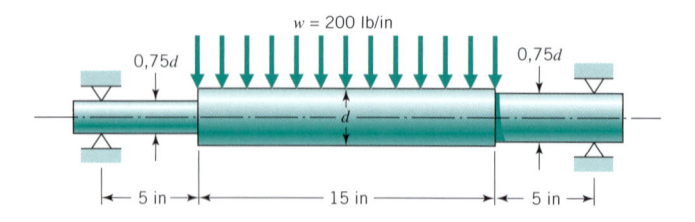

$w = 200$ lb/in

$0,75d$ $0,75d$

d

5 in   15 in   5 in

FIGURA P5.31

5.32   A estrutura mostrada na Figura P5.32 é fabricada através da união por solda de três peças de seção reta quadrada ou tubular, cada uma tendo uma área de seção transversal A, momento

de inércia I e módulo de elasticidade E. Deduza uma expressão para o deslocamento entre os pontos onde a força é aplicada. Omita os termos que devam ser desprezados, porém relacione cada um desses termos. (Você pode, se quiser, se aproveitar da simetria.)

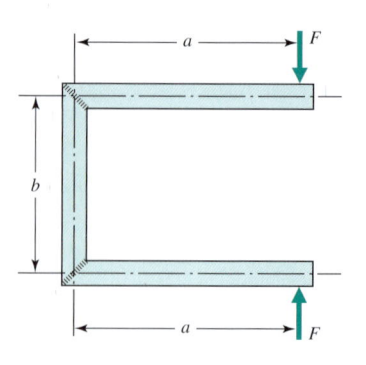

a F

b

a F

FIGURA P5.32

5.33   A arruela de aperto helicoidal mostrada na Figura P5.33 é feita de um material cujas propriedades elásticas são E e G, e as propriedades da seção transversal são A, I e K' (J se a seção for circular). Qual é a sua rigidez em relação à força P, que tende a deixá-la plana? Você pode desprezar os termos sabidamente menos importantes, porém relacione-os.

[Resposta parcial: $\delta = \pi PR^3/EI + 3\pi PR^3/K'G + 12\pi PR/5GA$]

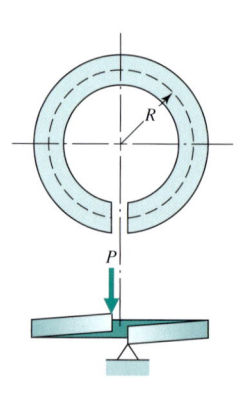

R

P

FIGURA P5.33

5.34   A placa triangular engastada mostrada na Figura P5.34 trabalha como viga e representa a idealização de uma mola de lâmina (mais detalhes no Capítulo 12). Utilizando o método de Castigliano, deduza uma expressão para o deslocamento da extremidade carregada admitindo que o cisalhamento transversal possa ser desprezado.

[Resp.: $\delta = 6FL^3/Ebh^3$]

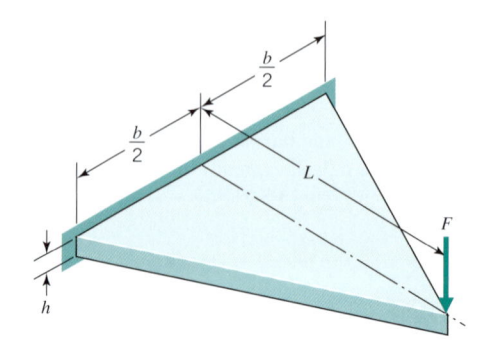

$\dfrac{b}{2}$

$\dfrac{b}{2}$

L

F

h

FIGURA P5.34

Seção 5.9

5.35 Para reduzir o deslocamento da viga I engastada mostrada na Figura P5.35, um apoio é colocado no ponto *S*.

(a) Qual é o valor de uma força vertical atuante em *S* necessária para reduzir a zero o deslocamento nesse ponto?

(b) Qual é o valor da força que causaria um deslocamento de 5 mm para cima em *S* (reduzindo, desse modo, o deslocamento da extremidade ao valor desejado)?

(c) O que se pode afirmar sobre o efeito dessas forças atuantes em *S* em relação às tensões de flexão na seção de engaste da viga?

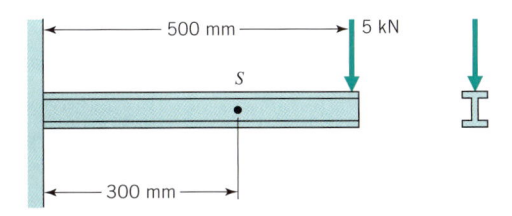

FIGURA P5.35

Seções 5.10–5.12

5.36 Uma barra maciça de aço, com seção transversal circular, possui 1 m de comprimento e 70 mm de diâmetro. Ela é fabricada de um material com $S_y = 350$ MPa. Considerando um fator de segurança de 4, qual é o valor da carga axial compressiva que pode ser aplicada se

(a) Ambas as extremidades forem rotuladas?

(b) Ambas as extremidades forem engastadas, conforme ilustrado na Figura 5.27*c*?

5.37 Uma barra de 1 × 2 in (2,54 cm × 5,08 cm) tem um comprimento de 20 in (50,8 cm) e é fabricada de um alumínio com $S_y = 25$ ksi. Considerando um fator de segurança de 4, qual é o valor da carga axial compressiva que pode ser aplicada se

(a) Ambas as extremidades forem rotuladas?

(b) Uma extremidade for engastada e a outra livre, conforme ilustrado na Figura 5.27*e*?

5.38 Uma cantoneira de aço, carregada em compressão, é adicionada a uma estrutura de modo a aumentar sua rigidez. Embora suas duas extremidades sejam fixadas através de rebites, essa fixação é suficientemente questionável, de forma que extremidades rotuladas (Figura 5.27*a*, Seção 5.11) são admitidas para efeito de análise. Seu comprimento é de 1,2 m e a resistência ao escoamento é de 350 MPa. O raio de giração em relação ao eixo centroidal paralelo a qualquer dos lados é de 8 mm, porém, o raio de giração mínimo (em relação a um eixo a 45° em relação aos lados) é de apenas 5 mm. Qual é o valor da carga compressiva que pode ser sustentada com um fator de segurança de 3?

5.39 O perfil I de 3 in (7,62 cm) mostrado na Figura P5.39 apresenta as seguintes propriedades para sua seção transversal: $A = 1,64$ in² (1058 mm²), $I_{11} = 2,5$ in⁴ (104,06 mm⁴) e $I_{22} = 0,46$ in⁴ (19,15 mm⁴). Ele é fabricado de um aço com $S_y = 42$ ksi. Determine uma carga axial compressiva segura baseada

em um fator de segurança de 3 para extremidades rotuladas e comprimentos de (a) 10 in (0,254 m), (b) 50 in (1,27 m), (c) 100 in (2,54 m) e (d) 200 in (5,08 m).

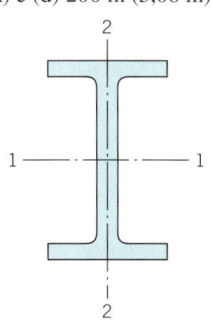

FIGURA P5.39

5.40 Uma barra de aço com diâmetro de 20 mm e material com $S_y = 350$ MPa é carregada como uma coluna com extremidades rotuladas. Se fosse suficientemente curta ela poderia suportar uma carga limite de $S_y A = 110$ kN. Qual poderia ser o comprimento da barra para ainda suportar as seguintes percentagens dessa carga de 110 kN: (a) 90 %, (b) 50 %, (c) 10 % e (d) 2 %?

5.41 A Figura P5.41 mostra um dispositivo com uma lança de guindaste e um tirante que suporta uma carga de 6 kN. O tirante é fabricado de um aço cuja resistência ao escoamento por tração é de 400 MPa.

(a) Qual é o fator de segurança do tirante em relação ao escoamento estático?

(b) Qual é o fator de segurança do tirante se a barra vertical fosse girada de 180º, de modo que a carga de 6 kN atuasse para cima?

(c) A que conclusão você chega em relação aos requisitos relativos a um projeto de máquina constituído por elementos de coluna carregados em tração *versus* elementos carregados em compressão?

[Resp.: (a) 5,3, (b) menor do que um, ou seja, a coluna flamba]

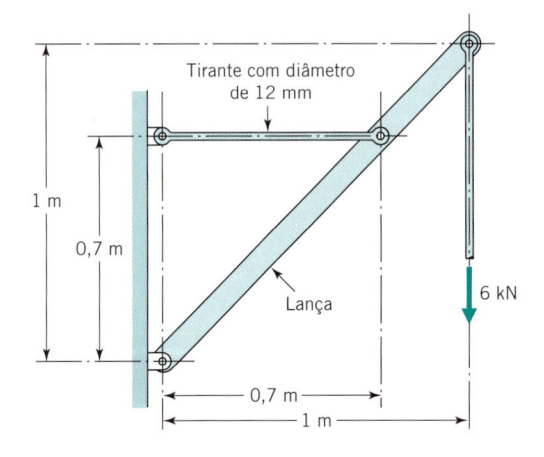

FIGURA P5.41

Teoria de Falhas, Fatores de Segurança e Confiabilidade

6

6.1 Introdução

Capítulos anteriores trataram da determinação das cargas (Capítulo 2), das tensões e deflexões causadas por estas cargas (Capítulos 4 e 5) e da capacidade de alguns materiais representativos de resistirem às cargas de ensaios *padronizados* (Capítulo 3). O presente capítulo é dedicado (1) à previsão da capacidade dos materiais resistirem à combinação infinita de cargas *não padronizadas*, às quais estes estão sujeitos durante a fabricação dos componentes de máquinas e de estruturas, e (2) à seleção de *fatores de segurança* apropriados para propiciar a segurança e a confiabilidade necessárias. Como os capítulos anteriores, este também é dedicado principalmente aos carregamentos estáticos.

A confiabilidade é um assunto de extrema importância na engenharia de um produto, e esta questão tem sido mais e mais reconhecida. Por outro lado, é importante que os componentes não sejam *superdimensionados* a ponto de se tornarem desnecessariamente caros, pesados, volumosos ou mesmo gerarem desperdício de recursos.

O conceito essencial de projeto de cada componente de uma máquina visando satisfazer os requisitos de vida esperada e de confiabilidade sem o superdimensionamento de qualquer parte talvez nunca foi tão bem caracterizado como em "The One-Hoss Shay", de Oliver Wendell Holmes, de 1858. Esta pérola do patrimônio literário (e talvez técnico) é, de todas, a mais impressionante, porque Holmes não era um engenheiro, e sim um físico e professor de anatomia na Escola de Medicina de Harvard. Ele era filho de um ministro de uma congregação, e pai de Oliver Wendell Holmes, Jr., um expoente da Suprema Corte de Justiça.

Neste seu extraordinário poema, reproduzido a seguir, Holmes fala de um diácono colonial possuído por uma misteriosa capacidade de engenheirar, e que foi capaz de projetar e construir uma carruagem, de modo que cada um de seus componentes tivesse uma vida útil de exatamente 100 anos (nenhum minuto a mais!), ao final da qual todos estes componentes falhavam, causando a destruição do pequeno veículo e reduzindo-o a um monte de entulho! (Imagine se os automóveis pudessem ser projetados desta maneira — livres de problemas por aproximadamente, digamos, 200.000 milhas (321.869 quilômetros), ao término das quais seria bom o seu proprietário o estar conduzindo para o próximo ferro-velho!)

A Maravilhosa Caleche de Um Só Cavalo (A Obra-Prima do Diácono)[1]
— Oliver Wendell Holmes

Você já ouviu falar da maravilhosa caleche de um só cavalo,
que com lógica foi construída para sobreviver ao abalo
e andou por cem anos num só embalo
até de repente... Ah! espere, diante deste fato não me calo,
sem demora e por inteiro quero contá-lo,
porque levou o pároco a ataques
e às pessoas causou achaques.
Já ouviu contar? Com isso eu não brinco.

Mil setecentos e cinquenta e cinco,
Jorge II *vivia sem muito afinco,*
um descontente zangão da colmeia alemoa
ainda naquele ano em que a cidade de Lisboa
viu a terra se abrir como se fosse uma camboa.
O exército de Braddock sucumbiu e não foi à toa
que nem um só escalpo sobrou para sua coroa.
Foi no terrível dia do sísmico abalo
que o diácono terminou a caleche de um só cavalo.

Agora, na construção de cabriolés, eu te digo,
*há sempre **um ponto** que de fraco oferece perigo.*
Eixo, pneu, pina, mola, fuste ou assento;
painel barra, peitoril ou pavimento;
parafusos ou cinta — observe por um momento,
para encontrá-lo em algum lugar, você deve ficar atento.
Está em cima ou embaixo, dentro ou fora.
E é por isso, não há dúvida, mesmo com demora,
sem ficar gasto, um cabriolé quebra n'alguma hora.

Mas o diácono jurou (como um diácono faz)
Disse "Juro por Deus", ou "Digo isso porque sou contumaz".
Para superar todas da cidade, do condado ou do país,
sua caleche ele decidiu construir.
Tinha mesmo que ser muito boa, sem chance alguma de ruir.
"Porque", disse o diácono, "isso é forte artefato
para que as partes fracas aguentem qualquer impacto
e o conserto e a manutenção do manufato

---

[1] Título original: *"The One-Hoss Shay (The Deacon's Masterpiece)"*, de Oliver Wendell Holmes. Tradução de Ana Luiza Libânio. (N.E.)

para mim seja como brincadeira
e a caleche para sempre fique forte e inteira."

Então o diácono perguntou ao pessoal do povoado
onde encontrar carvalho o mais avultado,
jamais partido, torto e muito menos quebrado.
Isso para os raios, o piso e peitoris erguer
e procurou por lancewood para os fustes fazer.
As barras transversais eram madeira de freixo de árvore que nada
atravessa.
Os painéis de madeira branca, cortam como fatias dum queijo
em peça,
mas duram como ferro e são ideais para uma coisa dessa.
Os eixos são feitos de toco de "olmo do Colono",
esse último pedaço de madeira, não perderia seu dono.
Jamais um machado fez dele uma lasca,
mas quando a cunha voa e a madeira descasca,
suas extremidades ficam frisadas porque a ferramenta masca.
Degrau, peça de ferro e parafuso,
mola, pneu, trava de fuste e eixo incluso
são de metal dos melhores, de um brilhante azul pouco difuso.
De couro de búfalo a cinta era grossa e larga.
O topo, o para-brisa, e o alforge que alguém escondeu
foram encontrados numa cova de quando o tintureiro morreu.
Foi assim que por tudo aquilo ele a fez passar;
"Pronto!" disse o diácono, "agora ela vai funcionar!"

Vai! Eu te digo, prefiro usar a imaginação
e acreditar que ela era maravilhosa sem fazer concessão!
Potros viraram cavalos, barbas se acinzentaram,
diácono e diaconisa evaporaram
e crianças e netos a cidade deixaram.
Mas lá estava a robusta e antiga caleche de um só cavalo,
tão nova quanto na Lisboa do dia do sísmico abalo!

MIL E OITOCENTOS — chegou para encontrar
a obra-prima do diácono forte e sã a esperar.
Mil e oitocentos e mais uma dezena;
de "bela carruagem" apelidaram a pequena.
Mil oitocentos e vinte então chegou
correu como de costume e nada mudou.
Trinta e depois quarenta chegou com afinco,
então veio cinquenta e depois CINQUENTA E CINCO.

Pouco de tudo o que valorizamos neste breviário
desperta certa manhã para seu centenário
sem nem sentir, nem parecer extraordinário.
De fato, nada consegue a juventude manter,
até onde sei, somente uma árvore e a verdade pujantes
conseguem ser.

(Essa é uma moral que por aí se espalhou,
Aceite-a. — Estou às ordens! — Não há taxa que para isso se
aplicou.)

PRIMEIRO DE NOVEMBRO — dia do sísmico abalo,
Há marcas de tempo na caleche de um só cavalo.
Uma suave decadência, talvez um leve estalo,
mas não tão específico a ponto de alguém notá-lo.
E nem mesmo poderia, porque o diácono com sua arte
fez tudo igual em cada parte
de modo que por nenhuma delas iniciaria o descarte.
Porque as rodas eram, como os fustes, muito fortes,
assim como o piso e os peitoris que eram suportes.
Os painéis eram firmes como o pavimento
e o varal da carruagem também seguiu o mesmo planejamento.
Tanto a barra traseira quanto a dianteira não podiam sofrer
envergamento.
Assim como o eixo, a mola era grande portento.
Mas mesmo assim, no geral, e com toda certeza
em mais uma hora ela teria perdido toda sua viveza!

Primeiro de novembro, "cinquenta e cinco"!
Nessa manhã, o páraco para sair se arrumou com afinco.
Agora, garotos, saiam daí! Ouçam o que eu falo.
Aí vem a maravilhosa caleche de um só cavalo,
castanho com rabo de rato e pescoço de ovelha, ele vem num só
embalo.
E lá se foram os dois. "Upa!" gritou o pároco a animá-lo.
Era a cerimônia de domingo que ele preparava,
já na **metade** do trabalho se desnorteava
enquanto Moisés, nas páginas seguintes, chegava.
De repente o cavalo empacou
e perto da igreja, no alto do morro ficou.
Primeiro tremeu e então se emocionou,
depois, inevitavelmente, o cavalo tombou.
Sentado numa rocha o pároco estava,
eram nove e meia, o relógio da igreja anunciava,
exatamente a hora que o terremoto assustava!
O que você acha que o pároco encontrou
quando levantou-se e a sua volta olhou?
O pobre cabriolé em um monte as peças empilhou
como se tivesse visitado um moinho que o mastigou!
Você percebe, claro, se não for ignorante,
que ele se quebrou num só rompante.
Sem primeiro ou segundo, tudo de uma vez só aconteceu,
como quando uma bolha solta todo o ar que é seu.

Foi o fim da maravilhosa caleche de um só cavalo.
Lógica é lógica. E como já disse tudo, agora sim eu me calo.

6.2 Tipos de Falhas

A falha de um componente carregado pode ser visto como qualquer comportamento que o torne impróprio para a operação a que se destina. Neste ponto serão discutidos apenas os carregamentos *estáticos*, e nos capítulos posteriores serão tratados os carregamentos decorrentes de impacto, fadiga e desgaste superficial (em todos esses casos, a propósito, o diácono deve ter estado extremamente interessado no projeto de sua obra-prima). Os carregamentos estáticos podem resultar em deslocamentos indesejáveis e instabilidades elásticas (Capítulo 5), bem como *distorções plásticas* e *fratura*, as quais são tratadas no presente capítulo.

As distorções, ou deformações plásticas, estão associadas às tensões cisalhantes e envolvem o deslizamento ao longo dos planos naturais de deslizamento. A falha é definida como tendo ocorrido quando a deformação plástica atingiu um limite arbitrário, como, por exemplo, 0,2 % de desvio (*offset*, em inglês) num ensaio de tração padronizado. Em geral, um escoamento apreciavelmente maior pode ocorrer sem causar maiores danos, como (1) em áreas localizadas de concentração de tensões e (2) em alguns componentes sujeitos a flexão ou torção, onde o escoamento esteja restrito à superfície externa. A definição da falha por distorção é arbitrária e nem sempre fácil de ser aplicada (isto é, quanta distorção é considerada distorção em excesso?). A fratura, por outro lado, é claramente definida pela separação ou fragmentação de um componente em duas ou mais partes. Normalmente, ela é caracterizada por uma "separação" associada a uma tensão de tração.

Em geral, os materiais propensos a uma falha por distorção são classificados como *dúcteis*, e aqueles propensos a falhar sem apresentar uma distorção prévia significativa como *frágeis*. Infelizmente, existe uma região intermediária "área cinzenta" em que um dado material pode falhar tanto de forma dúctil quanto de forma frágil, dependendo das circunstâncias. Sabe-se que os materiais que normalmente falhariam como dúcteis podem fraturar de forma frágil quando a temperaturas suficientemente baixas. Outros fatores que promovem uma fratura frá-

gil são os entalhes agudos e as cargas de impacto. Um conceito importante dentro deste contexto é da *temperatura de transição* — isto é, uma faixa de temperatura relativamente estreita acima da qual o material, a sua correspondente geometria e as condições de carregamento produzem uma falha dúctil, com a fratura frágil ocorrendo a temperaturas mais baixas. Também, em geral, quando a resistência ao escoamento de um material é próxima, em valores, da tensão última, ou o alongamento for menor que 5 %, o material não absorverá uma quantidade significativa de energia na região plástica, e a fratura frágil poderá ocorrer.

Por gerações, um assunto que tem preocupado os engenheiros e os metalurgistas tem sido a fratura frágil de estruturas de aço que se comportam de maneira completamente dúctil durante os ensaios habituais de resistência realizados em laboratórios. A Figura 6.1 mostra um exemplo bem espetacular de um navio-tanque utilizado na Segunda Guerra Mundial que partiu-se em dois por fratura frágil, apesar da ductilidade normal associada ao grau do aço utilizado. Os mecanismos de fratura frágil são discutidos em uma disciplina relativamente recente, a *mecânica da fratura*.

Para abordar de forma adequada o tema da mecânica da fratura requereria uma discussão bem mais ampla que a que poderia ser justificada neste texto. Ainda assim, este tema é tão importante que qualquer engenheiro envolvido com o projeto e o desenvolvimento de componentes mecânicos e estruturais deveria, ao menos, ter um conhecimento de seus princípios básicos. É com este objetivo em mente que as próximas duas seções são apresentadas. Acredita-se que o estudante interessado possa encontrar uma oportunidade de continuar seus estudos nesta área (veja [1, 9, 10]).

6.3 Mecânica da Fratura — Conceitos Básicos

A abordagem da mecânica da fratura começa com a hipótese de que todos os materiais reais possuem trincas de alguma dimensão — mesmo que apenas no nível submicroscópico. Se uma fratura frágil ocorre, esta deveu-se às condições de car-

Figura 6.1 *S.S. Schenectady.* Um navio-tanque T-2, partido em dois na doca, Portland, Oregon, 16 de janeiro de 1943. (Cortesia do Ship Structures Commitee, Governo dos EUA.)

Tabela 6.1 Propriedades de Resistência de Placas Espessas de 1 in (25,4 mm) — Valores de K_{Ic}, Fator Intensidade de Tensão Crítico

Material	Temperatura	S_u (ksi)	S_y (ksi)	K_{Ic} (ksi$\sqrt{\text{in.}}$)
7075-T651 Alumínio	Ambiente	78	70	27
Ti-6Al-4V (recozido)	Ambiente	130	120	65
Aço D6AC	Ambiente	220	190	70
Aço D6AC	$-40°$F	227	197	45
Aço 4340	Ambiente	260	217	52

Fonte: A. Gomza, Grumman Aeroespace Corporation.

regamento e ambientais (principalmente a temperatura) que eram tais que estas causaram uma propagação quase instantânea até a falha de uma ou mais das trincas originais. Existindo um carregamento por fadiga, as trincas iniciais podem crescer muito lentamente, até que uma delas atinge um *tamanho crítico* (para o carregamento, a geometria, o material e ambiente envolvidos), instante no qual ocorre a fratura total.

Teoricamente o fator de concentração de tensão na ponta da trinca tende ao infinito, pois o raio da raiz da trinca tende a zero (analogamente à condição em que a relação *r/d* tende a zero na Figura 4.35). Isto significa que se o material possui alguma ductilidade, o escoamento ocorrerá em um pequeno volume do material na ponta da trinca, e a tensão será redistribuída. Assim, o fator de concentração de tensão efetivo é consideravelmente menor que infinito e, além disso, ele varia com o valor da tensão nominal aplicada. Na abordagem da mecânica da fratura não há uma preocupação com a avaliação da concentração de tensão efetivo *em si*; em vez disso, um *fator de intensidade de tensão, K*, é avaliado. Este fator pode ser pensado como uma medida da tensão local efetiva na trinca. Uma vez estimado, *K* é comparado com o *valor limite* de *K* que é necessário para a propagação da trinca naquele material. Este valor limite é uma característica do material, chamada de *tenacidade à fratura*, ou *fator intensidade de tensão crítico K_c*, que é determinado a partir de ensaios padronizados. A *falha* é caracterizada sempre que o fator de intensidade de tensão, *K*, supera o fator intensidade de tensão crítico, K_c. Assim, um *fator de segurança, FS*, para a falha por fratura pode ser definido como K_c/K.

Os valores mais comumente disponíveis de *K* e K_c são para *carregamentos trativos*, que são chamados de *modo I*. Consequentemente, estes valores são designados por K_I e K_{Ic}. Os modos II e III estão associados ao carregamento por cisalhamento. O tratamento aqui apresentado será dedicado, principalmente, ao modo I.

Um conjunto de valores de tenacidade à fratura (K_{Ic}) são mostrados na Tabela 6.1 e um conjunto mais extenso de valores de K_{Ic} estão disponíveis na *MIL-HDBK-5J* (veja o Apêndice F). A maioria dos valores disponíveis de K_{Ic} são para componentes relativamente *espessos*, de modo que o material na raiz da trinca está sujeito aproximadamente a um estado de *deformação plana*. Isto é, o material presente nas vizinhanças da trinca, que está sujeito a baixas tensões, resiste à contração do "coeficiente de Poisson" na raiz da trinca, forçando, assim, $\epsilon_3 \approx 0$ na direção da espessura. O material na raiz da trinca em

componentes suficientemente *finos* está livre para se contrair na direção da espessura, gerando $\sigma_3 \approx 0$, ou uma condição de *tensão plana*. O carregamento trativo de *deformação* plana, com σ_3 sendo uma tensão de tração, oferece uma menor oportunidade para a redistribuição das altas-tensões na raiz da trinca através de escoamento por cisalhamento. (Isto é evidente considerando os círculos de Mohr de tensões tridimensionais para $\sigma_3 = 0$ e para $\sigma_3 = $ um valor positivo.) Devido a isto, os valores de K_{Ic} para o estado plano de *deformação* são substancialmente menores que aqueles para o estado plano de *tensão*. Assim, os valores de K_{Ic} mais prontamente disponíveis para o estado plano de deformação são geralmente utilizados em cálculos mais conservativos, quando o valor de K_{Ic} para a espessura real não for conhecido.

6.4 Mecânica da Fratura — Aplicações

6.4.1 Placas Finas

A Figura 6.2*a* mostra uma placa "fina" (por exemplo, a fuselagem de um avião) com uma trinca central de comprimento 2*c* que se estende por toda a espessura. Se o comprimento da trinca corresponder a uma pequena fração da largura da placa e se a tensão *P/A* que atua na área resistente, *t(2w–2c)*, for menor que a resistência ao escoamento, então o fator de intensidade de tensão nas bordas da trinca será expresso, aproximadamente, por

$$K_I \cong K_o = \sigma\sqrt{\pi c} = (1{,}8\sqrt{c})\sigma_g \qquad (6.1)$$

em que $\sigma = \sigma_g$ é a tensão de tração atuante na seção completa (*gross-section*, em inglês), *P/2wt* e K_o são os fatores de intensidade de tensão para uma trinca central curta de comprimento 2*c*, presente em uma placa plana infinita de pequena espessura *t* (chapa) sujeita à tensão de tração uniforme σ_g. (Exceto para as placas com uma trinca central curta, o fator de intensidade de tensão K_I irá refletir as condições de geometria e de carregamento particulares, e portanto irá diferir de K_o.) Quando K_I se torna igual a K_{Ic}, o valor da resistência à fratura para o material, ocorrerá fratura rápida. Neste caso de uma placa *fina*, o valor para um estado plano de *tensão* de K_{Ic} seria escolhido. Assim, a falha ocorre quando três variáveis básicas atendem à seguinte relação aproximada:

$$K_{Ic} = (1{,}8\sqrt{c})\sigma_g \qquad (6.2)$$

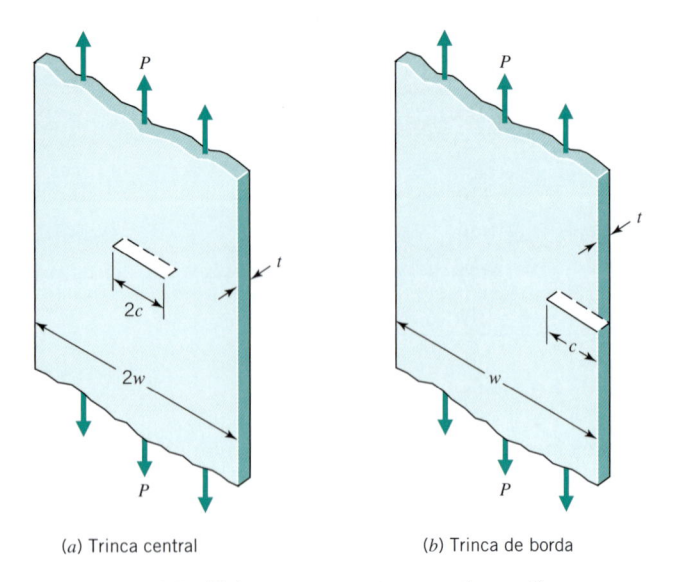

(a) Trinca central   (b) Trinca de borda

FIGURA 6.2   **Trincas passantes em placas finas.**

Para geometrias distintas daquela de uma trinca central presente em uma pequena fração da largura da placa (trinca central em uma chapa infinita), um *fator de geometria-carregamento*, Y, é introduzido de forma a considerar a condição particular de geometria e de carregamento. Por exemplo, com uma trinca ocorrendo na borda de uma placa, como mostrado na Figura 6.2*b*, as equações anteriores podem ser aplicadas com apenas um pequeno aumento no valor da constante. Assim, o critério de falha para a placa mostrada na Figura 6.2*b* se torna, aproximadamente,

$$K_{Ic} = K_I = YK_o = \sigma Y\sqrt{\pi c} = (2{,}0\sqrt{c})\sigma_g \quad \textbf{(6.3)}$$

PROBLEMA RESOLVIDO 6.1   Determinação da Carga Crítica para uma Placa "Fina" com uma Trinca Central

Uma placa com largura $2w = 6$ in (152,4 mm) e espessura $t = 0{,}06$ in (1,524 mm), é fabricada com alumínio 7075-T651 ($S_u = 78$ ksi (538 MPa) e $S_y = 70$ ksi (483 MPa)). Esta possui $K_{Ic} = 60$ ksi $\sqrt{\text{pol.}}$ (65,9 MPa $\sqrt{\text{m}}$), em *tensão plana*. Esta placa é utilizada em um componente de avião que será inspecionado periodicamente em relação ao aparecimento de trincas. Estime a maior carga, P (veja a Figura 6.2*a*), que pode ser aplicada sem causar uma fratura súbita, quando uma trinca central cresce até um comprimento, $2c$, de 1 in (25,4 mm).

SOLUÇÃO

Conhecido: Uma placa fina é carregada em tração e possui uma trinca central perpendicular à direção da carga aplicada (veja a Figura 6.3).

A Ser Determinado: Estime a maior carga P a ser suportada pela placa quando a trinca tem 1 in (25,4 mm) de comprimento.

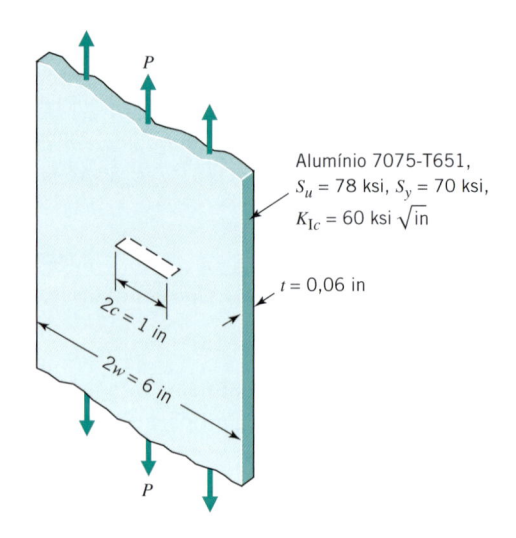

FIGURA 6.3   **Placa fina com trinca central para o Problema Resolvido 6.1.**

Hipóteses:

1. O escoamento ocorreu em um pequeno volume de material na ponta da trinca.

2. A propagação da trinca até a fratura total ocorre instantaneamente, quando o valor limite do fator de intensidade de tensão K_I se torna igual ou superior à resistência à fratura K_{Ic} para o material.

3. A trinca corresponde a uma pequena fração da largura da placa.

4. A tensão de tração baseada na área resistente (área total menos a área da trinca) é menor do que a resistência ao escoamento.

Análise: Utilizando a Eq. 6.2,

$$\sigma_g = \frac{K_{Ic}}{1{,}8\sqrt{c}} = \frac{60}{1{,}8\sqrt{0{,}5}} = 47{,}14 \text{ ksi}$$

$$P = \sigma_g(2wt) = 47.140 \text{ psi } (6 \text{ in} \times 0{,}06 \text{ in}) = 16.970 \text{ lb}$$

Comentários: A tensão P/A baseada na área resistente, $t(2w-2c)$, é de 56.567 psi (390 MPa). Este valor é menor do que a resistência ao escoamento ($S_y = 70$ ksi (483 MPa)).

6.4.2   Placas Espessas

Trincas em placas espessas geralmente começam na superfície, assumindo uma forma algo elíptica, conforme mostrado na Figura 6.4*a*. Se $2w/t > 6$, $a/2c =$ aproximadamente 0,25, $w/c > 3$, $a/t < 0{,}5$ e $\sigma_g/S_y < 0{,}8$, o *fator de intensidade de tensão* nas bordas da trinca é aproximadamente

$$K_I = K = \frac{\sigma_g\sqrt{a}}{\sqrt{0{,}39 - 0{,}053(\sigma_g/S_y)^2}} \quad \textbf{(6.4)}$$

A fratura seria prevista para valores de K superiores a K_{Ic}.

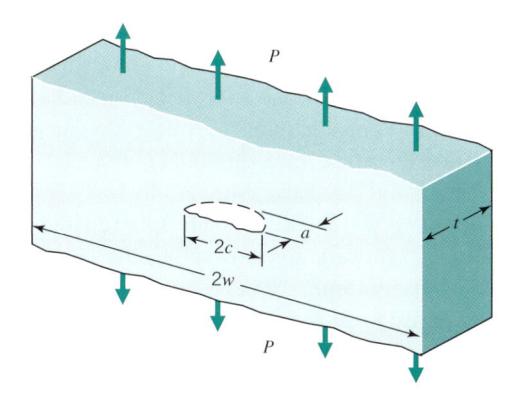

Figura 6.4a **Placa espessa com trinca central começando em uma superfície.**

A Tabela 6.1 fornece as propriedades mecânicas típicas de placas espessas com 1 in (25,4 mm) de espessura, feita de diversos materiais estruturais comumente utilizados em aplicações aeronáuticas. Observe, em particular, (1) a tenacidade à fratura relativamente alta da liga de titânio em comparação com sua tensão última, (2) a comparação dos valores de K_{Ic}, à temperatura ambiente, para dois aços de tensões últimas quase equivalentes, e (3) a redução de K_{Ic} com a temperatura para o aço D6AC de alta tenacidade.

PROBLEMA RESOLVIDO 6.2 Determinação da Profundidade Crítica de Trinca para uma Placa Espessa

Uma placa de titânio Ti-6A1-4V (recozido) é carregada conforme mostrado na Figura 6.4b até uma tensão atuante na seção completa σ_g de $0,73S_y$. Para as dimensões $t = 1$ in (25,4 mm), $2w = 6$ in (152,4 mm) e $a/2c = 0,25$, estime a profundidade crítica de trinca, a_{cr}, na qual ocorrerá a fratura rápida.

SOLUÇÃO

Conhecido: Uma placa **espessa** é carregada sob tração até uma determinada tensão atuante na área completa. A placa possui uma trinca central perpendicular à direção da carga aplicada.

A Ser Determinado: Determine a profundidade crítica da trinca.

Esquemas e Dados Fornecidos:

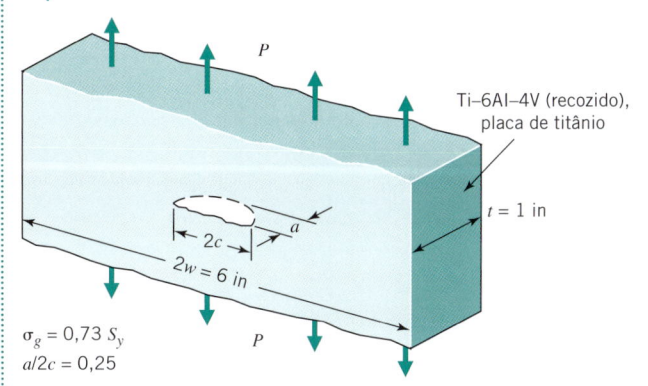

$\sigma_g = 0,73\,S_y$
$a/2c = 0,25$

Figura 6.4b **Placa espessa para o Problema Resolvido 6.2.**

Hipóteses:

1. A temperatura está a 70°F (21,1°C) (temperatura ambiente).
2. A fratura ocorre quando os valores do fator intensidade de tensão K excederem K_{Ic}.

Análise:

1. Da Tabela 6.1, para o TI-6A1-4V (recozido), à temperatura ambiente, tem-se $S_y = 120$ ksi (827 MPa) e $K_{Ic} = 65$ ksi $\sqrt{\text{pol.}}$ (71,4 MPa $\sqrt{\text{m}}$).
2. Da Eq. 6.4, fazendo $K = K_{Ic}$ ($a = a_{cr}$),

$$a_{cr} = \left(\frac{K_{Ic}\sqrt{0,39 - 0,053(\sigma_g/S_y)^2}}{\sigma_g} \right)^2$$

$$= \left(\frac{65\sqrt{0,39 - 0,053(0,73)^2}}{(0,73)(120)} \right)^2 = 0,20 \text{ in}$$

Comentários:

1. A Equação 6.4 é apropriada se $2w/t > 6$, $a/2c =$ aproximadamente 0,25, $w/c > 3$, $a/t < 0,5$ e $\sigma_g/S_y < 0,8$. Para este problema, $2w/t = 6$, $a/2c = 0,25$, $w/c \geq 7,5$, $a_{cr}/t = 0,20$ e $\sigma_g = 0,73S_y$.
2. Um importante requisito de projeto de componentes pressurizados internamente é que a trinca seja capaz de se propagar através de toda a espessura da parede (e, portanto, causar um vazamento que possa ser prontamente detectado) sem se tornar instável e levar o componente a uma condição de fratura total.

6.4.3 Fatores de Intensidade de Tensão[2]

Deseja-se agora avaliar os fatores de intensidade de tensão associados às diversas configurações geométricas e de carregamentos, de modo que o fator de intensidade de tensão máximo em um componente possa ser determinado. No passado, com o objetivo de se considerar outros casos, que não os mais simples, foram desenvolvidos e utilizados procedimentos experimentais e analíticos para a determinação dos fatores de intensidade de tensões. Os resultados de muitos destes estudos estão disponíveis na forma de gráficos publicados, como os mostrados nas Figuras 6.5a até 6.5h. Para geometrias que diferem daquela de uma trinca central em uma pequena região da largura da placa (trinca central em uma chapa infinita), um fator de geometria-carregamento, Y, é introduzido para que uma dada geometria e um dado carregamento sejam considerados. O fator de geometria-carregamento, $Y = K_I/K_o$, é representado graficamente em função de razões adimensionais, indicando que apenas o carregamento e a forma geométrica do componente (para dimensões relativamente grandes) influenciam no fator de geometria-carregamento envolvido. As figuras fornecem os fatores do fator de intensidade de tensão, K_I, na

---

[2] Esta seção foi adaptada de D. P. Rooke e D. J., Cartwright, *Compendium of Stress intensity factors*, Her Majesty's Stationery Office, London, 1974.

ponta da trinca (baseado em um material linear, elástico, homogêneo e isotrópico). O valor de K_o é o fator de intensidade de tensão para uma trinca central curta com comprimento de $2c$ em uma chapa infinita sujeita a uma tensão de tração uniaxial uniforme, σ, em que $K_o = \sigma\sqrt{\pi c} = (1,8\sqrt{c})\sigma_g$. O fator de intensidade de tensão K_I refletirá as condições particulares de geometria e de carregamento e, assim, será diferente de K_o, exceto para uma placa com uma pequena trinca central. Conforme mencionado anteriormente, o valor de K_I é comparado ao valor de K_{Ic} para determinar se a falha ocorrerá.

Dentre os mais extensos e confiáveis compêndios que documentam os fatores de intensidade de tensão cita-se o elaborado por Rooke e Cartwright [10], que contém uma coleção de fatores reunidos por pesquisadores, apresentados de forma conveniente e agrupados por categorias: (1) chapas planas, (2) chapas enrijecidas, (3) discos, tubos e barras, (4) formas com trincas tridimensionais e (5) placas e cascas. Este compêndio apresenta soluções para uma multiplicidade de problemas com trincas de forma diretamente gráfica. Algumas classes de problemas são excluídas, como aquelas que envolvem trincas resultantes de carregamento térmico e trincas nas interfaces de materiais distintos.

Apresentam-se, agora, oito figuras selecionadas de [10] que podem ser estudadas no sentido de uma melhor compreensão dos efeitos nas proximidades de trincas a diferentes geometrias de contorno, como as bordas de chapas e concentradores de tensões como, por exemplo, furos. Cada figura apresenta curvas do fator de intensidade de tensão, com a inserção da geometria correspondente.

A Figura 6.5a mostra uma chapa de seção retangular de largura $2w$ e altura $2h$, com uma trinca central de comprimento $2c$. Uma tensão uniforme trativa atua nas extremidades da chapa e é perpendicular à direção da trinca. A Figura 6.5a apresenta as curvas do fator geometria-carregamento, Y, em função da razão c/w para diversos valores de h/w. K_o é o fator de intensidade de tensão para uma trinca central em uma chapa infinita ($h = w = \infty$), e é determinado por $K_o = \sigma\sqrt{\pi c}$. Aqui $K_I = YK_o$.

A Figura 6.5b mostra uma chapa retangular com largura $2w$ e altura $4w$, com duas trincas de mesmo comprimento, $(c\text{-}r)$, no furo central circular de raio r. As trincas estão diametralmente opostas e perpendiculares à direção do carregamento uniforme P ou à tensão de tração uniaxial uniforme, σ. As pontas das trincas estão distantes, entre si, de $2c$. A Figura 6.5b apresenta as curvas do fator de geometria-carregamento, Y, em função da razão c/w para diversos valores de r/w. Na Figura 6.5b, a razão altura/largura é igual a 2 e, para o caso de $r/w = 0$, os resultados estão de acordo com aqueles referentes a uma trinca central em uma chapa retangular (veja a Figura 6.5a).

A Figura 6.5c mostra uma chapa plana com largura w e altura $2h$. A chapa é carregada com uma tensão de tração uniforme σ atuante perpendicularmente a uma trinca de borda com comprimento c. A Figura 6.5c apresenta as curvas do fator de geometria-carregamento, Y, em função de c/w para diversos valores de h/w. Dois casos são apresentados: (i) quando as extremidades são livres para girar — inclinação não restrita, e (ii) quando as extremidades são impedidas de girar — inclinação restrita. Como nas figuras anteriores, $K_I = YK_o$ e $K_o = \sigma\sqrt{\pi c}$.

A Figura 6.5d mostra uma chapa plana com largura w e comprimento $2h$. A chapa contém uma trinca de borda no meio da chapa e perpendicular a um de seus lados. Uma força de abertura, P, atua simetricamente ao longo do lado que contém a trinca de comprimento c. A Figura 6.5d apresenta as curvas do fator de geometria-carregamento, Y, em função de c/w para diversos valores de w/h. Neste caso, $K_o = P\sqrt{w}/(ht)$.

A Figura 6.5e mostra uma chapa plana com espessura t, largura w e uma trinca de borda com profundidade c, para ambos (i) flexão pura e (ii) flexão de três pontos, para $c/w \leq 0,6$. As curvas dos fatores de geometria-carregamento, Y, em função de c/w são apresentadas para ambos os casos. Nestes casos, $K_I = YK_o$ e $K_o = 6M\sqrt{\pi c}/(w^2 t)$.

Como estão sendo utilizados os conceitos da mecânica da fratura linear elástica, os fatores de intensidade de tensão para

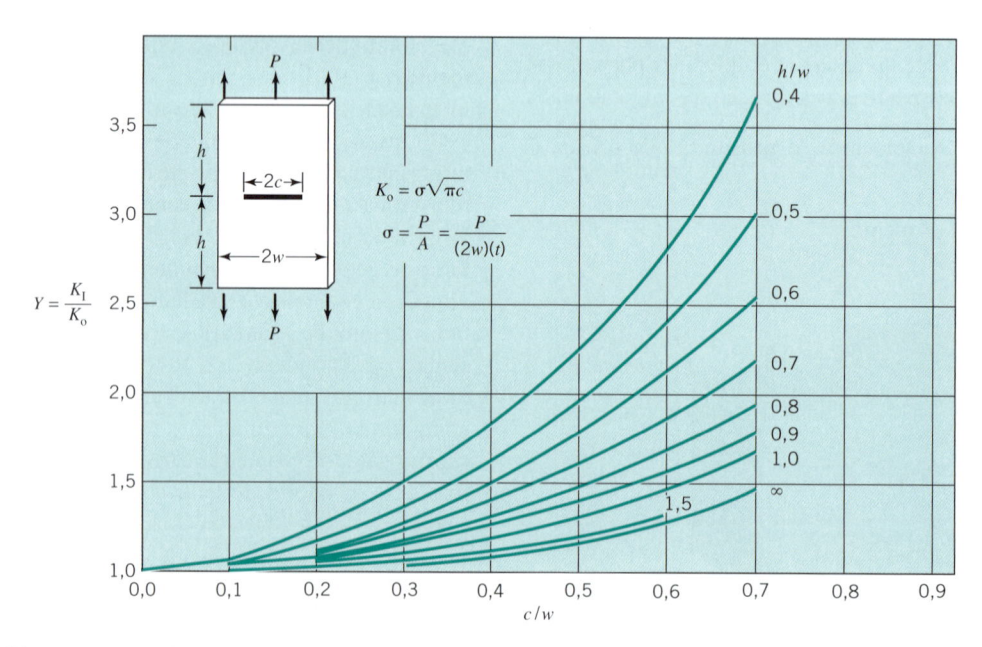

FIGURA 6.5a Chapa retangular com trinca central passante, sujeita a carregamento trativo uniaxial uniforme [10].

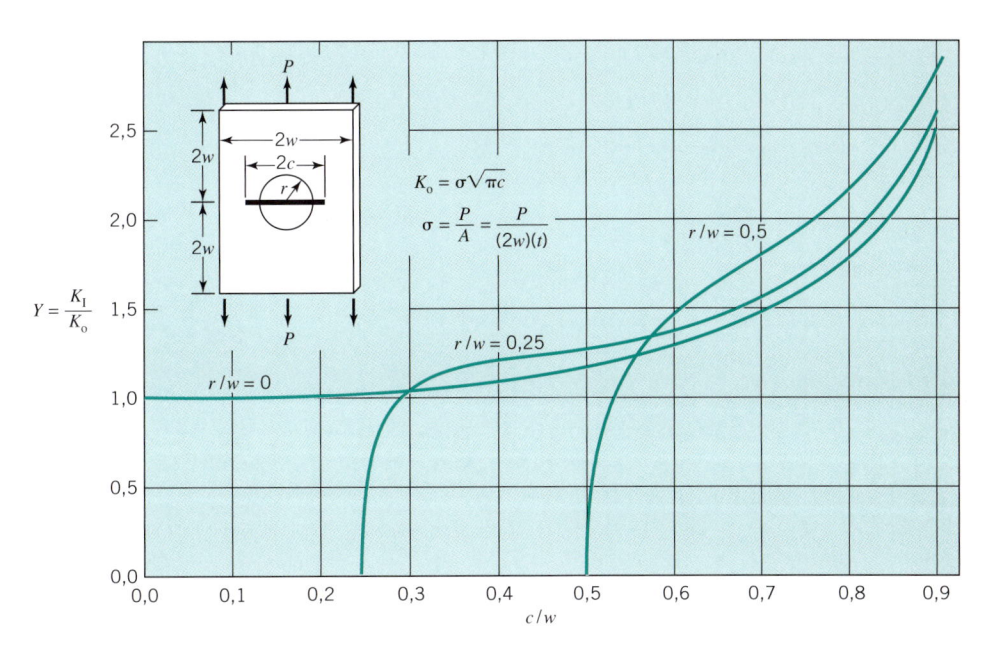

FIGURA 6.5b Chapa retangular com um furo circular central e duas trincas, sujeita a carregamento trativo uniaxial uniforme [10].

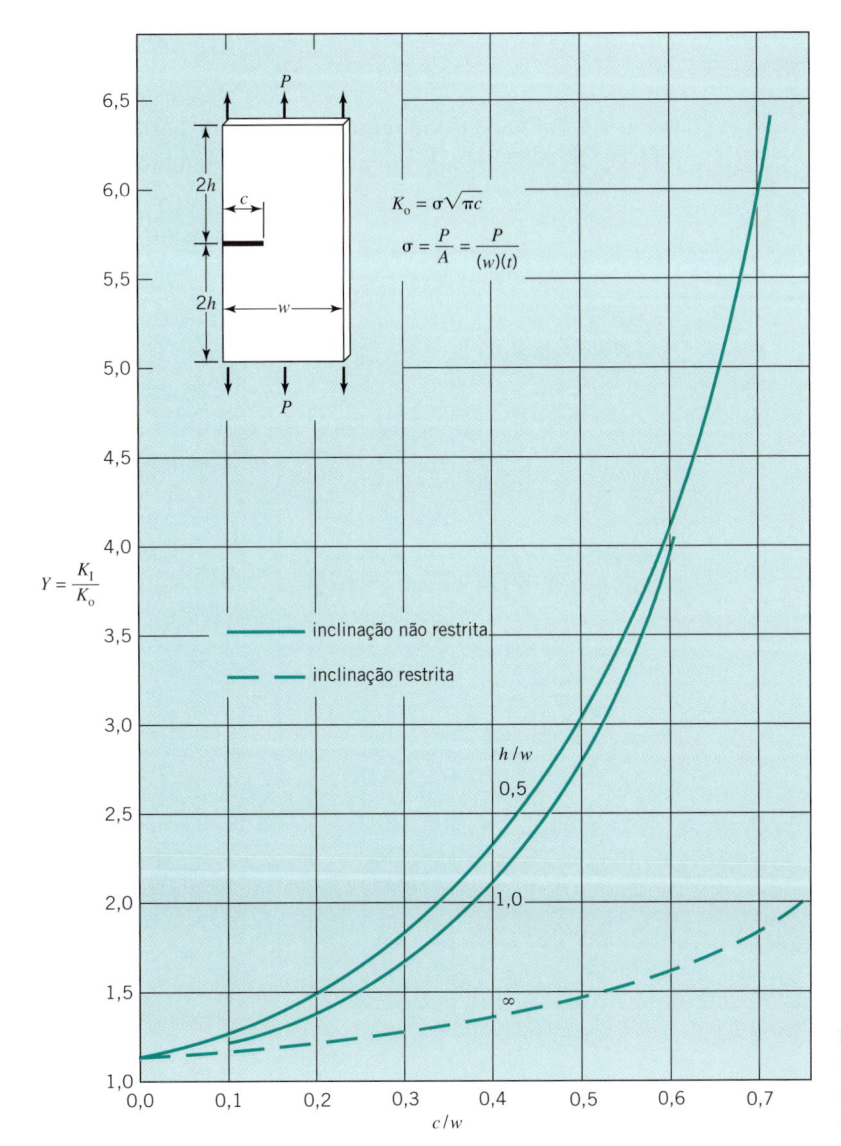

FIGURA 6.5c Chapa retangular com trinca de borda, sujeita a carregamento trativo uniaxial uniforme, agindo perpendicular à direção da trinca, com e sem restrições à inclinação [10].

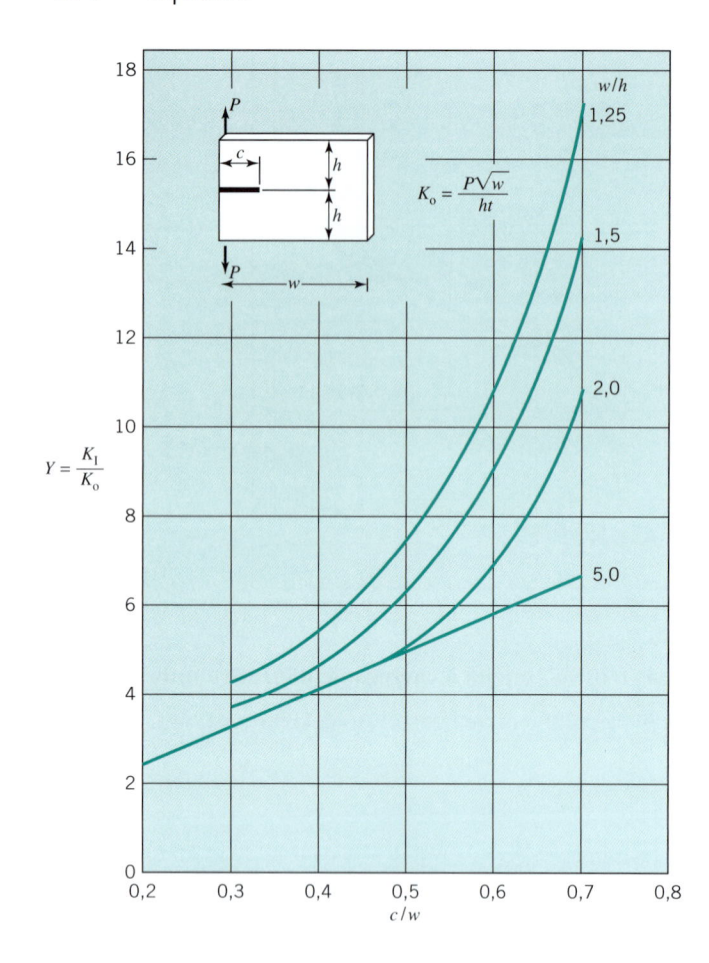

FIGURA 6.5*d* Chapa retangular com trinca de borda, sujeita a forças de abertura [10].

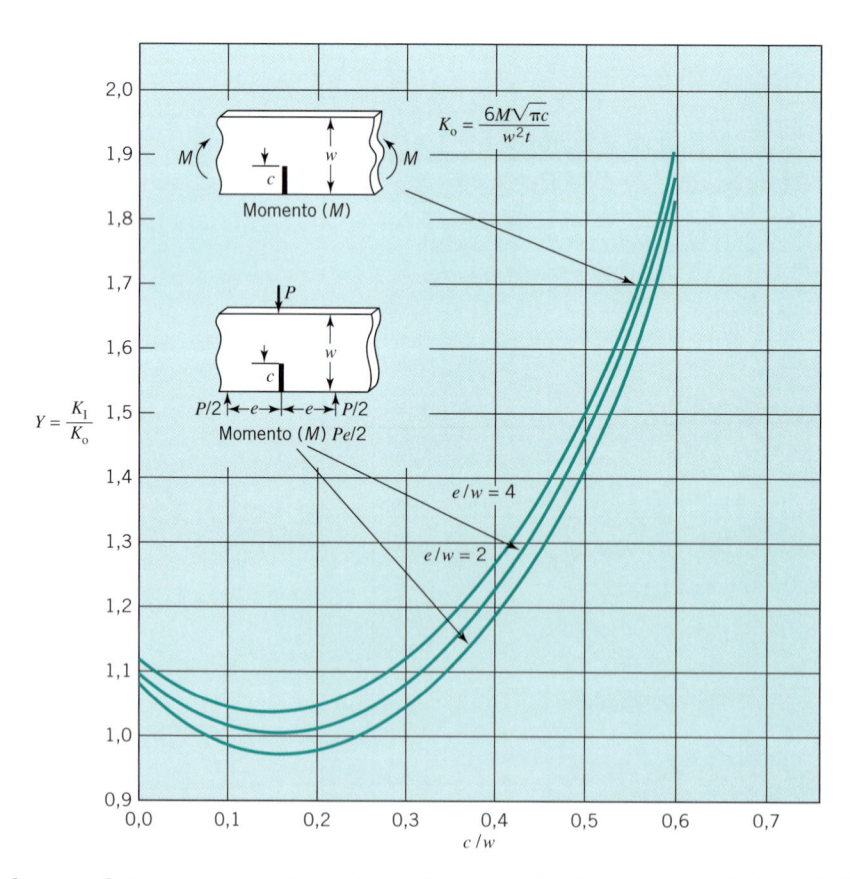

FIGURA 6.5*e* Chapa de largura finita com uma trinca de borda perpendicular a um dos lados sujeitos a carregamento de flexão que abrem a trinca. K_I é para trinca de borda [10].

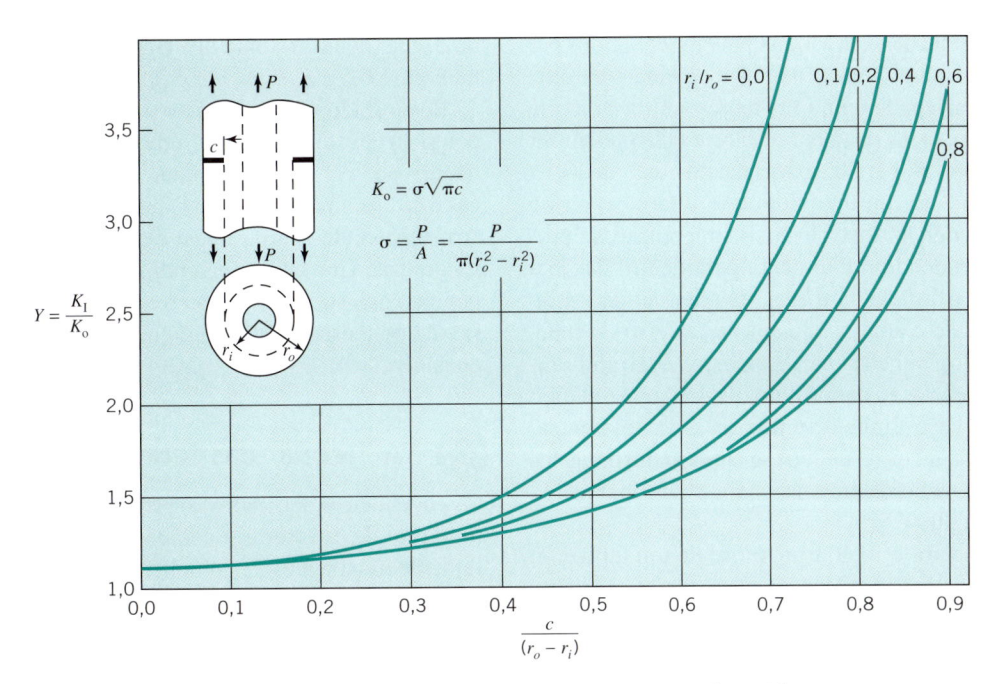

FIGURA 6.5f Tubo cilíndrico longo com uma trinca circunferencial externa submetida a carregamento trativo uniaxial uniforme [10].

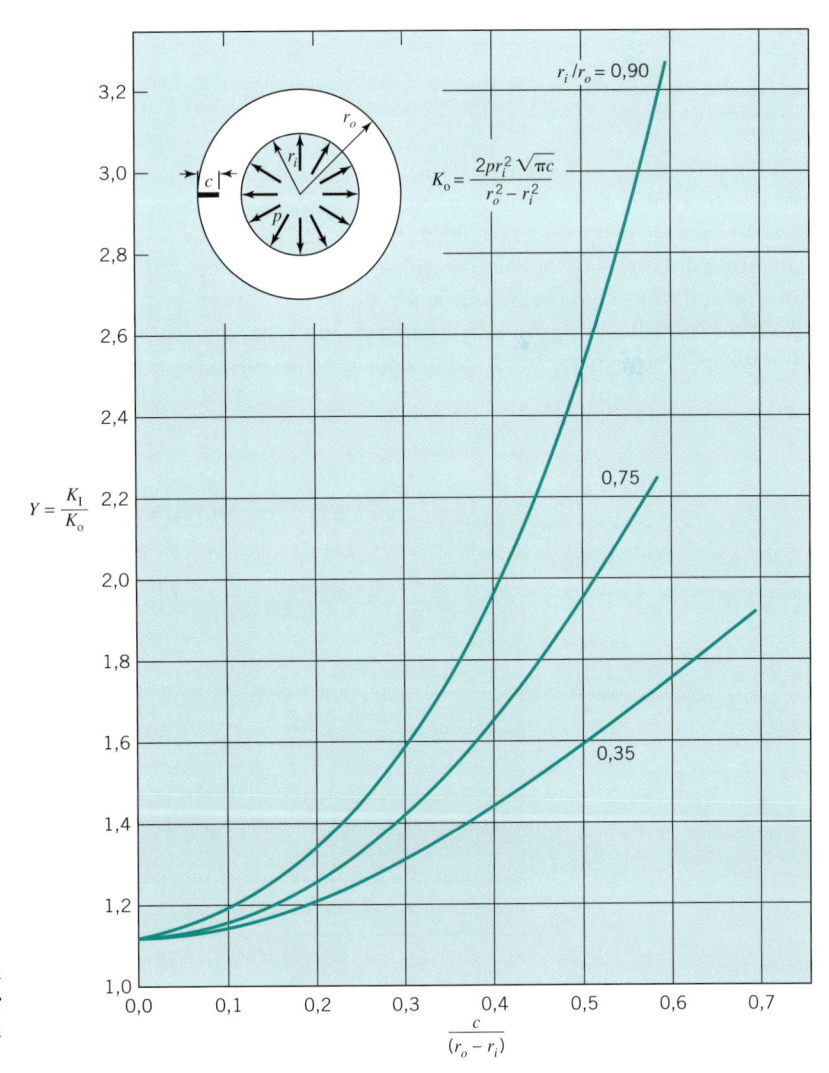

FIGURA 6.5g Tubo cilíndrico longo com uma trinca de borda radial estendendo-se a partir do limite externo, submetida a pressão interna uniforme. K_1 é para a trinca de borda [10].

outros tipos de componentes em Modo I podem ser obtidos por *superposição*. Por exemplo, para uma chapa plana com uma trinca de borda e carregada com uma tensão uniforme e um momento fletor puro, os K_I das Figuras 6.5c e 6.5e podem ser somados para se obter K_I para o carregamento combinado.

A Figura 6.5f mostra um tubo com raio interno r_i e raio externo r_o. O tubo contém uma trinca circunferencial de profundidade c se estendendo radialmente para dentro desde a superfície externa. Afastada da trinca, uma tensão de tração uniforme σ é aplicada e atua paralelamente ao eixo do tubo. As curvas do fator de geometria-carregamento, Y, são apresentadas em função de $c/(r_o - r_i)$ para valores de r_i/r_o para um tubo longo. Note que no caso-limite de uma trinca circunferencial curta em um tubo longo, os resultados se aproximam daqueles de uma trinca curta de borda em uma chapa plana com restrição à inclinação (Figura 6.5c).

A Figura 6.5g mostra a seção transversal de um tubo com raio interno r_i e raio externo r_o. O tubo contém uma trinca radial de comprimento c estendendo-se radialmente para dentro desde a superfície cilíndrica externa. O tubo está sujeito a uma pressão interna p. As curvas do fator de geometria-carregamento, Y, são apresentadas em função da razão $c/(r_o - r_i)$, para diversos valores da razão r_i/r_o para um tubo longo. Neste caso, K_o é expresso por $K_o = \sigma \sqrt{\pi c}$ e $K_I = YK_o$. A tensão σ_o é igual à tensão trativa normal atuante na superfície externa do cilindro, e é expressa por

$$\sigma_o = \frac{2pr_i^2}{(r_o^2 - r_i^2)} \qquad \textbf{(a)}$$

A Figura 6.5h ilustra uma barra de espessura t, sujeita a uma tensão trativa uniforme σ atuante perpendicularmente ao plano de uma trinca semielíptica. O plano da trinca é perpendicular à superfície da barra. O ponto mais profundo da frente de trinca está a uma distância a do semieixo maior, a partir da superfície. As curvas do fator de geometria-carregamento, Y, são apresentadas em função da razão a/t, para o ponto mais profundo

da trinca (ponto A), para diversos valores de a/c. Observe que na Figura 6.5h, K_o é expresso por $K_o = \sigma \sqrt{\pi a}$ e $K_I = YK_o$.

Resumindo, para o projeto e a subsequente operação dos componentes de máquinas, a mecânica da fratura está se tornando cada vez mais importante para o entendimento das trincas e do crescimento de trinca durante a vida dos componentes. A mecânica da fratura linear elástica tem sido utilizada com sucesso para um melhor entendimento das falhas catastróficas, porém o procedimento requer o conhecimento do fator de intensidade de tensão para a configuração e o carregamento a ser considerado.

6.5 A "Teoria" das Teorias de Falhas Estáticas

Os engenheiros dedicados ao projeto e ao desenvolvimento de todo tipo de estruturas e componentes de máquinas se deparam, repetidamente, com problemas como o ilustrado na Figura 6.6: uma dada aplicação está sujeita a uma combinação de cargas estáticas que produzem, em seu ponto crítico, as tensões $\sigma_1 = 80$ ksi (552 MPa), $\sigma_2 = -40$ ksi (-276 MPa) e $\sigma_3 = 0$. O material que está sendo considerado falha em um ensaio de tração padrão a uma tensão de 100 ksi (689 MPa). Este material falhará na aplicação proposta?

Como não é prático testar cada material e cada combinação de tensões, σ_1, σ_2 e σ_3 possíveis, torna-se necessário o estabelecimento de uma teoria de falha que possa fazer previsões com base no desempenho do material em um teste de tração, de quão resistente será quando sujeito a qualquer outra condição de carregamento estático. A "teoria" por trás das diversas teorias clássicas de falha é que *qualquer fenômeno responsável pela falha do material no ensaio de tração padronizado será também responsável pela falha sob todas as demais condições de carregamento estático*. Por exemplo, suponha que a teoria estabeleça que a falha tenha ocorrido durante o ensaio de tração representado pela Figura 6.6b simplesmente porque o material é incapaz de resistir a uma tensão trativa superior a 100 ksi

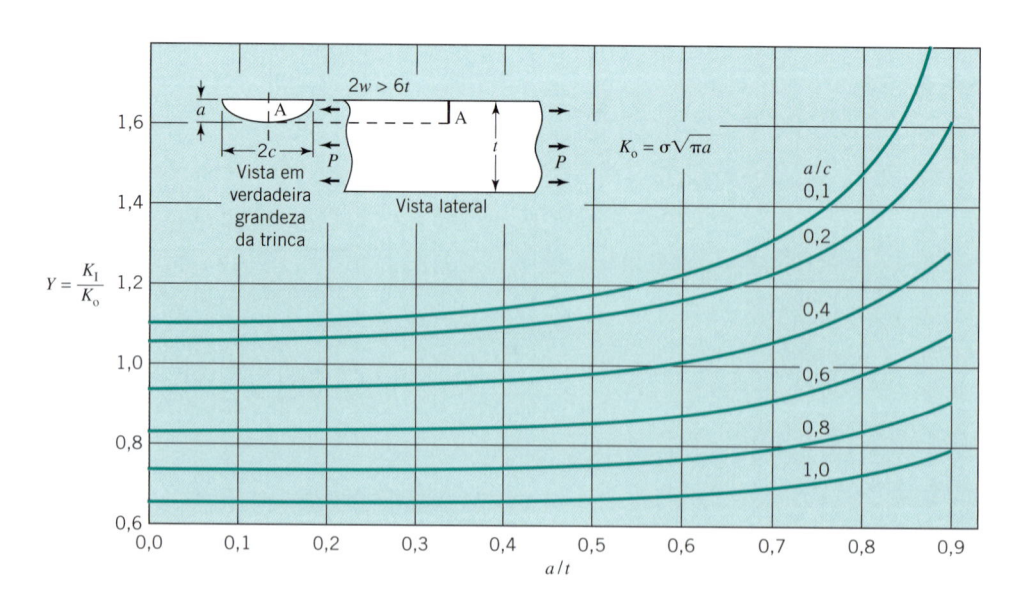

FIGURA 6.5h Barra com uma trinca superficial semielíptica submetida a carregamento trativo uniaxial uniforme. O K_I é para o ponto A na borda da trinca semielíptica [10].

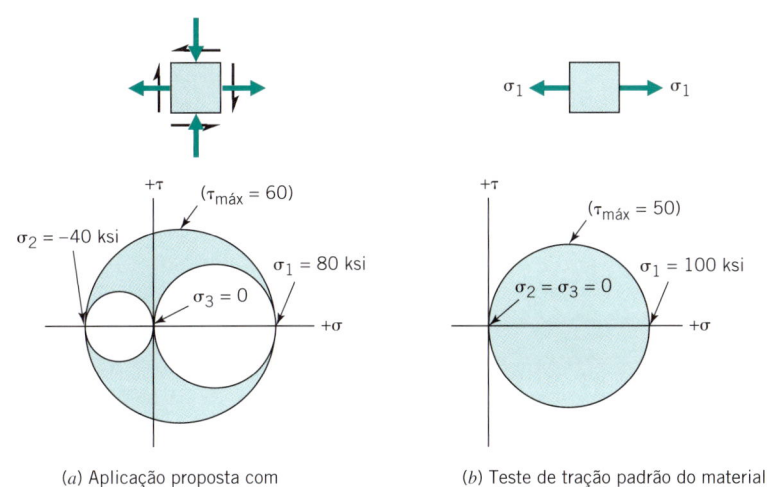

(a) Aplicação proposta com
$\sigma_1 = 80$, $\sigma_2 = -40$, $\sigma_3 = 0$

(b) Teste de tração padrão do material
proposto. Resistência à tração,
$S = 100$ ksi (689 MPa)

FIGURA 6.6 Situação típica que demanda uma teoria de falha.

(689 MPa). A teoria então prediz que sob *qualquer* condição de carregamento o material falhará se, e somente se, σ_1 for superior a 100 ksi (689 MPa). Uma vez que na aplicação proposta na Figura 6.6a a tensão máxima de tração é de apenas 80 ksi (552 MPa), nenhuma falha é prevista.

Por outro lado, suponha que seja postulado que a falha durante o ensaio de tração ocorreu porque o material é limitado por sua inerente capacidade de resistir às tensões de *cisalhamento* e que, com base no ensaio de tração, a capacidade de resistência à tensão de cisalhamento seja de 50 ksi (345 MPa). Com base nesta teoria, a falha *seria* prevista como mostrado na Figura 6.6a.

O leitor provavelmente reconheceu os exemplos anteriores como ilustrativos, respectivamente, das teorias da *tensão normal máxima* e da *tensão de cisalhamento máxima*. Outras teorias têm sido propostas de forma a permitir uma interpretação do comportamento do material com base na Figura 6.6b, como o estabelecimento de valores limites para outras grandezas supostamente críticas, como, por exemplo, a deformação normal, a deformação de cisalhamento, a energia total absorvida e a energia de distorção absorvida.

Algumas vezes uma destas teorias é modificada empiricamente com o objetivo de se obter uma melhor concordância com os resultados experimentais. Deve-se enfatizar que as teorias de falhas apresentadas neste capítulo se aplicam somente a situações nas quais ocorre o mesmo tipo de falha (isto é, dúctil ou frágil) tanto na aplicação quanto no ensaio padronizado.

6.6 A Teoria da Tensão Normal Máxima

A teoria relativa à tensão normal máxima, geralmente creditada ao educador e cientista inglês W. J. M. Rankine (1802-1872) é, talvez, a mais simples de todas as teorias de falhas. Esta afirma, simplesmente, que a falha ocorrerá sempre que a maior tensão de tração tender a ultrapassar a resistência à tração uniaxial, ou quando a maior tensão compressiva tender a ultrapassar a resistência à compressão uniaxial. Com relação ao gráfico do círculo de Mohr traçado na Figura 6.7a, a falha é prevista para qualquer estado de tensão no qual o círculo de Mohr principal se estenda além dos limites impostos pelas linhas tracejadas verticais. Em um gráfico $\sigma_1 - \sigma_2$ para tensões

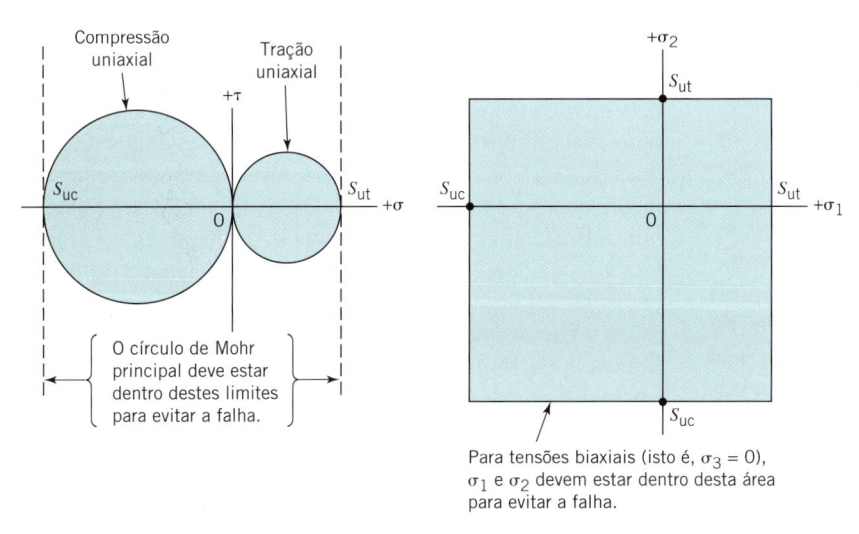

(a) Gráfico do círculo de Mohr

(b) Gráfico $\sigma_1 - \sigma_2$

FIGURA 6.7 Duas representações gráficas da teoria da tensão normal máxima.

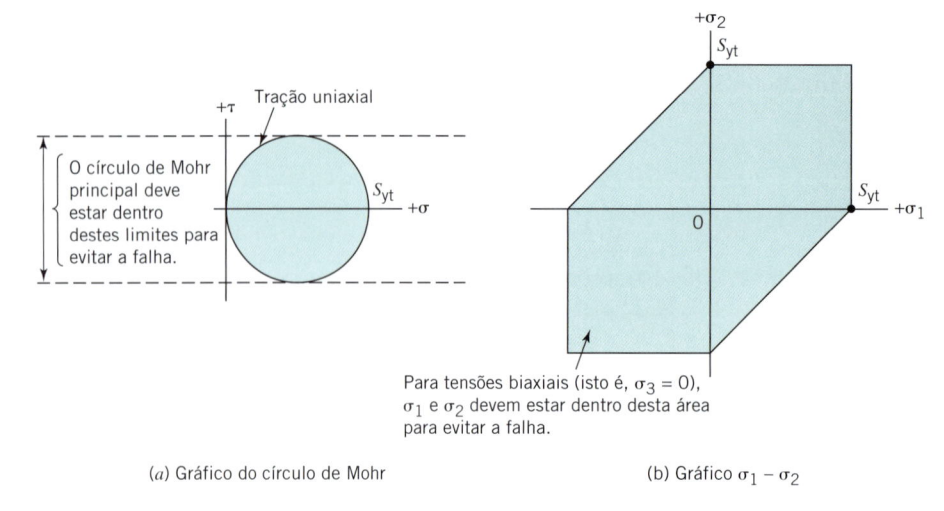

(*a*) Gráfico do círculo de Mohr

(*b*) Gráfico $\sigma_1 - \sigma_2$

FIGURA 6.8 **Duas representações gráficas da teoria da tensão de cisalhamento máxima.**

biaxiais (isto é, $\sigma_3 = 0$), mostrado na Figura 6.7*b*, a falha é prevista para todas as combinações de σ_1 e σ_2 que caiam *fora* da área sombreada.

Esta teoria tem apresentado correlação razoável com os resultados dos ensaios realizados com materiais onde apareçam fraturas frágeis. Como se poderia esperar, esta teoria não é adequada para prever falhas dúcteis. Por esta razão, os pontos de ensaio indicados na Figura 6.7 foram designados como S_{ut} e S_{uc}, respectivamente, as tensões últimas à tração e à compressão, de um material suposto frágil.

 A Teoria da Tensão de Cisalhamento Máxima

6.7 A Teoria da Tensão de Cisalhamento Máxima

A teoria da tensão de cisalhamento máxima é supostamente a mais antiga teoria de falhas, tendo sido originalmente proposta pelo grande cientista francês C. A. Coulomb (1736-1806), que ofereceu grandes contribuições ao campo da mecânica, como também ao campo da eletricidade. (O leitor, certamente, tem familiaridade com a lei de Coulomb da força eletromagnética e conhece o Coulomb como unidade-padrão de carga elétrica.) Tresca escreveu um importante trabalho relacionado à teoria da tensão de cisalhamento máxima em 1864, e J. J. Guest, da Inglaterra, conduziu ensaios por volta de 1900 que levaram à ampla utilização desta teoria. Por estas razões, a teoria da tensão de cisalhamento máxima é algumas vezes chamada de teoria de Tresca ou lei de Guest.

Independentemente do nome, esta teoria em sua forma generalizada estabelece que um material sujeito a qualquer combinação de cargas falhará (por escoamento ou por fratura) sempre que a tensão de cisalhamento máxima for superior à resistência ao cisalhamento (escoamento ou tensão última) do material. Geralmente admite-se que esta resistência ao cisalhamento deva ser determinada a partir do ensaio *de tração uniaxial*.

Esta teoria é representada graficamente na Figura 6.8. Observe cuidadosamente na Figura 6.8*b* que no primeiro e no terceiro quadrantes a tensão principal nula está envolvida pelo círculo de Mohr principal, enquanto no segundo e no quarto quadrantes não está. O resultado de um único teste é representado pelo ponto indicado como S_{yt}, resistência ao escoamento em tração, de um material suposto dúctil. Um ponto referido a um ensaio de compressão ou de torção poderia também servir, porém o ensaio de tração é o mais comum e mais preciso; logo, ele normalmente é utilizado. Certamente, que se o material realmente se comportar conforme o estabelecido pela teoria da tensão de cisalhamento máxima, todos os resultados do ensaio estariam de acordo com o nível de tensão cisalhante associada à falha.

Esta teoria apresenta uma boa correlação com o escoamento de materiais dúcteis. Entretanto, a teoria da energia de distorção máxima, discutida na próxima seção, é recomendada, tendo em vista sua melhor correlação com os resultados dos ensaios reais para o escoamento de materiais dúcteis.

 A Teoria da Energia de Distorção Máxima

6.8 A Teoria da Energia de Distorção Máxima (Teoria da Tensão de Cisalhamento Octaedral Máxima)

Uma característica notável da teoria da energia de distorção máxima é que suas equações podem ser deduzidas a partir de pelo menos cinco hipóteses distintas (veja [5], pp. 117-122). As duas mais importantes pertencem aos nomes dados à teoria discutida na Seção 6.7. Os créditos desta teoria são frequentemente dados a M. T. Hueber (Polônia), R. von Mises (Alemanha e Estados Unidos), e H. Hencky (Alemanha e Estados Unidos), que contribuíram com esta teoria, respectivamente, em 1904, 1913 e 1925. Mais recentemente, Timoshenko[3] esclareceu o fato de que esta foi proposta em 1856 por James Clerk Maxwell, da Inglaterra, que, como Coulomb, é melhor lembrado por suas contribuições à engenharia elétrica do que por suas importantes contribuições ao campo da mecânica.

---

[3] Stephen P. Timoshenko, *History of Strength of Materials*, McGraw-Hill, New York, 1953.

Em poucas palavras, a teoria da energia de distorção máxima baseia-se no fato de que qualquer material submetido à tensões elásticas experimenta uma (pequena) variação de forma, de volume ou ambas. A energia necessária para produzir esta variação é armazenada no material na forma de energia elástica. Foi verificado que os materiais empregados em engenharia podem suportar grandes pressões hidrostáticas (isto é, $\sigma_1 = \sigma_2 = \sigma_3 = $ grande compressão) sem sofrer danos. Assim, postulou-se que um determinado material tem uma capacidade limitada de absorver energia de *distorção* (isto é, a energia responsável pela variação apenas da forma, mas não das dimensões), e a tentativa de submeter o material a uma quantidade maior de energia de *distorção* resultaria em escoamento.

Ao se utilizar esta teoria é conveniente trabalhar-se com uma *tensão equivalente*, σ_e, definida como o valor da tensão de tração uniaxial que produziria o mesmo nível de energia de distorção (e, portanto, de acordo com esta teoria, a mesma possibilidade de falha) que as tensões reais envolvidas. Em termos das tensões principais atuantes, a equação para a tensão equivalente é

$$\sigma_e = \frac{\sqrt{2}}{2}[(\sigma_2 - \sigma_1)^2 + (\sigma_3 - \sigma_1)^2 + (\sigma_3 - \sigma_2)^2]^{1/2} \tag{6.5}$$

Para o caso de tensões biaxiais, em que σ_1 e σ_2 são tensões principais não nulas, esta expressão reduz-se a

$$\sigma_e = (\sigma_1^2 + \sigma_2^2 - \sigma_1\sigma_2)^{1/2} \tag{6.6}$$

Se as tensões não principais σ_x, σ_y e τ_{xy} são mais facilmente obtidas, uma forma conveniente da equação de tensão equivalente é

$$\sigma_e = (\sigma_x^2 + \sigma_y^2 - \sigma_x\sigma_y + 3\tau_{xy}^2)^{1/2} \tag{6.7}$$

Se apenas σ_x e τ_{xy} estiverem presentes, a equação reduz-se a

$$\sigma_e = (\sigma_x^2 + 3\tau_{xy}^2)^{1/2} \tag{6.8}$$

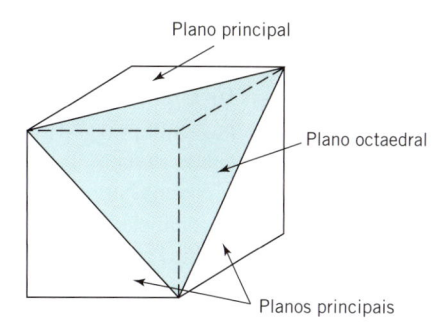

FIGURA 6.9 Um plano octaedral, mostrado em relação aos planos principais.

Uma vez obtida a tensão equivalente, esta é comparada com a resistência ao escoamento fornecida pelo ensaio de tração padronizado. *Se σ_e for superior a S_{yt}, o escoamento é previsto.*

Estas mesmas equações podem ser prontamente deduzidas com base na tensão cisalhante atuante em um plano octaedral. A Figura 6.9 ilustra a relação de um plano octaedral com as faces de um elemento nas direções principais. Existem oito planos octaedrais, todos com a mesma intensidade de tensões normais e cisalhantes. Assim, σ_e pode ser definido como o valor da tensão trativa uniaxial que produz o mesmo nível de tensão cisalhante atuante nos planos octaedrais (e, portanto, de acordo com a teoria, a mesma possibilidade de falha) que o produzido pelas tensões reais envolvidas.

A Figura 6.10 mostra que um gráfico σ_1–σ_2 para a teoria da energia de distorção máxima é uma elipse. Este gráfico é mostrado em comparação com os gráficos correspondentes às teorias da tensão de cisalhamento máxima e de tensão normal máxima para um material dúctil com $S_{yt} = S_{yc} = 100$ ksi. As teorias da energia de distorção e da tensão de cisalhamento concordam razoavelmente bem entre si, fornecendo ao material um acréscimo de 0 % a 15 % de resistência, da primeira teoria em relação a segunda, dependendo da razão entre σ_1 e

FIGURA 6.10 Um gráfico σ_1–σ_2 da teoria da energia de distorção e outras teorias para materiais dúcteis para $S_{yt} = S_{yc} = 100$ ksi. (A teoria da energia de distorção prevê falha para todos os pontos fora da elipse.) Note que o ponto $(58, -58)$ é na verdade 100 vezes maior que $(\sqrt{3}/3, -\sqrt{3}/3)$. A teoria da energia de distorção prevê que a resistência ao escoamento por cisalhamento é de $\sqrt{3}/3$ ou 0,577 vez a resistência ao escoamento à tração, enquanto a teoria de tensão de cisalhamento prevê 0,500 vez a resistência ao escoamento à tração, e a teoria de tensão normal prevê 1,0 vez a resistência ao escoamento à tração.

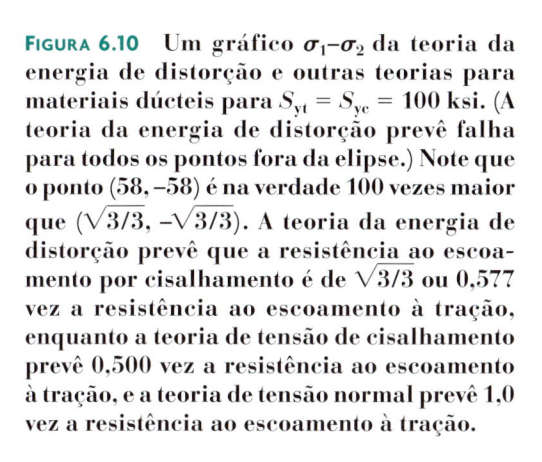

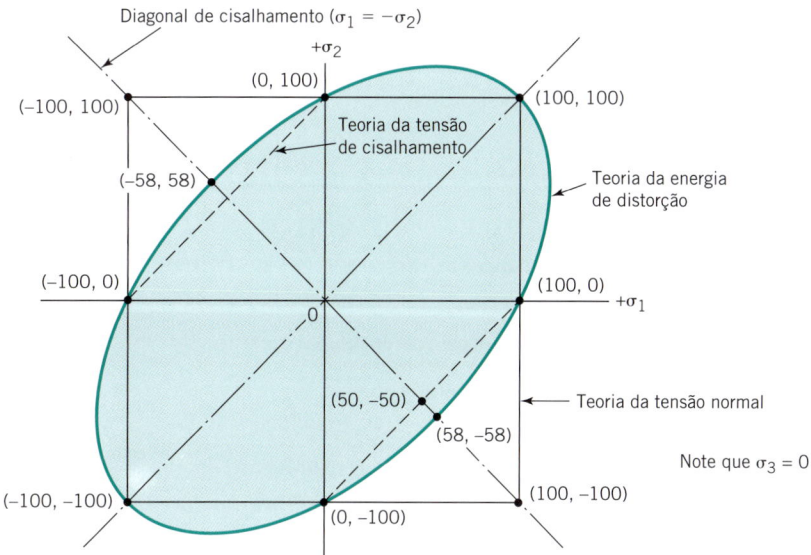

σ_2. Também mostra-se nesta figura a *diagonal de cisalhamento*, ou lugar geométrico de todos os pontos correspondentes a cisalhamento puro ($\sigma_1 = -\sigma_2$; $\sigma_3 = 0$). É interessante notar a grande variação na resistência ao cisalhamento prevista pelas diversas teorias. Conforme observado anteriormente, os ensaios reais de materiais dúcteis geralmente concordam muito bem com a teoria da energia de distorção, que estabelece (Eq. 6.8 ou Figura 6.10) que a resistência ao escoamento por cisalhamento, S_{sy}, é de 0,58 S_y.

A dedução completa das equações para a tensão equivalente, a partir do ponto de vista tanto da energia de distorção quanto da tensão de cisalhamento octaedral, pode ser encontrada em várias referências, como em [2].

6.9 A Teoria de Mohr e a Teoria de Mohr Modificada

Com o passar dos anos, diversas modificações empíricas às teorias de falhas básicas têm sido propostas, uma das quais é a *teoria de Mohr* (também conhecida como teoria de Coulomb-Mohr), representada na Figura 6.11. Esta teoria foi proposta para materiais frágeis, para os quais a resistência à compressão é bem superior à resistência à tração. (Embora a teoria possa ser genericamente considerada como uma modificação empírica da teoria da tensão de cisalhamento máxima, utilizando os valores experimentais para as resistências à tração e à compressão, esta pode ser deduzida analiticamente com base na inclusão dos efeitos de *atritos internos*. Veja [5], pp. 122-127.)

A *modificação da teoria de Mohr*, ilustrada na Figura 6.12, é recomendada para prever a fratura de materiais frágeis. Esta se correlaciona melhor com grande parte dos resultados experimentais que as teorias de Mohr ou da tensão normal máxima, que também são utilizadas.

Deve-se lembrar que uma teoria de falha é, na melhor das hipóteses, uma substituta para dados de testes experimentais referentes ao material real e da combinação de tensões envolvidas. Quaisquer bons dados adicionais provenientes de ensaios podem ser utilizados para melhorar a curva teórica de uma

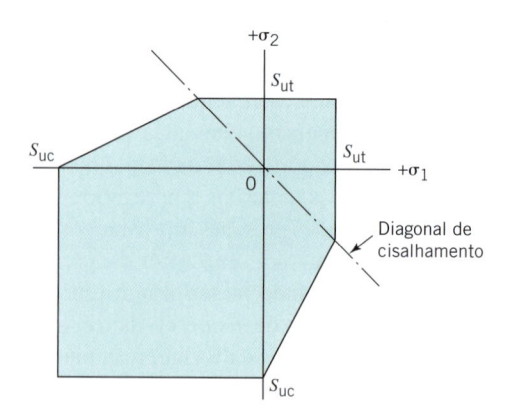

FIGURA 6.12 Representação gráfica da teoria de Mohr modificada para tensões biaxiais ($\sigma_3 = 0$).

teoria de falha para um determinado material. Por exemplo, suponha que para o material da Figura 6.10 fosse conhecida a resistência ao escoamento por torção, determinada experimentalmente, como igual a 60 ksi (porém, antes de aceitar este valor deve-se estar consciente da inerente dificuldade de obter-se um valor experimental preciso de S_{sy}). Poderia então concluir que o material de fato parece comportar-se de acordo com a teoria da energia de distorção, porém não exatamente. Pela modificação empírica da elipse apenas o suficiente para que ela passe pelo ponto experimental, ter-se-ia, supostamente, uma melhor curva para representar a teoria de falha para predições nos segundo e quarto quadrantes.

6.10 Seleção e Utilização das Teorias de Falha

Em situações nas quais se pode esperar, razoavelmente, que um componente sobrecarregado em operação falhe da mesma forma que o corpo de prova de um ensaio de tração padronizado feito do mesmo material, recomenda-se que (1) a teoria da energia de distorção máxima seja utilizada para prever o escoamento de um material dúctil e (2) a teoria de Mohr modificada seja utilizada para prever a fratura de um material frágil.

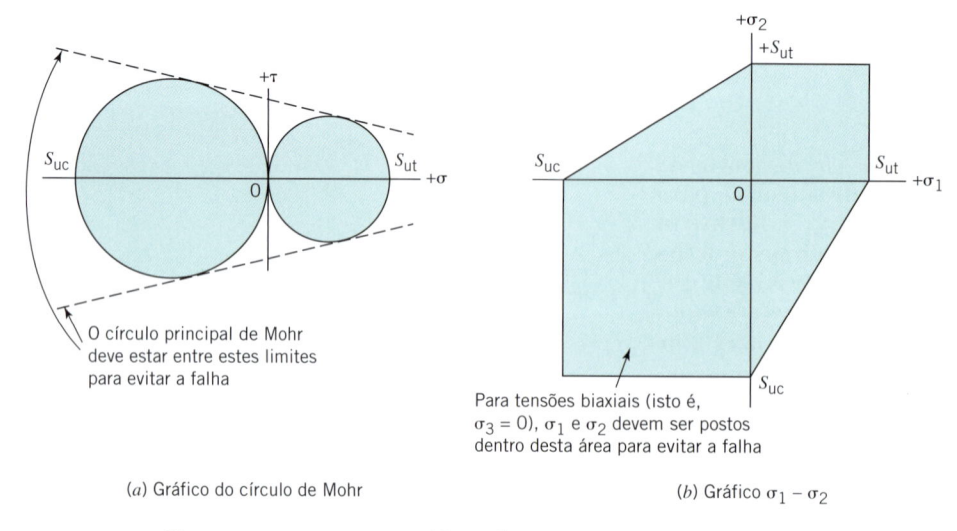

(a) Gráfico do círculo de Mohr   (b) Gráfico $\sigma_1 - \sigma_2$

FIGURA 6.11 Duas representações gráficas da teoria de Mohr (ou Coulomb-Mohr).

PROBLEMA RESOLVIDO 6.3 Estimativa do Fator de Segurança de um Componente de Aço

Testes com "strain gages" estabeleceram que, na localização crítica na superfície de um componente de aço era sujeita às tensões principais $\sigma_1 = 35$ ksi e $\sigma_2 = -25$ ksi. (Uma vez que a superfície é livre e descarregada, $\sigma_3 = 0$.) O aço possui uma resistência ao escoamento de 100 ksi. Estime o fator de segurança em relação ao início do escoamento, utilizando a teoria mais adequada. A título de comparação, calcule também o fator de segurança relacionado às outras teorias de falha.

SOLUÇÃO

Conhecido: As tensões principais atuantes em um ponto são $\sigma_1 = 35$ ksi, $\sigma_2 = -25$ ksi e $\sigma_3 \cong 0$; e a resistência ao escoamento do material é fornecida (veja a Figura 6.13).

A Ser Determinado: Determine o fator de segurança com base na (a) teoria da energia de distorção, (b) teoria da tensão de cisalhamento e (c) teoria da tensão normal.

Esquemas e Dados Fornecidos:

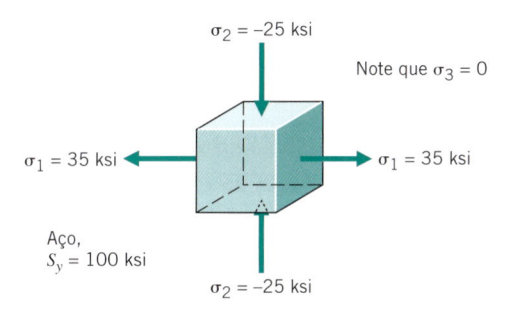

FIGURA 6.13 **Tensões na superfície de um componente para o Problema Resolvido 6.3.**

Análise: A Figura 6.14 descreve uma solução gráfica. Partindo-se do "ponto de carga nominal", as tensões podem ser proporcionalmente aumentadas até σ_1 atingir os valores de 58 ksi, 66 ksi e 100 ksi, de acordo com as teorias da tensão de cisalhamento, da energia de distorção e da tensão normal, respectivamente. Os fatores de segurança correspondentes estimados são $FS = 58/35 = 1,7$; $66/35 = 1,9$ e $100/35 = 2,9$. (Os resultados finais foram apresentados com apenas dois algarismos significativos para enfatizar que nem a validade inerente das teorias, nem a precisão da construção gráfica justificam a utilização de respostas altamente precisas.) Assim, conclui-se que

a. A "melhor" previsão do fator de segurança é 1,9, com base na teoria da energia de distorção.

b. A teoria da tensão de cisalhamento apresenta uma concordância razoável (ela é geralmente utilizada por engenheiros para obter estimativas rápidas).

c. A teoria da tensão normal não é válida neste caso. (Seu uso de forma inadequada forneceria uma resposta que indica um nível de segurança irreal.)

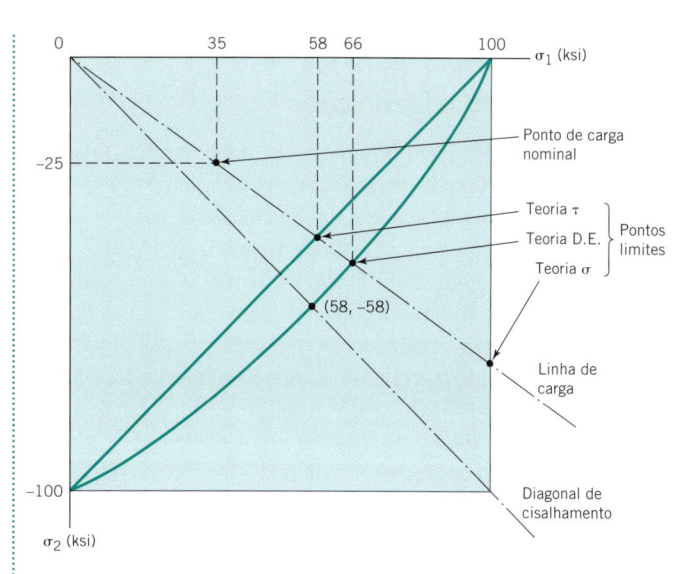

FIGURA 6.14 **Solução gráfica do Problema Resolvido 6.3.**

A solução gráfica foi aqui ilustrada porque é rápida e, no mínimo, tão precisa quanto as teorias em si, e fornece um bom sentimento intuitivo sobre o que está ocorrendo. É óbvio que as soluções analíticas são igualmente válidas, e podem ser obtidas conforme descrito a seguir.

a. Para a teoria da energia de distorção, a Eq. 6.6 fornece

$$\sigma_e = (\sigma_1^2 + \sigma_2^2 - \sigma_1\sigma_2)^{1/2}$$
$$= [(35)^2 + (-25)^2 - (35)(-25)]^{1/2} = 52,2$$

Assim, as tensões fornecidas são *equivalentes* a uma única tensão de tração de 52,2 ksi. O ensaio de tração estabeleceu que o material pode suportar uma tensão de tração de 100 ksi. Portanto, o fator de segurança é de 100/52,2; ou 1,9.

b. Ao se utilizar a teoria da tensão de cisalhamento, as tensões principais definem um círculo de Mohr principal cujo diâmetro é de 60 ksi e um raio de 30 ksi. Assim, a tensão de cisalhamento máxima no componente é de 30 ksi. O ensaio de tração padronizado forneceu um círculo de Mohr principal cujo *raio* é de 50 ksi. Portanto, o material é capaz de suportar uma tensão de cisalhamento de 50 ksi. O fator de segurança é, portanto, de 50/30; ou 1,7.

c. Ao se utilizar a teoria da tensão normal, a aplicação envolve uma tensão normal máxima de 35 ksi, enquanto o ensaio de tração padronizado estabeleceu que o material é capaz de suportar uma tensão normal de 100 ksi. O fator de segurança é, portanto, 100/35; ou 2,9 (um valor totalmente irreal!).

Comentários: Em muitas situações a superfície exposta de componentes está sujeita à pressão atmosférica ($p = 14,7$ psi). Em relação a outras tensões principais ($\sigma_1 = 35$ ksi e $\sigma_2 = -25$ ksi, neste problema), $\sigma_3 = p = 14,7$ psi é considerada tensão nula.

A discussão precedente sobre teorias de falha é aplicada a materiais *isotrópicos*. Para materiais anisotrópicos sujeitos a várias combinações de tensões, é sugerido ao leitor consultar referências especiais, como [6].

6.11 Fatores de Segurança — Conceito e Definição

Um fator de segurança era originalmente um número pelo qual a tensão limite à tração de um material era dividida de modo a se obter o valor da "tensão de trabalho", ou "tensão de projeto". Estas tensões de projeto, por sua vez, foram frequentemente utilizadas em cálculos altamente simplificados, que não faziam nenhuma referência a fatores como concentração de tensão, impacto, fadiga, diferenças entre as propriedades do material no ensaio padronizado do corpo de prova e em um componente fabricado, e assim por diante. Como resultado, pode-se ainda encontrar em manuais recomendações de fatores de segurança tão altos como de 20 a 30. O projeto moderno de engenharia oferece uma forma racional de se considerar todos os fatores possíveis, deixando relativamente poucos itens de incertezas a serem cobertos por um fator de segurança, que é comumente situado na faixa de 1,25 a 4.

A prática da engenharia moderna também se baseia em fatores de segurança que considerem a *resistência significante* do material — não necessariamente a resistência à tração estática. Por exemplo, se a falha envolve o escoamento estático, o fator de segurança relaciona (através da utilização de uma teoria de falha apropriada) a tensão estática causada pelo carregamento previsto, chamada de *tensão significante*, à resistência estática ao escoamento do material, chamada de *resistência significante*, exatamente como ilustrado no Problema Resolvido 6.3. Se as tensões significantes envolverem o fenômeno da fadiga, então o fator de segurança é baseado na resistência à fadiga; se a fratura frágil é o modo esperado de falha, então o fator é baseado na resistência à tração, e assim por diante. Portanto, o fator de segurança *FS* pode ser definido como

$$FS = \frac{\text{resistência significante do material}}{\substack{\text{tensão significante correspondente,}\\\text{de cargas normalmente esperadas}}} \quad \textbf{(6.9)}$$

O fator de segurança pode ser também definido em função de cargas:

$$FS = \frac{\text{sobrecarga de projeto}}{\text{carga normalmente esperada}} \quad \textbf{(6.10)}$$

em que a *sobrecarga de projeto* é definida como a carga suficiente para causar a falha.

Na maioria das situações, as duas definições do fator de segurança são equivalentes. Por exemplo, se um material possuir uma resistência significante de 200 MPa e a tensão significante de 100 MPa, o fator de segurança será de 2. Observando-se o problema por outro ângulo, a sobrecarga de projeto necessária para levar a tensão ao valor limite de 200 MPa é igual ao dobro da carga normal,[4] o que fornece um fator de segurança de 2.

---

[4] Este é um dos aparentemente inevitáveis casos em que a palavra, ou letra, têm mais de um significado. Aqui um "carregamento normal" distingue-se de um "carregamento anormal" ou de uma "sobrecarga". A partir do contexto deveria ficar claro que o significado não é "carregamento normal" para distinguir de um "carregamento cisalhante".

Embora a distinção entre as Eqs. 6.9 e 6.10 possa parecer trivial, sugere-se que o conceito de sobrecarga de projeto e a Eq. 6.10 sejam utilizados. Estes conceitos são sempre válidos, enquanto existem situações nas quais a Eq. 6.9 não pode ser propriamente aplicada. Por exemplo, considere o projeto de uma coluna esbelta para um fator de segurança de 2. A Figura 6.15 mostra como a carga e a tensão aumentam em uma falha por flambagem e em que ponto os cálculos seriam realizados para um fator de segurança de 2 em ambos os casos. A discrepância é devido à não linearidade da curva carga-tensão. Assim, fica claro para o engenheiro qual das interpretações é a mais útil para a paz de espírito do engenheiro.

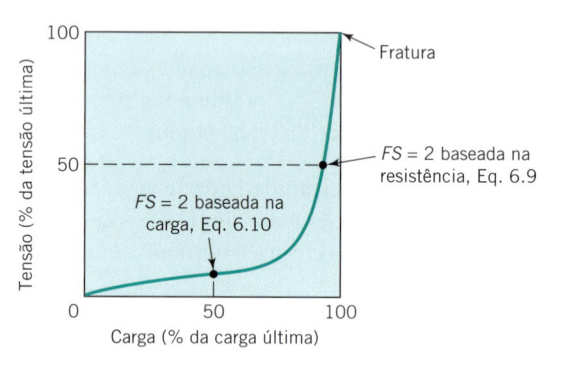

FIGURA 6.15 **Dois conceitos de fator de segurança para uma coluna em flambagem.**

Outro exemplo que também justifica o conceito da sobrecarga para projetos é relativo ao caso geral de carregamento por fadiga (tratado no Capítulo 8), que envolve uma combinação das cargas média (ou estática) e alternada. A sobrecarga de uma peça pode envolver tanto o aumento de apenas um destes componentes quanto o aumento de ambos os componentes. O conceito de sobrecarga de projeto permite que o fator de segurança seja calculado em relação a qualquer tipo de sobrecarga de interesse.

Uma palavra de cautela: pelos conceitos discutidos anteriormente podem ocorrer situações em que o termo "fator de segurança" é ambíguo. Portanto, é necessário ter certeza de que esse termo seja claramente definido em todos os casos para os quais possa haver ambiguidade.

6.12 Fatores de Segurança — Seleção de um Valor Numérico

Após ir até onde é razoável na determinação da resistência significante do componente fabricado e os detalhes do carregamento aos quais este estará sujeito, sempre permanecerá uma margem de incerteza que deve ser coberta por um fator de segurança. O componente *deve* ser projetado para suportar uma "sobrecarga de projeto" algo superior ao carregamento normalmente esperado.

Na última análise, a seleção do fator de segurança foi uma consequência do julgamento do engenheiro, com base em sua experiência. Algumas vezes estas seleções são formalizadas através de normas que cobrem situações específicas — por exemplo, as Normas de Projeto para Vasos de Pressão da ASME, as diversas normas de construção e os valores estabelecidos para fatores de segurança nos contratos legais cobrindo o projeto e o desenvolvimento de máquinas especiais. Os fatores de segurança são, geralmente, implementados em ambientes computacionais ou programas (*softwares*) dedicados ao projeto de componentes específicos. Então, a responsabilidade pela realização do julgamento de engenharia recai sobre o engenheiro responsável pela norma ou pelo programa de computador, mas apenas parcialmente, pois o engenheiro que se *utiliza* da norma ou do programa deve estar convencido de que a norma ou um programa é, de fato, apropriado para uma determinada aplicação.

6.12.1 Fatores na Seleção de Fatores de Segurança

A seleção de um valor apropriado para o valor do fator de segurança se baseia, principalmente, nos seguintes cinco fatores:

1. *Grau de incerteza em relação ao carregamento.* Em algumas situações as cargas podem ser determinadas apenas por aproximação. As forças centrífugas atuantes no rotor de um motor de corrente alternada não podem ser superiores àquelas calculadas para a velocidade síncrona. As cargas atuantes nas molas do comando de válvulas de um motor são definitivamente estabelecidas pelas posições de "válvula aberta" e "válvula fechada" (embora, em um dos próximos capítulos, seja feita a menção do "transiente de esforço na mola", que poderia introduzir um grau de incerteza). Porém, quais seriam as cargas a serem consideradas no projeto dos componentes da suspensão de um veículo, cujo carregamento pode variar enormemente, dependendo da severidade do uso e do abuso? E a que situação seria comparada a operação de um tipo de máquina totalmente novo, para o qual não existem experiências anteriores para servir de orientação? Quanto maior for a incerteza, mais conservador deve ser o engenheiro ao definir a sobrecarga de projeto apropriada ou o fator de segurança.

2. *Grau de incerteza em relação à resistência do material.* Idealmente, o engenheiro teria a disposição vastos dados referentes à resistência do material *como fabricados* em peças reais (ou peças bastante parecidas), e testadas a temperaturas e em ambientes similares àqueles encontrados na realidade. Todavia, este raramente é o caso. Mais frequentemente, os dados disponíveis de resistência do material estão relacionados a amostras muito menores do que os componentes reais, as quais não sofreram nenhum trabalho a frio na sua fabricação e que foram testadas a temperatura ambiente e ar comum. Além disso, sempre existe alguma variação na resistência de um corpo de prova para outro. Algumas vezes, o engenheiro deve trabalhar com dados de ensaio dos materiais para os quais informações como dimensões do corpo de prova e grau de espalhamento dos resultados (e a relação entre o único valor registrado e a faixa de espalhamento total) são desconhecidas. Além disso, as propriedades do material podem, algumas vezes, variar significativamente durante a vida em operação do componente. Quanto maior a incerteza sobre todos estes fatores, maior deverá ser o fator de segurança a ser utilizado.

3. *Incertezas que relacionam as cargas aplicadas à resistência do material através de uma análise de tensões.* A esta altura, o leitor já está familiarizado com o número de possíveis incertezas, como (a) a validade das hipóteses envolvidas nas equações padronizadas para o cálculo das tensões nominais, (b) a precisão na determinação dos fatores de concentração de tensão efetivos, (c) a precisão na estimativa das tensões residuais, se existirem, introduzidas pelos processos de fabricação do componente, e (d) a disponibilidade de quaisquer teorias de falha e outras relações, utilizadas para estimar a "resistência significativa" a partir dos resultados de ensaios de resistência de laboratório.

4. *Consequências da falha — economia e segurança humana.* Se as consequências da falha são catastróficas, fatores de segurança relativamente altos devem, obviamente, ser utilizados. Além disso, se a falha de algum componente relativamente barato puder causar a interrupção por muito tempo de uma linha de montagem principal, os aspectos puramente econômicos ditarão o aumento de custo deste componente de várias vezes (se necessário), de modo a praticamente eliminar a possibilidade de sua falha.

   Um item importante é a *natureza* de uma falha. Se a falha é causada por escoamento dúctil, as consequências são provavelmente menos severas do que se causadas por uma fratura frágil. Por esta razão, os fatores de segurança recomendados nos manuais são invariavelmente maiores para os materiais frágeis.

5. *O custo de se utilizar um grande fator de segurança.* Este custo envolve uma consideração monetária e também pode envolver um consumo significativo de recursos. Em alguns casos, um fator de segurança maior do que o necessário pode gerar sérias consequências. Um exemplo dramático é o de um avião hipotético em que são utilizados fatores de segurança excessivos, tornando-o muito pesado para voar! Em relação ao projeto de um automóvel, seria possível aumentar os fatores de segurança utilizados nos projetos dos componentes estruturais até o ponto em que um motorista "maníaco" dificilmente pudesse causar uma falha, mesmo que tentasse. Todavia, essa decisão estaria penalizando os motoristas "sãos", que teriam que pagar por componentes mais resistentes do que necessitariam para seu uso. Muito provavelmente, obviamente, isto motivaria os motoristas a adquirir os veículos na concorrência! Considere a seguinte situação. Deveria um engenheiro da área automotiva aumentar o custo por veículo em R$ 20,00, de modo a evitar 100 falhas na linha de produção que monta um milhão de carros, onde as falhas não envolveriam segurança, mas poderiam implicar reparos de R$ 200,00? Isto é, seria razoável gastar R$ 20.000.000,00 para economizar R$ 20.000,00 e evitar alguns aborrecimentos dos clientes?

Um ponto-chave na seleção de um fator de segurança é o *equilíbrio*. Todos os componentes de uma máquina ou de um sistema devem possuir fatores de segurança *consistentes*. Os componentes que podem causar algum dano humano ou impliquem maiores custos devem possuir os maiores fatores de segurança; os componentes comparáveis neste contexto geralmente devem apresentar aproximadamente o mesmo fator de segurança, e assim por diante. De fato, talvez o equilíbrio seja a chave para a seleção adequada do fator de segurança — o equilíbrio se baseia no bom julgamento de engenharia, que, por sua vez, tem base em todas as informações e experiências disponíveis. (Agora, nos admiramos novamente com o equilíbrio obtido pelo diácono em seu surpreendente projeto descrito no poema "One-Hoss Shay"!)

6.12.2 Valores Recomendados para um Fator de Segurança

Uma vez tendo lido até aqui a filosofia de seleção de um fator de segurança, o leitor certamente tem interesse em ter algumas sugestões, pelo menos na forma de um guia, de valores de fatores de segurança que têm sido úteis. Para tal, as seguintes recomendações de Joseph Vidosic [8] são sugeridas. Estes fatores de segurança são baseados na resistência ao escoamento.

1. $FS = 1,25$ a $1,5$ para materiais excepcionalmente confiáveis a serem utilizados sob condições controladas e sujeitos a cargas e tensões que possam ser determinadas com certeza — utilizados quase que invariavelmente em situações em que o baixo peso é uma consideração particularmente importante.

2. $FS = 1,5$ a 2 para materiais bem conhecidos, sob condições ambientais razoavelmente constantes, sujeitos a cargas e tensões que podem ser prontamente determinadas.

3. $FS = 2$ a $2,5$ para materiais cujas propriedades sejam conhecidas em termos médios, operados em ambientes comuns e sujeitos a cargas e tensões que possam ser determinadas.

4. $FS = 2,5$ a 3 para materiais menos testados ou materiais frágeis sujeitos a condições ambientais, cargas e tensões médias.

5. $FS = 3$ a 4 para materiais não testados utilizados sob condições de ambiente, cargas e tensões médias.

6. $FS = 3$ a 4 também podem ser utilizados para materiais cujas propriedades sejam bem conhecidas e que devam ser utilizados em ambientes incertos ou sujeitos a tensões incertas.

7. Cargas repetidas: os fatores estabelecidos nos itens 1 a 6 são aceitáveis, porém devem ser aplicados ao *limite de resistência à fadiga*, ao invés da resistência ao escoamento do material.

8. Forças de impacto: os fatores fornecidos nos itens 3 a 6 são aceitáveis, porém um *fator de impacto* deve ser incluído no projeto.

9. Materiais frágeis: nos casos em que a tensão última é utilizada como valor máximo teórico, os fatores apresentados nos itens 1 a 6 devem ser aproximadamente dobrados.

10. Nos casos em que fatores mais altos possam parecer mais apropriados, uma análise mais detalhada do problema deve ser realizada antes da decisão sobre o valor destes fatores.

6.13 Confiabilidade

Um conceito proximamente relacionado ao fator de segurança é a *confiabilidade*. Se 100 componentes "idênticos" são postos

em serviço e dois falham, então estes componentes provaram ser 98 % confiáveis (o que poderia ser bom o suficiente ou não). Embora o conceito de confiabilidade seja consideravelmente mais aplicado a componentes sujeitos a desgaste e carregamento por fadiga, este é aqui introduzido no contexto mais simples de carregamento estático. A utilidade da abordagem de confiabilidade depende da disponibilidade de informações adequadas sobre a distribuição estatística (1) do *carregamento* aplicado aos componentes em serviço, com os quais as tensões significantes podem ser calculadas, e (2) da *resistência* significante dos materiais da linha de produção dos componentes manufaturados.

A Figura 6.16 mostra as curvas de distribuição hipotéticas da tensão significante e da correspondente resistência significante. O valor médio da resistência é 70 e o valor médio da tensão é 40. Isto significa que se um componente "médio" retirado da linha de produção fosse colocado em serviço sob condições "médias" de carregamento haveria uma *margem de segurança*[5] de 30. Entretanto, a região não sombreada da curva indica que existe *alguma* possibilidade de um componente fraco (com resistência de 50, por exemplo) ser instalado em uma determinada aplicação particularmente severa (com tensão igual a 60), em cujo caso ocorrerá a falha. Assim, mesmo que a margem de segurança seja, na média, de 30, em alguns poucos casos esta margem será negativa e a falha é esperada. A Figura 6.17 mostra um gráfico correspondente para a distribuição da margem de segurança. Em muitas situações o interesse

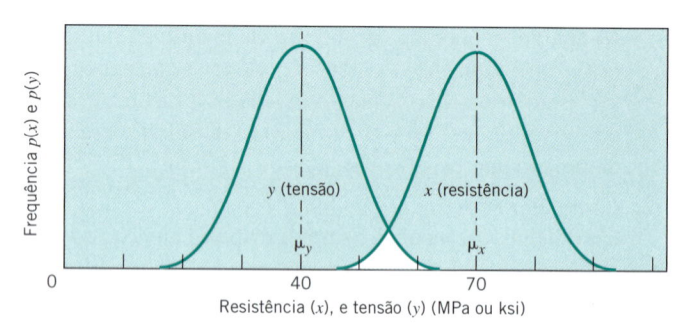

FIGURA 6.16 Curvas de distribuição de resistência significativa x e tensão significativa y.

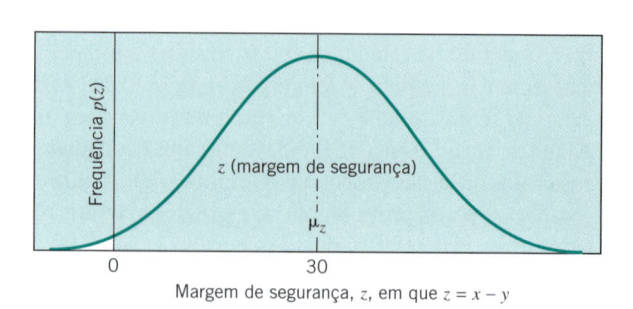

FIGURA 6.17 Curva de distribuição de margem de segurança z.

---

[5] Em projeto aeronáutico, o termo *margem de segurança* tem um sentido diferente daquele usado neste texto e em outras áreas.

será focado na dimensão da área não sombreada à esquerda, indicando falhas.

Para se obter uma estimativa quantitativa do percentual de previsão de falhas esperadas a partir de um estudo como o apresentado anteriormente, deve-se observar a natureza das curvas de distribuição da resistência e da tensão significativas. Será considerado aqui apenas o caso que envolve uma distribuição *normal* ou *gaussiana*. Embora este seja apenas um dos "modelos matemáticos" que por vezes se mostra mais adequado aos casos reais, este é, provavelmente, o mais comum.

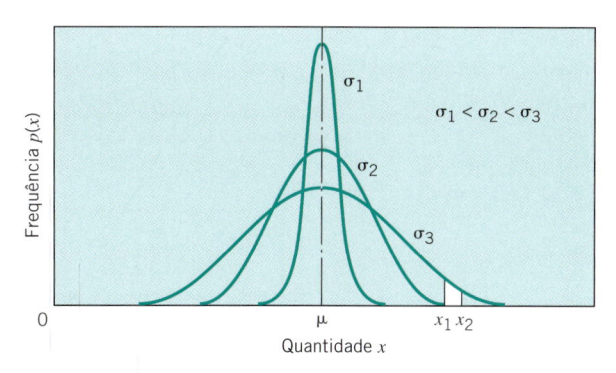

FIGURA 6.18 Curvas de distribuição normal tendo mesmo μ e diferentes σ.

6.14 Distribuição Normal

A função distribuição normal é comumente creditada a Gauss, porém ela foi também descoberta independentemente por dois outros matemáticos do século XVIII, Laplace e DeMoivre. Diversas curvas de distribuição normal são representadas graficamente na Figura 6.18. Estas curvas têm a seguinte equação

$$p(x) = \frac{1}{\sqrt{2\pi}\,\sigma} \exp\left[-\frac{(x-\mu)^2}{2\sigma^2}\right], \quad -\infty < x < \infty \quad (6.11)$$

em que $p(x)$ é a função densidade de probabilidade, μ é o valor médio da grandeza e σ é o desvio-padrão[6] (mais sobre isto será abordado um pouco mais adiante).

Uma limitação desse modelo matemático para muitas aplicações é o fato de que a curva se estende assintoticamente aos valores de mais a menos infinito. Como a probabilidade de qualquer valor individual de x estar situado entre estes extremos é igual a 1, a área sob cada uma das curvas mostradas na Figura 6.18 é unitária. Da mesma forma, a probabilidade de um valor de x estar entre quaisquer valores específicos x_1 e x_2 é igual à área sob a curva entre x_1 e x_2, conforme ilustrado na Figura 6.18.

A variação de μ mantendo-se σ constante simplesmente desloca a curva para a direita ou para a esquerda. A variação de σ mantendo-se μ constante faz com que a forma da curva

varie, conforme mostrado na Figura 6.18. O desvio-padrão, σ, pode ser pensado como um índice-padrão de *dispersão* ou espalhamento da grandeza em consideração. Matematicamente, μ e σ são definidos como

$$\mu = \text{média} = \frac{1}{n}\sum_{i=1}^{n} x_i \quad (6.12)$$

$$\sigma = \text{desvio-padrão} = \sqrt{\frac{1}{n-1}\sum_{i=1}^{n}(x_i - \mu)^2} \quad (6.13)$$

A Figura 6.19 ilustra uma propriedade particularmente útil de *todas* as curvas de distribuição normal: 68 % da população representada situam-se na faixa de $\mu \pm 1\sigma$, 95 % situam-se na faixa de $\mu \pm 2\sigma$, e assim por diante. Os percentuais da população correspondentes a qualquer outra região da distribuição podem ser determinados a partir da Figura 6.20. Alternativamente, o leitor pode utilizar a tabela de distribuição normal do Apêndice H. (Nota: Sugere-se ao leitor não familiarizado com as distribuições normais que verifique os valores numéricos fornecidos na Figura 6.19 utilizando a Figura 6.20 ou o Apêndice H.)

6.15 Teoria de Interferência na Predição da Confiabilidade

A teoria de interferência na predição da confiabilidade já foi ilustrada pela "interferência" ou área sombreada da superpo-

---

[6]Nos desculpamos por estar usando estas letras novamente, mas nossos antepassados desconsideraram totalmente as necessidades das futuras gerações de engenheiros e cientistas quando eles colocaram apenas 26 e 24 letras, respectivamente, nos alfabetos romano e grego. Mas talvez um engenheiro que não consiga diferenciar a tensão normal do desvio-padrão tenha, de qualquer forma, um problema mais sério!

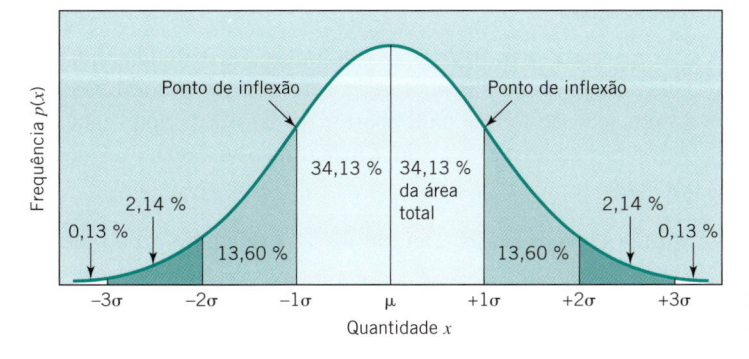

FIGURA 6.19 Propriedades de todas as curvas de distribuição normal.

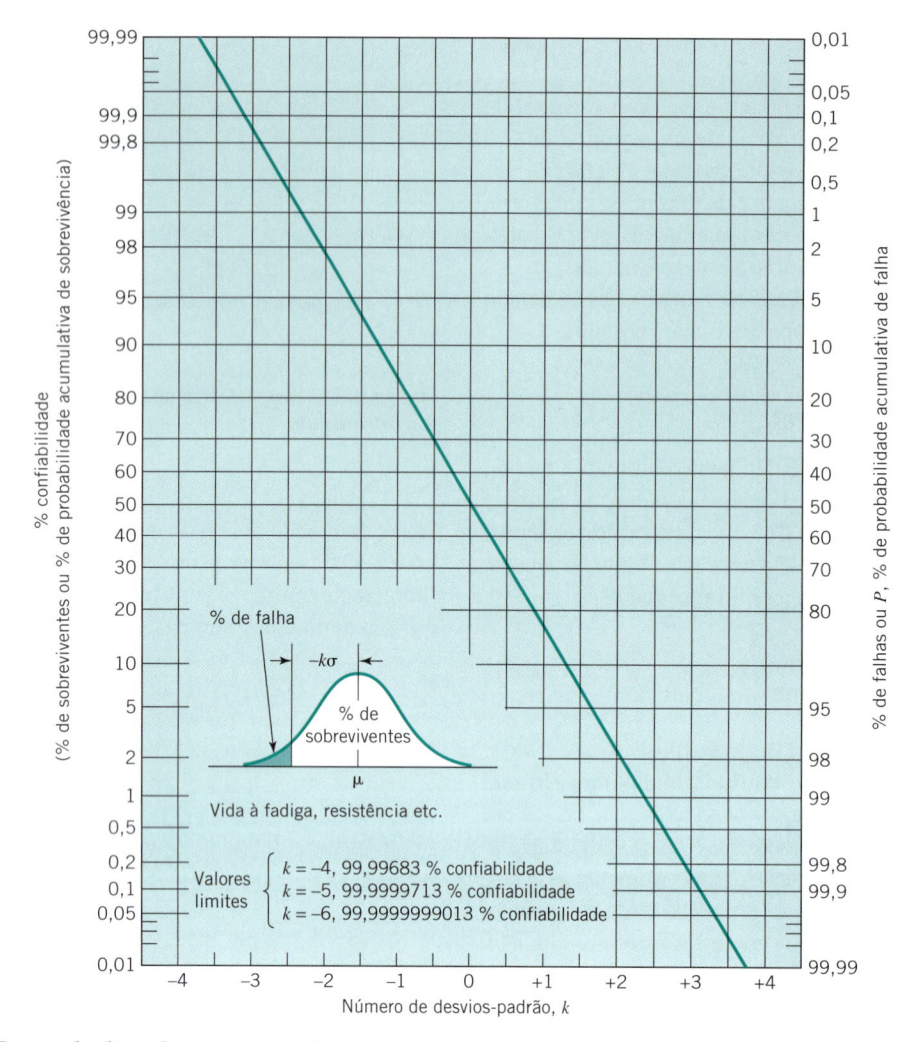

FIGURA 6.20   Curva de distribuição normal generalizada plotada em coordenadas de probabilidade especiais.

sição mostrada na Figura 6.16 e pela Figura 6.17. A margem de segurança, z, é dada por $z = x - y$. Pode-se mostrar que

$$\mu_z = \mu_x - \mu_y \qquad (6.14)$$

e

$$\sigma_z = \sqrt{\sigma_x^2 + \sigma_y^2} \qquad (6.15)$$

Por definição, a probabilidade de falha é $p(z < 0)$.

Se a resistência x e a tensão y apresentam uma distribuição normal, então pode-se mostrar que a margem de segurança z também apresenta uma distribuição normal.

O exemplo a seguir ilustra uma aplicação típica da teoria de interferência.

PROBLEMA RESOLVIDO 6.4   Aplicação da Teoria de Interferência da Confiabilidade

Os parafusos instalados em uma linha de produção são apertados por chaves-inglesas automáticas. Estes devem ser aperta-dos suficientemente, para escoar toda a seção transversal de

forma a produzir a maior tração inicial possível. A condição-limite é falha por torção dos parafusos durante a montagem. Os parafusos possuem uma resistência média à falha por tor-ção de 20 N · m, com um desvio-padrão de 1 N · m. As chaves-inglesas automáticas possuem um desvio-padrão de 1,5 N · m. Qual é o valor médio do torque de ajuste das chaves-inglesas que resultaria em uma estimativa de um parafuso falhar por torção a cada 500 parafusos aplicados durante a montagem (veja a Figura 6.21)?

SOLUÇÃO

Conhecido: Parafusos apresentam uma distribuição normal de resistência à falha por torção, e a chave-inglesa utilizada na aplicação de torque para apertar os parafusos apresenta um desvio-padrão de 1,5 N · m. Um parafuso em 500 irá falhar por torção.

A Ser Determinado: Determine o valor médio do torque da chave-inglesa.

Esquemas e Dados Fornecidos: Veja a Figura 6.21.

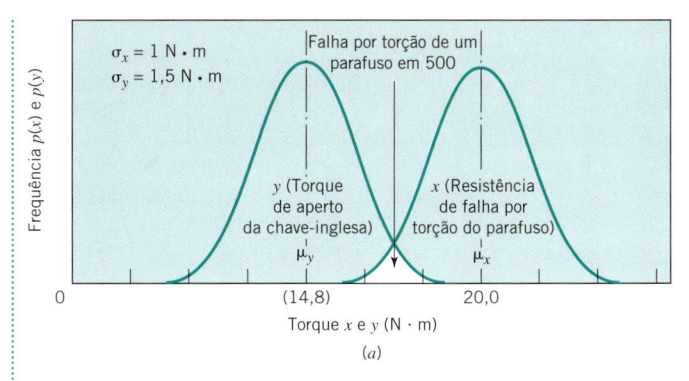

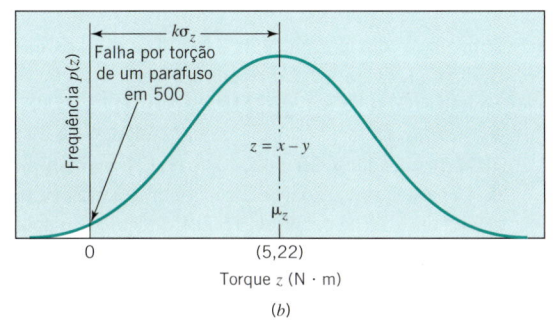

FIGURA 6.21 (a) **Curvas de distribuição para** x **e** y **no Problema Resolvido 6.4. (b) Curva de distribuição para** z.

Hipóteses: Tanto a resistência à falha por torção do parafuso quanto o torque de aperto da chave-inglesa apresentam uma distribuição normal.

Análise:

a. $\sigma_x = 1$ N·m, $\sigma_y = 1,5$ N·m. Da Eq. 6.15, $\sigma_z = 1,80$ N·m.

b. A Figura 6.20 mostra que um percentual de falha de 0,2 corresponde a um desvio-padrão de 2,9 abaixo da média: $\mu_z = k\sigma_z = (2,9)(1,80 \text{ N·m}) = 5,22$ N·m. Assim, $\mu_z = 5,22$ N·m.

c. Como $\mu_x = 20$ N·m, obtém-se, pela Eq. 6.14, $\mu_y = 14,78$ N·m. Este é o valor necessário ao ajuste da chave-inglesa.

Comentários: Note que a teoria de interferência na predição da confiabilidade não requer ou estabelece uma ordem na qual os parafusos devam ser testados. Isto é, um grupo de 500 parafusos poderia ser testado em uma determinada ordem e um segundo grupo de parafusos em uma ordem diferente e, ainda assim, apenas um parafuso falharia.

Referências

1. Hertzberg, Richard W., *Deformation and Fracture Mechanics of Engineering Materials*, 4th Ed. Wiley, New York, 1996.

2. Juvinall, Robert C., *Engineering Considerations of Stress, Strain and Strength*, McGraw-Hill, New York, 1967.

3. Lipson, Charles, and R. C. Juvinall, *Handbook of Stress and Strength*, Macmilian, New York, 1963.

4. Lipson, Charles, and J. Sheth, *Statistical Design and Analysis of Engineering Experiments*, McGraw-Hill, New York, 1973.

5. Marin, Joseph, *Mechanical Behavior of Engineering Materials*, Prentice-Hall, Englewood Cliffs, N.J., 1962.

6. Marin, Joseph, "Theories of Strength for Combined Stresses and Nonisotropic Materials", *J. Aeron. Sci.*, **24** (4), 265-269 (abril de 1957).

7. Tipper, C. F., *The Brittle Fracture Story*, Cambridge University Press, New York, 1962.

8. Vidosic, Joseph P., *Machine Design Projects*, Ronald Press, Nova York, 1957.

9. Wilhem, D. P., "Fracture Mechanics Guidelines for Aircraft Structural Applications", U. S. Air Force Technical Report AFFDL-TR-69-111, fevereiro 1970.

10. Rooke, D. P. and D. J. Carwright, *Compendium of Stress Intensity Factors*, Her Majesty's Stationary Office, London, 1976.

11. Dowling, N. E., *Mechanical Behavior of Materials*, 3rd ed., Prentice Hall, Englewood Cliffs, New Jersey, 2007.

12. Tada, H., P. C. Paris and G. R. Irwin, *The Stress Analysis of Cracks Handbook*, 3rd ed., ASME Press, New York, 2000.

13. Bannantine, J. A., J. J. Comer, and J. L. Handrock, *Fundamentals of Metal Fatigue Analysis*, Prentice Hall, Englewood Cliffs, New Jersey, 1990.

14. *MIL-HDBK-5J, Metalic Materials and Elements for Aerospace Vehicle Structures*, Department of Defense Handbook, January, 2003.

Problemas

Seções 6.1–6.4

6.1 Uma chapa larga com uma trinca de 1 in (25,4 mm) fratura quando carregada a 75 ksi (517 MPa). Determine a carga de fratura para uma chapa similar contendo uma trinca de 2 in (50,8 mm).

[Resp.: 53 ksi (365 MPa)]

6.2 Uma grande chapa retangular com uma trinca central de 1 in (25,4 mm) fratura quando carregada a 80 ksi (552 MPa). Determine a carga de fratura para uma chapa semelhante que contenha uma trinca de 1,75 in (44,5 mm) (veja a Figura P6.2).

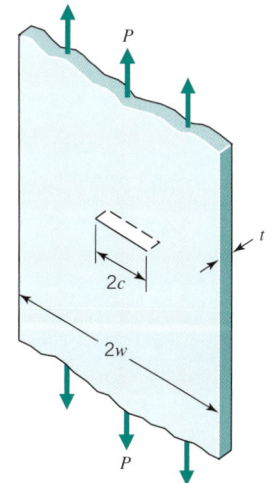

FIGURA P6.2

6.3 Uma grande chapa possui uma trinca de borda de comprimento 1,75 in (44,5 mm) fratura quando carregada a 85 ksi

(586 MPa). Determine a carga de fratura para uma chapa similar que contenha uma trinca de 2,625 in (66,7 mm) (veja a Figura P6.3).

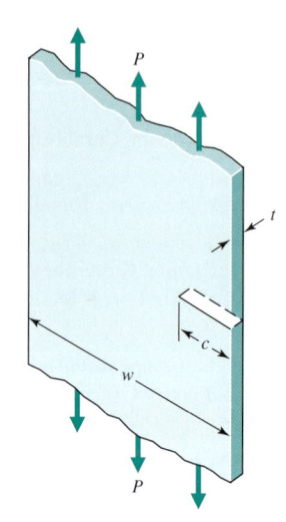

FIGURA P6.3

6.4 Uma placa fina com largura de $2w = 6$ in (152,4 mm) e espessura $t = 0,035$ in (0,89 mm) é fabricada com o alumínio 7075-T651 ($S_u = 78$ ksi (538 MPa) e $S_y = 70$ ksi (483 MPa)). A placa é carregada em tração e possui uma trinca central perpendicular à direção da carga aplicada. Estime a maior carga, P (veja a Figura 6.2a), que pode ser aplicada sem causar uma fratura súbita na placa quando a trinca central crescer até um comprimento, $2c$, de 1 in (25,4 mm). A placa possui K_{Ic} (*tensão plana*) $= 60$ ksi $\sqrt{in}$ (66 MPa $\sqrt{m}$) e será utilizada na fuselagem de um avião, que será periodicamente inspecionada para a identificação do crescimento de trincas.

6.5 Uma placa fina com largura de $2w = 6$ in (152,4 mm) e espessura $t = 0,06$ in (1,52 mm) é fabricada de liga de titânio recozida Ti-6Al-4V, com propriedades de $S_u = 130$ ksi (896 MPa) e $S_y = 120$ ksi (827 MPa). Esta possui um K_{Ic} (*tensão plana*) $= 110$ ksi $\sqrt{in}$ (121 MPa $\sqrt{m}$). É utilizada em um componente estrutural de um carro de corrida que será inspecionado periodicamente em busca de trincas. Estime a maior carga, P (veja a Figura P6.5), que pode ser aplicada sem causar uma fratura súbita na placa quando a trinca central crescer até um comprimento, $2c$, de 1 in (25,4 mm).

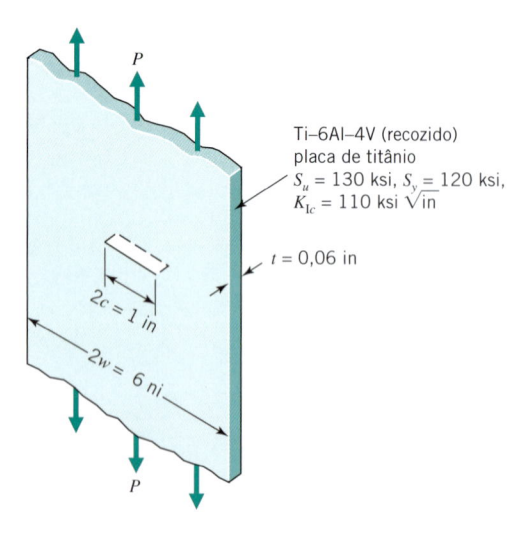

Ti–6Al–4V (recozido) placa de titânio
$S_u = 130$ ksi, $S_y = 120$ ksi,
$K_{Ic} = 110$ ksi $\sqrt{in}$

$t = 0,06$ in

$2c = 1$ in

$2w = 6$ ni

FIGURA P6.5

6.6 Repita o Problema Resolvido 6.5 utilizando como material o aço D6AC a uma temperatura de $-40°F$ ($-40°C$) com propriedades $S_u = 227$ ksi (1565 MPa), $S_y = 197$ ksi (1358 MPa) e K_{Ic} (*tensão plana*) $= 100$ ksi $\sqrt{in}$ (110 MPa $\sqrt{m}$).

6.7 Repita o Problema Resolvido 6.5 utilizando como material o aço D6AC a temperatura ambiente, com propriedades $S_u = 220$ ksi (1517 MPa), $S_y = 190$ ksi (1310 MPa) e K_{Ic} (*tensão plana*) $= 115$ ksi $\sqrt{in}$ (126 MPa $\sqrt{m}$).

6.8 Repita o Problema Resolvido 6.5 utilizando como material o aço 4340 a temperatura ambiente, com propriedades $S_u = 260$ ksi (1793 MPa), $S_y = 217$ ksi (1496 MPa) e K_{Ic} (*tensão plana*) $= 115$ ksi $\sqrt{in}$ (126 MPa $\sqrt{m}$).

6.9 Uma placa com largura $2w = 8$ in (203,2 mm) e espessura $t = 0,05$ in (1,27 mm) é fabricada de uma liga cobre-berílio-chumbo ($S_u = 98$ ksi (676 MPa) e $S_y = 117$ ksi (807 MPa)) e K_{Ic} (*tensão plana*) $= 70$ ksi $\sqrt{in}$ (77 MPa $\sqrt{m}$). Esta é utilizada em um aquecedor, onde serão realizadas inspeções periódicas para verificação de trincas. Estime a maior carga P (em referência à Seção 6.4, Figura 6.2a), que pode ser aplicada sem causar a fratura súbita da placa quando uma trinca central cresce até um comprimento, $2c$, de 1,5 in (38,1 mm).

6.10 Repita o Problema 6.9 utilizando como material uma liga bronze-chumbo, com propriedades $S_u = 55$ ksi (379 MPa), $S_y = 42$ ksi (290 MPa) e K_{Ic} (*tensão plana*) $= 35$ ksi $\sqrt{in}$ (38 MPa $\sqrt{m}$).

6.11 Uma placa possui uma largura $w = 5$ in (127 mm), espessura $t = 0,05$ in (1,27 mm) e uma trinca de borda cujo comprimento é $c = 0,75$ in (19 mm). A placa é fabricada de titânio Ti-6Al-4V com $S_u = 130$ ksi (896 MPa), $S_y = 120$ ksi (827 MPa) e K_{Ic} (*tensão plana*) $= 65$ ksi $\sqrt{in}$ (71 MPa $\sqrt{m}$). Considerando um fator de segurança de 2,5 para falha por fratura súbita, estime a maior carga P que pode ser aplicada às extremidades da placa (veja a Figura P6.3 ou a Figura P6.2b).

6.12 Uma trinca de borda de 1 in (25,4 mm) de profundidade é encontrada durante a manutenção de rotina de uma longa barra de seção transversal retangular fabricada de um material cuja tenacidade à fratura é de $K_{Ic} = 55$ ksi $\sqrt{in}$ (60 MPa $\sqrt{m}$). Em referência à Figura P6.12 e admitindo que a mecânica da fratura linear elástica seja válida, é seguro retornar a barra ao serviço sem ser reparada? Utilize a superposição e calcule as intensidades de tensão para tração e flexão, separadamente e, em seguida, combine-as por adição.

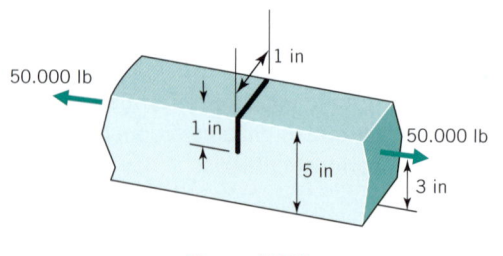

50.000 lb

1 in

1 in

5 in

3 in

50.000 lb

FIGURA P6.12

6.13 Uma placa espessa de aço 4340 a temperatura ambiente é carregada, como mostrado na Figura P6.13, por uma tensão de tração atuante na seção completa $\sigma_g = 0,73 S_y$. As dimensões são: $t = 1$ in (25,4 mm), $2w = 6$ in (152,4 mm) e $a/2c = 0,25$. Estime a profundidade crítica da trinca, a_{cr}, na qual uma fratura súbita irá ocorrer.

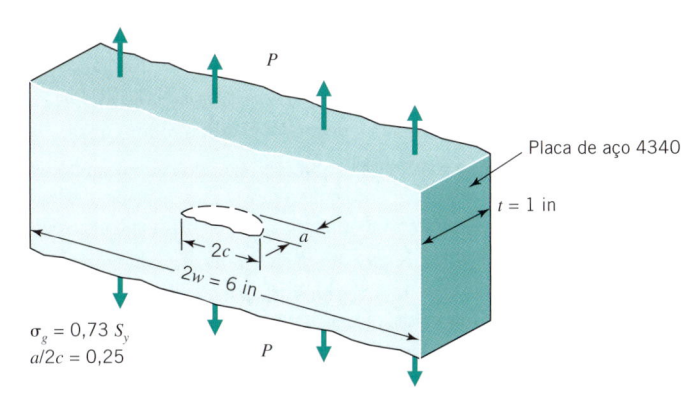

FIGURA P6.13

6.14 Repita o Problema 6.13 utilizando o material alumínio 7075-T651.

6.15 Repita o Problema 6.13 utilizando o material aço D6AC a temperatura ambiente.

6.16 Repita o Problema Resolvido 6.13 utilizando o material o aço D6AC a –40°F (– 40°C).

6.17 Uma placa de aço D6AC (a temperatura ambiente) é carregada até uma tensão de tração atuante na seção completa $\sigma_g = 0{,}50\ S_y$. As dimensões da placa espessa são: $t = 1$ in (25,4 mm), $2w = 8$ in (203,2 mm), $a/2c = 0{,}25$ (6,35 mm) e $2c = 1$ in (25,4 mm). Calcule a profundidade a de uma trinca central e determine se a placa falhará devido a esta trinca. Qual é o valor do fator de segurança (veja a Figura P6.17)?

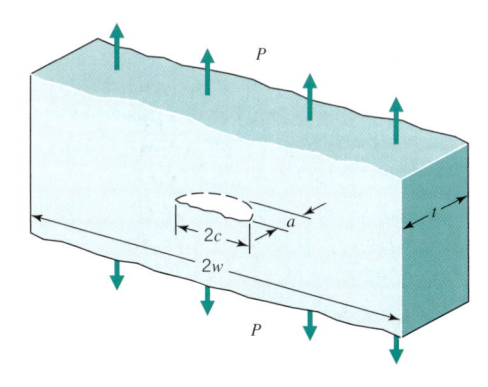

FIGURA P6.17

6.18 A Equação 6.4 fornece o fator de intensidade de tensão nas bordas de uma trinca central elíptica para as condições geométricas e de carga $2w/t > 6$, $a/2c =$ aproximadamente 0,25, $w/c > 3$, $a/t < 0{,}5$ e $\sigma_g/S_y < 0{,}8$. Para estas condições geométricas e de carga, quais as conclusões a que se pode chegar com base em uma análise da Figura 6.5h?

Seções 6.5–6.12

6.19 A estrutura de uma máquina é feita de aço com $S_y = 400$ MPa e $S_{sy} = 250$ MPa. Quando carregada em um dispositivo de ensaio, as tensões se mostraram variando linearmente com a carga. Dois pontos da superfície se apresentaram como os mais críticos. Com uma carga de ensaio de 4 kN, as tensões nestes pontos foram: ponto a, $\sigma_1 = 200$ MPa e $\sigma_2 = 100$ MPa; ponto b, $\sigma_1 = 150$ MPa e $\sigma_2 = -100$ MPa. Calcule a carga de ensaio para a qual a estrutura começa a escoar de acordo com a (a) teoria da tensão normal máxima, (b) teoria da tensão de cisalhamento máxima e (c) teoria da energia de distorção máxima. Discuta brevemente a validade relativa de cada uma das teorias para esta aplicação.

Considerando todas as informações disponíveis, qual é o seu melhor juízo de valor para a carga de ensaio na qual o escoamento realmente começará a ocorrer (veja a Figura P6.19)?

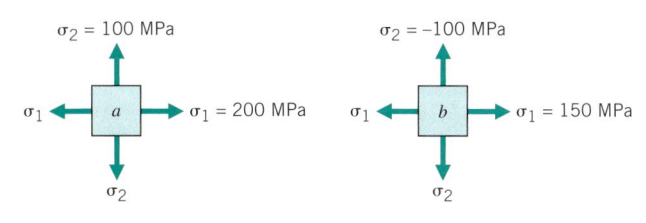

FIGURA P6.19

6.20 Um componente de máquina é carregado de modo que as tensões na região crítica são $\sigma_1 = 20$ ksi (138 MPa), $\sigma_2 = -15$ ksi (–103 MPa) e $\sigma_3 = 0$. O material é dúctil, com resistência ao escoamento à tração e à compressão de 60 ksi (414 MPa). Qual é o valor do fator de segurança de acordo com a (a) teoria da tensão normal máxima, (b) teoria da tensão de cisalhamento máxima e (c) teoria da energia de distorção máxima? Qual teoria se espera concordar mais de perto com um ensaio real?

[Resp. parcial: (a) 3,0, (b) 1,71 e (c) 1,97]

6.21 Repita o Problema 6.20 com $\sigma_1 = 25$ ksi (172 MPa), $\sigma_2 = -15$ ksi (–103 MPa) e $\sigma_3 = 0$.

[Resp. parcial: (a) 2,4, (b) 1,5 e (c) 1,71]

6.22 Considere o seguinte estado biaxial de tensões: (1) $\sigma_1 = 30$, $\sigma_2 = 0$, (2) $\sigma_1 = 30$, $\sigma_2 = -15$, (3) $\sigma_1 = 30$, $\sigma_2 = -30$, (4) $\sigma_1 = 30$, $\sigma_2 = 15$, (5) cisalhamento puro, $\tau = 30$. Com a ajuda do traçado de um gráfico $\sigma_1 - \sigma_2$, relacione estes estados de tensões ordenando-os pela probabilidade crescente de ocorrência de uma falha de acordo com a (a) teoria da tensão normal máxima, (b) teoria da tensão de cisalhamento máxima e (c) da energia de distorção máxima. Admita um valor arbitrário de $S_y = 80$ psi (0,55 MPa) para o traçado do gráfico e calcule os fatores de segurança relacionados a cada teoria de falha e estado de tensões.

6.23 Qual deve ser o valor da resistência ao escoamento à tração de um material dúctil de forma a se obter um fator de segurança igual a 2 em relação ao início do escoamento nas posições investigadas nos Problemas (a) 4.46, (b) 4.49, (c) 4.51, (d) 4.53, (e) 4.55, (f) 4.56, (g) 4.58, (h) 4.62 e (i) 4.67? Em cada caso, determine a resposta utilizando tanto a teoria da tensão de cisalhamento máxima quanto a teoria da energia de distorção máxima.

6.24 Qual deve ser o valor da resistência ao escoamento à tração de um material dúctil de forma a se obter um fator de segurança igual a 1,5 em relação ao início do escoamento nas posições investigadas nos Problemas (a) 4.46, (b) 4.49, (c) 4.51, (d) 4.53, (e) 4.55, (f) 4.56, (g) 4.58, (h) 4.62 e (i) 4.67? Em cada caso, determine a resposta utilizando tanto a teoria da tensão de cisalhamento máxima quanto a teoria da energia de distorção máxima.

6.25 Qual deve ser a tensão última de um material frágil de forma a se obter um fator de segurança igual a 4 para um componente sujeito ao(s) mesmo(s) estado(s) de tensão(ões) que os determinados nos Problemas (a) 4.46, (b) 4.49, (c) 4.51, (d) 4.53, (e) 4.55, (f) 4.56, (g) 4.58, (h) 4.62 e (i) 4.67? Utilize a teoria de Mohr modificada e admita uma tensão última à compressão igual a 3,5 vezes maior que a tensão última à tração. Havendo uma sobrecarga que produza uma falha, qual seria a orientação da trinca frágil em cada um dos casos mencionados?

6.26 Repita o Problema 6.25, desta vez utilizando um fator de segurança igual a 3,5.

6.27   A superfície de um componente de aço de uma máquina está sujeito às tensões principais de 200 MPa e 100 MPa. Qual deve ser a resistência ao escoamento à tração do aço necessária para se obter um fator de segurança igual a 2 em relação ao início do escoamento:

(a)   De acordo com a teoria da tensão de cisalhamento máxima?

(b)   De acordo com a teoria da energia de distorção máxima?

[Resp.: (a) 400 MPa, (b) 346 MPa]

6.28   Um carregamento produz as tensões principais de 300 e 100 MPa na superfície de um componente de máquina de aço. Qual deve ser a resistência ao escoamento à tração deste aço necessária para se obter um fator de segurança igual a 2 em relação ao início do escoamento:

(a)   De acordo com a teoria da tensão de cisalhamento máxima?

(b)   De acordo com a teoria da energia de distorção máxima?

[Resp.: (a) 600 MPa, (b) 530 MPa]

6.29   Uma barra de seção transversal circular está sujeita a uma tensão axial de 50 MPa superposta a uma tensão devida à torção de 100 MPa. Qual é a sua melhor previsão do fator de segurança em relação ao início do escoamento do material considerando que ele possua uma resistência ao escoamento à tração de 500 MPa (veja a Figura P6.29)?

[Resp.: 2,77]

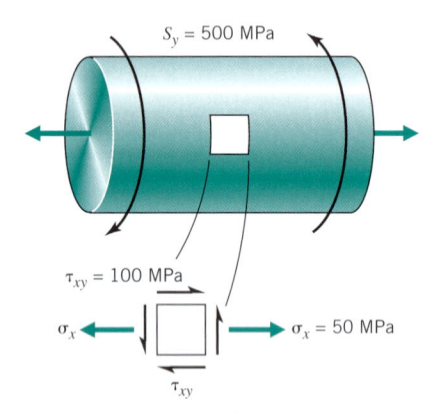

FIGURA P6.29

6.30   Repita o Problema 6.29, desta vez considerando uma resistência ao escoamento à tração de 400 MPa.

[Resp.: 2,22]

6.31   Um eixo reto de seção circular está sujeito a um torque de 5000 lb · in (567 N · m). Determine o diâmetro necessário, utilizando um aço com resistência ao escoamento à tração de 60 ksi (414 MPa) e um fator de segurança de 2, com base no escoamento inicial previsto de acordo com a teoria:

(a)   Da tensão normal máxima.

(b)   Da tensão de cisalhamento máxima.

(c)   Da energia de distorção máxima.

Discuta, sucintamente, a validade dos resultados previstos pelas três teorias.

6.32   Repita o Problema 6.31, desta vez utilizando um torque de 6000 lb · in (678 N · m).

6.33   Uma barra de aço de seção transversal circular com $S_y = 800$ MPa é submetida a cargas que produzem as seguintes tensões

calculadas: $P/A = 70$ MPa, $Tc/J = 200$ MPa, $Mc/I = 300$ MPa e $4V/3A = 170$ MPa.

(a)   Construa os círculos de Mohr mostrando as localizações relativas das tensões normal e cisalhante máximas.

(b)   Determine o fator de segurança em relação ao início de escoamento de acordo com a teoria da tensão de cisalhamento máxima e a teoria da energia de distorção máxima.

6.34   A superfície de um componente de aço de uma máquina está sujeita às tensões $\sigma_1 = 100$ MPa, $\sigma_2 = 20$ MPa e $\sigma_3 = -80$ MPa. Que valor de resistência ao escoamento à tração é necessária para propiciar um fator de segurança de 2,5 em relação ao início do escoamento:

(a)   De acordo com a teoria da tensão de cisalhamento máxima?

(b)   De acordo com a teoria da energia de distorção máxima?

6.35   Uma ferramenta de fundo de poço de petróleo está sujeita à tensões biaxiais estáticas críticas $\sigma_1 = 45.000$ psi (310 MPa) e $\sigma_2 = 25.000$ psi (172 MPa). A ferramenta é fabricada de aço 4130 normalizado que possui uma tensão última à tração de 97.000 psi (669 MPa) e uma resistência ao escoamento de 63.300 psi (436 MPa). Determine o fator de segurança baseado na predição de falha pela teoria da tensão normal máxima, pela teoria da tensão de cisalhamento máxima e pela teoria da energia de distorção.

6.36   Um componente de um cortador de grama está sujeito a tensões estáticas críticas $\sigma_x = 45.000$ psi (310 MPa), $\sigma_y = 25.000$ psi (172 MPa) e $\tau_{xy} = 15.000$ psi (103 MPa). O componente é fabricado de aço 4130 normalizado cuja tensão última é de 97.000 psi (669 MPa) e a resistência ao escoamento é de 63.300 psi (436 MPa). Determine o fator de segurança com base nas predições de falhas estabelecidas pelas teorias da tensão normal máxima, da tensão de cisalhamento máxima e da energia de distorção.

Seções 6.13–6.15

6.37   Um eixo está sujeito a uma carga máxima de 20 kN. Deseja-se que este suporte uma carga de 25 kN. Se a carga máxima encontrada obedece a uma distribuição normal com um desvio-padrão de 3,0 kN e se a resistência do eixo também segue uma distribuição normal com desvio-padrão de 2,0 kN, qual é o percentual de falhas esperado?

6.38   Admita que o percentual de falhas calculado no Problema 6.37 seja inaceitável.

(a)   De que valor o desvio-padrão da carga do eixo deveria ser reduzido de modo a se obter um percentual de falha de apenas 5 %, sem nenhuma outra mudança?

(b)   De que valor deveria ser aumentado o valor de resistência nominal do eixo de modo a se obter um percentual de falha de apenas 5 %, sem nenhuma outra mudança?

6.39   Um componente particular de uma máquina está sujeito a uma carga máxima de serviço de 10 kN. Com o objetivo de se conseguir um fator de segurança de 1,5, este é projetado para suportar uma carga de 15 kN. Se a carga máxima encontrada em diversas condições de operação está distribuída de forma normal, com um desvio-padrão de 2kN, e se a resistência do componente também obedece a uma distribuição normal, com um desvio-padrão de 1,5 kN, qual o percentual de falhas seria esperado em serviço?

[Resp.: 2,3 %]

6.40 Admita que o percentual de falhas calculado no Problema 6.39 seja inaceitável.

(a) De que valor o desvio-padrão da carga do componente deveria ser reduzido de modo a se obter um percentual de falha de apenas 1 %, sem nenhuma outra mudança?

(b) De quanto deveria ser aumentado o valor de resistência nominal do componente de modo a se obter um percentual de falha de apenas 1 %, sem nenhuma outra mudança?

6.41 Um eixo está sujeito a uma carga máxima de 10 kN. Este foi projetado para suportar uma carga de 15 kN. Se a carga máxima encontrada obedece a uma distribuição normal, com um desvio-padrão de 2,5 kN, e se a resistência do eixo tam- bém segue uma distribuição normal, com desvio-padrão de 2,0 kN, qual é o percentual de falhas esperado?

[Resp.: 7,0 %]

6.42 Admita que o percentual de falhas calculado no Problema 6.41 seja inaceitável.

(a) De que valor do desvio-padrão da carga do eixo deveria ser reduzido de modo a se obter um percentual de falha de apenas 3 %, sem nenhuma outra mudança?

(b) De que valor deveria ser aumentado o valor da resistên- cia nominal do eixo de modo a se obter um percentual de falha de apenas 3 %, sem nenhuma outra mudança?

7 Impacto

7.1 Introdução

Os capítulos anteriores envolveram quase que exclusivamente os carregamentos *estáticos*. Discute-se, agora, o caso mais comumente encontrado de carregamento *dinâmico*. Esse tipo de carregamento inclui tanto o *impacto*, o tema deste capítulo, quanto a *fadiga*, que será apresentada no Capítulo 8.

O impacto é também conhecido como *choque, carregamento impulsivo* ou *carregamento súbito*. O leitor, certamente, já vivenciou e observou muitos exemplos de carregamento de impacto, como a fixação de um prego ou de uma estaca com um martelo, a quebra de um bloco de concreto com uma britadeira, uma colisão de veículos (mesmo com efeitos menores, como no caso do impacto entre para-choques durante uma manobra em estacionamento), a queda de caixas de papelão das mãos de um operário, a demolição de um prédio com uma esfera de impacto, a soltura das rodas de um veículo em um buraco na estrada, e assim por diante.

As cargas de impacto podem ser divididas em três categorias, ordenadas pelo aumento da severidade: (1) cargas de intensidade essencialmente constante movendo-se rapidamente, como as produzidas por um veículo passando por uma ponte, (2) cargas aplicadas subitamente, como aquelas decorrentes de uma explosão, ou o resultado da combustão na câmara do cilindro de um motor, e (3) cargas de impacto direto, como as geradas por uma estaca, por um martelo mecânico de forjamento ou pela colisão de um veículo. Esses três tipos de carregamento são ilustrados esquematicamente na Figura 7.1. Na Figura 7.1*a*, a massa *m* é colocada suavemente na parte superior da mola de rigidez *k* e é subitamente liberada. O amortecedor *c* (também chamado de absorvedor de choques) agrega ao sistema uma força de apoio por atrito a qual evita que a força gravitacional total *mg* seja aplicada à mola imediatamente. Na Figura 7.1*b* não existe um amortecedor, de modo que a liberação da massa

m resulta na aplicação instantânea da força gravitacional total *mg*. Na Figura 7.1*c*, além de a força ser aplicada instantaneamente, a massa também possui uma energia cinética antes de atingir a mola.

Uma característica importante sobre a ação do amortecedor da Figura 7.1*a* é que ele propicia uma aplicação *gradual* da carga *mg*. Se a carga for aplicada de forma suficientemente lenta, ela pode ser considerada como estática. *A maneira usual de se distinguir entre um carregamento de impacto e um carregamento estático, nessa situação, é através da comparação entre o tempo utilizado na aplicação da carga e o período natural de vibração do sistema massa-mola sem amortecimento.*

[Para o leitor ainda não familiarizado com a teoria elementar de vibrações, imagine que a massa da Figura 7.1*b* esteja fixada à mola e seja empurrada para baixo e, em seguida, liberada. A massa vibrará, para cima e para baixo, a um intervalo de tempo constante entre ciclos consecutivos. Esse intervalo de tempo é o *período natural de vibração* do sistema massa-mola. A relação entre esse período (τ, em s), a massa (m, em kg ou lb·s²/in) e a constante elástica da mola (k, em N/m ou lb/in) é

$$\tau = 2\pi\sqrt{\frac{m}{k}} \qquad \textbf{(a)}$$

Assim, quanto *maior* a massa e *mais flexível* a mola, maior será o período de vibração (ou menor a frequência natural de vibração).]

Se o tempo necessário para a aplicação da carga (isto é, para aumentá-la de zero até seu valor máximo) for maior do que três vezes o período natural, os efeitos dinâmicos podem ser desprezados e a hipótese de carregamento estático pode ser admitida. Se o tempo de carregamento for menor do que metade do período natural, definitivamente estará ocorrendo um impacto. Certamente, existe uma "região de indefinição" entre esses dois limites de tempo — veja a Tabela 7.1.

As cargas de impacto podem ser de compressão, de tração, de flexão, torcionais ou, ainda, uma combinação dessas. O acio-

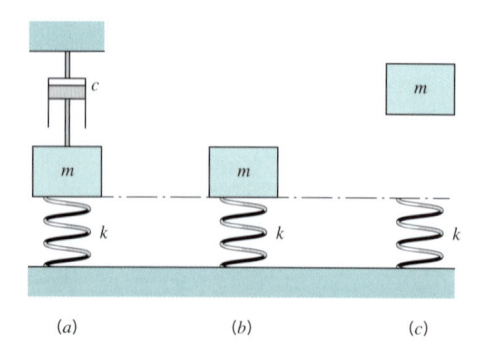

FIGURA 7.1 Três níveis de carregamento de impacto produzidos pela liberação instantânea de uma massa *m*.

TABELA 7.1 Tipos de Carregamento

Tipo de Carregamento	Tempo de Aplicação do Carregamento
Carregamento estático	$t_{\text{aplicação do carregamento}} > 3\tau$
"Região de indefinição"	$\frac{1}{2}\tau < t_{\text{aplicação do carregamento}} < 3\tau$
Carregamento dinâmico	$t_{\text{aplicação do carregamento}} < \frac{1}{2}\tau$

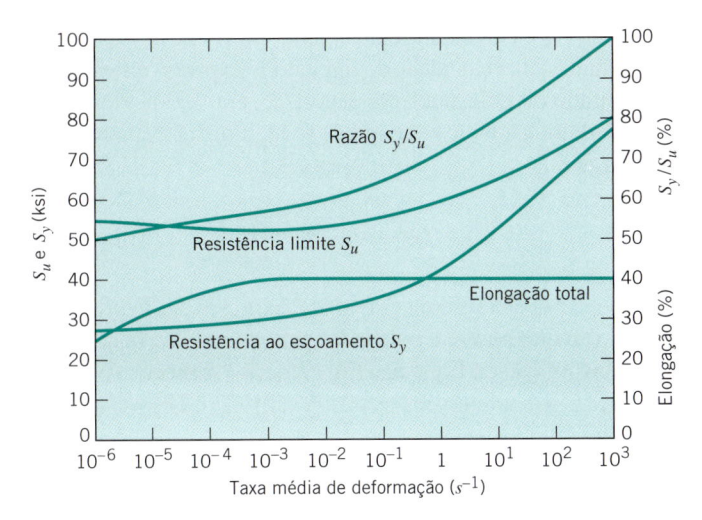

FIGURA 7.2 **Efeito da taxa de deformação nos limites de resistência de um aço carbono à temperatura ambiente [2] ASME.**

namento súbito de uma embreagem e o travamento da broca de uma furadeira elétrica são exemplos de impactos torcionais.

Uma diferença importante entre os carregamentos estático e de impacto é que um componente carregado estaticamente deve ser projetado para *suportar as cargas*, enquanto os componentes sujeitos a um impacto devem ser projetados para *absorver energia*.

As propriedades de resistência dos materiais geralmente variam com a velocidade de aplicação da carga. Em geral, essa variação se torna favorável, pois tanto as resistências ao escoamento quanto as resistências limites tendem a aumentar com a velocidade de aplicação do carregamento. (Lembre-se de que um carregamento rápido tende a promover a fratura frágil, conforme mencionado na Seção 6.2.) A Figura 7.2 mostra o efeito da taxa de deformação nas propriedades de tração de um aço-carbono comum.

Um dos problemas com a aplicação da análise teórica do impacto para os problemas reais de engenharia é que frequentemente as taxas de aplicação da carga em relação ao tempo e de desenvolvimento da deformação apenas podem ser aproximadas. Esta limitação, algumas vezes, leva ao uso de fatores de impacto determinados empiricamente, junto com as propriedades de resistência estática dos materiais. Essa é uma prática bem aceitável quando bons resultados empíricos são disponíveis para a aplicação ao projeto de um componente. Um exemplo é a utilização de um fator de impacto para tensões de 4 ao projeto de componentes da suspensão de veículos automotivos. Mesmo quando o uso desses fatores empíricos pode ser justificado, é importante para o engenheiro ter uma boa compreensão dos fundamentos básicos das cargas de impacto.

7.2 Tensões e Deslocamentos Causados por Impactos Lineares e de Flexão

A Figura 7.3 mostra a idealização de uma massa (de peso W) em queda livre impactando uma estrutura. (A estrutura é representada por uma mola, o que é admissível, tendo em vista que *todas* as estruturas possuem *alguma* flexibilidade.) Para que as equações simplificadas para o cálculo das tensões e dos deslocamentos sejam deduzidas a partir da Figura 7.3, são adotadas as mesmas hipóteses utilizadas na dedução das equações para o cálculo da frequência natural de um simples sistema massa-mola: (1) a massa da estrutura (mola) é desprezível, (2) as deformações da massa propriamente dita são desprezíveis e (3) o amortecimento é desprezível. Essas hipóteses têm como consequência importantes implicações.

1. Pela primeira hipótese fica estabelecido que a curva de deslocamentos de natureza dinâmica (isto é, os deslocamentos instantâneos resultantes do impacto) é idêntica à curva obtida pela aplicação estática do mesmo carregamento, multiplicada por um *fator de impacto*. Na realidade, a curva de deslocamentos dinâmicos inevitavelmente envolve pontos de deformações *locais* mais altas (e, portanto, tensões locais maiores) do que as correspondentes às curvas de deslocamentos estáticos.

2. Evidentemente, a massa sujeita ao impacto sofrerá *alguma* deformação. Assim, uma parcela da energia será absorvida pela massa, fazendo com que as tensões e as deformações na estrutura sejam um pouco *menores* do que os valores calculados.

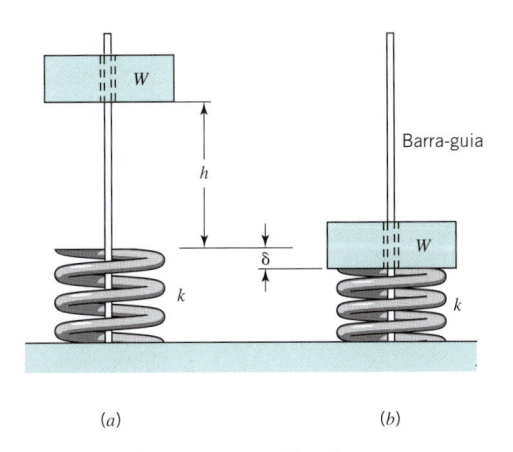
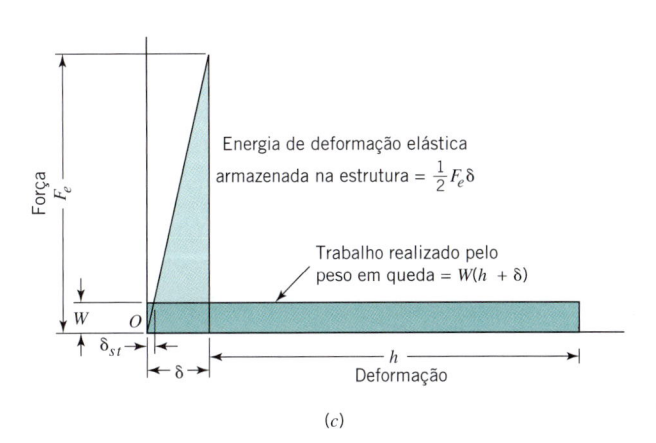

FIGURA 7.3 **Carga de impacto aplicada a uma estrutura elástica pela queda de um peso: (*a*) posição inicial; (*b*) posição no instante de deformação (deslocamento) máxima; (*c*) relação força-deformação-energia.**

3. Qualquer caso real envolve algum (talvez muito pequeno) amortecimento por atrito na forma de deslocamento de ar, atrito da massa na barra-guia e na extremidade da mola (veja a Figura 7.3) e atritos no interior do corpo da estrutura que se deforma. Esse amortecimento pode fazer com que as tensões e as deformações reais sejam significativamente menores do que aquelas calculadas a partir do caso idealizado.

Com as hipóteses anteriormente relacionadas em mente, a análise a seguir do caso idealizado oferece uma compreensão do fenômeno básico do impacto, juntamente com as equações que são muito úteis como *guia* no tratamento de problemas associados ao impacto linear.

Na Figura 7.3, a massa em queda se comporta como um peso W (expresso em newtons ou libras) em queda livre (sujeita à ação do campo gravitacional). Admite-se que a estrutura responda elasticamente ao impacto, com uma constante elástica k (em newtons por metro ou libras por polegada). O valor máximo do deslocamento devido ao impacto é δ (metros ou polegadas). A força F_e é definida como uma *força estática equivalente* que produz o mesmo deslocamento δ; isto é, $F_e = k\delta$. O deslocamento estático existente após a energia ser dissipada e o peso convergir para a condição de repouso sobre a estrutura é representado por δ_{est}, em que $\delta_{est} = W/k$.

Igualando-se a energia potencial de uma massa em queda à energia elástica absorvida pela mola (estrutura), tem-se

$$W(h + \delta) = \tfrac{1}{2} F_e\, \delta \qquad \textbf{(b)}$$

Note que o fator 1/2 é decorrente do fato de a mola receber o carregamento *gradualmente*.

Por definição, como $F_e = k\delta$ e $k = W/\delta_{est}$,

$$F_e = (\delta/\delta_{est})\, W \quad \text{ou} \quad \delta/\delta_{est} = F_e/W \qquad \textbf{(c)}$$

A substituição da Eq. c na Eq. b fornece

$$W(h + \delta) = \frac{1}{2} \frac{\delta^2}{\delta_{est}} W \qquad \textbf{(d)}$$

A Eq. d é uma equação quadrática em δ e pode ser resolvida facilmente, fornecendo

$$\delta = \delta_{est}\left(1 + \sqrt{1 + \frac{2h}{\delta_{est}}} \right) \qquad \textbf{(7.1)}$$

A substituição da Eq. c na Eq. 7.1 fornece

$$F_e = W\left(1 + \sqrt{1 + \frac{2h}{\delta_{est}}} \right) \qquad \textbf{(7.2)}$$

Como foi admitido que a estrutura (a mola) responde elasticamente ao impacto, a tensão gerada é proporcional à carga. O termo entre parênteses nas Eqs. 7.1 e 7.2 é chamado de *fator de impacto*. Este é o fator pelo qual a carga, a tensão e o deslocamento causados pelo peso W, aplicado dinamicamente, excedem aqueles decorrentes da aplicação estática ou lenta do mesmo peso.

Em alguns casos é mais conveniente expressar as Eqs. 7.1 e 7.2 em função da velocidade de impacto v (expressa em metros por segundo ou polegadas por segundo), em vez da altura de queda h. Para a condição de queda livre, a relação entre essas grandezas é

$$v^2 = 2gh \quad \text{ou} \quad h = \frac{v^2}{2g} \qquad \textbf{(e)}$$

em que g é a aceleração da gravidade, expressa em metros por segundo ao quadrado ou polegadas por segundo ao quadrado.

A substituição da Eq. e nas Eqs. 7.1 e 7.2 fornece

$$\delta = \delta_{est}\left(1 + \sqrt{1 + \frac{v^2}{g\delta_{est}}} \right) \qquad \textbf{(7.1a)}$$

e

$$F_e = W\left(1 + \sqrt{1 + \frac{v^2}{g\delta_{est}}} \right) \qquad \textbf{(7.2a)}$$

Reduzindo-se a distância h a zero com v igual a zero, tem-se o caso especial de uma *carga aplicada subitamente* para a qual o fator de impacto — nas Eqs. 7.1 e 7.2 — é igual a 2. Esta pode ser a justificativa que serviu de base para os engenheiros do passado algumas vezes dobrarem os fatores de segurança quando uma carga de impacto era prevista.

Em muitos problemas envolvendo impacto, o deslocamento é quase insignificante em comparação à distância h (veja a Figura 7.3). Para esses casos, em que $h \gg \delta_{est}$, as Eqs. 7.1 e 7.2 podem ser simplificadas para

$$\delta = \delta_{est}\sqrt{\frac{2h}{\delta_{est}}} = \sqrt{2h\delta_{est}} \qquad \textbf{(7.3)}$$

$$F_e = W\sqrt{\frac{2h}{\delta_{est}}} = \sqrt{2Whk} \qquad \textbf{(7.4)}$$

Analogamente, as Eqs. 7.1a e 7.2a ficam reduzidas a

$$\delta = \delta_{est}\sqrt{\frac{v^2}{g\delta_{est}}} = \sqrt{\frac{\delta_{est}v^2}{g}} \qquad \textbf{(7.3a)}$$

$$F_e = W\sqrt{\frac{v^2}{g\delta_{est}}} = \sqrt{\frac{v^2kW}{g}} \qquad \textbf{(7.4a)}$$

Nas quatro equações precedentes o efeito da gravidade foi considerado *apenas* como meio de se deduzir a velocidade do peso no ponto de impacto (sendo este efeito desprezado após o impacto). Assim, as Eqs. 7.3a e 7.4a aplicam-se também ao caso de o peso mover-se *horizontalmente* e atingir uma estrutura, onde a velocidade de impacto v é desenvolvida por outro meio, e não pela ação da gravidade. Nesse caso, δ_{est} será a deformação estática que *ocorreria se* todo o sistema fosse girado de 90° para permitir que o peso atuasse verticalmente sobre a estrutura. Logo, independentemente da orientação real,

$$\delta_{est} = W/k \qquad \textbf{(f)}$$

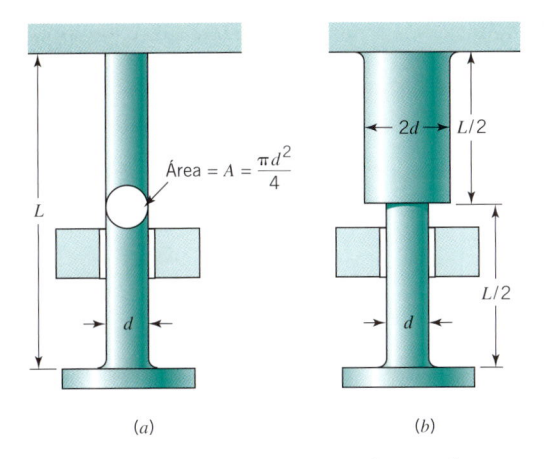

$$\text{Área} = A = \frac{\pi d^2}{4}$$

(a)   (b)

Figura 7.4 **Impacto por tração de uma barra.**

Muitas vezes é interessante expressar as equações para a deformação e para a força estática em função da energia cinética de impacto U, na qual, pelos conceitos da física básica,

$$U = \tfrac{1}{2}mv^2 = Wv^2/2g \qquad \textbf{(g)}$$

A substituição das Eqs. f e g nas Eqs. 7.3a e 7.4a fornece

$$\delta = \sqrt{\frac{2U}{k}} \qquad \textbf{(7.3b)}$$

$$F_e = \sqrt{2Uk} \qquad \textbf{(7.4b)}$$

Assim, quanto maior a energia U e mais rígida a mola, maior será a força estática equivalente.

7.2.1 Impacto Linear sobre uma Barra Reta sob Tração ou Compressão

Um caso especial importante de impacto linear é o de uma barra reta sujeita a um impacto sob compressão ou tração. O caso da barra sob tração é ilustrado, esquematicamente, na Figura 7.4*a*. Esta barra, algumas vezes, estará representando um parafuso. *Se* a carga de impacto for aplicada concentricamente e *se* o concentrador de tensões puder ser desprezado, as expressões elementares a seguir poderão ser substituídas na Eq. 7.4b

$$\sigma = F_e/A \qquad \textbf{(h)}$$

e

$$k = AE/L \qquad \textbf{(i)}$$

nas quais A e L são a área da seção transversal da barra e seu comprimento, respectivamente. A equação resultante é

$$\sigma = \sqrt{\frac{2UE}{AL}} = \sqrt{\frac{2UE}{V}} \qquad \textbf{(7.5)}$$

em que V é o volume do material da barra.

Observe a importante implicação da Eq. 7.5 — a tensão desenvolvida na barra é uma função de seu *volume*, independentemente de esse volume corresponder a uma barra longa de pequena área ou a uma barra curta de grande área.

Explicitando-se a energia U na Eq. 7.5, obtém-se

$$U = \frac{\sigma^2 V}{2E} \qquad \textbf{(7.5a)}$$

Esta expressão mostra que a *capacidade de energia de impacto* de uma barra reta é uma função extremamente simples de seu volume, de seu módulo de elasticidade e do *quadrado* de sua tensão admissível.

Embora esta relação básica seja muito importante, deve-se enfatizar que as Eqs. 7.5 e 7.5a podem, na prática, fornecer resultados que são consideravelmente otimistas — isto é, fornecem uma tensão calculada *menor* do que o pico de tensão real e, por consequência, uma capacidade de armazenamento de energia calculada *maior* do que a que na realidade deve ocorrer. As principais razões pelas quais isto ocorre são: (1) as tensões não são uniformes em todas as partes do componente devido à concentração de tensões e ao carregamento não uniforme sobre a superfície de impacto, e (2) o componente que sofre impacto possui massa. A inércia resultante da massa da barra causa na extremidade que participa do impacto uma deformação (logo, uma tensão) *local* maior do que ocorreria se os efeitos inerciais não evitassem a distribuição instantânea das deformações ao longo de todo o comprimento da barra. O efeito dos causadores do aumento das tensões é considerado na Seção 7.4. O efeito quantitativo da massa do componente golpeado é deixado para textos mais avançados; veja [1], [6] e [8].

7.2.2 Problemas Resolvidos sobre Impacto Linear e por Flexão

PROBLEMA RESOLVIDO 7.1 Impacto Axial — Importância da Uniformidade da Seção Transversal

A Figura 7.4 mostra duas barras de seção circular sujeitas a um impacto por tração. Compare suas capacidades de absorção de energia elástica. (Despreze a concentração de tensões e utilize S_y como uma aproximação para o limite elástico.)

SOLUÇÃO

Conhecido: Duas barras de seção circular com geometria conhecida são submetidas a um impacto por tração.

A Ser Determinado: Compare as capacidades de absorção de energia elástica das duas barras.

Esquemas e Dados Fornecidos: Veja a Figura 7.4.

Hipóteses:

1. A massa de cada barra é desprezível.
2. As deformações das massas que colidem são desprezíveis.
3. A dissipação por atrito é desprezível.
4. Cada barra responde elasticamente ao impacto.
5. A carga de impacto é aplicada concentricamente.
6. A concentração de tensões pode ser desprezada.

Análise:

1. A capacidade elástica para a barra da Figura 7.4a é determinada diretamente a partir da Eq. 7.5a, em que $\sigma = S_y$:

$$U_a = \frac{S_y^2 V}{2E}$$

2. Na Figura 7.4b, a energia absorvida pelas metades superior e inferior deve ser determinada separadamente. A metade inferior com diâmetro menor é crítica; ela pode apresentar uma tensão igual a S_y, e seu volume é $V/2$ (em que V é o volume referente ao comprimento total da barra da Figura 7.4a). Assim, a capacidade de absorver energia da metade inferior é

$$U_{bi} = \frac{S_y^2 V/2}{2E} = \tfrac{1}{2} U_a$$

3. A mesma força é transmitida através do comprimento total da barra. A metade superior possui uma área quatro vezes maior do que a área da metade inferior; logo, ela possui um volume quatro vezes maior e uma tensão quatro vezes menor. Assim, a capacidade de absorver energia da metade superior é

$$U_{bs} = \frac{(S_y/4)^2 (2V)}{2E} = \tfrac{1}{8} U_a$$

4. A capacidade de absorção total de energia é a soma de U_{bi} e U_{bs}, que é igual a *apenas cinco oitavos da capacidade de energia da barra da Figura 7.4a*. Como a barra da Figura 7.4b possui 2,5 vezes o volume e o peso da barra reta de seção uniforme, pode-se concluir que a *capacidade de armazenamento de energia por libra da* barra de seção uniforme é *quatro vezes maior* do que a da barra escalonada.

Comentários: A concentração de tensões no meio da barra escalonada poderia reduzir ainda mais sua capacidade e tenderia a promover uma fratura frágil. Esse aspecto é tratado mais adiante, na próxima seção.

PROBLEMA RESOLVIDO 7.2 Capacidade Relativa de Absorção de Energia para Diversos Materiais

A Figura 7.5 mostra um peso em queda que impacta um bloco constituído de um material que se comporta como amortecedor. Estime as capacidades relativas de absorção de energia elástica dos materiais amortecedores relacionados a seguir.

Material	Massa Específica (kN/m³)	Módulo de Elasticidade (E)	Limite Elástico (S_e, MPa)
Aço doce	77	207 GPa	207
Aço temperado	77	207 GPa	828
Borracha	9,2	1,034 MPa	2,07

SOLUÇÃO

Conhecido: Um peso cai sobre amortecedores constituídos por materiais específicos com propriedades de absorver energia.

A Ser Determinado: Compare a capacidade de absorção de energia por impacto elástico dos materiais dos amortecedores.

Esquemas e Dados Fornecidos:

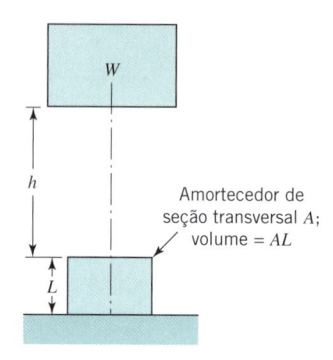

FIGURA 7.5 **Carregamento de impacto de um amortecedor sob compressão.**

Hipóteses:

1. A massa do amortecedor é desprezível.
2. As deformações do peso que colide são desprezíveis.
3. A dissipação por atrito é desprezível.
4. O amortecedor responde elasticamente.
5. A carga de impacto é aplicada uniformemente.

Análise:

1. Pela Figura 7.3, a energia absorvida por deformação elástica é expressa por $\tfrac{1}{2} F_e \delta$, ou seja, a área sob a curva força-deformação. No limite elástico, $F_e = S_e A$ e $\delta = F_e L/AE$. A substituição dessas expressões no cálculo da energia fornece

$$U = \tfrac{1}{2} F_e \delta = \frac{S_e^2 AL}{2E} = \frac{S_e^2 V}{2E}$$

o que corresponde exatamente à Eq. 7.5a.

2. A substituição dos valores das propriedades dos diversos materiais na equação anterior indica que, considerando-se um volume unitário, as capacidades relativas de absorção de energia elástica do aço doce, do aço temperado e da borracha são de 1 : 16 : 20. Com base em uma massa (ou peso) unitária, essas capacidades relativas são de 1 : 16 : 168.

Comentários: A capacidade por unidade de volume de um material em absorver energia elástica é igual à área sob a região elástica do diagrama tensão–deformação e é denominada *módulo de resiliência (R_m)* do material. A capacidade *total* de absorção de energia em tração por unidade de volume de um material é igual à área total sob a curva do diagrama tensão–deformação (estendendo-se até a fratura) e, algumas vezes, é denominada *módulo de tenacidade (T_m)* do material. No problema anterior os dois aços diferiram significativamente em seus módulos de resiliência, porém suas tenacidades são equiparáveis.

Impacto por Flexão — Efeito de Molas Combinadas

A Figura 7.6 mostra uma viga de madeira apoiada em duas molas e carregada em flexão por impacto. Estime a tensão e o deslocamento máximos ocorrentes na viga, com base na hipótese de que as massas da viga e das molas possam ser desprezadas.

SOLUÇÃO

Conhecido: Um peso de 100 lb cai de uma altura específica sobre uma viga de madeira cujas propriedades físicas (material) e geométricas são conhecidas. A viga é suportada por duas molas.

A Ser Determinado: Determine a tensão e o deslocamento máximos ocorrentes na viga.

Esquemas e Dados Fornecidos:

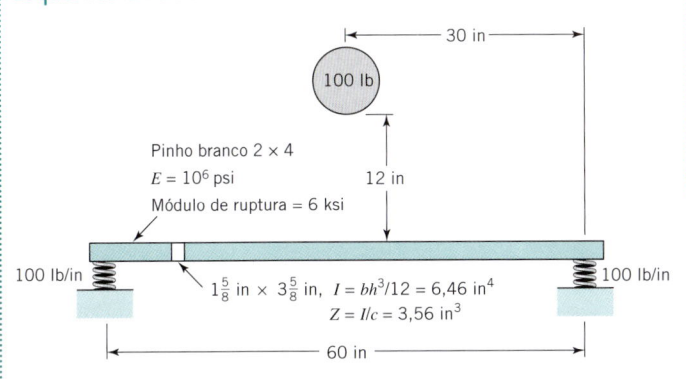

FIGURA 7.6 **Impacto por flexão com molas combinadas.**

Hipóteses:

1. Conforme estabelecido no enunciado, as massas da viga e das molas podem ser desprezadas.

2. A viga e as molas respondem elasticamente.

3. A carga de impacto é aplicada uniformemente no centro geométrico da viga.

Análise:

1. Os deslocamentos elásticos da viga, das molas dos apoios e total do sistema são

$$\delta_{est}(viga) = \frac{PL^3}{48EI} = \frac{100(60)^3}{48(10^6)(6,46)} = 0,070 \text{ in}$$

$$\delta_{est}(molas) = \frac{P}{2k} = \frac{100}{2(100)} = 0,50 \text{ in}$$

$$\delta_{est}(total) = 0,070 + 0,50 = 0,57 \text{ in}$$

2. Pela Eq. 7.1 ou 7.2, o *fator de impacto* vale

$$1 + \sqrt{1 + \frac{2h}{\delta_{est}}} = 1 + \sqrt{1 + \frac{24}{0,57}} = 7,6$$

3. Logo, o deslocamento total devido ao impacto é de 0,57 × 7,6 = 4,3 in (10,9 cm), porém o deslocamento da viga em si é de apenas 0,07 × 7,6 = 0,53 in (1,35 cm).

4. A tensão atuante na fibra mais externa da viga é estimada a partir de $F_e = 100 \times 7,6 = 760$ lb (3381 N):

$$\sigma = \frac{M}{Z} = \frac{F_e L}{4Z} = \frac{760(60)}{4(3,56)} = 3200 \text{ psi}$$

Comentários:

1. A tensão estimada está coerente com o *módulo de ruptura* fornecido de 6000 psi. (O módulo de ruptura é o valor calculado de *M/Z* na condição de falha em um ensaio estático padronizado.)

2. Se as molas dos apoios forem removidas, o deslocamento estático total será reduzido para 0,07 in (0,178 cm), e o fator de impacto aumentará para 19,6. Esta condição resultará em uma tensão máxima calculada de 8250 psi atuante na viga, valor maior que o módulo de ruptura. Se o efeito inercial da massa da viga não causar nesta uma tensão real muito superior a 8250 psi, é possível que o "efeito de enrijecimento dinâmico", mostrado na Figura 7.2, seja suficiente para evitar a falha. Como esse efeito é normalmente apreciável para as madeiras em geral, os resultados dos ensaios padronizados de impacto em vigas são geralmente incluídos nas referências que fornecem as propriedades das madeiras.

7.3 Tensões e Deformações Causadas por Impacto Torcional

A análise da seção precedente poderia ser repetida para o caso de sistemas sujeitos a cargas torcionais, tendo como consequência a dedução de um conjunto de equações correspondentes. Em vez disso, utiliza-se a vantagem da analogia direta entre os sistemas lineares e torcionais para escrever as equações finais diretamente. As grandezas análogas envolvidas são

Linear	Torcional
δ, deslocamento ou deformação (m ou in)	θ, deslocamento ou deformação angular (rad)
F_e, força estática equivalente (N ou lb)	T_e, torque estático equivalente (N·m ou in·lb)
m, massa (kg ou lb·s²/in)	I, momento de inércia de massa (N·s²·m ou lb·s²·in)
k, rigidez de mola (N/m ou lb/in)	K, rigidez torcional de mola (N·m/rad ou lb·in/rad)
v, velocidade de impacto (m/s ou in/s)	ω, velocidade angular de impacto (rad/s)
U, energia cinética (N·m ou in·lb)	U, energia cinética (N·m ou in·lb)

As duas equações a seguir possuem a letra *t* incorporada ao número da equação para representar a torção:

$$\theta = \sqrt{\frac{2U}{K}} \qquad \qquad \textbf{(7.3bt)}$$

$$T_e = \sqrt{2UK} \qquad \text{(7.4bt)}$$

Para o importante caso especial de impacto torcional de uma barra de seção circular maciça com diâmetro d:

1. Pela Tabela 5.1,

$$K = \frac{T}{\theta} = \frac{K'G}{L} = \frac{\pi d^4 G}{32L} \qquad \text{(i)}$$

2. Pela Eq. 4.4, com T substituído por T_e,

$$\tau = \frac{16T_e}{\pi d^3} \qquad \text{(j)}$$

3. Volume, $V = \pi d^2 L/4$ $\qquad$ (k)

A substituição das Eqs. i, j e k na Eq. 7.4bt fornece

$$\tau = 2\sqrt{\frac{UG}{V}} \qquad \text{(7.6)}$$

PROBLEMA RESOLVIDO 7.4 | Impacto Torcional

A Figura 7.7a mostra o eixo de uma esmerilhadeira com um disco abrasivo em cada uma de suas extremidades e uma polia motora acionada por correia no centro. (A polia pode também ser imaginada como sendo o induzido de um motor elétrico.) Ao girar a 2400 rpm, o disco abrasivo menor é acidentalmente travado, causando uma parada "instantânea". Estime a tensão torcional máxima e o deslocamento angular resultantes no eixo. Considere os discos abrasivos como maciços, com massa específica $\rho = 2000$ kg/m³. O eixo é de aço ($G = 79$ GPa), e seu peso pode ser desprezado.

SOLUÇÃO

Conhecido: O disco menor de uma esmerilhadeira gira a 2400 rpm quando é parado repentinamente.

A Ser Determinado: Determine a tensão máxima atuante no eixo e o deslocamento angular correspondente.

Esquemas e Dados Fornecidos:

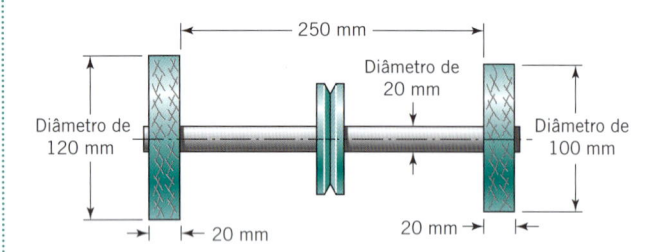

FIGURA 7.7a **Impacto torcional no eixo de uma esmerilhadeira.**

Hipóteses:

1. Os pesos do eixo e da polia podem ser desprezados.

2. O eixo se comporta como uma mola torcional e responde elasticamente ao impacto.

3. As deformações ocorrentes nos discos abrasivos são desprezíveis.

Análise:

1. A energia a ser absorvida pelo eixo é a referente ao disco de 120 mm. Considerando a equação torcional equivalente à Eq. g, tem-se

$$U = \tfrac{1}{2} I \omega^2$$

em que

$$I = \tfrac{1}{2} m r_{\text{disco}}^2$$

e

$$m = \pi r_{\text{disco}}^2 t \rho$$

2. Combinando-se as equações anteriores, tem-se

$$U = \tfrac{1}{4} \pi r_{\text{disco}}^4 t \rho \omega^2$$

3. Substituindo-se os valores numéricos (utilizando as unidades de metros, quilogramas e segundos), obtém-se

$$U = \tfrac{1}{4}\pi(0,060)^4(0,020)(2000)\left(\frac{2400 \times 2\pi}{60}\right)^2$$

$$U = 25,72 \frac{\text{kg} \cdot \text{m}^2}{s^2} = 25,72 \text{ N} \cdot \text{m}$$

4. Pela Eq. 7.6,

$$\tau = 2\sqrt{\frac{UG}{V}}$$
$$= 2\sqrt{\frac{(25,72)(79 \times 10^9)}{\pi(0,010)^2(0,250)}} = 321,7 \times 10^6 \text{ Pa}$$

ou

$$\tau = 322 \text{ MPa}$$

5. O deslocamento torcional pode ser obtido pela expressão

$$\theta = \frac{TL}{JG}$$

na qual $T = \tau J/r$ (isto é, $\tau = Tr/J$); assim,

$$\theta = \frac{\tau L}{rG} = \frac{(321,7 \times 10^6)(0,250)}{(0,010)(79 \times 10^9)} = 0,10 \text{ rad} = 5,7°$$

Comentários:

1. Nos cálculos precedentes admitiu-se que as tensões ocorrem na faixa elástica do material. Note que não foi realizada qualquer consideração sobre concentradores de tensões ou qualquer carga de flexão superposta que também estaria presente como resultado do travamento repentino. O torque aplicado à polia pela correia também foi desprezado. Esta hipótese também poderia ter sido listada tendo em vista o deslizamento da correia. Além disso, a inércia do motor de acionamento só não é um fator significativo devido ao deslizamento assumido da correia.

2. O efeito do raio do eixo, r, na tensão cisalhante atuante no eixo, τ, e no deslocamento torcional, θ, pode ser analisado

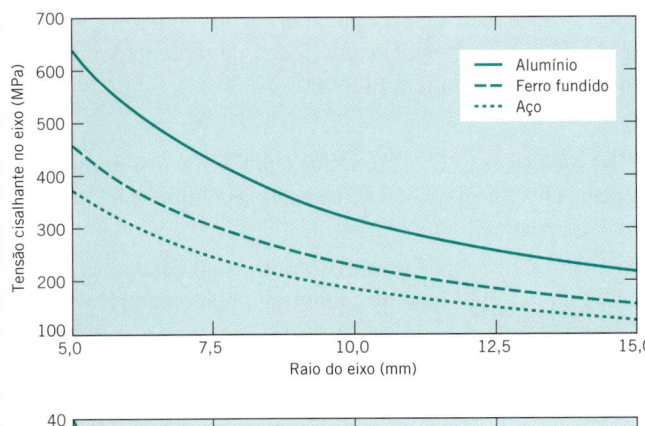

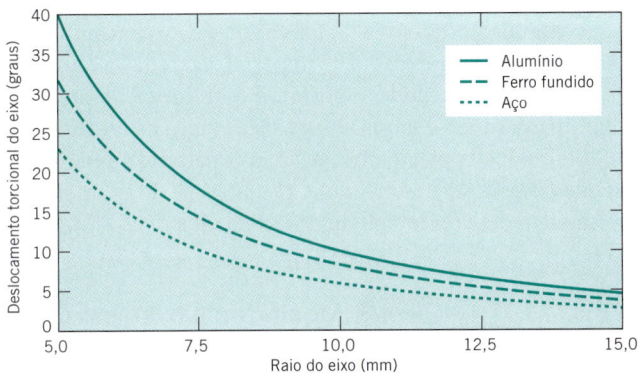

Figura 7.7*b* Tensão cisalhante e deslocamento torcional em função do raio do eixo.

calculando-se e representando-se graficamente a tensão cisalhante no eixo e o deslocamento torcional para raios de 5 mm até 15 mm, e para um módulo de cisalhamento, G, do aço (79 GPa), do ferro fundido (41 GPa) e do alumínio (27 GPa) — veja a Figura 7.7*b*.

3. Para um eixo de liga de alumínio 2024-T4 com 10 mm de raio, fabricado de um material com $S_y = 296$ MPa (Apêndice C-2) e com $S_{sy} = 0{,}58S_y = 172$ MPa, a tensão cisalhante é $\tau = 188$ MPa e o ângulo de rotação do eixo é $\theta = 0{,}174$ rad $= 10°$. A observação do gráfico da tensão cisalhante atuante no eixo em função do raio do eixo mostra que esse raio deveria ser superior a 11 mm para evitar que o escoamento ocorresse em um eixo fabricado com a liga de alumínio 2024-T4.

7.4 Efeito dos Concentradores de Tensão na Resistência ao Impacto

A Figura 7.8 mostra uma barra sujeita a um impacto por tração, similar à barra da Figura 7.4*a*, em que foi identificada a existência de um concentrador de tensões nas extremidades da barra. Da mesma forma que ocorre com o carregamento estático, é *possível* que um escoamento localizado redistribua as tensões de forma a virtualmente anular o efeito do concentrador de tensões. Todavia, quando há um carregamento de impacto o *tempo* disponível para a ação da plastificação é provavelmente tão curto que, em alguns casos, ocorre uma fratura frágil (com um fator de concentração de tensão efetivo quase tão alto quanto

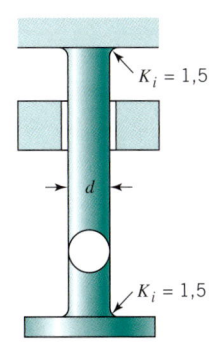

Figura 7.8 Barra lisa com entalhe sob carregamento de impacto.

o valor teórico, K_t, obtido através de gráficos similares ao da Figura 4.35*b*), mesmo que o material apresente um comportamento dúctil durante seu ensaio de tração. Nos termos da discussão apresentada na Seção 6.2, a adição de um concentrador de tensão e a aplicação de uma carga de impacto são fatores que tendem a aumentar a *temperatura de transição* — isto é, causam uma fratura frágil sem que o material escoe, como normalmente ocorreria em temperaturas mais baixas.

Devido à dificuldade da predição dos efeitos do impacto em componentes com entalhes a partir de considerações teóricas são utilizados ensaios padronizados de impacto, como o de *Charpy* e *Izod*. Esses ensaios também possuem suas limitações; a resistência do componente varia significativamente com as dimensões, a forma e a natureza do impacto. Por isso, são realizados, em laboratório, ensaios especiais que simulam o mais precisamente possível as condições reais de operação do componente.

PROBLEMA RESOLVIDO 7.5 Impacto por Tração de um Componente com Entalhe

Suponha que, a partir de ensaios especiais, tenha sido determinado que o *fator de concentração de tensão efetivo para um carregamento de impacto*, K_i, nas extremidades da barra mostrada na Figura 7.8 seja de 1,5. De quanto será a diminuição da capacidade de absorção de energia pelo efeito do concentrador de tensão da barra, se estimado a partir da Eq. 7.5a?

SOLUÇÃO

Conhecido: Uma barra de seção transversal circular sujeita a um carregamento de impacto possui um concentrador de tensão específico em cada uma de suas extremidades.

A Ser Determinado: Determine o efeito do concentrador de tensão na capacidade de absorção de energia de uma barra.

Esquemas e Dados Fornecidos: Veja a Figura 7.8.

Hipóteses: Sob carregamento de impacto, o material da barra se comporta como frágil.

Análise: Inicialmente, duas observações: (a) se a barra for suficientemente longa, o volume do material na região dos filetes em suas extremidades representa uma fração muito pequena do volume total, e (b) o material na localização crítica dos filetes não pode ser solicitado a uma tensão que exceda a resistência do material *S*. Isto significa que *praticamente todo* o material pode ser considerado como sendo solicitado por uma tensão uniforme que não pode ser superior a S/K_i, ou, nesse caso, $S/1,5$. Assim, uma boa aproximação é que após a consideração do concentrador de tensão o mesmo volume de material seja envolvido, porém em um nível de tensão reduzido de um fator de 1,5. Como a tensão está elevada ao quadrado na Eq. 7.5a, a consideração do entalhe *reduz a capacidade de absorção de energia de um fator de $1,5^2$, ou seja, 2,25.*

PROBLEMA RESOLVIDO 7.6   Impacto por Tração de um Componente com Entalhe

A Figura 7.9 mostra a mesma barra sob impacto da Figura 7.8, porém dessa vez foi adicionada uma ranhura com $K_i = 3$. Compare as capacidades de absorção de energia por impacto das barras das Figuras 7.8 e 7.9.

SOLUÇÃO

Conhecido: Uma barra com ranhura e uma barra lisa estão sujeitas a um carregamento de impacto.

A Ser Determinado: Compare as capacidades de absorção de energia por impacto das barras.

Esquemas e Dados Fornecidos:

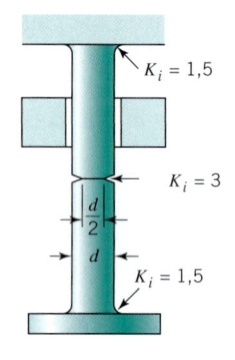

FIGURA 7.9 **Barra com ranhura sob carregamento de impacto.**

Hipóteses: Os materiais das barras apresentam um comportamento frágil.

Análise: Na Figura 7.9, a capacidade de impacto é limitada ao valor que leva a tensão na ranhura até o valor da resistência do material *S*. Como o fator de concentração de tensão efetivo é igual a 3, o nível de tensão nominal na seção da ranhura é $S/3$. Devido à relação entre áreas ser de 4:1, a tensão nominal no volume do material (*fora* do plano da ranhura) é de apenas $S/12$. Para uma barra longa, o percentual do volume nas proximidades da ranhura é muito pequeno. Assim, considerando a Eq. 7.5a, a única diferença substancial ocorrida pela introdução da ranhura é a redução do valor de σ de $S/1,5$ para $S/12$. Como, na equação, a tensão σ é elevada ao quadrado, a ranhura

reduz a capacidade de energia de um fator igual a 64; isto é, a barra com ranhura possui *menos de 2 %* da capacidade de absorver energia da barra sem ranhura!

Dessa discussão, conclui-se que o projeto efetivo de um componente eficiente na absorção de energia compreende duas etapas importantes:

1. Minimize a concentração de tensão tanto quanto possível. (Tente sempre reduzir a tensão no ponto onde ela é mais alta.)

2. Depois disso, remova todo "excesso de material" possível, de modo que a tensão em qualquer posição seja tão próxima quanto possível da tensão no ponto mais crítico. A remoção desse excesso de material não reduz a *carga* que o componente pode suportar, e a *deformação* aumenta. Uma vez que a energia absorvida é igual à integral da força multiplicada pela deformação, a capacidade de absorção de energia será aumentada. (Lembre-se do exemplo dramático desse princípio no Problema Resolvido 7.1.)

PROBLEMA RESOLVIDO 7.7   Modificando o Projeto de um Parafuso para Aumentar sua Resistência ao Impacto

A Figura 7.10a mostra um parafuso sujeito a um carregamento de impacto por tração. Recomende uma modificação no projeto de modo a aumentar sua capacidade de absorção de energia. De quanto essa capacidade será aumentada se o projeto for modificado?

SOLUÇÃO

Conhecido: Um parafuso padronizado com geometria bem definida deve ser modificado para suportar um carregamento de impacto por tração.

A Ser Determinado: Modifique a geometria do parafuso e estime o aumento na capacidade de absorção de energia.

Esquemas e Dados Fornecidos:

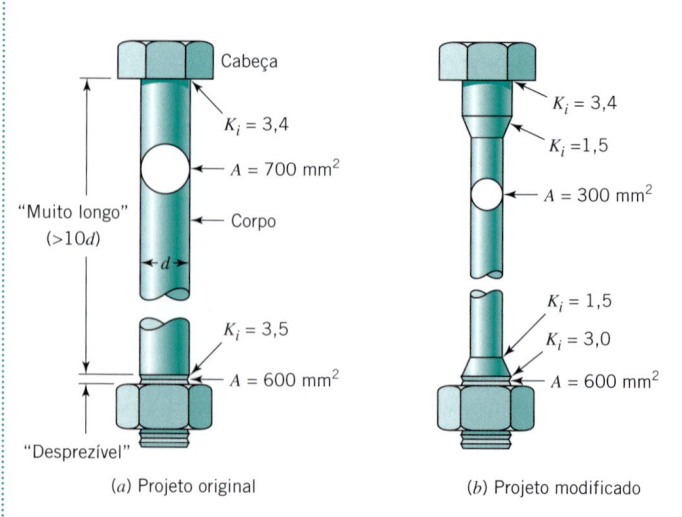

(a) Projeto original   *(b)* Projeto modificado

FIGURA 7.10 **Parafuso sujeito a impacto por tração.**

Decisões: As seguintes decisões são tomadas na análise do projeto:

1. Minimize a concentração de tensão utilizando uma rosca com filete liso e relativamente largo na raiz.

2. Deixe um pequeno comprimento do corpo do parafuso sob sua cabeça para servir de centralização do parafuso no furo de sua fixação.

3. Projete a geometria de forma a obter uma tensão uniforme ao longo do corpo do parafuso, pela redução de seu diâmetro nas regiões menos tensionadas.

Hipóteses: A resistência do material S é utilizada para ambos os parafusos. Outras hipóteses serão adotadas, quando requeridas, ao longo da análise do projeto.

Análise do Projeto:

1. Reduza o concentrador de tensão onde ele é mais crítico. A tensão mais alta é na rosca ($K_i = 3,5$, atuando em uma área de apenas 600 mm^2). Admita que modificando ligeiramente a rosca, tornando-a mais lisa e propiciando uma maior suavidade o concentrador do filete na raiz, K_i, possa ser reduzido para 3,0, conforme mostrado na Figura 7.10b. O outro ponto de concentração de tensão é no filete sob a cabeça do parafuso. Esse filete deve ser pequeno, de modo a propiciar uma área plana para o contato. Na realidade, não há qualquer motivação para se reduzir o concentrador de tensão naquele ponto, uma vez que a tensão nessa região será menor que a atuante na raiz da rosca, mesmo com seu projeto modificado.[1]

$$\sigma = \frac{P}{A}K_i; \left(\frac{P}{700} \times 3,4\right)_{\text{filete}} < \left(\frac{P}{600} \times 3,0\right)_{\text{raiz da rosca}}$$

2. Deixe um pequeno comprimento do corpo com mesmo diâmetro abaixo da cabeça do parafuso para servir como piloto para a centralização do parafuso em seu furo. O diâmetro no restante do corpo pode ser reduzido, de modo que a tensão ali atuante tenha um valor próximo da tensão ocorrente na raiz da rosca. A Figura 7.10b mostra um diâmetro de corpo reduzido que é alargado para o diâmetro pleno original de raio maior, para que se tenha uma concentração de tensão mínima. Com base na estimativa de um fator de concentração de tensão conservativo de 1,5, a área do corpo pode ser reduzida à metade da área efetiva na rosca:

$$A = 600 \times \frac{1,5}{3,0} = 300 \text{ mm}^2$$

3. Admita que o parafuso seja suficientemente longo, de modo que o volume de material uniformemente tensionado na região central do corpo seja o único volume que necessite ser considerado e que os volumes nas duas regiões críticas sejam proporcionais às áreas de 700 e 300 mm^2. Pela Eq. 7.5a, $U = \sigma^2 V/2E$. Como E é uma constante, a razão entre as capacidades de armazenamento de energia para os parafusos mostrados nas Figuras 7.10b e 7.10a vale

$$\frac{U_b}{U_a} = \frac{\sigma_b^2 V_b}{\sigma_a^2 V_a} \qquad \text{(m)}$$

Na Figura 7.10a a tensão atuante no material de maior volume do corpo é menor do que a resistência do material S, por causa do concentrador de tensão e da diferença nas áreas entre a rosca e o corpo. Assim, se $\sigma = S$ na raiz da rosca, a tensão no corpo será

$$\sigma_a = \frac{S}{3,5}\left(\frac{600}{700}\right) = 0,245S$$

Seja o volume do corpo do parafuso mostrado na Figura 7.10a designado por V. Na Figura 7.10b a tensão na rosca pode ser, novamente, S. A tensão correspondente no corpo será, portanto,

$$\sigma_b = \frac{S}{3,0}\left(\frac{600}{300}\right) = 0,667S$$

O volume do corpo do parafuso da Figura 7.10b é V (300/700), ou seja, 0,429V. Substituindo esses valores na Eq. m, obtém-se

$$\frac{U_b}{U_a} = \frac{(0,667S)^2(0,429V)}{(0,245S)^2(V)} = 3,18$$

Comentários:

1. O reprojeto aumentou em três vezes a capacidade do parafuso original e, também, o tornou mais leve.

2. Para um dado volume de material, o projeto de um parafuso com a tensão o mais uniforme possível ao longo de seu comprimento implica maior capacidade de absorção de energia.

Dois outros projetos de parafusos com a capacidade de absorção de energia aumentada são ilustrados na Figura 7.11. Na Figura 7.11a, a superfície de orientação com diâmetro pleno foi deslocada para o centro do corpo, de modo a favorecer o alinhamento dos dois componentes a serem unidos. A Figura 7.11b mostra um método mais oneroso de remoção do excesso de material do corpo, porém a resistência torcional e de flexão do parafuso é praticamente preservada. A resistência torcional geralmente é muito importante, pois ela determina o quanto a porca pode ser apertada sem danificar o parafuso por torção.

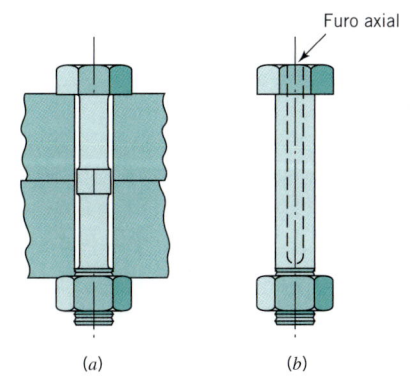

Furo axial

(a)   (b)

Figura 7.11 Parafusos projetados para absorver energia.

---

[1] Em geral este é o caso, porém nem *sempre*.

Referências

1. Juvinall, R. C., *Engineering Considerations of Stress, Strain, and Strength*, McGraw-Hill, New York, 1967.

2. Manjoine, M. J., "Influence of Rate of Strain and Temperature on Yield Stresses of Mild Steel," *J. Appl. Mech.*, **66:** A-221–A-218 (1944), ASME.

3. Marin, Joseph, *Mechanical Behavior of Engineering Materials*, Prentice-Hall, Englewood Cliffs, N.J., 1962.

4. Pilkey, W. D., *Formulas for Stress, Strain, and Structural Matrices*, 2nd ed., Wiley, New York, 2005.

5. Rinehart, John S., and John Pearson, *Behavior of Metals under Impulsive Loads*, The American Society for Metals, Cleveland, 1954.

6. Timoshenko, S., and J. N. Goodier, *Theory of Elasticity*, 3rd ed., McGraw-Hill, New York, 1971.

7. Vigness, Irwin, and W. P. Welch, "Shock and Impact Considerations in Design," in *ASME Handbook: Metals Engineering—Design*, 2nd ed., Oscar J. Horger (ed.), McGraw-Hill, New York, 1965.

8. Young, W. C., and R. G. Budynas, *Roark's Formulas for Stress and Strain*, 7th ed., McGraw-Hill, New York, 2002.

Problemas

Seção 7.2

7.1 De acordo com os materiais comercializados por um importante fabricante de calçados atléticos,

o pé humano é castigado pelas forças de impacto desenvolvidas durante as atividades esportivas. Essa condição torna os amortecedores essenciais ao desenvolvimento de um bom calçado atlético. Um sistema de amortecimento foi projetado para ajudar a proteger o pé dessas forças prejudiciais, auxiliando na absorção do impacto. Esse sistema de amortecimento possui a habilidade de absorver um choque pela dissipação de um impacto vertical, dispersando-o em um plano horizontal. O sistema de amortecimento estará disponível para absorver choques quando for colocado na região dianteira ou traseira dos calçados de meia-sola.

Utilizando o conceito de fluxo de força, explique, se possível, como um sistema de amortecimento por gel poderia absorver um choque pela dissipação do impacto vertical, dispersando-o em um plano horizontal.

7.2 Os capítulos anteriores trataram, essencialmente, das considerações sobre tensões, deformações e resistência oriundas de um carregamento *estático*. O presente capítulo trata das cargas de impacto, e o capítulo subsequente apresenta o fenômeno da fadiga — ambos são casos de carregamento dinâmico. O carregamento de impacto é também referenciado como carregamento *subitamente aplicado*, *impulsivo* ou *choque*. As cargas de impacto podem ser de natureza torcional e/ou linear. Qual é a diferença entre um carregamento de *impacto* e um carregamento *estático*?

7.3 Uma barra de impacto por tração, similar à mostrada na Figura 7.4*a*, fraturou em serviço. Como a falha ocorreu nas proximidades do centro, um técnico ingênuo fabricou uma nova barra exatamente idêntica à original, exceto pelo fato de ter feito o diâmetro do terço médio da barra com o dobro do diâmetro das extremidades. Admitindo que a concentração de tensão possa ser desprezada (o que não é muito correto), como as capacidades de absorção de impacto das barras nova e original se comparam?

7.4 Um componente vertical está sujeito ao impacto axial de um peso de 100 lb (444,8 N) que cai de uma altura de 2 ft (0,61 m) (situação análoga à da Figura 7.4*a*). O componente é feito de um aço, com $S_y = 45$ ksi e $E = 30 \times 10^6$ psi. Despreze os efeitos da massa do componente e dos concentradores de tensão. Qual deve ser o comprimento do componente de modo a evitar o escoamento do material se ele possui um diâmetro de (a) 1 in (2,54 cm), (b) 1½ in (3,81 cm), (c) 1 in (2,54 cm) para a metade de seu comprimento e 1½ in para a outra metade?

[Resp.: 90,5 in, 40 in e 125,2 in (230 cm, 102 cm e 318 cm)]

7.5 Um carro deslizou em uma estrada com gelo e ficou atolado na neve em uma saliência existente na pista. Outro carro, com massa de 1400 kg, tentou rebocar o veículo atolado e trazê-lo de volta para a pista utilizando um cabo de aço com 5 m de comprimento e rigidez $k = 5000$ N/mm. A tração disponível ao veículo de resgate não é suficiente para que ele exerça qualquer força significativa sobre o cabo. Com o auxílio do empurrão de um espectador, o veículo de resgate foi capaz de mover-se ao encontro do carro atolado e, em seguida, acelerar para adiante e atingir uma velocidade de 4 km/h no instante em que o cabo ficou tenso. Se o cabo é fixado rigidamente ao centro de massa de cada veículo, estime a força de impacto máxima que pode ser desenvolvida no cabo e a elongação nele resultante (veja a Figura P7.5).

7.6 Repita o Problema 7.5 considerando que o veículo de resgate possua uma massa de 2800 kg.

7.7 Repita o Problema 7.5 considerando que o cabo de reboque de aço possua uma rigidez de 2500 N/mm.

7.8 Repita o Problema 7.5 considerando que o veículo de resgate atinja uma velocidade de 8 km/h no instante em que o cabo fica tenso.

7.9 O resgate tentado no Problema 7.5 resultou em apenas um ligeiro movimento do carro atolado, pois a força no cabo decaiu muito rapidamente a zero. Além disso, houve preocupação quanto a um possível dano nos pontos de apoio dos veículos devido à alta força "instantânea" desenvolvida. Uma testemunha do procedimento utilizado trouxe um cabo elás-

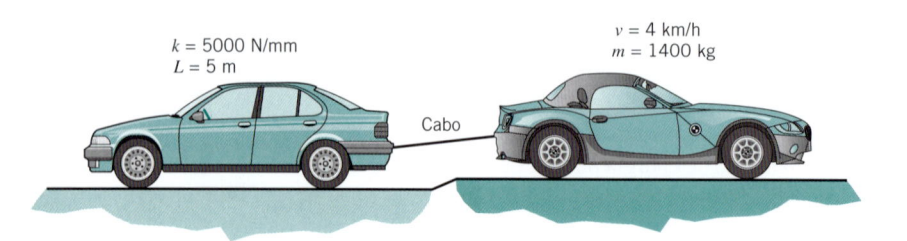

k = 5000 N/mm
L = 5 m

v = 4 km/h
m = 1400 kg

Cabo

FIGURA P7.5

tico de 12 m com rigidez global de apenas 2,4 N/mm e sugeriu que ele fosse utilizado. Devido ao comprimento maior do cabo elástico, sua utilização permitiu que o veículo de resgate atingisse 12 km/h no instante em que o cabo ficou tenso. Estime a força de impacto desenvolvida e a elongação resultante no cabo. Se o veículo atolado não se move de forma significativa até que o veículo de resgate pare, qual é a energia armazenada no cabo? (Imagine essa situação em termos de uma altura da qual uma massa de 100 kg deveria cair, para representar uma quantidade equivalente de energia, e considere o risco potencial de o cabo se romper ou se soltar de qualquer dos veículos.) Quais as observações que você faria em relação aos cabos elásticos vendidos com esse objetivo?

7.10 Um caminhão-reboque pesando 6000 lb (26.689 N) tenta rebocar um veículo acidentado, trazendo-o de volta para a pista, utilizando um cabo de aço com 15 ft (4,6 m) de comprimento e 1 in (2,54 cm) de diâmetro ($E = 12 \times 10^6$ psi para o material do cabo). O caminhão atinge uma velocidade de 3 mph no instante em que o cabo, inicialmente solto, fica tencionado, porém o carro acidentado não se move. (a) Estime a força de impacto aplicada ao veículo e a tensão produzida no cabo. (b) O cabo se rompe ao meio e as duas metades de 7,5 ft (22,9 m) são conectadas em paralelo para uma segunda tentativa. Estime a força de impacto e a tensão produzida no cabo se o veículo acidentado ainda permanece parado.

[Resp.: (a) 60,6 ksi e 47.600 lb (a) 417,8 MPa e (b) 211,7 kN]

7.11 Repita o Problema 7.3, dessa vez utilizando uma viga de alumínio com as dimensões $1,0 \times 1,0$ in (25,4 mm × 25,4 mm) ($b \times h$).

7.12 Um elevador de 5 t é suportado por um cabo de aço padronizado com área de seção transversal de 2,5 in² (16,13 cm²) e módulo de elasticidade efetivo de 12×10^6 psi. Quando o elevador está descendo a uma velocidade constante de 400 ft/min (2,0 m/s) um acidente causa uma parada súbita na extremidade superior do cabo a 70 ft (21,3 m) acima do elevador. Estime a elongação máxima e a tensão de tração máxima desenvolvida no cabo (veja a Figura P7.12).

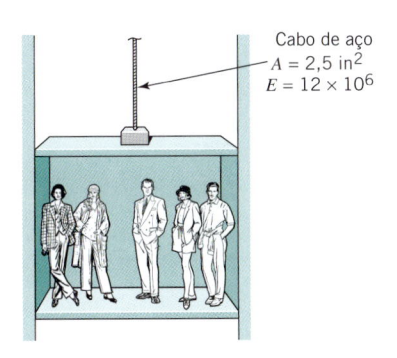

Cabo de aço
$A = 2,5$ in²
$E = 12 \times 10^6$

FIGURA P7.12

7.13 Para o elevador de 5 t descrito no Problema 7.12, explore o efeito do comprimento do cabo na elongação máxima e na tensão de tração máxima desenvolvida no cabo, calculando e representando graficamente a elongação e a tensão de tração no cabo para um comprimento de cabo acima do elevador de 1 até 500 pés (0,305 até 152,4 m).

7.14 Um poste com 60 ft (18,3 m) de comprimento e 950 lb (4226 N), utilizado para elevar as seções de uma torre de comunicação, é suspenso por um cabo de aço padronizado de 0,110 in² (0,71 cm²) de seção transversal, com um módulo de elasticidade efetivo de 12×10^6 psi (82,7 GPa). Quando o poste desce

a uma velocidade constante de 30 ft/min (0,152 m/s) um acidente causa uma parada súbita na extremidade superior do cabo a 70 ft (21,3 m) acima do poste. Estime a elongação máxima e a tensão de tração máxima desenvolvida no cabo.

Seção 7.3

7.15 O eixo motriz vertical mostrado na Figura P2.31 possui 20 mm de diâmetro, 650 mm de comprimento e é fabricado em aço. O motor ao qual ele é fixado em sua parte superior é equivalente a um volante de aço com 300 mm de diâmetro e 25 mm de espessura. Quando o eixo vertical está girando a 3000 rpm as hélices atingem um obstáculo rígido, parando instantaneamente. Admita que o pequeno eixo propulsor horizontal e as engrenagens cônicas tenham flexibilidade desprezível. Calcule a tensão cisalhante por torção elástica atuante no eixo vertical. (Como essa tensão é significativamente superior a qualquer resistência torcional elástica possível, um pino de cisalhamento ou elementos de acoplamento deslizantes devem ser utilizados para proteger o eixo e seus componentes associados de maior valor.)

7.16 Repita o Problema 7.15 considerando que o eixo vertical esteja girando a 6000 rpm.

7.17 Repita o Problema 7.15 considerando que o eixo vertical possua um diâmetro de 10 mm.

7.18 Repita o Problema 7.15 considerando que o eixo motriz vertical possua um comprimento de 325 mm.

7.19 A Figura P7.19 mostra uma barra de aço de seção circular engastada com uma curva de 90° apoiada no plano horizontal. Um peso W cai de uma altura h na extremidade livre da barra. Se o aço possui uma resistência ao escoamento de 50 ksi, qual é a combinação de W e h necessária para produzir o escoamento da barra? Despreze o peso da barra e as tensões de cisalhamento transversal. Admita que a teoria de falha da máxima energia de distorção possa ser aplicada.

[Resp.: $Wh \geq 92,4$ in·lb, com base em uma hipótese simplificadora adicional.]

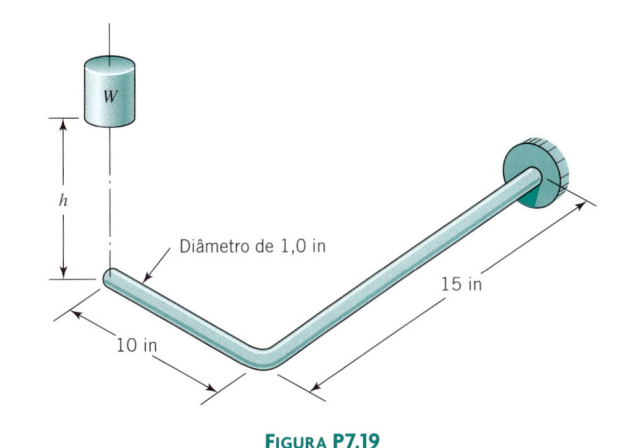

W

h

Diâmetro de 1,0 in

15 in

10 in

FIGURA P7.19

Seção 7.4

7.20 Para a barra de impacto por tração mostrada na Figura P7.20, estime a razão entre as energias de impacto que podem ser absorvidas com e sem a ranhura (que reduz o diâmetro para 24 mm). Admita que $K = K_i = K_t$.

[Resp.: 0,06:1]

7.21 Uma plataforma é suspensa por longas barras de aço conforme mostrado na Figura P7.21a. Como, algumas vezes, componentes pesados caem sobre a plataforma, decidiu-se

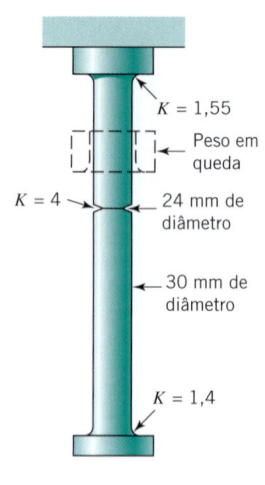

FIGURA P7.20

modificar as barras conforme mostrado na Figura P7.21*b* para se aumentar a capacidade de absorção de energia. As características do novo projeto incluem alargamento das extremidades, combinação da região do corpo com amplos filetes e roscas especiais que fornecem menores concentradores de tensão. (Admita que $K = K_i = K_t$)

(a) Qual é a menor área de seção efetiva da rosca, A (Figura P7.21*b*), que propicia a maior capacidade de absorção de energia?

(b) Utilizando esse valor de A (ou um valor acima, mais próximo das dimensões padronizadas para roscas), determine o aumento na capacidade de absorção de energia propiciada por esse novo projeto.

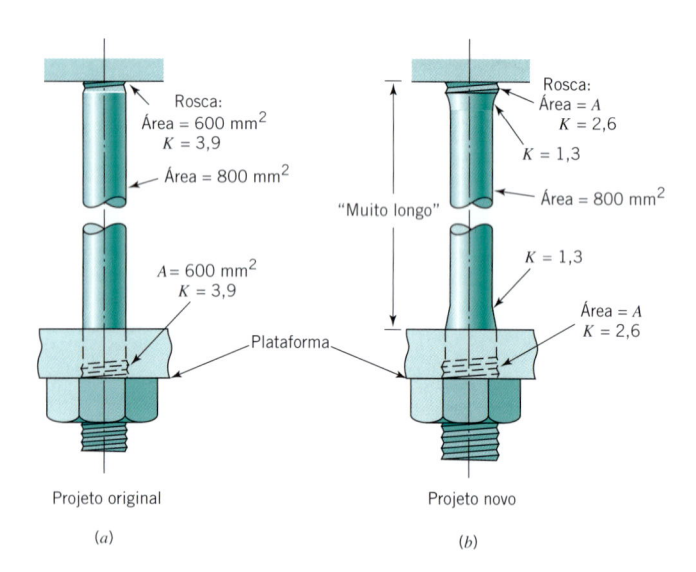

Projeto original *(a)* — Projeto novo *(b)*

FIGURA P7.21

7.22 A Figura P7.22*a* mostra o projeto inicial de um parafuso sujeito a um carregamento por impacto à tração. O parafuso, assim projetado, fratura nas proximidades da porca, conforme indicado. O reprojeto proposto na Figura P7.22*b* envolve a execução de um furo axial na região sem rosca e a incorporação de um filete de raio maior sob a cabeça do parafuso.

(a) Qual é o valor do diâmetro teoricamente ótimo do furo a ser executado?

(b) Utilizando esta dimensão para o furo, qual o fator aproximado de aumento da capacidade de absorção de energia do parafuso referente às modificações realizadas?

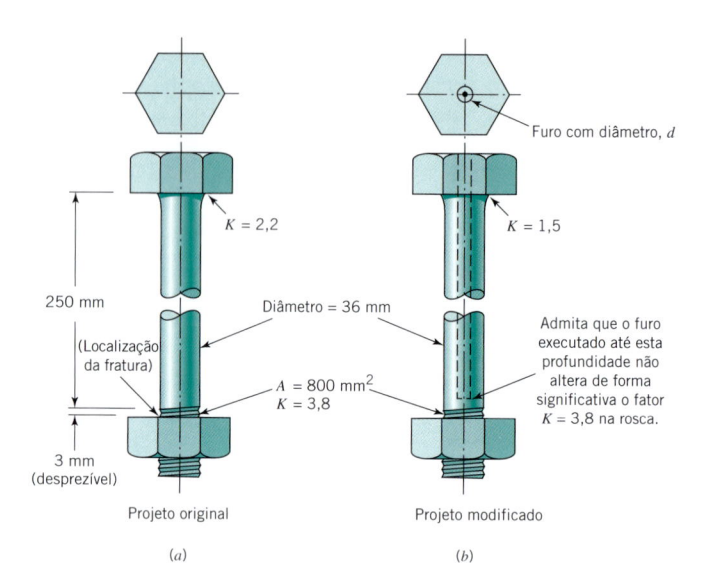

Projeto original *(a)* — Projeto modificado *(b)*

FIGURA P7.22

7.23 A Figura P7.23 mostra uma barra de impacto por tração com um pequeno furo transversal. Qual é o fator de redução da capacidade de absorção de energia por impacto imposto pelo furo da barra?

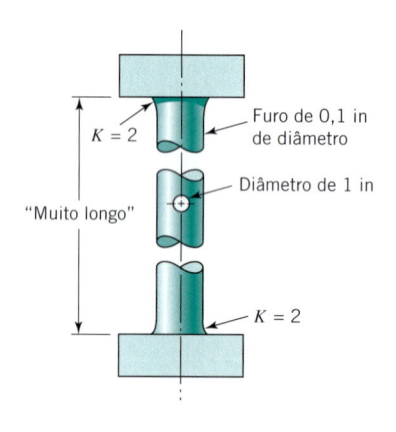

FIGURA P7.23

7.24P Reprojete o parafuso carregado por impacto à tração mostrado na Figura P7.22*a* de forma a *aumentar* a capacidade de absorção de energia por um fator de 3 ou mais.

7.25P Reprojete a barra de impacto lisa mostrada na Figura 7.8 do texto para *reduzir* a capacidade de absorção de energia da barra de um fator de 2 ou mais. Admita que a barra tenha um diâmetro $d = 1,0$ in.

Fadiga

8

8.1 Introdução

Até meados do século XIX os engenheiros tratavam um carregamento alternado ou repetitivo da mesma forma que um carregamento estático, a não ser pelos altos fatores de segurança. O uso do termo *fadiga* nestas situações foi, aparentemente, introduzido por Poncelet, da França, em um livro publicado em 1839. Os especialistas modernos sugerem que o termo *fratura progressiva* talvez seja mais apropriado.

As fraturas por "fadiga" começam com uma trinca minúscula (geralmente microscópica) em uma área crítica de alta-tensão local. Isto quase sempre ocorre onde existe um concentrador de tensões geométrico. Além disso, defeitos minúsculos do material ou as trincas preexistentes estão, quase sempre, correlacionadas (lembre-se, da Seção 6.3, onde a abordagem da mecânica da fratura admite a preexistência de trincas em *todos* os materiais). Uma inspeção das superfícies após a fratura final (como mostrado na Figura 8.1) geralmente revela o local onde a trinca começou gradualmente a aumentar, a partir de uma "marca de praia" para a próxima, até que a seção se torne suficientemente enfraquecida para que a fratura final ocorra na aplicação da carga final. Isto pode ocorrer quando a tensão excede a tensão última, com a fratura ocorrendo como em um ensaio estático de tração. Entretanto, em geral a fratura final é principalmente "frágil" e ocorre de acordo com os conceitos da mecânica da fratura tratados nas Seções 6.3 e 6.4. (Lembre-se de que a fratura frágil se deve a uma concentração de tensão e a uma carga aplicada subitamente, ambas as quais estão normalmente presentes quando ocorre a fratura de fadiga final.)

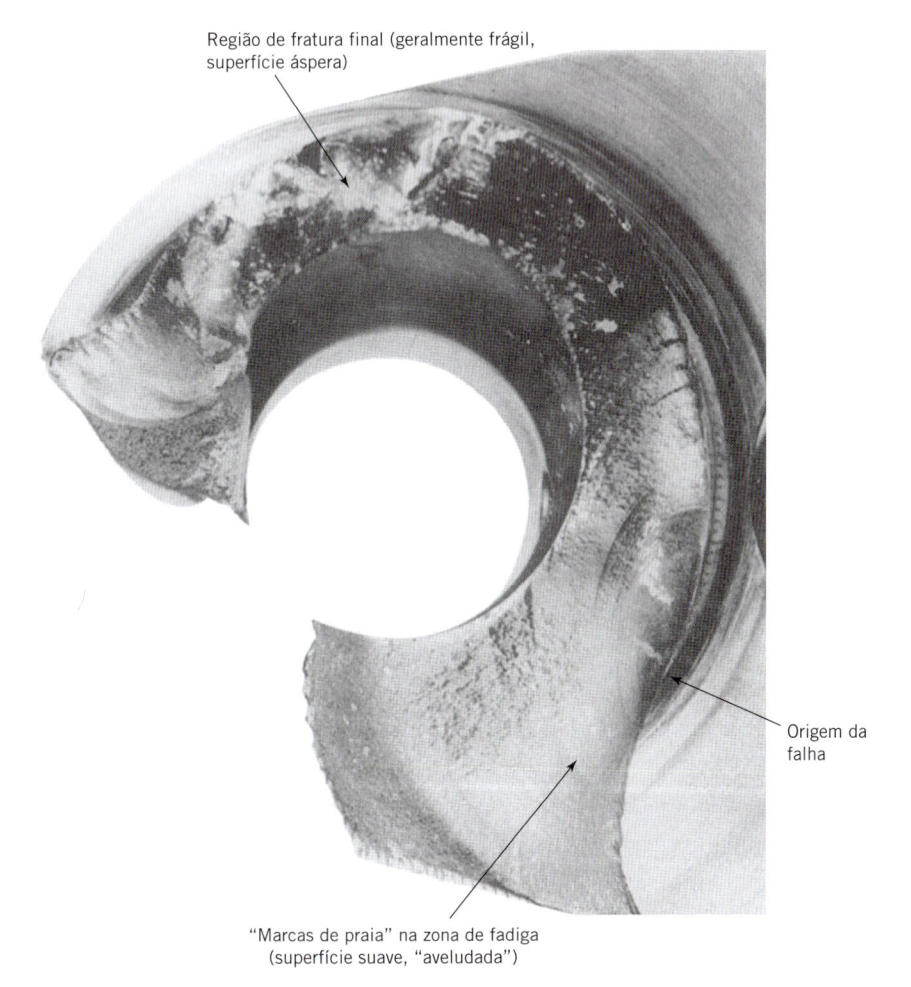

Região de fratura final (geralmente frágil, superfície áspera)

Origem da falha

"Marcas de praia" na zona de fadiga (superfície suave, "aveludada")

FIGURA 8.1 **Falha por fadiga originada no raio de concordância do eixo de um virabrequim de uma aeronave (Aço SAE 4340, 320 Bhn).**

Na Figura 8.1, a curvatura nas marcas de praia serve para indicar onde a falha se originou. A área das marcas de praia é conhecida como *zona de fadiga*. Esta região possui uma textura suave e aveludada, desenvolvida pela pressão repetida de encontro e separação das superfícies da trinca. Esse resultado contrasta com a fratura final relativamente áspera. Uma característica diferenciadora da fratura por fadiga de um material dúctil é que ocorre uma pequena, ou mesmo nenhuma, distorção macroscópica durante todo o processo, enquanto a falha causada por sobrecarga estática produz uma distorção grosseira.

8.2 Conceitos Básicos

Uma ampla pesquisa, realizada ao longo do século passado, forneceu uma compreensão parcial dos mecanismos básicos associados às falhas por fadiga. A referência [3] contém uma relação de boa parte do conhecimento corrente aplicado à prática da engenharia. Alguns dos conceitos básicos e elementares, úteis à compreensão dos padrões observados de comportamento por fadiga, são relacionados a seguir.

1. A falha por fadiga resulta da *deformação plástica repetida*, como a quebra de um arame por flexão para a frente e para trás repetidamente. Sem o escoamento plástico repetido, as falhas por fadiga não podem ocorrer.

2. Enquanto um arame pode ser quebrado após uns poucos ciclos de escoamento plástico generalizado, as falhas por fadiga ocorrem, tipicamente, após milhares ou mesmo milhões de ciclos de minúsculos escoamentos que, frequentemente, só existem em um *nível microscópico*. A falha por fadiga pode ocorrer em níveis de tensões bem abaixo do ponto de escoamento convencionalmente determinado ou do limite elástico.

3. Como o escoamento plástico altamente localizado pode ser o início de uma falha por fadiga, isto leva o engenheiro a prestar atenção em todos os locais potencialmente vulneráveis, como furos, quinas vivas, roscas, rasgos de chaveta, superfícies arranhadas e corrosão. Tal localização é mostrada na raiz de um entalhe na Figura 8.2. *Reforçar esses locais vulneráveis é frequentemente tão eficaz quanto fabricar todo o componente de um material mais resistente.*

4. Se o escoamento localizado for suficientemente pequeno, o material *pode* encruar provocando a interrupção do escoamento. Neste caso, o componente terá, na realidade, se beneficiado desta leve sobrecarga. Todavia, se o escoamento localizado for significativo, o carregamento cíclico repetido causará uma perda de ductilidade localizada (de acordo com os conceitos apresentados na Seção 3.3), até

que a deformação cíclica imposta ao local vulnerável em questão não possa mais resistir a fratura.

5. A trinca inicial de fadiga geralmente resulta em um aumento do concentrador de tensões local. À medida que a trinca progride, o material na raiz da trinca, em qualquer instante de tempo, está sujeito a um escoamento reverso localizado e destrutivo. À medida que a trinca fica mais profunda, e desse modo reduzindo a seção e causando o aumento das tensões, a taxa de propagação da trinca aumenta até que a seção remanescente não seja capaz de suportar mais nenhuma carga aplicada, ocorrendo a fratura final, geralmente de acordo com os princípios da mecânica da fratura. (Existem situações nas quais uma trinca de fadiga avança para uma região de baixas tensões, de maior resistência do material, ou ambas, e a trinca para de se propagar, porém estas situações não são comuns.)

A prática atual da engenharia se baseia fortemente na riqueza dos resultados acumulados de dados empíricos de testes de fadiga de diversos materiais, em várias formas e sujeitos a diversos tipos de carregamentos. O restante deste capítulo é amplamente baseado nestes resultados. A próxima seção descreve o ensaio de fadiga padronizado de R. R. Moore, que é utilizado na determinação da resistência à fadiga de materiais sob um conjunto de condições padronizadas muito específicas. Após o padrão dos resultados obtidos a partir destes ensaios serem revistos, as seções que se sucedem tratam dos efeitos dos desvios dos ensaios padronizados de diversas formas, trabalhando-se, assim, de modo ordenado, na direção do caso mais geral de fadiga.

As generalizações ou padrões de comportamento à fadiga desenvolvido no restante deste capítulo capacitam o engenheiro a estimar o comportamento à fadiga para combinações de materiais, geometria e carregamento para os quais os resultados dos ensaios não estão disponíveis. Esta estimativa do comportamento à fadiga caracteriza uma etapa extremamente importante na engenharia moderna. O projeto preliminar de componentes críticos normalmente envolvem este procedimento. Então, protótipos do projeto preliminar são construídos e testados à fadiga. Os resultados fornecem uma base para o refinamento do projeto preliminar no sentido de se chegar a um projeto definitivo e adequado à produção.

8.3 Resistências à Fadiga Padrão (S'_n) para Flexão Rotativa

A Figura 8.3 representa uma máquina-padrão de teste de flexão rotativa de R. R. Moore. O leitor pode verificar que o carregamento imposto pelos quatro mancais simetricamente localizados geram, na região central do corpo de prova, o carregamento em *flexão pura* (isto é, cisalhamento transversal nulo), e que a tensão em qualquer ponto se desenvolve de forma cíclica tração-para-compressão-para-tração a cada rotação do eixo. O nível mais alto de tensão refere-se ao centro do eixo, onde o diâmetro é padronizado em 0,300 in (7,62 mm). O grande raio de curvatura evita uma concentração de tensão. Diversos pesos são escolhidos para propiciar os níveis de tensão desejados. A velocidade do motor é, geralmente, de 1750

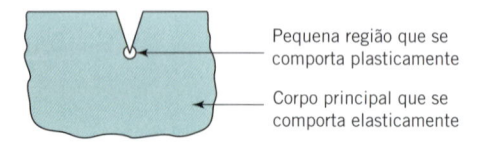

Pequena região que se comporta plasticamente

Corpo principal que se comporta elasticamente

FIGURA 8.2   **Vista ampliada de uma região com entalhe.**

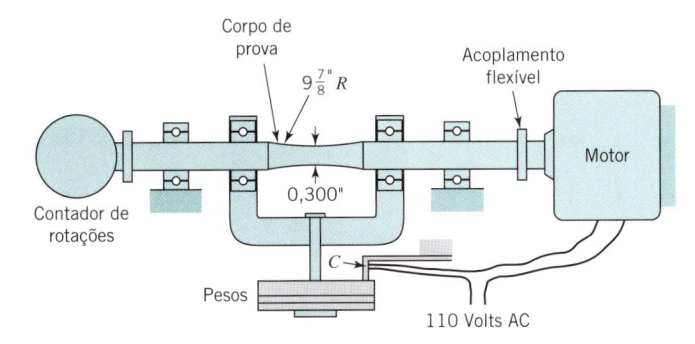

FIGURA 8.3 **Máquina do teste de fadiga de flexão rotativa de R. R. Moore.**

rpm. Quando o corpo de prova falha, o peso cai, abrindo o pontos de contato em C, o que para o motor. O número de ciclos até a falha é indicado por um contador de rotações.

Uma série de ensaios realizados com diversos pesos e utilizando corpos de prova fabricados cuidadosamente, para serem tão idênticos quanto possível, fornecem resultados que são plotados como *curvas S–N*. Conforme ilustrado na Figura 8.4, as curvas $S–N$ são representadas graficamente tanto através de coordenadas semilog quanto em coordenadas log-log. Observe que a amplitude das tensões variáveis que causam a falha do material após um determinado número de ciclos é chamada de *resistência à fadiga* correspondente àquele número de ciclos de carregamentos. Diversos ensaios realizados em *materiais ferrosos* mostraram a existência de um *limite de fadiga*, definido como o maior nível de tensão totalmente alternada que pode ser suportado indefinidamente pelo material, sem ocorrer uma falha. O símbolo usual para o limite de fadiga é S_n. É designado por S'_n na Figura 8.4, e o apóstrofo indica o caso especial do ensaio padronizado ilustrado na Figura 8.3. As coordenadas log-log são particularmente convenientes para a representação das curvas $S–N$ para materiais ferrosos, tendo em vista a relação linear mostrada.

A Figura 8.4c mostra o "joelho" das curvas $S–N$ para materiais que possuem um limite de fadiga claramente definido. Este joelho normalmente ocorre entre 10^6 e 10^7 ciclos. É prática comum em engenharia admitir-se a hipótese conservadora de que os materiais ferrosos não devem ser submetidos a tensões superiores ao limite de fadiga, se uma vida de 10^6 ciclos ou mais é necessária. Esta hipótese é ilustrada na Figura 8.5, em que é mostrada a curva $S–N$ generalizada de um aço.

Como falhas por fadiga se originam em pontos *localizados* de relativa fraqueza, os resultados dos ensaios de fadiga apresentam um espalhamento consideravelmente maior do que aqueles relativos aos ensaios estáticos. Por esta razão, a abordagem estatística para a definição da resistência (veja as Seções 6.13 até 6.15) torna-se mais importante. Os desvios-padrão do limite de fadiga estão geralmente na faixa de 4 % a 9 % do valor nominal. Idealmente, os desvios-padrão são determinados experimentalmente a partir de ensaios correspondentes à aplicação específica. Em geral, o valor correspondente a 8 % do limite de fadiga nominal é utilizado como estimativa conservadora do desvio-padrão nas situações em que informações mais específicas não estão disponíveis.

Os dados dispersos mostrados na Figura 8.4 são típicos de ensaios cuidadosamente controlados. A banda de espalhamento indicada na Figura 8.4c ilustra um ponto interessante: o espalhamento da *resistência à fadiga* correspondente a uma dada vida é pequeno; o espalhamento na *vida à fadiga* correspondente a um dado nível de tensão é grande. Mesmo em testes cuidadosamente controlados, estes valores de vida podem variar em uma faixa de cinco a dez para um.

Uma grande quantidade de ensaios de fadiga padronizados (Figura 8.3) tem sido conduzida ao longo das últimas décadas, apresentando resultados que tendem a estabelecer um certo padrão geral. O mais comumente usado é mostrado na Figura 8.5. Com o conhecimento apenas da tensão última à tração, uma boa aproximação de toda a curva $S–N$ de um aço pode ser rapidamente obtida. Além disso, a tensão última à tração pode ser estimada a partir de um ensaio de dureza não destrutivo. Para os aços, a tensão última em psi, é cerca de 500 vezes o valor da dureza Brinell (veja o Capítulo 3); assim, uma estimativa conservadora do limite de fadiga é de aproximadamente $250\,H_B$. *Esta última relação pode ser utilizada para valores de dureza Brinell até cerca de 400.* O valor do limite de fadiga pode, ou não, continuar aumentando para valores superiores de dureza, dependendo da composição do aço. Estes casos são ilustrados na Figura 8.6.

Embora a resistência à fadiga referente a uma vida de 10^3 ciclos, mostrada na Figura 8.5, seja calculada como cerca de 90 % da tensão última, a tensão *real* não é tão alta. A razão é que os valores de resistência à fadiga correspondentes aos pontos de ensaio, na Figura 8.4, são *calculados* de acordo com a expressão elástica, $\sigma = Mc/I$. As cargas suficientemente altas para causar falha em 1000 ciclos geralmente produzem escoamento significativo, resultando em tensões *reais* que são *menores* que às calculadas. Este fenômeno é ilustrado na Figura 8.7.

As características de resistência à fadiga dos ferros fundidos são similares às do aço, com a exceção de que o limite de fadiga que corresponde a cerca de 40 % (em vez de 50 %) da tensão última.

As curvas $S–N$ representativas para diversas ligas de alumínio são mostradas na Figura 8.8. Observe a ausência de um "joelho" bem definido e de um limite de fadiga claramente definido. Isto é típico de metais não ferrosos. Na ausência de um limite de fadiga, a resistência à fadiga referente a 10^8 ou 5×10^8 ciclos é, geralmente, utilizada. (Para se ter uma "ideia" do tempo necessário para se acumular esta quantidade de ciclos, um automóvel precisaria percorrer aproximadamente 400.000 milhas (644.000 km) antes de chegar às 5×10^8 ignições em seus cilindros.) Para as ligas de alumínio forjado típicas, a resistência à fadiga em 5×10^8 ciclos está relacionada com a tensão última à tração estática, conforme indicado na Figura 8.9.

As curvas $S–N$ típicas para ligas de magnésio são mostradas na Figura 8.10. A resistência à fadiga referente a uma vida de 10^8 ciclos é de cerca de 0,35 vez a tensão última à tração para a maioria das ligas forjadas e fundidas.

Para a maioria das ligas de cobre (incluindo os latões, os bronzes, as ligas cuproníquel etc.), a razão entre a resistência à fadiga a 10^8 ciclos e a tensão última estática à tração varia de 0,25 a 0,5. Para as ligas de níquel, a razão entre estas resistências está, geralmente, entre 0,35 e 0,5.

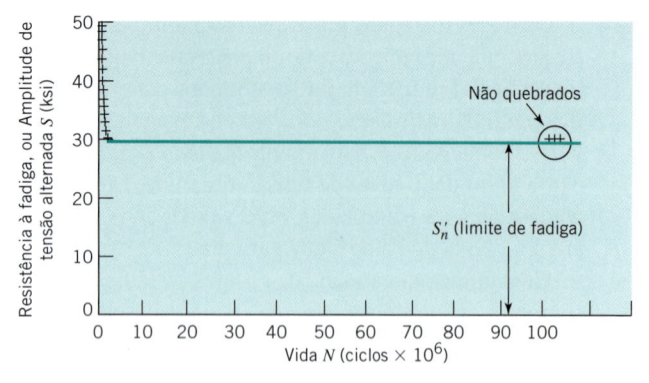

(*a*) Coordenadas lineares (não utilizadas por motivos óbvios)

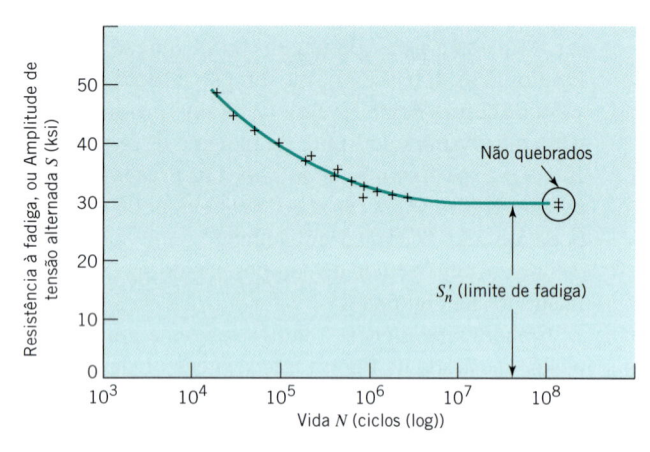

(*b*) Coordenadas semilog

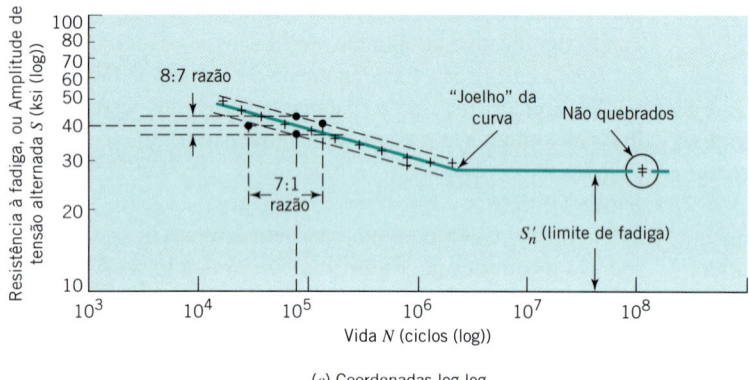

(*c*) Coordenadas log-log

Figura 8.4 Três gráficos S–N de dados de fadiga representativos para um aço de 120 Bhn.

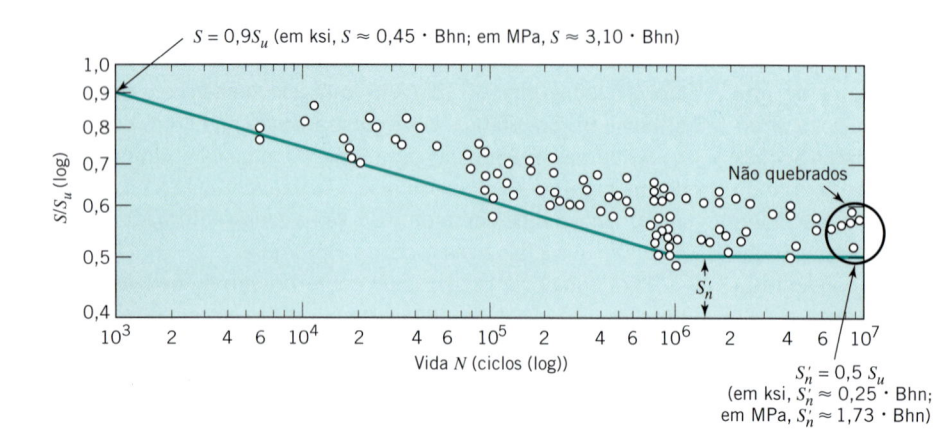

Figura 8.5 Curva S–N generalizada para aços forjados com pontos de resultados superpostos [7]. Observe que Bhn = H_B = dureza Brinell.

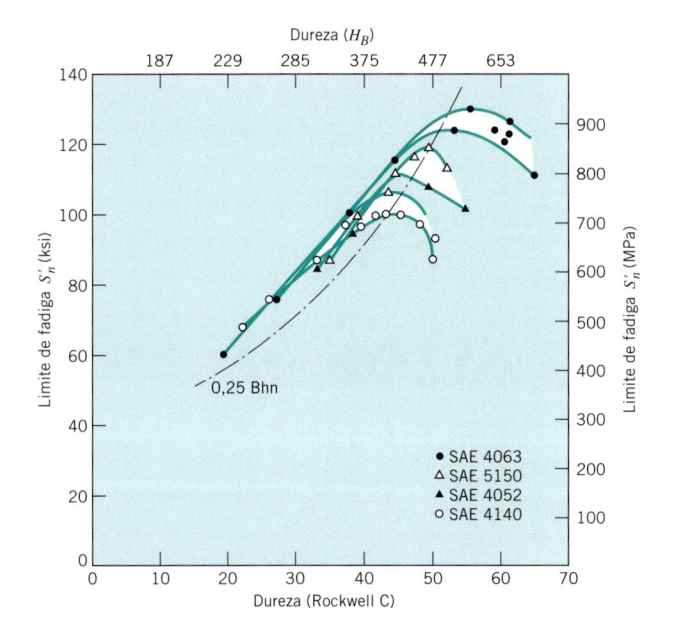

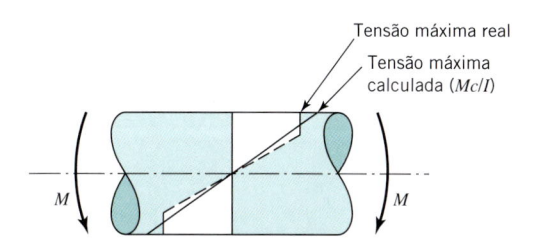

FIGURA 8.6 Limite de fadiga *versus* dureza para quatro aços-liga. (De M. F. Garwood, H. H. Zurburg, e M. A. Erickson, *Interpretation of Tests and Correlation with Service*, American Society for Metals, 1951, p. 13.)

FIGURA 8.7 Representação da tensão de flexão máxima em fadiga de baixo ciclo (a 1000 ciclos). (Nota: A tensão máxima calculada é usada nos gráficos S–N.)

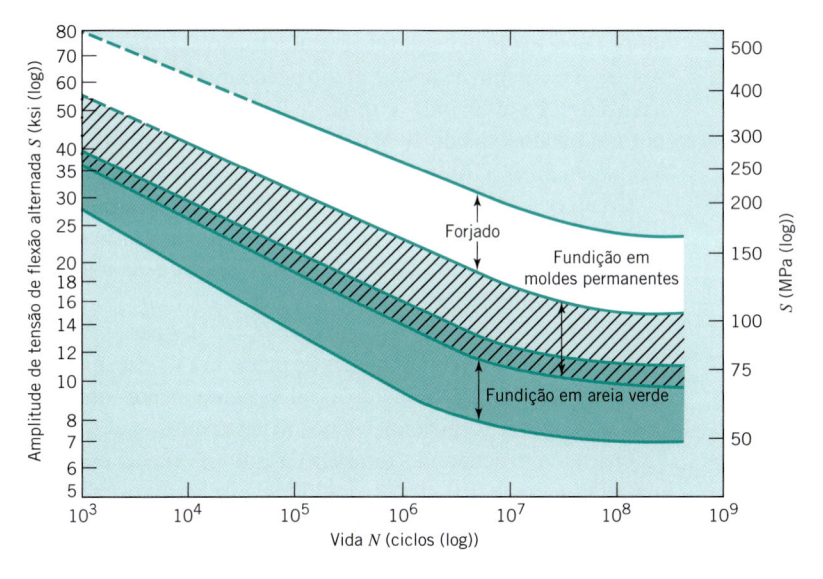

FIGURA 8.8 Bandas de S–N para ligas de alumínio representativas, excluindo ligas forjadas com $S_u < 38$ ksi.

Ligas representadas:
1100-0, H12, H14, H16, H18   2014-0, T4 e T6   6063-0, T42, T5, T6
3003-0, H12, H14, H16, H18   2024-T3, T36 e T4   7075-T6
5052-0, H32, H34, H36, H38   6061-0, T4 e T6

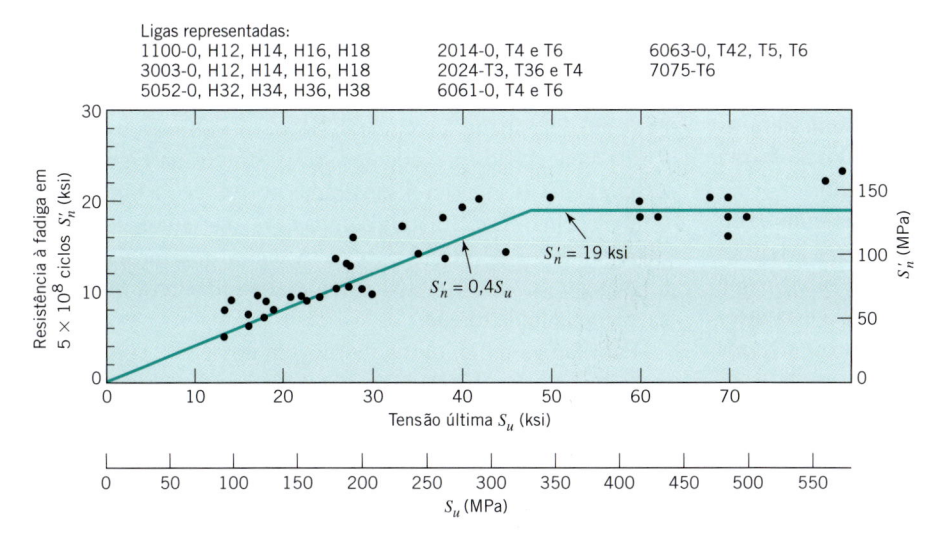

FIGURA 8.9 Resistência à fadiga para 5×10^8 ciclos *versus* tensão última para ligas de alumínio forjadas comuns.

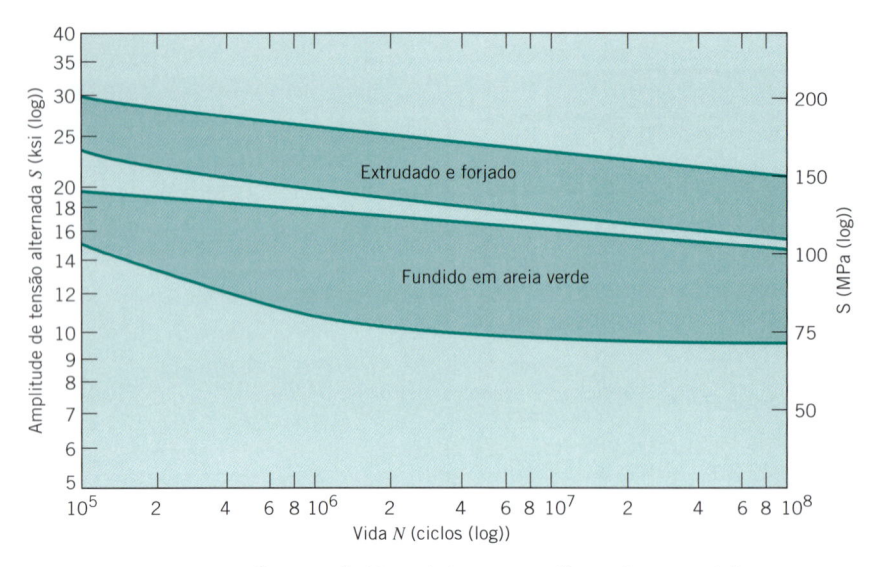

FIGURA 8.10 Curvas S–N genéricas para ligas de magnésio.

O titânio e suas ligas se comportam como o aço, e tendem a apresentar um limite de fadiga verdadeiro na faixa entre 10^6 e 10^7 ciclos, com o limite de fadiga situando-se entre 0,45 e 0,65 vezes a tensão última.

8.4 Resistências à Fadiga para Flexão Alternada e para Carregamento Axial Alternado

Se um corpo de prova, similar ao utilizado na máquina de ensaio de R. R. Moore, não for rotativo, mas for montado horizontalmente, com uma de suas extremidades engastada e a outra sujeita a uma carga vertical para cima e para baixo, tensões de flexão *reversa* são produzidas. Estas tensões diferem das impostas no caso de flexão *rotativa* pelas tensões máximas estarem limitadas às regiões superior e inferior do corpo de prova; ao passo que a flexão rotativa produz tensões máximas por toda a periferia da área de seção circular. No caso da flexão rotativa, uma falha por fadiga terá origem no ponto mais fraco da superfície; no caso da flexão reversa existe uma alta probabilidade estatística de que o ponto mais fraco não esteja exatamente na região superior ou inferior do corpo de prova. Isto significa que a resistência à fadiga na flexão reversa é, em geral, ligeiramente maior do que na flexão rotativa. Essa diferença é pequena e é usualmente desprezada. Assim, para os problemas envolvendo flexão reversa é introduzido, de forma deliberada, um pequeno erro no sentido conservador.

Um raciocínio similar indica que um carregamento *axial* reverso — o qual sujeita *toda a seção transversal* à tensão máxima — deveria dar uma resistência à fadiga *menor* do que o caso de flexão rotativa. Este é realmente o caso, e esta diferença deve ser considerada. Os ensaios axiais ou ensaios "empurra-puxa" fornecem um limite de fadiga cerca de 10 % menor que o obtido a partir de flexão rotativa. Além disso, se a carga supostamente axial está só um *pouco* descentralizada (como no caso de componentes fabricados com pouca precisão, que possuem superfícies fundidas ou forjadas), uma leve flexão

é introduzida, o que faz com que as tensões de um dos lados sejam um pouco superiores que P/A. Idealmente, a excentricidade da carga deveria ser determinada e a amplitude de tensão alternada seria calculada como $P/A + Mc/I$, porém a dimensão da excentricidade indesejável geralmente não é conhecida. Nesses casos é comum levar este efeito em conta utilizando apenas a tensão P/A e reduzindo o limite de fadiga para flexão rotativa por um pouco *mais* de 10% (podendo chegar, algumas vezes, à faixa de 20 % a 30 %).

Como esta redução de 10 % ou mais no limite de fadiga para a flexão rotativa está associada a *diferenças no gradiente de tensões*, este efeito será levado em consideração pela multiplicação do limite de fadiga básico, S'_n, por um *fator gradiente* ou *constante gradiente*, C_G, em que $C_G = 0,9$ para carregamento axial puro de componentes de precisão e C_G está na faixa de 0,7 a 0,9 para carregamento axial de componentes imprecisos, isto é com excentricidades no carregamento.

O gradiente de tensões também é responsável pela resistência à fadiga para 10^3 ciclos, sendo menor para carregamento axial do que para cargas de flexão. Lembre-se, da Figura 8.7, de que a resistência de $0,9S_u$ para flexão rotativa foi, em muitos casos, um valor calculado fictício que desprezou o efeito do escoamento na superfície. O escoamento não pode reduzir a tensão superficial no caso de carregamento axial. Portanto, os ensaios indicam que a resistência a 10^3 ciclos para este carregamento é de apenas cerca de $0,75S_u$.

Os comentários precedentes são ilustrados na Figura 8.11. As duas curvas superiores mostradas no gráfico da Figura 8.11 estabelecem uma estimativa comparativa das curvas S–N para carregamentos de flexão e axial. A curva inferior da Figura 8.11 mostra uma estimativa comparativa da curva S–N para carregamento de torção.

Para fadiga axial, outra abordagem possível é contar com os dados da *MIL-HDBK-5J* (veja o Apêndice F). Entre os dados contidos na *MIL-HDBK-5J* estão os dados S–N e as curvas de ajuste associadas para vários metais, incluindo aço, alumínio e titânio. O carregamento consiste em fadiga axial reversa e fadiga axial com tensão média não nula. Em alguns casos as

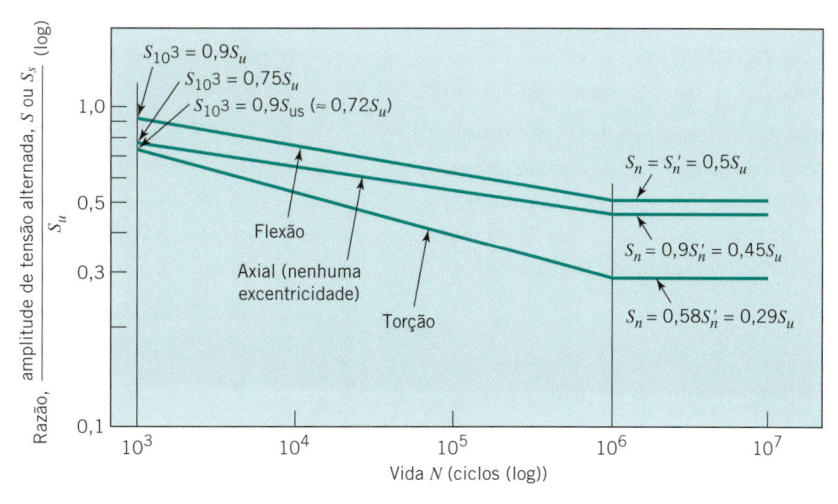

FIGURA 8.11 Curvas S–N generalizadas para corpos de prova polidos de 0,3 in de diâmetro (com base em tensões elásticas calculadas, ignorando possível escoamento).

concentrações de tensões estão também inclusas. Deve-se notar que a *MIL-HDBK-5J* apenas apresenta dados de fadiga axial, já que outros tipos de testes de fadiga como flexão e torção são raramente utilizados para aplicações aeroespaciais.

8.5 Resistência à Fadiga para Carregamento Torcional Alternado

Como as falhas por fadiga estão associadas a um escoamento altamente localizado e como o escoamento de materiais dúcteis tem apresentado boa correlação com a teoria da energia de distorção máxima, talvez não seja surpresa que a utilização desta

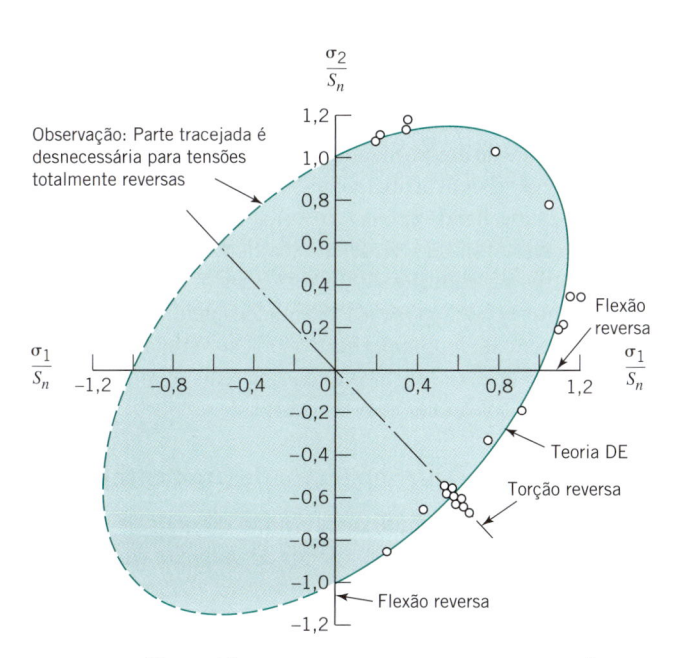

FIGURA 8.12 Um gráfico σ_1–σ_2 para carregamento totalmente reverso, materiais dúcteis. [Dados de Walter Sawert, Alemanha, 1943, para aço-carbono recozido; e H. J. Gongh, "Engineering Steels under Combined Cyclic and Static Stresses". *J. Appl. Mech.*, 72: 113-125 (Março 1950).]

teoria tenha sido extremamente útil na previsão do limite de fadiga dos materiais dúcteis sob diversas combinações de carregamentos biaxiais reversos, incluindo a torção. Isto é ilustrado na Figura 8.12. *Assim, para os metais dúcteis, o limite de fadiga (ou da resistência à fadiga para vida infinita) no caso de torção reversa é igual a aproximadamente 58 % do limite de fadiga (ou da resistência à fadiga para vida infinita) no caso de flexão reversa*. Isto é considerado multiplicando-se o limite de fadiga básico S'_n por um *fator de carga* C_L de 0,58.

Como as tensões torcionais envolvem gradientes de tensões similares aos da flexão, não é surpresa que, como na flexão, a resistência à fadiga a 10^3 ciclos seja geralmente igual a cerca de 0,9 vez a tensão última *apropriada*. Assim, para os problemas com torção reversa a resistência a 10^3 ciclos é de aproximadamente 0,9 vez a tensão última ao *cisalhamento*. Os valores experimentais para tensão última torcional devem ser utilizados se estiverem disponíveis. Caso contrário, eles podem ser *grosseiramente* aproximados por

$$S_{us} = 0,8S_u \quad \text{(para aço)}$$
$$= 0,7S_u \quad \text{(para outros metais dúcteis)}$$

A curva inferior da Figura 8.11 mostra uma curva S–N torcional estimada para aço baseado nas relações anteriores.

Existem poucos dados disponíveis para sustentar um procedimento generalizado para a estimativa de curvas S–N torcionais de materiais *frágeis*, e isto faz com que seja mais desejável a obtenção de resultados de fadiga experimentais para o dado material e para a condição de carregamento do problema em questão. Na falta de tais dados, curvas S–N para materiais frágeis são algumas vezes *estimadas* com base (1) na hipótese do limite de fadiga a 10^6 ciclos ser de 80 % do limite de fadiga-padrão para flexão reversa (este resultado se correlaciona, de certa forma, com o uso da teoria de falhas estabelecida por Mohr, relacionando flexão e torção da mesma forma que a teoria da energia de distorção é utilizada para os materiais dúcteis), e (2) admitindo uma resistência de $0,9S_{us}$ referente a 10^3 ciclos, a mesma utilizada para os materiais dúcteis.

8.6 Resistência à Fadiga para Carregamento Biaxial Alternado

A Figura 8.12 ilustra a boa concordância generalizada entre a teoria da energia de distorção e o limite de fadiga (ou resistência à fadiga para a vida infinita) dos materiais dúcteis sujeitos a todas as combinações de carregamentos biaxiais reversos. Para as resistências à fadiga para vidas curtas de materiais dúcteis e para materiais frágeis, não há uma situação confortável para previsões de resistência à fadiga sem que se disponha de dados experimentais diretamente aplicáveis. Com esta ressalva em mente, o seguinte procedimento define uma tentativa recomendada:

1. Para os materiais *dúcteis*, utilize a teoria da *energia da distorção* (geralmente a Eq. 6.8) para converter as tensões reais provenientes das cargas em uma tensão equivalente que seja considerada como *tensão de flexão* reversa. Em seguida, relacione esta tensão às propriedades de fadiga do material (isto é, a curva *S–N*) em flexão reversa.

2. Para os materiais *frágeis*, utilize a teoria de *Mohr* para obter uma tensão reversa equivalente que seja considerada como *tensão de flexão* reversa e a relacione às propriedades de fadiga por flexão (isto é, a curva *S–N*) do material. (Um procedimento gráfico conveniente para a determinação da tensão de flexão equivalente é a construção de um gráfico σ_1–σ_2 para o material como o mostrado na Figura 6.11*b* para o material e, em seguida, a marque o ponto correspondente às tensões reversas reais. Em seguida, desenhe uma linha que passe por esse ponto e seja paralela à linha de falha. A interseção desta linha com o eixo σ_1 fornece a tensão de flexão equivalente desejada.)

8.7 Influência da Superfície e do Tamanho na Resistência à Fadiga

8.7.1 Fator de Acabamento Superficial

Até este ponto, todas as discussões sobre a resistência à fadiga admitiram que a superfície apresentava um acabamento especial denominado "acabamento espelhado". Este acabamento requer procedimentos de laboratório custosos, porém úteis na minimização de (1) arranhões superficiais e outras irregularidades geométricas atuantes como pontos de concentração de tensão, (2) quaisquer diferenças de caráter metalúrgico na camada superficial do material e em seu interior e (3) quaisquer tensões residuais produzidas por procedimento de acabamento superficial. Os acabamentos superficiais comerciais normalmente utilizados possuem pontos localizados de maior vulnerabilidade à fadiga: assim, os componentes com acabamentos comerciais possuem uma menor resistência à fadiga. A quantificação do "dano superficial" causado pelos processos comerciais depende não apenas do processo, mas também da suscetibilidade do material ao dano. A Figura 8.13 fornece os valores estimados do fator de acabamento superficial, C_S, para diversos acabamentos aplicados em aços de várias durezas. Em todos os casos, o limite de fadiga para a superfície espelhada

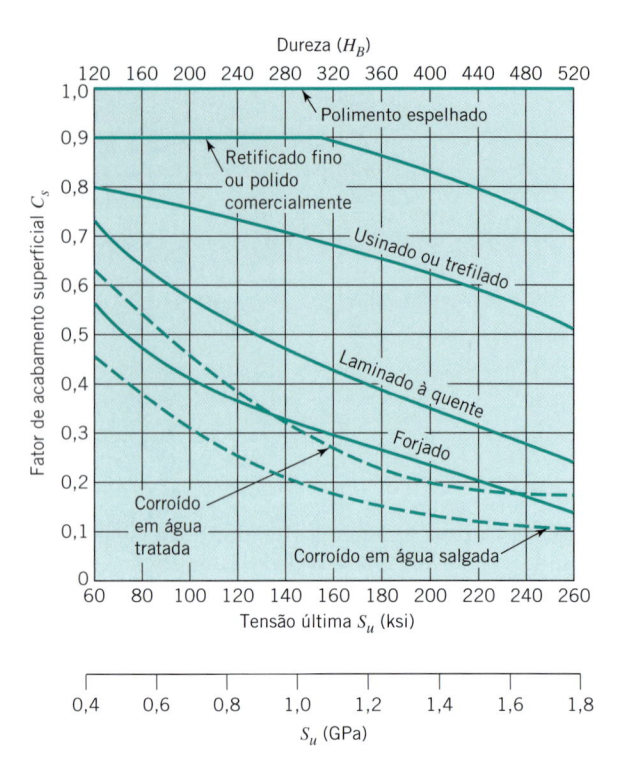

FIGURA 8.13 Redução no limite de fadiga devido ao acabamento superficial — componentes de aço, isto é, fator de acabamento superficial *versus* a tensão última para várias condições de superfície.

em laboratório é multiplicado por C_S para se obter o correspondente limite de fadiga para o acabamento comercial. É uma prática-padrão *não* se realizar nenhuma correção superficial para a resistência a 10^3 ciclos — a razão é a resistência é muito próxima da resistência para cargas estáticas e a resistência estática de componentes dúcteis não são influenciados significativamente pelo acabamento superficial.

O fator de acabamento superficial para ferro fundido cinzento comum é de aproximadamente 1. A razão para isto é que mesmo amostras com acabamento espelhado possuem descontinuidades superficiais devido aos veios de grafite presentes na matriz do ferro fundido, e mesmo a adição de arranhões bastante severos na superfície não torna a situação muito pior. Infelizmente, existem poucas informações publicadas sobre os fatores de acabamento superficial para outros materiais. Para componentes críticos, ensaios de fadiga reais do material e da superfície em questão devem ser realizados.

8.7.2 Fator de Tamanho (Fator de Gradiente)

Na Seção 8.4 foi ressaltado que o limite de fadiga para carga axial reversa é cerca de 10 % menor do que para carga de flexão reversa devido ao *gradiente de tensão*. Para um corpo de prova de flexão com diâmetro de 0,3 in (7,62 mm), a rápida queda do nível de tensão abaixo da superfície é, de algum modo, benéfica. O corpo de prova *axial* com diâmetro de 0,3 in (7,62 mm) não desfruta deste benefício. Uma comparação dos gradientes de tensão mostrados nas Figuras 8.14*a* e 8.14*b* mostra que grandes corpos de prova em flexão ou torção não possuem

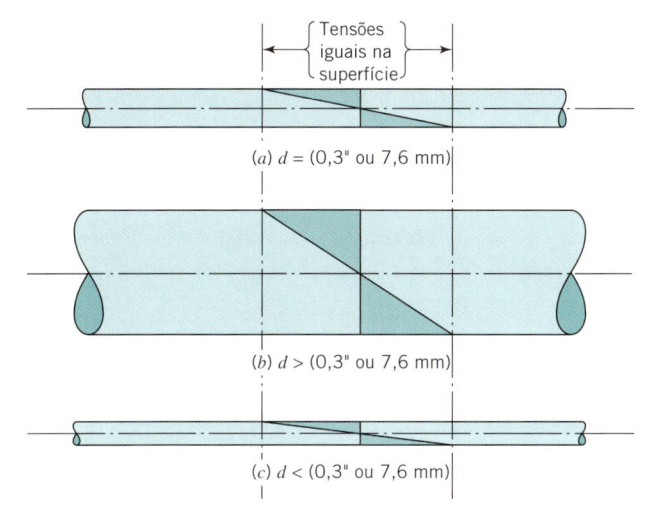

FIGURA 8.14 **Gradientes de tensão *versus* diâmetro para flexão e torção.**

os mesmos gradientes favoráveis que nos corpos de prova padrões de 0,3 in (7,62 mm). Experimentos mostram que se o diâmetro for aumentado para valores muito maiores do que 0,4 in (10,2 mm), a maior parte do efeito benéfico do gradiente é perdida. *Assim, componentes com diâmetros maiores do que 0,4 in (ou 10,2 mm) e sujeitos à flexão ou torção reversas devem utilizar um fator de gradiente C_G de 0,9, o mesmo dos componentes sujeitos a carregamento axial.* A Figura 8.14c mostra que componentes de diâmetro muito pequeno possuem um gradiente ainda mais favorável do que o corpo de prova padrão de R. R. Moore. Assim, pode-se esperar que o limite de fadiga destes componentes sejam *maiores* do que aquele dos componentes com diâmetro de 0,3 in (7,62 mm). *Algumas vezes* este tem sido o caso — mas ao menos que dados específicos estejam disponíveis para ratificar este aumento, é mais apropriado utilizar um fator gradiente unitário para estes pequenos componentes.

Considere o problema de determinar o fator de gradiente a ser utilizado em uma viga de seção transversal retangular com dimensões de 6 mm × 12 mm sujeita a um carregamento de flexão. Se a flexão ocorrer em relação a um eixo neutro, de modo que as superfícies sob tração e compressão estão afastadas de 6 mm, utilize $C_G = 1$; se as superfícies sob tração e compressão estão afastadas de 12 mm, utilize $C_G = 0,9$. Assim, o fator de gradiente é determinado com base em uma seção circular equivalente que possua o mesmo gradiente de tensão que do componente real.

Lembre-se de que foi especificado um fator de gradiente de 0,9 (ou menor) (Seção 8.4) para *todos* os componentes carregados axialmente em função do gradiente de tensão desfavorável, independentemente das dimensões.

Os componentes cujas seções possuem um diâmetro equivalente superior a 50 mm geralmente têm limites de fadiga menores do que os calculados com os fatores de gradiente recomendados anteriormente. Isto se deve, em parte, a fatores metalúrgicos, como a temperabilidade, na qual o interior dos componentes de grandes seções transversais é geralmente metalurgicamente diferente do metal da superfície. A extensão em

que o limite de fadiga de componentes de grandes dimensões é reduzido varia significativamente, e dificilmente as generalizações podem ser garantidas. Se o componente em questão for crítico, não há substituto para os resultados de ensaios pertinentes. Um *guia muito grosseiro*, para os valores algumas vezes utilizados na prática, é fornecido na Tabela 8.1.

As recomendações precedentes sobre as dimensões de um corpo de prova focaram na influência do tamanho no gradiente de tensões. Deve-se notar que um tratamento mais abrangente sobre este assunto consideraria outros aspectos. Por exemplo, quanto maior o corpo de prova, maior a probabilidade estatística da ocorrência de um defeito de um certo nível de severidade (a partir do qual uma falha por fadiga poderia se originar) poderia existir em algum local nas proximidades da superfície (para os carregamentos por flexão ou torção) ou em algum local no interior do material do corpo (para os carregamentos axiais). Além disso, o efeito dos fatores metalúrgicos no processamento geralmente é mais favorável nos componentes menores, mesmo na faixa de diâmetros equivalentes inferiores a 50 mm.

8.8 Resumo das Resistências à Fadiga Estimadas para Carregamentos Totalmente Alternados

As seções anteriores enfatizaram a conveniência de se obter resultados reais de ensaios de fadiga que se fossem o mais próximo possível da aplicação. Fatores empíricos generalizados foram fornecidos para serem utilizados quando tais resultados não estão disponíveis. Esses fatores podem ser aplicados com maior confiança no projeto de componentes de aço, uma vez que a maioria dos resultados nos quais são baseados foram obtidos em ensaios de corpos de prova de aço.

Cinco destes fatores estão relacionados com a estimativa do limite de fadiga:

$$S_n = S'_n C_L C_G C_S C_T C_R \qquad (8.1)$$

O fator de temperatura, C_T, considera o fato de que a resistência de um material diminui com o aumento da temperatura, e o fator de confiabilidade, C_R, reconhece que uma estimativa mais confiável (acima de 50 %) do limite de fadiga requer a utilização de um valor mais baixo do limite de fadiga.

A Tabela 8.1 fornece um resumo de todos os fatores utilizados na estimativa da resistência à fadiga de materiais dúcteis (quando sujeitos a um carregamento totalmente alternado). Esta tabela representa uma referência conveniente para a solução de problemas.

8.9 O Efeito da Tensão Média na Resistência à Fadiga

Os componentes de máquinas e estruturas raramente encontram-se sujeitos apenas a tensões totalmente alternadas, estes ficam, tipicamente, sujeitos a tensões *variáveis* que são uma combinação de uma tensão estática com uma tensão totalmente alternada. A tensão variável é geralmente caracterizada por suas componentes *média* e *alternada*. Todavia, os termos tensão *máxima* e

Tabela 8.1   **Fatores de Resistência à Fadiga Generalizados para Materiais Dúcteis (Curvas S–N)**

a.   Resistência a 10^6 ciclos (limite de fadiga)[a]

Cargas de flexão: $S_n = S'_n C_L C_G C_S C_T C_R$
Cargas axiais: $S_n = S'_n C_L C_G C_S C_T C_R$
Cargas torcionais: $S_n = S'_n C_L C_G C_S C_T C_R$
em que S'_n é o limite de fadiga de R. R. Moore,[b] e

		Flexão	**Axial**	**Torção**
C_L	(fator de carga)	1,0	1,0	0,58
C_G	(fator de gradiente): diâmetro < (0,4 in ou 10 mm)	1,0	0,7 a 0,9	1,0
	(0,4 in ou 10 mm) < diâmetro < (2 in ou 50 mm)[c]	0,9	0,7 a 0,9	0,9
C_S	(fator de acabamento superficial)	veja a Figura 8.13		
C_T	(fator de temperatura)	Valores apenas para aço		
	T ≤ 840 °F	1,0	1,0	1,0
	840 °F < T ≤ 1020 °F	1 - (0,0032T − 2,688)		
C_R	(fator de confiabilidade):[d]			
	50 % de confiabilidade	1,000	"	"
	90 % "	0,897	"	"
	95 % "	0,868	"	"
	99 % "	0,814	"	"
	99,9 % "	0,753	"	"

b.   Resistência a 10^3 [e, f, g]

Cargas de flexão: $S_f = 0,9S_u C_T$
Cargas axiais: $S_f = 0,75S_u C_T$
Cargas torcionais: $S_f = 0,9S_{us} C_T$
em que S_u é a tensão última à tração e S_{us} é a tensão última ao cisalhamento.

[a]Para materiais que não tenham limite de fadiga, aplique os fatores para 10^8 ou 5×10^8 ciclos.

[b]$S'_n = 0,5S_u$ para aço, na falta de dados melhores.

[c]Para (2 in ou 50 mm) < diâmetro < (4 in ou 100 mm), reduza estes fatores por cerca de 0,1. Para (4 in ou 100 mm) < diâmetro < (6 in ou 150 mm) reduza estes fatores por cerca de 0,2.

[d]O fator C_R corresponde a um desvio-padrão de 8% do limite de fadiga. Por exemplo, para 99 % de confiabilidade, desloca-se –2,326 desvios-padrão, e C_R = 1-2,326(0,08) = 0,814.

[e]Nenhuma correção para gradiente ou acabamento superficial são feitos normalmente aos valores experimentais de S_u e S_{us} dizem respeito a tamanhos razoavelmente próximos daqueles envolvidos.

[f]Nenhuma correção é geralmente feita para confiabilidade a 10^3 ciclos.

[g]$S_{us} \approx 0,8S_u$ para aço; $S_{us} \approx 0,7S_u$ para outros metais dúcteis.

tensão *mínima* também são utilizados. Todas estas quatro grandezas são definidas na Figura 8.15. Observe que se quaisquer duas destas tensões forem conhecidas, as outras poderão ser prontamente calculadas. Este texto utiliza, principalmente, as componentes de tensão média e alternada, conforme indicado na Figura 8.16. As mesmas informações podem ser representadas graficamente com *qualquer* combinação de duas das componentes de tensão mostradas na Figura 8.15. Por exemplo, as coordenadas σ_m–$\sigma_{máx}$ são encontradas com frequência na literatura. Por conveniência, alguns gráficos utilizam todas as quatro grandezas, como indicado nas Figuras 8.17 até 8.19.

A existência de uma tensão estática de tração reduz a amplitude da tensão reversa que pode ser superposta. A Figura 8.20 ilustra este conceito. A variação *a* é uma tensão totalmente alternada correspondente ao limite de fadiga — a tensão média é nula e a tensão alternada S_n. A variação *b* envolve uma tensão média de tração. De modo a se ter uma mesma vida à fadiga (neste caso,

"infinita"), a tensão alternada deve ser menor que S_n. Indo de *b* para *c, d, e* e *f*, a tensão média aumenta continuamente; logo, a tensão alternada deve diminuir de modo correspondente. Note que, em cada caso, a variação da tensão é mostrada começando em zero, e as tensões são *calculadas* de valores de *P/A*. Escoamentos microscópicos ocorrem mesmo em *a*, conforme já havia sido observado anteriormente. Ao se atingir a condição da curva *d* começa a ocorrer escoamento macroscópico. Embora a variação das cargas nas condições *e* e *f* forneçam uma "vida infinita", o componente está escoando na primeira aplicação da carga.

A Figura 8.16 fornece uma representação gráfica conveniente para diversas combinações de tensões médias e alternadas tanto em relação aos critérios de escoamento quanto para diversas vidas à fadiga. Esse gráfico é frequentemente chamado de *diagrama de vida constante à fadiga* porque tem linhas correspondentes a uma vida de 10^6 ciclos (ou "infinita"), a uma vida de 10^5 ciclos, e assim por diante.

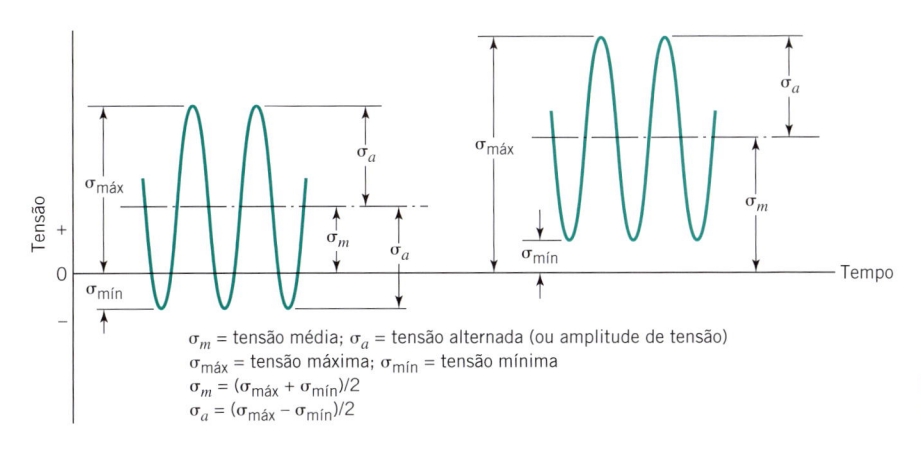

σ_m = tensão média; σ_a = tensão alternada (ou amplitude de tensão)
$\sigma_{máx}$ = tensão máxima; $\sigma_{mín}$ = tensão mínima
$\sigma_m = (\sigma_{máx} + \sigma_{mín})/2$
$\sigma_a = (\sigma_{máx} - \sigma_{mín})/2$

FIGURA 8.15 Notação de tensões variáveis ilustradas através de dois exemplos.

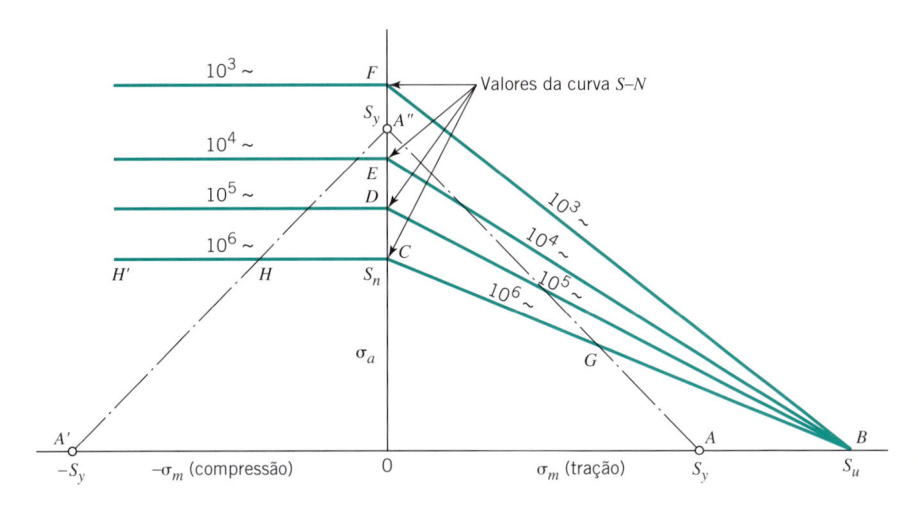

FIGURA 8.16 Diagrama de vida constante à fadiga — materiais dúcteis.

TABELA 8.2 Construção de σ_a *versus* σ_m. Diagramas de Vida Constante à Fadiga

Tipo de Carregamento	Instruções
Flexão	Construa o diagrama como mostrado; use os pontos C, D, e assim por diante, da curva S–N para flexão reversa.
Axial	Construa o diagrama como mostrado; use o ponto C, e assim por diante, da curva S–N para carregamento axial reverso.
Torcional	Omita a metade esquerda do diagrama (*qualquer* tensão média torcional é considerada positiva), use o ponto C, e assim por diante, da curva S–N para carregamento torcional reverso; use S_{sy} e S_{us} em vez de S_y e S_u. (Para aço, $S_{us} \approx 0{,}8S_u$, $S_{sy} \approx 0{,}58S_y$.)
Biaxial genérico	Construa o diagrama como o de *cargas de flexão*, e use-o com tensões *equivalentes*, calculadas como se segue. (Observe que estas equações se aplicam para condições encontradas geralmente em que σ_a e σ_m existem apenas em uma única direção. Equações correspondentes a casos gerais mais elaborados são também aplicáveis por tentativas.)

1. Tensão de flexão alternada equivalente, σ_{ea}, é calculada a partir da *teoria da energia de distorção* como um *equivalente* à combinação das tensões *alternadas* existentes:

$$\sigma_{ea} = \sqrt{\sigma_a^2 + 3\tau_a^2} \qquad \textbf{(a)}$$

2. Tensão de flexão *média* equivalente, σ_{em}, é calculada como a *tensão principal máxima* resultante da superposição de todas as tensões estáticas (médias). Utilize o círculo de Mohr, ou

$$\sigma_{em} = \frac{\sigma_m}{2} + \sqrt{\tau_m^2 + \left(\frac{\sigma_m}{2}\right)^2} \qquad \textbf{(b)}$$

[Para carregamentos mais complexos, várias outras equações sugeridas para σ_{ea} e σ_{em} são encontradas na literatura técnica.]

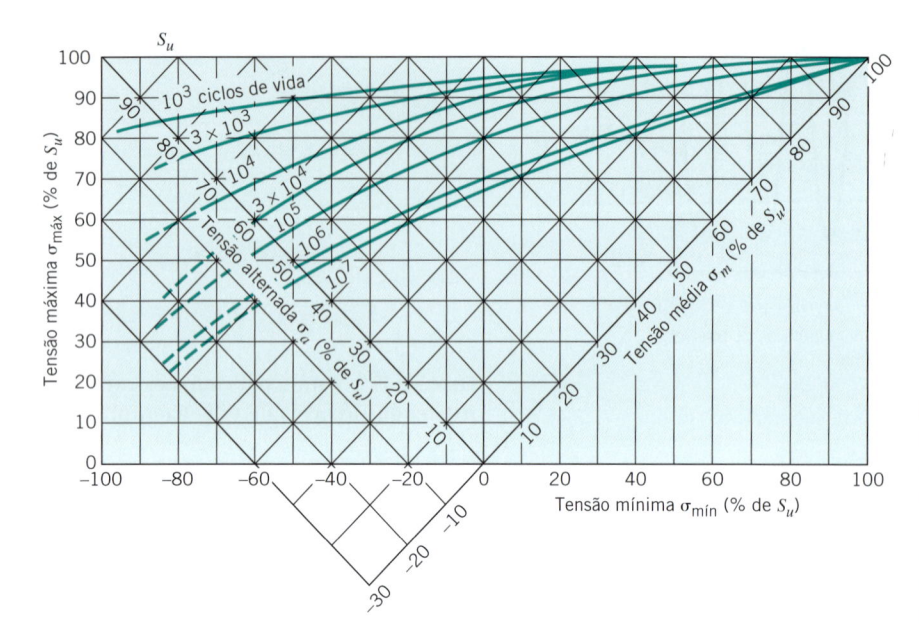

FIGURA 8.17 Diagrama de resistência à fadiga para aços-liga, S_u = 125 a 180 ksi, carregamento axial. Dados médios de testes para corpos de prova polidos de AISI 4340 (também aplicável a outros aços-liga, como AISI 2330, 4130, 8630). (Cortesia da Grumman Aerospace Corporation.)

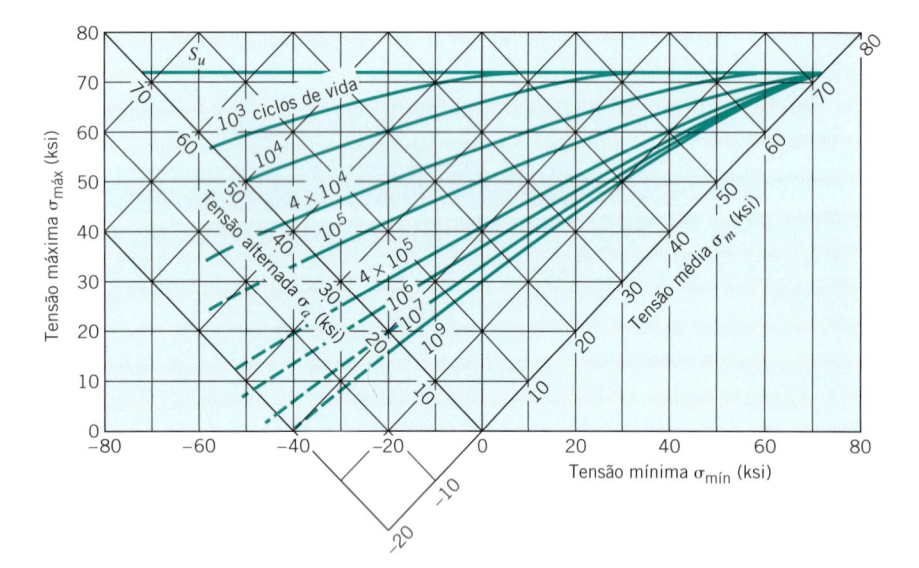

FIGURA 8.18 Diagrama de resistência à fadiga para ligas de alumínio 2024-T3, 2024-T4 e 2014-T6, carregamento axial. Dados médios de testes para corpos de prova polidos (sem revestimento) para chapas e barras laminadas e estiradas. Propriedades monotônicas para 2024: S_u = 72 ksi, S_y = 52 ksi; para 2014: S_u = 72 ksi, S_y = 63 ksi. (Cortesia da Grumman Aerospace Corporation.)

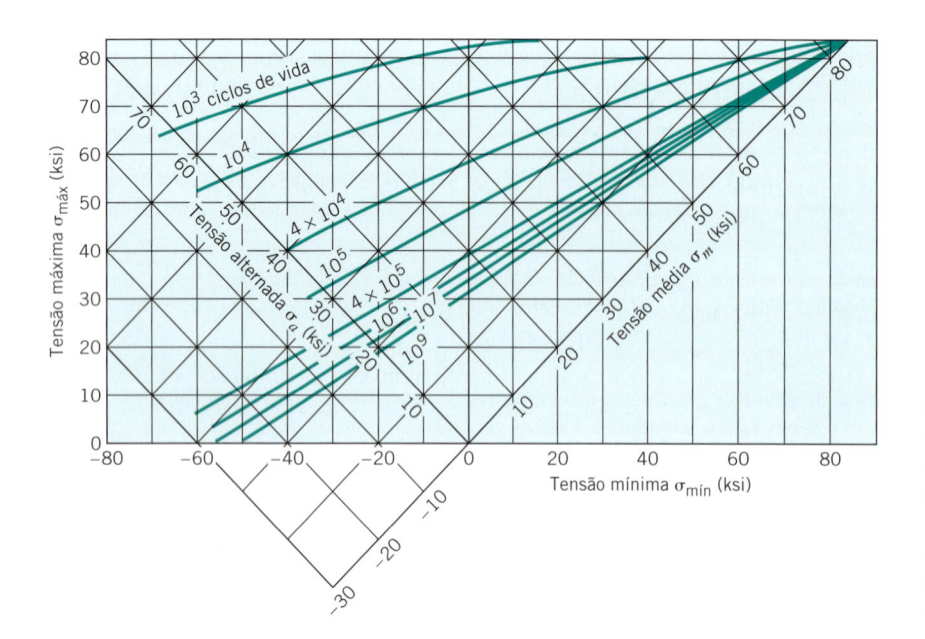

FIGURA 8.19 Diagrama de resistência à fadiga para a liga de alumínio 7075-T6, carregamento axial. Dados médios de testes para corpos de prova polidos (sem revestimento) para chapas e barras laminadas e estiradas. Propriedades monotônicas: S_u = 82 ksi, S_y = 75 ksi. (Cortesia da Grumman Aerospace Corporation.)

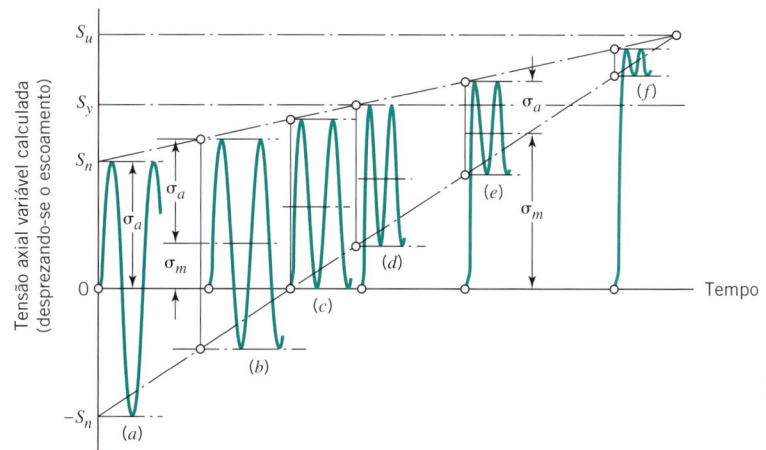

FIGURA 8.20 Várias condições de tensões uniaxiais, todas as quais correspondem à vida de fadiga idênticas.

Para iniciar a construção desse diagrama indique, primeiro, a informação que já é conhecida. O eixo horizontal ($\sigma_a = 0$) corresponde ao carregamento estático. A resistência ao escoamento e a tensão última são marcados nos pontos A e B. Para materiais dúcteis, a resistência ao escoamento por compressão é igual a $-S_y$, e este ponto é indicado como A'. Se a tensão média for nula e a tensão alternada for igual a S_y (ponto A''), a tensão variará entre $+S_y$ e $-S_y$. Todos os pontos ao longo da linha AA'' correspondem a variações com tensão alternada igual a S_y; todos os pontos sobre $A'A''$ possuem amplitudes compressivas iguais a $-S_y$. Todas as combinações de σ_m e σ_a que não causam escoamento (macroscópico) estão contidas no interior do triângulo $AA'A''$.

Todas as curvas $S-N$ consideradas neste capítulo correspondem a $\sigma_m = 0$. Portanto, pode-se ler nestes pontos das curvas, como C, D, E e F para qualquer vida à fadiga de interesse. Unindo-se estes pontos ao ponto B têm-se linhas de vida constante estimadas. Esse procedimento empírico para a obtenção das linhas de vida constante é creditado a Goodman; assim, estas linhas são comumente chamadas de *linhas de Goodman*.

Ensaios de laboratório indicam, de maneira consistente, que as tensões médias *não* reduzem a amplitude da tensão alternada admissível; quando apresentam alguma influência, elas a *aumentam* ligeiramente. A Figura 8.16 é, portanto, conservativa ao indicar as linhas de vida constante como horizontais à esquerda dos pontos C, D e assim por diante. (As linhas, aparentemente, se estendem indefinidamente no que diz respeito à *fadiga*, sendo a limitação apenas em relação a falha por compressão estática.)

As modificações detalhadas do diagrama para diversos tipos de carregamento são fornecidas na Figura 8.16. Os significados das várias regiões do diagrama podem assim ser descritos:

1. Se uma vida de pelo menos 10^6 ciclos for necessária *e nenhum* escoamento for permitido (mesmo nas fibras externas em flexão ou em torção, onde um pequeno escoamento pode ser difícil de ser detectado), deve-se permanecer no interior da área $A'HCGA$.

2. *Não* sendo permitido escoamento e sendo requerida uma vida menor que 10^6 ciclos, pode-se também trabalhar com uma parte ou toda a área $HCGA''H$.

3. Se 10^6 ciclos de vida forem necessários, porém se o escoamento for aceitável, a área AGB (e a área à esquerda de $A'H$) pode ser utilizada, em complemento à área $A'HCGA$.

4. A área acima de $A''GB$ (e acima de $A''HH'$) corresponde ao escoamento na primeira aplicação da carga, *e* fratura por fadiga antes dos 10^6 ciclos de carregamento.

O procedimento para o caso geral de cargas biaxiais fornecido na Figura 8.16 deve ser reconhecido como uma simplificação substancial de uma situação muito complexa. Aplica-se melhor a situações que envolvam uma vida longa, em que as cargas estejam todas em fase, quando os eixos principais para as tensões média e alternada são os mesmos e em situações em que esses eixos estejam fixos em relação ao tempo. Para uma ilustração na qual estas condições seriam satisfeitas, considere o exemplo da Figura 4.25, com um eixo fixo e com uma carga estática de 2000 lbf (8896 N) modificada para uma carga que varia entre 1500 e 2500 lbf (6672 e 11.120 N). As tensões *estáticas* atuantes no elemento A permaneceriam inalteradas, porém as tensões *alternadas* seriam superpostas. A flexão alternada e a torção alternada estariam obviamente em fase, os planos principais para as tensões média e alternada seriam os mesmos e estes planos permaneceriam os mesmos durante a variação da carga.

As Figuras 8.17 até 8.19 fornecem as resistências à fadiga para vida constante para determinados aços e alumínios. Essas figuras diferem da Figura 8.16 em relação aos seguintes aspectos:

1. As Figuras 8.17 até 8.19 representam resultados experimentais reais dos materiais envolvidos, enquanto a Figura 8.16 mostra relações empíricas conservativas que, são genericamente aplicáveis.

2. As Figuras 8.17 até 8.19 estão "giradas de 45°", com as escalas adicionadas para mostrar tanto as tensões $\sigma_{máx}$ e $\sigma_{mín}$ quanto σ_m e σ_a.

3. Os resultados relativos ao escoamento não são mostrados nestas figuras.

4. As linhas experimentais de vida constante se apresentam com uma certa curvatura, indicando que a Figura 8.16 comete um pequeno erro no sentido conservativo tanto nas linhas retas de Goodman quanto nas linhas horizontais para tensão média compressiva. Esse conservadorismo usualmente ocorre no caso dos materiais dúcteis, porém

não ocorre para os materiais frágeis. Os pontos experimentais para os materiais frágeis, em geral, estão sobre a linha de Goodman ou ligeiramente abaixo.

Quando os resultados experimentais como aqueles fornecidos nas Figuras 8.17 até 8.19 estão disponíveis, eles devem ser preferidos em relação às curvas de fadiga construídas da Figura 8.16.

O leitor poderá verificar que a Figura 8.16 e a Tabela 8.1 fornecem um sumário de grande utilidade, com informações que dizem respeito à solução de uma extensa variedade de problemas de fadiga.

> **PROBLEMA RESOLVIDO 8.1** Estimativa da Curva de *S–N* e das Curvas de Vida Constante a partir de Resultados de Teste de Tração

Utilizando as relações empíricas fornecidas nesta seção, estime a curva *S–N* e uma família de curvas de vida constante à fadiga, referentes ao carregamento axial de componentes de precisão de aço com $S_u = 150$ ksi (1034 MPa), $S_y = 120$ ksi (827 MPa) e superfícies com acabamento de polimento comercial. Todas as dimensões das seções transversais estão abaixo de 2 in (50,8 mm).

> **SOLUÇÃO**

Conhecido: Um componente de aço com polimento comercial, possuindo dimensões conhecidas e fabricado de um material com resistência ao escoamento e tensão última definidos, é carregado axialmente (veja a Figura 8.21).

A Ser Determinado: Estime a curva *S–N* e construa as curvas de vida constante à fadiga.

Esquemas e Dados Fornecidos:

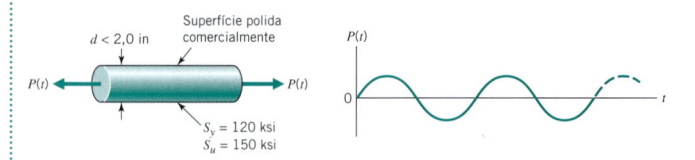

FIGURA 8.21 **Carregamento axial de uma peça de precisão de aço.**

Hipóteses:

1. Os resultados reais, de fadiga, para este material, não estão disponíveis.

2. A curva *S–N* estimada, obtida com a utilização da Tabela 8.1 e as curvas de vida constante à fadiga, construídas de acordo com a Figura 8.16, são adequadas.

3. O fator gradiente, $C_G = 0,9$. O fator temperatura, $C_T = 1,0$, e o fator de confiabilidade, $C_R = 1,0$.

Análise:

1. Da Tabela 8.1, em 10^3 ciclos a amplitude da resistência alternada para carregamento axial de um material dúctil é de $S_{10^3} = 0,75S_u = 0,75(150) = 112$ ksi (772 MPa).

2. Considerando ainda a Tabela 8.1, a amplitude de resistência alternada a 10^6 ciclos para material dúctil carregado axialmente é $S_n = S'_n C_L C_G C_S C_T C_R$, em que $S'_n = (0,5)(150) = 75$ ksi (517 MPa), $C_L = 1,0$, $C_G = 0,9$, $C_T = 1,0$, $C_R = 1,0$ e, pela Figura 8.13, $C_S = 0,9$. Assim, $S_n = 61$ ksi (421 MPa).

3. A curva *S–N* estimada é mostrada na Figura 8.22.

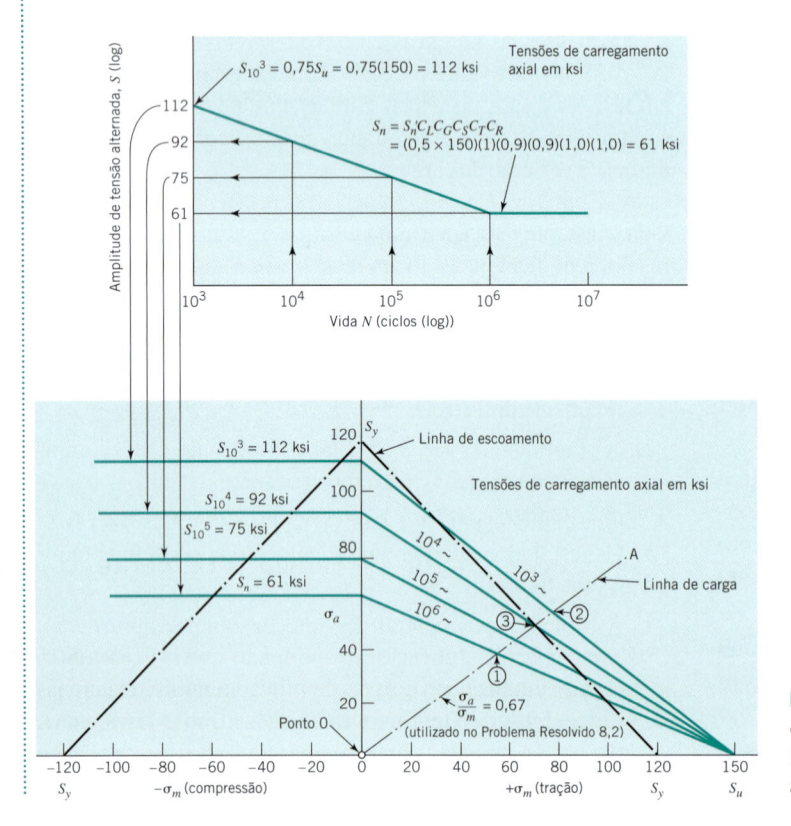

FIGURA 8.22 **Problema Resolvido 8.1 — estime as curva *S–N* e as curvas σ_m–σ_a para aço, $S_u = 150$ ksi (1034 MPa), carregamento axial e superfícies com acabamento polimento comercial.**

4. Utilizando a curva S–N estimada, determina-se que as amplitudes de resistências alternadas a 10^4 e 10^5 ciclos são, respectivamente, 92 ksi (634 MPa) e 75 ksi (517 MPa).

5. As curvas estimadas para σ_m – σ_a para 10^3, 10^4, 10^5 e 10^6 ciclos de vida são mostradas na Figura 8.22.

Comentários:

1. Se um componente de aço for crítico, resultados de testes pertinentes devem ser usados em vez das aproximações grosseiramente anteriores.

2. Este problema pode também ser resolvido com a ajuda das fórmulas S–N como mostrado no Apêndice I.

PROBLEMA RESOLVIDO 8.2 Determinação do Tamanho Necessário de um Elemento de Ligação à Tração Submetido a Carregamento Variável

---

Um elemento de ligação, de seção transversal circular, com concentrador de tensão desprezível, está sujeito a uma carga variável entre 1000 lbf (4448 N) e 5000 lbf (22.241 N). Este deve ser um componente de precisão (e, portanto, o uso de $C_G = 0,9$ é justificado), com superfícies com acabamento polido comercial. O material deve ser um aço, com $S_u = 150$ ksi (1034 MPa) e $S_y = 120$ ksi (827 MPa). Um fator de segurança de 2 deve ser utilizado e aplicado a todas as cargas.

a. Qual deve ser o diâmetro para que a peça tenha vida infinita?

b. Qual deve ser o diâmetro se apenas uma vida de 10^3 ciclos é necessária?

SOLUÇÃO

Conhecido: Um elemento de ligação de aço, com seção transversal circular, fabricado de um material com propriedades e acabamento superficial fornecidos, deve apresentar um fator de segurança de 2, aplicado a todas as cargas, quando carregado axialmente com um carregamento variável conhecido.

A Ser Determinado: (a) Determine o diâmetro necessário para vida infinita. (b) Determine o diâmetro necessário para uma vida de 10^3 ciclos.

Esquemas e Dados Fornecidos: A Figura 8.22 utilizada no Problema Resolvido 8.1 é aplicável.

Hipóteses:

1. O diâmetro é menor que 2 in (50,8 mm).

2. O fator de gradiente, $C_G = 0,9$.

3. O escoamento da seção completa não é permitido.

Análise:

1. A propriedade de resistência à fadiga do material, em conformidade com aquelas representadas na Figura 8.22, *estabelece* que o diâmetro deva ser inferior a 2 in (50,8 mm).

2. Na condição de *sobrecarga de projeto*: $\sigma_m = FS(F_m/A) = 2(3000)/A = 6000/A$, $\sigma_a = FS(F_a/A) = 2(2000)/A = 4000/A$. Assim, independentemente da área da seção transversal do elemento de ligação, A, $\sigma_a/\sigma_m = 4000/6000 = 0,67$. Esta relação é representada pela linha OA na Figura 8.22. Observe a interpretação dessa linha. Se a área A for infinita, ambas as tensões σ_m e σ_a serão nulas, e as tensões serão representadas pela origem, o ponto O. Movendo-se ao longo da linha de carga OA corresponde a uma diminuição progressiva dos valores de A. Para a solução do item a do problema precisa-se determinar a área da seção transversal correspondente à interseção da linha de carga OA com a linha de vida infinita (a mesma referente a 10^6 ciclos, neste caso), que é designada por ①. Neste ponto, $\sigma_a = 38$ ksi (262 MPa); a partir de $\sigma_a = 4000/A$, a área A é determinada como de 0,106 in² (68,4 mm²). De $A = \pi d^2/4$, $d = 0,367$ in (9,3 mm). Este resultado é de fato compatível com a faixa de dimensões para o valor de $C_G = 0,9$, que foi admitido quando o diagrama foi construído. Em muitos casos, a resposta final pode ser arredondada para $d = 3/8$ in (9,5 mm).

3. Para o item b, com a necessidade de apenas 10^3 ciclos de vida, pode-se movimentar ao longo da linha OA da Figura 8.22, chegando-se ao ponto ②, onde esta linha intercepta a linha de 10^3 ciclos de vida. Entretanto, se o ponto ③ for ultrapassado, a amplitude de sobrecarga de projeto de 10.000 lbf (44.482 N) impõe tensões que excedem a resistência ao escoamento. Em uma barra sem entalhes submetida à tração as tensões são uniformes, de modo que ocorreria o escoamento de toda a seção do elemento de ligação. Admitindo-se que esta condição não seja permitida, deve-se determinar um diâmetro baseado no ponto ③, e não no ponto ②. Neste ponto, $\sigma_a = 48$ ksi (331 MPa) e, para esta tensão, $A = 0,083$ in² (53,5 mm²), e, $d = 0,326$ in (8,3 mm), talvez arredondado para $d = 11/32$ in (8,7 mm). Este diâmetro corresponde a uma vida estimada maior que a necessária, porém sua fabricação a um valor menor que 0,326 in (8,3 mm) causaria um escoamento generalizado na primeira vez em que a sobrecarga fosse aplicada.

Provavelmente, o uso mais comum das relações de resistência à fadiga esteja em conexão com o projeto de componentes para vida infinita (ou 5×10^8 ciclos) ou na análise de componentes projetados para uma vida infinita em fadiga. Nestas situações, não há necessidade de nenhuma curva S–N. Apenas a estimativa do limite de fadiga deve ser calculada, e a linha de Goodman para vida infinita deve ser traçada.

8.10 O Efeito da Concentração de Tensão no Carregamento de Fadiga Totalmente Alternado

A Figura 8.23 mostra curvas S–N típicas para (1) corpos de prova sem entalhe e (2) corpos de prova idênticos, exceto por um concentrador de tensão. Diferentemente de outras curvas S–N utilizadas, as tensões representadas graficamente são tensões *nominais*; isto é, a concentração de tensão não é conside-

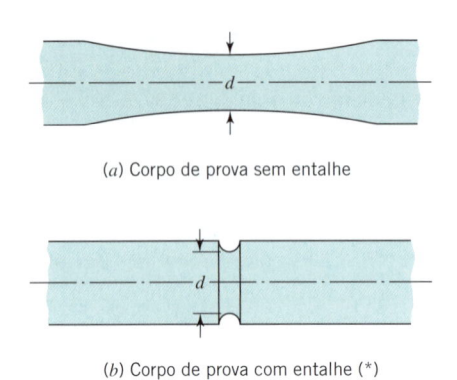

(a) Corpo de prova sem entalhe

(b) Corpo de prova com entalhe (*)

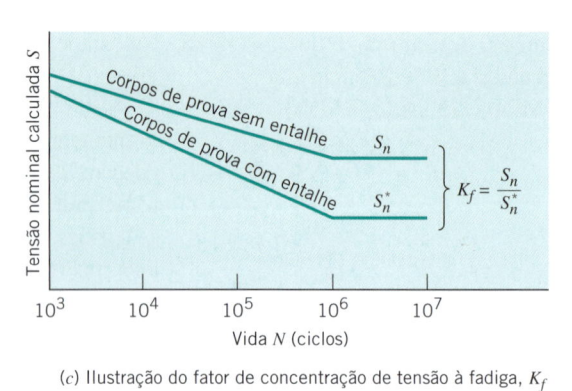

(c) Ilustração do fator de concentração de tensão à fadiga, K_f

FIGURA 8.23 Testes de fadiga com carregamento totalmente alternado, corpos de prova com entalhe (*) *versus* sem entalhe.

rada. As dimensões na seção transversal do corpo de prova onde as fraturas por fadiga ocorrem são idênticas para ambas as Figuras 8.23a e b. Assim, qualquer *carga* fornecida causa a mesma tensão *calculada* em ambos os casos. Conforme mostrado na figura, a razão entre os limites de fadiga para os corpos de prova sem entalhe e com entalhe é igual ao *fator de concentração de tensão à fadiga*, designado por K_f. Teoricamente, pode-se esperar que K_f seja igual ao fator teórico ou geométrico K_t, discutido na Seção 4.12. Felizmente, os ensaios mostram que K_f é geralmente menor que K_t. Isto se deve, aparentemente, às irregularidades internas na estrutura do material. Um material "ideal" apresentaria tensões internas exatamente de acordo com a teoria elástica; os materiais reais possuem irregularidades internas que causam, em pontos localizados, níveis mais altos de tensões. Assim, mesmo as amostras sem entalhes ficam sujeitas a esses "entalhes" internos. A adição de um entalhe geométrico externo (ranhuras, raio de concordâncias, furos etc.) a este material pode não causar um dano *adicional* significativo como ocorreria se o material em si fosse "perfeito". Um caso extremo é o ferro fundido cinzento comum (não o de "alta resistência"). Os concentradores de tensões internos causados pelos veios de grafite na matriz são tais que a adição de um concentrador de tensão geométrico produz um efeito muito pequeno ou mesmo nenhum efeito. Isto significa que se o material mostrado na Figura 8.23 fosse referente a um dos graus mais baixos de ferro fundido cinzento, as duas curvas S–N seriam praticamente coincidentes. Um material com uma estrutura de grãos fina e uniforme é *altamente sensível* a entalhes (isto é, $K_f \approx K_t$); o ferro fundido é insensível a entalhes (e, portanto, $K_f \approx 1$).

A situação precedente é geralmente tratada utilizando-se um *fator de sensibilidade ao entalhe*, q, definido pela equação

$$K_f = 1 + (K_t - 1)q \qquad (8.2)$$

em que q varia entre zero (resultando em $K_f = 1$) e a unidade (resultando em $K_f = K_t$). Assim, para se determinar os fatores de concentração de tensão à fadiga a partir dos fatores teóricos (ou geométricos) correspondentes, precisa-se conhecer a sensibilidade ao entalhe do material.

A situação é um pouco mais complexa do que parece, pois a sensibilidade ao entalhe depende não apenas do material, mas também da relação entre o raio do entalhe geométrico e as dimensões características das imperfeições internas. Raios de

entalhe que sejam tão pequenos que estes se aproximam do tamanho das imperfeições geram uma sensibilidade ao entalhe nula. Esta é, de fato, uma condição favorável; caso contrário, mesmo arranhões minúsculos (que dariam valores de K_t extremamente altos), sobre o que é geralmente chamada de uma superfície lisa, polida, enfraqueceria de maneira desastrosa a resistência à fadiga. A Figura 8.24 mostra um gráfico de sensibilidade ao entalhe *versus* o raio do entalhe para alguns materiais de uso comum. Observe que em todos os casos a sensibilidade ao entalhe se aproxima de zero quando o raio do entalhe tende a zero. Note também que os resultados para os aços ilustram a tendência fundamental dos materiais de maior dureza e resistência serem mais sensíveis ao entalhe. Isto significa que a mudança de um aço de menor dureza para um aço de maior dureza e resistência, normalmente aumenta a resistência à fadiga de um componente, porém o aumento não é tão maior quanto poderia ser esperado devido ao aumento da sensibilidade ao entalhe. Finalmente, a Figura 8.24 mostra que um determinado aço é ligeiramente mais sensível ao entalhe para carregamentos torcionais do que para carregamentos de flexão e axiais. Por exemplo, um entalhe com raio de 0,04 in (1 mm) em um componente de aço com dureza de 160 Bhn possui uma sensibilidade ao entalhe de cerca de 0,71 se o carregamento for de flexão ou axial, e cerca de 0,76 se a carga for de torcional.

A Figura 8.23 mostra que a influência do entalhe a 10^3 ciclos é consideravelmente menor do que a 10^6 ciclos. Algumas referências recomendam que a influência dos concentradores de tensão a 10^3 ciclos seja desprezada. Embora essa recomendação seja suportada por certos resultados, um estudo mais detalhado indica que esta recomendação só é válida para metais de dureza relativamente baixa (aço, alumínio, magnésio e provavelmente outros); mas para as ligas de dureza relativamente altas e resistentes desses mesmos metais, o efeito do entalhe a 10^3 ciclos pode ser quase tão alto quanto a 10^6 ciclos (veja a referência [6], Figura 13.26).

Existe uma dificuldade fundamental na análise dos efeitos provocados por um entalhe nas extremidades das curvas de baixo ciclo, como mostrado na Figura 8.23c. Isto se deve ao fato da *tensão nominal calculada* utilizada no gráfico não apresentar uma boa correlação com as *condições reais de carregamento* impostas nas regiões próximas à raiz do entalhe, onde uma trinca por fadiga se inicia. A Figura 8.2 mostra uma vista ampliada de uma região do entalhe em um corpo de prova, conforme ilustrado na Figura 8.23b. Quando ocorre um carre-

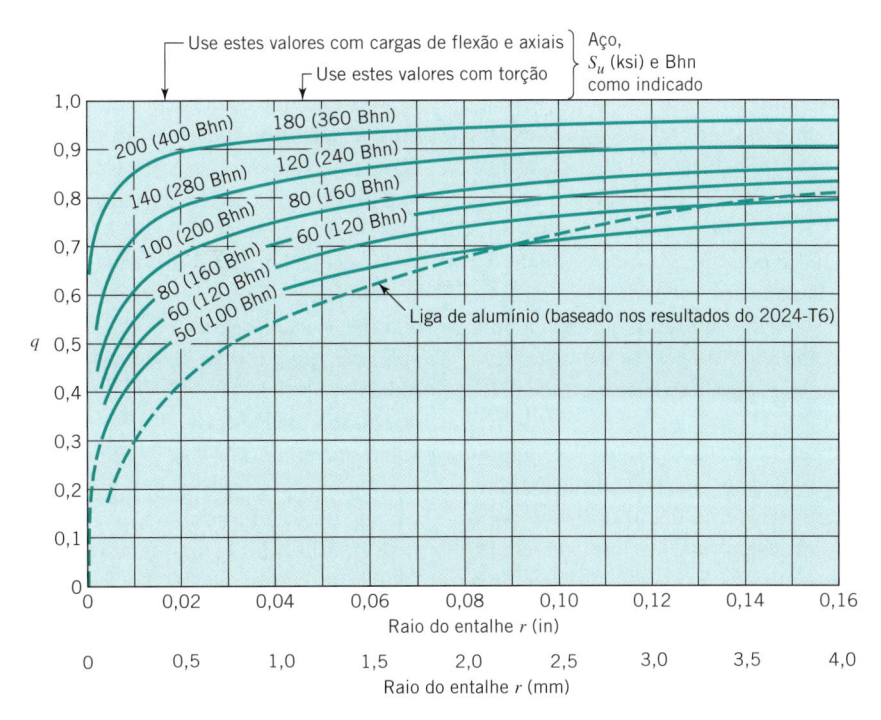

FIGURA 8.24 Curvas de sensibilidade ao entalhe (segundo [9]). Observe: (1) Aqui *r* é o raio do ponto de onde a trinca potencial de fadiga inicia. (2) Para *r* > 0,16 in (4 mm), extrapole ou use *q* ≈ 1.

gamento totalmente alternado suficiente para causar a falha por fadiga, após cerca de 10^3 ciclos, ocorrerá o escoamento plástico por uma pequena região na base do entalhe. Esta região contribui pouco para a rigidez do componente como um todo; assim, as *deformações* desta região são determinadas quase totalmente da resistência elástica estável do maior volume de material fora desta região. Isto significa que durante um ensaio de fadiga com carga máxima constante a *deformação* máxima que ocorre na região "vulnerável" permanecerá constante de ciclo a ciclo. A *tensão real* atuante nesta região pode apresentar grande variação com o tempo, dependendo das características do material, de deformação por endurecimento ou deformação por amolecimento. Assim, um estudo rigoroso de fadiga de baixo ciclo deve tratar da deformação local real, em vez da tensão local nominal calculada. Esta abordagem de "deformações cíclicas" está além dos objetivos deste livro. (Consulte referências como [3].) Para os objetivos aqui propostos, é recomendado que o fator de concentração de tensão à fadiga K_f seja plenamente utilizado em todos os casos. Para as situações de vida relativamente curtas, esta recomendação pode ser excessivamente conservadora (isto é, o efeito do concentrador de tensão pode ser significativamente menor que K_f).

Outra questão deveria ser considerada neste contexto. É melhor tratar K_f como um fator de concentração de tensão ou como um fator de redução da resistência? Os especialistas no assunto têm opiniões distintas sobre este ponto, porém neste livro K_f será considerado como um *fator de concentração de tensão*. Analisando a Figura 8.23, poder-se-ia facilmente considerar K_f como um *fator de redução de resistência*, e ser calculado um "limite de fadiga com entalhe" sendo igual a $S'_n C_L C_G C_S C_T C_R / K_f$. Este cálculo estaria correto, porém ele apresenta a desvantagem de implicar na conclusão de que o *material em si* é enfraquecido pelo entalhe, o que, certamente, não é verdade — o entalhe apenas causou um aumento localizado das tensões. Além disso, quando se utiliza K_f como um multiplicador da tensão (em vez de um redutor da resistência) as curvas *S–N* e as curvas de vida constante à fadiga independem da geometria do entalhe, e as mesmas curvas podem ser utilizadas repetidamente para componentes com diversos concentradores de tensões. Finalmente, para a consideração das tensões residuais causadas por grandes amplitudes de cargas (conforme ilustrado na Figura 4.43) é necessário que K_f seja considerado um fator de concentração de tensão.

8.11 O Efeito da Concentração de Tensão com Cargas Médias Superpostas a Cargas Alternadas

Foi mostrado nas Seções 4.14 e 4.15 que as grandes amplitudes de cargas, geram tensões elásticas calculadas superiores à resistência ao escoamento, produzem escoamento e resultam em tensões residuais. Além disso, as tensões residuais sempre servem para diminuir as tensões *reais* quando a mesma grande amplitude de carga é aplicada novamente. Para ilustrar o efeito das tensões residuais na vida à fadiga, em que tanto tensões médias quanto alternadas estão envolvidas, considere os exemplos desenvolvidos na Figura 4.43.

Suponha que esta barra com entalhe submetida à tração seja fabricada de aço com $S_u = 450$ MPa e $S_y = 300$ MPa, e que suas dimensões e superfície são tais que as curvas de vida constante à fadiga estimadas são mostradas na parte inferior da Figura 8.25. A parte superior da Figura 8.25 mostra uma variação da tensão no entalhe calculada sem levar em conta o escoamento. Os primeiros três ciclos correspondem ao carregamento e ao descarregamento envolvidos na Figura 4.43a. Os dois ciclos seguintes (tracejados) representam um aumento progressivo da carga até a carga correspondente à Figura 4.43b. Note que estes ciclos tracejados mostram uma tensão elástica calculada na raiz do entalhe de aproximadamente 7/6 S_y. De modo similar, os três ciclos representados por linhas cheias em b na Figura 8.25 mostram as tensões variáveis calculadas entre zero (quando a carga é removida) e 400 MPa, que corresponde a 4/3 S_y. Esse processo continua na parte superior da Figura 8.25 até a condição mostrada na Figura 4.43d ser atingida. Nesse instante, a tensão calculada é nula quando a carga é retirada, e igual a $2S_y$ quando é aplicada.

O gráfico imediatamente abaixo deste, na Figura 8.25, representa a curva correspondente às tensões *reais* na raiz do entalhe. É baseado na hipótese de que o material dúctil utilizado pode ser aproximado (dentro da faixa de deformações limitadas envolvidas) por uma curva tensão–deformação idealizada (com uma região plástica plana), como aquela desenhada na Figura 4.42e. Não ocorre escoamento durante os três primeiros ciclos em a,

porém na raiz do entalhe *ocorrerá* escoamento quando a tensão calculada for superior a 300 MPa durante o primeiro ciclo tracejado. Durante cada ciclo seguinte, que a carga se tornar maior do que seu valor anterior, um pouco de escoamento adicional ocorrerá. Quando a carga está "ativa" durante um dos ciclos em b, a distribuição de tensões corresponde à linha cheia do desenho da esquerda na Figura 4.43. Quando a carga está "desativada", as tensões não são nulas, mas correspondem ao padrão de tensões residuais do desenho à direita na Figura 4.43. No entalhe, o valor dessas tensões varia de S_y, quando a carga está aplicada, até a tensão residual de $-S_y/3$, quando a carga é retirada. Esse processo continua, seguindo o gráfico da "tensão real do entalhe" da Figura 8.25 até que a condição mostrada na Figura 4.43d seja atingida. Neste ponto, a tensão real na raiz do entalhe é S_y quando a carga for aplicada e a tensão residual é de $-S_y$ quando a carga for retirada.

Na parte inferior da Figura 8.25, as tensões resultantes da "ativação e desativação" das cargas da Figura 4.43 são representadas em comparação com as características de resistência à fadiga do material. Os pontos a, b, c e d correspondem às

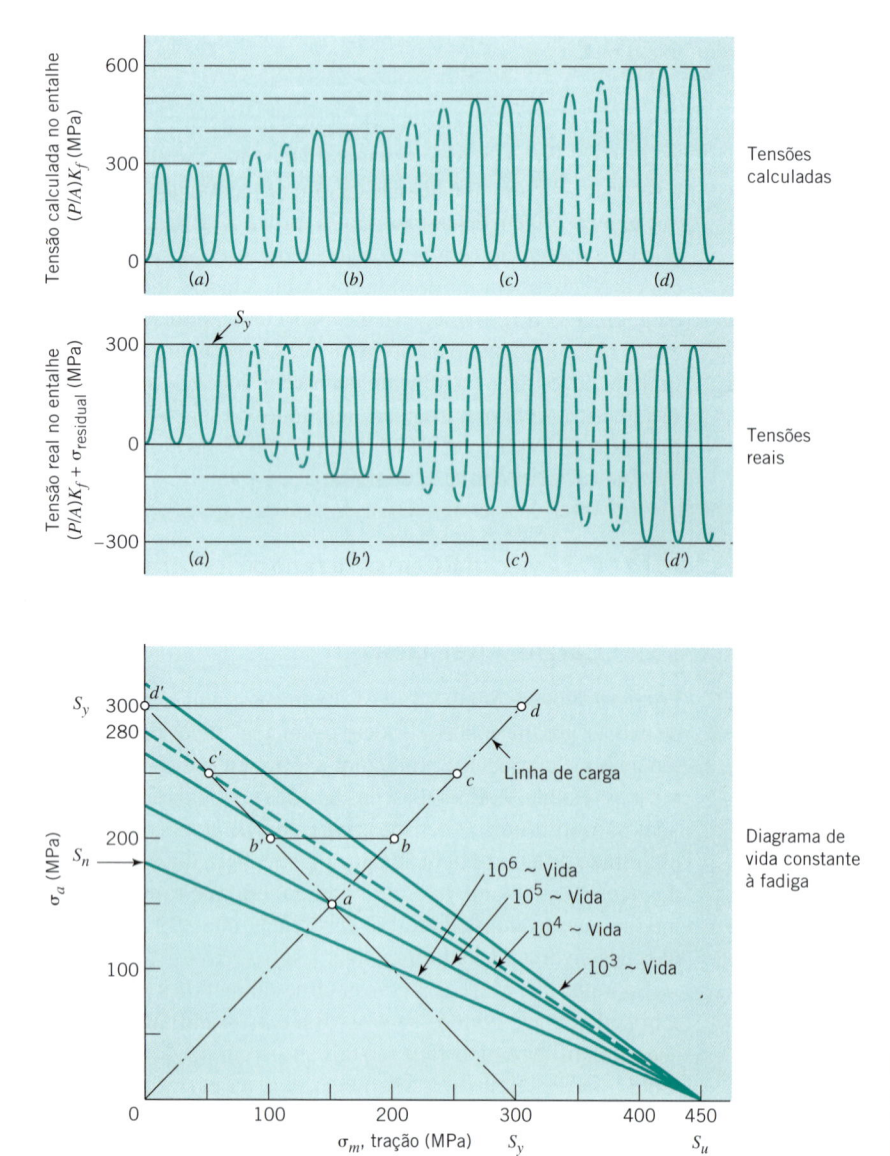

FIGURA 8.25 **Estimativa da vida à fadiga para aplicação de tensões repetidas mostradas na Figura 4.43; em aço,** $S_u = 450$ MPa, $S_y = 300$ **MPa.**

tensões *calculadas* na raiz do entalhe (as quais, devido ao escoamento e às tensões residuais, têm pouca importância). Os pontos a', b', c' e d' correspondem às tensões *reais* (baseadas em um curva tensão–deformação ideal), e são bastante realísticas. Note que em cada caso, o escoamento reduziu a tensão *média*; mas *não* alterou a tensão *alternada*.

Com base no gráfico da Figura 8.25, as vidas à fadiga estimadas correspondentes à aplicação repetida de vários níveis de cargas trativas são de 10^5 ciclos para o ponto de carregamento a, talvez $1,5 \times 10^4$ ou 2×10^4 ciclos para o ponto de carregamento b, cerca de 6×10^3 ciclos para c e cerca de $2,5 \times 10^3$ ciclos para d. Estas estimativas representam uma interpolação visual grosseira entre as linhas adjacentes de vida constante. A linha tracejada que passa pelo ponto c' ilustra um procedimento melhor. Esta linha é uma linha de Goodman correspondente a uma vida desconhecida. Todos os pontos sobre essa linha correspondem à *mesma* vida; em particular, o ponto c' corresponde à mesma vida estabelecida por uma tensão totalmente alternada de 280 MPa. Pode-se, agora, consultar a curva *S–N* (não mostrada) e obter a vida correspondente a 280 MPa. Para manter em pauta as previsões de vida na perspectiva apropriada, lembre-se de que tais previsões são intrinsecamente muito grosseiras, exceto quando realizadas em uma base estatística — como foi ilustrado pela banda de dispersão da curva *S–N* na Figura 8.4c. Igualmente, não se esqueça das limitações do procedimento previamente mencionadas para fazer previsões na faixa de baixo ciclos.

Neste exemplo, o fator de concentração de tensão de 2, originalmente utilizado na Figura 4.43, foi considerado como um fator de concentração de tensão de *fadiga* na Figura 8.25. Admitindo que o material tenha uma sensibilidade ao entalhe q, cujo valor é algo menor que a unidade, o fator de concentração de tensão teórico K_t seria maior que 2.

Tal previsão de vida pode ser feita de forma conveniente a partir dos diagramas de resistência à fadiga, na forma das Figuras 8.17 até 8.19. Nestes diagramas, os pontos a, b, c e d estariam sobre o eixo vertical (isto é, $\sigma_{\min} = 0$), e os pontos b', c' e d' estariam sobre a linha horizontal, $\sigma_{\max} = S_y$.

A princípio, pode-se achar um pouco estranha a aparência de pontos como b, c e d no gráfico σ_m–σ_a. Mesmo o ponto c — isolado do ponto d — mostra uma amplitude de tensão superior à tensão última! Deve-se lembrar que são tensões calculadas fictícias, e que a extensão do escoamento que estas representam são, geralmente, muito pequenas. Com a barra tracionada neste exemplo, não há condição de ocorrer um escoamento *muito grande* na raiz do entalhe, sem que escoe toda a seção transversal — e isto ocorre apenas nas proximidades do ponto d.

Em resumo, o procedimento aqui recomendado para a previsão da vida à fadiga de componentes com entalhe sujeitos a combinação de tensões média e alternada é

Todas as tensões (tanto média quanto alternada) são multiplicadas pelo fator de concentração de tensão de fadiga K_f, e uma correção é feita para o escoamento e as tensões residuais resultantes se a amplitude de tensão calculada exceder a resistência ao escoamento do material.

Algumas vezes este procedimento é denominado *método da tensão residual*, devido ao reconhecimento de que este propicia o desenvolvimento de tensões residuais.

Um procedimento alternativo, utilizado para a aplicação do fator de concentração de tensão *apenas* à tensão alternada, *não* levar em conta as tensões residuais. Pode-se observar que em *alguns* casos esta redução na tensão média pela não aplicação do fator K_f pode se tornar aproximadamente a mesma à redução na tensão média obtida com o método da tensão residual, quando se considera o escoamento e a tensão residual. Uma vez que a tensão média não é multiplicada por um fator de concentração de tensão, esse procedimento alternativo é algumas vezes chamado de *método da tensão média nominal*. Apenas o método da tensão residual é recomendado neste texto para a previsão da vida à fadiga.

PROBLEMA RESOLVIDO 8.3 Determinação do Diâmetro Necessário de um Eixo Submetido à Torção Média e Alternada

---

Um eixo deve transmitir um torque de 1000 N · m, superposto a uma vibração torcional que causa um torque alternado de 250 N · m. Um fator de segurança de 2 deve ser aplicado a ambos os carregamentos. Um aço-liga tratado termicamente com $S_u = 1,2$ GPa, e $S_y = 1,0$ GPa (infelizmente, não existem resultados de ensaios disponíveis para S_{us} e S_{ys}). O eixo é escalonado, com $D/d = 1,2$ e $r/d = 0,05$ (conforme mostrado na Figura 4.35). Um acabamento retificado comercial de boa qualidade deve ser especificado. Qual é o diâmetro necessário para uma vida à fadiga infinita?

Solução

Conhecido: Um eixo retificado comercial feito de aço com resistência ao escoamento e tensão última conhecidos, escalonado, com razões D/d e r/d conhecidas, transmite um determinado torque constante superposto a um torque alternado com um fator de segurança 2 aplicado a ambos os torques (veja a Figura 8.26).

A Ser Determinado: Estime o diâmetro do eixo, d, necessário para uma vida infinita.

Esquemas e Dados Fornecidos:

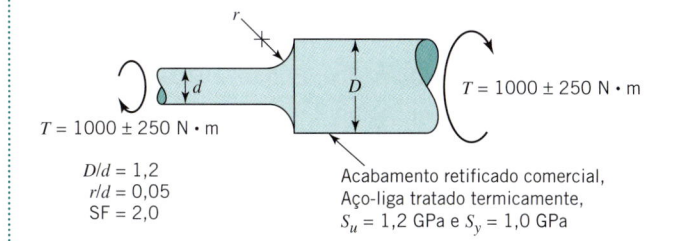

$D/d = 1,2$
$r/d = 0,05$
SF $= 2,0$

$T = 1000 \pm 250$ N · m

Acabamento retificado comercial,
Aço-liga tratado termicamente,
$S_u = 1,2$ GPa e $S_y = 1,0$ GPa

FIGURA 8.26 Eixo submetido à torção média e alternada.

Hipóteses/Decisões:

1. O eixo é fabricado conforme especificado sob a ótica do raio de concordância crítico e do acabamento superficial.

2. O diâmetro do eixo estará entre 10 a 50 mm.

Análise:

1. Construa o diagrama de resistência à fadiga mostrado na Figura 8.27. (Como vida infinita foi requerida, não há necessidade de uma curva S–N.) Para o cálculo de um valor estimado para S_n, admite-se que o diâmetro esteja entre 10 e 50 mm. Caso esteja fora desta faixa, a solução deverá ser repetida com um valor mais apropriado para o fator C_G.

2. As tensões *calculadas* na raiz do entalhe (isto é, sem considerar nenhuma possibilidade de escoamento) são

$$\tau_m = (16T_m/\pi d^3)K_f$$

$$\tau_a = (16T_a/\pi d^3)K_f$$

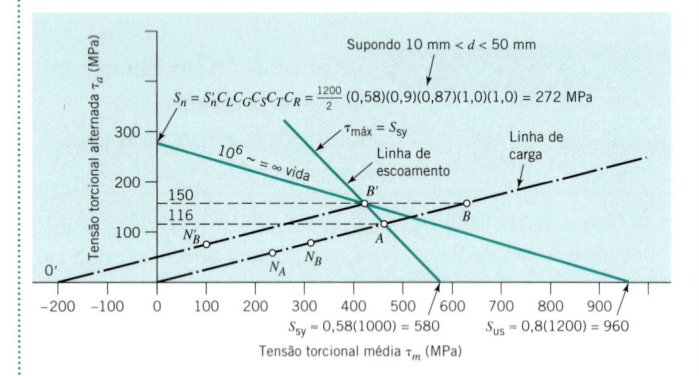

FIGURA 8.27 **Diagrama de Resistência à Fadiga para o Problema Resolvido 8.3.**

Para se obter K_f a partir da Eq. 8.2, deve-se inicialmente determinar K_t e q. Obtém-se K_t partir da Figura 4.35c, de 1,57, porém a determinação de q a partir da Figura 8.24 requer, novamente, uma hipótese relativa ao diâmetro final. Entretanto, esta condição apresenta pouca dificuldade, na medida em que a curva para o carregamento torcional do aço com esta resistência ($S_u = 1,2$ GPa = 174 ksi, ou muito próxima do topo da curva da figura) fornece $q \approx 0,95$ para $r \geq 1,5$ mm, que, neste caso, corresponde a $d \geq 30$ mm. Com o carregamento fornecido, a intuição (ou o cálculo subsequente) sinaliza que o eixo deverá possuir pelo menos este diâmetro. A substituição destes valores, juntamente com os valores dados para a sobrecarga de projeto (carga nominal multiplicada pelo fator de segurança), fornece

$$K_f = 1 + (K_t - 1)q = 1 + (1,57 - 1)0,95 = 1,54$$

$$\tau_m = [(16 \times 2 \times 1000 \text{ N} \cdot \text{m})/\pi d^3]1,54 = 15.685/d^3$$

$$\tau_a = [(16 \times 2 \times 250 \text{ N} \cdot \text{m})/\pi d^3]1,54 = 3922/d^3$$

e $\tau_a/\tau_m = 0,25$.

3. Partindo-se da origem do gráfico da Figura 8.27 (que corresponde a considerar-se o diâmetro infinito) e movendo-se para a direita ao longo da linha com inclinação = 0,25, parasse, tentativamente, no ponto A. Se nenhum escoamento for permitido, as tensões não podem ser superiores a este limite. Em A, $\tau_a = 116$ MPa ou 0,116 GPa. Assim, $3922/d^3 = 0,116$ ou $d = 32,2$ mm.

4. Na maior parte das situações, talvez possa ser permitida, a ocorrência de um pequeno escoamento na região localizada no raio de concordância para a "sobrecarga de projeto". Assim sendo, o diâmetro pode ser ainda mais reduzido até que as tensões *calculadas* atinjam o ponto B do gráfico da Figura 8.27, uma vez que o escoamento e as tensões residuais trazem as tensões *reais* de volta ao ponto B', que está à direita, sobre a linha de vida infinita. O escoamento não afeta a amplitude da tensão alternada, logo a equação para tensão alternada pode ser igualada a 150 MPa, o que fornece $d = 29,7$ mm.

5. Antes de aceitar o resultado, tanto $d = 32,3$ mm quanto $d = 29,7$ mm, é importante voltar e verificar se os valores de C_G e de q são consistentes com o diâmetro finalmente escolhido. Neste caso eles são.

Comentários:

1. Antes mesmo de iniciar a solução de um problema como este, um engenheiro deve rever cuidadosamente o projeto, no que se refere ao raio de concordância crítico. É realmente necessário que o raio seja tão pequeno? Se assim for, será o controle da qualidade nos departamentos de produção e de inspeção, conseguirão garantir que não seja feito um simples "canto vivo"? E sobre o controle sobre o acabamento superficial? No que diz respeito à resistência à fadiga, uma alta qualidade de acabamento *no raio de concordância* é muito importante. Os departamentos de produção e de inspeção estarão cientes disto? Os outros 99,9 % da superfície do eixo têm pouca importância, a menos que um acabamento de alta qualidade seja necessário por outras razões (como propiciar um bom acabamento superficial para contato ou prover um ajuste de tolerância apertado). Se a qualidade de acabamento não for necessária nessas outras regiões do eixo, o custo pode ser diminuído mudando-se para uma superfície usinada comum.

2. Antes de terminar este exemplo, é interessante observar na Figura 8.27, as tensões para a condição *normal* de operação (isto é, $T_m = 1000$ N·m e $T_a = 250$ N·m). Se o ponto A for escolhido como o ponto que deve suportar a sobrecarga, então a operação normal envolve a operação no ponto N_A (ponto médio entre 0 e A). Se o ponto B' for selecionado como ponto de sobrecarga, a operação normal seria em N_B, o ponto médio entre 0 e B. Porém, se a máquina for operada na condição de sobrecarga e, *em seguida*, operada normalmente, uma tensão residual representada por 0' seria envolvida. Com esta tensão residual presente, as tensões estariam em 0' quando a carga fosse desativada, em N'_B quando a carga fosse normal e em B' com a sobrecarga de projeto.

PROBLEMA RESOLVIDO 8.4 **Estime o Fator de Segurança de um Eixo de Lixadeira de Disco**

A Figura 8.28 refere-se ao eixo de lixadeira de disco que é fabricado de aço com $S_u = 900$ MPa e $S_y = 750$ MPa. O carregamento mais severo ocorre quando um objeto é mantido próximo à periferia do disco (raio de 100 mm) com força suficiente para desenvolver um torque de atrito de 12 N·m (que se aproxima da capacidade de torque do motor). Admita um coeficiente de atrito de 0,6 entre o objeto e o disco. Qual é o fator de segurança em relação a uma eventual falha por fadiga do eixo?

SOLUÇÃO

Conhecido: Um eixo com carregamento e geometria fornecidos é fabricado de aço tendo a resistência ao escoamento e à tensão última conhecidas.

A Ser Determinado: Determine o fator de segurança para uma eventual falha por fadiga.

Esquemas e Dados Fornecidos:

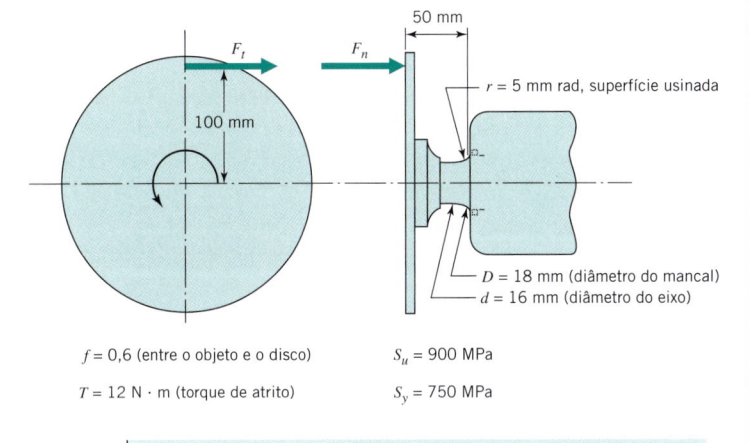

$f = 0,6$ (entre o objeto e o disco)

$T = 12$ N · m (torque de atrito)

$S_u = 900$ MPa

$S_y = 750$ MPa

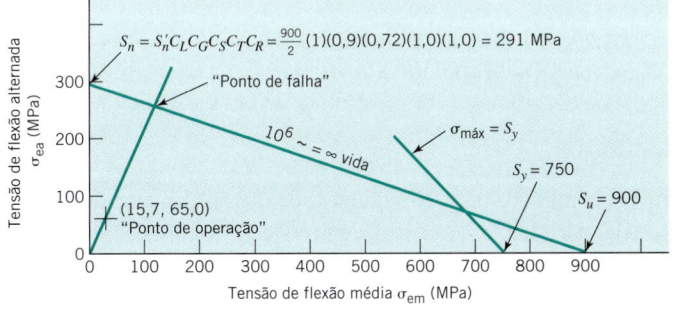

FIGURA 8.28 **Problema Resolvido 8.4 — Lixadeira de disco.**

Hipóteses: São necessários os 50 mm, em balanço, do eixo da lixadeira.

Análise:

1. A especificação do torque de 12 N · m requer que a força tangencial F_t seja de 120 N. Com um coeficiente de atrito de 0,6, é requerida uma força normal F_n de 200 N.

2. Essas duas componentes de força produzem as seguintes cargas no raio de concordância do eixo:
   Torque: $T = 12$ N · m $= 12.000$ N · mm
   Carga Axial: $P = 200$ N
   Flexão: No plano horizontal, $M_h = 120$ N $\times$ 50 mm
   No plano vertical, $M_v = 200$ N $\times$ 100 mm
   A resultante é $M = \sqrt{M_h^2 + M_v^2} = 20.900$ N · mm

3. Da Figura 4.35, os fatores de concentração de tensão geométricos para cargas de torção, axial e de flexão são de cerca de

$$K_{t(t)} = 1,10, \qquad K_{t(a)} = 1,28, \qquad K_{t(b)} = 1,28$$

Da Figura 8.24, as sensibilidades ao entalhe estimadas q são de 0,93 para a torção e 0,91 para a flexão e para a carga axial. Da Eq. 8.2, os valores de K_f são estimados em 1,09, 1,25 e 1,25, respectivamente, para cargas torcionais, axiais e de flexão.

4. As três componentes de tensão no raio de concordância são

$$\tau = \frac{16T}{\pi d^3} K_{f(t)} = \frac{16(12.000)}{\pi(16)^3}(1,09) = 16,3 \text{ MPa}$$

$$\sigma_{(a)} = \frac{P}{A} K_{f(a)} = \frac{-200(4)}{\pi(16)^2}(1,25) = -1,24 \text{ MPa}$$

$$\sigma_{(b)} = \frac{32M}{\pi d^3} K_{f(b)} = \frac{32(20.900)}{\pi(16)^3}(1,25) = 65,0 \text{ MPa}$$

5. Aplicando o procedimento especificado para "cargas biaxiais genéricas" na Tabela 8.2, constrói-se no gráfico da Figura 8.28 uma linha de Goodman de vida infinita estimada para cargas de *flexão*. Em seguida, um "ponto de operação" que corresponde às tensões de flexão *equivalente* média e *equivalente* alternada é marcado no diagrama. Das três componentes de tensão determinadas, as tensões devidas às cargas de torção e axial são constantes para a condição de operação em regime permanente; a tensão de flexão é totalmente alternada (a tensão de flexão em qualquer ponto sobre o raio de concordância varia de tração–para–compressão–para–tração durante cada volta do eixo). Utilizando-se o procedimento recomendado para determinar as tensões equivalentes média e alternada, tem-se

$$\sigma_{em} = \frac{\sigma_m}{2} + \sqrt{\tau^2 + \left(\frac{\sigma_m}{2}\right)^2}$$

$$= \frac{-1,24}{2} + \sqrt{(16,3)^2 + \left(\frac{-1,24}{2}\right)^2} = 15,7 \text{ MPa}$$

$$\sigma_{ea} = \sqrt{\sigma_a^2 + 3\tau_a^2} + \sqrt{(65,0)^2 + 0} = 65,0 \text{ MPa}$$

6. Desenhando-se uma linha que passa pela origem e pelo "ponto de operação", verifica-se que todas as tensões deveriam ser aumentadas de um fator de cerca de 4 para atingir o "ponto de falha" estimado, onde as condições estariam na iminência de causar uma eventual falha por fadiga. Assim, o fator de segurança estimado é de 4.

Comentários: No que se refere aos detalhes de projeto que se relacionam com a fadiga do eixo, o raio relativamente grande de 5 mm é excelente para a minimização da concentração de tensão nesta alteração brusca de dimensões do eixo. Seria desejável a redução da distância, de 50 mm do disco, em balanço, porém admitiu-se que para esta aplicação particular essa distância em balanço fosse necessária.

8.12 Previsão de Vida à Fadiga para Cargas com Variação Aleatória

Prever a vida de componentes carregados acima do limite de fadiga é na melhor das hipóteses, um procedimento grosseiro. Este ponto é ilustrado pela banda de dispersão típica que indica uma razão de 7:1 para a vida, conforme mostrado na Figura 8.4*c*. Para um grande percentual de componentes mecânicos e estruturais sujeitos a variação de tensões de forma aleatória (por exemplo, as suspensões automotivas e os componentes estruturais de aviões), a previsão da vida à fadiga é bem mais complexa. O procedimento aqui apresentado para tratar desta situação foi proposto por Palmgren, da Suécia, em 1924 e, independentemente, por Miner, dos Estados Unidos, em 1945. O procedimento é geralmente chamado de *regra de acúmulo linear de dano*, com os nomes de Miner, Palmgren, ou ambos.

Palmgren e Miner propuseram um conceito simples, porém muito lógico, de que se um componente é carregado ciclicamente a um nível de tensão que causa a falha em 10^5 ciclos, cada ciclo deste carregamento consome uma parte das 10^5 da vida do componente. Caso outros ciclos de tensão, correspondentes a uma vida de 10^4 ciclos, sejam interpostos, cada um desses ciclos consome uma parte desses 10^4 da vida, e assim por diante. Com base nesse conceito, a falha por fadiga é prevista quando 100 % da vida tenha sido consumida.

A regra de Palmgren ou Miner é expressa pela equação a seguir, na qual $n_1, n_2, \ldots, n_k$ representam o número de ciclos para os diversos níveis específicos de sobretensões, e $N_1, N_2, \ldots, N_k$ representam a vida (em ciclos) nestes níveis de sobretensões, obtidos a partir das curvas S–N apropriadas. A falha por fadiga será prevista quando

$$\frac{n_1}{N_1} + \frac{n_2}{N_2} + \cdots + \frac{n_k}{N_k} = 1 \quad \text{ou} \quad \sum_{j=1}^{j=k} \frac{n_j}{N_j} = 1 \quad \textbf{(8.3)}$$

A utilização da regra de acúmulo linear de dano é ilustrada nos problemas resolvidos a seguir.

> **PROBLEMA RESOLVIDO 8.5**   Previsão de Vida à Fadiga para Tensões Totalmente Alternadas com Variação Aleatória

As tensões (incluindo o fator de concentração de tensão K_f) no entalhe crítico de um componente variam aleatoriamente, conforme indicado na Figura 8.29*a*. As tensões podem ser devidas à flexão, à torção ou a cargas axiais — ou mesmo ser referentes às tensões de flexão equivalentes resultantes de um carregamento geral biaxial. O gráfico mostrado representa o que se acredita ser uma operação típica por 20 segundos. O material é aço, e a curva S–N apropriada é fornecida na Figura 8.29*b*. Esta curva está corrigida pelos efeitos da carga, do gradiente e do acabamento superficial. Estime a vida à fadiga do componente.

> **SOLUÇÃO**

Conhecido: O histórico da tensão *versus* tempo, corrigido para concentração de tensão, carga, gradiente e acabamento super-

ficial, é fornecido para um período de 20 segundos de ensaio de um componente de aço.

A Ser Determinado: Determine a vida à fadiga do componente.

Esquemas e Dados Fornecidos:

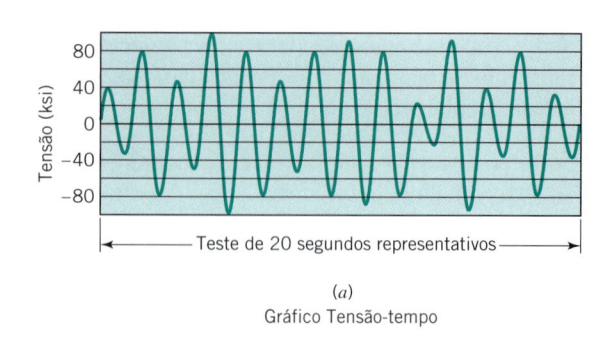

(a)
Gráfico Tensão-tempo

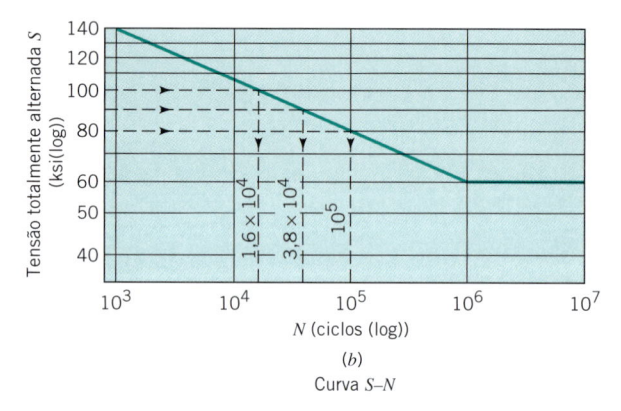

(b)
Curva S–N

FIGURA 8.29   Problema Resolvido 8.5 — previsão de vida à fadiga, tensões totalmente alternadas.

Hipóteses:

1. Os resultados para 20 segundos de um ensaio representativo para tensões que se repetirão até a eventual falha do componente por fadiga.

2. A regra de acúmulo linear de dano pode ser aplicada.

Análise: Na Figura 8.29*a* existem oito ciclos de tensão acima do limite de fadiga de 60 ksi (414 MPa): cinco a 80 ksi (552 MPa), dois a 90 ksi (621 MPa) e um a 100 ksi (689 MPa). A curva S–N mostra que cada ciclo a 80 ksi (552 MPa) utiliza uma parte em 10^5 da vida, cada ciclo a 90 ksi (621 MPa) utiliza uma parte em $3,8 \times 10^4$, e cada ciclo a 100 ksi (689 MPa) utiliza uma parte em $1,6 \times 10^4$. Somando-se essas frações de vida utilizadas, tem-se

$$\frac{n_1}{N_1} + \frac{n_2}{N_2} + \frac{n_3}{N_3} = \frac{5}{10^5} + \frac{2}{3,8 \times 10^4} + \frac{1}{1,6 \times 10^4} =$$
$$= 0,0001651$$

Para a fração de vida consumida ser igual à unidade, o tempo de ensaio de 20 segundos deve ser multiplicado por $1/0,0001651 = 6059$. Isto corresponde a 2019 minutos, ou seja, cerca de *30 a 35 horas*.

Comentários: A regra de acúmulo linear de dano pode ser facilmente estendida a problemas que envolvem tanto tensões médias quanto tensões alternadas. O problema resolvido a seguir ilustra para o caso para tensões de flexão variáveis.

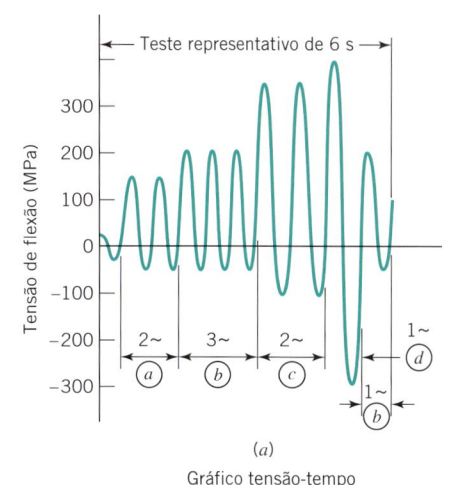

(a)

Gráfico tensão-tempo

> **PROBLEMA RESOLVIDO 8.6** Previsão de Vida à Fadiga — Tensões de Flexão Alternadas com Variação Aleatória

A Figura 8.30a representa a tensão variável no local crítico do entalhe de um componente durante um período que acredita-se ser de uma operação típica de 6 segundos. As tensões de flexão representadas incluem o efeito de concentração de tensão. O componente (Figura 8.30d) é feito de uma liga de alumínio com $S_u = 480$ MPa e $S_y = 410$ MPa. A curva S–N para flexão é fornecida na Figura 8.30c. Esta curva está corrigida para o gradiente de tensão e para o acabamento superficial. Estime a vida do componente.

> **SOLUÇÃO**

Conhecido: São fornecidos: o gráfico representativo de um período de 6 s da história da tensão *versus* tempo, corrigido para concentração de tensão para um componente de liga de alumínio, e a curva S–N para a resistência à flexão corrigida para o gradiente de tensão e o acabamento superficial.

A Ser Determinado: Determine a vida do componente.

Esquemas e Dados Fornecidos: Veja a Figura 8.30.

Hipóteses:

1. A regra de Miner pode ser aplicada.
2. A operação referente ao período de 6 s é típica, isto é, a história tensão-tempo se repetirá até o componente falhar.

Análise:

1. O período de ensaio de 6 s inclui, na ordem, dois ciclos de variação a, três ciclos de variação b, dois ciclos de c, um ciclo de d e um de b. Cada uma destas variações corresponde a uma combinação de tensões média e alternada, representadas por um ponto no gráfico da Figura 8.30b. Por exemplo, o ponto a consiste em $\sigma_m = 50$ MPa, $\sigma_a = 100$ MPa.

2. Os pontos a até d indicados na Figura 8.30b são conectados por linhas retas até o ponto $\sigma_m = S_u$ no eixo horizontal. Este traçado fornece uma família de quatro retas de Goodman, cada uma das quais correspondente a um valor de vida constante (porém ainda desconhecido).

3. As quatro linhas de Goodman interceptam o eixo vertical nos pontos a' até d'. De acordo com o conceito de Goodman, os pontos a até d correspondem exatamente às mesmas vidas por fadiga que os pontos a' até d'. Estas vidas são determinadas a partir da curva S–N mostrada na Figura 8.30c. Note que a vida correspondente às condições a e a' pode ser considerada infinita.

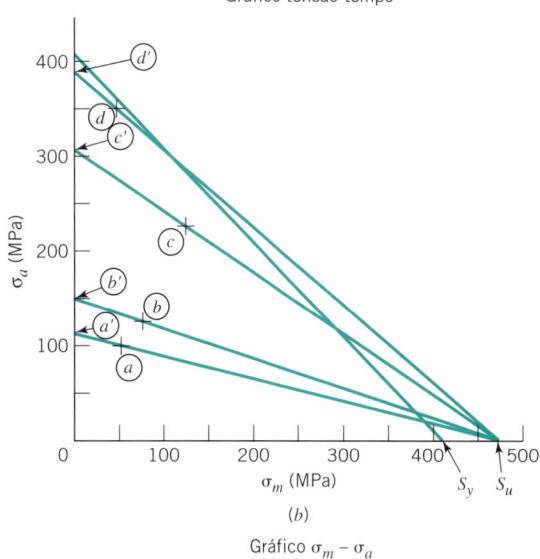

(b)

Gráfico σ_m – σ_a

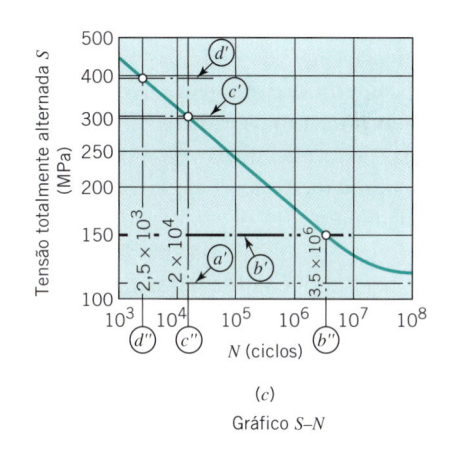

(c)

Gráfico S–N

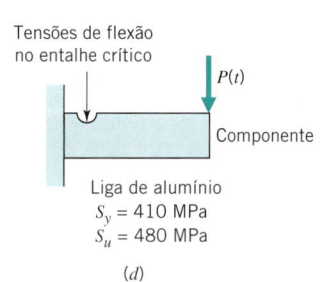

Tensões de flexão no entalhe crítico

Liga de alumínio
$S_y = 410$ MPa
$S_u = 480$ MPa

(d)

FIGURA 8.30 **Previsão de vida à fadiga, tensões com variação aleatória (Problema Resolvido 8.6).**

4. Adicionando-se as parcelas de vida consumidas pelos ciclos de sobrecarga b, c e d, tem-se

$$\frac{n_b}{N_b} + \frac{n_c}{N_c} + \frac{n_d}{N_d} = \frac{4}{3,5 \times 10^6} + \frac{2}{2 \times 10^4} + \frac{1}{2,5 \times 10^3} =$$
$$= 0,0005011$$

Este resultado indica que a vida estimada corresponde a 1/0,0005011 ou 1996 períodos de 6 s de duração. Este tempo é equivalente a 199,6 minutos, ou cerca de 3 horas e 20 minutos.

Comentários: O procedimento seria o mesmo para uma tensão variável *equivalente* de flexão, calculada de acordo com as instruções para "cargas biaxiais gerais", mostrada na Figura 8.16 e ilustrada no Problema Resolvido 8.4.

8.13 O Efeito dos Tratamentos Superficiais na Resistência à Fadiga de um Componente

Como as falhas por fadiga se originam em áreas localizadas de relativo enfraquecimento do material e geralmente situadas na superfície, as condições locais da superfície são de especial importância. A constante de acabamento superficial C_S já foi discutida para diversos tipos de operações de *acabamento*. Esta e as próximas duas seções se dedicam à discussão de diversos *tratamentos* superficiais, dando especial importância às suas influências (1) na resistência da superfície, em comparação com a resistência do material no interior do componente, e (2) na tensão residual na superfície. Todas as três considerações sobre a superfície — geometria (planicidade), resistência e tensões residuais — estão de algum modo correlacionadas. Por exemplo, os valores baixos de C_S mostrados na Figura 8.13 para superfícies laminadas a quente e forjadas são devidos, em parte, à geometria da superfície e, em parte, à descarbonetação (e, portanto, enfraquecimento) da camada da superficial.

As influências do fortalecimento da superfície e da geração de uma tensão residual de superfície favorável (compressiva) são ilustradas na Figura 8.31, que mostra uma barra com entalhe, que é simétrica em relação ao eixo de carregamento. A barra com entalhe está sujeita à uma força externa trativa, que varia entre zero e $P_{máx}$. A curva a mostra o gradiente de tensão na vizinhança de um entalhe, devido à carga de tração. A curva b mostra o gradiente de tensões residuais desejável, gerando compressão na superfície do entalhe. A curva c mostra a tensão total, a superposição das curvas a e b. A curva d mostra um gradiente de *resistência* desejável, resultante de um tratamento que causa o fortalecimento da superfície. Note que (1) o fortalecimento da superfície e as tensões residuais compressivas aumentaram significativamente a carga que o componente pode suportar, e (2) o ponto onde a falha potencial poderia se originar foi deslocado para o ponto T abaixo da superfície, onde as curvas c e d são tangentes. Isto significa que a superfície do entalhe poderia se deteriorar de alguma forma em serviço (por corrosão, por arranhões na superfície etc.) sem que o componente reduzisse sua capacidade de suportar carregamento. Um benefício adicional para a resistência à fadiga que não fica evi-

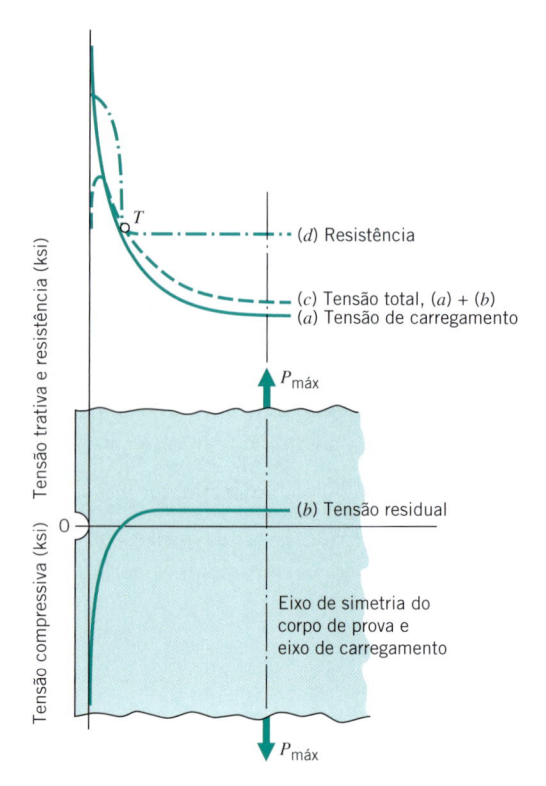

Figura 8.31 Gradientes de tensões e resistências, componente com entalhe com superfície fortalecida submetida a carga axial.

dente na Figura 8.31 é que as tensões residuais compressivas deslocam o "ponto de operação" no diagrama de tensões médias e alternadas (como os pontos a até d na Figura 8.30b) para a esquerda, o que aumenta a vida à fadiga.

O conceito de comparação dos gradientes de resistência com os gradientes de tensão total fornece uma explicação imediata do fato de os componentes que apresentam gradientes de tensão mais severos e superfícies mal acabadas (baixos valores de C_S) serem as mais beneficiadas dos tratamentos superficiais. Componentes sem entalhes sujeitos a carregamento axial se beneficiam muito pouco, a menos que tenham um acabamento superficial inicial de baixa qualidade. Componentes que possuam entalhes muito severos carregados em flexão ou torção se beneficiam mais. Como praticamente todos os componentes possuem regiões críticas com concentração de tensão, tratamentos de fortalecimento da superfície são geralmente bastante efetivos. Por exemplo, a Figura 8.31 registra um aumento de cerca de 60 % na tensão admissível causada pela combinação do fortalecimento da superfície mais tensões residuais. Para aplicações envolvendo cargas de flexão ou de torção, não é incomum a capacidade de carga à fadiga ser mais do que dobrada.

As próximas duas seções discutem os processos de fortalecimento das superfícies. Também é importante estar atento aos processos que causam o *enfraquecimento* da superfície. A retificação, por exemplo, se não for executada com cuidado e a taxas de avanço baixas ou moderadas, podem causar tensões residuais de tração nocivas à superfície e até produzir minúsculas trincas de superfície. A galvanização de cromo e níquel, mesmo sendo boa para a proteção da superfície contra a corrosão, pode reduzir significativamente o limite de fadiga de componentes de aço pela adsorção do gás hidrogênio. Este fenômeno é conhecido como *fragilização por hidrogênio*. Este dano pode ser minimizado tomando-se cuidados especiais, como o de utilizar baixas densidades de correntes de galvanização e reaquecendo o componente (geralmente na faixa de 600°F (316°C) a 900°F (482°C)) após a galvanização. Executada de maneira apropriada, a eletrogalvanização de componentes de aço com metais macios, como cobre, cádmio, zinco, chumbo e estanho, causa pouco, se algum, enfraquecimento em relação à fadiga. Existe relativamente pouca informação disponível sobre o efeito da eletrogalvanização e da anodização de metais não ferrosos. Tanto efeitos benéficos quanto danosos têm sido registrados em circunstâncias específicas. A soldagem e as operações de corte a fogo tendem a produzir tensões residuais de tração danosas à superfície, a menos que precauções especiais sejam tomadas, como um subsequente tratamento térmico para o alívio de tensões.

A relação a seguir, com alguns princípios básicos, pode auxiliar no posicionamento do tema tratamentos de superfície para o fortalecimento contra fadiga, em uma perspectiva apropriada.

O engenheiro dedicado ao projeto e ao desenvolvimento de componentes de máquinas e estruturas sujeitas a cargas dinâmicas deve

1. Buscar identificar todas as regiões de concentração de tensão onde falhas por fadiga poderiam iniciar-se.
2. Rever as possibilidades de modificação do projeto para reduzir as concentrações de tensões; isto é, mover os concentradores de tensão para regiões de tensões nominais menores.
3. Dar a devida atenção ao acabamento superficial (C_S) *nestas regiões*.
4. Considerar o que pode ser feito na fabricação do componente para fortalecer a camada da superfície e propiciar uma tensão residual compressiva nos concentradores de tensões potencialmente críticos.

8.14 Tratamentos Mecânicos Superficiais — Jateamento de Granalhas e Outros

Os tratamentos mecânicos superficiais trabalham a frio a superfície do material, causando tensões residuais compressivas e, dependendo das propriedades do material, frequentemente fortalecendo a superfície contra deformações. A geometria da superfície, sua planicidade, é alterada — geralmente para melhor, a menos que a superfície esteja polida inicialmente ou retificada fina.

O mais comum e versátil dos tratamentos com trabalho a frio é o *jateamento de granalhas*. É amplamente utilizado em molas, engrenagens, eixos, barras de ligação e muitos outros componentes de máquinas e estruturas. No jateamento de granalhas a superfície é bombardeada com granalhas de ferro ou aço de alta velocidade, lançados de um volante girante ou de um bocal pneumático. O leve martelamento resultante, ou efeito

"*peened*", tende a reduzir a espessura do componente e, portanto, aumentar a área da camada externa exposta. Como a área é resistida pelo material abaixo da superfície, a camada externa é submetida a uma compressão residual. A espessura da camada compressiva é, geralmente, inferior a um milímetro. As maiores tensões compressivas ocorrem ligeiramente abaixo da superfície e, em geral, são da ordem de metade da resistência ao escoamento. Algumas vezes são obtidas tensões residuais compressivas maiores carregando-se o componente em tração enquanto é submetido ao jateamento de granalhas. Este processo é denominado *jateamento com deformação*.

Quando se trata de componentes de aço, o jateamento por granalhas é mais efetivo em aços mais duros, pois sua resistência ao escoamento representa um percentual maior da tensão última. Isto significa que as tensões residuais resultantes são mais difíceis de serem "eliminadas" por tensões subsequentes devidos ao carregamento que causam tensão total (tensão de carregamento superposto à tensão residual) que ultrapassa à resistência ao escoamento. Em referência à relação ilustrada na Figura 8.6, o limite de fadiga aumenta com a dureza, à valores significativamente maiores, com o jateamento por granalhas. Os componentes usinados, fabricados com aço de resistência muito elevada (tensão última acima de cerca de 1400 MPa ou 200 ksi), são particularmente beneficiados.

Um tratamento superficial mecânico relacionado é a *laminação a frio*. O componente geralmente avança enquanto rolos adequados são empurrados contra a superfície a ser fortalecida, como os raios de concordância de um eixo ou entalhes. Esta condição pode gerar tensões residuais compressivas até uma profundidade de um centímetro ou mais. A laminação a frio tem sido aplicada a componentes de todas as dimensões, incluindo os grandes pinos utilizados nos pistões de motores ferroviários e eixos com diâmetros até 400 mm. A laminação a frio é particularmente efetiva no aumento da resistência à fadiga de eixos montados sob interferência em cubos de rodas (isto ajuda a compensar os altos concentradores de tensão presentes nos eixos nas bordas do cubo).

As vantagens do aumento da resistência à fadiga na laminação a frio são, algumas vezes, obtidas como subproduto de uma operação de laminação por rolos. Sob pressão suficiente, e com um material apropriado, roscas de parafusos, chavetas de eixos e mesmo engrenagens de dentes pequenos podem ser obtidos por laminação a frio. As propriedades do material, assim, refletem a severidade do trabalho a frio. Além disso, geralmente são criadas tensões residuais compressivas.

A *cunhagem* é outra operação de conformação a frio que aumenta a resistência à fadiga. Um exemplo é a prensagem de um cone ou de uma esfera de grandes dimensões na superfície de um furo, deixando uma tensão residual compressiva na interseção vulnerável do furo e a superfície. Outro exemplo são os entalhes arredondados prensados a frio em um eixo de ambos os lados de um furo transversal.

Na ausência de dados específicos, *é geralmente conservativo considerar os efeitos do jateamento por granalhas, ou outro tratamento de trabalho a frio, utilizando um fator de acabamento superficial C_S igual à unidade, independentemente do acabamento superficial anterior.*

8.15   Tratamentos de Endurecimento Superficiais Térmicos e Químicos (Têmpera por Indução, Carbonetação e Outros)

O objetivo dos tratamentos térmicos e químicos de endurecimento superficial é geralmente propiciar superfícies com maiores resistências ao desgaste; entretanto, eles também servem para aumentar a resistência à fadiga e, por essa razão, são aqui considerados.

Os processos estritamente térmicos de têmpera por chama e por indução de componentes de aço contendo uma quantidade suficiente de carbono produzem tensões residuais compressivas na superfície (devido a uma transformação de fase que tende a aumentar ligeiramente o *volume* da camada superficial), bem como o endurecimento da superfície. Conforme esperado, os maiores benefícios são obtidos para os componentes com entalhe que possuam altos gradientes de tensões aplicadas. Em geral, nessas situações a resistência à fadiga pode ser mais do que dobrada.

A carbonetação e a nitretação são exemplos de processos termoquímicos que adicionam carbono ou nitrogênio à camada superficial, juntamente com o tratamento térmico apropriado. A camada endurecida resultante (ou "camada carbonetada"), juntamente com as tensões residuais compressivas, pode ser muito efetiva no aumento da resistência à fadiga. De fato, a nitretação tem sido capaz de fazer com que os componentes fiquem praticamente imunes ao enfraquecimento pelos concentradores de tensões comuns. Este ponto é ilustrado pela tabela a seguir, fornecida por Floe (Parte 2, Seção 8.6 de [5]).

Geometria	Limite de Fadiga (ksi)	
	Nitretado	Não nitretado
Sem entalhe	90	45
Entalhe semicircular	87	25
Entalhe em V	80	24

8.16   Crescimento de Trinca de Fadiga

No Capítulo 6, foram apresentados conceitos básicos da mecânica da fratura, e a falha foi definida sempre que o fator de intensidade de tensão, K, ultrapassar o fator de intensidade de tensão crítico, K_c (por exemplo, para um carregamento trativo, Modo I, a falha ocorre quando K_I ultrapassa K_{Ic}).

Considera-se agora o processo de fadiga em que a trinca cresce sob o efeito de cargas alternadas. A Figura 8.32 representa um gráfico da evolução do crescimento da trinca desde um comprimento inicial de trinca c_1 até um comprimento crítico de trinca c_{cr}. Sabe-se que à medida que a trinca cresce com o aumento do número de ciclos, N, a tendência à falha também aumenta. Para uma trinca pequena identificável (por exemplo, 0,004 in (0,1 mm)), um histórico de crescimento de trinca típico para um carregamento de tração cíclica de amplitude constante começaria com um crescimento de modo estável, de maneira controlada até que uma dimensão crítica da trinca fosse atin-

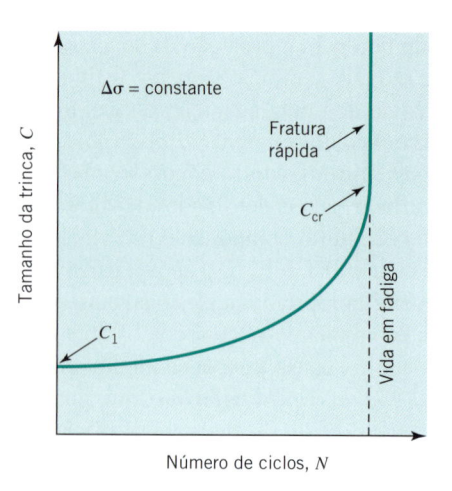

Figura 8.32   **Tamanho da trinca *versus* número de ciclos para $\Delta\sigma$ constante.**

gida, isto é, até a condição em que a taxa de propagação de trinca aumenta de forma descontrolada e a falha catastrófica torna-se iminente.

As Figuras 8.33*a* e 8.33*b* mostram a relação de proporcionalidade entre a faixa de intensidade de tensão, $\Delta K = K_{máx} - K_{mín}$, e a faixa de tensão, $\Delta\sigma = \sigma_{máx} - \sigma_{mín}$, respectivamente. Neste caso, $K_{mín} = \sigma_{mín} Y\sqrt{\pi c}$, $K_{máx} = \sigma_{máx} Y\sqrt{\pi c}$ e $\Delta K = \Delta\sigma Y\sqrt{\pi c}$. Lembre-se de que a vida à fadiga é altamente dependente das

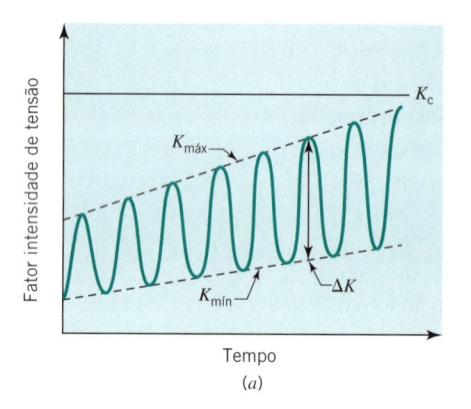

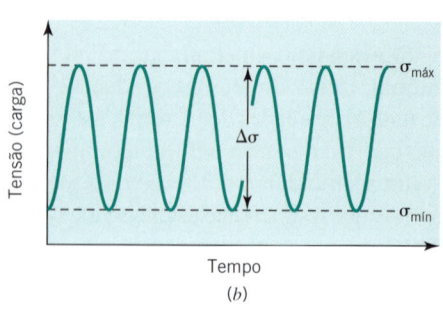

Figura 8.33   (*a*) **Intensidade de tensão *versus* tempo, para tensões variáveis, $\Delta\sigma$ em que $K_{mín} = \sigma_{mín} Y\sqrt{\pi c}$, $K_{máx} = \sigma_{máx} Y\sqrt{\pi c}$ e $\Delta K = \Delta\sigma Y\sqrt{\pi c}$. Observe que todos os parâmetros K aumentam com o tamanho da trinca. (*b*) Tensão (carga) *versus* tempo para tensões variáveis.**

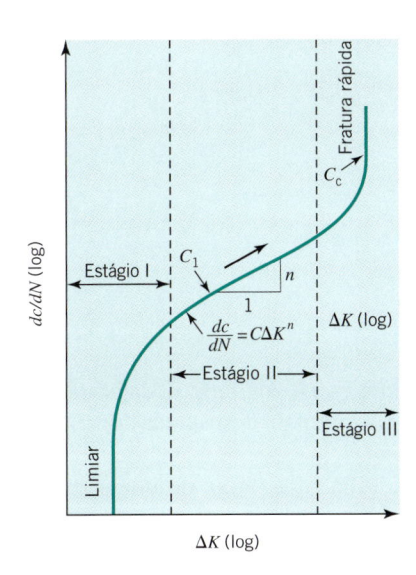

Figura 8.34 Três estágios de crescimento de trinca em dc/dN (log) *versus* ΔK (log) para $\Delta\sigma$ constante.

componentes média e alternada de tensão, isto é, da faixa e da amplitude da tensão, que é proporcional à faixa de intensidade de tensão. Para uma trinca inicial existente de dimensão c_1 e para um dado material, a inclinação dc/dN depende da faixa do fator de intensidade de tensão, $\Delta K = K_{máx} - K_{mín}$. Novamente, $K_1 = \sigma\, Y\sqrt{\pi c}$.

A Figura 8.34 mostra um gráfico da taxa de propagação de trinca (crescimento da trinca) *versus* ΔK. A taxa de propagação de trinca ou de crescimento da trinca aumenta com os ciclos de carga alternada e é representada por dc/dN, em que N é o número de ciclos e c é o tamanho da trinca. Para um material específico, a faixa de intensidade da tensão, ΔK, está relacionada com a dc/dN conforme mostrado por meio de uma curva sigmoidal constituída de três estágios. O estágio I, *iniciação*, mostra que o crescimento da trinca requer que a faixa de intensidade de tensão ultrapasse a um valor limiar. Um dos mecanismos responsáveis pelo crescimento inicial se relaciona com a clivagem ao longo dos contornos dos grãos. O estágio II, *propagação estável*, mostra que a taxa de crescimento da trinca *versus* a faixa de intensidade de tensões é aproximadamente linear em uma escala log-log. Este importante estágio refere-se às trincas que crescem de modo estável. A curva para o estágio II pode ser descrita pela equação de Paris

$$dc/dN = C\,\Delta K^n \qquad (8.4)$$

em que dc/dN é a taxa de propagação de trinca, e C e o expoente n são constantes que dependem das propriedades do material, cujos valores podem ser encontrados na literatura. No estágio II, para uma certa taxa de propagação de trinca, $(dc/dN)_o$, existe uma correspondente faixa de intensidade de tensões ΔK_o, tal que a constante $C = (dc/dN)_o/\Delta K_o{}^n$.

O estágio III, *instabilidade*, começa quando a dimensão da trinca se aproxima da crítica e existe apenas uma pequena parcela da vida do componente. A instabilidade é catastrófica, uma vez que ela ocorre subitamente após o início do estágio III.

Os estágios II e III podem ser ambos representados por uma modificação empírica da Eq. 8.4, qual seja,

$$dc/dN = C\,\Delta K^n/\{1 - (K_{máx}/K_c)^n\} \qquad (8.5)$$

Note que na Eq. 8.5 que, se $K_{máx} \ll K_c$, então o termo $\{1 - (K_{máx}/K_c)^n\}$ tende a 1, e a Eq. 8.5 representa o estágio II. Se $K_{máx}$ tende a K_c, então dc/dN tende ao infinito e representa o estágio III.

A integração da Eq. 8.5 fornece a vida do componente, ΔN_{12} ciclos, que decorre da duração do crescimento da trinca de c_1 a c_2. Na forma normalizada, em que $\alpha = c/w$, tem-se

$$\{(\Delta N_{12}/w)(dc/dN)_o\}\{\Delta\sigma\sqrt{(\pi w)}/\Delta K_o\}^n$$
$$= \int_1^2 (Y\sqrt{\alpha})^{-n}\, d\alpha - (Y_{cr}\sqrt{\alpha_{cr}})^{-n}(\alpha_2 - \alpha_1) \qquad (8.6)$$

em que α_{cr} é tamanho da trinca normalizada crítico, correspondente a K_c, e $\alpha_2 \le \alpha_{cr}$. Para as condições de deformação plana, $K_c = K_{Ic}$.

A Eq. 8.6 pode ser integrada e, então, resolvida para a vida do componente transcorrida durante a fase de crescimento da trinca. O fator de geometria-carregamento é necessário como uma função da dimensão da trinca; isto é, $Y = Y(\alpha)$. Com os limites do tamanho normalizado da trinca α_1 e α_2, a integral da Eq. 8.6 pode ser avaliada numericamente observando-se que um valor de w é requerido e que cada termo entre chaves é adimensional. Na prática, uma integração na forma fechada geralmente é impossível, e métodos gráficos podem ser utilizados.

PROBLEMA RESOLVIDO 8.7 Vida (em Ciclos) para Crescimento de Trinca de Fadiga

Uma barra longa com uma trinca de borda é submetida a uma tensão axial conforme mostrado na Figura 8.35, e é fabricada de um material que segue a equação de Paris com um expoente $n = 4$. A barra possui uma taxa de propagação de trinca $(dc/dN)_o$ de 1 mm/10^6 ciclos, que corresponde a uma faixa de intensidade de tensão ΔK_o de 5 MPa $\sqrt{m}$. A largura w da barra é de 30 mm. O fator de geometria-carregamento pode ser aproximado por $Y = Y_o/(1 - a) = 0,85/(1 - a)$, em que $a = c/w$. Determine o número de ciclos necessários para uma trinca de 6 mm crescer até 15 mm, se o componente está sujeito a uma tensão de tração uniaxial de variação cíclica de (**a**) 0 MPa a 40 MPa, e de (**b**) 80 MPa a 100 MPa.

SOLUÇÃO

Conhecido: Uma barra longa de geometria e propriedades de material conhecidas possui uma trinca de borda que cresce de 6 mm a 15 mm, enquanto a barra fica sujeita a uma tensão de tração uniaxial com variação cíclica.

A Ser Determinado: Determine o número de ciclos necessários para a trinca crescer de 5 a 15 mm.

Esquemas e Dados Fornecidos:

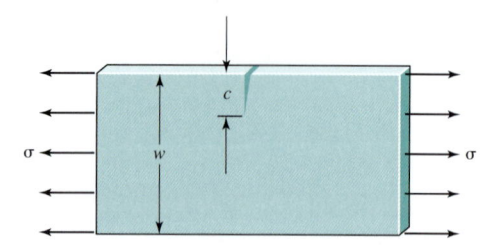

FIGURA 8.35   Problema Resolvido 8.7 — previsão do número de ciclos para tensões variáveis ciclicamente — barra longa, trinca de borda, tensão trativa.

Hipóteses:

1. A barra é carregada por uma tensão nominal σ, normal à trinca.
2. O fator de geometria-carregamento, Y, é preciso para a faixa de valores de α.
3. A intensidade da tensão é menor que a tenacidade à fratura do material.
4. A trinca cresce de forma estável.

Análise:

1. A Eq. 8.6 pode ser integrada e, em seguida, resolvida para a vida do componente decorrida durante o crescimento da trinca. A Eq. 8.6 é

$$[(\Delta N_{12}/w)(dc/dN)_o][\Delta\sigma\sqrt{(\pi w)}/\Delta K_o]^n$$
$$= \int_1^2 (Y\sqrt{\alpha})^{-n}\, d\alpha - (Y_{cr}\sqrt{\alpha_{cr}})^{-n}(\alpha_2 - \alpha_1) \quad \textbf{(8.16)}$$

2. O fator de geometria-carregamento, Y, é uma função do tamanho da trinca, $Y = Y(\alpha) = Y_o/(1 - \alpha) = 0,85/(1 - \alpha)$. Note que $Y_o = 0,85$ é uma constante.

3. Seja a integral da Eq. 8.6 definida por I, isto é,

$$I \equiv \int_1^2 (Y\sqrt{\alpha})^{-n}\, d\alpha$$

4. Substituindo Y por sua expressão e integrando-se, tem-se

$$I = \int_1^2 \left(\frac{1-\alpha}{Y_o}\frac{1}{\sqrt{\alpha}}\right)^4 d\alpha$$
$$= \frac{1}{Y_o^4}\int_1^2 \frac{1 - 4\alpha + 6\alpha^2 - 4\alpha^3 + \alpha^4}{\alpha^2}\, d\alpha$$
$$= \frac{1}{Y_o^4}\int \left[\frac{1}{\alpha^2} - \frac{4}{\alpha} + 6 - 4\alpha + \alpha^2\right] d\alpha$$
$$= \frac{1}{Y_o^4}\left[-\frac{1}{\alpha} - 4\ln\alpha + 6\alpha - 2\alpha^2 + \frac{1}{3}\alpha^3\right]_1^2$$

5. Com os limites de integração $\alpha_1 = 6/30 = 1/5 = 0,20$ e $\alpha_2 = 15/30 = 1/2 = 0,50$,

$$I = \frac{1}{(0,85)^4}\left[\frac{1}{0,20} - \frac{1}{0,50} - 4(\ln 0,5 - \ln 0,2)\right.$$
$$+ 6\left(\frac{3}{10}\right) - 2\left(\frac{1}{4} - \frac{1}{25}\right)$$
$$\left. + \frac{1}{3}\left(\frac{1}{8} - \frac{1}{125}\right)\right]$$

$$I = 1,444$$

6. Lembre-se de que
$w = 30$ mm $= 0,03$ m (largura da barra)
$(dc/dN)_o = 1$ mm/10^6 ciclos (taxa de crescimento da trinca no ponto o)
$\Delta K_o = 5$ MPa $\sqrt{\text{m}}$ (faixa de intensidade da tensão no ponto o)
$\Delta\sigma = (40\text{ MPa} - 0\text{ MPa}) = 40$ MPa $=$ [amplitude de tensão para o item (a)]
$n = 4$ (expoente da equação de Paris)

7. Substituindo $I = 1,444$ e os valores acima na Eq. (8.6), desprezando-se o último termo

$$[(\Delta N_{12}/w)(dc/dN)_o][\Delta\sigma\sqrt{\pi w}/\Delta K_o]^n$$
$$= \left(\frac{\Delta N_{12}}{30\text{ mm}}\right)\left(\frac{1\text{ mm}}{10^6\text{ ciclos}}\right)\left(\frac{40\text{ MPa}\sqrt{\pi 0,03\text{ m}}}{5\text{ MPa}\sqrt{\text{m}}}\right)^4 = I$$
$$= 1,444$$

8. Resolvendo-se para ΔN_{12} tem-se $\Delta N_{12} = 1,191 \times 10^6$ ciclos.

9. No item (b), $\Delta\sigma = 100 - 80 = 20$ MPa. Como $\Delta\sigma$ é reduzido à metade, dos 40 MPa referidos no item (a) para 20 MPa no item (b), tem-se $\Delta N_{12} = (1,191 \times 10^6$ ciclos$)(2^4) = 19,05 \times 10^6$ ciclos.

Comentários:

1. Embora tenha sido possível o cálculo exato da integral da Eq. (8.6), em geral este não é o caso.
2. Frequentemente a integração não pode ser realizada de modo direto, uma vez que Y varia com o comprimento da trinca. Consequentemente, o ciclo de vida é estimado por procedimentos de integração numérica utilizando-se diferentes valores de Y, mantidos constantes ao longo de um número reduzido de pequenos incrementos de comprimento de trinca ou com a utilização de técnicas gráficas.
3. O comprimento crítico de trinca pode ser determinado calculando-se o resultado da expressão $K_{Ic} = \sigma_{\text{máx}} Y\sqrt{\pi c_{\text{crítico}}}$. De fato, para $K_{Ic} = 60$ MPa $\sqrt{\text{m}}$, $\alpha_{\text{crít}} = 0,840$.

8.17 Procedimento Geral para Projeto à Fadiga

8.17.1 Uma Breve Revisão dos Critérios de Falha para Casos Simples

Antes de apresentar um procedimento geral para o projeto de fadiga de alto ciclo para o caso de carregamento combinado, envolvendo tanto tensões médias quanto tensões alternadas, e aplicável a uma variedade de problemas de fadiga, faz-se uma breve revisão dos critérios de falha aplicáveis aos casos específicos mais simples.

1. Para *cargas estáticas*, para se prever o escoamento de materiais dúcteis, a teoria da energia de distorção máxima tem sido bastante satisfatória. Para carregamentos estáticos, $\sigma_m \neq 0$ e $\sigma_a = 0$. Essa condição é um caso especial de tensão variável em que $\sigma_a = 0$. O fator de segurança para escoamento será $FS = S_y/\sigma_m$.

2. Para *cargas alternadas*, para se prever a falha por fadiga de materiais dúcteis, a teoria da energia de distorção máxima tem sido aplicada. Nas condições de carregamento totalmente alternado, o diagrama $S\text{–}N$ representa a resistência à fadiga *versus* os ciclos de carga. Essa é uma condição especial de tensões variáveis, em que $\sigma_m = 0$. Para carregamentos totalmente alternados, $\sigma_a \neq 0$ e $\sigma_m = 0$. O fator de segurança para falhas por fadiga será $FS = S_n/\sigma_a$.

3. No caso de *carregamento combinado com tensões média e alternada*, para prever falha à fadiga de materiais dúcteis, o diagrama de vida constante à fadiga representa a resistência do componente. A teoria da energia de distorção é aplicada ao cálculo de uma tensão alternada equivalente, σ_{ea}, e uma tensão de flexão média equivalente, σ_{em}, a serem consideradas como geradoras da tensão principal de maior valor algébrico causada pelas componentes médias do carregamento atuantes isoladamente.

   Note que a teoria da energia de distorção não deveria ser aplicada no cálculo de uma tensão equivalente, σ_{em}, pois uma tensão média compressiva não diminui a tensão axial alternada admissível, enquanto uma tensão média trativa diminui. A energia de distorção (tensão equivalente) é a mesma para tração e compressão. Portanto, utilizar a teoria da energia de distorção para calcular uma única tensão média equivalente não é um procedimento recomendado, pois ela não considera corretamente a influência da tensão média.

4. Para a *propagação de trinca no Modo I*, o fator de segurança para falha à fadiga por crescimento rápido da trinca (fratura) será $FS = K_{Ic}/K_I$. O comprimento de trinca crítico pode ser calculado utilizando-se a expressão $K_{Ic} = \sigma_{máx} Y\sqrt{\pi c_{crítico}}$. A Eq. 8.6 pode ser integrada e, em seguida, resolvida para a vida do componente decorrida durante o crescimento da trinca.

8.17.2 Visão Geral do Procedimento de Análise de Fadiga

Na sua forma elementar, o leitor pode reconhecer que a análise da fadiga envolve três etapas principais:

1. A representação da *resistência* à fadiga de um componente ou material,

2. A representação das *tensões* envolvidas, e

3. A análise da *relação* entre resistência e tensão para a determinação do fator de segurança, da estimativa de vida etc.

A *resistência* do componente deveria ser representada por um diagrama convencional de resistência de vida constante à fadiga para (curva $\sigma_m\text{–}\sigma_a$) para cargas de *flexão*. O diagrama seria adequado para o material, as dimensões, o acabamento superficial, a temperatura, a confiabilidade e a vida à fadiga envolvidos.

A *tensão* deveria ser representada por (1) uma tensão de flexão alternada equivalente determinada a partir da totalidade das cargas alternadas aplicadas utilizando a teoria da energia de distorção, e (2) uma tensão de flexão média equivalente a ser considerada como a tensão principal de maior valor algébrico causada pelas componentes de carga média atuantes isoladamente.

O fator K_f deveria ser aplicado como um fator de concentração de tensão em cada componente de tensão alternada e em cada componente da tensão média multiplicada pelo seu próprio valor apropriado de K_f.

A *relação* entre a resistência e a tensão para *carregamento alternado e médio combinados*, para a previsão da falha por fadiga de materiais dúcteis é implementada utilizando-se um procedimento empírico, verificado experimentalmente, que relaciona a *resistência*, representada pelo diagrama de vida constante à fadiga (linha de Goodman), com o estado de *tensão*, determinado pelo cálculo em separado das componentes da tensão alternada equivalente e da tensão média equivalente.

8.17.3 Uma Visão Geral sobre os Procedimentos de Mecânica da Fratura

O leitor certamente recorda que em sua forma elementar a aplicação da teoria da mecânica da fratura envolve três passos principais:

1. A representação da tenacidade à fratura (*resistência*) de um componente ou material,

2. A representação da intensidade de tensão (*tensões*) envolvida, e

3. A observação da *relação* entre a tenacidade à fratura e a intensidade de tensão para a determinação do fator de segurança, da estimativa da vida residual, da taxa de crescimento de trinca etc.

A tenacidade à fratura deve ser apropriada ao material, às dimensões, às condições da superfície, à temperatura, à confiabilidade e na vida envolvida. O fator de intensidade de tensão deve ser compatível com o carregamento e a geometria do componente. Lembre-se de que para o crescimento de trinca no Modo I, o fator de segurança contra falhas por crescimento rápido de trinca de fadiga (fratura) será $FS = K_{Ic}/K_I$. Conhecidas a geometria e as propriedades do material, o ciclo de vida para crescimento de trinca de fadiga pode ser calculado a partir da Eq. 8.6.

A vida útil de um componente é geralmente limitada pela iniciação e pelo subsequente crescimento de trincas. Como uma trinca existente pode abrir subitamente sob certas circunstâncias e/ou condições em níveis de tensões menores do que a resistência ao escoamento, a mecânica da fratura deve ser utilizada para a previsão de falhas quando trincas conhecidas estiverem presentes, ou presentes devido a uma propagação súbita. Se uma trinca possuir tamanho suficiente, então o componente pode falhar a uma tensão muito menor do que aquelas que causariam o escoamento no componente.

A mecânica da fratura deveria ser utilizada no projeto de peças e componentes para prever uma falha súbita causada pela propagação de trinca. Conforme discutido anteriormente, para se prever uma falha súbita, a intensidade da tensão atuante em uma peça pode ser calculada e comparada com a tenacidade à fratura do material. Isto é, o fator de intensidade de tensão, $K_I = Y\sigma\sqrt{\pi c}$, é comparado com a tenacidade à fratura, K_{Ic}, do material para determinar se existe o perigo de uma falha por propagação de trinca.

A mecânica da fratura também deveria ser utilizada para estimar o fator de segurança atual da peça se trincas macroscópicas estiverem presentes ou se trincas forem descobertas. Inspeções regulares de campo devem ser conduzidas para a identificação de trincas à medida que ocorrerem, especialmente se a experiência anterior indicar que as trincas representam um problema.

A retirada de peças críticas antes de uma trinca alcançar um comprimento crítico é essencial.

Uma parte importante de um programa de prevenção de falhas passa pela utilização de uma refinada técnica de avaliação não destrutiva para a detecção de pequenos defeitos. Obviamente, as limitações das possibilidades de detecção de tamanho de trinca devem ser levadas em conta. Nenhuma inspeção feita em uma peça irá prevenir uma falha, se uma trinca presente na peça permanecer despercebida pelo processo que está sendo utilizado. Uma abordagem à prova de falhas reconhece que trincas existem em componentes, mas impõe que o componente não falhará antes que o defeito seja descoberto e reparado ou o componente substituído.

Uma trinca de tamanho crítico, descoberta em um componente criticamente importante, significa que a inspeção ocorreu bem a tempo e que o componente deve ser substituído ou reparado imediatamente. Se nenhum defeito de dimensões significativas for encontrado, a peça retorna ao serviço com um cálculo da mecânica da fratura utilizado para determinar o próximo intervalo de inspeção. Uma abordagem à prova de falhas requer a inspeção periódica de componentes críticos. Uma resolução suficiente de detecção de falhas é necessária.

8.17.4   Uma Breve Comparação da Análise de Fadiga com os Métodos de Mecânica da Fratura

A análise de fadiga de um componente é conduzida para evitar a sua falha. Para o caso de tensões totalmente alternadas, a análise considera, basicamente, a sensibilidade ao entalhe, a concentração de tensão e utiliza um diagrama S–N no projeto para um ciclo de vida finito ou infinito. Utilizando a análise de fadiga pode-se calcular o fator de segurança, o ciclo de vida, a tensão, a geometria e a resistência necessárias ao componente.

A teoria da mecânica da fratura também é utilizada para evitar a falha de componente através da compreensão do processo de crescimento de trinca. Uma análise por mecânica da fratura inclui os fatores que afetam o crescimento de trinca, de modo que seu comprimento possa ser medido e matematicamente rela-

cionado com a vida residual. O comprimento crítico da trinca, no qual um rápido avanço da trinca por fadiga tem lugar, também pode ser determinado. A mecânica da fratura pode prever a segurança do componente, a vida residual do componente, a taxa de propagação de trinca e o tamanho crítico de trinca.

No presente nível de desenvolvimento, a análise da mecânica da fratura é menos precisa do que a análise convencional de tensão–resistência–segurança. As constantes da mecânica da fratura são, tipicamente, menos disponíveis para o material das peças e modos de carregamento, do que as constantes utilizadas na análise de fadiga tradicional. Consequentemente, a previsões (1) da taxa de crescimento de trinca, (2) da vida à fadiga residual do componente e (3) do grau de segurança, não podem, portanto, serem vistas com a mesma certeza propiciada pelos fatores de segurança da análise de fadiga convencional.

8.17.5   Procedimento Geral de Análise por Fadiga

O procedimento geral de análise de fadiga apresentado neste capítulo oferece a solução para uma grande variedade de problemas de fadiga do mundo real. Consistentes com os problemas resolvidos apresentados neste capítulo, as três principais etapas, úteis em uma abordagem geral que trate das tensões média e alternada para projeto de fadiga de alto ciclo para cargas/tensões variáveis, uniaxial ou biaxial, são:

1. Construa um diagrama de vida constante à fadiga (linha de Goodman) para o ciclo de vida desejado e para a resistência à fadiga corrigida (veja a Figura 8.16).

2a. Calcule as componentes de tensão média e alternada no(s) ponto(s) crítico(s), aplicando os fatores de concentração de tensão apropriados às componentes de tensão correspondentes. Os fatores de concentração de tensão para diferentes carregamentos (por exemplo, axial *versus* flexão) podem ser aplicados à componente de tensão apropriada antes de utilizá-los no cálculo da energia de distorção.

2b. Calcule a tensão de flexão alternada *equivalente* e a tensão de flexão média *equivalente* utilizando as Eqs. (a) e (b) da Tabela 8.2. A teoria da energia de distorção é utilizada para transformar as tensões alternadas biaxiais em uma tensão trativa alternada equivalente (pseudouniaxial). O círculo de Mohr é utilizado para calcular a tensão de flexão média equivalente, isto é, a tensão principal máxima é calculada pela superposição de todas as tensões estáticas (médias) existentes.

3. Indique as tensões de flexão alternada equivalente e média equivalente (tração) no diagrama de vida constante à fadiga para estabelecer o ponto de operação e, em seguida, calcular o fator de segurança (como exemplo, veja o Problema Resolvido 8.4).

Para materiais frágeis, os autores deste livro recomendam o mesmo procedimento, exceto que a tensão alternada equivalente não é estimada a partir da energia de distorção, mas sim a partir do diagrama σ_1–σ_2 apropriado para resistência à fadiga alternada (totalmente alternada), na qual a resistência torcional alternada, a menos que seja conhecida, é igual a 80 % da resistência à fadiga por flexão alternada.

Para as tensões críticas, média e alternada, de cisalhamento puro (tensão torcional sem as tensões de flexão ou axiais) atuantes em um componente, os autores deste livro recomendam o procedimento discutido no Problema Resolvido 8.3.

Para aqueles casos que envolvem a fadiga multiaxial com tensões média e alternada multidimensionais, com carregamentos proporcional e não proporcional sob estados de tensão complexos com deformações elásticas e plásticas, não existe uma abordagem universal e aceita. Neste caso, são necessárias pesquisas e/ou trabalhos experimentais.

8.17.6 Fatores de Segurança contra Falha à Fadiga

A Figura 8.36 ilustra as regiões sob tração e sob compressão do diagrama de vida constante à fadiga e mostra como o diagrama é utilizado na determinação dos fatores de segurança. O ponto N, o ponto de operação, identifica a combinação das tensões média e alternada equivalentes que representam o ponto crítico de um componente sujeito a tensões combinadas. Para o estado de tensão representado pelo ponto N, o fator de segurança depende de como o estado de tensões (definido pelas componentes de tensão média e alternada equivalentes) varia quando o carregamento aumenta até causar falha em serviço.

A Figura 8.36 indica três interpretações que podem ser aplicadas na determinação do fator de segurança, no caso de tensões combinadas média e alternada. Três possíveis pontos de *sobrecarga* de projeto são mostrados. O ponto de carga de operação corresponde à combinação das tensões média e alternada causadas pelas cargas operacionais.

1. Se as tensões alternada e média aumentam na mesma proporção durante a sobrecarga, o ponto P deve ser o ponto de sobrecarga de projeto, e o fator de segurança será calculado por

$$SF = OP/ON = OE/OD = OB/OA$$

2. Se apenas a componente de tensão alternada aumenta durante a sobrecarga, o ponto Q deve ser o ponto de sobrecarga de projeto, e o fator de segurança será

$$SF = OF/OD$$

3. Se apenas a componente de tensão média aumenta durante a sobrecarga, o ponto R deve ser o ponto de sobrecarga de projeto, e o fator de segurança será

$$SF = OC/OA$$

Sem o conhecimento da natureza da sobrecarga, a interpretação 1 seria normalmente aplicada. Na Figura 8.36, a interpretação 1 fornece um fator de segurança $FS = OP/ON \approx 2{,}0$. Esse cálculo pode ser também interpretado como se as resistências do material (S_n, S_y e S_u) fossem divididas por 2,0 (e as cargas de operação fossem mantidas inalteradas), a operação ocorreria sobre a linha de Goodman.

As equações para o FS fornecem o fator de segurança para vida infinita à fadiga, uma vez que o limite de fadiga corrigido, S_n, está intrínseco na equação de FS. Para vida finita, a resistência à fadiga corrigida para um número finito de ciclos, S_f, deve substituir S_n na Figura 8.36. Os fatores de segurança podem ser estimados a partir da construção, em escada, do diagrama de vida constante à fadiga ou podem ser escritas as equações analíticas para FS.

Uma abordagem gráfica ou analítica para o cálculo do fator de segurança pode ser também utilizada para os casos em que a tensão média equivalente é compressiva (isto é, para a metade esquerda do diagrama de vida constante à fadiga); em que a linha de carga σ_a/σ_m teria uma inclinação negativa.

Referências

1. American Society for Testing and Materials, *Achievement of High Fatigue Resistance in Metals and Alloys* (Symposium). American Society for Testing Materials, Philadelphia, 1970.

2. Boyer, H. E. (ed.), *Metals Handbook No. 10: Failure Analysis and Prevention*, 8th ed. American Society for Metals, Metals Park, Ohio, 1975.

3. Fuchs, H. O. and R. I. Stephens, *Metals Fatigue in Engineering*, 2nd ed., Wiley, New York, 2000.

4. Rice, R. C. (ed.), *Fatigue Design Handbook*, 3rd ed., Society of Automotive Engineers, Inc., New York, 1997.

5. Horger, O. J. (ed.), *ASME Handbook: Metals Engineering — Design*, 2nd ed., McGraw-Hill, New York, 1965.

6. Juvinall, R. C., *Engineering Considerations of Stress, Strain and Strength*, McGraw-Hill, New York, 1967.

7. Lipson, C., and R. C. Juvinall, *Handbook of Stress and Strength*, Macmillan, New York, 1963.

8. Madayag, A. F., *Metal Fatigue: Theory and Design*, Wiley, New York, 1969.

9. Sines, G. and J. L. Waisman (eds.), *Metal Fatigue*, McGraw-Hill, New York, 1959.

10. Anderson, T. L., *Fracture Mechanics Fundamentals and Applications*, 3rd ed., CRC Press, Boca Raton, 2005.

11. Miannay, D. P., *Fracture Mechanics*, Springer-Verlag, New York, 1998.

12. Frost, N. E., K. J. Marsh, and L. P. Pook, *Metal Fatigue*, Dover, New York, 2000.

13. *MIL-HDBK-5J, Metalic Materials and Elements for Aerospace Vehicle Structures*, Department of Defense Handbook, January, 2003.

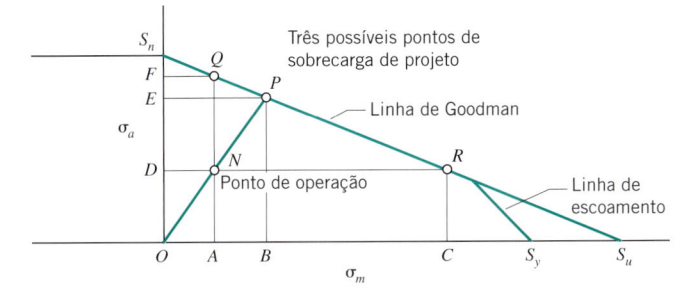

FIGURA 8.36 Três interpretações do fator de segurança envolvendo tensões média e alternada.

Problemas

Seção 8.3

8.1D Selecione um aço a partir do Apêndice C-4a cujo limite de fadiga por flexão rotativa para corpos de prova do ensaio-padrão de R. R. Moore seja superior a 72 ksi.

8.2D Selecione um aço cuja resistência à fadiga a 10^3 ciclos por flexão rotativa para corpos de prova do ensaio-padrão de R. R. Moore seja superior a 130 ksi.

8.3D Do Apêndice C-3a, selecione um ferro fundido cinzento cujo limite de fadiga por flexão rotativa para corpos de prova do ensaio-padrão de R. R. Moore esteja entre 95 e 110 MPa.

8.4D Selecione uma liga forjada de titânio do Apêndice C-16 cujo limite de fadiga por flexão rotativa para corpos de prova do ensaio-padrão de R. R. Moore seja superior a 28 ksi e cuja resistência ao escoamento seja superior a 50 ksi.

8.5 Estime o limite de fadiga por flexão rotativa e também a resistência à fadiga a 10^3 ciclos para corpos de prova do ensaio-padrão de R. R. Moore fabricados de aços com durezas Brinell de 100, 300 e 500.

8.6 Estime a resistência à fadiga para vida infinita por flexão rotativa (esclareça se corresponde a 10^8 ou 5×10^8 ciclos) para corpos de prova do ensaio-padrão de R. R. Moore fabricados de (a) alumínio forjado, $S_u = 250$ MPa, (b) alumínio forjado, $S_u = 450$ MPa, (c) alumínio fundido de grau médio e (d) magnésio forjado de grau médio.

8.7 Três corpos de prova do ensaio-padrão de R. R. Moore são fabricados de aços com tensão última de 95, 185 e 240 ksi. Estime a resistência à fadiga a 10^3 ciclos para flexão rotativa e também o limite de fadiga por flexão para cada um desses aços.

8.8 Corpos de prova padronizados do ensaio-padrão de R. R. Moore são fabricados de (a) alumínio forjado, $S_u = 29$ ksi, (b) alumínio forjado, $S_u = 73$ ksi, (c) alumínio fundido de alto grau e (d) magnésio forjado de alto grau. Estime a resistência à fadiga para vida infinita por flexão rotativa (esclareça se corresponde a 10^8 ou 5×10^8 ciclos) para cada um destes materiais.

8.9 Estime o limite de fadiga de flexão rotativa e também a resistência à fadiga a 10^3 ciclos para corpos de prova do ensaio-padrão de R. R. Moore com durezas de 200, 350 e 500.

8.10 Estime a resistência à fadiga a 10^3 ciclos para flexão rotativa e também o limite de fadiga por flexão para corpos de prova do ensaio-padrão de R. R. Moore fabricados dos aços 1040, 4140 e 9255, cujas as tensões últimas são, respectivamente, de 100, 160 e 280 ksi.

Seção 8.4

8.11 Como as respostas aos Problemas 8.5 e 8.6 mudariam se o carregamento fosse de flexão alternada, em vez de flexão rotativa?

8.12 Como as respostas aos Problemas 8.5 e 8.6 mudariam se o carregamento fosse de carga axial alternada, em vez de flexão rotativa?

8.13 Como as respostas aos Problemas 8.7 e 8.8 mudariam se o carregamento fosse de flexão alternada, em vez de flexão rotativa?

8.14 Como as respostas aos Problemas 8.7 e 8.8 mudariam se o carregamento fosse de carga axial alternada, em vez de flexão rotativa?

Seção 8.5

8.15 Repita o Problema 8.5 para carregamento torcional alternado.

8.16 Repita o Problema 8.6 para carregamento torcional alternado.

8.17 Repita o Problema 8.7 para carregamento torcional alternado.

8.18 Repita o Problema 8.8 para carregamento torcional alternado.

Seções 8.7 e 8.8

8.19 Uma barra de aço com 10 mm de diâmetro de $S_u = 1200$ MPa, $S_y = 950$ MPa, possui superfície com retificação fina. Estime a resistência à fadiga por flexão para (1) 10^6 ou mais ciclos e (2) 2×10^5 ciclos.

8.20 Estime a resistência à fadiga para 2×10^5 ciclos para uma barra de aço com 25 mm de diâmetro sujeita a um carregamento axial alternado, de $S_u = 950$ MPa, $S_y = 600$ MPa, com superfície laminada a quente.

8.21 Considere uma barra de aço com 3,5 in de diâmetro, tendo $S_u = 97$ ksi e $S_y = 68$ ksi e superfícies usinadas. Estime sua resistência à fadiga para (1) 10^6 ou mais ciclos e (2) 5×10^4 ciclos para carregamento: (a) de flexão, (b) axial e (c) torcional.

8.22 Estime a resistência à fadiga por flexão para 2×10^5 ciclos para um eixo de aço com 0,5 in de diâmetro cujo material possui uma dureza Brinell de 375 e superfícies usinadas.

8.23 Construa um gráfico em coordenadas log-log com as curvas S–N estimadas para (a) flexão, (b) carregamento axial e (c) carregamento torcional, de uma barra de aço com 1 in de diâmetro, de $S_u = 110$ ksi e $S_y = 77$ ksi, com superfícies usinadas. Para cada um dos três tipos de carregamento, qual é a resistência à fadiga correspondente a uma vida de (1) 10^6 ou mais ciclos e (2) 6×10^4 ciclos?
[Resp. parcial: Para flexão 36,6 ksi, 55 ksi]

8.24 Repita o Problema 8.23 para uma barra de aço com 20 mm de diâmetro, com $S_u = 1100$ MPa e $S_y = 715$ MPa, para superfícies: (a) com retificação fina e (b) usinadas.

Seção 8.9

8.25 Repita a determinação das seis resistências à fadiga do Problema 8.23 para o caso de cargas pulsativas, de zero até um máximo (em vez de totalmente alternadas).
[Resp. parcial: Para flexão, 0 a 56 ksi, 0 a 74 ksi]

8.26 Repita a determinação das seis resistências à fadiga do Problema 8.24 para o caso de cargas pulsativas, de zero até um máximo (em vez de totalmente alternadas).

Seção 8.10

8.27 Quando em uso, o eixo mostrado na Figura P8.27 fica sujeito a torção totalmente alternada. O eixo é usinado a partir de

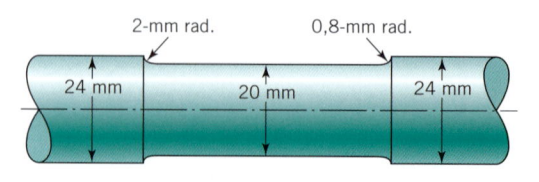

FIGURA P8.27

uma barra de aço com dureza de 150 Bhn. Com um fator de segurança de 2, estime o valor do torque alternado que pode ser aplicado sem causar uma eventual falha por fadiga.
[Resp.: 55,8 N·m]

8.28 A Figura P8.28 mostra (1) uma barra sem entalhe e (2) uma barra com entalhe de mesma seção transversal mínima. Ambas as barras foram usinadas a partir do aço normalizado AISI 1050. Para cada barra, estime (a) o valor da carga trativa estática P que causa fratura e (b) o valor da carga axial alternada $\pm P$ que colocaria as barras na iminência de uma eventual falha por fadiga (após cerca de 1 a 5 milhões de ciclos).
[Resp.: (a) 670 kN para ambas, (b) 199 kN e 87 kN]

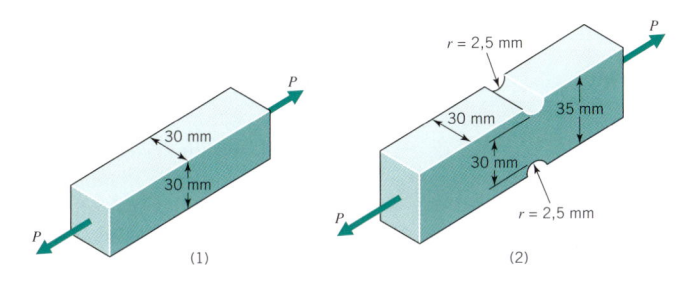

FIGURA P8.28

8.29 Um eixo escalonado, conforme mostrado na Figura 4.35, tem as dimensões de $D = 2$ in, $d = 1$ in e $r = 0,05$ in. O eixo foi usinado de um aço com as propriedades à tração $S_u = 90$ ksi e $S_y = 75$ ksi.

(a) Estime o torque estático T necessário para produzir escoamento monotônico. (Nota: Para o carregamento monotônico de um material dúctil, suponha que o primeiro escoamento na raiz do entalhe não seja significativo; logo, ignore a concentração de tensão.)

(b) Estime o valor do torque totalmente alternado, $\pm T$, necessário para produzir uma eventual falha por fadiga.

[Resp.: 8540 lbf·in (965 N·m); 2280 lbf·in (258 N·m)]

8.30 O eixo ilustrado na Figura P8.30 gira a alta velocidade, enquanto as cargas a ele impostas permanecem estáticas. O eixo é usinado de um aço AISI 1040, temperado a 1000 °F e resfriado rapidamente em óleo. Se o carregamento é suficientemente alto para produzir uma falha por fadiga (após cerca de 10^6 ciclos), onde a falha teria mais chance de ocorrer? (Mostre todos os cálculos e raciocínios necessários, porém não faça cálculos desnecessários.)

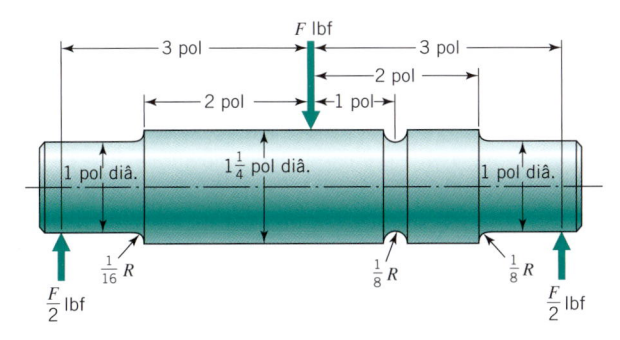

FIGURA P8.30

Seção 8.11

8.31 Um eixo com entalhe similar ao mostrado na Figura 4.36 é usinado de um aço com 180 Bhn e $S_y = 65$ ksi. As dimensões

são $D = 1,1$ in, $d = 1,0$ in e $r = 0,05$ in. Um polimento comercial é aplicado apenas à superfície do entalhe. Com um fator de segurança de 2, estime o valor do torque T máximo que pode ser aplicado para uma vida infinita quando a carga torcional alternada consiste em (a) torção totalmente alternada, com um torque variando de $+T$ a $-T$, (b) um torque constante T superposto a um torque alternado de $2T$.
[Resp.: 1320 lbf·in (36,2 N·m) e 590 lbf·in (66,7 N·m)]

8.32D Projete um eixo de aço que transmita um torque alternado de 18,62 N·m para uma vida infinita à fadiga.

8.33 A Figura P8.33 mostra uma viga engastada que opera como mola para um mecanismo de acoplamento. Quando acoplado, a extremidade livre é defletida em 0,075 in (1,905 mm), que corresponde a uma força aplicada F de 8,65 lbf (38,48 N). Quando o acoplador está em operação, a extremidade deflete adicionalmente de 0,15 in (3,81 mm). Você esperaria uma eventual falha por fadiga?
[Resp.: A possibilidade de falha é marginal.]

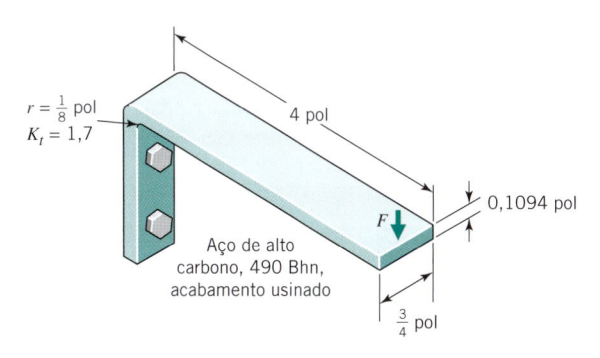

FIGURA P8.33

8.34 Estime o momento fletor totalmente alternado máximo que pode ser aplicado às extremidades da placa mostrada na Figura 4.40 se for considerado que esta é usinada de aço AISI 4320, com $S_u = 140$ ksi e $S_y = 90$ ksi. A placa retangular tem 0,5 in de espessura, 3 in de largura e possui um furo central de 0,5 in de diâmetro. Uma vida infinita com 90 % de confiabilidade e um fator de segurança de 2 são requeridos.

8.35 Um eixo de aço estirado a frio com 155 Bhn possui 12 in de comprimento, 1,25 in de diâmetro e um furo transversal com 0,25 in de diâmetro (conforme mostrado na Figura 4.37). As superfícies têm acabamento usinado. Estime o fator de segurança em relação a vida infinita à fadiga para (a) um torque variável entre 0 e 60 lbf·ft, (81,3 N·m) (b) um torque totalmente alternado de 30 lbf·ft (40,7 N·m) e (c) um torque médio de 35 lbf·ft (47,5 N·m) superposto a um torque alternado de 25 lbf·ft (33,9 N·m).

8.36 Uma barra de seção retangular fabricada de um aço estirado a frio com 140 Bhn possui 10 mm de espessura, 60 mm de largura e um furo central com 12 mm de diâmetro (conforme mostrado na Figura 4.40). Estime a força trativa máxima que pode ser aplicada às suas extremidades para uma vida infinita com 90 % de confiabilidade e um fator de segurança de 1,3: (a) se a força for totalmente alternada e (b) se a força varia entre zero e um valor máximo.
[Resp.: 22 kN e 34 kN]

8.37 Um eixo de 20 mm de diâmetro com um furo transversal com 6 mm de diâmetro é fabricado de um aço estirado a frio com $S_u = 550$ MPa e $S_y = 462$ MPa. As superfícies nas vizinhanças do furo possuem acabamento usinado. Estime o fator de segurança em relação a vida infinita à fadiga para (a) torque alternado entre 0 e 100 N·m, (b) um torque totalmente alter-

nado de 50 N · m e (c) um torque médio de 60 N · m superposto a um torque alternado de 40 N · m.
[Resp.: 1,5; 1,9; 1,7]

8.38 Para o eixo e o carregamento envolvidos no Problema 8.37,
estime os fatores de segurança em relação ao escoamento
monotônico. (Nota: Para estes cálculos a concentração de
tensão é geralmente desprezada. Por quê?)
[Resp.: 3,1; 6,3; 3,1]

8.39 A Figura P8.39 mostra uma placa de corrente com passo de
1/2 in, como utilizado nas correntes de bicicletas. Este é fabricado de aço-carbono tratado termicamente para chegar a S_u =
140 ksi e S_y = 110 ksi. Todas as superfícies são compatíveis
com a categoria "usinada". Como a corrente não pode transmitir compressão, o elo é carregado por tração axial repetida
(a carga varia entre 0 e um valor máximo de força, quando o
elo passa do ramo frouxo para o ramo tenso da corrente) através de pinos que atravessam os dois furos. Estime a força de
tração máxima que poderia ser aplicada para uma vida infinita à fadiga, com fator de segurança de 1,2.
[Resp.: 229 lbf (1018 N)]

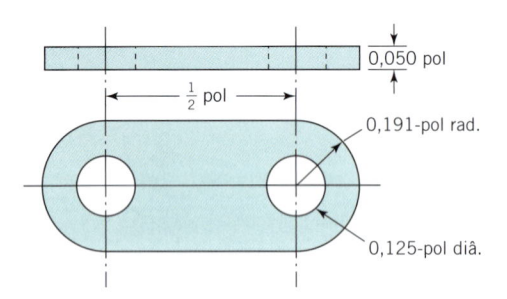

FIGURA P8.39

8.40 A Figura P8.40 mostra um eixo e a tensão alternada nominal
(no centro da seção de 50 mm) à qual este é submetido. O
eixo é fabricado de aço com S_u = 600 MPa e S_y = 400 MPa.
Estime o fator de segurança em relação a uma eventual falha
por fadiga se (a) as tensões são de flexão, (b) as tensões são
de torção.

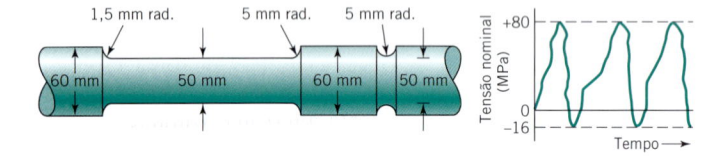

FIGURA P8.40

8.41 A Figura P8.41 mostra um eixo de seção transversal circular
e a variação do torque a que este é submetido. O material é
aço com S_u = 162 ksi e S_y = 138 ksi. Todas as superfícies
críticas são retificadas. Estime o fator de segurança para uma
vida infinita à fadiga em relação a (a) uma sobrecarga que
aumenta ambos, o torque médio e o torque alternado pelo
mesmo fator e (b) uma sobrecarga que aumenta apenas o torque alternado.

8.42 Um eixo escalonado, como o mostrado na Figura 4.35, possui as dimensões D = 10 mm, d = 8 mm e r = 0,8 mm. É
fabricado de aço com S_u = 1200 MPa e possui acabamento
feito com uma operação de retífica. Durante o serviço, é carregado com um torque que varia de zero até um valor máximo.
Estime a amplitude do torque máximo que propiciaria um
fator de segurança de 1,3 em relação a uma vida de 75.000
ciclos à fadiga.

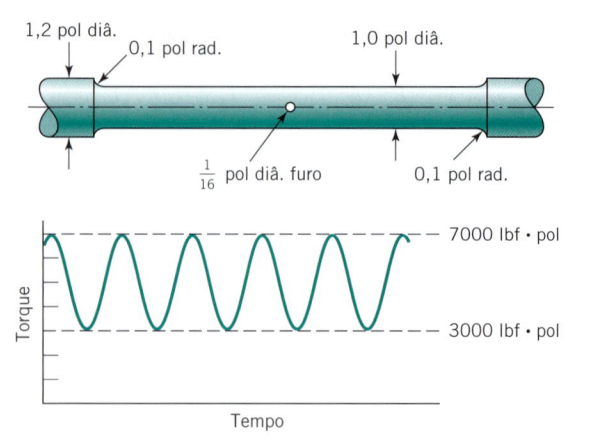

FIGURA P8.41

8.43 A região crítica de um componente de máquina possui a forma
de uma barra como a da Figura 4.38, com H = 35 mm, h =
25 mm, b = 20 mm e r = 2 mm. O material é aço, com dureza
de 160 Bhn. Todas as superfícies são usinadas. O componente
é carregado por um momento de flexão cíclico que oscila de
zero até um valor máximo. Estime o valor do momento fletor
máximo que proveria vida infinita à fadiga com 99 % de confiabilidade (e um fator de segurança de 1).
[Resp.: 300 N · m]

8.44 Um eixo de seção transversal circular maciça possui um raio
de concordância (conforme mostrado na Figura 4.35) com
D = 1 in, d = 0,5 in e r a ser determinado. O eixo é fabricado de aço com S_u = 150 ksi e S_y = 120 ksi. Todas as superfícies são usinadas. Durante o serviço, o eixo é sujeito a uma
carga torcional que varia entre 82 e 123 lbf · ft (111,2 e 166,8
N·m). Estime o menor raio de concordância e que propiciaria uma vida infinita (com fator de segurança = 1).
[Resp.: Aproximadamente 0,040 in]

8.45 Um eixo de aço, utilizado em um redutor com engrenagens
cilíndricas de dentes retos, está sujeito a um torque constante
combinado com forças transversais que tendem sempre a
fleti-lo para baixo na região central. Esta condição resulta em
tensões calculadas de 80 MPa à torção e 60 MPa à flexão.
Entretanto, estes são valores nominais e não consideram a
concentração de tensão causada por um raio de concordância
(conforme mostrado na Figura 4.35), em que as dimensões
são D = 36 mm, d = 30 mm e r = 3 mm. Todas as superfícies são usinadas e o aço possui resistências S_u = 700 MPa
e S_y = 550 MPa. A dureza do aço é de 200 Bhn. Estime o
fator de segurança à fadiga para uma vida infinita.
[Resp.: 1,9]

8.46 Em uma região crítica de um eixo, a tensão alternada equivalente é σ_{ea} = 91,8 MPa, e a tensão média equivalente é
σ_{em} = 102,4 MPa. O limite de fadiga modificado S_n = 239 MPa,
a tensão última, S_u = 700 MPa, a resistência ao escoamento
S_y = 550 MPa. Supondo que a Figura 8.16 mostre um diagrama de vida constante à fadiga para o eixo de aço, escreva
a equação para a linha de carga e a equação para a linha de
resistência para 10^6 ciclos de vida. Determine o fator de segurança para um vida infinita.

8.47 A Figura P8.47 mostra a região de uma bomba d'água que é
acionada por engrenagens com carga e velocidade constantes.
O eixo é suportado por rolamentos montados na carcaça da
bomba. O eixo é fabricado de aço com S_u = 1000 MPa, S_y =
800 MPa. As componentes tangencial, axial e radial da força
aplicada à engrenagem são mostradas. A superfície do raio de

concordância do eixo foi jateamento com granalhas, que é considerado ser equivalente a um acabamento superficial espelhado de laboratório. Os fatores de concentração de tensão à fadiga para o raio de concordância foram determinados e são mostrados no desenho. Estime o fator de segurança em relação a uma eventual falha por fadiga no raio de concordância. [Resp.: 1,9]

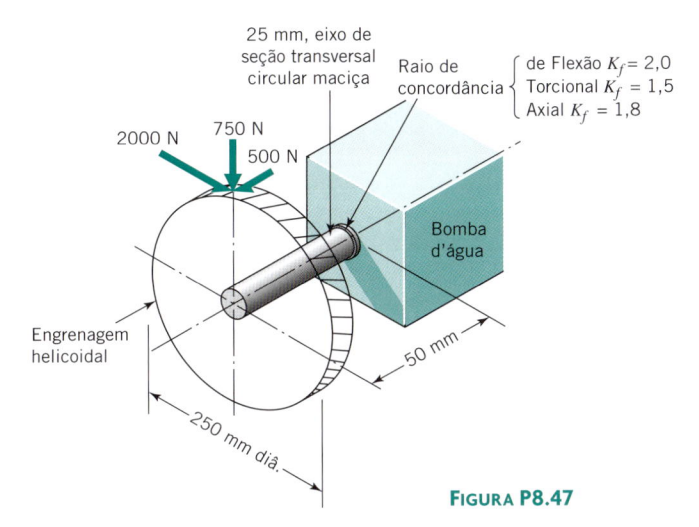

Figura P8.47

8.48 A Figura P8.47 mostra uma engrenagem helicoidal que tem 250 mm de diâmetro e está montada em uma extremidade em balanço de um eixo, 50 mm do mancal mais próximo. A carga na engrenagem helicoidal é $F_t = 2000$ N, $F_r = 750$ N e $F_a = 500$ N.

(a) Calcule o torque no eixo devido a cada força.

(b) Calcule o momento de flexão no eixo em balanço no mancal mais próximo devido a cada força.

(c) Calcule o momento de flexão total, ou resultante, no eixo, na seção apoiada no mancal mais próximo.

8.49 Em uma região crítica do eixo, a tensão alternada equivalente é $\sigma_{ea} = 183,8$ MPa, e a tensão de flexão média equivalente é $\sigma_{em} = 123,1$ MPa. O limite de fadiga modificado é $S_n = 450$ MPa, a tensão última é $S_u = 1000$ MPa, a resistência ao escoamento é $S_y = 800$ MPa. Supondo que a Figura 8.16 mostra um diagrama de vida constante à fadiga para o eixo de aço, escreva a equação para a linha de carga e para a equação a linha de resistência para 10^6 ciclos de vida. Determine o fator de segurança em relação à vida infinita.

8.50 Escreva a equação da linha de carga e a equação para a linha de 10^6 ciclos = ∞, ambas mostradas na Figura 8.28 do Problema Resolvido 8.4 e então determine as coordenadas do ponto de falha.

8.51 O desenho 1 da Figura P8.51 mostra um eixo intermediário com engrenagem helicoidal (*B*), engrenagem cônica (*D*) e dois mancais de apoio (*A* e *C*). As cargas atuantes na engrenagem cônica são mostradas. As forças na engrenagem helicoidal podem ser determinadas a partir do equilíbrio de momentos em relação ao eixo e das proporções fornecidas para as componentes de força atuante nesta engrenagem. As dimensões do eixo são fornecidas no desenho 2. Todos os raios de concordância (nas seções onde há uma variação no diâmetro) têm um raio de 5 mm. Note que o eixo é projetado de modo que apenas o mancal *A* seja carregado axialmente. O eixo é fabricado de um aço temperado com $S_u = 1069$ MPa e $S_y = 896$ MPa. Todas as superfícies importantes têm acabamento retificado.

(a) Desenhe os diagramas de carga, de força cisalhante e de momento fletor para o eixo nos planos *xy* e *xz*. Desenhe

também diagramas que mostrem a intensidade da força axial e do torque ao longo do comprimento do eixo.

(b) Nos pontos *B*, *C* e *E* do eixo, calcule as tensões equivalentes em preparação à determinação do fator de segurança à fadiga. (Nota: consulte a Tabela 8.2.)

(c) Para uma confiabilidade de 99 % (e admitindo um desvio-padrão $\sigma = 0,08S_n$), estime o fator de segurança do eixo nas seções *B*, *C* e *E*.

[Resp.: (c) 5,0; 6,8 e 5,8, respectivamente]

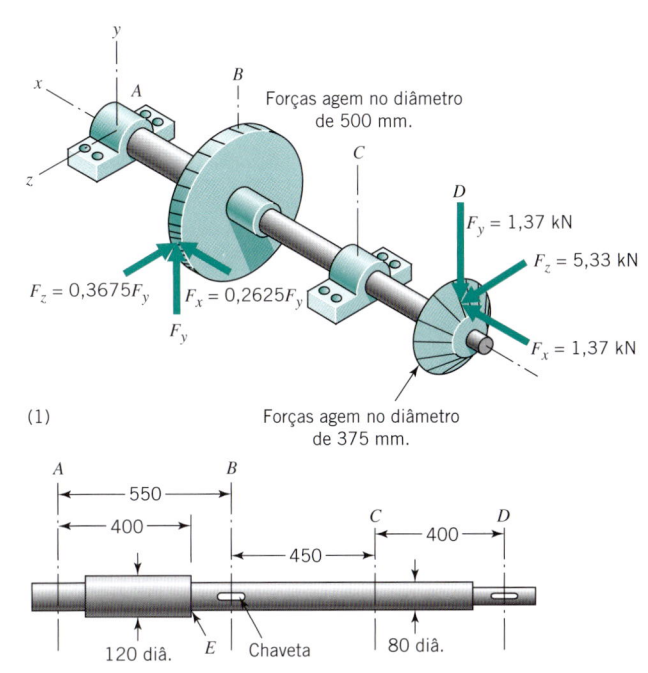

(1)

(2)

($K_f = 1,6$ para flexão e torção; 1,0 para toda carga axial na chaveta. Use $C_S = 1$ para estes valores.)

Figura P8.51

Seção 8.12

8.52 Um eixo escalonado, conforme mostrado na Figura 4.35, tem as dimensões $D = 2$ in, $d = 1$ in e $r = 0,1$ in. Este foi usinado de um aço AISI com dureza de 200 Bhn. O carregamento é de torção totalmente alternada. Durante uma operação típica de 30 segundos, sob condições de sobrecarga, a tensão nominal (Tc/J) atuante na seção de 1 in de diâmetro foi medida conforme mostrado na Figura P8.52. Estime a vida do eixo operando continuamente sob estas condições. [Resp.: Aproximadamente 43 horas]

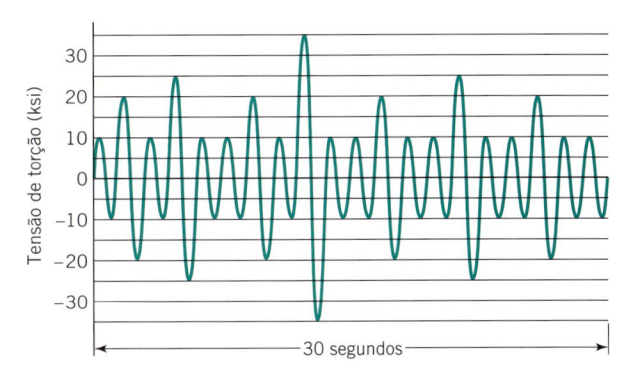

Figura P8.52

Seção 8.16

8.53 Uma barra de alumínio com diâmetro de 1,0 in (25,44 mm) está sujeita a um carregamento axial alternado de 5000 N a 50 ciclos por segundo. Uma trinca circunferencial de 0,004 in (0,102 mm) de profundidade se estende radialmente para dentro a partir da superfície externa. A carga axial é aplicada longe da trinca. Estime a profundidade da trinca após 100 horas de operação, admitindo um expoente de Paris de 2,7 e uma faixa de intensidade de tensão de 1,5 ksi $\sqrt{\text{in}}$, correspondente a uma taxa de propagação de 0,040 in /10^6 ciclos. O fator de geometria-carregamento, Y, pode ser aproximado por $Y = [1,12 + \alpha(1,30\alpha - 0,88)]/(1 - 0,92\alpha)$, em que $\alpha = c/w$ e w é o raio da barra de seção circular. O fator de intensidade de tensão, $K_I = \sigma Y\sqrt{\pi c}$, em que σ é a tensão de tração uniaxial para a seção plena (veja a Figura P8.53).

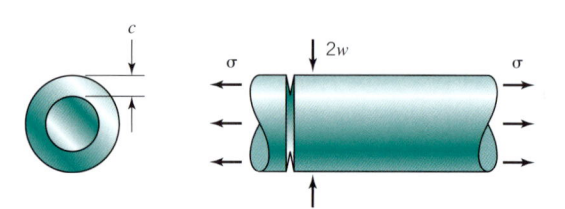

FIGURA P8.53

8.54 Um eixo de alumínio com 2,0 in (50,8 mm) de diâmetro gira a 3000 rpm e está sujeito a um momento fletor alternado de 1775 in · lbf (200 N · m). Uma trinca com 0,004 in (0,102 mm) de profundidade, estende-se radialmente para dentro do eixo a partir da superfície externa. O momento fletor alternado é aplicado longe da trinca. Estime a profundidade da trinca após 100 horas de operação, admitindo um expoente de Paris de 2,7 e uma faixa de intensidade de tensão de 1,5 ksi $\sqrt{\text{in}}$, correspondente a uma taxa de crescimento de 0,040 in/10^6 ciclos. O fator de geometria-carregamento, Y, pode ser aproximado por $Y = [1,12 + \alpha(2,62\alpha - 1,59)]/(1 - 0,70\alpha)$, em que $\alpha = c/w$ e w é o raio da barra de seção circular. O fator de intensidade de tensão K_I é igual a $\sigma Y\sqrt{\pi c}$, em que σ é a tensão de flexão máxima para a seção plena (veja a Figura P8.54).

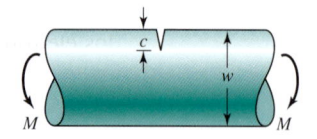

FIGURA P8.54

8.55 Um componente carregado axialmente é fabricado de um material que segue a equação de Paris com um expoente $n = 4$ e uma taxa de crescimento de trinca de 0,04 in/10^6, correspondente a uma faixa de intensidade de tensão de 5,5 ksi $\sqrt{\text{in}}$. A largura do componente é de 0,75 in. O fator de geometria-carregamento pode ser aproximado por $Y = 0,85/(1 - \alpha)$, em que $\alpha = c/w$. Determine o número de ciclos necessários para uma trinca de 0,20 in crescer até 0,60 in, se o componente está sujeito a uma tensão de tração uniaxial com variação cíclica de 0 até 6000 psi.

8.56 Repita o Problema 8.55, desta vez considerando que a trinca de 0,20 in cresça até o comprimento crítico correspondente a $K_{Ic} = 55 \sqrt{\text{in}}$.

8.57 Repita o Problema 8.55, desta vez considerando que o componente está sujeito a uma tensão de tração uniaxial com variação cíclica de 15.000 psi a 18.000 psi.

8.58 Deduza a Eq. 8.6 a partir da Eq. 8.5.

Apêndice F

Para os problemas a seguir, leia o Apêndice F e então baixe e use a *MIL-HDBK-5J* para prosseguir. As referências às páginas na *MIL-HDBK-5J* começam com o texto *MH*. Todos os problemas são para materiais à temperatura ambiente.

8.A1 Considere um corpo de prova sem entalhe, polido, sob carregamento de fadiga axial totalmente alternado ($R = -1,0$) para cada um dos aços a seguir. Faça os cálculos e grafique a curva *S–N* para $10^3 - 10^6$ ciclos utilizando o método do livro-texto (Tabela 8.1), suponha que $CG = 0,90$ e $C_L = C_S = C_T = C_R = 1,0$. Adicione a este gráfico a previsão *S–N* da *MIL-HDBK-5J* utilizando o método da tensão equivalente, observe que a tensão alternada $S = 1/2 \, S_{máx}$. Forneça um breve texto comparando as duas curvas para cada caso. Também, observe qualquer região do seu gráfico na qual a tensão equivalente associada do modelo não esteja de acordo com os dados experimentais.

(a) chapa de aço-liga 4130, página *MH*2-31 (suponha $S_u = 117$ ksi)

(b) forjado de aço-liga 4340, página *MH*2-55 (suponha $S_u = 200$ ksi)

(c) forjado de aço-liga 300M, página *MH*2-60 (suponha $S_u = 280$ ksi)

8.A2 Repita o Problema 8.A1 para os duralumínios a seguir, exceto o gráfico para $10^3 - 10^6$ ciclos. Suponha que a Tabela 8.1 mantém-se inalterada exceto por S'_n como mostrado na Figura 8.9 e ocorre em $N = 5 \times 10^8$ ciclos.

(a) liga 6061-T6, fundido, página *MH*3-289 (suponha $S_u = 45$ ksi)

(b) liga 2024-T3, chapa, página *MH*3-116 (suponha $S_u = 72$ ksi)

(c) liga 7075-T6, chapa, página *MH*3-409 (suponha $S_u = 82$ ksi)

8.A3 Considere um corpo de prova sem entalhe, polido, feito de liga 300M forjada, carregado na direção longitudinal (veja a página *MH*2-60). Este, está sujeito a tensões cíclicas de fadiga, que variam entre níveis mínimo e máximo, respectivamente, 50 ksi e 150 ksi. Determine o número de ciclos até a falha de acordo com o modelo de tensão equivalente. Repita estes cálculos se a tensão máxima se mantiver inalterada, enquanto a tensão mínima for reduzida para 25 ksi.

8.A4 Repita o Problema 8.A3, exceto pelo corpo de prova sem entalhe ser feito de chapa de aço PH15-7Mo (TH1050) carregada na direção longitudinal (veja a página *MH*2-189).

8.A5 Considere um corpo de prova sem entalhe, polido, feito de barra de 2024-T4 estirada, carregado na direção longitudinal (veja a página *MH*3-112). O corpo de prova está sujeito a ciclos de fadiga, com uma tensão mínima de 10 ksi e deseja-se ter uma vida de 10^5 ciclos até a falha. Determine a tensão máxima correspondente, segundo o modelo de tensão equivalente. Repita estes cálculos se a tensão mínima for aumentada para 20 ksi.

8.A6 Repita o Problema 8.A3, exceto pelo corpo de prova ser feito de chapa de Ti-6Al-4V solubilizado e envelhecido para tensão cíclica de fadiga mínima de 30 ksi e repita novamente para tensão cíclica de fadiga mínima de 60 ksi.

Danos de Superfície

9

9.1 Introdução

Os capítulos anteriores trataram da ocorrência de danos no interior de um componente (escoamento, fratura, deslocamentos excessivos e flambagem). Além desses, diversos tipos de danos podem ocorrer à *superfície* de um componente, os quais o tornam impróprio para o uso. Para iniciar a discussão, a superfície pode ser corroída, tanto sob condições atmosféricas normais quanto em outras, geralmente mais corrosivas, por exemplo, ambientes de água salgada. A corrosão superficial pode ser combinada com tensões estáticas ou de fadiga, para produzir uma ação *mais* destrutiva do que seria esperado pela consideração das ações de corrosão e de tensões separadamente. Altas velocidades relativas entre componentes sólidos e partículas líquidas podem causar a *cavitação* do líquido, que pode ser destrutivo para a superfície do componente. Quando dois elementos sólidos são prensados, um contra o outro, são produzidas *tensões de contato*, que necessitam de um tratamento especial. Quando os elementos estão em contato *deslizante*, diversos tipos de deterioração podem ocorrer sob o título genérico de *desgaste*. A severidade do desgaste pode ser reduzida pela utilização de um *lubrificante* (como óleo, graxa, ou filme sólido) entre as superfícies em atrito.

A experiência mostra que as "falhas" dos componentes de máquinas ocorrem mais em virtude da deterioração da superfície do que pela quebra propriamente dita do componente. Em um automóvel, por exemplo, considere a extensão do dano superficial representado pela corrosão no sistema de exaustão (escapamento), a ferrugem nos componentes do painel, o desgaste dos anéis de segmento dos pistões, as juntas da suspensão e outras partes em contato sujeitas ao atrito (sem mencionar elementos como o estofamento dos bancos e os tapetes do piso).

Os custos envolvidos nos danos superficiais destacam a sua importância. O órgão oficial de padronização dos Estados Unidos (National Bureau of Standards) reportou ao Congresso norte-americano que os custos anuais totais estimados, decorrentes de corrosão e desgaste no país em 1978, foram, respectivamente, de US$70 bilhões e US$20 bilhões [1].

9.2 Corrosão: Fundamentos

A corrosão é a degradação de um material (normalmente um metal) por reação química ou eletroquímica com o seu meio. Muitos dos casos de corrosão resultam de uma ação eletroquímica ou *galvânica*. Este é um fenômeno complexo, que deu origem a disciplina especializada de *engenharia de corrosão*.

A Figura 9.1 mostra um *eletrodo* de ferro quimicamente puro em um *eletrólito* homogêneo (portador de íons, como água doce, água salgada, atmosfera úmida, lama etc.). Os íons de ferro Fe^{2+} carregados positivamente entram na solução, deixando um excesso de elétrons (isto é, uma carga negativa) no eletrodo de ferro. Quando o equilíbrio do *potencial do eletrodo* é atingido, não ocorrerá mais nenhuma ação eletroquímica.

Na Figura 9.2, o eletrodo de ferro é galvanizado, de forma incompleta, deixando o ferro exposto, conforme mostrado. Se, por exemplo, a galvanização for de estanho, a galvanização tende a perder íons positivamente carregados, permanecendo uma correspondente carga negativa no revestimento de estanho. Ao mesmo tempo, a superfície de ferro exposta tende a perder íons positivos de ferro, deixando uma carga negativa no corpo de ferro. A Tabela 9.1 mostra que o ferro (elemento nº 17 da tabela) é mais ativo na série galvânica que o estanho (nº 14). Isto significa que o ferro possui uma tendência maior a se ionizar e desenvolve uma carga negativa maior (potencial do eletrodo) no corpo do metal. Assim, uma corrente elétrica fluirá no interior dos metais, com os elétrons caminhando do ferro (que se torna o *anodo*) para o revestimento de estanho (agora o *catodo*). Um fluxo de íons através do eletrólito completa o circuito. Este processo envolve uma descarga contínua de íons de ferro; assim, o ferro é *corroído*. A corrente está no sentido de *evitar* uma descarga de íons de estanho; assim, o catodo de estanho *não* se corrói. Este fenômeno é comumente observado nas latas de "estanho" enferrujadas, onde a ruptura no revestimento de estanho faz com que o aço seja exposto à corrosão. Os íons de ferro descarregados no eletrólito normalmente se combinam com os íons hidroxila e íons oxigênio e se precipitam como hidróxido férrico e óxido férrico, ou *ferrugem*.

Embora a ordem relativa dos metais na série galvânica seja geralmente similar para a maioria dos eletrólitos comumente encontrados, algumas exceções podem ocorrer. Um caso interessante pode ser registrado nesta mesma lata de "estanho". As diversas substâncias ácidas, alcalinas e orgânicas presentes nos alimentos enlatados propiciam eletrólitos nos quais as superfícies internas de aço da lata são *catódicas* em relação ao estanho e, portanto, são protegidas. Além disso, os sais de estanho, que podem estar presentes em concentrações extremamente

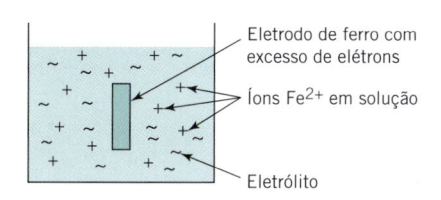

FIGURA 9.1 Ferro e eletrólito em equilíbrio, nenhuma corrente fluindo.

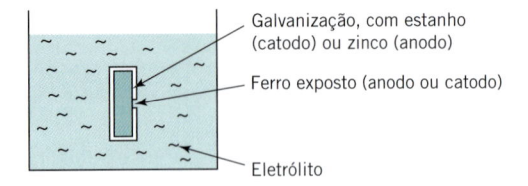

FIGURA 9.2 Galvanização imperfeita de ferro em eletrólito. A corrente flui continuamente — o sentido depende do material da galvanização.

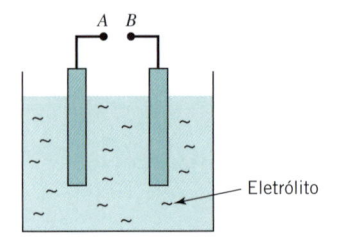

FIGURA 9.3 Dois eletrodos, com terminais para conexões externas a um condutor ou a uma bateria.

baixas, permitindo a corrosão do estanho, não são tóxicos. Assim, a placa de estanho é considerada ideal para a manipulação de bebidas e alimentos.

Suponha que, na Figura 9.2, a galvanização não seja de estanho, mas de *zinco* (nº 9). A Tabela 9.1 indica que em condições ambientais normais o zinco participará da solução (sendo corroído), e o sentido da corrente através do eletrólito será oposto à descarga de íons de ferro carregados positivamente. Assim, o ferro se torna *catodo* e não é corroído. A cobertura de zinco representa a prática comum de *galvanização* de materiais ferrosos para protegê-los contra a corrosão.

Muitos dos fenômenos da corrosão envolvem dois eletrodos metálicos em contato, como o ferro e o zinco, ou o ferro e o estanho, como na Figura 9.2. O fenômeno eletroquímico fortemente relacionado à corrosão pode ser ilustrado com a Figura 9.3, onde dois eletrodos (*A* e *B*) não estão diretamente em contato. Suponha que estes eletrodos sejam de zinco (nº 19) e carbono (grafite) (nº 2). A Tabela 9.1 indica que a maior concentração de elétrons será no zinco. (O zinco possui a maior tendência de perder íons positivos, o que o deixa com uma carga negativa relativamente ao carbono.) Se os terminais *A* e *B* forem conectados por um fio, os elétrons fluirão através do fio. Isto é o que ocorre em uma pilha seca comum de carbono-zinco.

TABELA 9.1 Série Galvânica: Carta de Compatibilidade à Corrosão

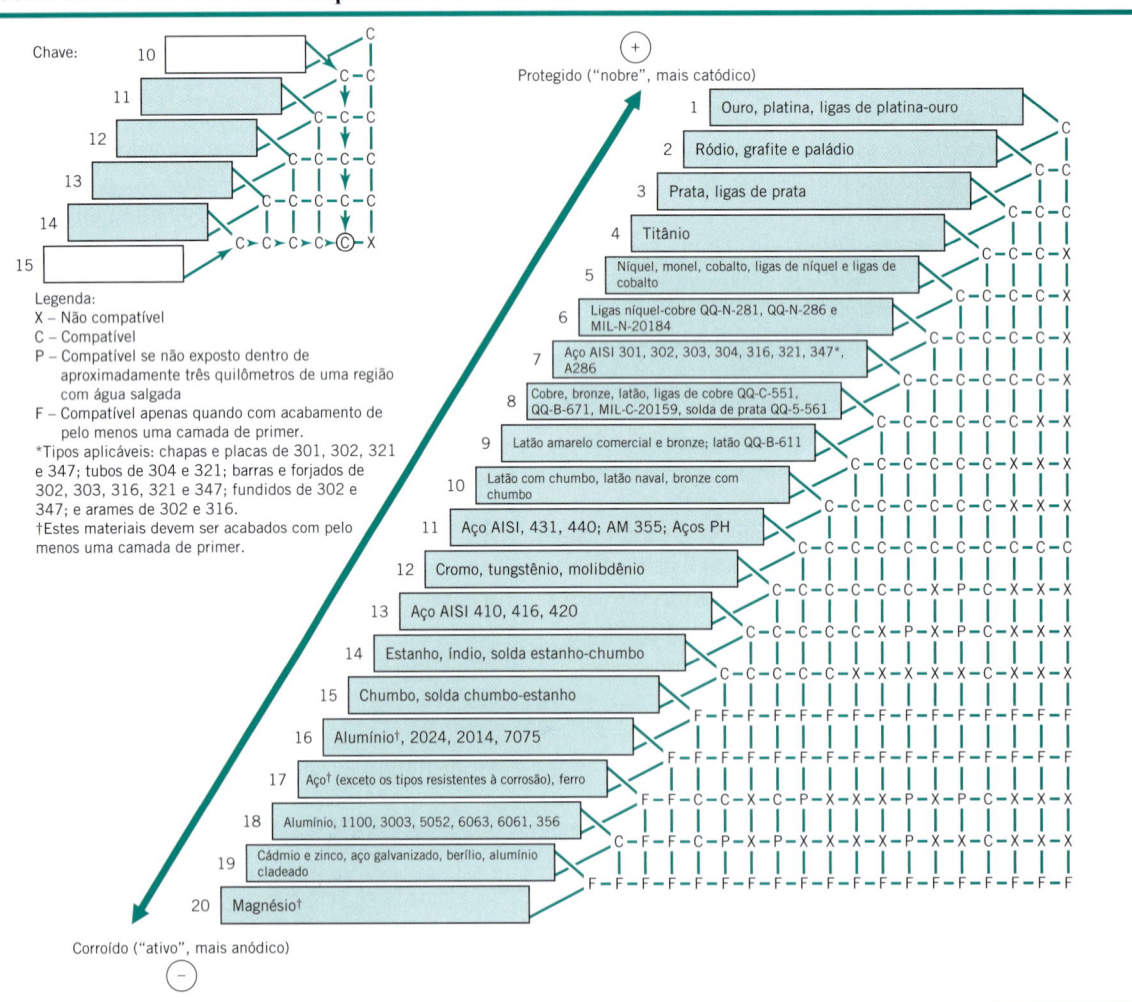

Fonte: De C. F. Littlefield and E. C. Groshart, "Galvanic Corrosion", *Machine Design*, 35: 243 (9 de maio de 1963).

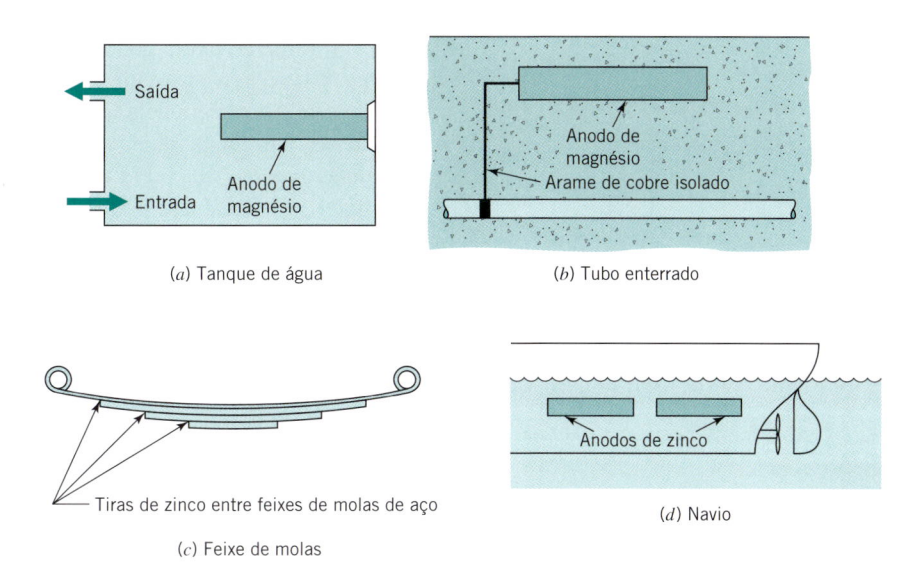

(*a*) Tanque de água

(*b*) Tubo enterrado

(*c*) Feixe de molas

(*d*) Navio

FIGURA 9.4 Proteção catódica de aço utilizando anodos de sacrifício.

Considerando novamente a Figura 9.3, suponha que o eletrodo *A* seja o ferro (nº 17) e o *B* seja o cobre (nº 8), e que os dois terminais sejam conectados através de uma bateria que *impõe* um fluxo de cargas positivas do cobre para o ferro, passando pelo eletrólito. Esse processo é acompanhado pelos íons de cobre (positivos) movendo-se pela solução, corroendo o cobre e, então, migrando para o eletrodo de ferro onde estes são depositados. Esse é o processo denominado *eletrogalvanização*.

As Figuras 9.4 e 9.5 ilustram aplicações práticas dos princípios aqui fornecidos na supressão da corrosão. Na Figura 9.4, o fluxo natural da corrente galvânica é tal que o equipamento a ser protegido é o *catodo*, e as placas de zinco e de magnésio são os *anodos de sacrifício*. (Quando estes se tornam exauridos, podem ser facilmente substituídos.) Na Figura 9.5, uma fonte de tensão contínua externa força um fluxo de elétrons para o equipamento a ser protegido, tornando-o um catodo.

9.3 Corrosão: Heterogeneidade do Eletrodo e do Eletrólito

Na seção anterior foi admitido que os eletrodos e os eletrólitos fossem homogêneos. Muitas situações de corrosão reais se afastam significativamente dessa condição "ideal", e esses desvios

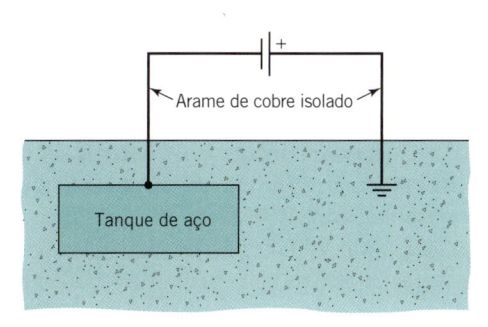

FIGURA 9.5 Proteção catódica de um tanque enterrado utilizando uma pequena fonte de corrente contínua impressa.

afetam substancialmente a natureza e a extensão da corrosão resultante. Por exemplo, o alumínio e o titânio expostos à atmosfera comum formam, sobre as suas superfícies, filmes de óxido protetor (Al_2O_3 e TiO_2), que isolam eletricamente o corpo do material. A densidade da corrente de corrosão é, portanto, quase nula. Isso explica por que o alumínio pode ser utilizado em barcos, apesar de sua posição na série galvânica (nº 18 na Tabela 9.1). O ferro, o cromo, o níquel, o titânio e muitas de suas ligas importantes apresentam o fenômeno da *passivação*, o que significa que os filmes de óxido isolantes são mantidos em *determinados ambientes*. Quando o metal está na condição *ativa* (sem o filme de óxido), as densidades da corrente de corrosão são frequentemente da ordem de 10^4 a 10^6 vezes maiores do que aquelas para o estado *passivo*.

Outra forma importante de heterogeneidade de eletrodo é a microestrutura do metal. Por exemplo, quando a perlita é atacada com um ácido fraco, a microestrutura pode ser vista porque os constituintes ferrita e carboneto se tornam anodos e catodos de uma grande quantidade de células galvânicas minúsculas. Seja qual for o anodo que for corroído, permite que sejam distinguidos visualmente. (A ferrita e o carboneto possuem potenciais de eletrodo muito próximos, e sua posição relativa na série galvânica depende do eletrólito utilizado.)

Outra causa importante de ação galvânica local (e da corrosão) é a heterogeneidade do eletrólito. Um exemplo comum (e de custo exorbitante!) é a variação na composição da água de lama salgada depositada sob os veículos no norte dos Estados Unidos, que estabelece uma vigorosa ação galvânica localizada. Outro exemplo é a corrosão de tubulações enterradas que passam através de camadas do solo com diferentes teores de sal.

A Figura 9.6 ilustra duas circunstâncias nas quais uma gota do eletrólito (geralmente água) cria uma heterogeneidade no próprio eletrólito pela vedação do oxigênio atmosférico para o centro da gota, em comparação ao eletrólito rico em oxigênio nas proximidades da borda. A corrosão ocorre no interior da região com baixa quantidade de oxigênio. A Figura 9.6*b* ilustra

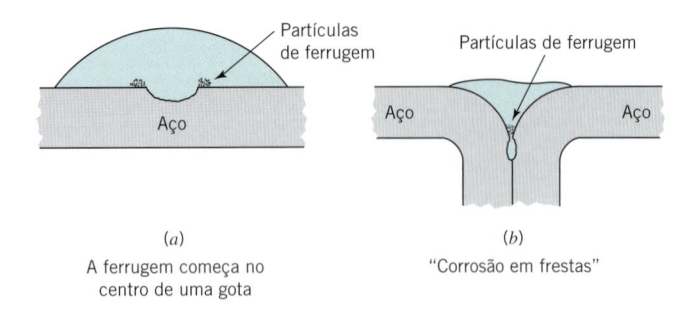

(a)
A ferrugem começa no
centro de uma gota

(b)
"Corrosão em frestas"

FIGURA 9.6 **Corrosão causada pela redução de oxigênio do eletrólito no centro de uma gota ou de uma poça estagnada.**

a comumente denominada *corrosão em frestas*. Uma observação relacionada a este efeito, que pode ser constatada pelo leitor, é que as superfícies lisas tendem a oxidar mais lentamente do que as superfícies rugosas.

9.4 Projeto para o Controle da Corrosão

Inicialmente, considere a *seleção de materiais*. Os materiais ordenados no sentido da extremidade inativa, ou "nobre", da série galvânica para o eletrólito desenvolver potenciais elétricos menores tendendo a enviar seus íons para a solução e, portanto, se oxidam mais lentamente. Essa não é a história completa, pois, conforme observado anteriormente a *taxa* na qual os íons de um metal entram em uma solução pode ser significativamente reduzida por filmes de óxidos. Assim, o alumínio se oxida de maneira extremamente lenta na água do mar, independentemente de sua posição na série galvânica. O mesmo ocorre com os aços inoxidáveis quando, na maioria das condições ambientais, esses filmes mudam a ação metálica de "ativa" para "passiva".

As diferenças na *microestrutura* causadas por *tratamento térmico* e soldagem podem influenciar a intensidade da ação galvânica no interior de uma grande quantidade de células galvânicas de superfície. Alguns aços de baixa liga, como o Corten, (*weathering steels*) têm sido desenvolvidos para resistir efetivamente à corrosão atmosférica pela formação de filmes ferruginosos de proteção. Esses aços são utilizados principalmente nas construções civis. Após uma ação inicial das intempéries, esses apresentam uma cor marrom-avermelhada uniforme (ferrugem), e a ação galvânica é praticamente interrompida. Como o Corten não precisa ser pintado, o seu uso geralmente resulta em uma substancial redução de custos pela vida da estrutura.

O *tratamento químico* das superfícies metálicas pode produzir filmes superficiais que ofereceu um certo grau de isolamento do metal-base em relação ao ambiente. Exemplos comuns são a *fosfatização* sobre aço (*Parkerizing* ou *Bonderizing*) e os *revestimentos de óxidos* sobre aço (nas cores marrom, preta ou azul). Em geral, a efetividade desses filmes é mínima, a menos que sejam combinados com óleos ou ceras (como as utilizadas em canos de armas). A fosfatização sobre aço ajuda a propiciar uma boa aderência da tinta e diminuir a tendência à corrosão pela retirada do filme de tinta nas regiões arranhadas ou em outras descontinuidades. A *anodização* das ligas de alumínio

produz um filme de óxido de alumínio estável que apresenta excelente resistência à corrosão e pode ser tingido de uma variedade de cores. (A experiência indica que a proteção de filme de óxido nos alumínios não anodizados pode sair por atrito, produzindo uma mancha preta.)

As superfícies metálicas podem ser seladas de um possível contato com um eletrólito através de *revestimentos não porosos*, como esmaltes de porcelana aplicados em louças sanitárias ou revestimentos de borracha vulcanizada para placas de aço.

As *tintas* comuns oferecem uma boa barreira contra a difusão da água e de oxigênio para uma superfície metálica, porém são permeáveis até certo ponto. Por essa razão e porque filmes de tinta podem ser riscados ou serem danificados de outra forma, é importante a utilização de um *primer* efetivo. Os pigmentos da primeira cobertura aplicados ao metal sem proteção devem ser inibidores da corrosão efetivos. Assim, qualquer quantidade de água que atinja a superfície do metal dissolve uma pequena quantidade do pigmento do primer, tornando a água menos corrosiva. (A ação dos inibidores será discutida posteriormente, nesta seção.)

Nos casos em que as considerações sobre aparência e peso não são tão rigorosas, algumas vezes é mais econômico construir um componente *com dimensões maiores* (mais pesado do que o necessário) para permitir a atuação de uma futura corrosão, do que para prover uma efetiva proteção contra corrosão. Além disso, o impacto do dano por corrosão pode em geral ser reduzido pelo projeto de equipamentos de modo que os componentes vulneráveis à corrosão possam ser *facilmente substituídos*.

A discussão precedente admite que apenas um único metal foi envolvido. Quando a corrosão de dois ou mais metais conectados por um eletrodo deve ser minimizada, *os metais devem estar tão próximos quanto possível na série galvânica*. Por exemplo, o cádmio é muito próximo do alumínio na maioria dos ambientes; assim, os parafusos galvanizados com cádmio podem ser utilizados em contato direto com componentes de alumínio. Todavia, se uma arruela de cobre for introduzida, normalmente o alumínio será corroído rapidamente. De fato, verifica-se que o alumínio é corroído rapidamente na água da chuva que teve contato prévio com calhas de cobre. Outros exemplos comuns de corrosão galvânica incluem a corrosão das soleiras das portas de alumínio de veículos em contato com uma estrutura de aço, quando exposta ao sal das pistas nas áreas ao norte dos Estados Unidos, ou ao sal presente no ar no litoral; uma tubulação de aço conectada a um encanamento de alumínio; os parafusos de aço utilizados nos equipamentos de bronze da marinha e as soldas de chumbo-estanho em fios de cobre.

A Tabela 9.1 mostra a compatibilidade, em relação à corrosão galvânica, dos metais e ligas metálicas comumente utilizados, quando colocados juntos na maioria das condições atmosféricas. O alumínio anodizado é compatível com todos os outros metais. A carta admite que os dois metais possuem áreas expostas comparáveis. Caso um dos metais possua apenas uma pequena fração da superfície exposta a um segundo metal com o qual é normalmente compatível, ele pode sofrer um ataque galvânico. Além disso, quando ocorrem grandes diferenças de temperatura, a ação termoelétrica pode representar um fator significativo.

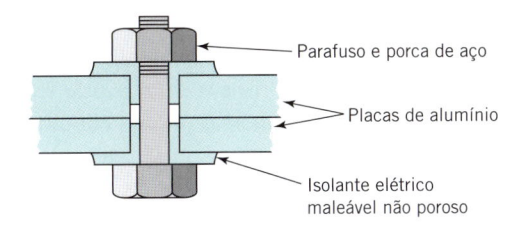

Parafuso e porca de aço

Placas de alumínio

Isolante elétrico
maleável não poroso

FIGURA 9.7a **Isolante quebrando o circuito galvânico entre um parafuso de aço e placas de alumínio.**

Quando a união de metais dissimilares se torna necessária, o circuito galvânico de corrosão pode, em geral, ser rompido utilizando-se um *isolante elétrico*, conforme mostrado na Figura 9.7a.

Algumas vezes as células galvânicas são projetadas deliberadamente em um componente ou sistema para fornecer um *anodo de sacrifício* para proteger um catodo de metal. Esta situação foi ilustrada pelo revestimento de aço por zinco (galvanização) em conexão com a Figura 9.2 e outros exemplos na Figura 9.4. Considerando apenas os Estados Unidos, milhares de toneladas de magnésio são utilizadas anualmente como eletrodos de sacrifício.

A Figura 9.5 mostrou um método alternativo para a proteção catódica de reservatórios e tubulações subterrâneas. O custo da *energia elétrica externa* consumida é, obviamente, um fator que limita a aplicação deste método.

Um fator importante no projeto de componentes metálicos para resistir à corrosão é o *efeito da área*. Para minimizar a corrosão do anodo, sua área superficial exposta deve ser grande em comparação à superfície do catodo. Esta condição resulta em *uma baixa densidade de corrente* no anodo e, portanto, uma pequena taxa de corrosão. O efeito da área é claramente ilustrado pelos exemplos mostrados na Figura 9.2. Nos locais onde a galvanização era de zinco (como no aço galvanizado), a grande superfície de zinco resultou em uma pequena densidade de corrente e em uma baixa taxa de corrosão. Onde a galvanização era de estanho, a pequena área exposta de material ferroso resultou em uma rápida corrosão, conforme pode ser observado nas latas de folha de flandres descartadas e enferrujadas.

O projeto para o controle da corrosão também requer atenção cuidadosa aos fatores relacionados ao *eletrólito*. O eletrólito pode ser um líquido no qual os eletrodos metálicos estão totalmente imersos, ou sua função pode ser desempenhada pela exposição à aspersão ou à névoa, pela alternância de molhar e secar, como pela chuva, pelo contato com a terra úmida, ou apenas pela umidade presente na atmosfera. É importante eliminar ou minimizar frestas onde a corrosão possa ocorrer, como mostrado na Figura 9.6b. Os componentes devem ser projetados de modo que a umidade possa ser drenada completamente, sem deixar líquidos residuais que facilitem a corrosão, conforme mostrado na Figura 9.6a. Isso significa que o processo de corrosão nas juntas de topo soldadas e lisas tende a corroer mais lentamente do que nas juntas sobrepostas aparafusadas ou rebitadas. As superfícies que são lisas tendem a sofrer menos corrosão do que as superfícies ásperas, uma vez

que elas têm uma menor tendência de reter o eletrólito líquido. Frestas inevitáveis devem ser seladas, idealmente com borracha vulcanizada ou por um processo equivalente.

Superfícies sujeitas a reter depósitos de lama e sal (como as superfícies inferiores dos automóveis nos Estados Unidos) devem ser projetadas de modo a facilitar a *limpeza*, pois a mistura heterogênea de terra e sal em contato com um metal pode causar ação galvânica destrutiva.

Os eletrólitos tendem a causar uma ação galvânica menor quando estão estagnados. A agitação e os gradientes de temperatura tendem a remover a concentração de íons nas proximidades das superfícies do eletrodo, aumentando, assim, as correntes galvânicas. Portanto, os gradientes de temperatura e as velocidades dos fluidos devem ser minimizados.

A corrosão atmosférica tende a ser máxima em altas temperaturas e em altas umidades. Por exemplo, as taxas de corrosão do aço estrutural nos locais de clima tropical são registradas como pelo menos duas vezes maiores do que as encontradas nos locais de clima temperado.

Em sistemas de resfriamento recirculantes, *inibidores* (produtos químicos adicionados ao líquido refrigerante em pequena concentração) são utilizados para tornar o líquido um eletrólito menos efetivo. Esses inibidores atuam facilitando a *passivação* (lembre-se da Seção 9.3) dos metais sujeitos à corrosão e, por outro lado, impedem o movimento de íons na região dos eletrodos. O inibidor deve ser apropriado ao líquido e aos metais envolvidos.

Para mais informações, as referências [13] e [4] são particularmente sugeridas. As referências [2], [3], [8] e [14] também contêm informações úteis sobre corrosão.

A Figura 9.8a ilustra classificações comparativas da resistência ao ataque corrosivo à diversos materiais, em seis ambientes. As classificações comparativas variam desde A (excelente) até D (ruim). A carta deve ser utilizada com cautela e apenas como um guia geral. O Apêndice C-19 fornece as classes e abreviações para a Figura 9.8a.

PROBLEMA RESOLVIDO 9.1 Comparação da Corrosão de Placas Metálicas Rebitadas

SOLUÇÃO

Placas metálicas com uma área total de exposta de 1 m² são fixadas entre si através de rebites, cuja área total exposta é de 100 cm². O ambiente envolve umidade e a possibilidade da presença de sal. Considere dois casos: (1) as placas são de aço e os rebites de cobre, e (2) as placas são de cobre e os rebites de aço. (a) Para cada caso, qual o metal que se oxidará? (b) Como estão relacionadas as taxas de corrosão nos dois casos? (c) Se o número de rebites for dobrado, qual influência este fato terá na taxa total de corrosão?

SOLUÇÃO

CONHECIDO: Placas metálicas de área total exposta conhecida são fixadas entre si através de rebites cuja área total exposta é também conhecida. O ambiente envolve umidade e a possibilidade da presença de sal. Considere dois casos: (1) placas de aço com rebites de cobre e (2) placas de cobre com rebites de aço.

A Ser Determinado:

a. Para cada caso, determine qual o metal que será corroído.

b. Compare as taxas de corrosão para os dois casos.

c. Determine a influência do uso do dobro de rebites na taxa total de corrosão.

Esquemas e Dados Fornecidos:

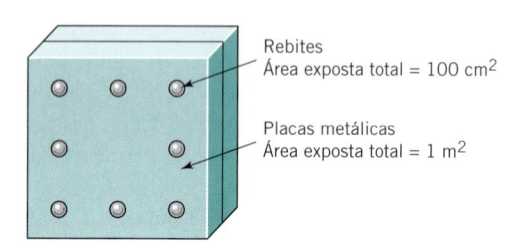

Rebites
Área exposta total = 100 cm^2

Placas metálicas
Área exposta total = 1 m^2

Figura 9.7*b* **Placas de metal fixadas uma contra a outra por rebites.**

Hipóteses: O aço é comum sem resistência à corrosão.

Análise:

a. Admitindo que o aço seja comum, sem resistência à corrosão, ele seria o mais ativo (anódico) e, portanto, seria corroído em ambos os casos (1) e (2).

b. Como a densidade de corrente na superfície do rebite é 100 vezes maior que na superfície da placa devido ao efeito das áreas, a taxa de corrosão será maior se os rebites forem de aço.

c. A duplicação do número de rebites de aço afetaria minimamente a taxa de corrosão de um rebite individualmente, pois a corrente associada a cada rebite permaneceria praticamente a mesma. A duplicação da quantidade de rebites de cobre praticamente dobraria a taxa de corrosão das placas de aço; novamente, porque a densidade da corrente em cada rebite permaneceria aproximadamente a mesma, dobrando, portanto, a densidade da corrente das placas.

Comentários:

[Um] importante fator na corrosão galvânica é o efeito de área, ou a relação entre as áreas catódica e anódica. Uma relação de áreas desfavorável consiste em um grande catodo e um pequeno anodo. Para um dado fluxo de corrente, a densidade de corrente é maior para um pequeno eletrodo do que para um grande eletrodo. Quanto maior for a densidade de corrente em uma área anódica, maior será a taxa de corrosão. A corrosão da área anódica pode ser 100 ou 1000 vezes maior se o anodo e a área catódica forem iguais em tamanho.

Veja Mars G. Fontana, *Corrosion Engineering*, 3rd ed., McGraw-Hill, New York, 1986.

9.5 Corrosão com Tensões Estáticas

Quando tensões estáticas *trativas* existem em uma superfície metálica sujeita a determinados ambientes corrosivos, a ação combinada pode causar fratura frágil que não seriam previstas com base na consideração destes dois fatores separadamente. Tais trincas são chamadas de trincas de *corrosão sob tensão*, e são conhecidas pelos engenheiros desde pelo menos 1895, quando foi observado o desenvolvimento de trincas superficiais nas tiras de aço de rodas de carroças após períodos de exposição a uma atmosfera úmida. Essas tiras de aço ficavam sujeitas a tensões residuais trativas porque eram forçadas nas rodas via um ajuste com interferência.

Embora a vulnerabilidade dos metais de engenharia ao trincamento por corrosão sob tensão varie bastante, quase todos possuem certo grau de suscetibilidade e em algum ambiente. O trincamento por corrosão sob tensão é um fenômeno complexo, ainda não plenamente compreendido. Os ambientes causadores de severa corrosão galvânica de um metal não são necessariamente os mesmos associados a graves trincamentos por corrosão sob tensão do metal em questão. A resistência relativa dos materiais a uma corrosão galvânica comum em um ambiente específico não é geralmente a mesma resistência relativa destes materiais ao trincamento por corrosão sob tensão. Por exemplo, foram observadas trincamento por corrosão sob tensão em certos aços inoxidáveis que são completamente resistentes à corrosão quando livres de tensões.

A tensão associada ao trincamento por corrosão sob tensão é *sempre* trativa, e é igual à soma das tensões residuais e operacionais existentes nos *locais* onde as trincas se iniciam e se propagam. (As tensões residuais são causadas pelo processamento e pela montagem de componentes, em oposição as tensões causadas pelas cargas aplicadas; veja as Seções 4.14 e 4.15.) Essa tensão total necessária para ao trincamento por corrosão sob tensão é, com frequência, da ordem de 50 % a 75 % da resistência ao escoamento por tração. As tensões residuais, por si só, podem chegar facilmente a valores desta ordem.

As trincas de corrosão sob tensão podem ocorrer após um período de tempo que pode variar desde alguns minutos até vários anos, dependendo do ambiente corrosivo e da tensão trativa superficial. As tentativas de se determinar níveis de tensão abaixo dos quais as trincas de corrosão sob tensão jamais ocorreriam (análogo ao "limite de fadiga" para carregamentos de fadiga em materiais ferrosos) ainda não obtiveram sucesso. Entretanto, os engenheiros estão conseguindo um melhor entendimento das falhas por trincamento por corrosão sob tensão através de estudos onde são aplicados os conceitos da mecânica da fratura (veja as Seções 6.3 e 6.4).

Quando ocorre um trincamento por corrosão sob tensão, em geral existem múltiplas trincas se originando na superfície, com a fratura resultando da propagação de uma única trinca normal à tensão de tração resultante. A aparência de uma falha típica é mostrada na Figura 9.8*b*.

Um dos primeiros exemplos registrados de trincamento por corrosão sob tensão foi em caldeiras de vapor rebitadas. A água alcalina da caldeira em frestas existentes no entorno dos rebites, em contato com as superfícies das placas da caldeira, que estavam tracionadas (devida à pressão interna da caldeira), com estas tensões sendo aumentadas pela concentração de tensão. Algumas caldeiras explodiram. Os tubos de caldeiras de aço baixo carbono operando com água contendo hidróxido de sódio também falharam devido ao trincamento por corrosão sob

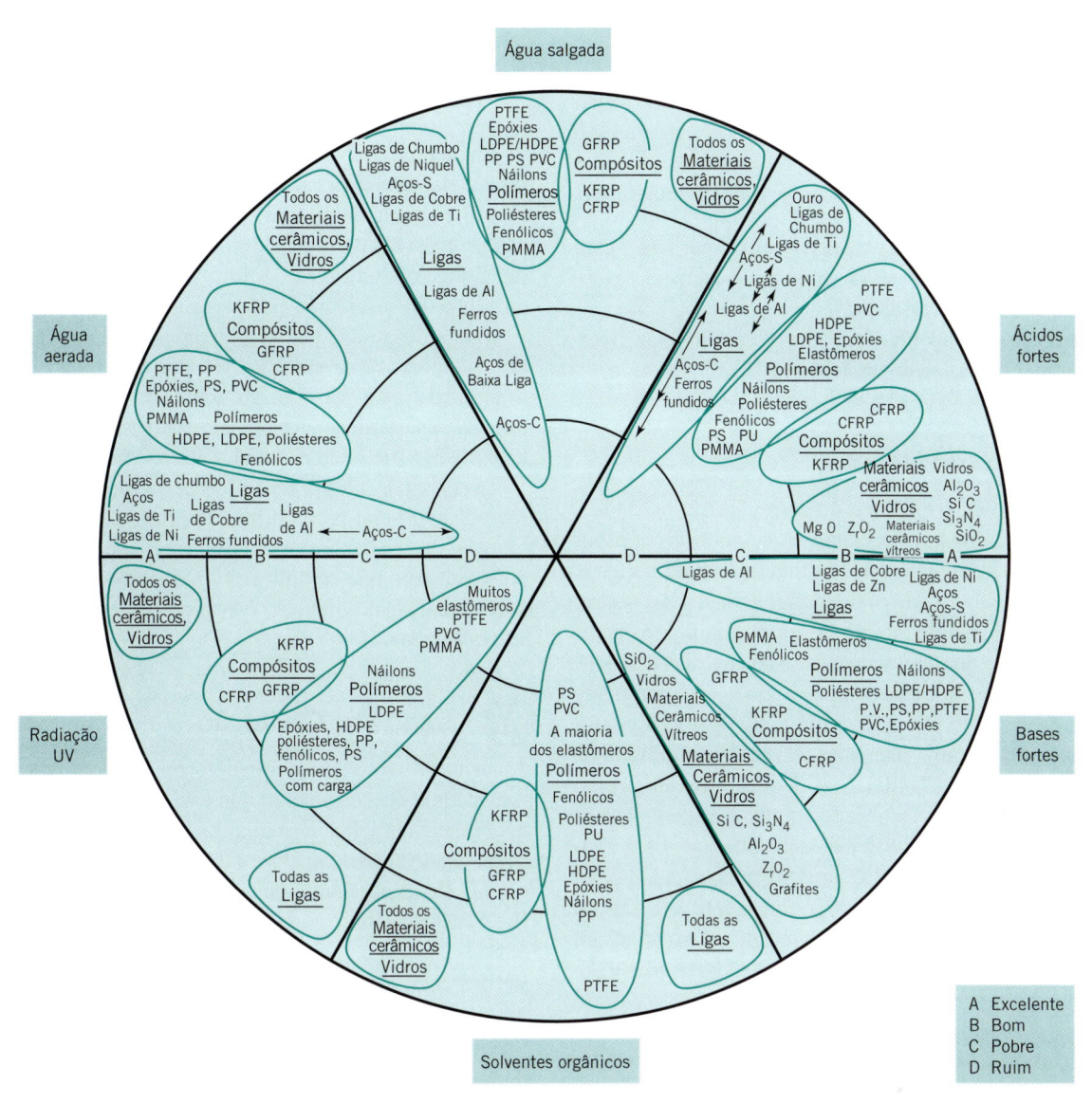

Figura 9.8*a*   Classificação comparativa da capacidade dos materiais em resistir ao ataque corrosivo quando expostos a diversos ambientes. (Extraído de M. F. Ashby, *Materials Selection in Mechanical Design*, Pergamon Press, 1992.)

tensão. Outros exemplos deste tipo de falha incluem peças de avião fabricadas de aço inoxidável expostas ao ambiente salino do litoral (em alguns casos, em combinação com elevadas tem-

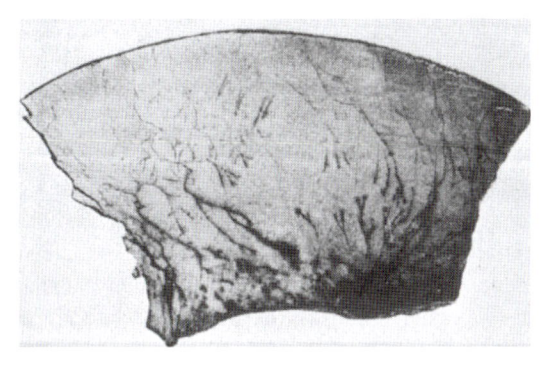

Figura 9.8*b*   **Trincamento por corrosão sob tensão de uma lâmina transportadora de aço inox [5a].**

peraturas de operação); cubos finos ou aros prensados no interior de um componente com ajuste com grande interferência; cabos utilizados em pontes, cujo aço é inapropriado para os produtos químicos da atmosfera local; suportes de aço para sustentar cargas estáticas pesadas; e "trincamento de cartuchos" de munição de latão. Esses estojos cilíndricos de embutimento profundo com tensões residuais de tração nas quinas vivas da parte inferior; o trincamento ocorre após o armazenamento, antes das cargas serem aplicadas.

Os procedimentos relacionados a seguir reduzem o trincamento por corrosão sob tensão.

1. Troque o material por um mais resistente à corrosão sob tensão para o meio envolvido.

2. Reduza a ação corrosiva, por exemplo, propiciando proteção catódica, utilizando revestimentos protetores sobre as superfícies vulneráveis ou tornando o ambiente menos corrosivo, como através da adição de inibidores.

3. Atenue as tensões trativas, pela redução dos ajustes por interferência, utilizando seções maiores, recozendo o material (cuidado: em algumas situações o recozimento pode tornar o material *mais* suscetível ao trincamento por corrosão sob tensão) e aplicando um processo de jateamento de granalhas ou jateamento com deformação das superfícies vulneráveis.

O jateamento é de importância prática particular, por servir para superar trações residuais prévias da superfície e estabelecer tensões residuais compressivas favoráveis (veja a Seção 8.14).

Um resumo do desempenho de corrosão sob tensão de diversos metais e ligas é fornecido em [5a].

9.6 Corrosão com Tensões Cíclicas

A ação combinada da corrosão e do carregamento de fadiga geralmente causa falha mais prematura que poderia ser esperada a partir da consideração destes dois efeitos separadamente. Esse fenômeno é denominado *corrosão sob fadiga*. Esse ocorre com a maioria dos metais, porém de forma mais significativa com aqueles que possuem pouca resistência à corrosão. A corrosão sob fadiga é uma ação complexa, ainda não totalmente compreendida. Uma explicação simplificada começa com a corrosão inicial de alguns pites que servem como pontos de concentração de tensão. Os filmes protetores, formados como resultado da corrosão, são geralmente fracos e frágeis. Assim, estes se rompem pelo ciclo de deformação imposto. Essa ruptura expõe o metal desprotegido, que é corroído rapidamente, formando outro filme, que também é rompido pela deformação cíclica, e assim por diante. Portanto, o pite de corrosão inicial se torna uma trinca de fadiga, que se propaga mais rapidamente do que poderia ser explicado pela consideração em separado da corrosão e do carregamento cíclico. Como se deveria esperar, as falhas de corrosão sob fadiga apresentam descoloração das superfícies de propagação da trinca, enquanto as superfícies de trinca de fadiga comum são livres de corrosão (como as superfícies descritas como "lisas, aveludadas" na Figura 8.1).

A resistência à fadiga dos componentes corroídos depende do *tempo decorrido*, bem como da tensão cíclica e do ambiente corrosivo. A resistência à fadiga para um dado número de ciclos de tensão será, obviamente, maior se esses ciclos forem impostos rapidamente, sem deixar passar muito tempo para que a corrosão ocorra. Resultados de ensaios tendem a confirmar as seguintes generalizações:

1. As resistências corrosão sob fadiga *não* se correlacionam com as resistências à tração. Essa condição é parcialmente verdadeira, pois os metais mais resistentes possuem uma maior sensibilidade aos pites de corrosão ("entalhes").

2. Os aços de média liga possuem resistências corrosão sob fadiga apenas ligeiramente maiores do que os aços-carbono, e em nenhum dos casos a resistência à corrosão sob fadiga é aumentada através de um tratamento térmico.

3. Os aços resistentes à corrosão, como aqueles que contêm cromo, possuem resistência à corrosão sob fadiga maiores do que os outros aços. *Uma boa resistência à corrosão é mais importante do que uma alta resistência à tração.*

4. As tensões residuais trativas são prejudiciais; tensões residuais compressivas, como as causadas pelo processo de jateamento por granalhas, são benéficas.

As medidas corretivas para corrosão sob fadiga são similares àquelas adotadas para trincamento por corrosão sob tensão: (1) utilize um material mais resistente à corrosão, (2) reduza a ação corrosiva utilizando revestimentos protetores, inibidores ou proteção catódica, e (3) minimize as tensões trativas e introduza tensões residuais compressivas.

Muitos dos resultados experimentais sobre resistência à corrosão sob fadiga de diversos metais, que ainda são referenciados, foram registrados por D. J. McAdam, Jr. [9], o pesquisador que originalmente utilizou o termo "corrosão sob fadiga". Alguns resultados de McAdam são resumidos nas referências [6] e [14].

Observe que a Figura 8.13 fornece alguns fatores de acabamento superficial para corpos de prova com superfícies *previamente* corroídas. Estes fatores servem apenas como um guia aproximado e não se aplicam a todas as situações em que o componente está sujeito à corrosão *enquanto tensões cíclicas são aplicadas.*

9.7 Dano por Cavitação

A cavitação se caracteriza pela formação de bolhas de gás ou "cavidades" em um líquido que está se movendo em relação a uma superfície sólida próxima. As bolhas são formadas quando a pressão do líquido cai abaixo da sua pressão de vapor. Quando essas bolhas, em seguida, colapsam na ou próximo de uma superfície sólida, ondas de pressão colidem com a superfície causando tensões locais que podem ser suficientemente grandes para causar deformação plástica de muitos metais. Geralmente, o dano no metal somente se torna evidente após o bombardeamento repetido por essas ondas de pressão, tanto quanto no caso do dano causado pela fadiga de um metal comum.

A cavitação ocorre comumente nas hélices de navios, nas bombas centrífugas, nas pás de turbinas e em outras superfícies onde se encontram líquidos de altas velocidades locais e altos gradientes de pressão estática. O dano resultante nas superfícies metálicas é, essencialmente, mecânico. Em ambientes corrosivos, entretanto, a cavitação pode danificar repetidamente ou remover os filmes de óxidos protetores, aumentando assim a ação galvânica.

Uma área de superfície danificada por cavitação tem aparência áspera, com pites pouco espaçados. Nos casos mais severos, uma quantidade significativa de material é removida, dando à superfície uma textura esponjosa.

Não sendo possível eliminar ou reduzir a cavitação pela alteração da composição do líquido, da velocidade, do padrão de escoamento ou da pressão estática, o meio mais efetivo de tratar o dano por cavitação é, usualmente, aumentar a dureza superficial. O aço inoxidável geralmente é o material mais efetivo disponível a um custo razoável. Os seguintes materiais são relacionados em ordem decrescente de resistência ao dano por cavitação: estelita (*stellite*)[1], aço inoxidável fundido 18-8,

---

[1]Marca Registrada da Union Carbide Corporation.

bronze-magnésio fundido, aço fundido, bronze, ferro fundido e alumínio. Essa lista foi extraída das referências [4] e [8], onde também são relacionados outros materiais.

9.8 Tipos de Desgaste

As seções anteriores deste capítulo trataram do dano superficial resultante do contato com fluidos. As seções restantes discutem o contato com outro componente sólido. Em muitos casos o dano superficial resultante é classificado como "desgaste".

Os tipos mais comuns de desgaste são o desgaste *adesivo* e o desgaste *abrasivo*. Estes são tratados nas próximas três seções. Um terceiro tipo é o desgaste do *filme de corrosão*, em que o filme superficial corroído é alternadamente removido por deslizamento e, em seguida, refeito. Um exemplo típico é o desgaste que pode ocorrer nas paredes dos cilindros e nos anéis dos pistões de um motor diesel queimando combustível com alto teor de enxofre. Um tipo importante de deterioração de superfície, algumas vezes classificada incorretamente como "desgaste", é a *fadiga superficial*, discutida na Seção 9.14.

Todas as formas de desgaste são fortemente influenciadas pela presença de um *lubrificante*. As informações da Seção 13.1 sobre os tipos de lubrificantes e da Seção 13.14 sobre lubrificação por película limite são relevantes aqui. A taxa de desgaste de um mancal sem lubrificação pode ser 10^5 vezes maior do que para um mancal com lubrificação por película limite.

Nos componentes de máquinas tipicamente bem projetados, a taxa de desgaste inicial das superfícies em atrito durante o "começo de operação" pode ser relativamente alta. Na medida em que os picos mais pronunciados da superfície são desgastados, fazendo com que a área de contato aumente, a taxa de desgaste diminui a um pequeno valor constante. Após um determinado período de tempo, a taxa de desgaste pode novamente aumentar devido à contaminação do lubrificante ou as temperaturas superficiais serem maiores.

A referência [10] apresenta 33 artigos que tratam dos diversos aspectos do desgaste, e é uma referência excelente para estudos adicionais.

9.9 Desgaste Adesivo

Em uma escala microscópica, as superfícies metálicas deslizantes nunca são lisas. Embora a rugosidade da superfície possa ser de apenas algumas micropolegadas (ou alguns centésimos de milímetro), os picos (frequentemente denominados "asperezas") e os vales são inevitáveis, conforme mostrado na Figura 9.9. Como a pressão de contato e o calor dissipado por atrito estão concentrados em pequenas áreas localizadas de contato, indicadas pelas setas, as temperaturas e as pressões locais se tornam extremamente altas, fazendo com que as condições sejam favoráveis à soldagem nesses pontos. (As temperaturas *locais instantâneas* podem atingir o ponto de fusão do metal, porém com um gradiente tão brusco que o componente permanece frio ao toque.) Se a fusão e a soldagem das asperezas superficiais (no local indicado pelas setas na Figura 9.9) realmente ocorrem, ou na solda ou em um dos dois metais nas proximidades da solda deve falhar por cisa-

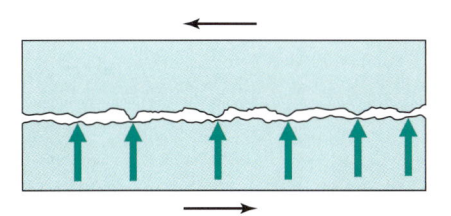

FIGURA 9.9 **Vista muito ampliada de duas superfícies nominalmente "lisas" em atrito.**

lhamento, para permitir a continuidade do movimento relativo das superfícies. Novas soldas (adesões) e suas correspondentes fraturas continuam a ocorrer, resultando no que é chamado apropriadamente de *desgaste adesivo*. Como o desgaste adesivo é, basicamente, um *fenômeno de soldagem*, os metais que se unem com facilidade por solda são mais susceptíveis. Partículas perdidas do metal e do óxido do metal resultante do desgaste adesivo causam desgaste adicional da superfície por causa da abrasão.

Se a soldagem e o cisalhamento das asperezas superficiais causam a transferência de metal de uma superfície para a outra, o desgaste resultante ou dano superficial é chamado de *riscamento*. Se a soldagem localizada das asperezas se tornar tão extensiva que as superfícies não mais deslizam uma sobre a outra, a falha resultante é chamada de *engripamento*. A Figura 9.10 mostra arranhões e engripamentos severos de pinhões diferenciais em seus eixos. (Essa unidade é utilizada nos diferenciais automotivos para permitir que as duas rodas motrizes girem com velocidades distintas quando o veículo realiza uma curva.) Talvez os exemplos mais conhecidos de engripamento ocorram nos motores que operam continuamente (mas não por muito tempo!) após a perda de seus fluidos de refrigeração, ou a interrupção no fornecimento de óleo. Os pistões podem ficar presos às paredes dos cilindros, o virabrequim pode ficar preso em seus mancais, ou ambas as situações podem ocorrer.

O desgaste adesivo severo é também chamado de *raspagem*. O desgaste adesivo brando entre os anéis de um pistão e as paredes do cilindro é também conhecido como *riscamento*.

Quando metais semelhantes são atritados entre si com pressão e velocidade suficientes, as condições se tornam ideais para a soldagem das asperezas, pois ambas as superfícies apresentam a mesma temperatura de fusão. Além disso, as ligações coesivas formadas são normalmente mais fortes do que as ligações adesivas formadas da soldagem das asperezas de materiais dissimilares. Por essas razões, metais idênticos ou metalurgicamente similares não devem ser normalmente utilizados sob condições que possam causar problemas de desgaste. Os metais metalurgicamente semelhantes são referidos como "compatíveis". Os metais compatíveis são definidos como possuindo miscibilidade líquida completa e pelo menos 1 % de solubilidade sólida de um metal no outro à temperatura ambiente. A Figura 9.11 mostra o grau de compatibilidade de diversas combinações de metais.

Em geral, quanto mais dura a superfície (mais precisamente, quanto maior a relação entre a dureza da superfície e o módulo de elasticidade), maior a resistência ao desgaste adesivo.

FIGURA 9.10 **Resultados de riscamentos e do engripamento em um diferencial. A quebra do pinhão foi o resultado do engripamento em seu eixo. (Extraído de C. Lipson, *Basic Course in Failure Analysis*, Penton Publishing, Cleveland, 1970.)**

9.10 Desgaste Abrasivo

O termo "desgaste" refere-se frequentemente ao desgaste *abrasivo*, que é devido ao atrito de partículas abrasivas sobre uma superfície. Essas partículas são tipicamente pequenas e duras, e possuem quinas vivas — como grãos de areia ou partículas de metal ou partículas de óxido de metal que atritam uma superfície metálica, desgastando-a. Exemplos comuns incluem o desgaste da madeira ou de metal com areia ou lixa d'água ou com rebolo, o desgaste da sola de um sapato por riscamento contra o cimento de calçadas, o desgaste de uma lâmina de arado ou de uma sonda de perfuração de terra durante seu uso e a remoção de metal da superfície do mancal de sustentação de um eixo girante por partículas abrasivas estranhas presentes no lubrificante.

Usualmente, quanto mais dura for a superfície, maior sua resistência ao desgaste abrasivo. As superfícies metálicas duras são obtidas através de tratamentos térmicos, endurecimento por chama ou indução, carbonetação, nitretação, eletrogalvanização, galvanização a fogo e outros meios. Nem todos esses métodos são aplicáveis a situações severas, pois as superfícies endurecidas devem, algumas vezes, possuir pelo menos 3 mm de espessura para propiciar um tempo adequado de vida em operação.

É extremamente importante, em projeto de máquinas, o uso apropriado de filtros de óleo, filtros de ar, guarda-pós, selos de eixos e assim por diante para manter as partículas estranhas afastadas das superfícies metálicas em atrito.

Algumas vezes, um dos dois elementos sujeitos ao atrito é fabricado com um material relativamente macio e é projetado para ser barato e facilmente substituível. Por exemplo, as superfícies duras dos eixos girantes são protegidas pelo uso de mancais

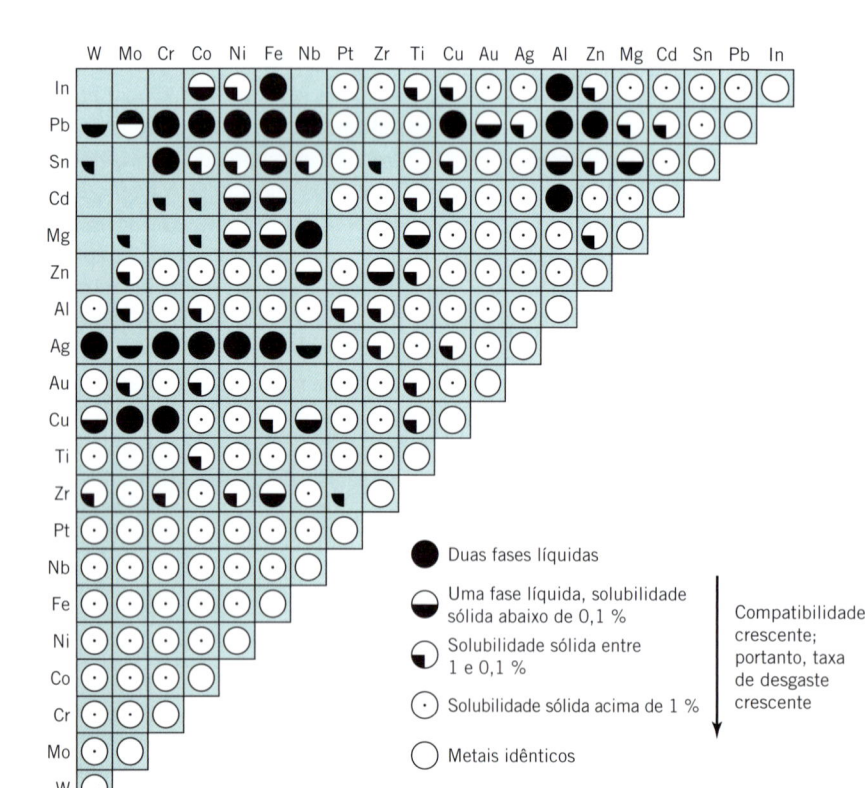

Duas fases líquidas

Uma fase líquida, solubilidade sólida abaixo de 0,1 %

Solubilidade sólida entre 1 e 0,1 %

Solubilidade sólida acima de 1 %

Metais idênticos

Compatibilidade crescente; portanto, taxa de desgaste crescente

FIGURA 9.11 **Compatibilidade de diversas combinações de metais. (Extraído de E. Rabinowicz, "Wear Coefficients — Metals", Seção IV da [10] ASME.)**

e buchas mais macias e de fácil substituição. Algumas vezes é desejável que o mancal seja suficientemente macio para permitir que as partículas abrasivas duras sejam completamente absorvidas, de modo que não se projetem para cima da superfície e atuem como as partículas abrasivas de uma lixa. Essa é uma das razões de os mancais de *babbitt* macio *(metal patente)* serem utilizados nos eixos de manivelas de motores automotivos.

9.11 Fretagem

A fretagem, também conhecida *corrosão por fretagem* é classificada como um tipo de desgaste adesivo, porém geralmente abrange elementos de desgaste abrasivo e também de desgaste de filme de corrosão. A fretagem ocorre quando superfícies pressionadas entre si são submetidas a um leve movimento relativo. Exemplos incluem ajustes prensados (como no caso dos mancais fixados por prensagem em seus eixos) e conexões aparafusadas e rebitadas, nas quais as cargas flutuantes produzem um ligeiro movimento relativo. Outros exemplos são as interfaces dos feixes de molas e as pilhas de chapas metálicas transportadas por longas distâncias por trens ou caminhões. O movimento relativo é tipicamente da ordem de 0,01 a 0,25 mm. O dano resultante pode ser uma mera descoloração das superfícies em contato (como ocorre com o transporte de chapas metálicas), a formação de pites superficiais (mais comum) ou o desgaste do material de um milímetro de profundidade (caso extremo). A rugosidade e os pites causados pela fretagem tornam a superfície mais vulnerável à falha por fadiga. *A redução da resistência à fadiga é a maior consequência da fretagem.*

Um conceito amplamente aceito é que o movimento oscilatório rompe a proteção natural dos filmes da superfície, expondo os "picos" da superfície do metal que se soldam e, em seguida, são arrancados pelo movimento relativo. Com a maioria dos materiais de uso na engenharia, os restos na superfície assim formados se oxidam para formar partículas abrasivas em pó, que se acumulam e causam desgaste contínuo. Nas superfícies ferrosas, o óxido em pó é, algumas vezes, chamado, nos Estados Unidos, de "cocoa", devido à sua cor marrom. As partículas de óxido de magnésio e de alumínio possuem uma aparência negra.

A resistência à fretagem varia bastante para os diferentes materiais. As ligas à base de cobalto com superfície endurecida estão entre as melhores. Em geral, aço sobre aço e ferro fundido sobre ferro fundido são bons, porém as interfaces nas quais um metal é o aço inoxidável ou titânio são pobres. O latão sobre aço tende a ser melhor do que o aço sobre aço. As combinações do ferro fundido com alumínio, magnésio, galvanização por cromo, galvanização por estanho ou plásticos são ruins. A geração de *tensões residuais compressivas de superfície* através de tratamentos térmicos ou de trabalho a frio tem-se mostrado particularmente efetiva no retardo da propagação de trincas de fadiga iniciadas por fretagem. O aumento da dureza superficial resultante desses tratamentos também é, provavelmente, benéfico. Os lubrificantes de baixa viscosidade e alta coesão tendem a reduzir a intensidade da fretagem, sendo seu principal efeito, aparentemente, de manter o oxigênio distante da interface ativa.

Algumas vezes, a fretagem pode ser interrompida pelo aumento da pressão na interface das superfícies de modo a cessar o movimento relativo. Entretanto, se o movimento relativo continuar o dano por fretagem geralmente aumentará com a pressão maior.

Detalhes adicionais referentes à corrosão por fretagem são fornecidos nas referências [4-6], [8], [10] e [13].

9.12 Abordagem Analítica para o Desgaste

Embora o projeto de componentes de máquinas do ponto de vista da resistência ao desgaste continue fortemente empírica, abordagens analíticas estão atualmente disponíveis. A bem conhecida "equação do desgaste", estabelecida na década de 1940, pode ser escrita como

$$\text{Taxa de desgaste} = \frac{\delta}{t} = \left(\frac{K}{H}\right)pv \qquad (9.1)$$

em que

δ = profundidade do desgaste, mm (ou in)
t = tempo, s
K = coeficiente de desgaste (adimensional)
H = dureza superficial, MPa (ksi)[2]
p = pressão na interface superficial, MPa (ksi)
v = velocidade de deslizamento, mm/s (pol/s)

Para duas superfícies *a* e *b* em atrito, essa equação estabelece que a taxa de desgaste da superfície *a* é proporcional ao coeficiente de desgaste (para o material *a* quando em contato com o material *b*), inversamente proporcional à dureza da superfície de *a* e, admitindo um coeficiente de atrito constante, diretamente proporcional à taxa de trabalho por atrito.

Para uma dada força compressiva total entre as superfícies, o volume de material desgastado é independente da área de contato. Assim, outra forma da equação de desgaste, mais comumente utilizada, é

$$W = \frac{K}{H}FS \qquad (9.1a)$$

em que

W = volume de material desgastado, mm³ (in³)
F = força compressiva entre as superfícies, N (quilolibras)
S = distância total de atrito, mm (in)

A melhor forma de se obter os valores do coeficiente de desgaste *K* para uma aplicação de um dado projeto é a partir de resultados experimentais realizados para a mesma combinação de materiais e operando, basicamente, sob as mesmas condições. Por exemplo, a obtenção das constantes de desgaste para o projeto de um "novo modelo" a partir dos dados obtidos de um "modelo antigo" similar. Além disso, a literatura fornece

---

[2]Os valores das durezas Brinell, Vickers e Knoop estão em kg/mm². Para converter para MPa ou ksi, multiplica-se este valor por 9,81 ou 1,424, respectivamente. Para o método de teste-padrão para a determinação dureza Knoop e Vickers de materiais, veja a ASTM E384-10e2.

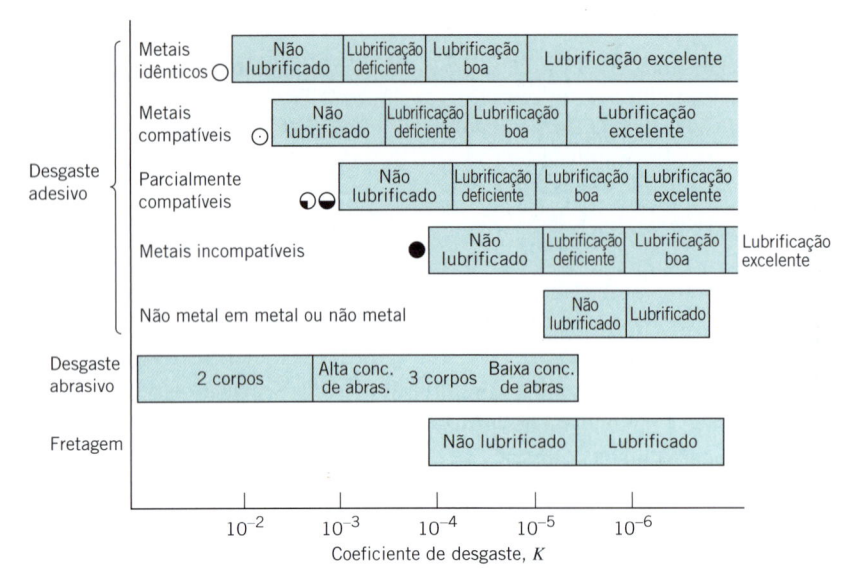

FIGURA 9.12 **Coeficientes de desgaste estimados para várias situações de deslizamento. (Extraído de E. Rabinowicz, "Wear Coefficients — Metals", Seção IV da referência [10] ASME.)**

os valores de K para muitas combinações de materiais, que foram obtidas sob as condições controladas de laboratórios. Quando se utilizam estes valores é importante que a temperatura aproximada da interface, os materiais e a lubrificação da aplicação específica correspondam àquelas utilizadas nos ensaios de laboratório.

Para uma grande variedade de sistemas deslizantes, os coeficientes de desgaste variam na faixa de 10^{-1} a 10^{-8}. A Figura 9.12 ilustra as faixas de valores, tipicamente obtidas, com várias combinações de compatibilidade de materiais (veja a Figura 9.11), lubrificação e modo de desgaste. Os valores de K correspondem ao mais macio dos dois metais em atrito.

Os resultados dos ensaios para os coeficientes de desgaste mostram uma considerável dispersão, tipicamente por uma faixa de mais ou menos um fator de 4. Por exemplo, se o coeficiente de desgaste observado for de 100 unidades, o valor real de K pode variar de 25 a 400 unidades. Essa característica talvez seja esperada porque o desgaste adesivo tende a ser proporcional à quarta ou quinta potência do coeficiente de atrito, que por si só tem uma considerável dispersão.

O Problema Resolvido apresentado a seguir ilustra o cálculo de K a partir de resultados experimentais.

PROBLEMA RESOLVIDO 9.2 Determinação de Coeficientes de Desgaste

Um dispositivo de ensaio de atrito pino-disco (Figura 9.13) envolve um pino de cobre de extremidade de seção circular não lubrificada com dureza 80 Vickers, sendo pressionado com uma força de 20 N contra a superfície de um disco de aço rotativo com dureza 210 Brinell. O contato com atrito ocorre a um raio de 16 mm e o disco gira a 80 rpm. Após duas horas o pino e o disco são pesados. Constata-se que o desgaste adesivo causou uma perda no peso equivalente ao desgaste dos volumes de cobre e de aço, respectivamente a 2,7 e 0,65 mm³. Calcule os coeficientes de desgaste.

SOLUÇÃO

CONHECIDO: Um pino cilíndrico tem a sua extremidade pressionada contra a superfície plana de um disco rotativo.

A Ser Determinado: Determine os coeficientes de desgaste.

Esquemas e Dados Fornecidos:

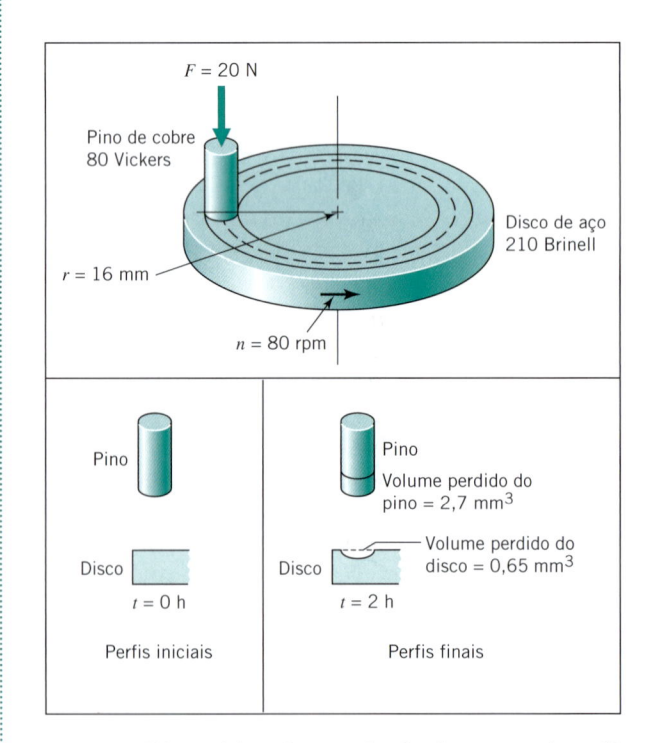

FIGURA 9.13 **Dispositivo de ensaio de desgaste pino-disco para o Problema Resolvido 9.2.**

Hipóteses: A Eq. 9.1a é válida.

Análise:

1. A distância total de atrito em duas horas,

$$S = 2\pi(16)\frac{\text{mm}}{\text{rev}} \times 80\frac{\text{rev}}{\text{min}} \times 60\frac{\text{min}}{\text{h}} \times 2\,\text{h}$$
$$= 9,65 \times 10^5\,\text{mm}$$

2. A dureza do pino, $H = 9,81(80) = 785$ MPa (cobre)
   A dureza do disco, $H = 9,81(210) = 2060$ MPa (aço)

3. Pela Eq. 9.1a, o coeficiente de desgaste,

$$K = WH/FS,$$
$$= \frac{2,7(785)}{20(9,65 \times 10^5)} = 1,10 \times 10^{-4} \quad \text{(para o cobre)}$$
$$= \frac{0,65(2060)}{20(9,65 \times 10^5)} = 6,94 \times 10^{-5} \quad \text{(para o aço)}$$

Comentários: O volume de desgaste para o pino é calculado como $V_p = \pi d^2 \Delta_p/4$, em que Δ_p é o desgaste linear do pino e d é o diâmetro do pino. Se $d = 4$ mm, então, como $V_p = 2,7$ mm³, tem-se $\Delta_p = 0,21$ mm. O volume de desgaste para o disco é de aproximadamente $V_d = \pi D d \Delta_d$, considerando que a superfície gasta do pino permanece plana. Nesse caso, Δ_d é a profundidade de desgaste no disco e D é o diâmetro da trilha de desgaste. Com $d = 4$ mm, $D = 32$ mm e $V_d = 0,65$ mm³, tem-se $\Delta_d = 0,0016$ mm. Note que a profundidade de desgaste no disco é menor que 1/100 do desgaste linear do pino.

Porque precisa-se modelar o efeito do desgaste na geometria da superfície em máquinas e outros componentes, a discretização da teoria da pressão de desgaste foi proposta para estimar mudanças na geometria da superfície e a distribuição de pressão com o tempo [16]. A teoria é usada para estudar a pressão de contato e a distribuição de desgaste para corpos em contato deslizantes e no projeto de componentes com resistência ao desgaste melhorados. As taxas de desgaste são determinadas em um programa que utiliza uma relação em função do tempo que acopla tensões de contato ou pressões, distâncias de deslizamento e coeficientes de desgaste experimentalmente determinados. A teoria tem sido utilizada em inúmeras áreas incluindo projeto de máquinas e engenharia biomecânica [17].

Na implementação dessa teoria para o modelamento do desgaste em uma máquina, é importante que os coeficientes de desgaste para os materiais envolvidos sejam apropriados para a utilização específica da máquina. Genericamente, os corpos de prova usados para estabelecer os coeficientes de desgaste devem ter similaridade de desgaste de superfícies com o desgaste da peça real (desgastada). Além disso, o número de passes para os testes de desgaste para a determinação dos coeficientes de desgaste precisam ser relacionados com a taxa de passes para a peça real [18], [19].

9.13 Tensões de Contato entre Superfícies Curvas

O contato teórico entre superfícies curvas ocorre, em geral, em um ponto ou em uma linha (como uma esfera ou um cilindro e um plano, um par de dentes de engrenagens em contato etc.). Quando corpos *elásticos* curvos são pressionados um contra o outro, áreas de contato *finitas* são desenvolvidas devido a deflexões. Entretanto, essas áreas de contato são tão pequenas que as tensões compressivas correspondentes tendem a ser extremamente altas. No caso de componentes de máquinas como rolamentos de esferas, rolamentos de roletes, engrenagens, cames e seguidores, essas *tensões de contato* em qualquer ponto específico da superfície são *aplicadas ciclicamente* (como ocorre em cada rotação de um rolamento ou de uma engrenagem), e assim as *falhas por fadiga* tendem a ser produzidas. Essas falhas são causadas por minúsculas trincas que se propagam, permitindo que pequenos pedaços do material se separem da superfície. Esse dano superficial, algumas vezes referido como "desgaste", é preferencialmente chamado de *fadiga superficial*. Essas falhas são discutidas com mais detalhes na seção seguinte. A presente seção oferece a fundamentação necessária para se considerar em mais detalhes as *tensões* causadas pela pressão superposta ao possível deslizamento entre os corpos elásticos curvos.

A Figura 9.14 ilustra a área de contato e a correspondente distribuição de tensão entre duas esferas e entre dois cilindros, carregados com uma força F. Igualando-se o somatório das pressões sobre cada área de contato à força F, obtém-se uma expressão para a pressão máxima de contato. A pressão máxima de contato, p_0, atua sobre o eixo da carga. A área de contato é definida pela dimensão a para as esferas e b e L para os cilindros. As equações para p_0, a e b podem ser simplificadas pela introdução do módulo de contato Δ, que é uma função do módulo de Young (E) e do coeficiente de Poisson (v) para os corpos 1 e 2 em contato.

$$\Delta = \frac{1 - v_1^2}{E_1} + \frac{1 - v_2^2}{E_2} \qquad (9.2)$$

Para duas esferas,

$$p_0 = 0,578 \sqrt[3]{\frac{F(1/R_1 + 1/R_2)^2}{\Delta^2}} \qquad (9.3)$$

$$a = 0,908 \sqrt[3]{\frac{F\Delta}{1/R_1 + 1/R_2}} \qquad (9.4)$$

Para uma esfera e uma placa plana, R_2 é infinito; para uma esfera e um encaixe esférico, R_2 é negativo.

Para dois cilindros paralelos,

$$p_0 = 0,564 \sqrt{\frac{F(1/R_1 + 1/R_2)}{L\Delta}} \qquad (9.5)$$

$$b = 1,13 \sqrt{\frac{F\Delta}{L(1/R_1 + 1/R_2)}} \qquad (9.6)$$

Para um cilindro e uma placa plana, R_2 é infinito; para um cilindro e um encaixe cilíndrico, R_2 é negativo.

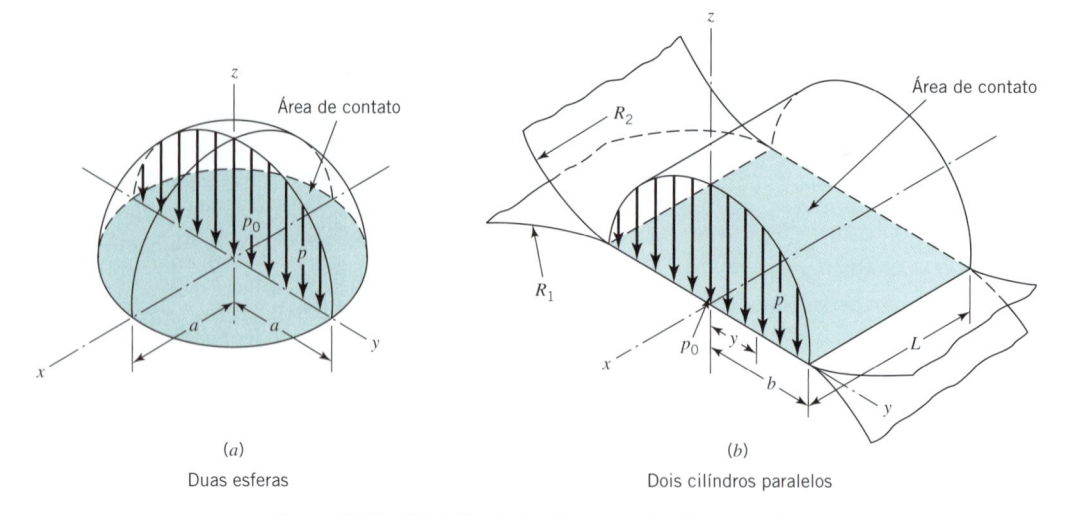

(a)
Duas esferas

(b)
Dois cilíndros paralelos

Figura 9.14 **Distribuição da pressão de contato.**

Para outros casos de duas superfícies curvas prensadas uma contra a outra (como uma roda rolando sobre um trilho), veja as referências [6], [7], [11] e [12].

O valor da pressão de contato p_0 é, naturalmente, também o valor da *tensão compressiva superficial*, σ_z, atuante sobre o eixo de carga. A análise original das tensões de contato elásticas foi publicada em 1881 pelo alemão Heinrich Hertz, aos 24 anos de idade. Em sua homenagem, as tensões atuantes nas superfícies de contato de corpos curvos sob compressão são chamadas de *tensões de contato de Hertz*.

A dedução das Eqs. 9.2 até 9.6 admite que (1) o contato é livre de atrito; (2) os corpos em contato são elásticos, isotrópicos, homogêneos e lisos; e (3) os raios de curvatura R_1 e R_2

são muito grandes em comparação com as dimensões do contorno da superfície de contato.

A Figura 9.15 mostra como a tensão compressiva direta σ_z diminui abaixo da superfície. Também mostra os valores de σ_x e σ_y correspondentes. Essas tensões compressivas são uma consequência do coeficiente de Poisson — o material ao longo do eixo da carga, que é comprimido na direção z, tende a se expandir nas direções x e y. Todavia, o material nas vizinhanças não quer se mover para se acomodar a esta expansão, daí as tensões compressivas nas direções x e y. Devido à simetria do carregamento, pode ser mostrado que as tensões nas direções x, y e z, mostradas graficamente na Figura 9.15, são tensões *principais*. A Figura 9.16 mostra um círculo de Mohr para as tensões atu-

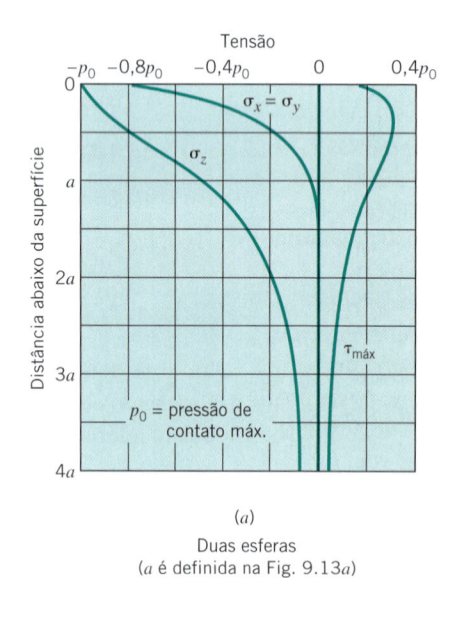

(a)
Duas esferas
(a é definida na Fig. 9.13a)

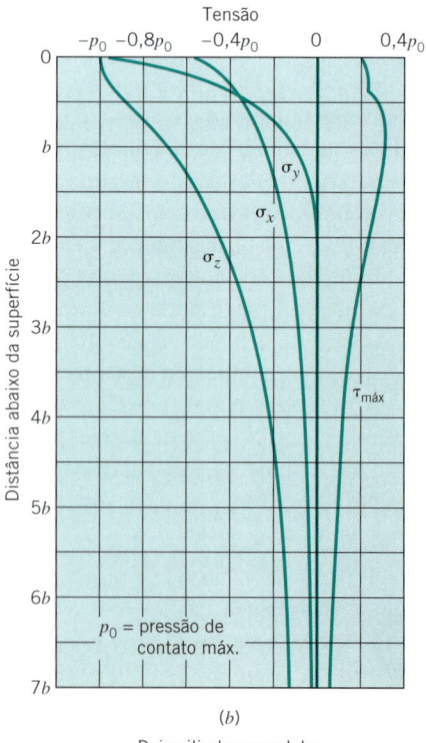

(b)
Dois cilíndros paralelos
(b é definido na Fig. 9.13b)

Figura 9.15 **Tensões elásticas abaixo da superfície, ao longo do eixo de carga** (o eixo z; $x = 0$, $y = 0$; para $v = 0,3$).

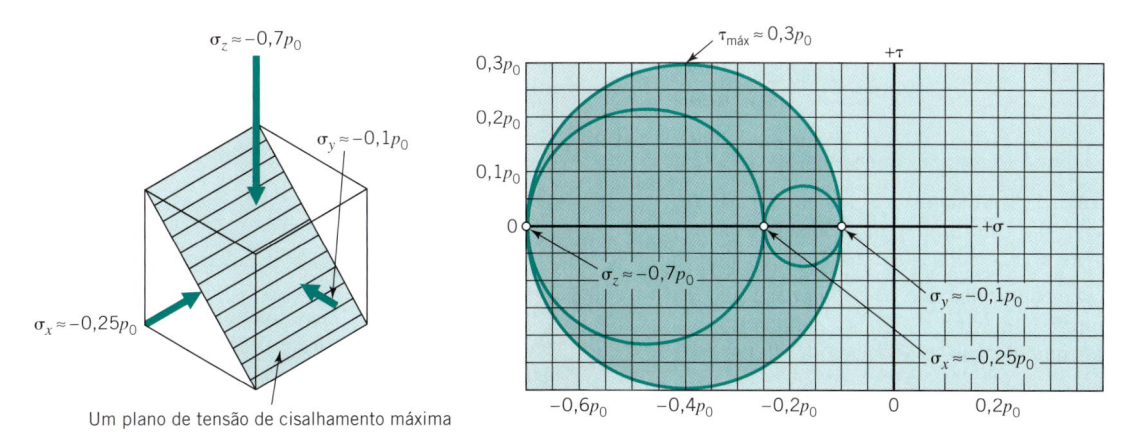

FIGURA 9.16 Representação de um elemento nas direções principais e do círculo de Mohr, para dois cilindros no eixo de carga, para uma distância b abaixo da superfície.

antes nos pontos sobre o eixo da carga a uma profundidade b abaixo da superfície para os dois cilindros paralelos. Note que o valor da tensão cisalhante máxima, $\tau_{máx}$, na Figura 9.16, está de acordo com o valor indicado na Figura 9.15b. Outros valores de $\tau_{máx}$ indicados nas Figuras 9.15a e b podem ser verificados da mesma forma.

Todas as tensões consideradas anteriormente nessa seção existem ao longo do eixo da carga. A Figura 9.17 mostra uma importante tensão cisalhante que ocorre abaixo da superfície e *deslocada* do eixo da carga. Observe que se os cilindros girarem juntos nos sentidos indicados, qualquer ponto abaixo da superfície estará sob a ação das tensões mostradas primeiramente em A e, em seguida, em B. Essa é uma tensão cisalhante *completamente alternada*, e acredita-se que seja muito significativa em relação a iniciação de trinca de fadiga subsuperficial. Essa tensão é máxima nos pontos abaixo da superfície a uma distância aproximada de 0,5b (a distância b é definida na Figura 9.14b). Como um ponto a esta profundidade atravessa a zona de contato, os valores máximos dessa tensão cisalhante são atingidos a uma distância de aproximadamente b de ambos os lados do eixo da carga.

A maioria dos elementos rolantes — dentes de engrenagens em contato, um came e um seguidor, e até certo ponto nos elementos rolantes nos rolamentos de esferas e de roletes — também tendem a *deslizar*, mesmo que apenas ligeiramente. As forças de atrito resultantes produzem tensões tangenciais (normais e cisalhantes), que são superpostas com as tensões causadas pelo carregamento normal. Essas tensões tangenciais estão ilustradas na Figura 9.18. Como qualquer ponto dado sobre a superfície, que rola pela zona de contato, as tensões tangenciais de cisalhamento variam de zero-máximo-zero, enquanto as tensões normais variam de zero-tração-compressão-zero. A presença de uma tensão de tração superficial é sem dúvida importante na propagação de trincas de fadiga superficiais.

Conclui-se esta seção com um resumo dos aspectos mais importantes das tensões associadas às superfícies curvas em contato. Inicialmente, as pressões de contato máximas e as áreas "achatadas" de contato, são obtidas pelas equações clássicas de Heinrich Hertz. Abaixo da superfície e sobre o eixo de carga atua uma importante tensão cisalhante associada à

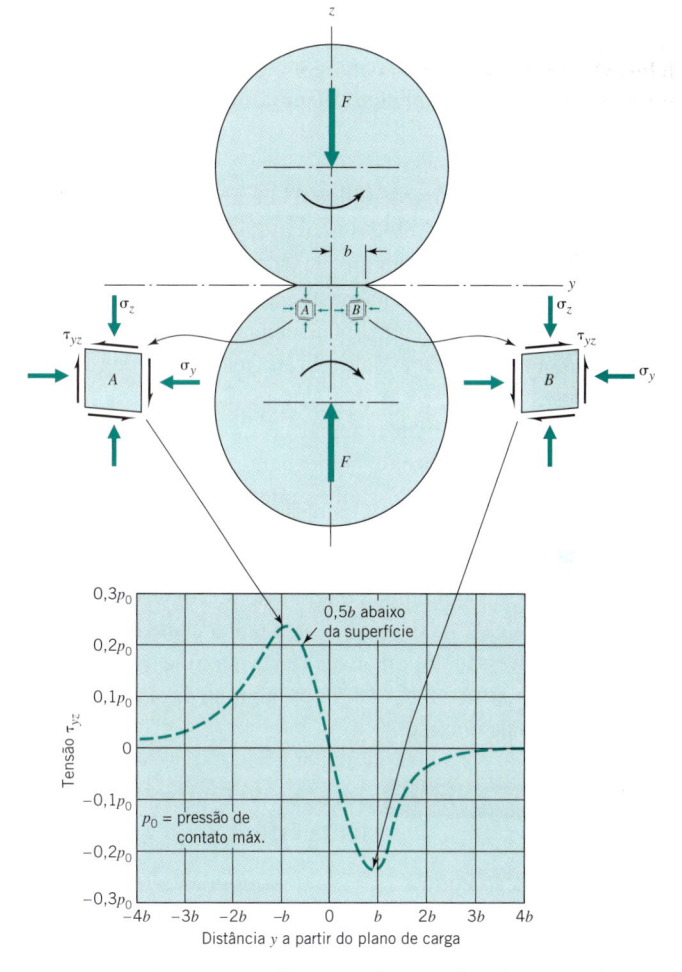

FIGURA 9.17 Tensão cisalhante subsuperficial que se alterna quando rolando através da zona de contato. Os valores são representados graficamente para uma profundidade de 0,5b abaixo da superfície, e $v = 0,3$. Os dois cilindros paralelos estão carregados normalmente. (Nota: τ_{yz} apresenta seu valor máximo a uma profundidade de 0,5b abaixo da superfície.) [Extraído da referência J. O. Smith e Chang Keng Liu, "Stresses Due to Tangential and Normal Loads on an Elastic Solid with Application to Some Contact Stress Problems", *J. Appl. Mech.* (Março de 1953), ASME.]

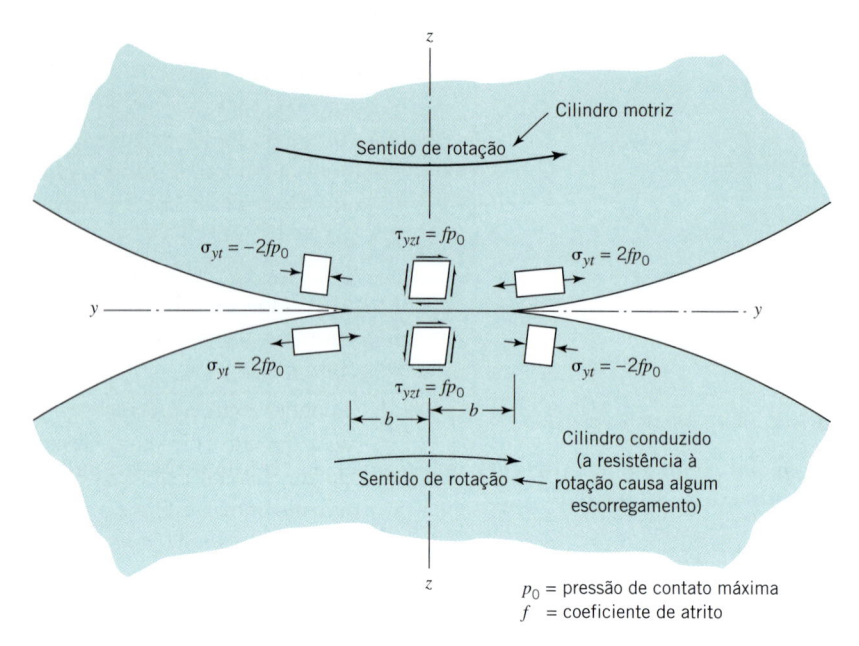

FIGURA 9.18 Tensões tangenciais (normal e cisalhante), causadas pelo deslizamento com atrito entre dois cilindros paralelos. Os valores máximos ocorrem na superfície, nos locais indicados. Nota: O subscrito t indica que a tensão é devida a um carregamento tangencial (de atrito).

expansão do "coeficiente de Poisson", do material comprimido ($\tau_{máx}$ nas Figuras 9.15 e 9.16). Abaixo da superfície e de cada lado do eixo da carga, atua uma tensão cisalhante τ_{xy} (Figura 9.17). Essa tensão é particularmente importante em componentes rolantes porque seu *sentido é invertido* na medida que qualquer ponto abaixo da superfície rola através da zona de contato. Algum deslizamento geralmente acompanha a rolagem, e causa tanto uma tensão cisalhante tangencial superficial quanto uma tensão tangencial alternada superficial (Figura 9.18). Dois outros fatores muito importantes que afetam as tensões na região de contato são (1) aquecimento e expansão térmica, altamente localizados, causados pelo atrito de deslizamento, e (2) a distribuição hidrodinâmica da pressão do filme de óleo que normalmente existe na região de contato. Por causa destes muitos fatores, a pressão de contato de Hertz máxima (p_0 na Figura 9.14) não é *por si só um indicador* muito bom da severidade do carregamento de contato.

PROBLEMA RESOLVIDO 9.3 — Tensões de Contato em uma Junta Esférica

A junta esférica (Figura 9.19a) na extremidade de um braço oscilante possui uma superfície esférica de aço temperado com 10 mm de diâmetro e é ajustada a um assento esférico de um mancal de liga de bronze duro com 10,1 mm de diâmetro. Qual é a tensão de contato máxima que resultará de uma carga aplicada de 2000 N?

SOLUÇÃO

CONHECIDO: Uma esfera de aço temperado de diâmetro conhecido exerce uma carga conhecida contra um assento esférico de liga de bronze duro com de diâmetro conhecido.

A Ser Determinado: Determine a tensão de contato máxima.

Esquemas e Dados Fornecidos:

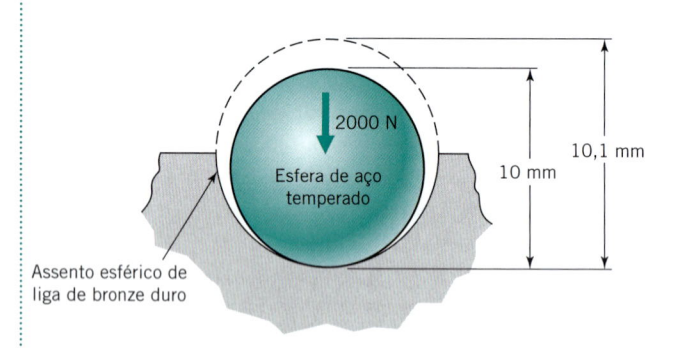

FIGURA 9.19a Junta esférica do Problema Resolvido 9.3.

Hipóteses:

1. As superfícies dos corpos não possuem atrito.
2. Os corpos são isotrópicos e homogêneos.
3. As superfícies são lisas e contínuas.
4. Os raios de curvatura R_1 e R_2 são grandes em comparação às dimensões das áreas de contato.
5. A resistência ao escoamento por compressão do material mais fraco não é excedida.

Análise:

1. Seja o corpo 1 a esfera de aço:

$$R_1 = 5 \text{ mm}$$
$$E_1 = 207 \text{ GPa} \quad \text{(Apêndice C-1)}$$
$$v_1 = 0,30 \quad \text{(Apêndice C-1)}$$

2. Seja o corpo 2 o assento de bronze:

$$R_2 = -5{,}05 \text{ mm}$$
$$E_2 = 110 \text{ Gpa} \quad (\text{Apêndice C-1})$$
$$v_2 = 0{,}33 \quad (\text{Apêndice C-1})$$

3. Pela Eq. 9.2

$$\Delta = \frac{1 - v_1^2}{E_1} + \frac{1 - v_2^2}{E_2} = \frac{1 - (0{,}3)^2}{207 \times 10^9} + \frac{1 - (0{,}33)^2}{110 \times 10^9}$$
$$= 1{,}250 \times 10^{-11} \text{ m}^2/\text{N}$$

4. Pela Eq. 9.3, a pressão de contato máxima é

$$p_0 = 0{,}578 \sqrt[3]{\frac{F(1/R_1 + 1/R_2)^2}{\Delta^2}}$$
$$= 0{,}578 \sqrt[3]{\frac{2000(1/0{,}005 + 1/-0{,}00505)^2}{(1{,}25 \times 10^{-11})^2}} = 213 \text{ MPa}$$

Comentários:

1. Para maior parte das ligas de bronze duro, 213 MPa estaria abaixo da resistência ao escoamento.

2. Para este problema, se $R_1 = R_2$, o contato seria altamente conformado (não um contato pontual), e a teoria de Hertz não seria aplicável.

3. O efeito do raio da esfera, R_1, e do módulo de elasticidade da esfera, E_1, pode ser analisado calculando-se e representando-se graficamente a tensão de contato máxima para valores do módulo de elasticidade E_1 do cobre, do ferro fundido e do aço para uma faixa de $R_1 = 5{,}00$ até 5,04 mm. Conforme esperado, para a esfera de aço carregada contra o assento esférico de liga de bronze duro, a pressão máxima de contato entre a esfera e o assento é a maior para todos os valores de R_1. Observa-se, também, que quando o raio R_1 da esfera aumenta, a pressão de contato diminui.

4. O contato entre a esfera e o assento se torna mais conformado quando a dimensão da esfera se aproxima da dimensão do assento esférico. Quando o ângulo de contato máximo entre a esfera e o assento é maior que cerca de 15 graus, a análise de contato de Hertz para resolver o problema de contato fornecerá um pequeno valor para a pressão de contato máxima. A principal hipótese no desenvolvimento das equações de Hertz é que as dimensões da área de contato sejam pequenas quando comparadas aos raios de curvatura das superfícies em contato.

5. Para uma esfera de aço em contato com uma *esfera* de bronze ($R_1 = 5$ mm e $R_2 = 5{,}05$ mm), $p_0 = 7315$ MPa. Evidentemente, ocorreria um escoamento localizado no ponto de contato da esfera de bronze.

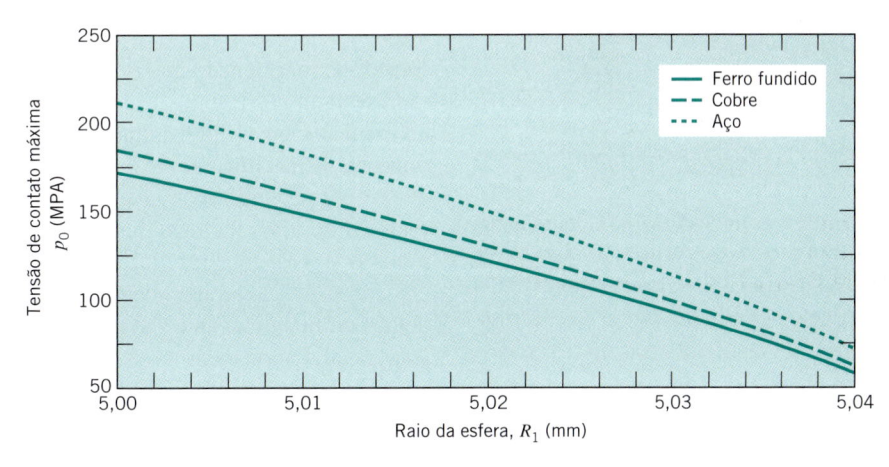

FIGURA 9.19b **Tensão de contato *versus* raio da esfera para três diferentes materiais da esfera.**

9.14 Falhas por Fadiga Superficial

As falhas por fadiga superficial são uma consequência da aplicação repetida das cargas que produzem tensões nas superfícies de contato e abaixo delas, conforme descrito na seção anterior. As trincas iniciadas por essas tensões se propagam até os pequenos pedaços da superfície do material se separarem, produzindo a *formação de pites* ou o *lascamento*. A *formação de pites* se origina de trincas superficiais, e cada pite tem uma área superficial relativamente pequena. O *lascamento* se origina de trincas subsuperficiais, e as lascas se caracterizam por "flocos" finos da superfície do material. Esses tipos de falha ocorrem comumente nos dentes de engrenagens, nos rolamentos de esferas e de roletes, nos cames e seguidores e nas rodas metálicas sobre trilhos. Exemplos típicos são ilustrados na Figura 9.20.

A Figura 9.21 mostra curvas *S–N* típicas baseadas no cálculo das tensões elásticas de Hertz (p_0 na Figura 9.14). Observe que o grau de deslizamento geralmente aumenta a partir dos roletes paralelos (que não transmitem torque), representados pela linha superior, para os dentes das engrenagens cilíndricas de dentes retos, representadas pela linha inferior.

A tendência das superfícies em falhar por fadiga pode, obviamente, ser reduzida pela redução das cargas e pela diminuição do deslizamento. Uma melhor lubrificação auxilia, no mínimo,

(a)

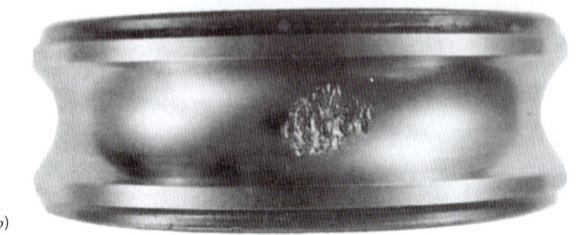

(b)

FIGURA 9.20 **Falhas por fadiga superficial. (a, Cortesia da American Gear Manufacturers Association. b, Cortesia do New Departure-Hyatt Bearing Division, General Motors Corporation.)**

de três formas: (1) atrito menor reduz a tensão cisalhante tangencial superficial e também a tensão trativa mostrada na Figura 9.18; (2) atrito menor, aliado ao aumento da transferência de calor, reduz as tensões térmicas; e (3) a presença de um bom filme lubrificante geralmente propicia uma distribuição mais favorável da pressão sobre a área de contato.

Em geral, o aumento da dureza da superfície aumenta a resistência à fadiga superficial. Entretanto, o associado aumento de resistência reduz a habilidade das minúsculas imperfeições da superfície de se ajustarem pelo desgaste ou pelo escoamento da superfície e, portanto, a redução das pressões de contato localizadas. Essa é parte da justificativa racional por trás da prática comum de se fabricar uma de um par de engrenagens muito dura, com a outra relativamente mais macia para permitir uma "acomodação" das superfícies.

A precisão geométrica de uma superfície e sua extremamente lisura são altamente benéficas. Exceções ocorrem quando deslizamento significativo está presente. Nesses casos, a porosidade da superfície, ou um padrão de minúsculas depressões em uma das superfícies em contato, pode auxiliar formando pequenos reservatórios para a conservação de lubrificante.

As *tensões residuais compressivas* nas superfícies de contato aumentam a resistência contra falhas por fadiga superficial. Isto é o que deve ser esperado e segue o padrão geral deste tipo de tensões, tornando menos provável a falha por fadiga e o dano superficial.

9.15 Considerações Finais

Conforme mencionado anteriormente, a corrosão e o desgaste representam, nos Estados Unidos, um custo anual estimado de aproximadamente US$90 bilhões (1978). Além disso, mais componentes de máquinas se *desgastam* do que quebram. A redução dessa enorme carga econômica e ecológica representa um dos maiores desafios da engenharia moderna. A solução parece requerer (1) projetos que reduzam o dano superficial tanto quanto possível e (2) que proporcionem a fácil substituição de componentes de máquinas que são mais vulneráveis à deterioração superficial. Quase todas as pessoas já se depararam com situações nas quais uma máquina (como uma máquina de lavar roupas ou uma geladeira) foi jogada fora porque era muito cara a substituição de um ou dois componentes desgastados.

Pode-se rever, brevemente, três aspectos-chave em relação às superfícies dos componentes de máquinas.

1. A *lisura* é importante para a resistência à fadiga (lembre-se do fator de acabamento superficial C_S da Figura 8.13), para a resistência ao desgaste e, até certo ponto, para a resistência à corrosão.

2. A *dureza* atua no sentido de aumentar a resistência à fadiga (como em um aço, em que a resistência S'_n, em ksi, é de aproximadamente $250 \times H_B$), para propiciar resistência ao desgaste e evitar um dano por cavitação.

3. A *tensão residual superficial* é importante, as tensões residuais compressivas aumentam a resistência à fadiga, aumentam a resistência ao trincamento por corrosão sob tensão, à corrosão sob fadiga e à fadiga superficial (pelas tensões de contato), e diminuem o dano à corrosão por fretagem.

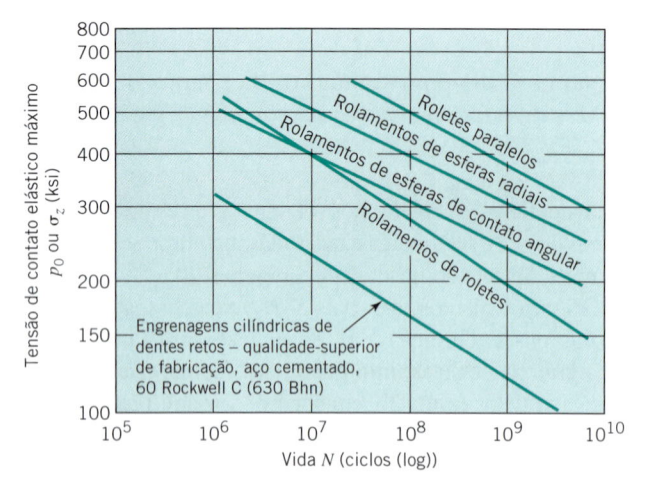

FIGURA 9.21 Curvas *S–N* médias para tensões de contato em roletes, rolamentos e engrenagens cilíndricas de dentes retos para 10 % de probabilidade de falha [7].

Um conceito importante no projeto moderno de muitos componentes de máquinas é a *escolha de diferentes materiais para a parte interna e para a superfície.* Se o material mais apropriado para a parte interna do componente não atender aos requisitos da superfície, um segundo material pode, muitas vezes, ser aplicado à superfície. Por exemplo, os componentes de aço podem ser revestidos (através de um processo de eletrogalvanização, revestimento mecânico, banho a quente, cladeamento, plasma *spray* etc.) com zinco, cádmio, cromo, níquel ou outros metais para propiciar a resistência à corrosão desejada. Os componentes metálicos macios, ou mesmo componentes plásticos, podem ser revestidos com superfícies metálicas duras e brilhantes para obter resistência à abrasão e aparência. Para durezas extremas, carbonetos de tungstênio e outros metais podem ser comercialmente aplicados através de plasma spray e outros processos. Para as aplicações que requerem um baixo atrito e desgaste, os revestimentos que incorporam fluoroplásticos (como o Teflon) são comumente aplicados. Outros revestimentos plásticos são utilizados para aplicações que requerem um *alto* coeficiente de atrito (como para freios, embreagens e correias). Os componentes cujas superfícies ficam sujeitas a calor extremo podem ser revestidos com ligas especiais resistentes a altas temperaturas ou materiais cerâmicos. Algumas vezes o revestimento desejado pode ser incorporado a tintas, como as tintas resistentes à corrosão com pigmentos de zinco em pó; ou revestimentos resistentes ao desgaste, consistindo em pequenas partículas de alumina e cerâmica em resina epóxi, podem ser usados. Assim está se tornando cada vez mais viável evitar os sérios comprometimentos associados à fabricação de componentes a partir de um único material.

Aspectos ecológicos e de saúde devem ser levados em conta no processo de escolha do material de revestimento e no processo de revestimento. Por exemplo, a presença de cádmio no corpo humano pode causar sérios danos. A galvanização por cádmio de componentes de aço tem sido adotado extensivamente para propiciar uma melhor resistência à corrosão. (Mais de 1500 toneladas foram utilizadas com esse objetivo nos Estados Unidos em 1978, de acordo com o U.S. Bureau of Mines.) Grandes quantidades de fluidos usados com alta concentração de cádmio são um subproduto da eletrogalvanização por cádmio. Eliminar esse resíduo sem poluir a água ou o solo é um problema. O desenvolvimento de processos seguros (e econômicos) para o revestimento com cádmio representa, assim, um importante desafio científico e de engenharia.

Referências

1. Bennett, L. H., *Economics Effects of Metallic Corrosion in the U.S.*, a Report to Congress, National Bureau of Standards, March, 1978.

2. Cocks, F. H. (ed.), *Manual of Industrial Corrosion Standards and Control*, American Society for Testing and Materials, Philadelphia, 1973.

3. Collangelo, V. J., and F. A. Heiser, *Analysis of Metallurgical Failures*, 2nd ed., Wiley, New York, 1987.

4. Fontana, M. G., and N. D. Greene, *Corrosion Engineering*, 3rd ed., McGraw-Hill, New York, 1986.

5. Horger, O. J. (ed.), *ASME Handbook: Metals Engineering-Design*, 2nd ed., McGraw-Hill, New York, 1965. (a) Part 3, Sec. 1.1, "Mechanical Factors Influencing Corrosion" by H. R. Copson, (b) Part 3, Sec. 1.2, "Fretting Corrosion and Fatigue." by G. Sachs and O. J. Horger.

6. Juvinall, R. C., *Engineering Considerations of Stress, Strain and Strength*, McGraw-Hill, New York, 1967.

7. Lipson, C., and R. C. Juvinall, *Handbook of Stress and Strength*, Macmillan, New York, 1963.

8. Lipson, C., *Wear Considerations in Design*, Prentice-Hall, Englewood Cliffs, N.J., 1967.

9. McAdam, D. J. Jr., "Corrosion Fatigue of Metals as Affected by Chemical Composition, Heat Treatment and Cold Working," *Trans. ASTM*, **11** (1927).

10. Peterson, M. B., and W. O. Winer (ed.), *Wear Control Handbook*, The American Society of Mechanical Engineers, New York, 1980, ASME.

11. Roark, R. J., and W. C. Young, *Formulas for Stress and Strain*, 5th ed., McGraw-Hill, New York, 1975.

12. Timoshenko, S., and J. N. Goodier, *Theory of Elasticity*, 3rd ed., McGraw-Hill, New York, 1970.

13. Uhlig, H. H., and R. W. Revie, *Corrosion and Corrosion Control: An Introduction to Corrosion Science and Engineering*, 4th ed., Wiley, New Jersey, 2008.

14. Van Vlack, L. H., *Elements of Materials, Science and Engineering*, 6th ed., Addison-Wesley, Reading, Mass., 1989.

15. Rabinowicz, E., *Friction and Wear of Materials*, 2nd ed., Wiley, New York, 1996.

16. Marshek, K. M., and H. H. Chen, "Discretization Pressure-Wear Theory for Bodies in Sliding Contact," *Journal of Tribology*, Vol. 111, pp. 95-100, 1989.

17. Maxian, T. A., T. D. Brown, D. R. Pedersen, and J. J. Callaghan, "A Sliding-Distance-Coupled Finite Element Formulation for Polyethylene Wear in Total Hip Arthroplasty," *Journal of Biomechanics*, Vol. 29, pp. 687-692, May, 1996.

18. Burr, B. H., and K. M. Marshek, "O-Ring Wear Test Machine," *Wear*, Vol. 68, pp. 21-32, April 1981.

19. Burr, B. H., and K. M. Marshek, "An Equation for the Abrasive Wear of Elastomeric O-Ring Materials," *Wear*, Vol. 81, pp. 347-356, October 1982.

Problemas

Seções 9.2-9.4

9.1 Em 1824, Sir Humphry Davy sugeriu proteger o revestimento de cobre do navio *HMS Samarang* utilizando anodos de ferro. Explique se isto seria efetivo?

9.2 Placas de alumínio são unidas firmemente entre si com rebites de latão. As placas de alumínio possuem uma área total exposta de 1,5 ft² (0,14 m²), e os rebites possuem uma área total exposta de 2,5 in² (1,6 · 10⁻³ m²). O ambiente é composto de umidade e alguma salinidade.

(a) Qual metal irá se corroer?

(b) Se for utilizado o dobro da quantidade de rebites, que efeito isto terá na taxa total de corrosão?

9.3 Placas metálicas quadradas com uma área total exposta de 10,75 ft² (1 m²) são firmemente unidas entre si com rebites cuja área total exposta é de 15,5 in² (0,01 m²). O ambiente é composto por umidade e alguma salinidade. Considere dois casos: (1) placas de ferro com rebites de liga níquel-cobre e (2) placas de liga níquel-cobre com rebites de ferro.

(a) Para cada caso, qual o metal que será corroído?

(b) Como as taxas de corrosão podem ser comparadas nos dois casos?

(c) Se fosse utilizada a metade da quantidade de rebites, que influência isso teria na taxa total de corrosão?

9.4 Uma chapa de chumbo é rebitada com fixadores especiais de bronze. A área total exposta da chapa é 100 vezes maior que a dos fixadores. O conjunto é exposto ao ambiente marinho.

(a) Qual o metal será corroído?

(b) Se fosse utilizada a metade da quantidade de fixadores, que influência isto teria na taxa total de corrosão?

(c) Como a corrosão poderia ser reduzida?

9.5 Chapas metálicas de aço galvanizado são firmemente unidas por rebites de cobre. A chapa de aço galvanizado possui uma área de 1,2 ft² (0,1 m²), e os rebites possuem uma área total exposta de 2 in² (0,001 m²). O ambiente contém umidade e alguma salinidade.

(a) Qual o metal que irá se corroer?

(b) Se for utilizada a metade da quantidade de rebites, que efeito isto terá na taxa total de corrosão?

(c) Como a corrosão poderia ser reduzida?

9.6D Acesse o endereço da Internet www.corrosion-doctors.org, e, na seção "Information Modules" selecione "Corrosion by Environments". Escolha um dos tópicos listados e faça um resumo das informações ali contidas. Inclua, quando possível, os custos, os tipos de materiais afetados, o tipo de corrosão que pode ser esperado e como deter os efeitos da corrosão.

9.7D Reveja o endereço da Internet http://www.corrosionsource.com. (a) Quais os tipos de fenômenos de corrosão que podem ser identificados por observação visual? (b) Que métodos de controle de corrosão são sugeridos?

9.8 Uma montagem é constituída de placas circulares de aço inoxidável AISI 301, com uma área total exposta de 1,5 m², são aparafusadas entre si através de parafusos de cabeça de aço galvanizados por cromo, com área total exposta é de 110 cm². O ambiente contém umidade e a possibilidade de alguma salinidade (veja a Figura P9.8).

(a) Qual metal irá se corroer?

(b) Se for utilizada a metade da quantidade de parafusos, que influência isto terá na taxa total de corrosão?

(c) Como a corrosão poderia ser reduzida?

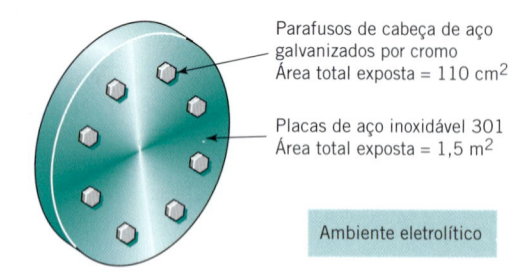

Parafusos de cabeça de aço galvanizados por cromo
Área total exposta = 110 cm²

Placas de aço inoxidável 301
Área total exposta = 1,5 m²

Ambiente eletrolítico

FIGURA P9.8

9.9 Repita o Problema 9.8, desta vez utilizando parafusos de cabeça de titânio.

9.10 Placas metálicas com uma área total exposta de 1 m² são firmemente unidas através de rebites cuja área total exposta é de 100 cm². O ambiente é úmido e possivelmente contém alguma salinidade. Considere dois casos: (1) placas de aço com rebites de cobre e (2) placas de cobre com rebites de aço.

(a) Para cada caso, qual dos metais sofrerá a ação da corrosão?

(b) Como as taxas de corrosão nos dois casos podem ser comparadas?

(c) Se fosse utilizado o dobro da quantidade de rebites, que influência isto teria na taxa total de corrosão?

9.11D Algumas normas de instalações hidráulicas requerem que um isolante elétrico seja utilizado quando um tubo de cobre é conectado a um tubo de aço. Com o auxílio de um esquema simples, explique a razão física por trás desta exigência.

9.12D O cabo de reboque da traseira de uma caminhonete, cuja resistência à ruptura é de 4000 lbf (17,79 kN), é fabricado a partir de arames de aço-carbono na configuração 7 × 19. Para evitar a corrosão, o cabo com 5 mm de diâmetro é galvanizado e revestido com um tubo termo contrátil, resistente ao tempo, fabricado de poliolefina cruzada. As extremidades do cabo de reboque são seladas com epóxi durante a fabricação. Devido à sua geometria e à fixação específica das suas extremidades, o cabo é flexionado e torcido quando o engate da caminhonete é elevado e baixado. A torção e a flexão abrem e fecham as sete pernas do cabo localizado internamente ao tubo de poliolefina. Liste e, em seguida, comente as possíveis razões pelas quais o cabo galvanizado pode sofrer corrosão e se romper após passados poucos anos de seu uso inicial, e descreva o que poderia ser feito para melhorar o projeto (veja a Figura P9.12D).

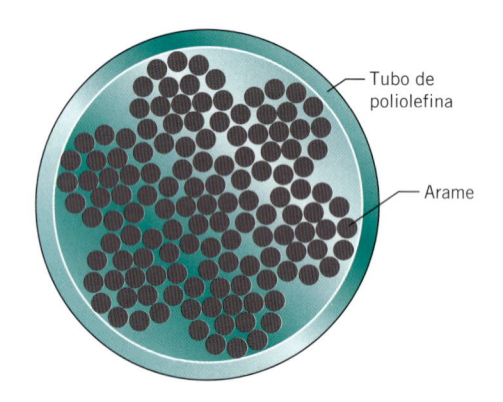

Tubo de poliolefina

Arame

FIGURA P9.12D   Seção transversal do cabo de reboque — sete pernas de 19 arames.

9.13D A corrosão das superfícies de aço internas do cárter de um determinado motor é um problema. Alguém sugeriu a substituição do bujão de aço do dreno de óleo por outro feito de

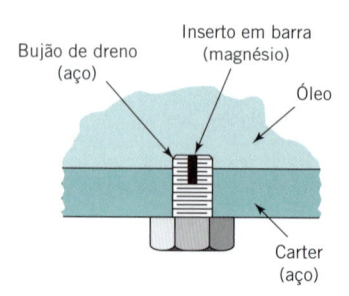

Bujão de dreno (aço)

Inserto em barra (magnésio)

Óleo

Cárter (aço)

FIGURA P9.13D

magnésio. Você recomendou que o bujão de aço fosse mantido, porém que em sua superfície interna fosse inserida uma pequena barra de magnésio (veja a Figura P9.13D). Explique, brevemente, suas razões.

9.14D Faça um projeto detalhado para reduzir a corrosão nos seguintes casos:

(a) corrosão atmosférica em componentes estruturais, cantoneiras, juntas soldadas, tanques de armazenamento;

(b) concentração de células de corrosão em recipientes de líquidos, defletores, tubos e conexões de recipientes de líquidos (por exemplo, aquecedores de água); e

(c) corrosão galvânica em juntas e conexões (rebites, parafusos e porcas) de materiais dissimilares.

9.15D Escreva um relatório intitulado *Mecanismos de Corrosão* tratando das seis causas básicas de corrosão: (1) direta, (2) complexa, (3) galvânica, (4) concentrada, (5) dezincificação e (6) corrosão sob fadiga e corrosão sob tensão. Explique o que pode ser feito para superar ou minimizar o efeito de cada uma.

Seção 9.12

9.16 A Figura P9.16 mostra um pequeno pino pressionado contra um disco rotativo. Descreva como o coeficiente de atrito entre o pino e o disco poderia ser medido. Dê um uso para tal aparato.

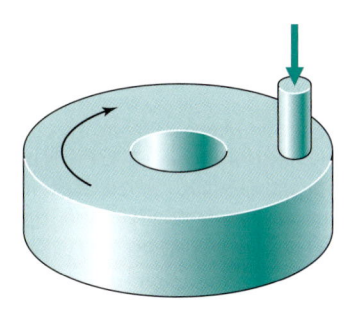

Figura P9.16

9.17 A Figura P9.17 mostra dois cilindros de parede fina onde o cilindro superior, engastado, é pressionado na direção axial contra o cilindro rotativo inferior. Descreva como o torque de atrito e a temperatura do corpo de prova poderia ser medida. Dê um uso para tal aparato.

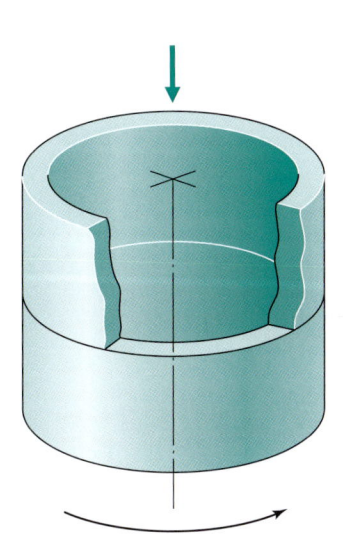

Figura P9.17

9.18 A Figura P9.18 mostra um cilindro rotativo pressionado contra um segundo cilindro rotativo. Os cilindros giram em sentidos contrários, como mostrado. Descreva como tal aparato poderia ser utilizado.

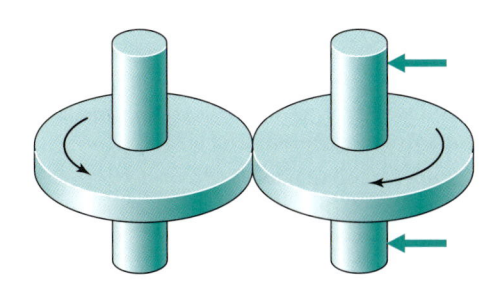

Figura P9.18

9.19 Um mecanismo de trinco apresenta superfícies de aço em contato, com 100 e 300 Bhn, atritando-se para trás e para a frente, ao longo de uma distância de 30 mm, cada vez que o trinco for operado. A lubrificação é questionável (as superfícies supostamente deveriam receber uma gota de óleo a cada poucos meses). A operação do trinco é realizada, em média, 30 vezes por dia, todos os dias (veja a Figura P9.19). Estime o volume de metal que será desgastado do componente de aço mais macio durante um ano de uso se a carga compressiva entre as superfícies for de 100 N.

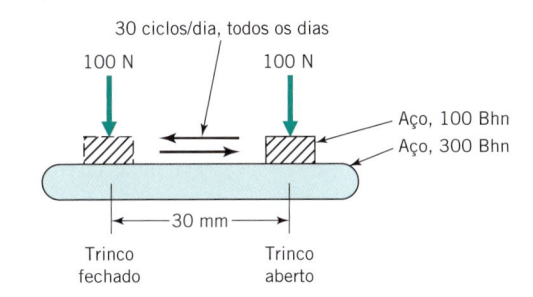

Figura P9.19

9.20 Reconsidere o Problema 9.19, porém utilize uma distância de atrito de 20 mm. Estime o volume de metal que será desgastado para cada uma das superfícies de aço em contato. Todas as demais condições são idênticas às do Problema 9.19.

9.21 Reconsidere o Problema 9.19, porém estime o volume de metal que será desgastado para cada uma das superfícies de aço em contato, ambas de 300 Bhn. Todas as demais condições são idênticas às do Problema 9.19.

9.22 Repita o Problema Resolvido 9.2, desta vez utilizando um disco girante feito de liga de alumínio forjado 2014-T6 com dureza Brinell de 135.

9.23 Repita o Problema Resolvido 9.2, desta vez utilizando um pino feito de liga de alumínio forjado 2011-T3, com dureza Brinell de 95.

9.24 Um componente de aço com 550 Bhn se atrita para trás e para a frente ao longo de uma distância de 3 in (76,2 mm) no interior de um canal de uma barra de ligação de aço com 150 Bhn. A barra de ligação e o componente são os elementos de um mecanismo do tipo tesoura, utilizado para elevar e baixar a janela de um automóvel. As superfícies deslizantes não são lubrificadas. A janela deve operar uma média de 2000 vezes por ano. Estime o volume de metal que será desgastado da barra de ligação de aço mais macia durante um ano, considerando que a carga compressiva entre as superfícies seja de 20 lbf (89 N).

Seções 9.13 e 9.14

9.25 A Figura P4.1 do Capítulo 4 (*Problemas*) mostra uma esfera de 0,5 in (12,7 mm) de diâmetro carregada em compressão por uma força de 4000 lbf (17,8 kN) contra a extremidade esquerda de uma barra, onde a seção transversal é de 1 in (25,4 mm) × 1 in (25,4 mm). As esferas são de aço temperado e a barra de aço tem uma resistência ao escoamento de 50 ksi (345 MPa). Qual é a tensão de contato máxima que resultará da carga de 4000 lbf (17,8 kN)?

9.26 A Figura P4.2 do Capítulo 4 (*Problemas*) mostra uma esfera de 0,25 in (6,35 mm) de diâmetro carregada em compressão por uma força de 1000 lbf (4,45 kN) contra a extremidade esquerda de uma barra, onde a seção transversal é de 1 in (25,4 mm) × 1 in (25,4 mm). As esferas são de aço temperado e a barra de aço tem uma resistência ao escoamento de 50 ksi (345 MPa). Qual é a tensão de contato máxima que resultará da carga de 1000 lbf (4,45 kN)?

9.27 A junta esférica na extremidade de um braço oscilante possui uma superfície esférica de aço temperado de 10 mm de diâmetro ajustada ao assento esférico de um mancal de liga de bronze duro de 10,2 mm de diâmetro. Qual é a tensão máxima de contato resultante da aplicação de uma carga de 2000 N?

9.28D Reconsidere o Problema 9.27, porém calcule e represente graficamente a tensão máxima de contato para cargas na faixa de 1800 N a 2000 N.

9.29 A Figura P9.29 mostra um mecanismo de Geneva de indexação utilizado, por exemplo, em cabeçotes divisores de máquinas ferramentas. Cada vez em que o braço motor realiza uma volta, a roda de Geneva (para o projeto ilustrado com quatro ranhuras) gira de 90°. O braço suporta um pino cilíndrico rolante de aço temperado que se ajusta às ranhuras da roda de Geneva. O pino deve ter o mesmo comprimento e diâmetro. A roda é fabricada de uma liga de ferro fundido tratada termicamente ($E = 140$ GPa, $v = 0,25$). Para uma tensão de contato de projeto de 700 MPa, determine o menor diâmetro aceitável para o pino se o torque aplicado de sobrecarga ao braço (torque normal multiplicado pelo fator de segurança), for de 60 N · m.

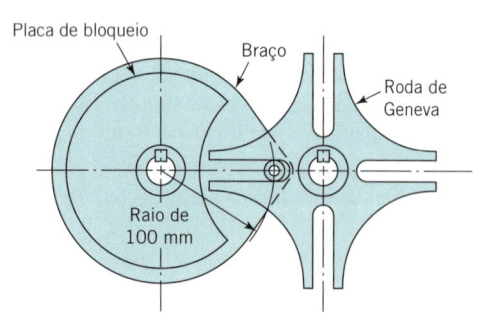

FIGURA P9.29

9.30 Duas engrenagens cilíndricas de dentes retos de aço em contato possuem uma largura de 20 mm, e o perfil de dentes com raio de curvatura na linha de contato de 10 e 15 mm. Uma força de 250 N é transmitida entre elas.

   (a) Calcule a pressão máxima de contato e o comprimento de contato.

   (b) A que profundidade, abaixo da superfície, ocorre a tensão cisalhante máxima e qual é o seu valor?

   [Resp.: (a) 275 MPa, 0,058 mm; (b) 0,023 mm, 83 MPa]

9.31 Repita o Problema 9.30 utilizando um pinhão de aço e uma engrenagem de ferro fundido.

9.32 Em um driver de tração, um rolo cilíndrico de tração, de 1,0 in (25,4 mm) de diâmetro, é pré-carregado contra um rolo cilíndrico de 3,0 in (76,2 mm) de diâmetro. Os rolos de aço possuem uma largura de 1,0 in (25,4 mm), e a pré-carga é de 50 lbf (222 N). Os eixos dos cilindros são paralelos. Calcule a pressão máxima de contato e a largura de contato. Determine, também, o valor máximo da tensão cisalhante subsuperficial.

9.33 Potência é transmitida entre dois rolos de aço pressionados um contra o outro, conforme mostrado na Figura 9.17. O carregamento é tal que a pressão de contato máxima é de 2 GPa e a largura de contato é de 1 mm. Ocorre um ligeiro deslizamento, e o coeficiente de atrito é estimado em 0,3.

   (a) Qual é a tensão cisalhante máxima completamente alternada, τ_{yx}, e a que distância, de ambos os lados da linha de carga, esta ocorre?

   (b) Qual é o valor da tensão de tração máxima alternada desenvolvida na superfície?

   (c) Qual é o valor da tensão cisalhante máxima desenvolvida na superfície?

   (d) Explique, brevemente, os tipos de deterioração superficial que podem ocorrer.

   [Resp.: (a) 0,46 GPa, 0,45 mm; (b) 1,2 GPa; (c) 0,6 GPa]

9.34 Um rolo de aço de 15 mm de diâmetro, com comprimento de 20 mm, está sujeito a uma carga de 150 N por milímetro axial, quando gira sobre a superfície interna de um anel de aço com diâmetro interno de 75 mm. Determine o valor da pressão de contato máxima e a largura da zona de contato.

9.35 Um rolo cilíndrico com 25 mm de diâmetro é pré-carregado contra um rolo cilíndrico de 75 mm de diâmetro na condição de elemento motriz. Os rolos de aço têm uma largura de 25 mm, e a força de pré-carga é de 200 N. Os eixos dos cilindros são paralelos. Calcule a pressão máxima de contato, a largura e a área de contato. Determine, também, o valor da tensão de cisalhamento máxima subsuperfícial (veja a Figura P9.35).

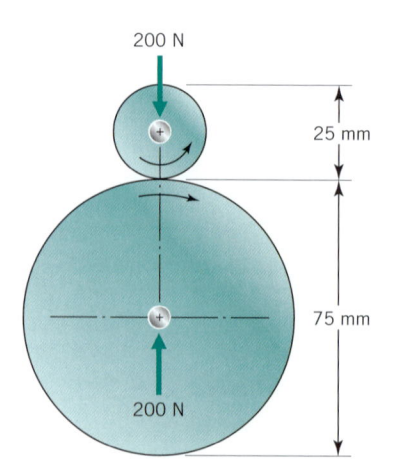

FIGURA P9.35

Aplicações

Elementos de Fixação Roscados e Parafusos de Potência

10.1 Introdução

Uma pessoa leiga provavelmente considera os elementos de fixação roscados (parafusos e porcas) como os componentes mais comuns e desinteressantes de todos os elementos de máquinas. Analisando mais profundamente, o engenheiro percebe que estes componentes aparentemente simples existem em uma surpreendente variedade e com detalhes de projeto que representam notáveis capacidades inventivas. As implicações econômicas do projeto de elementos de fixação, tanto roscados quanto não roscados, tais como rebites são imensas. Por exemplo, a fuselagem de um grande avião a jato possui aproximadamente $2,4 \times 10^6$ elementos de fixação, com um custo aproximado de US\$750.000, em valores de 1978. As implicações associadas à segurança dos elementos de fixação utilizados em muitas máquinas — particularmente nos veículos de transporte de pessoas — são óbvias. As considerações sobre a corrosão são geralmente críticas, em virtude das diferenças dos materiais utilizados nos elementos de fixação e nos elementos a serem fixados, o que dá origem à células de potencial galvânico. Muitos elementos de fixação devem ser projetados para montagens e de baixo custo (muitas vezes automatizados). A facilidade de desmontagem também é, em geral, muito importante, e a manutenção e a substituição de componentes devem ser consideradas. Por outro lado, a *dificuldade* de desmontagem é, algumas vezes, importante para resistir ao vandalismo. Como requisito adicional, a facilidade de desmontagem para o descarte e a reciclagem de componentes e materiais tem-se tornado cada vez mais importante. (Tem sido sugerido, de forma jocosa, que os elementos de fixação utilizados na indústria automotiva devem suportar, com segurança, todas as cargas operacionais e de impacto relacionadas à segurança. Todavia,

devem ser projetados de modo que na condição da queda do veículo de uma altura de poucos metros, todos esses elementos de fixação devem falhar, permitindo a pilha de componentes ser facilmente classificada para a reciclagem!)

Em resumo, o problema da concepção de parafusos (e outros elementos de fixação) que sejam mais leves, de fabricação *e uso* mais baratos, menos susceptíveis à corrosão e que não se soltem quando em presença de vibrações, se apresenta como um grande desafio ao engenheiro que trabalha neste campo. Além disso, quase *todos* os engenheiros estão envolvidos com a seleção e com o uso de elementos de fixação e, portanto, precisam ser conhecedores das opções disponíveis e dos fatores que norteiam sua seleção e uso.

Os parafusos de potência com diversas configurações são também comumente encontrados em componentes de máquinas. A engenharia envolvida em seu projeto tem muito em comum com a engenharia e o projeto dos elementos de fixação roscados.

10.2 Formatos, Terminologia e Padrões de Roscas

A Figura 10.1 ilustra o arranjo básico de uma rosca helicoidal em torno de um cilindro, como as utilizadas nos elementos de fixação roscados, nos parafusos de potência e nos parafusos sem-fim (o tipo de elemento que é utilizado nos conjuntos de sem-fim e coroa — veja o Capítulo 16). O passo, o avanço, o ângulo de avanço e o sentido da rosca são definidos pela ilustração. Virtualmente, todos os parafusos possuem uma única entrada, porém os parafusos sem-fim e os parafusos de potência algumas vezes possuem roscas com duas, três e mesmo quatro entra-

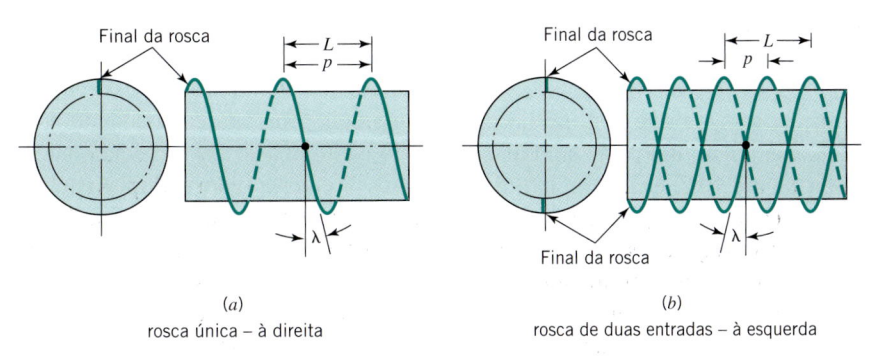

(a)
rosca única – à direita

(b)
rosca de duas entradas – à esquerda

FIGURA 10.1 Roscas helicoidais de passo p, avanço L e ângulo de avanço λ.

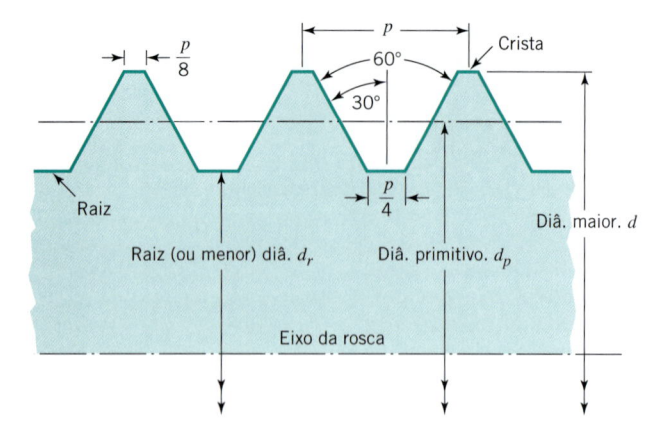

FIGURA 10.2   Geometria das roscas Unificada e ISO. O perfil básico de rosca externa é mostrado.

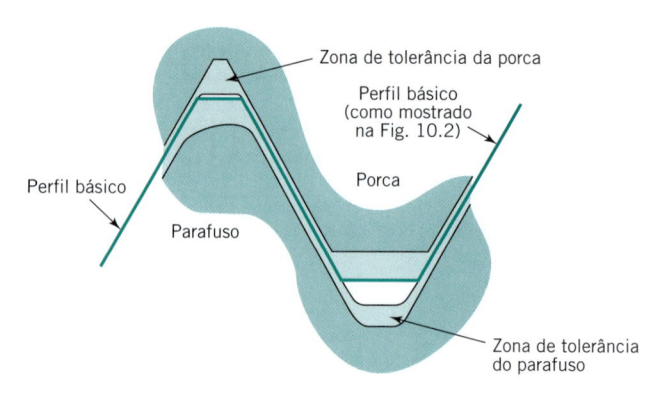

FIGURA 10.3   Zonas de tolerância para várias classes de roscas Unificadas. Observação: Cada classe — 1, 2 e 3 — utiliza uma parte das zonas mostradas.

das. Salvo disposição em contrário, todas as roscas são admitidas como de sentido direito.

A Figura 10.2 mostra a geometria padronizada dos filetes de rosca utilizados nos elementos de fixação. Este padrão é, basicamente, o mesmo tanto para as roscas *Unificadas* (séries em polegada) quanto para as roscas padrão *ISO* (International Standards Organization, métrica). (As maneiras com que os detalhes da região da raiz podem ser variados de modo a reduzir a concentração de tensão são discutidas na Seção 10.12.) As dimensões padronizadas para os dois sistemas são fornecidas nas Tabelas 10.1 e 10.2. A Tabela 10.1 mostra tanto a série de *roscas finas* (UNF, Unified National Fine) quanto a série de *roscas grossas* (UNC, Unified National Coarse). O *diâmetro primitivo*, d_p, é o diâmetro de um cilindro de uma rosca perfeita em que a largura da rosca e a largura entre roscas são iguais. A *área sob tensão* fornecida na tabela se baseia na média dos diâmetros primitivo e da raiz. Esta é a área utilizada nos cálculos das tensões "P/A". Esta se aproxima da menor área de quebra possível, considerando a presença da rosca helicoidal. A parte da American National Standard na qual as informações da Tabela 10.1 foram retiradas, a ANSI (American National Standards Institute) B1.1 (1974), é publicada pela ASME (American Society of Mechanical Engineers), patrocinada pela ASME e a SAE (Society of Automotive Engineers). Este padrão também define uma série de *roscas extrafinas* e oito séries de *roscas unificadas americanas* (cada uma destas cobrindo uma faixa de dimensões com 4, 6, 8, 12, 16, 20, 28 e 32 fios por polegada). Entretanto, a grande maioria dos parafusos com roscas padronizadas em polegadas está em conformidade com as séries finas e grossas padronizadas listadas na Tabela 10.1.

Uma das primeiras formas de roscas a serem utilizadas foi a rosca em V, que, basicamente, possui um perfil similar ao perfil moderno mostrado na Figura 10.2, exceto no fato dos lados inclinados de 60° se estenderem até a pontos na crista e na raiz da rosca. A crista com vértices aguçados tornava a rosca vulnerável a danos, e a raiz com quinas vivas causava uma forte concentração de tensão. Os padrões americanos anteriores (rosca American National) e o padrão inglês anterior (rosca Whitworth) modificaram a crista e a raiz aguçada de modos

ligeiramente diferentes. Ambos os países, assim, concordaram com o padrão Unificado, ilustrado na Figura 10.2. Mais recentemente, todas as principais nações do mundo concordaram em adotar a rosca ISO (métrica).

Diferentes aplicações requerem roscas de parafusos com distintos graus de precisão e diferentes folgas entre os componentes roscados em contato. Assim, as roscas dos parafusos são fabricadas para diferentes classes de ajustes. Para o caso de roscas Unificadas, três classes são padronizadas, com a classe 1 representando o ajuste mais folgado, com as maiores tolerâncias e a classe 3 o ajuste mais apertado, com as menores tolerâncias. Obviamente, os componentes roscados da classe 3 são também os mais caros. As zonas de tolerância para porca e para parafuso são ilustradas na Figura 10.3. Informações detalhadas sobre as dimensões, os ajustes e as tolerâncias para as diversas séries de roscas padronizadas em polegadas podem ser encontradas na ANSI B1.1.

A Figura 10.4 ilustra a maioria das formas de roscas padronizadas utilizadas nos parafusos de potência. As roscas Acme são as mais antigas, e ainda hoje são de uso comum. A rosca Acme rebaixada é, algumas vezes, utilizada por ser mais simples de ser tratada termicamente. A rosca quadrada fornece uma eficiência ligeiramente maior, porém raramente é utilizada devido às dificuldades no processo de fabricação do ângulo de rosca de 0°. Além disso, esta não tem a capacidade da rosca Acme de ser utilizada com uma porca bipartida (em um plano axial), as duas metades das quais podem ser movidas juntamente para compensar o desgaste da rosca. O ângulo de rosca de 5° da rosca quadrada modificada supera parcialmente estas limitações. A rosca dente de serra é, algumas vezes, utilizada para resistir a grandes forças axiais em um sentido (a carga é suportada pela face com o ângulo de rosca de 7°). As dimensões padronizadas são fornecidas na Tabela 10.3. Para os parafusos de potência com múltiplas entradas, deve-se observar que o número de roscas por polegada é definido como o inverso do passo, e *não* como o inverso do avanço.

Todas as roscas discutidas nesta seção circundam um *cilindro*, conforme ilustrado na Figura 10.1. Outras roscas, como as utilizadas em tubulações e nos parafusos de rosca para madeira, circundam um cone.

TABELA 10.1 Dimensões Básicas de Parafusos de Roscas Unificadas

Diâmetro	Diâmetro Maior d (in)	Roscas Grossas — UNC			Roscas Finas — UNF		
		Fios por Polegada	Diâmetro Menor da Rosca Externa d_r (in)	Área de Tensão Trativa A_t (in²)	Fios por Polegada	Diâmetro Menor da Rosca Externa d_r (in)	Área de Tensão Trativa A_t (in²)
0(0,060)	0,0600	—	—	—	80	0,0447	0,00180
1(0,073)	0,0730	64	0,0538	0,00263	72	0,0560	0,00278
2(0,086)	0,0860	56	0,0641	0,00370	64	0,0668	0,00394
3(0,099)	0,0990	48	0,0734	0,00487	56	0,0771	0,00523
4(0,112)	0,1120	40	0,0813	0,00604	48	0,0864	0,00661
5(0,125)	0,1250	40	0,0943	0,00796	44	0,0971	0,00830
6(0,138)	0,1380	32	0,0997	0,00909	40	0,1073	0,01015
8(0,164)	0,1640	32	0,1257	0,0140	36	0,1299	0,01474
10(0,190)	0,1900	24	0,1389	0,0175	32	0,1517	0,0200
12(0,216)	0,2160	24	0,1649	0,0242	28	0,1722	0,0258
$\frac{1}{4}$	0,2500	20	0,1887	0,0318	28	0,2062	0,0364
$\frac{5}{16}$	0,3125	18	0,2443	0,0524	24	0,2614	0,0580
$\frac{3}{8}$	0,3750	16	0,2983	0,0775	24	0,3239	0,0878
$\frac{7}{16}$	0,4375	14	0,3499	0,1063	20	0,3762	0,1187
$\frac{1}{2}$	0,5000	13	0,4056	0,1419	20	0,4387	0,1599
$\frac{9}{16}$	0,5625	12	0,4603	0,182	18	0,4943	0,203
$\frac{5}{8}$	0,6250	11	0,5135	0,226	18	0,5568	0,256
$\frac{3}{4}$	0,7500	10	0,6273	0,334	16	0,6733	0,373
$\frac{7}{8}$	0,8750	9	0,7387	0,462	14	0,7874	0,509
1	1,0000	8	0,8466	0,606	12	0,8978	0,663
$1\frac{1}{8}$	1,1250	7	0,9497	0,763	12	1,0228	0,856
$1\frac{1}{4}$	1,2500	7	1,0747	0,969	12	1,1478	1,073
$1\frac{3}{8}$	1,3750	6	1,1705	1,155	12	1,2728	1,315
$1\frac{1}{2}$	1,5000	6	1,2955	1,405	12	1,3978	1,581
$1\frac{3}{4}$	1,7500	5	1,5046	1,90			
2	2,0000	$4\frac{1}{2}$	1,7274	2,50			
$2\frac{1}{4}$	2,2500	$4\frac{1}{2}$	1,9774	3,25			
$2\frac{1}{2}$	2,5000	4	2,1933	4,00			
$2\frac{3}{4}$	2,7500	4	2,4433	4,93			
3	3,0000	4	2,6933	5,97			
$3\frac{1}{4}$	3,2500	4	2,9433	7,10			
$3\frac{1}{2}$	3,5000	4	3,1933	8,33			
$3\frac{3}{4}$	3,7500	4	3,4433	9,66			
4	4,0000	4	3,6933	11,08			

Observação: Veja a norma ANSI B1.1-1974 para mais detalhes. As roscas unificadas são especificadas como "$\frac{1}{2}$ pol. – 13 UNC". "1 pol. – 12 UNF".

TABELA 10.2 Dimensões Básicas de Parafusos de Roscas ISO Métricas

Diâmetro Nominal d (mm)	Roscas Grossas			Roscas Finas		
	Passo p (mm)	Diâmetro Menor d_r (mm)	Área de Tensão A_t (mm²)	Passo p (mm)	Diâmetro Menor d_r (mm)	Área de Tensão A_t (mm²)
3	0,5	2,39	5,03			
3,5	0,6	2,76	6,78			
4	0,7	3,14	8,78			
5	0,8	4,02	14,2			
6	1	4,77	20,1			
7	1	5,77	28,9			
8	1,25	6,47	36,6	1	6,77	39,2
10	1,5	8,16	58,0	1,25	8,47	61,2
12	1,75	9,85	84,3	1,25	10,5	92,1
14	2	11,6	115	1,5	12,2	125
16	2	13,6	157	1,5	14,2	167
18	2,5	14,9	192	1,5	16,2	216
20	2,5	16,9	245	1,5	18,2	272
22	2,5	18,9	303	1,5	20,2	333
24	3	20,3	353	2	21,6	384
27	3	23,3	459	2	24,6	496
30	3,5	25,7	561	2	27,6	621
33	3,5	28,7	694	2	30,6	761
36	4	31,1	817	3	32,3	865
39	4	34,1	976	3	35,3	1030

Observação: As roscas métricas são identificadas pelo diâmetro e pelo passo como em "M8 × 1,25."

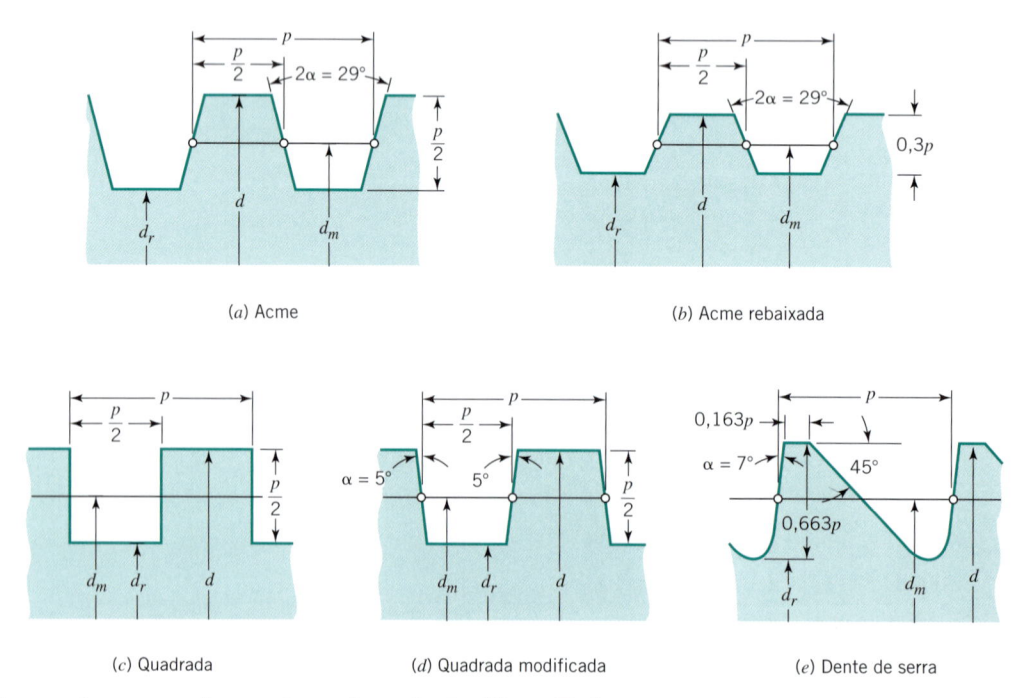

(a) Acme   (b) Acme rebaixada

(c) Quadrada   (d) Quadrada modificada   (e) Dente de serra

FIGURA 10.4 Formas das roscas de parafusos de potência. [Nota: Todas as roscas mostradas são externas (isto é, no parafuso e não na porca); d_m é o diâmetro médio do contato na rosca e é aproximadamente igual a $(d + d_r)/2$.]

TABELA 10.3 Diâmetros Padronizados para Roscas de Parafusos de Potência

Diâmetro Maior d (in)	Fios por Polegada		
	Acme e Acme Rebaixada[a]	Quadrada e Quadrada Modificada	Dente de Serra[b]
$\frac{1}{4}$	16	10	
$\frac{5}{16}$	14		
$\frac{3}{8}$	12		
$\frac{3}{8}$	10	8	
$\frac{7}{16}$	12		
$\frac{7}{16}$	10		
$\frac{1}{2}$	10	$6\frac{1}{2}$	16
$\frac{5}{8}$	8	$5\frac{1}{2}$	16
$\frac{3}{4}$	6	5	16
$\frac{7}{8}$	6	$4\frac{1}{2}$	12
1	5	4	12
$1\frac{1}{8}$	5		
$1\frac{1}{4}$	5	$3\frac{1}{2}$	10
$1\frac{3}{8}$	4		10
$1\frac{1}{2}$	4	3	10
$1\frac{3}{4}$	4	$2\frac{1}{2}$	8
2	4	$2\frac{1}{4}$	8
$2\frac{1}{4}$	3	$2\frac{1}{4}$	8
$2\frac{1}{2}$	3	2	8
$2\frac{3}{4}$	3	2	6
3	2	$1\frac{3}{4}$	6
$3\frac{1}{2}$	2	$1\frac{5}{8}$	6
4	2	$1\frac{1}{2}$	6
$4\frac{1}{2}$	2		5
5	2		5

[a] Veja a norma ANSI B1.5-1977 para mais detalhes.
[b] Veja a norma ANSI B1.9-1973 para mais detalhes.

10.3 Parafusos de Potência

Os parafusos de potência, algumas vezes denominados *atuadores lineares* ou *parafusos de translação*, são utilizados para converter o movimento de rotação, tanto da porca quanto do parafuso, em um movimento relativamente lento, linear, do componente acoplado ao longo do eixo do parafuso. O objetivo de muitos dos parafusos de potência é a obtenção de um grande aproveitamento mecânico na operação de elevação de cargas, como o obtido em macacos mecânicos com parafuso, ou para exercer forças de valor elevado, como em prensas e nas máquinas de ensaio de tração, nos compactadores de lixo residenciais e nos grampos em C. O objetivo dos demais, como os parafusos dos micrômetros ou os parafusos de avanço de um torno, é a obtenção de um posicionamento preciso do movimento axial.

A Figura 10.5 mostra um esquema simplificado de três macacos mecânicos distintos, acionados por parafuso, suportando um determinado peso. Observe que, em cada caso, apenas os componentes escuros conectados a uma alavanca giram, e que um rolamento de esferas de escora, transfere a força axial do componente girante para o componente não rotativo. A concepção dos três macacos é basicamente a mesma, escolhendo-se o mostrado na Figura 10.5c para a determinação do torque, Fa, que deve ser aplicado à porca de modo a elevar um determinado peso.

Girando a porca da Figura 10.5c, obriga cada região da rosca da porca em subir um plano inclinado. Pode-se representar este plano pelo desenvolvimento da parcela correspondente a uma volta da rosca do parafuso, conforme mostrado na parte inferior esquerda da Figura 10.6. Se for desenvolvida a região correspondente a uma volta completa, um triângulo seria formado, que ilustrando a relação

$$\tan \lambda = \frac{L}{\pi d_m} \qquad (10.1)$$

em que

λ = ângulo de avanço

L = avanço

d_m = diâmetro médio de contato da rosca

Um segmento da rosca é representado na Figura 10.6 por um pequeno bloco sujeito à ação da carga w (uma parcela da carga axial total W), da força normal n (mostrada em verdadeira grandeza abaixo e à direita), da força de atrito fn e da força tangencial q. Observe que a força q multiplicada por $d_m/2$ representa o torque aplicado ao segmento de rosca da porca.

Somando-se as forças tangenciais atuantes no bloco (isto é, as forças horizontais na vista inferior esquerda) temos

$$\Sigma F_t = 0: \quad q - n(f \cos \lambda + \cos \alpha_n \operatorname{sen} \lambda) = 0 \quad \textbf{(a)}$$

Somando-se as forças axiais (forças verticais na vista inferior esquerda) temos

$$\Sigma F_a = 0: \quad w + n(f \operatorname{sen} \lambda - \cos \alpha_n \cos \lambda) = 0$$

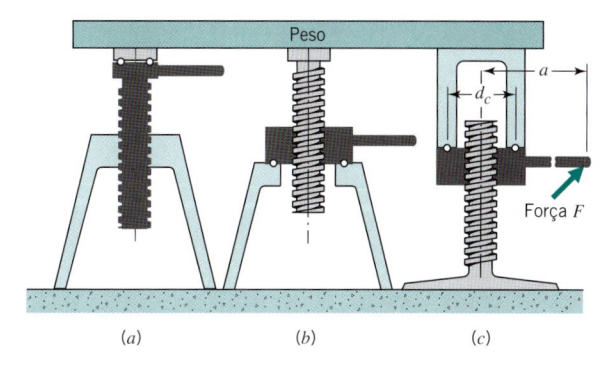

FIGURA 10.5 Peso suportado por três macacos de parafuso. Em cada macaco de parafuso apenas o componente escuro gira.

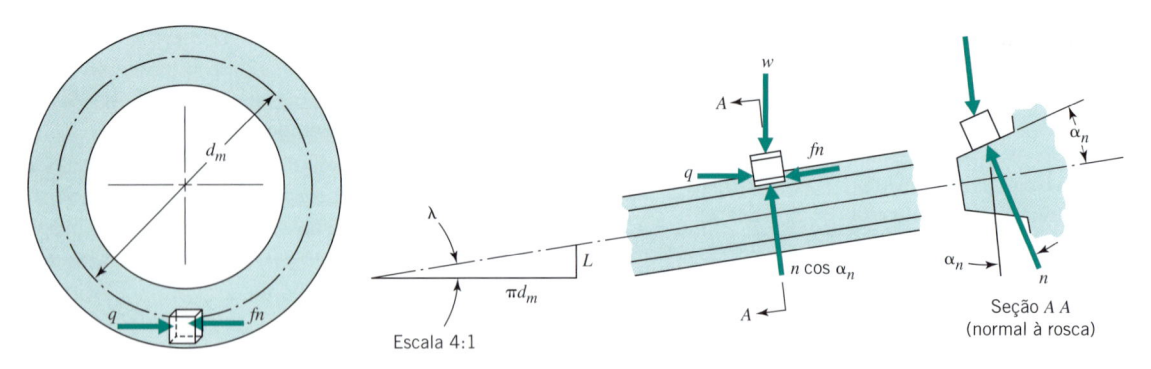

Figura 10.6 Forças na rosca de parafuso.

ou

$$n = \frac{w}{\cos \alpha_n \cos \lambda - f \operatorname{sen} \lambda} \quad \text{(b)}$$

Combinando-se as Eqs. a e b, tem-se

$$q = w\frac{f \cos \lambda + \cos \alpha_n \operatorname{sen} \lambda}{\cos \alpha_n \cos \lambda - f \operatorname{sen} \lambda} \quad \text{(c)}$$

Conforme observado, o torque correspondente à força q é $q(d_m/2)$. Como o pequeno bloco representa um segmento típico da rosca da porca, a integração ao longo de toda a superfície de contato da rosca resulta nas mesmas equações, exceto pelas cargas q, w e n, que são substituídas por Q, W e N, que representam, respectivamente, as forças *totais* nas direções tangencial, vertical e normal, atuantes na rosca. Assim, a equação para o torque necessário para elevar o peso W é

$$T = Q\frac{d_m}{2} = \frac{Wd_m}{2}\frac{f \cos \lambda + \cos \alpha_n \operatorname{sen} \lambda}{\cos \alpha_n \cos \lambda - f \operatorname{sen} \lambda} \quad \text{(10.2)}$$

Note que o torque T também é igual a Fa na Figura 10.5c.

Como o avanço L, em vez do ângulo de avanço λ, tem geralmente um valor padronizado conhecido, uma forma mais adequada para a equação do torque é obtida dividindo-se o numerador e o denominador por $\cos \lambda$ e, em seguida, substituindo-se $L/\pi d_m$ por $\tan \lambda$. O que resulta em

$$T = \frac{Wd_m}{2}\frac{f\pi d_m + L \cos \alpha_n}{\pi d_m \cos \alpha_n - fL} \quad \text{(10.3)}$$

Muitas das aplicações dos parafusos de potência requerem uma superfície de encosto ou *anel de escora* entre os componentes estáticos e girantes. Na Figura 10.5 esta função é atendida pelo rolamento de esferas de escora com diâmetro d_c. Em muitos casos, uma arruela de escora simples é utilizada. Se o coeficiente de atrito do anel de escora ou do rolamento for f_c, então o torque adicional necessário para superar o atrito do anel é $Wf_c d_c/2$,[1] e o torque total necessário para elevar a carga W é

$$T = \frac{Wd_m}{2}\frac{f\pi d_m + L \cos \alpha_n}{\pi d_m \cos \alpha_n - fL} + \frac{Wf_c d_c}{2} \quad \text{(10.4)}$$

Para o caso particular de *rosca quadrada*, $\cos \alpha_n = 1$, e a Eq. 10.4 pode ser simplificada para

$$T = \frac{Wd_m}{2}\frac{f\pi d_m + L}{\pi d_m - fL} + \frac{Wf_c d_c}{2} \quad \text{(10.4a)}$$

Para a rosca Acme, $\cos \alpha_n$ é tão próximo da unidade que a Eq. 10.4a pode ser geralmente utilizada sem um erro significativo, em particular quando se considera a inerente variação do coeficiente de atrito. Várias equações restantes, nesta seção, serão deduzidas, tanto para o caso geral quanto para casos particulares de roscas quadradas. Os problemas com rosca Acme podem ser geralmente manuseados com precisão suficiente utilizando-se as equações para rosca quadrada. Entretanto, em todos os casos, deve-se saber que as equações mais gerais e completas propiciam um conhecimento adicional.

A análise precedente correspondeu à *elevação* de uma carga ou ao ato de se girar um componente "contra a carga". A análise referente à *descida* de uma carga (ou o ato de se girar um componente "no mesmo sentido da carga") é exatamente o mesmo, exceto pela alteração dos sentidos das forças q e fn (Figura 10.6), que devem ser invertidos. O torque total necessário para o abaixamento da carga W é

$$T = \frac{Wd_m}{2}\frac{f\pi d_m - L \cos \alpha_n}{\pi d_m \cos \alpha_n + fL} + \frac{Wf_c d_c}{2} \quad \text{(10.5)}$$

para o caso geral, e

$$T = \frac{Wd_m}{2}\frac{f\pi d_m - L}{\pi d_m + fL} + \frac{Wf_c d_c}{2} \quad \text{(10.5a)}$$

para o caso particular de *rosca quadrada*.

10.3.1 Valores dos Coeficientes de Atrito

Quando um rolamento de escora, de esferas ou de roletes, é utilizado, o coeficiente de atrito f_c, é, em geral, suficientemente baixo de modo que o atrito no colar pode ser desprezado, eliminando assim o segundo termo das equações precedentes.

---

[1]No caso não usual no qual uma análise mais detalhada do atrito do anel poderia ser justificada, os procedimentos utilizados em embreagens a disco, discutidos no Capítulo 18, são recomendados.

Geralmente, quando um colar de escora plano é utilizado, os valores de f e f_c variam entre 0,08 e 0,20 sob condições normais de operação e lubrificação, e para os materiais comuns de aço contra ferro fundido ou bronze. Esta faixa inclui os coeficientes de atrito estático e dinâmico, com o coeficiente de atrito na partida (atrito estático) sendo cerca de um terço maior do que o atrito durante o movimento (atrito dinâmico). Tratamentos de superfície especiais e revestimentos podem reduzir estes valores em pelo menos a metade (veja a Seção 9.15).

10.3.2 Valores do Ângulo de Rosca no Plano Normal

A Figura 10.7 mostra o *ângulo de rosca* medido no plano normal (α_n, conforme utilizado nas equações precedentes) e no plano axial (α, conforme usualmente definido e mostrado na Figura 10.4). Pela Figura 10.7 conclui-se que

$$\tan \alpha_n = \tan \alpha \cos \lambda \qquad (10.6)$$

Para pequenos ângulos de hélice, $\cos \lambda$ é geralmente considerado igual à unidade.

10.3.3 Retroacionamento e Autotravamento

Um *parafuso autotravante* é aquele que requer um torque positivo para abaixar a carga, e *um parafuso retroacionado* é aquele que apresenta um atrito baixo o suficientemente, para permitir que a carga baixe sozinha; isto é, um torque de abaixamento externo negativo deve ser aplicado para evitar o abaixamento da carga. Se o atrito no colar puder ser desprezado, a Eq. 10.5 para $T \geq 0$ mostra que um parafuso é autotravante se

$$f \geqq \frac{L \cos \alpha_n}{\pi d_m} \qquad (10.7)$$

Para uma *rosca quadrada*, esta expressão é simplificada para

$$f \geqq \frac{L}{\pi d_m}, \quad \text{ou} \quad f \geqq \tan \lambda \qquad (10.7a)$$

Uma atenção particular deve ser dada neste ponto: mesmo que um parafuso seja autotravante sob condições estáticas, ele pode ser retroacionado quando exposto a *vibrações*. Esta condição é particularmente importante para os parafusos de fixação que tendem a se soltar devido ao efeito de vibrações. (A Seção 10.8 trata de dispositivos especiais de travamento utilizados para evitar que parafusos sejam retroacionados ou fiquem frouxos sob condições de vibrações.)

10.3.4 Eficiência

O trabalho de saída de um parafuso de potência (como nos macacos mecânicos, mostrados na Figura 10.5) para uma rotação do componente girante é igual ao produto da força pela distância, ou WL. O correspondente trabalho de entrada é de $2\pi T$. A relação $WL/2\pi T$ é igual a eficiência. Substituindo a expressão de T na Eq. 10.4, considerando o atrito do colar desprezível, fornece

$$\text{Eficiência}, e = \frac{L}{\pi d_m} \frac{\pi d_m \cos \alpha_n - fL}{\pi f d_m + L \cos \alpha_n} \qquad (10.8)$$

ou, para o caso de *rosca quadrada*,

$$e = \frac{L}{\pi d_m} \frac{\pi d_m - fL}{\pi f d_m + L} \qquad (10.8a)$$

Sempre que possível é interessante comparar o procedimento de uma análise através de dois pontos de vista distintos, e chegar aos mesmos resultados. Desta forma, a Eq. 10.8 pode ser deduzida pela definição da eficiência como a relação entre o torque necessário para a elevação da carga com $f = 0$ e o torque real requerido. Este simples exercício é deixado para o leitor.

A substituição da Eq. 10.1 na Eq. 10.8 fornece, após algumas simplificações elementares,

$$e = \frac{\cos \alpha_n - f \tan \lambda}{\cos \alpha_n + f \cot \lambda} \qquad (10.9)$$

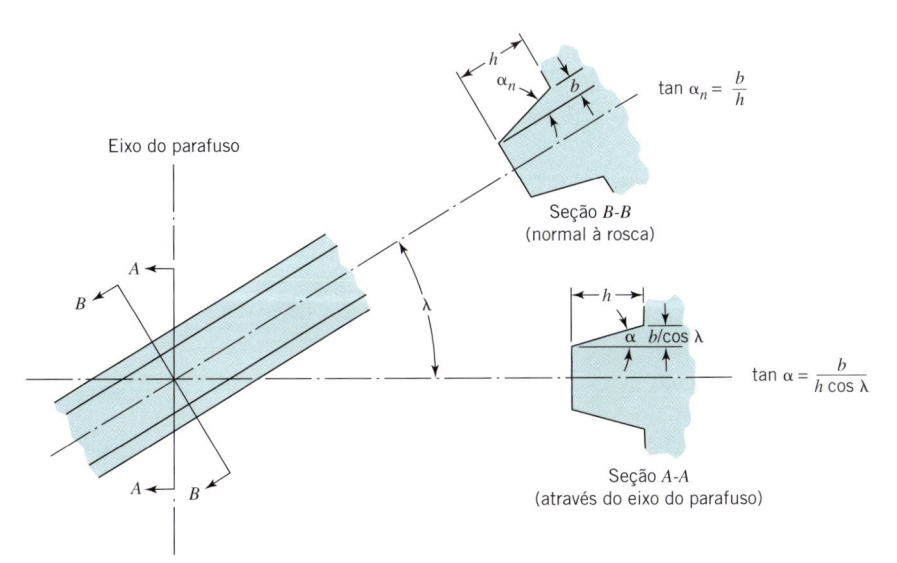

FIGURA 10.7 Comparação entre os ângulos de rosca medidos em relação aos planos axial e normal (α e α_n).

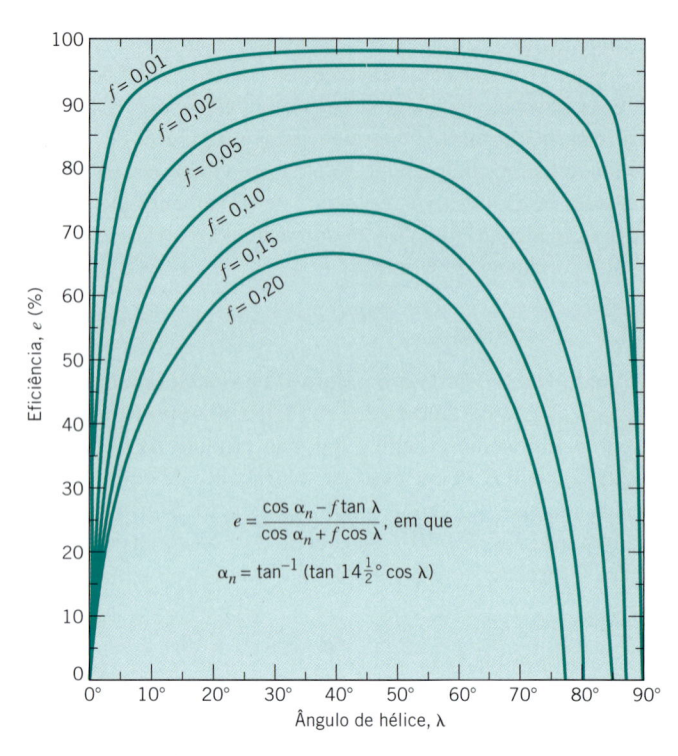

$$e = \frac{\cos \alpha_n - f \tan \lambda}{\cos \alpha_n + f \cos \lambda}, \text{ em que}$$

$$\alpha_n = \tan^{-1} (\tan 14\tfrac{1}{2}° \cos \lambda)$$

FIGURA 10.8 **Eficiência de parafuso de rosca Acme quando o atrito no colar é desprezível. (Observação: Os valores para roscas quadradas são maiores por menos de 1 %.)**

que, para *rosca quadrada*, reduz-se a

$$e = \frac{1 - f \tan \lambda}{1 + f \cot \lambda} \qquad \textbf{(10.9a)}$$

A Figura 10.8 fornece um gráfico de eficiência em função do coeficiente de atrito e do ângulo de avanço. É interessante observar que as curvas se comportam conforme esperado nos seguintes aspectos:

1. Quanto maior o coeficiente de atrito, menor é a eficiência.

2. A eficiência tende a zero quando o ângulo de avanço tende a zero, pois esta condição corresponde ao caso no qual um grande trabalho de atrito é necessário para mover o "bloco" mostrado na Figura 10.6 no entorno da rosca sem elevar significativamente a carga.

3. A eficiência tende novamente a zero quando o ângulo de avanço λ tende a 90°, e também diminui ligeiramente

quando o ângulo de rosca α_n aumenta de zero (rosca quadrada) para $14\tfrac{1}{2}°$ (rosca Acme). Além disso, a eficiência também pode se aproximar de zero se o ângulo de rosca se aproximar de 90°. Isto ocorre porque quanto maior o ângulo entre a superfície da rosca e o plano perpendicular ao eixo do parafuso, maior deve ser a força normal de modo a propiciar uma dada força (ou para suportar um determinado peso). O aumento da força normal aumenta, correspondentemente, a força de atrito, pois a relação entre estas é simplesmente o coeficiente de atrito. Para ilustrar isso, imagine que uma arruela plana está sendo empurrada para baixo, girando-a para a frente e para trás, contra uma superfície plana. Agora, troque a arruela plana por uma arruela cônica e empurre-a para baixo com a mesma força, contra uma superfície cônica ajustada. Será mais difícil girar para a frente e para trás porquanto a "ação de cunha" aumenta a força normal e, portanto, a força de atrito. Finalmente, imagine que o ângulo do cone seja cada vez maior. Neste caso, a ação de cunha pode ser tão grande que se torna quase impossível girar a arruela.

10.3.5 Contato Rolante

A Figura 10.9 mostra um *parafuso de esferas recirculantes*; o atrito de deslizamento entre as roscas do parafuso e da porca foi substituído pelo contato aproximadamente de rolamento entre as esferas e os canais, no parafuso e na porca. Isto diminui drasticamente o atrito, com eficiências frequentemente de 90 % ou mais. Em virtude do pequeno atrito, os parafusos de esferas recirculantes são em geral retroacionados. Isto significa que um sistema de freio deve ser utilizado para manter uma carga em sua posição. Por outro lado, isto também significa que o parafuso é *reversível* no movimento linear, que pode ser convertido em um movimento de rotação, relativamente rápido, nas aplicações em que esta conversão seja desejada. A operação é suave, sem a ação de "slip-stick" comumente observada nos parafusos de potência regulares (devido às diferenças entre os atritos estático e dinâmico).

A capacidade de carga de parafusos de esferas recirculantes é normalmente maior do que a dos parafusos de potência regulares de mesmo diâmetro. As dimensões e os pesos menores são, em geral, uma vantagem. Por outro lado, os problemas de flambagem (para os parafusos longos carregados em compressão) e os problemas de velocidade crítica (de parafusos sujeitos

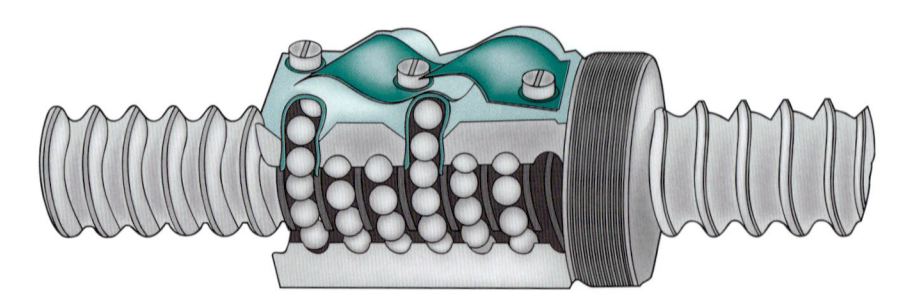

FIGURA 10.9 **Montagem de parafuso de esferas recirculantes sem uma parte da porca para mostrar a sua configuração interna. (Cortesia de Saginaw Steering Gear Division, General Motors Corporation.)**

a altas velocidades de rotação) podem ser mais graves. A limpeza e uma película fina de lubrificante são importantes para os parafusos de esferas recirculantes. Quando operações secas são inevitáveis, a capacidade de carga deve ser reduzida para valores de até 90 %.

Os parafusos de esferas recirculantes são comumente utilizados nos sistemas de recolhimento de trem de aterrissagem de aviões, nos atuadores de reversão de empuxo de motores em grandes aviões a jato, nos dispositivos automáticos de fechamento de portas, nos acionadores de antenas, nos mecanismos de ajuste das camas hospitalares, nos dispositivos de controle de máquinas e em numerosas outras aplicações. Para informações de projeto veja http://www.thomsonbsa.com/literature.html.

Os parafusos de potência também são encontrados em dispositivos patenteados para o posicionamento de *rolos* nas porcas que fazem contato com a superfície da rosca do parafuso com uma linha de contato, em vez de um ponto de contato, como ocorre nos parafusos de esferas recirculantes. Essas porcas equipadas com rolos apresentam baixo atrito associado a uma capacidade de suportar cargas muito grandes. Assim, são utilizadas nos elevadores das torres de prospecção de petróleo marítimas, nos macacos mecânicos de grande porte e nas máquinas de mineração.

> ### PROBLEMA RESOLVIDO 10.1 · Parafuso de Potência Acme

Um macaco mecânico (Figura 10.10) com parafuso de 1 in (25,4 mm), de rosca Acme de duas entradas, é utilizado para elevar uma carga de 1000 lbf (4448 N). Um colar de encosto plano com $1\frac{1}{2}$ in (38,1 mm) de diâmetro médio é utilizado. Os coeficientes de atrito dinâmico são estimados em 0,12 e 0,09 para f e f_c, respectivamente.

a. Determine o passo do parafuso, o avanço, a profundidade de rosca, o diâmetro primitivo médio e o ângulo de hélice.

b. Estime o torque de partida para a operação de elevação e para o abaixamento da carga.

c. Estime a eficiência do macaco quando estiver elevando a carga.

> ### SOLUÇÃO

Conhecido: Um parafuso de rosca Acme de duas entradas e um colar de encosto, cada um com diâmetro e coeficiente de atrito dinâmico conhecidos, são utilizados para elevar uma determinada carga.

A Ser Determinado:

a. Determine o passo do parafuso, o avanço, a profundidade de rosca, o diâmetro primitivo médio e o ângulo de hélice.

b. Estime o torque de partida para as operações de elevação e abaixamento da carga.

c. Calcule a eficiência do macaco quando estiver elevando a carga.

Esquemas e Dados Fornecidos:

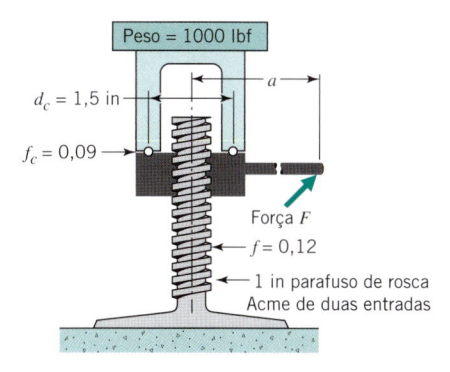

FIGURA 10.10 Macaco mecânico de parafuso elevando uma carga não rotativa.

Hipóteses:

1. Os atritos estático e dinâmico permanecem constantes.

2. O atrito estático é aproximadamente um terço maior do que o atrito dinâmico.

Análise:

a. Da Tabela 10.3, existem cinco fios por polegada, logo $p = 0,2$ in.
Como a rosca é dupla, $L = 2p$, ou $L = 0,4$ in
Pela Figura 10.4a, a profundidade da rosca $= p/2 = 0,1$ in
Pela Figura 10.4a, $d_m = d - p/2 = 1$ in $- 0,1$ in $= 0,9$ in
Pela Eq. 10.1, $\lambda = \tan^{-1} L/\pi d_m = \tan^{-1} 0,4/\pi(0,9) = 8,05°$.

b. Na operação de partida, aumente os coeficientes de atrito fornecidos de aproximadamente um terço, resultando em $f = 0,16$ e $f_c = 0,12$. A Eq. 10.4a para roscas quadradas poderia ser utilizada com suficiente precisão, porém será ilustrada a solução completa através da Eq. 10.4 para o caso geral.
Inicialmente, determine α_n por meio da Eq. 10.6:

$$\alpha_n = \tan^{-1}(\tan \alpha \cos \lambda)$$
$$= \tan^{-1}(\tan 14,5° \cos 8,05°) = 14,36°$$

Em seguida, substituindo este resultado na Eq. 10.4, tem-se

$$T = \frac{Wd_m}{2} \frac{f\pi d_m + L \cos \alpha_n}{\pi d_m \cos \alpha_n - fL} + \frac{Wf_c d_c}{2}$$
$$= \frac{1000(0,9)}{2} \frac{0,16\pi(0,9) + 0,4 \cos 14,36°}{\pi(0,9) \cos 14,36° - 0,16(0,4)} + \frac{1000(0,12)(1,5)}{2}$$
$$= 141,3 + 90; \qquad T = 231,3 \text{ lb} \cdot \text{in.}$$

(*Comentário*: Em relação à Figura 10.10, este torque corresponde a uma força de 19,3 lbf aplicada à extremidade de uma alavanca de 12 in. Se a Eq. 10.4a for utilizada, a resposta será apenas ligeiramente menor: 228,8 lbf · in.) Para o abaixamento da carga, utilize a Eq. 10.5:

$$T = \frac{Wd_m}{2} \frac{f\pi d_m - L \cos \alpha_n}{\pi d_m \cos \alpha_n + fL} + \frac{Wf_c d_c}{2}$$
$$= \frac{1000(0,9)}{2} \frac{0,16\pi(0,9) - 0,4 \cos 14,36°}{\pi(0,9) \cos 14,36° + 0,16(0,4)} + 90$$
$$= 10,4 + 90; \qquad T = 100,4 \text{ lb} \cdot \text{in.}$$

(*Comentário*: A Eq. 10.5a fornece um torque de 98,2 lbf · in.)

c. Repetindo a substituição na Eq. 10.4, porém alterando os coeficientes de atrito para seus valores dinâmicos de 0,12 e 0,09, tem-se que para elevar a carga, uma vez que o movimento tenha se iniciado, o torque deve ser de 121,5 + 67,5 = 189 lbf · in. Substituindo uma vez mais na Eq. 10.4, considerando-se agora ambos os coeficientes de atrito como nulos, tem-se que o torque para elevar a carga deve ser de 63,7 + 0 = 63,7 lbf · in. A eficiência é definida pela razão entre o torque necessário ao sistema livre de atrito e o torque real, isto é,

$$e = \frac{63,7}{189} = 33,7\,\%$$

Comentários: Se um rolamento de esferas de escora fosse utilizado, de modo que o atrito no colar pudesse ser desprezado, a eficiência seria aumentada para 63,7/121,5 = 52 %. Este valor corresponderia à eficiência do parafuso em si e estaria de acordo com os valores apresentados nas curvas mostradas na Figura 10.8.

Tensões Estáticas em Parafusos

Os conceitos apresentados nesta seção são aplicáveis igualmente aos parafusos de potência, analisados na seção anterior, e aos elementos de fixação roscados, a serem analisados nas próximas seções. Pode-se considerar separadamente as diversas tensões às quais estes componentes estão sujeitos.

10.4.1 Torção

Os parafusos de potência, durante sua operação, e os elementos de fixação roscados durante o aperto ficam sujeitos a tensões cisalhantes de torção

$$\tau = \frac{Tc}{J} = \frac{16T}{\pi d^3} \qquad \textbf{(4.3, 4.4)}$$

em que d é o diâmetro da raiz da rosca, d_r, obtido da Figura 10.4 (para parafusos de potência) ou das Tabelas 10.1 e 10.2 (para elementos de fixação roscados). Se o parafuso for vazado, então o termo $J = \pi (d_r^4 - d_i^4)/32$ deve ser substituído por $J = \pi d_r^4/32$ na equação da tensão cisalhante, em que d_i representa o diâmetro interno.

Quando o atrito no colar é desprezível, o torque transmitido através de um parafuso de potência é igual ao torque total aplicado. No caso dos elementos de fixação roscados, o equivalente ao atrito no colar está normalmente presente e, nesta situação, é comum admitir-se que o torque transmitido ao longo da seção da rosca é aproximadamente igual à metade do torque aplicado pelo torquímetro.

10.4.2 Carga Axial

Os parafusos de potência são sujeitos à tensões diretas de tração e de compressão expressas por P/A; os elementos de fixação roscados normalmente são sujeitos apenas a tensões de tração. A área efetiva para elementos de fixação roscados é a área sob

tensão de tração A_t (veja as Tabelas 10.1 e 10.2). Para os parafusos de potência, uma "área sob tensão de tração" similar pode ser calculada, porém, em geral, isso não é feito porque as tensões axiais raramente são críticas. Uma aproximação simples e conservadora para as tensões axiais atuantes nos parafusos de potência pode se basear no diâmetro menor ou diâmetro de raiz d_r.

A distribuição das tensões axiais nas proximidades das extremidades da região carregada de um parafuso está longe de ser uniforme. Essa condição não é tratada nesse momento porque as tensões axiais são bastante pequenas nos parafusos de potência e porque os elementos de fixação roscados sempre apresentam ductilidade suficiente para permitir escoamento localizado na raiz da rosca sem produzir dano. Ao considerar-se um carregamento de *fadiga* nos parafusos (Seção 10.11), essa concentração de tensão é *muito* importante.

10.4.3 Carregamento Combinado de Torção e Carga Axial

A combinação das tensões que foram discutidas pode ser tratada normalmente conforme apresentado nas Seções 4.9 e 4.10, com a teoria da energia de distorção utilizada como critério de escoamento. No caso dos elementos de fixação roscados, é normal a ocorrência de algum escoamento na raiz da rosca durante o aperto inicial.

10.4.4 Tensão de Contato na Rosca (Compressiva) e Sua Distribuição entre as Roscas em Contato

A Figura 10.11 ilustra o "fluxo de força" através de um parafuso e porca utilizados para fixar dois componentes entre si. A compressão entre as roscas do parafuso e da porca existe nas

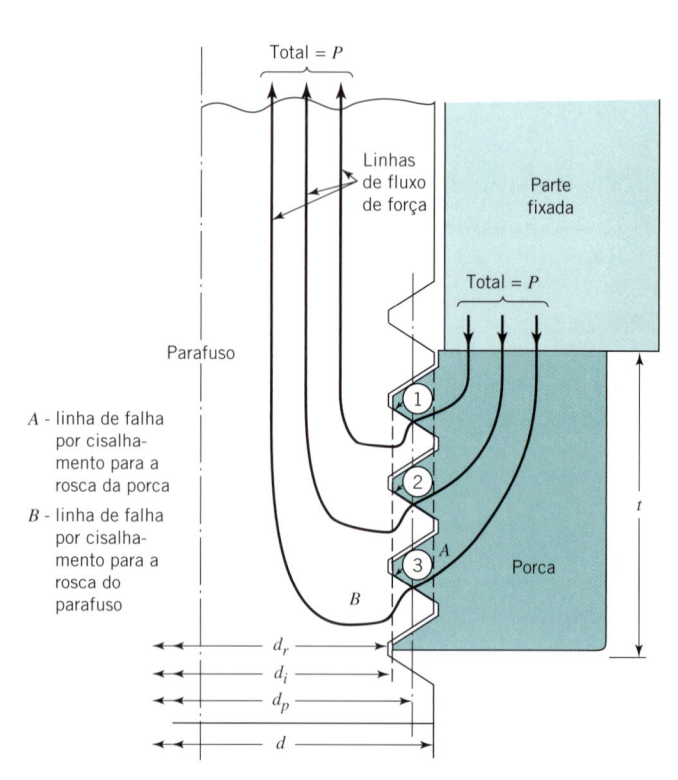

FIGURA 10.11 **Fluxo de força para um parafuso em tração.**

roscas numeradas como 1, 2 e 3. Esse tipo de compressão direta é geralmente denominado *compressão de contato*, e a área utilizada para o cálculo da tensão *P/A* é a área *projetada* que, para cada rosca vale $\pi\,(d^2 - d_i^4)/4$. O número de roscas em contato é visto na figura como *t/p*. Assim,

$$\sigma = \frac{4P}{\pi(d^2 - d_i^2)}\frac{p}{t} \qquad (10.10)$$

O diâmetro d_i é o diâmetro menor da parte interna da rosca. Para os elementos de fixação roscados este pode ser aproximado pelo diâmetro d_r, que é tabulado na Tabela 10.1. Seus valores exatos são fornecidos pela norma ANSI B1.1–1974, e por diversos manuais, porém em geral estes não são necessários porque as tensões de contato das roscas raramente são críticas.

A Eq. 10.10 fornece o valor *médio* da tensão de contato. Esta tensão *não* é uniformemente distribuída devido a fatores como a flexão da rosca, como uma viga em balanço e às variações da geometria teórica, decorrentes dos processos de fabricação. Além disso, uma análise da Figura 10.11 revela dois importantes fatores que fazem com que a *rosca 1* suporte mais que a sua parcela prevista da carga:

1. A carga é distribuída entre três filetes de roscas consideradas como *elementos redundantes para suportar a carga*. O caminho mais curto (e mais rígido) passa pelo filete de rosca número 1. Assim, este suportará uma parcela maior da carga (veja a Seção 2.6).

2. A carga aplicada na região roscada do parafuso gera *tração*, enquanto a região acoplada correspondente da porca fica sujeita a *compressão*. As deflexões resultantes aumentam *ligeiramente* o passo do parafuso e diminuem o passo da porca. Isto tende a aliviar a pressão sobre filetes de roscas 2 e 3.

A superação dessa tendência, e a consequente obtenção de uma distribuição mais uniforme das cargas entre as roscas em contato, representa um problema importante, como será discutido quando for considerado o carregamento de fadiga nos parafusos (Seção 10.11). Este problema continua a desafiar o talento dos engenheiros dedicados ao projeto e ao desenvolvimento dos elementos de fixação. As três ideias descritas a seguir têm sido utilizadas.

1. Fazendo-se a porca de um material mais macio que o do parafuso, de modo que o primeiro filete de rosca, com o maior carregamento, seja defletido (tanto elástica quanto plasticamente), transferindo, assim, uma maior carga para os demais filetes de roscas. Isso pode requerer o aumento do número de filetes de roscas em contato, de modo a se manter uma resistência apropriada.

2. A rosca da porca deve ser fabricada com um passo *ligeiramente* maior do que o da rosca do parafuso, de modo que os dois passos sejam teoricamente iguais *após* a carga ser aplicada. As folgas nas roscas e a precisão de fabricação devem, obviamente, ser tais que a porca e o parafuso possam ser prontamente montados.

3. Modificando o projeto da porca, como mostrado na Figura 10.12. Neste caso, o carregamento da porca submete a

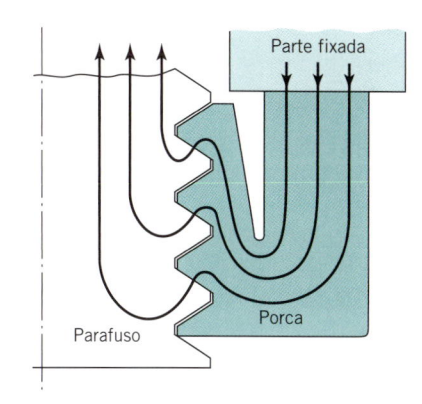

Figura 10.12 Uma porca especial propicia uma distribuição de carga praticamente uniforme entre as roscas em contato.

região do topo da rosca à *tração*, causando, assim, variações elásticas, no passo que, aproximadamente, corresponde às variações ocorridas no passo do parafuso. Tais porcas especiais são caras e têm sido utilizadas apenas em aplicações críticas envolvendo carregamentos de fadiga.

10.4.5 Tensão Cisalhante nas Roscas ("Espanamento") e Espessura Necessária à Porca

Em relação à Figura 10.11, se o material da porca for mais fraco do que o material do parafuso em relação ao cisalhamento (e este é *geralmente* o caso), uma sobrecarga suficiente poderá "espanar" as roscas da porca ao longo de sua superfície cilíndrica *A*. Se o material do parafuso for mais fraco em relação ao cisalhamento, a falha passa a ser na superfície *B*. Pela geometria da rosca mostrada na Figura 10.2, a área de cisalhamento é igual a $\pi d(0,75t)$, em que *d* é o diâmetro da superfície envolvida na falha por cisalhamento.

Pode-se determinar agora a espessura da porca (ou a profundidade do engate de um parafuso em um furo cego roscado) necessária para propiciar um *equilíbrio* entre a resistência à tração no parafuso e a resistência ao espanamento em ambos os componentes (parafuso e porca ou furo cego roscado) sejam fabricados com o mesmo material. A força de tração do parafuso necessária para escoar toda a seção transversal da rosca é

$$F_{\text{parafuso}} = A_t S_y \approx \frac{\pi}{4}(0,9\,d)^2 S_y$$

em que *d* é o diâmetro maior da rosca. Com base na Figura 10.11, a carga de tração no parafuso necessária para escoar toda a superfície de espanamento da rosca da porca, baseada em uma distribuição parabólica de tensões, é

$$F_{\text{porca}} = \pi d(0,75t)S_{sy} \approx \pi d(0,75t)(0,58S_y)$$

em que *t* é a espessura da porca. Igualando-se F_{parafuso} e F_{porca} tem-se que a tração no parafuso e as resistências de espanamento das roscas são equilibradas quando a espessura da porca é de aproximadamente

$$t = 0,47d \qquad \textbf{(d)}$$

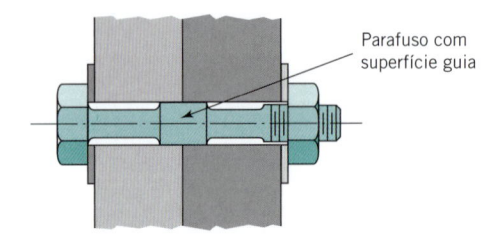

FIGURA 10.13 **Parafuso com superfície guia.**

Como geralmente as porcas são mais macias que os parafusos, de modo a permitir um *ligeiro* escoamento da região superior da(s) roscas(s), distribuindo assim a carga de modo mais uniforme entre as roscas em contato (veja o ponto 1 no final da subseção precedente), a espessura-padrão das porcas é de aproximadamente $\frac{7}{8}d$.

10.4.6 Carregamento Transversal ao Cisalhamento e Providenciando o Alinhamento Transversal

Em algumas aplicações os parafusos ficam sujeitos a um carregamento transversal de cisalhamento, conforme ilustrado nas Figuras 4.3 e 4.4 e discutido na Seção 4.3. Geralmente, estas cargas de cisalhamento são transmitidas por atrito, sendo a capacidade de suportar tais cargas igual ao produto da tração atuante no parafuso vezes o coeficiente de atrito da superfície a ser fixada. Para o duplo cisalhamento ilustrado na Figura 4.4, a capacidade de carga por atrito deve ser igual a duas vezes este valor.

Algumas vezes os parafusos são necessários para alinhar precisamente peças em contato e, para isso, eles são fabricados com uma superfície-guia como a mostrada na Figura 10.13.

10.4.7 Carregamento como Coluna de Parafusos de Potência e os Detalhes de Projeto Associados

Parafusos de potência longos, carregados à compressão, devem ser projetados tendo-se em mente os efeitos de *flambagem*. Os conceitos apresentados nas Seções 5.10 até 5.14 podem ser empregados. Entretanto, antes dessa discussão é importante ter a certeza de que de fato é *necessário* submeter os parafusos à compressão. Geralmente, um simples reprojeto permite que os parafusos fiquem sujeitos apenas às cargas de tração. Por exemplo, a Figura 10.14a mostra uma prensa (que poderia representar um compactador de lixo doméstico) com os fusos sob compressão. A Figura 10.14b mostra um projeto alternativo com os fusos sob tração. A segunda opção é, obviamente, preferível.

As duas prensas na Figura 10.14 são excelentes exemplos de uso do conceito de fluxo de forças descrito na Seção 2.4. Na prensa mostrada na Figura 10.14a, as forças fluem da cabeça em movimento da prensa, através do fuso, até os rolamentos de esferas de escora; em seguida, pelo topo, pelas laterais e pela parte inferior da estrutura e, finalmente, pela superfície inferior do material que está sendo comprimido. Como todas as seções da estrutura ficam sujeitas ao carregamento, elas são representadas de forma mais espessa. Já a prensa mostrada na Figura 10.14b está sujeita a uma trajetória de carga mais curta desde a cabeça da prensa, passando pelos fusos até os rolamen-

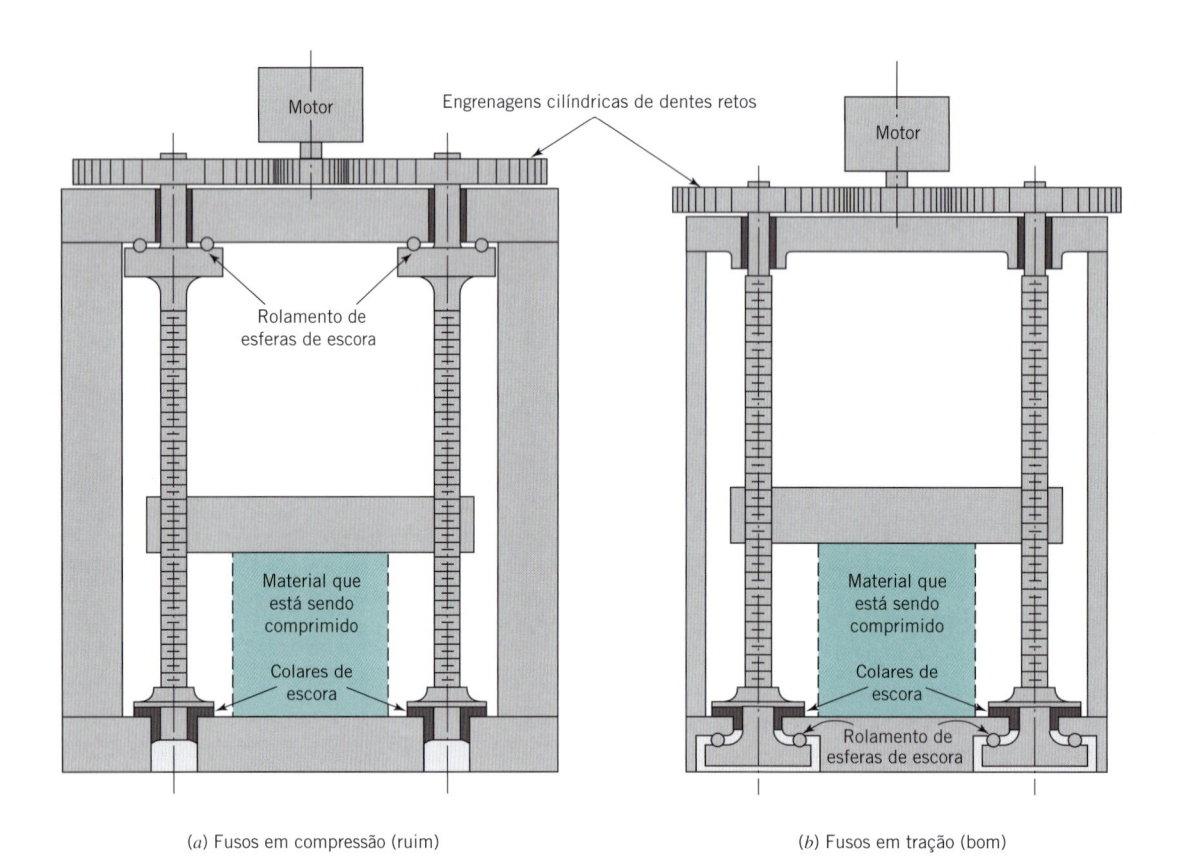

(a) Fusos em compressão (ruim)
(b) Fusos em tração (bom)

FIGURA 10.14 **Arranjos alternativos de prensas com fusos.**

tos de esferas de escora e, em seguida, através da região inferior da estrutura até o material que está sendo comprimido. Como estas seções não ficam sujeitas a cargas significativas, as laterais e a região superior da estrutura podem ser bem mais leves (menos espessas). *Quase sempre é desejável manter as trajetórias de cargas mais curtas e compactas quanto possível.*

Outra vantagem da prensa esquematizada na Figura 10.14*b* é que a folga axial dos fusos é facilmente controlada, pois todos os quatro mancais de escora envolvem as superfícies do elemento inferior da estrutura. Ao contrário, a folga axial dos fusos na prensa da Figura 10.14*a* envolve as tolerâncias e as deflexões do comprimento do fuso entre os mancais de escora e a altura da estrutura entre os mancais de escora.

É interessante observar um detalhe construtivo das prensas. Para a montagem da prensa da Figura 10.14*b*, os colares de contato de escora contra as arruelas planas de escora na superfície superior do componente inferior da estrutura devem ser removíveis dos fusos. Note que a única carga suportada por esses colares de escora é devida ao efeito gravitacional da cabeça da prensa quando não há material sendo comprimido.

10.5 Tipos de Elementos de Fixação Roscados

A Figura 10.15 mostra quatro tipos básicos de elementos de fixação roscados. Os parafusos são de longe os tipos mais comuns existentes, e a diferença entre eles está apenas na aplicação a que se destinam. Existem parafusos que são concebidos para serem utilizados com porcas, enquanto outros são concebidos para ser aparafusados em furos cegos roscados. Algumas vezes, os parafusos são fornecidos com uma arruela cativa (geralmente uma arruela de travamento) sob a sua cabeça, e são chamados de "*sems*". Esses parafusos poupam o tempo de montagem e eliminam a possibilidade de um parafuso ser instalado sem sua arruela especificada.

Um estojo é roscado em ambas as extremidades e, geralmente, aparafusado permanentemente em um furo cego roscado. As roscas em suas duas extremidades podem ou não ser idênticas. Uma barra totalmente roscada é o tipo menos comum. É comumente utilizada quando se deseja um elemento roscado muito longo. Uma barra totalmente roscada geralmente pode ser adquirida em comprimentos de alguns pés (em que, 1 ft ≈ 0,305 m), e então cortada conforme a necessidade.

Cartas de referência técnica para parafusos, porcas, parafusos de máquinas, estojos, arruelas e outros, estão disponíveis *on-line* em http://www.americanfastener.com. Marcas de classe e propriedades mecânicas dos elementos de fixação de aço e a terminologia das roscas também são fornecidas. O endereço http://www.machinedesign.com apresenta informações gerais para elementos de fixação roscados, bem como para outros métodos de fixação e união.

A Figura 10.16 mostra algumas das cabeças de parafusos mais comuns. Via de regra, um parafuso serve para ser usado em um furo cego roscado (em vez de com uma porca). Uma exceção a esta regra é o parafuso de cabeça boleada. Este tipo de parafuso é utilizado em materiais macios (particularmente madeira), de modo que os cantos vivos sob a cabeça possam ser forçados para dentro do material do componente a ser fixado, evitando assim que o parafuso gire. Parafusos com cabeça sextavada são geralmente utilizados na união de componentes de máquinas. Algumas vezes não podem ser usados devido ao espaço insuficiente para o acesso de um soquete ou de uma chave inglesa à cabeça. Nesses casos, geralmente é utilizada uma cabeça com sextavado interno.

A necessidade de parafusos que restrinjam o uso por pessoas não autorizadas tem aumentado recentemente. A Figura 10.17 ilustra diversas soluções propostas que têm sido comercializadas.

É quase infindável o número de projetos de elementos de fixação roscados especiais que continuam a aparecer. Alguns são especialmente projetados para uma aplicação específica. Outros reúnem características específicas que interessam a um segmento do mercado de elementos de fixação. Não apenas a capacidade inventiva é necessária para a concepção de novos e melhores elementos de fixação roscados, mas também sua *utilização* com mais vantagens no projeto de um produto. Chow [2] fornece diversos exemplos de redução do custo de um produto através da seleção e da aplicação criteriosa dos elementos de fixação.

10.6 Materiais e Procedimentos de Fabricação de Elementos de Fixação

Os materiais utilizados na fabricação de parafusos e porcas são normalmente selecionados com base nas características de resistência (nas temperaturas de operação envolvidas), peso, resistência à corrosão, propriedades magnéticas, expectativa de vida e custo. A maioria dos elementos de fixação são fabricados de aços cujas especificações são padronizadas pela Sociedade de Engenheiros Automotivos (SAE) e resumidas nas

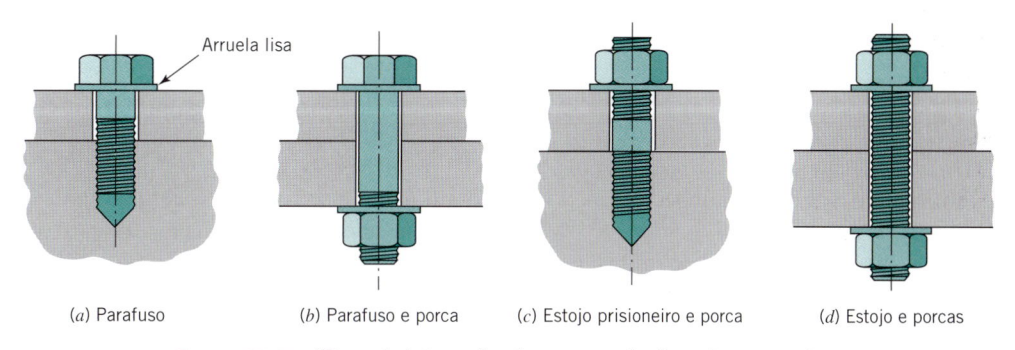

(*a*) Parafuso   (*b*) Parafuso e porca   (*c*) Estojo prisioneiro e porca   (*d*) Estojo e porcas

Arruela lisa

FIGURA 10.15   **Tipos básicos de elementos de fixação roscados.**

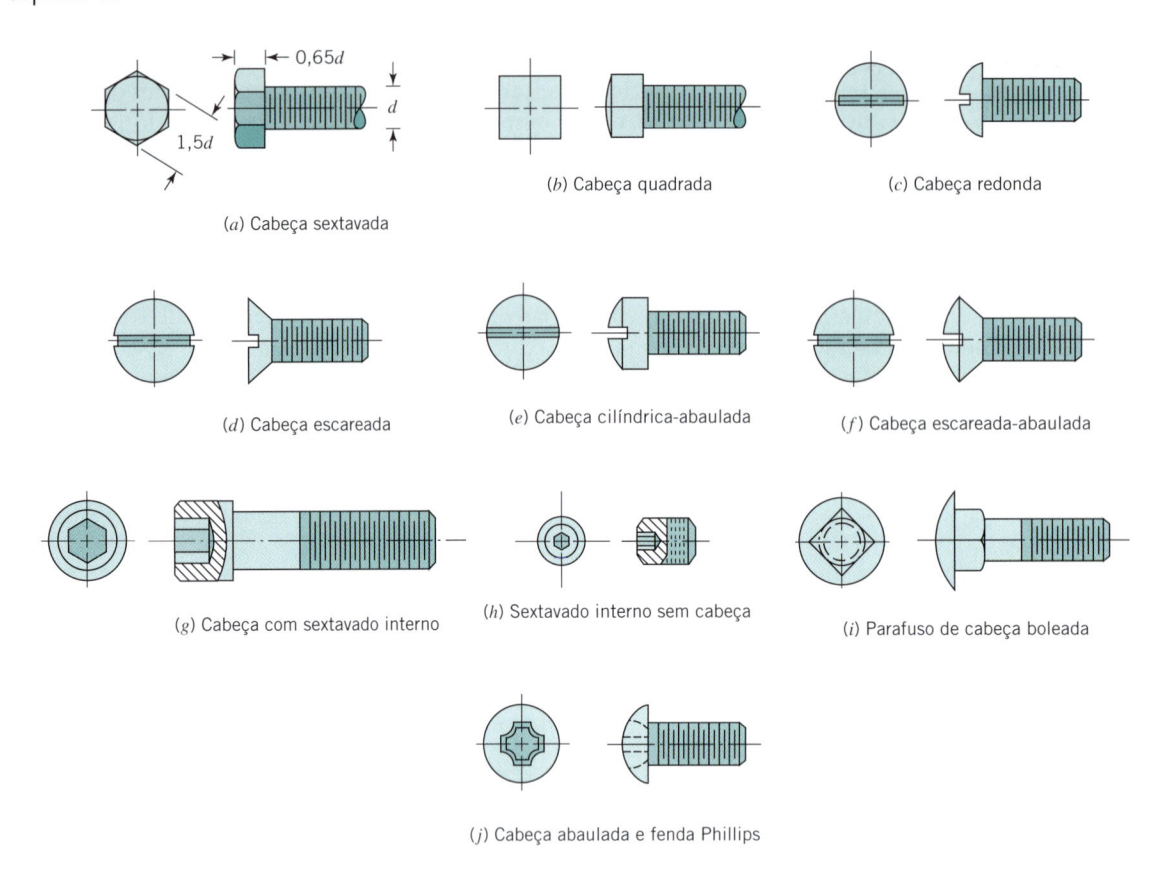

(a) Cabeça sextavada

(b) Cabeça quadrada

(c) Cabeça redonda

(d) Cabeça escareada

(e) Cabeça cilíndrica-abaulada

(f) Cabeça escareada-abaulada

(g) Cabeça com sextavado interno

(h) Sextavado interno sem cabeça

(i) Parafuso de cabeça boleada

(j) Cabeça abaulada e fenda Phillips

FIGURA 10.16 **Alguns tipos comuns de cabeças de parafusos.**

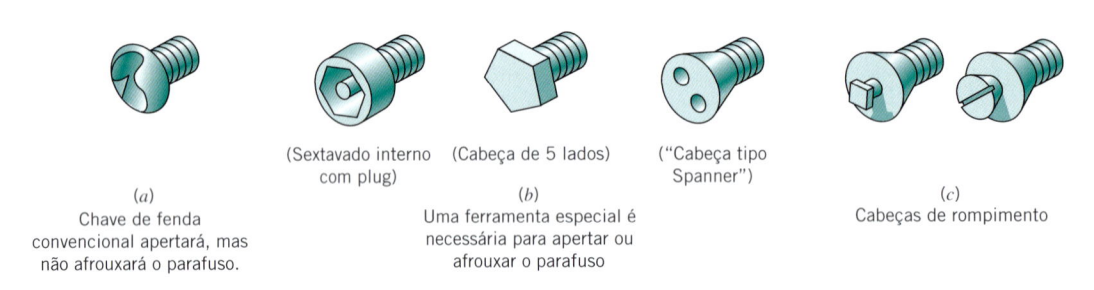

(a)
Chave de fenda
convencional apertará, mas
não afrouxará o parafuso.

(Sextavado interno
com plug)

(Cabeça de 5 lados)

(b)
Uma ferramenta especial é
necessária para apertar ou
afrouxar o parafuso

("Cabeça tipo
Spanner")

(c)
Cabeças de rompimento

FIGURA 10.17 **Cabeças de parafusos "resistentes à violação".**

Tabelas 10.4 e 10.5 (isto não é o caso para muitos elementos de fixação utilizados na indústria aeroespacial e outras situações altamente críticas). A cabeça do parafuso é fabricada a frio para diâmetros de até cerca de 3/4 in e a quente para diâmetros maiores. As roscas são geralmente formadas por meio de laminação entre matrizes que forçam o material a se deformar a frio no contorno roscado das ranhuras das matrizes. As roscas assim formadas são mais resistentes à fadiga e ao impacto do que as usinadas ou retificadas devido ao trabalho a frio, às tensões residuais (compressivas) mais favoráveis na raiz da rosca e a uma estrutura de grãos mais favorável. Em virtude dessas vantagens, os parafusos de alta resistência devem possuir roscas laminadas. Além disso, uma maior resistência à fadiga é obtida se as roscas forem laminadas *após* o tratamento térmico,

de modo que o trabalho de endurecimento superficial resultante e as tensões residuais favoráveis não sejam perdidas. (Certamente, é mais barato fabricar as roscas por laminação antes do endurecimento superficial.)

Os elementos de fixação também são fabricados de alumínio (as ligas mais comumente utilizadas são 2024-T4, 2111-T3 e 6061-T6), latão, cobre, níquel, Monel, Inconel, aço inoxidável, titânio, berílio e diversos plásticos. Para qualquer aplicação, o material de elemento de fixação deve ser considerado em consonância com os problemas de corrosão potenciais associados ao ambiente e outros metais envolvidos (Seção 9.2). Além disso, revestimentos apropriados devem ser considerados para a proteção contra corrosão e para a redução do atrito e do desgaste da rosca (Seção 9.15).

10.7 Aperto de Parafusos e Pré-carga

Para a maioria das aplicações, os parafusos e os conjuntos parafuso-porca deveriam ser previamente apertados de modo a produzir uma pré-carga F_i próxima à "carga de teste" plena, que é definida como a força de tração máxima que não produz uma deformação permanente mensurável. (Essa força é um pouco menor que a força de tração que produz uma deformação permanente de 0,2 % associada a um ensaio padronizado para determinar-se S_y.) Com base nesse conceito, as pré-cargas são geralmente especificadas de acordo com a equação

$$F_i = K_i A_t S_p \qquad \textbf{(10.11)}$$

em que A_t é a área de tensão trativa da rosca (Tabelas 10.1 e 10.2), S_p é a "resistência de prova" do material (Tabelas 10.4 e 10.5) e K_i é uma constante, usualmente especificada na faixa de 0,75 a 1,0. Para aplicações corriqueiras envolvendo carregamento estático, pode-se adotar $K_i \approx 0,9$, ou

$$F_i = 0,9 A_t S_p \qquad \textbf{(10.11a)}$$

Em poucas palavras, o fundamento que está por trás de uma pré-carga tão alta é o seguinte:

1. Para as cargas que tendem a separar componentes rígidos (conforme mostrado na Figura 10.30), a carga no parafuso não pode ser muito aumentada sem que os componentes acabem separando-se, e quanto mais alta for a pré-carga em um parafuso, menor será a possibilidade dos componentes vir a se separar.

2. Para cargas que tendem a cisalhar o parafuso (como na Figura 10.31), quanto maior a pré-carga maiores são as forças de atrito resistentes ao movimento relativo de cisalhamento.

Outras implicações das pré-cargas nos parafusos sujeitos a carregamento de fadiga serão discutidas na Seção 10.11.

Outro ponto a ser considerado é que o aperto de um parafuso ou de uma porca transmite uma tensão *torcional* ao parafuso, juntamente com a pré-carga. No início de sua utilização, o parafuso "desaparafusa" muito ligeiramente, aliviando a maior parte ou toda a torção.

Para ilustrar este ponto, a Figura 10.18 mostra as cargas aplicadas a um conjunto parafuso-porca durante a operação de aperto. Lembre-se que as forças de atrito e os torques associados variam consideravelmente com os materiais, os acabamentos, a limpeza, a lubrificação e assim por diante. Nesta figura admite-se o caso ideal em que o eixo do parafuso é *precisamente* perpendicular a todas as superfícies de aperto, de modo que nenhuma flexão é imposta ao parafuso.

A diferença entre os coeficientes de atrito estático e dinâmico apresenta um importante efeito. Suponha que o torque T_1 seja progressivamente aumentado até o valor pleno especificado com a rotação *contínua* da porca. A força de aperto resultante F_i seria maior que se fosse permitido que a rotação da porca fosse interrompida momentaneamente a, por exemplo, 80 % do torque pleno. O maior valor de atrito estático poderia ser tal que a aplicação subsequente do torque pleno não causaria rotação adicional da porca, com o resultado que F_i seria menor do que a desejada.

A Figura 10.18 também ilustra as tensões atuantes no parafuso, tanto inicialmente (quando o torque de aperto ainda está aplicado) e quanto finalmente (com o "desaparafusamento" tendo aliviado toda torção). Para maior clareza, um elemento de tensão é mostrado no corpo do parafuso. As tensões mostradas, limitadas ao escoamento, seriam mais apropriadamente associadas à seção transversal no plano de uma rosca. Um ponto importante *não* destacado na Figura 10.18 é que a tensão torcional também depende do atrito entre a rosca do parafuso e da porca. Por exemplo, se existe um atrito considerável na rosca, um torque de retenção significativo T_4 seria necessário para evitar a rotação do parafuso, e as tensões torcionais no parafuso poderiam ser tão grandes que o escoamento seria atingido para valores relativamente pequenos de F_i.

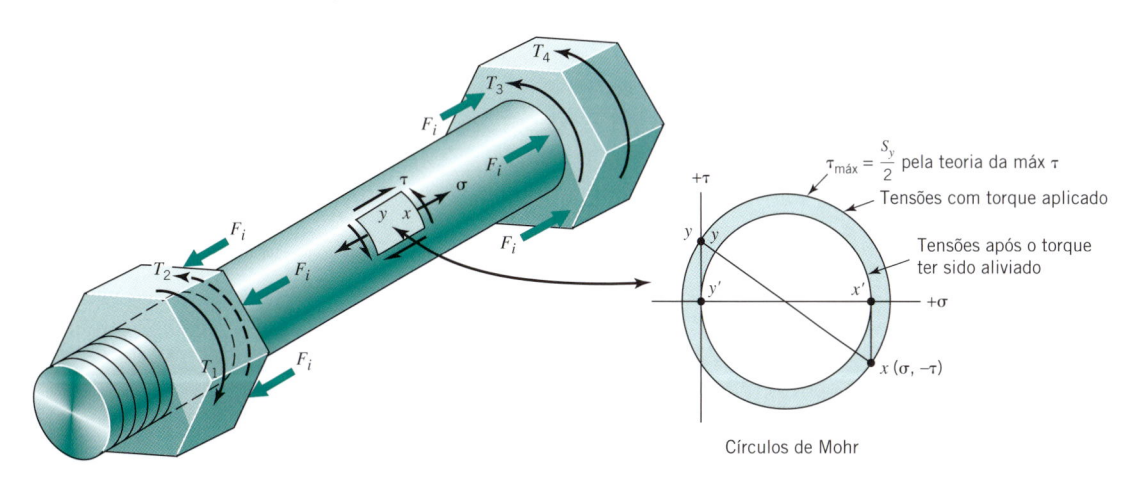

FIGURA 10.18 **Cargas e tensões atuantes nos parafusos que são devidas ao aperto inicial da porca. Pela condição de equilíbrio, $\Sigma M = 0$ para o conjunto parafuso-porca mostrado; isto é, $T_1 = T_2 + T_3 + T_4$ (em que T_1 = o torque do torquímetro), T_2 = torque de atrito na face da porca = $fF_i r_n$ (em que r_n é o raio efetivo das forças de atrito atuantes na face da porca), T_3 = torque de atrito da cabeça do parafuso $\leq fF_i r_h$ (em que r_h é o raio efetivo das forças de atrito atuantes na cabeça do parafuso), T_4 = é o torque do torquímetro necessário aplicado para evitar que a cabeça do parafuso gire. Note que $T_4 = 0$ se $fF_i r_h \geq T_1 - T_2$.**

TABELA 10.4   Especificações para Aço Utilizado para Parafusos da Série em Polegadas

Classe SAE	Diâmetro d (in)	Carga de Prova (Resistência)[a] S_p (ksi)	Resistência ao Escoamento[b] S_y (ksi)	Tensão Última S_u (ksi)	Alongamento Mínimo (%)	Redução de Área, Mínima (%)	Dureza do Núcleo, Rockwell		Classe Identificação Marcada na Cabeça do Parafuso
							Mín	Máx	
1	$\frac{1}{4}$ até $1\frac{1}{2}$	33	36	60	18	35	B70	B100	Nenhuma
2	$\frac{1}{4}$ até $\frac{3}{4}$	55	57	74	18	35	B80	B100	Nenhuma
3	de $\frac{3}{4}$ até $1\frac{1}{2}$	33	36	60	18	35	B70	B100	Nenhuma
5	$\frac{1}{4}$ até 1	85	92	120	14	35	C25	C34	
5	de 1 até $1\frac{1}{2}$	74	81	105	14	35	C19	C30	
5,2	$\frac{1}{4}$ até 1	85	92	120	14	35	C26	C36	
7	$\frac{1}{4}$ até $1\frac{1}{2}$	105	115	133	12	35	C28	C34	
8	$\frac{1}{4}$ até $1\frac{1}{2}$	120	130	150	12	35	C33	C39	

[a]A carga de prova (resistência) corresponde a carga aplicada axialmente que o parafuso precisa resistir sem se deformar permanentemente.
[b]A resistência ao escoamento corresponde a 0,2 % de deformação medida em corpos de prova.
Fonte: Norma J429k (1979) da Sociedade dos Engenheiros Automotivos.

Tabela 10.5 Especificações para Aço Utilizado para Parafusos da Série em Milímetros

Classe SAE	Diâmetro d (mm)	Carga de Prova (Resistência)[a] S_p (MPa)	Resistência ao Escoamento[b] S_y (MPa)	Tensão Última S_u (MPa)	Alongamento Mínimo (%)	Redução de Área, Mínima (%)	Dureza do Núcleo, Rockwell	
							Mín	Máx
4,6	5 até 36	225	240	400	22	35	B67	B87
4,8	1,6 até 16	310	—	420	—	—	B71	B87
5,8	5 até 24	380	—	520	—	—	B82	B95
8,8	17 até 36	600	660	830	12	35	C23	C34
9,8	1,6 até 16	650	—	900	—	—	C27	C36
10,9	6 até 36	830	940	1040	9	35	C33	C39
12,9	1,6 até 36	970	1100	1220	8	35	C38	C44

[a]A carga de prova (resistência) corresponde a carga aplicada axialmente que o parafuso precisa resistir sem se deformar permanentemente.
[b]A resistência ao escoamento corresponde a 0,2 % de deformação medida em corpos de prova.
Fonte: Norma J1199 (1979) da Sociedade dos Engenheiros Automotivos.

A Figura 10.19 ilustra as implicações da discussão anterior em termos (1) da pré-carga que pode ser alcançada com um determinado parafuso e (2) do alongamento que pode ser atingido antes que uma sobrecarga de aperto frature o parafuso.

A determinação precisa da carga de tração no parafuso gerada durante o aperto não é de fácil obtenção. Uma maneira precisa é utilizar-se um parafuso especial com um furo axial, na superfície do qual um extensômetro de resistência é colado. Outro método emprega equipamento ultrassônico para medir o comprimento do parafuso antes e depois do aperto. (Tanto o alongamento real do parafuso quanto a introdução das tensões de tração aumentam o tempo necessário para um pulso ultrassônico mover-se de uma das extremidades do parafuso até a outra e retornar.) Um procedimento há muito tempo utilizado para a montagem de componentes críticos de baixa taxa de produção consiste na medida com um micrômetro do comprimento do parafuso antes de sua montagem e, em seguida, no aperto da porca até que o parafuso se alongue da quantidade desejada. Obviamente, isto só pode ser realizado se ambas as extremidades do parafuso estiverem acessíveis. Um procedimento moderno disponível para operações automatizadas envolve o contínuo monitoramento da chave de torque e da rotação da porca. Quando um computador determina que a relação entre essas grandezas indica que o ponto de escoamento está sendo atingido, a chave é desativada. Um método mais rudimentar, porém frequentemente efetivo, consiste em "assentar" as superfícies pelo aperto do parafuso ou da porca bem firme e, em seguida, liberá-lo. Aperta-se, em seguida, novamente o parafuso ou a porca com um "dedo" e gira-se (com uma chave) até um ângulo adicional predeterminado.

O método mais comum de aperto de um parafuso até um nível desejado é, provavelmente, através do uso de uma chave de torque. A precisão desse método pode ser seriamente comprometida por variações no atrito. O uso de chave de torque normal controla a tração inicial com talvez uma precisão de ± 30 %; com cuidado especial, ± 15 % é uma porcentagem considerada razoável.

Uma equação que relaciona o torque de aperto à pré-carga pode ser obtida a partir da Eq. 10.4 reconhecendo-se que a carga W de um macaco mecânico de parafuso corresponde à força F_i para um parafuso, e que o atrito no colar do macaco mecânico corresponde ao atrito na superfície plana da porca ou sob a cabeça do parafuso. Ao se utilizar o valor 0,15 como uma estimativa grosseira do coeficiente de atrito médio (para f e f_c), a Eq. 10.4 fornece, para roscas de parafusos padronizados,

$$T = 0{,}2F_i d \qquad (10.12)$$

em que d é o diâmetro maior nominal da rosca. Lembre-se de que esta é apenas uma relação *aproximada* e depende das condições "médias" de atrito nas roscas.

Uma maneira simples de se apertar um parafuso ou uma porca é, simplesmente, escolher uma chave convencional e apertá-la até que se "sinta" a firmeza do aperto. Embora esse

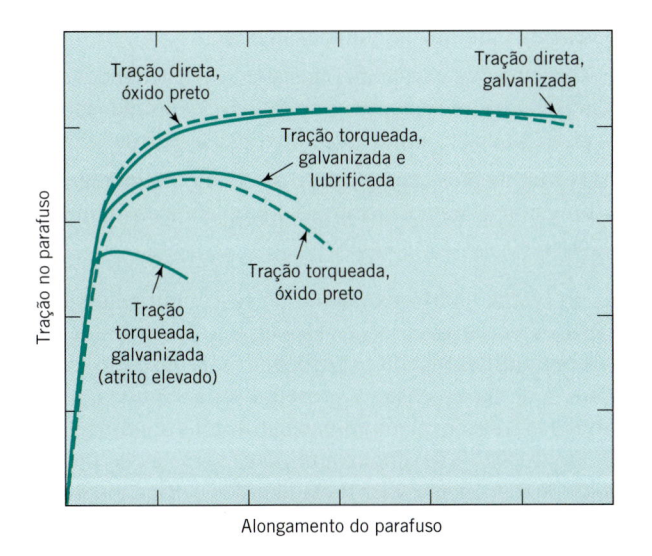

Figura 10.19 Força de tração no parafuso *versus* alongamento, resultante do aperto pela ação de um torque *versus* uma tração direta, e para peças com óxido preto *versus* superfícies galvanizadas [5]. (Nota: A tração direta é produzida por um carregamento hidráulico, assim, nenhuma tensão de torção é produzida.)

método jamais possa ser *especificado* para um elemento de fixação crítico, um engenheiro poderia ter *alguma* ideia de quão apertado poderia se esperar que um "componente mecânico simples" deveria estar, através de parafusos de diversas dimensões utilizando chaves comuns. Um estudo realizado próximo da virada do século XX indicou que a força de aperto seria

$$F_i(\text{lbf}) \approx 16.000d \text{ (in)} \qquad \textbf{(e)}$$

Embora limitada, a Eq. (e) revela o importante fato de que a tendência natural é que o aperto referido à pré-carga aumenta apenas com a *primeira potência* do diâmetro, enquanto a capacidade de suportar cargas de tração dos parafusos aumenta com o *quadrado* do diâmetro (e a capacidade de suportar cargas de torção aumenta com o cubo do diâmetro). Isto significa que pequenos parafusos tendem a romper por torção e que os parafusos muito grandes tendem a ser apertados com cargas inferiores à que são capazes de suportar.

Deve-se ter cautela quanto à perda da pré-carga do parafuso durante sua operação. Quando componentes "rígidos" são unidos por parafusos, o deslocamento elástico dos componentes pode representar apenas um centésimo de milímetro, ou menos. Se o carregamento causar qualquer efeito de fluência ou subsequente achatamento de pontos altos minúsculos das superfícies, boa parte da pré-carga do parafuso será perdida. A pré-carga também pode ser perdida por desgaste ou corrosão das superfícies em contato ou pela "remoção" de filmes superficiais. Ensaios experimentais têm mostrado que uma junta típica perde cerca de 5 % de pré-carga dentro de poucos minutos, e que diversos efeitos de relaxação resultam na perda de cerca de outros 5 % dentro de poucas semanas. A relaxação das tensões a longo prazo é um problema no caso das juntas sujeitas a altas temperaturas, como nos motores a jato e nos reatores nucleares. Essas aplicações requerem parafusos fabricados com ligas especiais para altas temperaturas. Devido a estas perdas de pré-carga (e devido à possibilidade de afrouxamento da rosca, que será discutida na próxima seção), algumas vezes é necessário o reaperto periódico dos parafusos.

10.8 Afrouxamento e Travamento da Rosca

Uma vantagem inerente dos elementos de fixação roscados (em comparação aos rebites, à soldagem ou à colagem) utilizados em muitas aplicações é que eles *podem* ser facilmente desacoplados sem nenhum dano. Uma *desvantagem* que tem afligido os engenheiros desde os dias mais remotos é que às vezes a união fica frouxa e os componentes se separam sozinhos! O conceito que explica o *por que* das uniões roscadas se soltarem, um conceito muito simples, é fornecido a seguir.

Na Figura 10.16 o aperto de uma porca (que é similar à elevação de uma carga por meio de um parafuso de potência) é representado pelo deslizamento de um pequeno bloco sobre um plano inclinado. Se o atrito for suficiente para evitar que o bloco deslize descendo de volta no plano, a rosca é considerada autotravante. *Todos* os elementos de fixação roscados são projetados para ter um ângulo de hélice (λ) pequeno suficientemente e um coeficiente de atrito (f) suficientemente alto para serem autotravantes sob *condições de carregamento estático*.

Entretanto, se ocorrer *qualquer* movimento relativo entre as roscas do parafuso e da porca (entre o plano inclinado e o bloco) a porca tende a desaparafusar a união (o bloco desliza, desce de volta o plano inclinado). Esse movimento relativo é frequentemente causado por vibrações, porém este pode ser decorrente de outras causas, como uma expansão térmica diferencial ou uma ligeira dilatação e contração da porca com as variações na carga axial do parafuso. A dilatação e contração produzem variações muito pequenas no diâmetro da rosca, e é devido à "ação de cunha" das roscas cônicas carregadas. Por exemplo, este efeito *não* ocorre com rosca quadrada (veja a Figura 10.4*c*).

Para compreender *como* qualquer movimento relativo tende a causar o afrouxamento da rosca, coloque um pequeno corpo rígido (como um lápis ou uma caneta) sobre um plano ligeiramente inclinado (como um livro) e dê um leve toque no bordo do plano em *qualquer* direção. Com o toque apenas suficiente para causar um ligeiro movimento relativo, o pequeno corpo inevitavelmente desliza, descendo o plano inclinado. Uma analogia familiar aos motoristas de carros dos países onde o inverno é rigoroso é a de um carro que se move na curva de uma pista coberta por gelo. Se a tração é perdida, pelo acionamento dos freios ou pela aplicação de um torque muito alto às rodas de tração, o veículo desliza lateralmente para o acostamento da pista. Nesse caso, o atrito entre a borracha do pneu e o gelo é suficiente para evitar o deslizamento lateral enquanto *não* houver movimento relativo, porém *não* é suficiente quando houver deslizamento em qualquer direção.

Os seguintes estão entre os fatores que determinam se as roscas ficarão ou não frouxas:

1. Quanto maior o ângulo de hélice (isto é, maior a inclinação do plano inclinado), maior a tendência ao afrouxamento. Assim, as roscas grossas tendem a afrouxar-se mais facilmente do que as roscas finas.

2. Quanto maior o aperto inicial, maior a força de atrito a ser vencida para iniciar o afrouxamento.

3. As superfícies macias ou rugosas em contato tendem a promover uma leve deformação plástica que diminui a força de aperto inicial e, assim, podem propiciar o afrouxamento.

4. Os tratamentos superficiais e as condições que tendem a aumentar o coeficiente de atrito propiciam um aumento da resistência ao afrouxamento.

O problema do afrouxamento da rosca tem resultado em numerosos e criativos projetos especiais e alterações de projetos, e continua desafiando os engenheiros na busca de soluções efetivas e de baixo custo. Apresenta-se, a seguir, um breve resumo das soluções mais comuns utilizadas atualmente.

A Figura 10.20 mostra as familiares arruelas de pressão e dentada de travamento. Elas trabalham sob o princípio do achatamento de uma saliência dura e de quinas vivas que tendem a "morder" as superfícies metálicas em contato e resistir ao afrouxamento pela ação de "cunha".

As porcas com fendas e castelo (Figura 10.21) são utilizadas com uma cupilha ou arame passante que se ajusta à fendas diametralmente opostas e passa através de um furo feito no parafuso. Esse recurso propicia um travamento positivo, porém

(a)
Arruela de pressão

(b)
Arruela dentada (Os
dentes podem ser
externos como nesta
ilustração, ou internos.)

FIGURA 10.20 Tipos comuns de arruelas de pressão.

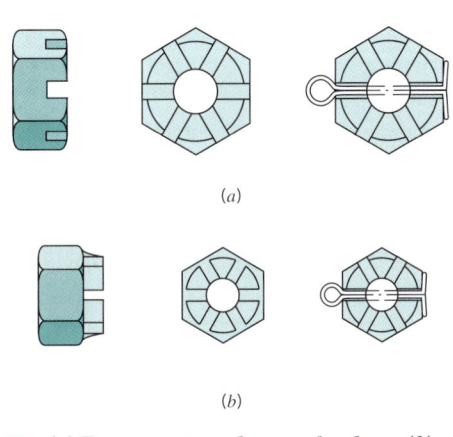

(a)

(b)

FIGURA 10.21 (*a*) Porca sextavada com fendas e (*b*) porca castelo. Cada qual é também mostrada com um parafuso furado com cupilha.

pode requerer um aperto ligeiramente superior ou inferior de modo a alinhar um par de fendas com o furo do parafuso.

As contraporcas são, geralmente, de dois tipos — de *giro livre* e de *torque dominante*. A Figura 10.22 mostra três variedades de contraporcas de giro livre. Elas giram livremente até se ajustarem e, em seguida, produzem um deslocamento que produz um aperto nas roscas do parafuso. As arruelas de pressão mostradas na Figura 10.20 são também dispositivos de travamento de roscas de "giro livre". Os endereços http://www.machinedesign.com e http://www.americanfastener.com apresentam informações adicionais sobre as contraporcas e os dispositivos de travamento.

A Figura 10.23 ilustra algumas contraporcas de torque dominante representativas. Essas porcas desenvolvem um torque de atrito tão logo as roscas estejam totalmente acopladas. Assim, elas requerem a aplicação de uma torção até sua posição final assentada, e têm uma forte tendência de ficar nesta posição mesmo quando não apertadas. As porcas com torque dominante ou os elementos de fixação geralmente propiciam a melhor solução nos casos de aplicações críticas, particularmente quando altos níveis de vibrações estão envolvidos.

Algumas vezes duas porcas padronizadas (ou uma padronizada e uma "contraporca" fina) são utilizadas em conjunto para se obter uma ação de travamento. Inicialmente a porca padronizada extra, ou "contraporca", é instalada e levemente apertada. Em seguida, a porca padronizada é instalada e apertada firmemente contra a porca extra.

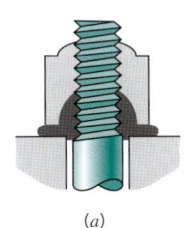

(a)
Porca com inserto (Um inserto de náilon é
comprimido quando a porca é acionada para
prover tanto travamento quanto vedação.)

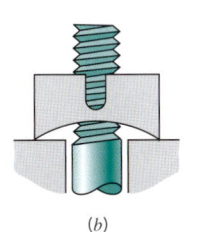

(b)
Porca mola (A parte superior da
porca pressiona a rosca do parafuso
quando a porca é apertada.)

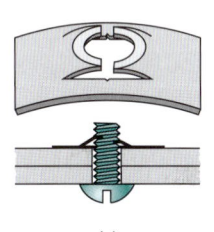

(c)
Porca rápida (As abas comprimem a rosca
do parafuso quando a porca é apertada.
Este tipo de porca é rapidamente aplicada
e utilizada para cargas leves.)

FIGURA 10.22 Exemplos de contraporcas de giro livre.

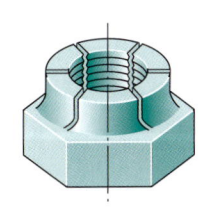

Porca com mola (A parte superior da
porca é cônica. Segmentos são
pressionados contra a rosca do parafuso.)

(a)

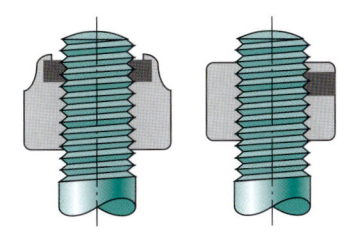

Porcas com insertos de náilon
(Gola ou inserto de náilon exerce
atrito na rosca do parafuso.)

(b)

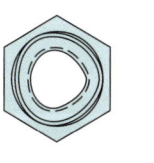 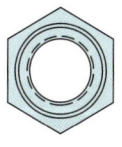

Começo   Totalmente
              travado

Porca distorcida (Porção da porca é distorcida
para prover atrito na rosca do parafuso.)

(c)

FIGURA 10.23 Exemplos de contraporcas de torque dominante. (Cortesia de SPS Technologies, Inc.)

Outro meio de se prover o travamento da rosca é cobrir as roscas em contato com um adesivo especial ou verniz, que também pode atuar como selador da rosca contra eventuais vazamentos de fluidos. Esses adesivos estão disponíveis com diversas propriedades, dependendo se a posterior desmontagem for ou não importante. Algumas vezes o adesivo de cobertura está contido em uma pequena cápsula que é fixada à rosca durante sua fabricação. A cápsula se rompe durante a montagem, e o adesivo flui sobre as superfícies roscadas.

Note que, essencialmente, todos os procedimentos de travamento de roscas apresentados podem ser aplicados aos parafusos e aos conjuntos porca-parafuso.

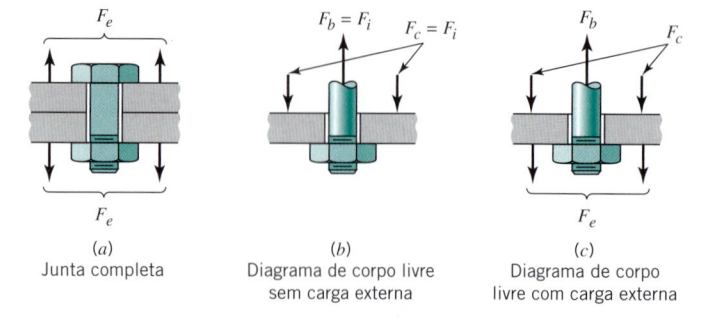

FIGURA 10.24 **Análise do diagrama de corpo livre de um parafuso sob carga de tração.**

 10.9 Parafusos sob Tração com Força Externa de Separação da União

Os parafusos são tipicamente utilizados para manter componentes unidos em oposição às forças que tendem a separá-los ou a produzir um deslizamento relativo, afastando-os. Exemplos comuns são as barras de conexão roscadas, os parafusos de cabeça cilíndrica e assim por diante. A Figura 10.24a mostra o caso geral de dois componentes unidos por um parafuso e sujeitos a uma força externa F_e tendendo a separá-los. A Figura 10.24b mostra o diagrama de corpo livre de uma região desta montagem. Nessa figura a porca foi apertada, porém a força externa ainda não foi aplicada. A força axial no parafuso F_b e a força de aperto entre as duas placas F_c são ambas iguais à força inicial de pré-carga F_i. A Figura 10.24c mostra o diagrama de corpo livre dos mesmos componentes após a força externa F_e ter sido aplicada. A condição de equilíbrio requer que uma ou ambas as situações ocorram: (1) um aumento em F_b e (2) uma diminuição de F_c. As amplitudes relativas das variações em F_b e F_c dependem das rigidezes relativas envolvidas.

Para facilitar a compreensão do leitor em relação ao significado das rigidezes *relativas* envolvidas em juntas aparafusadas, as Figuras 10.25 e 10.26 ilustram dois casos extremos. A Figura 10.25a mostra uma placa de fechamento aparafusada na extremidade de um vaso de pressão (ou o cabeçote aparafusado do bloco de cilindros de um compressor alternativo). A

característica mais importante é a espessa gaxeta de borracha, a qual é tão macia que, *comparativamente*, os demais componentes podem ser considerados como infinitamente rígidos. Quando a porca é apertada de modo a produzir a pré-carga F_i, a gaxeta de borracha é comprimida significativamente; o parafuso se alonga de uma quantidade desprezível. As Figuras 10.25b e 10.25c mostram os detalhes do parafuso e das superfícies unidas. Note a distância definida como g. Na condição de aperto inicial, $F_b = F_c = F_i$.

A Figura 10.25d mostra a variação de F_b e F_c quando a carga de separação F_e é aplicada. A deformação elástica do parafuso causada por F_e é tão pequena que a gaxeta de borracha espessa não pode se deformar significativamente. Assim, a força de aperto F_c não diminui, e *toda* a carga F_e é dispendida no aumento da tração do parafuso (reveja a Figura 10.24).

A Figura 10.26 ilustra o extremo oposto em rigidez relativa. Os componentes unidos são componentes metálicos "rígidos", com superfícies de contato polidas e sem gaxeta entre elas. O parafuso possui uma região central feita de borracha. Neste caso o aperto inicial alonga o parafuso e não produz uma compressão significativa dos componentes sob aperto. (A vedação do fluido é alcançada através de uma "gaxeta confinada" na forma de um O-ring de borracha. Antes de ser comprimida pela placa de cobertura, a seção transversal do O-ring era circular.)

A Figura 10.26d mostra que, neste caso, toda a força de separação é equilibrada pela diminuição da força de união, *sem*

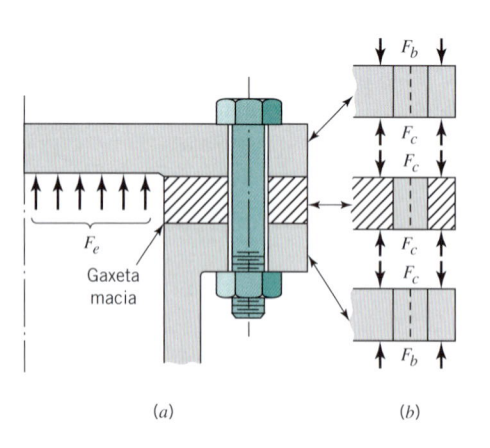
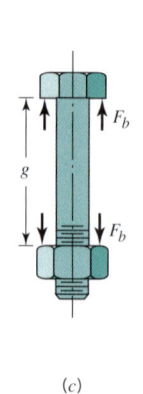
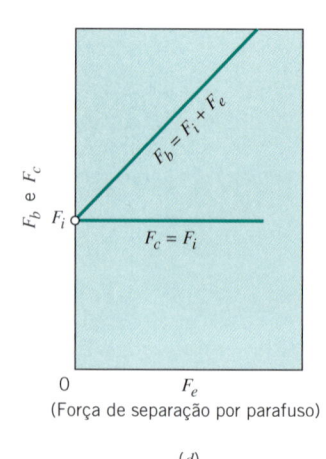

FIGURA 10.25 Forças F_b e F_c *versus* F_e por parafuso para componentes da união macios — parafusos rígidos.

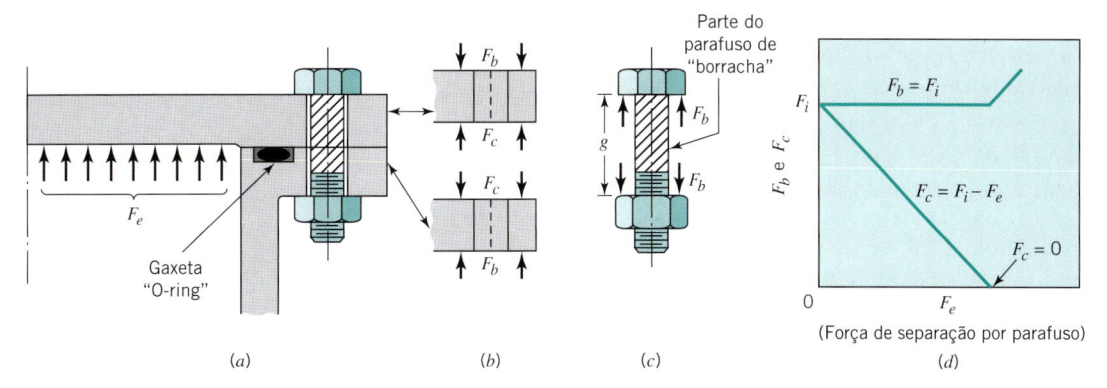

(a) (b) (c) (d)

FIGURA 10.26 F_b e F_c *versus* F_e por parafuso, para componentes de união rígidos — parafuso macio.

qualquer aumento na tração do parafuso. O único modo de se aumentar a tração no parafuso de borracha seria aumentar seu comprimento, e isto não pode ocorrer sem uma força externa grande o suficiente para separar fisicamente as superfícies de aperto em contato. (Observe também que enquanto as superfícies de aperto permanecerem em contato, a efetividade da vedação do O-ring permanece inalterada.)

Os casos extremos ilustrados nas Figuras 10.25 e 10.26 são, quando muito, meras aproximações. Pode-se, agora, investigar o caso real em que tanto o parafuso quanto os componentes a serem unidos possuem rigidezes relevantes. As uniões realizadas pelo aperto dos elementos de fixação tanto alongam o parafuso quanto comprimem os componentes a serem unidos. (Nas juntas sem gaxetas estes deslocamentos podem facilmente se aproximar de milésimos de uma polegada. Para efeito de visualização pode ser útil pensar em termos do maior deslocamento que poderia estar associado ao uso tanto da gaxeta de borracha da Figura 10.25 *quanto* do parafuso de borracha da Figura 10.26.) Quando a força externa F_e é aplicada, o parafuso e os componentes a serem unidos se deslocam da *mesma quantidade*, δ (isto é, a dimensão g aumenta de uma quantidade δ para ambos).

Da Figura 10.24, a força de separação deve ser igual à soma do aumento na força do parafuso com a diminuição da força de aperto nos elementos a serem unidos, isto é,

$$F_e = \Delta F_b + \Delta F_c \qquad \textbf{(f)}$$

Por definição,

$$\Delta F_b = k_b\delta \quad \text{e} \quad \Delta F_c = k_c\delta \qquad \textbf{(g)}$$

em que k_b e k_c são, respectivamente, as *constantes de mola* para o parafuso e para os componentes unidos.

Substituindo a Eq. g na Eq. f fornece

$$F_e = (k_b + k_c)\delta \quad \text{ou} \quad \delta = \frac{F_e}{k_b + k_c} \qquad \textbf{(h)}$$

Combinando as Eqs. g e h obtém-se

$$\Delta F_b = \frac{k_b}{k_b + k_c}F_e \quad \text{e} \quad \Delta F_c = \frac{k_c}{k_b + k_c}F_e \qquad \textbf{(i)}$$

Assim, as equações para F_b e F_c são

$$F_b = F_i + \frac{k_b}{k_b + k_c}F_e \quad \text{e} \quad F_c = F_i - \frac{k_c}{k_b + k_c}F_e \quad \textbf{(10.13)}$$

As Equações 10.13 são representadas graficamente na Figura 10.27. Nessa figura também estão representados dois pontos adicionais dignos de comentários.

1. Quando a carga externa é suficiente para anular a força de aperto (ponto A), a força no parafuso e a força externa devem ser iguais (lembre-se da Figura 10.24). Assim, a figura mostra que $F_c = 0$ e $F_b = F_e$ para valores de F_e além

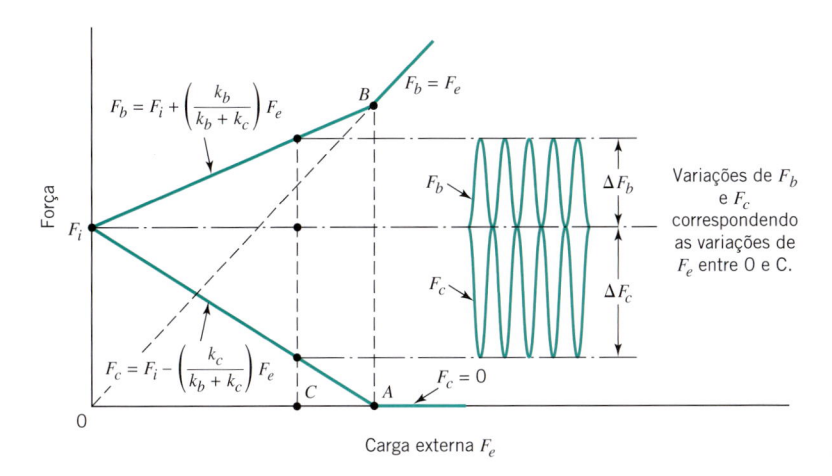

FIGURA 10.27 **Relações entre as forças para uniões aparafusadas.**

do definido pelo ponto *A*. (Esta não é uma faixa normalmente utilizada para F_e, pois a separação física das superfícies unidas raramente é uma condição aceitável.)

2. Quando a carga externa é alternadamente aplicada e removida, as flutuações de F_b e de F_e são convenientemente determinadas pela figura, conforme mostrado. (Mais sobre este assunto na Seção 10.11, sobre fadiga de parafusos.)

O uso da Eq. 10.13 requer a determinação de k_b e k_c, ou, pelo menos, uma estimativa razoável de seus valores relativos. Considerando a equação básica para deslocamentos axiais ($\delta = PL/AE$) e a constante de mola ($k = P/\delta$), tem-se

$$k_b = \frac{A_b E_b}{g} \quad \text{e} \quad k_c = \frac{A_c E_c}{g} \qquad \textbf{(10.14)}$$

em que a distância *g* representa o comprimento efetivo aproximado para ambos. As duas dificuldades que geralmente surgem na estimativa de k_c são

1. Os componentes a serem unidos podem consistir em um conjunto de peças de materiais distintos, representados por "molas" em série. Neste caso, utilize a fórmula para o cálculo da constante de molas em série:

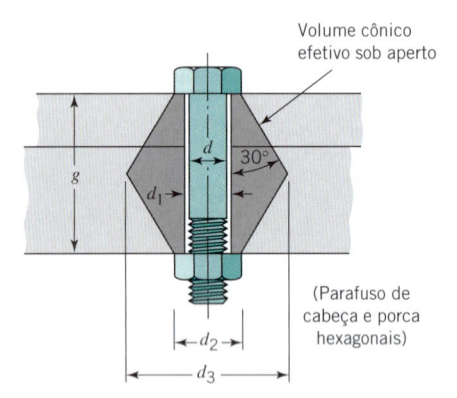

FIGURA 10.28 Um procedimento para a estimativa da área efetiva dos componentes unidos (para o cálculo de k_c). A área efetiva A_c é aproximadamente igual à área média da seção cinza-escuro. Assim,

$$A_c = \frac{\pi}{4}\left[\left(\frac{d_3 + d_2}{2}\right)^2 - d_1^2\right]$$

em que
 $d_1 \approx d$ **(para pequenas folgas)**
 $d_2 = 1{,}5d$ **(para parafusos de cabeça hexagonal padrões —**
veja a Figura 10.16)
 $d_3 = d_2 + g \tan 30^\circ = 1{,}5d + g \tan 30^\circ$

A substituição destes valores leva a

$$A_c = \frac{\pi}{16}(5d^2 + 6dg \tan 30^\circ + g^2 \tan^2 30^\circ)$$
$$\approx d^2 + 0{,}68dg + 0{,}065g^2$$

Nota: Se os componentes unidos são macios, a utilização de arruelas planas de aço endurecido aumenta a efetividade do valor de A_c.

$$1/k = 1/k_1 + 1/k_2 + 1/k_3 + \cdots \qquad \textbf{(10.15)}$$

2. A área da seção transversal efetiva dos componentes a serem unidos raramente é de fácil determinação. Esta condição é particularmente verdadeira se os componentes possuírem formas irregulares ou se eles se estenderem de uma distância significativa em relação ao eixo do parafuso. Um procedimento empírico algumas vezes utilizado para estimar A_c é ilustrado na Figura 10.28.

Um procedimento experimental efetivo para a determinação da razão entre k_b e k_c para uma dada união é utilizar um parafuso equipado com um extensômetro de resistência elétrica ou monitorar o comprimento do parafuso através de ultrassom. Esses procedimentos permitem uma medida direta de F_b, tanto antes quanto depois da força F_e ter sido aplicada. Alguns manuais apresentam estimativas grosseiras da relação k_c/k_b para diversos tipos gerais de uniões que utilizam ou não gaxetas. Para uma união "típica" sem gaxeta é comum considerar-se a rigidez k_c como o triplo de k_b, porém para um projeto criterioso da união pode-se, na realidade, chegar à relação $k_c = 6k_b$.

10.10 Seleção de Parafusos para Carregamento Estático

As principais cargas atuantes nos parafusos são de tração e de cisalhamento, ou uma combinação dessas duas. Além disso, alguma flexão está geralmente presente em virtude das superfícies dos componentes a serem unidos não serem exatamente paralelas entre si e perpendiculares ao eixo do parafuso (Figura 10.29*a*), e porque, os componentes carregados estão um pouco empenados (Figura 10.29*b*).

Antes de considerar-se alguns exemplos mais complexos, é importante reconhecer que parafusos são por vezes selecionados de forma bastante arbitrária. Esse é o caso de aplicações não críticas, cujas cargas são pequenas — por exemplo, a fixação das placas de licença dos automóveis. Quase qualquer diâmetro serviria, incluindo diâmetros consideravelmente menores que

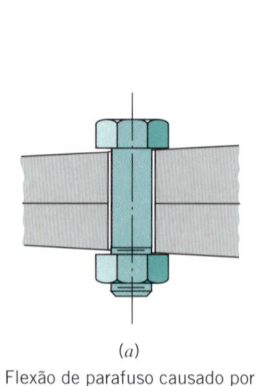

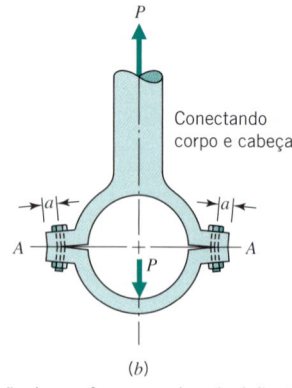

(a)
Flexão de parafuso causado por superfícies em contato não paralelas. (O parafuso irá flexionar quando a porca for apertada.)

(b)
Flexão do parafuso causado pela deflexão dos componentes carregados. (Note a tendência de pivotar em torno de *A*; consequentemente, a flexão é reduzida se a dimensão *a* for aumentada.)

FIGURA 10.29 Exemplos de flexão não prevista em parafusos.

aqueles utilizados. A seleção é uma questão de discernimento, com base em fatores tais como aparência, facilidade de manuseio e de montagem, e custos. Mesmo no caso de aplicações de parafusos para cargas conhecidas significativas, algumas vezes são utilizados parafusos maiores do que o necessário porque uma dimensão menor "não daria uma boa impressão", e o custo adicional pelo uso de parafusos maiores seria mínimo.

PROBLEMA RESOLVIDO 10.2P Seleção de Parafusos para Fixação de um Mancal — Carregamento Trativo

A Figura 10.30 mostra um rolamento de esferas alojado em um mancal de apoio, suportando uma das extremidades de um eixo girante. O eixo aplica uma carga estática de 9 kN ao mancal, conforme mostrado. Selecione parafusos métricos (ISO) para a fixação do mancal de apoio e especifique um torque de aperto apropriado.

SOLUÇÃO

Conhecido: Uma carga de tração estática conhecida é aplicada a dois parafusos métricos (ISO).

A Ser Determinado: Selecione os parafusos adequados e especifique um torque de aperto.

Esquemas e Dados Fornecidos:

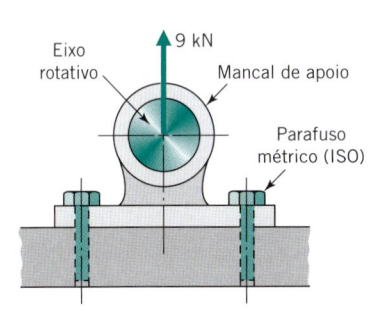

FIGURA 10.30 **Mancal preso por dois parafusos.**

Hipóteses:

1. A classe 5.8 de parafusos de aço, de custo relativamente baixo, é escolhida para material do parafuso.
2. A carga de 9 kN é distribuída igualmente por cada parafuso.
3. Os parafusos não sofrem nenhum efeito de flexão; isto é, a carga nos parafusos é de tração axial.

Análise:

1. Qualquer classe de aço poderia ter sido utilizada, porém não há razão aparente para se especificar um aço de maior resistência e mais caro. A classe 5.8 com uma resistência de prova de 380 MPa (Tabela 10.5), foi escolhida.
2. A carga nominal para cada um dos dois parafusos é de 4,5 kN. A Seção 6.12 indica que se a falha do parafuso não colocar em risco a vida humana, não causar outro dano ou implicar uma parada com alto custo, um fator de segurança

de 2,5 seria razoável. Como neste caso o custo de se utilizar um fator de segurança mais alto é inexpressivo, e como a falha pode ser bastante cara, deve-se utilizar o "julgamento de engenharia" e aumentar o fator de segurança para 4. Assim, a "sobrecarga de projeto" para cada parafuso seria de 4,5 kN $\times$ 4 = 18 kN.

3. Para carregamento estático de um material dúctil, a concentração de tensões pode ser desprezada e a simples equação "$\sigma = P/A$" pode ser utilizada, com a tensão σ sendo igual à resistência de prova quando P for igual à sobrecarga de projeto. Assim,

$$380 \text{ MPa} = \frac{18.000 \ N}{A_t} \quad \text{ou} \quad A_t = 47,4 \text{ mm}^2$$

4. A Tabela 10.2 indica uma dimensão padronizada adequada de parafuso da classe 5.8 como M10 $\times$ 1,5 (para a qual $A_t = 58,0 \text{ mm}^2$).

5. A pré-carga de tração pode ser razoavelmente especificada (Eq. 10.11a) como

$$F_i = 0,9A_t S_p = 0,9(58,0 \text{ mm}^2)(380 \text{ MPa}) = 19.836 \text{ N}$$

6. Este valor corresponde a um torque de aperto estimado (Eq. 10.12) de

$$T = 0,2F_i d = 0,2(19,8 \text{ kN})(10 \text{ mm}) = 39,6 \text{ N} \cdot \text{m}$$

Comentários:

1. Na terceira etapa, a determinação da área necessária foi independente da relação de rigidezes k_c/k_b, e também independente da pré-carga F_i. Independentemente dessas grandezas, a falha estática dos parafusos só ocorrerá quando a sobrecarga for suficiente para escoar toda a seção transversal do parafuso, com o mancal de apoio sendo empurrado no sentido de perder contato com a superfície de fixação (isto é, $F_c = 0$). A pré-carga ótima corresponde, assim, ao maior valor que não escoe os parafusos o suficiente para danificá-los com sua retirada e sua recolocação por diversas vezes. Essa condição oferece a máxima proteção contra a separação de superfícies ($F_c = 0$) e a máxima proteção contra o afrouxamento da rosca (por propiciar um atrito máximo nas roscas). (Na próxima seção será mostrado que tanto a relação entre as rigidezes quanto a pré-carga são fatores importantes na determinação das dimensões do parafuso quando é envolvido um carregamento de *fadiga*.)

2. Observe que o procedimento para a obtenção de $A_t = 47,4$ mm^2 se baseia em um *ligeiro escoamento* de toda a seção transversal do parafuso quando a sobrecarga de projeto for alcançada. Com os parafusos M10 $\times$ 1,5 ($A_t = 58,0$ mm^2), uma sobrecarga de projeto de 22 kN causaria um ligeiro escoamento. Uma pequena sobrecarga adicional produziria uma distorção nos parafusos, de modo que eles não poderiam ser reutilizados. Entretanto, seria necessária uma sobrecarga *significativamente* maior para levar o material até a sua tensão última e romper os parafusos (relação $S_u/S_p = 520/380 = 1,37$, neste caso). Em algumas situa-

ções, a sobrecarga de projeto poderia ter base na tensão última do material do parafuso, em vez de basear-se na sua resistência de prova ou na resistência ao escoamento.

As *resistências ao cisalhamento* dos parafusos de aço de diversas classes foram analisadas por Fisher e Struik [5], que concluíram que uma aproximação razoável é

$$S_{us} \approx 0,62 S_u \text{ (veja a nota de rodapé 2)} \qquad \mathbf{(10.16)^2}$$

PROBLEMA RESOLVIDO 10.3 — Determinação da Capacidade de Carga ao Cisalhamento de uma Junta Aparafusada

A Figura 10.31 mostra um parafuso de aço $\frac{1}{2}$ in – 13UNC classe 5 carregado em cisalhamento duplo (isto é, o parafuso possui dois planos de cisalhamento, conforme mostrado). As placas unidas são de aço e possuem superfícies limpas e secas. O parafuso deve ser apertado por um torquímetro até atingir sua carga de prova; isto é, $F_i = S_p A_t$. Qual é o valor da força F que a união é capaz de suportar? (Nota: Este carregamento de cisalhamento duplo do parafuso é análogo àquele atuante no pino mostrado na Figura 2.14. Admite-se que o parafuso e as placas tenham resistências suficientes para evitar os outros modos de falha discutidos em conexão com as Figuras 2.14 e 2.15.)

SOLUÇÃO

Conhecido: Um dado parafuso de aço une três placas também de aço e está submetido a duplo cisalhamento.

A Ser Determinado: Determine a capacidade de carga da união.

Esquemas e Dados Fornecidos:

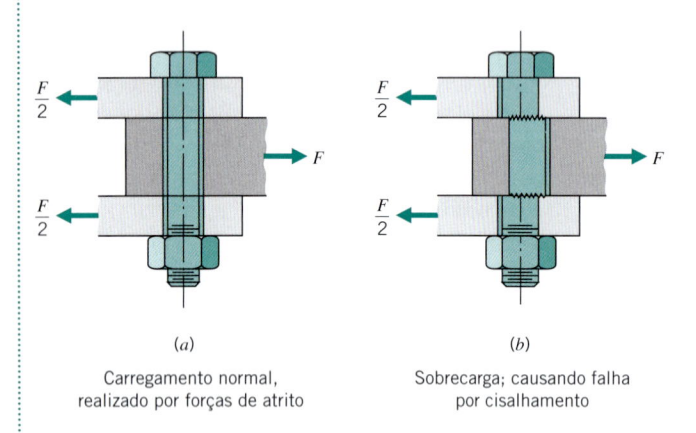

(a) Carregamento normal, realizado por forças de atrito

(b) Sobrecarga; causando falha por cisalhamento

FIGURA 10.31   **Parafuso carregado em cisalhamento duplo.**

Hipóteses:

1. O parafuso é apertado até atingir sua carga de prova; isto é, $F_i = S_p A_t$.
2. O parafuso falha em cisalhamento duplo.

---

[2]Para carregamento cisalhante (não torcional).

3. O parafuso e as placas possuem resistência suficiente para evitar qualquer outro modo de falha.
4. A variação no torquímetro é de aproximadamente $\pm$ 30%.
5. Ocorre uma perda de 10% na tração inicial durante as primeiras semanas de operação (veja a Seção 10.7).

Análise:

1. Para o parafuso $\frac{1}{2}$ in – 13UNC classe 5, a Tabela 10.1 fornece $A_t = 0,1419$ in^2 e a Tabela 10.4 mostra que $S_p = 85$ ksi. A pré-carga especificada é $F_i = S_p A_t = 85.000$ psi $\times$ $0,1419$ in$^2 = 12.060$ lbf. Porém, com a variação do torquímetro, estimada em aproximadamente $\pm$30%, e com uma perda de 10 % da pré-carga durante as primeiras semanas de operação (veja a Seção 10.7), um valor de trabalho conservativo para F_i é de aproximadamente 7600 lbf.

2. A referência [5] fornece um resumo (p. 78) dos coeficientes de atrito obtidos para placas aparafusadas. O coeficiente para aço semipolido é de aproximadamente 0,3, e para aço jateado com areia ou abrasivo é de aproximadamente 0,5. Diversos tipos de pinturas, revestimentos e outros tratamentos superficiais podem alterar o coeficiente significativamente, em geral diminuindo-o. Neste problema é admitido um coeficiente de atrito de 0,4. Este valor resulta em uma força necessária para deslizar cada uma das duas interfaces de 7600 lbf $\times$ 0,4 = 3040 lbf. Assim, o valor de F necessário para superar o atrito é estimado como da ordem de 6000 lbf.

3. Embora geralmente seja desejável limitar a força aplicada F ao valor que pode ser transmitido por atrito, deve-se conhecer o maior valor da força que pode ser transmitida através do próprio parafuso. Para os dois planos de cisalhamento envolvidos, esta força é igual a $2 S_{sy} A$, onde A é a área do parafuso *nos planos de cisalhamento* — neste caso, $\pi (0,5)^2/4 = 0,196$ in^2. Considerando-se que a teoria da energia de distorção fornece uma boa estimativa da resistência ao escoamento por cisalhamento para os metais dúcteis, tem-se $S_{sy} = 0,58 S_y = 0,58(92$ ksi$) = 53$ ksi. Assim, para o escoamento dos dois planos de cisalhamento, $F = 2(0,196$ in$^2)(53.000$ psi$) = 21.000$ lbf.

4. A carga estimada de 21.000 lbf faz com que o valor da tensão cisalhante atinja a resistência ao escoamento em todos os pontos da seção transversal dos planos de cisalhamento, e um pequeno valor adicional desta tensão resultaria na perda de boa parte ou de todas as forças de aperto e de atrito. Um aumento ainda maior desta carga causaria a falha total por cisalhamento, conforme indicado na Figura 10.31b. Esta carga de falha total é calculada da mesma forma que foi calculada na terceira etapa, exceto pela substituição de S_{sy} por S_{us}. Da Eq. 10.16, $S_{us} \approx 74$ ksi; a carga correspondente estimada é de $F = 29.000$ lbf.

Comentários: Observe que na Figura 10.31 a região roscada do parafuso *não* se estende até o plano de cisalhamento. Este fato é importante para um parafuso carregado em cisalhamento. A extensão da rosca até o plano de cisalhamento é conservadoramente considerada na redução da área de cisalhamento a um círculo cujo diâmetro é igual ao diâmetro da raiz da rosca; neste caso, $A = \pi (0,4056)^2/4 = 0,129$ in^2, que corresponde a uma redução de 34 %.

Seleção de Parafusos para a Fixação de um Suporte, Admitindo que o Cisalhamento seja Suportado por Atrito

A Figura 10.32 mostra um suporte carregado verticalmente, fixado a um componente base através de três parafusos idênticos. Embora a carga de 24 kN esteja normalmente aplicada no centro do suporte, os parafusos precisam ser selecionados supondo-se que a excentricidade mostrada possa ocorrer. Devido às considerações sobre segurança, devem ser utilizados parafusos de aço SAE classe 9.8 e um fator de segurança mínimo de 6 (baseado na resistência de prova). Determine um diâmetro apropriado para o parafuso.

SOLUÇÃO

Conhecido: Três parafusos de aço SAE classe 9.8 com um fator de segurança especificado devem ser utilizados para fixar um suporte de geometria fornecida, que suporta uma carga vertical conhecida.

A Ser Determinado: Determine um diâmetro adequado de parafuso.

Esquemas e Dados Fornecidos:

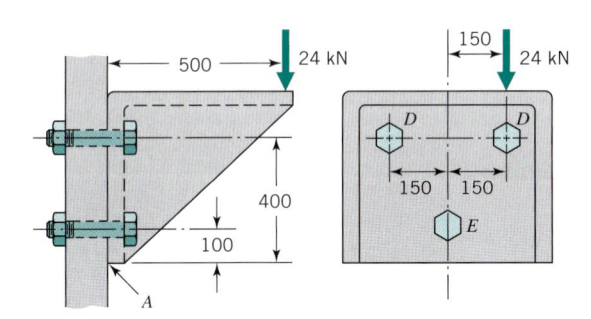

FIGURA 10.32 Suporte carregado verticalmente, fixado por três parafusos.

Hipóteses:

1. Os componentes a serem fixados são rígidos e não deslocam-se com o carregamento.
2. A carga tende a girar o suporte em relação a um eixo que passa pelo ponto A.
3. As cargas de cisalhamento são suportadas por atrito.

Análise:

1. Com as hipóteses de componentes rígidos apertados e cargas de cisalhamento suportadas por atrito, a excentricidade da carga aplicada não produz nenhum efeito no carregamento do parafuso. Com o suporte tendendo a girar em relação a um eixo que passa pelo ponto A, a deformação (e, portanto, a carga) imposta aos dois parafusos D é igual a quatro vezes aquela imposta ao parafuso E. Sejam F_D e F_E as forças de tração suportadas pelos parafusos D e E.

O somatório de momentos em relação ao ponto A para a *sobrecarga de projeto* de 24 kN(6) = 144 kN fornece

$$500(144) = 100F_E + 400F_D + 400F_D$$
$$= 25F_D + 400F_D + 400F_D = 825F_D$$

ou

$$F_D = 87,27 \text{ kN}$$

2. O aço da classe 9.8 possui uma resistência de prova de 650 MPa. Assim, a área sujeita à tensão de tração requerida vale

$$A_t = \frac{87.270 \text{ N}}{650 \text{ MPa}} = 134 \text{ mm}^2$$

Referenciando-se a Tabela 10.2, indica que o tipo de rosca requerido é o M16 × 2.

Comentários:

1. Considerando a aparência e de modo a propiciar uma segurança adicional, parafusos de maior dimensão poderiam ser selecionados.

2. Como no Problema Resolvido 10.2, o diâmetro do parafuso requerido é independente de k_b, k_c e F_i, *exceto* pelo fato de que a força F_i deve ser suficientemente alta para justificar a hipótese de que as forças cisalhantes são transmitidas por atrito. Com o coeficiente de atrito admitido como 0,4 e uma pré-carga (após considerar as variações no aperto e a relaxação inicial) de, no mínimo, $0,55S_pA_t$, compare a força de atrito por cisalhamento disponível (utilizando parafusos de 16 mm) com a sobrecarga de cisalhamento aplicada:

$$\text{Força de atrito disponível} = (3 \text{ parafusos})(0,55\, S_pA_t)F$$
$$= 3(0,55)(650 \text{ MPa})(157,27 \text{ mm}^2)(0,4)$$
$$= 67.500 \text{ N}$$

que representa uma margem de segurança em relação à sobrecarga aplicada de 24 kN superposta à tendência de rotação causada pela excentricidade da sobrecarga. O segundo efeito é tratado no Problema Resolvido 10.5.

Seleção de Parafusos para a Fixação de um Suporte, Desprezando o Atrito e Admitindo que as Forças de Cisalhamento sejam Suportadas pelos Parafusos

Repita o Problema Resolvido 10.4, desta vez desprezando as forças de atrito.

SOLUÇÃO

Conhecido: Três parafusos de aço SAE classe 9.8 com um fator de segurança especificado devem ser utilizados para fixar um suporte de geometria fornecida que suporte uma carga vertical conhecida.

A Ser Determinado: Determine um diâmetro apropriado ao parafuso.

Esquemas e Dados Fornecidos: Veja o Problema Resolvido 10.4 e a Figura 10.32.

Hipóteses:

1. As forças cisalhantes causadas pela carga vertical excêntrica são suportadas completamente pelos parafusos.

2. A força vertical de cisalhamento é distribuída igualmente entre os três parafusos.

3. A força cisalhante tangencial suportada por cada parafuso é proporcional à sua distância ao centro de gravidade do grupo de parafusos.

Análise:

1. Desprezar o atrito não teve nenhum efeito nas tensões atuantes no parafuso na *região roscada*, onde foi dada atenção no Problema Resolvido 10.4. Neste problema, a atenção é mudada para o *plano de cisalhamento do parafuso* (na interface entre o suporte e a placa). Este plano é submetido a força de tração de 87,27 kN, calculada no Problema Resolvido 10.4, superposta à força de cisalhamento calculada na segunda etapa a seguir.

2. A força de cisalhamento excêntrica aplicada de 24 kN(6) = 144 kN tende a deslocar o suporte para baixo e também fazê-lo girar no sentido horário em relação ao centro de gravidade do conjunto de parafusos da seção transversal. Para os três parafusos de mesmo diâmetro, o centro de gravidade corresponde ao centroide do padrão triangular, conforme mostrado na Figura 10.33.

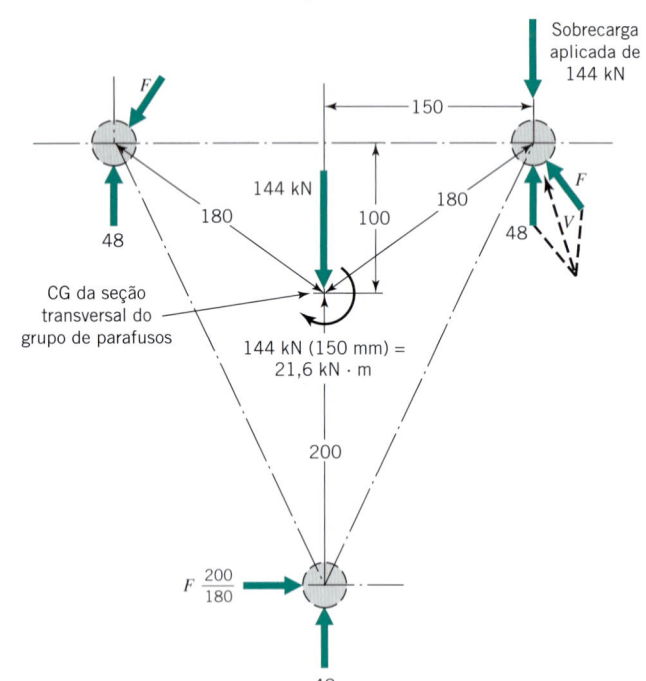

$\Sigma M_{cg} = 0$: 144 kN (150 mm) = F(180 mm) + F(180 mm) + $F(\frac{200}{180}$ mm) (200 mm)
∴ F = 37,1 kN

Figura 10.33 **Plano das forças cisalhantes e equilíbrio de momentos para o suporte da Figura 10.32.**

A figura anterior ilustra a carga original aplicada (vetor tracejado) substituída por uma carga igual equivalente aplicada no centroide (vetor contínuo) superposta ao torque, que é igual ao produto da força pela distância a que esta foi movida. Conforme admitido, cada parafuso suporta um terço da carga cisalhante vertical, somada a uma força tangencial (em relação à rotação em torno do centro de gravidade) que é proporcional à sua distância ao centro de gravidade. Os cálculos indicados na figura mostram que esta força tangencial é de 37,1 kN para cada um dos parafusos superiores. O vetor soma das duas forças cisalhantes é, obviamente, maior para o parafuso superior direito. Utilizando um cálculo simples, mostra-se que V = 81,5 kN.

3. O parafuso superior direito é o parafuso mais solicitado, estando sujeito a uma tensão de tração, σ = 87.270/A, e a uma tensão de cisalhamento, τ = 81.500/A. Substituindo-se essas expressões na equação da energia de distorção tem-se uma tensão trativa equivalente de

$$\sigma_e = \sqrt{\sigma^2 + 3\tau^2} = \frac{1}{A}\sqrt{(87.270)^2 + 3(81.500)^2}$$
$$= \frac{166.000}{A}$$

4. Igualando-se esta tensão à tensão de prova, obtém-se

$$\frac{166.000}{A} = S_p = 650 \text{ MPa}$$

Portanto,

$$A = 255 \text{ mm}^2$$

5. Finalmente,

$$A = \frac{\pi d^2}{4}, \quad \text{ou} \quad d = \sqrt{\frac{4A}{\pi}} = \sqrt{\frac{4(255)}{\pi}} = 18,03 \text{ mm}$$

Assim, é necessário um diâmetro *nominal* de 18 mm.

Comentários: Ao comparar esta solução com a do Problema Resolvido 10.4, observe que *para este caso particular*, o cisalhamento somado a tração atuantes no plano de cisalhamento do parafuso mostraram-se mais críticos do que a tração isolada atuante nas roscas.

10.11 Seleção de Parafusos para Carregamento de Fadiga: Fundamentos

A fadiga de parafusos envolve *tração* flutuante, geralmente acompanhada por uma pequena parcela de flexão alternada (conforme a Figura 10.29*b*). (Cargas de cisalhamento alternadas são geralmente suportadas pelas forças de atrito de aperto ou por componentes separados, como os pinos de cisalhamento.) Esta seção envolve a aplicação dos princípios e conceitos do Capítulo 8 aos parafusos. Devido à pré-carga de aperto, é inerente aos parafusos estarem sujeitos a altas-tensões médias. Além disso, concentradores de tensão estão sempre

TABELA 10.6 Fatores de Concentração de Tensões de Fadiga K_f para Elementos Roscados de Aço (Valores Aproximados para Roscas Unificadas e ISO)

Dureza	Grau SAE (Roscas Unificadas)	Classe SAE (Roscas ISO)	K_f[a] Roscas Laminadas	K_f[a] Roscas Usinadas
Abaixo de 200 Bhn (recozido)	2 e abaixo	5,8 e abaixo	2,2	2,8
Acima de 200 Bhn (temperado)	4 e acima	8,8 e acima	3,0	3,8

[a]Com superfícies comerciais de boa qualidade, utilize $C_S = 1$ (em vez de um valor da Fig. 8.13) ao adotar estes valores de K_f.

presentes nas raízes das roscas. Estes dois pontos são tratados nas Seções 8.9 e 8.11.

A Tabela 10.6 fornece os valores aproximados dos fatores de concentração de tensões de fadiga, K_f, para os parafusos padronizados. Observe que (1) as roscas laminadas possuem valores mais baixos de K_f devido ao encruamento e às tensões residuais, e (2) as roscas temperadas possuem maiores valores de K_f devido às suas maiores sensibilidades ao entalhe. Para as roscas de bom acabamento de qualidade comercial, estes valores podem ser utilizados com um fator de superfície C_S unitário.

A Seção 10.4 e as Figuras 10.11 e 10.12 explicaram a tendência de boa parte da carga dos parafusos ser suportada pelas roscas mais próximas da face carregada da porca, e foi observado que as tensões estavam concentradas nesta região e eram influenciadas pelo projeto da porca. Esta é uma das razões pelas quais os valores reais de K_f podem diferir daqueles fornecidos na Tabela 10.6.

10.11.1 Análise da Resistência à Fadiga de Parafusos Sujeitos a Alta e Baixa Pré-carga Iniciais

A Figura 10.34 representa uma análise da resistência à fadiga de um parafuso M10 × 1,5 fabricado de aço, com propriedades idênticas àquelas listadas para o aço SAE classe 8.8 na Tabela 10.5. O parafuso é instalado em uma união com $k_c = 2k_b$ e está sujeito a uma carga externa que flutua entre 0 e 9 kN. As curvas do caso 1 da Figura 10.34a correspondem a uma pré-carga de 10 kN. (Note que estas curvas são similares àquelas da Figura 10.27.) Cada vez que a carga externa é aplicada, a força no parafuso aumenta e a força de aperto diminui, com a soma dos dois efeitos sendo igual à carga externa de 9 kN. Quando a carga externa F_e é removida, a carga axial do parafuso F_b e a força de aperto F_c retornam aos seus valores iniciais de 10 kN.

As curvas do caso 2 correspondem a uma pré-carga no parafuso igual à resistência ao escoamento ($F_i = S_y A_t = 660 \times 58,0 = 38.280$ N $\approx 38,3$ kN). Deve-se entender que esta força representa um valor extremo que jamais deveria ser especificado. (A pré-carga mais alta a ser especificada deve ser igual ao valor da resistência de prova — cerca de 9 % inferior, neste caso.) Seguindo-se os procedimentos fornecidos no Capítulo 8 (relembrando particularmente a Seção 8.11 e a Figura 8.27, e o tratamento das tensões de escoamento e as tensões residuais da Seção 4.14 e as Figuras 4.42 e 4.43), utiliza-se a curva tensão-deformação idealizada da Figura 10.34b. Com o parafuso apertado até o limite de sua resistência ao escoamento, *todo* o material da seção transversal fica sujeito à tensão S_y. Isto significa que qualquer pequeno alongamento adicional *não* causa aumento na carga; isso é, o módulo de elasticidade efetivo cor-

respondente a um aumento da carga não é de 207 GPa, mas sim *zero*, e a rigidez associada ao parafuso também é nula. Assim, na primeira vez em que a força de separação da união F_e for aplicada *toda* essa força seria responsável pela diminuição da força de união; *nenhuma parcela* causaria aumento da carga no parafuso. Esta situação é ilustrada pelas curvas superiores da Figura 10.34a. Quando a força F_e é liberada, o parafuso relaxa (encurta) ligeiramente, e esta relaxação é *elástica*. Assim, as correspondentes variações em F_b e F_c são controladas pelas rigidezes elásticas k_b e k_c. A relaxação elástica do parafuso é reversível, o que significa que a carga pode ser reaplicada sem que ocorra um novo escoamento. À medida que a carga externa continua ciclar, o parafuso e as forças de aperto flutuam, conforme ilustrado pelas curvas do caso 2.

Pode-se agora determinar a flutuação da tensão atuante no local crítico da raiz da rosca para os casos 1 e 2. Para o caso 1, a pré-carga produz uma tensão na raiz da rosca prevista de

$$\sigma = \frac{F_i}{A_t} K_f = \frac{10.000 \text{ N}}{58,0 \text{ mm}^2}(3) = 517 \text{ MPa}$$

No início da aplicação da carga externa F_b aumenta até 13 kN, com uma tensão elástica prevista de 672 MPa atuante na rosca. Um pequeno escoamento reduz essa tensão para 660 MPa. A redução elástica na tensão quando F_b é reduzida para 10 kN é de 155 MPa. Assim, a flutuação da tensão na raiz da rosca corresponde à linha do caso 1 da Figura 10.34b. Esta é *exatamente* a mesma flutuação mostrada para o caso 2. Em ambos os casos, a tensão máxima corresponde a S_y e a tensão mínima resulta de uma relaxação elástica durante a remoção da carga. Assim, os dois casos são representados pelo mesmo ponto sobre o diagrama de tensão média *versus* tensão alternada (ponto 2 na Figura 10.34c). A única diferença entre eles é o maior escoamento que ocorre durante o aperto e a aplicação inicial do carregamento no caso 2.

O ponto 2 na Figura 10.34c aplica-se a *qualquer* valor de pré-carga entre 10 e 38,3 kN. Se a pré-carga exceder 12,8 kN, a tensão na raiz da rosca atinge o ponto 1 referente ao aperto inicial. O ponto 3 mostra a tensão na raiz da rosca após o carregamento externo ser descontinuado (isto é, a máquina é desligada). A diferença entre os pontos 1 e 3 é causada pelo escoamento do parafuso durante aplicação inicial de F_e. Quando a máquina retorna à sua operação, o "ponto de operação" da raiz da rosca se move, retornando de 3 para 2.

O fator de segurança em relação à eventual falha por fadiga é de 139/73, ou 1,9, porque uma sobrecarga até a falha teria que aumentar a tensão alternada até 139 MPa (ponto 4) de modo a

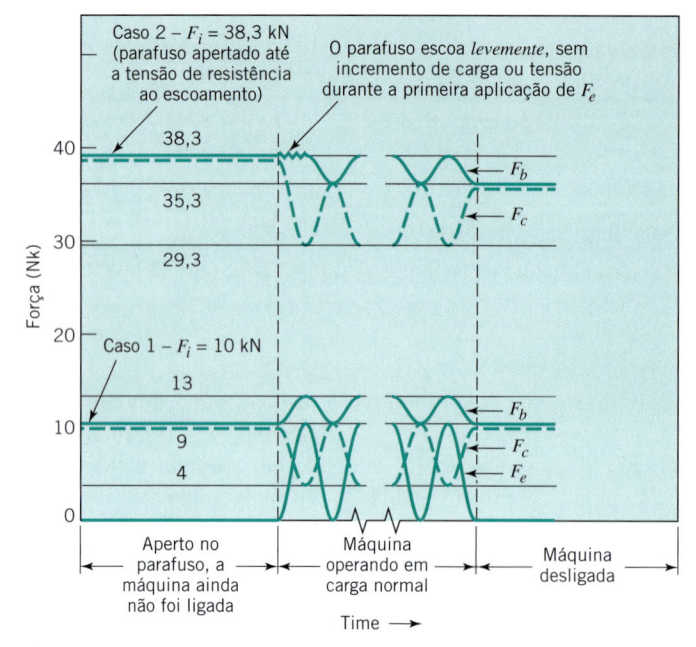

(a) Flutuações de F_b e F_c causadas por flutuações em F_e

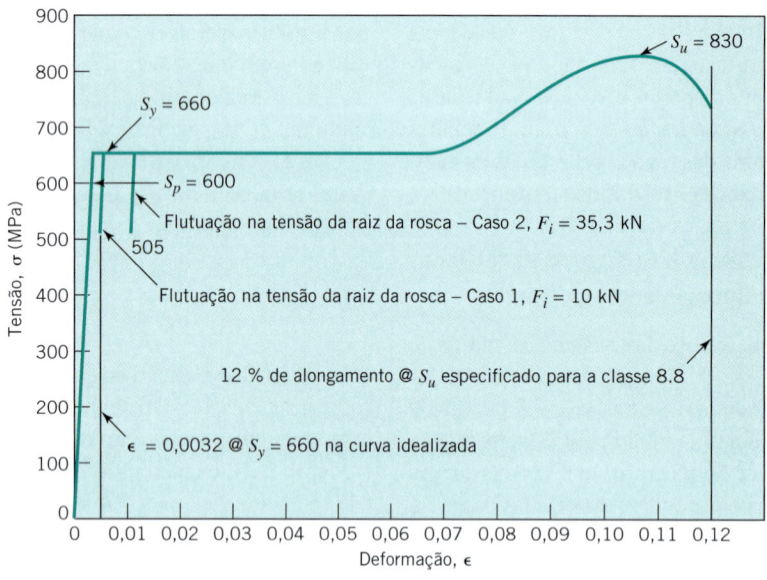

(b) Curva tensão-deformação idealizada (*não* a real) para parafuso de aço da classe 8.8

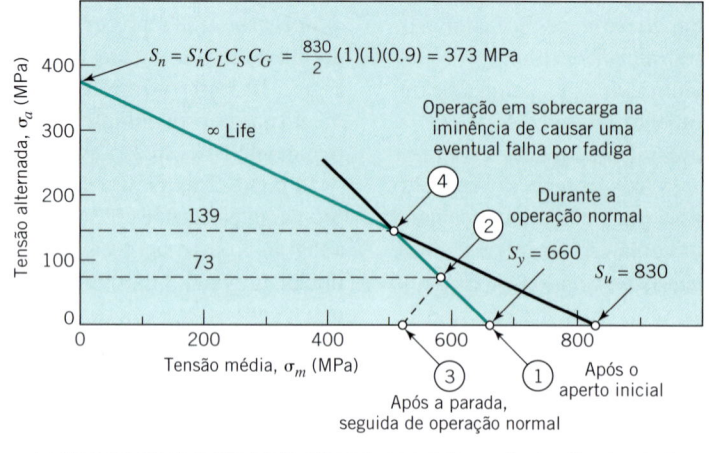

(c) Diagrama tensão média-tensão alternada para plotagem das tensões da raiz da rosca

Figura 10.34 **Exemplo de um parafuso com carregamento de fadiga. Um parafuso de aço M10 × 1,5 apertado por dois valores distintos de F_i. As rigidezes elásticas são tais que $k_c = 2k_b$ (roscas laminadas, $K_f = 3$).**

atingir a linha de Goodman de vida infinita. O ponto 4 corresponde a uma carga externa flutuante entre zero e 1,9 vez 9 kN, ou 17,1 kN. Note que com a pré-carga do caso 1, esta sobrecarga não seria possível, porque a força de aperto cairia para zero e os componentes unidos se separariam ($F_c = 10 - (2/3)(17,1) < 0$). Com a pré-carga do caso 2, a união mantém uma grande força de aperto com essa sobrecarga ($F_c = 38,3 - 17,1 = 21,2$ kN).

É importante lembrar que o desempenho real à fadiga do parafuso desviará ligeiramente do indicado pela análise anterior devido às diferenças entre as curvas tensão-deformação real e a idealizada.

10.11.2 Vantagens de uma Elevada Pré-carga Trativa no Parafuso

Embora o aperto dos parafusos até o limite de resistência ao escoamento não deva ser especificado (principalmente por causa da possibilidade de se ultrapassar este ponto durante a operação de aperto do parafuso), é desejável definir o aperto até o limite de resistência de *prova* (isto é, $F_i = S_p A_t$), onde um controle suficientemente rigoroso sobre a operação de aperto possa ser mantido. As vantagens de se adotar este nível de aperto são

1. A carga dinâmica sobre o parafuso é reduzida porque a área *efetiva* dos componentes unidos é maior. (Quanto maior a pré-carga, mais intimamente em contato permanecem as superfícies unidas durante o ciclo de carga, particularmente quando se considera o efeito da excentricidade da carga, conforme ilustrado na Figura 10.29*b*.)

2. Existe uma proteção máxima contra sobrecargas que possam causar a separação da união.

3. Existe uma proteção máxima contra o afrouxamento da rosca (veja a Seção 10.8).

É importante reconhecer que o pequeno escoamento na raiz da rosca, que ocorre quando os parafusos são apertados até o limite da carga de prova, não é prejudicial a nenhum material utilizado na fabricação de parafusos com ductilidade aceitável. Observe, por exemplo, que todos os aços listados nas Tabelas 10.4 e 10.5 possuem uma redução de área de 35 %.

PROBLEMA RESOLVIDO 10.6 | Importância da Pré-carga na Capacidade do Parafuso sob Carregamento de Fadiga

A Figura 10.35*a* apresenta um modelo da união de dois componentes de máquina apertados um contra o outro através de um único parafuso $\frac{1}{2}$ in – 13 UNC grau 5 com roscas usinadas e sujeita a uma força de separação que flutua entre zero e $F_{\text{máx}}$. Qual é o maior valor de $F_{\text{máx}}$ que propiciará vida infinita à fadiga ao parafuso (a) se o parafuso *não* for submetido a pré-carga e (b) se o parafuso for apertado inicialmente até o limite de sua carga de prova?

SOLUÇÃO

Conhecido: Duas placas de espessuras definidas são apertadas uma à outra através de um dado parafuso, e o conjunto é sub-

metido a uma força de separação flutuante entre zero e $F_{\text{máx}}$. O conjunto deve ter vida infinita (a) se o parafuso *não* teve pré-carga e (b) se o parafuso foi submetido a uma pré-carga até o limite de sua carga de prova.

A Ser Determinado: Determine $F_{\text{máx}}$ para os casos a e b.

Esquemas e Dados Fornecidos:

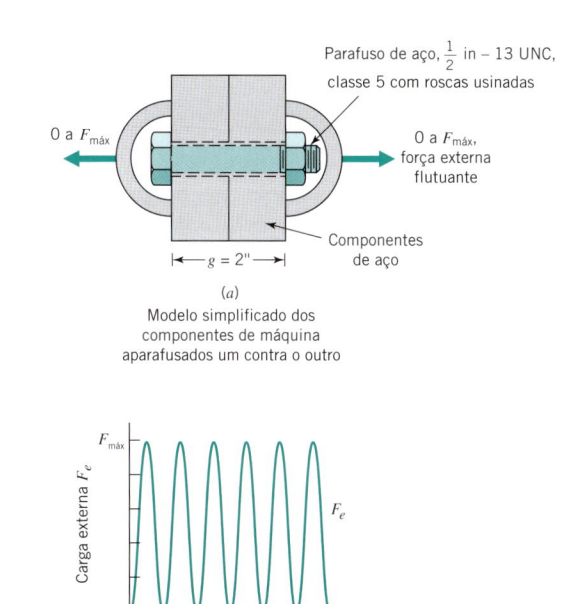

Parafuso de aço, $\frac{1}{2}$ in – 13 UNC, classe 5 com roscas usinadas

0 a $F_{\text{máx}}$

0 a $F_{\text{máx}}$, força externa flutuante

Componentes de aço

$g = 2"$

(*a*)
Modelo simplificado dos componentes de máquina aparafusados um contra o outro

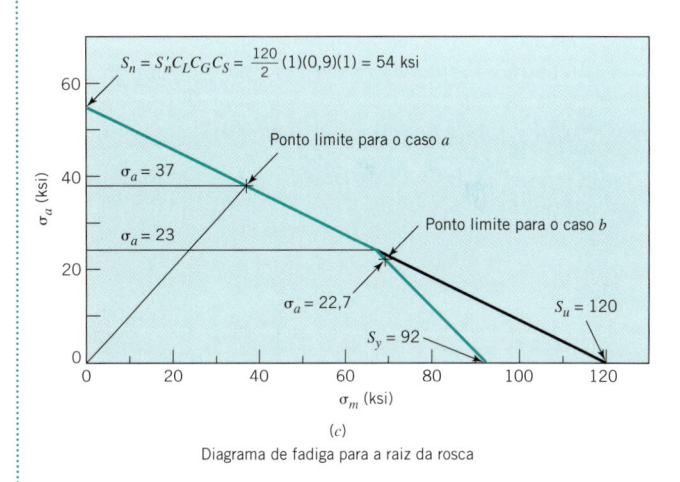

(*b*)
Força de separação flutuante *versus* tempo

$S_n = S'_n C_L C_G C_S = \dfrac{120}{2}(1)(0{,}9)(1) = 54$ ksi

Ponto limite para o caso *a*

$\sigma_a = 37$

Ponto limite para o caso *b*

$\sigma_a = 23$

$\sigma_a = 22{,}7$

$S_u = 120$

$S_y = 92$

(*c*)
Diagrama de fadiga para a raiz da rosca

FIGURA 10.35 **Placas aparafusadas sujeitas à força de separação flutuante.**

Hipóteses:

1. As roscas do parafuso se estendem apenas ligeiramente acima da porca, e o corpo do parafuso possui um diâmetro de $\frac{1}{2}$ in ao longo de todo o seu comprimento.

2. As duas placas de aço usinadas possuem superfícies planas e lisas, e não existe nenhuma junta entre elas.

3. A área efetiva dos componentes unidos pode ser aproximada conforme descrito na Figura 10.28.

Análise:

1. A Figura 10.35c mostra a construção do diagrama σ_m–σ_a. Para o *caso a*, as únicas tensões atuantes são devidas à carga flutuante, com

$$\sigma_m = \sigma_a = \frac{F_{máx}}{2A_t} K_f = \frac{F_{máx}}{2(0,1419)}(3,8) = 13,39 F_{máx}$$

(Unidades em libras-força e polegadas.)

2. Para o limite de vida infinita por fadiga, tem-se, pela Figura 10.35c que

$$\sigma_m = \sigma_a = 37.000 \text{ psi}$$

Portanto, $13,39 F_{máx} = 37.000$, ou (após os devidos arredondamentos),

$$F_{máx} = 2760 \text{ lb}$$

3. Para o *caso b*, a pré-carga vale

$$F_i = S_p A_t = (85.000)(0,1419) = 12.060 \text{ lb}$$

4. Admitindo-se que as superfícies das placas de aço sejam planas e lisas, e que não há nenhuma junta entre elas, k_b e k_c são, simplesmente, proporcionais a A_b e A_c (veja a Eq. 10.14). Com as hipóteses de que as roscas do parafuso se estendem apenas ligeiramente além da porca, e que o corpo do parafuso possui um diâmetro de $\frac{1}{2}$ in ao longo de todo o seu comprimento,

$$A_b = \frac{\pi}{4} d^2 = \frac{\pi}{4}\left(\frac{1}{2}\text{ in}\right)^2 = 0,196 \text{ in}^2$$

Utilizando a Figura 10.28 para estimar A_c, tem-se

$$A_c = \frac{\pi}{16}(5d^2 + 6dg \tan 30° + g^2 \tan^2 30°)$$

$$= \frac{\pi}{16}\left[5\left(\frac{1}{2}\right)^2 + 6\left(\frac{1}{2}\right)(2)(0,577) + (2)^2(0,333)\right] = 1,19 \text{ in}^2$$

Assim,

$$\frac{k_b}{k_b + k_c} = \frac{A_b}{A_b + A_c} = \frac{0,196}{0,196 + 1,19} = 0,14$$

o que significa que apenas 14 % da flutuação da carga externa são sentidos pelo parafuso (86 % são utilizadas na diminuição da pressão de aperto).

5. A carga alternada no parafuso é igual à metade do valor da flutuação da carga pico a pico, ou $0,07 F_{máx}$. Assim, a tensão alternada no parafuso vale

$$\sigma_a = \frac{F_a}{A_t} K_f = \frac{0,07 F_{máx}}{0,1419}(3,8) = 1,88 F_{máx}$$

6. Com $F_i = S_p A_t = 12.060$ lbf, as cargas externas um pouco acima de 12.060 lbf não causarão a separação da união. Assim, $F_{máx} = 12.060$ lbf é satisfatório *se* a tensão alternada no parafuso não causar falha por fadiga. Para $F_{máx} = 12.060$ lbf,

$$\sigma_a = 1,88 F_{máx} = 1,88(12.060) = 22.670 \text{ psi}$$

A Figura 10.35c mostra que este ponto está imediatamente abaixo da linha de vida infinita de Goodman (σ_a poderia chegar a 23 ksi). Portanto, a resposta para o *caso b* é (arredondando-se): $F_{máx} = 12.000$ lbf, ou $4\frac{1}{2}$ *vezes* o valor obtido para o *caso a*.

10.12 Seleção de Parafusos para Carregamento de Fadiga: Utilizando Resultados de Testes Especiais

Os procedimentos apresentados nas seções precedentes indicaram que para qualquer aperto razoável do parafuso (causando escoamento pelo menos na raiz da rosca, porém não ultrapassando o limite da carga de prova), a capacidade de carga alternada do parafuso é independente da pré-carga. Os ensaios confirmam que isto geralmente é verdadeiro, a não ser que valores maiores da pré-carga provoquem um aumento significativo das rigidezes dos componentes unidos [3, 4, 11].

Os pontos de interseção correspondentes às tensões alternadas para o limite de fadiga (ponto 4 na Figura 10.34c) para diversos parafusos de aço indicam que a tensão alternada admissível não aumenta com tensão última; ao contrário, esta permanece praticamente constante. Este fato também tem sido confirmado através de testes. Por exemplo, a Tabela 10.7, apresentada em seguida, não faz nenhuma distinção entre os aços com tensões últimas entre 120 e 260 ksi.

Independentemente dos pontos de verificação gerais já discutidos, a determinação da carga alternada admissível para os parafusos através dos procedimentos utilizados na seção anterior é visivelmente muito grosseira. O ponto de interseção para o limite de fadiga (ponto 4 na Figura 10.34c) é fortemente influenciado pelas pequenas variações no valor admitido para S_y. (Observe que se o S_p fosse usado no lugar de S_y, indicaria uma resistência à fadiga muito mais alta.) Supõe-se que a curva tensão-deformação idealizada com "quina" é de validade questionável neste caso. Além disso, a linha de Goodman é admitida como válida para uma variação de tensão, obtida do único ponto de ensaio de fadiga (tensão média nula) utilizado como base. Analogamente, o uso de valores médios de K_f (Tabela 10.6) nem sempre refletem precisamente a influência do perfil da rosca, do acabamento e do tratamento superficial da rosca, do projeto do componente roscado de união.

De modo a propiciar uma base bem mais precisa para o projeto de uniões críticas com carregamento de fadiga e para uma seleção apropriada de parafusos de alta resistência, extensivos ensaios de fadiga de uniões aparafusadas têm sido realizados. Alguns dos resultados são resumidos na Tabela 10.7, que fornece as tensões *nominais* alternadas para o limite de fadiga de diversos parafusos quando apropriadamente instalados com as correspondentes porcas especificadas.

Considerando o fato de que a capacidade de carga alternada admissível de um parafuso com tensão última de 120 ksi, apertado até a metade de sua carga de prova, é aproximadamente a mesma de um parafuso de 260 ksi apertado até o limite de sua carga de prova, pode-se ficar tentado a concluir que os dois são equivalentes para aplicações envolvendo

TABELA 10.7   Resistência à Fadiga de Parafusos Apertados, S_a

Material	Rosca Laminada	Acabamento	Rosca ISO	Tensão Nominal Alternada[a] Sa	
				ksi	MPa
Aço, S_u = 120-260 ksi	Antes H.T.	Fosfatização e óleo	Padrão	10	69
Aço, S_u = 120-260 ksi	Depois H.T.	Fosfatização e óleo	Padrão	21	145
Aço, S_u = 120-260 ksi	Depois H.T.	Cadmiação	Padrão	19	131
Aço, S_u = 120-260 ksi	Depois H.T.	Fosfatização e óleo	Especial[b]	26	179
Aço, S_u = 120-260 ksi	Depois H.T.	Cadmiação	Especial[b]	23	158
Titânio, S_u = 160 ksi			Padrão	10	69
Titânio, S_u = 160 ksi			Especial[b]	14	93

[a]A tensão alternada nominal é definida como a força alternada no parafuso/A_t, 50 por cento de probabilidade de falha, diâmetros dos parafusos de 1 in ou 25 mm [3,4,11].
[b]SPS Technologies, Inc., Rosca "assimétrica" (incorpora um grande raio de raiz). (O filete sob a cabeça do parafuso deve ser laminado para tornar esta região tão resistente à fadiga quanto a rosca.)

fadiga. Este decididamente não é o caso. Na realidade, a chave do sucesso para o projeto de modernos elementos de fixação para aplicações críticas envolvendo fadiga é a *maximização da pré-carga* (isto é, a utilização de parafusos de extra-alta resistência, apertados com cargas muito próximas dos limites de suas resistências de prova). Conforme mencionado anteriormente, o aumento da pré-carga (1) geralmente aumenta a rigidez dos componentes da união (o que reduz a tensão flutuante do parafuso), (2) propicia uma maior segurança contra a separação da união e (3) aumenta a resistência ao afrouxamento da rosca. Além disso, o aumento da pré-carga dos parafusos, que são relativamente pequenos, porém sujeitos a altas-tensões, reduz a rigidez do parafuso (além de reduzir a tensão flutuante no parafuso). Os parafusos menores podem permitir a redução das dimensões e do peso associados aos componentes.

PROBLEMA RESOLVIDO 10.7   Seleção de Parafusos para o Flange de um Vaso de Pressão

A junta flangeada mostrada na Figura 10.36 envolve um cilindro com diâmetro interno de 250 mm, o diâmetro do círculo dos parafusos de 350 mm e um medidor de pressão interna que indica uma flutuação rápida entre zero e 2,5 MPa. Doze parafusos convencionais de aço classe 8.8 com roscas laminadas antes de serem tratadas termicamente devem ser utilizados. O cilindro é feito de ferro fundido (E = 100 GPa), e a tampa é de alumínio (E = 70 GPa). Os detalhes construtivos são tais que a área efetiva de união, A_c, pode ser admitida, de forma conservadora, sendo igual a $5A_p$. As espessuras dos componentes de ferro fundido e de alumínio a serem unidos são idênticas. Determine o diâmetro apropriado para os parafusos considerando vida infinita à fadiga com um fator de segurança de 2. Admita que após determinado período de operação a pré-carga possa diminuir para níveis tão baixos como $0,55 S_p A_t$.

SOLUÇÃO

Conhecido: Uma tampa de alumínio de um determinado diâmetro do círculo de parafusos é aparafusada a um cilindro de ferro fundido com um determinado diâmetro interno, em que um medidor de pressão interna indica uma flutuação de pressão entre valores conhecidos. Doze parafusos de aço da classe 8.8 com roscas laminadas unem uma área igual a cinco vezes a área da seção reta do parafuso. Deseja-se uma vida infinita à fadiga com um fator de segurança de 2.

A Ser Determinado: Selecione um diâmetro apropriado para o parafuso.

Esquemas e Dados Fornecidos:

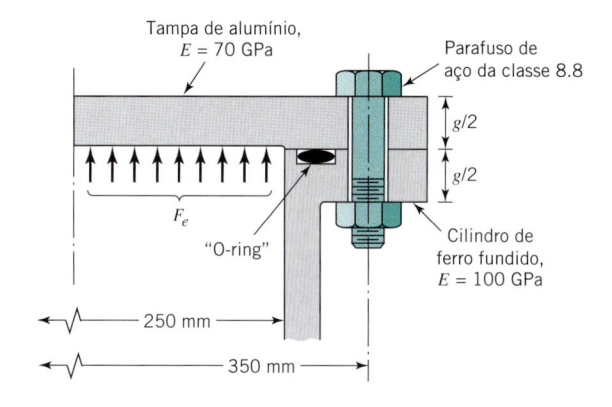

FIGURA 10.36   Flange de vaso de pressão aparafusado.

Hipóteses:

1. A carga é distribuída igualmente entre cada um dos 12 parafusos.
2. A Tabela 10.7 lista a resistência à fadiga para o material do parafuso.
3. A tensão de tração do parafuso é calculada utilizando a área sob tensão, que é baseada na média entre os diâmetros primitivo e de raiz.

4. A pré-carga pode ser da ordem de $0,55S_pA_t$ após um determinado período de operação.

Análise:

1. O valor total de F_c na condição de sobrecarga de projeto (carga normal multiplicada pelo fator de segurança) é

$$\frac{\pi}{4}d^2p_{\text{máx}} = \frac{\pi}{4}(250 \text{ mm})^2(5,0 \text{ MPa}) = 245,4 \text{ kN}$$

que, dividida entre os 12 parafusos, fornece 20,5 kN por parafuso.

2. A rigidez k_c é a resultante de duas "molas" em série (seja a "mola 1" o ferro fundido e a "mola 2" o alumínio), para as quais a Eq. 10.15 pode ser aplicada:

$$\frac{1}{k_c} = \frac{1}{k_1} + \frac{1}{k_2}$$

Aqui

$$k_1 = \frac{A_1E_1}{L_1} = \frac{5A_b(100)}{g/2}$$

e

$$k_2 = \frac{A_2E_2}{L_2} = \frac{5A_b(70)}{g/2}$$

Substituindo gera

$$k_c = \frac{k_1k_2}{k_1 + k_2} = \frac{412A_b}{g}$$

Da Eq. 10.14, tem-se

$$k_b = \frac{A_bE_b}{g} = \frac{A_b(200)}{g}$$

que leva à

$$k_c/k_b = 2,06$$

Da Eq. i, a força aumentada no parafuso é

$$\Delta F_b = \frac{k_b}{k_b + k_c}F_e = \left(\frac{1}{1 + 2,06}\right)(20.500) = 6766 \text{ N}$$

A força alternada é $F_a = \Delta F_b/2 = 3383$ N.

3. Utiliza-se os dados de resistência à fadiga fornecidos na Tabela 10.7. Para o material deste parafuso a tabela fornece 69 MPa como valor limite de fadiga da tensão alternada *nominal*. O valor real da tensão alternada nominal é

$$\sigma_a = \frac{F_a}{A_t} = \frac{3383}{A_t}$$

Assim, o valor necessário de A_t é de $3383/69 = 49 \text{ mm}^2$.

4. Da Tabela 10.2, selecione a próxima dimensão padronizada, isto é, M10 × 1,5 com $A_t = 58 \text{ mm}^2$.

5. A menor força de união inicial é obtida como $0,55S_pA_t = (0,55)(0,600 \text{ GPa})(58,0 \text{ mm}^2) = 19,2 \text{ kN}$. Como 33 % da carga aplicada de 20,5 kN contribuem para a tração do parafuso, os 67% restantes (isto é, 13,7 kN) serão responsáveis pela diminuição da força de união, mantendo-se, assim, uma força mínima de união de 5,5 kN.

Comentários: Nesse problema, a relação entre o espaçamento dos parafusos e seu diâmetro é de $350\pi/(12 \times 10)$ ou 9,16. Uma orientação empírica, algumas vezes utilizada, é que essa relação deve ser (a) menor que 10 para que a pressão no flange seja mantida de forma adequada pelos parafusos e (b) maior que 5 para propiciar um espaçamento conveniente para torquímetros.

O problema anterior foi baseado no uso de um O-ring cativo (Figura 10.36). Com O-ring *comum* (como mostrado na Figura 10.25, porém não tão espesso),

1. A rigidez do flange e o espaçamento entre parafusos sucessivos são mais críticos, a efetividade da selagem é controlada pela menor pressão de união, a meio caminho entre os parafusos.

2. A rigidez dos componentes da união, k_c, é muito menor, o que faz com que tensões alternadas muito maiores atuem nos parafusos.

3. A força de união F_c deve ser mantida alta o suficiente para produzir a selagem quando a força $F_{\text{máx}}$ for aplicada, enquanto o O-ring cativo requer apenas que $F_c > 0$. (Por outro lado, o O-ring cativo é mais caro devido à necessidade da usinagem precisa da ranhura e porque o material flexível do O-ring pode ser menos resistente ao calor, ao envelhecimento e ao ataque químico.)

10.13 Aumentando a Resistência à Fadiga das Uniões Aparafusadas

Pode ser útil, neste ponto, relacionar as diversas formas pelas quais é possível aumentar a resistência à fadiga dos parafusos.

1. Altere as rigidezes para diminuir a parcela da carga externa que aumenta a tração no parafuso.

a. Aumente k_c através da utilização de materiais com módulo de elasticidade maiores, superfícies planas e lisas (sem juntas entre elas) e placas com áreas maiores e mais espessas sujeitas à compressão. (Observe, na Figura 10.28, como o aumento do aperto pode aumentar A_c.)

b. Diminua k_b, mantendo a força de união desejada com parafusos menores de maior resistência e utilizando toda a resistência do material através de um controle mais preciso da pré-carga. Outro meio efetivo de reduzir k_b é diminuir a área do corpo, como nas Figuras 7.10b, 7.11 e 10.13. Idealmente, o corpo deve ser reduzido através de um filete de raio bem maior, de modo que as tensões nesse filete fiquem bem próximas das mais altas-tensões na raiz da rosca crítica. Certamente, a redução do módulo de elasticidade do material do parafuso também ajuda, se isso puder ser realizado sem a perda de resistência à fadiga do material.

2. Modifique a porca (ou outro componente roscado fêmea) para equilibrar as cargas suportadas pelas diversas roscas em contato (Figura 10.12) e assegure-se de que a quantidade de roscas em contato seja adequada.

3. Reduza a concentração de tensão na raiz da rosca através da utilização de um raio maior na raiz.

    a. Uma norma desenvolvida pelo governo dos EUA para aviões militares, a norma MIL-B-7838, recomenda modificar o perfil básico da rosca externa mostrada na Figura 10.2 utilizando um raio de filete de $0,144p$ na raiz da rosca. Esta recomendação é adotada em alguns elementos de fixação industriais e em muitos parafusos utilizados na indústria aeroespacial, com resistência à tração de até 180 ksi.

    b. A norma MIL-S-8879 recomenda um raio de filete de $0,180p$, para ser usado em parafusos para aplicações aeroespaciais com resistência à tração de 180 ksi ou maiores. (Obviamente, estes materiais especiais para parafusos vão além dos listados de graus SAE apresentados na Tabela 10.4. Os parafusos de aço de ultra-alta resistência possuem resistências à tração de 220 e 260 ksi.)

    c. Parafusos incomuns utilizados na indústria aeroespacial, fabricados de nióbio, tântalo, berílio e outros materiais altamente sensíveis ao entalhe, utilizam, algumas vezes, raios de filete de $0,224p$ e até mesmo $0,268p$.

Um fator limitante ao uso dos filetes com raios muito grandes está associado a redução na profundidade da rosca. Entretanto, quando são encontrados problemas complexos de fadiga de parafusos, é recomendado considerar filetes com raios de no mínimo $0,144p$.

4. Utilize um material com a maior resistência de prova possível, de modo a obter a máxima pré-carga.

5. Utilize procedimentos de aperto que assegurem valores de F_i tão próximos quanto possível de $A_t S_p$.

6. Assegure-se de que as roscas sejam laminadas em vez usinadas, e que sejam laminadas *após* o tratamento térmico.[3] Quanto maior a resistência, mais importante é a realização do processo de laminação *após* a têmpera. Este fato tem sido constatado experimentalmente para resistências à tração tão grandes quanto 300 ksi.

7. Após a redução da concentração de tensão e do aumento da resistência da rosca tanto quanto possível, assegure-se de que o raio do filete abaixo da cabeça do parafuso seja suficiente para evitar falhas neste ponto. Realize uma *laminação a frio* deste filete, se necessário (veja a Seção 8.14).

8. Minimize a flexão do parafuso (Figura 10.29).

9. Proteja-se contra a perda parcial da pré-carga em serviço devida ao afrouxamento das roscas ou à deformação permanente do material. Reaperte os parafusos, quando necessário. Siga também todas as etapas para assegurar um

aperto adequado quando os parafusos forem substituídos, após serem removidos para manutenção, e substitua os parafusos antes que estes escoem inadvertidamente, devido aos repetidos reapertos.

Referências

1. ANSI (Americam National Bureau Institute) normas B1.1-2003, B1.5-1997 (R2004), B1.9-1973(R2001), American Society of Mechanical Engineers, Nova Iorque.

2. Chow W. W., *Cost Reduction in Product Design*, Van Nostrand Reinhold, Nova Iorque, 1978.

3. Finkelston, R. J. e F. R. Kull, "Preloading for Optimum Bolt Efficiency", *Assembly Engineering* (Agosto 1974).

4. Finkelston, R. J. e P. W. Wallace, "Advances in High-Performance Mechanical Fastening", Paper 800451, Society of Automotive Engineers, Nova Iorque, 25 de Fevereiro, 1980.

5. Kulak, G. L., J. W. Fisher e J. H. A. Struik, *Guide to Design Criteria for Bolted and Riveted Joints*, 2nd. Ed., Wiley, Nova Iorque, 1987.

6. Juvinall, R. C., *Engineering Considerations of Stress, Strain e Strength*, McGraw -Hill, Nova Iorque, 1967

7. *Machine Design*, 1980 Fastening and Joining Reference Issue, Penton/IPC, Inc., Cleveland, 13 de Novembro de 1980.

8. Osgood, C.C., *Fatigue Design*, 2nd ed., Pergamon Pres, New York, 1983.

9. Parniley, R. O. (ed.), *Standard Handbook of Fastening and Joining*, 3rd ed., McGraw-Hill, Nova Iorque, 1997.

10. SAE (Society of Automotive Engineers) normas J 429 e J 1199, Society of Automotive Engineers, Warrendale, PA, 1999-2001

11. Walker, R. A. e R. J. Finkelston, "Effect of Basic Thread Parameters on Fatigue Life", Paper 700851, Society of Automotive Engineers, Nova Iorque, 5 de Outubro de 1970.

Problemas

Seção 10.3

10.1 Um sargento especial do tipo C utiliza uma rosca Acme com diâmetro de 0,5 in e um colar de 0,625 in de diâmetro médio efetivo. O colar é rigidamente fixado à extremidade superior do componente roscado externamente. Determine a força necessária a ser aplicada à extremidade da alavanca de 6 in para que seja desenvolvida uma força de aperto de 150 lbf. (Veja a Figura P10.1.)

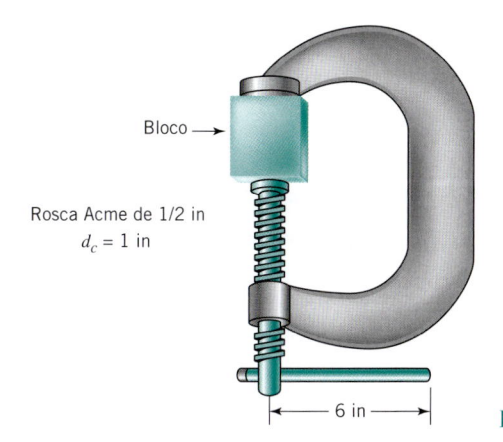

Bloco →

Rosca Acme de 1/2 in
$d_c = 1$ in

|← 6 in →|

Figura P10.1

---

[3]Parafusos tratados termicamente comuns são laminados antes de serem tratados termicamente para reduzir custos.

10.2 Um macaco mecânico com um parafuso com rosca Acme de duas entradas de 1 in é utilizado para elevar uma carga de 4000 N. Um colar axial plano com diâmetro médio de 50 mm é utilizado. Os coeficientes de atrito dinâmico são estimados como de 0,12 e 0,09 para f e f_c, respectivamente.

   (a) Determine o passo, o avanço, a profundidade da rosca, o diâmetro primitivo médio e o ângulo de hélice do parafuso.

   (b) Estime o torque de partida para elevar e para descer a carga.

   (c) Estime a eficiência do macaco durante a elevação da carga.

10.3 Um parafuso de potência com uma única rosca quadrada é utilizado para elevar uma carga de 25.000 lbf. O parafuso possui um diâmetro médio de 1 in e quatro fios por polegada. O diâmetro médio do colar é de 1,5 in. O coeficiente de atrito é estimado em 0,1 tanto para a rosca quanto para o colar.

   (a) Qual é o valor do diâmetro maior do parafuso?

   (b) Estime o torque requerido pelo parafuso para elevar a carga.

   (c) Se o atrito no colar for eliminado, qual seria o menor valor do coeficiente de atrito da rosca necessário para evitar-se que o parafuso fosse retroacionado?

   [Resp.: (a) 1,125 in, (b) 4138 lbf · in, (c) 0,08]

10.4 Um parafuso com rosca Acme de duas entradas e diâmetro maior de 2 in é utilizado em um macaco mecânico que possui um colar axial plano com diâmetro médio de 2,75 in. Os coeficientes de atrito dinâmico são estimados em 0,10 para o colar e 0,11 para o parafuso.

   (a) Determine o passo, o avanço, a profundidade da rosca, o diâmetro primitivo médio e o ângulo de hélice do parafuso.

   (b) Estime o torque de partida para elevar e para descer uma carga de 3500 lbf.

   (c) Se o parafuso eleva uma carga de 3500 lbf a uma velocidade de 4 ft/min, qual seria a rotação do parafuso em rpm? Qual é a eficiência do macaco nesta condição de regime permanente?

   (d) O parafuso deixaria de ser retroacionado se um mancal de escora de esferas (cujo atrito é desprezível) fosse utilizado no lugar do colar axial plano?

10.5 Um parafuso de potência com uma única rosca quadrada é utilizado para elevar uma carga de 12.500 lbf. O parafuso possui um diâmetro médio de 1 in e quatro fios por polegada. O diâmetro médio do colar é de 1,5 in. O coeficiente de atrito é estimado em 0,1, tanto para a rosca quanto para o colar.

   (a) Qual é o valor do diâmetro maior do parafuso?

   (b) Estime o torque requerido pelo parafuso para elevar a carga.

   (c) Se o atrito no colar fosse eliminado, qual seria o menor valor do coeficiente de atrito da rosca necessário para evitar-se que o parafuso fosse retroacionado?

   [Resp.: (a) 1,125 in (b) 2069 lbf · in, (c) 0,08]

10.6 Um macaco mecânico é acionado por um parafuso com rosca Acme de duas entradas de 1 in e é utilizado para elevar uma carga de 10.000 lbf. Um colar axial plano com diâmetro médio de 2,0 in é utilizado. Os coeficientes de atrito dinâmico são estimados como de 0,13 e 0,10 para f e f_c, respectivamente. (Veja a Figura P10.6.)

   (a) Determine o passo, o avanço, a profundidade da rosca, o diâmetro primitivo médio e o ângulo de hélice do parafuso.

   (b) Estime o torque de partida para elevar e para descer a carga.

   (c) Estime a eficiência do macaco durante a elevação da carga.

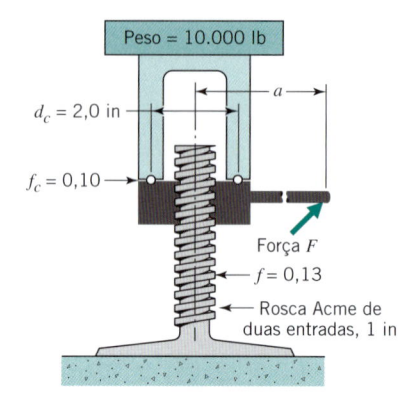

10.7 Um parafuso de potência com uma única entrada, de rosca quadrada, é utilizado para elevar uma carga de 13.750 lbf. O parafuso possui um diâmetro médio de 1 in e quatro fios por polegada. O diâmetro médio do colar é de 1,75 in. O coeficiente de atrito é estimado em 0,1 tanto para a rosca quanto para o colar.

   (a) Qual é o valor do diâmetro maior do parafuso?

   (b) Estime o torque requerido pelo parafuso para elevar a carga.

   (c) Se o atrito no colar fosse eliminado, qual seria o menor valor do coeficiente de atrito da rosca necessário para evitar que o parafuso seja retroacionado?

10.8 Um parafuso com rosca Acme de duas entradas e diâmetro maior de 2 in é utilizado em um macaco mecânico que possui um colar axial plano com diâmetro médio de 2,5 in. Os coeficientes de atrito dinâmico são estimados em 0,10 para o colar e 0,11 para o parafuso.

   (a) Determine o passo, o avanço, a profundidade da rosca, o diâmetro primitivo médio e o ângulo de hélice do parafuso.

   (b) Estime o torque de partida para elevar e para descer uma carga de 5000 lbf.

   (c) Se o parafuso eleva uma carga de 5000 lbf a uma velocidade de 4 ft/min, qual seria a velocidade de rotação do parafuso em rpm? Qual é a eficiência do macaco nesta condição de regime permanente?

   (d) O parafuso seria retroacionado se um mancal axial de esferas (cujo atrito é desprezível) fosse utilizado no lugar do colar axial plano?

10.9 Um macaco mecânico similar àqueles mostrados na Figura 10.5 utiliza um parafuso de uma única entrada, quadrada, para elevar uma carga de 50 kN. O parafuso possui um diâmetro maior de 36 mm e um passo de 6 mm. O diâmetro médio do colar axial é 80 mm. Os coeficientes de atrito dinâmico são estimados em 0,15 para o parafuso e 0,12 para o colar.

   (a) Determine a profundidade da rosca e o ângulo de hélice.

   (b) Estime o torque de partida para elevar e para abaixar a carga.

(c) Estime a eficiência do macaco na elevação da carga.

(d) Estime a potência necessária para acionar o parafuso a uma velocidade constante de uma volta por segundo.

10.10 Um sargento comum, do tipo C, utiliza uma rosca Acme de $^1/_2$ in e um colar de diâmetro médio de $^5/_8$ in. Estime a força que deve ser aplicada à extremidade de uma alavanca de 5 in para desenvolver uma força de aperto de 200 lbf. (Veja a Figura P10.10.)

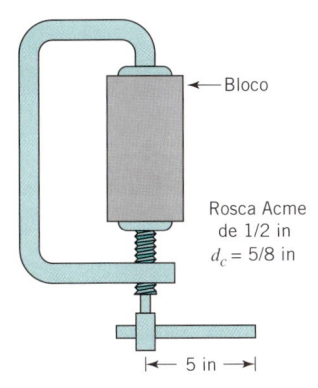

Bloco

Rosca Acme de 1/2 in $d_c = 5/8$ in

|← 5 in →|

Figura P10.10

10.11 Dois parafusos de potência idênticos com diâmetro maior de 3 in (entrada única) com roscas quadradas modificadas, são utilizados para elevar e abaixar uma porta de 50 ton da eclusa de uma barragem. A qualidade da construção e da manutenção (incluindo lubrificação) são boas, resultando em um coeficiente de atrito estimado em apenas 0,1 para os parafusos. O atrito no colar pode ser desprezado, pois são utilizados mancais de escora de esferas. Admitindo que, em decorrência dos atritos na eclusa, cada parafuso deve aplicar uma força de elevação de 26 ton, qual é a potência necessária para acionar cada parafuso quando a eclusa é elevada a uma velocidade de 3 ft/min? Quais são as velocidades correspondentes de rotação dos parafusos?

10.12 Liste outras aplicações de rolamentos de esferas recirculantes além daquelas listadas na Seção 10.3.5.

10.13 Em referência ao Problema Resolvido 10.1, determine o coeficiente de atrito mínimo para que o parafuso seja autotravante. Ignore o atrito no colar.

Seções 10.4-10.8

10.14 Uma máquina cara utilizada na fabricação de circuitos integrados de silício requer que água seja suprida em razões de produção. A máquina foi projetada e fabricada no Japão e instalada no Texas, Estados Unidos. A instalação no local requer que um bombeiro hidráulico conecte a máquina à planta de água através de um tubo de cobre, fixações metálicas e uma porca de acoplamento de plástico. Alguns dias após a instalação, a porca quebrou ao longo da rosca próxima a uma transição (concentração de tensão) e espirrou água na máquina. A máquina foi submetida a um dano extenso causado pela água durante o incidente. As instruções de instalação da máquina não incluíam indicações particulares, especificações, ou avisos sobre a instalação do suprimento de água. Comente a utilização de tubos de cobre, conexões metálicas e uma porca de acoplamento plástica, muito parecida ao que encontrar-se-ia conectando uma privada ao suprimento de água doméstico.

10.15P Estude os vários tipos de travamentos de porcas comercialmente disponíveis. Dê exemplos para cada uma das seguintes classes: (1) pinos, chavetas, presilhas, fio de segurança, (2) roscas deformadas, (3) elementos molas secundários, (4) interferência por atrito, e (5) livre para girar até assentar.

10.16 Calcule os valores nominais das tensões de torção, axial, de apoio da rosca e de cisalhamento de rosca, sob as condições de partida para os parafusos de potência dos Problemas (a) 10.3, (b) 10.8, (c) 10.9, (d) 10.10 e (e) 10.11. Admita, em cada caso, que o comprimento de contato da rosca seja igual a 1,5 vez o diâmetro externo do parafuso.

10.17P Examine e faça um croqui de diversos elementos de fixação utilizados em máquinas de venda, computadores, dispositivos de televisores e outros itens que evitem ou resistam à remoção por pessoas não autorizadas.

10.18P Estude os diversos tipos de contraporcas comercialmente disponíveis. Desenvolva uma lista de dez fatores que poderiam provavelmente serem considerados na seleção da classe de contraporcas a serem usadas.

10.19P Reveja o endereço da Internet http://www.nutty.com, e liste os diferentes tipos de (a) porcas, (b) parafusos e (c) arruelas. Faça um comentário sobre como avaliar os produtos disponibilizados neste endereço.

10.20P Reveja o endereço http://www.boltscience.com. Verifique a seção de informações e reveja aquelas relacionadas à tecnologia de uniões aparafusadas.

(a) É a vibração a causa mais frequente do afrouxamento do conjunto parafuso/porca? Em caso negativo, qual seria a causa mais frequente de afrouxamento?

(b) Quais são as três causas mais comuns da ocorrência de movimento relativo entre as roscas?

(c) Podem as arruelas convencionais de travamento do tipo mola ser utilizadas para evitar o autoafrouxamento quando os parafusos sem arruelas de travamento se afrouxarem devido ao movimento relativo?

(d) O que significa torque dominante?

(e) O que são os indicadores tração direta?

Comente sobre como avaliar a integridade da informação fornecida por um endereço da Internet.

Seção 10.9

10.21 Sejam dois componentes unidos com um parafuso conforme mostrado na Figura 10.24. A rigidez do componente unido é seis vezes maior do que a rigidez do parafuso. O parafuso é pré-carregado até uma pré-carga de 1100 lbf. A força externa atuante no sentido de separar a união flutua entre 0 e 6000 lbf. Construa um gráfico da força em função do tempo mostrando três ou mais flutuações da carga externa e as correspondentes curvas indicando as flutuações na carga total do parafuso e na força de união da junta.

10.22 Repita o Problema 10.21, desta vez considerando $k_c = 3k_b$.

10.23 Suponha que o parafuso mostrado na Figura P10.23 seja fabricado de aço estirado a frio. O parafuso e as placas unidas são do mesmo comprimento. Assuma que as roscas estendem-se até a parte imediatamente superior da porca. As placas de aço a serem unidas possuem rigidez k_c seis vezes maior do que a rigidez k_b do parafuso. A carga flutua continuamente entre 0 e 8000 lbf.

(a) Determine o menor valor requerido para a pré-carga para evitar perdas na compressão das placas.

(b) Determine a menor força flutuante atuante nas placas quando a pré-carga for de 8500 lbf.

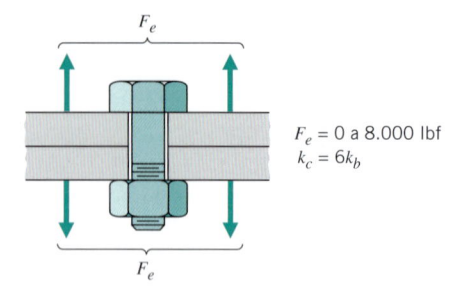

$F_e = 0$ a 8.000 lbf
$k_c = 6k_b$

FIGURA P10.23

10.24 Repita o Problema 10.23, desta vez considerando $k_c = 4k_b$.

10.25 A cabeça do cilindro de um compressor de ar do tipo pistão é mantida em seu lugar por dez parafusos. A rigidez total da junta é quatro vezes maior do que a rigidez total dos parafusos. Cada parafuso é apertado até uma pré-carga de 5000 N. A força externa total atuante no sentido de separar a união flutua entre 0 e 20.000 N. Admita que os diâmetros dos parafusos e o material utilizado sejam tais que a carga em cada parafuso permaneça dentro do regime elástico. Construa um gráfico (plotando força *versus* tempo) mostrando três ou quatro flutuações da carga externa, e as correspondentes curvas indicando as flutuações na carga total atuante nos parafusos e a força total de união da junta.

10.26 Repita o Problema 10.25, considerando que a força externa de separação da junta varie entre 10.000 e 20.000 N.

10.27 Dois componentes de uma máquina são mantidos unidos por parafusos que são inicialmente apertados de forma a propiciar uma força de união inicial total de 10.000 N. As rigidezes elásticas são tais que $k_c = 2k_b$:

(a) Qual deveria ser a força externa de separação para causar uma diminuição da força de união para 1000 N (admita que o parafuso permaneça no regime elástico)?

(b) Se esta força de separação for aplicada e removida repetidamente, quais seriam os valores das forças média e alternada atuantes nos parafusos?

10.28 Sejam dois componentes unidos com um parafuso, conforme mostrado na Figura 10.24. O parafuso é apertado inicialmente de modo a propiciar uma força de união de 2000 lbf. As rigidezes são tais que k_c é cinco vezes maior do que k_b.

(a) Qual deveria ser a força externa de separação para causar uma diminuição da força de união para 500 lbf? (admita que o parafuso permaneça no regime elástico.)

(b) Se esta força de separação fosse aplicada e removida repetidamente, quais seriam os valores das forças média e alternada atuantes nos parafusos?

10.29 Repita o Problema 10.28, desta vez considerando $k_c = 6k_b$.

10.30 Os desenhos 1 e 2 da Figura P10.30 são idênticos, exceto pelo posicionamento da arruela com efeito mola. O parafuso e os componentes unidos possuem rigidez "infinita" em comparação com a rigidez da arruela. Em cada um dos casos o parafuso é apertado inicialmente com uma força de 10.000 N antes das duas cargas de 1000 N serem aplicadas.

(a) Desenhe o Bloco *A* como um corpo livre em equilíbrio para ambos os arranjos.

(b) Construa um gráfico da força do parafuso *versus* tempo, para ambos os arranjos, envolvendo repetidas aplicações e remoções das cargas externas de 1000 N.

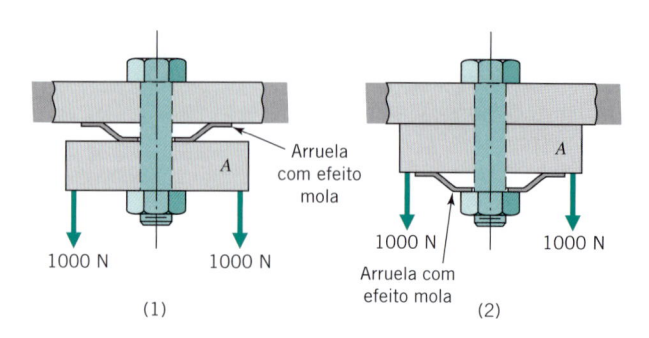

Arruela com efeito mola

A

1000 N   1000 N   1000 N   1000 N

Arruela com efeito mola

(1)   (2)

FIGURA P10.30

10.31 Construa os gráficos de F_p e F_c em função de F_e para o Problema 10.30 e os desenhos 1 e 2 da Figura P10.30.

10.32D A Figura P10.32D mostra uma ideia para a redução da carga flutuante atuante no parafuso de uma biela. Esta ideia funcionaria? Explique brevemente.

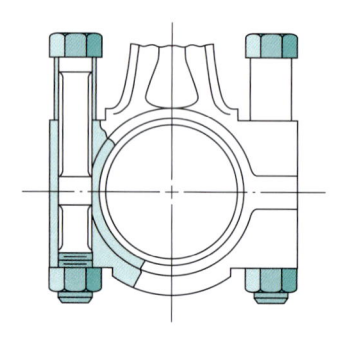

FIGURA P10.32D

Seção 10.10

10.33 Dois componentes de uma máquina são mantidos unidos através de parafusos, cada um dos quais suportando uma carga de tração estática de 3100 N.

(a) Qual é a dimensão da classe 5.8 de parafusos de roscas métricas grossas necessária utilizando um fator de segurança de 4 (baseado na resistência de prova)?

(b) Qual é o menor número de roscas a serem engajadas para uma resistência ao cisalhamento da rosca igual à resistência à tração do parafuso, se as porcas forem fabricadas de um aço cuja resistências ao escoamento e de prova forem iguais a 70 % daquela do aço do parafuso?

10.34D Repita o Problema Resolvido 10.2, desta vez considerando uma carga estática de 33 kN.

10.35 Repita o Problema Resolvido 10.3, desta vez utilizando um parafuso de aço de 1 in–12 UNF grau 5.

10.36 Repita o Problema Resolvido 10.4, desta vez utilizando um fator de segurança de 10.

10.37 Repita o Problema Resolvido 10.5, desta vez utilizando um fator de segurança de 10.

10.38 Os parafusos que fixam um suporte a uma máquina industrial devem, cada um, suportar uma carga de tração estática de 4 kN.

(a) Utilizando um fator de segurança de 5 (baseado na resistência de prova), qual seria o diâmetro necessário aos parafusos métricos da classe 5.8 rosca grossa?

(b) Se as porcas são fabricadas de um aço com dois terços da resistência ao escoamento e da resistência de prova do aço do parafuso, qual seria o menor número de fios que deveriam ser engajados para uma resistência ao cisalhamento da rosca igual à resistência à tração do parafuso?

[Resp.: (a) M10 $\times$ 1,5, (b) 4,3]

10.39 Qual é o diâmetro de um parafuso UNF fabricado de um aço SAE grau 5 necessário para suportar uma carga de tração estática de 3000 lbf com um fator de segurança 4 baseado na resistência de prova? Se o parafuso for utilizado com uma porca fabricada de um aço correspondente às especificações do SAE grau 2, qual seria o menor número de fios que deveriam ser engajados para uma resistência ao escoamento por cisalhamento da rosca igual à resistência ao escoamento por tração do parafuso?

10.40 Um parafuso SAE grau 5, UNF, suporta uma carga de tração estática de 2000 lbf com um fator de segurança de 5 baseado na resistência de prova. O parafuso é utilizado com uma porca de aço com as especificações SAE grau 1.

(a) Qual é a dimensão necessária ao parafuso?

(b) Qual é o menor número de fios que deveriam ser engajados para uma resistência ao cisalhamento da rosca igual à resistência à tração do parafuso?

10.41 Um redutor de engrenagens pesando 2000 lbf é elevado por meio de um parafuso de aço com olhal.

(a) Considerando um fator de segurança de 10, qual seria o diâmetro selecionado de um parafuso de aço SAE grau 5?

(b) Qual seria o menor número de fios a serem engajados na carcaça do redutor de engrenagens se o material da carcaça possuísse apenas 50 % da resistência ao escoamento do aço do parafuso?

10.42 A Figura P10.42 mostra um vaso de pressão fechado através de uma placa de extremidade com gaxeta. A pressão interna é suficientemente uniforme, de modo que o carregamento nos parafusos pode ser considerado estático. O fornecedor da gaxeta recomenda uma pressão de união da gaxeta de no mínimo 13 MPa (este valor inclui um fator de segurança adequado para a utilização) para assegurar que a junta seja à prova de vazamentos. Para simplificar o problema, pode-se desprezar os furos dos parafusos ao calcular a área da gaxeta.

(a) Considerando que devam ser utilizados parafusos de 12, 16 e 20 mm de rosca grossa e fabricados de um aço SAE classe 8.8 ou 9.8 (o que for adequado), determine o número de parafusos necessários.

(b) Considerando que a relação entre o espaçamento dos parafusos e o diâmetro dos parafusos não deva ser superior a 10, de modo a manter a pressão apropriada no flange entre os parafusos, e se esta relação não deva ser

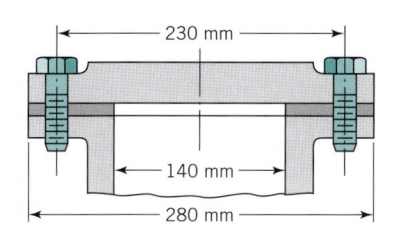

FIGURA P10.42

inferior a 5 para propiciar uma distância conveniente para as chaves inglesas padronizadas, quais dos diâmetros de parafusos fornecidos têm um espaçamento satisfatório?

[Resp.: (a) 13, 7 e 5; (b) 16 e 20 mm]

10.43 Repita o Problema 10.42, desta vez considerando que a pressão de união na gaxeta seja de 10 MPa.

10.44D Um motor industrial pesando 22 kN deve ser provido com um olhal de aço para ser utilizado durante sua eventual elevação.

(a) Qual deve ser o diâmetro recomendado dentre os parafusos de aço da classe 8.8? Explique brevemente as premissas de sua escolha para o fator de segurança.

(b) Se a carcaça na qual o parafuso é atarraxado possui apenas a metade da resistência ao escoamento do aço do parafuso, qual seria o número mínimo de fios que deveriam ser engajados?

Seção 10.11

10.45 Um parafuso, fabricado de um aço com a curva tensão-deformação ideal, é inicialmente apertado até atingir o seu limite de sua resistência ao escoamento de 80 kN (isto é, $F_i = A_t S_y$). As rigidezes são tais que $k_c = 3k_b$. A Figura P10.45 mostra um gráfico da carga *versus* o tempo que cobre a pré-carga, a operação em carga baixa, a operação em carga alta, a operação em carga baixa e, finalmente, a situação sem carga.

(a) Copie a figura e complete-a com as curvas da força atuante no parafuso e da força de união.

(b) Após ser submetido as cargas precedentes, o parafuso é removido da máquina. Construa um desenho simples mostrando a forma da curva de tensão residual na seção roscada do parafuso.

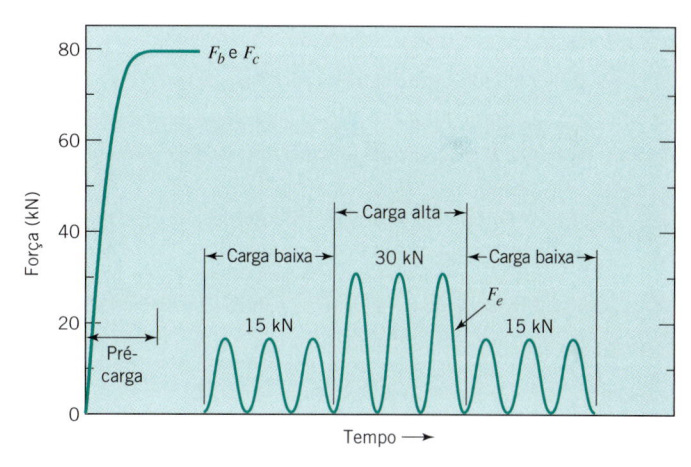

FIGURA P10.45

10.46 Um parafuso UNF de 1 in grau 5 possui roscas laminadas. Este é utilizado para unir dois componentes rígidos, de modo que $k_c = 4k_b$. Considerando o tratamento dos componentes dúcteis a fadiga, fornecido no Capítulo 8, admita que o material tenha uma curva tensão-deformação ideal, apresentando uma "quina" no ponto referente ao limite de resistência ao escoamento (não de resistência de prova). Existe uma força tendendo a separar os componentes que flutua rapidamente entre 0 e 20.000 lbf. Aspectos construtivos e de precisão na fabricação são tais que existe a possibilidade de uma leve flexão. Dois valores de pré-carga são utilizados: (1) o valor da carga que um mecânico normalmente poderia aplicar (Eq. e na Seção 10.7) e (2) o valor-limite teórico de $A_t S_y$.

(a) Construa um gráfico de força *versus* tempo (como o mostrado na Figura 10.34a) mostrando a carga flutuante externa, a força atuante no parafuso e a força de união flutuante para cada um dos dois valores de pré-carga. Inicie o traçado do gráfico com a pré-carga, mostre aproximadamente três ciclos de carga e conclua com a retirada da carga.

(b) Estime o fator de segurança correspondente a cada um dos valores de pré-carga inicial, onde a falha é considerada *tanto* por eventual fratura por fadiga *quanto* devida à abertura da união (a força de união diminui até zero).

[Resp.: (b) Aproximadamente 1,0 para o caso 1 e 2,0 para o caso 2]

10.47 Um parafuso UNF de $^3/_4$ in grau 7 com roscas laminadas é utilizado em uma união que possui uma gaxeta macia, para a qual a rigidez dos componentes a serem unidos é igual a apenas a metade da rigidez do parafuso. A pré-carga inicial do parafuso corresponde a $F_i = 16.000d$, sendo d expresso em polegadas. Durante a operação, existe uma força de separação externa que flutua entre 0 e P. Para esta aplicação a flexão dos parafusos é desprezível.

(a) Estime o valor máximo de P que não causaria a eventual falha por fadiga do parafuso.

(b) Estime o valor máximo de P que não causaria a separação da junta.

[Resp.: (a) Aproximadamente 5600 lbf, (b) 36.000 lbf]

10.48 A cabeça da biela do motor de um automóvel é fixada através de dois parafusos M8 × 1,25 da classe 10.9 com roscas laminadas. Os comprimentos do corpo e da região sem rosca podem ser ambos considerados iguais a 16 mm. A cabeça da biela (o componente unido) possui uma área efetiva de seção transversal de 250 mm² por parafuso. Cada parafuso é apertado até uma pré-carga de 22 kN. A carga externa máxima, dividida igualmente entre os parafusos, é de 18 kN.

(a) Estime o torque requerido para o aperto dos parafusos.

(b) Qual é a carga total máxima por parafuso durante a operação?

(c) A Figura P10.48 mostra o diagrama de corpo livre para carga nula. Faça um e diagrama de corpo livre similar para a condição em que a carga máxima de 18 kN está empurrando para baixo no centro da cabeça da biela.

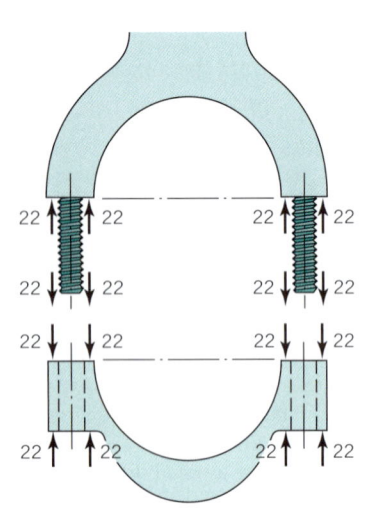

(d) Qual é o fator de segurança (fator pelo qual a carga de 18 kN poderia ser multiplicada) para fadiga? Admita uma curva tensão-deformação ideal baseada em S_y.

[Resp.: (a) 35 N · m, (b) 23,5 kN, (d) aproximadamente 1,0]

10.49 Dois parafusos de grau 8.8 com roscas laminadas M20 × 2,5 são utilizados para fixar um mancal de apoio similar ao mostrado na Figura 10.30. Os parafusos são apertados inicialmente de acordo com a Eq. 10.11a. A rigidez da junta é estimada ser igual ao triplo da rigidez do parafuso. A flexão do parafuso pode ser considerada desprezível. Durante a operação, a carga externa que tende a separar o mancal de apoio de seu suporte, variando rapidamente entre 0 e P.

(a) Estime o valor máximo de P que não causaria uma eventual falha por fadiga dos parafusos. (Admita uma curva tensão-deformação ideal seja baseada em S_y.)

(b) Indique em um diagrama de tensões médias *versus* tensões alternadas os pontos que representam as tensões atuantes na raiz da rosca: (1) imediatamente após a pré-carga, (2) durante a operação com a carga flutuando entre 0 e P/2 (isto é, utilizando o seu valor de P e um fator de segurança de 2) e (3) com a máquina desligada após operar com a carga de 0 a P/2.

[Resp.: (a) Aproximadamente 183 kN]

10.50 Duas placas de alumínio, que são partes da estrutura de um avião, são mantidas unidas através de um parafuso de ½ in UNF grau 7. A área efetiva das placas de alumínio sob compressão é estimada como igual a 12 vezes a área da seção transversal do parafuso de aço. O parafuso é inicialmente apertado a 90 % de sua resistência de prova. Cargas decorrentes de rajadas de vento, variando de zero a P, tendem a afastar as placas (provocando uma flexão desprezível no parafuso). Com um fator de segurança de 1,3, qual é o valor máximo de P que não causaria a eventual falha por fadiga do parafuso? Qual seria a força de união remanescente quando este valor de P estivesse atuando?

Seção 10.12

10.51 Reveja as suas soluções para os problemas listados a seguir e, à luz das informações fornecidas na Seção 10.12 e na Tabela 10.7, comente a provável precisão dos resultados relacionados à fadiga. Se os projetos anteriores tivessem sido realizados com base nesses resultados recentes, pareceria importante, agora, definir que as roscas dos parafusos deveriam ser laminadas após o tratamento térmico?

(a) Problema 10.46   (d) Problema 10.49

(b) Problema 10.47   (e) Problema 10.50

(c) Problema 10.48

10.52 Uma aplicação crítica requer a utilização do menor parafuso possível para resistir a uma força de separação dinâmica variando de 0 a 100 kN. Estima-se que utilizando um parafuso de aço de resistência extra-alta com $S_p = 1200$ MPa, e usando um equipamento especial para controlar a pré-carga até um valor máximo de $A_t S_p$, uma relação de rigidezes $k_c/k_b = 6$ possa ser realizada. Qualquer das roscas de parafuso e acabamento listadas na Tabela 10.7 pode ser selecionada. Qual é o menor diâmetro de parafuso métrico que pode ser utilizado, considerando um fator de segurança de 1,3 em relação à eventual falha por fadiga? Defina a rosca e o tipo de acabamento selecionado. Com este parafuso apertado conforme especificado, qual será a força de união que permanecerá (pelo menos inicialmente) quando a carga de 100 kN for aplicada?

Juntas Rebitadas, Soldadas e Coladas

11.1 Introdução

Assim como no caso dos parafusos (Capítulo 10), existe uma grande variedade de rebites e, em geral, esses elementos apresentam uma notável simplicidade. O breve tratamento aqui apresentado tem como objetivo auxiliar o leitor na obtenção de alguma familiaridade na seleção dentre as opções disponíveis e no ganho de mais confiança na aplicação dos princípios básicos relacionados à análise do carregamento e das tensões sobre eles atuantes.

Poderia se questionar se é adequado ou não a inclusão de temas como uniões soldadas e coladas neste livro, uma vez que não são, na realidade, componentes de máquinas. Todavia, como o engenheiro se depara frequentemente com a necessidade de escolher entre os elementos de fixação rosqueados (que *são* componentes de máquinas) e os não rosqueados, e as alternativas de união por soldagem ou por colagem, torna-se conveniente tratar dessas possibilidades neste texto, pelo menos brevemente.

Dependendo do espaço disponível, uma alternativa de união que poderia ser adotada é o projeto dos componentes de modo que possam ser unidos através de um *ajuste por encaixe*. Essa união pode ser projetada para ser permanente ou para permitir uma desmontagem, quando necessário. Esse promissor método de união, bastante econômico e satisfatório, é apresentado com detalhes na referência [3]. Outros métodos de união são também discutidos nas referências [3] e [5]. O engenheiro envolvido com o projeto de equipamentos mecânicos deve se familiarizar com todas essas alternativas de união.

11.2 Rebites

Os rebites estruturais convencionais, ilustrados na Figura 11.1, são amplamente utilizados nos projetos de aviões, equipamentos de transporte e outros produtos que requerem uniões com resistência relativamente alta. Eles também são utilizados na construção de prédios, aquecedores, pontes e navios, porém nas últimas décadas o uso de soldas tem aumentado para essas aplicações. Em decorrência das considerações vitais de segurança, o projeto de uniões rebitadas para essas últimas aplicações é regulado por normas de construção elaboradas por sociedades técnicas como a ABNT (Associação Brasileira de Normas Técnicas), a AISC (American Institute of Steel Construction) e a ASME (American Society of Mechanical Engineers). A Figura 2.19 ilustra uma junta rebitada típica. Uma análise do carregamento suportado pelas trajetórias de força redundantes é apresentada na Seção 2.6. A análise das tensões

de tração e de cisalhamento transversal atuantes nos rebites é comparável com aquela utilizada para os parafusos na Seção 10.4. Os Problemas Resolvidos 10.3, 10.4 e 10.5 (Seção 10.10) são também aplicáveis aos rebites. Pré-cargas iniciais relativamente altas são aplicadas aos rebites durante sua instalação, deixando-os, por vezes, avermelhados pelo calor dissipado na operação. A força de tração se desenvolve sob resfriamento e contração térmica.

Enquanto o desenvolvimento de modernos equipamentos de soldagem tem reduzido a importância dos rebites nas aplicações estruturais de grande porte, o desenvolvimento de modernas máquinas de rebitagem tem expandido de forma significativa seu uso na fixação de componentes menores em uma grande variedade de produtos industriais associados às áreas automotiva, de aparelhos eletrodomésticos, eletrônica, mobiliária, máquinas de escritório e outras. Os rebites têm, com frequência, substituído os elementos rosqueados nessas aplicações, tendo em vista seu menor custo de instalação. Os rebites são bem mais baratos do que os parafusos, e as modernas máquinas de rebitagem a alta velocidade — algumas das quais produzindo mais de 1000 uniões por hora — propiciam a montagem de conjuntos a baixo custo. Os rebites também podem servir como eixo pivô (como no apoio de uma peça de madeira em um móvel), contatos elétricos, batentes e guias de encaixe.

Comparativamente aos elementos de fixação rosqueados, os rebites não são susceptíveis de um desaparafusamento involuntário, porém em alguns casos eles impedem uma desmontagem e uma manutenção que seriam desejadas. Muitos leitores certamente já passaram pela experiência de desejar desmontar um aparelho elétrico para realizar um simples reparo (talvez o rompimento de um fio elétrico no interior da caixa de um relógio com alarme, ou da extremidade de uma corda de aço) e verificar que rebites foram utilizados na fixação dos componentes. Nesse caso, o aparelho geralmente é descartado e um novo deve

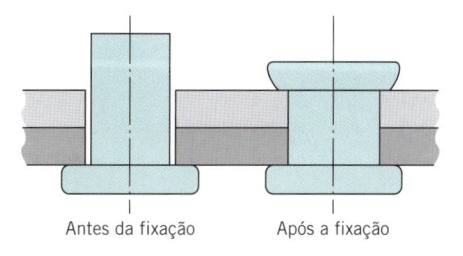

Antes da fixação   Após a fixação

Figura 11.1 Rebite maciço convencional antes e depois de sua fixação.

ser comprado. Assim, apesar da economia inicial durante o processo de fabricação, essas aplicações de rebites apresentam uma economia e um senso ecológico questionáveis. Por outro lado, a produção de um dispositivo elétrico de modo que não possa ser desmontado e acessado por um usuário leigo pode representar um bom quesito de segurança. Esta situação ilustra como uma decisão de engenharia aparentemente simples em geral requer a consideração em profundidade de diversos fatores. A melhor solução global pode exigir decisões imaginativas, novas metodologias de projeto visando uma otimização dos custos, segurança e uma análise dos aspectos ecológicos!

A fabricação dos rebites pode utilizar qualquer material dúctil: os mais comumente utilizados são o aço-carbono, o alumínio e o latão. Diversos revestimentos, pinturas e coberturas oxidantes podem ser aplicados. Em geral, um rebite não propicia uma união tão forte quanto um parafuso do mesmo diâmetro. Da mesma forma que ocorre com os parafusos, deve-se ter muito cuidado com a seleção dos materiais a serem unidos devido à possibilidade das ações galvânicas.

Os rebites industriais são de dois tipos básicos: *tubular* e *cego*. Cada um desses tipos pode se apresentar em diversas configurações.

A Figura 11.2 mostra vários rebites tubulares. A configuração semitubular é a mais comum. A profundidade do furo em sua extremidade não excede a 112 % do diâmetro do corpo. Os rebites autoperfurantes realizam seu próprio furo quando são instalados por uma máquina de rebitagem. Os rebites totalmente tubulares são em geral utilizados em couro, plásticos, madeira, telas ou outros materiais macios. Os rebites bipartidos ou com fendas podem ser utilizados para unir lâminas metálicas de baixa espessura. Os rebites metálicos perfurantes podem unir metais como aço e alumínio com dureza da ordem de R_B 50 (aproximadamente 93 Bhn). Os rebites sob compressão possuem duas partes, conforme mostrado. Os diâmetros são selecionados de modo a propiciar um ajuste com interferência apropriado em cada interface. Os rebites de compressão podem ser utilizados em madeiras, plásticos frágeis ou outros materiais com baixo risco de abertura de fendas durante sua instalação. Uma aplicação típica ocorre no ramo da cutelaria. As superfícies próximas e o ajuste com interferência das lâminas rebitadas não devem apresentar folgas onde partículas sujas possam se acumular.

A Figura 11.3 mostra algumas situações em que rebites cegos, que requeiram acesso por apenas um dos lados da junta,

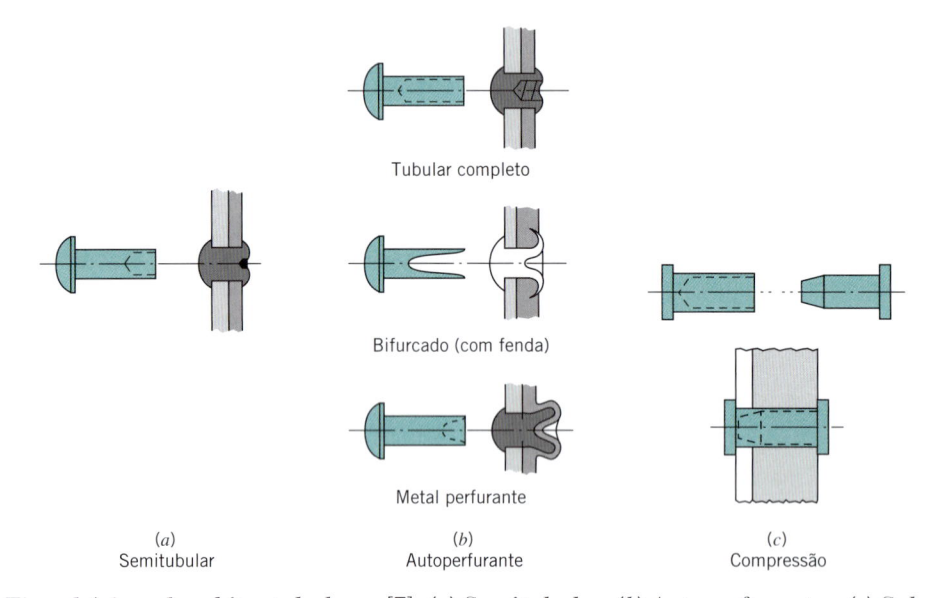

Tubular completo

Bifurcado (com fenda)

Metal perfurante

(*a*)
Semitubular

(*b*)
Autoperfurante

(*c*)
Compressão

FIGURA 11.2 **Tipos básicos de rebites tubulares [7]. (*a*) Semitubular. (*b*) Autoperfurantes. (*c*) Sob compressão.**

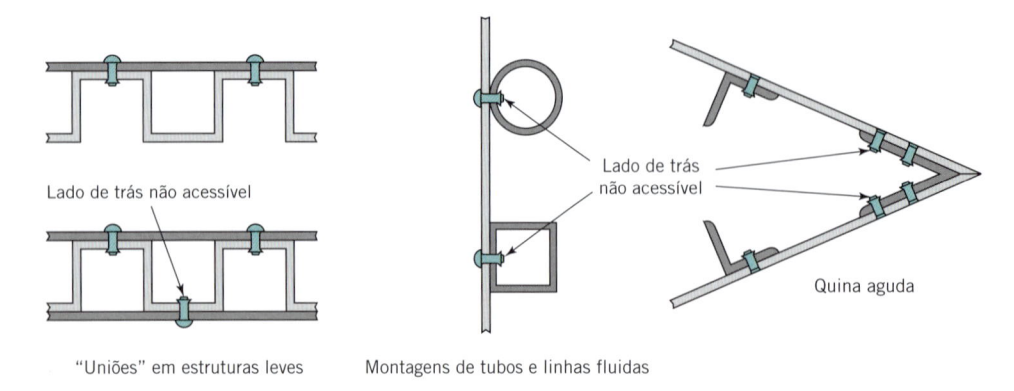

Lado de trás não acessível

Lado de trás não acessível

Quina aguda

"Uniões" em estruturas leves

Montagens de tubos e linhas fluidas

FIGURA 11.3 **Aplicações típicas em que são utilizados rebites cegos [7].**

são mais apropriados. A Figura 11.4 ilustra uma variedade de rebites cegos.

Informações mais detalhadas sobre os rebites estão disponíveis em outras referências, como, por exemplo, [4, 5 e 7].

11.3 Processos de Soldagem

Os novos desenvolvimentos das técnicas e dos equipamentos de soldagem forneceram ao engenheiro diversas opções atrativas para a fixação de componentes, como alternativa aos parafusos ou rebites, e para a fabricação de componentes. Relativamente aos processos de fundição e forjamento, os elementos de máquinas soldados geralmente podem ser fabricados a custos menores. Exemplos típicos são mostrados na Figura 11.5.

A maioria das soldas industriais é realizada por *fusão*, com o material das peças a serem unidas fundido em suas superfí-

cies comuns. O calor é aplicado por um arco elétrico que passa entre um eletrodo e o componente, por meio de uma corrente elétrica de alta amperagem que passa pelo material a ser fundido. O calor pode também ser aplicado por meio de uma chama produzida pela queima de um gás. A soldagem por arco elétrico se apresenta de diversas formas, dependendo (1) de como o material a ser fundido (eletrodo consumível) é aplicado e (2) da forma com que o metal de solda em fusão é protegido dos efeitos da atmosfera:

1. A *soldagem a arco com metal protegido* (*SMAW — Shielded metal arc welding*), também conhecida como soldagem por vareta, é o processo manual (não automatizado) mais comum utilizado em reparos e na soldagem de grandes estruturas. O soldador alimenta com um eletrodo consumível a área de trabalho. O fluxo de cobertura do eletrodo libera um gás de proteção e também forma uma escória no entorno do metal de solda. Esse arco de solda é, em geral, utilizado com aços.

2. A *soldagem a arco gás-metal* (*GMAW — Gas metal arc welding*), também conhecida como soldagem MIG (*metal-inert gas*) é um processo em geral automático que produz soldas de alta qualidade a altas velocidades de soldagem utilizando diversos metais. O eletrodo consumível não é revestido. Ele se projeta de um bocal que libera um gás de proteção — argônio para o alumínio e outros metais não ferrosos, e dióxido de carbono de baixo custo para aços.

3. A *soldagem a arco gás-tungstênio* (*GTAW — Gas tungsten arc welding*), também conhecida como soldagem TIG (*tungsten-inert gás*), emprega um eletrodo de tungstênio não consumível, com o material de enchimento algumas vezes alimentado separadamente. Um bocal circundando o eletrodo de tungstênio libera o gás hélio ou argônio como proteção. Esse processo é mais lento do que o GMAW, porém pode ser utilizado em metais mais nobres, tanto ferrosos quanto não ferrosos. O processo resulta em soldas de alta qualidade em metais não ferrosos e não similares, e pode ser totalmente automatizado.

4. A *soldagem a arco com fluxo nucleado* (*FCAW — Flux-cored arc welding*) é similar à SMAW, exceto pelo fato de o fluxo ocorrer em um núcleo oco do eletrodo consumível, em vez de sobre sua superfície externa. Um gás de proteção (usualmente dióxido de carbono) algumas vezes é liberado através de um bocal que circunda o eletrodo. O processo produz uma solda rápida e limpa em metais ferrosos.

5. A *soldagem a arco submerso* (*SAW — Submerged arc welding*) é realizada em regiões de trabalho planas. Uma linha de fluxo granular é depositada na região de trabalho, adiante do eletrodo consumível em movimento. O fluxo se funde para produzir uma camada de escória fundida protetora sob a qual é realizada a deposição da nova solda. O processo é comumente utilizado em seções espessas que requeiram certa profundidade de penetração da solda.

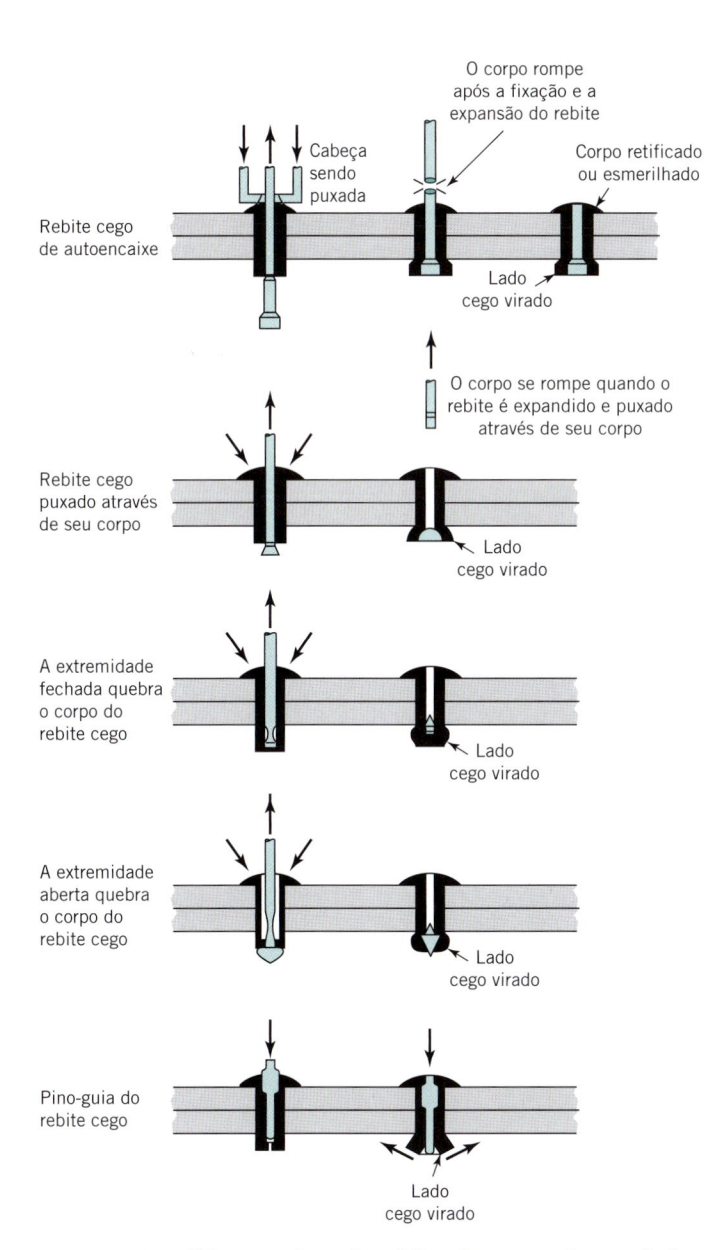

Rebite cego de autoencaixe
Cabeça sendo puxada
O corpo rompe após a fixação e a expansão do rebite
Corpo retificado ou esmerilhado
Lado cego virado

Rebite cego puxado através de seu corpo
O corpo se rompe quando o rebite é expandido e puxado através de seu corpo
Lado cego virado

A extremidade fechada quebra o corpo do rebite cego
Lado cego virado

A extremidade aberta quebra o corpo do rebite cego
Lado cego virado

Pino-guia do rebite cego
Lado cego virado

FIGURA 11.4 **Diversos tipos de rebites de expansão mecânica com o correspondente procedimento de instalação [7].**

Na *soldagem por resistência*, a corrente elétrica, que gera calor a uma taxa igual a I^2R, passa através da região de trabalho

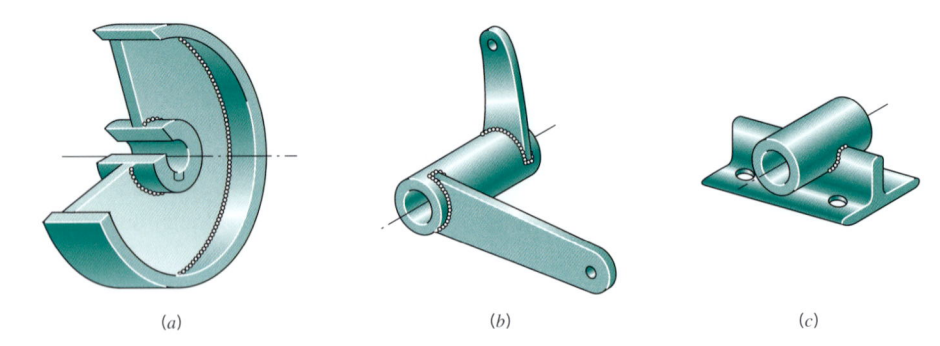

FIGURA 11.5 **Componentes de máquinas fabricados pelo processo de soldagem por fusão:** (*a*) **volante,** (*b*) **alavanca de controle e** (*c*) **bloco de mancal.**

enquanto une firmemente as partes a serem soldadas. Nenhum fluxo ou proteção é utilizado, porém o processo pode ocorrer em um ambiente de vácuo ou de gás inerte. Em geral não é utilizado um material de preenchimento. A soldagem por resistência é especialmente indicada na produção em larga escala de soldas contínuas (como na costura das tubulações) ou nas soldas ponteadas de diversas ligas de aço e de alumínio. A espessura do material situa-se na faixa de 0,004 a 0,75 in (0,10 a 19,05 mm).

A *soldagem a gás* — usualmente realizada de forma manual, com um maçarico de oxiacetileno — é relativamente lenta, requer um maior aquecimento da região de trabalho e é utilizada com mais frequência na realização de reparos. Um filete alimentador é geralmente utilizado, porém não é essencial.

As soldagens por *feixe a laser*, *arco de plasma*, *feixe de elétrons* e *escória elétrica* são também processos de soldagem por

fusão utilizados em pequena escala, em aplicações muito específicas.

Os processos que não utilizam a fusão, ou *soldagem no estado sólido*, usam uma combinação de calor e pressão na união de componentes, porém a temperatura (exceto em locais rugosos) geralmente fica abaixo do ponto de fusão dos materiais. Um exemplo é a *soldagem por inércia*. A energia cinética armazenada em um volante é convertida, por atrito, em calor quando uma região conectada ao volante é forçada contra um componente estacionário. Em um segundo exemplo, a *soldagem ultrassônica*, os componentes são presos pelas garras de um dispositivo mecânico e a vibração induzida por um ruído a uma determinada frequência ultrassônica produz sua união. Observe o paralelo existente entre esses processos e o *grimpamento*, discutido sob o tema *desgaste adesivo* na Seção 9.9.

TABELA 11.1 **Soldabilidade dos Metais de Uso Comum**

Metal	Arco	Gás	Metal	Arco	Gás
Aço-carbono	B[a]	B	Liga de magnésio	X[b]	B
Baixo e médio carbono	B	R			
Alto carbono	R	R	Cobre e ligas de cobre		
			Cobre desoxidado	R	B
Aço ferramenta	R	R	Pitch, eletrolítico e lake	B	R
Aço fundido, carbono comum	B	B	Bronze comercial, bronze vermelho e latão de baixa liga	R	B
Ligas de ferro fundido e ferro fundido cinzento	R	B	Latão de mola, de alta liga, comum e comercial	R	B
Ferro macio	R	R	Metal Muntz, latão naval, bronze-magnésio	R	B
Aços de baixa liga, alta resistência			Bronze fosfórico, bronzina e bronze de sino	B	B
No-Cr-Mo e Ni-Mo	R	R	Bronze-alumínio	B	R
Outros	B	B	Cobre-berílio	B	—
Aço inoxidável			Níquel e ligas de níquel	B	B
Cromo	B	R	Chumbo	X	B
Cromoníquel	B	B			
Alumínio e ligas de alumínio					
Puro comercial	B	B			
Liga Al-Mn	B	B			
Ligas Al-Mg-Mn e Al-Si-Mg	B	R			
Liga Al-Cu-Mg-Mn	R	X			

[a]B – bom; comumente utilizado.
[b]X – não utilizado.
[c]R – razoável, ocasionalmente utilizado sob condições favoráveis.

Diversos metais e ligas comumente disponíveis para os processos de soldagem a arco e a gás são relacionados na Tabela 11.1.

Os *termoplásticos* podem ser soldados de forma muito similar aos metais. O calor pode ser aplicado por um *gás quente*, geralmente inerte, em contato com *placas metálicas aquecidas*, ou eletricamente, pelo *aquecimento dielétrico* e *pelo aquecimento por indução*. No aquecimento dielétrico filmes finos, largamente utilizados em embalagens, se rompem sob alta-tensão e alta frequência para produzir o calor necessário à fusão. No aquecimento por indução, as correntes de indução eletromagnética são geradas no metal inserido ou nos grãos metálicos depositados. As técnicas de soldagem por inércia (chamadas de *soldagem por rotação* quando utilizada com materiais plásticos) e por ultrassom são aplicáveis aos termoplásticos. A fricção dos componentes a serem unidos através de frequências ultrassônicas (geralmente 120 Hz) também é efetiva, com a união plena geralmente obtida após dois ou três segundos. Esta é a chamada *soldagem por vibrações*. A *colagem* (*por solvente*) de componentes termoplásticos *pode ser* obtida quando os componentes são amaciados através de um revestimento por solvente e, em seguida, unidos por 10 a 30 segundos, tempo suficiente para as moléculas plásticas se misturarem. Os componentes se unem definitivamente quando o solvente evapora.

11.4 Juntas Soldadas Sujeitas a Carregamento Estático Axial e de Cisalhamento Direto

Geralmente os elementos soldados, como os mostrados na Figura 11.5, são fabricados a partir de componentes de aço-carbono mantidos em posição através de dispositivos de fixação durante a realização da soldagem. A resistência das juntas soldadas depende de diversos fatores, os quais devem ser devidamente controlados para que se possam obter soldas de alta qualidade. O calor envolvido no processo de soldagem pode causar alterações metalúrgicas na estrutura do metal nas vizinhanças da solda. Em decorrência dos gradientes térmicos, as tensões residuais (e os consequentes empenamentos dos componentes) podem introduzir expansões e contrações diferenciais, variações nas forças de fixação e variações na resistência ao escoamento com a temperatura. As tensões residuais e os problemas de empenamento são mais pronunciados na soldagem de componentes de espessura variável e formas irregulares. As providências que podem ser tomadas para controlar esses problemas incluem o aquecimento das partes a uma temperatura uniforme antes da soldagem, com o cumprimento detalhado da "boa prática de soldagem" relacionada à aplicação envolvida, o que fornece aos componentes soldados um alívio de tensões a baixa temperatura por recozimento após a solda-

gem e aplicando-se um processo de *shot-peening* (jateamento por impacto) à área soldada após o resfriamento.

Nos casos de soldagem aplicada à construção de prédios, pontes e vasos de pressão, a lei exige o uso de normas apropriadas (como a da referência [1]). Geralmente, nas aplicações complexas, quando existem incertezas em relação ao processo de soldagem a ser utilizado, é recomendada a realização de testes de protótipos de juntas soldadas em laboratório.

O conceito básico da soldagem por fusão é a fusão dos materiais que se unem, formando um único componente — idealmente, homogêneo. As propriedades das varetas de solda (material de preenchimento) devem, obviamente, ser compatíveis com as dos materiais a serem unidos. Sempre que possível, as análises de tensões e de resistência devem ser realizadas como se a peça como um todo fosse fabricada a partir de um único bloco do material.

As especificações de resistência e ductilidade do material do eletrodo de solda têm sido padronizadas pela American Welding Society (AWS) e pela American Society for Testing Materials (ASTM). Por exemplo, os eletrodos (varetas) de soldagem das séries E60 e E70 são designados por E60XX e E70XX. Os números 60 e 70 indicam que as resistências à tração são de no mínimo 60 ou 70 ksi, respectivamente. Os últimos dois dígitos (XX) indicam os detalhes do processo de soldagem. As resistências ao escoamento específicas para os eletrodos das séries E60 e E70 são, aproximadamente, 12 ksi abaixo das resistências à tração, e a elongação mínima está entre 17 % e 25 %. Todas essas propriedades são aplicáveis ao material quando *soldado*.

A Figura 11.6 mostra quatro variedades de *soldas de topo* com penetração total. Se essas soldas forem de boa qualidade, cada uma será tão resistente quanto as placas que estão sendo unidas, e sua *eficiência* (resistência da peça com a solda/resistência da peça como se fosse única) será de 100 % (lembre-se de que essa análise é válida para carregamentos *estáticos* — e não para carregamentos por fadiga).

As *soldas por filetes*, ilustradas na Figura 11.7, são geralmente classificadas de acordo com a direção do carregamento: *carga paralela* (Figura 11.7c) ou *carga transversal* (Figuras 11.7d e 11.7e). No caso do carregamento paralelo, ambas as placas exercem uma carga de cisalhamento sobre a solda. No caso de carregamento transversal, uma placa exerce uma carga de cisalhamento e a outra uma carga de tração (ou de compressão) sobre a solda. A *dimensão* da solda é definida pelo *comprimento h* (Figura 11.7a). Em geral, porém não necessariamente, as duas dimensões possuem o mesmo comprimento. A prática convencional da engenharia considera a tensão mais significante da solda como a *tensão cisalhante atuante na seção mais estreita*, tanto para carregamento paralelo quanto transversal.

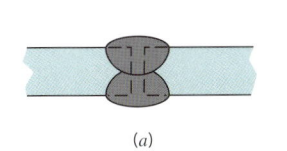
(a)

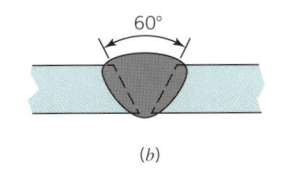
(b)

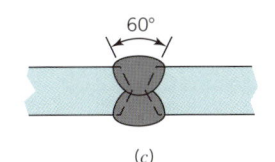
(c)

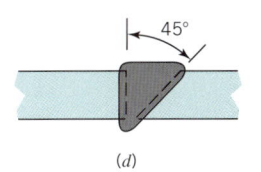
(d)

Figura 11.6 Representação de soldas de topo e por ranhuras: (*a*) junta de topo com abertura quadrada, (*b*) chanfro simples em V, (*c*) chanfro duplo em V e (*d*) junta de topo em ângulo.

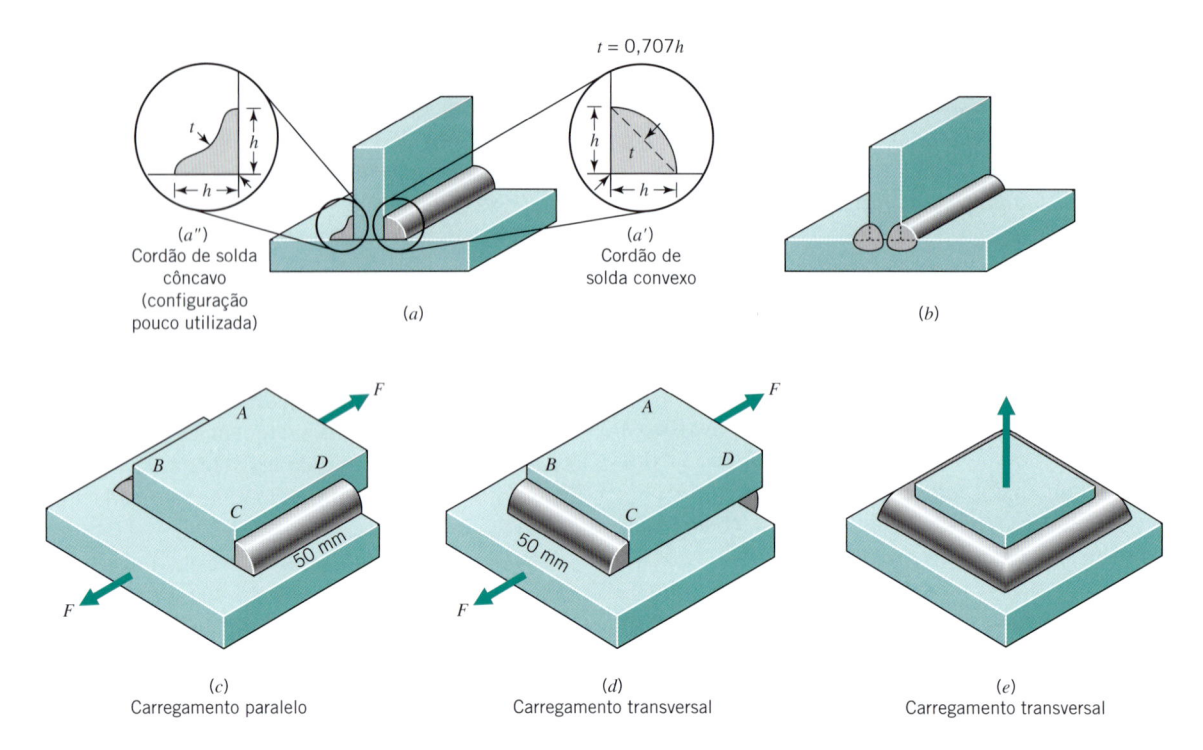

FIGURA 11.7 Filetes de solda.

O comprimento t (Figura 11.7a) é definido como a menor distância medida a partir da interseção das placas até (1) a reta que une as extremidades das duas regiões das peças em contato com a solda (Figura 11.7a') ou (2) até a superfície do filete (Figura 11.7a''), a que for menor. Para o caso usual de uma solda convexa com dimensões iguais, $t = 0,707h$. A área utilizada para o cálculo das tensões é, assim, igual ao produto tL, no qual L é o comprimento da solda. A Figura 11.7b mostra que para as soldas com superfícies convexas atingindo uma penetração significativa nos materiais das placas a menor área da seção de solda, no caso real, pode ser significativamente maior do que tL. Embora as normas de soldagem e a prática-padrão conservadora não deem crédito a essa área adicional, não há razão para não se considerá-la no projeto dos componentes não cobertos pelas normas, *desde que* a capacidade de carga extra calculada possa ser verificada através de ensaios e o processo de produção de soldagem seja suficientemente bem controlado para assegurar que todas as soldas realmente atinjam a área de seção aumentada.

A dimensão h da solda deve ser compatível com a espessura das placas que vão ser soldadas. Por motivos práticos, em geral considera-se uma dimensão h de no mínimo 3 mm para placas com espessura inferior a 6 mm — e de no mínimo 15 mm para placas com espessura acima de 150 mm.

PROBLEMA RESOLVIDO 11.1 Estimativa da Resistência Estática de um Cordão de Solda Carregado Paralelamente

As placas mostradas na Figura 11.7c possuem 12 mm de espessura e são de aço com $S_y = 350$ MPa. Elas são unidas através

de um cordão de solda convexo ao longo dos lados AB e CD, cada um dos quais com 50 mm de comprimento. A resistência ao escoamento do metal da solda é de 350 MPa. Qual é a carga estática F que pode ser suportada por um cordão de solda com dimensão $h = 6$ mm, considerando um fator de segurança de 3 (com base na resistência ao escoamento)?

SOLUÇÃO

Conhecido: Duas placas estaticamente carregadas, com resistências conhecidas, são unidas por um cordão de solda cuja geometria e resistência são também conhecidas.

A Ser Determinado: Determine a capacidade de carga estática das soldas carregadas paralelamente.

Esquemas e Dados Fornecidos: Veja a Figura 11.7c.

Hipótese: As placas em si não falham, e a falha por cisalhamento ocorre na área útil da solda.

Análise:

1. A área útil total das duas soldas é $A = (0,707)(6)(100) = 424$ mm².

2. Esta área útil total de solda está sujeita a uma tensão cisalhante. Utilizando a teoria da energia de distorção, tem-se $S_{sy} = 0,58S_y = 203$ MPa.

3. $F = S_{sy}A/FS = (203)(424)/3 = 28.700$ N, ou *28,7 kN*.

Comentários: Se a placa superior possuir uma área de seção transversal $A = (40$ mm$)(12$ mm$) = 480$ mm², então $F = S_yA = (350$ MPa$)(480$ mm²$) = 168$ kN; e a capacidade de carga da placa fica bem maior que a da solda.

Estimativa da Resistência Estática de um Cordão de Solda Carregado Transversalmente

Repita o Problema Resolvido 11.1, desta vez considerando as soldas nos lados *AD* e *BC*, tornando, assim, a junta soldada similar à mostrada na Figura 11.7d.

SOLUÇÃO

Conhecido: Duas placas de resistências conhecidas são carregadas estaticamente e unidas por cordões de solda cujas geometrias e resistências são especificadas.

A Ser Determinado: Determine a capacidade de carga estática das soldas sujeitas ao carregamento transversal.

Esquemas e Dados Fornecidos: Veja a Figura 11.7d.

Hipóteses:

1. A tensão crítica atua na menor seção útil, definida pelo produto *tL*, que suporta toda a carga cisalhante *F*.
2. As placas em si não falham.

Análise: As soldas são carregadas transversalmente, com a interface horizontal da solda sendo carregada por cisalhamento e a interface vertical carregada por tração. Como a carga flui através do metal da solda (lembre-se dos conceitos apresentados na Seção 2.6), o carregamento gera proporções distintas de tração e cisalhamento. Conforme admitido, a tensão crítica atua na menor seção útil, definida pelo produto *tL*, que suporta toda a carga *F* na forma de carga cisalhante. Assim,

$$F = S_{sy}A/FS = 28,7 \; kN$$

exatamente como no Problema Resolvido 11.1.

Comentários: Em virtude da hipótese adotada, deve-se enfatizar que a solução, nesse caso, é menos rigorosa que a do Problema 11.1.

11.5 Juntas Soldadas Sujeitas a Carregamento Estático de Flexão e Torção

As Figuras 11.8 e 11.9 ilustram dois exemplos do que, em geral, é conhecido como carregamento excêntrico. Na Figura 11.8 a carga está *no plano do grupo de soldas*, submetendo, portanto, a junta soldada à *torção*, bem como a um carregamento direto.

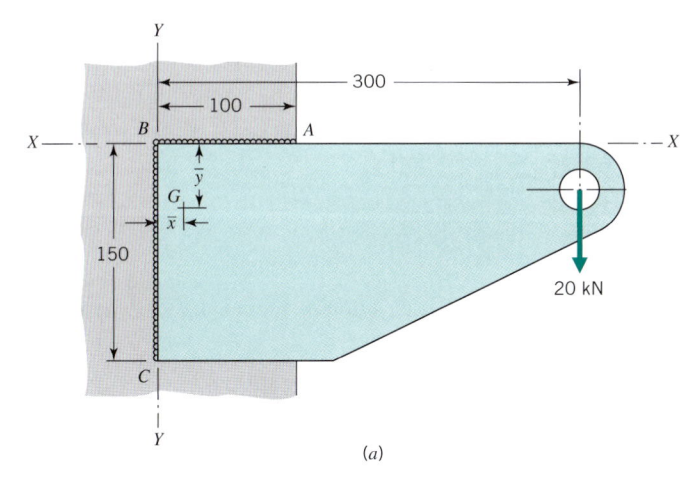

(a)

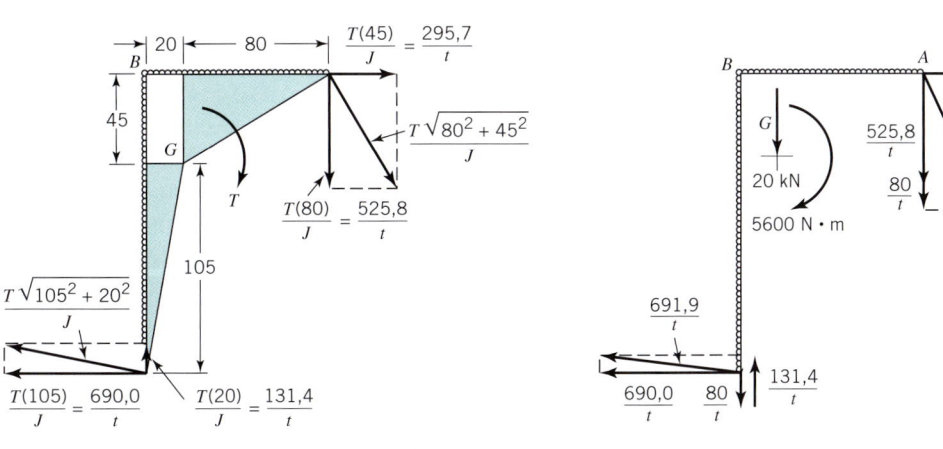

(b) Tensões torcionais

(c) Tensões torcionais superpostas a um cisalhamento direto

FIGURA 11.8 Carregamento excêntrico no plano da solda.

Na Figura 11.9 a carga está *fora do plano do grupo de soldas*, produzindo, assim, uma *flexão* superposta a um carregamento direto. Observe que além da torção ou da flexão existe uma componente de carregamento direto atuante na solda, o que corresponde à situação da carga considerada na seção anterior. Os segmentos de solda *BC* na Figura 11.8 e, *BC* e *AD* na Figura 11.9 estão sujeitos a um carregamento paralelo; todos os demais segmentos de solda nas duas figuras estão carregados transversalmente.

Uma análise rigorosa das tensões atuantes em diversas regiões de cada segmento soldado mostrado nas Figuras 11.8 e 11.9 seria uma tarefa muito complexa, envolvendo um estudo detalhado tanto da rigidez dos componentes que estão sendo unidos quanto da geometria da solda. Os vários segmentos incrementais da solda representam uma multiplicidade de fixações *redundantes*, cada uma das quais sustentando, dependendo de sua *rigidez*, uma parte da carga (reveja as Seções 2.5, 2.6 e 4.2 e, particularmente, a Figura 4.2). Os procedimentos descritos a seguir são baseados em hipóteses simplificadoras comumente utilizadas para se obter resultados suficientemente precisos que possam ser utilizados na *maioria* (e não em todas) aplicações de engenharia.

As tensões atuantes nas soldas dos dispositivos mostrados nas Figuras 11.8 e 11.9 consistem na superposição dos seguintes efeitos:

1. Tensões cisalhantes diretas, calculadas conforme discutido na seção anterior. Essas tensões são inicialmente admitidas como uniformemente distribuídas ao longo do comprimento de todas as soldas.

2. As tensões superpostas de torção, ou de flexão, ou ambas, são calculadas a partir das fórmulas clássicas $\tau = Tr/J$ e $\sigma = Mc/I$. Os componentes a serem unidos são considerados como totalmente rígidos.

Os valores de *I* e *J* para os padrões comuns de soldagem considerados para os diversos segmentos lineares podem ser calculados conforme sugerido na Figura 11.10. O procedimento é ilustrado nos Problemas Resolvidos 11.3 e 11.4.

PROBLEMA RESOLVIDO 11.3P Determinação da Dimensão da Solda Sujeita a um Carregamento Excêntrico em Seu Plano

Determine a dimensão necessária à solda ilustrada na Figura 11.8*a* utilizando varetas E60 ($S_y = 345$ MPa) e um fator de segurança de 2,5 baseado no escoamento.

SOLUÇÃO

Conhecido: Uma solda de configuração e resistência ao escoamento definidas, situando-se no plano da carga conhecida, é carregada de forma excêntrica.

A Ser Determinado: Determine a dimensão da solda.

Esquemas e Dados Fornecidos: Veja a Figura 11.8.

Hipóteses:

1. O componente engastado em si não falha; isto é, a falha ocorrerá na área da solda.

2. As tensões cisalhantes diretas atuantes na solda podem ser calculadas como *V/A*, sendo *V* a força cisalhante de 20 kN e *A* a área útil da solda, 250*t* mm².

3. A teoria da energia de distorção pode ser aplicada.

Análise:

1. A carga aplicada de 20 kN é equivalente a essa mesma carga atuante no centro de gravidade *G* do cordão de solda, superposta a um momento no sentido horário igual a $(20.000)(300 - \bar{x})$ N · mm. Inicialmente, dimensões $\bar{x}$ e $\bar{y}$ que posicionam o centro de gravidade *G devem ser determinadas*.

2. Seja A_i a área do segmento de solda e x_i e y_i as coordenadas do centro de gravidade de qualquer segmento retilíneo de solda constituinte do grupo de soldas. Assim,

$$\bar{x} = \frac{\Sigma A_i x_i}{\Sigma A} = \frac{(100t)(50) + (150t)(0)}{100t + 150t} = 20 \text{ mm}$$

$$\bar{y} = \frac{\Sigma A_i y_i}{\Sigma A} = \frac{(100t)(0) + (150t)(75)}{100t + 150t} = 45 \text{ mm}$$

3. O momento polar de inércia do grupo de soldas em relação a *G* é igual à soma das contribuições realizadas por cada um dos segmentos da solda. A partir das relações desenvolvidas na Figura 11.10, $J = \Sigma(I_X + I_Y)$ para cada segmento de solda. Considerando apenas a solda lateral, tem-se

$$J_L = \frac{150^3 t}{12} + 150t[20^2 + (75 - 45)^2] = 476.250t$$

Para a solda na região superior, tem-se

$$J_s = \frac{100^3 t}{12} + 100t[45^2 + (50 - 20)^2] = 375.833t$$

$$J = J_l + J_s = 852.083t$$

4. A Figura 11.8*b* mostra as tensões torcionais atuantes nas extremidades *A* e *C* da solda, que são as duas regiões onde as tensões combinadas de torção e de cisalhamento direto são maiores. A tensão torcional resultante em cada um desses pontos vale *Tr/J*, em que $T = (20.000)(280)$ N · mm e $J = 852.083t$ mm⁴. O valor de *r* para cada ponto é igual à raiz quadrada da soma dos quadrados das dimensões dos triângulos retângulos, porém não há necessidade de calcular *r*, uma vez que apenas as componentes horizontal e vertical da tensão torcional são necessárias, conforme ilustrado na própria figura.

5. A Figura 11.8*c* mostra o vetor soma da tensão torcional e da tensão cisalhante direta nos pontos *A* e *C*. A tensão cisalhante direta foi, naturalmente, admitida como simplesmente $V/A = 20.000/250t = 80/t$ MPa. Nesse caso, o ponto *C* possui a maior tensão resultante de 692/*t* MPa.

Igualando essa tensão à resistência ao cisalhamento por escoamento estimado (utilizando a teoria da energia de distorção) e aplicando o fator de segurança, tem-se

$$\frac{692}{t} = \frac{345(0,58)}{2,5}, \qquad t = 8,65 \text{ mm}$$

6. Pela relação geométrica mostrada na Figura 11.7a , tem-se

$$h = \frac{t}{0,707} = \frac{8,65}{0,707} = 12,23 \text{ mm}$$

7. A dimensão da solda seria normalmente especificada através de um número inteiro em milímetros. A escolha entre uma solda de 12 mm (fornecendo um fator de segurança calculado de 2,45) e uma solda de 13 mm (calculada com o uso de um fator de segurança de 2,66) depende das circunstâncias e da análise de engenharia. No caso aqui tratado pode-se estabelecer arbitrariamente a resposta final como $h = 13$ mm.

8. Embora apenas no ponto C seja necessária uma solda de 13 mm, uma solda de mesma dimensão seria normalmente especificada para qualquer outra região. A solda pode ser especificada de forma distinta para regiões distintas, apresentando saltos nas regiões onde o vetor soma das componentes de tensão seja relativamente pequeno.

Comentários: É importante compreender a aproximação realizada no procedimento anteriormente descrito, o qual é utilizado convencionalmente por simplicidade. A dimensão crítica t é admitida como possuindo uma orientação a 45º, no cálculo do cisalhamento transversal e nas tensões axiais; porém, a *mesma* dimensão é admitida no plano do cordão de solda no cálculo das tensões torcionais. Após essas tensões serem somadas vetorialmente e um valor para t ser determinado, a resposta final para a dimensão h da solda assume novamente a dimensão t como estando em um plano a 45º. Embora não seja rigorosamente correto, esse procedimento conveniente é considerado justificado quando utilizado por um engenheiro que entende o que está fazendo e que interpreta os resultados de forma coerente. Note que a mesma simplificação aparece ao se analisar as cargas de flexão, conforme ilustrado pelo próximo problema resolvido.

PROBLEMA RESOLVIDO 11.4P Determinação da Dimensão da Solda Sujeita a um Carregamento Excêntrico Fora de Seu Plano

Determine a dimensão necessária à solda ilustrada na Figura 11.9a utilizando varetas E60 ($S_y = 345$ MPa) e um fator de segurança de 3.

SOLUÇÃO

Conhecido: Uma solda de configuração e resistência ao escoamento definidas, situando-se fora do plano da carga conhecida, é carregada de forma excêntrica.

A Ser Determinado: Determine a dimensão da solda.

Esquemas e Dados Fornecidos:

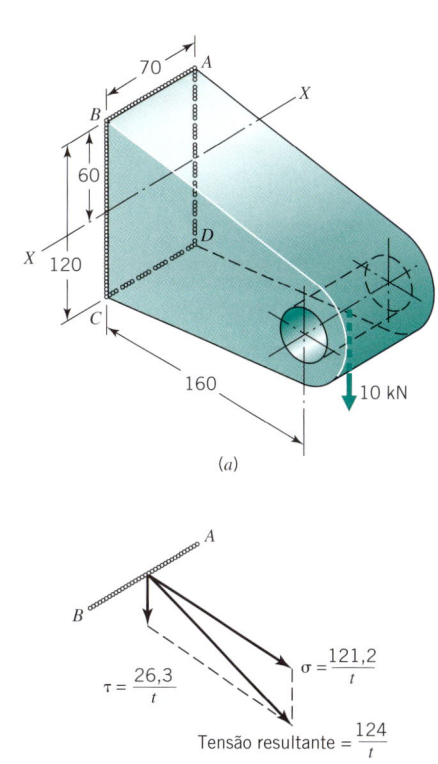

FIGURA 11.9 **Carregamento excêntrico fora do plano da solda.**

Decisões e Hipóteses:

1. No cálculo dos momentos de inércia dos segmentos lineares de solda, a largura efetiva da solda em seu plano é idêntica à dimensão t da área útil.

2. Admite-se que a dimensão t da área útil seja muito pequena em comparação com as demais dimensões envolvidas.

3. A tensão cisalhante transversal é calculada pela expressão V/A, na qual V é a força cisalhante e A é a área útil da solda.

4. A tensão cisalhante resultante atuante no plano da solda é obtida pela superposição das tensões cisalhantes transversal e de flexão.

5. A teoria da energia de distorção é aplicável na estimativa da resistência ao escoamento por cisalhamento do material da solda.

6. A dimensão h necessária à solda é calculada utilizando a área plana útil a 45º.

7. Por motivos práticos, a menor dimensão h geralmente é de 3 mm para placas cuja espessura seja inferior a 6 mm.

Análise:

1. O carregamento envolve o fenômeno de cisalhamento direto superposto à flexão, com o momento devido à flexão sendo de $(10.000)(160)$ N · mm.

2. O momento de inércia em relação ao eixo neutro de flexão X consiste na contribuição das duas soldas verticais e das duas soldas horizontais; isto é, $I_X = 2I_v + 2I_h$. Considerando as dimensões mostradas na Figura 11.10, tem-se

$$I_v = \frac{L^3 t}{12} = \frac{(120)^3 t}{12} = 144.000t$$

$$I_h = Lta^2 = 70t(60)^2 = 252.000t$$

$$I_X = 2I_v + 2I_h = 792.000t$$

3. A tensão de flexão (trativa) atuante na solda AB vale

$$\sigma = \frac{Mc}{I_X} = \frac{1.600.000(60)}{792.000t} = \frac{121,2}{t} \text{ MPa}$$

e a tensão cisalhante transversal atuante em todas as soldas vale

$$\tau = \frac{V}{A} = \frac{10.000}{(120 + 120 + 70 + 70)t} = \frac{26,3}{t} \text{ MPa}$$

4. A Figura 11.9b mostra a resultante das tensões cisalhantes transversal e devida à flexão sendo igual a 124/t MPa. O procedimento convencional é observar essa resultante como uma tensão cisalhante atuante no plano da área útil da solda e igualá-la à tensão cisalhante admissível. Utilizando-se a teoria da energia de distorção para se estimar uma resistência ao escoamento por cisalhamento (ou a teoria da tensão cisalhante máxima, que é menos precisa, porém, mais conservadora) e aplicando-se o fator de segurança de 3, tem-se

$$\frac{124}{t} = \frac{345(0,58)}{3} \text{ MPa}, \qquad \text{ou} \quad t = 1,86 \text{ mm}$$

5. Embora o plano da tensão cisalhante máxima calculado anteriormente não corresponda ao plano de seção mínima a 45° ilustrado na Figura 11.7a′, é habitual utilizar a área plana a 45° (menor e, portanto, mais conservadora) para calcular a dimensão h necessária à solda.

$$h = \frac{t}{0,707} = \frac{1,86}{0,707} = 2,63 \text{ mm}$$

6. Normalmente não é prático aplicar uma dimensão h, para a solda, menor que 1/8 in, ou 3 mm. Assim, a melhor resposta seria: *Utilize h = 3 mm.*

Comentários: Na prática, o uso de uma solda mais larga do que a teoricamente necessária é, em geral, acompanhado por uma soldagem *salteada* ao longo do comprimento. Neste caso, toda a solda da região *CD* poderia ser omitida. As tensões devidas à flexão na região inferior do componente são compressivas, e podem ser suportadas diretamente pelo componente sem a necessidade de uma solda. A omissão da solda dessa região inferior teria como consequência uma tensão cisalhante direta um pouco maior sobre as outras três soldas, porém essa condição não resultaria em efeitos significativos.

11.6 Considerações sobre Fadiga nas Juntas Soldadas

Quando as juntas soldadas são submetidas a um carregamento por fadiga, pequenos espaços vazios e inclusões que provocam pequenas variações na resistência estática representam pontos de concentração de tensões localizadas que reduzem a resistência à fadiga. Além disso, o material da solda que ultrapassa o plano das superfícies das placas nas soldas de topo (Figura 11.6), que é denominado "reforço", causa uma concentração de tensões óbvia nos bordos dos cordões de solda. Para um carregamento estático, esse material pode, de fato, representar um ligeiro "reforço", de modo a compensar os possíveis espaços vazios ou inclusões no metal de solda; porém, para um carregamento por fadiga a resistência é aumentada pela retificação ou esmerilhamento do "reforço" do cordão de solda nivelando a região de solda com as placas. Fatores de concentração de tensão por fadiga aproximados, associados ao reforço da solda de topo e outras geometrias de soldas, são fornecidos na Tabela 11.2.

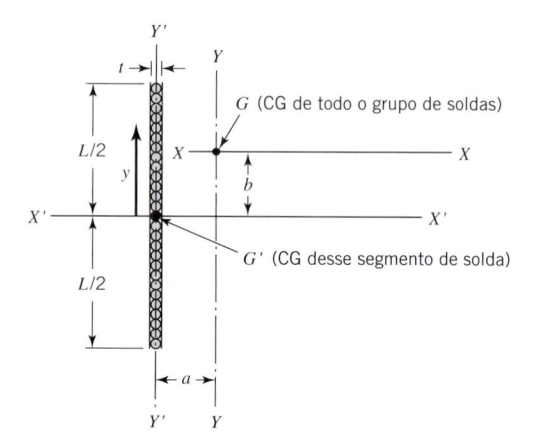

Figura 11.10 Momento de inércia dos segmentos lineares de solda. (Por simplicidade é *admitido* que a largura efetiva da solda no plano da figura seja idêntica à dimensão *t* da área útil, mostrada na Figura 11.7a′.) *Momento de inércia da seção retangular em relação aos eixos de simetria do segmento de solda, X′ e Y′ (a dimensão t é admitida como muito pequena em comparação com as demais dimensões):*

$$I_{X'} = \int y^2 \, dA = 2\int_0^{L/2} y^2(t \, dy) = \frac{L^3 t}{12}$$

$$I_{Y'} = 0$$

Momento de inércia da seção retangular em relação aos eixos X e Y que passam pelo centro de gravidade de todo o grupo de soldas:

$$I_X = I_{X'} + Ab^2 = \frac{L^3 t}{12} + Ltb^2$$

$$I_Y = I_{Y'} + Aa^2 = Lta^2$$

Momento polar de inércia em relação a um eixo perpendicular ao centro de gravidade do grupo de soldas:

$$J = I_X + I_Y = \frac{L^3 t}{12} + Lt(a^2 + b^2)$$

TABELA 11.2 Fatores de Concentração de Tensões Aproximados contra Fadiga, K_f^a

Tipo de Solda	K_f
Solda de topo, com "reforço" não removido, cargas trativas	1,2
Base do filete de solda, carregamento transversal	1,5
Extremidade do filete de solda, carregamento paralelo	2,7
Junta soldada de topo T, com quinas vivas, cargas trativas	2,0

[a]Originalmente proposto por C. H. Jennings, "Welding Design", *Trans. ASME*, **58**:497-509 (1936) e largamente utilizado desde então.

PROBLEMA RESOLVIDO 11.5 Estimativa da Resistência à Fadiga de uma Solda de Topo

A carga de tração atuante em uma solda de topo (Figura 11.6a) flutua rapidamente entre 5000 e 15.000 lb (22.241 e 66.723 N). As placas possuem $\frac{1}{2}$ in (12,7 mm) de espessura, e o "reforço" da solda não é retirado. A solda é realizada com varetas da série E60, com $S_u = 62$ ksi (427 MPa) e $S_y = 50$ ksi (345 MPa). Um fator de segurança de 2,5 deve ser utilizado. Qual é o comprimento (L) necessário para esta solda?

SOLUÇÃO

Conhecido: Duas placas de espessura definida soldadas de topo são sujeitas a uma carga de tração que varia rapidamente entre dois valores conhecidos. As resistências à tração e ao escoamento do material da solda são conhecidas.

A Ser Determinado: Determine o comprimento necessário à solda.

Esquemas e Dados Fornecidos: Veja a Figura 11.6a.

Hipóteses:

1. O metal de solda possui uma superfície rugosa comparável a uma superfície forjada.
2. O fator gradiente C_G é igual a 0,8, C_T vale 1,0 e C_R é de 1,0 (Tabela 8.1).
3. Os cálculos serão realizados para uma vida infinita (10^6 ciclos).

Análise:

1. Como o "reforço" não é retirado, ocorre uma concentração de tensões nas bordas do metal de solda, $K_f = 1,2$ (Tabela 11.2).
2. Para uma superfície similar à forjada tem-se, pela Figura 8.13, $C_S = 0,55$.
3. Conforme admitido, $C_G = 0,8$, $C_T = 1,0$ e $C_R = 1,0$.
4. $S_n = S_n' C_L C_G C_S C_T C_R = (62 \text{ ksi}/2)(1)(0,8)(0,55)(1,0)(1,0) = 13,6$ ksi.
5. Para a *sobrecarga de projeto* de 12.500 a 37.500, tem-se

$$\sigma_m = \frac{K_f P_m}{A} = \frac{(1,2)(25.000)}{0,5L} = \frac{60.000}{L}$$

$$\sigma_a = \frac{K_f P_a}{A} = \frac{(1,2)(12.500)}{0,5L} = \frac{30.000}{L}$$

6. A curva $\sigma_m - \sigma_a$ pode ser construída para este problema.
7. Pela Figura 11.11, $\sigma_m = 19.000$ psi. Logo, 19.000 psi = 60.000/L, ou $L = 3,16$ in (8,03 cm).

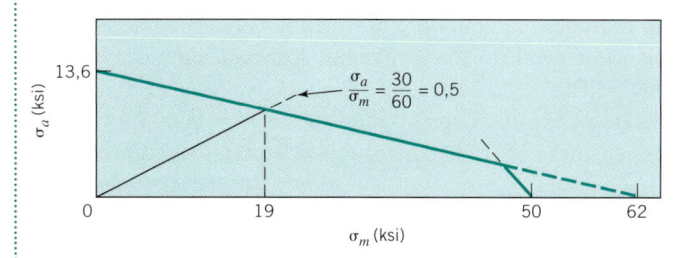

FIGURA 11.11 Curva $\sigma_m - \sigma_a$ *para* o Problema Resolvido 11.5.

Comentários: Este valor calculado de L pode ser arredondado para 3 ou $3^1/_4$ in (7,62 ou 8,26 cm), dependendo das circunstâncias e da análise de engenharia.

11.7 Soldagem Forte (*Brazing*) e Soldagem Branda (*Soldering*)

A soldagem forte (*brazing*) e a soldagem branda (ou fraca) diferem da soldagem anteriormente tratada, basicamente pelo fato de as temperaturas envolvidas no processo serem sempre *inferiores* à do ponto de fusão das partes a serem unidas. O material de preenchimento na soldagem branda ou na soldagem forte atua como um adesivo de metal derretido que se solidifica imediatamente sob resfriamento. Assim, a soldagem forte e a soldagem branda podem ser classificadas como processos de *colagem*.

O processo de soldagem forte começa com o aquecimento das peças até uma temperatura específica, superior a 840°F (450°C). Colocado em contato com as peças, o material de preenchimento se funde e flui pelo espaço entre as peças. A ação capilar torna o metal de preenchimento fundido muito efetivo; aberturas de 0,025 a 0,050 mm são normalmente recomendadas, porém algumas ligas especiais de material de preenchimento permitem aberturas dez vezes maiores do que essas. É importante que as superfícies sejam limpas inicialmente. Esse processo requer um material fundente e uma atmosfera inerte.

A soldagem forte é usualmente acompanhada pelo aquecimento das partes através de um maçarico ou um forno. Os metais de preenchimento são, geralmente, ligas de cobre, prata ou níquel.

Cuidados especiais devem ser tomados ao se utilizar o processo de soldagem forte em partes de alumínio, porque a temperatura do ponto de fusão do material de preenchimento (uma liga de alumínio-silício) não é muito inferior às temperaturas das partes de alumínio.

A soldagem forte possui várias vantagens: metais distintos, metais fundidos e forjados, e mesmo materiais não metálicos (apropriadamente revestidos) e metálicos podem ser unidos através desse processo. Dispositivos complexos podem passar pelo processo de soldagem forte através de diversas etapas, utilizando materiais de preenchimento com temperaturas de fusão progressivamente mais baixas. As juntas assim obtidas requerem pouco ou nenhum acabamento.

A soldagem fraca é similar à soldagem forte (*brazing*), exceto pelo fato de o metal de preenchimento possuir uma temperatura de fusão inferior a 840°F (450°C) e apresentar uma resistência relativamente baixa. Muitas dessas soldas são ligas de estanho-chumbo, porém as ligas com antimônio, zinco e alumínio também são utilizadas. Aproximadamente metade das aplicações desse processo de soldagem envolve componentes elétricos e eletrônicos. Outra aplicação comum é a vedação das costuras nos radiadores através de protetores de estanho.

11.8 Adesivos

A fixação de partes metálicas através de colas adesivas representa um campo de aplicação em grande expansão, que influencia o projeto de produtos de praticamente todos os tipos. O endereço na Internet http://www.3m.com/bonding apresenta informações gerais e técnicas e dados sobre adesivos, fitas adesivas e elementos de fixação reutilizáveis. As vantagens dos adesivos são muitas. Diferentemente dos parafusos e rebites, a colagem não requer a realização de furos que reduzem a resistência das partes. Não envolve temperatura alta o suficiente para produzir empenamentos e tensões residuais, como no caso da soldagem. Quando a junta é carregada as tensões são distribuídas sobre uma grande área, resultando apenas em concentradores de tensões menores nos bordos do contato. Essa condição geralmente permite o uso de componentes mais finos, resultando em uma redução de peso. As colagens através de adesivos admitem superfícies externas lisas e contínuas com boa aparência, acabamento mais fácil e atrito fluido reduzido em aplicações que envolvem o escoamento de um líquido ou de um gás, como na asa de um avião ou nas pás da hélice de um helicóptero. Quase todos os materiais sólidos podem ser colados com um adesivo apropriado. Ao se colar metais distintos a camada de adesivo pode propiciar um isolamento efetivo contra correntes galvânicas (o princípio é ilustrado na Figura 9.7). Por outro lado, o adesivo pode se tornar um condutor elétrico, se assim for desejado. A flexibilidade do material adesivo pode ser trabalhada para acomodar a expansão devida a um diferencial térmico dos componentes a serem unidos. Essa flexibilidade também auxilia na absorção das cargas de impacto. Além disso, as colas podem produzir um amortecimento, reduzindo as vibrações e a transmissão de ruídos. As juntas coladas podem propiciar uma vedação efetiva contra vazamentos de qualquer líquido que não ataque o adesivo.

Por outro lado, os adesivos são mais sensíveis à temperatura do que os elementos mecânicos de fixação. Muitos adesivos de uso comum são limitados a operar na faixa de −200°F a 550°F (−129°C a 260°C). A resposta dos adesivos varia significativamente com a temperatura, e esta característica deve sempre ser considerada em sua seleção para uma aplicação específica. A inspeção, a desmontagem e os reparos das juntas coladas podem não ser práticos, e a durabilidade de alguns adesivos é questionável.

Talvez o fator mais motivador da difusão dos adesivos seja a redução do custo. Entretanto, o custo a ser considerado é o custo *total* da junta no contexto do componente, e esse custo pode ser maior ou menor do que o custo correspondente aos elementos mecânicos de fixação, dependendo de inúmeros fato-

res. Conforme observado anteriormente, a utilização de adesivos pode permitir a união de superfícies mais finas e leves. Os custos de usinagem podem ser reduzidos pela eliminação da necessidade de se realizar furos e propiciar uma faixa maior para as tolerâncias. Por exemplo, o "espaço de preenchimento" para alguns adesivos pode eliminar a necessidade de baixas tolerâncias no ajuste das prensas. O custo do adesivo em si pode ser maior ou menor do que o dos elementos mecânicos de fixação correspondentes. Um fator de custo geralmente superior nas juntas soldadas é a preparação da superfície. Uma limpeza excessiva é requerida com frequência, embora recentes avanços na pesquisa dos adesivos tenham tornado possível uma relaxação do padrão de limpeza para algumas aplicações. A automação visando a uma alta produção pode ser mais cara com os adesivos, particularmente se a elaboração de misturas e um elevado tempo de cura forem necessários.

Os adesivos funcionam como um componente de um sistema composto colado, com a interação entre o adesivo e os materiais colados influenciando as propriedades de ambos. Este fato, adicionado à grande variedade de adesivos no mercado, geralmente torna difícil a seleção do melhor adesivo para uma determinada aplicação. Na literatura técnica corrente especializada as informações dos fornecedores dos adesivos e os resultados de ensaios devem ser confiáveis.

Os fatores de segurança e ambientais representam importantes considerações na indústria dos adesivos. Nos Estados Unidos as normas regulamentadoras no nível federal controlam o uso de certos adesivos à base de solventes que são inflamáveis e geram gases tóxicos. Alguns adesivos não são utilizados para certas aplicações pelo fato de emitirem um odor desagradável durante sua cura. O petróleo é a matéria-prima para muitos adesivos, e muitos esforços na pesquisa são direcionados para a obtenção de alternativas. Diversos tipos de adesivos requerem uma temperatura de cura na faixa de 95°C a 260°C, algumas vezes por diversas horas. Os aumentos no custo da energia aumentam a urgência da necessidade de desenvolvimento de adesivos equivalentes que requeiram um tempo de cura menor e uma temperatura de cura mais baixa.

Quando possível, a união dos componentes deve ser projetada de modo que as juntas coladas sejam carregadas por *cisalhamento*, já que como todos os adesivos as colas apresentam um melhor desempenho quando carregadas dessa forma. A Figura 11.12 ilustra, de forma apropriada, alguns projetos representativos. As juntas com adesivos também podem ser carregadas por tração, porém os carregamentos de descasque e a clivagem devem ser evitados.

Muitos adesivos utilizados na área *estrutural* ou na *engenharia* são *termocurados*, em oposição aos do tipo termoplásticos (amolecidos por calor), como o cimento de borracha, a cola utilizada em aviões e a fusão a quente. Os últimos são geralmente indicados para as aplicações em que as operações são leves e requerem uma baixa resistência. A resistência ao cisalhamento de alguns epóxis que curam sob a ação de calor é da ordem de 70 MPa, porém muitos adesivos estruturais possuem resistência ao cisalhamento na faixa de 25 a 40 MPa.

Os *epóxis*, utilizados industrialmente desde a década de 1940, são os mais versáteis e os mais empregados dentre os adesivos estruturais. Os que envolvem duas partes curam à temperatura

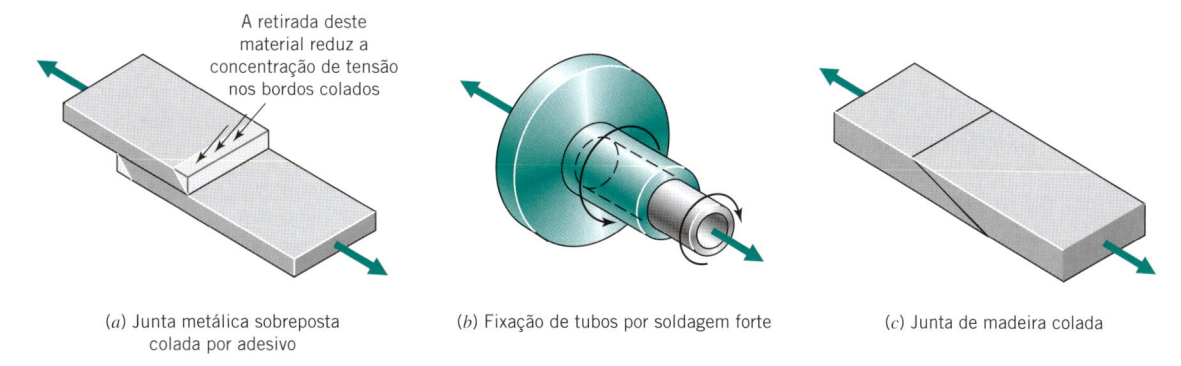

(*a*) Junta metálica sobreposta colada por adesivo

(*b*) Fixação de tubos por soldagem forte

(*c*) Junta de madeira colada

FIGURA 11.12 **Exemplos de juntas coladas projetadas para carregamentos por cisalhamento.**

ambiente, porém necessitam de uma pré-mistura. Os epóxis de uma única parte não necessitam de mistura, porém requerem calor para sua cura, usualmente em torno de 150°C por no mínimo uma hora. Os epóxis podem ser elaborados de modo a apresentar uma viscosidade suficiente para atender aos requisitos do espaço de preenchimento. O custo global das uniões por epóxis de alta resistência pode ser relativamente alto. Os *uretanos* são similares aos epóxis em relação à sua grande versatilidade, possuem resistência relativamente alta e são disponíveis tanto em duas partes com cura à temperatura ambiente quanto em uma única parte, requerendo aquecimento para cura. Eles possuem boa tenacidade, flexibilidade e resistência ao impacto.

Os *anaeróbicos* são adesivos de uma única parte de fácil aplicação e cura na ausência de oxigênio. Eles são geralmente utilizados no travamento de roscas e nos elementos de máquinas, como na retenção de mancais e chavetas nos correspondentes eixos. A rápida cura usualmente restringe o uso dos adesivos anaeróbicos a conjuntos de componentes relativamente pequenos.

Alguns dos adesivos *acrílicos* mais novos são tolerantes a superfícies sujas. Isso pode ser muito importante na produção em série de conjuntos sob condições industriais ordinárias desfavoráveis. Os *cianoacrilatos* são particularmente apropriados quando um tempo extremamente rápido se torna determinante. Talvez eles sejam os mais fáceis de serem aplicados e os de cura mais rápida dentre todos os adesivos industriais.

De modo a facilitar a produção e reduzir custos, muitos dos adesivos de uma única parte usados na engenharia (com cura por calor) são disponíveis na forma de filmes, com revestimento removível. Eles são fornecidos em diversas espessuras e também em formas especiais. Alguns adesivos são disponíveis na forma de um pó que é mantido em local previamente carregado eletrostaticamente e curado pelo calor. Algumas vezes, os adesivos são utilizados em combinação com os elementos de fixação mecânicos. A área de rápido desenvolvimento dos adesivos industriais modernos oferece uma ampla oportunidade para o caráter inventivo e criativo do engenheiro.

Referências

1. Structural Welding Code—Steel, AWS, D1.1/D1.1M:2010, American Welding Society, Miami, Fla.

2. Aronson, R. B., "Adhesives Are Getting Stronger in Many Ways," *Machine Design*: 55–60 (Feb. 8, 1979).

3. Chow, W. W., *Cost Reduction in Product Design*, Van Nostrand Reinhold, New York, 1978.

4. Kulak, G. L., J. W. Fischer, and J. H. A. Struik, *Guide to Design Criteria for Bolted and Riveted Joints*, 2nd ed., Wiley, New York, 1987.

5. *Machine Design*, 1980 Fastening and Joining Reference Issue, Penton/IPC, Inc., Cleveland, Nov. 13, 1980.

6. Osgood, C. C., *Fatigue Design*, 2nd ed., Pergamon Press, New York, 1982.

7. Parmley, R. O. (ed.), *Standard Handbook of Fastening and Joining*, 3rd ed., McGraw-Hill, New York, 1997.

8. Petrie, E. M., *Handbook of Adhesives and Sealants*, 2nd ed., McGraw-Hill, New York, 2007.

Problemas

Seção 11.4

11.1 As duas placas de aço com $S_y = 50$ ksi mostradas na Figura P11.1 são unidas por filetes de soldas carregados transversalmente. Cada uma das soldas possui 4 in de comprimento. Varetas de solda da série E60 são utilizadas, e a boa prática de soldagem é seguida. Qual é a menor dimensão *h* da solda a ser utilizada se uma força de 33.000 lb deve ser aplicada com um fator de segurança de 3,0?

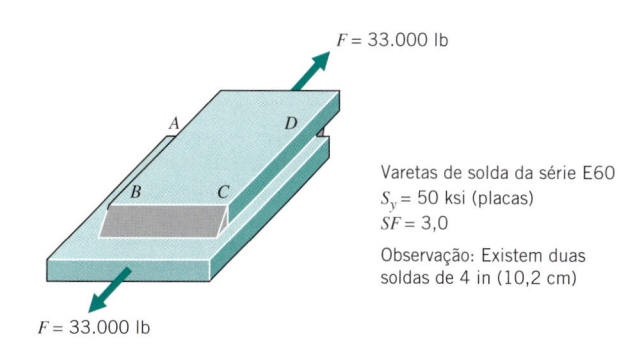

$F = 33.000$ lb

Varetas de solda da série E60
$S_y = 50$ ksi (placas)
$SF = 3,0$

Observação: Existem duas soldas de 4 in (10,2 cm)

$F = 33.000$ lb

FIGURA P11.1

11.2 Repita o Problema 11.1, desta vez utilizando varetas de solda da série E70.

11.3 Duas placas de aço de 17 mm com $S_y = 425$ MPa são soldadas de topo utilizando varetas da série E70 e uma boa prática de soldagem. O comprimento da solda é de 90 mm. Qual é a maior carga de tração que pode ser aplicada à união com um fator de segurança de 4?

11.4 Duas placas de aço de $^1/_2$ in (12,7 mm) com $S_y = 52,5$ ksi (362 MPa) são soldadas de topo (conforme mostrado na Figura 11.6). Varetas da série E60 são utilizadas, e a boa prática de soldagem é seguida. Qual é a carga de tração que pode ser aplicada às placas por polegada de largura da placa soldada, com um fator de segurança de 3?

[Resp.: 8000 lb (35.586 N)]

11.5 Estime a carga estática F que pode ser suportada pela junta mostrada na Figura 11.7c baseando-se no escoamento. As duas placas de aço de 7 mm de espessura ($S_y = 350$ MPa) são unidas por um filete de solda convexo ao longo dos lados AB e CD. Cada solda possui 50 mm de comprimento. O metal de solda possui uma resistência ao escoamento de 350 MPa. Utilize uma dimensão h de 5 mm para a solda e um fator de segurança de 3.

11.6 Duas placas de aço de 15 mm com $S_y = 400$ MPa são soldadas de topo utilizando varetas da série E70 e a boa prática de soldagem. O comprimento da solda é de 90 mm. Qual é a carga de tração máxima que pode ser aplicada à junta com um fator de segurança de 3? (Veja a Figura P11.6.)

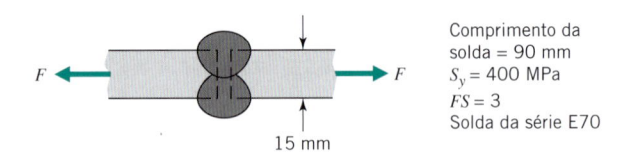

Comprimento da solda = 90 mm
$S_y = 400$ MPa
$FS = 3$
Solda da série E70

15 mm

FIGURA P11.6

11.7 Duas placas de aço de 3/8 in (9,53 mm) com $S_y = 50$ ksi são soldadas de topo (conforme mostrado na Figura 11.6). Varetas da série E60 são utilizadas, e a boa prática de soldagem é seguida. Qual é a carga de tração que pode ser aplicada às placas por polegada de largura da placa soldada com um fator de segurança de 3?

[Resp.: 6000 lb (26.689 N)]

11.8 Estime a carga estática F que pode ser suportada pela junta mostrada na Figura 11.7c baseando-se no escoamento. As duas placas de aço de 8 mm de espessura ($S_y = 350$ MPa) são unidas por um filete de solda convexo ao longo dos lados AB e CD. Cada solda possui 50 mm de comprimento. O metal de solda possui uma resistência ao escoamento de 350 MPa. Utilize uma dimensão h de 5 mm para a solda e um fator de segurança de 3.

11.9 Duas placas de aço com $S_y = 50$ ksi são unidas por filetes de solda de 3/8 in (9,53 mm) carregados paralelamente, conforme mostrado na Figura P11.9. Varetas de solda da série E60 são utilizadas, e a boa prática de soldagem é seguida. Cada uma das soldas possui 3 in (5,08 cm) de comprimento. Qual é a maior carga de tração que pode ser aplicada, considerando um fator de segurança de 3?

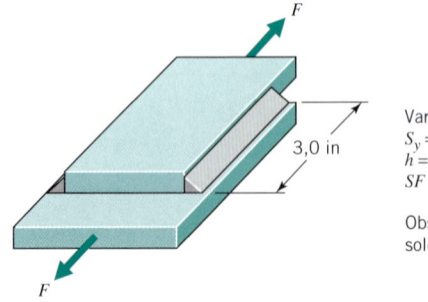

F

3,0 in

Varetas de solda da série E60
$S_y = 50$ ksi (placas)
$h = 0,375$ in
$SF = 3$

Observação: Existem duas soldas de 3 in (7,6 cm)

F

FIGURA P11.9

[Resp.: 14.700 lb (65.389 N)]

11.10P Selecione duas placas de aço com $S_y = 50$ ksi que possam ser soldadas de topo (conforme mostrado na Figura 11.6) e projete um conjunto (uma junta) que possa transmitir uma carga de tração de 6000 lb (26.689 N).

11.11P Selecione duas placas de aço com $S_y = 50$ ksi que possam ser unidas através de filetes de solda de 3/8 in (9,53 mm) carregados paralelamente (conforme mostrado na Figura 11.7c) e projete um conjunto (uma junta) que possa transmitir uma carga superior a 14.000 lb (62.275 N).

11.12 As duas placas de aço com $S_y = 400$ MPa mostradas na Figura P11.7d são unidas por filetes de soldas carregados transversalmente. Cada uma das soldas possui 100 mm de comprimento. Varetas de solda da série E70 são utilizadas, e a boa prática de soldagem é seguida. Qual é a menor dimensão h da solda a ser utilizada se uma força de 150 kN deve ser aplicada com um fator de segurança de 3,5?

Seção 11.5

11.13 O suporte mostrado na Figura P11.13 deve sustentar uma carga total (igualmente distribuída entre os dois lados) de 60 kN. Utilizando varetas de solda da série E60 e um fator de segurança de 3,0, qual a dimensão da solda a ser especificada?

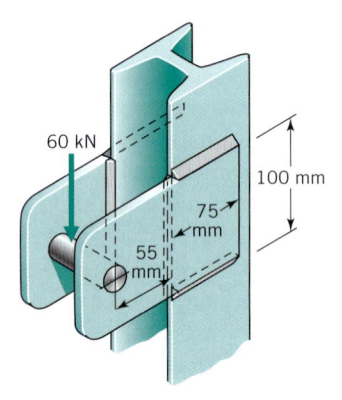

60 kN

100 mm

75 mm

55 mm

Observação: Cada placa possui duas soldas de 75 mm e uma de 100 mm.

FIGURA P11.13

11.14 O suporte mostrado na Figura P11.14 sustenta uma carga de 4000 lb (1814,37). O filete de solda se estende por todo o comprimento de 4 in (10,2 cm) em ambos os lados. Qual é a dimensão da solda necessária de modo a propiciar um fator de segurança de 3,0, se varetas da série E60 forem utilizadas?

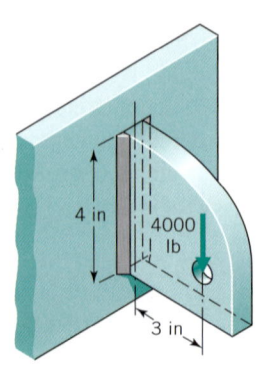

4 in

4000 lb

3 in

Observação: Existem duas soldas de 4 in (10,2 cm).

FIGURA P11.14

11.15 No Problema Resolvido 11.4, determine a dimensão necessária à solda se apenas o topo (*AB*) for soldado.

Seções 11.6–11.8

11.16 Duas placas de aço de 20 mm são unidas através de uma solda de topo. Tanto o material da placa quanto o do eletrodo de solda correspondem às propriedades de resistência $S_u = 500$ MPa e $S_y = 400$ MPa. O carregamento imposto flutua rapidamente entre -20 kN e $+60$ kN. Estime o comprimento necessário à solda de modo a propiciar um fator de segurança de 2,5:

   (a) Se o "reforço" da solda não for removido.

   (b) Se o excesso de material da solda for cuidadosamente retirado de modo que as superfícies fiquem suaves e contínuas.

11.17P Desenvolva uma ficha de consulta, a partir de outras referências, que apresente as propriedades e as aplicações dos adesivos de uso em engenharia. Organize a ficha (tabela) de acordo com (a) o tipo químico, (b) a composição e as condições de cura, (c) a resistência, (d) as aplicações e (e) as observações.

11.18P Desenvolva ou localize uma tabela a partir de outras referências que apresente as propriedades dos adesivos estruturais. Organize a tabela utilizando (a) o tipo químico, (b) os materiais de ligação, (c) a habilidade de aplicação, (d) os requisitos de colagem, (e) a resistência da união para diversas condições e líquidos e (f) a resistência.

11.19 A colagem de alumínio por adesivos é um processo de união relativamente novo. Os rápidos desenvolvimentos ocorridos nessa área têm resultado no uso de colagens por adesivo para juntas de alumínio com alumínio ou outros materiais. O resultado é fortemente dependente do projeto da junta, da escolha do adesivo, da preparação da superfície e do processo de colagem. Liste as vantagens e desvantagens das uniões através de adesivos.

11.20 A Figura P11.20 mostra dois componentes estruturais unidos por adesivos. O componente da esquerda é carregado com uma força orientada para baixo em uma de suas extremidades, conforme mostrado. Reprojete o componente da esquerda para aumentar sua capacidade de carga por meio da melhoria da ligação do adesivo. Considere o conceito de fluxo de força e comente sobre as vantagens e desvantagens de uma junta reprojetada.

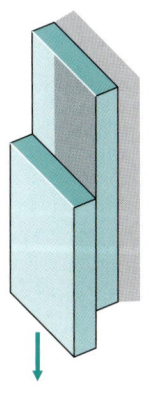

FIGURA P11.20

11.21 A Figura P11.21 mostra uma junta sobreposta com forças horizontal e vertical aplicadas conforme indicado. Reprojete

o componente da esquerda de modo a aumentar a resistência da junta, a resistir melhor às forças aplicadas e a reduzir a chance de separação dos componentes.

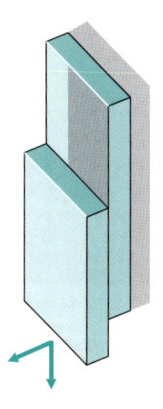

FIGURA P11.21

11.22 A Figura P11.22 mostra uma estrutura constituída por dois componentes. O componente da esquerda é unido ao componente vertical rígido por meio de uma colagem por adesivo (junta de topo). A estrutura está sujeita a forças que atuam na extremidade do componente da esquerda conforme mostrado. Reprojete o componente da esquerda para resistir melhor às forças aplicadas, a aumentar a resistência da junta e a reduzir a chance de separação dos componentes.

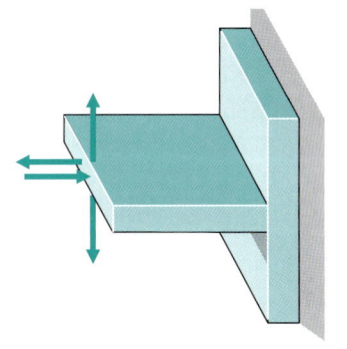

FIGURA P11.22

11.23 A Figura P11.23 mostra dois componentes unidos por meio de adesivo. O componente da direita está carregado com uma força orientada para baixo em uma de suas extremidades, conforme mostrado.

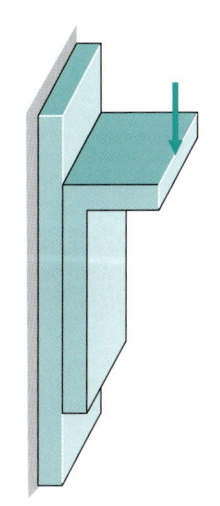

FIGURA P11.23

11.24 Um suporte de alumínio é carregado horizontalmente e fixado por meio de adesivo ao componente estrutural da direita conforme mostrado na Figura P11.24. Reprojete o suporte de alumínio de modo a aumentar a resistência da junta, isto é, resistir melhor às forças aplicadas, e reduzir as chances de separação dos componentes.

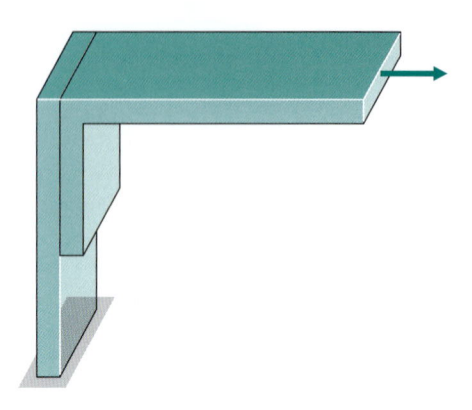

FIGURA P11.24

11.25 A Figura P11.25 mostra dois componentes estruturais unidos por meio de adesivo. O componente da direita sofre a ação de uma força em uma de suas extremidades, conforme mostrado. Reprojete o componente da direita para um aumento da capacidade de carga por meio da melhoria de ligação do adesivo. Considere o conceito de fluxo de força e comente sobre as vantagens e desvantagens de uma junta reprojetada.

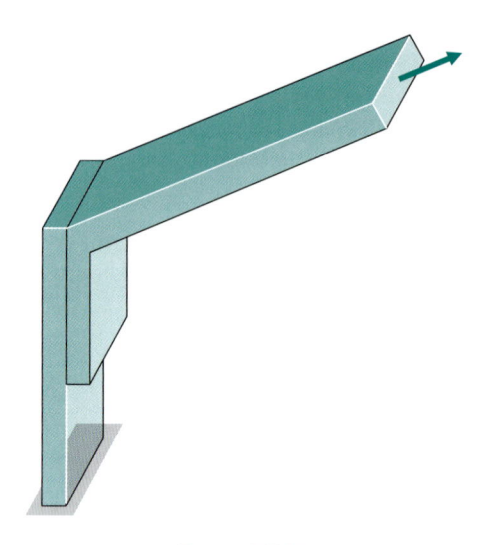

FIGURA P11.25

12 Molas

12.1 Introdução

As molas são componentes *elásticos* que *exercem forças*, ou *torques*, e *absorvem energia*, que em geral é armazenada e posteriormente liberada. As molas são usualmente, mas não necessariamente, fabricadas de metal. Os plásticos também podem ser utilizados quando as cargas são baixas [3]. Os materiais compostos modernos estão sendo introduzidos em algumas aplicações que requerem uma massa mínima para as molas. Os blocos de borracha geralmente trabalham como molas, e exemplos dessa aplicação são os para-choques e os isoladores de vibrações de diversas máquinas, como nos motores elétricos e de combustão interna. As molas pneumáticas de diversos tipos apresentam a vantagem da compressibilidade elástica dos gases, como o ar comprimido nos "absorvedores de choques" dos automóveis e como o nitrogênio a alta pressão selado hermeticamente nas suspensões hidropneumáticas dos automóveis franceses da Citroën. Para as aplicações que requerem molas compactas, que desenvolvam forças muito grandes relacionadas a pequenas deformações, as molas hidráulicas têm-se mostrado efetivas. Elas trabalham com base na baixa compressibilidade dos líquidos, conforme indicado por seus módulos de compressibilidade elástica. Algumas vezes o custo de um produto pode ser reduzido considerando-se a elasticidade de outras partes, que originalmente seriam admitidas como rígidas e adicionando-se uma mola separadamente [3].

Este livro é dedicado às molas fabricadas de metais sólidos ou materiais compostos plásticos reforçados. Se o objetivo é uma absorção de energia com eficiência máxima (menor massa possível para a mola), a solução ideal é uma barra sem entalhe sujeita à tração, pois todo o material fica sujeito a tensões de mesmo nível (lembre-se do Capítulo 7). Infelizmente, as barras sob tração de qualquer comprimento razoável são muito rígidas para muitas das aplicações das molas; assim, é necessário conformar o material da mola de modo que ele possa ser carregado sob torção ou flexão. (Lembre-se do método de Castigliano apresentado nas Seções 5.8 e 5.9, em que foi constatado que os deslocamentos causados pelas tensões de tração e de cisalhamento transversal são geralmente desprezíveis em comparação com os deslocamentos causados pela flexão e pela torção.) As seções a seguir são dedicadas às molas de formas geométricas comuns que atendem a esse objetivo.

12.2 Barras de Torção

Talvez a mais simples de todas as formas de molas seja a barra de torção, ilustrada na Figura 12.1. Aplicações comuns incluem algumas molas da suspensão de veículos e as molas de contrabalanço utilizadas no capuz e porta-malas de veículos, onde pequenas barras de torção são posicionadas próximo às articulações.

As equações para o cálculo da tensão básica, do deslocamento angular e da rigidez da mola são

$$\tau = \frac{Tr}{J}$$

$$\theta = \frac{TL}{JG} \quad \text{(veja a Tabela 5.1)} \qquad \textbf{(4.3)}$$

$$K = \frac{JG}{L}$$

Para uma barra de seção transversal circular maciça de diâmetro d, essas equações ficam

$$\tau = \frac{16T}{\pi d^3}$$

$$\theta = \frac{32TL}{\pi d^4 G} \quad \text{(veja a Tabela 5.1)} \qquad \textbf{(4.4)}$$

$$K = \frac{\pi d^4 G}{32L}$$

Lembre-se, da Eq. 3.14, de que o módulo de cisalhamento transversal pode ser calculado a partir da relação

$$G = \frac{E}{2(1 + \nu)}$$

12.3 Equações da Tensão e do Deslocamento Ocorrentes nas Molas Helicoidais

As Figuras 12.2*a* e *c* mostram molas helicoidais com ângulos de espira λ relativamente pequenos, sujeitas a forças de compressão e de tração, respectivamente. As correspondentes Figuras 12.2*b* e *d* mostram a parte superior dessas molas como corpos livres em equilíbrio. Para cada uma dessas molas a força externa F é aplicada (ou admitida como aplicada) *ao longo do eixo da espira*. Na mola sob compressão essa condição é normalmente obtida enrolando-se as extremidades das espiras com passo nulo e, em seguida, retificando-se as extremidades tornando-as planas (ou contornando-se as extremidades das placas de acoplamento), de modo que a pressão aplicada pelas placas das extremidades seja basicamente distribuída de modo uniforme. Nas molas sob tração, os ganchos nas extremidades são formados para posicionar a carga na direção do eixo da mola.

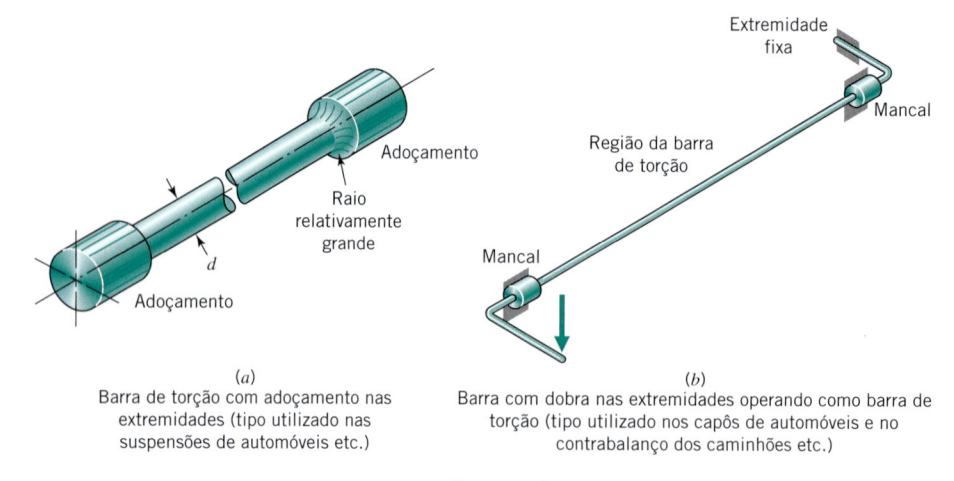

(a)
Barra de torção com adoçamento nas extremidades (tipo utilizado nas suspensões de automóveis etc.)

(b)
Barra com dobra nas extremidades operando como barra de torção (tipo utilizado nos capôs de automóveis e no contrabalanço dos caminhões etc.)

FIGURA 12.1 **Barras de torção.**

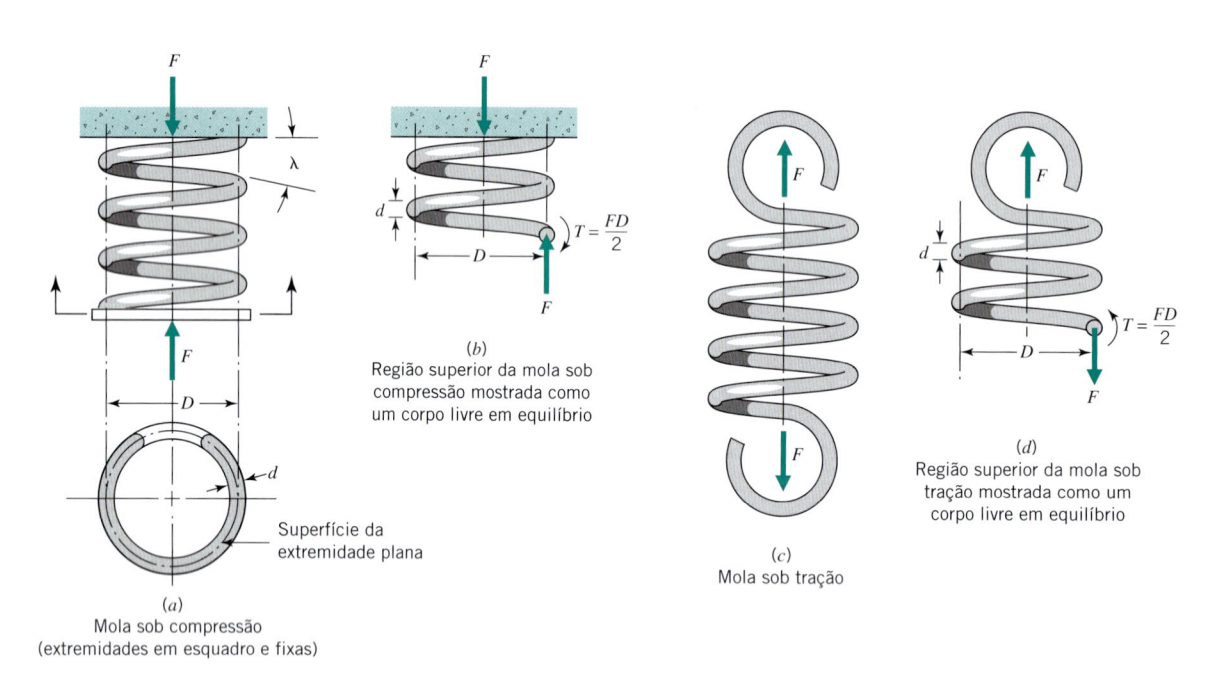

(a)
Mola sob compressão
(extremidades em esquadro e fixas)

(b)
Região superior da mola sob compressão mostrada como um corpo livre em equilíbrio

(c)
Mola sob tração

(d)
Região superior da mola sob tração mostrada como um corpo livre em equilíbrio

FIGURA 12.2 **Molas helicoidais sujeitas à compressão e à tração.**

Observe nas Figuras 12.2*b* e *d* que, independentemente de onde o plano de corte é realizado, as condições de equilíbrio requerem que o fio fique sujeito a (1) uma força de cisalhamento transversal *F* e (2) a um torque igual a *FD*/2. A força cisalhante tem menores consequências (outras discussões serão apresentadas posteriormente). Um aspecto importante é que *todo o comprimento do arame ativo da espira* (isto é, o arame entre as espiras que tocam as extremidades das placas ou entre as extremidades dos ganchos) *fica sujeito ao torque*. Para molas fabricadas de arame maciço, a tensão torcional resultante é

$$\tau = \frac{Tr}{J} = \frac{16T}{\pi d^3} = \frac{8FD}{\pi d^3} \qquad \textbf{(12.1)}$$

na qual *D* é o diâmetro médio da espira, definido como a média dos diâmetros interno e externo. Assim, *uma mola helicoidal*

sob compressão ou tração pode ser idealizada como uma barra de torção dobrada na forma de uma hélice.

Além da tensão cisalhante básica representada pela Eq. 12.1, as superfícies internas de uma mola helicoidal ficam sujeitas a duas componentes adicionais de tensão cisalhante. (1) Uma tensão cisalhante *transversal* decorrente da força *F* aplicada em um plano de corte arbitrário, como os mostrados nas Figuras 12.2*b* e *d*. Na superfície interna da espira a orientação dessa tensão coincide com a da tensão torcional tanto para cargas de compressão quanto de tração da mola. (2) Ocorre um aumento na intensidade da tensão torcional devido à *curvatura* da mola helicoidal. O segundo efeito é ilustrado na Figura 12.3. Suponha que o torque transmitido através de uma barra de torção curva (Figura 12.3*b*) produza uma rotação de 1° entre os planos *m* e *n*. Este ângulo de um grau é distribuído ao longo do

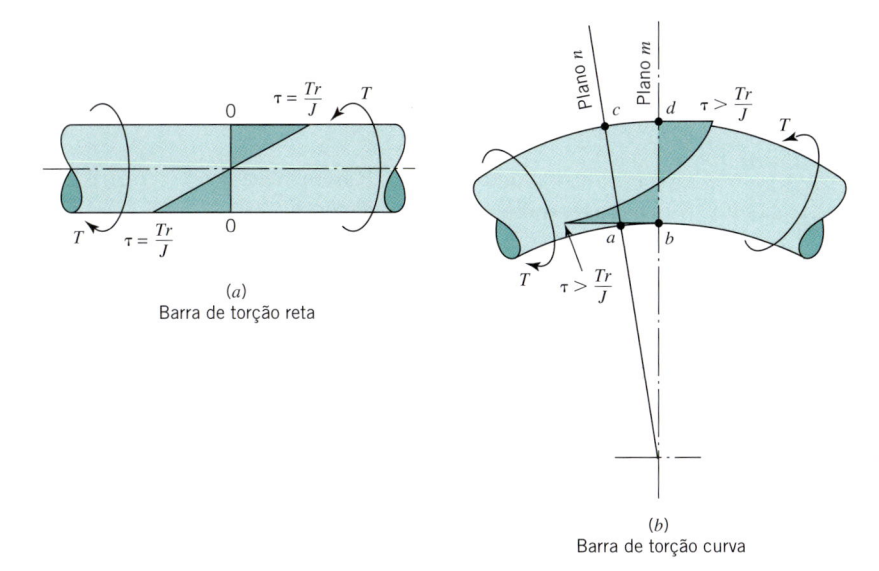

Figura 12.3 **Distribuição das tensões torcionais em barras de torção retas e curvas.** (**Observe o aumento da tensão na superfície *interna* da barra curva.**)

pequeno segmento *ab* traçado na superfície interna da espira e ao longo do segmento *cd*, um pouco maior, traçado na superfície externa da espira. Esta condição dá origem ao gradiente de tensões mostrado. (Observe a semelhança com a configuração mostrada na Figura 4.9c para a flexão de vigas curvas.) A severidade desse efeito é obviamente maior para pequenos valores do *índice de mola C*, definido como a relação entre o diâmetro *médio* da espira e o diâmetro do arame:

$$C = \frac{D}{d} \tag{12.2}$$

(isto é, o efeito é maior para molas com diâmetros variáveis como, por exemplo, uma mola cônica).

A primeira análise normalmente reconhecida sobre o cisalhamento transversal e os efeitos da curvatura foi publicada por A. M. Wahl, da Westinghouse Corp., no periódico *Transactions of the American Society of Mechanical Engineers* (maio-agosto de 1929). (Veja a referência [4], que é considerada padrão sobre molas.) Esta análise envolveu a dedução das equações para um fator, K_w (atualmente denominado *fator de Wahl*), com o qual a tensão expressa pela Eq. 12.1 pode ser multiplicada de modo a fornecer a tensão cisalhante total resultante que atua na superfície interna da espira:

$$K_w = \frac{4C - 1}{4C - 4} + \frac{0,615}{C} \tag{12.3}$$

Quando o carregamento sobre a mola é essencialmente *estático* considera-se, em geral, que o primeiro termo da Eq. 12.3, que leva em conta os efeitos da curvatura, não deve ser utilizado, pois, basicamente, ele representa um fator de concentração de tensões. (Conforme explicado na Seção 4.13, geralmente a concentração de tensões pode ser ignorada para o carregamento estático de materiais dúcteis.) Atribuindo-se um valor unitário a esse termo tem-se um fator de correção para cisalhamento transversal (apenas) de

$$K_s = 1 + \frac{0,615}{C} \tag{a}$$

no qual o subscrito *s* representa um carregamento estático. A Equação (a) pode, na realidade, ser deduzida como segue.

Uma análise exata mostra que a tensão de cisalhamento transversal atuante em um elemento posicionado na superfície referente ao diâmetro interno da espira é de 1,23*F/A*. Somando-se essa tensão à tensão torcional nominal, tem-se

$$\tau = \frac{8FD}{\pi d^3} + \frac{1,23F}{\pi d^2/4}$$

a qual reduz-se a

$$\tau = \frac{8FD}{\pi d^3}\left[1 + \frac{1,23(0,5)}{C}\right]$$
$$= \frac{8FD}{\pi d^3}K_s$$

sendo o coeficiente K_s definido pela Eq. (a).

Após a ocorrência de algum escoamento (com a carga estática), a distribuição das tensões fica mais uniforme e o fator de 1,23 pode, assim, ser omitido. Nesta situação, tem-se

$$K_s = 1 + \frac{0,5}{C} \tag{12.4}$$

Na realidade, nas aplicações envolvendo carregamentos estáticos e temperaturas elevadas geralmente se admite que as tensões fiquem sujeitas a uma redistribuição tal que a Eq. 12.1 pode ser utilizada sem nenhuma correção.

As diversas correções nas tensões descritas anteriormente para carregamentos estáticos podem levar a alguma confusão. Um ponto importante a ser relembrado é que, ao se utilizar um dado referente à tensão admissível baseado em ensaios envolvendo cargas estáticas, atuantes em molas helicoidais fabricadas de materiais específicos, deve-se adotar o *mesmo* fator de correção definido com base nos resultados do ensaio.

De acordo com diversos especialistas (incluindo os autores das referências [1] e [2]), *é recomendado nesta situação que as Eqs. 12.3 e 12.4 sejam utilizadas nos carregamentos por fadiga e estáticos, respectivamente*. Essas equações são aplicáveis às molas de geometria normal: $C > 3$ e $\lambda < 12°$.

Assim, para carregamentos por *fadiga* a equação para a tensão *corrigida* (isto é, incluindo o fator de Wahl completo) fica

$$\tau = \frac{8FD}{\pi d^3}K_w = \frac{8F}{\pi d^2}CK_w \qquad \textbf{(12.5)}$$

A correspondente equação da tensão corrigida para carregamento *estático* é

$$\tau = \frac{8FD}{\pi d^3}K_s = \frac{8F}{\pi d^2}CK_s \qquad \textbf{(12.6)}$$

na qual o fator K_s é definido pela Eq. 12.4.

Os valores de K_w, K_s, K_wC e K_sC são representados graficamente na Figura 12.4. (O uso das duas últimas grandezas é ilustrado nos problemas resolvidos que se seguem.)

O diagrama de corpo livre mostrado na Figura 12.2 não indica nenhum carregamento por flexão. Para os casos não usuais em que o ângulo de espira λ é superior a 15° e os deslocamentos de cada espira são maiores que $D/4$, as tensões de flexão devem ser consideradas (veja a referência [4], p. 102). Além disso, deve-se notar que o tratamento precedente das tensões em molas helicoidais tacitamente admitiu que dois fatores possam ser desprezados.

1. *Excentricidade da carga.* Raramente é possível distribuir as cargas sobre as extremidades da mola de modo que sua resultante seja *exatamente* coincidente com o eixo geométrico da mola. Qualquer excentricidade introduz flexão e altera o braço de momento torcional. Isso faz com que as tensões em um dos lados da mola sejam superiores às estabelecidas pelas equações anteriormente apresentadas.

2. *Carregamento axial.* A Figura 12.2*b* indica que além da geração de uma tensão cisalhante transversal, uma pequena componente da força F provoca a compressão axial do arame da mola. No projeto de molas para aplicações especiais envolvendo valores de λ relativamente altos esse fator pode demandar considerações adicionais.

A dedução da equação do deslocamento de uma mola helicoidal é obtida de forma mais rápida utilizando o método de Castigliano (Seção 5.8), conforme descrito a seguir.

Admitindo que a influência do cisalhamento transversal no deslocamento é desprezível, apenas a carga torcional deve ser considerada. Pela Tabela 5.3,

$$\delta = \int_0^L \frac{T(\partial T/\partial Q)}{GK'}dx$$

na qual $Q = F$ e, para um arame de seção circular, $K' = J = \pi d^4/32$. Sendo N o número de espiras *ativas* (isto é, sem considerar o trecho de arame da extremidade que não participa do deslocamento porque está em contato com as placas de apoio), tem-se

$$\delta = \int_0^{2\pi N} \frac{(FD/2)(D/2)}{G(\pi d^4/32)}\left(\frac{D}{2}d\theta\right)$$

$$= \frac{4FD^3}{\pi d^4 G}\int_0^{2\pi N}d\theta$$

$$\delta = \frac{8FD^3 N}{d^4 G} \qquad \textbf{(12.7)}$$

A *constante elástica da mola* (também chamada de *rigidez elástica* — e com unidades de newtons por milímetro, libras por polegada etc.) é geralmente representada por k, assim,

$$k = \frac{F}{\delta} = \frac{d^4 G}{8D^3 N}, \quad \text{ou} \quad k = \frac{dG}{8NC^3} \qquad \textbf{(12.8)}$$

A Figura 12.5 mostra uma mola helicoidal sob compressão com passo variável (em que o passo é a distância medida paralelamente ao eixo da mola desde um ponto sobre uma das espiras até o ponto correspondente sobre a espira adjacente). Quando essa mola é carregada, as espiras ativas próximas às extremidades se encostam primeiro, ficando "inativas" (assim

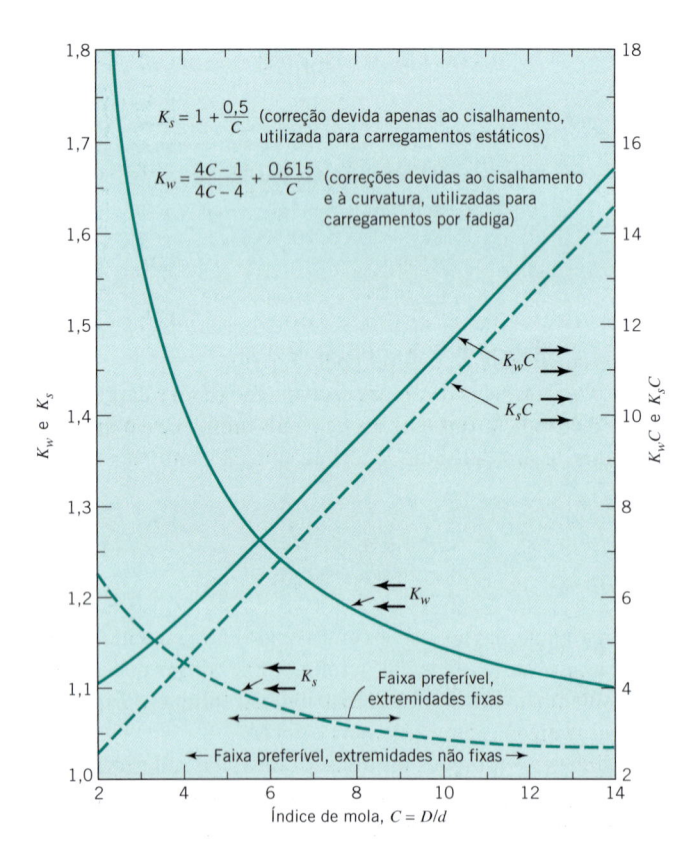

$$K_s = 1 + \frac{0,5}{C} \text{ (correção devida apenas ao cisalhamento, utilizada para carregamentos estáticos)}$$

$$K_w = \frac{4C-1}{4C-4} + \frac{0,615}{C} \text{ (correções devidas ao cisalhamento e à curvatura, utilizadas para carregamentos por fadiga)}$$

Índice de mola, $C = D/d$

FIGURA 12.4 **Fatores de correção de tensões para molas helicoidais.**

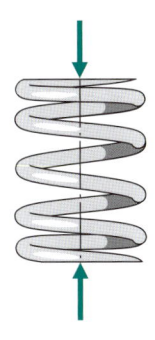

Figura 12.5 Mola helicoidal sob compressão com passo variável.

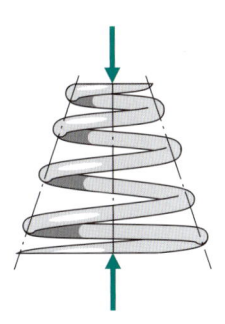

Figura 12.6 Mola com espiras cônicas sob compressão.

como as espiras que estão em contato com as placas da extremidade). À medida que espiras sucessivas entram em contato, a mola vai se tornando cada vez mais rígida; o número N de espiras ativas diminui progressivamente, tendo como consequência um valor maior de k na Eq. 12.8. Esta característica pode ser desejável em algumas aplicações.

Muitas das molas são helicoidais, porém nem todas. Algumas são cônicas, conforme mostrado na Figura 12.6. Com um ângulo de cone suficientemente acentuado, as espiras podem se tornar muito próximas e gerar um *comprimento sólido* igual ao diâmetro do arame. Como o torque aplicado à espira de menor diâmetro ($FD/2$) é menor do que o aplicado à espira de maior diâmetro, as tensões torcionais ao longo do comprimento do fio podem variar de forma correspondente. Isto significa que o arame é utilizado com uma eficiência menor do que no caso da mola helicoidal. Variando-se o passo de forma apropriada ao longo do comprimento da mola pode-se conseguir uma situação em que todas as espiras se toquem simultaneamente, se assim for desejado. O deslocamento e a rigidez de uma mola cônica podem ser aproximados utilizando as Eqs. 12.7 e 12.8, nas quais o valor médio do diâmetro da espira média é utilizado para o parâmetro D.

12.4 Análise das Tensões e da Resistência das Molas Helicoidais sob Compressão — Carregamento Estático

Muitas das molas helicoidais são fabricadas a partir de arames de seção transversal circular maciça. Apenas esse tipo de mola

será tratado neste livro. Embora originalmente os arames para uso na fabricação de molas tenham sido manufaturados com determinados diâmetros padronizados (bitolas), atualmente existem disponíveis arames com qualquer dimensão desejada. (Os fabricantes de molas podem, todavia, manter em estoque certas dimensões "preferenciais".)

O custo relativo e a resistência à tração mínima dos materiais dos arames de molas utilizados comumente são fornecidos na Tabela 12.1 e na Figura 12.7, respectivamente. (Observe a tendência de os arames de menor diâmetro possuírem mais resistência. Para o arame duro trefilado essa tendência é maior porque o tratamento de endurecimento (têmpera) associado à trefilação do arame se estende por um percentual maior da seção transversal.) Esta é uma boa informação, porém para o projeto de molas os valores admissíveis da tensão *cisalhante* são necessários para serem utilizados com a Eq. 12.5. Com essas informações em mente o procedimento de projeto segue as etapas a seguir.

1. O interesse primordial utilizado no projeto de molas sujeitas a um carregamento estático é evitar a *deformação permanente*, ou o encurtamento de longa duração (*creep*) da mola carregada (o que é bem ilustrado pelas molas de alguns carros antigos, que apresentam uma deformação permanente suficiente para baixar ligeiramente o veículo). A deformação permanente está diretamente relacionada à tensão S_{sy} — e apenas indiretamente a S_u. Os valores experimentais de S_{sy} raramente estão disponíveis. A Eq. 3.12 fornece, para um arame de mola "médio" com $S_u = 220$ ksi (1517 MPa), uma *estimativa* de

$$S_y = 1{,}05 S_u - 30\ \text{ksi} = 1{,}05(220) - 30 = 201\ \text{ksi}$$

Para um aço como este, a relação da energia de distorção estabelece que

$$S_{sy} = 0{,}58 S_y = 0{,}58(201) = 116\ \text{ksi}$$

Portanto, $S_{sy} = (116/220) S_u = 0{,}53 S_u$.

Tabela 12.1 Custo Relativo[a] dos Arames de Mola Comuns de 2 mm (0,079 in) de Diâmetro

Material do Arame	Especificação ASTM	Custo Relativo
Aço patenteado e trefilado a frio	A227	1,0
Aço temperado em óleo	A229	1,3
Corda de aço	A228	2,0
Aço-carbono para mola de válvulas	A230	2,5
Aço cromossilício para válvulas	A401	4,0
Aço inoxidável (Tipo 302)	A313 (302)	6,2
Bronze-fósforo	B159	7,4
Aço inoxidável (Tipo 631)	A313 (631)	9,9
Cobre-berílio	B197	22,0
Liga X-750 de inconel		38,0

[a]Média para material laminado e em depósito [2].

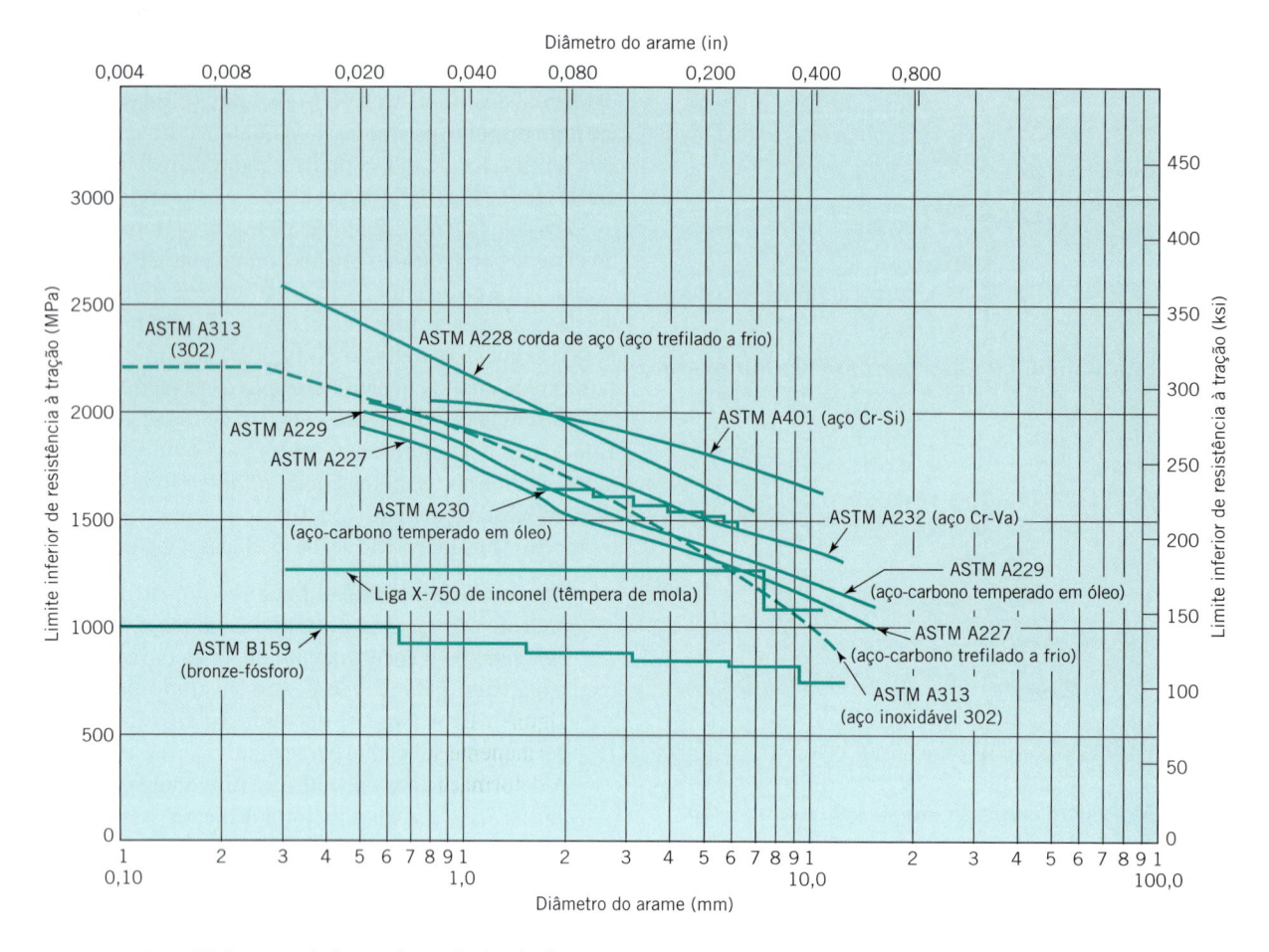

Figura 12.7 Valores mínimos da resistência à tração para arames de diversos materiais e diâmetros [2].

2. A tensão mais severa para a qual a mola helicoidal sob compressão pode ser submetida corresponde a um carregamento até seu *comprimento sólido* (todas as espiras se tocando). Embora essa condição jamais deva ser atingida em serviço, ela pode ocorrer — intencionalmente ou acidentalmente — quando a mola é instalada ou removida. Assim, tipicamente, a tensão τ (calculada a partir da Eq. 12.6, com a força F igual à carga necessária para tornar a mola sólida) deve ser menor que S_{sy}, ou, conforme discutido anteriormente, menor que aproximadamente $0{,}53S_u$.

3. A experiência [1] indica que ocorrerão menos de 2 % de deformação permanente de longa duração nas molas projetadas com τ_s (em que o subscrito s representa mola "sólida") igual a $0{,}45S_u$ para molas fabricadas com materiais ferrosos, ou $0{,}35S_u$ para materiais não ferrosos e açomola inoxidável austenítico.

4. Dessa forma, os valores recomendados para a tensão na etapa 3 têm como consequência um fator de segurança para as molas de aço de aproximadamente $0{,}53S_u/0{,}45S_u = 1{,}18$. Este fator pode parecer pequeno, porém ele reflete realmente a filosofia do fator de segurança discutida na Seção 6.11. Por exemplo, foi estabelecido naquela seção que a seleção do fator de segurança é baseada em cinco fatores, três dos quais estão relacionados ao grau de incerteza do carregamento, ao grau de incerteza da resistência do mate-rial e às consequências de uma eventual falha. Para uma mola helicoidal sob compressão não existe, na realidade, incerteza relacionada ao carregamento; é impossível carregar-se a mola além do ponto correspondente ao seu comprimento sólido. As operações de fabricação associadas à produção de molas de alta qualidade podem ser controladas de modo a propiciar um elevado grau de uniformidade da resistência ao escoamento das molas. Finalmente, as consequências de uma eventual falha (um pouco mais de 2 % de deformação permanente) geralmente não são sérias.

5. As tensões atuantes nas molas são limitadas pela condição de "comprimento sólido". Se assim não fosse, as molas poderiam ser submetidas a tensões bem superiores àquelas correspondentes às suas cargas de trabalho, e a carga máxima de trabalho seria, assim, *mais próxima* da condição do comprimento sólido da mola. Neste caso seria apenas necessário estabelecer um *curso de mola adicional* (diferença no comprimento da mola entre as condições de carga máxima e de comprimento sólido) para permitir qualquer combinação possível de tolerância, expansão térmica diferencial e desgaste de componentes. Além disso, como nem todas as partes da mola atingem a condição de comprimento sólido *exatamente* para a mesma carga, a rigidez da mola começa a aumentar significativamente nas proximidades da condição de atingir a posição de "comprimento sólido" teórico. A recomendação usual é *estabelecer um curso de mola adicional que seja igual a aproximadamente 10 % do deslocamento total da mola na condição de carga máxima de operação.*

6. Finalmente, as molas helicoidais sob compressão são candidatas *ideais* a se beneficiarem das tensões residuais favoráveis causadas pelo escoamento. Na Seção 4.15 foi estabelecido que "*Uma sobrecarga que cause escoamento produz tensões residuais que são favoráveis aos futuros carregamentos no mesmo sentido e desfavoráveis aos futuros carregamentos no sentido oposto.*" As molas helicoidais sob compressão são carregadas *apenas* sob compressão. Assim, podem-se aproveitar as tensões residuais favoráveis deformando-se inicialmente a mola além do desejado e, em seguida, provocando-se o *escoamento* de seu material até o comprimento desejado, aproximando-a de seu comprimento sólido. Essa operação, chamada *plastificação prévia*, é amplamente utilizada.

7. De acordo com a referência [1], a utilização da vantagem máxima da plastificação prévia permite que os valores da tensão de projeto sejam aumentados dos $0,45S_u$ e $0,35S_u$, fornecidos na etapa 3, para $0,65S_u$ e $0,55S_u$. Este aumento é, na realidade, maior do que o que pode ser justificado teoricamente com base apenas nas tensões residuais, e, portanto, deve refletir também algum trabalho de endurecimento (fortalecimento por deformação) durante a plastificação.

Resumindo esta discussão: para limitar a menos de 2 % as deformações permanentes nas molas helicoidais sob compressão, as tensões calculadas pela Eq. 12.6 (normalmente com a força F correspondente ao comprimento "sólido") devem ser

$$\tau_s \lesseqqgtr 0,45S_u \quad \text{(materiais ferrosos – sem plastificação prévia)}$$
$$\tau_s \lesseqqgtr 0,35S_u \quad \text{(materiais não ferrosos e inoxidáveis austeníticos – sem plastificação prévia)}$$
$$\tau_s \lesseqqgtr 0,65S_u \quad \text{(materiais ferrosos – com plastificação prévia)} \quad \textbf{(12.9)}$$
$$\tau_s \lesseqqgtr 0,55S_u \quad \text{(materiais não ferrosos e inoxidáveis austeníticos – com plastificação prévia)}$$

12.5 Configurações das Extremidades das Molas Helicoidais sob Compressão

As quatro configurações de extremidade "padronizadas" usuais das molas helicoidais sob compressão são ilustradas na Figura 12.8, juntamente com as equações comumente usadas no cálculo de seus comprimentos sólidos, L_s. Em todos os casos, N_t é o número total de voltas e N é o número de espiras ativas (as espiras que torcem sob a ação do carregamento e, portanto, contribuem para a deformação calculada pela Eq. 12.7). Em

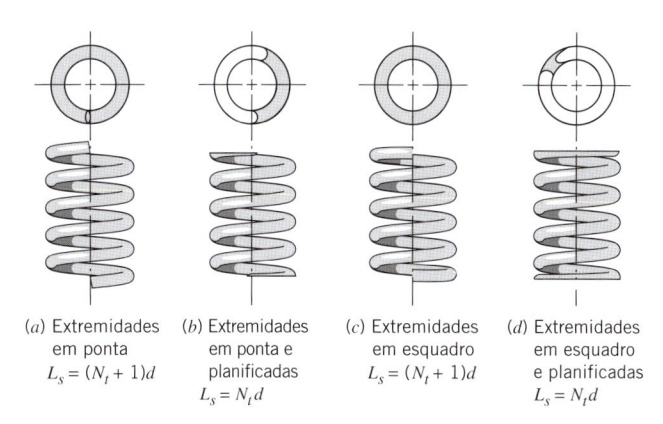

(a) Extremidades em ponta
$L_s = (N_t + 1)d$

(b) Extremidades em ponta e planificadas
$L_s = N_t d$

(c) Extremidades em esquadro
$L_s = (N_t + 1)d$

(d) Extremidades em esquadro e planificadas
$L_s = N_t d$

Figura 12.8 **Extremidades de molas sob compressão e correspondentes equações para o comprimento sólido da mola. (Nota: As extremidades planificadas são circundadas por um ângulo de hélice nulo.)**

todos os casos comuns envolvendo as placas de extremidade que fixam as molas em suas superfícies (isto é, nos casos diferentes dos mostrados nas Figuras 12.9*b* até *d*),

$$N_t \approx N + 2 \qquad \textbf{(12.10)}$$

A Eq. 12.10 é válida considerando a necessidade de ambas as placas de extremidade estarem em contato com praticamente uma espira completa, fazendo com que a orientação da carga resultante coincida com o eixo da mola.

Para se obter uma pressão de contato essencialmente uniforme ao longo das espiras das extremidades necessita-se de placas de contorno (conforme a mostrada na Figura 12.9*a*) para todas as condições de extremidade, exceto para as extremidades esquadradas ou retificadas. A escolha entre (1) placas de contorno e (2) molas esquadradas e retificadas (com placas de extremidade planas) é geralmente realizada com base no custo. Alguns projetos de componentes de extremidade são ilustrados na Figura 12.9. Observe que todos esses, exceto o da Figura 12.9*a*, representam projetos especiais que permitem o ajuste do número de espiras ativas e que a mola seja carregada tanto por tração quanto por compressão.

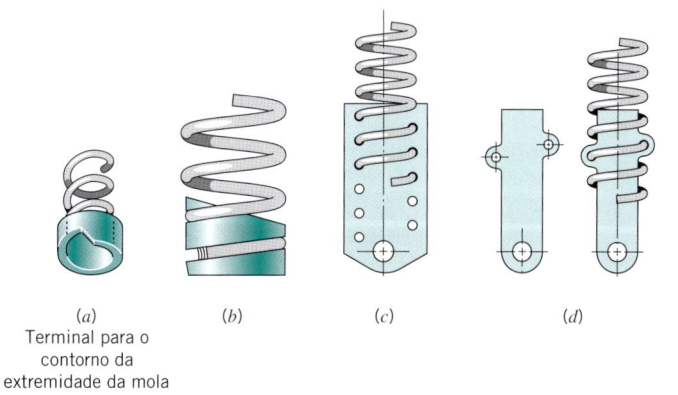

(a)
Terminal para o contorno da extremidade da mola

(b)

(c)

(d)

Figura 12.9 **Dispositivos especiais para a extremidade das espiras das molas.**

As equações fornecidas na Figura 12.8 para o comprimento sólido são as normalmente utilizadas, porém nas Figuras 12.8*b* e *d* o comprimento sólido depende da operação de retificação. Para molas com extremidades planificadas, as equações fornecem um comprimento sólido máximo associado à prática normal de retífica.

Para as aplicações *especiais*, em que o espaço é limitado, as molas planificadas podem ser obtidas com um comprimento sólido de

$$L_s = (N_t - 0{,}5)(1{,}01\,d) \qquad \textbf{(b)}$$

12.6 Análise de Flambagem das Molas Helicoidais sob Compressão

As molas helicoidais carregadas sob compressão operam como se fossem colunas, e a possibilidade de flambagem deve ser considerada — particularmente nos casos em que a razão entre o comprimento livre e o diâmetro médio é alta. Nessa situação o tratamento de colunas apresentado no Capítulo 5 pode ser aplicado. A Figura 12.10 fornece os resultados para duas das condições de extremidade ilustradas na Figura 5.27. A curva *A* (placas de extremidade restritas e paralelas) representa a condição mais comum. Se a flambagem for caracterizada, a solução mais apropriada é a do reprojeto da mola. Caso contrário, a mola pode suportar o carregamento e, para se prevenir contra uma eventual flambagem, coloca-se interna ou externamente um cilindro-guia com uma pequena folga. O atrito e o desgaste sobre a mola, provocados pelo cilindro-guia, podem exigir alguma consideração.

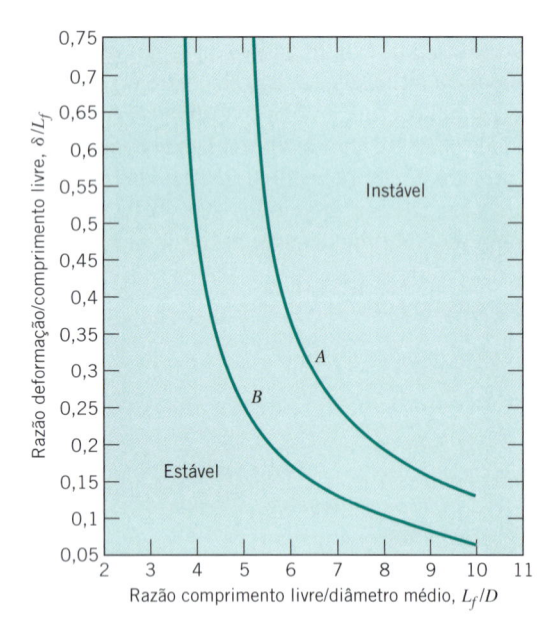

A - as placas de extremidade são restritas e
   paralelas (padrão de flambagem como
   mostrado na Fig. 5.27*c*)
B - uma das placas de extremidade é livre
   para girar (padrão de flambagem como
   mostrado na Fig. 5.27*d*)

Figura 12.10   Condições de flambagem para molas helicoidais sob compressão. (A flambagem ocorre nas regiões acima e à direita das curvas.)

12.7 Procedimento de Projeto das Molas Helicoidais sob Compressão — Carregamento Estático

Os dois requisitos básicos mais importantes para o projeto de uma mola helicoidal são o nível de tensão aceitável e a rigidez elástica desejável. Para minimizar o peso, as dimensões e o custo, geralmente as molas são projetadas para o maior nível de tensão que não resulte em uma significativa deformação permanente. Em geral, no projeto de molas o nível da tensão é considerado antes da rigidez porque o cálculo da tensão envolve os parâmetros D e d, e não N. Também é comum que a exigência relativa ao nível da tensão possa ser satisfeita para diversas combinações de D e d, e o objetivo é determinar aquela que melhor atenda aos requisitos do problema em particular. Com D e d selecionados, mesmo que por tentativa, N é então determinado com base no requisito de rigidez. Finalmente, o comprimento livre da mola é determinado com base na dimensão que fornecerá o curso de mola adicional desejado. Se a mola resultante do projeto apresentar tendência à flambagem ou se ela não atender ao espaço disponível, outra combinação dos parâmetros D e d poderá ser indicada. Se o projeto da mola torná-la muito larga ou muito pesada, um material mais forte deverá ser considerado.

PROBLEMA RESOLVIDO 12.1P   Projeto de uma Mola Helicoidal Sujeita a um Carregamento Estático

Uma mola helicoidal com extremidades esquadradas e retificada deve suportar uma força de 60 lb (267 N), a um comprimento que não pode exceder a 2,5 in (63,5 mm), e 105 lb (467 N) a um comprimento que é 0,5 in (12,7 mm) menor. Ela deve se ajustar internamente a um furo com 1,5 in (38 mm) de diâmetro. O carregamento é, basicamente, estático. Determine um projeto satisfatório utilizando um arame ASTM 229 temperado a óleo, sem considerar deformações permanentes.

SOLUÇÃO

Conhecido: Uma mola helicoidal sob compressão deve suportar uma força de 60 lb a um comprimento de 2,5 in ou menos, e 105 lb a um comprimento que é 0,5 in menor.

A Ser Determinado: Determine uma geometria satisfatória para a mola.

Esquemas e Dados Fornecidos: Os dados fornecidos relativos à força e à deformação da a mola podem ser utilizados na construção da Figura 12.11.

Decisões:

1. Conforme recomendado na Seção 12.4, escolha um curso de mola adicional que seja igual a 10 % da deformação máxima de trabalho.

2. Para evitar uma possível interferência, estabeleça a folga diametral comumente recomendada de $0{,}1D$ entre a mola e o diâmetro especificado de 1,5 in.

Hipóteses:

1. Não existem tensões residuais desfavoráveis.

2. Ambas as placas de extremidade estão em contato com praticamente uma espira do arame.

3. As cargas das placas de extremidade coincidem com o eixo da mola.

Análise do Projeto:

1. A Figura 12.11 fornece uma representação conveniente para as informações disponíveis em relação à geometria e ao carregamento da mola. A rigidez desejável para a mola vale

$$k = \frac{F}{\delta} = \frac{\Delta F}{\Delta \delta} = \frac{45 \text{ lb}}{0,5 \text{ in}} = 90 \text{ lb/in}$$

2. Com um curso de mola adicional de 10 % da deformação máxima de trabalho, tem-se

$$\text{Curso de mola} \atop \text{adicional recomendado} = 0,1 \frac{105 \text{ lb}}{90 \text{ lb/in}} = 0,12 \text{ in}$$

3. Portanto, a força na condição de comprimento sólido (isto é, a força máxima que deve ser resistida pela mola sem que haja uma deformação permanente) vale

$$F_{\text{sólido}} = 105 + 90(0,12) = 116 \text{ lb}$$

4. Pode-se, agora, determinar uma combinação desejável de D e d que satisfaça o requisito da tensão (Eq. 12.6). Neste problema, a exigência de que a mola seja ajustada a um furo de 1,5 in permite uma razoável estimativa inicial para D — talvez $D = 1,25$ in (31,7 mm). Com essa decisão, $D + d$ deve ser menor que 1,5 in, com uma *folga diametral* de aproximadamente 0,1D. Observe a necessidade de uma folga razoável pelo fato de o diâmetro externo aumentar ligeiramente quando a mola é comprimida. Como uma pequena dimensão do arame seria suficiente para as cargas envolvidas, deve-se esperar que D fique na faixa de 1 a 1,25 in (25,4 a 31,7 mm).

5. Para resolver a Eq. 12.6 para d, deve-se também determinar preliminarmente os valores de K_s e $\tau_{\text{sólido}}$, sendo ambos dependentes de d. Felizmente nenhuma dessas grandezas varia muito nas faixas envolvidas, de modo que podem ser estimadas sem o risco de se atribuir valores discrepantes da realidade.

   a. $K_s = 1,05$. (A Figura 12.4 mostra pouca variação em K_s ao longo da faixa normal de C entre 6 e 12.)

   b. $\tau_{\text{sólido}} = 101$ ksi (696 MPa). [Para uma suposta esfera com diâmetro $d = 0,1$ in (2,54 mm), a Figura 12.7 mostra que Su é de aproximadamente 225 ksi (1551 MPa). O correspondente valor aceitável máximo de $\tau_{\text{sólido}}$ (Eq. 12.9) é de 0,45S_u, ou 101 ksi.]

6. A substituição dos valores anteriores na Eq. 12.6 fornece

$$\tau_{\text{sólido}} = \frac{8F_{\text{sólido}}D}{\pi d^3} K_s$$

$$101.000 = \frac{8(116)(1,25)}{\pi d^3}(1,05)$$

ou

$$d = 0,157 \text{ in}$$

7. As estimativas das etapas 4 e 5 foram adotadas de modo tão deliberado e robusto que forneceram uma solução não satisfatória. Um diâmetro de arame de 0,157 in (4,0 mm) possui uma resistência-limite de apenas 210 ksi (1448 MPa), em vez do valor adotado de 225 ksi (1551 MPa). Além disso, os valores precedentes de d e D propiciam uma folga diametral relativa ao furo de 1,5 in (38 mm) de apenas 0,093 in (2,36 mm), o que é menor do que o valor desejado de 0,1D. Ao se manter o diâmetro d com 0,157 in e reduzir o diâmetro D de modo que o arame fique sujeito a um torque um pouco menor (e, portanto, a uma tensão um pouco menor), consegue-se uma folga diametral um pouco maior. Assim, como segunda tentativa selecione $d = 0,157$ in e resolva o problema para o correspondente valor de D. Tanto $\tau_{\text{sólido}}$ quanto K_s apresentarão valores diferentes dos anteriores, porém dessa vez eles representarão os valores "corretos" para essas grandezas, em vez de estimativas.

8. Para evitar a estimativa de K_s, utilize a *segunda* forma da Eq. 12.6:

$$\tau_{\text{sólido}} = \frac{8F_{\text{sólido}}}{\pi d^2} C K_s$$

$$0,45(210.000) = \frac{8(116)}{\pi (0,157)^2} C K_s$$

$$C K_s = 7,89$$

Pela Figura 12.4, $C = 7,3$, e

$$D = Cd = 7,3(0,157) = 1,15 \text{ in}$$

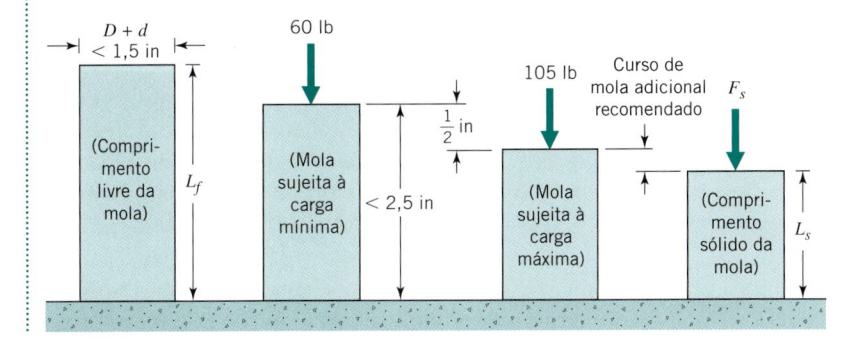

FIGURA 12.11 Representação esquemática das informações fornecidas no Problema Resolvido 12.1.

Essa combinação de D e d não apenas se adapta exatamente ao critério desejado para a tensão, mas também propicia uma folga um pouco maior do que a mínima desejada no furo de 1,5 in.

9. Pela Eq. 12.8,

$$k = \frac{d^4 G}{8D^3 N}, \qquad 90 = \frac{(0,157)^4(11,5 \times 10^6)}{8(1,15)^3 N}$$

o que fornece $N = 6,38$.

10. Pela Eq. 12.10, $N_t = N + 2 = 6,38 + 2 = 8,38$. Pela Figura 12.8, $L_s = N_t d = 8,38(0,157) = 1,32$ in (33,52 mm).

11. Quando a força $F_{\text{sólida}} = 116$ lb (516 N) é liberada, a mola apresentará uma deformação de 116 lb/(90 lb/in) = 1,29 in (516 N/(15,76 N/mm) = 32,74 mm). Assim, o comprimento livre da mola, L_f, vale $L_s + 1,29 = 1,32 + 1,29 = 2,61$ in (66,2 mm). Além disso, quando carregada com 60 lb (267 N), o comprimento da mola será igual a 1,94 in [2,61 in – 60 lb/(90 lb/in)] (49,3 mm [66,3 mm – 267 N/15,76 N/mm]). Esse valor satisfaz plenamente ao requisito de comprimento máximo de 2,5 in (63,5 mm) a uma carga de 60 lb.

12. A flambagem é verificada para o caso crítico de a deformação aproximar-se da condição de comprimento sólido (isto é, quando $\delta = \delta_s = 1,29$ in),

$$\frac{\delta_s}{L_f} = \frac{1,29}{2,61} = 0,49$$

$$\frac{L_f}{D} = \frac{2,61}{1,15} = 2,27$$

Uma análise da Figura 12.10 indica que esta mola está operando longe da região de flambagem, mesmo se uma das placas de extremidade estiver livre para girar.

13. A última situação analisada satisfaz os requisitos de tensão e rigidez da mola, e atende com segurança os critérios de flambagem e as limitações de espaço. (É óbvio que os requisitos poderiam também ser satisfeitos por projetos de molas que utilizassem arames um pouco mais espessos ou um pouco mais finos, ou mesmo arames com resistência à tração um pouco menor.) Assim, uma resposta aparentemente satisfatória para esse problema é

$$d = 0,157 \text{ in}$$

$$D = 1,15 \text{ in}$$

$$N = 6,38$$

$$L_f = 2,61 \text{ in}$$

Comentários:

1. As informações precedentes permitem a um técnico desenhar ou fabricar a mola.

2. O problema não estará totalmente concluído sem se tratar de um tema de vital importância: as *tolerâncias*. Por exemplo, pequenas variações no diâmetro d resultam em grandes variações na tensão e na deformação. A imposição de tolerâncias extremamente apertadas pode agregar ao projeto um custo substancial desnecessário. É importante avisar o fabricante da mola sobre quaisquer dimensões *críticas*: por exemplo, nesse problema pode ser fundamental manter todas as molas com uma rigidez de 90 ± 4 lb/in (15,76 ± 0,7 N/mm) e, com o *mesmo* comprimento, ±0,002 in (±0,0051 mm), quando carregada com 60 lb. Tolerâncias menos rigorosas poderiam ser admitidas em todas as demais dimensões. O fabricante, portanto, deve ser capaz de utilizar arames com diâmetros *ligeiramente* variáveis, ajustando as demais dimensões, quando necessário, de modo a atender às especificações críticas.

Pode ser útil observar que existem, em geral, três tipos de problemas durante a seleção de uma combinação satisfatória dos diâmetros D e d para satisfazer ao requisito da tensão.

1. As restrições de espaço impõem um limite ao diâmetro D, como na situação em que a mola deve se ajustar ao interior de um furo ou externamente a uma barra de seção circular. Este caso foi ilustrado pelo Problema Resolvido 12.1.

2. A dimensão do arame é fixada, por exemplo, padronizando-se uma dimensão de arame para diversas molas similares. Este caso também é ilustrado pelo Problema Resolvido 12.1, se as etapas 4, 5, 6 e 7 forem omitidas e o diâmetro $d = 0,157$ in (4,0 mm) for dado.

3. Existem casos em que nenhuma restrição de espaço é imposta, e qualquer dimensão de arame pode ser selecionada. Esta situação completamente geral pode, teoricamente, ser satisfeita para uma faixa quase infinita de valores para D e d, porém os extremos dessa faixa não serão economicamente viáveis. A Figura 12.4 sugere que boas *proporções* geralmente requerem valores da relação D/d na faixa de 6 a 12 (todavia, a retificação das extremidades será dificultada se D/d for superior a cerca de 9). Assim, um bom procedimento seria selecionar um valor apropriado para C e, em seguida, utilizar a segunda forma da Eq. 12.6 para obter o diâmetro d. Esse procedimento requer uma estimativa de S_u para se determinar o valor admissível de $\tau_{\text{sólido}}$. Se o valor resultante de d não for consistente com o valor estimado de S_u, uma segunda tentativa será necessária, como foi o caso do problema resolvido.

12.8 Projeto de Molas Helicoidais sob Compressão com Carregamento por Fadiga

Esta seção discute o projeto de molas helicoidais sob compressão sujeitas a um carregamento por fadiga. A Figura 12.12 mostra uma curva S–N generalizada, calculada de acordo com os procedimentos do Capítulo 8, para carregamento torcional alternado de arames de aço de seção circular com limite de resistência à tração S_u, com diâmetro qualquer não superior a 10 mm e um fator de superfície unitário (como o caso do arame jateado — veja a Seção 8.14). A Figura 12.13 mostra o correspondente diagrama de fadiga para vida finita. Como as molas helicoidais sob compressão são sempre carregadas por compressão flutuante (e as molas helicoidais sob tração carregadas

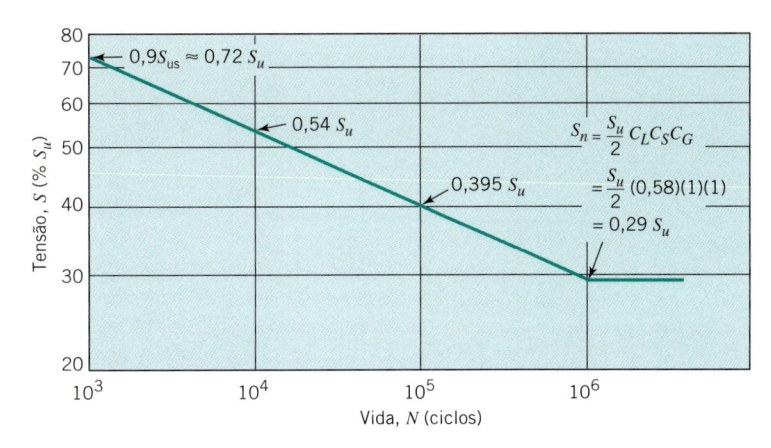

FIGURA 12.12 Curva S–N estimada para os arames de aço de molas de seção transversal circular, $d \leq 10$ mm, $C_S = 1$ (jateado) com carregamento torcional alternado.

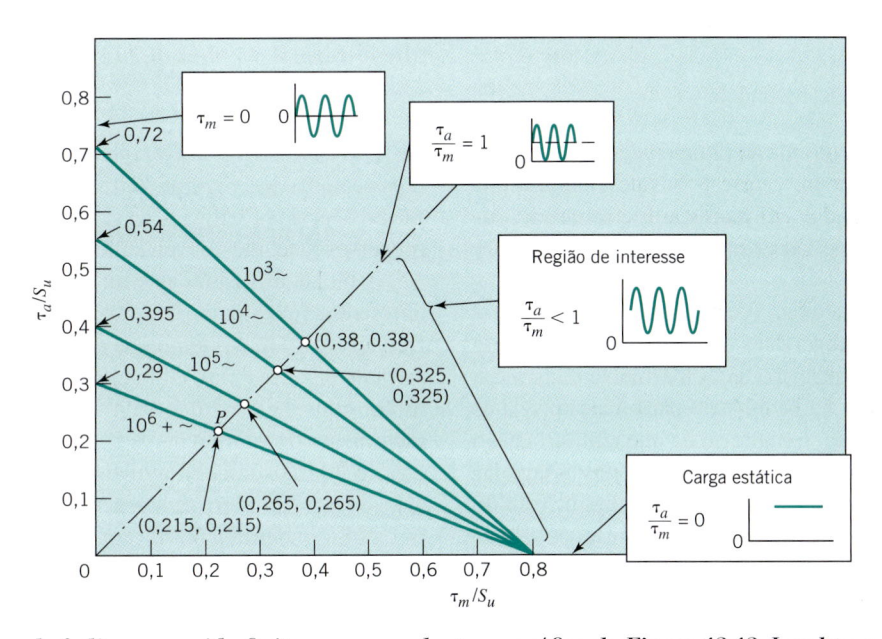

FIGURA 12.13 Diagrama de fadiga para vida finita correspondente ao gráfico da Figura 12.12. Lembre-se de que $S_{us} \approx 0,8 \, S_u$.

por tração flutuante), essas molas normalmente não ficam sujeitas a tensões *alternadas*. No caso extremo, a carga (seja de tração ou de compressão) cai a zero e é, então, reaplicada no mesmo sentido. Assim, conforme mostrado na Figura 12.13, a região de interesse fica entre $\tau_a/\tau_m = 0$ e $\tau_a/\tau_m = 1$, em que τ_a/τ_m é a relação entre as tensões cisalhantes alternada e média.

Ao se trabalhar com molas helicoidais é comum se reconstruir a Figura 12.13 com suas informações, chegando-se à forma apresentada na Figura 12.14. Esta forma alternativa do diagrama de fadiga para vida finita contém apenas a "região de interesse" mostrada na Figura 12.13. Observe, por exemplo, que o ponto P da Figura 12.13 corresponde a $\tau_m = 0,215 S_u$ e $\tau_a = 0,215 S_u$, enquanto na Figura 12.14 o ponto P possui as coordenadas $\tau_{mín} = 0$ e $\tau_{máx} = 0,43 S_u$.

Os diagramas como o da Figura 12.14 são usualmente baseados nos testes reais de fadiga torcional, com o corpo de prova carregado por tensões que flutuam de zero até seu valor máximo (isto é, $\tau_a/\tau_m = 1$). A Figura 12.15 mostra as curvas S–N baseadas na tensão flutuante de zero até um máximo. A região superior da curva é desenhada de acordo com os valores determinados na Figura 12.13. (Note que essa curva mostra valores para a tensão máxima mais altos do que os da Figura 12.12, porque a tensão flutuante cai apenas para zero, não alternando completamente o ciclo.) As curvas na região mais inferior da Figura 12.15 representam curvas S–N torcionais de zero até um máximo baseadas em dados experimentais, e são sugeridas para uso em projetos pelos principais fabricantes de molas [1]. Estas estão relacionadas à produção de molas cujo arame possui uma superfície polida, em vez de $C_s = 1$, como na curva da região superior.

Os fabricantes de molas normalmente apresentam os resultados das tensões nos projetos desse tipo em função do limite de resistência à *tração* (a despeito do fato de o carregamento envolvido ser torcional) porque o limite de resistência à tração é o mais fácil de ser obtido, e sua medida experimental da resistência do arame é a mais confiável.

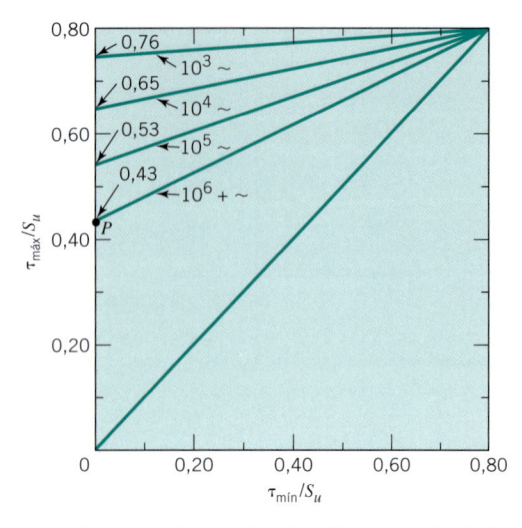

FIGURA 12.14 Forma alternativa do diagrama de fadiga para vida finita (reimpressão da "região de interesse" da Figura 12.13).

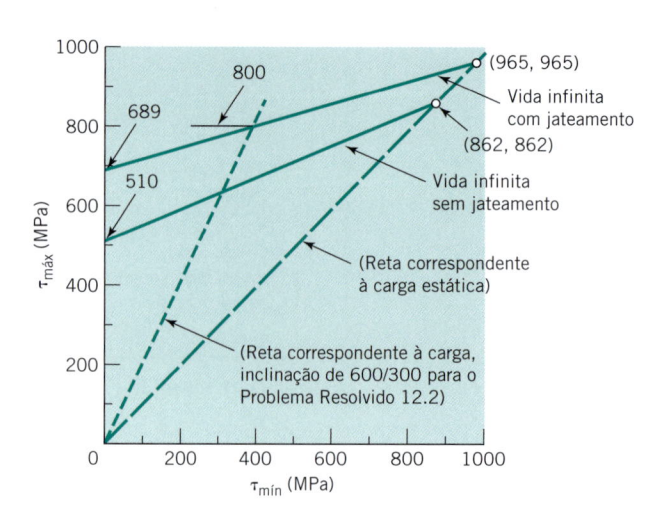

FIGURA 12.16 Diagrama de fadiga para vida infinita. Arame de mola de aço-carbono pré-temperado ou liga de aço de alta dureza, $d \leq 5$ mm (0,2 in).

A Figura 12.16 é um diagrama de fadiga independente para vida finita obtido empiricamente, correspondente a muitos tipos de arames de mola utilizados em motores. Ele representa os resultados reais de ensaios. Os valores de projeto devem ser ligeiramente inferiores.

No projeto de molas helicoidais (ou barras de torção) sujeitas a um carregamento por fadiga, duas operações do processo de fabricação mencionadas antes são particularmente efetivas: o jateamento (veja as Seções 8.13 e 8.14) e a plastificação (veja os pontos 6 e 7 na Seção 12.4). Lembre-se de que a plastificação sempre introduz tensões residuais na superfície opostas àquelas causadas pela subsequente aplicação da carga no mesmo sentido da carga de plastificação. As correspondentes flutuações da tensão torcional atuante na mola helicoidal (ou barra de torção) com e sem a plastificação são mostradas na Figura 12.17. Pode-se mostrar que a tensão residual máxima teórica que pode ser introduzida pela plastificação (admitindo uma curva tensão–deformação ideal que despreze a possibilidade de alguma deformação por endurecimento) vale $S_{sy}/3$. O valor máximo prático é, na realidade, um pouco menor. O ganho de resistência à fadiga, representado pela flutuação com plastificação mostrada na Figura

12.17, fica realmente visível quando as flutuações da tensão são representadas nas Figuras 12.13, 12.14 e 12.16. O maior ganho de resistência por fadiga pode ser obtido utilizando-se *ambos* os processos: jateamento *e* plastificação.

As molas utilizadas nas máquinas de alta rotação devem apresentar frequências naturais de vibração bem superiores à frequência do movimento que elas controlam. Por exemplo, o ciclo de encurtamento e elongação da mola da válvula de um motor convencional ocorre a cada duas voltas do motor. O movimento da válvula não é exatamente senoidal, e uma análise de Fourier desse movimento indica que suas amplitudes até o décimo terceiro harmônico são significativas. Assim, em um motor que gira a 5000 rpm o movimento *fundamental* da mola possui uma frequência de 2500 ciclos por minuto (cpm), e o décimo terceiro harmônico ocorre a uma frequência de 32.500 cpm, ou 542 Hz. Quando uma mola helicoidal é comprimida e bruscamente liberada ela vibra longitudinalmente em sua própria frequência natural até que a energia seja dissipada pelo efeito dissipativo. De modo similar, se uma mola helicoidal é fixada em uma de suas extremidades e se for imposta uma compressão suficientemente rápida à outra extre-

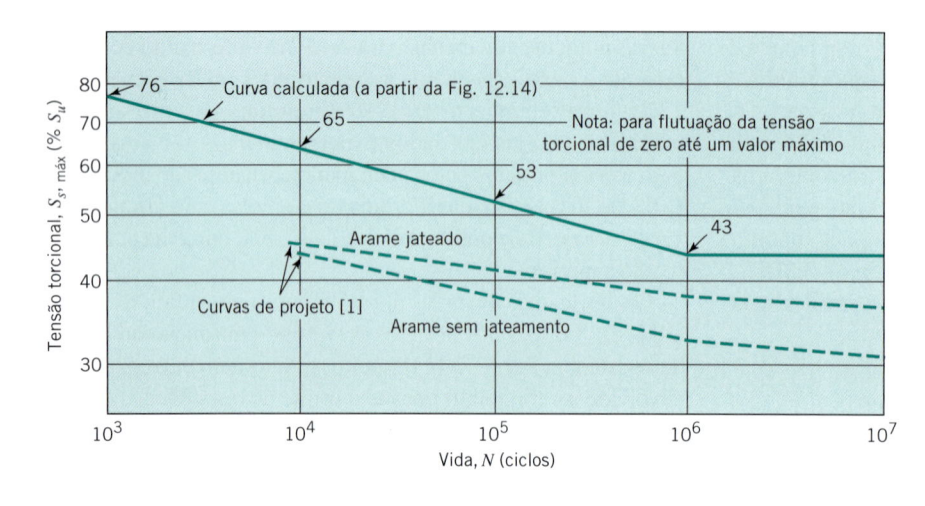

FIGURA 12.15 Curvas $S_{S,\text{máx}}$–N para arame de mola de aço de seção circular. Valores máximos calculados *versus* recomendados para efeito de projeto [1].

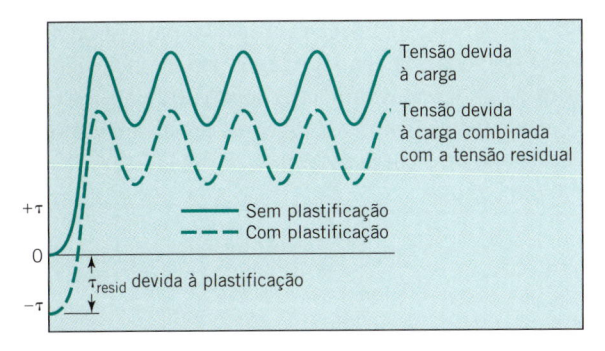

FIGURA 12.17 **Flutuação da tensão em uma mola helicoidal (ou barra de torção) com e sem plastificação prévia (deformações permanentes).**

midade, a espira desta última extremidade é empurrada contra a espira adjacente antes de as espiras remanescentes terem *tempo* de responder se deslocando. Se, após uma compressão suficientemente rápida, a extremidade livre for, então, mantida fixa, a condição local de deslocamento excessivo se moverá progressivamente ao longo da mola (inicialmente, as espiras 1 e 2 praticamente se tocam, em seguida as espiras 2 e 3 e, então, as espiras 3 e 4 etc.), até que a extremidade oposta seja atingida, onde a perturbação é "refletida" e retorna no sentido da extremidade deslocada, e assim por diante, até que a energia seja dissipada. Este fenômeno é chamado de *pulso de mola*, e faz com que as tensões locais se aproximem daquelas relativas ao "comprimento sólido" da mola. O pulso de mola também diminui a capacidade da mola de controlar o movimento do componente de máquina envolvido, como a válvula do motor. A frequência natural do pulso de mola (que deve ser superior à do harmônico significativo mais alto do movimento envolvido — tipicamente próximo ao décimo terceiro) vale

$$f_n \propto \sqrt{k/m}$$

em que

$$k \propto \frac{d^4 G}{D^3 N} \quad \text{(Eq. 12.8)}$$

$$m \propto \text{(volume)(Massa específica) ou}$$

$$m \propto d^2 D N \rho$$

Substituindo-se esses parâmetros, tem-se

$$f_n \propto \sqrt{\frac{d^4 G/(D^3 N)}{(d^2 D N \rho)}}, \quad \text{ou} \quad f_n \propto \frac{d}{D^2 N}\sqrt{G/\rho}$$

Para os aços-mola, a frequência natural em Hertz é

$$f_n = \frac{13.900 d}{ND^2} \quad \text{(d e D expressos em polegadas)} \quad \textbf{(12.11)}$$

$$f_n = \frac{353.000 d}{ND^2} \quad \text{(d e D expressos em milímetros)} \quad \textbf{(12.11a)}$$

O projeto de molas com frequências naturais suficientemente altas para máquinas de alta rotação requer tipicamente uma operação ao nível de tensão mais alto possível, aproveitando-se a vantagem da plastificação e do jateamento. Esta condição minimiza a necessidade de *massa* da mola, maximizando, portanto, sua frequência natural, que é proporcional a $1/\sqrt{m}$.

PROBLEMA RESOLVIDO 12.2P Projeto de uma Mola Helicoidal Sujeita a um Carregamento por Fadiga

Um eixo de cames gira a 650 rpm, fazendo com que o seguidor suba e desça (um ciclo) uma vez por volta (Figura 12.18). O seguidor é mantido em contato com a came por meio de uma mola helicoidal sob compressão sujeita a uma força que varia entre 300 e 600 N quando o comprimento da mola varia dentro de uma faixa de 25 mm. As extremidades são esquadradas e retificadas. O material do arame de mola é o aço cromovanádio ASTM A232 jateado, cuja resistência à fadiga é representada na Figura 12.16. Uma plastificação deve ser adotada. Determine uma combinação possível de *d*, *D*, *N* e L_f. Inclua na solução uma verificação contra a possibilidade de flambagem e contra o pulso de mola.

SOLUÇÃO

Conhecido: Uma mola helicoidal sob compressão opera com uma força que varia entre valores mínimo e máximo fornecidos, enquanto o comprimento da mola varia dentro de uma faixa conhecida.

A Ser Determinado: Determine uma geometria adequada para a mola.

Esquemas e Dados Fornecidos:

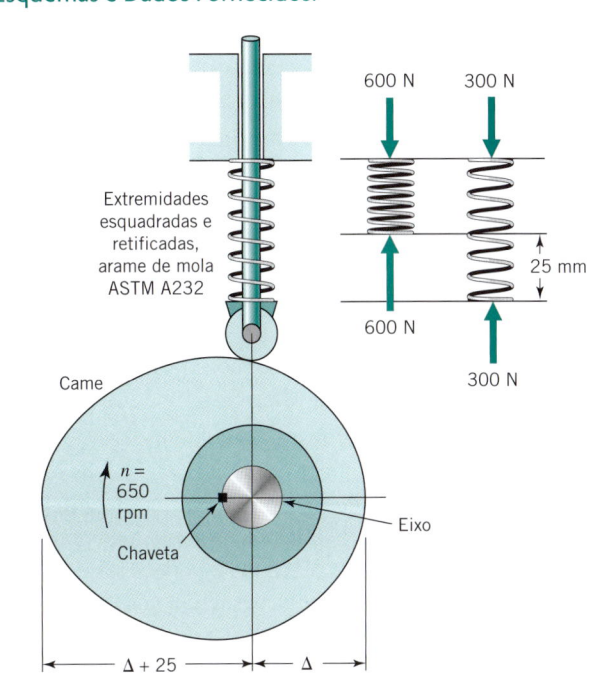

FIGURA 12.18 **Esquema físico para o Problema Resolvido 12.2.**

Decisões:

1. Para minimizar os eventuais problemas de pulso de mola, projete esta mola de modo que as tensões sejam tão altas quanto possível.

2. Selecione o menor fator de segurança possível para que o peso da mola seja minimizado. (A minimização do peso da mola permite que a frequência natural seja maximizada.)

3. Selecione uma mola proporcional, $C = 10$. (Esta proporção é boa do ponto de vista do fator de Wahl, porém o custo da mola pode ser mais alto porque as extremidades devem ser retificadas.)

4. Conforme recomendado na Seção 12.4, escolha um curso de mola adicional que seja igual a 10 % da deformação máxima de trabalho.

Hipóteses:

1. As placas de extremidade estão em contato com as extremidades da mola.

2. A força atuante na mola tem a direção do eixo da mola.

Análise do Projeto:

1. Como a 650 rpm um milhão de ciclos de tensão são acumulados em 26 horas de operação, torna-se necessário um projeto por fadiga para vida infinita. As tensões devem ser tão altas quanto possível para minimizar a ocorrência de problemas como pulso de mola. Independentemente do projeto da mola, a relação $\tau_{máx}/\tau_{mín}$ será idêntica à relação entre as cargas máxima e mínima — isto é, 600/300. Uma reta com esta inclinação é desenhada na Figura 12.16, resultando em uma interseção em $\tau_{máx} = 800$ MPa.

2. Como a Figura 12.16 representa os resultados de ensaios reais, esse valor de $\tau_{máx}$ não traz nenhuma compensação para um possível pulso de mola ou para um fator de segurança. A amplitude do possível pulso pode ser limitada fornecendo-se um curso de mola adicional mínimo — por exemplo, 10 % da deformação máxima de trabalho. O peso da mola pode ser minimizado, tendo como consequência uma frequência natural máxima, selecionando-se o menor fator de segurança possível — por exemplo, 1,1. (O uso da plastificação propiciará um fator de segurança ligeiramente maior.) Assim, pode-se adotar um valor de projeto para $\tau_{máx}$ de 800 MPa divididos por 1,1 (curso adicional para a possibilidade de pulso) e divididos novamente por 1,1 (fator de segurança), ou seja, 661 MPa.

3. Na ausência de qualquer restrição ao diâmetro d, ao diâmetro externo ou ao diâmetro interno, seleciona-se arbitrariamente um fator de *proporção* para a mola de, por exemplo, $C = 10$. Esta é uma boa proporção do ponto de vista do fator de Wahl, porém a mola pode apresentar um custo extra devido às extremidades terem que ser retificadas. Assim, pela Eq. 12.5,

$$d = \sqrt{\frac{8F_{máx}CK_w}{\pi\tau_{máx}}} = \sqrt{\frac{8(600)(10)(1,14)}{\pi(661)}} = 5,13 \text{ mm}$$

4. Na ausência de qualquer justificativa para se adotar um valor fracionário para d, pode ser preferível arredondá-lo para $d = 5,0$ mm. Assim, retornando-se à Eq. 12.5 e resolvendo-se para o valor de C que fornece uma tensão de 661 MPa (com uma carga de 600 N), e usando-se o valor $d = 5,0$ mm, tem-se

$$CK_w = \frac{\pi\tau_{máx}d^2}{8F_{máx}} = \frac{\pi(661)(5)^2}{8(600)} = 10,82$$

Pela Figura 12.4, tem-se $C = 9,4$ e $D = Cd = 47,0$ mm.

5. A rigidez da mola, $k = 300$ N/25 mm $= 12$ N/mm.

6. Pela Eq. 12.8,

$$N = \frac{dG}{8C^3k} = \frac{5(79.000)}{8(9,4)^3(12)} = 4,95$$

7. Pela Figura 12.8, $L_s = N_t d = (N + 2)d = (4,95 + 2)(5) = 34,75$ mm.

$$L_f = L_s + F_{sólido}/k$$

Com 10 % de curso adicional, $F_{sólido} = 1,1F_{máx} = 660$ N. Assim,

$$L_f = 34,75 + 660/12 = 89,75 \text{ mm}$$

8. Faça uma verificação da ocorrência de flambagem para determinar se a mola entra em contato com a barra (para o caso extremo de $\delta = \delta_s$):

$$\left.\begin{array}{l} \dfrac{L_f}{D} = \dfrac{89,75}{47} = 1,91 \\[2em] \dfrac{\delta_s}{L_f} = \dfrac{\dfrac{660}{12}}{89,75} = 0,61 \end{array}\right\} \begin{array}{l} \text{Pela Figura 12.10, a mola está bem} \\ \text{distante da condição de flambagem} \end{array}$$

9. Pela Eq. 12.11a, a frequência natural vale

$$f_n = \frac{353.000d}{ND^2} = \frac{353.000(5)}{(4,95)(47)^2} = 161,4 \text{ Hz}$$

10. Resumindo os resultados,

$$d = 5 \text{ mm}$$
$$D = 47,0 \text{ mm}$$
$$N = 4,95$$
$$L_f = 89,75 \text{ mm}$$

Comentários:

1. Para a mola entrar em ressonância com a frequência fundamental de pulso $f_n = 161,4$ Hz, o eixo de cames deve girar a $(161,4)(60) = 9684$ rpm. Para que o décimo terceiro harmônico corresponda a uma ressonância, o eixo deve girar a 9684/13 = 745 rpm. Assim, a rotação de 650 rpm não resultará no pulso de mola (a menos que o contorno da came seja extremamente irregular, produzindo significantes harmônicos acima do décimo terceiro).

2. Não deve ocorrer flambagem ou pulso de mola (porém, foi considerada uma tolerância para um possível pulso transiente repetido pela seleção apropriada do curso adicional e pela tensão de projeto).

Projeto de uma Mola Helicoidal Sujeita a Fadiga

Repita o Problema Resolvido 12.2, desta vez utilizando no projeto da mola o arame de 5 mm de mesmo material, porém com as características de resistência indicadas nas Figuras 12.7 e 12.15.

SOLUÇÃO

Conhecido: Uma mola helicoidal sob compressão, fabricada com arame de 5 mm de diâmetro, opera com uma força flutuante conhecida que provoca uma variação no comprimento da mola dentro de uma faixa de 25 mm.

A Ser Determinado: Determine uma geometria satisfatória para a mola.

Esquemas e Dados Fornecidos: Os dados e o esquema fornecidos são os mesmos apresentados no Problema Resolvido 12.2, exceto pelas propriedades de resistência, que são as indicadas nas Figuras 12.7 e 12.15, e não as fornecidas na Figura 12.16.

Decisões/Hipóteses: As mesmas do Problema Resolvido 12.2.

Análise do Projeto:

1. Pela Figura 12.7, $S_u = 1500$ MPa para o material fornecido e as dimensões do arame.

2. Pela Figura 12.15, a tensão máxima de projeto recomendada para vida infinita e flutuação da tensão entre zero e um máximo (arame jateado) é de $0{,}36S_u = 540$ MPa.

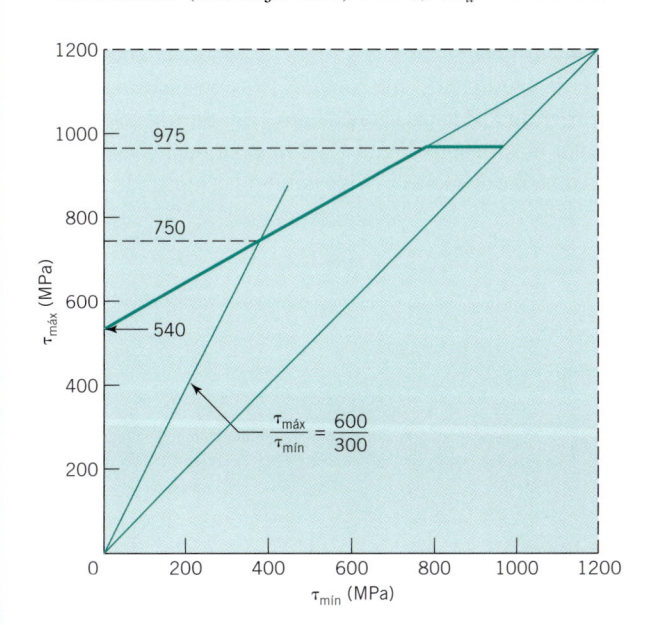

FIGURA 12.19 **Diagrama de fadiga para o Problema Resolvido 12.3.**

3. Pela Eq. 12.9, a resistência ao escoamento torcional efetiva associada a 2 % de deformação permanente é de $0{,}65S_u = 975$ MPa. Aproximando-se S_{us} a $0{,}8S_u = 1200$ MPa, uma curva de resistência à fadiga torcional estimada para vida infinita é representada graficamente na Figura 12.19.

4. Para $\tau_{máx}/\tau_{mín} = 600/300$, a Figura 12.19 indica o valor-limite de $\tau_{máx}$ sendo de 750 MPa. Como a Figura 12.15 representa os valores *máximos* recomendados, pode ser conveniente reduzir ligeiramente este valor. Um "fator de segurança" adicional de 1,13 fornece o valor final a ser utilizado para efeito de projeto $\tau_{máx} = 661$ MPa, exatamente como no Problema Resolvido 12.2.

5. A utilização dessa tensão de projeto torna a solução idêntica à obtida para o Problema Resolvido 12.2.

Comentários: Frequentemente é desejável utilizar mais de um enfoque na solução dos problemas de engenharia (como foi mostrado no desenvolvimento dos Problemas Resolvidos 12.2 e 12.3), e o leitor deve estar consciente de que os resultados nem sempre coincidem tão bem como ocorreu nesse caso. (Esta é a hora em que o "julgamento de engenharia" se torna extremamente importante!)

12.9 Molas Helicoidais de Extensão

Boa parte do tratamento das molas helicoidais sob compressão, apresentado anteriormente, é também aplicável às molas de extensão (ilustradas nas Figuras 12.2c e 12.2d), porém alguns poucos pontos de diferença devem ser observados. Inicialmente, as molas de extensão não possuem a "sobrecarga de parada" automática das molas de compressão. Uma sobrecarga estática pode alongar a mola a qualquer extensão, levando-a a falhar. Algumas vezes, esta sobrecarga torna as molas vulneráveis a tensões excessivas durante sua instalação. Além disso, uma mola sob compressão pode continuar a propiciar uma "parada" que mantém as placas afastadas. Por essas razões, as molas sob compressão são geralmente preferíveis em relação às molas de extensão nas aplicações onde a segurança é crítica. Neste sentido, algumas normas de segurança recomendam que as molas helicoidais utilizadas em certas aplicações sejam carregadas por compressão.

Usualmente, durante o processo de enrolamento das molas de extensão, uma tensão torcional no arame é mantida. Esta condição resulta em espiras "pressionadas" umas contra as outras, conforme mostrado na Figura 12.20. Assim, a *tração inicial* é representada pela força externa aplicada à mola quando as espiras estão na iminência de se separarem. Os fabricantes de molas recomendam [1] que a tração inicial seja tal que a tensão resultante (calculada pela Eq. 12.6) seja

$$\tau_{inicial} = (0{,}4 \text{ a } 0{,}8)\frac{S_u}{C} \qquad (12.12)$$

Uma mola de extensão enrolada dessa forma não se deforma até que seja carregada com uma força superior à tração inicial. Assim, as equações para a tensão e para a rigidez desenvolvidas para as molas sob compressão são aplicáveis.

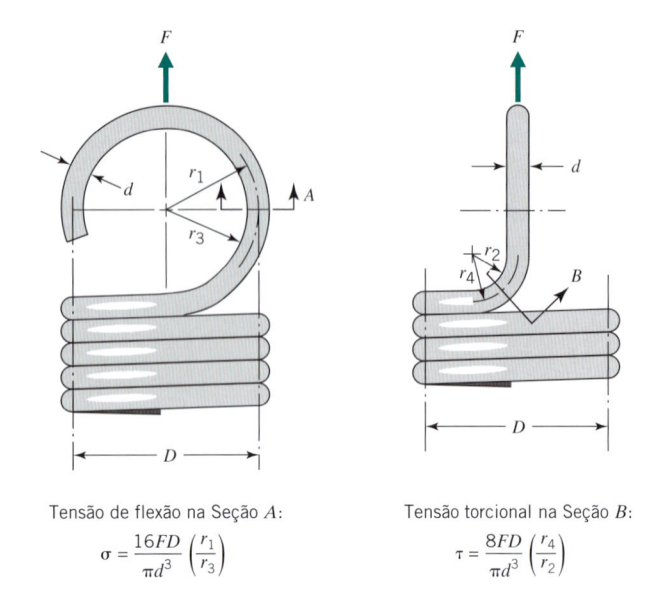

Tensão de flexão na Seção A:

$$\sigma = \frac{16FD}{\pi d^3}\left(\frac{r_1}{r_3}\right)$$

Tensão torcional na Seção B:

$$\tau = \frac{8FD}{\pi d^3}\left(\frac{r_4}{r_2}\right)$$

FIGURA 12.20 **Mola de extensão convencional com gancho na extremidade.**

FIGURA 12.21 **Espiras da extremidade com diâmetro reduzido para diminuir as tensões no gancho.**

As tensões críticas em uma mola de extensão geralmente ocorrem nos ganchos de extremidade. A Figura 12.20 mostra a localização e a equação para as tensões críticas de flexão e de torção ocorrentes no gancho. Observe que, em cada caso, o fator de concentração de tensão é igual à razão entre os raios

médio e interno. Uma recomendação prática é fazer com que o raio r_4 seja superior a duas vezes o diâmetro do arame. Além disso, as tensões no gancho podem ser reduzidas pelo enrolamento das últimas espiras com um diâmetro D decrescente, conforme mostrado na Figura 12.21. Isso não reduz a concentração de tensão, porém torna menores as tensões nominais pela redução dos braços de momento de flexão e de torção.

Dependendo dos detalhes do projeto, cada gancho de extremidade acrescenta tipicamente o equivalente a 0,1 a 0,5 espiras para o cálculo da deformação da mola.

12.10 Molas em Lâminas (Incluindo os Feixes de Molas)

As molas em lâminas (geralmente fabricadas na forma de *feixe de molas*) se apresentam, usualmente, como arranjos de vigas em balanço e simplesmente apoiadas. A configuração final dessas molas assume a forma de um quarto de elipse, metade de elipse ou ainda uma elipse completa, conforme mostrado na Figura 12.22. Essas são também chamadas de molas *planas*, embora apresentem alguma curvatura quando descarregadas (sendo a curvatura necessária para a configuração de elipse plena). Observe que, em cada caso, o elemento básico é uma viga *em balanço* de comprimento L carregada por uma força F. A mola semielíptica comum pode ser idealizada como duas vigas em balanço que compartilham a carga em paralelo. A mola com a configuração de uma elipse completa é constituída de quatro vigas em balanço, arranjadas em um esquema série-paralelo. Em função da simetria desses arranjos, torna-se necessária apenas a análise da tensão e da deformação de uma única viga em balanço ou de uma mola com o arranjo de um quarto de elipse, pois as mesmas equações podem, na realidade, ser adaptadas para atender aos outros dois tipos de mola.

A Figura 12.23*a* mostra uma viga em balanço genérica de largura w e espessura t, ambas variando com a coordenada x. Se as tensões de flexão forem consideradas uniformes ao longo do comprimento da viga de *espessura* constante, a largura deverá variar linearmente com x (Figura 12.23*b*). Para uma viga em balanço de tensão uniforme com *largura* constante, a espessura deve variar de forma parabólica com x (Figura 12.23*c*). A viga triangular mostrada na Figura 12.23*b* é o modelo básico para o projeto do feixe de molas. A viga parabólica mostrada na Figura

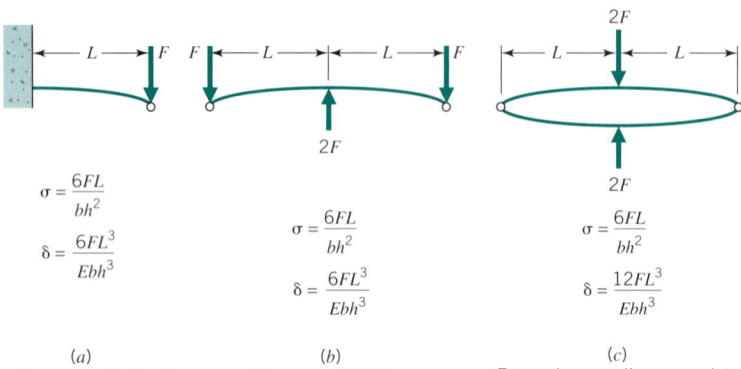

$$\sigma = \frac{6FL}{bh^2}$$

$$\delta = \frac{6FL^3}{Ebh^3}$$

(*a*)
Forma de um quarto de elipse
(viga em balanço simples)

$$\sigma = \frac{6FL}{bh^2}$$

$$\delta = \frac{6FL^3}{Ebh^3}$$

(*b*)
Forma semielíptica

$$\sigma = \frac{6FL}{bh^2}$$

$$\delta = \frac{12FL^3}{Ebh^3}$$

(*c*)
Forma de uma elipse completa

FIGURA 12.22 **Tipos básicos de molas de lâminas ou feixe de molas. A seção transversal varia de modo a propiciar uma resistência uniforme.**

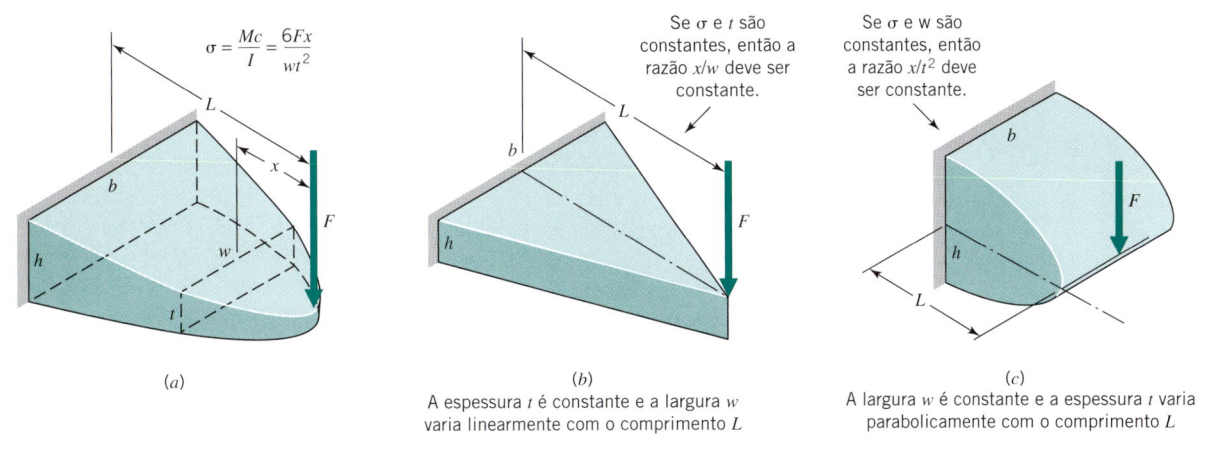

$$\sigma = \frac{Mc}{I} = \frac{6Fx}{wt^2}$$

Se σ e t são constantes, então a razão x/w deve ser constante.

Se σ e w são constantes, então a razão x/t^2 deve ser constante.

(a)   (b)   (c)

A espessura t é constante e a largura w varia linearmente com o comprimento L

A largura w é constante e a espessura t varia parabolicamente com o comprimento L

FIGURA 12.23   Viga em balanço de resistência constante.

12.23*c* é o modelo básico para a análise da resistência à flexão da engrenagem de dentes retos (mais sobre esse assunto no Capítulo 15). Certamente, as vigas em balanço de igual resistência podem ser fabricadas variando-se *tanto w quanto t*, de modo que a tensão, $6Fx/wt^2$, seja constante para todos os valores de x, e esse é o conceito por trás do projeto das molas de suspensão do tipo "feixe de molas" que tem sido utilizado nos automóveis. Para *qualquer* viga em balanço de igual resistência, as tensões de flexão ao longo de seu comprimento são iguais àquelas ocorrentes na extremidade fixa, ou seja,

$$\sigma = \frac{6FL}{bh^2} \qquad \textbf{(12.13)}$$

A Figura 12.24 mostra a aplicação das vigas triangulares de igual resistência, como a da Figura 12.23*b*, a uma mola constituída por uma série de *lâminas* de espessuras idênticas e arranjadas na forma de um feixe de molas. A placa triangular e a mola de múltiplas lâminas apresentam tensões e deslocamentos idênticos, e duas diferenças: (1) o atrito entre as lâminas propicia um *amortecimento* à mola com múltiplas lâminas, e (2) a mola com múltiplas lâminas pode suportar a carga plena apenas em um sentido. (As lâminas tendem se separar quando carregadas no sentido oposto, porém esta condição é parcialmente contornada com a utilização de grampos, conforme mostrado na Figura 12.25.)

Em decorrência da variação da seção transversal, a dedução da equação para o cálculo do deslocamento do feixe de molas triangulares idealizado representa uma excelente aplicação do método de Castigliano (Seção 5.8). Sugere-se que o leitor utilize este método para verificar que

$$\delta = \frac{FL^3}{2EI}$$

em que $I = bh^3/12$ e E é o módulo de Young, ou

$$\delta = \frac{6FL^3}{Ebh^3} \qquad \textbf{(12.14)}$$

A correspondente rigidez da mola vale

$$k = \frac{F}{\delta} = \frac{Ebh^3}{6L^3} \qquad \textbf{(12.15)}$$

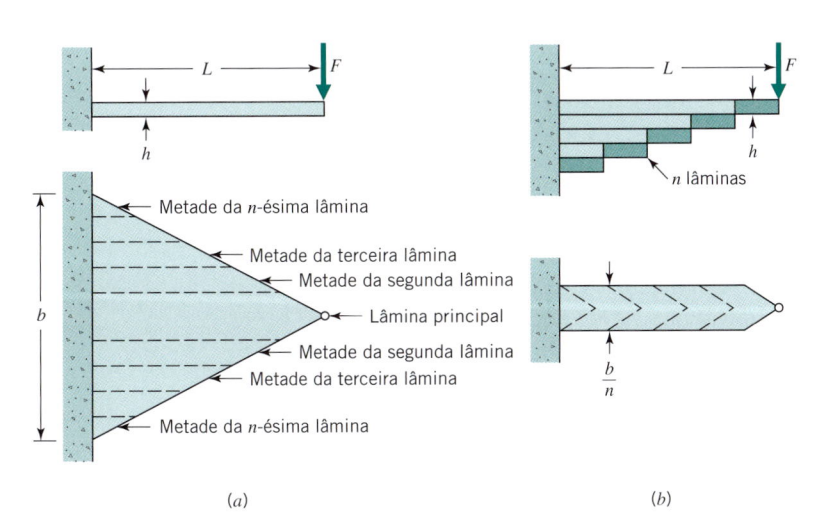

Metade da n-ésima lâmina

Metade da terceira lâmina
Metade da segunda lâmina
Lâmina principal
Metade da segunda lâmina
Metade da terceira lâmina

Metade da n-ésima lâmina

n lâminas

$\frac{b}{n}$

(a)   (b)

FIGURA 12.24   Viga em balanço do tipo placa triangular e mola com múltiplas lâminas equivalentes.

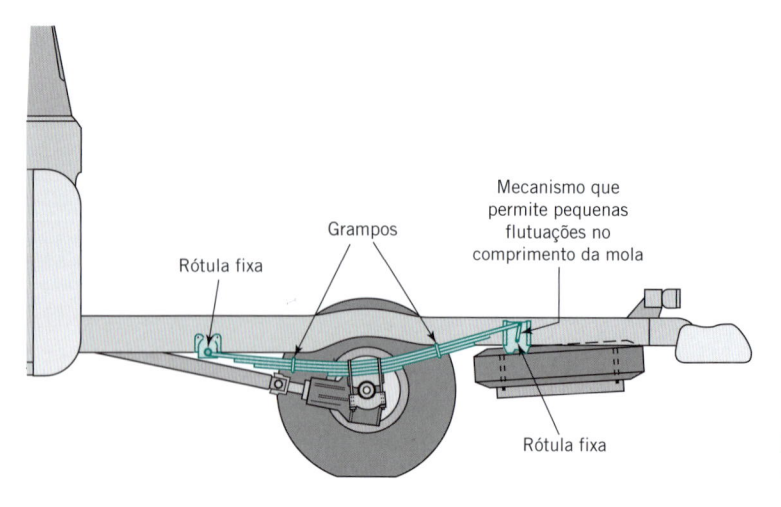

Figura 12.25 **Mola semielíptica de múltiplas lâminas instalada no chassi de um caminhão.**

As equações para o cálculo da tensão e da deformação para os três tipos básicos de feixe de molas são resumidas na Figura 12.22.

Ao se aplicar as equações precedentes às molas reais, como a mola da suspensão de um caminhão ilustrada na Figura 12.25, diversos fatores adicionais devem ser considerados.

1. A região de fixação da extremidade da mola não pode ser uma quina viva, ao contrário, deve ser larga o suficiente para favorecer a fixação ao componente carregado e suportar as cargas de cisalhamento transversal.

2. A dedução das equações de deformações admitiu que estas são muito pequenas para influenciar significativamente a geometria. No caso das deformações serem superiores a cerca de 30 % do comprimento da viga em balanço uma análise mais precisa geralmente será necessária.

3. Diferentemente das molas helicoidais, as molas constituídas por vigas são capazes de suportar tanto as cargas estruturais quanto as cargas normalmente atuantes nas molas. Por exemplo, a mola mostrada na Figura 12.25 está sujeita a um torque reativo em relação ao eixo da roda do veículo, às cargas laterais desenvolvidas durante as curvas e às cargas no sentido longitudinal do veículo provenientes das ações de aceleração e frenagem. Certamente, todas essas cargas devem ser consideradas durante o desenvolvimento do projeto da mola.

PROBLEMA RESOLVIDO 12.4 Projeto de um Feixe de Molas Semielíptico

Um feixe de molas semielíptico (Figura 12.26a) deve ser projetado para vida infinita quando sujeito a uma sobrecarga de projeto (aplicada ao centro da mola) que varia entre 2000 e 10.000 N. A rigidez da mola deve ser de 30 N/mm. O material deve ser um aço jateado, com 7 mm de espessura e com as características de resistência representadas na Figura 12.26b (o tipo de carregamento, as dimensões e as condições de superfície já estão considerados na curva fornecida). Devem ser utilizadas cinco lâminas. Um parafuso central, usado para manter as lâminas unidas, causa um fator de concentração de tensões

por fadiga de 1,3. Utilizando as equações desta seção, estime o comprimento global necessário à mola e a espessura de cada uma das lâminas.

SOLUÇÃO

Conhecido: Um feixe de molas semielíptico está sujeito a uma força flutuante conhecida.

A Ser Determinado: Estime o comprimento global da mola e a espessura de cada uma das lâminas.

Esquemas e Dados Fornecidos:

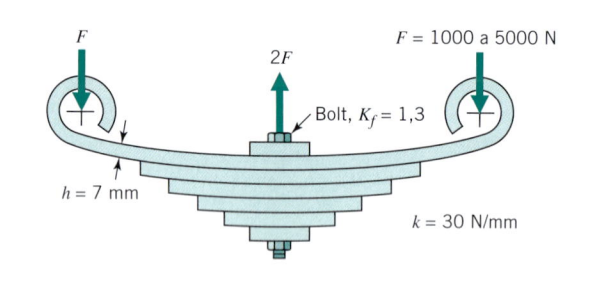

(a)

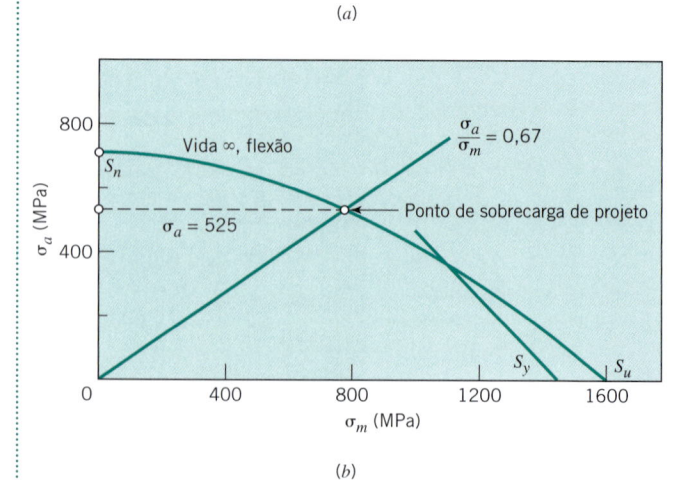

(b)

Figura 12.26 (a) Feixe de molas e (b) diagrama de resistência à fadiga para o Problema Resolvido 12.4.

Hipóteses:

1. Os pivôs nas extremidades aplicam uma carga uniforme ao longo da largura das extremidades da mola.

2. Não ocorre falha nas extremidades da mola.

3. A força central está alinhada, de modo que ela não induz uma torção na mola.

4. Os deslocamentos não alteram significativamente a geometria; isto é, eles são inferiores a 30 % do comprimento da mola.

Análise do Projeto:

1. Cada uma das metades da mola semielíptica se comporta como uma viga em balanço, suportando *metade* da carga total. Assim, $F_m = 3000$ N e $F_a = 2000$ N, em que F_m e F_a são as componentes média e alternada da força.

2. A tensão alternada vale

$$\sigma_a = \frac{6F_a L}{bh^2} K_f = \frac{6(2000)L}{b(7)^2}(1,3) = \frac{318L}{b}$$

em que K_f é o fator de concentração de tensão por fadiga. Analogamente, a tensão média vale

$$\sigma_m = \frac{6F_m L}{bh^2} K_f \quad \text{e} \quad \frac{\sigma_a}{\sigma_m} = \frac{F_a}{F_m} = 0,67$$

3. A Figura 12.26b mostra que, para vida infinita e para essa relação de tensões, $\sigma_a = 525$ MPa. Logo,

$$525 = \frac{318L}{b} \quad \text{ou} \quad b = 0,61L$$

4. Como a mola é carregada em seu centro com uma força igual a $2F$, sua rigidez k vale $2F/\delta = Ebh^3/3L^3$. Substituindo-se os valores conhecidos, tem-se

$$30 = \frac{(200.000)(0,61L)(7)^3}{3L^3}, \quad \text{ou} \quad L = 682 \text{ mm}$$
$$b = 0,61L = 0,61(682) = 416 \text{ mm}$$

5. O comprimento total é de $2L$, ou 1364 mm. A largura de cada uma das cinco lâminas é igual a um quinto de 416 mm, ou seja, 83 mm.

Comentários: Se a linha conservativa de Goodman para vida infinita por flexão for utilizada, em vez da curva de flexão para vida infinita fornecida na Figura 12.26b, será obtida uma tensão $\sigma_a = 425$ MPa; e, como consequência, $b = 565$ mm e $L = 755$ mm, ou $2L = 1510$ mm e $b/5 = 113$ mm. Isto é, seria necessária uma mola maior.

PROBLEMA RESOLVIDO 12.5 Capacidade de Armazenamento de Energia das Placas Trapezoidais e Triangulares

Em uma mola real a extremidade carregada de uma "placa triangular" deve ser alargada de modo a permitir a realização de uma fixação. Isto normalmente significa manter a lâmina principal

com sua largura plena ao longo de seu comprimento, fornecendo uma mola correspondente a uma placa trapezoidal, como a mostrada na Figura 12.27b. Como a rigidez e a capacidade de armazenar energia da mola são alteradas quando o padrão trapezoidal mostrado na Figura 12.27b é utilizado em substituição ao padrão triangular original mostrado na Figura 12.27a?

SOLUÇÃO

Conhecido: Uma mola de lâmina real é equivalente a uma placa trapezoidal, e não a uma placa triangular.

A Ser Determinado: Determine as variações na rigidez e na capacidade de armazenar energia da placa trapezoidal em comparação com a placa triangular.

Esquemas e Dados Fornecidos:

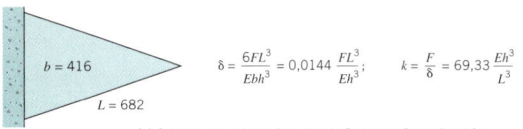

(a) Solução para placa triangular do Problema Resolvido 12.4

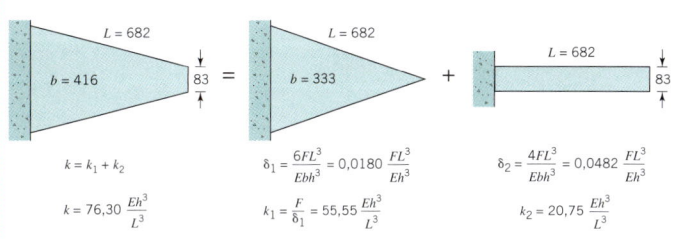

(b) Solução para placa trapezoidal do Problema Resolvido 12.5

FIGURA 12.27 **Comparação entre a rigidez das molas triangular e trapezoidal para o Problema Resolvido 12.5.**

Nota: o valor de k para a mola trapezoidal é cerca de 10 % maior do que o da mola triangular.

Hipótese: O efeito do atrito na interface das lâminas é insignificante.

Análise:

1. A placa trapezoidal é equivalente à superposição de uma placa triangular com uma placa retangular atuando em paralelo, conforme indicado na Figura 12.27b.

2. As equações da deformação e da rigidez da mola, desenvolvidas na Figura 12.27, indicam que o material adicional do trapézio *aumenta em 10 % a rigidez da mola*.

3. Ambas as molas suportarão a mesma força com o mesmo nível de tensão de flexão na extremidade engastada da viga. Todavia, como a viga trapezoidal se deforma 10 % menos, *ela armazenará 10 % menos energia*. (Lembre-se de que a energia absorvida é a integral da força multiplicada pela distância.) Este resultado é independente do fato de a mola trapezoidal ser mais pesada.

Comentários: A placa trapezoidal absorve 10 % menos energia e possui um peso 20 % maior que a placa triangular.

Molas de Torção

As molas de torção são basicamente de dois tipos: *helicoidais*, mostradas na Figura 12.28, e *espirais*, mostradas na Figura 12.29. A tensão preponderante em todas as molas de torção é a de *flexão*, com um momento fletor Fa sendo aplicado a cada uma das extremidades do arame. A análise das tensões atuantes em vigas curvas, desenvolvida na Seção 4.6, é aplicável a esse tipo de mola. A maior tensão atua na superfície *interna* do arame e é igual a

$$\sigma_i = K_i Mc/I \qquad (4.10)$$

em que o fator K_i é fornecido na Figura 4.11, para algumas seções transversais, e na Figura 12.30 para as seções circular e retangular usualmente utilizadas em molas. A substituição do produto Fa para o momento fletor e também das equações referentes às propriedades geométricas das seções circular e retangular fornece

Arame circular: $\dfrac{I}{c} = \dfrac{\pi d^3}{32}$, $\quad \sigma_i = \dfrac{32Fa}{\pi d^3} K_{i,\text{circ}}$ **(12.16)**

Arame retangular: $\dfrac{I}{c} = \dfrac{bh^2}{6}$, $\quad \sigma_i = \dfrac{6Fa}{bh^2} K_{i,\text{ret}}$ **(12.17)**

Para aplicações envolvendo fadiga, deve-se tomar cuidado no projeto das regiões de extremidade do arame e seu acoplamento com os componentes que transmitem o carregamento, uma vez que pontos de concentração de tensões nas extremidades são regiões frequentes de falha por fadiga.

As tensões residuais merecem especial atenção no projeto das molas de torção. Lembre-se do que foi estabelecido na Seção 4.15: *uma sobrecarga que cause escoamento produz*

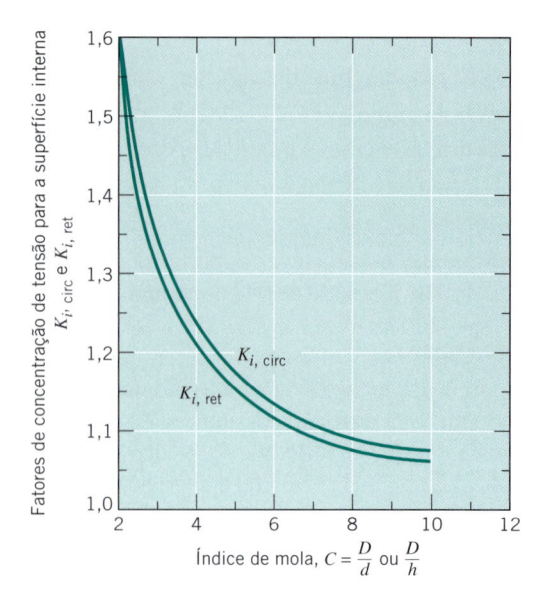

FIGURA 12.30 Fatores de concentração de tensão e curvatura para molas torcionais com arames de seção circular e retangular [4].

tensões residuais que são favoráveis aos futuros carregamentos no mesmo sentido e desfavoráveis aos futuros carregamentos no sentido oposto. O enrolamento das molas helicoidais espirais envolve, obviamente, o escoamento do material, e as tensões residuais resultantes são *favoráveis aos subsequentes carregamentos que tendem a enrolar a mola ainda mais* (e desfavoráveis às cargas que tendem a desenrolá-las). É extremamente importante manter este conceito em mente durante o projeto das molas de torção. Como as tensões residuais podem ser favoráveis, as tensões de projeto para operação estática podem ser iguais a 100 % da resistência ao escoamento por tração do material.

O deslocamento angular das vigas sujeitas a uma flexão pura vale

$$\theta = \frac{ML}{EI} \quad \text{(caso 3, Tabela 5.1)}$$

e esta equação pode ser aplicada diretamente tanto às molas de torção helicoidais quanto às espirais. Para as molas com um número relativamente alto de espiras, como as molas espirais utilizadas no acionamento de relógios e brinquedos e as molas helicoidais usadas para contrabalançar as portas de garagem e na abertura de janelas corrediças contra o sol, o deslocamento angular pode corresponder a várias voltas completas. As molas helicoidais longas, com muitas voltas, geralmente possuem uma barra central de suporte. Em alguns casos, o atrito com a barra central e entre espiras adjacentes deve ser considerado.

As molas espirais são geralmente fabricadas de arames finos com seção transversal retangular. Os arames quadrados ou retangulares também são mais eficientes quando utilizados nas molas de torção helicoidais, porém os arames de seção circular são utilizados com frequência nas aplicações não críticas, pois geralmente estão mais disponíveis e são mais econômicos.

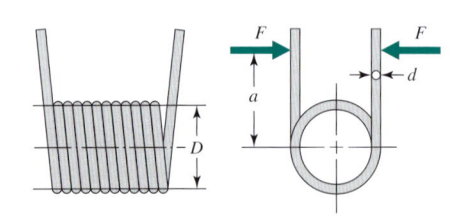

FIGURA 12.28 **Mola de torção helicoidal.**

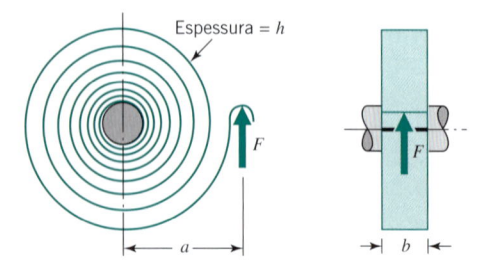

FIGURA 12.29 **Mola de torção espiral.**

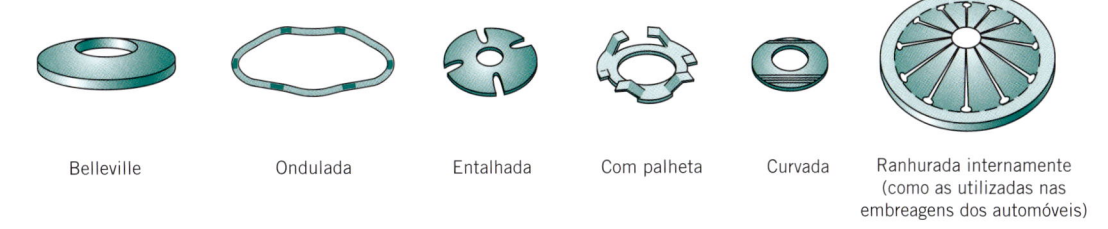

Belleville Ondulada Entalhada Com palheta Curvada Ranhurada internamente (como as utilizadas nas embreagens dos automóveis)

FIGURA 12.31 Tipos de arruelas de pressão [1].

12.12 Molas Diversas

A grande variedade dos possíveis tipos e projetos de molas é limitada apenas pelo talento e pela imaginação do engenheiro. Novos projetos são regularmente submetidos aos órgãos oficiais de patentes. Embora o espaço deste livro não permita um tratamento detalhado dos demais tipos de molas, é importante lembrar que existem pelo menos cinco outros tipos que devem ser citados. Para mais informação consulte as referências [1, 2, 4].

As *arruelas de pressão* são fabricadas em grande variedade. Seis tipos representativos são mostrados na Figura 12.31. As *arruelas Belleville*, patenteadas na França por Julien Belleville em 1867 e também conhecidas como *molas de disco cônico*, são comumente utilizadas para suportar cargas muito altas com pequenas deformações. Variando-se a relação entre a altura do cone e a espessura do disco tem-se uma rigidez constante ou com diminuição progressiva, que pode se tornar negativa. Múltiplos discos idênticos podem ser utilizados em combinação para se obter as características desejadas, conforme mostrado na Figura 12.32.

As *molas volutas*, ilustradas na Figura 12.33, são enroladas a partir de fitas metálicas relativamente finas, com cada espira encaixando-se de forma telescópica internamente à espira precedente. Elas possuem uma estabilidade lateral superior às molas helicoidais sob compressão, e o atrito entre espiras adjacentes propicia um amortecimento.

As *molas Garter* são simplesmente molas helicoidais com as extremidades conectadas para formar um círculo. Elas são

Em série Em paralelo Configuração série-paralelo

FIGURA 12.32 Combinações de arruelas Belleville.

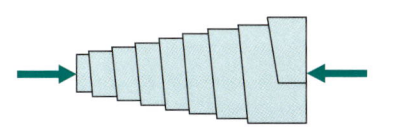

FIGURA 12.33 Mola Voluta.

comumente utilizadas na vedação de óleos, onde exercem forças radiais para manter o elemento isolante firmemente contra um eixo. Outros usos incluem os anéis expansores em pistões e pequenas correias em motores.

As *formas de arame* incluem uma grande variedade de componentes de molas fabricados pelo dobramento do arame em diversas formas. Esses componentes têm substituído as molas helicoidais sob compressão em muitas camas de molas, colchões e aplicações em mobiliário. Uma de suas vantagens é que podem ser moldadas planas com uma espessura mínima para uso nos assentos de um carro ou componentes de móveis.

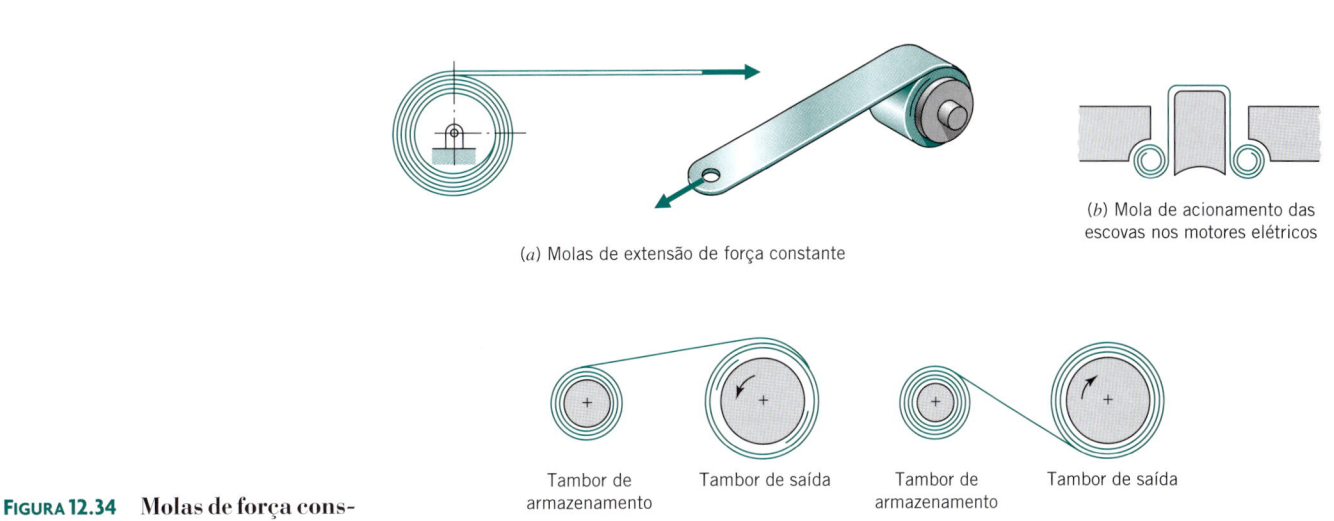

(*a*) Molas de extensão de força constante

(*b*) Mola de acionamento das escovas nos motores elétricos

Tambor de armazenamento Tambor de saída Tambor de armazenamento Tambor de saída

(*c*) Duas formas de motores de mola constantes.

FIGURA 12.34 Molas de força constante.

As *molas de esforço constante*, uma forma originalmente patenteada, são mostradas na Figura 12.34. Elas consistem em rolos com fitas pré-tensionadas que exercem uma força de restrição proximamente constante que resiste ao desenrolamento. A fita possui um raio de curvatura sem carga ou "natural" cerca de 10 % a 20 % menor do que o raio do tambor (Figura 12.34*a*). Suas características incluem uma grande capacidade de extensão e uma virtual ausência de atrito entre espiras. A Figura 12.34*b* mostra uma forma utilizada com as escovas de um motor elétrico. As molas de contrabalanço das janelas corrediças representam outra aplicação. Os motores de molas de esforço constante mostrados na Figura 12.34*c* acionam mecanismos temporizadores, câmeras cinematográficas, cabos retratores, e outros.

Referências

1.   Associated Spring Corporation, "*Design Handbook: Engineering Guide to Spring Design*," Associated Spring Barnes Group, Bristol, CT, 1987.

2.   Barnes Group. Inc., "Design Handbook," Barnes Group Inc., Bristol, Conn., 1981.

3.   Chow, W. W., *Cost Reduction in Product Design*, Van Nostrand Reinhold, New York, 1978.

4.   Wahl, A. M., *Mechanical Springs*, McGraw-Hill, New York, 1963 (also original 1944 edition)

5.   SAE International, "*Spring Design Manual*," 2nd ed., Society of Automotive Engineers, Inc., Warrendale, Pa., 1997.

Problemas

Seção 12.2

12.1   Calcule a energia armazenada em uma barra de torção similar à mostrada na Figura 12.1*a* quando uma das extremidades da barra gira de 65° em relação à outra extremidade. O comprimento da região de interesse da barra de torção é de 50 in (127,0 cm), e o diâmetro é de 0,312 in (7,92 mm). Calcule também a tensão cisalhante máxima.

12.2   Repita o Problema 12.1, desta vez considerando que a barra com 45 in (114,3 cm) de comprimento e 0,250 in (6,35 mm) de diâmetro gire de 45° em relação à outra extremidade.

12.3   A Figura 12.1*b* mostrou uma barra de torção utilizada como mola de contrabalanço para a tampa do porta-malas de um automóvel. O comprimento da barra é de 42,5 in (108 cm) e seu diâmetro é de 0,312 in (7,92 mm). Calcule a variação na tensão cisalhante e no torque atuantes na barra quando uma de suas extremidades gira de 75° relativamente à outra.

12.4   Uma mola de torção similar à mostrada na Figura 12.1*b* é utilizada como mola de contrabalanço da tampa do porta-malas de um automóvel. O comprimento da mola de torção é de 50 in (127,0 cm) e seu diâmetro é de 0,312 in. Calcule a variação na tensão cisalhante e no torque atuantes na barra quando uma de suas extremidades gira de 80° relativamente à outra.

12.5   A Figura P12.5 mostra o alçapão de um porão totalmente aberto. O alçapão pesa 60 lb (267 N), com seu centro de gravidade a 2 ft (61 cm) da articulação. Uma mola de torção, estendendo-se ao longo do eixo da articulação, opera como contrabalanço. Determine o comprimento e o diâmetro de

uma barra de torção maciça de aço que contrabalance 80 % do peso do alçapão quando fechado e propicie um torque de 6 lb · ft (8,13 N · m) que mantenha o alçapão contra o batente mostrado. Utilize uma tensão torcional máxima admissível de 50 ksi (345 MPa). Construa um gráfico mostrando o torque devido à gravidade, o torque da mola e o torque líquido, todos em função do ângulo de abertura do alçapão.

[Resp.: 115 in, 0,49 in (292,1 cm, 12,4 mm)]

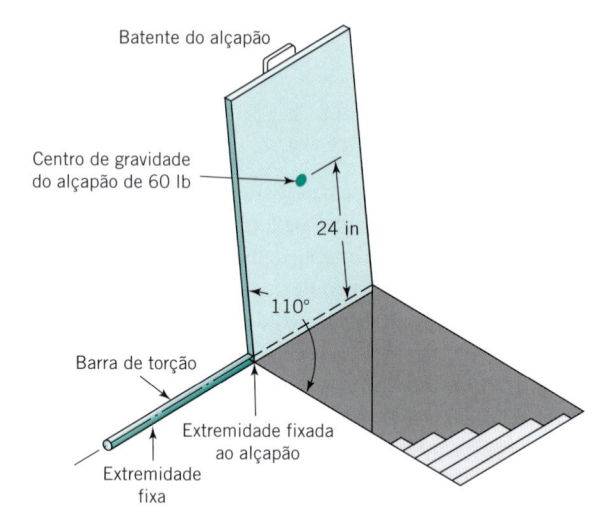

Batente do alçapão

Centro de gravidade do alçapão de 60 lb

24 in

110°

Barra de torção

Extremidade fixada ao alçapão

Extremidade fixa

FIGURA P12.5

12.6   Suponha que o alçapão do Problema 12.5 deva ser projetado para abrir apenas até 60° devido a problemas de espaço. Determine o comprimento e o diâmetro da barra de torção que contrabalance 80 % do peso do alçapão quando fechado e propicie um torque *líquido* de 12 lb · ft (16,27 N · m) para mantê-lo a 60° contra um batente quando aberto. Construa um gráfico mostrando o torque devido à gravidade, o torque da mola e o torque líquido, todos em função do ângulo de abertura do alçapão.

[Resp.: 237 in, 0,49 in (602,0 cm, 12,4 mm)]

12.7   Repita os Problemas 12.5 e 12.6 considerando um peso de 250 N para o alçapão, com seu centro de gravidade a 600 mm da articulação. O torque da mola para posição aberta do alçapão referente ao Problema 12.5 deve ser de 8 N · m; o torque líquido para a posição aberta do alçapão referente ao Problema 12.6 deve ser de 16 N · m. A tensão torcional máxima admissível é de 350 MPa.

12.8   A mola de torção de um automóvel, como a mostrada na Figura 12.1*b*, é utilizada como mola de contrabalanço para a tampa do porta-malas. O comprimento da barra de torção é de 45 in (114,3 cm) e seu diâmetro é de 0,312 in (7,92 mm). Calcule a variação na tensão cisalhante e no torque atuantes na barra quando uma de suas extremidades gira de 70° relativamente à outra.

Seções 12.3-12.7

12.9   A Figura P12.9 ilustra um brinquedo que lança um "inseto" planador de 60 gramas (projétil) pela compressão de uma mola helicoidal que, em seguida, é liberada pelo acionamento de um gatilho. Quando apontado para cima, o inseto planador apresenta um movimento ascendente de aproximadamente 8 m antes de começar a cair. A mola lançadora é feita de um arame de aço-carbono, com diâmetro de 1,1 mm. O diâmetro das espiras é D = 10 mm. Calcule o número de espiras *N* da mola de modo que ela possa fornecer a energia necessária ao inseto planador. A deformação total de trabalho da mola é *x* = 150 mm, com um curso adicional de 10 %.

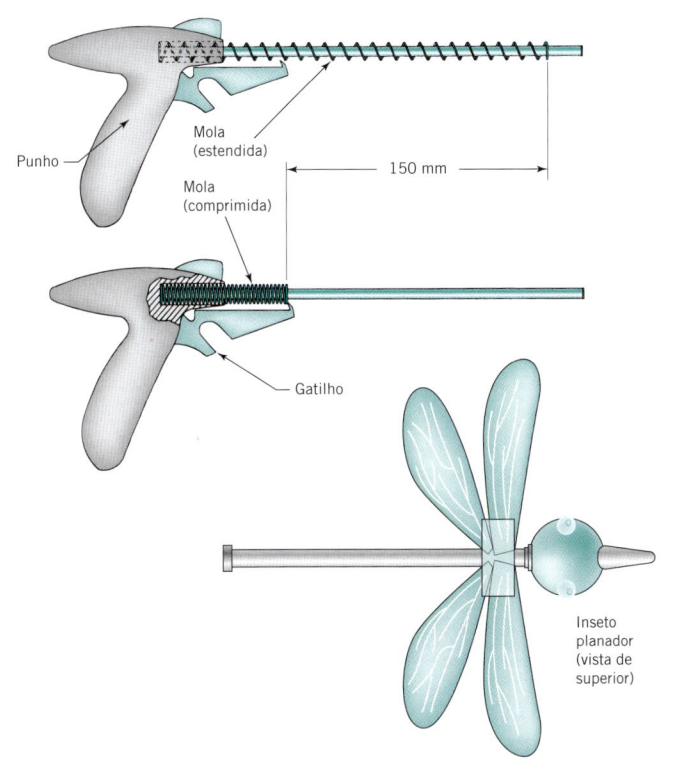

FIGURA P12.9

12.10P Reveja o endereço da Internet http://www.leespring.com. Selecione uma mola de compressão de plástico compósito com diâmetro externo de aproximadamente 1,0 in (25,4 mm), comprimento livre de 1,00 in e diâmetro do arame de 0,085 in (2,16 mm). Quais são (a) o diâmetro do furo no interior do qual a mola deve trabalhar, (b) a carga relacionada ao comprimento sólido, (c) a rigidez da mola, (d) o comprimento sólido e (e) o número total de espiras?

12.11P Reveja o endereço da Internet http://www.leedspring.com. Selecione uma mola sob compressão com diâmetro externo de 0,102 in (2,59 mm), comprimento livre de 1,000 in (25,4 mm) e diâmetro de arame de 0,010 in (0,254 mm). Quais são (a) o diâmetro do furo no interior do qual a mola deve trabalhar, (b) a carga relacionada ao comprimento sólido, (c) a rigidez da corda de aço, (d) a rigidez do aço inoxidável, (e) o comprimento sólido e (f) o número total de espiras?

12.12 O aço-carbono ASTM A229 temperado a óleo é utilizado na fabricação de uma mola helicoidal. A mola é enrolada com *D* = 50 mm, *d* = 10,0 mm e um passo (distância entre os pontos correspondentes de espiras adjacentes) de 14 mm. Se a mola for comprimida até seu comprimento sólido, ela retornará a seu comprimento livre original quando a força for removida?

12.13 Repita o Problema 12.12 considerando *D* = 25 mm, *d* = 5 mm e um passo de 7 mm.

12.14 Uma mola helicoidal com *D* = 50 mm e *d* = 5,5 mm é enrolada com um passo (distância entre os pontos correspondentes de espiras adjacentes) de 10 mm. O material é um aço-carbono ASTM A227 trefilado a frio. Se a mola for comprimida até seu comprimento sólido, você espera que ela

retorne a seu comprimento livre original quando a força for removida?

12.15 Repita o Problema 12.14 considerando *D* = 25 mm, *d* = 2,75 mm e um passo de 5 mm.

12.16 A Figura P12.16 mostra uma mola helicoidal sob compressão que é carregada contra um suporte por meio de um parafuso e uma porca. Após a porca ter sido apertada até a posição mostrada, uma força externa *F* é aplicada ao parafuso conforme indicado e o deslocamento da mola é medido quando a força *F* aumenta. A figura mostra a curva força-deslocamento da mola. Estabeleça de forma clara e concisa o comportamento dessa curva referente aos pontos *A*, *B* e *C*.

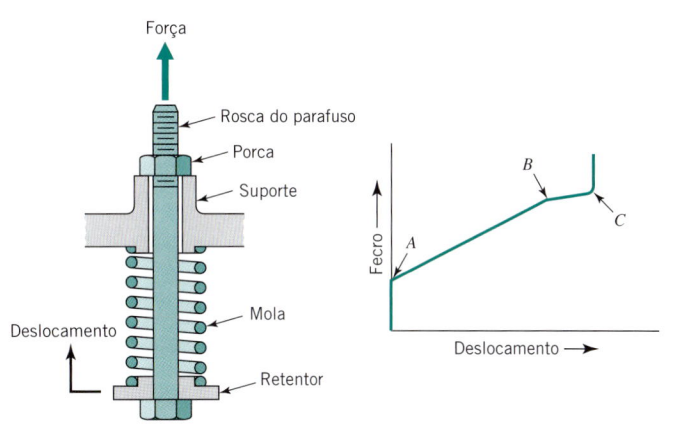

FIGURA P12.16

12.17 Uma mola sob compressão possui extremidades esquadradas e é fabricada de um arame de aço-carbono. O diâmetro médio da espira é de 0,812 in (20,6 mm) e o diâmetro do arame é *d* = 0,088 in (2,24 mm). O diâmetro externo da espira é de 0,90 in (22,9 mm). A mola possui um comprimento livre de 10,312 in (26,19 cm) e um total de 29 espiras.

(a) Calcule o passo da mola na condição de comprimento livre.

(b) Calcule o comprimento sólido da mola.

(c) Calcule a deformação para comprimir a mola até seu comprimento sólido.

(d) Calcule a rigidez da mola.

(e) Calcule a energia armazenada em cada hélice da mola após esta ser comprimida de uma polegada.

(f) Determine a força para comprimir a mola até seu comprimento sólido.

(g) Determine se a mola irá flambar antes de atingir seu comprimento sólido considerando que a mola não tenha qualquer restrição de movimento.

(h) Selecione um material para mola de espira de aço-carbono e determine se a mola é projetada para vida infinita sendo a força sobre ela flutuante de zero até 10 lb (44,4 N).

12.18D As características experimentais de carga-deslocamento de uma mola são, às vezes, necessárias para efeito de um projeto realístico ou para que seu desempenho possa ser verificado através de equações teórico-empíricas antes da montagem da mola em uma unidade de grande valor.

(a) Relacione procedimentos para experimentalmente e rapidamente se avaliar o comportamento carga-deslocameno de uma mola.

(b) Faça uma pesquisa na Internet sobre dispositivos experimentais de testes precisos ou totalmente automáticos. Descreva os vários tipos existentes.

12.19 Uma mola espiral cônica sob compressão, como a ilustrada na Figura 12.6, é fabricada de um arame de aço com diâmetro de 3 mm e possui um diâmetro de espiras ativas que varia de 20 mm no topo até 45 mm em sua parte inferior. O passo (espaçamento axial entre os pontos correspondentes de espiras adjacentes) é de 7 mm ao longo do comprimento da mola. Existem quatro espiras ativas. Uma força é aplicada no sentido de comprimir a mola, e as tensões permanecem sempre no regime elástico.

(a) Qual a espira que se desloca primeiro chegando a um passo nulo, durante o aumento da força?

(b) Calcule a magnitude da força necessária para causar o deslocamento mencionado no item a.

(c) Suponha que a força seja aumentada até que toda a mola seja comprimida, atingindo seu comprimento sólido. Esquematize aproximadamente o perfil da curva força-deslocamento dessa mola.

12.20 Uma mola cônica sob compressão (Figura 12.6), com cinco espiras ativas, possui um passo constante de 7 mm ao longo de seu comprimento. A mola é fabricada de um arame de aço com 5 mm de diâmetro e possui um diâmetro de espiras ativas que varia de 25 mm no topo até 55 mm em sua parte inferior. Uma força é aplicada no sentido de comprimir a mola, e as tensões permanecem sempre no regime elástico.

(a) Qual a espira que se desloca primeiro chegando a um passo nulo, durante o aumento da força?

(b) Calcule a magnitude da força necessária para causar o deslocamento mencionado no item a.

(c) Suponha que a força seja aumentada até que toda a mola seja comprimida, atingindo seu comprimento sólido. Esquematize aproximadamente o perfil da curva força-deslocamento dessa mola.

12.21 Uma máquina utiliza um par de molas helicoidais concêntricas sob compressão para suportar uma carga essencialmente estática de 3,0 kN. Ambas as molas são fabricadas de aço e possuem o mesmo comprimento quando carregadas e quando descarregadas. A mola externa possui $D = 45$ mm, $d = 8$ mm e $N = 5$; a mola interna possui $D = 25$ mm, $d = 5$ mm e $N = 10$. Calcule o deslocamento e também a tensão máxima atuante em cada mola. (Veja a Figura P12.21.)

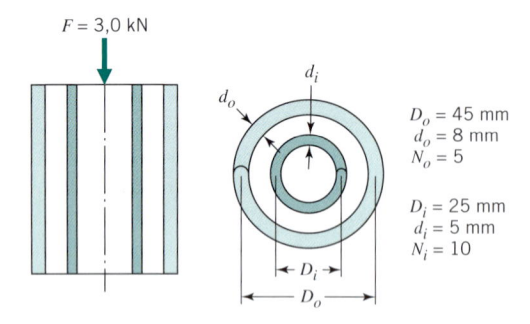

$F = 3,0$ kN

$D_o = 45$ mm
$d_o = 8$ mm
$N_o = 5$

$D_i = 25$ mm
$d_i = 5$ mm
$N_i = 10$

FIGURA P12.21

12.22 Duas molas helicoidais concêntricas sob compressão fabricadas de aço e possuindo o mesmo comprimento quando carregadas e quando descarregadas são utilizadas para suportar uma carga estática de 3 kN. A mola externa possui $D =$

50 mm, $d = 9$ mm e $N = 5$; a mola interna possui $D = 30$ mm, $d = 5$ mm e $N = 10$. Determine o deslocamento e a tensão máxima atuantes em cada mola.

12.23 O arame de mola de cobre-berílio ASTM B197 com $S_u = 750$ MPa e $\tau_s \leq (0,35)(S_u) = 262,5$ MPa é utilizado na fabricação de uma mola de espiras helicoidais. A mola é enrolada com $D = 50$ mm, $d = 10,0$ mm e um passo (distância entre os pontos correspondentes de espiras adjacentes) de 14 mm. Sendo a mola comprimida até seu comprimento sólido, ela retornaria até seu comprimento original livre quando a força é removida?

12.24 Refaça o Problema 12.23 considerando $D = 25$ mm, $d = 5$ mm e um passo de 7 mm.

12.25 Uma mola helicoidal sob compressão deve ser fabricada com um arame com diâmetro de 2 mm, um diâmetro externo de 19 mm, dez espiras ativas e extremidades fechadas e retificadas. O arame de mola de aço mais econômico deve ser utilizado e não deve ocorrer plastificação.

(a) Estime a carga estática máxima que pode ser aplicada à mola sem que ocorra mais de 2 % de deformação plástica (permanente).

(b) Qual é a rigidez dessa mola?

(c) Com que comprimento livre a aplicação da carga determinada no item (a) resultará no comprimento sólido da mola?

(d) Seriam esperados problemas de flambagem se uma das placas de extremidade for livre para girar?

[Resp.: 122 N, 3,22 N/mm, 61,9 mm, não]

12.26 Repita o Problema 12.25 utilizando, desta vez, um arame com 4 mm de diâmetro e oito espiras ativas.

12.27 Uma mola helicoidal sob compressão com extremidades esquadradas e retificadas precisa exercer uma força máxima de trabalho de 1000 N e uma força de 500 N quando o comprimento da mola for 60 mm maior. Poucos ciclos estarão envolvidos, o que justifica a realização do projeto da mola com base em um carregamento estático. Deverá ser utilizada uma corda de aço com 5 mm de diâmetro. A mola deve sofrer um processo de plastificação. Determine os valores adequados de D, N e L_f. Verifique a possibilidade de flambagem.

12.28 Uma mola helicoidal sob compressão, com extremidades esquadradas e retificadas, deve ser fabricada de aço com um processo de plastificação. O carregamento pode ser considerado estático. A força máxima de trabalho é de 90 lb (400 N). Uma força de 40 lb (178 N) é necessária quando o comprimento da mola fica 1,5 in (38 mm) maior. Utilize o curso de mola adicional recomendado e um aço com $S_u = 200$ ksi (1379 MPa). Para um índice de mola $C = 8$, determine os valores apropriados para D, d, N e L_f.

[Resp.: $D = 1,02$ in (25,9 mm), $d = 0,128$ in (3,25 mm), $N = 10,92$, $L_f = 4,62$ in (117,3 mm)]

12.29 Uma mola helicoidal sob compressão, utilizada basicamente para carregamento estático, possui $d = 0,100$ in (2,54 mm), $D = 0,625$ in (15,9 mm), $N = 8$ e extremidades esquadradas e retificadas. Ela é fabricada com arame de aço ASTM A227 trefilado a frio.

(a) Calcule a rigidez da mola e seu comprimento sólido.

(b) Estime a maior carga que pode ser aplicada à mola sem causar uma deformação permanente superior a 2 %.

(c) A que valor de comprimento livre a carga determinada no item (b) levará a mola a seu comprimento sólido?

12.30 Uma determinada máquina requer uma mola helicoidal sob compressão, com extremidades esquadradas e retificadas, para suportar uma carga essencialmente estática de 500 lb (2224 N). A rigidez da mola deve ser de 200 lb/in (271 N · m), e a tensão relacionada à carga de projeto deve ser de 80 ksi (552 MPa). O curso de mola adicional deve ser de 0,10 in (2,54 mm). As dimensões das demais partes da máquina estabelecem que D deve ser igual a 3 in (76,2 mm). Determine N, d e L_f.

[Resp.: 5,0; 0,370 in, 5,19 in (3,4 mm, 13,18 cm)]

12.31P Reveja o endereço da internet http://www.acxesspring.com.

(a) Relacione os materiais comumente utilizados em molas ali relacionados.

(b) Dentre os materiais listados, quais são citados como altamente susceptíveis à fragilidade pela introdução de hidrogênio?

(c) Quais os processos estabelecidos como causadores da fragilidade pela introdução de hidrogênio?

Seção 12.8

12.32 No equipamento de exercícios denominado Iron Arms™ as alças de rotação do antebraço os exercitam resistindo à rotação das alças para dentro e para fora – veja a Figura P12.32 e as Figuras P2.2 e P2.3 (Capítulo 2). A rotação da alça em relação a seu centro se opõe à força na extremidade livre da mola. A alça possui a forma de um "D". A parte curva do D desliza suavemente no interior do anel oco; a parte reta do D é utilizada para segurar com a mão. O comprimento da alça é de aproximadamente 4,0 in (10,16 mm) e possui um diâmetro de 1,25 in (31,8 mm). Os anéis possuem um diâmetro externo de 7,75 polegadas (19,69 centímetros) e um diâmetro interno de 5,375 in (13,65 cm). O equipamento como um todo possui um comprimento total de 15,40 in (39,12 cm), uma largura de 7,75 in (19,69 cm) (diâmetro externo do anel) e uma espessura de 1,25 in (31,8 mm). Cada mola possui extremidades esquadradas e um total de 29 espiras, e é fabricada com um arame de aço-carbono. O diâmetro médio da espira é de 0,812 in (20,6 mm) e o diâmetro do arame é $d = 0{,}088$ in (2,24 mm). O diâmetro externo da espira é de 0,90 in (22,9 mm). A mola possui um comprimento livre de 10,312 in (26,19 cm), e um comprimento comprimido de 9,75 in (24,76 cm), quando armada e em sua posição de "partida".

(a) Calcule a energia armazenada em cada mola helicoidal após a mola ser girada de 90° em relação à sua posição de partida.

(b) Calcule a força inicial sobre a extremidade anterior da mola para iniciar a rotação de um dos seguradores e a força sobre a extremidade livre da mola quando o segurador estiver girado de 90°.

(c) Calcule a rigidez k da mola.

(d) Determine (i) o comprimento da mola quando estiver na condição de seu comprimento sólido, (ii) a correspondente força sobre a extremidade livre da mola e (iii) a rotação do segurador em graus a partir da posição de partida.

(e) Selecione um material para a espira da mola de aço-carbono e determine se a mola é projetada para vida infinita.

12.33 Liste os parâmetros de mola que podem ser alterados mantendo-se a geometria do anel plástico do equipamento Iron Arms. Descreva o efeito da variação de cada parâmetro.

12.34 Projete uma mola para o Iron Arms que permita a uma criança de utilizá-lo de forma efetiva. A força máxima na mola deve estar entre 25 % e 50 % da versão para adulto e possuir vida infinita contra fadiga.

12.35 Uma mola helicoidal com extremidades esquadradas e retificadas deve operar com uma carga que flutua entre 90 e 180 lb (400 e 801 N). Enquanto essa carga é aplicada, a deformação deve variar de 1 in (25,4 mm). Deseja-se utilizar um arame de mola de aço disponível com $d = 0{,}200$ in (5,1 mm) e resistência à fadiga conforme mostrado na Figura 12.16 para um arame jateado. Devem-se também utilizar uma plastificação e um curso de mola adicional de 1/4 in (6,35 mm). As tensões residuais causadas pela plastificação não devem ser computadas. Considera-se que elas propiciem um fator de segurança tal que a possibilidade de tensões superiores, tornando a mola totalmente sólida, pode ser descartada. Determine os valores apropriados para N, D e L_f.

[Resp.: $N = 11{,}6$, $D = 1{,}30$ in (30 mm), $L_f = 4{,}97$ in (12,6 cm)]

12.36 Uma máquina de produção automática requer que uma mola helicoidal sob compressão mantenha um seguidor em contato com uma came que gira com rotação de até 1800 rpm. Quando instalada, a força na mola deve variar entre 150 e 600 N, enquanto o comprimento da mola varia em uma faixa de 10 mm. Existe disponível um arame jateado com 4,5 mm de diâmetro, que deve ser utilizado, para o qual a Figura 12.16 é aplicável. Um curso de mola adicional de 2,5 mm deve ser adotado. Procura-se basear o projeto limitando a tensão a 800 MPa quando a mola fica na condição de comprimento sólido. As extremidades devem ser esquadradas e retificadas, e uma plastificação prévia *não* deve ser considerada.

(a) Determine os valores apropriados para D, N, L_s e L_f.

(b) Determine a possibilidade de flambagem da mola, a possibilidade de se encontrar problemas de pulso de mola e o fator de segurança aproximado durante sua operação normal.

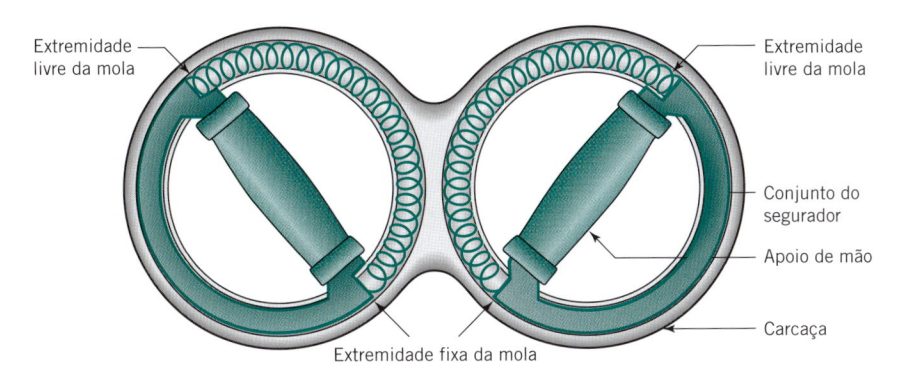

Extremidade livre da mola

Extremidade livre da mola

Conjunto do segurador

Apoio de mão

Carcaça

Extremidade fixa da mola

FIGURA P12.32 Equipamento Iron Arms™

[Resp.: (a) $D = 33,30$ mm, $N = 2,44$, $L_s = 19,98$ mm, $L_f = 35,8$ mm; (b) não haverá nenhum problema de flambagem ou pulso de mola; o fator de segurança é de aproximadamente 1,1]

(c) Qual seria o fator de segurança aproximado da mola (em relação à falha por fadiga) se um processo de plastificação fosse utilizado, resultando em uma tensão torcional residual de 100 MPa?

12.37 A mola helicoidal utilizada em uma arma possui extremidades esquadradas e retificadas. Ela deve operar com uma carga que flutua entre 3 e 9 lb (13,3 e 40 N), durante a aplicação da qual a deformação varia de 2,5 in (63,5 mm). Devido a limitações de espaço, foi selecionado um diâmetro médio de espira de 0,625 in (15,9 mm). O material utilizado na fabricação da mola é um arame de aço jateado correspondente ao apresentado na Figura 12.16. Os benefícios de uma plastificação prévia específica não devem ser computados para efeito de cálculos. Considera-se que eles propiciem um fator de segurança tal que a eventualidade de ocorrência de tensões superiores tornaria a mola totalmente sólida. Escolha um curso de mola adicional apropriado e determine valores adequados para N, d e L_f.

12.38 Refaça o Problema 12.37 considerando que a carga flutue entre 30 e 90 lb (133,4 e 400 N).

12.39 Uma mola helicoidal com extremidades esquadradas e retificadas deve operar com uma carga que flutua entre 45 e 90 lb (200 e 400 N), durante a aplicação da qual a deformação deve variar de ½ in (12,7 mm). Devido a limitações de espaço foi selecionado um diâmetro médio de espira de 2 in (50,8 mm). O material utilizado na fabricação da mola é um arame de aço jateado correspondente ao apresentado na Figura 12.16. Os benefícios de uma plastificação prévia específica não devem ser computados para efeito de cálculos. Considera-se que eles propiciem um fator de segurança tal que a eventualidade de ocorrência de tensões superiores tornaria a mola totalmente sólida. Escolha um curso de mola adicional apropriado e determine valores adequados para N, d e L_f. (Veja a Figura P12.39.)

[Resp. parcial: $N = 2,39$, $d = 0,186$ in (4,72 mm), $L_f = 1,92$ in (48,77 mm)]

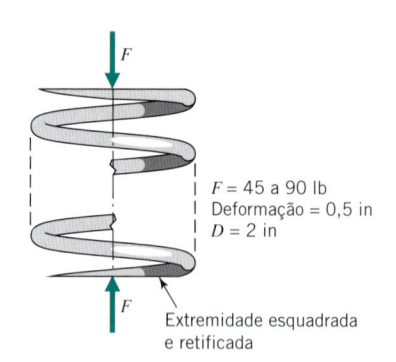

F = 45 a 90 lb
Deformação = 0,5 in
D = 2 in

Extremidade esquadrada e retificada

FIGURA P12.39

12.40 Uma mola helicoidal sob compressão foi submetida a uma flutuação de carga entre 100 e 250 N. A resistência à fadiga do arame da mola corresponde à curva para arame jateado fornecida na Figura 12.16. A mola falhou em serviço após cerca de 10^5 ciclos. Foi encontrada uma mola de substituição que era idêntica à mola original em todos os aspectos, com exceção do comprimento livre, que era ligeiramente menor. Para corrigir essa pequena diferença um técnico deformou a

mola ligeiramente para aumentar seu comprimento livre até o valor exato do comprimento livre da mola original. Mostre, por meio de um gráfico $\tau_{máx}$–$\tau_{mín}$, o que se espera para a vida da mola de substituição; que seja idêntica, menor ou maior do que a da mola original.

12.41 O disco de embreagem de um automóvel típico, similar ao mostrado na Figura 18.2, está sujeito a uma força de acoplamento propiciada por seis molas helicoidais idênticas sob compressão. Quando a embreagem é acoplada as molas devem se submeter a uma força de acoplamento de 1020 lb (170 lb por mola) (4536 N (756 N por mola). Quando a embreagem é desacoplada as molas ficam todas 0,10 in (2,54 mm) menores, e essa condição faz com que a força de cada mola seja aumentada o mínimo possível, sendo que um aumento de 25 lb (111 N) é considerado satisfatório. O deslocamento adicional deve ser de 0,050 in (1,27 mm). Com base nos cálculos preliminares, foi selecionado um arame com 0,192 in (4,88 mm) de diâmetro. O material adotado deve ser jateado e possuir uma resistência à fadiga correspondente à indicada na Figura 12.16. Utilize um fator de segurança de 1,3 contra uma eventual falha por fadiga. Além disso, deve ser realizada uma plastificação prévia, porém não considere esse efeito nos cálculos. Determine uma combinação possível de D, N, L_s e L_f.

[Resp.: $D = 1,15$ in (29,2 mm), $N = 5,1$, $L_s = 1,36$ in (34,5 mm), $L_f = 2,19$ in (55,6 mm)]

12.42 Uma força de 4,45 kN é necessária para acoplar uma embreagem similar à mostrada na Figura 18.2. Esta força deve ser propiciada por nove molas idênticas igualmente espaçadas de forma circular na placa de pressão da embreagem. Por questões de limitação de espaço, o diâmetro externo das espiras não pode ser superior a 40 mm e o comprimento da mola, quando a embreagem é acoplada, não pode exceder a 52 mm. A placa de pressão deve se mover de 3 mm para desacoplar as superfícies de atrito, e deseja-se a menor rigidez de mola possível. Projete as molas, determinando uma combinação satisfatória de D, d, N, material do arame, tipo de extremidades, L_s e L_f.

12.43 Uma mola helicoidal sob compressão deve ser projetada para vida infinita quando sujeita a uma carga que flutua entre 55 e 110 lb (244,6 e 489,3 N). Deve-se utilizar um arame de aço com $S_u = 180$ ksi (1241 MPa), $S_{us} = 144$ ksi (993 MPa), $S_y = 170$ ksi (1172 MPa), $S_{sy} = 99$ ksi (683 MPa) e um limite de fadiga por torção de zero até um máximo de 80 ksi (552 MPa). (Admite-se que esses valores sejam aplicáveis à faixa de dimensões e acabamentos superficiais da mola.) Para um valor de $C = 7$, determine o diâmetro do arame teoricamente requerido (fator de segurança igual a 1), (a) não sendo utilizado um processo de plastificação prévia e (b) se for utilizado um processo de plastificação prévia para se obter a máxima vantagem.

12.44 Uma mola helicoidal deve ser projetada para uso na suspensão de um trailer experimental. As especificações são as seguintes: carga estática de 3500 N por mola, rigidez de 40 N/mm por mola, limitador de curso a 150 mm (isto é, a compressão estática além da posição de carga estática está limitada a 150 mm por um batente de borracha), rebatimento de 58 mm (isto é, a extensão além da posição de carga estática é limitada a 58 mm por um batente de borracha). Deseja-se um projeto para vida infinita, utilizando um fator de segurança de 1,3 aplicado apenas à carga máxima. (Um fator de segurança de 1,0 é aplicado à carga mínima.) Um engenheiro metalúrgico do fabricante da mola avisou que para a faixa de dimensões e acabamento superficial da mola a resistência à fadiga pode ser representada por uma linha reta entre $\tau_{máx}$ = 600 MPa, $\tau_{mín}$ = 0 e $\tau_{máx}$ = $\tau_{mín}$ = 900 MPa. Determine uma combinação possível de d, D e N.

12.45   Um motor de automóvel requer uma mola para controlar o movimento de uma válvula sujeita às acelerações mostradas na Figura P12.45. (Nota: é necessária uma mola para manter o seguidor em contato com a came *apenas* durante *as acelerações negativas*.) O ponto crítico para a mola é o "ponto de inversão de tendência da aceleração", correspondendo, neste caso, a um valor de elevação de 0,201 in (5,11 mm). A maior força atuante na mola ocorre na condição de elevação máxima da válvula (0,384 in (9,75 mm)), porém essa força é facilmente obtida porque a mola ainda está comprimida. De fato, o problema será propiciar à mola uma frequência natural suficientemente alta sem torná-la muito rígida a ponto de a força da mola na condição de total elevação da válvula causar altastensões de contato quando o motor girar lentamente. A mola da válvula deve satisfazer às seguintes especificações:

1. Comprimento da mola quando a válvula estiver fechada: não superior a 1,50 in (38 mm) (devido às limitações de espaço).

2. Força na mola quando a válvula estiver fechada: no mínimo 45 lb (200 N).

3. Força na mola quando a elevação da válvula for de 0,201 in (5,11 mm) ("ponto de inversão"): no mínimo 70 lb (311,4 N).

4. Força na mola na condição de elevação máxima da válvula de 0,384 in (9,75 mm): no mínimo 86 lb, (382,6 N) porém não superior a 90 lb (400 N) (para evitar tensões de contato com a came de valor excessivo).

5. Diâmetro externo da mola: não superior a 1,65 in (41,9 mm) (devido às limitações de espaço).

6. Deslocamento adicional: 0,094 in (2,39 mm).

7. Frequência natural: no mínimo tão alta quanto a frequência do décimo terceiro harmônico a uma rotação do eixo de cames de 1800 rpm (isto é, no mínimo 390 Hz).

Deve-se utilizar tanto um arame de mola de alta qualidade para válvulas quanto a vantagem de ambos os processos: jateamento e plastificação. Assim, pode-se admitir que a falha por fadiga não ocorrerá se a tensão calculada com a mola na condição de comprimento sólido for limitada a 800 MPa. As extremidades devem ser fechadas e retificadas. Determine uma combinação apropriada de d, D, N e L_f.

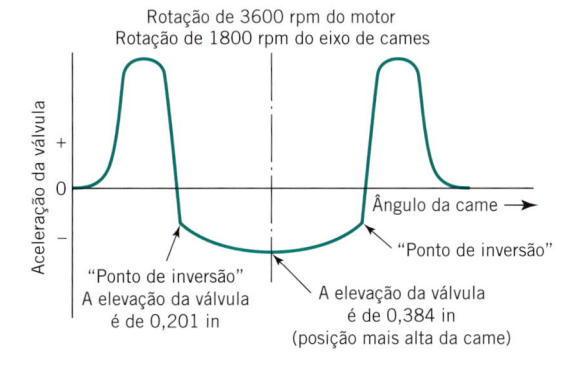

FIGURA P12.45

12.46   No sistema came-seguidor mostrado na Figura P12.46 a came gira a 10 Hz e transmite uma oscilação harmônica ou senoidal ao seguidor. A elevação máxima do seguidor deve ser de 20 mm e o peso dos componentes oscilantes é estimado em 90 N. A função da mola é resistir às forças de inércia e manter o seguidor de rolete em contato com a came. Para se ajustar ao espaço disponível, o diâmetro interno da mola deve ser de, no mínimo, 25 mm e o diâmetro externo não superior a 50 mm. Determine uma combinação satisfatória de D, d, N, material, L_s e L_f. Determine a frequência natural da mola proposta.

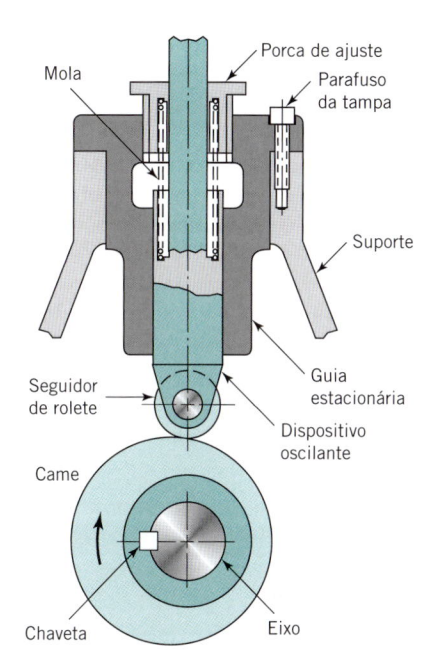

FIGURA P12.46

12.47P   Faça um levantamento na Internet sobre os cálculos utilizados no projeto de molas sob compressão. Selecione um desses cálculos baseado nas seguintes características: (a) potencialmente utilizados, (b) de fácil utilização e (c) que apresentem resultados precisos e corretos. Faça, por escrito, uma descrição sucinta do procedimento de cálculo de molas.

Seção 12.9

12.48P   Uma mola helicoidal por tração, como a mostrada na Figura 12.20, é utilizada como componente de uma máquina de grande produção. Nenhuma dificuldade foi encontrada até que um novo lote de molas foi fornecido em conformidade com todas as especificações, exceto pelo fato de o gancho ter sido formado de modo inadequado — veja a Figura P12.48P. O gancho deformado faz com que a carga a ser aplicada fique

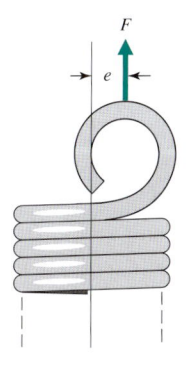

FIGURA P12.48P

mais próxima do lado externo da mola, ao invés de alinhada com o seu eixo geométrico. Quando essas molas são utilizadas, observa-se que elas se deformam permanentemente à medida que a carga normal máxima é aplicada. Explique sucintamente esse fenômeno.

12.49P A mola de tração utilizada em uma máquina deve exercer uma força essencialmente estática de 135 N. Ela deve ser enrolada com uma tração inicial de 45 N e possuir uma rigidez de 11,0 kN/m. Determine uma combinação satisfatória de D, d, N e do material do arame. Qual é o comprimento da região espirada quando descarregada e quando a força de 135 N é aplicada?

12.50P A Figura P12.50P mostra o freio de uma cadeira de rodas em sua posição retraída, com uma mola de tração exercendo uma força de 4 N, que mantém a alavanca contra o pino de parada. Quando a manivela é movida no sentido horário o pivô A desce abaixo do eixo da mola (ficando, deste modo, "desalinhado" em relação ao eixo da mola) e esta passa a atuar no sentido de manter a sapata do freio contra o pneu. A disponibilidade de espaço limita o diâmetro externo da mola a 10 mm. Estime as dimensões necessárias fazendo a leitura em escala do desenho. Determine uma combinação satisfatória para D, d, N, material do arame e comprimento livre da região espiralada da mola.

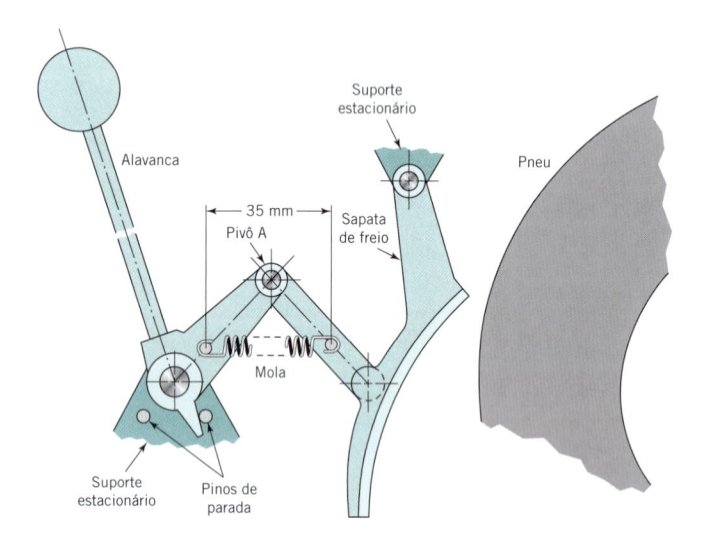

FIGURA P12.50P

Seção 12.10

12.51 Um feixe de molas semielíptico similar ao mostrado na Figura 12.25 possui quatro lâminas, cada uma fabricada de aço com 0,1 × 2 in (2,54 x 50,8 mm) e tendo as propriedades $S_u = $ 180 ksi (1241 MPa), $S_y = $ 160 ksi (1103 MPa) e $S_n = $ 80 ksi (552 MPa). A última figura inclui as correções apropriadas para as dimensões e a qualidade da superfície. O fator de concentração de tensões K_f (que é devido à concentração de tensão nos grampos e no furo central) é de 1,3. Utilize o modelo simplificado de "placa triangular".

(a) Qual é o comprimento total necessário à mola para que ela possua uma rigidez de 75 lb/in (13,13 N/mm) (isto é, 75 lb (13,13 N) aplicadas na direção do eixo da mola causam uma deformação de 1 in (25,4 mm) no centro)?

(b) Na condição de operação, a mola suportará uma carga estática (aplicada na direção do eixo geométrico) P,

superposta a uma carga dinâmica que varia de $+P/2$ a $-P/2$. Qual é o maior valor de P que propiciará uma vida infinita, com um fator de segurança de 1,3?

[Resp.: 20,4 in, 130 lb (51,8 cm, 578,3 N)]

12.52 A experiência com a mola projetada nos Problemas Resolvidos 12.4 e 12.5 indica que uma mola mais macia poderia ser desejada. Repita esses problemas resolvidos para uma rigidez de 20 N/mm.

12.53 Uma liga de aço ($S_u = $ 150 ksi (1034 MPa), $S_y = $ 100 ksi (689 MPa), $S_n = $ 70 ksi (483 MPa)) é utilizada na fabricação de um feixe de molas semielíptico com cinco lâminas (cada uma com 0,1 in × 1,8 in (2,54 mm × 45,72 mm)). O fator K_f (devido à concentração de tensões nos grampos e no furo central) é de 1,2. Utilize o modelo simplificado de "placa triangular".

(a) Qual é o comprimento total necessário à mola de modo a se obter uma rigidez de 80 lb/in (14,0 N/mm) (isto é, 80 lb (14,0 N) aplicadas ao centro causam uma deformação de 1 in (25,4 mm) no centro)?

(b) Na condição de serviço, a mola suportará uma carga estática P (aplicada no centro) superposta a uma carga dinâmica que varia de $+P$ a $-P$. Qual é o maior valor de P que pode ser aplicado de modo a garantir uma vida infinita com um fator de segurança de 1,5?

12.54 Um feixe de molas semielíptico deve ser projetado de modo que apresente uma vida infinita contra fadiga quando a ele é aplicada uma sobrecarga (aplicada ao centro da mola) que varia entre 400 e 1200 N. O comprimento total da mola deve ser de 1 m. O aço a ser utilizado possui as propriedades: $S_u = $ 1200 MPa, $S_y = $ 1030 MPa e $S_n = $ 500 MPa. A última tensão se aplica às cargas de flexão alternada e é corrigida para dimensões e condições da superfície. A concentração de tensão no furo central é tal que $K_f = $ 1,3.

(a) Estime os valores apropriados de h e b para a mola obedecendo à proporção $b = 50h$.

(b) Com base na aproximação trapezoidal similar à mostrada na Figura 12.27b, qual será a deformação no centro da mola quando uma carga de 1200 N for aplicada?

12.55 Um feixe de molas, na forma de uma elipse completa, opera normalmente com uma carga que flutua entre 100 e 200 lb (445 e 890 N), porém deve ser projetado para uma sobrecarga que flutua entre 100 e 300 lb (445 e 1335 N). O comprimento total da mola é de 24 in (60,96 cm), $h = $ 0,1 in (2,54 mm), $K_f = $ 1,3, e o aço a ser utilizado possui as propriedades: $S_u = $ 180 ksi (1241 MPa), $S_y = $ 160 ksi (1103 MPa) e $S_n = $ 80 ksi (552 MPa) (este valor corresponde à dimensão real e às condições de superfície).

(a) Determine a largura total b necessária.

(b) Mostre através de um diagrama σ_m–σ_a o "ponto de operação" para (1) a máquina desligada e a mola suportando apenas uma carga estática de 100 lb (445 N), (2) as cargas normalmente aplicadas e (3) o projeto com as sobrecargas aplicadas.

(c) Determine a rigidez da mola.

12.56 Um feixe de molas semielíptico para uso em um trailer leve deve ser fabricado de um aço com $S_u = $ 1200 MPa, $S_y = $ 1080 MPa e um limite de fadiga totalmente corrigido de 550 MPa. A mola tem 1,2 m de comprimento e possui cinco lâminas com espessura de 5 mm e largura de 100 mm. O fator $K_f = $ 1,4. Quando o trailer é totalmente carregado, a carga estática aplicada ao centro da mola é de 3500 N.

(a) A carga se alterna quando o trailer transita em uma pista acidentada. Estime a carga alternada, quando superposta à condição da mola totalmente carregada, que tenderia a causar uma eventual falha por fadiga.

(b) Qual seria a deformação máxima da mola quando carregada conforme descrito no item (a)?

(c) Qual é a energia absorvida pela mola ao se deformar da carga mínima até a carga máxima quando carregada conforme descrito no item (a)?

(d) Até que valor poderia a carga alternada ser aumentada se apenas 10^4 ciclos de vida fossem requeridos?

Seções 12.11–12.12

12.57P A Figura P12.57P mostra um prendedor de cabelos ("rabo de cavalo") com a forma de um peixe que utiliza uma mola de torção helicoidal para ajudar a fixar um rabo de cavalo de diâmetro inferior a 30 mm. Admita que a força exercida na ponta do prendedor quando fechado seja de aproximadamente 0,25 N. A mola possui $D = 4$ mm, $d = 0,4$ mm e cinco espiras. O prendedor deve apresentar uma abertura de no mínimo

70°. Selecione um material para a mola e calcule o fator de segurança para uma mola de torção projetada para uma vida infinita por fadiga.

12.58P A Figura P12.58P mostra um prendedor cuja extremidade tem a forma de uma boca cheia de dentes. O prendedor utiliza uma mola de torção helicoidal de aço que prende a extremidade de um tubo de pasta de dentes. Uma força de aperto $F = 4,5$ lb (20 N) é suficiente para um tubo de pasta de dentes de forma regular (≈ 2 in (50,8 mm) de largura). A boca do grampo possui aproximadamente 1,25 in (31,8 mm) de comprimento e tem uma abertura de cerca de 45° quando aperta o tubo de pasta de dentes enrolado. Determine o diâmetro D da mola e o número N de espiras, e admita que o diâmetro (d) do arame utilizado seja de 1 mm. Admita também que a mola possa ser fabricada em espiras completas. Se, por considerações sobre o limite de fadiga, não se exerce uma tensão superior a $\sigma_{máx} = 9000$ MPa à mola, constate que a configuração não excede essa tensão para uma posição totalmente aberta de 70°. Se essa condição-limite para a tensão não for satisfeita, sugira uma forma de reduzir a tensão máxima sem alterar o projeto do grampo em sua essência.

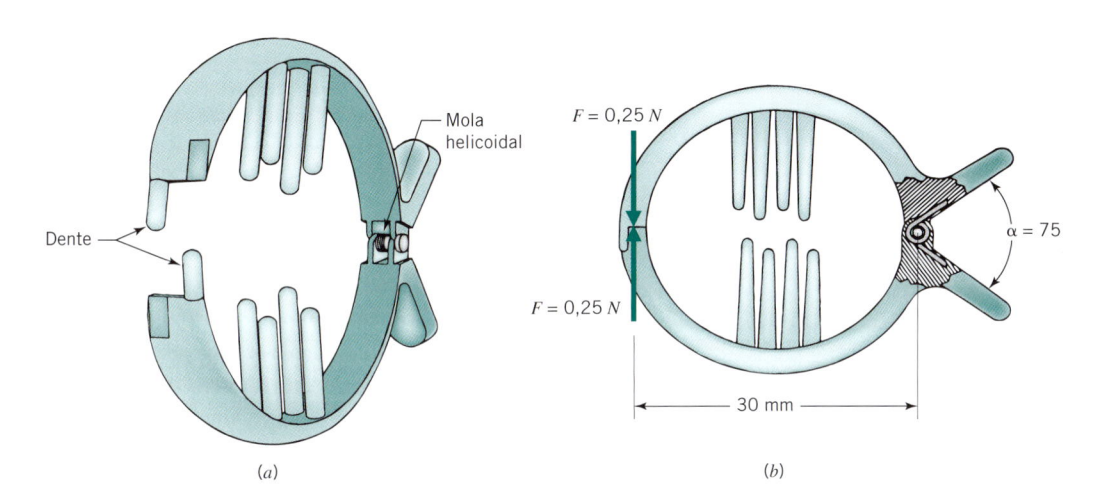

(a)   (b)

FIGURA P12.57P

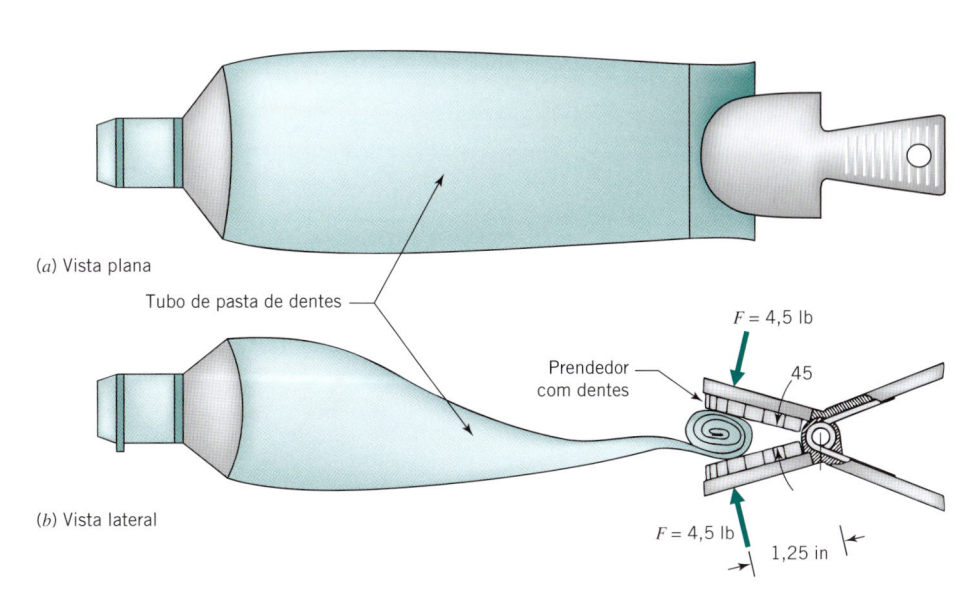

(a) Vista plana

Tubo de pasta de dentes

(b) Vista lateral

Prendedor com dentes

$F = 4,5$ lb

45

$F = 4,5$ lb

1,25 in

FIGURA P12.58P

12.59 A Figura P12.59 mostra um par de molas de torção de aço montadas simetricamente em um arranjo convencional para suportar o peso de uma porta suspensa de garagem residencial. O eixo com 25 mm de diâmetro é suportado por uma estrutura fixa por meio de mancais (não mostrados) em cada uma de suas extremidades e em seu centro. Dois cabos envolvidos no entorno das polias suportam o peso da porta. (O diâmetro de 110 mm é medido até o centro geométrico do cabo enrolado.) Cada mola possui $D = 45$ mm, $d = 6$ mm e 120 espiras. A extensão total dos cabos a partir da condição das molas descarregadas até a configuração de porta fechada é de 2,1 m.

(a) Calcule a tensão de flexão nominal atuante nas molas na condição de porta fechada.

(b) Relacione importantes fatores que levariam a tensão máxima real a assumir um valor diferente do nominal.

(c) Qual é a força de sustentação propiciada por cada cabo na condição de porta fechada?

12.60 Resolva o Problema 12.59, desta vez utilizando os dados obtidos a partir de suas próprias medidas realizadas no suporte de uma porta suspensa de garagem similar.

12.61 Os rolos de uma janela comum de proteção contra o sol possuem molas de torção de grande comprimento que trabalham sob o mesmo princípio do suporte de porta suspensa de garagem do Problema 12.59. Para um rolo com 33 mm de diâmetro, quantas espiras de arame de aço de seção quadrada de 1,2 mm com $D = 19$ mm seriam necessárias para propiciar uma força de içamento da janela de 14 N com a mola enrolada em 14 voltas? Qual seria o valor da tensão máxima de flexão atuante na mola?

12.62 A barra de torção do Problema 12.5 é demasiadamente longa e deve ser substituída por uma mola de torção fabricada de aço com as mesmas propriedades físicas. Existe espaço disponível para uma mola com diâmetro externo de até 5 in (12,7 cm). Determine uma combinação apropriada para os valores de d, D e N. Qual é o comprimento global da seção espirada da mola proposta? Compare o peso da mola de torção com o da barra de torção.

12.63 Repita o Problema 12.62 substituindo a barra de torção descrita no Problema 12.6 por uma mola de torção.

12.64P A Figura P12.64P mostra um ondulador de cabelos elétrico que utiliza uma mola helicoidal de torção para fixar e moldar o cabelo contra um cilindro aquecido. A mola helicoidal apresenta um ângulo de deformação na posição fechada $\theta_{inicial} = 52°$ e um ângulo máximo de deformação na posição aberta $\theta_{máx} = 73°$, conforme mostrado na Figura P12.64P b. A mola possui $D = 6$ mm e $d = 1$ mm. Selecione um material para a mola, determine o número de espiras e calcule o fator de segurança de modo que o projeto da mola propicie uma vida infinita contra fadiga. Descreva suas decisões e elabore suas justificativas.

12.65P Projete um dispositivo de fortalecimento do tipo mostrado na Figura P12.65P. A força necessária para girar os pegadores da posição inicial sem carga até a posição retida é F_i, e até a posição final é $F_{máx}$. A rotação inicial dos pegadores é θ, e eles giram de 45° a partir da posição retida até a posição

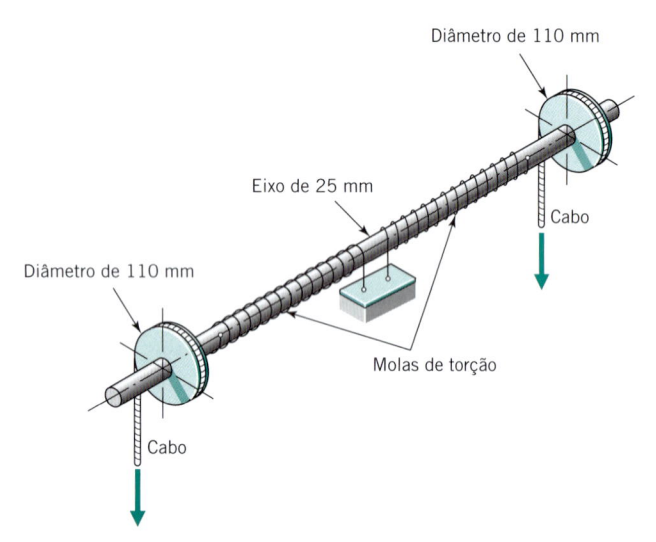

FIGURA P12.59

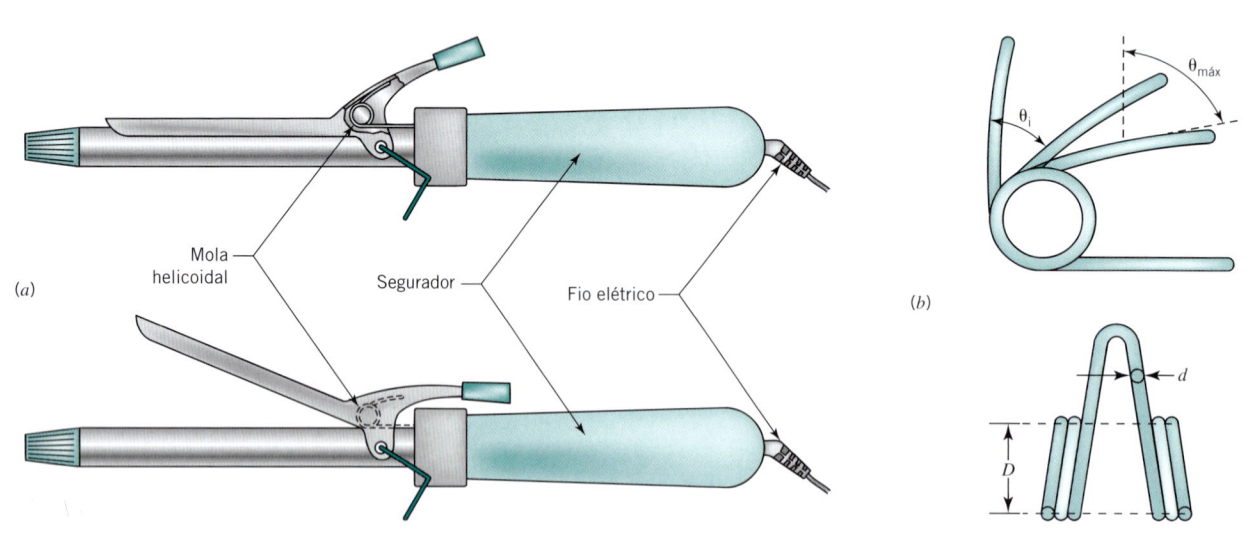

FIGURA P12.64P

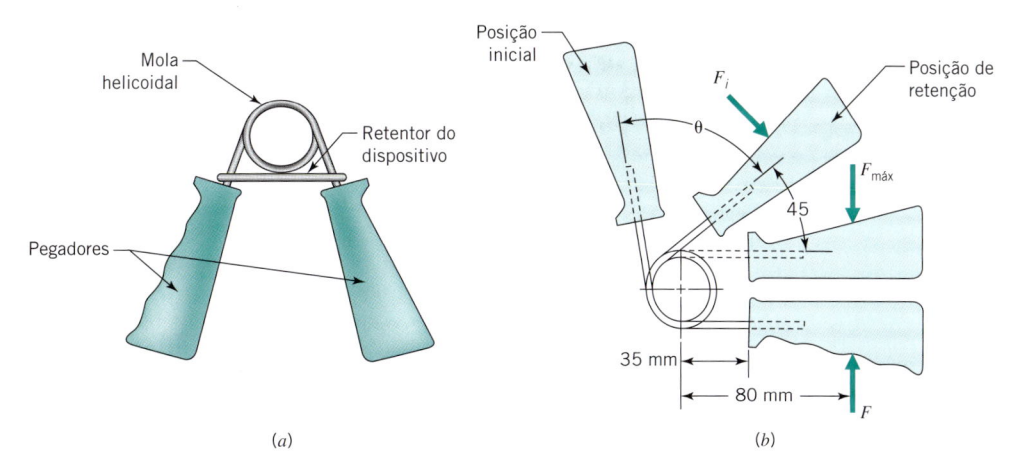

FIGURA P12.65P

final. O diâmetro do arame de aço da mola é d e o diâmetro médio da espira da mola é $D = 25$ mm. Considere o uso de quatro voltas para as espiras da mola. Os cabos dos pegadores são moldados a partir de um termoplástico utilizado em engenharia. Calcule a tensão de flexão nominal para a configuração de força máxima, selecione um material específico e calcule o fator de segurança para o projeto da mola de torção que propicie uma vida infinita contra fadiga.

12.66P Pesquise na Internet e relacione as vantagens das molas cilíndricas de nitrogênio comparativamente às molas com espiras.

12.67P Reveja o endereço http://www.mwspring.com. Liste as informações necessárias ao fabricante para produzir uma mola de torção.

12.68 Compare a capacidade de armazenamento de energia por unidade de peso ou de volume das molas de aço fabricadas na forma de barras de torção, molas helicoidais sob compressão, molas helicoidais sob tração, molas do tipo viga em balanço de placa retangular, molas do tipo viga em balanço de placa triangular e molas de torção. Admita um arame de seção circular maciça para todas as molas, exceto as do tipo viga em balanço.

Lubrificação e Mancais Deslizantes

13

13.1 Tipos de Lubrificantes

A palavra *mancal*, aplicada a uma máquina ou estrutura, refere-se a superfícies em contato através das quais uma carga é transmitida. Quando ocorre um movimento relativo entre as superfícies, é normalmente desejável minimizar-se o atrito e o desgaste. Qualquer substância interposta às superfícies que reduza o atrito e o desgaste é um *lubrificante*. Os lubrificantes geralmente são líquidos, mas podem ser sólidos, como o grafite, TFE[1] ou o bissulfeto de molibdênio, ou gasosos, como ar pressurizado.

Os lubrificantes líquidos que são óleos são caracterizados por sua viscosidade (veja a Seção 13.5), porém outras propriedades também são importantes. Os óleos lubrificantes possuem nomes que caracterizam estas propriedades. Os óleos modernos, em geral, contêm um ou mais aditivos elaborados de modo a propiciar ao óleo fluidez a baixas temperaturas — os baixos pontos de fluidez; apresentam uma menor variação da viscosidade com a temperatura — o índice de viscosidade aumenta; resistem à formação de espuma quando agitados por máquinas de alta velocidade — os antiespumantes; resistem à oxidação a altas temperaturas — os inibidores de oxidação; previnem a corrosão de superfícies metálicas — os inibidores de corrosão; e minimizam a formação de borra nos motores e reduzem a taxa com a qual esta borra se deposita nas superfícies metálicas — os detergentes e os dispersantes; e reduzem o atrito e o desgaste quando uma camada completa do filme lubrificante não puder ser mantida — os aditivos antidesgaste.

As *graxas* são lubrificantes líquidos mais espessos, de modo a propiciar propriedades não disponíveis em um lubrificante líquido. As graxas geralmente são utilizadas quando deseja-se que o lubrificante fique em determinada posição, particularmente nos locais em que a lubrificação é difícil ou onerosa. Em geral, por permanecer no local para propiciar a lubrificação, a graxa também serve para evitar a entrada de contaminantes prejudiciais por entre as superfícies dos mancais. Diferentemente dos óleos, as graxas não podem circular e, por consequência, atender às funções de refrigeração e limpeza. Exceto por essa característica, espera-se que as graxas atendam todas as funções dos lubrificantes fluidos.

Uma discussão detalhada de lubrificantes é apresentada nas referências [13] e [14].

13.2 Tipos de Mancais Deslizantes

Diferentemente dos *mancais com elementos rolantes* (Capítulo 14), nos quais esferas ou roletes são interpostos entre as superfícies deslizantes, os *mancais deslizantes* requerem o deslizamento direto do componente carregado sobre o seu suporte. O endereço da Internet http://www.machinedesign.com apresenta algumas informações gerais sobre mancais deslizantes, mancais com elementos rolantes e lubrificação.

Os mancais deslizantes (também chamados de *mancais planos*) apresentam-se em dois tipos: (1) *mancais de munhão ou buchas*, que são cilíndricos e suportam cargas radiais (aquelas perpendiculares ao eixo geométrico do eixo), e (2) *mancais axiais ou de escora*, que geralmente são planos e, no caso de eixos rotativos, suportam cargas na direção do eixo geométrico do eixo.

A Figura 13.1 mostra um virabrequim apoiado em um bloco de motor por meio de dois *mancais principais*, cada qual consistindo em uma bucha cilíndrica, somada a uma extremidade flangeada que trabalha como mancal de escora. As regiões cilíndricas do eixo em contato com os mancais são chamadas de *munhões*. As regiões planas posicionadas contra os mancais de escora são chamadas de *superfícies de encosto*. Os mancais em si poderiam ser integrados ao bloco do motor ou ao cárter, mas em geral são elementos de cascas finas que podem ser facilmente substituídos e que dispõem de superfícies de um material específico para esta utilização, como o babbitt ou o bronze.

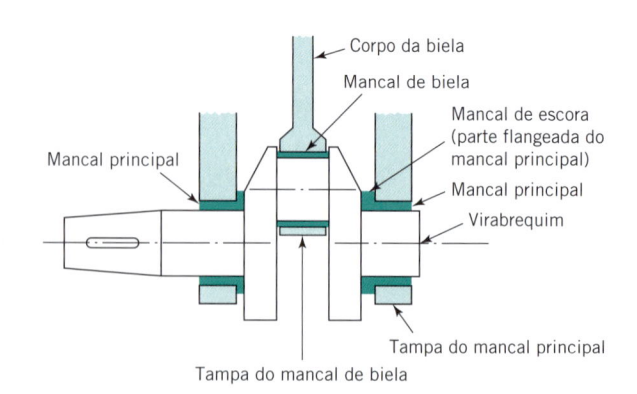

FIGURA 13.1 **Mancais de deslizamento e de escora de um virabrequim. O virabrequim é suportado por dois *mancais principais* e se une à biela por meio do *mancal da biela*. Todos os três são *mancais* (ou *buchas*). Os flanges integrais dos mancais principais (em geral chamados simplesmente de *mancais*) atuam como mancais de escora, que restringem o movimento axial do eixo.**

---

[1]Politetrafluoretileno, como o *Teflon* da Du Pont.

Quando a carga radial sobre um mancal está sempre em uma única direção e sentido, como nos mancais do eixo de um vagão de carga, que suporta o peso do vagão, a superfície de apoio do mancal precisa estender-se por apenas uma parte do entorno da periferia (usualmente de 60° a 180°); resultando, assim, em um *mancal parcial*. Neste livro apenas os *mancais plenos* mais comuns de 360° serão considerados.

Quando as operações de montagem e desmontagem não exigem que um mancal seja dividido, o inserto do mancal pode ser feito em uma única casca cilíndrica, que é prensada no interior de um furo no bloco. Esse inserto de mancal também é conhecido como *embuchamento*.

13.3 Tipos de Lubrificação

A lubrificação é geralmente classificada de acordo com o grau com que o lubrificante separa as superfícies de deslizamento. A Figura 13.2 ilustra três casos básicos.

1. Na *lubrificação hidrodinâmica* as superfícies são completamente separadas pelo filme lubrificante. A carga que tende a aproximar as superfícies é suportada totalmente pela pressão do fluido gerada pelo movimento relativo das superfícies (na rotação dos munhões). O desgaste da superfície não ocorre, e as perdas por atrito são apenas devidas ao contato com o filme lubrificante. As espessuras típicas de filmes no ponto mais fino (nomeado por h_0) estão na faixa de 0,008 a 0,020 mm (0,0003 a 0,0008 in). Os valores típicos do coeficiente de atrito (f) estão na faixa de 0,002 a 0,010.

2. Na *lubrificação de filme misto* os picos da superfície ficam em contato de forma intermitente, e ocorre um apoio hidrodinâmico parcial. Em um projeto bem elaborado, o desgaste da superfície pode ser suavizado. Os coeficientes de atrito geralmente ficam na faixa de 0,004 a 0,10.

3. Na *lubrificação limítrofe* a superfície de contato é contínua e extensiva, porém o lubrificante é continuamente "untado" nas superfícies e propicia um filme superficial adsorvido renovado continuamente, que reduz o atrito e o desgaste. Valores típicos de f estão na faixa de 0,05 a 0,20.

O tipo mais desejável de lubrificação é obviamente o hidrodinâmico, e esse tipo de lubrificação é tratado com mais detalhes na próxima seção. O filme misto e a lubrificação limítrofe são mais discutidos na Seção 13.14.

A separação completa das superfícies (conforme ilustrado na Figura 13.2a) também pode ser obtida pela lubrificação *hidrostática*. Um fluido altamente pressurizado, como ar, óleo ou água, é introduzido na área de carga do mancal. Como o fluido é pressurizado por meios externos, a completa separação das superfícies pode ser obtida havendo ou não movimento relativo entre as superfícies. A principal vantagem é o atrito extremamente baixo durante todo o tempo, incluindo durante as operações de partida e de baixa velocidade. As desvantagens são o custo, as eventuais complicações e as dimensões da fonte externa de pressurização do fluido. A lubrificação hidrostática é utilizada apenas em aplicações especializadas. Informações adicionais são encontradas na referência [11].

13.4 Conceitos Básicos da Lubrificação Hidrodinâmica

A Figura 13.3a mostra um mancal de deslizamento carregado em repouso. O espaço da folga no mancal é preenchido com óleo, porém a carga (W) comprime o filme de óleo na região inferior. Uma lenta rotação do eixo no sentido horário fará com que óleo se movimente para a direita, conforme mostrado na Figura 13.3b. Uma rotação *lenta* e contínua do eixo faz com que o eixo fique nessa posição à medida que tenta "escalar a parede" da superfície do mancal. O resultado é a lubrificação limítrofe.

Se a velocidade de rotação do eixo for aumentada progressivamente, mais e mais o óleo irá aderir à superfície do munhão, que tentará entrar na zona de contato até que uma pressão suficientemente alta seja formada à frente da zona de contato, provocando a "flutuação" do eixo, conforme mostrado na Figura 13.3c. Quando isto ocorre, a alta pressão do fluxo de óleo *convergente* para a direita da posição de espessura mínima do filme (h_0) move o eixo levemente para a esquerda do centro. Sob condições adequadas, o equilíbrio é estabelecido com a separação completa do munhão e das superfícies do mancal. Isto constitui-se a *lubrificação hidrodinâmica*, também conhecida como lubrificação por *filme espesso* ou *filme pleno*. A *excentricidade* do equilíbrio do munhão no mancal é definida pela dimensão e, mostrada na Figura 13.3c.

A Figura 13.4 ilustra a influência de três parâmetros básicos no tipo de lubrificação e no consequente coeficiente de atrito, f.

1. *Viscosidade* (μ). Quanto maior a viscosidade, menor a velocidade de rotação necessária para a "flutuação" do munhão a uma determinada carga. O aumento na viscosidade além do necessário para estabelecer uma lubrificação de filme pleno ou hidrodinâmica produz um maior atrito no mancal pelo aumento das forças necessárias para cisalhar o filme de óleo.

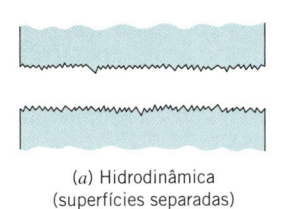

(a) Hidrodinâmica
(superfícies separadas)

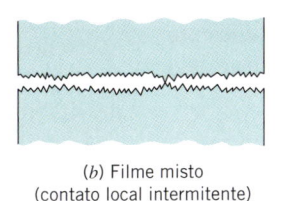

(b) Filme misto
(contato local intermitente)

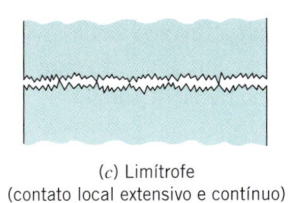

(c) Limítrofe
(contato local extensivo e contínuo)

FIGURA 13.2   Três tipos básicos de lubrificação. As superfícies estão ampliadas.

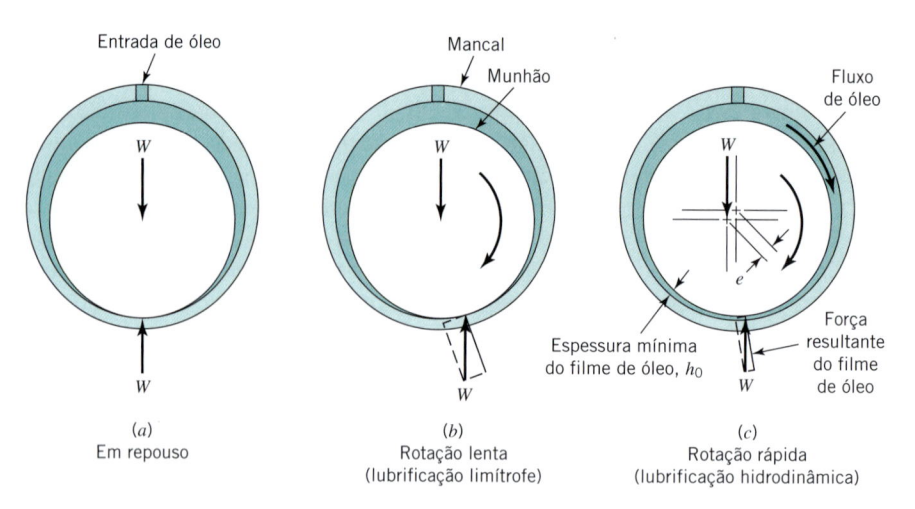

FIGURA 13.3 Lubrificação do mancal de deslizamento. As folgas dos mancais estão exageradas.

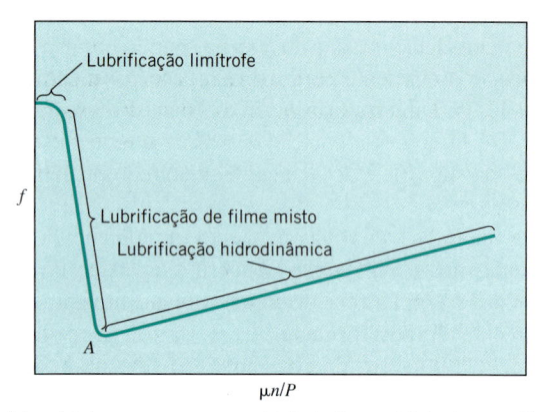

(viscosidade × rps ÷ carga por unidade de área projetada do mancal)

FIGURA 13.4 Coeficiente de atrito (e tipo de lubrificação) *versus* a variável adimensional $\mu n/P$ (curva de Stribeck).

2. *Velocidade de rotação (n), em rotações por segundo.*[2] Quanto mais alta a velocidade de rotação, menor será a viscosidade necessária para fazer "flutuar" o munhão sujeito a uma determinada carga. Uma vez atingida a condição de lubrificação hidrodinâmica, um aumento adicional na velocidade de rotação produzirá mais atrito no mancal devido ao aumento da taxa na qual o trabalho é realizado no cisalhamento do filme de óleo.

3. A *carga unitária do mancal* (P), é definida como a carga W dividida pela área *projetada* do mancal, que é o diâmetro D do munhão vezes o comprimento do mancal L. Quanto menor a carga unitária do mancal, menor a velocidade de rotação e a viscosidade necessárias para fazer "flutuar" o munhão. Mas uma redução *adicional* na carga do mancal não produz uma redução correspondente na força de arrasto por atrito no mancal. Assim, o coeficiente de atrito do mancal, que é a razão entre a força de arrasto por atrito e a carga radial W, aumenta.

Os valores numéricos para as curvas mostradas na Figura 13.4 dependem dos detalhes de projeto de mancal específico. Por exemplo, quanto mais lisas as superfícies forem, mais fino será o filme de óleo necessário para uma completa separação das irregularidades das superfícies e, portanto, menores os valores de $\mu n/P$ correspondentes ao ponto A. A folga ou o ajuste do munhão no mancal tem uma influência importante. Isto deve ser esperado quando considera-se que o mecanismo para o desenvolvimento da pressão fluida hidrodinâmica para suportar o eixo requer que o munhão gire *excentricamente* no mancal.

Observe que a obtenção da lubrificação hidrodinâmica requer três condições:

1. Que o movimento relativo das superfícies seja separado.

2. A "ação de cunha", estabelecida pela excentricidade do eixo.

3. A presença de um fluido apropriado.

O esporte de esqui aquático apresenta uma analogia interessante com a lubrificação de mancais hidrodinâmicos, no qual os três fatores para estabelecê-la são fornecidos (1) pela velocidade de avanço do esquiador, (2) pelo efeito "cunha" formado pelas superfícies dos esquis (dedos dos pés para cima e calcanhar para baixo) e (3) pela presença da água. Levando esta analogia um passo à frente, observe que a curva de $\mu n/P$ da Figura 13.4 também é aplicável a esse caso. Por exemplo, se uma pessoa tenta esquiar com os pés descalços, a carga unitária P torna-se muito alta. Para que o valor de $\mu n/P$ necessário seja mantido, o produto da viscosidade e a velocidade deve ser correspondentemente mais alto. Se fosse possível, o preenchimento do lago com um fluido mais viscoso poderia ajudar, porém a solução mais prática é aumentar a velocidade.

Apenas com o entendimento da lubrificação hidrodinâmica apresentado até agora, o leitor será capaz de entender por que os mancais de munhão têm tido muito sucesso como mancais de virabrequins em motores de combustão interna modernos, ao passo que eles não têm sido muito satisfatórios, sendo largamente substituídos por mancais de rolamento nos apoios dos eixos de vagões. O virabrequim de um motor de combustão interno gira lentamente (produzindo a lubrificação limítrofe)

---

[2]Isto é necessário para ser consistente com a unidade de viscosidade, que envolve segundos.

apenas na partida do motor — e, então, as cargas nos mancais são pequenas porque não há cargas de combustão. Tão logo o motor dê a partida, a combustão aumenta significativamente as cargas nos mancais — porém, a rotação também aumenta o suficiente para estabelecer a lubrificação hidrodinâmica, apesar do carregamento mais alto. Além disso, o pico das cargas de combustão são de *curta duração*, e os efeitos inerciais e de compressão transientes evitam que o filme de óleo seja tão comprimido quanto seria se o pico de carga fosse constante. Por outro lado, os mancais dos eixos dos vagões devem suportar o peso total do veículo quando parado ou movimentando-se lentamente. Uma ocorrência comum quando os trens de carga utilizavam mancais de munhão era a necessidade de duas locomotivas para iniciar o deslocamento de um trem, que seria facilmente puxado por uma única locomotiva ao atingir uma velocidade suficiente para estabelecer a lubrificação hidrodinâmica nos mancais.

13.5 Viscosidade

A Figura 13.5 ilustra a analogia entre a *viscosidade* μ de um fluido (também chamada de viscosidade dinâmica ou de viscosidade absoluta) e o *módulo de elasticidade transversal G* de um sólido. A Figura 13.5*a* mostra uma bucha de borracha colada entre um eixo fixo e um alojamento externo móvel. A aplicação do torque *T* ao alojamento sujeita um elemento da bucha de borracha a um dado deslocamento, conforme mostrado na Figura 13.5*b*. (Nota: Esse tipo de bucha de borracha é comumente utilizado no pivô fixo de feixes de molas, conforme mostrado na Figura 12.25.) Se o material entre o alojamento e o eixo concêntrico for um fluido newtoniano (como é o caso de muitos óleos lubrificantes), o equilíbrio de um ele-

mento estabelecerá uma *velocidade* constante, conforme mostrado na Figura 13.5*c*. Esse resultado é decorrente da aplicação da lei de Newton aos fluidos viscosos, que estabelece um gradiente linear de velocidades ao longo da fina espessura do filme lubrificante, com camadas moleculares de fluidos adjacentes às superfícies separadas, tendo as mesmas velocidades que estas superfícies.

Da Figura 13.5*c*, a equação para a viscosidade (absoluta) pode ser expressa por

$$\mu = \frac{Fh}{AU} \qquad (13.1)$$

A unidade de viscosidade no sistema Inglês é *libra·segundo por polegada quadrada*, ou *reyn* (em homenagem a Osborne Reynolds, a quem o número de Reynolds também recebe o nome). Em unidades SI, a viscosidade é expressa em *newton·segundos por metro quadrado*, ou *pascal·segundos*. O fator de conversão entre os dois sistemas é o mesmo que o para tensões:

$$1 \text{ reyn} = \frac{1 \text{ lb} \cdot \text{s}}{\text{in}^2} = \frac{6890 \text{ N} \cdot \text{s}}{\text{m}^2} = 6890 \text{ Pa} \cdot \text{s} \qquad (13.2)$$

O reyn e o pascal·segundo são unidades tão grandes, que o *microreyn* (μreyn) e o *milipascal·segundo* (mPa · s) são mais comumente utilizados. A unidade métrica-padrão original de viscosidade, ainda com ampla utilização na literatura, é o *poise*.[3] Definido, de forma conveniente, um centipoise é igual a um milipascal·segundo (1 cp = 1 mPa · s).

A viscosidade de um fluido pode ser medida de diversas maneiras, incluindo o uso de um aparato padronizado com base na Figura 13.5. De modo alternativo, a viscosidade de um líquido é algumas vezes determinada pela medição do tempo necessário para uma dada quantidade do líquido escoar, pelo efeito da gravidade, através de uma abertura precisa. No caso dos óleos lubrificantes, um dos instrumentos utilizados é o Viscosímetro Universal Saybolt — veja a Figura 13.7, e as medições de viscosidade são designadas como *segundos Saybolt*, ou por qualquer das abreviações: SUS (*Saybolt Universal Seconds*), SSU (*Saybolt Seconds Universal*) e SUV (*Saybolt Universal Viscosity*). Uma rápida reflexão revela que essas medidas são viscosidades verdadeiras, uma vez que a intensidade da gravidade da Terra que puxa o líquido para baixo é influenciada por sua massa específica. Assim, um líquido de alta massa específica flui através do viscosímetro mais rapidamente que um líquido de massa específica menor de mesma viscosidade *absoluta*. A viscosidade medida por um viscosímetro do tipo Saybolt é conhecida como viscosidade *cinemática*, definida como a razão entre a viscosidade absoluta e a massa específica:

$$\nu = \text{Viscosidade cinemática} = \frac{\text{viscosidade absoluta}}{\text{massa específica}} \qquad (13.3)$$

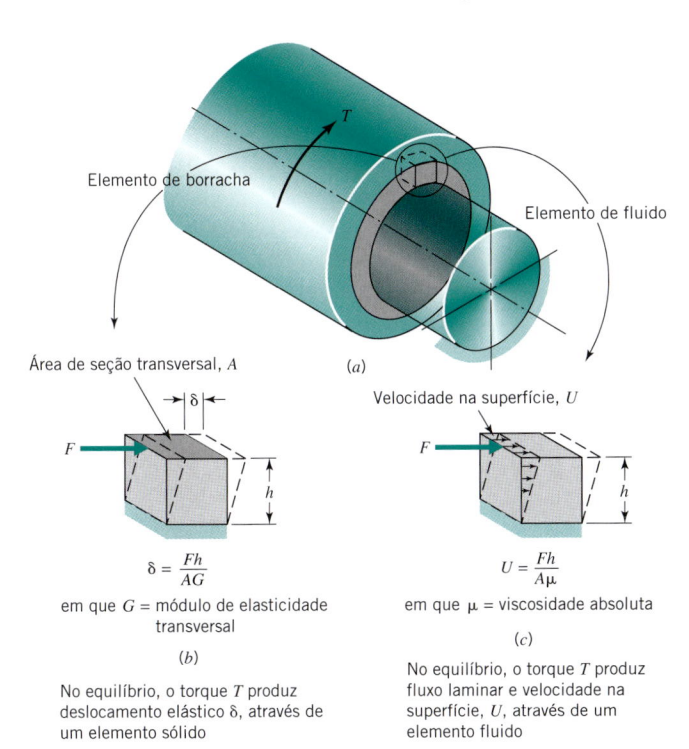

Elemento de borracha

T

Elemento de fluido

Área de seção transversal, *A*

(*a*)

Velocidade na superfície, *U*

$$\delta = \frac{Fh}{AG}$$

em que *G* = módulo de elasticidade transversal

(*b*)

No equilíbrio, o torque *T* produz deslocamento elástico δ, através de um elemento sólido

$$U = \frac{Fh}{A\mu}$$

em que μ = viscosidade absoluta

(*c*)

No equilíbrio, o torque *T* produz fluxo laminar e velocidade na superfície, *U*, através de um elemento fluido

FIGURA 13.5 **Analogia entre o módulo de elasticidade transversal (de um sólido) e a viscosidade (de um fluido).**

---

[3]Na literatura, *Z* em vez de μ é frequentemente utilizado para denotar viscosidade em termos de poises ou centipoises. Por conveniência, μ é mantido neste texto, como símbolo de viscosidade absoluta para todas as unidades.

Sua unidade é o comprimento^2/tempo, como, cm^2/s, a qual é chamada de *stoke* e cuja abreviatura é St.

As viscosidades absolutas podem ser obtidas a partir das medidas realizadas em um viscosímetro Saybolt (tempo S, em segundos) pelas equações

$$\mu(\text{mPa}\cdot\text{s, ou cp}) = \left(0{,}22S - \frac{180}{S}\right)\rho \quad \textbf{(13.4)}$$

e

$$\mu(\mu\text{reyn}) = 0{,}145\left(0{,}22S - \frac{180}{S}\right)\rho \quad \textbf{(13.5)}$$

em que ρ é a massa específica em gramas por centímetro cúbico (que é numericamente igual ao peso específico, em unidades inglesas). Para os óleos derivados do petróleo a massa específica a 60°F (15,6°C) é de aproximadamente 0,89 g/cm^3. Para outras temperaturas a massa específica vale

$$\begin{aligned}\rho &= 0{,}89 - 0{,}00063(°C - 15{,}6) & \textbf{(13.6a)} \\ &= 0{,}89 - 0{,}00035(°F - 60) & \textbf{(13.6b)}\end{aligned}$$

em que ρ tem a unidade de gramas por centímetro cúbico.

A Sociedade de Engenheiros Automotivos Americana (SAE — *Society of Automotive Engineers*) classifica os óleos de acordo com suas viscosidades. As curvas de viscosidade-temperatura para os óleos típicos classificados pela SAE são dadas na Figura 13.6.

Um dado óleo pode desviar-se significativamente destas curvas. As especificações SAE definem uma série contínua de *bandas* de viscosidade. Por exemplo, um óleo SAE 30 pode ser apenas um pouco mais viscoso do que o óleo SAE 20 "mais espesso", ou apenas um pouco menos viscoso do que o óleo SAE 40, "menos espesso". Além disso, cada banda de viscosidade é especificada para apenas uma temperatura. Os óleos SAE 20, 30, 40 e 50 são especificados a 100°C (212°F), enquanto os óleos SAE 5W, 10W e 20W são especificados a –18°C (0°F). Os óleos multigraduados devem estar de acordo com a viscosidade para ambas as temperaturas. Por exemplo, um óleo SAE 10W-40 deve satisfazer às especificações de viscosidade do óleo 10W a –18°C e às especificações do óleo SAE 40 a 100°C.

Os lubrificantes fluidos industriais são comumente especificados em função de normas internacionais, como a ASTM D 2422, a *American National Standard* Z11.232, a norma ISO (*International Standards Organization*) Norma 3448 e outras.

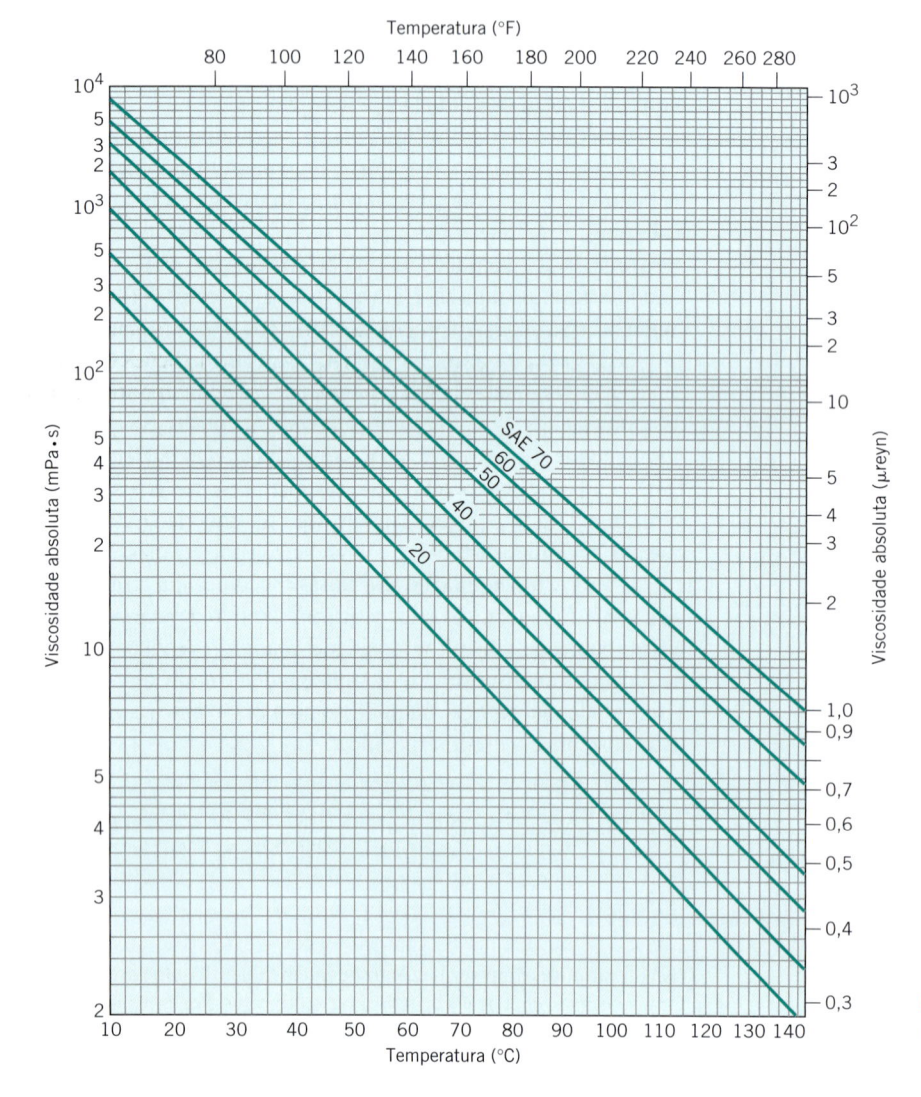

Figura 13.6 Curvas de viscosidade versus temperatura para óleos classificados pela SAE.

Os diversos graus de viscosidade são designados como "ISO VG" seguidos por um número igual à viscosidade cinemática nominal a 40°C. Existem 18 graus especificados, com viscosidades cinemáticas a 40°C de 2, 3, 5, 7, 10, 15, 22, 32, 46, 68, 100, 150, 220, 320, 460, 680, 1000 e 1500 cSt (mm²/s).

A graxa é um material não newtoniano que não começa a fluir até que uma tensão cisalhante ultrapasse o ponto de escoamento seja aplicada. Com tensões cisalhantes maiores ocorre o escoamento "viscoso", com uma *viscosidade aparente* decrescente com o aumento das taxas de cisalhamento. As viscosidades aparentes devem sempre ser registradas a uma dada temperatura e a uma dada taxa de escoamento (veja ASTM D1092).

PROBLEMA RESOLVIDO 13.1 — A viscosidade e o Número SAE

Um dado óleo de motor possui uma viscosidade cinemática a 100°C correspondente a 58 segundos, como determinada por meio de um viscosímetro Saybolt (Figura 13.7). Qual é a sua correspondente viscosidade absoluta em milipascal·segundos (ou centipoises) e em microreyns? Qual é o número SAE correspondente a esse óleo?

SOLUÇÃO

Conhecido: A viscosidade cinemática Saybolt de um dado óleo de motor.

A Ser Determinado: Determine a viscosidade absoluta e o número SAE.

Esquemas e Dados Fornecidos:

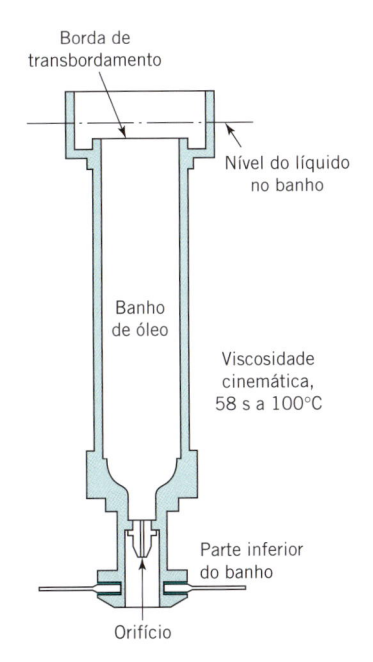

FIGURA 13.7 **Viscosímetro Saybolt.**

Bordas:
- Borda de transbordamento
- Nível do líquido no banho
- Banho de óleo
- Viscosidade cinemática, 58 s a 100°C
- Parte inferior do banho
- Orifício

Hipóteses:

1. A Eq. 13.6a é suficientemente precisa para o cálculo da massa específica do óleo de motor.

2. As Eqs. 13.4 e 13.5 são suficientemente precisas para o cálculo das viscosidades absolutas nas unidades centipoises ou microreyns.

3. A Figura 13.6 prediz com precisão as curvas de viscosidade-temperatura para os óleos SAE numerados.

Análise:

1. Da Eq. 13.6a,

$$\rho = 0,89 - 0,00063(100 - 15,6) = 0,837 \text{ g/cm}^3$$

2. Da Eq. 13.4,

$$\mu = \left[(0,22)(58) - \frac{180}{58}\right]0,837$$
$$= 8,08 \text{ mPa·s} \quad \text{(ou 8,08 cp)}$$

3. Da Eq. 13.5,

$$\mu = 0,145\left[(0,22)(58) - \frac{180}{58}\right]0,837$$
$$= 1,17 \ \mu\text{reyn}$$

4. Da Figura 13.6, a viscosidade a 100°C está próxima da viscosidade de um óleo SAE 40.

Comentário: A revisão das hipóteses revela a natureza empírica da viscosidade do óleo em diferentes unidades.

13.6 Influência da Temperatura e da Pressão na Viscosidade

Óleos multigraduados, como o SAE 10W-40, têm menos variação da viscosidade com a temperatura que os óleos derivados de petróleo que possuem um único grau de denominação (como o SAE 40 ou o SAE 10W). A medida da variação na viscosidade com a temperatura é o *índice de viscosidade* (abreviado como *IV*). A primeira escala do índice de viscosidade utilizada de forma generalizada foi proposta em 1929 por Dean e Davis.[4] Naquela ocasião, a menor variação da viscosidade com a temperatura ocorreu nos óleos crus refinados convencionalmente na Pensilvânia, nos EUA, e a maior variação ocorreu nos óleos refinados do petróleo bruto da Costa do Golfo, nos EUA. Assim, para os óleos da Pensilvânia foi designado o valor 100 para o IV, e para os óleos da Costa do Golfo o valor 0. Os outros óleos foram classificados com valores intermediários. (Muitos leitores reconhecerão esse procedimento como similar à escala de octanagem das gasolinas, que é baseada arbitrariamente entre os valores zero e 100 para os combustíveis hidrocarbonados mais e menos propensos à detonação que eram conhecidos naquela época.) Uma base atualizada para a escala do índice de viscosidade é fornecida na Especificação D2270 da ANSI/ASTM.

---

[4]E. W. Dean, e G. H. B. Davis, "Viscosity Variations of Oils With Temperature", *Chem. Met. Eng.*, **36**: 618-619 (1929).

Os lubrificantes que não são derivados do petróleo possuem índices de viscosidade que variam dentro de uma ampla faixa de valores. Os óleos de silicone, por exemplo, apresentam uma variação relativamente pequena de sua viscosidade com a temperatura. Assim, seus índices de viscosidade ultrapassam significativamente o valor 100 da escala de Dean e Davis. O índice de viscosidade dos óleos derivados de petróleo pode ser aumentado, como na produção dos óleos multigraduados, utilizando-se aditivos que melhoram esse índice.

Todos os óleos lubrificantes ficam sujeitos ao aumento de suas viscosidades com a pressão. Como esse efeito geralmente só é significativo para pressões superiores àquelas encontradas nos mancais deslizantes, esse efeito não será tratado neste texto. Entretanto, é importante na lubrificação elasto-hidrodinâmica (veja a Seção 13.16).

13.7 Equação de Petroff para o Atrito nos Mancais

A análise original do arrasto por atrito viscoso no que é hoje conhecido como mancal hidrodinâmico (Figura 13.8), é creditada a Petroff e foi publicada em 1883. Ela se aplica ao caso "ideal" simplificado, no qual admite-se que não ocorra nenhuma excentricidade entre o mancal e o munhão e, portanto, não ocorra a "ação de cunha" e o filme de óleo não tenha nenhuma capacidade de suportar uma carga e, consequentemente, nenhum lubrificante flua na direção axial.

Em relação à Figura 13.5c, uma expressão para o torque de arrasto por atrito viscoso é deduzida considerando-se todo o filme de óleo cilíndrico como um "bloco líquido" sob a ação da força F. Resolvendo a equação dada na figura para F, tem-se

$$F = \frac{\mu A U}{h} \tag{a}$$

em que

F = torque de atrito/raio do eixo = T_f/R
A = $2\pi RL$
U = $2\pi Rn$ (em que n é expresso em rotações por *segundo*)
h = c em que c = folga radial = (diâmetro do mancal – diâmetro do eixo)/2

Substituindo e resolvendo para o torque de atrito, obtém-se

$$T_f = \frac{4\pi^2 \mu n L R^3}{c} \tag{b}$$

Se uma pequena carga radial W for aplicada ao eixo, a força de arrasto por atrito pode ser considerada igual ao produto fW, com o torque de atrito expresso por

$$T_f = fWR = f(DLP)R \tag{c}$$

em que P é a carga radial por unidade de área projetada do mancal.

A imposição da carga W fará, certamente, com que o eixo fique um tanto excêntrico em relação ao mancal. *Se* esse efeito na Eq. b puder ser considerado desprezível, as Eqs. b e c podem ser igualadas, fornecendo

$$f = 2\pi^2 \frac{\mu n}{P} \frac{R}{c} \tag{13.7}$$

Esta é a bem conhecida *equação de Petroff*. Ela fornece um meio simples e rápido de obter-se estimativas razoáveis dos coeficientes de atrito em mancais levemente carregados. Procedimentos mais refinados serão apresentados na Seção 13.9.

Observe que a equação de Petroff identifica dois parâmetros muito importantes do mancal. O significado de $\mu n/P$ foi discutido na Seção 13.4. A razão R/c é da ordem de 500 a 1000 e é o inverso da *razão de folga*. Sua importância será crescentemente evidente com o estudo da Seção 13.8.

Determinação do Atrito no Mancal e da Perda de Potência

Um eixo de 100 mm de diâmetro é suportado por um mancal com 80 mm de comprimento com uma folga diametral de 0,10 mm (Figura 13.9). Ele é lubrificado por um óleo cuja viscosidade (na temperatura de operação) é de 50 mPa · s. O eixo gira a 600 rpm e suporta uma carga radial de 5000 N. Estime o coeficiente de atrito do mancal e a perda de potência utilizando a abordagem de Petroff.

SOLUÇÃO

Conhecido: Um eixo com diâmetro, velocidade de rotação e carga radial conhecidos é suportado por um mancal lubrificado a óleo com comprimento e folga diametral especificados.

A Ser Determinado: Determine o coeficiente de atrito do mancal e a perda de potência.

Esquemas e Dados Fornecidos:

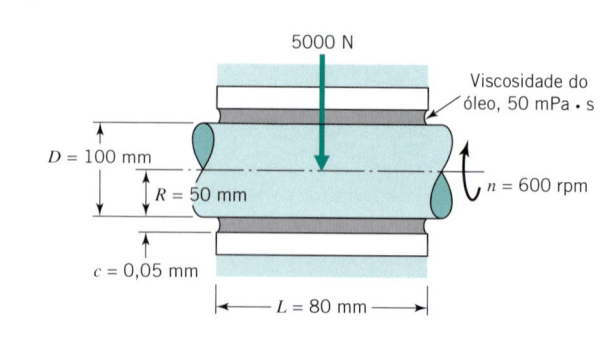

FIGURA 13.9   Mancal de deslizamento para o Problema Resolvido 13.2.

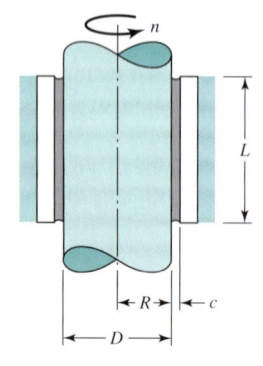

FIGURA 13.8   Mancal de deslizamento descarregado utilizado para a análise de Petroff.

Hipóteses:

1. Não existe excentricidade entre o mancal e o munhão, e não há fluxo de lubrificante na direção axial.

2. A força de arrasto por atrito é igual ao produto do coeficiente de atrito e a carga radial do eixo.

Análise:

1. Com as hipóteses precedentes, a equação de Petroff torna-se apropriada. Pela Eq. 13.7,

$$f = 2\pi^2 \frac{(0,05 \text{ Pa} \cdot \text{s})(10 \text{ rps})}{\dfrac{5000}{0,1 \times 0,08} \text{N/m}^2} \times \frac{50 \text{ mm}}{0,05 \text{ mm}} = 0,0158$$

2. O torque de atrito $T_f = fWD/2 = (0,0158)(5000 \text{ N})$ $(0,1 \text{ m})/2 = 3,95 \text{ N} \cdot \text{m}$

   Nota: (1) O torque T_f poderia também ser obtido pela Eq. b. (2) O mesmo valor *calculado* de T_f seria obtido utilizando qualquer valor de W, porém quanto maior a carga, maior o desvio da hipótese de Petroff de excentricidade nula.

3. Potência $= 2\pi T_f n = 2\pi(3,95 \text{ N} \cdot \text{m})(10 \text{ rps}) = 248 \text{ N} \cdot$ m/s $= 248 \text{ W}$.

Comentário: Em uma situação real, poderia ser necessário verificar se ao dissipar 248 W a temperatura média do óleo no mancal continuaria a ser consistente com o valor da viscosidade utilizada nos cálculos.

13.8 Teoria da Lubrificação Hidrodinâmica

A análise teórica da lubrificação hidrodinâmica feita por Osborne Reynolds segue ao estudo feito por Beauchamp Tower, durante os primeiros anos da década de 1880, no laboratório de investigação dos mancais utilizados em vias férreas na Inglaterra (Figura 13.10).[5] O furo para óleo foi realizado para testar o efeito da adição desse ponto de lubrificação. Tower ficou surpreso ao descobrir que quando o dispositivo de teste foi operado sem o ponto de lubrificação instalado no furo, o óleo escoou para fora do furo! Ele tentou bloquear o fluxo pela fixação de uma rolha e de bloqueadores de madeira no buraco, porém a pressão hidrodinâmica os forçou para fora. A essa altura Tower conectou um medidor de pressão ao furo de lubrificação e, em seguida, realizou as medidas experimentais das pressões do filme de óleo em diversas regiões. Ele então descobriu que o somatório das pressões hidrodinâmicas locais, multiplicado pela área diferencial projetada do mancal, era igual à carga suportada pelo mancal.

A análise teórica de Reynolds conduziu à sua equação fundamental da lubrificação hidrodinâmica. A dedução a seguir da equação de Reynolds é aplicável ao escoamento unidimensional entre placas planas. Essa análise também pode ser apli-

[5]O. Reynolds, "On the Theory of Lubrication and Its Applications to Mr. Beauchamp Tower's Experiments", *Phil. Trans. Roy. Soc.* (*Londres*), **177**: 157-234 (1886).

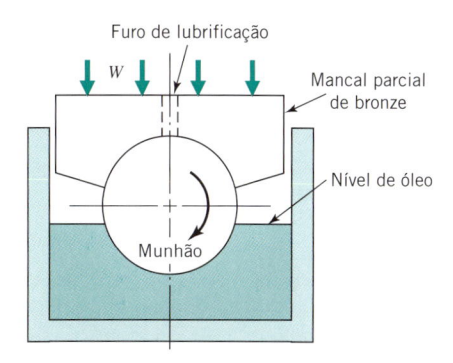

Figura 13.10 **Representação esquemática do experimento de Beauchamp Tower.**

cada aos mancais de deslizamento, pois o raio do munhão é muito grande em comparação à espessura do filme de óleo. O escoamento unidimensional admitido considera desprezível o vazamento lateral do mancal e é aproximadamente válido para mancais com a razão L/D maior que cerca de 1,5. A dedução se inicia com a equação de equilíbrio das forças atuantes na direção x do elemento fluido mostrado na Figura 13.11.

$$p\,dy\,dz + \tau\,dx\,dz - \left(p + \frac{dp}{dx}dx\right)dy\,dz$$
$$- \left(\tau + \frac{\partial\tau}{\partial y}dy\right)dx\,dz = 0 \qquad \textbf{(a)}$$

que se reduz a

$$\frac{dp}{dx} = \frac{\partial\tau}{\partial y} \qquad \textbf{(b)}$$

Na Eq. 13.1 a quantidade F/A representa a tensão cisalhante τ atuante na superfície superior do "bloco". Na Figura 13.11, o "bloco" é reduzido às dimensões de um elemento diferencial de altura dy, velocidade u e gradiente de velocidade do topo à base du. Fazendo-se estas substituições na Eq. 13.1 tem-se $\tau = \mu(du/dy)$, contudo nesse caso, u varia tanto com x quanto com y e, portanto, a derivada parcial deve ser utilizada:

$$\tau = \mu\frac{\partial u}{\partial y} \qquad \textbf{(c)}$$

De maneira análoga, τ varia tanto com x quanto com y e, portanto, a derivada parcial $\partial\tau/\partial y$ é utilizada na Figura 13.11 e na Eq. a. Por outro lado, admite-se que a pressão não varie nas direções y e z e, portanto, a derivada total dp/dx é utilizada.

A substituição da Eq. c na Eq. b fornece

$$\frac{dp}{dx} = \mu\frac{\partial^2 u}{\partial y^2} \quad \text{ou} \quad \frac{\partial^2 u}{\partial y^2} = \frac{1}{\mu}\frac{dp}{dx}$$

Mantendo-se x constante e integrando-se duas vezes em relação a y, tem-se

$$\frac{\partial u}{\partial y} = \frac{1}{\mu}\left(\frac{dp}{dx}y + C_1\right)$$

e

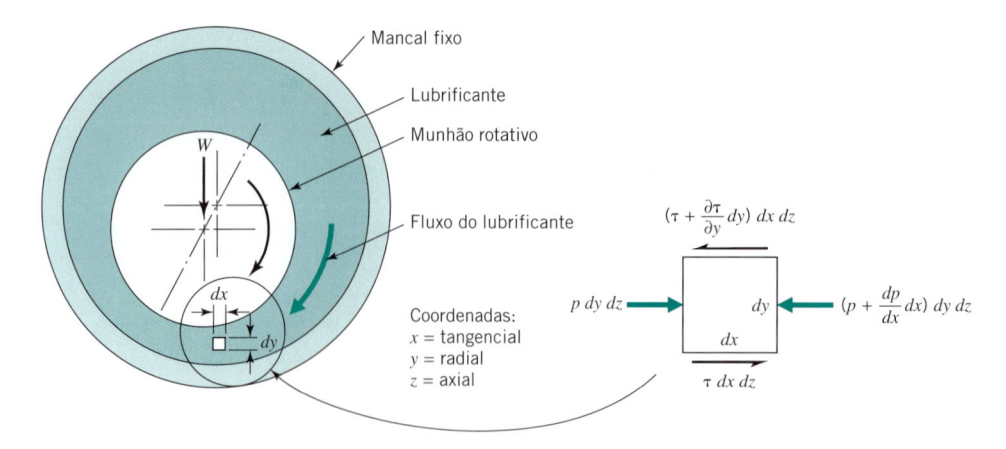

FIGURA 13.11 **Pressão e forças viscosas atuantes em um elemento de lubrificante. Por simplicidade, apenas as componentes na direção X são mostradas.**

$$u = \frac{1}{\mu}\left(\frac{dp}{dx}\frac{y^2}{2} + C_1 y + C_2\right) \qquad \textbf{(d)}$$

A hipótese de não deslizamento entre o lubrificante e as superfícies do contorno fornece as condições limítrofes necessárias para a avaliação de C_1 e C_2:

$$u = 0 \quad \text{a} \quad y = 0, \qquad u = U \quad \text{a} \quad y = h$$

Consequentemente,

$$C_1 = \frac{U\mu}{h} - \frac{h}{2}\frac{dp}{dx} \quad \text{e} \quad C_2 = 0$$

A substituição desses valores na Eq. d fornece

$$u = \frac{1}{2\mu}\frac{dp}{dx}(y^2 - hy) + \frac{U}{h}y \qquad \textbf{(13.8)}$$

que é a equação para a distribuição das velocidades do filme lubrificante através de qualquer plano yz em função da distância y, do gradiente de pressão dp/dx e da velocidade de superfície U. Observe que esta distribuição de velocidades consiste em dois termos: (1) uma distribuição linear dada pelo segundo termo e mostrada como uma linha tracejada na Figura 13.12, e (2) uma distribuição parabólica superposta expressa pelo primeiro termo. O termo parabólico pode ser positivo ou negativo e, portanto, pode ser somado ou subtraído da distribuição linear.

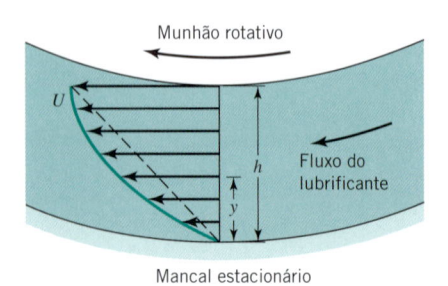

FIGURA 13.12 **Gradiente de velocidade do lubrificante.**

Na seção onde a pressão é máxima, $dp/dx = 0$ e o gradiente de velocidade é linear.

Seja Q_f o volume de lubrificante por unidade de tempo que escoa através da seção que contém o elemento da Figura 13.11. Para uma largura unitária na direção z,

$$Q_f = \int_0^h u\,dy = \frac{Uh}{2} - \frac{h^3}{12\mu}\frac{dp}{dx} \qquad \textbf{(e)}$$

Para um lubrificante incompressível, a vazão deve ser a mesma para todas as seções transversais, o que significa que

$$\frac{dQ_f}{dx} = 0$$

Assim, derivando-se a Eq. e, obtém-se

$$\frac{dQ_f}{dx} = \frac{U}{2}\frac{dh}{dx} - \frac{d}{dx}\left(\frac{h^3}{12\mu}\frac{dp}{dx}\right) = 0$$

ou

$$\frac{d}{dx}\left(\frac{h^3}{\mu}\frac{dp}{dx}\right) = 6U\frac{dh}{dx} \qquad \textbf{(13.9)}$$

que é a clássica *equação de Reynolds para escoamento unidimensional*. Resumindo as hipóteses que foram feitas: o fluido é newtoniano, incompressível, de viscosidade constante e não está sujeito a forças inerciais ou gravitacionais; o fluido apresenta um escoamento laminar, sem qualquer deslizamento nas superfícies do contorno; o filme é tão fino que (1) a variação da pressão ao longo de sua espessura é desprezível e, (2) comparativamente, o raio do munhão pode ser considerado infinito.

Quando o escoamento do fluido na direção z é incluído (isto é, o escoamento axial e o vazamento nas extremidades), um desenvolvimento similar fornecerá a *equação de Reynolds para escoamento bidimensional*:

$$\frac{\partial}{\partial x}\left(\frac{h^3}{\mu}\frac{\partial p}{\partial x}\right) + \frac{\partial}{\partial z}\left(\frac{h^3}{\mu}\frac{\partial p}{\partial z}\right) = 6U\frac{\partial h}{\partial x} \qquad \textbf{(13.10)}$$

Os mancais modernos tendem a ser mais curtos que os utilizados há algumas décadas passadas. As razões entre o comprimento e o diâmetro (*L/D*) estão geralmente na faixa de 0,25 a 0,75. Isto resulta em escoamento na direção *z* (e em vazamento nas extremidades), representando a maior parte de todo o escoamento. Para esses mancais curtos, Ocvirk [5] propôs que fosse desprezado o termo em *x* na equação de Reynolds, resultando

$$\frac{\partial}{\partial z}\left(\frac{h^3}{\mu}\frac{\partial p}{\partial z}\right) = 6U\frac{\partial h}{\partial x} \qquad \textbf{(13.11)}$$

Diferentemente das Eqs. 13.9 e 13.10, a Eq. 13.11 pode ser facilmente integrada e, assim, ser utilizada para fins de projeto e análise. O procedimento é frequentemente conhecido como *aproximação de Ocvirk para mancais curtos*.

13.9 Cartas de Projeto para Mancais Hidrodinâmicos

As soluções da Eq. 13.9 foram inicialmente desenvolvidas na primeira década do século XX. Embora teoricamente aplicáveis apenas aos mancais "infinitamente longos" (isto é, sem vazamento nas extremidades), essas soluções davam resultados razoavelmente bons para mancais com razões *L/D* superiores a cerca de 1,5. No outro extremo, a solução de Ocvirk para mancais curtos, baseada na Eq. 13.11, é suficientemente precisa para mancais com razões *L/D* até cerca de 0,25, e geralmente é utilizada para fornecer aproximações razoáveis para mancais na faixa comumente encontrada de *L/D* entre 0,25 e 0,75.

As soluções numéricas da equação completa de Reynolds (13.10) foram reduzidas à forma de gráficos (cartas) por Raimondi e Boyd [7]. Estas cartas fornecem soluções precisas para mancais de todas as proporções. Algumas cartas selecionadas são reproduzidas nas Figuras de 13.13 até 13.19. Outras cartas de Raimondi e Boyd aplicam-se a mancais parciais (que se estendem apenas por 60°, 120° ou 180° da circunferência do munhão) e a mancais de escora. Diversas grandezas fornecidas nas cartas aqui utilizadas são ilustradas na Figura 13.20.

Todas as cartas de Raimondi e Boyd fornecem gráficos dos parâmetros adimensionais dos mancais em função do *número característico do mancal* (também adimensional), ou *variável de Sommerfeld*, *S*, em que

$$\text{Número característico de mancal, } S = \left(\frac{R}{c}\right)^2 \frac{\mu n}{P}$$

Observe que *S* é igual ao produto do parâmetro previamente discutido, $\mu n/P$,[6] e o quadrado da razão de folga, *R/c*. O eixo *S*, nas cartas, é logarítmico, exceto para uma região linear entre 0 e 0,01.

As Figuras 13.18 e 13.19 admitem que o lubrificante é fornecido ao mancal à pressão atmosférica e que a influência da vazão de qualquer furo para entrada de óleo ou ranhuras é desprezível. A viscosidade é admitida ser constante, e seu valor corresponde à temperatura média entre a do óleo que flui para e do mancal.

---

[6]Em que *n* está em rotações por segundo.

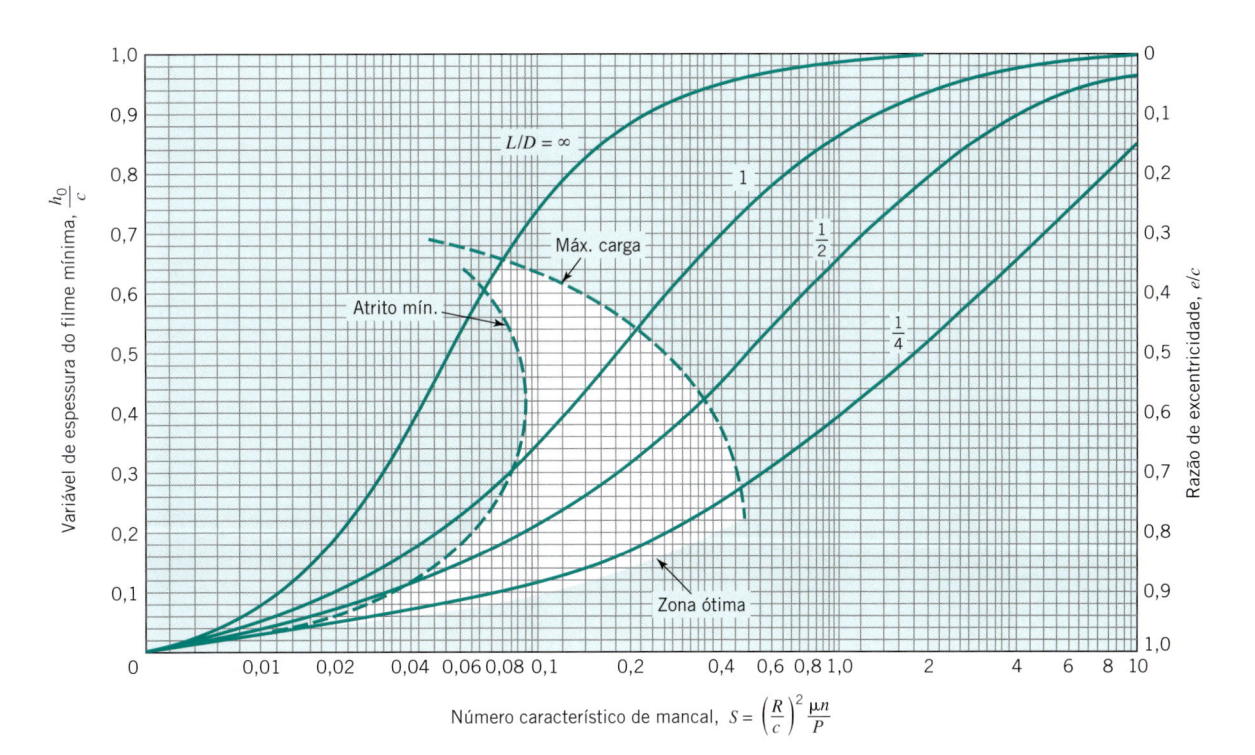

$$\text{Número característico de mancal, } S = \left(\frac{R}{c}\right)^2 \frac{\mu n}{P}$$

FIGURA 13.13 Carta para a variável espessura do filme mínima [7].

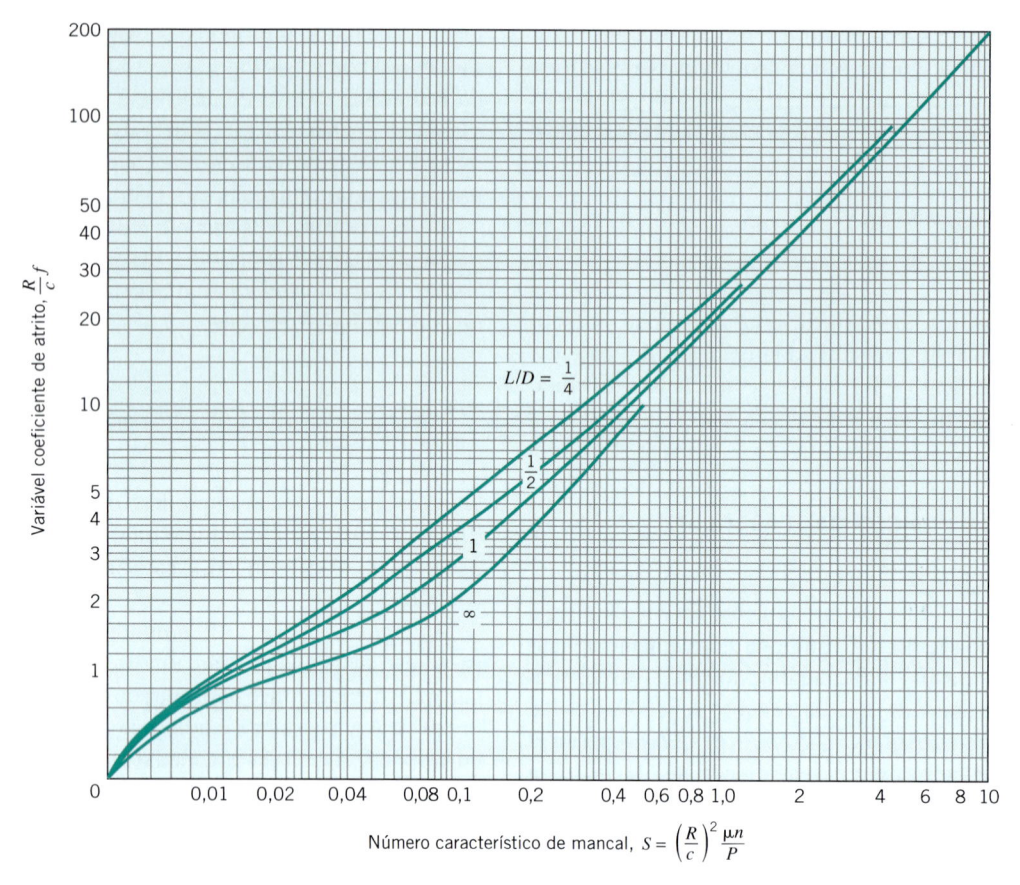

FIGURA 13.14 Carta para a variável coeficiente de atrito [7].

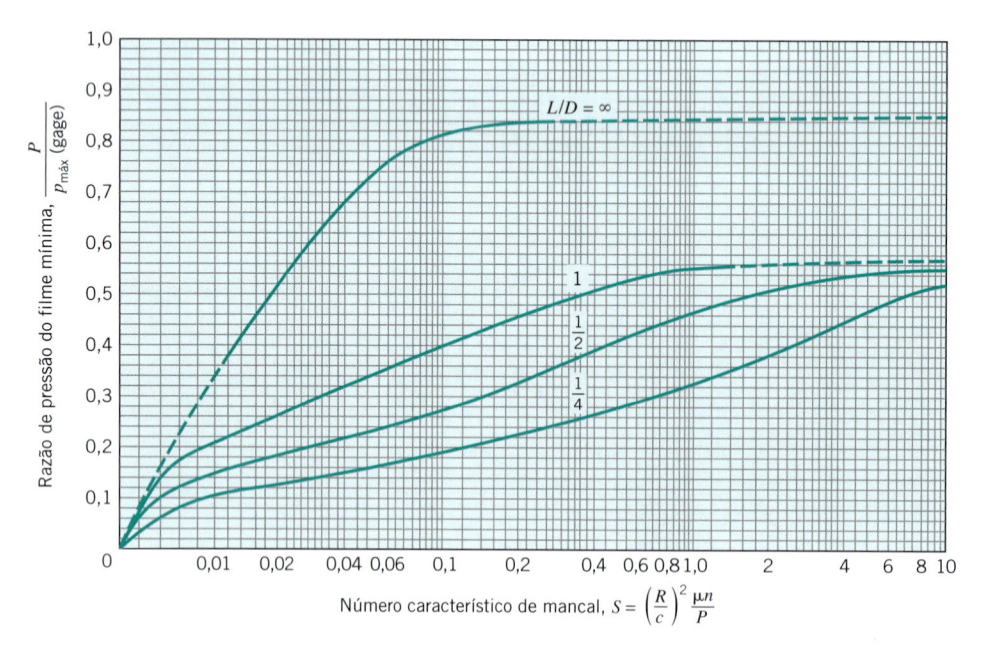

FIGURA 13.15 Carta para a determinação da pressão do filme máxima [7].

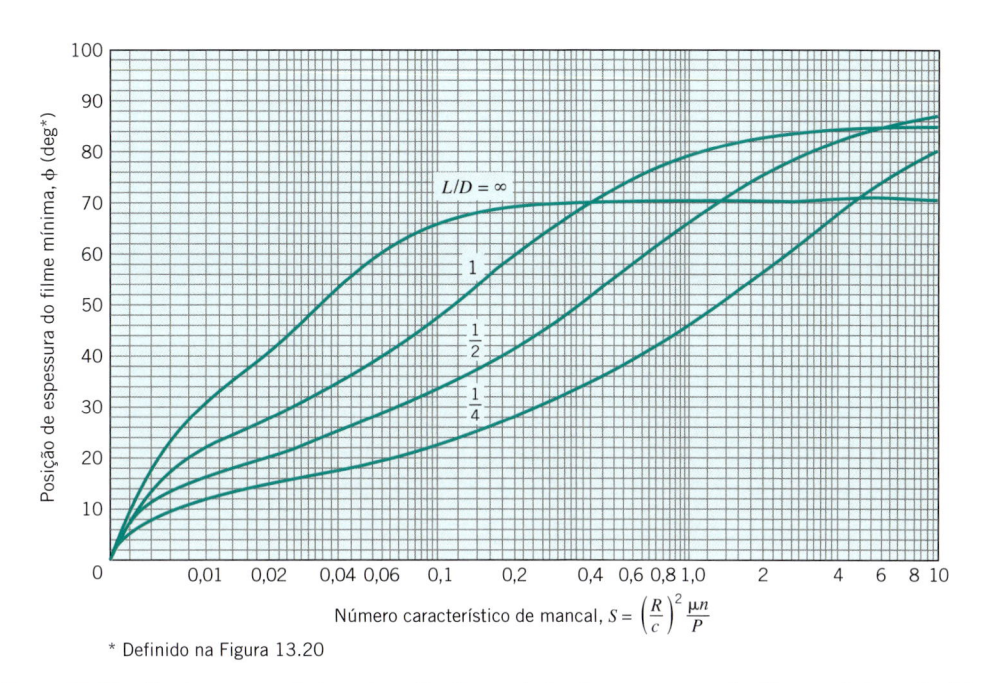

* Definido na Figura 13.20

Figura 13.16 Carta para a determinação da posição da espessura do filme mínima, h_0 [7].

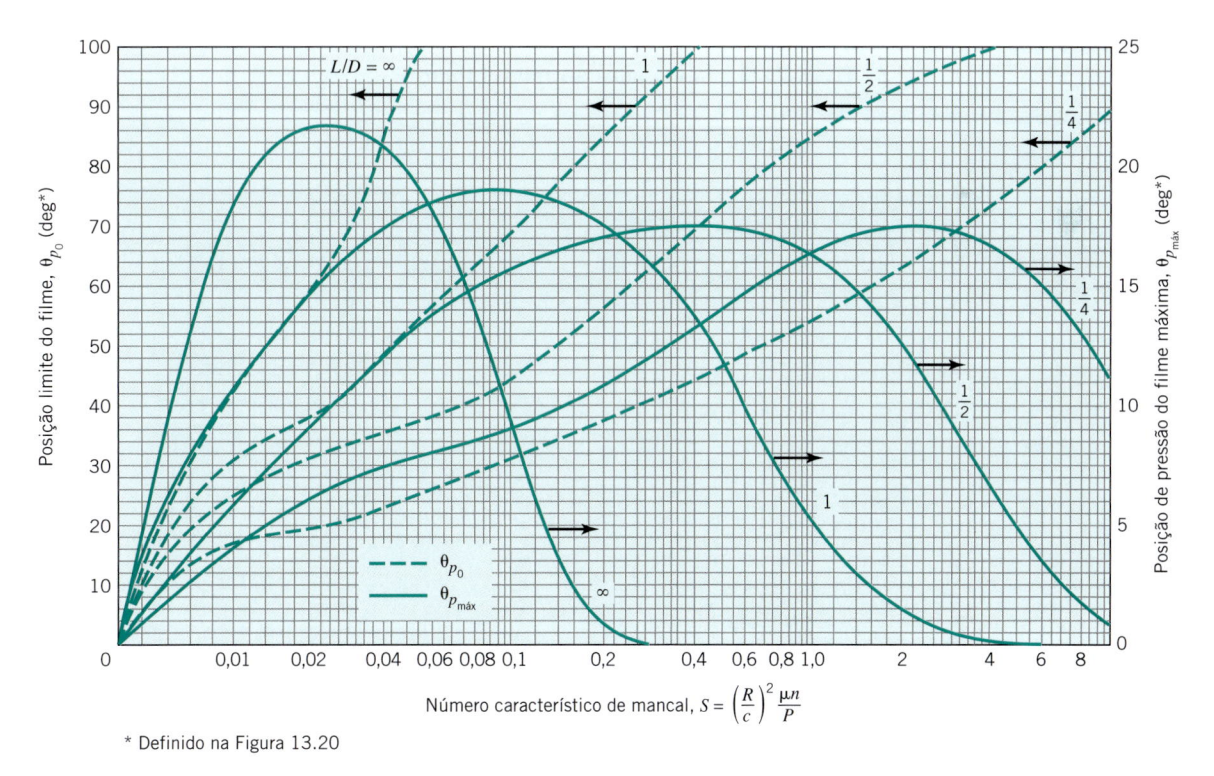

* Definido na Figura 13.20

Figura 13.17 Carta para as posições de pressão do filme máxima e de término do filme [7].

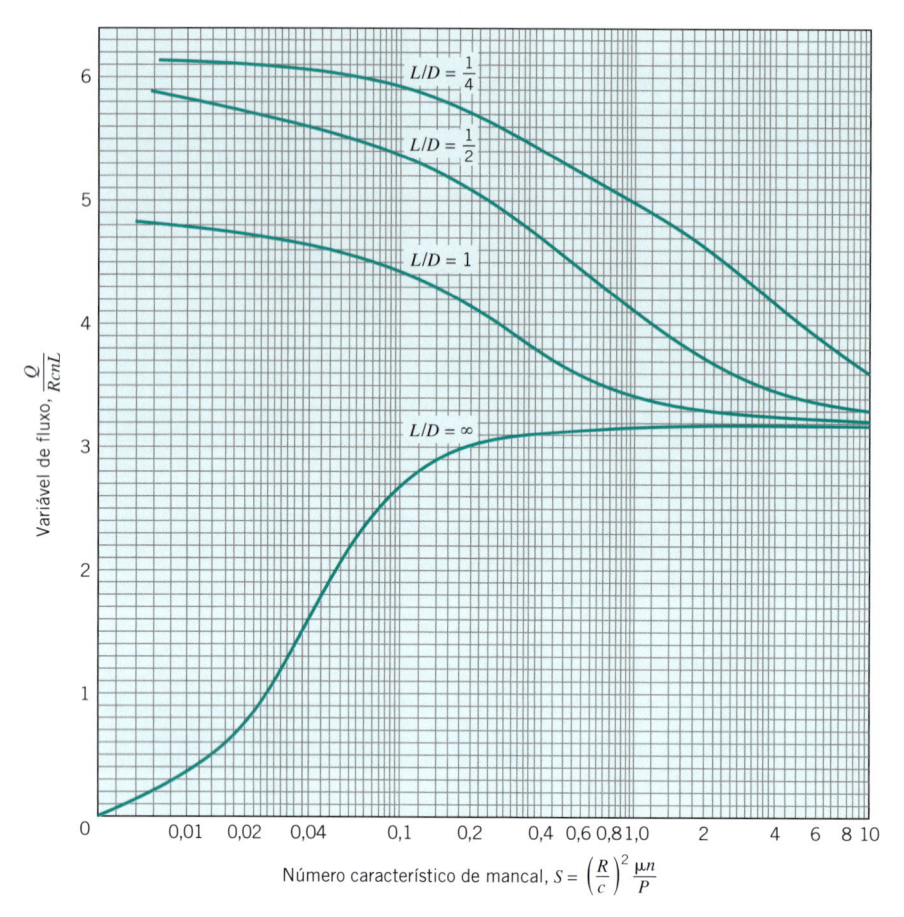

Figura 13.18 Carta para a variável fluxo [7].

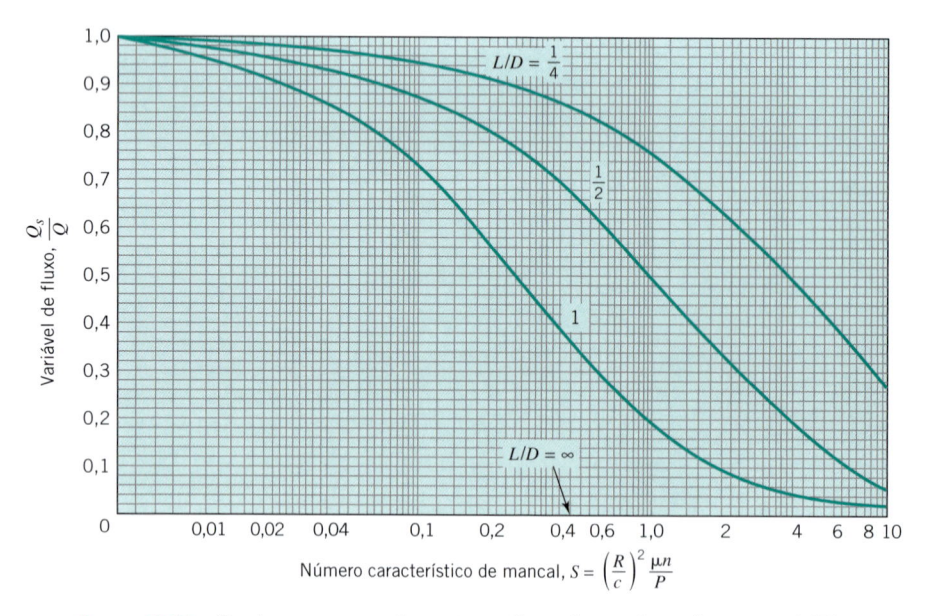

Figura 13.19 Carta para a razão entre o fluxo lateral e o fluxo total [7].

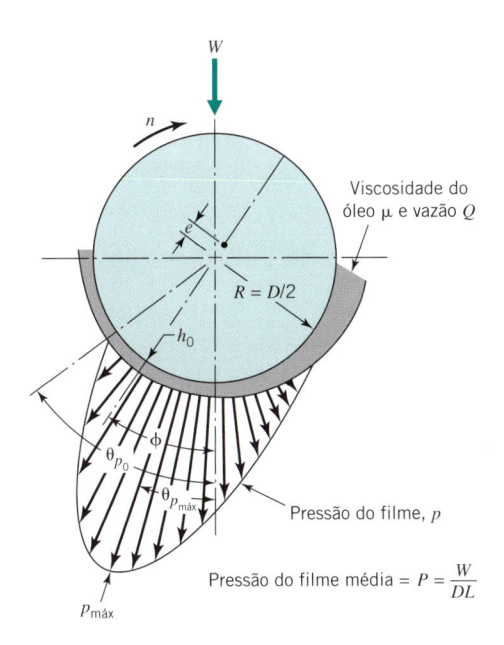

FIGURA 13.20 **Diagrama polar da distribuição da pressão do filme mostrando a notação utilizada.**

Os valores de quaisquer das variáveis de desempenho do mancal representadas nas Figuras 13.14 até 13.19 podem ser determinados para qualquer razão L/D superior a $\frac{1}{4}$ utilizando-se a seguinte equação de interpolação fornecida por Raimondi e Boyd [7],

$$y = \frac{1}{(L/D)^3}\left[-\frac{1}{8}\left(1 - \frac{L}{D}\right)\left(1 - \frac{2L}{D}\right)\left(1 - \frac{4L}{D}\right)y_\infty\right.$$

$$+ \frac{1}{3}\left(1 - \frac{2L}{D}\right)\left(1 - \frac{4L}{D}\right)y_1$$

$$- \frac{1}{4}\left(1 - \frac{L}{D}\right)\left(1 - \frac{4L}{D}\right)y_{1/2}$$

$$\left. + \frac{1}{24}\left(1 - \frac{L}{D}\right)\left(1 - \frac{2L}{D}\right)y_{1/4}\right]$$

(13.12)

em que y é a variável de desempenho desejada para qualquer razão L/D superior a $\frac{1}{4}$ e y_∞, y_1, $y_{1/2}$ e $y_{1/4}$ são os valores daquela variável para os mancais com razão L/D de ∞, 1, $\frac{1}{2}$ e $\frac{1}{4}$, respectivamente.

PROBLEMA RESOLVIDO 13.3 Mancal de Deslizamento Lubrificado por Óleo

Um mancal de deslizamento (Figura 13.21) de 2 in de diâmetro, 1 in de comprimento e 0,0015 in de folga radial suporta uma carga constante de 1000 lbf quando o eixo gira a 3000 rpm. Ele é lubrificado pelo óleo SAE 20, fornecido à pressão atmosférica. A temperatura média estimada do filme de óleo é de 130°F.

Utilizando as cartas de Raimondi-Boyd, estime a espessura do filme de óleo mínima, o coeficiente de atrito do mancal, a

pressão máxima no filme de óleo, os ângulos ϕ, $\theta_{p\text{máx}}$ e θ_{p0}, e a vazão de óleo total através do mancal; a fração desta vazão que representa o fluxo de óleo recirculado; e a fração do novo fluxo que deve ser introduzida para compensar o vazamento lateral.

SOLUÇÃO

Conhecido: Um mancal lubrificado por óleo, de comprimento, diâmetro e folga radial conhecidos, suporta um eixo com rotação e carga radial também conhecidos.

A Ser Determinado Determine a espessura do filme de óleo mínima, o coeficiente de atrito do mancal, a pressão máxima no filme de óleo, os ângulos ϕ, $\theta_{p\text{máx}}$ e θ_{p0}, a vazão total de fluxo de óleo, a fração da vazão que representa o fluxo de óleo recirculado e a fração do novo fluxo que deve ser introduzida para repor o óleo perdido por vazamento lateral.

Esquemas e Dados Fornecidos: Veja a Figura 13.21.

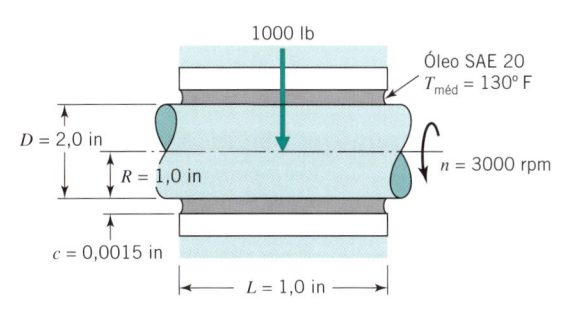

FIGURA 13.21 **Mancal de deslizamento para o Problema Resolvido 13.3.**

Hipóteses:

1. As condições do mancal são de regime permanente, com uma carga radial de valor e direção constantes.

2. O lubrificante é fornecido ao mancal à pressão atmosférica.

3. A influência de qualquer furo de entrada de óleo ou ranhuras na vazão de óleo é desprezível.

4. A viscosidade é admitida como constante e correspondente à média do fluxo de óleo que entra ou sai do mancal.

Análise:

1. Pelos dados fornecidos, $D = 2$ in, $R = 1$ in, $L = 1$ in, $c = 0,0015$ in, $n = 50$ rps e $W = 1000$ lbf.

2. $P = \dfrac{W}{LD} = \dfrac{1000}{(1)(2)} = 500$ psi

   $\mu = 4 \times 10^{-6}$ reyn   (Figura 13.6)

   $S = \left(\dfrac{R}{c}\right)^2\left(\dfrac{\mu n}{P}\right) = \left(\dfrac{1}{0,0015}\right)^2\dfrac{(4 \times 10^{-6})(50)}{500} = 0,18$

3. Utilize $S = 0,18$ e $L/D = 0,5$ como entrada em todas as cartas e use as unidades de polegada, libra força e segundos de forma consistente. Da Figura 13.13, $h_0/c = 0,3$, logo $h_0 = 0,00045$ in. (Note que esse mancal está na "faixa ótima" — mais informações sobre isso e sobre os valores aceitá-

veis de h_0 podem ser encontradas no Problema Resolvido 13.4, Seção 13.13.)

Da Figura 13.14, $(R/c)f = 5{,}4$, logo, $f = 0{,}008$.

Da Figura 13.15, $P/p_{máx} = 0{,}32$, logo, $p_{máx} = 1562$ psi.

Da Figura 13.16, $\phi = 40^\circ$.

Da Figura 13.17, $\theta_{p0} = 54^\circ$ e $\theta_{pmáx} = 16{,}9^\circ$.

Da Figura 13.18, $Q/RcnL = 5{,}15$, logo, $Q = 0{,}39$ in³/s.

Da Figura 13.19, $Q_s/Q = 0{,}81$, assim o vazamento lateral que deve ser completado por um "novo" óleo representa 81 % do fluxo; os 19 % remanescentes são recirculados.

Comentário: É importante lembrar que a análise aqui desenvolvida utilizando as cartas de Raimondi e Boyd aplica-se apenas à operação em regime permanente com uma carga de valor e direção constantes. Os mancais sujeitos a cargas flutuantes rápidas (como nos mancais do virabrequim dos motores à combustão) podem suportar *muito* mais os picos instantâneos de carga do que os indicados pela análise em regime permanente, uma vez que não há *tempo* suficiente para que o filme de óleo seja comprimido antes da carga ser reduzida. Esta ocorrência é algumas vezes chamada de *fenômeno de esmagamento do filme*. Ele causa um aparente "enrijecimento" do filme de óleo à medida que for ficando ainda mais fino. O efeito de compressão do filme é o mecanismo de lubrificação principal nos mancais de pino de pistão sujeitos a pulsos (mostrado na Figura 13.25), onde o movimento relativo é oscilatório ao longo de um pequeno ângulo.

Um problema algumas vezes encontrado nos mancais de alta velocidade, sujeitos a cargas leves é uma *instabilidade dinâmica*, que faz com que o centro do munhão orbite em relação ao centro geométrico do mancal. Esse "rodopio" do eixo pode iniciar uma vibração destrutiva, geralmente a uma frequência de cerca de metade da velocidade de rotação. Veja as referências [2, 11, 12]. Uma forma de tratar esse problema é apoiar o eixo em *mancais com superfícies inclinadas*.[7] Esses mancais são frequentemente utilizados em turbomáquinas.

13.10 Suprimento de Lubrificante

A análise hidrodinâmica precedente admite que o óleo está disponível para fluir para o interior do mancal pelo menos tão rápido quanto ele vaza pelas extremidades. Os principais métodos de suprimento desse óleo são descritos brevemente a seguir. Veja a referência [4] e outras para informações adicionais.

Anel Lubrificador   O anel lubrificador mostrado na Figura 13.22 é usualmente cerca de uma vez e meia a duas vezes maior que o diâmetro do munhão ao qual ele está apoiado. À medida que o eixo gira, o anel leva o óleo para a parte superior do munhão. Note que a bucha do mancal deve possuir um entalhe no topo para permitir que esse óleo seja mantido diretamente sobre o munhão. Se a carga atuante no mancal atua basicamente de cima para baixo, a remoção de parte da área da região superior do mancal não será prejudicial. A experiência tem mostrado que os anéis lubrificadores são muito efetivos. Algumas vezes um colar é substituído pelo anel.

Colar Lubrificador   Um arranjo um tanto similar ao anterior utiliza um colar rígido fixado ao eixo que mergulha em um

---

[7]A Seção 13.15 contém uma breve discussão sobre mancais de escora com superfícies inclinadas. Os mancais de deslizamento com superfícies inclinadas são similares.

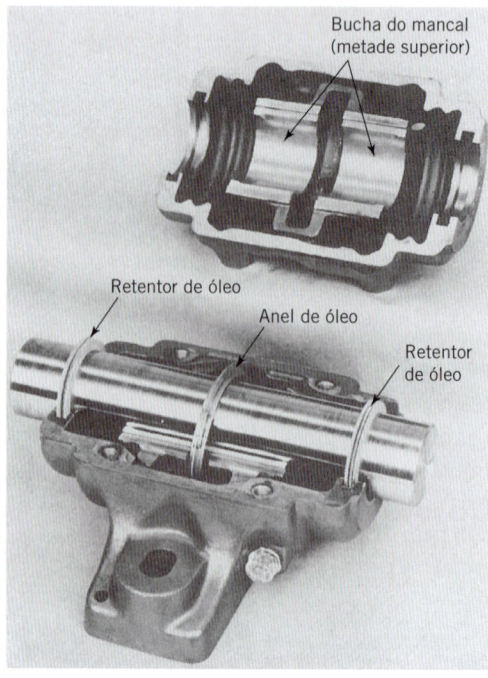

reservatório de óleo em sua parte inferior. O colar carrega óleo para a região superior, onde ele é lançado em um pequeno reservatório superior em cada lado do colar. Dali o óleo flui por gravidade, através de furos, para a superfície do mancal.

Lubrificação de Esguicho Em algumas máquinas, o óleo é esguichado por componentes que se movimentam rapidamente e pode ser canalizado para pequenos reservatórios acima dos mancais. Além disso, pequenas "pás de óleo" nos componentes giratórios também podem imergir no reservatório de óleo principal e assim captar o óleo que flui para os mancais. Alguns leitores reconhecerão este como o método de lubrificação utilizado nos primeiros motores à combustão dos automóveis.

Banho de Óleo O termo banho de óleo usualmente se refere ao óleo que está sendo suprido em virtude do munhão estar parcialmente submerso no reservatório de óleo; como é o caso do mancal parcial utilizado em equipamentos ferroviários mostrado na Figura 13.10. Deve-se tomar cuidado com a lubrificação por banho de óleo para evitar a geração de turbulência excessiva e agitando um volume significativo de óleo, causando assim perdas excessivas por atrito viscoso e a possibilidade da formação de espuma do lubrificante.

Orifícios e Ranhuras para Óleo A Figura 13.23 mostra uma ranhura axial utilizada para distribuir o óleo na direção axial. O óleo entra na ranhura através de um orifício para óleo e flui tanto por efeito da gravidade quanto sob pressão. Em geral, tais ranhuras não podem ser usinadas nas áreas sujeitas ao carregamento, pois a pressão hidrodinâmica diminui para valores próximos à zero nas ranhuras. Esta característica é ilustrada na Figura 13.24, onde a ranhura circunferencial divide o mancal em duas metades, cada uma tendo uma razão L/D um pouco menor do que a metade desta relação para o mancal sem a ranhura.

O desenvolvimento dos padrões de ranhuras para uma distribuição adequada do óleo sobre toda a área do mancal sem perturbar a distribuição da pressão hidrodinâmica pode ser o principal problema a ser resolvido em algumas aplicações.

Bomba de Óleo O procedimento mais positivo de suprimento de óleo é através de uma bomba de óleo. A Figura 13.25 mostra o sistema de alimentação de lubrificação pressurizada de um motor à combustão de pistões ou de um compressor. O óleo alimentado pela bomba preenche as ranhuras circunferenciais dos mancais principais. Os furos realizados no virabrequim conduzem o óleo destas ranhuras para os mancais da biela. Ranhuras circunferenciais nos mancais da biela se ligam a furos raiados na biela que conduzem o lubrificante até os pinos dos pistões. Na maioria dos motores de automóveis as passagens

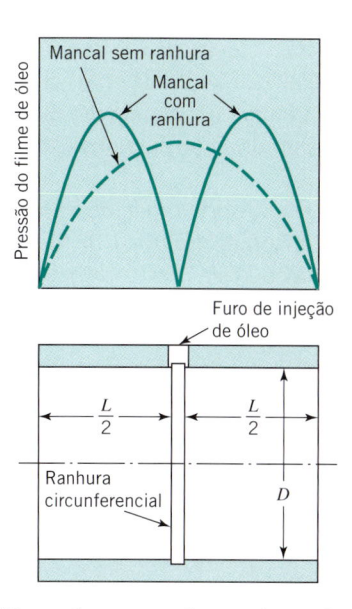

FIGURA 13.24 Mancal com ranhura circunferencial, mostrando o efeito na distribuição de pressão.

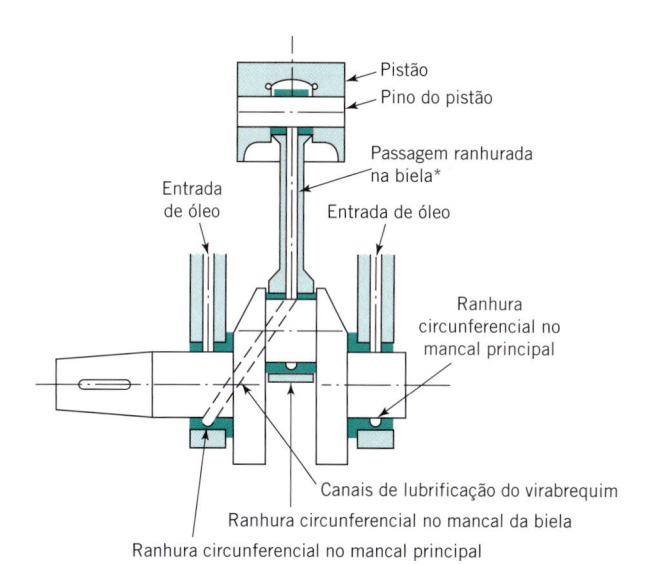

FIGURA 13.25 Passagens de óleo em um motor de pistões ou um compressor.

dos furos raiados na biela são eliminadas e os pinos de pistões são lubrificados por esguicho. Esse processo é menos caro e tem-se provado totalmente efetivo.

13.11 Dissipação de Calor e Temperatura de Equilíbrio do Filme de Óleo

Sob condições de equilíbrio, a taxa na qual o calor é gerado dentro de um mancal é igual à taxa na qual o calor é dissipado. É fundamental que a temperatura do filme de óleo na qual ocorre esse equilíbrio seja satisfatória. Temperaturas até 71°C (160°F) são comumente utilizadas; em geral, temperaturas acima de 93°C até 121°C (200°F até 250°F) não são satisfató-

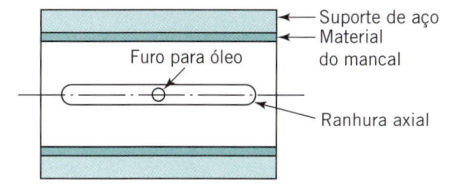

FIGURA 13.23 Mancal com entalhe axial.

rias devido à possível deterioração dos lubrificantes derivados de petróleo e ao dano de alguns materiais comumente utilizados em mancais. (Lembre-se, a temperatura máxima do filme de óleo pode ser significativamente mais alta que a temperatura média.)

A potência de atrito absorvida por um mancal é prontamente calculada a partir do torque de atrito e da rotação do eixo (veja as Eqs. 1.1 e 1.2). A parcela dessa potência (calor) dissipada pelo óleo é igual ao produto da vazão (Q_s) pelo aumento da temperatura do óleo (temperatura externa menos temperatura interna do mancal), e pelo *calor específico volumétrico cρ* (calor específico multiplicado pela massa específica). Para os óleos derivados do petróleo a temperaturas normais de operação dos mancais, os valores aproximados são

$$c\rho = 1,36 \frac{MPa}{°C}$$
$$= 110 \frac{lb}{in^2 °F}$$

O aumento da temperatura do óleo pode também ser estimado utilizando as cartas desenvolvidas por Raimondi e Boyd [7].

A temperatura do óleo na condição de equilíbrio térmico depende da efetividade com a qual o calor é transferido para o ambiente externo. Para mancais autocontidos, como aqueles que utilizam um anel lubrificador, um colar lubrificador ou um banho de óleo, o cálculo da temperatura média do filme de óleo é usualmente um processo grosseiro, e dados experimentais relativos às condições reais de operação devem ser obtidos para aplicações próximas a serem críticas em relação a um possível superaquecimento. Para uma estimativa grosseira, aplica-se a equação

$$H = CA(t_o - t_a) \tag{13.13}$$

da qual

$$t_o = t_a + \frac{H}{CA} \tag{13.14}$$

em que

H = taxa temporal de dissipação de calor (watts)
C = coeficiente de transferência de calor global (watts por hora por metro quadrado por grau centígrado)
A = área da superfície exposta da carcaça (metros quadrados)
t_o = temperatura média do filme de óleo (°C)
t_a = temperatura do ar na vizinhança da carcaça (°C).

Os valores de C para algumas condições representativas são fornecidas na Tabela 13.1. Os valores de A para os mancais pedestais com casquilhos separados, como o mostrado na Figura 13.22, são algumas vezes estimados como 20 vezes a área projetada do mancal (isto é, $20DL$). Novamente, o leitor deve ficar atento ao fato de que os valores de t_o calculados a partir desses valores podem diferir consideravelmente daqueles experimentais em uma instalação específica.

TABELA 13.1 Estimativas Grosseiras do Coeficiente de Transferência de Calor *C* para Mancais Autocontidos

Tipo de mancal	C, W/(m² · °C)[Btu/(h · ft² · °F)]ᵃ		
	Ar sem circulação	Circulação de ar média	Ar movendo-se a 500 fpm
Anel de óleo ou colar de óleo	7,4 (1,3)	8,5 (1,5)	11,3 (2,0)
Banho de óleo	9,6 (1,7)	11,3 (2,0)	17,0 (3,0)

ᵃBtu é equivalente a 778 ft · lbf.

13.12 Materiais para Mancais

Com uma lubrificação por *filme espesso*, qualquer material com resistência compressiva suficiente e superfície lisa poderia ser um material de mancal adequado. O aço, por exemplo, poderia ser um bom material. Porém, durante a partida e a parada, esses mancais ficam sujeitos a uma lubrificação por *filme fino*, e o munhão (usualmente de aço) seria danificado, a menos que o material do mancal resistisse ao engripamento e à soldagem com o material do munhão. Além disso, quaisquer partículas estranhas maiores que h_0 que estivessem presentes no óleo danificariam a superfície do munhão, a não ser que estas pudessem ser envolvidas em um material relativamente macio do mancal. Assim, as seguintes propriedades são importantes para os materiais dos mancais.

1. *Propriedades mecânicas. Conformabilidade* (baixo módulo de elasticidade) e *deformabilidade* (fluxo plástico) para aliviar as altas pressões locais causadas pelo desalinhamento e deflexão do eixo; *embutibilidade* ou *capacidade de indentação*, para permitir que pequenas partículas estranhas fiquem seguramente envolvidas no material, protegendo, assim, o eixo; e *baixa resistência ao cisalhamento*, para facilitar o alisamento das asperezas superficiais. Ao mesmo tempo o material deve possuir *resistência à compressão* e *resistência à fadiga* suficientes para suportar a carga e resistir à flexão repetida que acompanha o carregamento cíclico (como nos mancais dos motores à combustão) — e os materiais dos mancais devem possuir estas propriedades nas temperaturas de operação da máquina.

2. *Propriedades térmicas. Condutividade térmica* para dissipar o calor das regiões localizadas de contato metal-metal durante a partida e do filme lubrificante durante a operação normal; *coeficiente de expansão térmica* não muito diferente do material do suporte do mancal e do munhão.

3. *Propriedades metalúrgicas. Compatibilidade* com o material do munhão, para resistência ao risco, à soldagem e ao engripamento.

4. *Propriedades químicas. Resistência à corrosão* aos ácidos que podem formar-se durante a oxidação do lubrificante e por contaminações externas (como os gases de escapamento do motor à combustão).

Os materiais mais comuns para mancais são os *babbitts*, tanto à base de estanho (89 % Sn, 8 % Pb e 3 % Cu) quanto à base de chumbo (75 % Pb, 15 % Sb e 10 % Sn), e as *ligas de cobre*, principalmente cobre-chumbo, chumbo-bronze, estanho-bronze e alumínio-bronze. O alumínio e a prata também são bastante utilizados. Os babbitts são insuperáveis em conformabilidade e embutibilidade, porém possuem resistência à compressão e à fadiga relativamente baixas, particularmente acima de cerca de 77°C (170°F). Os babbitts raramente podem ser utilizados acima de aproximadamente 121°C (250°F).

Uma camada superficial metálica de material de mancais geralmente é aplicada a uma casca fina de aço. Nos mancais de babbitt, a deformação de flexão da casca é independente da espessura do revestimento de babbitt; a resistência à fadiga é mais alta quando o revestimento de babbitt é muito fino — da ordem de 0,5 mm (0,020 in) para mancais convencionais e 0,13 mm (0,005 in) para os mancais principais e de biela nos motores automotivos, com os últimos apresentando uma maior resistência à fadiga. Algumas vezes, uma fina cobertura de babbitt (cerca de 0,025 mm, ou 0,001 in) é adicionada aos mancais fabricados de outros materiais de modo a combinar a maior capacidade de suportar cargas do outro material com as características de superfície mais desejáveis do babbitt.

A borracha e outros elastômeros são bons materiais para os mancais para aplicações como eixos propulsores de navios que operam submersos. Esses mancais são usualmente estriados e retidos por uma casca metálica. O fluxo de água através do mancal permite que a areia e pequenas partículas sejam eliminadas com um dano mínimo.

13.13 Projeto de Mancais Hidrodinâmicos

O Problema Resolvido 13.3, na Seção 13.9, ilustrou uma *análise* de um dado mancal hidrodinâmico. O *projeto* de um mancal de tal tipo requer procedimentos consideravelmente mais elaborados, que necessitam de todo o conhecimento apresentado neste capítulo até agora, além de uma orientação empírica como a descrita a seguir. (Como no caso do projeto de muitos componentes de máquina, apenas o material básico pode ser incluído neste texto, existindo ainda muito a ser aprendido na literatura específica referente ao projeto de mancais.)

Carregamento unitário. A Tabela 13.2 resume os valores representativos comumente utilizados. Observe a dramática influência do fenômeno de esmagamento do filme, mencionado na conclusão da Seção 13.9. Como o pico das cargas aplicadas aos mancais de um motor é de curta duração, as correspondentes pressões atuantes nos mancais podem ser da ordem de dez vezes os valores utilizados nas aplicações em que as cargas são constantes.

Razões L/D dos mancais. Atualmente, as razões entre 0,25 e 0,75 são as mais utilizadas, e nos casos de máquinas mais antigas a média dessa razão é próxima da unidade. Razões maiores (mancais maiores) correspondem a menos vazamento nas extremidades e a uma necessidade reduzida de fluxo de óleo; assim, razões maiores implicam o aumento da temperatura do óleo. Mancais curtos são menos suscetíveis ao carregamento indesejável de borda causado pela deflexão e pelo desalinhamento do eixo. Em geral, o diâmetro

TABELA 13.2 Capacidade de Cargas Unitárias Representativas em Buchas na Prática Corrente

Aplicação	Capacidade de carga unitária, $P = W_{máx}/LD$	
	MPa	psi
Cargas relativamente constantes		
Motores elétricos	0,8–1,5	120–250
Turbinas à vapor	1,0–2,0	150–300
Redutores de engrenagens	0,8–1,5	120–250
Bombas centrífugas	0,6–1,2	100–180
Cargas flutuantes rápidas		
Motores a diesel		
Mancais principais	6–12	900–1700
Mancais de conexão de bielas	8–15	1150–2300
Motores a gasolina automotivos		
Mancais principais	4–5	600–750
Mancais de conexão de bielas	10–15	1700–2300

do eixo é determinado pelos requisitos de resistência e deflexões, e o comprimento do mancal é determinado de modo a propiciar uma capacidade adequada ao mancal.

Valores aceitáveis de h_0. A menor espessura do filme de óleo aceitável, h_0, depende do acabamento superficial. Diversas recomendações empíricas são encontradas na literatura. Por exemplo, Trumpler [12] sugere a relação

$$h_0 \cong 0,0002 + 0,00004D \quad (h_0 \text{ e } D \text{ em polegadas})$$
$$\text{ou} \qquad\qquad\qquad\qquad\qquad\qquad\qquad\qquad \textbf{(13.15)}$$
$$\cong 0,005 + 0,00004D \quad (h_0 \text{ e } D \text{ em milímetros})$$

Essa equação deve ser utilizada com um fator de segurança apropriado aplicado à carga. Trumpler sugere $FS = 2$ para cargas constantes que possam ser avaliadas com razoável precisão. Além disso, a Eq. 13.15 é aplicável apenas a mancais que possuam uma superfície de munhão finamente polida, cuja rugosidade pico-vale não seja superior a 0,005 mm, ou 0,0002 in; que possua bons padrões de precisão geométrica — dimensões circunferenciais sem ovalização, sem conicidades axiais e sem ondulações, tanto circunferenciais quando axiais; e que atendam a bons padrões de limpeza de óleo.

Para os mancais sujeitos a cargas de flutuantes rápidas (como nos mancais dos motores), os cálculos simplificados com base na hipótese de que os picos de carga permanecem constantes podem fornecer valores calculados de h_0 da ordem de um terço dos valores reais. Esse fato deve ser levado em conta ao se utilizar critérios empíricos como os da Eq. 13.15. Cálculos mais realísticos para tais mancais consideram o fenômeno de esmagamento do filme de óleo e estão além do escopo deste livro.

Razões de folga (c/R, ou 2c/D). No caso de mancais de precisão, com diâmetros de munhão entre 25 e 150 mm, a razão c/R é usualmente da ordem de 0,001. Para os mancais menos precisos, esta razão tende a ser maior — até cerca de 0,002 para mancais de máquinas de uso geral e até 0,004 para máquinas de serviço pesado. Em qualquer projeto específico a razão de folga situa-se em uma faixa de valores, dependendo das tolerâncias adotadas para o munhão e para o diâmetro do mancal.

Listam-se a seguir alguns fatores importantes a serem considerados no projeto de um mancal com lubrificação hidrodinâmica.

1. A espessura do filme de óleo mínima deve ser suficiente para garantir a lubrificação de filme espesso. Utilize a Eq. 13.15 como referência e leve em consideração o acabamento superficial e a flutuação da carga.

2. O atrito deve ser tão baixo quanto possível, consistente com uma espessura adequada de filme de óleo. Tente manter a operação do mancal na "região ótima" da Figura 13.13.

3. Assegure-se que um *suprimento adequado* de óleo *limpo* e *suficientemente resfriado* esteja sempre disponível na entrada do mancal. Esta condição pode requerer uma alimentação forçada, a provisão de esfriamento especial, ou ambos.

4. Assegure-se de que a temperatura máxima do óleo é aceitável (geralmente abaixo da faixa de 93°C até 121°C, ou 200°F até 250°F).

5. Assegure-se de que o óleo admitido no mancal seja distribuído ao longo de todo o seu comprimento. Esta condição pode exigir que ranhuras sejam realizadas no mancal. Se assim for, as ranhuras devem situar-se longe das áreas onde o carregamento é mais alto.

6. Selecione um material adequado para o mancal de modo a propiciar resistência suficiente na temperatura de operação, conformabilidade e embutibilidade suficientes, e resistência à corrosão adequada.

7. Verifique o projeto global relativo ao desalinhamento e às deflexões do eixo. Se forem excessivos, mesmo um projeto de mancal adequado apresentará problemas.

8. Verifique as cargas do mancal e o tempo gasto durante a partida e a parada do sistema. As pressões desenvolvidas durante esses períodos deverão preferivelmente ser inferiores a 2 MPa, ou 300 psi. Se houver longos períodos de tempo com operações a baixa velocidade, os requisitos de lubrificação por filme fino devem ser considerados (Seção 13.14).

9. Assegure-se de que o projeto é satisfatório para todas as combinações razoavelmente previstas de folga e de viscosidade do óleo. A folga durante a operação será influenciada pela expansão térmica e por eventuais desgastes. A temperatura do óleo e, portanto, a viscosidade são influenciadas por fatores térmicos (temperatura do ar ambiente, circulação de ar etc.) e por possíveis alterações do óleo com o tempo. Além disso, o usuário pode alimentar o sistema com um óleo de grau mais leve ou mais pesado do que o especificado.

PROBLEMA RESOLVIDO 13.4P Projeto de um Mancal Deslizante Lubrificado por Óleo

Um mancal deslizante (Figura 13.26), de um rotor de turbina a vapor de 1800 rpm, suporta uma carga gravitacional cons-

---

tante de 17 kN. O diâmetro do munhão foi estabelecido como 150 mm, de modo a propiciar rigidez suficiente ao eixo. Um sistema de lubrificação com alimentação forçada fornecerá óleo SAE 10, controlado para uma temperatura média do filme de 82°C. Determine uma combinação possível para o comprimento e a folga radial do mancal. Determine também os valores correspondentes do coeficiente de atrito, da perda de potência por atrito, da vazão de óleo que vai para e que vem do mancal, e do aumento da temperatura do óleo através do mancal.

SOLUÇÃO

Conhecido: Um mancal lubrificado a óleo de diâmetro fornecido suporta o eixo do rotor de uma turbina a vapor com velocidade de rotação e carga radial conhecidas.

A Ser Determinado: Determine o comprimento e a folga radial do mancal. Estime também os valores correspondentes do coeficiente de atrito, da perda de potência por atrito, das vazões do óleo e do aumento de temperatura do óleo.

Esquemas e Dados Fornecidos:

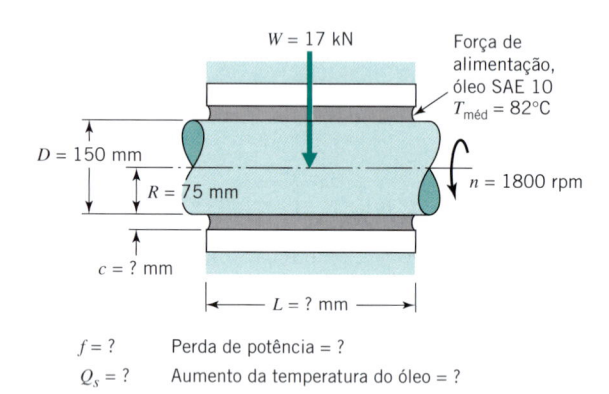

$$f = ? \qquad \text{Perda de potência} = ?$$
$$Q_s = ? \qquad \text{Aumento da temperatura do óleo} = ?$$

FIGURA 13.26 **Mancal de deslizamento do Problema Resolvido 13.4.**

Decisões e Hipóteses:

1. A partir da faixa de 1 a 2 MPa para as cargas unitárias representativas na bucha fornecida para os mancais de turbinas a vapor na Tabela 13.2, selecione arbitrariamente a carga unitária $P = 1,6$ MPa.

2. Os parâmetros do mancal são selecionados para a faixa ótima de operação.

3. As condições de operação do mancal é a de regime estacionário com uma força radial de valor e direção constantes.

4. O lubrificante é fornecido ao mancal a pressão atmosférica.

5. A influência da vazão de qualquer furo de alimentação de óleo ou ranhura é desprezível.

6. A viscosidade é constante e corresponde à temperatura média entre o óleo que flui para e do mancal.

7. O calor total gerado no mancal é dissipado pelo óleo.

Análise do Projeto:

1. Com base na decisão 1, em que $P = 1,6$ MPa, $L = 17.000$ N/[(1,6 mPa)(150 mm)] $= 70,83$ mm. Arbitrariamente, arredonda-se o valor para cima, para $L = 75$ mm, para fornecer uma razão $L/D = \frac{1}{2}$ para o uso conveniente das cartas de Raimondi e Boyd. (Nota-se que a razão L/D de $\frac{1}{2}$ é compatível com a prática corrente utilizada em mancais de turbinas.) Com $L = 75$ mm, o valor de P pode ser calculado como 1,511 MPa.

2. A Figura 13.13 mostra que para $L/D = \frac{1}{2}$, a faixa ótima de operação está entre $S = 0,037$ e $S = 0,35$. A Figura 13.6 fornece a viscosidade do óleo SAE 10 a 82°C como $6,3$ mPa · s. Substituindo os valores conhecidos (correspondentes aos limites da região ótima) na equação de S tem-se

$$S = \frac{\mu n}{P}\left(\frac{R}{c}\right)^2$$

$$0,037 = \frac{(6,3 \times 10^{-3}\ \text{Pa} \cdot \text{s})(30\ \text{rev/s})}{1,511 \times 10^6\ \text{Pa}}\left(\frac{75\ \text{mm}}{c\ \text{mm}}\right)^2$$

logo, $c = 0,138$ mm ($c/R = 0,00184$). Analogamente, para $S = 0,35$, $c = 0,0448$ mm ($c/R = 0,00060$). Observa-se que estas razões de folga são da ordem de 0,001 e, portanto, estão de acordo com as orientações fornecidas nesta seção.

3. Antes de se decidir sobre uma faixa de tolerância apropriada para a folga radial, deve-se calcular e representar graficamente as funções h_0, f, Q e Q_s, que dependem de c, estendendo-se o valor de c para ambos os lados da faixa ótima. Os valores da Tabela 13.3 são representados graficamente na Figura 13.27.

4. A Figura 13.27 parece indicar uma boa operação para o mancal em uma faixa de folga radial entre cerca de 0,04 e 0,15 mm, porém uma verificação deve ser feita com a Eq. 13.15:

$$h \geqq 0,005 + 0,00004(150) = 0,011\ \text{mm}$$

Pode-se comparar esse valor com a espessura mínima do filme calculada utilizando um fator de segurança de 2 aplicado à carga, e admitindo um "caso extremo" de $c = 0,15$ mm:

$$S = \frac{(6,3 \times 10^{-3})(30)}{(1,511 \times 10^6)(2)}\left(\frac{75}{0,15}\right)^2 = 0,0156$$

$$h_0/c = 0,06, \qquad h_0 = 0,009\ \text{mm}$$

Esse valor é menor que os 0,011 mm requeridos pela Eq. 13.15. Entretanto, a especificação inicial de uma temperatura média de 82°C para o filme de óleo foi um tanto quanto irreal e utilizada apenas com o objetivo de simplificar o problema. A alta vazão de óleo associada a $c = 0,15$ mm normalmente resultaria em uma temperatura do filme de óleo mais baixa (e, portanto, em viscosidades mais altas) que a obtida para folgas menores de mancais. Além disso, um grau "mais pesado" de óleo poderia ser especificado

quando o desgaste aumentar a folga do mancal. Um cálculo com o óleo SAE 20 (também a uma temperatura média do filme de 82°C) indica que a espessura de filme mínima com $c = 0,15$ mm e carga radial de duas vezes 17 kN seria de aproximadamente 0,012 mm.

5. Até esse ponto pode-se fazer um julgamento sobre as tolerâncias apropriadas entre os diâmetros do munhão e do mancal. A especificação desses diâmetros de modo a se obter uma faixa de folgas radiais entre 0,05 e 0,07 mm permitiria a ocorrência de um apreciável desgaste sem levar a operação do mancal além da "região ótima". O aumento das tolerâncias para prover uma faixa de folga entre 0,05 e 0,09 mm poderia favorecer uma fabricação mais econômica. Tolerâncias iniciais ligeiramente maiores, como na faixa de 0,08 a 0,11 mm, diminuiriam as perdas por atrito e fariam com que o mancal operasse a menores temperaturas.

6. Retornando às curvas de vazão de óleo da Figura 13.27, deve-se lembrar que estas admitem que o óleo está sempre disponível na entrada do mancal à *pressão atmosférica*; os fluxos calculados são gerados pelo próprio mancal. A bomba de óleo utilizada nesse sistema de alimentação forçada deve fornecer uma vazão igual ao vazamento pelas laterais, Q_s, exatamente para atender à demanda do mancal. O fornecimento de óleo ao mancal a pressões acima da atmosférica propiciará um aumento no fluxo. Como consequência, qualquer partícula de óleo em particular absorverá menos calor ao fluir através do mancal.

   Observe que a diferença entre duas das curvas de fluxo de óleo representa um fluxo circunferencial ou recirculado, e essa diferença varia de forma insignificante com a folga.

   A maior sensibilidade da vazão de óleo à folga radial sugere que o desgaste possa ser monitorado pela verificação da vazão a uma fonte de pressão constante (ou pela verificação da pressão da fonte de suprimento através de uma bomba de óleo de vazão constante).

7. A potência perdida por atrito para qualquer folga de operação pode ser calculada utilizando os valores do coeficiente de atrito da Tabela 13.3 ou da Figura 13.27. Um ponto de particular importância é que a maior perda está relacionada ao mancal com ajuste mais apertado. Para a faixa de folgas de interesse, isto ocorre para $c = 0,04$ mm, para a qual,

   Torque de atrito, $T_f = WfD/2$
   $$= (17.000\ \text{N})(0,0053)(0,150\ \text{m})/2$$
   $$= 6,76\ \text{N} \cdot \text{m}$$

   Pela Eq. 1.2,

   $$\text{Potência de atrito} = \frac{nT}{9549} = \frac{(1800)(6,76)}{9549} = 1,27\ \text{kW}$$

8. Conforme admitido, todo o calor gerado, de 1,27 kW, no mancal é dissipado pelo óleo, e esse óleo é fornecido ao mancal à pressão atmosférica (conservadora em relação a

TABELA 13.3 Valores para o Problema Resolvido 13.4

	c (mm)	S^a	h_0/c^b	h_0 (mm)	$\dfrac{R}{c}f^c$	f	$\dfrac{Q^d}{RcnL}$	Q (mm³/s)	Q_s/Q^e	Q_s (mm³/s)
	0,02	1,714	0,76	0,0152	36,0	0,0096	3,8	12,800	0,37	4,700
	0,03	0,762	0,59	0,0177	16,0	0,0064	4,3	21,800	0,56	12,200
	0,04	0,428	0,47	0,0188	10,0	0,0053	4,65	31,600	0,68	21,500
	0,0448	0,342	0,425	0,0190	8,7	0,0052	4,8	36,300	0,72	26,100
Zona ótima: (da Figura 13.13)	0,05	0,274	0,37	0,0185	7,3	0,0049	4,95	41,800	0,76	31,700
	0,07	0,140	0,26	0,0182	4,4	0,0041	5,25	62,000	0,84	52,100
	0,09	0,085	0,195	0,0176	3,1	0,0037	5,45	82,800	0,88	72,800
	0,11	0,057	0,15	0,0165	2,3	0,0034	5,55	103,000	0,91	93,800
	0,13	0,041	0,12	0,0156	1,9	0,0033	5,6	122,900	0,92	113,000
	0,138	0,036	0,11	0,0152	1,75	0,0032	5,65	131,600	0,93	122,400
	0,15	0,030	0,10	0,0150	1,6	0,0032	5,7	144,300	0,94	135,600
	0,18	0,021	0,08	0,0144	1,3	0,0031	5,75	174,700	0,95	165,900

$$^aS = \frac{\mu n}{P}\left(\frac{R}{c}\right)^2 = \frac{(6,3 \times 10^{-3}\ \text{Pa} \cdot \text{s})(30\ \text{rev/s})}{1,551 \times 10^6\ \text{Pa}}\left(\frac{75\ \text{mm}}{c\ \text{mm}}\right)^2 = \frac{6,8544 \times 10^{-4}}{c^2}.$$

^{b}Da Figura 13.13.
^{c}Da Figura 13.14.
^{d}Da Figura 13.18.
^{e}Da Figura 13.19.

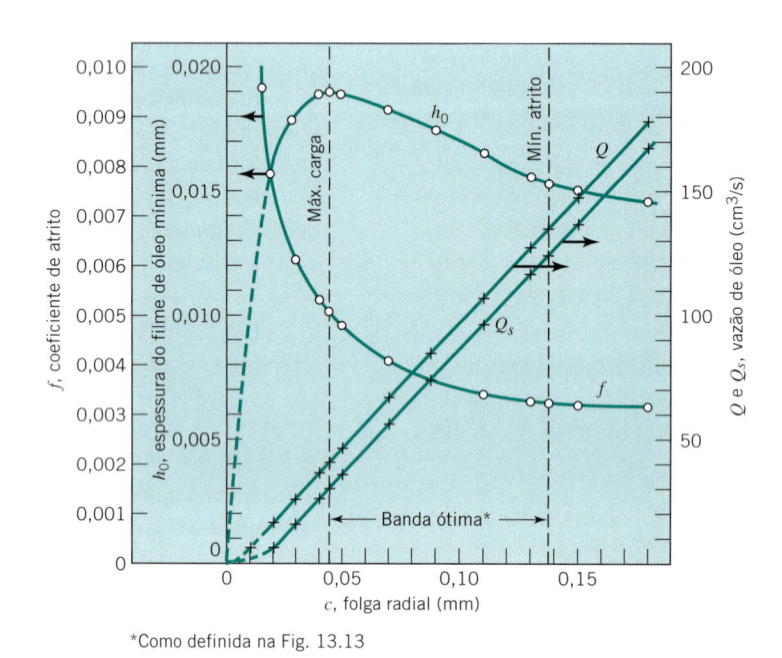

*Como definida na Fig. 13.13

FIGURA 13.27 Problema Resolvido 13.4. Variação de h_0, f, Q e Q_s com c (μ, n, L, D e W mantidos constantes).

um sistema com alimentação forçada). O aumento de temperatura do óleo ao fluir através do mancal será, então

$$\Delta t = \frac{H_f}{Q_s c \rho}$$

$$\Delta t = (\text{taxa de calor})\left(\frac{1}{\text{vazão}}\right)\left(\frac{1}{\text{calor específico volumétrico}}\right)$$

$$= \left(1270\frac{\text{N} \cdot \text{m}}{\text{s}}\right)\left(\frac{\text{s}}{21,5 \times 10^{-6}\ \text{m}^3}\right)\left(\frac{\text{m}^2 \times {}^\circ\text{C}}{1,36 \times 10^6\ \text{N}}\right)$$

$$= 43,4^\circ\text{C}$$

Para uma temperatura média de 82°C, o óleo teria que ser fornecido a aproximadamente 60°C e sair do mancal a 103°C. Esta condição é apenas parcialmente satisfatória. Se a folga radial for aumentada apenas ligeiramente — para 0,05 mm, por exemplo — a temperatura máxima diminuirá significativamente devido à redução da perda por atrito combinada com o aumento na vazão de óleo. Entretanto, para as vazões de óleo pressurizado superiores à vazão natural, o aumento da temperatura é correspondente menor.

9. As características a seguir parecem representar uma solução razoavelmente boa.

Comprimento do mancal = 75 mm.

Folga radial = 0,05 a 0,07 mm. (O limite de 0,07 pode ser ligeiramente aumentado, dependendo das considerações sobre o custo de fabricação.)

Potência perdida = 1,18 a 0,99 kW. (Observe que a potência perdida para diversas folgas é proporcional ao coeficiente de atrito.)

Vazão de óleo (Q_s) = 31.700 a 52.100 mm^3/s.

A elevação da temperatura do óleo = 27,3 a 13,9°C. (Os cálculos relativamente rápidos são deixados para o leitor.)

Comentários:

1. Com a força da gravidade do rotor carregando o mancal apenas em sua região inferior, o óleo deve ser admitido e distribuído pela parte superior. A distribuição axial do óleo poderia ser realizada por uma ranhura, conforme mostrado na Figura 13.23. Uma vez que toda a parte superior do mancal nunca é carregada, esta ranhura poderia ser bem larga, talvez abrangendo os 180° da parte superior. Esta condição produziria um mancal parcial de 180°, com a vantagem da redução do arrasto viscoso no topo. As curvas específicas de Raimondi e Boyd para mancais parciais [7] poderiam, então, ser aplicadas.

2. É especialmente importante que todas as passagens de óleo estejam limpas durante a montagem do mancal. Um filtro de óleo apropriado deve ser utilizado.

3. É desaconselhável para o mancal do rotor da turbina a vapor que sua carga em repouso e durante as operações de partida e parada seja tão alta quanto a carga em regime. Entretanto, como esta carga está abaixo de 2 MPa e admitindo que nenhuma operação frequente nem prolongada a baixa velocidade é prevista, esta seria uma situação aceitável.

4. Algumas turbinas de grande porte utilizam mancais hidrostáticos para evitar a lubrificação limítrofe durante as operações de partida e de parada. Em alguns casos a bomba de alta pressão utilizada para gerar a pressão hidrostática pode ser desligada durante a velocidade de operação, fazendo com que a lubrificação hidrodinâmica possa ocorrer. (Normalmente, uma bomba de baixa pressão poderia permanecer ligada com o objetivo de produzir um suprimento de óleo positivo, conforme especificado no problema resolvido.)

13.14 Lubrificação Limítrofe e de Filme Misto

A Figura 13.2 mostrou uma representação conceitual das lubrificações limítrofe e de filme misto. Suas correspondentes curvas de *f* versus *μn/P* foram apresentadas na Figura 13.4. Mesmo com a lubrificação limítrofe de superfícies extremamente lisas, o contato real se estende apenas ao longo de uma pequena fração da área total. Isto significa que em áreas de contato altamente localizadas existem pressões muito altas e temperaturas instantâneas muito elevadas. Quando nessas áreas as superfícies metálicas ficam desprotegidas, o atrito poderia ser considerável e a superfície poderia ser rapidamente destruída. Felizmente, mesmo sob condições atmosféricas usuais, óxidos e outros filmes protetores formam-se sobre as superfícies metálicas. A introdução de graxa, óleo, grafite, bissulfeto de molibdênio e outros permite que forme-se filmes superficiais que propiciam alguma "lubrificação". Esses filmes são relativamente fracos ao cisalhamento; assim, os filmes sobre os picos da superfície e as asperezas tendem a romper-se por cisalhamento, com novas camadas de filme formando-se à medida que as antigas são desgastadas. Com a lubrificação por filme misto, apenas parte da carga é suportada pelos picos sólidos cobertos por filme; o equilíbrio é obtido hidrodinamicamente.

Os esforços da pesquisa continuada são direcionados ao desenvolvimento de novos lubrificantes — e novas combinações de materiais de superfície e lubrificantes — resultando em um aumento da resistência ao *desgaste adesivo* (veja a Seção 9.9) e na redução do atrito.

A lubrificação limítrofe é geralmente melhorada pela modificação do mancal. Exemplos comuns são os mancais de metais "sinterizados". Esses mancais são feitos pela compressão de metal em pó (usualmente cobre e estanho, ou ferro e cobre) na forma desejada, seguindo-se o aquecimento a uma temperatura entre os pontos de fusão dos dois metais. A matriz porosa resultante permite que o mancal seja impregnado de óleo "como uma esponja", antes de ser colocado em operação. Durante o uso, o óleo aprisionado flui para a superfície em resposta ao aquecimento e à pressão — em seguida ele retorna pela matriz porosa quando a máquina é desligada. Um outro exemplo é a indentação da superfície de um mancal sólido (não poroso) para produzir um efeito de batidas, com as indentações da superfície propiciando um espaço de armazenamento para lubrificantes sólidos ou semissólidos.

Alguns materiais utilizados nos mancais, como grafite e diversos plásticos, os tornam *autolubrificantes* devido a seus naturalmente baixos coeficientes de atrito com superfícies metálicas lisas. Os plásticos, como náilon e TFE, com e sem diversos aditivos e cargas, são amplamente utilizados para situações de cargas e velocidades moderadas. Duas limitações dos mancais de plástico merecem registro: (1) o "fluxo frio" ocorre para cargas pesadas, e (2) estes tendem a ficar mais aquecidos do que os mancais metálicos que geram o mesmo calor por atrito devido a suas baixas condutividades térmicas. Estas desvantagens são menos pronunciadas quando o material plástico do mancal está na forma de um *revestimento colado* fino.

Embora a lubrificação limítrofe esteja geralmente associada aos mancais, o mesmo fenômeno ocorre com o movimento relativo das roscas de um parafuso, com o acoplamento dos dentes das engrenagens, com o deslizamento de um pistão em um cilindro e com as superfícies deslizantes de outros componentes de máquinas.

Os mancais que se utilizam de metais porosos são geralmente projetados com base na disponibilidade do produto da pressão pela velocidade, ou *fator PV*. Para um determinado coeficiente de atrito, esse fator é proporcional ao calor, gerado por atrito, por unidade de área do mancal. Um valor máximo de 50.000 (psi × fps) para *PV* é comumente aplicado a mancais de metais porosos. Para operações de longa duração com alto valor de *PV*, ou para altas temperaturas, deve-se prever o uso de óleo adicional. O óleo pode ser aplicado a qualquer superfície, quando então será puxado ao interior por ação capilar. Um reservatório de

TABELA 13.4   Limites Operacionais de Mancais de Metal Poroso com Lubrificação Limítrofe [3]

Material	P Estático		P Dinâmico		V		PV	
	MPa	(ksi)	MPa	(ksi)	m/s	(fpm)	MPa · m/s	(ksi · fpm)
Bronze	55	(8)	14	(2)	6,1	(1200)	1,8	(50)
Chumbo-bronze	24	(3,5)	5,5	(0,8)	7,6	(1500)	2,1	(60)
Cobre-ferro	138	(20)	28	(4)	1,1	(225)	1,2	(35)
Cobre-ferro endurecível	345	(50)	55	(8)	0,2	(35)	2,6	(75)
Ferro	69	(10)	21	(3)	2,0	(400)	1,0	(30)
Bronze-ferro	72	(10,5)	17	(2,5)	4,1	(800)	1,2	(35)
Chumbo-ferro	28	(4)	7	(1)	4,1	(800)	1,8	(50)
Alumínio	28	(4)	14	(2)	6,1	(1200)	1,8	(50)

TABELA 13.5   Limites Operacionais de Mancais Não Metálicos com Lubrificação Limítrofe [3]

Material	P		Temperaturas		V		PV	
	MPa	(ksi)	°C	(°F)	m/s	(fpm)	MPa · m/s	(ksi · fpm)
Fenólicos	41	(6)	93	(200)	13	(2500)	0,53	(15)
Náilon	14	(2)	93	(200)	3,0	(600)	0,11	(3)
TFE	3,5	(0,5)	260	(500)	0,25	(50)	0,035	(1)
TFE carregado	17	(2,5)	260	(500)	5,1	(1000)	0,35	(10)
Tecido de TFE	414	(60)	260	(500)	0,76	(150)	0,88	(25)
Policarbonato	7	(1)	104	(220)	5,1	(1000)	0,11	(3)
Acetal	14	(2)	93	(200)	3,0	(600)	0,11	(3)
Carbono (grafite)	4	(0,6)	400	(750)	13	(2500)	0,53	(15)
Borracha	0,35	(0,05)	66	(150)	20	(4000)	—	—
Madeira	14	(2)	71	(160)	10	(2000)	0,42	(12)

graxa próximo ao mancal também pode ser efetivo. Nos casos em que uma longa vida é desejada sem qualquer provisão de lubrificante adicional, o valor de *PV* deve ser reduzido pelo menos à metade. A Tabela 13.4 fornece algumas recomendações detalhadas adicionais. Com exceção dos três primeiros materiais para mancais listados na tabela, eixos de aço temperados e polidos devem ser utilizados para resistir ao desgaste. Os valores tabulados são, algumas vezes, ligeiramente excedidos, sacrificando, porém, a vida em operação do mancal.

A Tabela 13.5 fornece as recomendações correspondentes de projeto para mancais não metálicos.

13.15 Mancais de Escora ou Axiais

Todos os eixos girantes precisam ser posicionados axialmente. Por exemplo, o virabrequim mostrado na Figura 13.1 é posicionado axialmente através de superfícies flangeadas de escora, que são partes integrantes dos mancais principais que suportam as cargas radiais. Algumas vezes a carga axial é suportada por "arruelas de encosto" planas separadas. Esses mancais de superfícies planas podem não permitir a "ação de cunha" necessária para a lubrificação hidrodinâmica. Todavia, se as cargas forem pequenas a lubrificação limítrofe ou de filme misto será adequada.

Quando as cargas axiais sobre o eixo forem grandes (como nos casos dos eixos verticais de peso significativo e dos eixos de hélices sujeitos a grandes cargas de empuxo), os mancais *hidrodinâmicos* poderão ser fornecidos (Figura 13.28). O óleo fornecido ao diâmetro interno do colar rotativo flui para fora por ação da força centrífuga através da interface do mancal. À medida que o óleo é arrastado circunferencialmente através do mancal, sofre uma ação de cunha que é devida a conicidade das pastilhas fixadas ao componente estacionário. Esta ação é análoga à ação de cunha produzida pela excentricidade de um mancal de deslizamento (Figura 13.3).

Conforme mostrado na Figura 13.28, as pastilhas fixas podem possuir um ângulo de conicidade constante ou serem pivotadas e permitir que assumam seu próprio ângulo de inclinação ótimo, ou, ainda, possam ser parcialmente restritas, permitindo uma pequena variação no ângulo de inclinação. No caso de as pastilhas possuírem uma conicidade fixa, obviamente a carga poderá ser suportada hidrodinamicamente apenas para um único sentido de rotação.

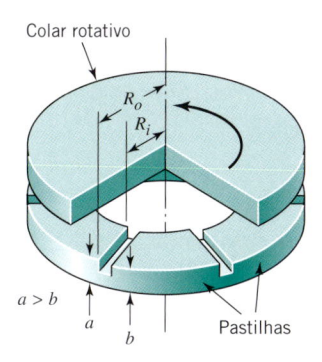

Colar rotativo

R_o
R_i

$a > b$
a
b
Pastilhas

FIGURA 13.28 **Mancal de escora incorporando pastilhas inclinadas fixas e colar rotativo plano.**

As cartas de Raimondi e Boyd estão também disponíveis para o projeto de mancais de escora [4, 8]. Veja também [6, pp. 89-91].

13.16 Lubrificação Elastohidrodinâmica

Lubrificação elasto-hidrodinâmica é o termo aplicado à lubrificação de superfícies não conformes fortemente carregadas, geralmente com um contato de rolamento parcial mínimo. O desenvolvimento teórico não é apresentado neste texto e leva em consideração as deformações elásticas das superfícies de contato (conforme discutido na Seção 9.13) e o aumento da viscosidade do lubrificante sujeito às pressões extremas envolvidas. (Veja a referência [6], pp. 92-98 e 103-114.) A teoria elasto-hidrodinâmica é básica para qualquer estudo avançado do comportamento das superfícies curvas fortemente carregadas dos componentes de máquinas como engrenagens, mancais de esferas, mancais de rolamento e cames.

Referências

1. Cameron, A., *The Principles of Lubrication*, 3ª Edição, Wiley, Nova Iorque, 1982.

2. Gross, W. A., *Gas Film Lubrication*, Wiley, Nova Iorque, 1962.

3. "Mechanical Drives," *Machine Design Reference Issue*, Penton/IPC, Cleveland, 18 de Junho, 1981.

4. O'Conner, J. J. e J. Boyd, *Standard Handbook of Lubrication Engineering*, McGraw-Hill, Nova Iorque, 1968.

5. Ocvirk, F. W., "Short-Bearing Approximation for Full Journal Bearings, "Technical Note 2808, Nat. Advisory Comm. for Aeronautics, Washington, D.C., 1952. Também veja G.B. DuBois e F.W. Ocvirk, "The Short-Bearing Approximation for Plain Journal Bearings", *Trans, ASME*, **77:** 1173-1178 (1955).

6. Peterson, M. B., and W. O. Winer (eds.), *Wear Control Handbook*, American Society of Mechanical Engineers, Nova Iorque, 1980.

7. Raimondi, A. A. e J. Boyd, "A Solution for the Finite Journal Bearing and Its Application to Analysis and Design." Parts I, II e III, *Trans. ASME*, Vol. 1. No. 1, pp. 159-209, em: *Lubrication Science and Technology*, Pergamon Press, Nova Iorque, 1958.

8. Raimondi, A. A. e J. Boyd, "Applying Bearing Theory to the Analysis and Design of Pad-Type Bearings," *Trans. ASME*, **77:** 287-309 (Abril de 1955).

9. Shaw, Milton C. e F. Macks, *Analysis and Lubrication of Bearings*, McGraw-Hill, Nova Iorque, 1949.

10. Slaymaker, Robert R., *Bearing Lubrication Analysis*, Wiley, Nova Iorque, 1955.

11. Szeri, A. Z., *Tribology*, McGraw-Hill, Nova Iorque, 1980.

12. Trumpler, Paul R., *Design of Film Bearings*, Macmillan, Nova Iorque, 1966.

13. Wills, J. George, *Lubrication Fundamentals*, Marcel Dekker, Nova Iorque, 1980.

14. Pirro, D. M. e A. A. Wessol, *Lubrication Fundamentals*, 2ª ed., Marcel Dekker, Nova Iorque, 2001.

Problemas

Seção 13.2

13.1 Consulte o catálogo da Dodge para mancais com buchas em http://dodge-pt.com/literature/index.html e especifique um mancal pedestal bipartido, de dois parafusos, com buchas de bronze para um eixo de aço de 2,6875 in de diâmetro. Especifique esse mancal utilizando a nomenclatura da Dodge.

[Resp.: P2B-BZSP-211]

13.2 Repita o Problema 13.1, desta vez utilizando uma bucha de bronze rígida para um eixo de 4,5 in.

13.3 Consulte o catálogo da Dodge para um mancal com bucha para uma mesa linear em http://dodge-pt.com/literature/index.html e especifique uma bucha de mesa linear da série 1000 para um eixo de aço de 35 mm de diâmetro. Especifique esse mancal utilizando a nomenclatura da Dodge.

13.4 Para o mancal especificado em P13.3, consulte o catálogo de mancais da Dodge em http://dodge-pt.com/literature/index.html e identifique em qual mesa linear o mancal especificado irá encaixar-se e todos os diâmetros de eixos que a mesa linear poderia acomodar. Especifique o tamanho da mesa linear utilizando a nomenclatura da Dodge.

13.5 Consulte o catálogo de mancais da Dodge para uma bucha de babbitt em http://dodge-pt.com/literature/index.html e especifique um mancal pedestal de quatro parafusos com bucha angular de babbitt para um eixo de aço de 5,4375 in de diâmetro. Especifique esse mancal usando a nomenclatura da Dodge.

[Resp.: P4B-BAA-507]

13.6 Reveja o endereço da Internet http://www.grainger.com. Realize uma pesquisa sobre blocos de mancais de bronze. Localize um mancal pedestal autoalinhante, com um diâmetro interno (ID) de 0,75 in. Relacione o fabricante, a descrição, o número do item e o preço do mancal.

13.7 Reveja o endereço da Internet http://www.grainger.com. Realize uma pesquisa sobre blocos de mancais plásticos. Localize um mancal pedestal de quatro parafusos, com um diâmetro interno (ID) de 0,625 in. Relacione o fabricante, a descrição, o número do item e o preço do mancal.

Seção 13.5

13.8 Determine a massa específica em gramas por centímetro cúbico para o óleo SAE 40 a 95°F.

13.9 Determine o peso aproximado por polegada cúbica para o óleo de petróleo a 185°F.

13.10 Determine o peso por polegada cúbica para o óleo SAE 30 a 160°F.

13.11 Determine a massa específica em gramas por centímetro cúbico para o óleo SAE 20 a 60°F.

13.12 Um dado óleo possui uma viscosidade de 100 mPa · s a 22°C e uma viscosidade de 3 mPa · s a 115°C. O peso específico a 35°C é de 0,880. Determine a viscosidade do óleo em mPa·s a 60°C.

13.13 Um dado óleo possui uma viscosidade de 30 mPa · s a 10°C e uma viscosidade de 4 mPa · s a 100°C. O peso específico a 15,6°C é de 0,870. Determine a viscosidade do óleo em mPa · s a 80°C.

13.14 Determine a viscosidade cinemática a 80°C para o óleo do Problema 13.13.

13.15 O peso específico de um dado óleo a 60°F é de 0,887. O óleo tem uma viscosidade de 65 SUS a 210°F e uma viscosidade de 550 SUS a 100°F. Estime a viscosidade do óleo em micro-reyns a 180°F.

13.16 Determine a viscosidade cinemática a 180°F para o óleo do Problema 13.15.

Seção 13.7

13.17 Um mancal de Petroff de 100 mm de diâmetro e 150 mm de comprimento possui uma folga radial de 0,05 mm. Ele gira a 1200 rpm e é lubrificado com óleo SAE 10 a 170°F. Estime a potência perdida e o torque de atrito.

13.18 Repita o Problema Resolvido 13.2, desta vez utilizando a viscosidade do óleo SAE 10 a 40°C e uma folga radial de 0,075 mm.

13.19 Um mancal de deslizamento de 360° carregado levemente, de 4 in de diâmetro e 6 in de comprimento opera com uma folga radial de 0,002 in e a uma velocidade angular de 900 rpm. O óleo SAE 10 é utilizado a 150°F. Determine a perda de potência e o torque de atrito. (Veja a Figura P13.19.)

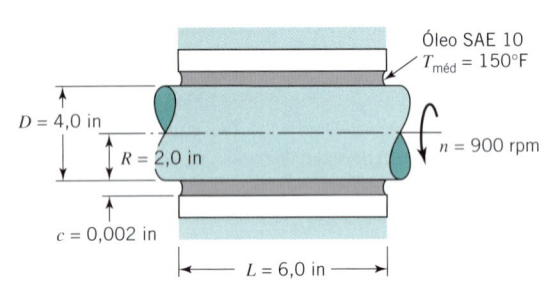

Óleo SAE 10
$T_{méd} = 150°F$
$D = 4,0$ in
$R = 2,0$ in
$n = 900$ rpm
$c = 0,002$ in
$L = 6,0$ in

FIGURA P13.19

13.20 Um eixo de 3 in de diâmetro é suportado por um mancal de 3 in de comprimento com uma folga diametral de 0,004 in. O mancal é lubrificado por um dado óleo que, na temperatura de operação, possui uma viscosidade de 5 μreyn. O eixo gira a 1800 rpm e suporta uma carga radial de 1200 lbf. Estime o coeficiente de atrito no mancal e a potência perdida utilizando a abordagem de Petroff.

13.21 Um mancal de deslizamento de 120 mm de diâmetro e 60 mm de comprimento possui uma folga diametral de 0,20 mm. O munhão gira a 3000 rpm e é lubrificado com óleo SAE 20 a uma temperatura média de 70°C. Utilizando a equação de Petroff, estime a perda de potência e o torque de atrito.

[Resp.: 1,01 kW, 3,2 N · m]

13.22 O motor a combustão de um automóvel possui cinco mancais principais, cada um com 2,5 in de diâmetro e 1 in de comprimento. A folga diametral é de 0,0015 in. Utilizando a equa-ção de Petroff, estime a perda de potência por mancal a 3600 rpm quando o óleo SAE 30 for utilizado, a uma temperatura média de 180°F para o filme de óleo.

[Resp.: 0,56 hp]

Seções 13.8 e 13.9

13.23 Um mancal de deslizamento com $L = 1$ in, $D = 2$ in e uma folga diametral de 0,002 in suporta uma carga de 400 lbf enquanto gira a 1800 rpm. O óleo SAE 10 é utilizado, com uma temperatura média do filme de 130°F. Determine (a) a espessura do filme de óleo mínima, (b) o coeficiente de atrito, (c) a pressão do filme máxima, (d) o ângulo entre a direção da carga e a da posição de espessura do filme mínima, (e) o ângulo entre a direção da carga e a posição de extremidade do filme, (f) o ângulo entre a direção da carga e a posição de pressão do filme máxima, (g) a vazão circunferencial total de óleo e (h) a vazão lateral ou de vazamento. Você recomendaria uma folga um pouco menor ou um pouco maior da que foi utilizada? Por quê?

13.24 Repita o Problema 13.21, utilizando as cartas, em vez da equação de Petroff, e determine também a espessura do filme de óleo mínima, h_0, para

(a) Uma carga no mancal de 500 N.

(b) Uma carga no mancal de 5000 N.

Faça uma análise comparativa com os resultados obtidos no Problema 13.21.

[Resp.: (a) 1,02 kW, 3,25 N · m, 0,086 mm, (b) 1,26 kW, 4,0 N · m, 0,041 mm]

13.25 Repita o Problema 13.22 utilizando, desta vez, as cartas, em vez da equação de Petroff. Determine também a espessura do filme de óleo mínima para uma carga de 100 lbf por mancal.

13.26 Um mancal com $L = 100$ mm e $D = 200$ mm suporta uma carga radial de 33,4 kN. Esse mancal possui uma folga radial de 0,100 mm e gira a 900 mm. Construa um gráfico da potência de atrito e de h_0 versus viscosidade, utilizando os óleos SAE 10, 20, 30 e 40, todos a uma temperatura de 71°C.

13.27 Repita o Problema 13.26, desta vez utilizando apenas o óleo SAE 40. Nesse caso, construa um gráfico para a potência de atrito e h_0 *versus* a folga radial, utilizando os valores de 0,050, 0,100 e 0,150 mm. Além disso, inclua os pontos correspondentes às folgas fornecendo os limites da "banda ótima" mostrada na Figura 13.13.

13.28 Um mancal de deslizamento com $D = 1$ in e $L = 1$ in é utilizado para suportar o rotor de uma turbina que gira a 12.000 rpm. O óleo SAE 10 deve ser utilizado, e a temperatura média do lubrificante no mancal é estimada em aproximadamente 148°F. É utilizada uma filtragem do óleo de excelente qualidade, e a rugosidade do munhão é inferior a 32 μin rms. Em decorrência desses fatores, a espessura mínima do filme de óleo pode ser tão pequena quanto 0,0003 in.

(a) Qual a folga diametral que fornecerá ao mancal sua maior capacidade de carga?

(b) Utilizando esta folga, qual a carga máxima que pode ser suportada?

(c) Com esta folga e esta carga, qual seria a perda de potência por atrito no mancal?

[Resp.: (a) 0,0011 in, (b) 1360 lbf, (c) 0,70 hp]

13.29 Um mancal com $L = 50$ mm e $D = 50$ mm deve suportar uma carga radial de 5 kN. A velocidade de rotação é de 1200 rpm e a espessura mínima do filme de óleo h_0 deve ser de 0,025 mm. Para a operação do mancal na condição de atrito mínimo, no limite da banda ótima, que folga radial e que viscosidade do óleo são necessárias? Utilizando esses valores, qual seria o coeficiente de atrito e a perda de potência por atrito?

Seções 13.10–13.13

13.30P Um eixo gira a 1800 rpm e aplica uma carga radial de 2,0 kN a um mancal de deslizamento. Uma razão $L/D = 1$ é desejável. O óleo SAE 30 é utilizado. A temperatura média do filme de óleo esperada é de 65°C. Deseja-se um mancal com dimensões mínimas.

    (a) Determine os valores de L e de D.

    (b) Determine os valores de c correspondentes aos dois limites da banda ótima da Figura 13.13.

    (c) O valor de c para o atrito mínimo que satisfaça ao critério de Trumpler para espessura aceitável mínima do filme de óleo?

13.31P Um mancal de dimensões mínimas, consistentes com os registros da prática corrente, é desejável para um carregamento constante. O óleo SAE 20 deve ser utilizado, e a temperatura média esperada para o filme é de 160°F. Uma razão $L/D = 1$ é desejável. O mancal de deslizamento deve ser projetado para suportar uma carga radial de 1500 lbf a 1200 rpm.

    (a) Determine os valores de L e de D.

    (b) Determine os valores de c correspondentes aos dois limites da banda ótima da Figura 13.13.

    (c) O valor de c para o atrito mínimo que satisfaça ao critério de Trumpler para espessura aceitável mínima do filme de óleo?

13.32 Deve-se projetar um mancal de deslizamento para um eixo de um redutor de engrenagens que gira a 1200 rmp e aplica uma carga de 4,45 kN ao mancal. A razão $L/D = 1$ é desejável. O óleo SAE 20 deve ser utilizado, e a temperatura média esperada para o filme é de 60°C. O mancal deve ser tão pequeno quanto possível, consistente com os registros da prática corrente.

    (a) Determine os valores apropriados de L e D.

    (b) Determine os valores de c correspondentes aos dois limites da banda ótima da Figura 13.13.

    (c) O valor de c para o atrito mínimo que satisfaça ao critério de Trumpler para espessura mínima aceitável para o filme de óleo?

    [Resp.: (a) 55 mm, (b) 0,029 mm, 0,047 mm]

13.33P Um mancal de deslizamento deve ser projetado para o eixo de um redutor de engrenagens que gira a 290 rpm e aplica uma carga radial de 953 lbf ao mancal.

    (a) Determine uma combinação apropriada para L, D, material, lubrificante e temperatura média do óleo (admita que estas características possam ser controladas a uma temperatura razoavelmente definida por um resfriador de óleo externo).

    (b) Plote f, h_0, ΔT, Q e Q_s para uma faixa de folgas radiais estendendo-se um pouco além de ambos os lados da faixa ótima da Figura 13.13. Para isto, sugira uma faixa

apropriada de folgas de produção, considerando que as tolerâncias são tais que a folga máxima seja 0,001 in maior que a folga mínima.

13.34P Um mancal com anel lubrificador deve suportar uma carga radial estacionária de 4,5 kN quando o eixo girar a 660 rpm. Obviamente, muitos projetos são possíveis, porém sugira uma combinação razoável para D, L, c, material do mancal, acabamento superficial e óleo lubrificante. (Veja a Figura P13.34P.)

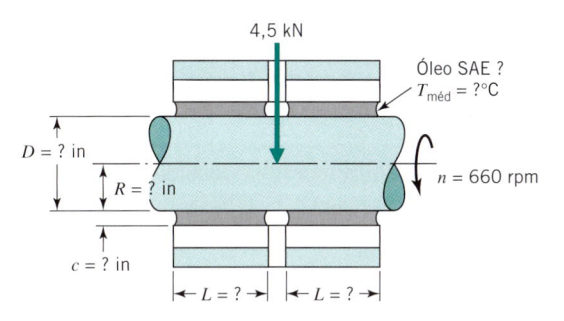

    FIGURA P13.34P

13.35P Sugira uma combinação razoável para D, L, c, material do mancal, acabamento superficial e óleo lubrificante para um mancal com anel lubrificador que suporta uma carga estacionária de 1500 lbf quando o eixo gira a 600 rpm.

13.36P Projete um mancal com anel lubrificador para suportar um eixo que gira a 500 rpm e aplica uma carga constante de 2000 lbf. Especifique D, L, c, material do mancal, acabamento superficial e óleo lubrificante a serem utilizados.

13.37P Repita o Problema 13.36P, desta vez utilizando uma carga de 4000 lbf.

13.38P A Figura P13.38P, que não está desenhada em escala, mostra uma roda dentada quádrupla para correntes que gira sobre um eixo estacionário, suportado por dois mancais de superfícies deslizantes internas à roda dentada. A corrente transmite 3,7 kW a uma velocidade de 4 m/s, e o diâmetro da roda dentada é de 122,3 mm. A distância entre os bordos internos do suporte do eixo da roda dentada é de 115 mm.

    (a) Determine uma combinação satisfatória para o comprimento, o diâmetro e o material do mancal.

    (b) Que outras considerações, além das já adotadas no item (a), poderiam influenciar a decisão final sobre o diâmetro e o comprimento do mancal?

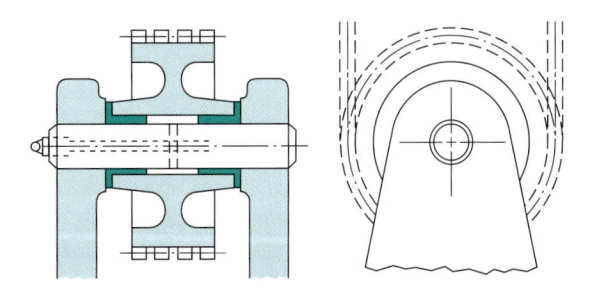

    FIGURA P13.38P

13.39P Repita o Problema 13.38P, desta vez considerando que a corrente transmite 5,0 kW a uma velocidade de corrente de 3 m/s e que o diâmetro da roda dentada seja de 120 mm.

14 Mancais de Rolamento

14.1 Comparação entre os Diversos Meios Alternativos para o Apoio de Eixos Girantes

Uma breve revisão sobre mancais deslizantes (Capítulo 13) pode ser útil, como base para a introdução dos mancais de rolamento. Os mancais mais simples possíveis são os planos sem lubrificação ou mancais deslizantes — como ocorria em tempos remotos, com as rodas de madeira das carroças que eram montadas diretamente sobre os eixos também de madeira. Menores atritos e vidas mais longas eram obtidos pela adição de um lubrificante, como óleo animal ou vegetal. Nas máquinas modernas que utilizam mancais deslizantes, os eixos de aço são suportados por superfícies de mancais fabricados de materiais de desgaste compatíveis, como bronze ou TFE[1] (veja as Seções 9.9 e 9.10). Óleo ou graxa são utilizados em aplicações comuns envolvendo baixas velocidades — rodas dos cortadores de grama, carrinhos de jardim, velocípedes de crianças — porém o lubrificante não separa completamente as superfícies. Por outro lado, os mancais deslizantes utilizados nos virabrequins dos motores a combustão recebem uma lubrificação hidrodinâmica durante sua operação normal; isto é, o filme de óleo separa completamente as superfícies.

Nos mancais de rolamento o eixo e os componentes mais externos são separados por esferas ou roletes e, assim, o atrito por deslizamento é substituído pelo atrito de rolamento. Alguns exemplos são mostrados nas Figuras de 14.1 a 14.10. Como as áreas de contato são pequenas e as tensões altas (Seção 9.13), as partes carregadas dos mancais de rolamento são fabricadas, normalmente, de materiais duros, de alta resistência, superior àquela do eixo e do componente mais externo. Essas partes incluem os anéis interno e externo e as esferas ou roletes. Um componente adicional do rolamento é, geralmente, uma gaiola ou separador, que mantém as esferas ou os roletes igualmente espaçados e separados.

Tanto os mancais de deslizamento quanto os de rolamento têm suas aplicações específicas nas máquinas modernas. A principal vantagem dos mancais de rolamento é o baixo atrito de partida. Os mancais de deslizamento apenas podem atingir a condição de baixo atrito com uma lubrificação de filme pleno (separação completa das superfícies). Essa condição requer a lubrificação hidrostática, com seu custoso sistema auxiliar de fornecimento de fluido externo, ou a lubrificação hidrodinâmica, a qual não se pode conseguir um baixo atrito durante a partida. Os mancais de rolamento são ideais para as aplicações que envolvam altas cargas na operação de partida. Por exemplo,

o uso de mancais de rolamento para suportar os eixos de vagões ferroviários elimina a necessidade de uma locomotiva extra para começar a mover um trem relativamente longo. Por outro lado, os mancais com filme fluido são muito recomendáveis para altas velocidades de rotação com impactos e sobrecargas de curta duração. Quanto maior a velocidade de rotação, mais efetiva a ação de bombeamento hidrodinâmico. Além disso, o filme fluido "amortece" efetivamente o impacto, desde que a duração do impacto não seja suficientemente longa de modo que o filme seja expulso. As altas velocidades de rotação são geralmente desvantajosas para os mancais de rolamento devido à rápida acumulação dos ciclos de fadiga e à grande força centrífuga atuante sobre os elementos rolantes (veja a Seção 9.14, Falhas por Fadiga Superficial).

Os mancais de rolamento ocupam um espaço radial maior em torno do eixo, enquanto os mancais de deslizamento usualmente requerem um maior espaço axial. Os mancais de rolamento geram e transmitem certa quantidade de ruído, enquanto os mancais com filme fluido em geral não geram ruído normalmente e podem abafar ruídos de outras fontes. Os mancais de deslizamento são menos onerosos do que os mancais de rolamento de esferas ou de roletes nas aplicações simples, requerendo lubrificação mínima. Quando os mancais deslizantes precisam de um sistema de lubrificação forçada, o custo global dos mancais de rolamento pode ser menor. Outra vantagem dos mancais de rolamento de esferas ou de roletes é que eles podem ser "pré-carregados"; os elementos do rolamento são ajustados por compressão entre si, em vez de operarem com uma pequena folga. Essa característica é importante nas aplicações que exigem o posicionamento preciso do componente girante.

Os mancais de rolamentos também são conhecidos como mancais "antiatrito". Essa designação talvez não seja apropriada, uma vez que nesses mancais nem sempre é produzido um atrito menor do que o dos mancais de filme fluido. Na condição de operação com cargas normais, os mancais de rolamento (sem vedação) possuem coeficientes de atrito tipicamente entre 0,001 e 0,002.

O endereço da Internet http://www.machinedesign.com apresenta informações gerais sobre os mancais deslizantes, os mancais de rolamentos e sobre lubrificação.

14.2 História dos Mancais de Rolamento

O primeiro registro da utilização de mancais de rolamento para superar o atrito de deslizamento foi feito pelos trabalhadores egípcios de construção, para mover pesados blocos de pedra, provavelmente antes do ano 200 a.C. [1]; possivelmente também pelos assírios em cerca de 650 a.C. Acredita-se que algumas carruagens primitivas de rodas utilizaram rolamentos de

---

[1]Politetrafluoretileno, como o *Teflon* da Du Pont.

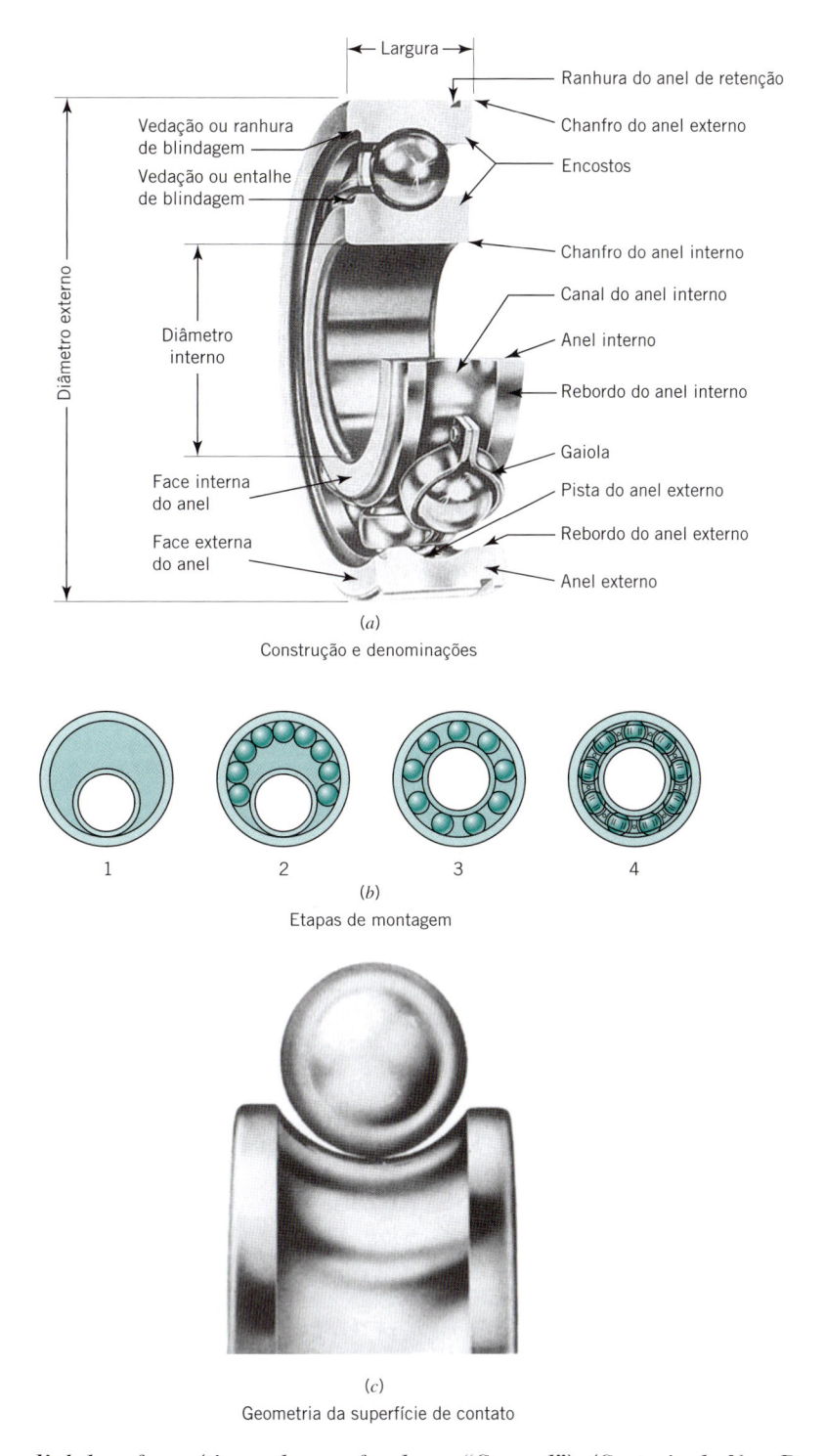

(a)
Construção e denominações

(b)
Etapas de montagem

(c)
Geometria da superfície de contato

FIGURA 14.1 **Rolamento radial de esferas (tipo sulco profundo ou "Conrad"). (Cortesia da New Departure–Hyatt Bearing Division, General Motors Corporation.)**

roletes grosseiros fabricados a partir de varas de seção transversal circular. Acredita-se que por volta de 1500, Leonardo da Vinci tenha inventado e parcialmente desenvolvido os modernos rolamentos de esferas e de roletes. Alguns poucos rolamentos de esferas e de roletes foram construídos na França no século XVIII. O construtor de uma carruagem com mancais de rolamento, em 1710, afirmou que seus mancais de rolamento

permitiriam a um cavalo realizar o trabalho que, de outra forma, só poderia ser realizado por dois cavalos. Todavia, foi somente após a invenção do processo de Bessemer para a produção de aço, em 1856, que um material apropriado para os mancais de rolamento tornou-se economicamente viável. Durante os anos subsequentes do século XIX os rolamentos de esferas, para uso em bicicletas, foram rapidamente desenvolvidos na Europa.

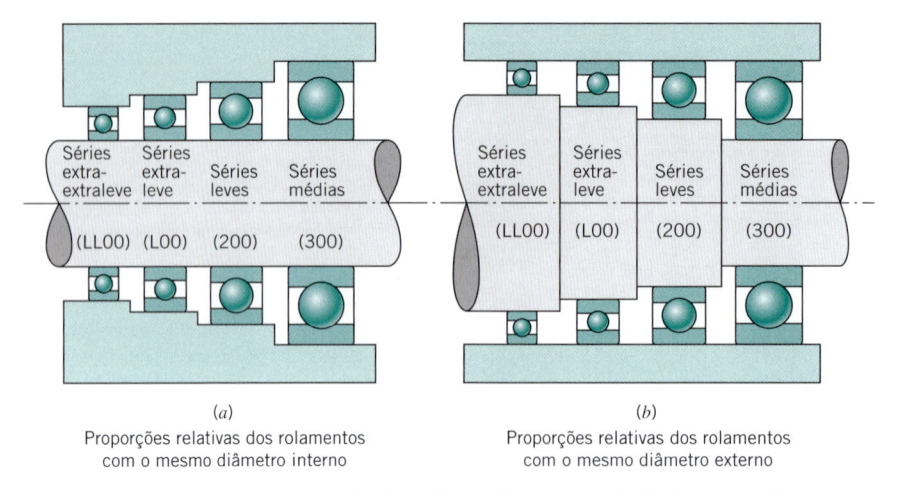

(a)
Proporções relativas dos rolamentos
com o mesmo diâmetro interno

(b)
Proporções relativas dos rolamentos
com o mesmo diâmetro externo

FIGURA 14.2 **Proporções relativas dos rolamentos de diferentes séries.**

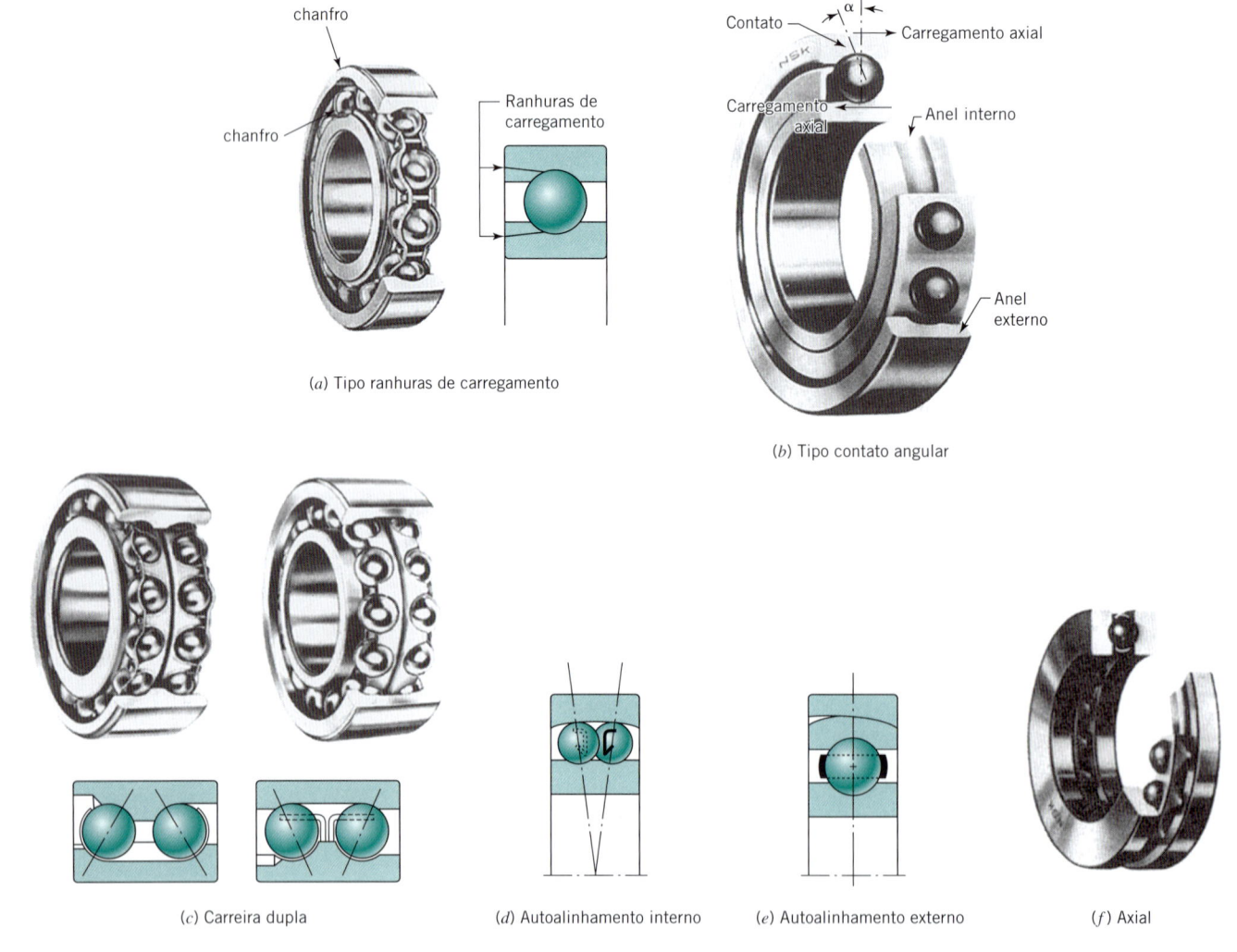

(a) Tipo ranhuras de carregamento

(b) Tipo contato angular

(c) Carreira dupla

(d) Autoalinhamento interno

(e) Autoalinhamento externo

(f) Axial

FIGURA 14.3 **Tipos representativos de rolamentos de esferas, em complementação ao do tipo sulco profundo mostrado na Figura 14.1. (b e f, Cortesia da Hoover–NSK Bearing Company, c, Cortesia da New Departure–Hyatt Bearing Division, General Motors Corporation.)**

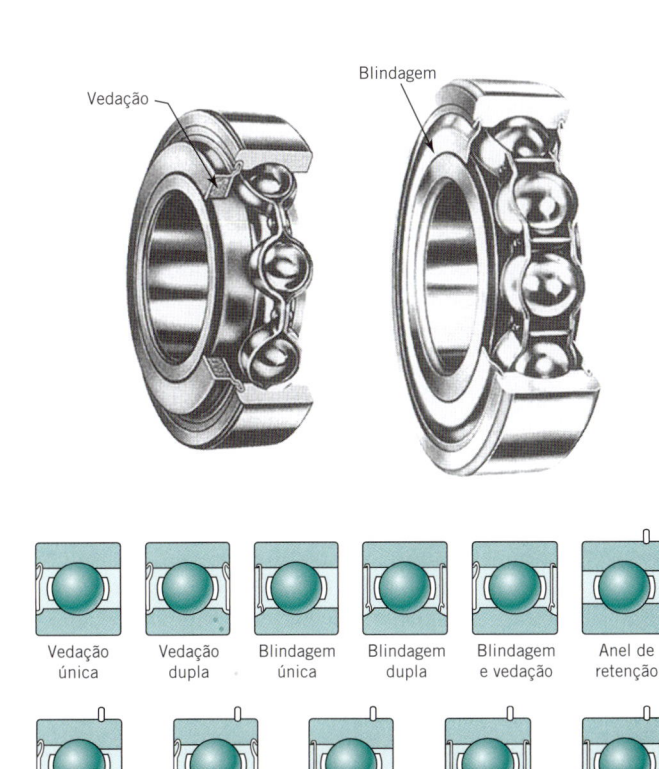

Vedação   Blindagem

Vedação única	Vedação dupla	Blindagem única	Blindagem dupla	Blindagem e vedação	Anel de retenção

Anel de retenção e uma blindagem	Anel de retenção e duas blindagens	Anel de retenção e uma vedação	Anel de retenção e duas vedações	Anel de retenção, blindagem e vedação

FIGURA 14.4 **Rolamentos com vedação e blindagem. (Cortesia da New Departure–Hyatt Bearing Division, General Motors Corporation.)**

14.3 Tipos de Mancais de Rolamentos

Os mancais de rolamento podem ser *de esferas* ou *de roletes*. Em geral, os rolamentos de esferas são capazes de operar com velocidades mais altas e os mancais de roletes podem suportar cargas maiores. A maioria dos mancais de rolamento pode ser classificada em uma das três categorias: (1) *radiais*, para suportar cargas que são essencialmente radiais; (2) *de escora* ou de contato axial, para suportar cargas que são essencialmente axiais, e (3) *de contato angular*, para suportar cargas axiais e radiais combinadas. As Figuras 14.1, 14.2 e 14.3 ilustram os rolamentos de esferas desses tipos. Na Figura 14.3*f* é mostrado um rolamento de escora; as Figuras 14.3*b* e 14.3*c* mostram rolamentos de contato angular; e as Figuras 14.1 e 14.2 e as outras partes da Figura 14.3 ilustram os mancais radiais.

Os rolamentos de roletes são também classificados pela configuração do rolete segundo os quatro tipos mostrados nas Figuras de 14.6 até 14.9, quais sejam, (1) *cilíndricos*, (2) *esféricos*, (3) *cônicos* e (4) *de agulha*. Os rolamentos de agulha podem ser considerados como um caso especial dos rolamentos de roletes cilíndricos, nos quais os roletes têm uma relação comprimento-diâmetro igual a quatro ou maior.

A Figura 14.1*a* ilustra os detalhes construtivos e a nomenclatura de um rolamento radial de esferas típico com *sulco profundo*, ou do tipo *Conrad*. A Figura 14.1*b* ilustra as etapas de montagem dos principais componentes, e a Figura 14.1*c* ilustra o con-

tato entre a esfera e a pista. Observe que as curvaturas da esfera e da pista resultam em um problema mais complexo para a análise das tensões de contato do que as esferas, os cilindros e as placas planas consideradas na Seção 9.13. Os mancais de esferas são produzidos em várias proporções de modo a acomodar diversos níveis de carregamento, conforme mostrado na Figura 14.2. Embora destinado essencialmente para cargas radiais, torna-se óbvio, pela sua construção, que esses mancais também podem suportar uma certa quantidade de carga axial.

A Figura 14.3*a* mostra um rolamento radial de esferas com *entalhes* ou *ranhuras de carregamento* no encosto das pistas. Esses rolamentos podem ser montados com pistas concêntricas e, portanto, contêm uma quantidade de esferas maior do que os mancais do tipo sulco profundo. Essa característica propicia um aumento de 20 % a 40 % em sua capacidade de carga radial à custa da brusca redução da capacidade de carga axial. Além disso, estes rolamentos toleram apenas 3′ de desalinhamento angular, em comparação aos 15′ dos mancais do tipo sulco profundo.

Os rolamentos de contato angular, como mostrados na Figura 14.3*b*, possuem uma significativa capacidade de suportar cargas axiais em apenas um sentido. Esses geralmente são instalados aos pares, cada um suportando cargas axiais em um sentido. O rolamento de esferas de carreira dupla, mostrado na Figura 14.3*c*, incorpora um par de rolamentos de contato angular em uma única unidade. As Figuras 14.3*d* e *e* mostram os rolamentos autoalinhados, projetados para tolerar um significativo desalinhamento angular do eixo.

Como regra geral, os rolamentos de esferas não são separáveis; isto é, as duas pistas, as esferas e a gaiola são montados formando uma única unidade. Esta característica os torna suficientemente adaptáveis através de blindagens e de vedações, e viabiliza a lubrificação autocontida através de graxas. Diversos tipos de blindagens e vedações são mostrados na Figura 14.4. As blindagens são elementos similares a arruelas finas, sem atrito, firmemente ajustadas, que protegem o rolamento contra qualquer partícula estranha, fora as de pequenas dimensões, e ajudam a reter o lubrificante. As vedações apresentam um contato de superfícies com atrito e, portanto, oferecem uma maior retenção do lubrificante e proteção contra contaminação. Dentre as principais desvantagens da vedação está na introdução de algum atrito por arrasto e o fato de ficarem sujeitas ao desgaste. Geralmente são utilizadas vedações de eixo em separado, para que possam propiciar uma selagem mais efetiva devida ao espaço maior para os elementos de vedação. Através de vedações apropriadas, tanto integrais ao rolamento quanto em separado, muitas vezes é possível a lubrificação do rolamento por graxa para a sua vida, durante a etapa de montagem.

Os rolamentos de esferas convencionais possuem anéis retificados (pistas). Nas aplicações com requisitos modestos de capacidade de carga, vida e ruído, os rolamentos de esferas sem retificação e de menor custo são geralmente utilizados. Esses rolamentos possuem anéis produzidos em máquinas de parafuso automáticas, e são temperados mas não retificados.

Em contraste com os rolamentos de esferas, os rolamentos de roletes são usualmente fabricados de modo que os anéis (pistas) possam ser separados. Os roletes e os retentores podem ou não ser montados permanentemente com um dos anéis. Isto opõe-se ao uso de vedações e blindagens integrais, nas quais a instalação dos anéis é facilitada pelo uso de ajustes obtidos por prensas comumente utilizadas. As dimensões padronizadas geralmente permitem o uso de rolamentos de roletes com anéis produzidos por diferentes fabricantes. Um ou ambos os anéis são geralmente produzidos de forma integral com o eixo de acoplamento, com o alojamento ou com ambos.

A Figura 14.5 ilustra quatro tipos básicos de rolamentos de roletes cilíndricos. A Figura 14.5a mostra um anel sem flanges; portanto nessa configuração nenhuma carga axial pode ser suportada. Na Figura 14.5b o anel interno possui um flange que permite a aplicação de pequenas cargas axiais em um dos sentidos. Na Figura 14.5c o anel interno possui um flange integrado em um dos lados e um flange removível no outro lado, de modo que uma pequena carga axial possa ser aplicada em qualquer dos sentidos. Algumas vezes o flange removível é solidário ao anel externo, o que o torna separável. Para aliviar a concentração de carga nas extremidades dos roletes, eles, em geral, são levemente arredondados, com os diâmetros nas extremidades reduzidos tipicamente de cerca de 0,004 mm. Os rolamentos de roletes cilíndricos possuem, usualmente, um separador ou gaiola para manter os roletes em suas posições, porém eles podem ser montados sem uma gaiola e com um *complemento pleno* de roletes, como ilustrado para os rolamentos de agulha da Figura 14.9. A Figura 14.5d ilustra um rolamento de escora de roletes.

A Figura 14.6 mostra três tipos de rolamentos de roletes esféricos. O rolamento do tipo carreira única possui uma pequena capacidade de carga axial, porém os rolamentos de carreira dupla podem suportar cargas axiais de até 30 % de sua capacidade de carga radial. Os rolamentos de roletes esféricos com contato angular podem suportar altas cargas axiais em um dos sentidos.

Os rolamentos de roletes cônicos mais representativos são mostrados na Figura 14.7. Os detalhes de sua geometria são ilustrados na Figura 14.8. Observe que quando as geratrizes das superfícies cônicas dos roletes e das pistas são estendidas elas interceptam-se em um ápice em comum, na linha de centro de rotação. Os rolamentos de rodas e outras aplicações geralmente utilizam, aos pares, dos rolamentos de roletes côni-

cos de carreira única. Os rolamentos do tipo de carreira dupla e de carreira quádrupla de roletes são utilizados simplesmente para substituir um par de rolamentos de roletes de carreira única ou para suportar cargas mais pesadas. O espaço deste livro não permite discussões adicionais sobre os rolamentos de roletes cônicos. A seleção e os procedimentos de análise geralmente são similares àqueles apresentados neste capítulo para outros tipos de rolamentos. Informações detalhadas estão disponíveis nos catálogos dos fabricantes e em outras referências.

Devido à sua geometria, os rolamentos de agulha (Figura 14.9) possuem, para um dado espaço radial, a maior capacidade de carga dentre todos os mancais de rolamento.

Os mancais de rolamentos estão disponíveis em uma grande variedade de formas especiais para diversas aplicações. Os detalhes estão descritos na literatura publicada pelos diversos fabricantes de rolamentos. Alguns exemplos representativos são ilustrados na Figura 14.10. O *rolamento adaptador* (item a) pode ser montado economicamente em eixos comerciais de aço sem a usinagem de uma sede para o rolamento. O *suporte de rolamento* (item b) é um arranjo comumente utilizado para suportar um eixo rotativo paralelo a uma superfície plana. O *mancal flangeado* (item c) é capaz de suportar um eixo rotativo perpendicular a uma superfície plana. O *tensor de polia* (item d) possui um rolamento de roletes esféricos não retificado mais econômico, fabricado com a pista externa com contorno para acomodar uma correia. O *rolamento rotular* (item e) é utilizado nos controles de aviões e em aplicações de máquinas e mecanismos diversos. O mancal de agulha com *seguidor de came* (item f) possui um anel externo pesado para suportar grandes forças de contato induzidas pelo came. O mancal com eixo integral (item g) é utilizado nas bombas d'água de veículos automotivos, nos cortadores de grama, nas serras e em outras aplicações. O conjunto integrado eixo-rolamento (item h) representa um desenvolvimento relativamente recente para montagens de rodas, polias, engrenagens intermediárias e similares. Os rolamentos lineares de esferas recirculantes (item i) e o rolamento de rolete linear (item j) ilustram aplicações menos convencionais de mancais de rolamento. O leitor deve também lembrar-se do conjunto fuso e mancal de esferas recirculantes mostrado na Figura 10.10.

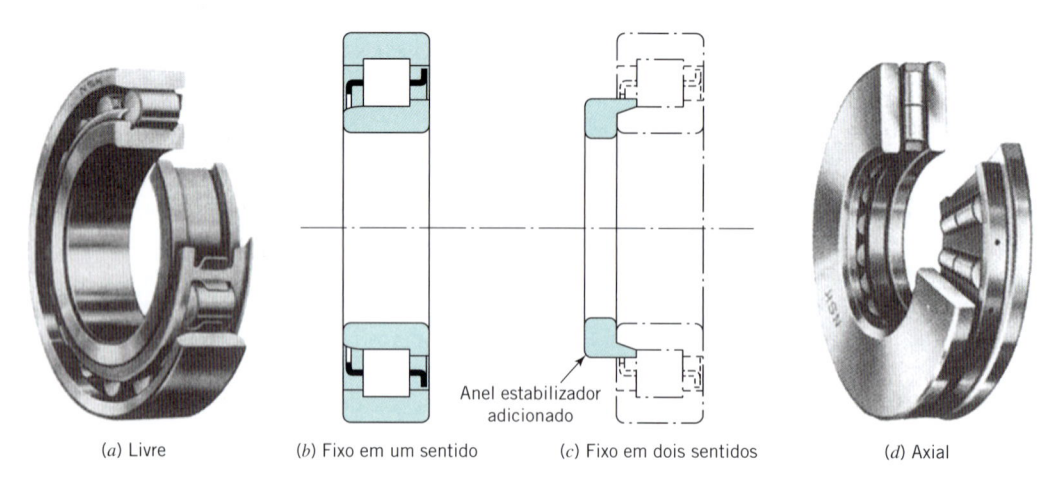

(a) Livre   (b) Fixo em um sentido   Anel estabilizador adicionado   (c) Fixo em dois sentidos   (d) Axial

FIGURA 14.5 **Rolamentos de roletes cilíndricos. (Cortesia da Hoover–NSK Bearing Company.)**

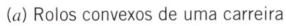
(*a*) Rolos convexos de uma carreira

(*b*) Rolos convexos de duas carreiras

(*c*) Escora

FIGURA 14.6 Rolamentos de roletes esféricos. (*a*, Cortesia da Emerson Power Transmission Corp., Florence Kentucky, *b* e *c*, Cortesia da Hoover–NSK Bearing Company.)

(*a*) Carreira única

(*b*) Carreira dupla

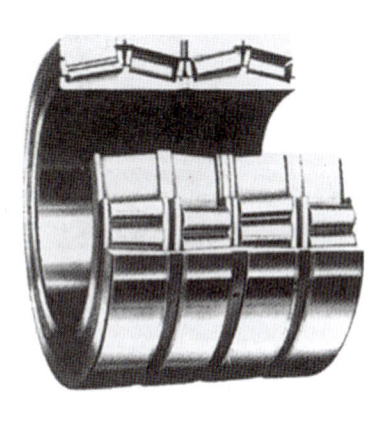
(*c*) Carreira quádrupla

FIGURA 14.7 Rolamentos de roletes cônicos. (Cortesia da The Torrington Company.)

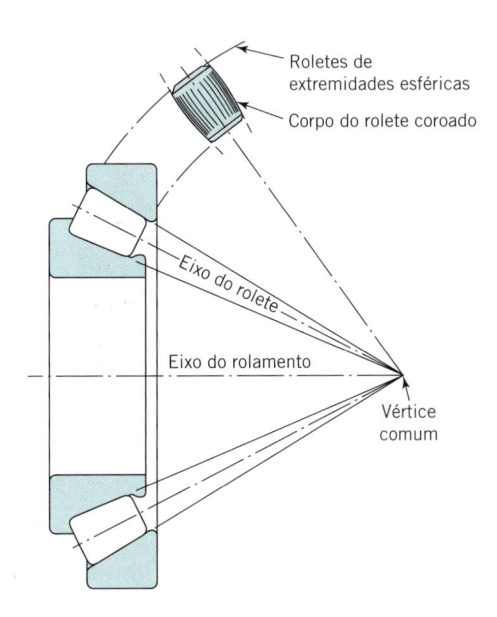

Roletes de extremidades esféricas

Corpo do rolete coroado

Eixo do rolete

Eixo do rolamento

Vértice comum

FIGURA 14.8 Geometria de rolamentos de roletes cônicos.

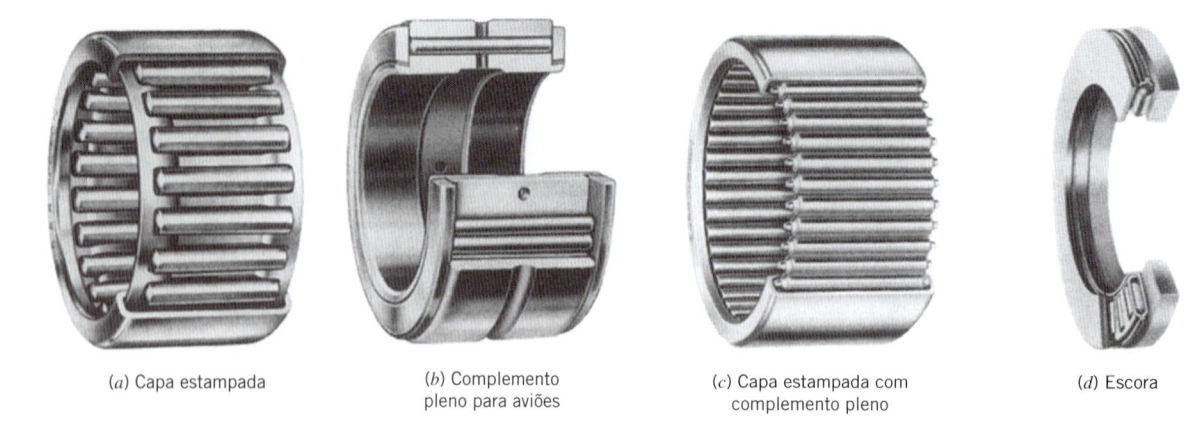

(*a*) Capa estampada   (*b*) Complemento pleno para aviões   (*c*) Capa estampada com complemento pleno   (*d*) Escora

Figura 14.9   **Rolamentos com roletes de agulha. (Cortesia da The Torrington Company.)**

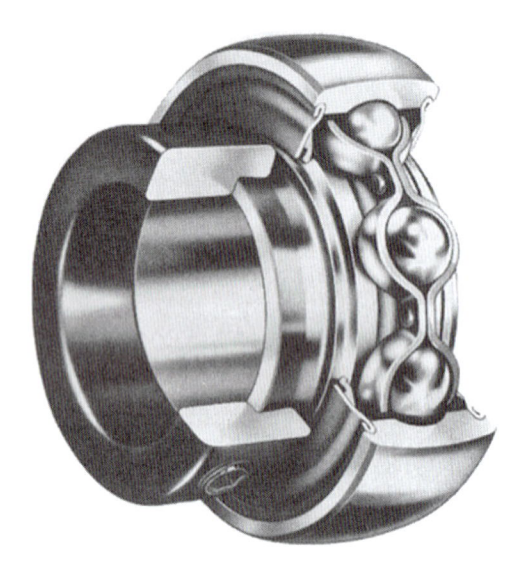

(*a*) Rolamento adaptador

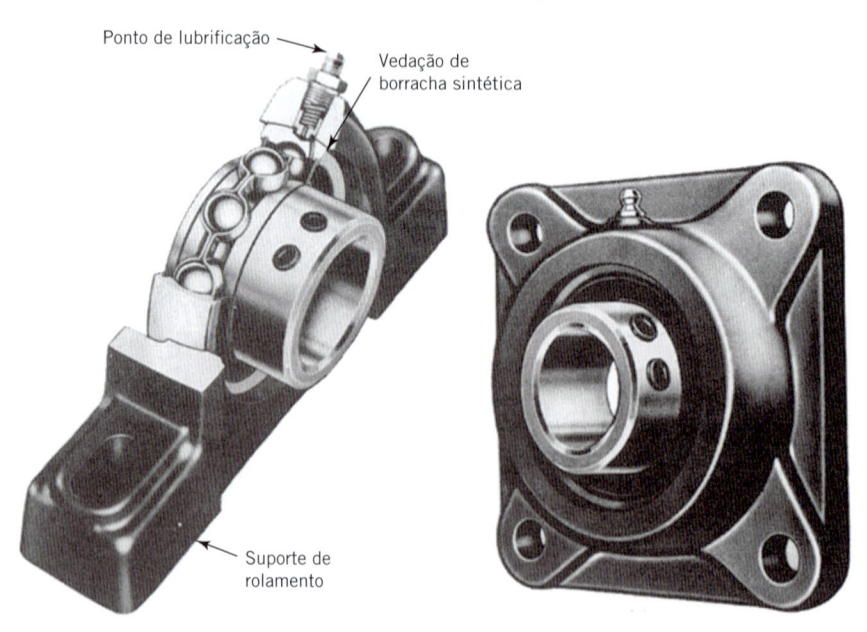

Ponto de lubrificação

Vedação de borracha sintética

Suporte de rolamento

(*b*) Montagem com suporte de rolamento   (*c*) Mancal flangeado

Figura 14.10   **Exemplos de rolamentos/mancais especiais. (*a*, *g*, *h*, Cortesia da New Departure–Hyatt Bearing Division, General Motors Corporation; *b*, *c*, Cortesia da Reliance Electric Company; *f*, Cortesia da The Torrington Company; *i*, *j*, Cortesia da Thompson Industries, Inc.)**

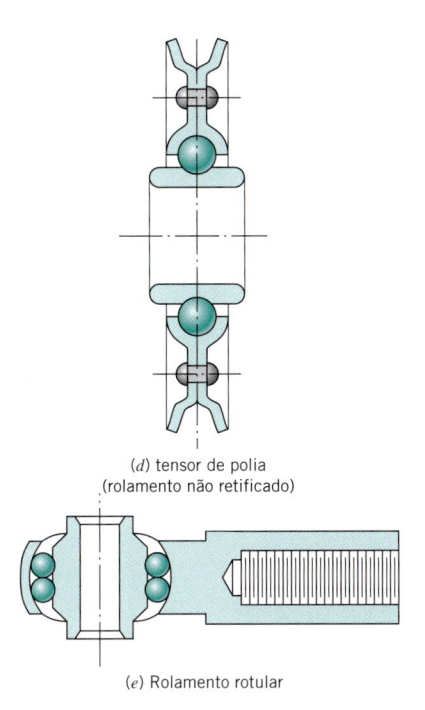

(*d*) tensor de polia
(rolamento não retificado)

(*e*) Rolamento rotular

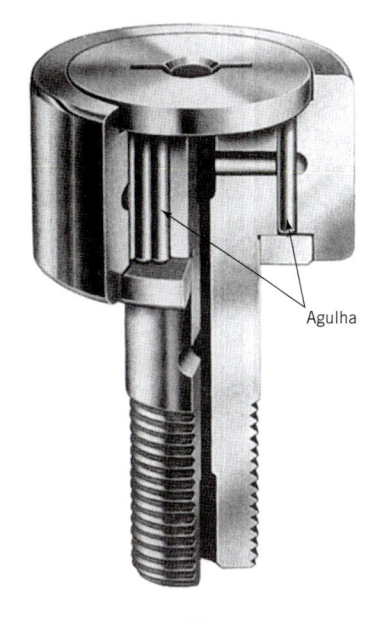

Agulha

(*f*)
Mancal de agulha com seguidor de came

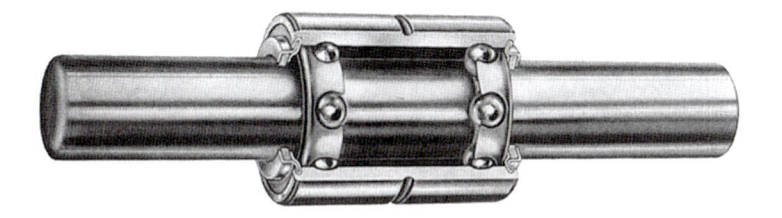

(*g*) Mancal com eixo integral

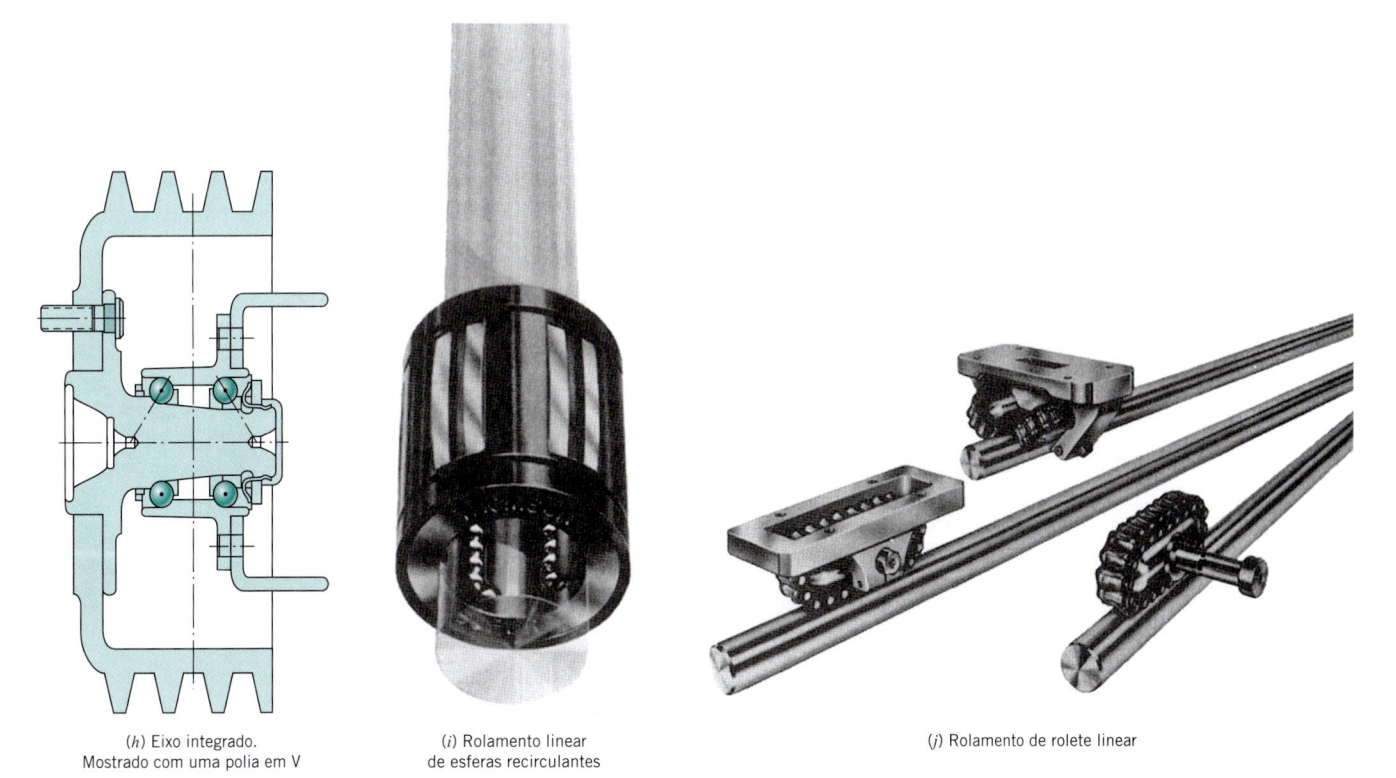

(*h*) Eixo integrado.
Mostrado com uma polia em V

(*i*) Rolamento linear
de esferas recirculantes

(*j*) Rolamento de rolete linear

FIGURA 14.10 (*Continuação*)

14.4 Projeto de Rolamentos

O projeto detalhado dos mancais de rolamento representa um sofisticado esforço de engenharia, muito especializado para merecer um tratamento extensivo no contexto deste livro. Por outro lado, a seleção e o uso desses rolamentos interessam praticamente a todos os engenheiros envolvidos com máquinas de uma forma geral. Por essa razão, a presente seção tem o objetivo de destacar apenas alguns fundamentos do projeto de rolamentos de modo que o leitor possa ter alguma ideia sobre os tópicos envolvidos. As seções seguintes tratam em mais detalhes da seleção e da aplicação dos mancais de rolamentos.

O que está por trás da tecnologia de mancais de rolamentos está associada às tensões de contato entre superfícies curvas e às correspondentes falhas por fadiga, apresentadas, brevemente, nas Seções 9.13 e 9.14. A Figura 14.1*c* ilustra a geometria genérica das superfícies de contato nos rolamentos de esferas. A seleção da curvatura da pista de rolamento é crítica. Um raio apenas um pouco maior do que o da esfera resulta em uma área de contato relativamente maior (considerando as deformações elásticas que são devidas às cargas) e tensões de contato baixas. Porém, partes distintas dessa área de contato estão a raios distintos do eixo de rotação. Isso resulta em deslizamento e em atrito no giro, e desgaste. Assim, o raio selecionado (geralmente cerca de 104 % do raio da esfera para a pista interna e ligeiramente maior para a pista externa) representa um compromisso entre a área de apoio da carga fornecida e o atrito de deslizamento aceitável.

A seleção do material para mancais de rolamento também é crítica. Desde os anos 1920 a maior parte dos anéis de rolamentos de esferas e as próprias esferas têm sido fabricados de aço cromo de alto carbono, SAE 52100, endurecido até a faixa de 58 a 65 Rockwell C. Tratamentos térmicos especiais são, algumas vezes, utilizados para produzir tensões residuais favoráveis nas superfícies de contato. Componentes dos rolamentos são geralmente fabricados com liga de aço cementado. As tensões residuais compressivas de superfície são próprias da cementação. A "limpeza" do aço é de extrema importância e, por essa razão, quase todos os aços para rolamentos são degaseificados à vácuo.

O projeto dos anéis para a rigidez desejada é muito importante. O deslocamento dos anéis e das esferas (ou roletes), a rotação e as características do lubrificante combinam-se para determinar a distribuição das tensões locais na área de contato. Essas especificidades levam o engenheiro de rolamentos à área da elastohidrodinâmica (Seção 13.16).

As tolerâncias de fabricação são extremamente críticas. No caso de rolamentos de esferas, a ABEC (*Annular Bearing Engineers' Committee*) da AFBMA (*Anti-Friction Bearing Manufacturers Association*) estabeleceu quatro níveis principais de precisão, designados por ABEC 1, 5, 7 e 9. O ABEC 1 é o nível-padrão e é adequado para a maioria das aplicações rotineiras. Os demais níveis referem-se a tolerâncias progressivamente mais finas (apertadas). Por exemplo, as tolerâncias referentes aos rolamentos com diâmetro interno entre 35 e 50 mm, estão na faixa de +0,0000 in a −0,0005 in para ABEC nível 1 e de +0,00000 in a −0,00010 in para ABEC nível 9. As tolerâncias referentes a outras dimensões são comparáveis. Analogamente,

o comitê dos Engenheiros de Rolamentos da AFBMA estabeleceu os padrões RBEC de 1 a 5 para os rolamentos com roletes cilíndricos. (Para auxiliar na percepção de quão pequenas essas tolerâncias são, compare-as com a espessura do papel deste livro, como pode ser convenientemente determinada através da medida da espessura de 100 folhas, ou 200 páginas.)

Para informações detalhadas relacionadas ao projeto de mancais de rolamentos, consulte as referências [1, 3, 4].

14.5 Montagem dos Mancais de Rolamento

A prática rotineira é a de montar-se o anel estacionário com um ajuste deslizante e o anel girante com interferência suficiente para evitar o movimento relativo durante a operação. O ajuste recomendado depende do tipo, das dimensões e do nível de tolerância do rolamento. Por exemplo, um ajuste de rolamento de esferas ABEC-1 típico poderia apresentar uma folga na faixa de 0,0005 in para o anel estacionário e 0,0005 in de interferência para o anel girante. As tolerâncias de fabricação para as dimensões da interface entre o eixo e o alojamento do rolamento estão, tipicamente, na faixa de 0,0003 in para os rolamentos de esferas ABEC-1. Os ajustes e as tolerâncias apropriadas são influenciados pela rigidez radial do eixo e do alojamento e, algumas vezes, pela expansão térmica.

É importante reconhecer que as pressões de montagem dos rolamentos influenciam o ajuste interno entre as esferas ou roletes e suas pistas. Um ajuste muito apertado pode causar interferência interna que diminui a vida do rolamento.

Deve-se tomar cuidado com a instalação e a remoção dos rolamentos para assegurar-se que as forças necessárias sejam aplicadas diretamente ao anel do rolamento. Se estas forças forem transmitidas através do rolamento, isto é, se uma força for aplicada à pista externa para forçar o posicionamento do rolamento no eixo, o rolamento poderá ser danificado. Em algumas situações, a montagem por ajuste com interferência são facilitadas pelo aquecimento do componente externo ou pelo "resfriamento" do componente interno, acondicionando-o em gelo seco (dióxido de carbono solidificado). Qualquer aquecimento a que seja submetido o rolamento não deve ser suficiente para danificar o aço ou qualquer lubrificante previamente inserido.

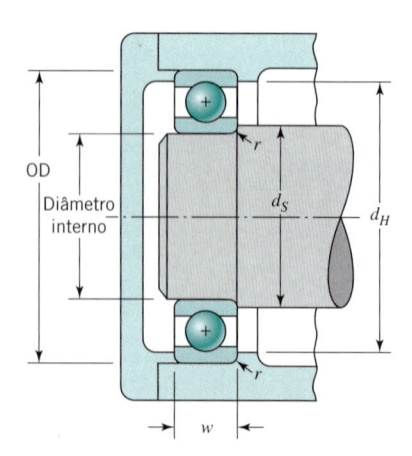

FIGURA 14.11 **Dimensões do eixo e do alojamento de encosto do rolamento.**

Informações detalhadas sobre os ajustes utilizados em rolamentos são fornecidas na literatura técnica dos fabricantes de rolamentos e nas normas ANSI e AFBMA. Em algumas situações os adesivos (veja a Seção 11.8) são utilizados em conjunto com tolerâncias ligeiramente reduzidas nas dimensões do eixo e do diâmetro interno do rolamento, particularmente nas aplicações em que a precisão não é um fator determinante.

14.6 "Informações de Catálogo" para os Mancais de Rolamento

Os catálogos dos fabricantes de rolamentos os identificam por números e fornecem informações dimensionais completas, uma lista ordenada com as capacidades de carga, e fornece os detalhes dimensionais relativos à montagem, à lubrificação e à operação. As dimensões relativas às séries mais comuns de rolamentos radiais de esferas, rolamentos angulares de esferas e rolamentos de roletes cilíndricos são fornecidas na Tabela 14.1 e ilustradas na Figura 14.11. Para os rolamentos desses tipos com diâmetro interno de 20 mm e maiores, o diâmetro interno é igual a cinco vezes os últimos dois dígitos referentes ao número do rolamento. Por exemplo, o No. L08 é um rolamento da série extraleve com um diâmetro interno de 40 mm, o No. 316 é da série média, com um diâmetro interno de 80 mm, e assim por diante. Os números dos rolamentos reais incluem letras e números adicionais, de modo a fornecer mais informações. Muitas variedades de rolamentos também estão disponíveis com especificações em polegadas.

A Tabela 14.2 lista as *capacidades ordenadas de carga, C.* Esses valores correspondem à carga radial constante que 90 % de um grupo de rolamentos presumivelmente idênticos podem resistir ao longo de 9×10^7 revoluções (o correspondente a 3000 horas a uma rotação de operação de 500 rpm) sem que se estabeleça uma falha por fadiga superficial do tipo ilustrado na Figura 9.20*b. Atenção:* as capacidades de carga ordenadas fornecidas por diferentes fabricantes de rolamentos não são sempre diretamente comparáveis. A base para esse ordenamento deve sempre ser verificada.

TABELA 14.1 Dimensões de Rolamentos

Número básico do rolamento	Diâmetro interno (mm)	Rolamentos de esferas					Rolamentos de rolos				
		OD (mm)	w (mm)	r^a (mm)	d_S (mm)	d_H (mm)	OD (mm)	w (mm)	r^a (mm)	d_S (mm)	d_H (mm)
L00	10	26	8	0,30	12,7	23,4					
200	10	30	9	0,64	13,8	26,7					
300	10	35	11	0,64	14,8	31,2					
L01	12	28	8	0,30	14,5	25,4					
201	12	32	10	0,64	16,2	28,4					
301	12	37	12	1,02	17,7	32,0					
L02	15	32	9	0,30	17,5	29,2					
202	15	35	11	0,64	19,0	31,2					
302	15	42	13	1,02	21,2	36,6					
L03	17	35	10	0,30	19,8	32,3	35	10	0,64	20,8	32,0
203	17	40	12	0,64	22,4	34,8	40	12	0,64	20,8	36,3
303	17	47	14	1,02	23,6	41,1	47	14	1,02	22,9	41,4
L04	20	42	12	0,64	23,9	38,1	42	12	0,64	24,4	36,8
204	20	47	14	1,02	25,9	41,7	47	14	1,02	25,9	42,7
304	20	52	15	1,02	27,7	45,2	52	15	1,02	25,9	46,2
L05	25	47	12	0,64	29,0	42,9	47	12	0,64	29,2	43,4
205	25	52	15	1,02	30,5	46,7	52	15	1,02	30,5	47,0
305	25	62	17	1,02	33,0	54,9	62	17	1,02	31,5	55,9
L06	30	55	13	1,02	34,8	49,3	47	9	0,38	33,3	43,9
206	30	62	16	1,02	36,8	55,4	62	16	1,02	36,1	56,4
306	30	72	19	1,02	38,4	64,8	72	19	1,52	37,8	64,0
L07	35	62	14	1,02	40,1	56,1	55	10	0,64	39,4	50,8
207	35	72	17	1,02	42,4	65,0	72	17	1,02	41,7	65,3
307	35	80	21	1,52	45,2	70,4	80	21	1,52	43,7	71,4
L08	40	68	15	1,02	45,2	62,0	68	15	1,02	45,7	62,7
208	40	80	18	1,02	48,0	72,4	80	18	1,52	47,2	72,9

(*continua*)

TABELA 14.1 Dimensões de Rolamentos (*Continuação*)

Número básico do rolamento	Diâmetro interno (mm)	Rolamentos de esferas					Rolamentos de rolos				
		OD (mm)	w (mm)	r^a (mm)	d_S (mm)	d_H (mm)	OD (mm)	w (mm)	r^a (mm)	d_S (mm)	d_H (mm)
308	40	90	23	1,52	50,8	80,0	90	23	1,52	49,0	81,3
L09	45	75	16	1,02	50,8	68,6	75	16	1,02	50,8	69,3
209	45	85	19	1,02	52,8	77,5	85	19	1,52	52,8	78,2
309	45	100	25	1,52	57,2	88,9	100	25	2,03	55,9	90,4
L10	50	80	16	1,02	55,6	73,7	72	12	0,64	54,1	68,1
210	50	90	20	1,02	57,7	82,3	90	20	1,52	57,7	82,8
310	50	110	27	2,03	64,3	96,5	110	27	2,03	61,0	99,1
L11	55	90	18	1,02	61,7	83,1	90	18	1,52	62,0	83,6
211	55	100	21	1,52	65,0	90,2	100	21	2,03	64,0	91,4
311	55	120	29	2,03	69,8	106,2	120	29	2,03	66,5	108,7
L12	60	95	18	1,02	66,8	87,9	95	18	1,52	67,1	88,6
212	60	110	22	1,52	70,6	99,3	110	22	2,03	69,3	101,3
312	60	130	31	2,03	75,4	115,6	130	31	2,54	72,9	117,9
L13	65	100	18	1,02	71,9	92,7	100	18	1,52	72,1	93,7
213	65	120	23	1,52	76,5	108,7	120	23	2,54	77,0	110,0
313	65	140	33	2,03	81,3	125,0	140	33	2,54	78,7	127,0
L14	70	110	20	1,02	77,7	102,1	110	20	Não disponível		
214	70	125	24	1,52	81,0	114,0	125	24	2,54	81,8	115,6
314	70	150	35	2,03	86,9	134,4	150	35	3,18	84,3	135,6
L15	75	115	20	1,02	82,3	107,2	115	20	Não disponível		
215	75	130	25	1,52	86,1	118,9	130	25	2,54	85,6	120,1
315	75	160	37	2,03	92,7	143,8	160	37	3,18	90,4	145,8
L16	80	125	22	1,02	88,1	116,3	125	22	2,03	88,4	117,6
216	80	140	26	2,03	93,2	126,7	140	26	2,54	91,2	129,3
316	80	170	39	2,03	98,6	152,9	170	39	3,18	96,0	154,4
L17	85	130	22	1,02	93,2	121,4	130	22	2,03	93,5	122,7
217	85	150	28	2,03	99,1	135,6	150	28	3,18	98,0	139,2
317	85	180	41	2,54	105,7	160,8	180	41	3,96	102,9	164,3
L18	90	140	24	1,52	99,6	129,0	140	24	Não disponível		
218	90	160	30	2,03	104,4	145,5	160	30	3,18	103,1	147,6
318	90	190	43	2,54	111,3	170,2	190	43	3,96	108,2	172,7
L19	95	145	24	1,52	104,4	134,1	145	24	Não disponível		
219	95	170	32	2,03	110,2	154,9	170	32	3,18	109,0	157,0
319	95	200	45	2,54	117,3	179,3	200	45	3,96	115,1	181,9
L20	100	150	24	1,52	109,5	139,2	150	24	2,54	109,5	141,7
220	100	180	34	2,03	116,1	164,1	180	34	3,96	116,1	167,1
320	100	215	47	2,54	122,9	194,1	215	47	4,75	122,4	194,6
L21	105	160	26	2,03	116,1	146,8	160	26	Não disponível		
221	105	190	36	2,03	121,9	173,5	190	36	3,96	121,4	175,3
321	105	225	49	2,54	128,8	203,5	225	49	4,75	128,0	203,5
L22	110	170	28	2,03	122,7	156,5	170	28	2,54	121,9	159,3
222	110	200	38	2,03	127,8	182,6	200	38	3,96	127,3	183,9
322	110	240	50	2,54	134,4	218,2	240	50	4,75	135,9	217,2
L24	120	180	28	2,03	132,6	166,6	180	28	Não disponível		
224	120	215	40	2,03	138,2	197,1	215	40	4,75	139,2	198,9
324	120	Não disponível					260	55	6,35	147,8	235,2

(continua)

Tabela 14.1 Dimensões de Rolamentos (*Continuação*)

Número básico do rolamento	Diâmetro interno (mm)	Rolamentos de esferas					Rolamentos de rolos				
		OD (mm)	w (mm)	r^a (mm)	d_S (mm)	d_H (mm)	OD (mm)	w (mm)	r^a (mm)	d_S (mm)	d_H (mm)
L26	130	200	33	2,03	143,8	185,4	200	33	3,18	143,0	188,2
226	130	230	40	2,54	149,9	210,1	230	40	4,75	149,1	213,9
326	130	280	58	3,05	160,0	253,0	280	58	6,35	160,3	254,5
L28	140	210	33	2,03	153,7	195,3	210	33	Não disponível		
228	140	250	42	2,54	161,5	228,6	250	42	4,75	161,5	232,4
328	140	Não disponível					300	62	7,92	172,0	271,3
L30	150	225	35	2,03	164,3	209,8	225	35	3,96	164,3	212,3
230	150	270	45	2,54	173,0	247,6	270	45	6,35	174,2	251,0
L32	160	240	38	2,03	175,8	223,0	240	38	Não disponível		
232	160	Não disponível					290	48	6,35	185,7	269,5
L36	180	280	46	2,03	196,8	261,6	280	46	4,75	199,6	262,9
236	180	Não disponível					320	52	6,35	207,5	298,2
L40	200						310	51	Não disponível		
240	200	Não disponível					360	58	7,92	232,4	334,5
L44	220						340	56	Não disponível		
244	220	Não disponível					400	65	9,52	256,0	372,1
L48	240						360	56	Não disponível		
248	240	Não disponível					440	72	9,52	279,4	408,4

^{a} O raio de concordância máximo em um eixo e no alojamento do rolamento que irá acomodar o chanfro do anel externo.

14.7 Seleção de Rolamentos

A seleção de um rolamento para uma aplicação específica envolve a definição do tipo de rolamento, do nível de precisão (usualmente ABEC 1), do lubrificante, do isolamento (isto é, aberto, blindado ou vedado) e da carga básica a ser suportada. Frequentemente, circunstâncias especiais devem também ser consideradas. Por exemplo, se o rolamento for submetido a uma carga pesada quando estacionário, sua *capacidade de carga estática* (fornecida nos catálogos dos fabricantes de rolamentos) não deverá ser ultrapassada. Caso contrário as esferas ou roletes irão indentar ligeiramente os anéis. Esse fenômeno é chamado de brinelamento, porque as indentações assemelham-se a marcas produzidas por um dispositivo de teste de dureza Brinell. Essas indentações produzirão rotações subsequentes ruidosas. (Se o ruído não for indesejável, a capacidade de carga estática poderá, em geral, ser excedida de um fator de até 3.) É interessante notar que um dano extremamente pequeno deste tipo durante a rotação não é prejudicial, porque deixa as superfícies do anel suaves e anulares.

Outra consideração especial é a velocidade máxima. Essa limitação está relacionada à velocidade linear da superfície ao invés da velocidade de rotação; assim, os pequenos rolamentos podem operar a rotações mais altas do que os rolamentos maiores. A lubrificação é especialmente importante nas aplicações em que os rolamentos são submetidos a altas velocidades, sendo a melhor lubrificação a que utiliza uma névoa de óleo fino ou um *spray*. Esse procedimento propicia o filme lubrificante necessário e retira o calor gerado por atrito com um mínimo de perda por "agitação" do lubrificante. Para os rolamentos de esferas, os separadores não metálicos permitem maiores velocidades. Rolamentos de esferas de carreira única de precisão ABEC 1 com separadores não metálicos e lubrificação por névoa de óleo podem operar a velocidades na superfície do anel interno de até 75 m/s e possuir uma vida de 3000 horas enquanto suporta um terço de sua capacidade de carga nominal. Esta condição altera o *valor de DN* (diâmetro interno em milímetros multiplicado pela rotação em rpm) de cerca de $1,25 \times 10^6$. Para gotejamento de óleo ou lubrificação por borrifo esse valor é reduzido em cerca de um terço, e para lubrificação por graxa em cerca de dois terços. Diante das condições mais favoráveis, os rolamentos com roletes podem operar com valores de DN de até cerca de 450.000. Para aplicações que envolvam rotações extremas é aconselhável consultar o fabricante do rolamento.

Durante o processo de seleção de rolamento deve-se dar atenção para eventuais desalinhamentos, bem como analisar a necessidade de vedação e lubrificação. Se temperaturas são extremas, o fabricante do rolamento deve ser consultado.

A dimensão do rolamento selecionado para uma determinada aplicação geralmente é influenciada pela dimensão necessária ao eixo (decorrente das considerações de resistência e de rigidez) e pela disponibilidade de espaço. Além disso, o rolamento deve ter uma capacidade de carga suficientemente alta para propiciar uma combinação aceitável de vida e de confiabilidade. Os principais fatores que influenciam os requisitos associados ao carregamento são discutidos a seguir.

TABELA 14.2 Capacidade Nominal dos Rolamentos, C, para $L_R = 90 \times 10^6$ Vida em Rotações com 90 porcento de Confiabilidade

Diâmetro interno (mm)	Esfera radial, $\alpha = 0°$			Esfera angular, $\alpha = 25°$			Rolete		
	L00 Xlt (kN)	200 lt (kN)	300 med (kN)	L00 Xlt (kN)	200 lt (kN)	300 med (kN)	1000 Xlt (kN)	1200 lt (kN)	1300 med (kN)
10	1,02	1,42	1,90	1,02	1,10	1,88			
12	1,12	1,42	2,46	1,10	1,54	2,05			
15	1,22	1,56	3,05	1,28	1,66	2,85			
17	1,32	2,70	3,75	1,36	2,20	3,55	2,12	3,80	4,90
20	2,25	3,35	5,30	2,20	3,05	5,80	3,30	4,40	6,20
25	2,45	3,65	5,90	2,65	3,25	7,20	3,70	5,50	8,50
30	3,35	5,40	8,80	3,60	6,00	8,80	2,40[a]	8,30	10,0
35	4,20	8,50	10,6	4,75	8,20	11,0	3,10[a]	9,30	13,1
40	4,50	9,40	12,6	4,95	9,90	13,2	7,20	11,1	16,5
45	5,80	9,10	14,8	6,30	10,4	16,4	7,40	12,2	20,9
50	6,10	9,70	15,8	6,60	11,0	19,2	5,10[a]	12,5	24,5
55	8,20	12,0	18,0	9,00	13,6	21,5	11,3	14,9	27,1
60	8,70	13,6	20,0	9,70	16,4	24,0	12,0	18,9	32,5
65	9,10	16,0	22,0	10,2	19,2	26,5	12,2	21,1	38,3
70	11,6	17,0	24,5	13,4	19,2	29,5		23,6	44,0
75	12,2	17,0	25,5	13,8	20,0	32,5		23,6	45,4
80	14,2	18,4	28,0	16,6	22,5	35,5	17,3	26,2	51,6
85	15,0	22,5	30,0	17,2	26,5	38,5	18,0	30,7	55,2
90	17,2	25,0	32,5	20,0	28,0	41,5		37,4	65,8
95	18,0	27,5	38,0	21,0	31,0	45,5		44,0	65,8
100	18,0	30,5	40,5	21,5	34,5		20,9	48,0	72,9
105	21,0	32,0	43,5	24,5	37,5			49,8	84,5
110	23,5	35,0	46,0	27,5	41,0	55,0	29,4	54,3	85,4
120	24,5	37,5		28,5	44,5			61,4	100,1
130	29,5	41,0		33,5	48,0	71,0	48,9	69,4	120,1
140	30,5	47,5		35,0	56,0			77,4	131,2
150	34,5			39,0	62,0		58,7	83,6	
160								113,4	
180	47,0			54,0			97,9	140,1	
200								162,4	
220								211,3	
240								258,0	

[a] A série 1000 (Xlt) de rolamentos não está disponível nestes tamanhos. As capacidades mostradas são para a série 1900 (XXlt).
Fonte: New Departure-Hyatt Bearing Division, General Motors Corporation.

14.7.1 Requisitos de Vida

As aplicações de rolamentos usualmente requerem vidas distintas daquelas utilizadas nos manuais. Palmgren [4] determinou que a vida de um rolamento de esferas varia com o inverso de aproximadamente a terceira potência da carga. Os últimos estudos têm indicado que esse expoente varia entre 3 e 4 para vários mancais de rolamento. Muitos fabricantes adotam o expoente de Palmgren de 3 para rolamentos de esferas, e utilizam 10/3 para rolamentos de roletes. Seguindo as recomendações de outros fabricantes, este livro utilizará o expoente de 10/3 para ambos os tipos de rolamentos. Assim,

$$L = L_R(C/F_r)^{3,33} \qquad (14.1a)$$

ou

$$C_{\text{req}} = F_r(L/L_R)^{0,3} \qquad (14.1b)$$

em que

C = a capacidade nominal (conforme Tabela 14.2) e C_{req} = o valor necessário de C para a aplicação específica

L_R = a vida correspondente à capacidade nominal (isto é, 9×10^7 revoluções)

F_r = a carga radial envolvida na aplicação específica

L = a vida correspondente à carga radial F_r, ou a vida requerida pela aplicação

Assim, duplicando-se a carga atuante no rolamento reduz-se sua vida por um fator de aproximadamente 10.

Os catálogos de diferentes fabricantes utilizam diferentes valores de L_R. Alguns utilizam $L_R = 10^6$ revoluções. Um cálculo rápido mostra que os valores apresentados na Tabela 14.2 devem ser multiplicados por 3,86 para serem comparáveis com as capacidades de carga baseadas em uma vida de 10^6 revoluções.

14.7.2 Requisitos de Confiabilidade

Os ensaios mostram que a vida *média* dos mancais de rolamento (rolamentos de esferas, em particular) é cerca de cinco vezes maior que a vida referente ao padrão de 10 % de falha por fadiga. A vida-padrão é geralmente designada como *vida* L_{10} (algumas vezes como vida B_{10}). Como essa vida corresponde a 10 % de falhas, também indica que esta é a vida para a qual 90 % das unidades *não* apresentarão falha, e corresponde a *90% de confiabilidade. Assim, a vida para uma confiabilidade de 50 % é cerca de cinco vezes maior que a vida para 90 % de confiabilidade.*

Muitos projetos exigem confiabilidades superiores a 90 %. A distribuição para a vida à fadiga de um grupo de componentes presumivelmente idênticos não corresponde à curva de distribuição normal, discutida na Seção 6.14 e ilustrada na Figura 6.18. Em vez disso, as vidas à fadiga possuem uma característica de distribuição deslocada, conforme mostrado na Figura 14.12. Em geral, essa característica corresponde à fórmula matemática proposta pelo sueco W. Weibull, conhecida como *distribuição de Weibull*. Utilizando a equação geral de Weibull juntamente com extensivos dados experimentais, a AFBMA formulou os *fatores de confiabilidade para ajuste de vida* recomendados, K_r, mostrados graficamente na Figura 14.13. Esses fatores são aplicáveis tanto a rolamentos de esferas quanto a rolamentos de roletes. A vida nominal do rolamento para qualquer confiabilidade fornecida (superior a 90 %) é, portanto, igual ao produto $K_r L_R$. Incorporando-se este fator à Eq. 14.1, tem-se

$$L = K_r L_R (C/F_r)^{3,33} \qquad \textbf{(14.2a)}$$

$$C_{\text{req}} = F_r (L/K_r L_R)^{0,3} \qquad \textbf{(14.2b)}$$

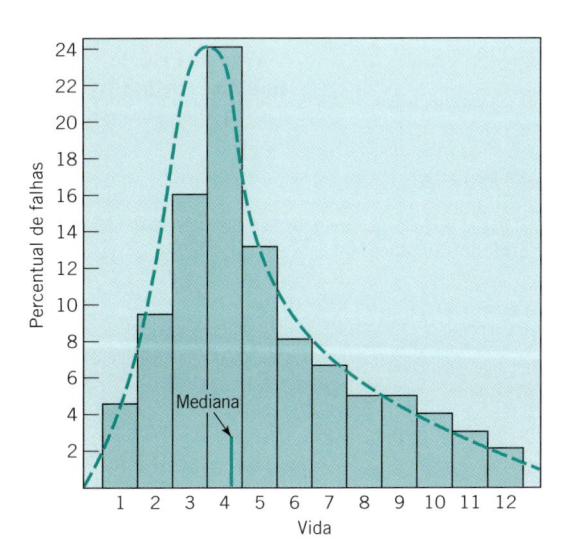

Figura 14.12 **Padrão genérico de distribuição para a vida à fadiga de rolamento).**

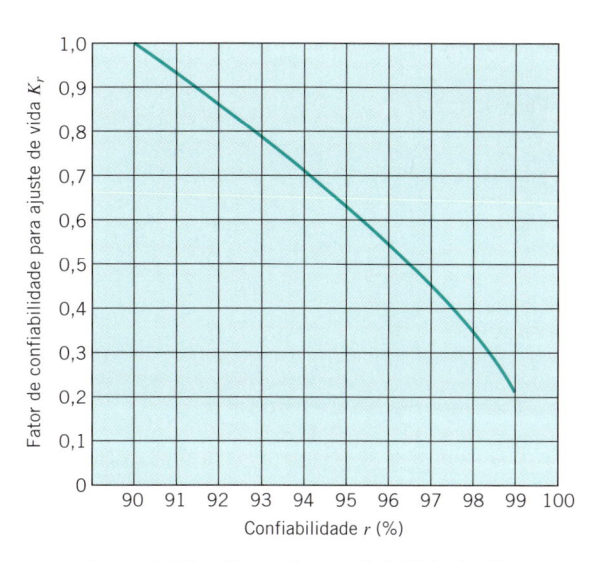

Figura 14.13 **Fator de confiabilidade K_r.**

14.7.3 Influência do Carregamento Axial

Os rolamentos de roletes cilíndricos são muito limitados em sua capacidade de carga axial porque as cargas axiais produzem um atrito de deslizamento nas extremidades dos roletes. Mesmo assim, quando esses rolamentos são apropriadamente alinhados, carregados radialmente e lubrificados com óleo, podem suportar cargas axiais de até 20 % de suas capacidades nominais de carga radial. Isso permite que pares de rolamentos de roletes cilíndricos suportem eixos submetidos a uma pequena carga axial, como as geradas pelas engrenagens de dentes retos ou por rodas dentadas. Os rolamentos com roletes cônicos podem, obviamente, suportar cargas axiais significativas como também as cargas radiais.

Para os rolamentos de esferas qualquer combinação de cargas radiais (F_r) e cargas axiais (F_t) resulta em aproximadamente a mesma vida que o rolamento teria na condição de uma única *carga equivalente* radial pura, F_e, calculada a partir das equações que se seguem. O ângulo da carga α é definido na Figura 14.3*b*. Os rolamentos radiais possuem um ângulo de carga nulo. Os valores padronizados de α para rolamentos angulares de esferas são 15°, 25° e 35°. O espaço deste livro permite apenas a inclusão do tratamento dos rolamentos angulares de esferas de 25°.

α = 0° (rolamentos radiais de esferas)

$$\text{Para } 0 < F_t/F_r < 0,35, \quad F_e = F_r$$

$$\text{Para } 0,35 < F_t/F_r < 10,$$

$$F_e = F_r \left[1 + 1,115 \left(\frac{F_t}{F_r} - 0,35 \right) \right] \Bigg\} \quad \textbf{(14.3)}^2$$

$$\text{Para } F_t/F_r > 10, \quad F_e = 1,176 F_t$$

---

[2]Derivado do "Ball Bearing General Catalog" (BC-7, 1980), New Departure-Hyatt Bearings Division, General Motors Corporation, Sandusky, Ohio. [Referente às Equações (14.3) e (14.4). (N.E.)]

α = 25° (rolamentos angulares de esferas)

$$\text{Para } 0 < F_t/F_r < 0{,}68, \quad F_e = F_r$$

$$\left.\begin{array}{l} \text{Para } 0{,}68 < F_t/F_r < 10, \\[2mm] F_e = F_r\left[1 + 0{,}870\left(\dfrac{F_t}{F_r} - 0{,}68\right)\right] \\[4mm] \text{Para } F_t/F_r > 10, \quad F_e = 0{,}911F_t \end{array}\right\} \quad \textbf{(14.4)}^2$$

14.7.4 Carregamento de Impacto

A capacidade nominal de rolamentos padrões está relacionada à condição de carga uniforme sem impacto. Essa condição desejável pode prevalecer para algumas aplicações (como os rolamentos utilizados nos motores e nos eixos dos rotores de ventiladores elétricos acionados por correia), porém outras aplicações podem apresentar variados graus de carregamento por impacto. Esse carregamento tem como efeito o aumento da carga nominal por um *fator de aplicação K_a*. A experiência da indústria específica é a melhor referência. A Tabela 14.3 fornece diversos valores para os casos mais representativos.

TABELA 14.3   Fatores de Aplicação, K_a

Tipo de Aplicação	Rolamento de Esferas	Rolamento de Roletes
Carga uniforme, sem impacto	1,0	1,0
Engrenamento	1,0-1,3	1,0
Impacto leve	1,2-1,3	1,0-1,1
Impacto moderado	1,5-2,0	1,1-1,5
Impacto pesado	2,0-3,0	1,5-2,0

14.7.5 Resumo

Substituindo-se F_e por F_r e acrescentando-se o fator K_a, modifica-se a Eq. 14.2, que passa a ser expressa como

$$L = K_r L_R (C/F_e K_a)^{3{,}33} \qquad \textbf{(14.5a)}$$
$$C_{\text{req}} = F_e K_a (L/K_r L_R)^{0{,}3} \qquad \textbf{(14.5b)}$$

Quando as equações precedentes são utilizadas, a questão é: Qual vida L deve ser necessária? A Tabela 14.4 pode ser utilizada como um guia, na ausência de informações mais específicas. (Vale a pena notar que a vida útil de um rolamento em aplicações industriais em que o ruído não é um fator importante pode se estender significativamente além da aparição da primeira pequena área de dano por fadiga superficial, que é o critério de falha adotado nos ensaios padronizados.)

Os fabricantes de rolamentos reduzem formalmente a vida dos rolamentos quando o anel externo gira relativamente à carga (como ocorre com a roda de um trailer, que gira no entorno de um eixo fixo). Como resultado de evidências mais recentes, isto não é mais feito. Se ambos os anéis giram, a rotação relativa entre os dois é utilizada na realização dos cálculos de vida.

Muitas aplicações envolvem cargas que variam com o tempo. Em tais casos, a regra de dano acumulado linear de Palmgren[3] (Seção 8.12) é aplicável.

> **PROBLEMA RESOLVIDO 14.1D**   Seleção de Rolamento de Esferas
>
> Selecione um rolamento de esferas montado sob interferência em um eixo de uma máquina industrial destinada a operar continuamente durante um turno (oito horas por dia) a 1800 rpm. As cargas radiais e axiais são de 1,2 e 1,5 kN, respectivamente, com impacto leve a moderado.

---

[3]Em homenagem a Arvid Palmgren, autor de [4].

TABELA 14.4   Vidas de Projeto Representativas de Rolamentos

Tipo de Aplicação	Vida de Projeto (milhares de horas)
Instrumentos e aparatos de uso não frequente	0,1-0,5
Máquinas usadas intermitentemente, em que a interrupção do serviço é de menor importância	4-8
Máquinas usadas intermitentemente, em que a confiabilidade é de grande importância	8-14
Máquinas de serviço por 8 h, mas não todos os dias	14-20
Máquinas de serviço por 8 h, cinco dias por semana	20-30
Máquinas de serviço por 24 h contínuas	50-60
Máquinas de serviço por 24 h contínuas, em que a confiabilidade é de extrema importância	100-200

---

[2]Derivado do "Ball Bearing General Catalog" (BC-7, 1980), New Departure-Hyatt Bearings Division, General Motors Corporation, Sandusky, Ohio. [Referente às Equações (14.3) e (14.4). (N.E.)]

Conhecido: Um rolamento de esferas opera durante oito horas por dia, cinco dias por semana e deve suportar cargas radial e axial constantes.

A Ser Determinado: Selecione um rolamento de esferas apropriado.

Esquemas e Dados Fornecidos:

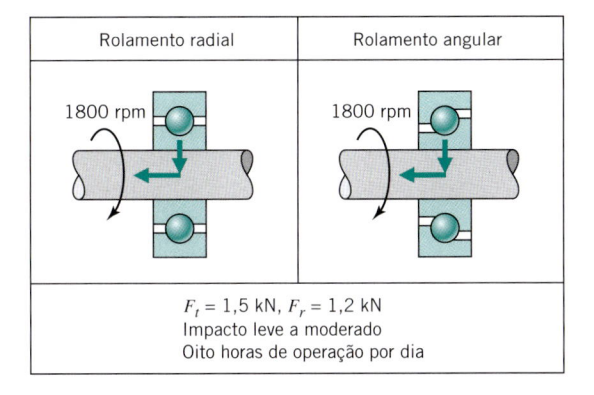

Rolamento radial	Rolamento angular
1800 rpm	1800 rpm

$F_t = 1,5$ kN, $F_r = 1,2$ kN
Impacto leve a moderado
Oito horas de operação por dia

Figura 14.14 **Rolamentos de esferas radial e de contato angular.**

Decisões e Hipóteses:

1. Necessita-se de um projeto conservativo para suportar impactos leves a moderados.
2. Necessita-se de um projeto conservativo quanto à vida para uma operação contínua de oito horas por dia.
3. Necessita-se uma confiabilidade de 90 %.
4. Deve ser selecionado tanto um rolamento radial ($\alpha = 0°$) quanto um rolamento angular ($\alpha = 25°$). (Veja a Figura 14.14.)
5. A vida do rolamento de esferas varia inversamente com a potência de 10/3 da carga (a Eq. 14.5b é suficientemente precisa).
6. A montagem sob interferência não afeta a vida do rolamento.

Análise do Projeto:

1. Das Eqs. 14.3 e 14.4, as cargas radiais equivalentes para rolamentos de esferas radial e angular para $F_t/F_r = 1,25$ são, respectivamente,

$$F_e = F_r\left[1 + 1,115\left(\frac{F_t}{F_r} - 0,35\right)\right]$$

$$= 1,2\left[1 + 1,115\left(\frac{1,5}{1,2} - 0,35\right)\right] = 2,4 \text{ kN} \quad \text{(rolamento radial)}$$

$$F_e = F_r\left[1 + 0,870\left(\frac{F_t}{F_r} - 0,68\right)\right]$$

$$= 1,2\left[1 + 0,87\left(\frac{1,5}{1,2} - 0,68\right)\right] = 1,8 \text{ kN} \quad \text{(rolamento angular)}$$

2. Da Tabela 14.3, escolha $K_a = 1,5$. Pela Tabela 14.4 escolha (de forma conservativa) 30.000 horas de vida. A vida em revoluções vale $L = 1800$ rpm $\times$ 30.000 h $\times$ 60 min/h $= 3240 \times 10^6$ rev.

3. Para um padrão de 90 % de confiabilidade ($K_r = 1$) e para $L_R = 90 \times 10^6$ rev (para uso com a Tabela 14.2), a Eq. 14.5b fornece

$$C_{\text{req}} = (2,4)(1,5)(3240/90)^{0,3} = 10,55 \text{ kN} \quad \text{(rolamento radial)}$$
$$= (1,8)(1,5)(3240/90)^{0,3} = 7,91 \text{ kN} \quad \text{(rolamento angular)}$$

4. Da Tabela 14.2 (com o número do rolamento para um dado diâmetro interno e série obtidos da Tabela 14.1), as escolhas apropriadas seriam os rolamentos radiais L14, 211 e 307 e os rolamentos de contato angular L11, 207 e 306.

Comentários: Sendo os outros fatores idênticos, a seleção final poderia ser definida com base no custo total da instalação, incluindo o eixo e a caixa do rolamento. A dimensão do eixo deve ser suficiente para limitar o desalinhamento do rolamento a não mais que 15′.

Problema Resolvido 14.2 **Vida e Confiabilidade de Rolamento de Esferas**

Suponha que um rolamento de contato radial 211 ($C = 12,0$ kN) seja selecionado para a aplicação no Problema Resolvido 14.1. (a) Estime a vida deste rolamento com 90 % de confiabilidade. (b) Estime sua confiabilidade para 30.000 horas de vida. (Veja a Figura 14.15.)

Conhecido: O rolamento de contato radial 211 é selecionado para a aplicação do Problema Resolvido 14.1.

A Ser Determinado: Determine (a) a vida do rolamento para 90 % de confiabilidade e (b) a confiabilidade do rolamento para 30.000 horas de vida.

Esquemas e Dados Fornecidos:

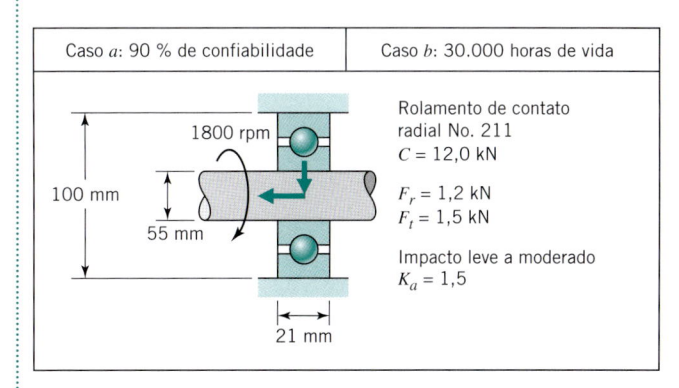

Caso *a*: 90 % de confiabilidade	Caso *b*: 30.000 horas de vida

1800 rpm
100 mm
55 mm
21 mm

Rolamento de contato radial No. 211
$C = 12,0$ kN

$F_r = 1,2$ kN
$F_t = 1,5$ kN

Impacto leve a moderado
$K_a = 1,5$

Figura 14.15 **Rolamento de contato radial.**

Hipóteses:

1. A vida do rolamento de esferas varia inversamente com a potência de 10/3 da carga (a Eq. 14.5a é suficientemente precisa).

2. O fator de aplicação é $K_a = 1,5$ para impactos de leve a moderado.

3. A vida associada ao projeto é de 30.000 horas.

Análise:

a. Pela Eq. 14.5a,

$$L = K_r L_R (C/F_e K_a)^{3,33}$$
$$= (1)(90 \times 10^6)(12,0/3,6)^{3,33} = 4959 \times 10^6 \text{ rev} = 45.920 \text{ h}$$

b. Pela Eq. 14.5a,

$$3240 \times 10^6 = K_r (90 \times 10^6)(12,0/3,6)^{3,33}$$
$$K_r = 0,65$$

Pela Figura 14.13, a confiabilidade é estimada em aproximadamente 95 %.

Comentários: Para uma confiabilidade de 90 %, a vida do rolamento é de 45.920 horas. Porém, para uma confiabilidade de 95 %, a vida do rolamento é de 30.000 horas.

PROBLEMA RESOLVIDO 14.3 Dano Acumulativo

Um rolamento de esferas de contato radial No. 207 suporta um eixo que gira a 1000 rpm. Uma carga radial varia de modo que em 50, 30 e 20 % do tempo a carga é de 3, 5 e 7 kN, respectivamente. As cargas são uniformes, de modo que $K_a = 1$. Estime a vida B_{10} e a vida média do rolamento. (Veja a Figura 14.16.)

SOLUÇÃO

Conhecido: Um rolamento de esferas de contato radial suporta uma carga radial de 3, 5 e 7 kN por, respectivamente, 50, 30 e 20 % do tempo.

A Ser Determinado: Determine a vida B_{10} e a vida média.

Esquemas e Dados Fornecidos:

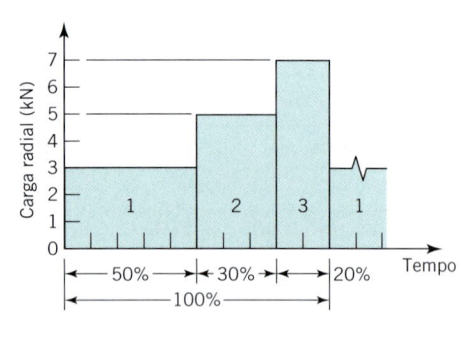

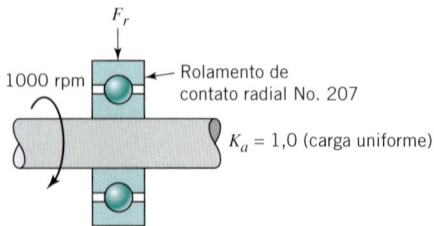

FIGURA 14.16 **Rolamento de contato radial sujeito a carga variável.**

Hipóteses:

1. A regra de Palmgren ou Miner (regra de acúmulo de dano linear) é adequada ao problema.

2. A Eq. 14.5 é apropriada para a situação apresentada.

3. Seja X igual à vida B_{10}.

Análise:

1. Pela Tabela 14.2, para o rolamento de contato radial No. 207 tem-se $C = 8,5$ kN (para $L_R = 90 \times 10^6$ e 90 % de confiabilidade).

2. A Eq. 14.5a é $L = K_r L_R (C/F_e K_a)^{3,33}$. Tem-se $F_e = F_r$, $K_a = 1,0$, e para 90 % de confiabilidade $K_r = 1,0$. Assim, $L = L_R (C/F_r)^{3,33}$.

3. Com $C = 8,5$ kN, $L_R = 90 \times 10^6$ rev e a equação precedente, tem-se:

   a. Para $F_r = 3$ kN que $L = 2887 \times 10^6$ rev

   b. Para $F_r = 5$ kN que $L = 526,8 \times 10^6$ rev

   c. Para $F_r = 7$ kN que $L = 171,8 \times 10^6$ rev

4. Pela Eq. 8.3, para $k = 3$,

$$\frac{n_1}{N_1} + \frac{n_2}{N_2} + \frac{n_3}{N_3} = 1$$

5. Para X minutos de operação, tem-se $n_1 = 500X$ rev, $n_2 = 300X$ rev e $n_3 = 200X$ rev.

6. Pelo item 3, $N_1 = 2887 \times 10^6$ rev, $N_2 = 526,8 \times 10^6$ rev e $N_3 = 171,8 \times 10^6$ rev.

7. Substituindo na equação do item 4, tem-se

$$\frac{500X}{2887 \times 10^6} + \frac{300X}{526,8 \times 10^6} + \frac{200X}{171,8 \times 10^6} = 1$$

$$\text{e } X = \frac{10^6}{1,9068} = 524.436 \text{ min} \quad \text{ou } X = 8741 \text{ h}$$

8. A vida média é igual a aproximadamente cinco vezes a vida B_{10}, isto é, 43.703 horas.

Comentários: A relação geral que estabelece que a vida média é igual a aproximadamente cinco vezes a vida B_{10} foi baseada em dados experimentais obtidos a partir do ensaio de vida de diversos rolamentos.

14.8 **Montagem dos Rolamentos para Resistir Adequadamente às Cargas Axiais**

A literatura técnica produzida pelos fabricantes de rolamentos contém muitas informações e ilustrações referentes à aplicação apropriada de seus produtos. Será ilustrado, neste texto, apenas o princípio básico da montagem apropriada dos rolamentos em relação aos carregamentos axiais. As Figuras 14.17 e 14.18 mostram duas construções típicas. Mesmo imaginando-se que aparentemente não haja cargas axiais atuantes sobre o conjunto girante, é necessário assegurar que os efeitos da gravidade, de vibrações e assim por diante não produzam movimentos axiais.

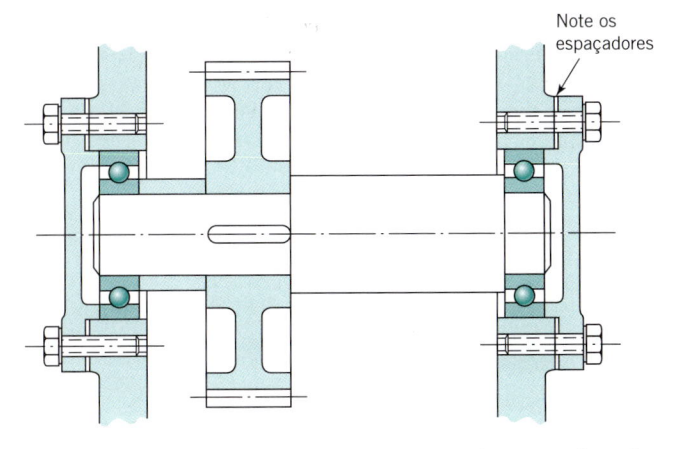

Note os espaçadores

FIGURA 14.17 Rolamentos montados de modo que cada rolamento suporta carga axial em um único sentido.

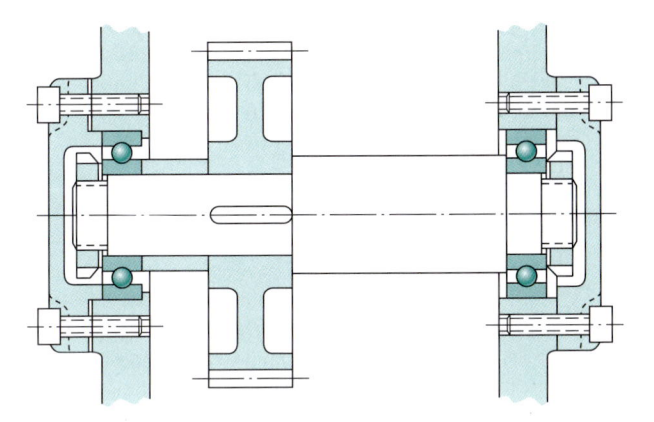

FIGURA 14.18 Rolamentos instalados de modo que o rolamento da esquerda suporta cargas axiais em ambos os sentidos.

O princípio que normalmente é aplicado é que o carregamento axial em cada um dos sentidos deve ser suportado por *um* e *apenas um* dos rolamentos. Na Figura 14.17 o rolamento da esquerda suporta as forças axiais direcionadas para a esquerda e o rolamento da direita suporta as forças axiais direcionadas para a direita. Nenhum dos rolamentos é montado para ser capaz de absorver as cargas axiais no sentido oposto. Na Figura 14.18 o rolamento da esquerda suporta a força axial em ambos os sentidos. O rolamento da direita é livre para deslizar em ambos os sentidos em relação ao seu alojamento; assim, ele não pode suportar cargas axiais em nenhum dos sentidos.

Observe que na Figura 14.17 são utilizados espaçadores para permitir que a liberdade axial de movimento do eixo seja ajustada a um valor desejado — apenas o suficiente para que sob qualquer condição de expansão devida a um diferencial térmico o eixo possa alongar-se sem que haja uma liberdade axial negativa e o carregamento sobre o rolamento torne-se severo. Essa condição indica porque não é normalmente apropriado projetar para dois rolamentos que dividam a carga axial no mesmo sentido. Para componentes "absolutamente rígidos", essa condição requer que a distância entre os rolamentos na direção do eixo seja *exatamente* a mesma distância existente entre os rola-

mentos no alojamento. Mesmo que uma fabricação de precisão custosa satisfaça a este requisito, a expansão térmica diferencial durante a operação poderia gerar uma pequena interferência, que desse modo acabaria carregando os rolamentos.

Referências

1. Harris, Tedric A., e M. N. Kotzalas, *Rolling Bearing Analysis*, 5ª Edição, CRC Press, Boca Raton, Flórida, 2007.

2. "Mechanical Drivers", *Machine Design Reference Issue*. Penton/IPC, Inc. Cleveland, 29 de Junho de 1978.

3. Morton, Hudson T., *Anti-Friction Bearings*, Hudson T. Morton. Ann Arbor, Mich, 1965.

4. Palmgren, Arvid, *Ball and Roller Bearing Engineering*, SKF Industries, Inc., Filadélfia, 1959.

5. Standards of the American Bearing Manufacturers Association, Washington, D.C.

Problemas

Seções 14.3-14.4

14.1 Consulte o catálogo de rolamentos da Dodge para um rolamento esférico em http://dodge-pt.com/literature/index.html, e especifique um mancal flangeado com quatro parafusos com uma vedação de labirinto para um eixo de aço de 1,75 in de diâmetro. Especifique esse rolamento utilizando a chave de nomenclaturas da Dodge.

[Resp.: F4R-S2-112LE]

14.2 Consulte o catálogo de rolamentos da Dodge para um rolamento com alojamento de polímero em http://dodge-pt.com/literature/index.html, e especifique um rolamento para um eixo de 1,1875 in de diâmetro com mancal pedestal com alojamento de polímero com uma bucha de polímero. Especifique que esse rolamento montado utilizando a chave de nomenclaturas da Dodge.

14.3 Consulte o catálogo de rolamentos da Dodge para uma mesa linear em http://dodge-pt.com/literature/index.html, e especifique uma mesa linear larga de 9 in de excursão com mancal de rolamento de esferas e um comprimento de mesa de 16,75 in. Especifique essa mesa utilizando a chave de nomenclaturas da Dodge.

[Resp.: WS-400X9-TUFR]

14.4 Consulte o catálogo de rolamentos da Dodge e encontre um rolamento esférico para uma mesa linear em http://dodge-pt.com/literature/index.html, e especifique uma mesa linear larga com mancal de rolamento com esferas não expansível, de vedação de contato com lábio triplo para um eixo de aço de 1,375 in de diâmetro. Especifique esse rolamento utilizando a chave de nomenclaturas da Dodge.

14.5D Do ponto de vista de um engenheiro mecânico, interessado em mancais de rolamento, elabore um relatório revendo o endereço da Internet http://www.timken.com. Discuta seu conteúdo, sua utilidade, a facilidade de utilização e a clareza do *site*.

14.6 Repita o Problema 14.5D, desta vez consultando o endereço http://www.rbcbearings.com.

14.7 Repita o Problema 14.5D, desta vez consultando o endereço http://www.ntn.ca.

14.8 Repita o Problema 14.5D, desta vez consultando o endereço http://www.pt.rexnord.com.

14.9 O endereço da Internet http://www.uspto.gov fornece um banco de dados de patentes apresentadas nos Estados Unidos (*U.S. Patent & Trademark Office*), incluindo imagens desde 1790 e textos completos desde 1976.

    (a) Pesquise os resumos das patentes utilizando a palavra bearing (rolamento) e registre os códigos numéricos das patentes encontradas pela ferramenta de pesquisa.

    (b) Identifique o assunto da patente 6.749.341.

14.10D Pesquise o endereço da Internet http://www.uspto.gov e imprima o resumo e uma ilustração de uma patente "interessante" relacionada a um mancal de rolamento cerâmico.

Seção 14.7

14.11 Determine a carga radial que pode ser suportada pelo rolamento de esferas de contato radial No. 204 para uma vida L_{10} de 5000 horas a 900 rpm.

14.12 Um rolamento de esferas de contato radial No. 208 suporta uma carga combinada de 200 lbf radial com outra de 150 lbf axial a 1200 rpm. O rolamento está sujeito a carregamento estacionário. Determine a vida do rolamento em horas para uma confiabilidade de 90 %.

14.13 Qual deve ser a variação no carregamento de um rolamento de esferas de contato radial de modo que sua expectativa de vida seja dobrada? E para que a vida seja triplicada? (Veja a Figura P14.13.)

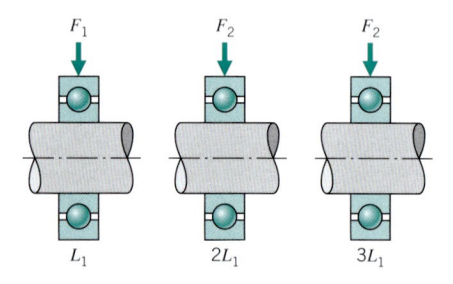

FIGURA P14.13

14.14 Alguns fabricantes de rolamentos produzem suas unidades com base na vida de 10^6 revoluções. *Se* todos os demais fatores forem os mesmos, por que fator as capacidades destes rolamentos devem ser multiplicadas quando comparadas com as capacidades apresentadas na Tabela 14.2?

[Resp.: 0,259]

14.15 Encontre a carga radial que pode ser suportada pelo rolamento de esferas de contato radial No. 204 para uma vida L_{10} de 5000 horas a 1800 rpm.

14.16 Para o rolamento descrito no Problema 14.15, grafique e explore o efeito do fator de confiabilidade (K_r) na carga radial que o rolamento pode suportar levando-se em conta a carga radial versus os fatores de confiabilidade dados na Figura 14.13 e inclua 99,9 % de confiabilidade onde o fator de confiabilidade (K_r) for de 0,093.

14.17 Um rolamento de esferas de contato radial No. 204 suporta uma carga combinada de 200 lbf radial com outra de 150 lbf axial a 1200 rpm. O rolamento está sujeito a carregamento estacionário. Determine a vida do rolamento em horas para uma confiabilidade de 90 %.

14.18 Um rolamento de esferas de contato radial No. 204 é utilizado em uma aplicação considerada ser de leve a moderada em rela-

ção a carregamento de impacto. O eixo gira a 3500 rpm e o rolamento está sujeito a uma carga radial de 1000 N e a uma carga axial de 250 N. Estime a vida do rolamento em horas para uma confiabilidade de 90 %. (Veja a Figura P14.18.)

[Resp.: 6200 horas]

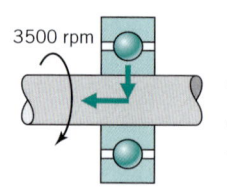

Rolamento radial de esferas No. 204
$F_r = 1000$ N, $F_t = 250$ N
90 % confiabilidade
Carregamento de impacto de leve para moderado
$L = ?$ de vida

FIGURA P14.18

14.19 Uma aplicação específica de rolamentos propicia uma vida de 5000 horas para uma confiabilidade de 90 %. Qual é a expectativa de vida correspondente para uma confiabilidade de 50 % e 99 %?

14.20 Um rolamento radial de esferas No. 211 possui uma vida L_{10} de 5000 horas. Estime a vida L_{10} que seria obtida se este rolamento fosse substituído por (a) um rolamento radial de esferas L11, (b) um rolamento radial de esferas 311 e (c) um rolamento de roletes 1211.

14.21 A aplicação específica de rolamentos propicia uma vida de 15000 horas para uma confiabilidade de 90 %. Qual são as correspondentes expectativas de vida para uma confiabilidade de 50 % e 99 %?

14.22 Um rolamento de esferas de contato radial No. 207 suporta um eixo que gira a 1800 rpm. A carga radial varia de modo que durante 60, 30 e 10 % do tempo a carga é de 3, 5 e 7 kN, respectivamente. As cargas são uniformes, de modo que $K_a = 1$. Estime a vida L_{10} e a vida média do rolamento.

14.23 A Figura P14.23 mostra um eixo com uma engrenagem helicoidal (*B*), uma engrenagem cônica (*D*), e dois mancais de rolamentos (*A* e *C*). As cargas que atuam na engrenagem

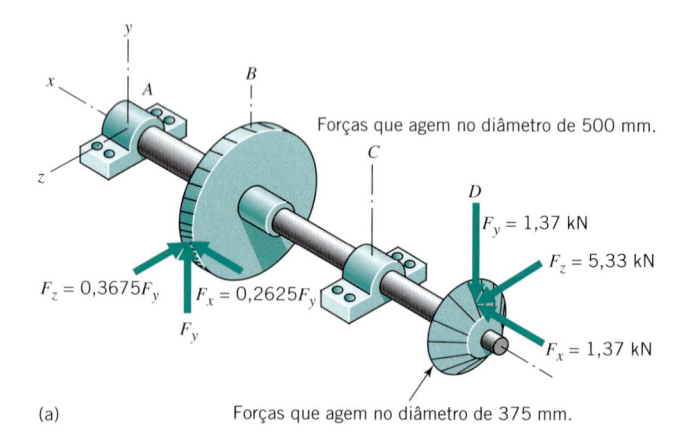

Forças que agem no diâmetro de 500 mm.

$F_y = 1,37$ kN
$F_z = 5,33$ kN
$F_z = 0,3675 F_y$
$F_x = 0,2625 F_y$
F_y
$F_x = 1,37$ kN

(a) Forças que agem no diâmetro de 375 mm.

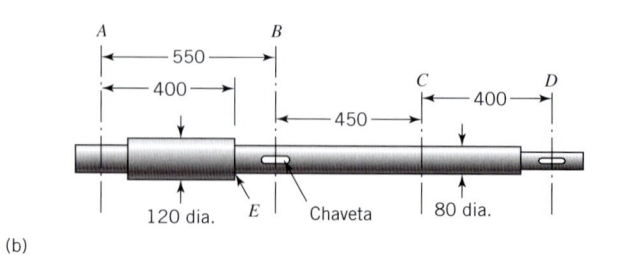

(b)

FIGURA P14.23

cônica são conhecidas. As forças nas engrenagens helicoidais podem ser determinadas. As dimensões do eixo são conhecidas. Todos os raios de concordância têm raios de 5 mm. Apenas a engrenagem *A* é submetida a carga axial. O eixo gira a 1000 rpm e é feito aço temperado tendo os valores conhecidos de S_u e S_y. Todas as superfícies importantes tem acabamento retificado.

(a) Desenhe os diagramas de carga, esforço cortante e momento fletor para o eixo nos planos *xy* e *xz*. Também desenhe diagramas mostrando o valor da força axial e o torque ao longo do comprimento do eixo.

(b) Calcule as forças nos rolamentos *A* e *C*.

(c) Selecione rolamentos adequados para este eixo.

14.24 Um rolamento de esferas de contato radial No. 312 é carregado uniformemente (sem impacto) da seguinte forma: 55 % do tempo com carga de 7 kN a 1800 rpm, 25 % do tempo com carga de 14 kN a 1200 rpm, 20 % do tempo com carga de 18 kN a 800 rpm. Estime a vida do rolamento para uma confiabilidade de 90 %. Calcule a contribuição ao dano acumulado para cada carga.

[Resp.: 6400 horas, 13 %, 39 %, 48 %]

14.25 Em uma dada aplicação, um rolamento radial de esferas No. 212 possui uma vida L_{10} de 6000 horas. Qual seria a expectativa de vida dos rolamentos de maiores dimensões seguintes (No. 213 e No. 312) utilizados nesta mesma aplicação?

[Resp.: 10.300 horas, 21.700 horas]

14.26D Um rolamento suporta um eixo que gira a 1000 rpm e está sujeito a uma carga radial de 3 kN e uma carga axial de 1 kN. O eixo é um componente de uma máquina que opera com um carregamento na fronteira entre impacto "leve" e "moderado". A vida requerida é de 5000 horas, com apenas 2 % de probabilidade de falha. Selecione um rolamento de esferas da série 200 para esta aplicação:

(a) Utilizando um rolamento de contato radial.

(b) Utilizando um rolamento de contato angular.

[Resp.: (a) No. 208, (b) No. 208]

14.27D Repita o Problema 14.26D com a carga axial aumentada para (a) 1,5 kN, (b) 3,0 kN.

14.28 A Figura P14.28 mostra dois rolamentos suportando um eixo e uma engrenagem que giram a 1000 rpm. O rolamento da esquerda suporta uma carga radial de 5 kN e uma carga axial de 1 kN. O carregamento está na fronteira entre impacto "leve" e "moderado". A vida requerida é de 5000 horas, com uma probabilidade de apenas 2 % de falha. Selecione um rolamento de esferas de contato radial da série 200 para o rolamento da esquerda.

14.29D A Figura P14.29D mostra um rolo de impressão acionado por uma engrenagem na qual uma força de 1,2 kN é aplicada. A superfície inferior do rolo está em contato com um rolo similar que aplica um carregamento uniforme (para cima) de 4 N/mm. Selecione rolamentos de esferas idênticos da série 200 para A e B, considerando que o eixo gire a 350 rpm.

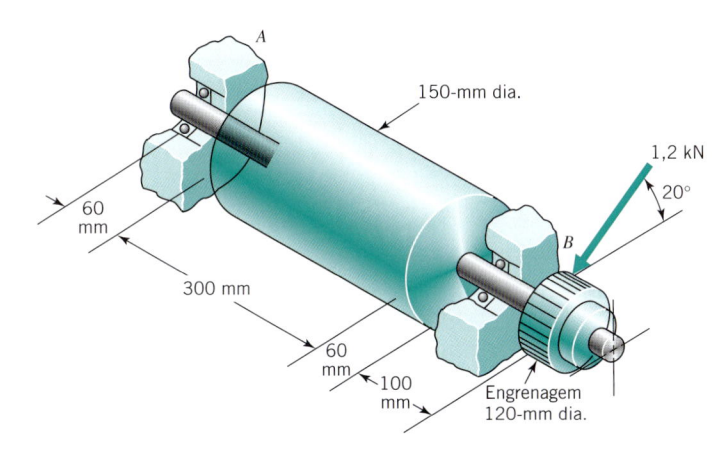

FIGURA P14.29D

14.30D A Figura P14.30D mostra uma roda dentada tensora, em balanço, acionada por uma corrente que aplica uma força de 1200 lbf. Selecione rolamentos de esferas idênticos da série 200 para A e B. O eixo gira a 350 rpm.

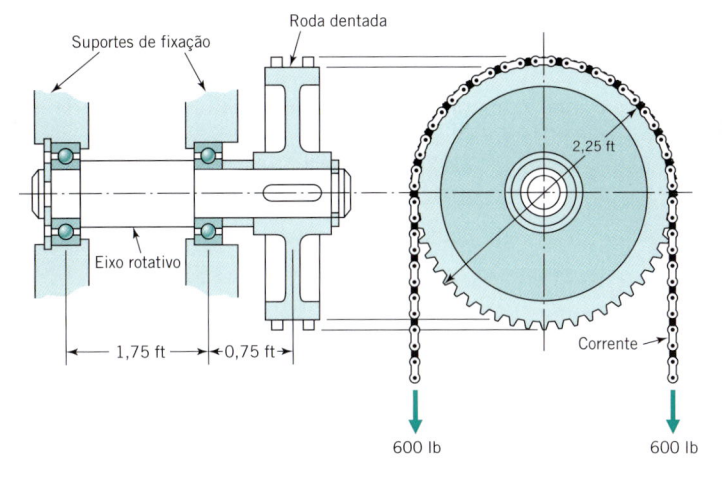

FIGURA P14.30D

14.31D Repita o Problema 14.30D, desta vez considerando que o eixo gire a 275 rpm.

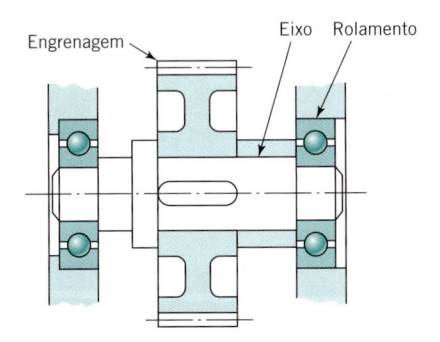

FIGURA P14.28

Engrenagens de Dentes Retos

15

15.1 Introdução e Breve Histórico

As engrenagens, definidas como componentes dentados que transmitem movimento de rotação de um eixo para outro, estão entre os mais antigos dispositivos e invenções do homem. Sabe-se que por volta do ano de 2600 a.C. os chineses utilizaram uma carruagem provida de uma série complexa de engrenagens como as ilustradas na Figura 15.1. Aristóteles, no século 4 a.C., escreveu sobre as engrenagens como se fossem elementos muito comuns. No século 15 d.C. Leonardo da Vinci projetou uma grande quantidade de dispositivos incorporando muitos tipos de engrenagens.

Entre as diversas formas de transmissão de potência mecânica (incluindo principalmente as engrenagens, as correias e as correntes), as engrenagens geralmente são as mais robustas e duráveis. Sua eficiência na transmissão de potência chega a ser da ordem de 98 %. Por outro lado, as engrenagens, em geral, são mais caras do que as correntes e as correias. Como se poderia esperar, os custos de fabricação das engrenagens aumentam significativamente com o aumento da precisão — conforme exigido pela combinação das altas velocidades e altas cargas, e baixos níveis de ruído. (Os padrões de tolerância para diversos níveis de precisão de fabricação foram estabelecidos pela associação norte-americana AGMA — American Gear Manufacturers Association.)

As *engrenagens de dentes retos* representam o tipo mais simples e mais comum de engrenagens. Conforme mostrado na Figura 15.2, elas são utilizadas para transferir o movimento entre eixos paralelos e possuem dentes que são paralelos aos eixos. A maior parte do estudo aqui apresentado sobre as engrenagens de dentes retos será dedicada à geometria e à nomenclatura das

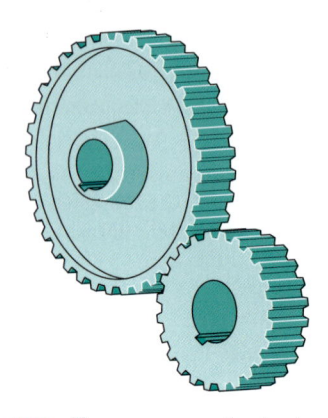

FIGURA 15.2 Engrenagens de dentes retos.

engrenagens (Seções 15.2 e 15.3), à análise de forças atuantes nas engrenagens (Seção 15.4), à resistência à flexão dos dentes das engrenagens (Seções 15.6 até 15.8) e à durabilidade das superfícies dos dentes das engrenagens (Seções 15.9 e 15.10).

O engenheiro seriamente envolvido com o tema das engrenagens de diversos tipos deve consultar as normas pertinentes da AGMA, bem como outras literaturas atualizadas sobre engrenagens. O endereço da Internet http://www.machinedesign.com apresenta informações gerais sobre acionamentos por engrenagens, formas de dentes de engrenagens e caixas de engrenagens (caixas de transmissão). O site http://www.power-transmission.com fornece os endereços de fabricantes de engrenagens e de acionamentos por engrenagens.

15.2 Geometria e Nomenclatura

A exigência básica para a geometria dos dentes das engrenagens é que propiciem uma relação de velocidades angulares que seja exatamente constante. Por exemplo, a relação de velocidades angulares entre uma engrenagem de 20 dentes e outra de 40 dentes deve ser precisamente igual a dois, qualquer que seja a posição das engrenagens. Ela não deve ser, por exemplo, 1,99 quando um dado par de dentes iniciar o contato e 2,01 quando eles deixarem o contato. Evidentemente, as imprecisões do processo de fabricação e as deformações causarão ligeiros desvios na relação de velocidades, porém os perfis aceitáveis para a geometria dos dentes são baseados em curvas teóricas que atendem a esse critério.

A ação de um par de dentes de engrenagem que satisfaça a essa exigência é denominada *ação conjugada de dentes de engrenagens*, e está ilustrada na Figura 15.3. A lei fundamental da ação conjugada de dentes de engrenagem estabelece que

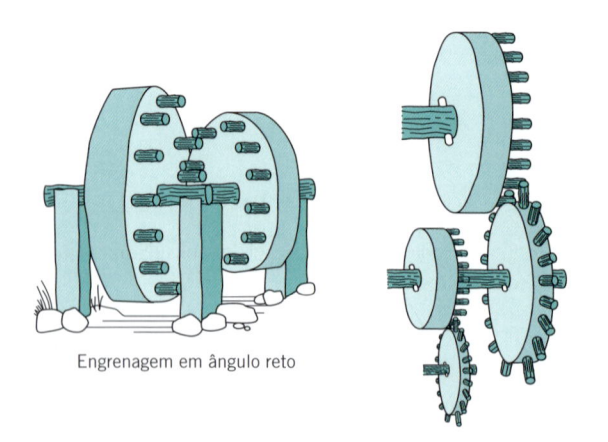

Engrenagem em ângulo reto

Engrenagens paralelas

FIGURA 15.1 Engrenagens primitivas.

Quando as engrenagens giram, a linha normal comum às superfícies no ponto de contato deve sempre interceptar a linha que une os centros geométricos em um mesmo ponto P, denominado ponto primitivo.

A lei da ação conjugada de dentes de engrenagens pode ser atendida por diversas formas de dentes, porém a única de importância significativa é a *evolvente de uma circunferência*. Uma evolvente (de circunferência) é a curva gerada por qualquer ponto sobre uma linha tensa quando desenrolada de uma circunferência, chamada *circunferência de base*. A geração de duas evolventes é mostrada na Figura 15.4. As linhas pontilhadas mostram como a evolvente poderia corresponder às partes mais externas do lado direito dos dentes adjacentes de uma engrenagem. De forma análoga, as evolventes geradas quando se desenrola uma linha enrolada no sentido anti-horário no entorno da circunferência de base poderiam formar a parte mais externa do lado esquerdo dos dentes. Observe que, em cada ponto, a evolvente é perpendicular à linha tensa. É importante notar que uma evolvente pode ser desenvolvida tão distante quanto desejável *para fora* da circunferência de base, porém *não pode existir uma evolvente do lado interno de sua circunferência de base.*

A compreensão do acoplamento de um par de dentes evolventes de engrenagens pode ser obtida a partir do estudo (1) do acionamento por atrito, (2) do acionamento por correia e, finalmente, (3) do acionamento através de dentes evolventes de engrenagem. A Figura 15.5 mostra duas *circunferências primitivas*. Imagine que elas representem dois cilindros pressionados um contra o outro. Se não houver deslizamento, a rotação

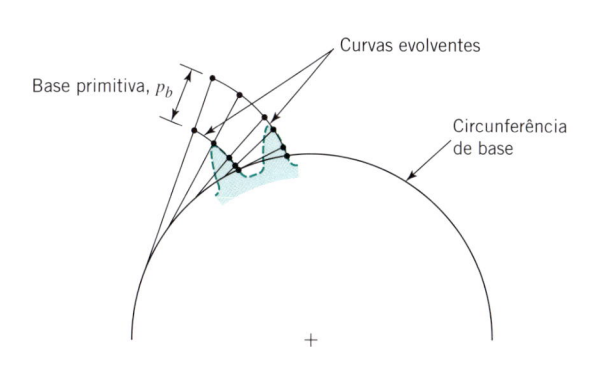

FIGURA 15.4 Geração de uma evolvente a partir de sua circunferência de base.

de um dos cilindros (circunferência primitiva) causará a rotação do outro a uma velocidade angular inversamente proporcional à relação de seus diâmetros. Em qualquer par de engrenagens engrenadas, a menor das duas é chamada de *pinhão* e a maior de *engrenagem* (ou *coroa*). O termo "engrenagem" é utilizado, no sentido geral, para indicar qualquer desses elementos e também no sentido específico para indicar o maior dos dois. Uma pequena confusão, talvez, mas a vida às vezes é assim! Utilizando o subscrito *p* e *c* para representar o pinhão e a coroa, respectivamente, tem-se

$$\omega_p/\omega_c = -d_c/d_p \qquad (15.1)$$

na qual ω é a velocidade angular, d é o diâmetro primitivo e o sinal negativo indica que os dois cilindros (engrenagens) giram em sentidos opostos. A *distância entre centros* vale

$$c = (d_p + d_c)/2 = r_p + r_c \qquad (15.1a)$$

em que *r* é o *raio da circunferência primitiva*.

De modo a se transmitir mais torque do que é possível com as engrenagens de atrito apenas, incorpora-se agora uma correia de acionamento operando entre polias, representadas pelas *circunferências de base*, conforme ilustrado na Figura 15.6. Se

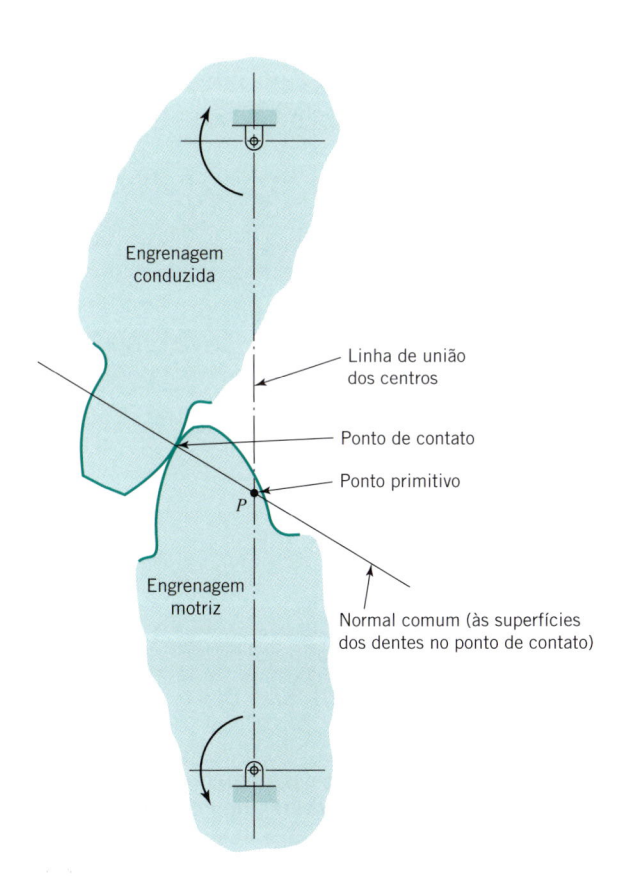

FIGURA 15.3 Ação conjugada de dentes de engrenagem.

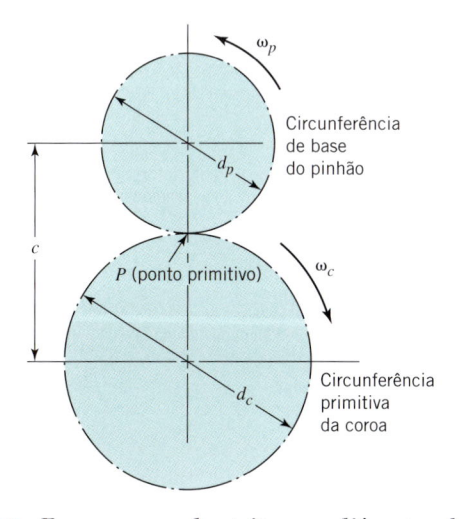

FIGURA 15.5 Engrenagens de atrito com diâmetro *d* girando a velocidades angulares *ω*.

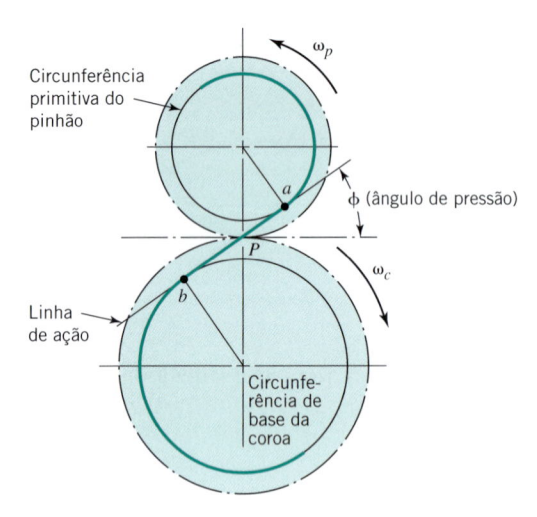

FIGURA 15.6 **Acionamento por correia incorporado às engrenagens por atrito.**

o pinhão girar no sentido anti-horário, a correia fará com que a engrenagem gire obedecendo à relação expressa pela Eq. 15.1. Na terminologia das engrenagens, o ângulo ϕ é denominado *ângulo de pressão*. A partir de uma semelhança de triângulos observa-se que as circunferências de base apresentam a mesma relação que as circunferências primitivas; assim, as relações de velocidades referentes aos acionamentos por atrito e por correia são idênticas.

Na Figura 15.7 a correia é cortada em um ponto *c*, e as duas extremidades são utilizadas para gerar os perfis evolventais *de* e *fc* para o pinhão e para a coroa, respectivamente. Fica, assim, esclarecido por que ϕ é chamado de ângulo de pressão: desprezando-se o atrito por deslizamento, a força do dente de uma evolvente, empurrando o outro, ocorre sempre a um ângulo igual ao ângulo de pressão. Uma comparação das Figuras 15.7 e 15.3 mostra que o perfil evolvente de fato satisfaz à lei fundamental da ação conjugada dos dentes de uma engrenagem. A propósito, a evolvente é apenas um perfil geométrico que

atende ao estabelecido nessa lei e que mantém um ângulo de pressão constante quando as engrenagens giram. Observe que a ação conjugada da evolvente só pode ocorrer externamente às circunferências de base. Na Figura 15.7, os perfis evolventes conjugados só podem ser desenhados pelo "corte da correia" em um ponto entre *a* e *b*.

A Figura 15.8 mostra o desenvolvimento continuado do dente de uma engrenagem. Os perfis das evolventes são estendidos para fora, além das circunferências primitivas, por uma distância denominada *adendo*. A circunferência mais externa é usualmente denominada *circunferência de adendo*. Analogamente, os perfis dos dentes são estendidos para dentro da circunferência primitiva de uma distância denominada *dedendo*. Obviamente, essa parte da evolvente apenas pode ser estendida até a circunferência de base. A parte do perfil entre as circunferências de base e do dedendo (raiz) não pode participar da ação conjugada da evolvente, pois deve propiciar uma folga que permita o movimento da ponta do dente durante o giro da engrenagem. Esta parte do perfil do dente usualmente é desenhada como uma linha reta radial, porém sua forma real (que depende do processo de fabricação) geralmente é a de uma trocoide. Um filete na base do dente ajusta o perfil à circunferência do dedendo (raiz). Esse filete é importante para reduzir a concentração de tensão por flexão.

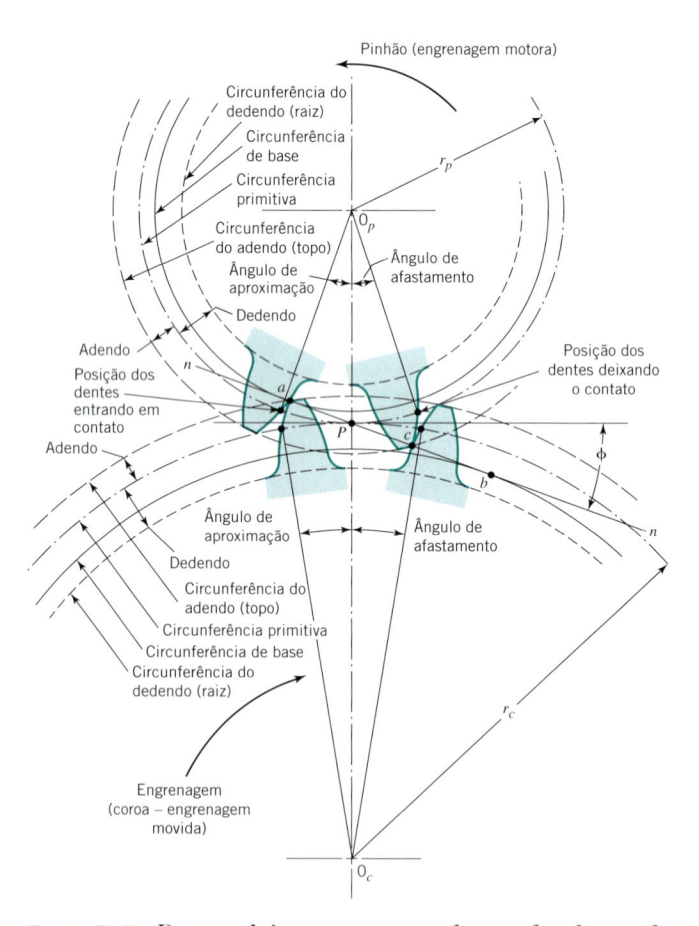

FIGURA 15.8 **Desenvolvimento e nomenclatura dos dentes de engrenagens evolventais. Nota: O diagrama mostra o caso especial de adendo máximo para a engrenagem sem que haja interferência; o adendo do pinhão é bem próximo do limite teórico.**

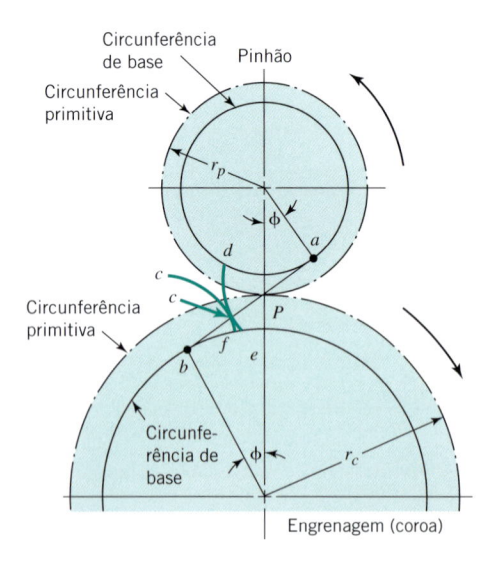

FIGURA 15.7 **Corte da correia em *c* para gerar os perfis evolventais conjugados.**

Um ponto importante a ser ressaltado é que o "diâmetro" (sem um adjetivo de qualificação) de uma engrenagem refere-se sempre ao seu diâmetro *primitivo*. Ao se desejar referenciar outros diâmetros (base, raiz, externo etc.) deve-se sempre especificá-los. De forma análoga, d, sem subscrito, refere-se ao diâmetro *primitivo*. Os diâmetros primitivos de um pinhão e de uma engrenagem (coroa) são diferenciados pelos subscritos p e c; assim, d_p e d_c são seus símbolos.

A Figura 15.8 mostra o dedendo da engrenagem se estendendo exatamente até o ponto a de tangência. (O adendo do pinhão se estende até o ponto arbitrário c, que é próximo ao ponto b de tangência.) Esse adendo da engrenagem representa o máximo teórico sem que seja atingida uma "interferência", que será discutida na próxima seção. Os pares de engrenagens de proporções padronizadas geralmente possuem dedendos menores (como o pinhão na Figura 15.8). Por questões práticas, os dedendos dos pares de engrenagens não devem se estender muito além dos pontos de tangência.

A Figura 15.8 mostra a posição de um par de dentes engrenados quando entram em contato e quando perdem o contato. Observe os correspondentes *ângulos de aproximação* e *de afastamento* tanto para o pinhão quanto para a engrenagem (medidos em relação aos pontos sobre as circunferências primitivas).

A reta nn (Figura 15.8) é denominada *linha de ação* (desprezando-se o atrito, a força de interação entre os dentes engrenados atua sempre ao longo dessa linha). A *trajetória de contato* (lugar geométrico de todos os pontos de contato entre os dentes) é um segmento dessa reta. Na Figura 15.8 a trajetória de contato é representada pelo segmento de reta ac.

Uma nomenclatura adicional relacionada ao dente de engrenagem completo é mostrada na Figura 15.9. Diversos termos associados às engrenagens e pares de engrenagens são apresentados no Apêndice J. As regiões de *face* e *flanco* da superfície do dente são separadas pelo *cilindro primitivo* (o qual

contém a circunferência primitiva). Observe, em particular, o *passo circular*, designado por p e medido em polegadas (unidades inglesas) ou milímetros (unidades SI). Se N é o número de dentes da engrenagem (ou do pinhão) e d é o diâmetro primitivo, então

$$p = \frac{\pi d}{N}, \quad p = \frac{\pi d_p}{N_p}, \quad p = \frac{\pi d_c}{N_c} \quad \begin{array}{l}(p \text{ em} \\ \text{polegadas})\end{array} \quad \textbf{(15.2)}$$

Os índices mais utilizados para a dimensão do dente da engrenagem são o *passo diametral P* (utilizado *apenas* com as unidades inglesas) e o *módulo m* (utilizado *apenas* com as unidades métricas ou do SI). O passo diametral é definido como o número de dentes por *polegada* do diâmetro primitivo:

$$P = \frac{N}{d}, \quad P = \frac{N_p}{d_p}, \quad P = \frac{N_c}{d_c} \quad \begin{array}{l}(P \text{ em dentes} \\ \text{por polegada})\end{array} \quad \textbf{(15.3)}$$

O módulo m, que é basicamente o inverso de P, é definido como o diâmetro primitivo em *milímetros* dividido pelo número de dentes (milímetros de diâmetro primitivo por dente):

$$m = \frac{d}{N}, \quad m = \frac{d_p}{N_p}, \quad m = \frac{d_c}{N_c} \quad \begin{array}{l}(m \text{ em} \\ \text{milímetros} \\ \text{por dente})\end{array} \quad \textbf{(15.4)}$$

O leitor pode verificar, facilmente, que

$$pP = \pi \quad (p \text{ em polegadas}; P \text{ em dentes por polegada}) \quad \textbf{(15.5)}$$

$$p/m = \pi \quad (p \text{ em milímetros}; m \text{ em milímetros por dente}) \quad \textbf{(15.6)}$$

$$m = 25{,}4/P \quad \textbf{(15.7)}$$

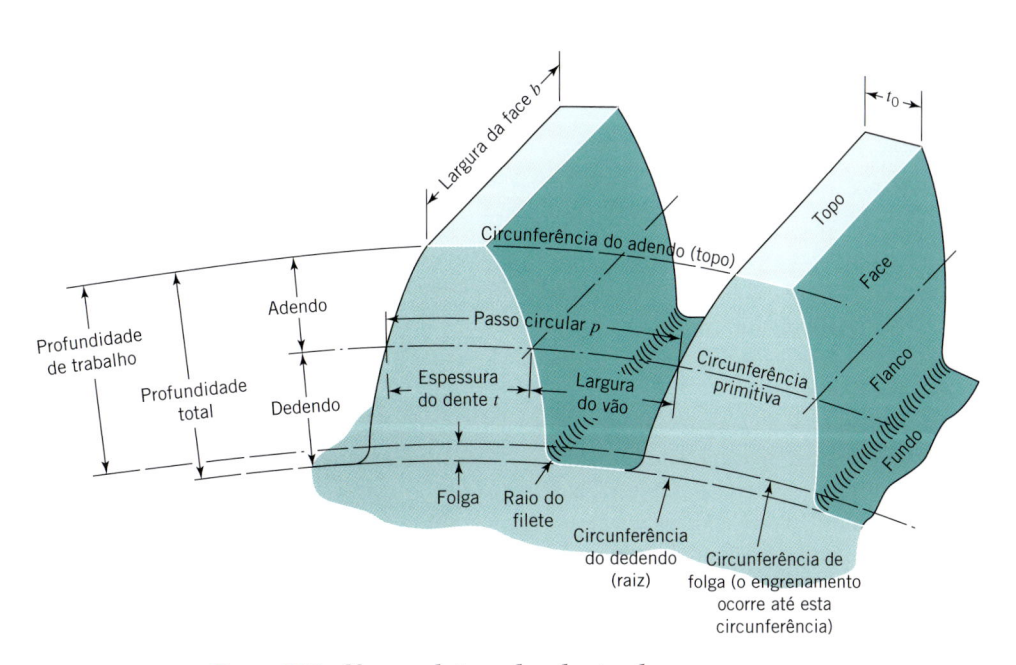

FIGURA 15.9 Nomenclatura dos dentes de engrenagem.

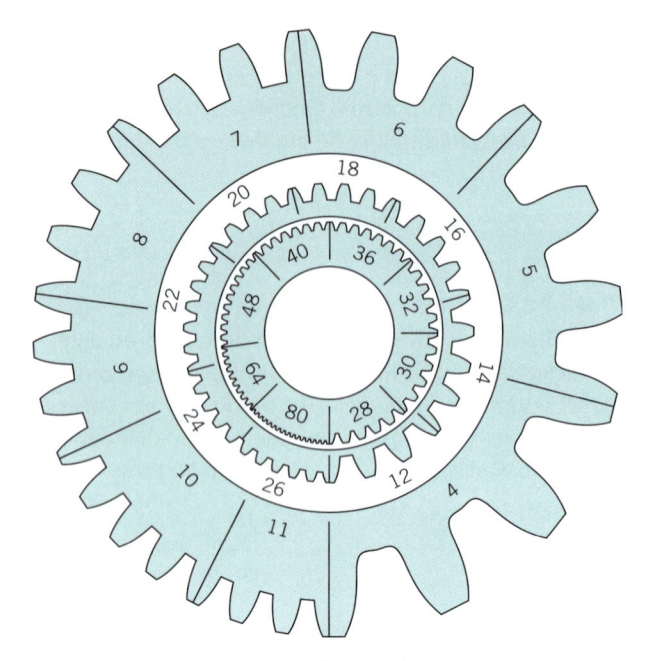

FIGURA 15.10 Dimensões reais dos dentes de engrenagens para diversos passos diametrais. Nota: Em geral as engrenagens de passo fino possuem $P \geq 20$ e as engrenagens de passo grosso possuem $P < 20$. (Cortesia da Bourn & Koch Machine Tool Company.)

Ao se trabalhar com unidades inglesas, a palavra "passo", sem um adjetivo qualificador, significa *passo diametral* (uma "engrenagem de passo 12" refere-se a uma engrenagem com 12 dentes por polegada de diâmetro primitivo), enquanto nas unidades do SI "passo" significa passo *circular* (uma "engrenagem de passo igual a 3,14 mm" refere-se a uma engrenagem que tenha um passo circular de 3,14 mm).

As engrenagens são comumente fabricadas para um valor inteiro de passo diametral (unidades inglesas) ou valores padronizados do módulo (unidades do SI). A Figura 15.10 mostra as dimensões reais dos dentes das engrenagens para diversos passos diametrais padronizados. Nas unidades do SI os valores padronizados comumente utilizados são

0,2 a 1,0 com incrementos de 0,1

1,0 a 4,0 com incrementos de 0,25

4,0 a 5,0 com incrementos de 0,5

O ângulo de pressão ϕ mais utilizado, tanto no sistema inglês quanto no SI, é o de 20°. Nos Estados Unidos o ângulo de 25° também é padronizado, e 14,5° foi por algum tempo, no passado, um valor padronizado alternativo.

Em todos os sistemas, *o adendo padronizado vale 1/P (em polegadas) ou m (em milímetros), e o dedendo padronizado é 1,25 vez maior do que o adendo.*[1] Um sistema de padronização mais antigo, utilizado nos Estados Unidos, adotava um ângulo de 20° em uma engrenagem de dentes rebaixados, para o qual

o adendo foi encurtado para 0,8/P. (Embora as engrenagens de 14,5° e as engrenagens de dentes rebaixados de 20° não sejam mais consideradas como padrão, ainda são realizadas reposições nesses sistemas.) O raio do filete (na raiz do dente) é, geralmente, de 0,35/P (em unidades inglesas) ou $m/3$ (em unidades do SI).

A largura da face, b (definida na Figura 15.9), não é padronizada, porém geralmente

$$\frac{9}{P} < b < \frac{14}{P} \qquad \text{(a)}$$

ou

$$9m < b < 14m \qquad \text{(b)}$$

Quanto maior a largura da face, mais difícil será a fabricação e a montagem das engrenagens de modo que o contato seja uniforme ao longo de toda a largura da face.

As engrenagens fabricadas de acordo com os sistemas de padronização são intercambiáveis e, geralmente, disponíveis nos estoques. Por outro lado, as engrenagens produzidas em larga escala, utilizadas em uma aplicação particular (como a caixa de transmissão de um automóvel), saem desses padrões de modo a serem otimizadas para a aplicação específica. A tendência atual é a de se aumentar a utilização de engrenagens especiais, uma vez que os modernos equipamentos de corte das engrenagens reduzem os custos envolvidos e os recursos dos computadores modernos minimizam o tempo necessário ao projeto de engenharia.

A Figura 15.11 mostra um pinhão em contato com uma *cremalheira*, que pode ser idealizada como um segmento de engrenagem de diâmetro infinito. A Figura 15.12 mostra um pinhão em contato com uma engrenagem *interna*. A engrenagem interna é também chamada de coroa circular, ou engrenagem *anelar*, e é comumente utilizada nos trens de planetárias da transmissão automática de um automóvel (veja a Seção 15.13). Os diâmetros das engrenagens internas são considerados *negativos*; assim, a Eq. 15.1 indica que o pinhão e a engrenagem interna giram no *mesmo* sentido.

Uma vantagem importante da forma da evolvente sobre todas as demais é que ela propicia a ação conjugada teoricamente

[1]Para engrenagens de passo fino com P ≥ 20, o dedendo padrão é de (1,20/P) + 0,002 in.

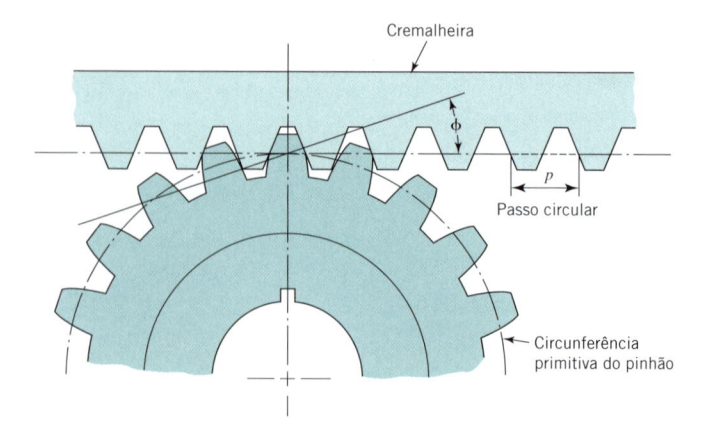

FIGURA 15.11 Pinhão e cremalheira evolventais.

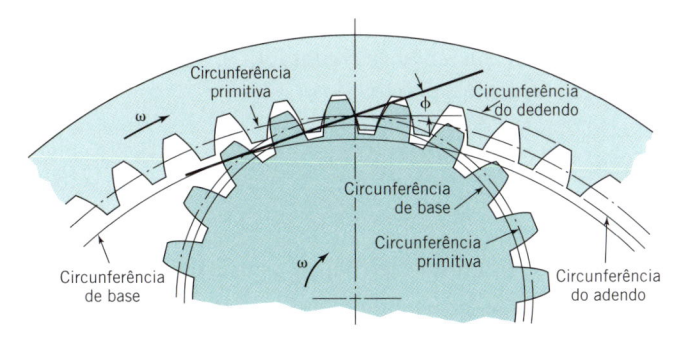

FIGURA 15.12 Pinhão e engrenagem interna evolventais. Observe que ambos giram no mesmo sentido.

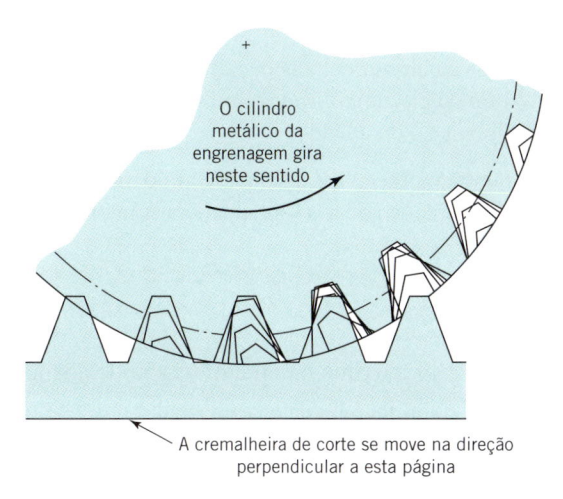

FIGURA 15.14 Corte de dentes com uma cremalheira cortadora.

perfeita, mesmo quando a distância entre os centros dos eixos não está exatamente correta. Este fato pode ser verificado revendo-se o desenvolvimento básico dos perfis evolventais ilustrados nas Figuras 15.6 e 15.7. Se os eixos das duas engrenagens engrenadas forem afastados, a ação conjugada continua com um ângulo de pressão aumentado. Naturalmente, a *folga* (menor distância entre as superfícies sem contato de dentes adjacentes) aumenta quando a distância entre centros é aumentada. Em alguns casos aproveita-se essa característica para ajustar a distância entre os centros dos eixos, objetivando uma folga desejada. (Alguma folga é sempre necessária para propiciar um espaço para um filme de óleo sujeito a várias condições de expansão e contração térmicas, porém uma folga excessiva aumenta o ruído e o carregamento por impacto quando um torque alternado é aplicado.)

FIGURA 15.13 Geração de uma engrenagem com uma fresadora capaz de fabricar dentes externos e internos. (Para informações adicionais veja o endereço da Internet http:// www.gleason.com). (Cortesia da Gleason-Pfauter Maschinenfabrik GmbH.)

Uma segunda vantagem básica do sistema evolvental é que a geometria do dente para uma cremalheira é uma linha reta. Este fato facilita o processo de corte e a geração dos dentes das engrenagens.

A fresagem dos dentes das engrenagens é um processo de engenharia altamente desenvolvido, envolvendo arte e ciência. Dois dos diversos procedimentos utilizados são mostrados nas Figuras 15.13 e 15.14.

15.3 Interferência e Razão de Contato

A interferência ocorrerá sempre que uma das circunferências de adendo se prolongar além dos pontos *a* e *b* de tangência (Figuras 15.6 a 15.8), os quais são chamados de *pontos de interferência*. Nesta situação as engrenagens acopladas ficam impedidas de girar. Na Figura 15.15 ambos os círculos de adendo se estendem além dos pontos de interferência; assim, essas engrenagens não podem operar sem que sejam realizadas algumas modificações. A correção preferencial é a remoção das pontas dos dentes com interferência, indicadas na figura pelas regiões sombreadas. De uma forma alternativa, os flancos dos dentes das engrenagens acopladas podem ser rebaixados, de modo a criar um espaço para o movimento da ponta interferente do dente, porém esta solução enfraquece o dente. Não é permitido em qualquer dos casos a ocorrência do contato das extremidades sombreadas, uma vez que a ação conjugada da evolvente não é possível além dos pontos de interferência.

Quando os dentes são gerados por uma fresa de corte, como esquematicamente mostrado na Figura 15.14, eles serão *automaticamente* rebaixados caso apresentem interferência com os dentes da fresa. Esse rebaixamento ocorre com pinhões padronizados de 20° com menos de *18* dentes e com pinhões padronizados de 25° com menos de *12* dentes. Por essa razão, os pinhões com menos dentes do que esses valores não são geralmente utilizados nas proporções de dentes padronizados.

Pela Figura 15.15 ou 15.8, tem-se

$$r_a = r + a$$

em que

   r_a é o raio da circunferência de adendo

   r é o raio da circunferência primitiva e

   a é a dimensão do adendo

Pode-se também obter a equação para o raio máximo possível da circunferência de adendo sem que ocorra interferência,

$$r_{a(\text{máx})} = \sqrt{r_b^2 + c^2 \operatorname{sen}^2 \phi} \qquad \textbf{(15.8)}$$

em que

   $r_{a(\text{máx})}$ é o raio máximo da circunferência de adendo sem interferência, do pinhão ou da engrenagem

   r_b é o raio da circunferência de base do mesmo elemento

   c é a distância entre os centros, $0_1 0_2$ e

   ϕ é o ângulo de pressão (valor *real*, e não nominal)

Uma análise da Eq. 15.8 e seu desenvolvimento indicam que (1) a interferência envolve mais as pontas dos dentes das coroas do que as pontas dos dentes dos pinhões, e (2) a interferência ocorre com mais frequência nos pinhões com um *pequeno* número de dentes, nas coroas com um *grande* número de dentes e nos *pequenos* ângulos de pressão.

Naturalmente, é necessário que os perfis dos dentes sejam proporcionais, de modo que um segundo par de dentes entre em contato antes de o primeiro par perder o contato. O número médio de dentes em contato quando as engrenagens giram acopladas é a chamada *razão de contato* (RC), a qual é calculada a partir da seguinte equação [1],

$$\text{RC} = \frac{\sqrt{r_{ap}^2 - r_{bp}^2} + \sqrt{r_{ac}^2 - r_{bc}^2} - c \operatorname{sen} \phi}{p_b} \qquad \textbf{(15.9)}$$

em que

   r_{ap} e r_{ac} são os raios de adendo do pinhão e da coroa que se engrenam

   r_{bp} e r_{bc} são os raios das circunferências de base do pinhão e da coroa que se engrenam

O *passo de base p_b* vale

$$p_b = \pi d_b / N \qquad \textbf{(15.10)}$$

em que N é o número de dentes e d_b é o diâmetro da circunferência de base. Da Figura 15.7,

$$d_b = d \cos \phi, \quad r_b = r \cos \phi \quad \text{e} \quad p_b = p \cos \phi \ \textbf{(15.11)}$$

O passo de base é similar ao passo circular, exceto pelo fato de que ele representa um arco na circunferência de base, e não um arco na circunferência primitiva. Ele é ilustrado na Figura 15.4.

Em geral, quanto maior a razão de contato, mais suave e silenciosa será a operação das engrenagens. Uma razão de contato de 2 ou mais significa que pelo menos dois pares de dentes

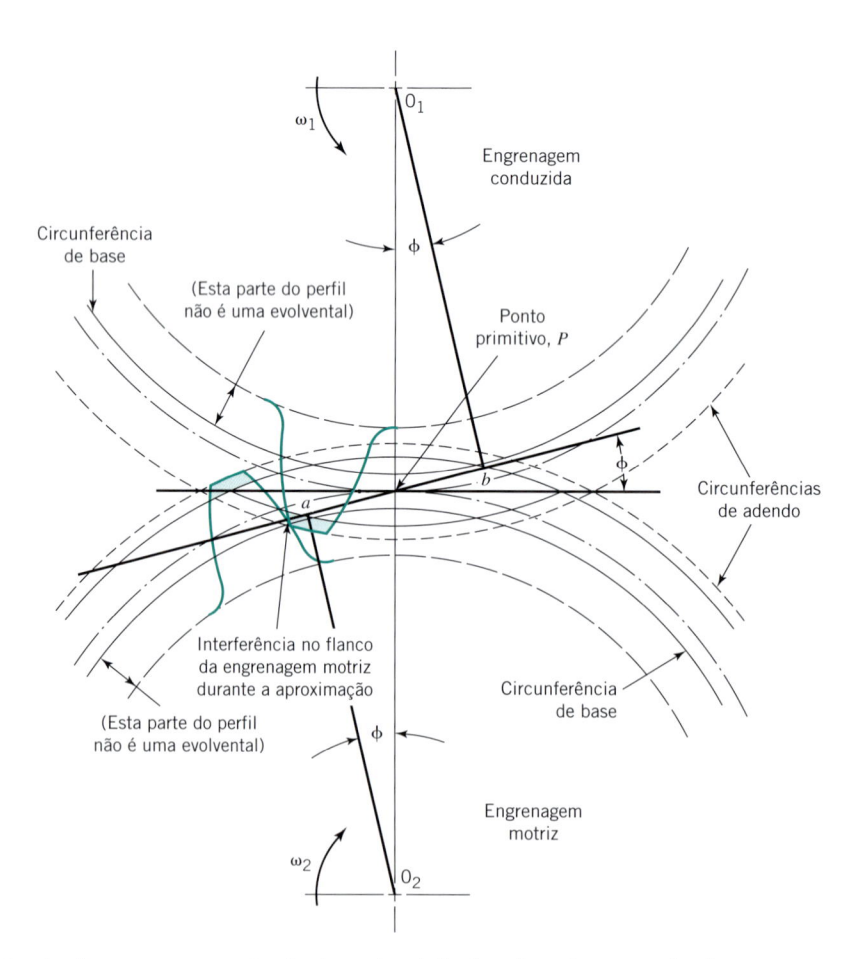

FIGURA 15.15   **Interferência de engrenagens de dentes retos (eliminada pela remoção das pontas sombreadas dos dentes).**

estarão, teoricamente, em contato durante todo o tempo. (Se eles estarão ou não *realmente* em contato depende da precisão da fabricação, da rigidez dos dentes e da carga aplicada.)

Um procedimento que envolve um algoritmo para o cálculo da razão de contato é descrito no Apêndice J.

PROBLEMA RESOLVIDO 15.1P Engrenamento de Pinhão e Coroa de Dentes Retos

Dois eixos paralelos com distância entre centros de 4 in (101,6 mm) devem ser conectados através de engrenagens de dentes retos com passo de 6 e ângulo de pressão de 20°, propiciando uma relação de transmissão de velocidades de –3,0. (a) Determine os diâmetros primitivos e os números de dentes do pinhão e da coroa. (b) Determine se haverá interferência quando os dentes padronizados com profundidade plena forem utilizados. (c) Determine a razão de contato. (Veja a Figura 15.16.)

SOLUÇÃO

Conhecido: Engrenagens de dentes retos com passo, ângulo de pressão e distância entre centros conhecidos são acopladas para propiciar uma razão de velocidades também conhecida.

A Ser Determinado:

a. Determine os diâmetros primitivos (d_p e d_c) e os números de dentes (N_p e N_c).

b. Determine a possibilidade de interferência com dentes padronizados de profundidade plena.

c. Calcule a razão de contato (RC).

Esquemas e Dados Fornecidos:

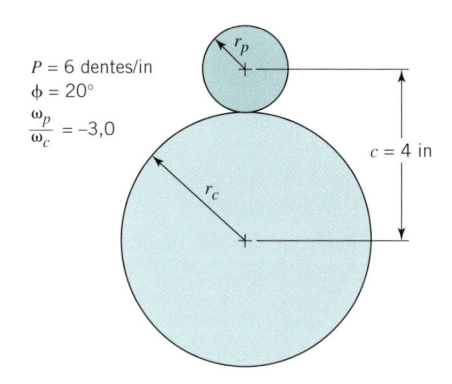

$P = 6$ dentes/in
$\phi = 20°$
$\dfrac{\omega_p}{\omega_c} = -3,0$

$c = 4$ in

FIGURA 15.16 **Engrenagens de dentes retos do Problema Resolvido 15.1P.**

Decisões e Hipóteses:

1. Caso haja interferência em função do uso de dentes padronizados de engrenagem com profundidade plena, adendos desiguais deverão ser selecionados para as engrenagens.

2. Os dentes das engrenagens deverão possuir perfis evolventais padronizados.

3. As duas engrenagens serão localizadas em suas distâncias de centro teóricas, $c = (d_p + d_c)/2$, em que $d_p = N_p/P$ e $d_c = N_c/P$; isto é, as engrenagens se engrenarão em suas circunferências primitivas.

Análise do Projeto:

1. No caso em questão tem-se $r_p + r_c = c = 4$ in (101,6 mm); $r_c/r_p = $ –razão de velocidades = 3; logo, $r_p = 1$ in (25,4 mm) e $r_c = 3$ in (76,2 mm) ou $d_p = 2$ in (50,8 mm) e $d_c = 6$ in (152,4 mm).

2. O termo "engrenagens com passo de 6" significa que $P = 6$ dentes por polegada de diâmetro primitivo; assim, $N_p = 12$ e $N_c = 36$.

3. Para se utilizar a Eq. 15.8 na verificação da ocorrência de interferência, determinam-se inicialmente os raios de base do pinhão e da coroa. Pela Eq. 15.11, $r_{bp} = 1$ in (25,4 mm) (cos 20°) e $r_{bc} = 3$ in (76,2 mm) (cos 20°). A substituição desses valores na Eq. 15.8 fornece $r_{a(máx)} = 1,660$ in (42,16 cm) para o pinhão e 3,133 in (79,58 mm) para a coroa.

4. O limite do raio externo da coroa é equivalente a um adendo de apenas 0,133 in (3,38 mm), enquanto um dente padronizado de profundidade plena possui um adendo de $1/P = 0,167$ in (4,24 mm). Certamente o uso de dentes padronizados causaria interferência.

5. Pode-se, assim, utilizar adendos desiguais (não padronizados), escolhendo-se, de forma arbitrária, $a_c = 0,060$ in (1,52 mm) para a coroa e $a_p = 0,290$ in (7,37 mm) para o pinhão. (O razoável é selecionar o adendo máximo para a maior razão de contato, limitando, ao mesmo tempo, o adendo da coroa a uma condição segura longe da interferência e forçando o adendo do pinhão a manter uma largura adequada no topo. Esta largura é indicada por t_0 na Figura 15.9, e seu valor mínimo aceitável é, algumas vezes, considerado como $0,25/P$.)

6. A substituição dos valores calculados na Eq. 15.11 fornece $p_b = (\pi/6) \cos 20° = 0,492$ in (12,50 mm). A substituição na Eq. 15.9 [com $r_{ap} = 1,290$ in (32,77 mm), $r_{bp} = 1$ in (cos 20°), $r_{ac} = 3,060$ in (77,72 mm) e $r_{bc} = 3$ in (76,20 mm) (cos 20°)] fornece RC = 1,43, que é um valor razoável.

Comentários:

1. Se após as engrenagens serem montadas a distância entre centros se tornar ligeiramente maior do que a distância teórica calculada de 4,0 in (101,6 mm), isto significará que os diâmetros calculados, d_p e d_c, são menores do que os diâmetros primitivos da engrenagem e do pinhão reais, e que a folga é maior do que a inicialmente calculada.

2. Se fosse imperioso o uso de dentes padronizados na solução deste problema resolvido, poder-se-ia (a) ter aumentado o passo diametral (resultando, portanto, em mais dentes no pinhão — e isso retira o peso da influência de se utilizar mais dentes na coroa), ou (b) aumentado o ângulo de pressão para 25° (o que seria mais do que suficiente para eliminar a interferência).

3. Esse problema pode também ser resolvido utilizando a planilha apresentada no Apêndice J.

15.4 Análise de Forças em Engrenagens

Notou-se, nas Figuras 15.7 e 15.8, que a linha *ab* era sempre normal às superfícies dos dentes em contato e que (desprezando-se o atrito por deslizamento) esta era a *linha de ação* das forças de interação entre os dentes engrenados.

A força entre os dentes engrenados pode ser decomposta no ponto primitivo (*P*, nas Figuras 15.15 e 15.17) em duas componentes.

1. Componente tangencial F_t, a qual, quando multiplicada pela velocidade linear na circunferência primitiva, fornece a potência transmitida.
2. Componente radial F_r, que não realiza trabalho, mas tende a afastar as engrenagens.

A Figura 15.17 ilustra a relação existente entre essas duas componentes, que pode ser escrita como

$$F_r = F_t \tan \phi \qquad (15.12)$$

Para analisar a relação entre as componentes de força atuantes na engrenagem e a correspondente potência e velocidade de rotação do eixo, observa-se que a velocidade linear na circunferência primitiva *V*, em pés por minuto, é igual a

$$V = \pi dn/12 \qquad (15.13)$$

na qual *d* é o diâmetro primitivo em polegadas da engrenagem que gira a *n* rpm.

A potência transmitida, em hp, é

$$\dot{W} = F_t V/33.000 \qquad (15.14)$$

Nessa expressão a força F_t é expressa em libras e a velocidade *V* em pés por minuto.

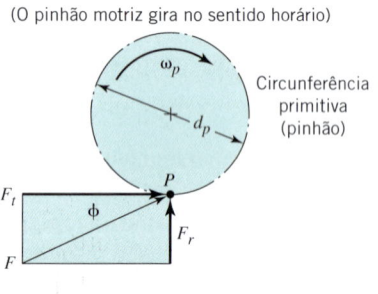

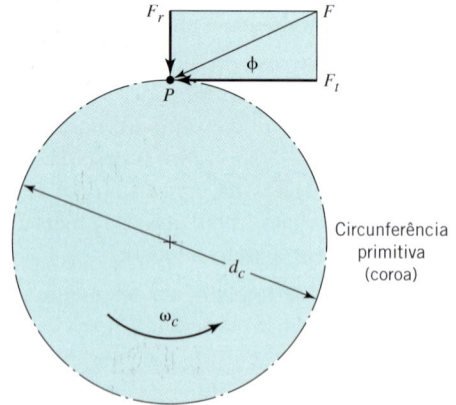

FIGURA 15.17 **Força *F* atuante nos dentes das engrenagens, decompostas no ponto primitivo. O pinhão motriz e a coroa conduzida são mostrados separadamente.**

Em unidades do SI,

$$V = \pi dn/60.000 \qquad (15.13a)$$

na qual *d* é expresso em milímetros, *n* em rpm e *V* em metros por segundo. A potência transmitida em watts (W) é

$$\dot{W} = F_t V \qquad (15.14a)$$

em que a força F_t é expressa em newtons.

PROBLEMA RESOLVIDO 15.2 **Forças Atuantes nas Engrenagens de Dentes Retos**

A Figura 15.18*a* mostra três engrenagens com $P = 3$ e $\phi = 20°$. A engrenagem *a* é a motriz, ou de entrada do movimento, ou ainda o pinhão. Ela gira no sentido anti-horário a 600 rpm e transmite 25 hp à engrenagem intermediária *b*. A engrenagem de saída *c* é fixada a um eixo que aciona uma máquina. Não existe nenhum componente fixado ao eixo intermediário, e a perda por atrito nos mancais e nas engrenagens pode ser desprezada. Determine a força resultante aplicada pela engrenagem intermediária a seu eixo.

SOLUÇÃO

Conhecido: Três engrenagens de dentes retos com passos diametrais, números de dentes e ângulos de pressão especificados se acoplam para transmitir 25 hp da engrenagem de entrada à engrenagem de saída através de uma engrenagem intermediária. A rotação da engrenagem de entrada com seu sentido é conhecida.

A Ser Determinado: Determine a força resultante da engrenagem intermediária sobre seu eixo.

Esquemas e Dados Fornecidos: Veja a Figura 15.18.

Hipóteses:

1. A engrenagem intermediária e seu eixo têm a função de transmitir a potência da engrenagem de entrada para a engrenagem de saída. Não há torque atuante no eixo intermediário.
2. As perdas por atrito nos mancais e nas engrenagens são desprezíveis.
3. As engrenagens se engrenam nas circunferências primitivas.
4. Os dentes das engrenagens possuem perfis evolventais padronizados.
5. Os eixos das engrenagens *a*, *b* e *c* são paralelos.

Análise:

1. A aplicação da Eq. 15.3 à engrenagem *a* fornece

$$d_a = N_a/P = (12 \text{ dentes})/(3 \text{ dentes por polegada}) = 4 \text{ in}$$

2. Todas as três engrenagens possuem a mesma velocidade linear na circunferência primitiva. Aplicando-se a Eq. 15.13 à engrenagem *a*, tem-se

$$V = \frac{\pi d_a n_a}{12} = \frac{\pi (4 \text{ in})(600 \text{ rpm})}{12} = 628,28 \text{ ft/min}$$

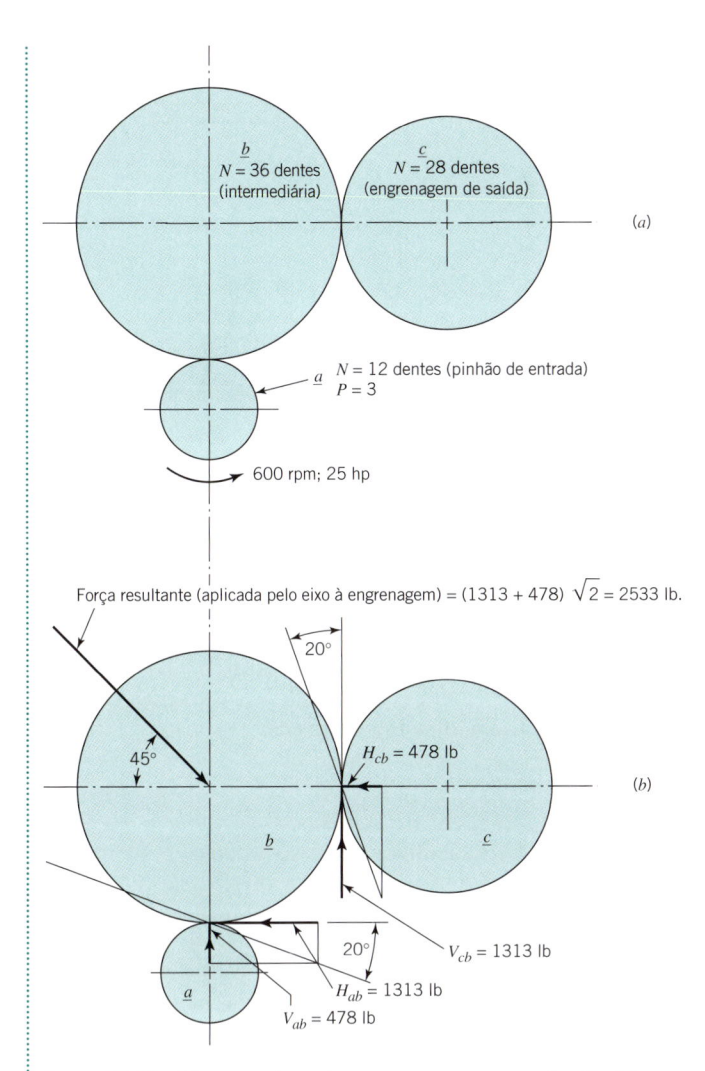

FIGURA 15.18 **Forças atuantes na engrenagem do Problema Resolvido 15.2.** (*a*) **Disposição das engrenagens.** (*b*) **Forças atuantes na engrenagem intermediária** *b*.

3. Aplicando-se a Eq. 15.14 à engrenagem *a* e explicitando-se F_t, obtém-se

$$F_t = \frac{33.000(25\ hp)}{628,28\ fpm} = 1313\ lb$$

Esta é a força horizontal da engrenagem *b* aplicada à engrenagem *a*, orientada para a direita. A Figura 15.18*b* mostra a força horizontal e oposta de *a* aplicada à *b*, designada por H_{ab}, e atuante para a esquerda.

4. Pela Eq. 15.12, a correspondente força radial no dente da engrenagem é $F_r = V_{ab} = (1313)(\tan 20°) = 478$ lb (2126,2 N).

5. As forças H_{cb} e V_{cb} são mostradas com a orientação apropriada na Figura 15.18*b*. (Lembre-se de que estas são as forças de atuação da engrenagem *c sobre* a engrenagem *b*.) Uma vez que o eixo de apoio da engrenagem intermediária *b* não sofre a ação de qualquer torque, o equilíbrio de momentos em relação a seu eixo de rotação estabelece que $V_{cb} = 1313$ lb (5840,5 N). Pela Eq. 15.12, $H_{cb} = (1313)(\tan 20°) = 478$ lb ((2126,2 N).

6. As forças totais sobre o dente da engrenagem *b* são de 1313 + 478 = 1791 lb (7966,8 N), tanto na direção vertical quanto na direção horizontal, resultando em uma soma vetorial de 1791 $\sqrt{2}$ = 2533 lb (11,2227 kN) atuante a 45°. Esta é a carga resultante aplicada *pela* engrenagem intermediária *a* seu eixo.

Comentário: A força igual e oposta aplicada pelo eixo à engrenagem intermediária é indicada na Figura 15.18*b*, onde esta engrenagem é mostrada como um corpo livre em equilíbrio.

15.5 Resistência do Dente de uma Engrenagem

Após a análise da geometria da engrenagem e das forças nela atuantes, esta seção se dedica agora à quantificação da potência ou torque que um dado par de engrenagens irá transmitir sem que ocorra uma falha no dente. A Figura 15.19 mostra um *padrão fotoelástico* das tensões atuantes em um dente de engrenagem. Os detalhes desse procedimento experimental de análise das tensões estão além do escopo deste livro. A observação que aqui merece destaque é que as maiores tensões ocorrem nas regiões onde as linhas (franjas) se agrupam, ficando mais próximas. Esta condição ocorre em duas regiões: (1) nas proximidades do ponto de contato com a engrenagem acoplada, onde atua a força *F*, e (2) no filete da base do dente.

As próximas três seções tratam da fadiga por flexão na base do dente e envolvem os princípios da análise de fadiga apresentados no Capítulo 8. As duas seções posteriores são dedicadas à durabilidade da superfície e utilizam as informações sobre corrosão e riscaduras (arranhões) apresentadas no Capítulo 9. Alguns dos princípios de lubrificação cobertos no Capítulo 13 também estão envolvidos. Como será observado, a capacidade de carga e o modo de falha de um par de engrenagens são afetados pela velocidade de rotação. No geral, o estudo da capacidade de carga de uma engrenagem oferece uma excelente oportunidade de se aplicar boa parte do material básico visto nos capítulos anteriores.

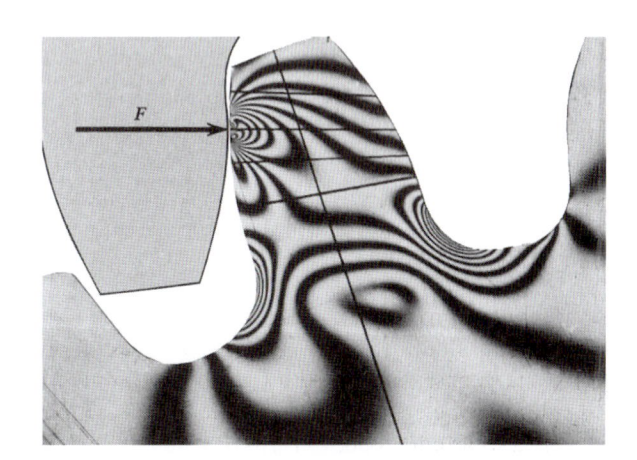

FIGURA 15.19 **Padrão fotoelástico das tensões atuantes no dente de uma engrenagem de dentes retos.** (De T. J. Dolan e E. L. Broghammer, *A Study of Stresses in Gear Tooth Fillets*, Proc. 14th Eastern Photoelasticity Conf., PE December 1941.)

15.6 Análise das Tensões de Flexão Atuantes em um Dente de Engrenagem (Equação de Lewis)

A primeira análise reconhecida das tensões atuantes nos dentes das engrenagens foi apresentada no Clube de Engenheiros da Filadélfia em 1892, por Wilfred Lewis. Esta análise ainda é considerada como base para o estudo das tensões de flexão atuantes nos dentes das engrenagens. A Figura 15.20 mostra um dente carregado idealizado como uma viga engastada sujeita a uma força resultante F atuante em sua extremidade. O Sr. Lewis estabeleceu as seguintes hipóteses simplificadoras:

1. *A carga total é aplicada no topo de um único dente.* Esta é, obviamente, a condição mais severa, e é apropriada para dentes com precisão "simples". Para engrenagens de alta precisão, entretanto, a carga total nunca é aplicada no topo de um único dente. Com uma razão de contato necessariamente superior à unidade, cada novo par de dentes entra em contato enquanto o par anterior ainda está engrenado. Após o ponto de contato se mover para baixo de certa distância do topo, o dente anterior deixa o engrenamento e o novo par passa a suportar toda a carga (a menos que, certamente, a razão de contato seja maior do que 2). Esta é a situação ilustrada na Figura 15.19. Assim, em se tratando de *engrenagens de precisão* (não disponíveis à época do Sr. Lewis) deve-se considerar que os dentes suportam apenas uma parte da carga em seu topo, e a carga total em um ponto da face do dente onde o braço de momento de flexão é menor.

2. *A componente radial, F_r, é desprezível.* Esta é uma hipótese conservadora, uma vez que F_r gera uma tensão compressiva que deve ser subtraída da tensão de tração da flexão atuante no ponto a da Figura 15.20. (O fato de que ela se soma à tensão de compressão da flexão no filete oposto é de pouca importância, uma vez que as falhas por fadiga sempre se iniciam nas regiões sob tração.)

3. *A carga é uniformemente distribuída ao longo de toda a largura da face do dente.* Esta é uma hipótese não conservadora, e pode ser determinante na falha de engrenagens de dentes largos e eixos desalinhados ou deformados.

4. *As forças devidas ao atrito por deslizamento são desprezíveis.*

5. *A concentração de tensão no filete do dente é desprezível.* Os fatores de concentração de tensões eram desconhecidos na época do Sr. Lewis, porém sabe-se atualmente que são importantes. Estes fatores serão considerados posteriormente.

Continuando o desenvolvimento da equação de Lewis, observa-se, pela Figura 15.20, que o dente da engrenagem é, em toda a sua extensão, mais forte do que a *parábola de resistência constante* a ele inscrita (lembre-se da Figura 12.23c), exceto para a seção em a, onde os perfis da parábola e do dente se tangenciam. No ponto a,

$$\sigma = \frac{Mc}{I} = \frac{6F_t h}{bt^2} \qquad \text{(c)}$$

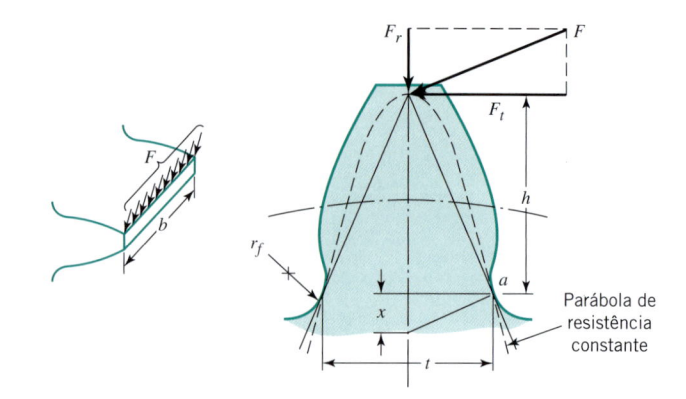

FIGURA 15.20 Tensões de flexão atuantes no dente de uma engrenagem de dentes retos (comparação com uma parábola de tensão constante).

Pelas relações de semelhança entre triângulos, tem-se

$$\frac{t/2}{x} = \frac{h}{t/2}, \qquad \text{ou} \qquad \frac{t^2}{h} = 4x \qquad \text{(d)}$$

A substituição da Eq. d na Eq. c fornece

$$\sigma = \frac{6F_t}{4bx} \qquad \text{(e)}$$

Definindo-se o *fator de forma de Lewis y* como

$$y = 2x/3p \qquad \text{(f)}$$

e substituindo-o na Eq. e, tem-se

$$\sigma = \frac{F_t}{bpy} \qquad \text{(15.15)}$$

que é a *equação de Lewis* básica expressa em função do passo circular.

Como as engrenagens geralmente são fabricadas com valores padronizados do passo diametral, substitui-se

$$p = \pi/P \qquad \text{(15.5 mod)}$$
$$y = Y/\pi \qquad \text{(g)}$$

na Eq. 15.14 e obtém-se uma forma alternativa da equação de Lewis:

$$\sigma = \frac{F_t P}{bY} \qquad \text{(15.16)}$$

Ou ainda, utilizando-se unidades do SI, tem-se

$$\sigma = \frac{F_t}{mbY} \qquad \text{(15.16a)}$$

na qual Y é o fator de forma de Lewis baseado no passo diametral ou no módulo. Os fatores Y e y são função da *forma* do dente (e não das dimensões) e, portanto, variam com o número de dentes da engrenagem. Os valores de Y para os sistemas de dentes padronizados são fornecidos na Figura 15.21. Para engrenagens não padronizadas, o fator pode ser obtido através de um esquema gráfico do dente ou por computação digital.

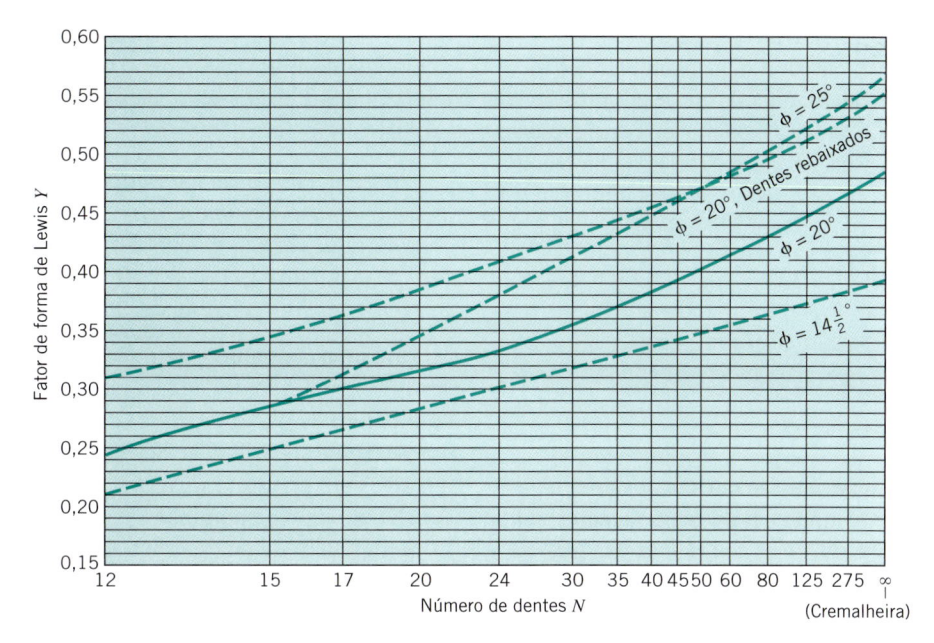

FIGURA 15.21 Valores do fator de forma de Lewis Y para engrenagens de dentes retos padronizadas (carga aplicada na ponta do dente).

Observe que a equação de Lewis indica que as tensões de flexão atuantes no dente variam (1) diretamente com a carga F_t, (2) com o inverso da largura b do dente, (3) com o inverso da dimensão p do dente, $1/P$, ou m e (4) com o inverso do fator de forma do dente, Y ou y.

15.7 Análise Detalhada da Resistência à Flexão do Dente de uma Engrenagem: Conceitos Básicos

Além dos quatro fatores básicos incluídos na equação de Lewis, os procedimentos modernos de projeto de uma engrenagem consideram diversos fatores adicionais que influenciam as tensões de flexão atuantes nos dentes.

1. *Velocidade na circunferência primitiva.* Quanto maior a velocidade linear do dente da engrenagem (medida nas circunferências primitivas), maior o impacto de dentes sucessivos ao entrarem em contato. Esses impactos ocorrem porque os perfis dos dentes jamais podem ser fabricados de forma *absolutamente* perfeita; e, mesmo se assim fosse, as deformações são inevitáveis; as cargas operacionais causam um ligeiro impacto quando cada novo par de dentes fica engrenado.

2. *Precisão de fabricação.* Este também é um importante fator que influencia o carregamento de impacto. Além disso, a precisão de fabricação é o fator determinante para se avaliar se a carga é de fato distribuída entre os dentes quando dois ou mais pares de dentes estão, *teoricamente*, em contato. (Veja a primeira hipótese na Seção 15.6.)

3. *Razão de contato.* Para as engrenagens de *precisão*, com razão de contato superior a 1 ($1 < RC < 2$), a carga transmitida está distribuída entre dois pares de dentes quando um novo dente entra em contato em sua ponta. Quando o ponto de contato se move, descendo a face do novo dente, os dentes acoplados adiante perdem o contato no ponto mais alto do contato de um único par de dentes. Assim, existem duas condições de carregamento a serem consideradas: (a) a sustentação de parte da carga (geralmente admitida como a metade) na ponta do dente e (b) a sustentação de toda a carga no ponto de contato mais alto de um único par de dentes. Para as engrenagens com razão de contato superior a dois ($2 < RC < 3$), deve-se considerar uma divisão por três da carga no contato na ponta do dente e uma divisão por dois no ponto mais alto do contato quando dois pares de dentes estão em contato.

4. *Concentração de tensão* na base dos dentes, conforme mencionado na hipótese 5 da Seção 15.6.

5. *Nível do carregamento de impacto* envolvido na aplicação. (Esta condição é similar ao "fator de aplicação" fornecido para mancais de esferas na Seção 14.7.4.)

6. *Precisão e rigidez de montagem.* (Veja a hipótese 3 na Seção 15.6.)

7. *Momento de inércia das engrenagens e dos componentes girantes solidários às engrenagens.* Ligeiras imperfeições no dente tendem a causar acelerações e desacelerações angulares momentâneas dos componentes girantes. Se as inércias de rotação forem pequenas, os componentes estarão sujeitos à aceleração sem a presença das correspondentes cargas impostas aos dentes. Com grandes inércias, os componentes em rotação tendem a resistir fortemente à aceleração, fazendo com que grandes cargas atuem momentaneamente nos dentes. Uma elasticidade torcional significativa entre o dente da engrenagem e o elemento com a maior inércia tende a isolar os dentes de um efeito inercial nocivo. (Em alguns casos, esta situação se enquadra em uma área de grande interesse para uma análise dinâmica.)

O problema de fadiga por flexão de um dente de engrenagem requer uma avaliação (a) das tensões flutuantes atuantes no filete do dente e (b) da resistência à fadiga do material *neste local específico*. Até aqui apenas as tensões têm sido consideradas; serão analisados agora os aspectos da resistência do problema.

Geralmente a propriedade de resistência mais importante é a resistência à fadiga por flexão, representada pelo limite de resistência à fadiga. Pela Eq. 8.1,

$$S_n = S'_n C_L C_G C_S C_T C_R$$

que, para componentes de aço, usualmente é expressa por

$$S = (0{,}5S_u) C_L C_G C_S C_T C_R$$

Muitos dentes de engrenagem são carregados *apenas em um dos sentidos*. Entretanto, os dentes das engrenagens intermediárias (Figuras 15.18 e 15.22a) e os pinhões das planetárias (Figura 15.30, descritos na Seção 15.13) são carregados em ambos os sentidos. Embora do ponto de vista ideal se tenha

uma tendência de construir o diagrama de tensões alternadas para cada caso em particular, a Figura 15.22b apresenta o embasamento para uma generalização no tratamento desse problema:

> *Para a condição de vida infinita, o pico das tensões deve estar abaixo do limite de resistência à fadiga por flexão alternada para uma engrenagem intermediária, porém o pico das tensões pode ser 40 % maior para a engrenagem motriz ou para a engrenagem conduzida.*

Para uma confiabilidade diferente de 50 %, os cálculos da resistência à flexão das engrenagens são geralmente baseados na hipótese de que a resistência à fadiga por flexão do dente apresenta uma distribuição normal (lembre-se das Figuras 6.18 a 6.20), com um desvio-padrão de cerca de 8 % do limite de resistência à fadiga nominal.

Se os dentes da engrenagem operam a temperaturas elevadas, devem ser utilizadas as propriedades de fadiga do material para as temperaturas envolvidas.

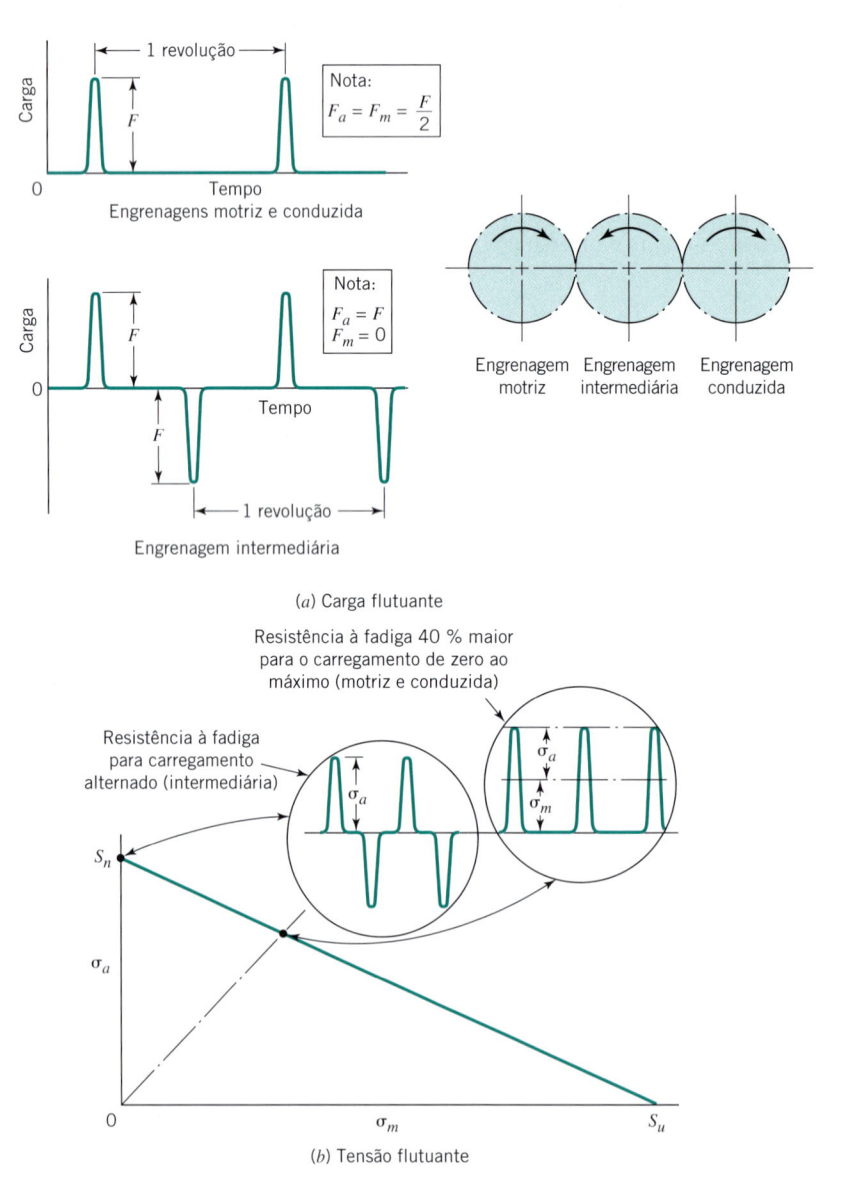

FIGURA 15.22 Cargas e tensões flutuantes nas engrenagens motriz, conduzida e intermediária.

15.8 Análise Detalhada da Resistência à Flexão do Dente de uma Engrenagem: Procedimento Recomendado

Um engenheiro seriamente comprometido com o projeto e a análise de engrenagens deve consultar as normas atualizadas da Associação dos Fabricantes de Engrenagens dos Estados Unidos (American Gear Manufacturers Association) e a literatura mais relevante sobre o assunto. Os procedimentos aqui fornecidos são representativos da prática corrente em engenharia.

Na ausência de informações mais específicas, os fatores que afetam as tensões de flexão dos dentes das engrenagens podem ser considerados pela representação da equação de Lewis na seguinte forma,

$$\sigma = \frac{F_t P}{bJ} K_v K_o K_m \qquad (15.17)$$

na qual

J = é o *fator geométrico* da engrenagem de dentes retos da Figura 15.23. Este fator incorpora o *fator de forma de Lewis Y* e também um *fator de concentração de tensão* baseado em um filete do dente com raio de $0{,}35/P$. Observe que os valores são fornecidos para carga não compartilhada (engrenagens de baixa precisão) e também para carga compartilhada (engrenagens de alta precisão). No caso da carga compartilhada o fator J depende do número de dentes da engrenagem de acoplamento para esse controle da razão de contato, que, por consequência, determina o ponto mais alto do contato com um único dente.

K_v = é o *fator dinâmico* ou *de velocidade*, que indica a severidade do impacto quando pares sucessivos de dentes são engrenados. Ele é uma função da velocidade na circunferência primitiva e da precisão de fabricação. A Figura 15.24 fornece algumas curvas representativas dos processos de fabricação de engrenagens. Para referência, a curva *A* refere-se ao número (classe) do controle de qualidade AGMA, $Q_v = 9$, a curva *B* para $Q_v = 6$ e a curva *C* para $Q_v = 4$ [9].

K_o = é o *fator de sobrecarga*, que reflete o nível de não uniformidade dos torques de carga e motriz. Na ausência de melhores informações os valores fornecidos na Tabela 15.1 devem ser utilizados como base para uma estimativa grosseira.

TABELA 15.1 Fator de Correção por Sobrecarga K_o

	Máquina Conduzida		
Fonte de Potência	**Uniforme**	**Impacto Moderado**	**Impacto Forte**
Uniforme	1,00	1,25	1,75
Impacto leve	1,25	1,50	2,00
Impacto médio	1,50	1,75	2,25

TABELA 15.2 Fatores de Correção de Montagem K_m

	Largura da Face (in)			
Características do Suporte	**0 até 2**	**6**	**9**	**acima de 16**
Montagens precisas, pequenas folgas nos mancais, deflexões mínimas, engrenagens precisas	1,3	1,4	1,5	1,8
Montagens pouco rígidas, engrenagens pouco precisas, contato ao longo de toda a face	1,6	1,7	1,8	2,2
Precisão e montagem de forma que o contato não ocorra em toda a largura da face	Acima de 2,2			

K_m = é o *fator de montagem*, que reflete a precisão do alinhamento das engrenagens durante o engrenamento. A Tabela 15.2 é utilizada como base para uma estimativa grosseira.

A tensão de fadiga efetiva da Eq. 15.17 deve ser comparada com a correspondente resistência à fadiga. Para vida infinita, o limite de resistência à fadiga apropriado é estimado a partir da equação

$$S_n = S_n' C_L C_G C_S k_r k_t k_{ms} \qquad (15.18)$$

na qual

S_n' = é o limite de resistência à fadiga padronizado por R. R. Moore

C_L = é o fator de carga (igual a 1,0 para cargas de flexão)

C_G = é o fator gradiente (igual a 1,0 para $P > 5$ e 0,85 para $P \le 5$)

C_S = é o fator de superfície da Figura 8.13. Certifique-se de que se trata da superfície *no filete*, onde uma trinca por fadiga normalmente se iniciaria. (Na ausência de informações específicas, admita que esse fator corresponde a uma superfície usinada.)

k_r = é o fator de confiabilidade, C_R, determinado pela Figura 6.19. Por conveniência, os valores correspondentes ao desvio-padrão de 8 % para o limite de resistência à fadiga são fornecidos na Tabela 15.3

k_t = é o fator de temperatura, C_T. Para engrenagens de aço considere $k_t = 1{,}0$ se a temperatura (geralmente estimada com base na temperatura do lubrificante) for menor que 160°F. Caso contrário, e na ausência de melhores informações, utilize

$$k_t = \frac{620}{460 + T} \quad \text{(para } T > 160°\text{F)} \qquad (15.19)$$

TABELA 15.3 Fator k_r de Correção pela Confiabilidade, com Base na Figura 6.19 com um Desvio-Padrão Admitido de 8 %

Confiabilidade (%)	50	90	99	99,9	99,99	99,999
Fator k_r	1,000	0,897	0,814	0,753	0,702	0,659

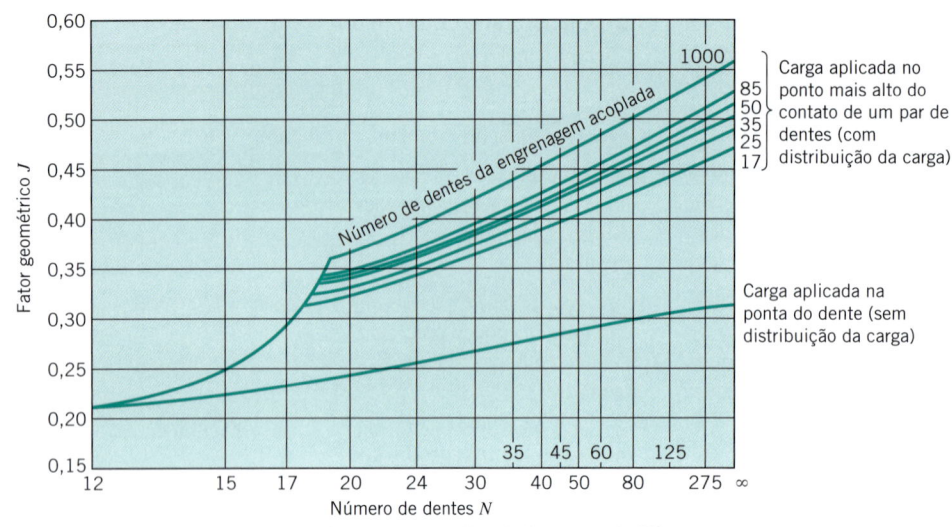

(a) Dentes de profundidade plena com ângulo de pressão de 20°

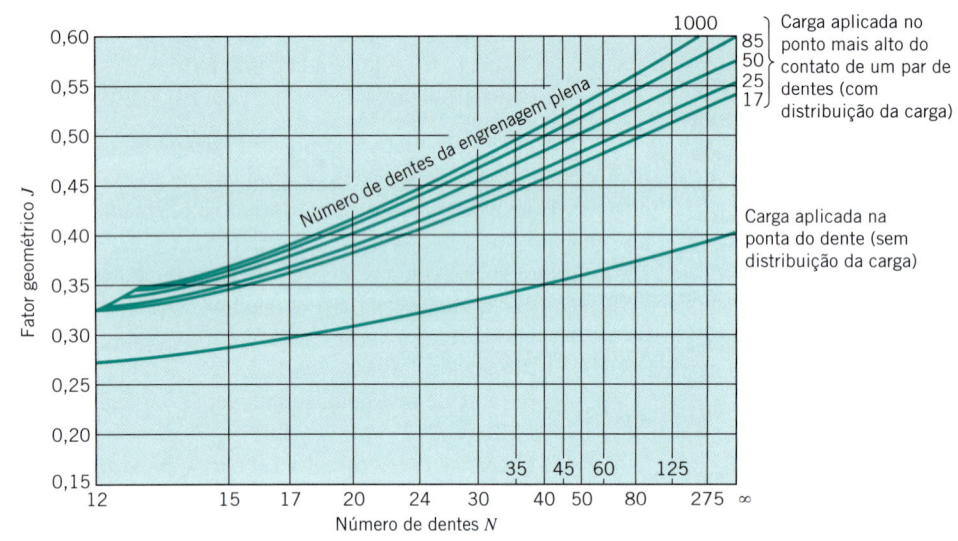

(b) Dentes de profundidade plena com ângulo de pressão de 25°

FIGURA 15.23 **Fator geométrico J para engrenagens de dentes retos padronizadas (baseado em um raio do filete do dente de $0{,}35/P$). (Da referência AGMA 908-B89.)**

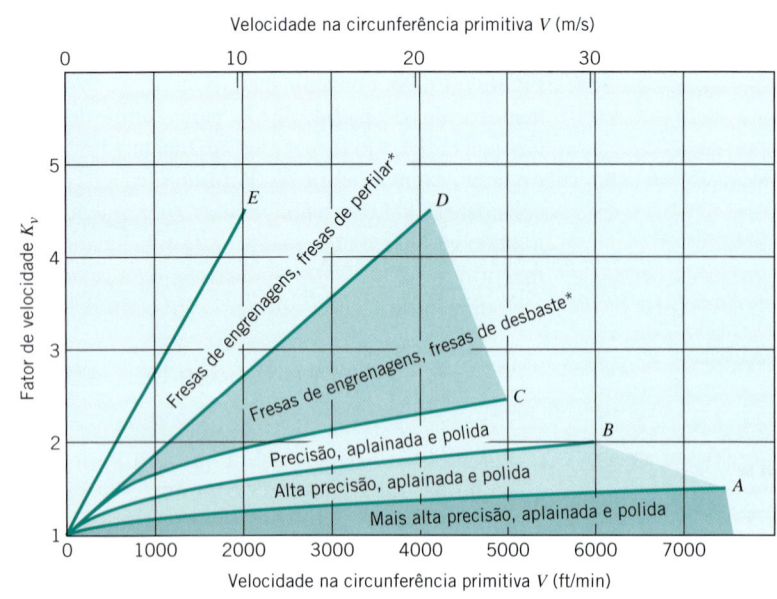

*Limitadas a cerca de 350 Bhn

FIGURA 15.24 **Fator de velocidade K_v. (Nota: esta figura, de uma forma bastante grosseira, tem como objetivo a consideração dos efeitos dos erros de espaçamento e no perfil dos dentes, rigidez dos dentes e velocidade, inércias e rigidez das partes girantes.)**

$$A: \quad K_v = \sqrt{\frac{78 + \sqrt{V}}{78}} \qquad D: \quad K_v = \frac{1200 + V}{1200}$$

$$B: \quad K_v = \frac{78 + \sqrt{V}}{78} \qquad E: \quad K_v = \frac{600 + V}{600}$$

$$C: \quad K_v = \frac{50 + \sqrt{V}}{50}$$

Nota: A velocidade V está em pés por minuto.

$k_{ms} =$ é o fator de tensão média. De acordo com a Seção 15.7, utilize 1,0 para engrenagens intermediárias (sujeitas à flexão nos dois sentidos) e 1,4 para engrenagens de entrada e de saída (flexão em um único sentido).

O fator de segurança para fadiga por flexão pode ser considerado como a relação entre a resistência à fadiga (Eq. 15.18) e a tensão de fadiga (Eq. 15.17). Seu valor numérico deve ser selecionado de acordo com a Seção 6.12. Uma vez que os fatores K_o, K_m e k_r foram considerados separadamente, o "fator de segurança" necessário não deve ser tão alto quanto seria de outra forma. Tipicamente, um fator de segurança de 1,5 pode ser escolhido, juntamente com um fator de confiabilidade correspondente a 99,9 %.

PROBLEMA RESOLVIDO 15.3 · Capacidade de Transmissão de Potência em Relação à Falha de Fadiga por Flexão de um Dente

A Figura 15.25 mostra uma aplicação específica de um par de engrenagens de dentes retos, cada engrenagem com uma largura de face $b = 1,25$ in (31,75 mm). Estime a potência máxima que as engrenagens podem transmitir continuamente com apenas 1 % de chance de ocorrer uma falha de fadiga por flexão de um dente.

SOLUÇÃO

Conhecido: Um pinhão de aço com dureza, passo diametral, número de dentes, largura de face e velocidade de rotação conhecidos, tendo dentes com ângulo de pressão de 20° e profundidade plena, aciona uma coroa com dureza de 290 Bhn a 860 rpm com apenas 1 % de chance de ocorrência de uma falha de fadiga por flexão do dente.

A Ser Determinado: Determine a potência máxima, em hp que as engrenagens podem transmitir continuamente.

Esquemas e Dados Fornecidos:

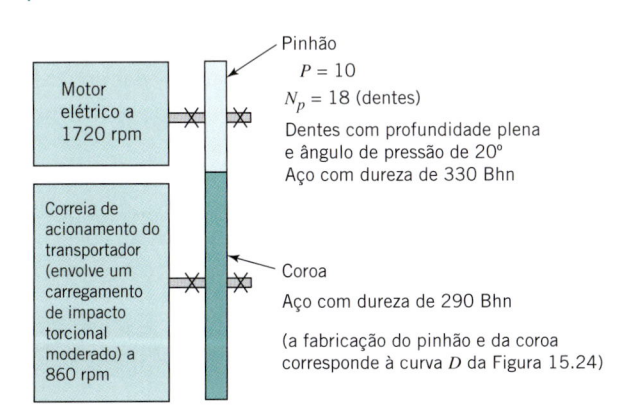

FIGURA 15.25 Dados do Problema Resolvido 15.3.

Hipóteses:

1. Os dentes das engrenagens possuem uma superfície usinada.

2. A temperatura da área dos filetes dos dentes das engrenagens é inferior a 160°F.

3. As engrenagens giram em um único sentido (e, portanto, ficam sujeitas à flexão em um único sentido).

4. A carga transmitida é aplicada na ponta do dente da coroa (não há distribuição da carga).

5. A qualidade de fabricação do pinhão e da coroa corresponde à curva D da Figura 15.24.

6. A correia de acionamento do transportador envolve um choque torcional moderado.

7. As características do conjunto incluem baixa rigidez de montagem, engrenagens pouco precisas e contato ao longo de toda a face do dente.

8. As engrenagens falham unicamente por fadiga de flexão dos dentes (não ocorre nenhuma falha por fadiga superficial).

9. Não será necessário nenhum fator de segurança. São considerados separadamente os fatores de sobrecarga K_o, de montagem K_m e de confiabilidade k_r.

10. As engrenagens são montadas para se engrenar ao longo das circunferências primitivas.

11. As larguras das faces dos dentes das engrenagens são idênticas.

12. O limite de resistência à fadiga do material pode ser aproximado por 250 (Bhn) psi.

13. As hipóteses inerentes à equação de Lewis modificada são razoáveis. Os dados do fator J são precisos. Os dados dos gráficos e das tabelas para a obtenção de C_a, C_S e k_t são confiáveis. O fator de velocidade K_v, o fator de sobrecarga K_o e o fator de montagem K_m dos dados disponíveis são razoavelmente precisos.

14. O material das engrenagens é homogêneo, isotrópico e completamente elástico.

15. As tensões térmicas e residuais são desprezíveis.

Análise:

1. A resistência à fadiga por flexão é estimada a partir da Eq. 15.18 como

$$S_n = S_n' C_L C_G C_S k_r k_t k_{ms}$$

em que

$$
\begin{aligned}
S_n' &= 290/4 = 72,5 \text{ ksi (coroa)} \\
&= 330/4 = 82,5 \text{ ksi (pinhão)} \\
C_L &= 1 \text{ (para cargas de flexão)} \\
C_G &= 1 \text{ (uma vez que } P > 5) \\
C_S &= 0,68 \text{ (pinhão) (pela Figura 8.13, superfícies usinadas)} \\
&= 0,70 \text{ (coroa)} \\
k_r &= 0,814 \text{ (pela Tabela 15.3; 99 % de confiabilidade)} \\
k_t &= 1,0 \text{ (a temperatura deve ser } < 160°\text{F)} \\
k_{ms} &= 1,4 \text{ (para flexão em um único sentido)} \\
S_n &= 63,9 \text{ ksi (pinhão)}; S_n = 57,8 \text{ ksi (coroa)}
\end{aligned}
$$

2. A tensão de fadiga por flexão é estimada pela Eq. 15.17 como

$$\sigma = \frac{F_t P}{bJ} K_v K_o K_m$$

em que

P = 10 e b = 1,25 in (31,75 mm) (dados)

J = 0,235 (pinhão) (para N = 18, sem nenhuma distribuição de carga em decorrência da precisão de fabricação inadequada)

= 0,28 (coroa) (para N = 36, que é necessário para propiciar a relação de velocidades desejada)

O fator dinâmico K_v envolve uma velocidade na circunferência primitiva, *V*, calculada por

$$V = \frac{\pi d_p n_p}{12}$$

$$= \frac{\pi (18 \text{ dentes}/10 \text{ dentes por polegada})(1720 \text{ rpm})}{12}$$

$$= 811 \text{ fpm}$$

Assim, tem-se

$$K_v = 1{,}68 \text{ (pela Figura 15.24)}$$
$$K_o = 1{,}25 \text{ (pela Tabela 15.1)}$$
$$K_m = 1{,}6 \text{ (pela Tabela 15.2)}$$

Portanto,

$$\sigma = 114 F_t \text{ psi (pinhão)}, \qquad \sigma = 96 F_t \text{ psi (coroa)}$$

3. Igualando-se a resistência à fadiga por flexão e a tensão de fadiga por flexão, tem-se

$$63.900 \text{ psi} = 114 F_t \text{ psi}, \qquad F_t = 561 \text{ (pinhão)}$$
$$57.800 \text{ psi} = 96 F_t \text{ psi}, \qquad F_t = 602 \text{ (coroa)}$$

4. Neste caso o pinhão é o componente mais fraco, e a potência que pode ser transmitida vale (561 lb)(811 fpm) = 456.000 ft · lb/min ((2495,4 N)(4,12 m/s) = 10.281 W. Dividindo-se por 33.000 para converter para hp, tem-se *13,8 hp* (sem a inclusão de um fator de segurança).

Comentário: Os dentes das engrenagens geralmente ficam sujeitos a diversos modos de falha simultaneamente. Além da fadiga por flexão dos dentes, vários outros modos podem ocorrer, como desgaste, riscaduras, corrosão superficial e desbastes. Esses modos de falha são discutidos na próxima seção.

15.9 Durabilidade da Superfície dos Dentes das Engrenagens — Conceitos Básicos

Os dentes das engrenagens são vulneráveis aos diversos tipos de danos superficiais discutidos no Capítulo 9. Exatamente como ocorreu no caso dos mancais com elementos rolantes (Capítulo 14), os dentes das engrenagens ficam sujeitos às *tensões de contato de Hertz*, e a lubrificação geralmente é *elastohidrodinâmica* (Seção 13.16). O carregamento excessivo e a interrupção na lubrificação podem causar várias combinações de *abrasão*, *corrosão* e *riscaduras*. Nesta e na próxima seção ficará evidente que a durabilidade da superfície de um dente de engrenagem é um assunto mais complexo do que sua capacidade de suportar a fadiga por flexão.

As seções anteriores trataram da determinação da força *F* compressiva atuante entre os dentes das engrenagens, e observou-se que as superfícies que entram em contato são cilíndricas por natureza e os perfis são evolventais. Nenhum comentário foi feito sobre a *velocidade de atrito* entre as superfícies em contato. A Figura 15.26a mostra o mesmo par de dentes de engrenagens conjugadas da Figura 15.3, com os vetores indicativos das velocidades, V_p e V_c, respectivamente, dos pontos dos dentes do pinhão e da coroa instantaneamente em contato. Essas velocidades são *tangenciais* em relação a seus centros de rotação. Se os dentes não se separam e nem se esmagam, as componentes V_{pn} e V_{cn} normais à superfície devem ser idênticas. Esta condição tem como consequência uma diferença entre as componentes tangenciais à superfície (V_{pt} e V_{ct}). A velocidade de deslizamento é a diferença entre V_{pt} e V_{ct}.

A Figura 15.26b mostra que quando o contato entre os dentes engrenados ocorre no *ponto primitivo P* (ou seja, sobre a linha que une os centros das engrenagens), a velocidade de deslizamento é nula e o movimento relativo entre os dentes é de *rolamento puro*. Para o contato em todos os demais pontos, o movimento relativo é o de *rolamento combinado com deslizamento*, com a velocidade de deslizamento sendo diretamente proporcional à distância entre o ponto de contato e o ponto primitivo. A velocidade máxima de deslizamento ocorre com o contato na ponta do dente. Isto significa que os dentes com adendos longos (como mostrado na Figura 15.8) possuem velocidades máximas de deslizamento maiores do que as correspondentes engrenagens com adendos menores. (Todavia, como seria de se esperar, as engrenagens com adendos menores possuem uma razão de contato menor.)

Observe que a velocidade relativa de deslizamento *inverte seu sentido* quando um par de dentes rola, passando pelo ponto primitivo. Durante a aproximação (veja o "ângulo de aproximação" na Figura 15.8) as forças de atrito devidas ao deslizamento tendem a comprimir os dentes; durante o afastamento, as forças de atrito tendem a alongar os dentes. Os dentes alongados tendem a propiciar uma ação mais suave. Por essa razão, algumas vezes são projetados dentes especiais, de modo que boa parte do contato, ou mesmo todo o contato, ocorra no ângulo de afastamento (para o sentido de rotação envolvido). O deslizamento dos dentes das engrenagens pode ser ilustrado fisicamente afastando-se e estendendo-se os dedos das duas mãos, "engrenando-os" como se fossem dentes de engrenagem e, em seguida, girando as mãos.

Serão considerados brevemente, agora, os três tipos básicos de deterioração de superfície que ocorrem nos dentes das engrenagens.

1. *Desgaste abrasivo* (tratado na Seção 9.10), causado pela presença de partículas estranhas, como no caso de engrenagens que não são protegidas por um alojamento, aquelas

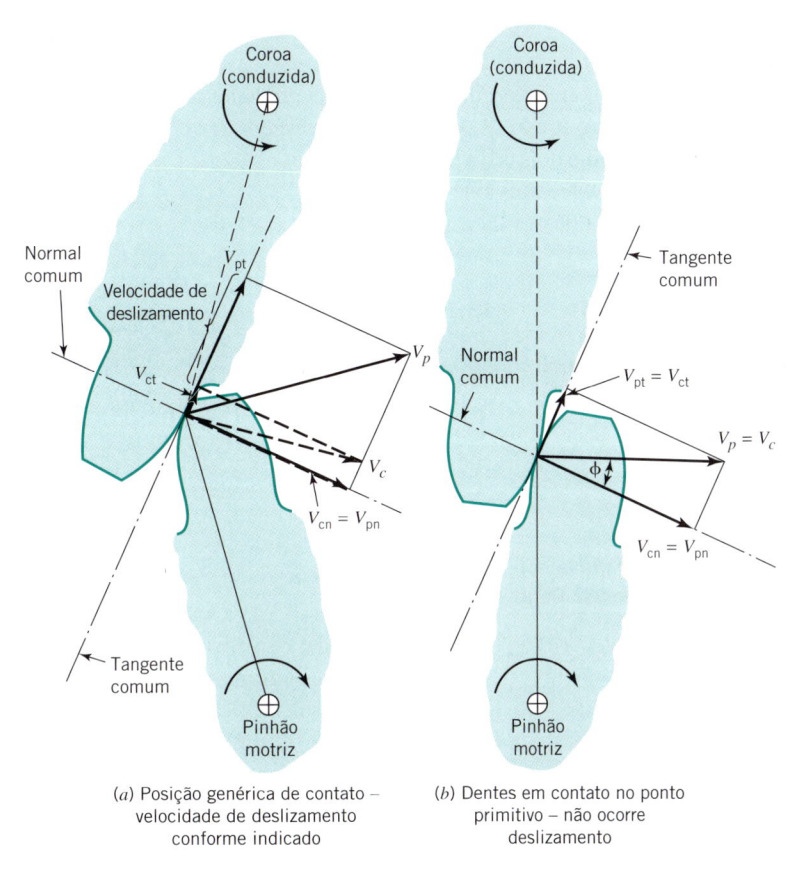

(a) Posição genérica de contato –
velocidade de deslizamento
conforme indicado

(b) Dentes em contato no ponto
primitivo – não ocorre
deslizamento

FIGURA 15.26   Velocidade de deslizamento entre os dentes das engrenagens.

que são protegidas e que foram montadas na presença de partículas abrasivas e aquelas que são lubrificadas por uma fonte de óleo sem uma filtragem adequada.

2. *Riscaduras* (uma forma de desgaste adesivo, descrita na Seção 9.9) que ocorrem geralmente com altas velocidades, quando a ação da lubrificação elasto-hidrodinâmica não é adequada (Seção 13.16) ou, possivelmente em alguns casos, quando as lubrificações de contorno e de filme misto (Seção 13.14) são inadequadas. Essas condições causam um alto coeficiente de atrito por deslizamento que, juntamente com o elevado carregamento do dente e as altas velocidades de deslizamento, produz uma elevada taxa de geração de calor nas regiões *localizadas* do contato. Como consequência tem-se temperaturas e pressões que causam a soldagem e o rompimento do material. A riscadura pode geralmente ser evitada direcionando-se o *fluxo* de um lubrificante *próprio* (para resfriamento) aos dentes, quando eles se engrenam. O lubrificante apropriado em geral é aquele suficientemente resistente às pressões extremas que ocorrem durante a lubrificação hidrodinâmica. O acabamento superficial também é importante, e deve ser da ordem de 20 micropolegadas quando a riscadura é um fator a ser considerado. A possibilidade de um movimento suave das engrenagens durante um período inicial de carga moderada aumentará suas resistências à riscadura.

3. *Corrosão superficial e corrosão subsuperficial*, que são, respectivamente, falhas por fadiga de superfície e subsu-

perfície, produzem tensões complexas na zona de contato. Essas falhas foram discutidas na Seção 9.14.

Com os devidos cuidados, as engrenagens não falham em decorrência de um desgaste abrasivo. Com uma lubrificação e um resfriamento adequados elas não falharão devido à riscadura. Se o melhor trocador de calor disponível puder ser utilizado, mas um lubrificante adequado não puder ser encontrado, então as cargas e as velocidades devem ser reduzidas, materiais mais resistentes à riscadura devem ser utilizados ou as engrenagens devem ser fabricadas com uma largura maior. Diferentemente da riscadura, que não é dependente do tempo e ocorre no início da vida em operação, se ocorrer, a corrosão superficial é típica das falhas por fadiga, pois ela ocorre apenas após a acumulação de um número suficiente de ciclos de carga. Além disso, como as curvas S–N das tensões de contato não se estabilizam antes de 10^6 ou 10^7 ciclos, mesmo nos componentes de aço, esse tipo de falha de superfície deve ser considerado em cada projeto de engrenagem.

De uma forma geral, tem sido observada uma boa correlação entre a falha por fadiga superficial nas engrenagens de dentes retos e a tensão superficial elástica calculada (tensão de Hertz). Da mesma forma que a equação de Lewis serve de base para uma análise da resistência à flexão do dente de uma engrenagem, a tensão de Hertz (Eq. 9.5) representa uma referência para a análise da durabilidade da superfície do dente de uma engrenagem.

O trabalho clássico de adaptação da equação de Hertz para análise dos dentes das engrenagens de dentes retos foi elaborado por Earle Buckingham [1]. Buckingham observou que a corrosão superficial do dente de uma engrenagem ocorre predominantemente nas vizinhanças da circunferência primitiva onde, em decorrência da velocidade de deslizamento nula, o filme de óleo (elasto-hidrodinâmico) é interrompido. Assim, ele tratou um par de dentes de engrenagem como dois cilindros de raios iguais aos raios de curvatura das evolventais que se engrenam no ponto primitivo. Pela geometria básica da evolvental, esses raios valem

$$R_p = (d_p \, \text{sen} \, \phi)/2 \quad \text{e} \quad R_c = (d_c \, \text{sen} \, \phi)/2 \qquad \textbf{(15.20)}$$

(Reporte-se à Figura 15.7 e imagine que a correia possa ser cortada em P para a geração do perfil evolvental.)

Para adaptar a Eq. 9.5 (e a Eq. 9.2) à utilização conveniente na análise das engrenagens de dentes retos, proceda às substituições a seguir.

Grandeza da Eq. 9.5	Notação Equivalente para Engrenagens de Dentes Retos
F	F (que é igual a $F_t/\textbf{cos} \, \phi$)
p_0	σ_H
L	b
R_1	$(d_p \, \text{sen} \, \phi)/2$
R_2	$(d_c \, \text{sen} \, \phi)/2$

Essas substituições fornecem, para a tensão de fadiga superficial (Hertz),

$$\sigma_H = 0{,}564 \sqrt{\frac{F_t[2/(d_p \, \text{sen} \, \phi) + 2/(d_c \, \text{sen} \, \phi)]}{b \cos \phi \left(\dfrac{1 - \nu_p^2}{E_p} + \dfrac{1 - \nu_c^2}{E_c}\right)}} \qquad \textbf{(15.21)}$$

em que b é a largura de face da engrenagem.

Diversas relações fundamentais ficam evidentes a partir dessa equação. Devido ao aumento da área de contato com a carga, a tensão aumenta apenas com a raiz quadrada da carga F_t (ou com a raiz quadrada da carga por polegada de largura da face, F_t/b). De forma similar, a área de contato aumenta (e a tensão diminui) com a diminuição do módulo de elasticidade, E_p e E_c. Entretanto, as engrenagens maiores possuem raios de curvatura maiores e, portanto, tensões menores.

Da mesma forma que as tensões de flexão do dente, as tensões de contato são influenciadas pela precisão de fabricação, pela velocidade no círculo primitivo, pelo carregamento de impacto, pelo desalinhamento e deslocamento do eixo e pelo momento de inércia e elasticidade torcional dos componentes conectados e girantes. Analogamente, a resistência à fadiga superficial do material é afetada pela confiabilidade requerida e, possivelmente, pelos extremos de temperatura.

15.10 Análise da Fadiga Superficial dos Dentes das Engrenagens — Procedimento Recomendado

A Eq. 15.21 se torna mais utilizável quando (1) são combinados os termos relacionados às propriedades elásticas dos mate-

riais em um único fator, C_p, comumente chamado de *coeficiente elástico*, e (2) são combinados os termos relacionados à geometria do dente em um segundo fator, I, comumente chamado de *fator geométrico*:

$$C_p = 0{,}564 \sqrt{\frac{1}{\dfrac{1 - \nu_p^2}{E_p} + \dfrac{1 - \nu_c^2}{E_c}}} \qquad \textbf{(15.22)}$$

$$I = \frac{\text{sen} \, \phi \, \cos \phi}{2} \, \frac{R}{R + 1} \qquad \textbf{(15.23)}$$

Neste caso, R é a razão entre os diâmetros da coroa e do pinhão,

$$R = \frac{d_g}{d_p} \qquad \textbf{(h)}$$

Observe que R é positivo para um par de engrenagens externas (Figura 15.2). Uma vez que os diâmetros das engrenagens internas são considerados negativos, R é negativo para um pinhão e uma engrenagem interna (Figura 15.12).

A substituição de C_p e I na Eq. 15.21 e a introdução dos fatores K_v, K_o e K_m, que foram utilizados na análise de fadiga por flexão, fornecem

$$\sigma_H = C_p \sqrt{\frac{F_t}{b d_p I} K_v K_o K_m} \qquad \textbf{(15.24)}$$

Note que I é uma constante adimensional rapidamente calculada pela Eq. 15.23, enquanto C_p possui unidades de $\sqrt{\text{ksi}}$ ou $\sqrt{\text{MPa}}$, dependendo do sistema de unidades utilizado. Por conveniência, os valores de C_p são fornecidos nas Tabelas 15.4a e 15.4b.

Conforme verificado nas Seções 9.13 e 9.14, o estado de tensão real no ponto de contato é influenciado por diversos fatores não considerados na equação de Hertz (Eqs. 9.5, 15.21 e 15.24). Esses fatores incluem tensões térmicas, variação na distribuição da pressão devida à presença do lubrificante, tensões devidas ao atrito por deslizamento e outros. Por essa razão, as tensões calculadas através da Eq. 15.24 devem ser comparadas com a resistência das curvas S–N para fadiga superficial obtidas *experimentalmente a partir de ensaios em que esses fatores adicionais são, pelo menos grosseiramente, comparáveis àqueles da situação em estudo*. Assim, a curva de resistência à fadiga superficial para engrenagens de dentes retos mostrada na Figura 9.21 é, agora, apropriada para uso, enquanto as demais curvas na mesma figura não o são.

Na ausência de informações sobre a resistência à fadiga superficial mais diretamente pertinentes à aplicação específica em consideração, a Tabela 15.5 fornece alguns valores representativos.

Conforme observado na Seção 9.14, geralmente é desejável que um dos componentes em contato seja mais duro do que o outro. No caso das engrenagens de aço o pinhão é fabricado invariavelmente com maior dureza (se forem diferentes), porque seus dentes ficam sujeitos a um número maior de ciclos de fadiga e porque geralmente a fabricação de componentes menores com maior dureza é mais econômica. Tipicamente, a diferença na dureza varia na faixa de 30 Bhn para engrenagens na

TABELA 15.4a Valores do Coeficiente Elástico C_p para Engrenagens de Dentes Retos Expressos em $\sqrt{\text{psi}}$ (Valores Arredondados)

Material do Pinhão ($v = 0{,}30$ em Todos os Casos)	Material da Coroa			
	Aço	Ferro Fundido	Alumínio-Bronze	Estanho-Bronze
Aço, $E = 30.000$ ksi	2300	2000	1950	1900
Ferro fundido, $E = 19.000$ ksi	2000	1800	1800	1750
Alumínio-bronze, $E = 17.500$ ksi	1950	1800	1750	1700
Estanho-bronze, $E = 16.000$ ksi	1900	1750	1700	1650

TABELA 15.4b Valores do Coeficiente Elástico C_p para Engrenagens de Dentes Retos Expressos em $\sqrt{\text{MPa}}$ (Valores Convertidos da Tabela 15.4a)

Material do Pinhão ($v = 0{,}30$ em Todos os Casos)	Material da Coroa			
	Aço	Ferro Fundido	Alumínio-Bronze	Estanho-Bronze
Aço, $E = 207$ GPa	191	166	162	158
Ferro fundido, $E = 131$ GPa	166	149	149	145
Alumínio-bronze, $E = 121$ GPa	162	149	145	141
Estanho-bronze, $E = 110$ GPa	158	145	141	137

TABELA 15.5 Resistência à Fadiga Superficial S_{fe}, para Uso em Engrenagens Metálicas de Dentes Retos (10^7 Ciclos de Vida, 99 % de Confiabilidade e Temperatura $<250^\circ$F)

Material	S_{fe} (ksi)	S_{fe} (MPa)
Aço	0,4 (Bhn)-10 ksi	28 (Bhn)-69 MPA
Ferro nodular	0,95[0,4 (Bhn)-10 ksi]	0,95[28 (Bhn)-69 MPA]
Ferro fundido, classe 20	55	379
classe 30	70	482
classe 40	80	551
Estanho-bronze	30	207
AGMA 2C 11 % de estanho		
Alumínio-bronze	65	448
(ASTM B 148–52) (Liga 9C–H.T.)		

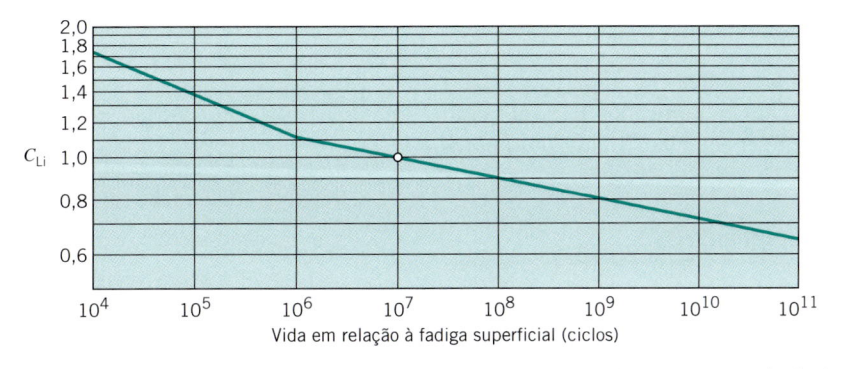

FIGURA 15.27 Valores de C_{Li} para engrenagens de aço (forma genérica da curva $S–N$ de fadiga superficial).

faixa de 200 Bhn até cerca de 100 Bhn para a faixa de 500 Bhn e 2 Rockwell C para a faixa de 60 R_C. Para as diferenças na dureza que não excedam a esses valores tem sido verificado que a dureza média pode ser utilizada para verificação tanto do pinhão quanto da coroa.

Para as engrenagens de aço endurecidas superficialmente a dureza utilizada com a Tabela 15.5 é a dureza superficial, mas a profundidade do material endurecido deve se estender até o pico das tensões cisalhantes, mostrado nas Figuras 9.15*b* e 9.19. Este pico normalmente situa-se a uma profundidade de no mínimo 1 mm, ou 0,040 in.

Para a vida por fadiga diferente de 10^7 ciclos, multiplique os valores de S_{fe} (da Tabela 15.5) pelo fator de vida, C_{Li}, mostrado na Figura 15.27. Este fator apresenta um comportamento similar à forma média da curva *S–N* de fadiga superficial para o aço. O leitor alerta perceberá uma discrepância (na inclinação) entre a forma dessa curva e a da curva *S–N* para engrenagens de aço mostrada na Figura 9.21. Nenhuma consideração foi feita para correlacionar essas curvas tornando-as consistentes, pois isso encobriria a importante observação sobre a vida de um componente que foi publicada com base nos dados da resistência dos materiais. Estudos independentes apresentando generalizações de diferentes conjuntos de dados estão, provavelmente, sujeitos a alguma variação e devem ser utilizados com a devida cautela. Quando possível, é sempre melhor obter-se bons dados de ensaios que se aplicam estritamente ao caso em questão. A propósito, a curva da Figura 9.18 para engrenagens de dentes retos é mais alta do que a normalmente obtida para as engrenagens de aço.

Os dados de confiabilidade são escassos, porém como guia aproximado deve ser utilizado um fator de confiabilidade apropriado, C_R, como o fornecido na Tabela 15.6 (conforme ocorreu na Eq. 15.25).

Quando as temperaturas da superfície do dente da engrenagem são altas (acima de cerca de 120°C, ou 250°F), deve-se determinar a resistência à fadiga superficial apropriada do material e a temperatura dos dentes da engrenagem. (Não foi incluído na Eq. 15.25 um fator de correção de temperatura para a resistência à fadiga superficial.)

Aplicando-se as informações fornecidas sobre a resistência à fadiga superficial, a equação resultante para a resistência à fadiga superficial, que deve ser comparada com a tensão de fadiga de superfície do dente da engrenagem expressa pela Eq. 15.24, fica

$$S_H = S_{fe} C_{Li} C_R \qquad \textbf{(15.25)}$$

De acordo com a filosofia apresentada na Seção 6.12, o fator de segurança, definido como um multiplicador de F_t, necessário para igualar σ_H a S_H, pode ser pequeno. Muitos dos fatores frequentemente incluídos no "fator de segurança" já estão considerados nos fatores multiplicadores das Eqs. 15.24 e 15.25. Além disso, as consequências da falha são atenuadas pelo fato de que os danos por corrosão superficial se desenvolvem lentamente e fornecem um alerta na forma de um ruído gradualmente crescente. Entretanto, a extensão do dano por fadiga superficial caracterizando uma "falha" é arbitrária, e as engrenagens ainda continuaram a operar por algum tempo após sua "vida" referente ao limite de resistência à fadiga superficial ter sido ultrapassada. Dessa forma, fatores de segurança de 1,1 até 1,5 são, em geral, apropriados.

PROBLEMA RESOLVIDO 15.4 Capacidade de Transmissão de Potência Relacionada à Falha do Dente por Fadiga Superficial

Estime a potência máxima que as engrenagens do Problema Resolvido 15.3 podem transmitir, com apenas 1 % de chance de falha por fadiga superficial, durante 5 anos de 40 horas semanais e 50 semanas por ano de operação.

SOLUÇÃO

Conhecido: O pinhão de aço do Problema Resolvido 15.3, com dureza de 330 Bhn, passo diametral, número de dentes e velocidade de rotação conhecidos, e dentes de profundidade plena com ângulo de pressão de 20°, aciona uma coroa de aço com 290 Bhn a 860 rpm com apenas 1 % de chance de falha por fadiga superficial durante um determinado período de tempo.

A Ser Determinado: Estime a potência máxima que as engrenagens podem transmitir.

Esquemas e Dados Fornecidos: Veja a Figura 15.25.

Hipóteses:

1. As temperaturas das superfícies dos dentes das engrenagens estão abaixo de 120°C (250°F).

2. O limite de resistência à fadiga superficial pode ser calculado a partir da dureza superficial — veja a Tabela 15.5.

3. A tensão de fadiga superficial é máxima no ponto primitivo.

4. A qualidade de fabricação do pinhão e da coroa corresponde à curva *D* da Figura 15.24.

5. A engrenagem de saída fica sujeita a um impacto torcional moderado.

6. As características do suporte incluem uma baixa rigidez de montagem, engrenagens pouco precisas e contato ao longo de toda a face do dente.

7. Não há necessidade de nenhum fator de segurança.

8. Os perfis dos dentes das engrenagens são evolventais padronizados. As superfícies de contato no ponto primitivo podem ser aproximadas por cilindros.

9. As engrenagens são montadas de modo a se engrenarem nas circunferências primitivas.

TABELA 15.6 Fator de Confiabilidade C_R

Confiabilidade (%)	C_R
50	1,25
99	1,00
99,9	0,80

10. Os efeitos de falha superficial por desgaste abrasivo e riscaduras são eliminados por proteção e lubrificação — apenas as considerações sobre corrosão superficial são necessárias.

11. As tensões causadas pelo atrito por deslizamento podem ser desprezadas.

12. A distribuição da pressão de contato não é afetada pelo lubrificante.

13. As tensões térmicas e as tensões residuais podem ser desprezadas.

14. Os materiais das engrenagens são homogêneos, isotrópicos e elasticamente lineares.

15. O limite de resistência à fadiga superficial e os dados disponíveis para o fator de vida são suficientemente precisos. Os fatores de velocidade K_v, de sobrecarga K_o e de montagem K_m obtidos a partir de dados disponíveis são razoavelmente precisos.

Análise:

1. A resistência à fadiga superficial é estimada a partir da Eq. 15.25 como

$$S_H = S_{\text{fe}} C_{\text{Li}} C_R$$

em que

S_{fe} = 114 ksi [pela Tabela 15.5 para aço, S_{fe} = 0,4 (Bhn) − 10 ksi = 0,4 (330) − 10 = 122 ksi]

C_L = 0,8 [pela Figura 15.27, vida = (1720)(60)(40)(50) (5) = 1,03 × 10^9 ciclos]

C_R = 1 (pela Tabela 15.6 para 99 % de confiabilidade)

S_H = (122)(0,8)(1) = 97,6 ksi

2. A tensão de fadiga superficial (Hertz) é estimada a partir da Eq. 15.24 como

$$\sigma_H = C_p \sqrt{\frac{F_t}{bd_p I} K_v K_o K_m}$$

em que

C_p = 2300 $\sqrt{\text{psi}}$ (pela Tabela 15.4)

b = 1,25 in, d_p = 1,8 in, K_v = 1,68, K_o = 1,25 e K_m = 1,6 (os mesmos valores utilizados ao Problema Resolvido 15.3)

$$I = \frac{\text{sen}\,\phi \cos \phi}{2} \frac{R}{R + 1} = 0,107 \text{ (pela Equação 15.23)}$$

$$\sigma_H = 2300 \sqrt{\frac{F_t}{(1,25)(1,8)(0,107)}(1,68)(1,25)(1,6)} = 8592 \sqrt{F_t}$$

3. Igualando-se a resistência à fadiga superficial e a tensão de fadiga de superfície, tem-se

$$8592 \sqrt{F_t} = 97.600 \text{ psi} \quad \text{ou} \quad F_t = 129 \text{ lb}$$

(Esse valor se aplica a ambas as superfícies dos dentes engrenados.)

4. A potência correspondente é $\dot{W} = F_t V$ = (129 lb)(811 fpm) = 104,620 ft · lb/min ((573,8 N)(4,12 m/s) = 2364 W), ou 3,2 hp.

Comentário: Esta potência se compara com uma potência limitada pela fadiga por flexão de aproximadamente 14 hp e ilustra a situação usual das engrenagens de aço serem mais resistentes em relação à fadiga por flexão. Embora boa parte dos 14 hp de capacidade fornecida pela fadiga por flexão seja obviamente desperdiçada, um excesso moderado de capacidade de flexão é desejável porque as falhas de fadiga por flexão são repentinas e totais, enquanto as falhas de superfície são graduais e causam um aumento do nível de ruído, alertando sobre a deterioração da engrenagem.

15.11 Procedimentos de Projeto das Engrenagens de Dentes Retos

Os Problemas Resolvidos 15.3 e 15.4 ilustram a análise da capacidade estimada de um par de engrenagens específico. Como geralmente é o caso de componentes de máquinas, é mais desafiadora a tarefa de *projetar* um par de engrenagens adequado (supostamente próximo do ótimo) para uma dada aplicação. Antes de ilustrar esse procedimento com um problema resolvido, é preciso fazer algumas observações gerais.

1. O aumento da dureza da superfície das engrenagens de aço aumenta consideravelmente o limite de resistência à fadiga superficial. A Tabela 15.5 indica que ao duplicar-se a dureza a resistência à fadiga superficial é *mais* do que duplicada (tensão de Hertz admissível); a Eq. 15.24 mostra que a duplicação da tensão admissível de Hertz faz com que a capacidade de carga F_t seja *quadruplicada*.

2. O aumento da dureza do aço também aumenta a resistência à fadiga por flexão, porém esse aumento é bem menor. Por exemplo, ao duplicar-se a dureza o limite de resistência à fadiga básico, S'_n, *não* é duplicado (observe a região plana das curvas na Figura 8.6). Além disso, a duplicação da dureza reduz significativamente o fator C_S (veja a Figura 8.13). Um fator adicional a ser considerado para as engrenagens cujas superfícies dos dentes foram endurecidas é que o endurecimento do material pode efetivamente aumentar a resistência à fadiga superficial, ainda que seja muito pouco profundo para contribuir de forma significativa para a resistência à fadiga por flexão (lembre-se da Figura 8.31 e da discussão a ela associada na Seção 8.13).

3. O aumento da dimensão do dente (utilizando um passo maior) aumenta a resistência à flexão mais do que a resistência superficial. Este fato, aliado aos pontos 1 e 2, se correlaciona a duas observações. (a) Ocorrerá uma equivalência entre a resistência à flexão e a resistência superficial tipicamente na faixa de $P = 8$ para engrenagens de aço de alta dureza (acima de 500 Bhn, ou 50R_C), com os dentes grossos falhando por fadiga superficial e os dentes finos falhando devido à fadiga por flexão. (b) Com os dentes de aço progressivamente mais macios, a fadiga superficial se torna crítica para os passos progressivamente mais finos. Outros materiais possuem propriedades que resultam em diferentes características para a resistência do dente de uma engrenagem. Informações adicionais sobre os materiais utilizados na fabricação de engrenagens serão fornecidas na próxima seção.

4. Em geral, quanto mais duro o material, mais oneroso é o processo de fabricação da engrenagem. Por outro lado, as engrenagens mais duras podem ser menores e ainda realizar a mesma operação. E, sendo as engrenagens menores, seu alojamento e outros componentes a elas associados podem também ser menores e mais leves. Além disso, se as engrenagens forem menores, as velocidades na circunferência primitiva serão menores, reduzindo o carregamento dinâmico e as velocidades de arrasto. Assim, o custo global frequentemente pode ser reduzido pelo uso de engrenagens de maior dureza.

5. Ao se desejar engrenagens de menores dimensões (para quaisquer materiais e aplicações de engrenagens), é mais aconselhável partir para a escolha do número mínimo de dentes aceitável para o pinhão (geralmente, 18 dentes para os pinhões com ângulo de pressão de 20° e 12 dentes para os pinhões com ângulo de pressão de 25°), e, em seguida, determinar o passo (ou o módulo) necessário.

PROBLEMA RESOLVIDO 15.5P — Projeto de um Redutor Constituído de um Trem de Engrenagens de Dentes Retos

Utilizando um sistema de engrenagens padronizadas, projete um par de engrenagens de dentes retos para conectar um motor de 100 hp a 3600 rpm a um eixo de carga a 900 rpm. O carregamento de impacto do motor e da máquina conduzida é desprezível. A distância entre centros deve ser a menor possível. Deseja-se uma vida de 5 anos a 2000 horas/ano de operação, mas a potência plena será transmitida apenas durante cerca de 10 % do tempo, com a metade da potência sendo transmitida durante os demais 90 % do tempo. A probabilidade de falha durante os 5 anos não deve ser superior a 10 %.

SOLUÇÃO

Conhecido: Um par de engrenagens de dentes retos deve transmitir potência de um motor, cuja potência e rotação são conhecidas, ao eixo de uma máquina que gira a 900 rpm. A potência total é transmitida durante 10 % do tempo e metade da potência é transmitida durante 90 % do tempo. A probabilidade de falha não deve ser superior a 10 % quando as engrenagens estiverem operando 2000 horas/ano durante 5 anos. A distância entre centros deve ser a menor possível. (Veja a Figura 15.28.)

A Ser Determinado: Determine a geometria do trem de engrenagens.

Esquemas e Dados Fornecidos:

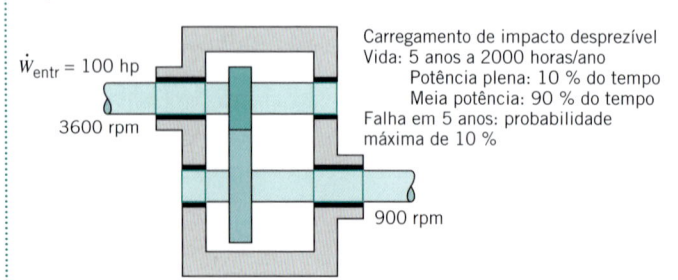

$\dot{W}_{entr}$ = 100 hp
3600 rpm

Carregamento de impacto desprezível
Vida: 5 anos a 2000 horas/ano
Potência plena: 10 % do tempo
Meia potência: 90 % do tempo
Falha em 5 anos: probabilidade máxima de 10 %

900 rpm

FIGURA 15.28 **Trem de engrenagens de dentes retos com uma única redução.**

Decisões:

1. Escolha engrenagens de aço temperado correspondentes às curvas de engrenagens de dentes retos da Figura 9.21, a qual indica uma probabilidade de 10 % de falha. O material da engrenagem de aço será selecionado de forma a propiciar uma resistência relativamente alta a um custo relativamente baixo. O pinhão e a coroa serão usinados e, em seguida, polidos. De acordo com a boa prática corrente, especifique um procedimento de endurecimento do material que propicie tensões compressivas nas superfícies dos dentes da coroa.

2. Especifique altas durezas superficiais de 660 Bhn e 600 Bhn, respectivamente, para o pinhão e para a coroa de modo a obter a menor distância entre centros e uma dureza do dente do pinhão que exceda a dureza do dente da coroa em 10 %.

3. Para essas durezas (que são muito altas para um processo de usinagem normal), especifique um acabamento polido e uma fabricação de precisão correspondente à média das curvas A e B da Figura 15.24.

4. Escolha a forma mais comum de dentes evolventais com profundidade plena e ângulo de pressão de 20°.

5. Escolha 18 dentes como o número mínimo possível de dentes para o pinhão, de modo evitar interferência.

6. Para a menor distância entre centros (isto é, os menores diâmetros das engrenagens), escolha, por tentativa, uma largura b no máximo da faixa normal, $14/P$.

7. Escolha um fator de segurança de 1,25 contra falhas por fadiga superficial.

8. Será utilizado um valor nominal para a largura da face.

9. Será selecionado um passo diametral padronizado.

Hipóteses:

1. A regra do dano acumulado de Palmgren-Miner é aplicável.

2. O acabamento de superfície polida corresponderá à média das curvas A e B da Figura 15.24, e $K_v = 1,4$.

3. As características do suporte são de montagem precisa, pequenas folgas nos mancais, deflexões mínimas e engrenagens precisas.

4. A curva de engrenagem de dentes retos da Figura 9.21 representa, aproximadamente, a mais alta resistência de contato que pode ser obtida para as engrenagens de aço, e esta curva é uma representação gráfica de $S_H = S_{fe}C_{Li}C_R$ para uma probabilidade de 10 % de falha *versus* o número de ciclos que constituem a vida da engrenagem de dentes retos.

5. Não há uma distribuição da carga entre os dentes das engrenagens.

6. No caso-limite, a resistência à fadiga do material do núcleo deve ser igual às tensões de fadiga por flexão na superfície. Abaixo da superfície C_S vale 1.

7. O material do núcleo, um aço, possui $S'_n = 250$ (Bhn).

Análise do Projeto:

1. A vida total requerida = 3600 rev/min $\times$ 60 min/h $\times$ 2000 h/ano $\times$ 5 anos = $2{,}16 \times 10^9$ revoluções do pinhão. Apenas $2{,}16 \times 10^8$ ciclos referem-se à potência plena.

Observando-se a curva para engrenagem de dentes retos da Figura 9.21, nota-se que se as tensões para 2×10^8 ciclos de potência plena estão sobre a curva, as tensões para 50 % da potência corresponderão a mais de 10^{10} ciclos de vida. Considerando a regra do dano acumulado de Palmgren-Miner (Seção 8.12) e reconhecendo o caráter aproximado da solução aqui apresentada, parece justificável o projeto ser baseado apenas nos ciclos de carga plena, ignorando-se os ciclos de meia carga.

2. Antecipando-se que a fadiga superficial provavelmente será mais crítica do que a fadiga por flexão, resolve-se para o valor de P que "equilibre" as tensões σ_H e S_H com um pequeno fator de segurança, FS, de, por exemplo, 1,25:

$$\sigma_H \text{ (pela Equação 15.24)} = S_H \text{ (pela Equação 15.25)}$$

$$C_p \sqrt{\frac{F_t(SF)}{bd_pI}K_vK_oK_m} = S_{\text{fe}}C_{\text{Li}}C_R$$

Alguns poucos cálculos auxiliares são necessários:

$$V = \pi d_p(3600 \text{ rpm})/12 = 942d_p = 942(18/P) = 16.960/P$$

$K_v \approx 1,4$ (Esse valor representa uma estimativa grosseira da Figura 15.24, e deve ser confirmado ou modificado após P ser determinado.)

$K_m = 1,3$ (Esse valor deve ser aumentado se $b > 2$ in (50,8 mm))

$F_t = 100 \text{ hp }(33.000)/V = 195P$

$I = [(\text{sen } 20^o \cos 20^o)/2](4/5) = 0,128$

$S_{\text{fe}}C_{\text{Li}}C_R = 165.000$ psi (diretamente da Figura 9.21)

Substituindo-se esses valores na expressão acima, tem-se

$$2300\sqrt{\frac{(195P)(1,25)}{(14/P)(18/P)(0,128)}(1,4)(1)(1,3)} = 165.000$$

Logo,

$$P = 7,21 \text{ dentes/in}$$

3. Escolha, por tentativas, o passo padronizado de 7, calcule o valor correspondente de V, refine a estimativa de K_v e calcule o valor de b necessário para "equilibrar" σ_H e S_H. (Note que se fosse escolhido o valor $P = 8$, b deveria ser superior a 14/P para "equilibrar" σ_H e S_H.)

$$V = \frac{\pi d_p n_p}{12} = \frac{\pi(18/7)(3600)}{12} = 2424 \text{ fpm}$$

Pela Figura 15.24, $K_v = 1,5$, e

$$2300\sqrt{\frac{(195 \times 7)(1,25)}{b(18/7)(0,128)}(1,5)(1)(1,3)} = 165.000$$

esta relação fornece $b = 1,96$ in (49,78 mm). Arredonda-se, assim, para $b = 2$ in (50,8 mm). Para este valor de b, $K_m = 1,3$ é satisfatório. Observe também que b permane-

ceu igual a 14/P porque a diminuição de P de 7,21 para 7 aumentou o valor de K_v de 1,4 para 1,5.

4. Verificação da razão de contato, utilizando a Eq. 15.9.
   Os raios primitivos são $r_p = 9/7$ e $r_c = 36/7$.
   O adendo, $a = 1/P$; e, portanto, $r_{\text{ap}} = 10/7$ e $r_{\text{ac}} = 37/7$.
   Distância entre centros, $c = r_p + r_c = 45/7$.
   Pela Eq. 15.11, $r_{\text{bp}} = (9/7)\cos 20^o$, $r_{\text{bc}} = (36/7)\cos 20^o$.
   Pela Eq. 15.10, $p_b = \pi(18/7)(\cos 20^o)/18 = 0,422$ in (10,72 mm).
   Substituindo-se na Eq. 15.9, tem-se RC = 1,67.

Esta configuração é satisfatória, porém ela indica que um único par de dentes suporta a carga nas vizinhanças da linha primitiva, onde é mais provável que ocorra a corrosão superficial. Assim, não pode haver compartilhamento da carga de fadiga superficial, apesar da precisão da fabricação. (Note que não foi admitida nenhuma distribuição de carga nos cálculos precedentes.)

5. No projeto das engrenagens necessita-se propiciar uma resistência adequada à fadiga por flexão. Considerações detalhadas da fadiga por flexão do dente da engrenagem para as engrenagens com núcleos temperados devem incluir uma análise dos gradientes de tensões e da resistência, conforme representado na Figura 8.29. Como foi antecipada no problema a necessidade de atender a essa exigência, pode-se, conforme foi estabelecido, adotar a hipótese conservadora de que a resistência à fadiga do material do *núcleo* (Eq. 15.18) deve ser igual às tensões de fadiga por flexão na superfície (Eq. 15.17):

$$S'_nC_LC_GC_Sk_rk_tk_{\text{ms}} = \frac{F_tP}{bJ}K_vK_oK_m$$

A precisão da fabricação ocorre em uma região não muito clara em relação à distribuição da carga. Provavelmente haverá pelo menos uma distribuição parcial da carga, o que conduz a um valor de J intermediário entre as curvas de "carga distribuída" e de "carga não distribuída" (isto é, J entre os valores 0,235 e 0,32). Todavia, uma vez que foi admitido, de forma conservadora, que essa distribuição não ocorre, não haverá a necessidade de se considerar novamente esta condição. Lembre-se de que no cálculo do valor de C_S considerou-se a resistência à fadiga *sob* a superfície, onde a rugosidade da superfície poderia não ser envolvida:

$$S'_n(1)(1)(1)(0,897)(1)(1,4) = \frac{1365(7)}{2(0,235)}(1,5)(1)(1,3)$$

Desta equação obtém-se $S'_n = 31.600$ psi, o que requer uma dureza (para o núcleo) de 126 Bhn, um valor que será atendido ou até mesmo superado por qualquer aço selecionado para atender às exigências da superfície do material temperado.

6. Em resumo, o projeto proposto apresenta dentes de profundidade plena com ângulo de pressão de 20º, fabricação de precisão com acabamento polido (entre as curvas A e B da Figura 15.24) para o aço do corpo endurecido, super-

fície temperada a 660 Bhn e 600 Bhn, respectivamente para o pinhão e a coroa, e com dureza do núcleo de, pelo menos, 126 Bhn. O projeto também estabelece $P = 7$, $N_p = 18$, $N_c = 72$ e $b = 2$ in (50,8 mm) ($D_p = 2,57$ in (65,28 mm), $D_c = 10,29$ in (261,34 mm) e $c = 6,43$ in (163,32 mm)). Conforme decidido, será especificado um procedimento de endurecimento do material do corpo da engrenagem que propicie tensões residuais compressivas na superfície.

Comentário: Este problema resolvido representa apenas uma das inúmeras situações e procedimentos encontrados na prática do projeto de engrenagens de dentes retos. O importante para o leitor é ter uma compreensão nítida dos conceitos básicos e entender como estes podem ser adaptados a uma situação específica. Sabe-se que é necessária uma grande quantidade de dados empíricos para complementar os fundamentos teóricos. É sempre importante pesquisar sobre os melhores e mais relevantes dados empíricos para uso direto em qualquer situação específica. Os livros, como este, podem incluir apenas exemplos de informações empíricas. Valores melhores para uso no dia a dia são geralmente obtidos nos arquivos das empresas, na literatura técnica especializada atualizada e nas publicações periódicas da AGMA.

15.12 Materiais das Engrenagens

O material menos oneroso para fabricação de engrenagens é geralmente o ferro fundido comum, ASTM (ou AGMA) da classe 20. Os ferros fundidos das classes 30, 40, 50 e 60 são progressivamente mais resistentes e mais caros. As engrenagens de ferro fundido possuem tipicamente uma resistência à fadiga superficial maior do que a resistência à fadiga por flexão. Sua absorção de energia interna tende a torná-las mais silenciosas do que as engrenagens de aço. As engrenagens de ferro fundido nodular possuem uma resistência à flexão significativamente maior, juntamente com uma boa durabilidade de superfície. Geralmente, uma boa combinação é obtida engrenando-se um pinhão de aço a uma coroa de ferro fundido.

As engrenagens de aço não tratadas termicamente são relativamente baratas, porém possuem baixo limite de resistência à fadiga superficial. As engrenagens de aço tratadas termicamente devem ser projetadas para resistir à distorção; portanto, as ligas de aço e resfriamento rápido a óleo são usualmente preferíveis. Para durezas superiores a 250 Bhn até 350 Bhn a usinagem deve geralmente ser realizada antes da têmpera. Será obtida uma maior precisão do perfil se as superfícies forem polidas após o tratamento térmico, como ocorre na retificação. (Todavia, sendo realizada a retificação deve-se tomar o cuidado de evitar as tensões residuais de tração na superfície.) As engrenagens que passam por um processo de têmpera em geral possuem de 0,35 % a 0,6 % de carbono. Usualmente, as engrenagens cuja superfície ou o corpo é endurecido passam por um processo de têmpera por fogo, têmpera por indução, carburação ou nitruração.

Dentre os metais não ferrosos, os bronzes são mais frequentemente utilizados na fabricação de engrenagens.

As engrenagens não metálicas fabricadas de acetal, náilon e outros plásticos são geralmente mais silenciosas, duráveis,

de preços razoáveis e podem frequentemente operar sob cargas leves sem lubrificação. Seus dentes se deformam mais facilmente do que os correspondentes das engrenagens metálicas. Esta condição promove uma efetiva distribuição da carga entre os dentes em contato simultâneo, porém resulta em uma substancial histerese por aquecimento se as engrenagens operarem com altas rotações. Como os materiais não metálicos possuem baixa condutividade térmica, pode ser necessário um resfriamento especial. Além disso, esses materiais possuem coeficientes de expansão térmica relativamente altos e, assim, podem requerer a instalação com folgas maiores do que as das engrenagens metálicas.

Frequentemente os plásticos básicos utilizados na fabricação de engrenagens são produzidos com enchimentos, como as fibras de vidro, para aumento da resistência; e com lubrificantes, como o Teflon, para reduzir o atrito e o desgaste. As engrenagens não metálicas são geralmente engrenadas a pinhões de ferro fundido ou aço. Para uma melhor resistência ao desgaste, a dureza do pinhão metálico de engrenamento deve ser de no mínimo 300 Bhn. Os procedimentos de projeto para as engrenagens fabricadas de plástico são similares àqueles das engrenagens metálicas, porém ainda sem confiabilidade. Portanto, os testes em protótipos são neste caso mais importantes do que para as engrenagens metálicas.

15.13 Trens de Engrenagens

A razão de velocidades (ou "relação de transmissão") de um único par de engrenagens de dentes retos *externas* é expressa pela simples equação

$$\frac{\omega_p}{\omega_c} = \frac{n_p}{n_c} = -\frac{d_c}{d_p} = -\frac{N_c}{N_p} \tag{15.26}$$

(uma versão expandida da Eq. 15.1), em que ω e n são velocidades de rotação em radianos por segundo e rpm, respectivamente, d representa o diâmetro primitivo e N é o número de dentes. O sinal negativo indica que um pinhão e uma coroa comuns (ambos com dentes externos) giram em sentidos *opostos*. Caso a coroa possua dentes internos (como na Figura 15.12), seu diâmetro será negativo e os componentes giram no *mesmo* sentido. Na maioria das aplicações o pinhão é motriz e a coroa é conduzida, o que propicia uma *relação de redução* (redução na velocidade, porém aumento no torque). Isso ocorre porque as fontes de potência (motores a combustão, motores elétricos, turbinas etc.) geralmente possuem um giro relativamente alto, de modo a fornecer uma grande potência a partir de uma dada

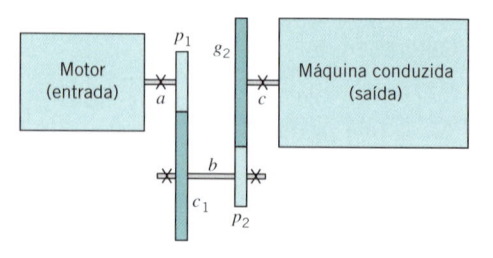

FIGURA 15.29 **Trem de engrenagens com dupla redução.**

unidade. A máquina sendo conduzida geralmente gira mais lentamente. (Existem exceções, por exemplo, os motores a combustão dos supercarregadores e os grandes compressores centrífugos para refrigeração e ar-condicionado.)

A Figura 15.29 mostra um trem de engrenagens com dupla redução envolvendo um eixo intermediário b, um eixo de entrada a e um eixo de saída c. A razão de velocidades global é

$$\frac{\omega_a}{\omega_c} = \frac{\omega_a}{\omega_b}\frac{\omega_b}{\omega_c} = -\frac{d_{c1}}{d_{p1}}\left(-\frac{d_{c2}}{d_{p2}}\right) \qquad (15.27)$$

$$= +\frac{d_{c1}d_{c2}}{d_{p1}d_{p2}} = \frac{N_{c1}N_{c2}}{N_{p1}N_{p2}}$$

Observe que se os dois pares de engrenagens possuírem a mesma distância entre centros os eixos de entrada e de saída podem ficar perfeitamente alinhados, o que pode propiciar uma fabricação econômica para a caixa de transmissão.

A Figura 15.29 e a Eq. 15.27 podem ser estendidas a três, quatro ou qualquer número de pares de engrenagens, com a relação global sendo o produto das relações dos pares individuais. Exemplos familiares são os trens de engrenagens presentes nos odômetros, nas lavadoras e nos relógios mecânicos.

A análise dos trens de engrenagens *planetárias* (ou *epicíclicas*) é mais complexa, porque algumas das engrenagens giram em relação a eixos que também estão girando. A Figura 15.30a ilustra um trem planetário típico, constituído de uma engrenagem solar S no centro, circundada por planetárias P que giram livremente sobre eixos montados no braço A (também chamado de "condutor"). Também engrenada às planetárias existe uma coroa circular (ou engrenagem anelar) R de dentes internos. A Figura 15.30b representa um esquema simplificado em que apenas uma única planetária é mostrada. Os trens de engrenagens reais são constituídos de duas ou mais planetárias, igualmente espaçadas, para equilibrar as forças da solar, da coroa circular e do braço. A divisão da carga entre as múltiplas planetárias aumenta, de forma correspondente, a capacidade de torque e de potência do trem. Ao se analisar as razões de velocidades do trem de planetárias pode ser mais conveniente a referência ao esquema de uma única planetária (Figura 15.30b).

Aos três elementos, S, A e R, normalmente são designadas três funções: entrada, saída e componente de reação fixa. Serão examinados, agora, três arranjos alternativos. (1) Com o braço A como componente de reação, tem-se um único trem de engrenagens (todos os três eixos são fixos), e os elementos S e R giram em sentidos opostos, gerando um sistema de inversão de movimento. Com a coroa circular R mantida fixa, S e A giram no mesmo sentido, porém com diferentes velocidades. (3) Com

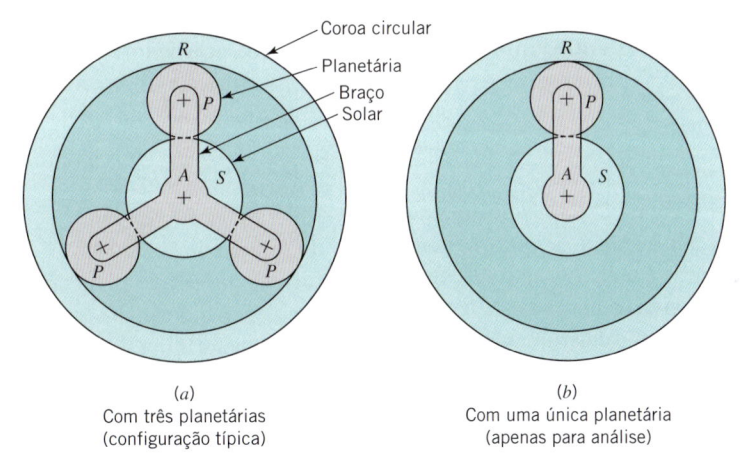

(a)
Com três planetárias
(configuração típica)

(b)
Com uma única planetária
(apenas para análise)

Figura 15.30 **Trem de engrenagens típico com planetárias.**

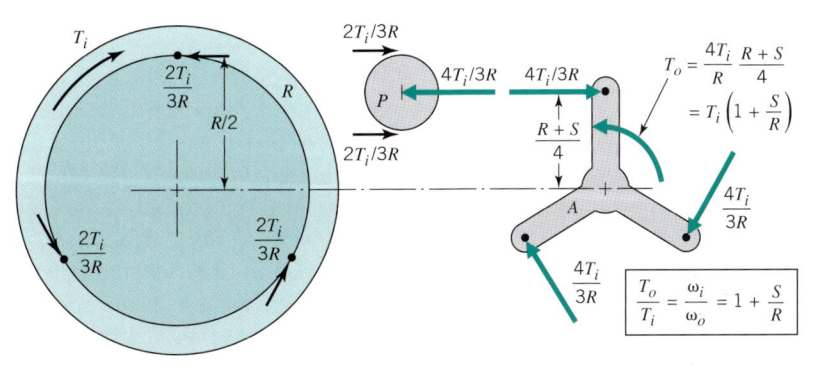

(R = entrada; A = saída e S = componente fixo)

Figura 15.31 **Relação de torques (inverso da razão de velocidades) determinada pelos diagramas de corpo livre.**

a solar S fixa, R e A também giram no mesmo sentido, porém com razão de velocidades diferente do caso em que R é mantida fixa. Independentemente do arranjo escolhido pode-se instalar uma embreagem que permita a qualquer dos dois elementos S, A e R serem acoplados entre si. Isto faz com que todo o trem de planetárias gire como um único componente e forneça um *acionamento direto* (razão de transmissão = 1) entre entrada e saída. As transmissões automáticas dos automóveis utilizam combinações de trens de engrenagens planetárias, com uma embreagem para acionamento direto e com freios ou embreagem de uma única via para manter diversos elementos fixos, de modo a se obter as diferentes razões.

Apresentam-se, agora, três métodos para a determinação da razão de transmissão das planetárias ilustradas pelo trem mostrado na Figura 15.30, com R como saída, A como entrada e S como componente fixo de reação. Visando simplificar a notação, as letras R, S e P podem representar tanto os diâmetros quanto os números de dentes no anel, na solar e nas planetárias, respectivamente.

1. *Análise das forças no corpo livre.* A Figura 15.31 mostra uma vista explodida dos três elementos. Utilizando a notação fornecida, obtém-se o raio do braço como igual a

$$\frac{S + P}{2} = \frac{S + (R/2 - S/2)}{2} = \frac{R + S}{4}$$

(conforme mostrado). Iniciando-se com o torque de entrada T_i aplicado à coroa circular, indicam-se as cargas atuantes em cada componente colocando-as em equilíbrio. Com isso, conclui-se que

$$\frac{\omega_i}{\omega_o} = \frac{T_o}{T_i} = 1 + \frac{S}{R} \qquad \text{(i)}$$

2. *Análise do vetor velocidade.* A Figura 15.32 mostra um vetor velocidade V arbitrário, indicado no ponto de engrenamento entre R e P. A velocidade linear é nula no ponto de engrenamento de S com P, pois a engrenagem solar está fixa. As velocidades angulares de R e de A são determinadas através das relações entre as velocidades lineares e os correspondentes raios. Esta análise leva, novamente, à Eq. i.

3. *Equação genérica do trem de planetárias.* Na Figura 15.30 (sem nenhum dos elementos necessariamente mantido

fixo), a velocidade angular da coroa circular em relação ao braço e a da engrenagem solar em relação ao braço são, por definição,

$$\omega_{R/A} = \omega_R - \omega_A \quad \text{e} \quad \omega_{S/A} = \omega_S - \omega_A$$

que permite escrever

$$\frac{\omega_{R/A}}{\omega_{S/A}} = \frac{\omega_R - \omega_A}{\omega_S - \omega_A} \qquad \text{(j)}$$

A Eq. j é verdadeira para *qualquer* velocidade angular do braço, inclusive zero. Com o braço fixo, a relação de velocidades angulares é calculada pela Eq. 15.27, e o resultado é conhecido como o *valor do trem, e.* Assim,

$$\frac{\omega_{R/A}}{\omega_{S/A}} = \frac{\omega_R}{\omega_S} = e = \left(-\frac{S}{P}\right)\left(+\frac{P}{R}\right) = -\frac{S}{R} \qquad \text{(k)}$$

Combinando-se j e k, tem-se

$$e = -\frac{S}{R} = \frac{\omega_R - \omega_A}{\omega_S - \omega_A} \qquad \textbf{(15.28)}$$

em que R e S, novamente, representam os diâmetros primitivos ou os números de dentes da coroa circular e da solar. Aplicando-se a Eq. 15.28 à Figura 15.30 com S sendo o elemento fixo, obtém-se uma vez mais a Eq. i.

Para adaptar a Eq. 15.28 a um trem de planetárias complexo identificam-se, inicialmente, os três elementos que caracterizam a entrada, a saída e as funções de reação. Um deles será o braço. Designe os outros dois por X e Y. Assim, o valor do trem será

$$e = \frac{\omega_X}{\omega_Y} = \frac{\omega_X - \omega_A}{\omega_Y - \omega_A} \qquad \textbf{(15.29)}$$

O arranjo da Figura 15.31, com a engrenagem solar S fixa, é, talvez, o trem de planetárias mais comumente utilizado. Dependendo das dimensões relativas das engrenagens, o valor da razão determinada pela Eq. 15.28 pode ser qualquer um entre 1 e 2. Com a coroa circular R como entrada e o braço A como saída, esse trem é geralmente utilizado como um redutor de engrenagens, como no motor de acionamento em aviões. A configuração com o braço A como entrada e a coroa circular R como saída é utilizada como base para a marcha rápida de alguns automóveis convencionais. Talvez a aplicação mais familiar de todas as configurações seja o cubo da bicicleta de 3 velocidades Sturmey-Archer, que se desloca entre (1) a engrenagem de baixa, conectada como na engrenagem de redução de um avião, (2) a engrenagem intermediária, com todas as partes girando como um único conjunto de ação direta, e (3) a engrenagem de alta, conectada como na configuração de marcha rápida de um automóvel — um arranjo muito inventivo — veja http://www.sturmey-archer.com.

Na Figura 15.31 foi admitido que a carga é dividida igualmente entre todas as planetárias. Na realidade, esta condição só ocorrerá se (1) os componentes forem fabricados com uma precisão suficientemente alta ou (2) algumas características construtivas especiais forem empregadas para igualar o carregamento automaticamente.

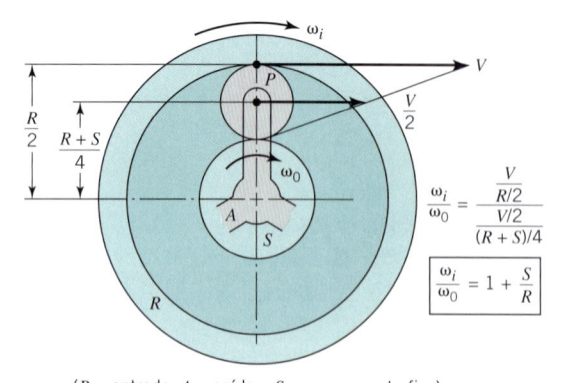

(R = entrada; A = saída e S = componente fixo)

FIGURA 15.32 **Razão de velocidades determinada pelo diagrama de vetores velocidade.**

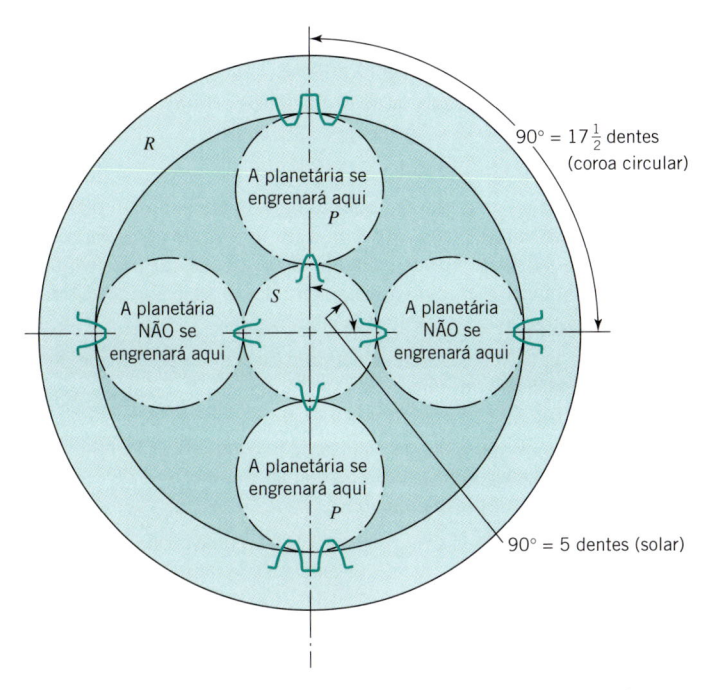

Na figura, os rótulos:

- $90° = 17\frac{1}{2}$ dentes (coroa circular)
- A planetária se engrenará aqui *P*
- A planetária NÃO se engrenará aqui
- *S*
- A planetária NÃO se engrenará aqui
- A planetária se engrenará aqui *P*
- $90° = 5$ dentes (solar)
- *R*

FIGURA 15.33 **Análise geométrica comparativa entre duas e quatro planetárias igualmente espaçadas para uma solar com 20 dentes e uma coroa circular com 70 dentes.**

1. **As planetárias possuem $(70 - 20)/2 = 25$ dentes. Como o número de dentes das engrenagens planetárias é um número ímpar, a solar e a coroa circular *devem* ser alinhadas com um dente da solar oposto a um espaço entre dentes da coroa circular, conforme mostrado nas posições superior e inferior.**
2. **Com a solar e a coroa circular apropriadamente indexadas para as planetárias nas partes superior e inferior, as duas planetárias laterais não poderão ser acopladas.**
3. **Conclusão: Duas planetárias igualmente espaçadas poderão ser utilizadas; quatro não.**

Existem dois fatores básicos que controlam a quantidade e o espaçamento das planetárias empregadas. (1) A quantidade máxima de planetárias é limitada ao espaço disponível — isto é, as pontas dos dentes de qualquer planetária devem estar afastadas daquelas das planetárias adjacentes. (2) Os dentes de cada planetária devem se alinhar simultaneamente aos dentes das engrenagens solar e coroa circular. A Figura 15.33 mostra um exemplo em que a segunda condição é satisfeita para duas planetárias igualmente espaçadas, mas não para quatro. (O leitor é convidado a prosseguir este estudo e mostrar que com a geometria e a quantidade de dentes utilizadas na Figura 15.33, uma condição necessária para a *possibilidade* de um arranjo equidistante com *n* engrenagens planetárias é que $(S + R)/n = i$, em que *i* é um número inteiro e *n* é o número de engrenagens planetárias igualmente espaçadas — veja a referência [8].)

Referências

1. Buckingham, Earle, *Analytical Mechanics of Gears*, McGraw-Hill, New York, 1949.

2. Dudley, D. W. (ed.), *Gear Handbook*, McGraw-Hill, New York, 1962.

3. Dudley, D. W., *Handbook of Practical Gear Design,* CRC Press, Boca Raton, Fl., 1994.

4. Kelley, O. K., "Design of Planetary Gear Trains," Chapter 9 of *Design Practices—Passenger Car Automatic Transmissions*, Society of Automotive Engineers, New York, 1973.

5. "1981 Mechanical Drives Reference Issue," *Machine Design*, Penton/IPC, Cleveland, June 18, 1981.

6. Merritt, H. E., *Gear Engineering*, Pitman Publishing, Marshfield, Mass., 1971.

7. Standards of the American Gear Manufacturers Association, Alexandria, Va.

8. Simionescu, P. A., "A Unified Approach to the Assembly Condition of Epicyclic Gears," *ASME Journal of Mechanical Design*, 120: 448–452 (1998).

9. *"Fundamental Rating Factors and Calculation Methods for Involute Spur and Helical Gear Teeth,"* Standard ANSI/AGMA 2001-D04, American Gear Manufacturers Association, Alexandria, Va, 2004.

Problemas

Seções 15.2 e 15.3

15.1 Um redutor de engrenagens de dentes retos que transmite uma potência de 100 hp é mostrado na Figura 15.28 do Problema Resolvido 15.5P. Se a eficiência do redutor é de 98 %, qual é a potência de saída, em hp? Calcule o torque de entrada e o torque de saída.

15.2 Um redutor de engrenagens de dentes retos com redução de velocidade na razão de 10:1 possui um torque de saída de 50 lb · in (5,64 N · m) a uma velocidade de saída de 100 rpm. O torque de entrada requerido é de 6 lb · in (0,68 N · m) e a velocidade de entrada é de 1000 rpm. Determine a eficiência do redutor de velocidades. Uma vez que o redutor atinge uma temperatura de regime estacionário, o que acontece com a energia por ele perdida?

15.3 Duas engrenagens com módulo de 2 mm são montadas a uma distância entre centros de 130 mm em uma caixa de engrenagens com redução de 4:1. Determine o número de dentes em cada engrenagem.

15.4 Calcule a espessura medida ao longo da circunferência primitiva de uma engrenagem de dentes retos com um módulo de 4 mm.

15.5 Uma engrenagem de 32 dentes com um passo diametral de 8 se engraza com outra de 65 dentes. Determine o valor da distância entre centros padronizada.

15.6 Determine a espessura de uma engrenagem de dentes retos com um passo diametral de 8, medido ao longo da circunferência primitiva.

15.7 Duas engrenagens em uma caixa de engrenagens com razão de 2:1 e com passo diametral de 6 são montadas a uma distância entre centros de 5 in (127,0 mm). Determine o número de dentes em cada engrenagem.

15.8 Uma engrenagem de 20 dentes com passo diametral de 6 engrena-se com outra de 55 dentes. Determine o valor da distância entre centros padronizada. Calcule também a espessura dos dentes da engrenagem medidos ao longo do círculo primitivo.

15.9 Duas engrenagens de uma caixa de engrenagens com razão de 3:1 e com passo diametral de 4 são montadas a uma distância entre centros de 6 in (152,40 mm). Determine a quantidade de dentes em cada engrenagem.

15.10 Um par de engrenagens de dentes retos, com distância entre centros de 168 mm, possui uma razão de redução de velocidades de 3:1. Considerando um módulo de 4 mm, quais são os números de dentes e os diâmetros primitivos das duas engrenagens?

15.11 Um pinhão de 20 dentes com passo diametral de 8 gira a 2000 rpm e aciona uma engrenagem a 1000 rpm. Quais são o número de dentes da coroa, a distância entre centros teórica e o passo circular?

[Resp.: 40 dentes, 3,75 in (95,25 mm), $\pi/8$ in (9,97 mm)]

15.12 Uma razão de velocidades de 4:1 deve ser atribuída a um par de engrenagens de dentes retos com uma distância entre centros de 7,5 in (190,5 mm). Utilizando um passo diametral de 8, quais são os números de dentes e os diâmetros primitivos das duas engrenagens?

15.13 Um pinhão de 24 dentes possui um módulo de 2 mm, gira a 2400 rpm e aciona uma coroa a 800 rpm. Determine o número de dentes da coroa, o passo circular e a distância teórica entre centros.

15.14 Comece com o arranjo de um par de engrenagens de dentes retos com razão de velocidades de 4:1, distância entre centros de 10 in (254 mm), passo diametral de 5 e dentes de profundidade plena com ângulo de pressão de 20°. Inclua apenas os seguintes itens no desenho e estabeleça seus nomes com clareza.

(a) Circunferências primitivas (parciais).

(b) Circunferências de base (parciais).

(c) Ângulo de pressão.

(d) Adendo (para o pinhão e para a coroa).

(e) Dedendo (apenas para o pinhão).

Mostre se haverá interferência e, caso haja, indique as modificações preferenciais para sua eliminação.

15.15 O passo diametral de um par de engrenagens padronizadas de dentes retos, de profundidade plena e ângulo de pressão de 20°, vale 4. O pinhão possui 24 dentes e gira no sentido horário. A razão de velocidades é de 2. Faça um desenho das engrenagens na região de contato dos dentes.

(a) Indique a circunferência primitiva, a circunferência de adendo, a circunferência de dedendo e a circunferência de base da *coroa*.

(b) Caso ocorra interferência, indique a área de um ou de ambos os adendos que deve ser retirada para eliminá-la.

(c) Indique a trajetória do contato utilizando uma linha mais grossa e contínua que se estenda exatamente pelo comprimento da trajetória de contato, e não mais que isso. (Admita que qualquer interferência possa ser eliminada pela redução necessária do adendo.)

(d) Faça o esquema cuidadoso dos perfis de um par de dentes engrenados ao final do contato. Indique os ângulos de afastamento para o pinhão e para a coroa.

15.16 Os diâmetros das circunferências de base de um par de engrenagens evolventais são de 60 e 120 mm.

(a) Se a distância entre centros é de 120 mm, qual é o ângulo de pressão?

(b) Se a distância entre centros for reduzida para 100 mm, qual será o ângulo de pressão?

(c) Qual é a razão entre os diâmetros primitivos para cada uma das duas distâncias entre centros?

[Resp.: (a) 0,7227 rad, (b) 0,4510 rad]

15.17 Para uma engrenagem com diâmetro externo de 3,000 in (76,200 mm), dentes evolventais de profundidade plena com passo diametral de 20 e ângulo de pressão de 20°, determine o diâmetro primitivo, o passo circular, o adendo, o dedendo e a quantidade de dentes da engrenagem.

15.18 Um pinhão de 18 dentes com um ângulo de pressão de 20° se engrena com uma coroa de 36 dentes. A distância entre centros é de 10 in (254 mm). O pinhão possui dentes rebaixados. A coroa possui dentes evolventais de profundidade plena. Determine a razão de contato (número de dentes em contato) e o passo diametral.

15.19 Um pinhão de 17 dentes se engrena com uma coroa de 84 dentes. Os dentes da coroa evolvental são de profundidade plena, têm um ângulo de pressão de 20° e um passo diametral de 32. Determine o arco de aproximação, o arco de afastamento, o arco de ação, o passo de base e a razão de contato. Calcule também o adendo, o dedendo, o passo circular, a espessura dos dentes e o diâmetro de base para o pinhão e para a coroa. Se a distância entre centros é aumentada em 0,125 in (3,18 mm), quais serão os novos valores da razão de contado e do ângulo de pressão?

15.20 Duas engrenagens de dentes retos engrenadas, com módulos de 6 mm e ângulos de pressão de 0,35 rad, possuem 30 e 60 dentes.

(a) Faça um desenho em verdadeira grandeza da região de contato dos dentes, mostrando (e atribuindo os nomes) (1) ambas as circunferências primitivas, (2) ambas as circunferências de base, (3) ambas as circunferências de raiz, (4) ambas as circunferências externas, (5) o ângulo de pressão, (6) o comprimento da trajetória de contato, (7) ambos os ângulos de aproximação e (8) ambos os ângulos de afastamento.

(b) Utilizando os valores indicados em seu desenho, determine ou calcule os valores numéricos para (1) o comprimento da trajetória de contato, (2) os ângulos de aproximação, (3) os ângulos de afastamento e (4) a razão de contato.

15.21 Um par de engrenagens padronizadas de dentes retos com ângulo de pressão de 20° e distância entre centros de 10 in (254 mm) possui uma razão de velocidades de 4,0. O pinhão tem 20 dentes.

(a) Determine P, p e P_b.

(b) Faça um desenho em verdadeira grandeza mostrando parcialmente as circunferências primitivas, o ângulo de pressão, o adendo e o dedendo. Dê nome a cada uma dessas entidades em seu desenho.

(c) Mostre em seu desenho os raios máximos do adendo no limite de interferência, $r_{ac,máx}$ e $r_{ap,máx}$. Meça, em seu desenho, seus valores numéricos. Ocorrerá interferência com os dentes nas proporções padronizadas?

(d) Meça, no desenho, o comprimento da trajetória de contato para os dentes nas proporções padronizadas e, a partir dele, calcule a razão de contato.

15.22 Utilizando as equações apresentadas na Seção 15.3, calcule $r_{ac,máx}$, $r_{ap,máx}$ e a razão de contato para as engrenagens do Problema 15.21. Compare os resultados com os valores obtidos graficamente no Problema 15.21.

Seção 15.4

15.23 A Figura P15.23 mostra um redutor de engrenagens de dois estágios. Pares idênticos de engrenagens são utilizados. (Esta condição faz com que os eixos *a* de entrada e *c* de saída sejam colineares, o que facilita a fabricação da caixa de engrenagens.) O eixo *b*, chamado eixo intermediário, gira livremente apoiado nos mancais *A* e *B*, e fica sujeito apenas à ação das forças impostas pelos dentes das engrenagens.

(a) Determine a rotação dos eixos *b* e *c* em rpm, os diâmetros primitivos do pinhão e da coroa, e o passo circular.

(b) Determine o torque suportado por cada um dos eixos *a*, *b* e *c*: (i) admitindo 100 % de eficiência de engrenamento e (ii) admitindo 95 % de eficiência de engrenamento para cada par de engrenagens.

(c) Para o caso de 100 % de eficiência de engrenamento, determine as cargas radiais aplicadas aos mancais *A* e *B* e esquematize um diagrama de corpo livre para o eixo intermediário em equilíbrio.

(Nota: este problema ilustra um projeto de máquina utilizando unidades do SI, exceto para os dentes das engrenagens, que são dimensionados em polegadas.)

[Resp. parcial: (b) $T_b = 23,88$ N $\cdot$ m, $T_c = 71,64$ N $\cdot$ m para 100 % de eficiência; $T_b = 22,69$ N $\cdot$ $\pi\tau$ m, $T_c = 64,65$ N $\cdot$ m para 95 % de eficiência]

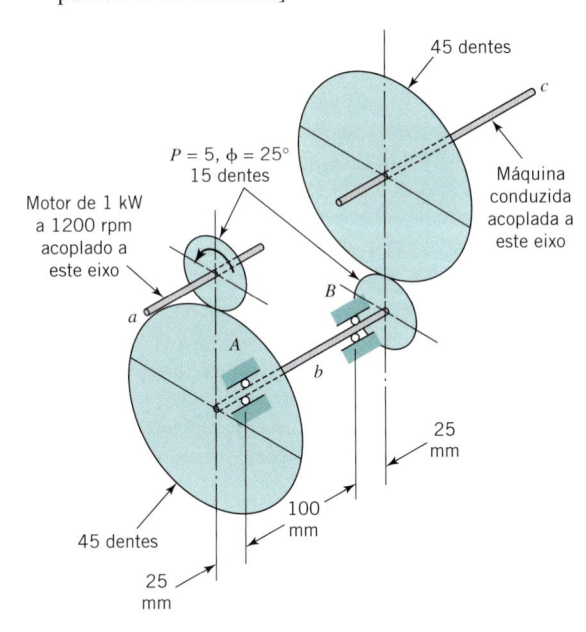

FIGURA P15.23

15.24 Resolva o Problema 15.23 considerando que o pinhão possua 21 dentes e que a coroa tenha 62 dentes.

15.25 O pinhão de 18 dentes mostrado na Figura P15.25 está sendo acionado a 800 rpm por um motor que desenvolve um torque de 20 lb $\cdot$ in (2,26 N $\cdot$ m). As coroas propiciam uma dupla redução na velocidade, com a saída ocorrendo em uma engrenagem de 36 dentes. Tanto as engrenagens com passo de 6 quanto as engrenagens com passo de 9 possuem ângulo de pressão de 25°. Desprezando a pequena perda por atrito nas engrenagens e nos mancais, determine as cargas radiais aplicadas aos mancais *A* e *B* do eixo intermediário. Esquematize o diagrama de corpo livre do eixo intermediário em equilíbrio.

[Resp. parcial: a carga radial no mancal *B* é de 35,17 lb (165,3 N)]

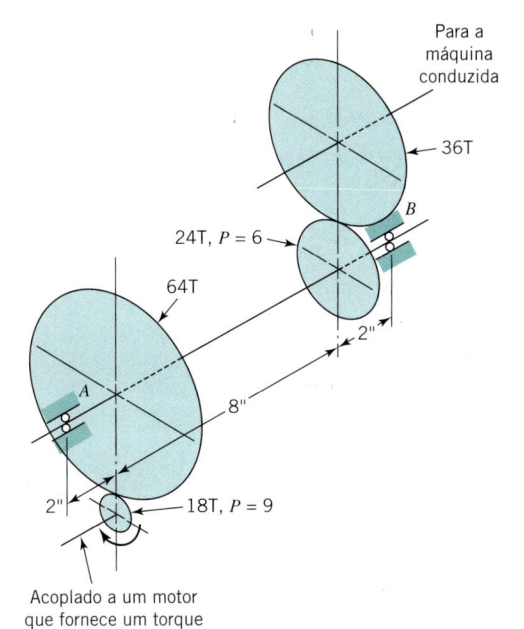

FIGURA P15.25

15.26 Resolva o Problema 15.25 considerando que o pinhão acionado pelo motor tenha 20 dentes.

15.27 Um pinhão de 18 dentes, com passo diametral de 6, gira a 1800 rpm e aciona uma coroa de 36 dentes a 900 rpm em um redutor de velocidade por engrenagens. O pinhão e a coroa, com dentes evolventais de profundidade plena e ângulo de pressão de 20°, são fixados através de chavetas aos eixos que, por sua vez, são simplesmente apoiados nos mancais. Os mancais de cada eixo distam 2,0 in (50,8 mm) do centro das engrenagens. Se as engrenagens transmitem uma potência de 0,5 hp, quais são as forças atuantes no pinhão, na coroa e nos eixos?

15.28 A Figura P15.28 mostra uma máquina sendo acionada por engrenagens por meio de um motor. A utilização de uma engrenagem intermediária faz com que os eixos de entrada e de saída girem no mesmo sentido e aumenta o espaçamento entre eles. Para engrenagens idênticas com ângulo de pressão de 25°, qual é o carregamento relativo nos seis mancais mostrados?

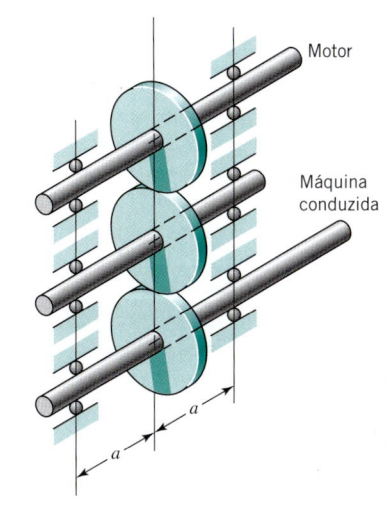

FIGURA P15.28

15.29   A Figura P15.29 mostra um motor elétrico acionando uma máquina por meio de três engrenagens de dentes retos com 16, 32 e 24 dentes. As engrenagens possuem $P = 8$ e $\phi = 20°$. O eixo intermediário é suportado pelos mancais A e B.

(a) Para o sentido de rotação do motor mostrado na figura, determine a carga radial suportada por mancal.

(b) Determine as cargas nos mancais para o sentido oposto ao de rotação do motor.

(c) Explique, sucintamente, por que as respostas aos itens a e b são distintas.

[Resp. parcial: (a) 289 lb (1285,5 N) e 96 lb (427,0 N) sobre A e B, respectivamente]

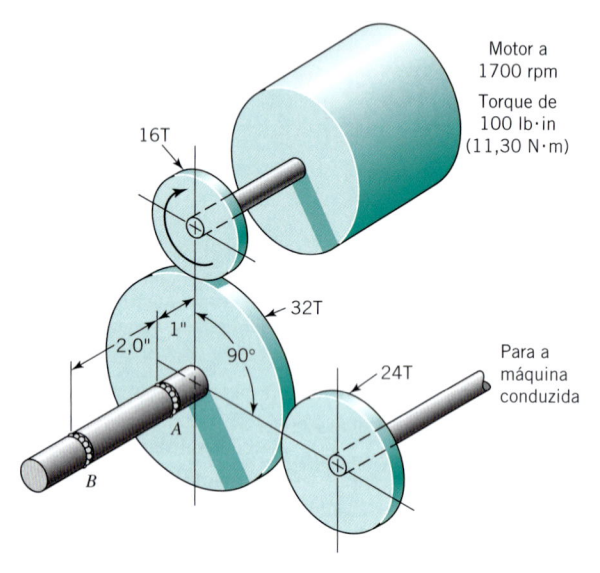

Motor a
1700 rpm
Torque de
100 lb·in
(11,30 N·m)

16T

32T

2,0"   1"

90°

24T

Para a
máquina
conduzida

A

B

FIGURA P15.29

Seções 15.5 a 15.8

15.30   Suponha que as engrenagens mostradas na Figura P15.28 sejam idênticas, cada uma com diâmetro de 8 in (203,2 mm), 80 dentes e ângulo de pressão de 25°. Admita que seu acabamento e sua precisão correspondam ao melhor que possa ser obtido comercialmente através de uma fresa cortadora.

(a) Qual das engrenagens é mais vulnerável a uma falha de fadiga por flexão do dente? Por quê?

(b) Se o motor gira a 1000 rpm, determine os valores apropriados de V, P, p, K_v e J.

15.31   Um par de engrenagens acopladas possui dentes de profundidade plena com ângulo de pressão de 20° e passo diametral de 8. Tanto o pinhão quanto a coroa são fabricados de aço tratado termicamente a 350 Bhn, e ambos possuem uma largura de face de 1,0 in (25,4 mm). Os dentes são cortados pela operação de uma fresadora de engrenagens de alta qualidade. O pinhão possui 20 dentes e gira a 1100 rpm. Ele é montado na extremidade do eixo de saída de um motor elétrico e aciona uma coroa de 40 dentes, que é posicionada entre os mancais do eixo precisamente montado de um soprador. A vida estimada para o projeto corresponde a 5 anos de 60 horas/semana e 50 semanas/ano de operação. Utilizando uma confiabilidade de 99 % e um fator de segurança de 1,5, estime a potência, em hp, que pode ser transmitida baseando-se apenas na fadiga por flexão.

[Resp.: Aproximadamente 11,7 hp]

15.32   Para que valor a dureza da coroa do Problema 15.31 poderia ser reduzida sem tornar seus dentes mais fracos do que os do pinhão em relação à fadiga por flexão?

[Resp.: 274 Bhn]

15.33   Um redutor constituído por engrenagens de dentes retos possui um pinhão de 18 dentes acionado por um motor elétrico que gira a 1500 rpm e uma coroa de 36 dentes que move uma carga sujeita a um "impacto moderado". Deseja-se uma vida de 10^6 revoluções para o pinhão, e a carga transmitida, F_t, é de 100 lb (444,8 N) (este valor inclui um fator de segurança de 2). As condições são tais que $K_m = 1,8$ e $k_t = 1$. Propõe-se que sejam utilizadas engrenagens padronizadas com dentes de profundidade plena e ângulo de pressão de 20°, com os dentes do pinhão e da coroa sendo cortados por um processo de corte de baixo custo e qualidade média a partir de um aço com 235 Bhn para a coroa e 260 Bhn para o pinhão. O passo diametral deve ser de 10 e a largura da face de 1,0 in. Estime a confiabilidade em relação à falha de fadiga por flexão.

15.34   A unidade de acionamento auxiliar de um grande motor de avião envolve um par de engrenagens de dentes retos idênticas, com dentes de profundidade plena e ângulo de pressão de 20°. As engrenagens possuem 60 dentes e giram a 5000 rpm. O passo diametral é de 12 e a largura da face é de 1,0 in. As engrenagens são fabricadas de uma liga de aço, os corpos das engrenagens são temperados a $62R_C$ (680 Bhn). Embora o corpo se estenda além do filete, decidiu-se, de modo conservador, utilizar uma dureza de 500 Bhn para o núcleo no cálculo da resistência à fadiga por flexão. Os perfis dos dentes são polidos com uma operação de retífica fina, propiciando um grau de precisão que justifica o uso da curva A da Figura 15.24 e a hipótese de que os dentes compartilham a carga. O carregamento envolve apenas um impacto muito suave, justificando o uso de um fator $K_o = 1,1$. Estime a potência, em hp, que pode ser transmitida com 99 % de confiabilidade com base na fadiga por flexão do dente.

15.35   Modifique a unidade de acionamento auxiliar do Problema 15.34 de modo a passar a utilizar três engrenagens de dentes retos, com dentes de profundidade plena e ângulo de pressão de 20°, onde uma das engrenagens seja intermediária. Todas as demais condições são mantidas. Responda à mesma questão.

Seções 15.9 e 15.10

15.36   O pinhão de 20 dentes do Problema 15.20 gira a 210 rpm. Determine, graficamente, a velocidade de deslizamento entre os dentes (a) no início do contato, (b) no ponto primitivo e (c) no término do contato. Desenhe os vetores em uma escala que permita uma medida suficientemente precisa.

15.37   Para as engrenagens do Problema 15.31, estime a potência, em hp, que pode ser transmitida com base na durabilidade da superfície.

[Resp.: Aproximadamente 3,2 hp]

15.38   Repita o Problema 15.31, desta vez estimando a potência, em hp, que pode ser transmitida com base na durabilidade superficial e na fadiga por flexão, considerando que o pinhão foi tratado termicamente a 400 Bhn.

15.39   Para que valor pode a dureza da engrenagem do Problema 15.31 ser reduzida sem que os dentes da coroa fiquem mais fracos do que os dentes do pinhão, baseando-se na fadiga superficial?

15.40 Estime a confiabilidade das engrenagens do Problema 15.33 em relação à durabilidade da superfície.

15.41 Estime a potência, em hp, que pode ser transmitida pelas engrenagens do Problema 15.34 para 10^9 ciclos com confiabilidade de 90 % baseando-se na fadiga superficial.

15.42 Para o redutor de engrenagens de dois estágios da Figura P15.23, utilize dois pares de engrenagens idênticas. Compare as resistências relativas das engrenagens para operação nas posições de alta e baixa velocidade admitindo uma vida de 10^7 ciclos para a engrenagem de alta velocidade. Considere tanto a fadiga por flexão quanto a durabilidade superficial.

Seção 15.11

15.43P Um redutor de engrenagens de dois estágios utilizando conjuntos idênticos de pinhões e coroas para os estágios de alta e baixa velocidades (similar à Figura P15.23) deve ser utilizado entre um motor de 10 hp a 2700 rpm e uma carga a 300 rpm. A distância entre centros deve ser de 8 in (203,2 mm). O motor envolve um "impacto leve" e a máquina conduzida um "impacto moderado". Os eixos e seus acessórios correspondem aos da boa prática de uma indústria comum, porém não à da prática industrial de "alta precisão". Projete as engrenagens para uma vida de 10^7 ciclos com 99 % de confiabilidade e um fator de segurança de 1,2. Determine uma combinação apropriada de passo diametral, largura de face, nível de precisão de fabricação e material.

15.44P Projete um par de engrenagens padronizadas de dentes retos para transmitir 60 hp de um motor a 5200 rpm a uma máquina a 1300 rpm. Deve ser utilizado um fator de segurança de 1,2 combinado com uma confiabilidade de 99 % e uma vida de 10^7 revoluções para o pinhão a plena carga (com os ciclos remanescentes de carga mais baixa sendo desprezados). É importante a minimização das dimensões e do peso. Utilize engrenagens de liga de aço de corpo temperado a 660 Bhn (para o pinhão) e 600 Bhn (para a coroa), e utilize a Tabela 15.5 para estimar a resistência à fadiga superficial. Especifi-

que uma combinação apropriada para o passo diametral, número de dentes, distância entre centros, largura da face e nível de precisão de fabricação.

Seção 15.13

15.45 O trem de planetárias simples mostrado nas Figuras 15.30 até 15.32 é utilizado na unidade de marcha alta de um automóvel. Quando esta marcha não está engrenada os elementos do trem giram como se fossem uma única unidade rígida, propiciando uma relação de transmissão de 1:1. Com a marcha alta engrenada, a solar se torna fixa, o braço passa a ser a entrada e a coroa circular passa a ser a saída (isto é, os elementos de entrada e saída são o inverso dos mostrados nas Figuras 15.31 e 15.32). Um projeto específico da marcha alta estabelece um aumento de 1,43 na velocidade (e uma consequente redução no torque) e utiliza planetárias com 20 dentes. (a) Quantos dentes são necessários às demais engrenagens? (b) Poderiam ser utilizadas quatro planetárias igualmente espaçadas? (c) Poderiam ser utilizadas três planetárias igualmente espaçadas?

15.46 Um engenheiro, não familiarizado com o funcionamento das engrenagens planetárias, está tendo grande dificuldade em determinar uma combinação dos números de dentes que serão capazes de fornecer a uma unidade similar às mostradas nas Figuras 15.31 e 15.32 uma relação de transmissão de 2,0. Explique brevemente por que teoricamente isso é impossível.

15.47 A Figura P15.47 representa, esquematicamente, um cubo convencional de bicicleta de três velocidades. A roda dentada 1 é acionada pela corrente. O elemento 2 gira sempre com a roda dentada e desliza axialmente para uma das três posições (lenta, neutra e alta) quando o controle de mudança de marcha é acionado. A engrenagem solar 6 é permanentemente fixa e serve como elemento de reação. As linguetas de ajuste 3 (fixada à coroa circular 5) e 9 (fixada ao braço 8) representam, cada uma, um conjunto de elementos arranjados circunferencialmente que funcionam como mostrado na Figura 15.30b. Pequenas molas de torção mantêm as pontas das linguetas contra os entalhes na superfície interna do cubo 4 (o

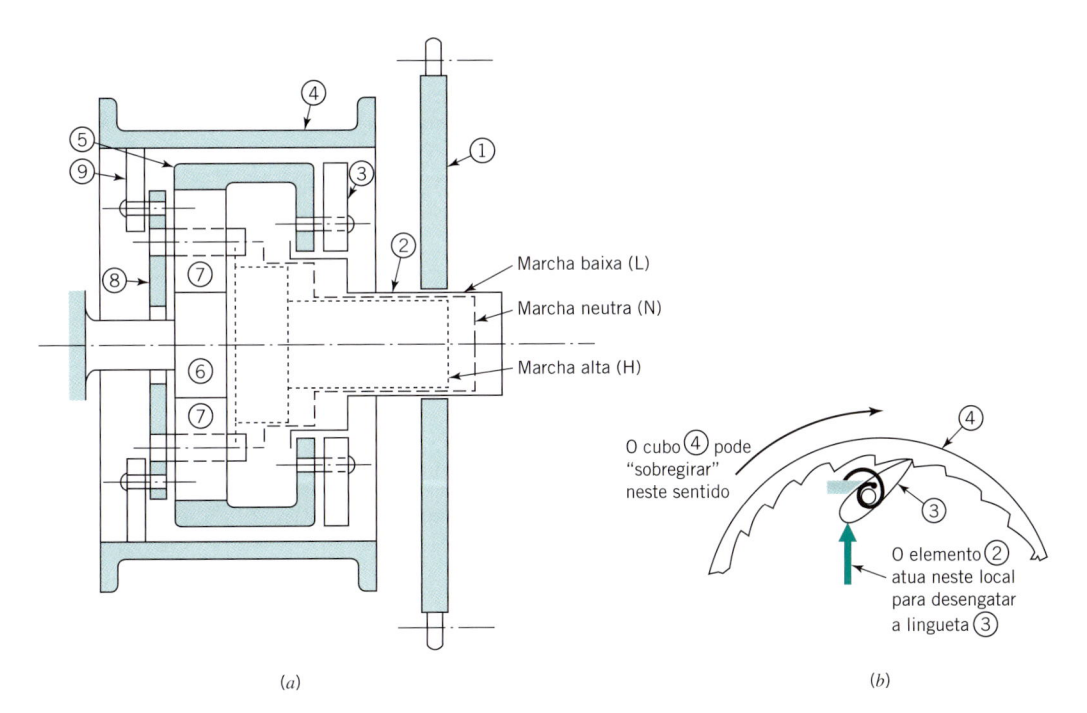

(a)

O cubo ④ pode "sobregirar" neste sentido

O elemento ② atua neste local para desengatar a lingueta ③

(b)

elemento ao qual as rodas raiadas estão fixadas). As linguetas permitem que o cubo 4 gire mais rápido (no sentido horário ou para a frente) do que o elemento ao qual elas estão fixadas, porém nunca mais lento; assim, elas operam como uma *embreagem de um único sentido*. As pontas das linguetas 9 sempre se ajustam à superfície interna do cubo, porém na marcha lenta o elemento deslizante 2 desengata as linguetas 3 empurrando-as, conforme mostrado na Figura 15.47*b*. A operação nas três marchas é descrita a seguir.

Marcha lenta. O elemento 2 está na posição L, onde ele (1) desengata as linguetas 3 e (2) aciona a coroa circular 5. O elemento de saída é o braço, que aciona o cubo através da lingueta 9.

Marcha neutra. O elemento 2 está na posição N, onde ele continua a acionar a coroa circular, porém libera as linguetas 3, as quais acionam o cubo na velocidade da roda dentada. (As linguetas 9 permanecem engatadas, porém "sobregiram", causando um ruído quando as linguetas passam sobre os entalhes do cubo).

Marcha alta. O elemento 2 se move para fora do engate com a coroa circular e engata com os pinos projetados das planetárias, que são parte do braço 8. As linguetas 3 acionam o cubo com a velocidade da coroa circular, e as linguetas 9 ficam com um "sobregiro".

Compreendida esta descrição, responda:

(a) Considerando que a solar e cada uma das quatro planetárias possui um diâmetro primitivo de 5/8 in (15,88 mm) e 25 dentes, quantos dentes deve possuir a coroa circular e qual é o passo diametral das engrenagens?

(b) Qual é a razão entre a rotação da roda da bicicleta e a rotação da roda dentada para cada uma das três marchas? Determine essas razões utilizando pelo menos dois dos três métodos fornecidos no texto.

(c) Explique, sucintamente, o que acontece quando a bicicleta se move livremente por gravidade em qualquer marcha.

15.48 Um trem de planetárias similar ao mostrado na Figura 15.32 possui uma banda de freio que mantém a coroa circular fixa. A solar é acionada no sentido horário a 800 rpm com um torque de 16 N · m. O braço aciona uma máquina. As engrenagens possuem um módulo *m* de 2,0 (mm/dente) e um ângulo de pressão $\phi = 20°$. A coroa circular possui 70 dentes. Apenas duas planetárias são utilizadas, cada uma com 20 dentes.

(a) Qual é o valor do passo circular *p*?

(b) Esquematize cada elemento do trem como um corpo livre em equilíbrio (despreze as cargas devidas à gravidade).

(c) Qual é o valor do torque de saída?

(d) Qual é o valor da rotação do braço em rpm? Ele gira no sentido horário ou anti-horário?

(e) Qual é o valor da velocidade na circunferência primitiva a ser utilizada na determinação do fator de velocidade para cada uma das engrenagens? (*Sugestão:* A velocidade deve ser determinada em relação ao elemento em questão. Por exemplo, a velocidade da circunferência primitiva correspondente ao pinhão e à coroa de uma caixa de redução simples do motor de um avião, quando o avião está realizando uma manobra de rolagem, é a velocidade em relação à sua estrutura, e não em relação ao solo.)

(f) Quais são as cargas radiais nominais impostas aos mancais de apoio de cada uma das engrenagens?

(g) Qual é o torque a ser aplicado pelo freio para manter a coroa circular fixa?

15.49 A Figura P15.49 mostra um trem de planetárias com planetárias duplas, duas solares e nenhuma coroa circular. As planetárias *P*1 e *P*2 são fabricadas a partir de um único pedaço de metal e possuem 40 e 32 dentes, respectivamente. A solar *S*1 é o elemento de entrada e possui 30 dentes. A soar *S*2 é fixa. Todas as engrenagens possuem o mesmo passo. Qual é o movimento do braço para cada revolução no sentido horário de *S*1?

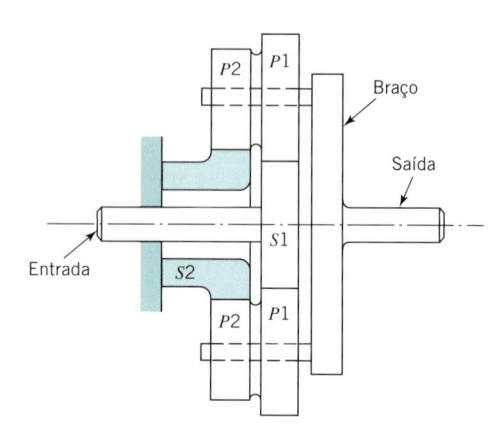

FIGURA P15.49

15.50 Resolva o Problema 15.49 considerando que *P*1, *P*2 e *S*1 possuam 30, 24 e 28 dentes, respectivamente.

15.51 Resolva o Problema 15.49 considerando que *P*1, *P*2 e *S*1 possuam 36, 30 e 32 dentes, respectivamente.

15.52 A Figura P15.52 representa um trem de engrenagens muito criativo para a obtenção de uma grande taxa de redução em um pequeno espaço físico. Ele é similar ao mostrado na Figura P15.49, a diferença está no fato de o braço ser o elemento motriz e os diâmetros das duas solares e os diâmetros das duas planetárias (que são fabricados a partir de um mesmo pedaço de material) serem muito próximos. Inicialmente, observe que se esses pares de engrenagens tivessem exatamente o mesmo diâmetro a velocidade de saída seria nula. Se os passos de *S*1 e *P*1 forem ligeiramente superiores aos passos de *S*2 e *P*2, as distâncias entre centros serão as mesmas para os números de dentes mostrados. Determine o módulo e o sinal da relação de transmissão do trem de engrenagens.

[Resp.: +0,0197]

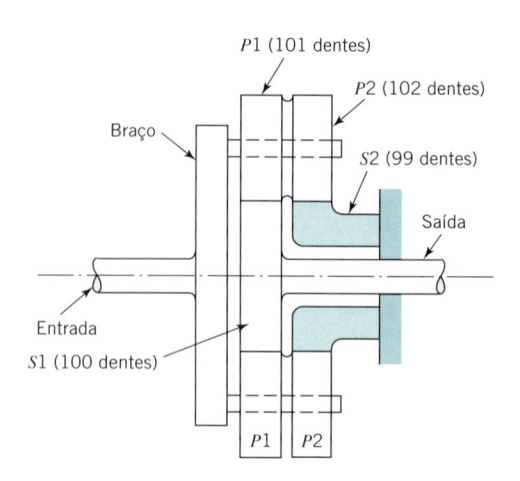

FIGURA P15.52

15.53 A Figura P15.53 é uma representação esquemática da transmissão utilizada no veículo Ford Modelo T. Em comum com as modernas transmissões automáticas, engrenagens plane-

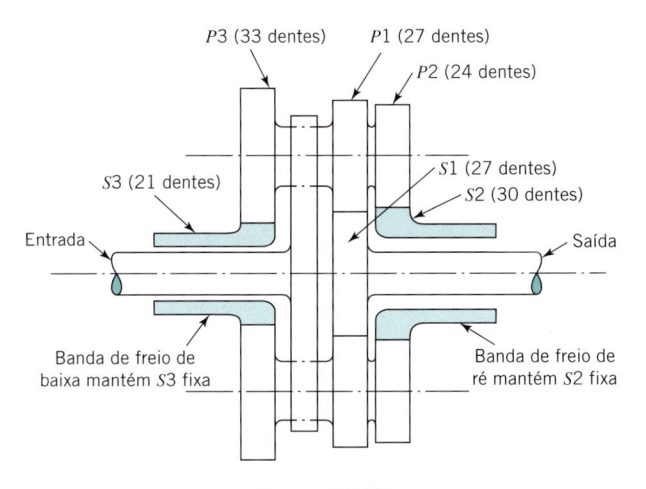

FIGURA P15.53

tárias foram utilizadas. O controle é realizado através de dois pedais. O pedal de marcha lenta é aplicado à banda de freio para manter a solar $S3$ fixa. O pedal de ré é aplicado à banda de freio que mantém a solar $S2$ fixa. A liberação de ambos os pedais aciona diretamente uma embreagem para a marcha alta. (A depressão parcial do pedal de marcha lenta propicia uma ação neutra. A atuação do freio manual também depressiona o pedal de marcha lenta para a posição neutra — uma característica apreciada na partida do motor pela manivela manual!) Determine a relação de transmissão para as marchas lenta e de ré. (Observe a relação substancialmente maior da relação da marcha de ré. Isso significa que para uma ladeira muito íngreme para a marcha baixa, o veículo sempre pode ser reposicionado e subir a ladeira de ré!)
[Resp.: +2,75, −4,00]

15.54 Pesquise por informações sobre o dispositivo de divisão de potência utilizado no veículo Toyota Prius e descreva como esse veículo coordena o uso de um motor a gasolina e um motor elétrico utilizando um conjunto de engrenagens planetárias.

Engrenagens Helicoidais, Cônicas e Parafuso Sem-Fim

16.1 Introdução

O tratamento aqui apresentado sobre os principais tipos de engrenagens que não são de dentes retos será relativamente breve. Os princípios básicos e as diversas equações do capítulo anterior são também aplicáveis a esses tipos de engrenagens.

Uma *engrenagem helicoidal* (Figura 16.1a) pode ser idealizada como uma engrenagem comum de dentes retos usinada a partir de um conjunto de lâminas finas, cada uma das quais é ligeiramente girada em relação a suas vizinhas (Figura 16.1b). Quando a potência é transmitida por um par de engrenagens helicoidais, ambos os eixos ficam sujeitos a uma carga axial. Esse efeito pode ser eliminado pelo uso de engrenagens *helicoidais duplas* (também conhecidas por *espinha de peixe* — Figura 16.1c), porém essa configuração aumenta significativamente os custos de fabricação e montagem.

(a) Montagem em eixos paralelos (o tipo mais comum). As engrenagens possuem hélices em sentidos opostos.

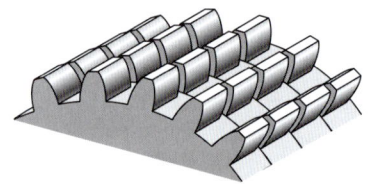

(b) A laminação da engrenagem de dentes retos com movimento de giro aproxima-se de uma engrenagem helicoidal quando a laminação tende a uma espessura nula.

(c) A engrenagem *helicoidal dupla* ou *espinha de peixe* pode, ou não, possuir um espaço central, dependendo do procedimento de fabricação.

(d) Quando montadas sobre eixos não paralelos, elas são engrenagens helicoidais cruzadas e, usualmente, possuem o mesmo sentido.

FIGURA 16.1 **Tipos de engrenagens helicoidais. (*a, d,* Cortesia da Boston Gear, An Altra Industrial Motion Company. *c,* Cortesia da Horsburgh & Scott.)**

Quando as engrenagens helicoidais (ou espinha de peixe) giram, o contato de cada dente ocorre primeiro em um de seus lados e aumenta gradativamente ao longo do dente com a continuidade da rotação. Assim, os dentes se engrenam *progressivamente*, o que torna a operação mais suave e silenciosa do que a operação das engrenagens de dentes retos. O engrenamento gradual também resulta em um fator dinâmico, K_v, mais baixo e, geralmente, permite rotações mais altas. As engrenagens helicoidais são geralmente aplicadas nas transmissões dos veículos de passeio, para as quais um movimento silencioso é um requisito básico.

Embora as engrenagens helicoidais usualmente operem com eixos paralelos, elas podem ser fabricadas para transmitir movimento entre eixos não paralelos, que não se interceptam (Figura 16.1d). Nesse caso elas são chamadas de engrenagens *helicoi-*

dais cruzadas (denominadas no passado engrenagens "espirais"). Como as engrenagens helicoidais cruzadas teoricamente possuem ponto de contato, elas apenas podem suportar cargas leves. Uma aplicação comum dessas engrenagens é no acionamento do distribuidor e da bomba de óleo do eixo de cames nos motores dos automóveis.

As *engrenagens cônicas* (Figura 16.2) possuem, normalmente, dentes semelhantes aos das engrenagens comuns de dentes retos; a diferença é que as superfícies dos dentes são fabricadas sobre elementos cônicos. Os dentes podem ser retos (Figuras 16.2a e 16.2b) ou espirais (Figura 16.2c). Os dentes espirais se engrenam *gradualmente* (partindo de um dos lados, como nas engrenagens helicoidais comuns), uma característica que permite um funcionamento mais suave e silencioso. Com exceção das engrenagens hipoidais (Figura 16.2e), as

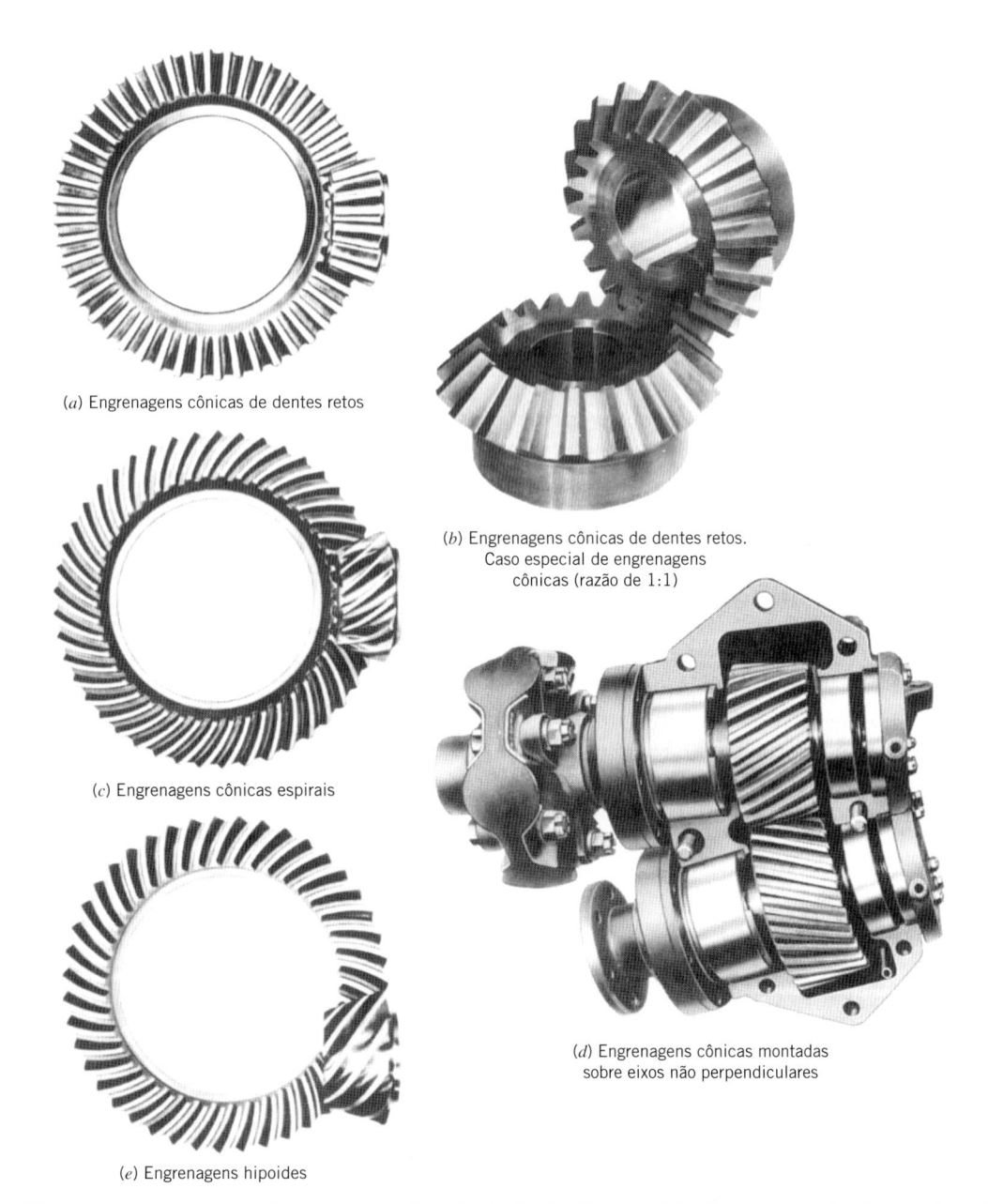

(*a*) Engrenagens cônicas de dentes retos

(*b*) Engrenagens cônicas de dentes retos. Caso especial de engrenagens cônicas (razão de 1:1)

(*c*) Engrenagens cônicas espirais

(*d*) Engrenagens cônicas montadas sobre eixos não perpendiculares

(*e*) Engrenagens hipoides

FIGURA 16.2   Tipos de engrenagens cônicas. (*a, c, d, e*, Cortesia da Gleason Works. *b*, Cortesia da Horsburgh & Scott.)

(a) Assentamento simples

(b) Assentamento duplo

FIGURA 16.3 **Parafuso sem-fim e conjunto engrenagem e sem-fim.** (*a*, **Cortesia da Horsburgh & Scott.** *b*, **Cortesia da Ex-Cell-O Corporation, Cone Drive Operations.**)

engrenagens cônicas são montadas sobre eixos que se interceptam. Os eixos são em geral, porém não necessariamente, perpendiculares. A Figura 16.2*d* mostra o caso extremo de eixos não perpendiculares. Os eixos que não se interceptam, uma característica das engrenagens hipoidais, são desejáveis nas aplicações dos eixos frontais dos automóveis, uma vez que

permitem ao eixo motriz ser montado mais baixo, resultando em um piso, um teto e um centro de gravidade mais baixos.

Um parafuso *sem-fim e o* conjunto *sem-fim e coroa* (Figura 16.3) se caracterizam, essencialmente, por um parafuso engrenado a uma engrenagem helicoidal especial. Como um parafuso, o sem-fim possui uma ou mais roscas (conforme ilustrado na Figura 10.1). Como será discutido na Seção 16.11, a análise das forças atuantes em um sem-fim é basicamente a mesma referente a um parafuso (Figura 10.6).

São duas as características de uma transmissão por sem-fim: altas relações de velocidades (até cerca de 300, ou mais) e altas velocidades de deslizamento. As altas velocidades de deslizamento significam que a geração de calor e a eficiência na transmissão de potência são mais críticas do que nos outros tipos de engrenagens.

Consulte a referência [3] para outras variações desses tipos básicos de engrenagens. O endereço da Internet http://www.machinedesign.com apresenta informações gerais sobre engrenagens de acionamento, formas de dentes de engrenagens e caixas de engrenagens. O site http://www.powertransmission.com fornece endereços de fornecedores de engrenagens e acionamentos por engrenagens.

16.2 Geometria e Nomenclatura das Engrenagens Helicoidais

As engrenagens de dentes retos, tratadas no Capítulo 15, são simplesmente engrenagens helicoidais com um ângulo de hélice nulo. A Figura 16.4 mostra uma parte de uma cremalheira helicoidal (com ângulo de hélice não nulo). O ângulo de hélice, ψ, é sempre medido na superfície cilíndrica primitiva. Os valores de ψ não são padronizados, porém em geral estão na faixa entre 15° e 30°. Valores mais baixos fornecem menores cargas axiais, porém valores maiores tendem a gerar operações mais suaves. As engrenagens helicoidais são de hélice à direita ou à esquerda, com definição idêntica à utilizada para as roscas dos parafusos (veja a Figura 10.1). Na Figura 16.1*a* o pinhão é direito e a coroa é esquerda. Observe que as engrenagens helicoidais engrenadas (em eixos paralelos) devem possuir o *mesmo ângulo de hélice*, porém em *sentidos opostos*.

A Figura 16.4 mostra que o passo circular (*p*) e o ângulo de pressão (*ϕ*) são medidos no *plano de rotação*, como nas engrenagens de dentes retos. Novas grandezas para o passo circular e para o ângulo de pressão, medidas em um *plano normal aos*

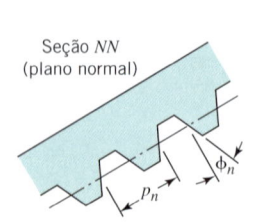

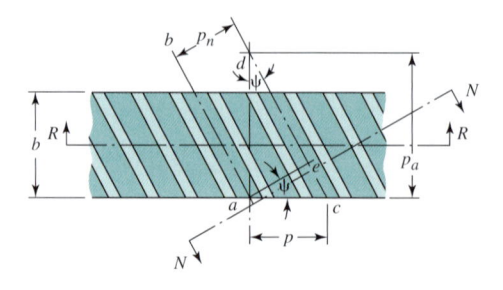

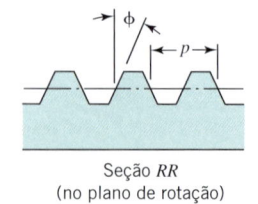

FIGURA 16.4 **Parte de uma cremalheira helicoidal.**

dentes, são mostradas na figura como p_n e ϕ_n. Por simples geometria, tem-se

$$p_n = p \cos \psi \qquad (16.1)$$

No próximo item será mostrado que

$$\tan \phi_n = \tan \phi \cos \psi \qquad (16.2)$$

Dependendo do método utilizado para o corte dos dentes, os valores de ϕ ou ϕ_n podem ser padronizados. Os valores padronizados para o adendo e o dedendo são $1/P_n$ e $1,25/P_n$, respectivamente (em polegadas), porém engrenagens especiais com adendo e dedendo não padronizados são comuns.

Como o produto do passo circular pelo passo diametral é π tanto para o plano normal quanto para o plano rotacional, tem-se

$$P_n = P/\cos \psi \qquad (16.3)$$

O diâmetro primitivo de uma engrenagem helicoidal é

$$d = N/P = N/(P_n \cos \psi) \qquad (16.4)$$

Note que o passo axial p_a é definido na Figura 16.4 como a distância entre os pontos correspondentes de dentes adjacentes medida na superfície primitiva na direção axial. Assim,

$$p_a = p/\tan \psi \qquad (16.5)$$

Para se obter a operação de dentes adjacentes, $b \gtrsim p_a$. Na prática, é usualmente considerado desejável $b \gtrsim 1,15p_a$, e, em muitos casos, $b \gtrsim 2p_a$.

Desprezando-se o atrito por deslizamento, a carga resultante entre os dentes engrenados é sempre perpendicular à superfície do dente. Assim, com as engrenagens helicoidais a carga está no plano *normal*. Logo, as tensões de flexão são calculadas no plano normal, e a resistência do dente como viga engastada depende de seu perfil no plano normal. Sendo este diferente do perfil no plano de rotação, um fator de forma de Lewis apropriado (Y) e um fator geométrico (J) devem ser baseados no perfil do dente no plano normal.

A Figura 16.5 mostra o cilindro primitivo e o dente de uma engrenagem helicoidal. A interseção do plano normal com o cilindro primitivo gera uma elipse. A forma do dente no plano normal é aproximadamente (não exatamente) a mesma do dente de uma engrenagem de dentes retos com um raio primitivo igual ao raio R_e da elipse. Pela geometria, tem-se

$$R_e = (d/2) \cos^2 \psi \qquad \text{(a)}$$

O número equivalente de dentes (também chamado de número formativo ou virtual de dentes), N_e, é definido como o número de dentes em uma engrenagem de raio R_e:

$$N_e = \frac{2\pi R_e}{p_n} = \frac{\pi d}{p_n \cos^2 \psi} \qquad \text{(b)}$$

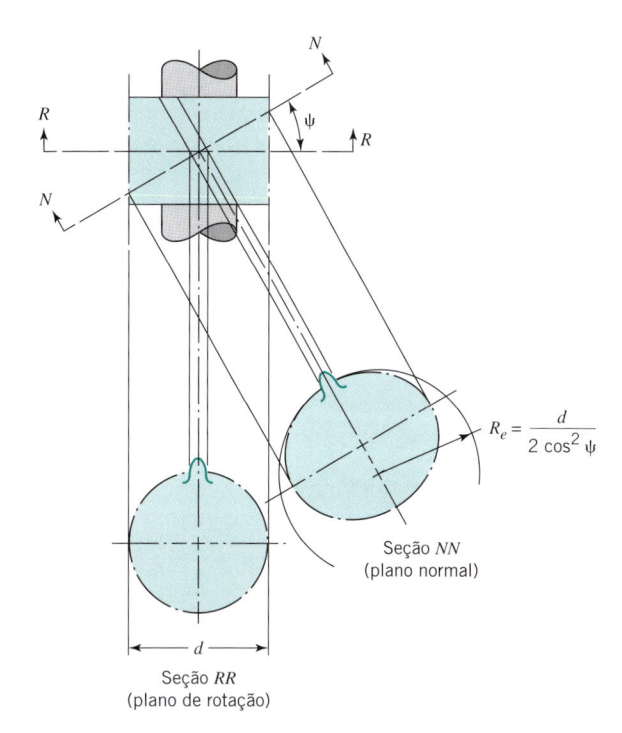

$$R_e = \frac{d}{2 \cos^2 \psi}$$

Seção *NN*
(plano normal)

Seção *RR*
(plano de rotação)

Figura 16.5 **Cilindro primitivo de uma engrenagem helicoidal e um dente.**

Pela Equação 16.1, tem-se

$$p_n = p \cos \psi = \pi d(\cos \psi)/N \quad \text{ou} \quad \pi d/p_n = N/\cos \psi \quad \text{(c)}$$

A substituição desse resultado na Eq. b fornece

$$N_e = N/\cos^3 \psi \qquad (16.6)$$

Ao se calcular a resistência à flexão dos dentes helicoidais, os valores do fator de forma de Lewis Y são os mesmos das engrenagens de dentes retos, tendo o mesmo número de dentes que o número de dentes na engrenagem helicoidal e um ângulo de pressão igual a ϕ_n. Isto é considerado na determinação dos valores apropriados do fator geométrico J para engrenagens helicoidais, os quais são representados graficamente na Figura 16.8 e discutidos na Seção 16.4.

16.3 Análise das Forças Atuantes nas Engrenagens Helicoidais

A Figura 16.6 ilustra as componentes das forças atuantes nas engrenagens de dentes retos e as atuantes nas engrenagens helicoidais. Para as engrenagens de dentes retos, a força F total atuante no dente consiste nas componentes F_t e F_r. Para as engrenagens helicoidais, a componente F_a é adicionada e a seção *NN* é necessária para mostrar uma vista em verdadeira grandeza da força total F atuante no dente. O vetor resultante da soma $F_t + F_a$ é designado por F_b, sendo esta a força devida à flexão atuante no dente helicoidal (da mesma forma que F_t é a força de flexão atuante no dente da engrenagem de dentes retos).

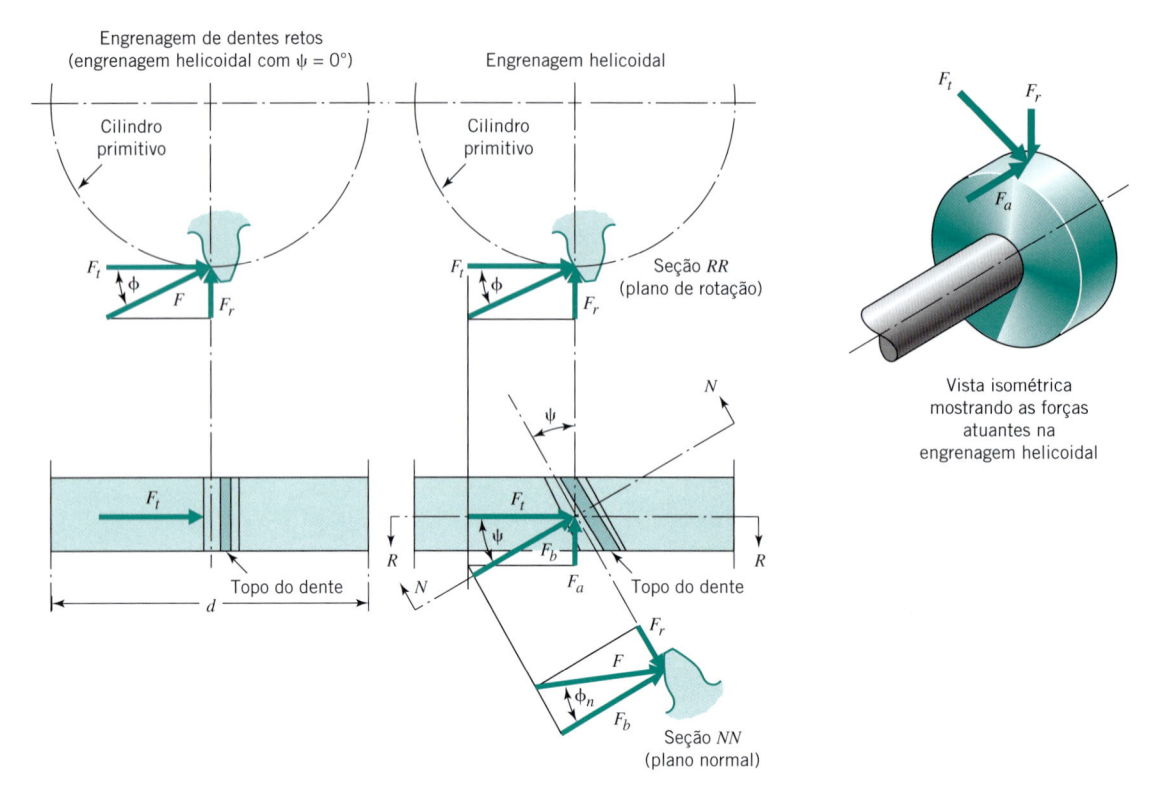

FIGURA 16.6 Componentes da força atuantes nas engrenagens de dentes retos e de dentes helicoidais.

A componente da força associada à transmissão de potência é, certamente, F_t, a qual e expressa por

$$F_t = 33.000\dot{W}/V \qquad \textbf{(16.7)}$$

Nesta equação F_t é expressa em libras, $\dot{W}$ em hp e V é a velocidade na circunferência primitiva em pés por minuto. No sistema internacional de unidades,

$$F_t = \dot{W}/V \qquad \textbf{(16.7a)}$$

em que F_t é expressa em newtons, $\dot{W}$ em watts e V em metros por segundo.

A partir de relações geométricas básicas, as outras forças mostradas na Figura 16.6 podem ser expressas em função de F_t.

$$F_r = F_t \tan \phi \qquad \textbf{(16.8)}$$

$$F_a = F_t \tan \psi \qquad \textbf{(16.9)}$$

$$F_b = F_t/\cos \psi \qquad \textbf{(16.10)}$$

$$F = F_b/\cos \phi_n = F_t/\cos \psi \cos \phi_n \qquad \textbf{(16.11)}$$

Para se deduzir a Eq. 16.2 (fornecida na seção anterior), note, pela Figura 16.6, que

$$F_r = F_b \tan \phi_n \qquad \textbf{(d)}$$

A combinação das Eqs. d e 16.10 fornece

$$F_r = F_t \tan \phi_n/\cos \psi \qquad \textbf{(e)}$$

Combinando-se agora as Eqs. e e 16.8, tem-se

$$\tan \phi_n = \tan \phi \cos \psi \qquad \textbf{(16.2)}$$

PROBLEMA RESOLVIDO 16.1 Engrenamento de Engrenagens Helicoidais

A Figura 16.7a mostra um motor que aciona uma máquina através de um redutor de velocidade com engrenagens helicoidais. Considerando as informações fornecidas no desenho, determine as dimensões ϕ, P, d_p, d_c e N_c das engrenagens; a velocidade V na circunferência primitiva; as forças F_t, F_r e F_a atuantes no dente; e a largura da face b da engrenagem, de modo que $b = 1,5p_a$.

SOLUÇÃO

Conhecido: É dado um par de engrenagens helicoidais com os valores específicos de alguns parâmetros geométricos. A velocidade de rotação em rpm do pinhão e a potência transmitida em hp são especificadas.

A Ser Determinado: Determine as dimensões ϕ, P, d_p, d_c e N_c das engrenagens; a velocidade V na circunferência primitiva;

as forças F_t, F_r e F_a atuantes no dente; e a largura de face b para $b = 1,5p_a$.

Esquemas e Dados Fornecidos:

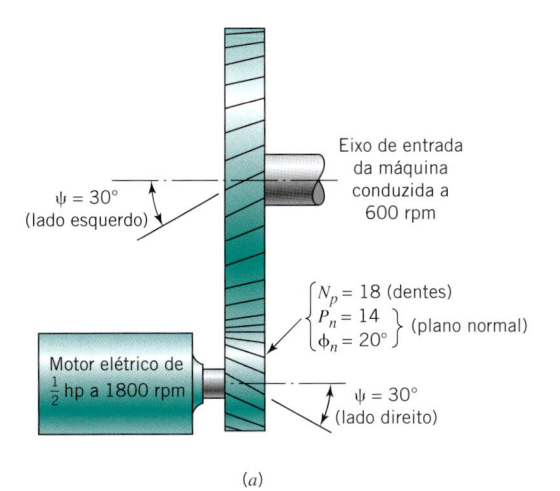

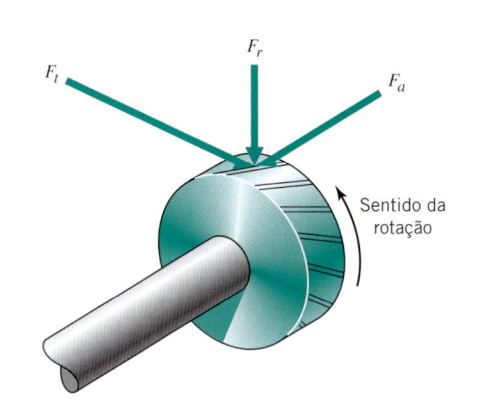

(b)
Vista isométrica do eixo do motor e do pinhão

FIGURA 16.7 **Desenho esquemático do Problema Resolvido 16.1.**

Hipóteses:

1. Os perfis dos dentes são evolventais padronizados.
2. As engrenagens se engrenam ao longo de suas circunferências primitivas.
3. Todas as cargas atuantes no dente são transmitidas no ponto primitivo e no plano médio das engrenagens.
4. As perdas por atrito podem ser desprezadas.

Análise:

1. Pela Eq. 16.2: $\phi = \text{tg}^{-1}(\text{tg }\phi_n/\cos\psi) = \text{tg}^{-1}(\text{tg }20°/\cos 30°) = 22,8°$
2. Pela Eq. 16.3: $P = P_n \cos\psi = 14\cos 30° = 12,12$ dentes/in.
3. $d_p = N_p/P = 18/12,12 = 1,48$ in (37,6 mm).
4. $N_c = N_p(n_p/n_c) = 18(1800 \text{ rpm}/600 \text{ rpm}) = 54$ dentes; $d_c = N_c/P = 54/12,12 = 4,45$ in (113,0 mm).
5. $V = \pi d_p n_p/12 = \pi (1,49)(1800)/12 = 702$ fpm (3,57 m/s).
6. $F_t = 33.000 \dot{W}/V = 33.000(0,5)/702 = 23,6$ lb (105,00 N).

7. $F_r = F_t \text{ tg }\phi = 23,5 \text{ tg }22,8° = 9,9$ lb (44,04 N).
8. $F_a = F_t \text{ tg }\psi = 23,5 \text{ tg }30° = 13,6$ lb (60,50 N).

   Os sentidos das três componentes da força atuante no pinhão são mostrados na Figura 16.7b. (As forças atuantes na coroa são, naturalmente, iguais e opostas.)
9. $p_a = p/\text{tg }\psi = \pi/P \text{ tg }\psi = \pi/12,2 \text{ tg }30° = 0,45$ in (11,4 mm).
10. Para $b = 1,5p_a$,

$$b = 1,5(0,45) = 0,67 \text{ in.}$$

Comentários:

1. Nesse caso, a carga axial atuante no dente é superior a 50 % da carga tangencial transmitida. Essa condição ilustra a necessidade de mancais axiais para suportar as cargas axiais atuantes nas engrenagens helicoidais (a menos que as cargas axiais sejam equilibradas por outros meios).
2. Com uma largura de face suficientemente larga de $b > p_a$ e com precisão na fabricação, as engrenagens helicoidais podem produzir uma melhor distribuição da carga do que as engrenagens de dentes retos, uma vez que elas apresentam uma sobreposição axial de dentes adjacentes. Assim, na realidade as cargas atuantes em um dente serão reduzidas se a distribuição de carga for considerada.

16.4 Flexão dos Dentes das Engrenagens Helicoidais e Resistência à Fadiga Superficial

A equação da tensão de flexão para os dentes das engrenagens de dentes retos (Eq. 15.17) pode ser aplicada para os dentes das engrenagens helicoidais se sofrer apenas uma ligeira modificação,

$$\sigma = \frac{F_t P}{bJ} K_v K_o (0,93K_m) \qquad (16.12)$$

na qual o fator J é obtido a partir da Figura 16.8 e K_v é normalmente determinado a partir das curvas A ou B da Figura 15.24. A introdução da constante 0,93 com o fator de montagem reflete a sensibilidade ligeiramente mais baixa das engrenagens helicoidais às condições de montagem.

As tensões de flexão calculadas pela Eq. 16.12 são comparadas à resistência à fadiga calculada pela Eq. 15.18, repetida aqui, exatamente como no caso das engrenagens de dentes retos.

$$S_n = S'_n C_L C_G C_S k_r k_t k_{ms}$$

Ao se modificar a equação da tensão de fadiga superficial das engrenagens de dentes retos (Eq. 15.24) de modo que possa ser também aplicável às engrenagens helicoidais, encontra-se uma diferença fundamental entre os dois tipos de engrenagens. Devido à velocidade de deslizamento nula na superfície primitiva, o filme de óleo é comprimido e, muito provavelmente, ocorrerá a corrosão da superfície, assim as engrenagens de dentes retos com razão de contato menor que 2 possuem um comprimento teórico

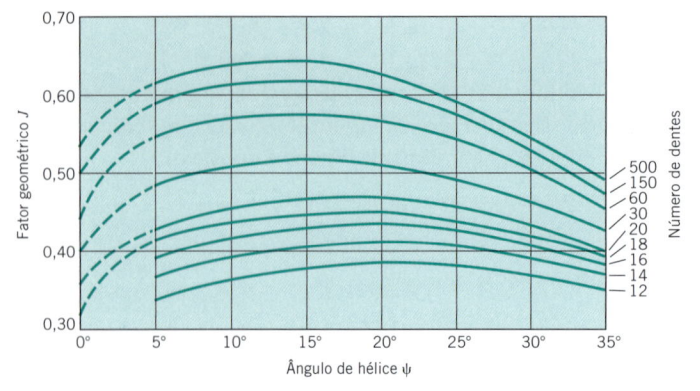

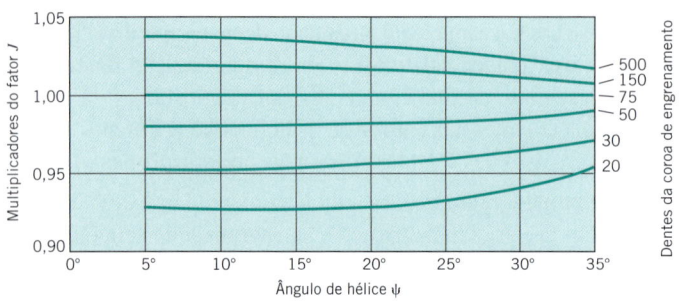

FIGURA 16.8 **Para engrenagens com $\phi_n = 20°$, adendo padronizado de $1/P_n$ e dentes rebaixados: (a) fator geométrico J para engrenamento com uma coroa de 75 dentes (os valores para a engrenagem de dentes retos da Figura 15.23 são mostrados a um ângulo $\psi = 0°$ para comparação); (b) fatores multiplicadores J para uso quando a coroa de engrenamento possui um número de dentes diferente de 75. (Extraído da AGMA Information Sheet 226.01, que também fornece os fatores J para $\phi_n = 14,5°$, $15°$ e $20°$, para adendos distintos da coroa e do pinhão e para superfícies dos dentes polidas e aplainadas; veja também AGMA 908-B89.)**

de contato do dente de $1,0b$. Com as engrenagens helicoidais, o comprimento de contato por dente é $b/\cos \psi$, e a ação helicoidal faz com que o comprimento total de contato do dente seja de aproximadamente $b/\cos \psi$ multiplicado pela razão de contato (RC) durante todo o tempo. Recomenda-se que 95 % desse valor sejam considerados como comprimento de contato ao se calcular a tensão de contato. Assim, quando aplicada às engrenagens helicoidais, a Eq. 15.24 é modificada para

$$\sigma_H = C_p \sqrt{\frac{F_t}{bd_pI}a\frac{\cos \psi}{0,95\,\mathrm{CR}}bK_vK_o(0,93K_m)} \quad \textbf{(16.13)}$$

Da mesma forma que para as engrenagens comuns de dentes retos, o limite de resistência à fadiga superficial pode ser calculado pela Eq. 15.25:

$$S_H = S_{\mathrm{fe}}C_{\mathrm{Li}}C_R$$

16.5 Engrenagens Helicoidais Cruzadas

As engrenagens helicoidais cruzadas (mais precisamente chamadas de "engrenagens helicoidais com eixos cruzados") são

idênticas às outras engrenagens helicoidais, porém são montadas sobre eixos não paralelos (Figura 16.1d). A relação entre o ângulo formado pelos eixos Σ e os ângulos de hélice das engrenagens 1 e 2 engrenadas é

$$\Sigma = \psi_1 + \psi_2 \quad \textbf{(16.14)}$$

As engrenagens engrenadas usualmente possuem hélices no mesmo sentido; caso contrário, um sinal negativo é utilizado com o menor valor de ψ.

O ângulo mais comum entre os eixos é de 90°, o que é uma consequência do fato de as engrenagens acopladas possuírem ângulos de hélices complementares do mesmo sentido.

A ação das engrenagens helicoidais cruzadas difere fundamentalmente do comportamento das engrenagens helicoidais de eixos paralelos pelo fato de os dentes engrenados *deslizarem* um em relação ao outro durante o giro das engrenagens. Essa velocidade de deslizamento aumenta com o aumento do ângulo entre os eixos. Para um determinado ângulo entre os eixos, a velocidade de deslizamento é mínima quando os dois ângulos de hélice são idênticos. As engrenagens helicoidais cruzadas engrenadas devem possuir o mesmo passo p_n e o mesmo ângulo de pressão ϕ_n, porém não necessariamente o mesmo p e o mesmo ϕ. Além disso, a relação de velocidades não é necessariamente igual à relação entre os diâmetros primitivos; ela deve ser calculada como a relação entre os números de dentes.

Devido a seu ponto de contato teórico, as engrenagens helicoidais cruzadas possuem uma capacidade de suportar carga muito baixa — geralmente inferior a uma carga resultante de 400 N atuante no dente. A limitação é a deterioração da superfície, e não a resistência à flexão. As razões de contato de 2 ou mais são geralmente utilizadas para aumentar a capacidade de carga. Os baixos valores dos ângulos de pressão e os valores relativamente altos da profundidade dos dentes são comumente especificados para aumentar a razão de contato.

16.6 Geometria e Nomenclatura das Engrenagens Cônicas

Quando uma transmissão de potência entre eixos que se interceptam é realizada através de engrenagens, os *cones primitivos* (análogos aos cilindros primitivos das engrenagens de dentes retos e helicoidais) são tangentes ao longo de um elemento, com seus ápices na interseção dos eixos. A Figura 16.9 mostra a geometria básica dessa configuração e a terminologia correspondente. As dimensões e a forma dos dentes são definidas na *extremidade mais larga*, onde eles interceptam os cones anteriores. Note que o cone primitivo e o cone anterior são elementos perpendiculares. A Figura 16.9 mostra o perfil dos dentes nos cones anteriores. Esses perfis assemelham-se àqueles das engrenagens de dentes retos possuindo raios primitivos iguais aos raios dos cones anteriores desenvolvidos, r_{bc} (coroa) e r_{bp} (pinhão). Os números de dentes nessas engrenagens de dentes retos imaginárias são

$$N'_p = \frac{2\pi r_{\mathrm{bp}}}{p} \quad \mathrm{e} \quad N'_c = \frac{2\pi r_{\mathrm{bc}}}{p} \quad \textbf{(16.15)}$$

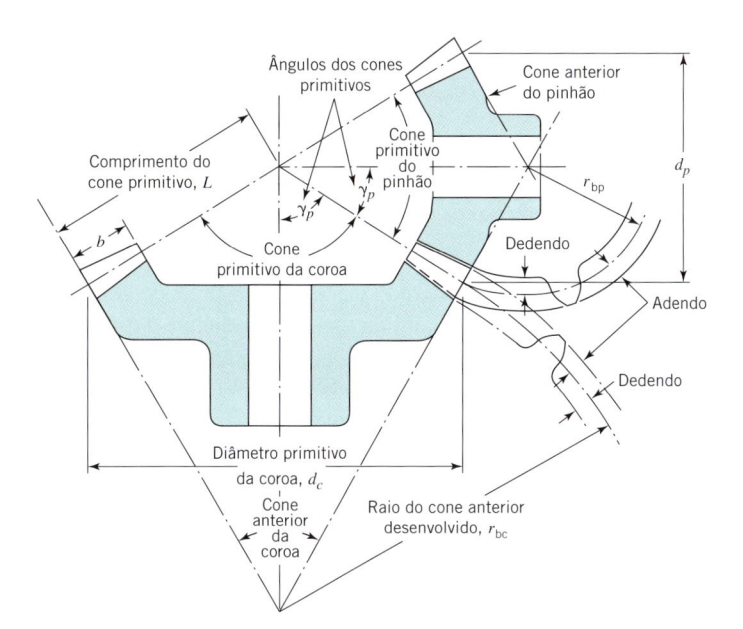

FIGURA 16.9 Nomenclatura das engrenagens cônicas.

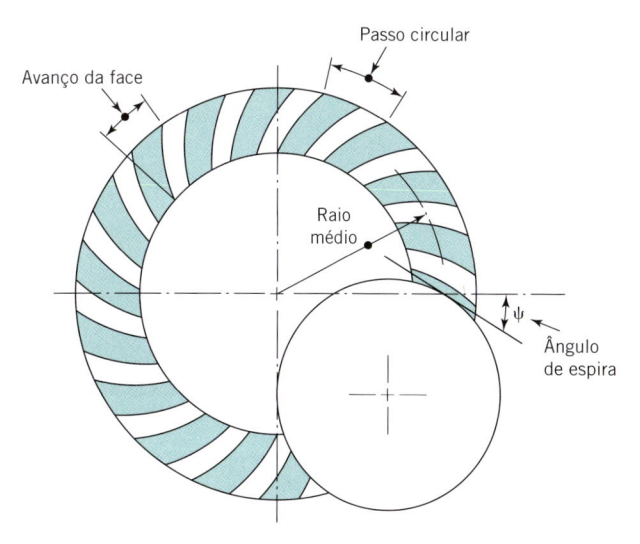

FIGURA 16.10 Medida do ângulo de espira no raio médio.

em que N' é chamado de *número virtual de dentes* e p é o passo circular tanto das engrenagens de dentes retos imaginárias quanto das engrenagens cônicas. Em função do passo diametral P (tanto das engrenagens de dentes retos imaginárias quanto das engrenagens cônicas), tem-se

$$N'_p = 2r_{bp}P \quad \text{e} \quad N'_c = 2r_{bc}P \quad \textbf{(16.15a)}$$

A prática de se caracterizar as dimensões e a forma dos dentes das engrenagens cônicas como aquelas de uma engrenagem imaginária de dentes retos obtida pelo desenvolvimento do cone anterior corresponde à que é conhecida como *aproximação de Tredgold*.

Os dentes das engrenagens cônicas são tipicamente não intercambiáveis. A profundidade de trabalho dos dentes (adendo da engrenagem mais o adendo do pinhão) é geralmente de $2/P$, a mesma adotada para as engrenagens helicoidais e de dentes retos padronizadas, porém o pinhão cônico é projetado com o adendo mais largo. Isso evita a interferência e tem como resultado um dente de pinhão mais resistente. O adendo da coroa varia de $1/P$, para uma relação de transmissão de 1, até $0,54/P$, para relações de 6,8 ou maiores.

A relação de transmissão pode ser determinada a partir do número de dentes, dos diâmetros primitivos ou dos ângulos do cone primitivo:

$$\text{Relação de transmissão} = \frac{\omega_p}{\omega_c} = \frac{N_c}{N_p} = \frac{d_c}{d_p}$$
$$= \tan \gamma_c = \cot \gamma_p \quad \textbf{(16.16)}$$

Geralmente é aceita pela prática a imposição de dois limites para a largura de face:

$$b \leq \frac{10}{P} \quad \text{e} \quad b \leq \frac{L}{3} \quad (L \text{ é definido na Figura 16.9}) \quad \textbf{(16.17)}$$

A Figura 16.10 ilustra a medida do ângulo de espira ψ de uma engrenagem cônica em espiral. As engrenagens cônicas devem, em geral, possuir um ângulo de pressão ϕ de 20°, e as cônicas espirais usualmente possuem um ângulo de espira ψ de 35°.

A Figura 16.11 ilustra as engrenagens cônicas *Zerol*, desenvolvidas pela *Gleason Machine Division*. Elas possuem dentes curvos como as cônicas espirais, porém têm ângulo de espira nulo.

16.7 Análise das Forças Atuantes nas Engrenagens Cônicas

A Figura 16.12 mostra a decomposição da resultante da força F atuante em um dente segundo suas componentes tangencial (a que produz torque), radial (a que gera uma tendência de separação) e axial (a que gera um esforço axial no eixo), designadas por F_t, F_r e F_a, respectivamente. Observe a necessidade de uma vista auxiliar para mostrar a verdadeira dimensão do vetor representativo da força F resultante (que é normal ao perfil do dente).

A força resultante F é mostrada aplicada ao dente na superfície do cone primitivo e no ponto médio da largura b do dente. Essa condição está de acordo com a hipótese usual de que a

FIGURA 16.11 Engrenagem cônica Zerol®. (Cortesia da Gleason Works.)

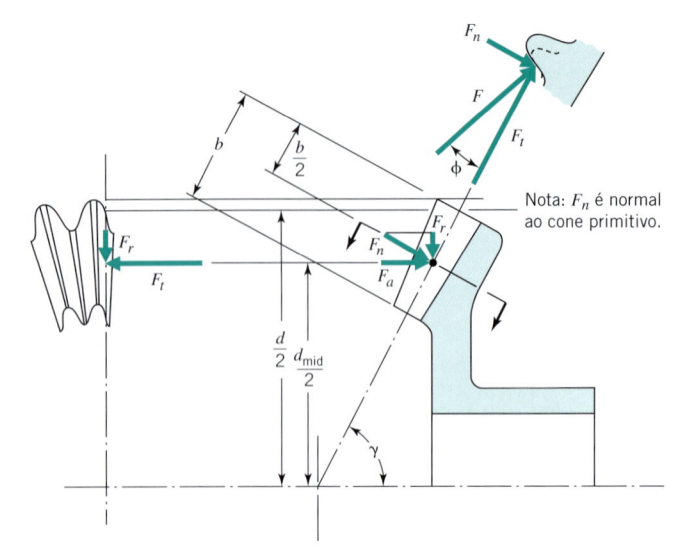

Figura 16.12 Decomposição da força *F* resultante aplicada ao dente de uma engrenagem cônica.

carga é uniformemente distribuída ao longo da largura do dente, independentemente do fato de que o dente é mais largo em sua extremidade externa. As relações a seguir, exceto aquelas que envolvem a potência, são deduzidas diretamente da geometria mostrada na Figura 16.12:

$$d_{méd} = d - b \, \text{sen} \, \gamma \qquad (16.18)$$

$$V_{méd} = \pi d_{méd} n \qquad (16.19a)$$

$$F_t = 33.000 \dot{W}/V_{méd} \qquad (16.20a)$$

em que $d_{méd}$ é expresso em pés, $V_{méd}$ em pés por minuto, n em rotações por minuto, F_t em libras e $\dot{W}$ em hp. Ou, nas unidades do SI,

$$V_{méd} = \pi d_{méd} n \qquad (16.19b)$$

$$F_t = \dot{W}/V_{méd} \qquad (16.20b)$$

em que $V_{méd}$ é expressa em metros por segundo, $d_{méd}$ em metros, n em rotações por segundo, F_t em newtons e $\dot{W}$ em watts.

As relações entre as forças são

$$F = F_t/\cos \phi \qquad (16.21)$$

$$F_n = F \, \text{sen} \, \phi = F_t \tan \phi \qquad (f)$$

$$F_a = F_n \, \text{sen} \, \gamma = F_t \tan \phi \, \text{sen} \, \gamma \qquad (16.22)$$

$$F_r = F_n \cos \gamma = F_t \tan \phi \cos \gamma \qquad (16.23)$$

Para uma engrenagem cônica em espiral, as componentes axial e radial da força são funções do ângulo de espira ψ:

$$F_a = \frac{F_t}{\cos \psi} (\tan \phi_n \, \text{sen} \, \gamma \mp \text{sen} \, \psi \cos \gamma) \qquad (16.24)$$

$$F_r = \frac{F_t}{\cos \psi} (\tan \phi_n \cos \gamma \pm \text{sen} \, \psi \, \text{sen} \, \gamma) \qquad (16.25)$$

No símbolo $\pm$ ou $\mp$, utilizado nas equações precedentes, o sinal superior aplica-se ao pinhão motriz com hélice à direita girando no sentido horário, quando visto de sua extremidade mais larga, e ao pinhão motriz com hélice à esquerda girando no sentido anti-horário, quando visto de sua extremidade mais larga. O sinal inferior aplica-se ao pinhão motriz com hélice à esquerda girando no sentido horário e ao pinhão motriz com hélice à direita girando no sentido anti-horário. Como no caso das engrenagens helicoidais, ϕ_n é o ângulo de pressão medido no plano normal ao dente.

16.8 Resistências à Flexão e à Fadiga Superficial dos Dentes de uma Engrenagem Cônica

Os cálculos das resistências à flexão e à fadiga superficial dos dentes de uma engrenagem cônica são bem mais complexos do que os realizados para as engrenagens de dentes retos e helicoidais. A discussão apresentada nesta seção é bem sucinta. O estudante dedicado e desejoso de aprofundar seus conhecimentos neste assunto deve consultar as publicações específicas da AGMA e outras referências especializadas, por exemplo, a publicada pela Gleason Machine Division.

A equação utilizada no cálculo da tensão de flexão atuante nos dentes das engrenagens cônicas é a mesma utilizada para as engrenagens de dentes retos:

$$\sigma = \frac{F_t P}{bJ} K_v K_o K_m \qquad (15.17)$$

em que

F_t é a carga tangencial em libras, obtida pela Eq. 16.20
P é o passo diametral na extremidade larga do dente
b é a largura de face em polegadas (deve estar de acordo com a Eq. 16.17)
J é o fator geométrico da Figura 16.13 (cônicas retas) ou da Figura 6.14 (cônicas espirais)[1]
K_v é o fator de velocidade. (Quando melhores informações não estão disponíveis, utilize um valor entre a unidade e o valor fornecido pela curva C da Figura 15.24, dependendo do grau de precisão da fabricação.)
K_o é o fator de sobrecarga, obtido pela Tabela 15.1
K_m é o fator de montagem, que depende de como as engrenagens são montadas em relação aos mancais (entre dois mancais ou externas a ambos os mancais) e do grau de rigidez de montagem (veja a Tabela 16.1)

---

[1] Veja a norma ANSI/AGMA 2003-C10 para os valores de *J* correspondentes a outros ângulos de hélice e ângulos de pressão.

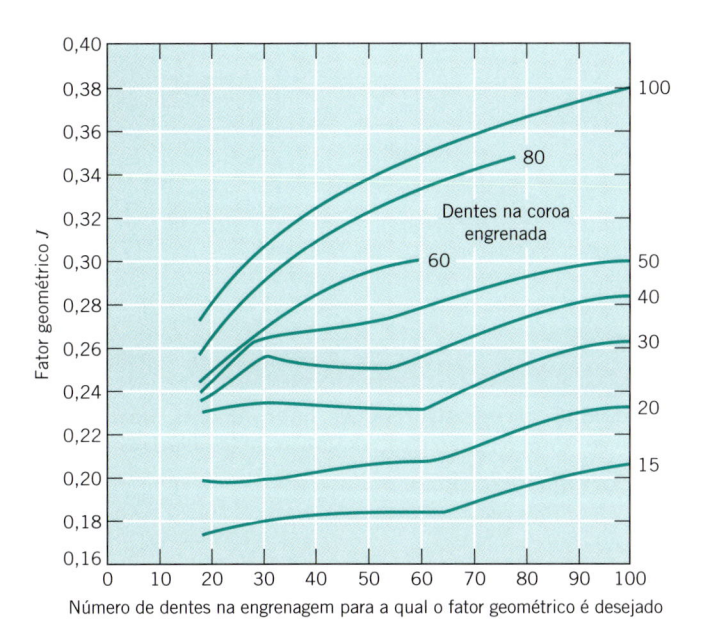

FIGURA 16.13 Fator geométrico *J* para engrenagens cônicas de dentes retos. Ângulo de pressão de 20°, ângulo entre eixos de 90°. (Referência: ANSI/AGMA 2003-C10.)

O limite de resistência à fadiga por flexão é calculado pela Eq. 15.18, exatamente como ocorreu para as engrenagens de dentes retos. O fator de segurança relacionando a tensão e a resistência de fadiga por flexão (Eqs. 15.17 e 15.18) também é considerado como o foi para as engrenagens de dentes retos.

As tensões de fadiga superficial nas engrenagens cônicas podem ser calculadas da mesma maneira que para as engrenagens de dentes retos,

$$\sigma_H = C_p \sqrt{\frac{F_t}{b d_p I} K_v K_o K_m} \qquad (15.24)$$

TABELA 16.1 Fator de Montagem K_m para Engrenagens Cônicas

Tipo de Montagem		Rigidez da Montagem, Máximo até o Questionável
Ambas as engrenagens montadas entre mancais		1,0 até 1,25
Uma das engrenagens montada entre mancais e a outra na extremidade do eixo		1,1 até 1,4
Ambas as engrenagens montadas nas extremidades dos eixos		1,25 até 1,5

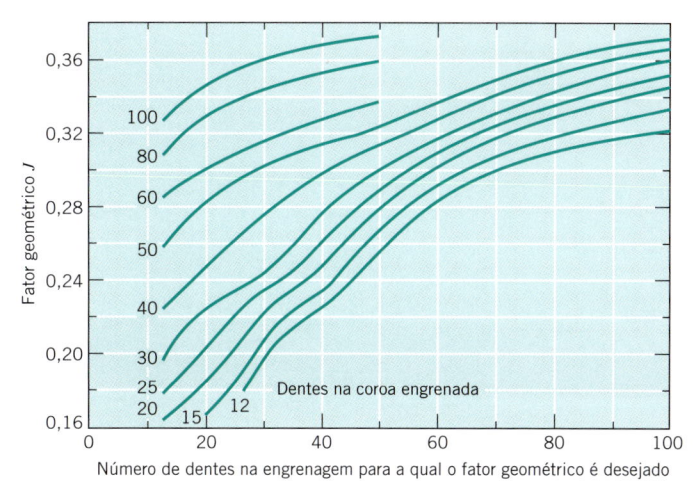

FIGURA 16.14 Fator geométrico *J* para engrenagens cônicas espirais. Ângulo de pressão de 20°, ângulo de espira de 35°, ângulo entre eixos de 90°. (Referência: ANSI/AGMA 2003-C10.)

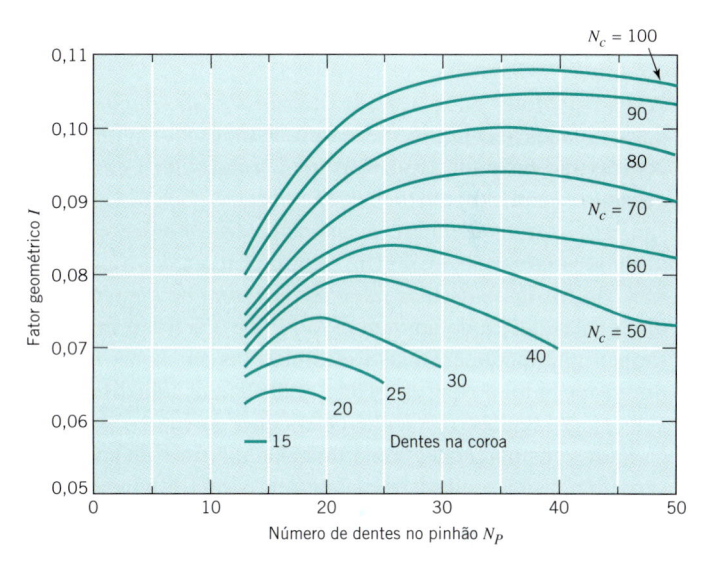

FIGURA 16.15 Fator geométrico *I* para engrenagens cônicas de dentes retos. Ângulo de pressão de 20°, ângulo entre eixos de 90°. (Referência ANSI/AGMA 2003-C10.)

com apenas duas alterações: (1) Os valores de C_p fornecidos na Tabela 15.4 devem ser multiplicados por 1,23. Essa modificação reflete uma área de contato mais localizada do que a das engrenagens de dentes retos. (2) Os valores do fator geométrico *I* são obtidos pela Figura 16.15 (dentes retos) e pela Figura 16.16 (dentes espirais). (Veja a norma ANSI/AGMA 2003-C10 para o cálculo dos valores de *I* referentes a outras formas de dentes.)

A resistência à fadiga de superfície para as engrenagens cônicas é obtida pela Eq. 15.25, exatamente como foi determinada para as engrenagens de dentes retos.

16.9 Trens de Engrenagens Cônicas; Engrenagens Diferenciais

Para os trens de engrenagens usuais, com todas as engrenagens girando em relação a eixos que são fixos um relativamente ao

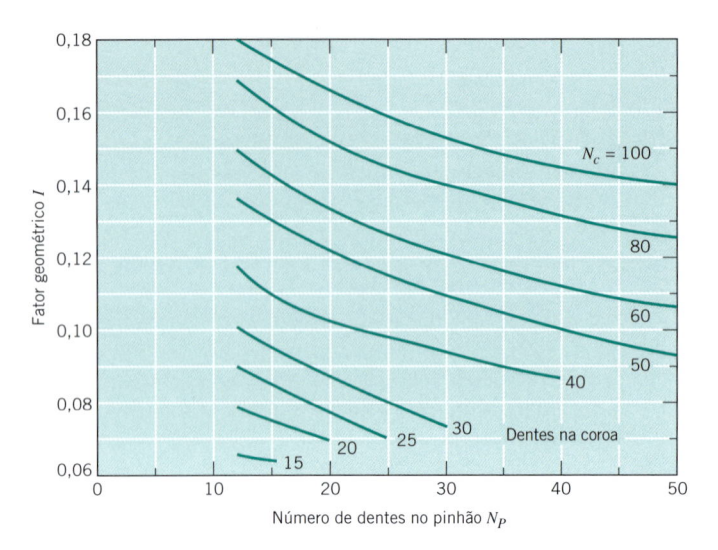

FIGURA 16.16 **Fator geométrico *I* para engrenagens cônicas espirais. Ângulo de pressão de 20°, ângulo de espira de 35°, ângulo entre eixos de 90°. (Referência: ANSI/AGMA 2003-C10.)**

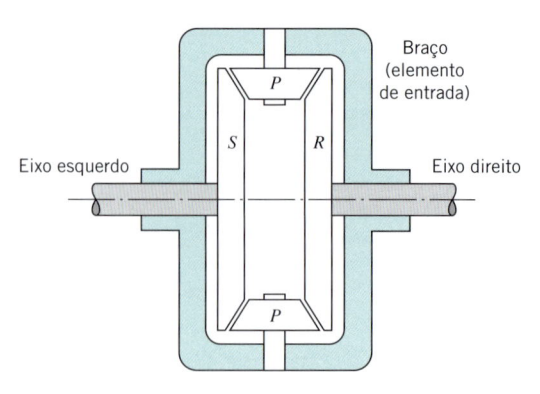

FIGURA 16.18 **Trem diferencial (engrenagens planetárias cônicas). Com o braço fixo, a relação de transmissão ω_R/ω_S é exatamente igual a −1.**

outro, os valores da relação de transmissão são rapidamente determinados pela Eq. 16.16. Se uma ou mais das engrenagens cônicas são montadas com seus eixos solidários a um braço girante, o resultado é um trem de engrenagens planetárias muito similar aos trens de engrenagens planetárias de dentes retos discutidos na Seção 15.13. Um trem de engrenagens planetárias cônicas de particular interesse é o trem de engrenagens diferenciais utilizado nos automóveis. Seu objetivo é dividir o torque igualmente entre as rodas motoras da esquerda e da direita, permitindo que essas duas rodas girem com diferentes velocidades quando o veículo realiza uma curva.

Para se compreender como funciona um trem de engrenagens diferenciais, considere inicialmente o trem de engrenagens planetárias de dentes retos mostrado na Figura 16.17. Mantendo-se o braço fixo, a relação ω_R/ω_S será negativa e ligeiramente menor do que 1. Idealizando-se as engrenagens planetárias infinitamente pequenas, os diâmetros da solar e da coroa circular

seriam idênticos e a relação seria exatamente igual a −1. A Figura 16.18 mostra que com as engrenagens cônicas os diâmetros da solar e da coroa circular podem ser idênticos; de fato, a solar e a coroa circular se tornam intercambiáveis. Se o braço (que é o componente de entrada, conduzido pelo motor do veículo) for mantido fixo, os dois eixos girarão com velocidades iguais e em sentidos opostos. Se a "solar" (assim chamada a engrenagem solidária ao eixo da esquerda) for mantida fixa, a coroa circular (solidária ao eixo da direita) girará com o dobro da velocidade do braço. Analogamente, mantendo-se o eixo direito fixo o eixo esquerdo girará com o dobro da velocidade do braço. Se o atrito nos mancais das planetárias for desprezível, o trem de engrenagens diferenciais aplicará torques iguais aos eixos da direita e da esquerda durante todo o tempo. Entretanto, a *média* das velocidades dos eixos é igual à velocidade do braço. Se ao realizar uma curva a roda mais externa girar com uma velocidade igual a 101 % da velocidade do braço, a roda mais interna deverá girar a 99 % dessa velocidade. Conforme já discutido, se um dos lados gira com velocidade nula, o outro girará com o dobro da velocidade do braço.

16.10 Geometria e Nomenclatura das Engrenagens Sem-Fim

A Figura 16.19 ilustra um sem-fim e um conjunto sem-fim e coroa. O sem-fim mostrado possui duas roscas, porém qualquer número até seis ou mesmo mais pode ser utilizado. A geometria de um sem-fim é similar àquela do parafuso de potência (lembre-se das Seções 10.2 e 10.3). A rotação do sem-fim simula o avanço linear de uma cremalheira evolvental. A geometria da coroa do sem-fim (algumas vezes chamada de roda sem-fim) é similar àquela de uma engrenagem helicoidal, exceto pelo fato de os dentes serem curvos para permitir o assentamento do sem-fim. Algumas vezes o sem-fim é modificado para assentar a coroa, conforme mostrado na Figura 16.3*b*. Essa condição propicia uma maior área de contato, porém requer montagens extremamente precisas. (Note que o posicionamento axial de um sem-fim convencional sem o assentamento não é crítico.)

A Figura 16.19 mostra o ângulo usual de 90° entre os eixos que não se interceptam. Neste caso, o ângulo de avanço do sem-fim *λ* (que corresponde ao ângulo de avanço do parafuso,

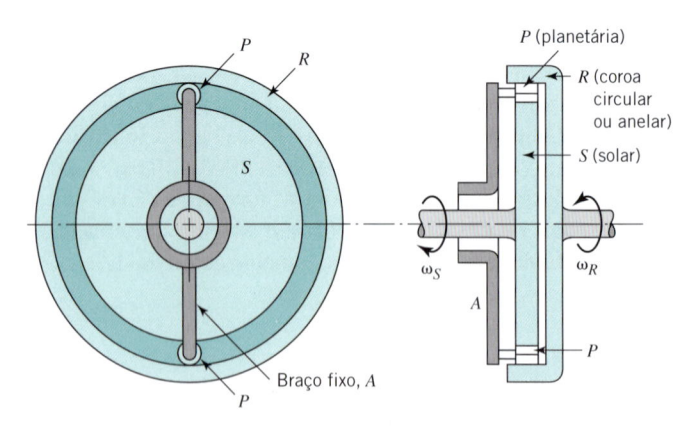

FIGURA 16.17 **Trem de engrenagens planetárias com planetárias extremamente pequenas. Com o braço fixo, a relação de transmissão ω_R/ω_S é muito próxima de −1.**

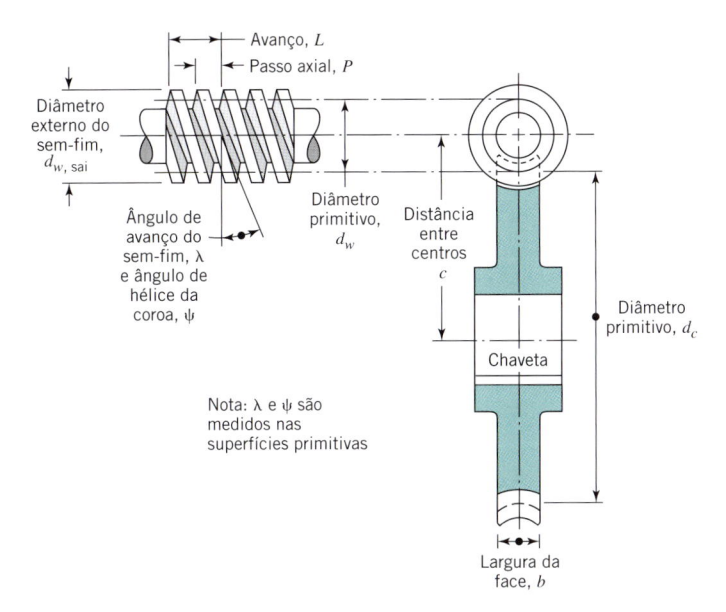

FIGURA 16.19 Nomenclatura do conjunto sem-fim e coroa mostrada para um sem-fim de rosca dupla engrenado à coroa.

ilustrado na Figura 10.1) é igual ao ângulo de hélice da coroa ψ (que também é mostrado nas Figuras 16.4 até 16.7). Os ângulos λ e ψ possuem o mesmo "sentido".

Do mesmo modo que ocorreu para as engrenagens de dentes retos e de dentes helicoidais, o diâmetro primitivo de um conjunto sem-fim e coroa está relacionado a seu passo circular e ao número de dentes pela fórmula representada pela Eq. 15.2:

$$d_c = N_c p/\pi \qquad \textbf{(15.2, modificado)}$$

O diâmetro primitivo de um sem-fim *não* é uma função de seu número de roscas, N_w. Isso significa que a razão de transmissão de um conjunto sem-fim e coroa é determinada pela relação entre o número de dentes da coroa e o número de roscas do sem-fim; ela *não* é igual à relação entre os diâmetros da coroa e do sem-fim:

$$\frac{\omega_w}{\omega_c} = \frac{N_c}{N_w} \qquad \textbf{(16.26)}$$

Os sem-fins usualmente possuem no mínimo 24 dentes, e o número de dentes da coroa somado às roscas do sem-fim deve ser superior a 40:

$$N_w + N_c > 40 \qquad \textbf{(16.27)}$$

Um sem-fim de qualquer diâmetro primitivo pode ser fabricado com qualquer número de roscas e qualquer passo axial. Para a máxima capacidade de transmissão de potência, o diâmetro primitivo do sem-fim deve normalmente ser relacionado à distância entre centros dos eixos pela seguinte equação:

$$\frac{c^{0,875}}{3,0} \leq d_w \leq \frac{c^{0,875}}{1,7} \qquad \textbf{(16.28)}$$

Os sem-fins cortados diretamente sobre o eixo podem, certamente, ter um diâmetro menor do que os sem-fins cortados em uma casca (cilindro vazado), que são produzidos separadamente. Os sem-fins cortados sobre uma casca são vazados para deslizar ao longo do eixo e são travados por rasgos, chavetas ou pinos. As considerações sobre resistência raramente permitem a um sem-fim cortado em casca ter um diâmetro primitivo menor do que

$$d_w = 2,4p + 1,1(\text{in}) \qquad \textbf{(16.29)}$$

A largura de face da coroa não deve ser superior à metade do diâmetro externo do sem-fim:

$$b \leq 0,5 d_{w,\text{ext}} \qquad \textbf{(16.30)}$$

O ângulo de avanço, o avanço e o diâmetro primitivo obedecem à relação apresentada na Eq. 10.1, relativa às roscas de um parafuso:

$$\tan \lambda = L/\pi d_w \qquad \textbf{(10.1, modificado)}$$

Para evitar interferência, os ângulos de pressão são comumente relacionados aos ângulos de avanço do sem-fim, conforme indicado na Tabela 16.2. Os seguintes valores padronizados de p (passo axial do sem-fim ou passo circular da coroa) são frequentemente utilizados: 1/4, 5/16, 3/8, 1/2, 5/8, 3/4, 1, 1 1/4, 1 1/2 e 2 in (6,35; 7,94; 9,52; 12,70; 15,88; 19,05; 25,40; 31,75; 38,10 e 50,80 mm). Os valores do adendo e da profundidade do dente geralmente estão em conformidade com a prática utilizada para as engrenagens helicoidais, porém podem ser fortemente influenciados por considerações do processo de fabricação. A literatura especializada deve ser consultada para este e outros detalhes de projeto.

A capacidade de carga e a durabilidade das engrenagens sem-fim podem ser aumentadas de forma significativa pela modificação do projeto de modo a propiciar, predominantemente, uma "ação de afastamento". (Em relação à Figura 15.8, o ângulo de aproximação deve ser projetado para ser pequeno ou nulo, e o ângulo de afastamento deve ser maior.) Veja a referência [2] para mais detalhes.

TABELA 16.2 Ângulo Máximo de Avanço do Sem-Fim e Fator de Forma de Lewis para o Conjunto Sem-Fim e Coroa, para Diversos ângulos de Pressão

Ângulo de Pressão ϕ_n (graus)	Ângulo Máximo de Avanço λ (graus)	Fator de Forma de Lewis y
14½	15	0,100
20	25	0,125
25	35	0,150
30	45	0,175

16.11 Análise das Forças e da Eficiência do Par Sem-Fim e Coroa

A Figura 16.20 ilustra as componentes de força tangencial, axial e radial atuantes em um sem-fim e na correspondente coroa. Para o ângulo de eixo usual de 90°, observe que a força tangencial no sem-fim é igual à força axial na coroa, e vice-versa, $F_{wt} = F_{ca}$ e $F_{ct} = F_{wa}$. As forças radiais ou de separação do sem-fim e da coroa também são iguais, $F_{wr} = F_{cr}$. Se a potência e a velocidade de entrada (quase sempre relacionadas ao sem-fim) ou de saída (normalmente relacionada à coroa) forem conhecidas, a força tangencial atuante nesse componente poderá ser determinada pela Eq. 15.14 ou 15.14a.

Na Figura 16.20 o elemento motriz é um sem-fim com rosca para a direita que gira no sentido horário. A orientação da força mostrada pode ser visualizada rapidamente idealizando-se o sem-fim como um parafuso de hélice direita sendo apertado de modo a puxar a "porca" (o dente da coroa) no sentido da "cabeça do parafuso". As orientações das forças para outras combinações do sentido da hélice do sem-fim e do sentido de rotação podem ser visualizadas de forma análoga.

A análise das componentes de força que definem a potência de um parafuso, apresentada na Seção 10.3, também é aplicável ao conjunto sem-fim e coroa. Notando-se que o ângulo de rosca α_n da rosca de um parafuso corresponde ao ângulo de pressão ϕ_n do sem-fim (ilustrado na Figura 16.21a), podem-se aplicar as equações da força, da eficiência e do autotravamento da Seção 10.3 diretamente a um conjunto sem-fim e coroa. Visando-se destacar o significado físico dessas equações, elas são deduzidas a seguir em relação à geometria do sem-fim e da coroa.

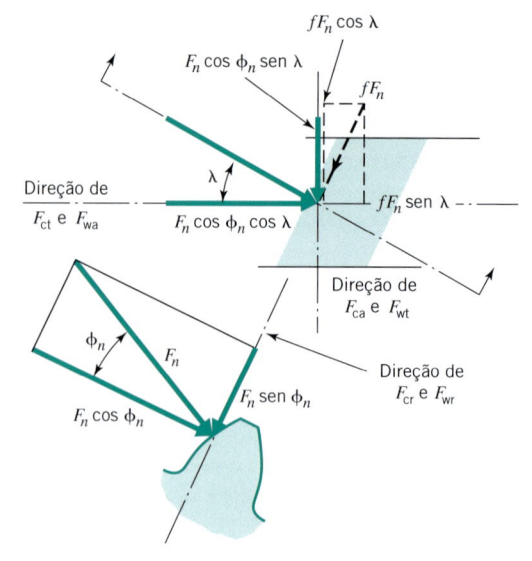

(a) Acionamento pelo sem-fim
(como indicado na Fig. 16.20)

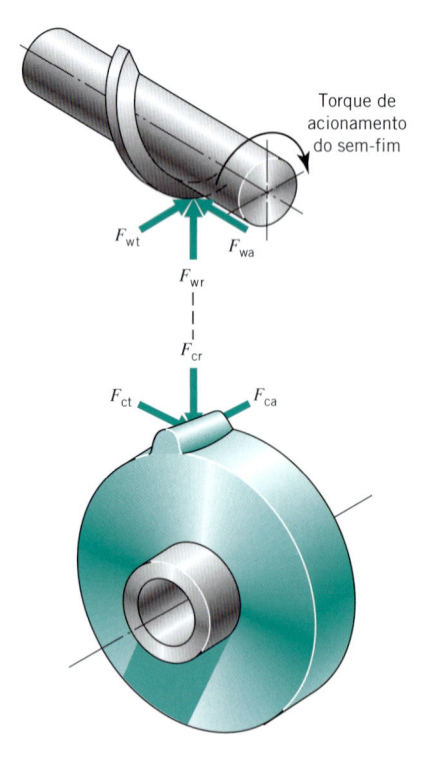

Figura 16.20 Orientação das forças atuantes no conjunto sem-fim e coroa ilustradas para um sem-fim de hélice direita acionado no sentido horário.

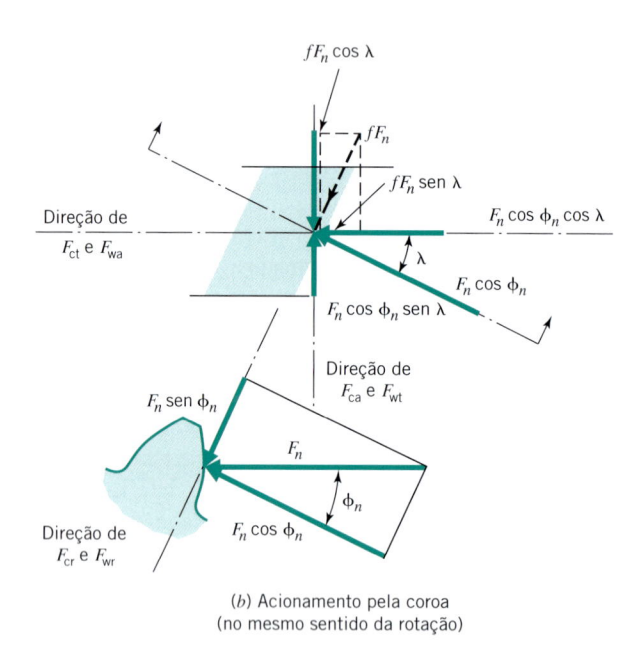

(b) Acionamento pela coroa
(no mesmo sentido da rotação)

Figura 16.21 Forças atuantes no dente da coroa mostrada na Figura 16.20.

A Figura 16.21a mostra em detalhe as forças atuantes na coroa da Figura 16.20. As componentes da força F_n normal ao dente são mostradas em linhas contínuas. As componentes da força de atrito fF_n são mostradas em linhas tracejadas. Observe que a força de atrito é sempre orientada no sentido *oposto ao movimento de deslizamento*. Na Figura 16.21a, o sem-fim motriz está girando no sentido horário:

$$F_{ct} = F_{wa} = F_n \cos \phi_n \cos \lambda - fF_n \sin \lambda \quad \text{(g)}$$

$$F_{wt} = F_{ca} = F_n \cos \phi_n \sin \lambda + fF_n \cos \lambda \quad \text{(h)}$$

$$F_{cr} = F_{wr} = F_n \sin \phi_n \quad \text{(i)}$$

Combinando-se as Eqs. g e h, tem-se

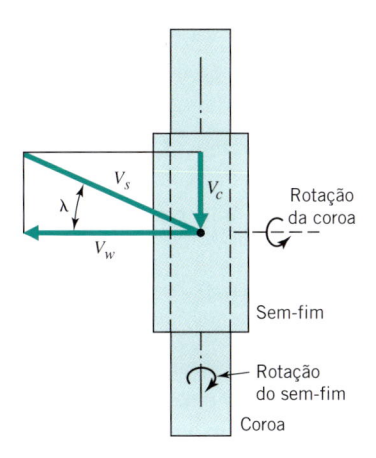

Figura 16.22 Relação vetorial entre a velocidade do sem-fim, a velocidade da coroa e a velocidade de deslizamento.

$$\frac{F_{ct}}{F_{wt}} = \frac{\cos \phi_n \cos \lambda - f \,\text{sen}\, \lambda}{\cos \phi_n \,\text{sen}\, \lambda + f \cos \lambda} \qquad (16.31)$$

A combinação da Eq. i com a Eq. g e da Eq. i com a Eq. h fornece

$$F_{cr} = F_{wr} = F_{ct} \frac{\text{sen}\, \phi_n}{\cos \phi_n \cos \lambda - f \,\text{sen}\, \lambda}$$

$$= F_{wt} \frac{\text{sen}\, \phi_n}{\cos \phi_n \,\text{sen}\, \lambda + f \cos \lambda} \qquad (16.32)$$

A Figura 16.22 mostra a relação entre a velocidade tangencial do sem-fim, a velocidade tangencial da coroa e a velocidade de deslizamento.

$$V_c/V_w = \tan \lambda \qquad (16.33)$$

A eficiência e é igual à razão entre o trabalho de saída e o trabalho de entrada. Para o caso usual do sem-fim operando como elemento de entrada,

$$e = \frac{F_{ct} V_c}{F_{wt} V_w}$$

$$= \frac{\cos \phi_n \cos \lambda - f \,\text{sen}\, \lambda}{\cos \phi_n \,\text{sen}\, \lambda + f \cos \lambda} \tan \lambda$$

$$e = \frac{\cos \phi_n - f \tan \lambda}{\cos \phi_n + f \cot \lambda} \qquad (16.34)$$

Essa equação corresponde à Eq. 10.9 e às curvas da Figura 10.8. É importante lembrar que a eficiência global de um redutor com sem-fim e coroa é um pouco menor devido às perdas por atrito nos mancais e à selagem dos eixos, e também devido à agitação do óleo lubrificante.

O coeficiente de atrito, f, apresenta uma grande variação, dependendo de variáveis como material da engrenagem, tipo de lubrificante utilizado, temperatura de operação, acabamento

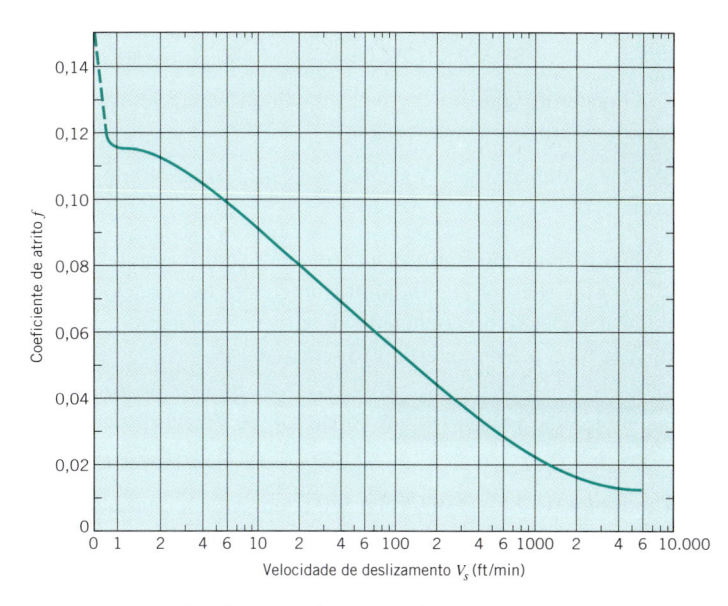

Figura 16.23 Coeficiente de atrito do par sem-fim e coroa. (Referência: Norma 6034-B92 ANSI/AGMA.)

superficial, precisão de montagem e velocidade de deslizamento. Os valores reportados na literatura cobrem uma grande faixa. A Figura 16.23 fornece alguns valores recomendados para uso pela Associação de Fabricantes de Engrenagens dos Estados Unidos (*American Gear Manufacturers Association*).

A Figura 16.22 mostra que a velocidade de deslizamento V_s está relacionada às velocidades nas circunferências primitivas do sem-fim e da coroa e ao ângulo de avanço do sem-fim por

$$V_s = V_w/\cos \lambda = V_c/\text{sen}\, \lambda \qquad (16.35)$$

A Eq. g indica que, com um coeficiente de atrito suficientemente alto, a força tangencial na coroa se torna nula e o conjunto sem-fim e coroa é autotravante. (Veja a Seção 10.3.3 para uma discussão sobre autotravamento dos parafusos de potência.) Com essa condição, nenhum torque no sem-fim produzirá movimento. O autotravamento ocorrerá sempre que a coroa for o elemento motriz. Em muitos exemplos isso é desejável e será útil para manter a carga protegida de uma eventual inversão de movimento, o mesmo que ocorreu para os parafusos de potência com autotravamento. Em outras situações, o autotravamento é indesejável e pode ser destrutivo, como no conjunto sem-fim coroa do eixo de um caminhão,[2] onde o sentido do torque se inverte para propiciar o freio-motor.

A Figura 16.21*b* ilustra os mesmos sentidos de rotação que a Figura 16.21*a*, porém com o sentido do torque invertido (isto é, com a coroa sendo a engrenagem motriz). Nesse caso, o contato passa a ocorrer no outro lado do dente da coroa e a carga normal inverte seu sentido. Como a velocidade de deslizamento possui o mesmo sentido independentemente de quem é o elemento motriz, a força de atrito possui a mesma orientação nas Figuras 16.21*a* e 16.21*b*. Na Figura 16.21*b* a força tangencial tendendo a acionar o sem-fim é

---

[2] Normalmente, os eixos dos caminhões utilizam engrenagens motrizes cônicas espirais ou hipoides.

$$F_{wt} = F_n \cos \phi_n \,\text{sen}\, \lambda - fF_n \cos \lambda \qquad \textbf{(j)}$$

O conjunto sem-fim e coroa será autotravante se esta força tender a zero, o que ocorrerá se

$$f \geq \cos \phi_n \tan \lambda \qquad \textbf{(16.36)}$$

Se um conjunto sem-fim e coroa deve ser projetado para se comportar *sempre* como autotravante, será necessário considerar a variação do coeficiente de atrito ao selecionar o valor de λ (e uma menor extensão ao selecionar ϕ_n).

PROBLEMA RESOLVIDO 16.2   Redutor de Velocidade do Tipo Coroa e Sem-Fim

---

Um motor de 2 hp (1492 W) a 1200 rpm aciona uma máquina a 60 rpm por meio de um redutor do tipo coroa e sem-fim com uma distância entre centros de 5 in (127 mm). O sem-fim de hélice à direita possui duas roscas, um passo axial de 5/8 in (15,88 mm) e um ângulo de pressão normal de 14,5°. O sem-fim é fabricado de aço, temperado e polido, e a coroa é de bronze. Determine: (a) todas as componentes de força correspondentes à potência calculada do motor, (b) a potência fornecida à máquina conduzida e (c) se o acionamento é autotravante ou não.

Solução

Conhecido: Um motor de potência e rotação conhecidas aciona um redutor de velocidade do tipo sem-fim e coroa. A geometria do par sem-fim e coroa é especificada. (Veja a Figura 16.24.)

A Ser Determinado: Determine: (a) todas as componentes de força atuantes no par sem-fim e coroa, (b) a potência fornecida à máquina conduzida e (c) se o acionamento é autotravante ou não.

Esquemas e Dados Fornecidos:

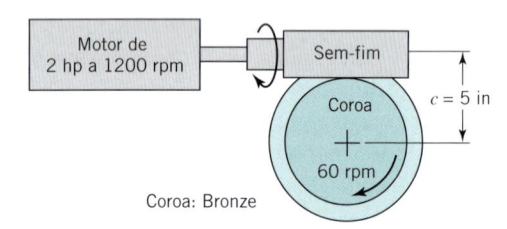

Figura 16.24   Redutor do tipo sem-fim e coroa do Problema Resolvido 16.2.

Hipóteses:

1. O sem-fim e a coroa são montados e alinhados sobre eixos mutuamente perpendiculares e se engrenam de forma apropriada.

2. Todas as cargas nos dentes são transmitidas no ponto primitivo e no plano médio das engrenagens.

Análise:

1. Para uma taxa de redução de 1200 rpm/60 rpm = 20, juntamente com um sem-fim de rosca dupla, a coroa deve ter 40 dentes.

2. Com $P = 5/8$ in, $d_c = (5/8)(40)/\pi = 7,96$ in (202,18 mm).

3. Para $c = 5$ in, $d_c = d_w = 10$ in. Logo, $d_w = 2,04$ in (51,82 mm).

4. Ângulo de avanço: $\lambda = \tan^{-1} L/\pi d_w = \tan^{-1} 1,25/\pi(2,04) = 11,04°$.

5. $V_w = \pi d_w n_w/12 = \pi(2,04)(1200)/12 = 640$ ft/min (3,25 m/s).

6. $F_{wt} (= F_{ca}) = (33.000)/V_w = (2)(33.000)/(640) = 103$ lb (458,17 N).

7. As demais componentes de força são funções do coeficiente de atrito. Para estimar f pela Figura 16.23 deve-se, inicialmente, determinar a velocidade de deslizamento. Pela Eq. 16.35, $V_s = V_w/\cos \lambda = 640/\cos 11,04° = 652$ fpm (3,31 m/s). Pela Figura 16.23, f é estimado em aproximadamente 0,026. Perceba que todas as respostas além desse ponto são apenas tão boas quanto o valor estimado de f.

8. Pela Eq. 16.31,

$$\frac{F_{ct}}{F_{wt}} = \frac{\cos 14,5° \cos 11,04° - 0,026 \,\text{sen}\, 11,04°}{\cos 14,5° \,\text{sen}\, 11,04° + 0,026 \cos 11,04°} = 4,48$$

Portanto, $F_{ct} (= F_{wa}) = 103$ lb (458,17 N) (4,48) = 461 lb (2050,63 N).

9. Pela Eq. 16.32,

$$F_{cr} = F_{wr}$$
$$= 103 \text{ lb} \frac{\text{sen}\, 14,5°}{\cos 14,5° \,\text{sen}\, 11,04° + 0,026 \cos 11,04°}$$
$$= 122 \text{ lb}$$

Todas as componentes de força são mostradas na Figura 16.20 com seus correspondentes sentidos.

10. Pela Eq. 16.34,

$$e = \frac{\cos 14,5° - 0,026 \tan 11,04°}{\cos 14,5° + 0,026 \cot 11,04°} = 87 \%$$

ou

$$e = \frac{F_{ct} V_c}{F_{wt} V_w} = \frac{F_{ct}}{F_{wt}} \tan \lambda = 4,48 \tan 11,04° = 87 \%$$

(Note que esse valor também pode ser verificado com a Figura 10.8.)

11. De modo a serem consideradas as pequenas perdas por atrito nos mancais, na selagem dos eixos e o agitamento do óleo lubrificante, admite-se um rendimento global de aproximadamente 85 %. Com base nesse valor, a potência de saída é igual à potência de entrada multiplicada pelo rendimento, isto é, 2(0,85) = 1,7 hp.

12. A grandeza $\cos \phi_n \tan \lambda = \cos 14,5° \tan 11,40° = 0,19$. Como esse valor é maior do que f, a Eq. 16.31 indica que o acionamento *não* é autotravante; ao contrário, é reversível.

Comentários:

1. Um fato importante sobre o conjunto sem-fim coroa é que a carga tangencial aos dentes da coroa aparece como carga

axial no sem-fim e, portanto, deve-se selecionar um mancal axial para suportar essa carga.

2. O conjunto sem-fim e coroa possui, em geral, uma eficiência significativamente mais baixa do que os acionamentos através de engrenagens de dentes retos. As eficiências dos pares de engrenagens de dentes retos podem ser da ordem de 98 %. A principal razão para a eficiência mais baixa dos conjuntos sem-fim e coroa é o atrito de deslizamento inerente à ação dos dentes. Boa parte dessa perda de energia aparece na forma de energia térmica.

16.12 Resistências à Fadiga por Flexão e Superficial do Par Sem-Fim e Coroa

A determinação da capacidade de carga é mais complexa para o par sem-fim e coroa do que para os outros tipos de engrenagens. Existem diversos processos utilizados na estimativa das resistências à fadiga por flexão e superficial. Além disso, a capacidade do par sem-fim e coroa geralmente é limitada não pela resistência à fadiga, mas pela capacidade de resfriamento. A capacidade de resfriamento é discutida na próxima seção.

As resistências à fadiga por flexão e superficial para os tipos de engrenagens considerados anteriormente foram analisadas pela comparação das tensões de flexão e superficial estimadas com as correspondentes resistências à fadiga estimadas para o material. O mesmo procedimento pode ser adotado pela comparação da *carga* tangencial estimada do dente da coroa (carga nominal multiplicada pelos fatores que consideram o impacto devido às imprecisões e as deformações do dente, desalinhamentos etc.) com os valores-limites da *carga* total do dente, com base nas resistências à fadiga e superficial. A carga total do dente é chamada de *carga dinâmica* F_d, a carga-limite de fadiga por flexão é chamada de *capacidade de resistência* F_s e a carga-limite de fadiga superficial é chamada (de forma imprópria) de *capacidade de desgaste* F_w. Para um desempenho satisfatório da coroa, é necessário que

$$F_s \geq F_d \qquad (16.37)$$

e

$$F_w \geq F_d \qquad (16.38)$$

Essa condição limitante da "carga dinâmica" foi analisada com detalhes consideráveis para todos os tipos de engrenagens no clássico tratado de Buckingham [1]. A análise a seguir é uma versão simplificada aplicada ao par sem-fim e coroa.

A carga dinâmica é estimada pela multiplicação do valor nominal da força tangencial da coroa (determinada pela Eq. 15.14 ou 15.14a) pelo fator de velocidade "D" da Figura 15.24:

$$F_d = F_{ct}K_v = F_{ct}\frac{1200 + V_c}{1200} \qquad (16.39)$$

em que V_c é a velocidade na circunferência primitiva em pés por minuto.

As tensões de flexão são muito maiores na coroa do que no sem-fim. Adaptando a equação de Lewis (Eq. 15.15) aos dentes do par sem-fim e coroa, tem-se

$$F_s = S_n bpy \qquad (16.40)$$

em que

F_s é o valor máximo admissível da carga dinâmica em relação à fadiga por flexão

S_n é a resistência à fadiga por flexão (de zero a um máximo) do material da coroa (usualmente considerada como 24 ksi para coroas de bronze; veja a explicação a seguir)

b é a largura de face da coroa

p é o passo circular da coroa

y é o fator de forma de Lewis, usualmente considerado como dependente apenas do ângulo de pressão normal (veja a Tabela 16.2)

Embora outros materiais (alumínios, ferros fundidos e plásticos) possam, ocasionalmente, ser utilizados, os pares sem-fim e coroa mais utilizados são fabricados de um bronze especial para engrenagens (SAE 65). Em vez de uma estimativa da resistência à fadiga de zero até um máximo estabelecido pela Eq. 15.18, o valor de 24 ksi, originalmente proposto por Buckingham [1], tem sido satisfatório, conforme tem demonstrado a experiência.

A capacidade de "desgaste" F_w é uma função dos materiais, dos raios de curvatura e do comprimento teórico da linha de contato. Devido às altas velocidades de deslizamento e ao associado calor gerado, a lubrificação é extremamente importante. Importante também é a suavidade das superfícies, particularmente do sem-fim. Admitindo a presença de uma fonte adequada de um lubrificante apropriado, a equação a seguir pode ser utilizada para uma estimativa grosseira,

$$F_w = d_c b K_w \qquad (16.41)$$

em que

F_w é o valor máximo admissível da carga dinâmica em relação à fadiga superficial

d_c é o diâmetro primitivo da coroa

b é a largura de face da coroa

K_w é um fator que considera o material e a geometria, com valores determinados empiricamente (veja a Tabela 16.3)

A combinação de grandes cargas com altas velocidades de deslizamento encontradas nos conjuntos sem-fim e coroa os torna similares aos eixos e aos mancais de deslizamento. O bronze e o aço temperado podem representar uma boa combinação de materiais para ambas as aplicações. O componente de bronze é capaz de reduzir o desgaste e aumentar a área de contato.

Conforme comentado inicialmente, esta seção apresentou um tratamento simplificado para uma matéria complexa. Por exemplo, os fatores correspondentes àqueles fornecidos para

TABELA 16.3 Fatores de Desgaste do Conjunto Sem-Fim e Coroa K_w

Material		K_w (lb/in²)		
Sem-Fim	Coroa	$\lambda < 10°$	$\lambda < 25°$	$\lambda > 25°$
Aço, 250 Bhn	Bronze[a]	60	75	90
Aço temperado (dureza superficial, 500 Bhn)	Bronze[a]	80	100	120
Aço temperado	Bronze fundido e resfriado	120	150	180
Ferro fundido	Bronze[a]	150	185	225

[a]Fundição com areia.

as engrenagens de dentes retos nas Tabelas 15.1, 15.2 e 15.3 não foram mencionados, embora obviamente eles influenciem na capacidade de um par sem-fim e coroa.

16.13 Capacidade Térmica de um Conjunto Sem-Fim e Coroa

A capacidade de operação contínua de um conjunto sem-fim e coroa é geralmente limitada pela capacidade de seu alojamento dissipar calor devido ao atrito sem desenvolver temperaturas excessivamente altas na coroa e no lubrificante. Normalmente, as temperaturas do óleo lubrificante não devem ser superiores a cerca de 200°F (93°C) para uma operação satisfatória. A relação fundamental entre a elevação da temperatura e a taxa de dissipação de calor foi aplicada anteriormente aos mancais de deslizamento,

$$H = CA(t_o - t_a) \qquad \text{(13.13, repetido)}$$

em que

- H é a taxa temporal de dissipação de calor (ft · lb por minuto)
- C é o coeficiente de transferência de calor (ft · lb por minuto por pé quadrado de área de superfície do alojamento por °F)
- A é a área da superfície externa do alojamento (pés quadrados)
- t_o é a temperatura do óleo (valores disponíveis estão geralmente na faixa de 160° a 200°F)
- t_a é a temperatura do ar ambiente (°F)

Os valores de A utilizados nos projetos de alojamentos convencionais podem ser estimados grosseiramente a partir da equação[3]

[3]Recomenda-se que os alojamentos sejam projetados de modo a terem no mínimo esta área, excluindo-se as áreas da base, dos flanges e das aletas.

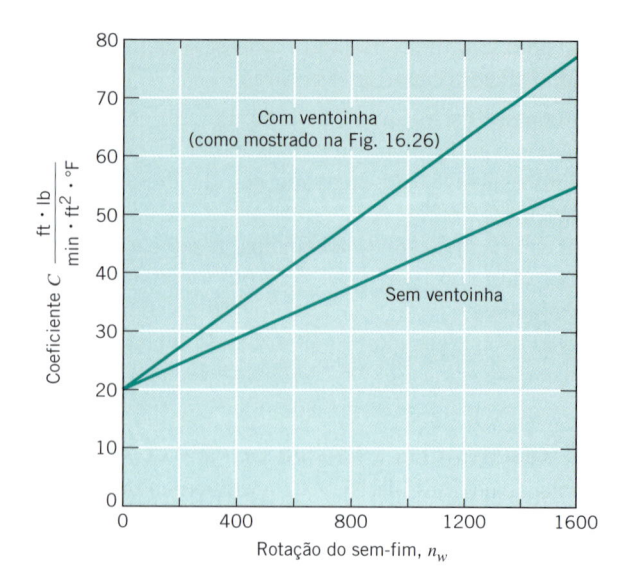

FIGURA 16.25 Coeficiente de transferência de calor estimado C para o alojamento do par sem-fim e coroa. (Baseado em H. Walker, "Thermal Rating of Worm Gear Boxes", *Proc. Inst. Mech. Engrs.*, 151, 1944.)

$$A = 0,3c^{1,7} \qquad \text{(16.42)}$$

em que A é expressa em pés quadrados e c (a distância entre eixos) está em polegadas.

Valores aproximados de C podem ser obtidos através do gráfico da Figura 16.25. A Figura 16.26 mostra o exemplo de uma ventoinha instalada no eixo do sem-fim para resfriamento.

A natureza aproximada da Eq. 16.42 e das curvas na Figura 16.25 deve ser enfatizada. A área da superfície do alojamento

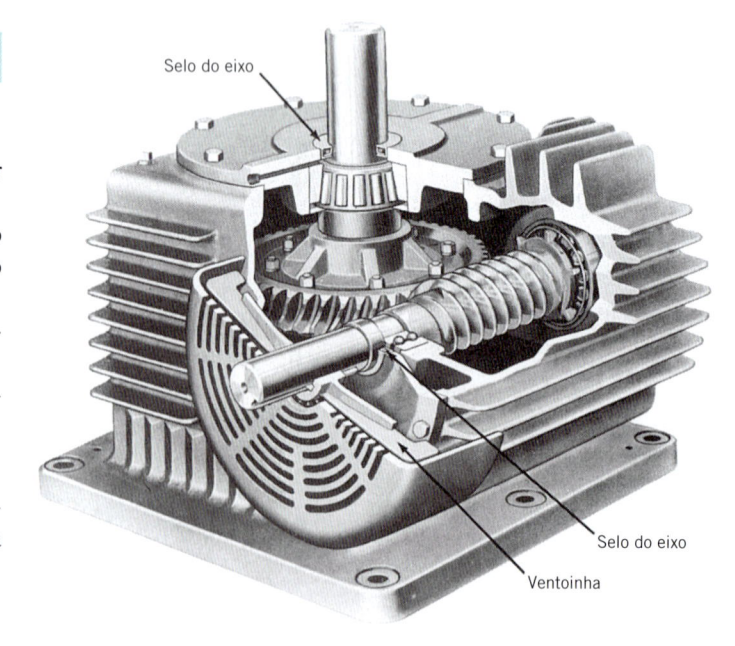

FIGURA 16.26 Redutor de velocidades do tipo sem-fim e coroa com ventoinha e aletas para aumentar a transferência de calor. (Cortesia da Cleveland Gear Company.)

pode ser bem maior do que o valor estabelecido pela Eq. 16.42 pela incorporação de aletas de resfriamento. Praticamente qualquer resfriamento desejável para o óleo pode ser obtido por meio de um trocador de calor externo e pelo direcionamento de jatos de óleo resfriado no ponto de engrenamento das engrenagens.

Onde as considerações térmicas possam ser críticas, torna-se importante a obtenção de dados confiáveis de ensaios, realizados sob as condições reais de operação.

PROBLEMA RESOLVIDO 16.3 **Projeto de um Redutor de Velocidades do Tipo Sem-Fim e Coroa**

Deseja-se projetar um redutor do tipo sem-fim e coroa com uma relação de transmissão de 11:1 utilizando um sem-fim de aço temperado e uma coroa de bronze fundido e resfriado rapidamente. A distância entre centros deve ser de aproximadamente 6 in (152,40 mm). O sem-fim será acionado por um motor a 1200 rpm. Determine os valores apropriados de d_w, d_c, N_w, N_c, p, λ e ϕ_n. Estime a capacidade de transmissão de potência e a eficiência do redutor. Poderia o sem-fim ser vazado para montagem em separado sobre um eixo?

SOLUÇÃO

Conhecido: Um dado conjunto sem-fim e coroa deve propiciar uma relação de transmissão específica. São fornecidas a rotação do sem-fim, os materiais do sem-fim e da coroa e a distância entre centros aproximada. (Veja a Figura 16.27.)

A Ser Determinado:

a. Determine os valores aproximados de d_w, d_c, N_w, N_c, p, λ e ϕ_n.

b. Estime a capacidade de transmissão de potência e a eficiência.

c. Determine se o sem-fim poderia ser vazado para que seja montado separadamente sobre um eixo.

Esquemas e Dados Fornecidos:

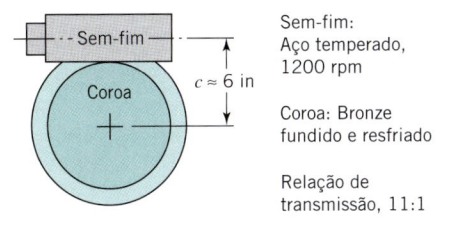

Sem-fim:
Aço temperado,
1200 rpm

$c \approx 6$ in

Coroa: Bronze
fundido e resfriado

Relação de
transmissão, 11:1

FIGURA 16.27 **Conjunto sem-fim e coroa do Problema Resolvido 16.3.**

Decisões: O redutor não é resfriado por ventiladores ou ventoinhas. Outras escolhas serão feitas, conforme a necessidade, ao longo da análise do projeto.

Hipóteses:

1. O sem-fim e a coroa são montados e alinhados de modo a se engrenarem de forma apropriada relativamente a eixos mutuamente perpendiculares.

2. Toda a carga atuante no dente é transmitida no ponto primitivo e no plano médio das engrenagens.

Análise do Projeto:

1. Pela Eq. 16.26, $N_c/N_w = 11$; pela Eq. 16.27, $N_c + N_w > 40$; assim, adota-se $N_w = 4$ e $N_c = 44$.

2. Para uma alta eficiência, a Figura 10.8 indica que λ deve ser o mais alto possível — de preferência próximo a 35°. Pela Tabela 16.2, selecione $\phi_n = 25°$.

3. Para se obter um alto valor de λ, d_w deve ser pequeno. Para uma distância entre centros de 6 in, o menor valor de d_w aceitável pela Eq. 16.28 é $6^{0,875}/3 = 1,60$ in (40,64 mm). Este valor leva o diâmetro da coroa a 10,4 in (264,16 mm), com um passo circular $p = d_c\pi/N_c = 10,4\pi/44 = 0,7425$ in (18,86 mm). Selecione um passo padronizado $p = 0,75$ in (19,05 mm).

4. Esse ligeiro aumento de p fornece uma coroa maior e requer que se opte entre fabricar o sem-fim ligeiramente menor do que a faixa normalmente recomendada ou aumentar a distância entre centros. Neste caso escolhe-se a última opção. $d_c = 44(0,75)/\pi = 10,50$ in (266,7 mm). Utilizando $d_w = 1,60$ in (40,64 mm), tem-se uma distância entre centros de 6,05 in (153,67 mm). Pode-se, assim, escolher uma distância $c = 6\ 1/8$ in (155,58 mm). O diâmetro correspondente do sem-fim será $12,25 - 10,50 = 1,75$ in (44,45 mm). (Note que este valor é ligeiramente maior do que o valor mínimo de $6,125^{0,875}/3 = 1,63$ in (41,40 mm).) Assim, $d_c = 10,50$ in (266,7 mm), $d_w = 1,75$ in (44,45 mm) e $c = 6,125$ in (155,58 mm).

5. Pela Eq. 16.29, o menor diâmetro do sem-fim normalmente disponível para perfuração (para ajuste em separado sobre um eixo) é de

$$d_w = 2,4(0,75) + 1,1 = 2,9 \text{ in}$$

Obviamente, o diâmetro escolhido para o sem-fim de 1,75 in requer que ele seja cortado diretamente sobre o eixo.

6. Pela Eq. 10.1, $\mathrm{tg}\,\lambda = L/\pi d_w = N_w p/\pi d_w = (4)(0,75)/(1,75\ \pi)$, ou $\lambda = 28,62°$.

7. Para estimar a eficiência determina-se, inicialmente, o coeficiente de atrito. Para isso deve-se obter V_S, que requer o conhecimento de V_c,

$$V_c = \pi d_c n_c = \pi(10,5/12)(1200/11) = 300 \text{ fpm}$$

Pela Eq. 16.35, $V_S = 300/\mathrm{sen}\,28,62° = 626$ fpm (3,18 m/s). Pela Figura 16.23, f é estimado em 0,027. Pela Eq. 16.34,

$$e = \frac{\cos 25° - 0,027 \tan 28,62°}{\cos 25° + 0,027 \cot 28,62°} = 93,3\%$$

Note que este resultado está de acordo com a Figura 10.8. Observe também que as perdas no mancal, no selo do eixo e as devidas à agitação do óleo reduziriam ligeiramente este valor — talvez para cerca de 92 %.

8. A largura da face da engrenagem deve ser tão próxima quanto possível — porém, não maior — da metade do diâmetro externo do sem-fim. O diâmetro externo do sem-fim vale d_w mais duas vezes o adendo. Embora a forma do dente não necessariamente corresponda ao adendo padronizado de $1/P = p/\pi = 0,75/\pi = 0,24$ in (6,10 mm), este é um valor suficientemente preciso para ser utilizado neste contexto. Assim, $d_{w,ext} \approx 2,23$ in (56,64 mm), o que limita a largura da face em 1,11 in (28,19 mm). Escolha um valor inteiro: $b = 1$ in (25,4 mm).

9. O fator de velocidade para uma velocidade tangencial da coroa de 300 fpm (1,52 m/s) é determinado, pela curva D da Figura 15.24, em 1,25. Pela Eq. 16.39, a carga dinâmica será $F_d = 1,25F_{ct}$.

10. Pela Eq. 16.40, a capacidade de resistência vale

$$F_s = (24.000 \text{ psi})(1 \text{ in})(0,75 \text{ in})(0,150) = 2700 \text{ lb}$$

Igualando F_d a F_s, obtém-se o valor do limite de resistência F_{ct} como 2700/1,25 = 2160 lb (9608,16 N). A correspondente potência na coroa é (300 fpm)(2600 lb)/33.000 = 19,6 hp (14,622 kW).

11. Pela Eq. 16.41, a resistência ao desgaste vale

$$F_w = (10,5 \text{ in})(1 \text{ in})(180 \text{ lb/in}) = 1890 \text{ lb}$$

Igualando F_d a F_w, obtém-se o valor do limite de resistência ao desgaste F_{ct} como 1890/1,25 = 1512 lb (6725,71 N). A correspondente potência na coroa é de 13,7 hp (10,22 kW).

12. Estime a capacidade de dissipação de calor da caixa para um aumento de temperatura limitado a 100°F (37,78°C). Pela Figura 16.25, $C = 45$ (admitindo-se um sistema sem ventilação). Pela Eq. 16.42, $A = 0,3(6,125)^{1,7} = 6,53 \text{ ft}^2$ (0,61 m²). Pela Eq. 13.13 (repetida na Seção 16.13),

$$H = (45)(6,53)(100) = 29.385 \text{ ft} \cdot \text{lb/min} = 0,89 \text{ hp}$$

13. Aceitando-se uma eficiência global estimada de 92 % (conforme definido na etapa 7), a potência de 0,89 hp (663,94 W) referente à dissipação de calor representa 8 % da potência de entrada ou do sem-fim. Assim, a potência de entrada é igual a 0,89/0,08 = 11,1 hp (8280,6 W), e a potência de saída ou da coroa é (0,92)(11,1) = 10,2 hp (7609,2 W).

14. Sem nenhuma previsão de resfriamento, o redutor de engrenagens possui uma capacidade estimada de entrada de aproximadamente 11 hp (8206 W) (capacidade de saída de aproximadamente 10 hp (7460 W)). Com um resfriamento adequado, a capacidade seria limitada pelo "desgaste" a 13,7 hp (10,22 kW) na saída (na coroa) e a 14,9 hp (11,12 kW) na entrada (no sem-fim). Este valor pode ser apropriadamente arredondado para 15 hp (11,19 kW) na entrada. A capacidade de resfriamento requerida neste contexto seria 15(0,08) = 1,2 hp (895,20 W), um aumento de (1,2 − 0,89)/0,89 = 35 %. A Figura 16.25 indica que o uso de um ventilador sobre o eixo do sem-fim aumenta a capacidade de resfriamento em 36 % (o fator C aumenta de 45 para 61). Assim, com o ventilador, uma potência nominal de entrada de 15 hp seria plenamente justificada. Considerando as muitas aproximações empíricas envolvidas, a classificação final, baseada nos resultados de ensaios, pode ser ligeiramente distinta.

Comentários: Alguns importantes detalhes do projeto do redutor, não mencionados anteriormente, incluem (1) a certeza de que o diâmetro de raiz do sem-fim e ambos os diâmetros dos eixos são adequados para suportar as cargas de torção, de flexão e axiais, (2) a certeza de que a rigidez do alojamento, o posicionamento dos mancais e os diâmetros dos eixos oferecem rigidez suficiente para a montagem do sem-fim e da coroa, (3) o fornecimento ao alojamento de um lubrificante limpo de classe apropriada e na quantidade necessária, e (4) a certeza de que os selos de óleo do eixo são adequados para evitar o vazamento do lubrificante.

Referências

1. Buckingham, Earle, *Analytical Mechanics of Gears*, McGraw-Hill, New York, 1949.

2. Buckingham, Earle, and H. H. Ryffel, *Design of Worm and Spiral Gears*, Industrial Press, New York, 1960.

3. "1979 Mechanical Drives Reference Issue," *Machine Design*, Penton/IPC, Cleveland, June 29, 1979.

4. Standards of the American Gear Manufacturers Association, Alexandria, Va.

5. Dudley, D. W., *Handbook of Practical Gear Design*, CRC Press, Boca Raton, Fl., 1994.

Problemas

Seção 16.2

16.1 A Seção 15.2 forneceu a faixa normal de largura de face das engrenagens de dentes retos como sendo de $9/P$ a $14/P$, e a Seção 16.2 estabeleceu que em geral é desejável considerar $b \geq 2,0p_a$. Assim, procurando atender a essas recomendações deseja-se fabricar uma engrenagem helicoidal com largura de face igual a $13/P$ e também igual a $2,2p_a$. Qual deve ser o ângulo de hélice para essa condição? Como este ângulo se compara com os da faixa comumente utilizada citada na Seção 16.2? Utilize como referência a Figura P16.6.

[Resp.: 28°]

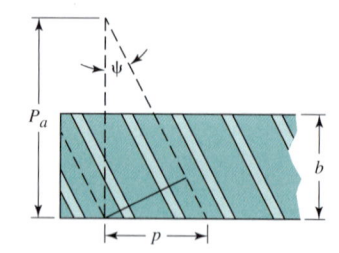

FIGURA P16.1

16.2 Uma engrenagem helicoidal de 25 dentes com $\psi = 20°$ possui um ângulo de pressão de 25° no plano de rotação. Qual é o ângulo de pressão no plano normal, ϕ_n, e o número equivalente de dentes, N_e? Qual o ângulo de pressão e o número de dentes que teria uma engrenagem de dentes retos com a mesma resistência à flexão?

16.3 Uma engrenagem helicoidal de 27 dentes com $\psi = 25°$ possui um ângulo de pressão de 20° no plano de rotação. Qual é o ângulo de pressão no plano normal, ϕ_n, e o número equivalente de dentes, N_e? Qual o ângulo de pressão e o número de dentes que teria uma engrenagem de dentes retos com a mesma resistência à flexão?

16.4 Deseja-se fabricar uma engrenagem helicoidal com largura de face igual a $12/P$ e também igual a $2,0\,p_a$. Qual deve ser o ângulo de hélice correspondente a esta situação? Como este ângulo de hélice se compara com os comumente utilizados na faixa de 15° a 30°?

16.5 Determine a distância entre centros de um par de engrenagens helicoidais que se engrenam e possuem eixos paralelos. As engrenagens são cortadas por uma fresa com um passo circular normal de 0,5236 in (13,30 mm). O ângulo de hélice é de 30° e a relação de transmissão é de 2:1. O pinhão possui 35 dentes.

16.6 Uma engrenagem helicoidal de 30 dentes com $\psi = 25°$ possui um ângulo de pressão de 20° no plano de rotação. Qual é o ângulo de pressão no plano normal, ϕ_n, e o número equivalente de dentes, N_e? Qual o ângulo de pressão e o número de dentes que teria uma engrenagem de dentes retos com a mesma resistência à flexão?

16.7 Duas engrenagens helicoidais engrenadas possuem eixos paralelos. Os dentes das engrenagens foram cortados com uma fresa cujo passo circular normal é de 0,5236 in (13,30 mm). A distância entre os centros das engrenagens é de 9 in (228,6 mm) e a relação de transmissão é de 2:1. O pinhão possui 35 dentes. Determine o ângulo de hélice necessário.

[Resp.: 13°32′]

16.8 Um trem de planetárias simples, com 18 dentes na solar e 114 dentes na coroa circular, é utilizado na caixa de engrenagens de um avião. Os dentes possuem um módulo de 3 mm no plano normal e o ângulo de hélice é de 0,40 rad. O fabricante deseja substituir o conjunto de engrenagens original por outro com uma solar de 24 dentes e uma coroa circular de 108 dentes utilizando o mesmo braço. Qual é o ângulo de hélice necessário às engrenagens de substituição se dentes de mesmo módulo forem utilizados?

16.9 Uma máquina industrial utiliza um trem de planetárias simples com 24 dentes na solar e 120 dentes na coroa circular. Os dentes possuem um módulo de 4 mm no plano normal e o ângulo de hélice é de 0,42 rad. O fabricante deseja fabricar engrenagens opcionais que fiquem disponíveis para reposição utilizando o mesmo braço, uma solar de 27 dentes e uma coroa circular de 111 dentes. Se forem utilizados dentes de mesmo módulo, qual deve ser o ângulo de hélice?

[Resp.: 0,5053 rad]

16.10 A Figura P16.10 mostra um arranjo de engrenagens helicoidais com redução dupla utilizado em uma máquina industrial. Os módulos no plano normal são de 3,5 e 5 mm para as engrenagens de alta e de baixa velocidade, respectivamente. O ângulo de hélice das engrenagens de alta velocidade é de 0,44 rad.

(a) Qual é a relação de transmissão total fornecida pelas quatro engrenagens?

(b) Qual é o ângulo de hélice das engrenagens de baixa velocidade?

(c) Se as engrenagens de baixa velocidade forem substituídas por outras de 24 e 34 dentes com o mesmo módulo, qual deverá ser o ângulo de hélice dessas engrenagens?

[Resp.: 5,0; 0,3944 rad; 0,4680 rad]

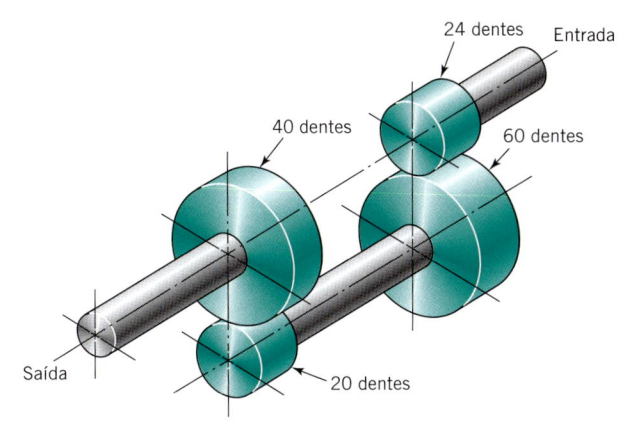

Figura P16.10

16.11P A manivela de um torno-revólver incorpora um par de engrenagens de dentes retos com 20 e 60 dentes, $b = 50$ mm e $m = 4,0$ mm. De modo a propiciar uma operação mais silenciosa, as engrenagens devem ser substituídas por engrenagens de dentes helicoidais. Por questões de resistência, deseja-se utilizar engrenagens com $m = 4,0$ mm no plano normal. Determine uma combinação apropriada de números de dentes e ângulo de hélice.

16.12P Um redutor de engrenagens incorpora um par de engrenagens de dentes retos com 25 e 50 dentes, $b = 115$ mm e $m = 10,0$ mm. De modo a propiciar uma operação mais silenciosa, as engrenagens devem ser substituídas por engrenagens de dentes helicoidais. Por questões de resistência, deseja-se utilizar engrenagens com $m = 10,0$ mm no plano normal. Determine uma combinação apropriada de números de dentes e ângulo de hélice.

Seção 16.3

16.13 Repita o Problema Resolvido 16.1 com as seguintes alterações: potência do motor de 1 hp, rotação do motor de 2500 rpm, pinhão com 20 dentes, $P_n = 12$, $\psi = 25°$, pinhão com hélice à direita e rotação da coroa de 1250 rpm.

16.14 Um redutor de velocidade de engrenagens helicoidais, similar ao mostrado na Figura 16.7, transmite uma potência de 2 hp com uma taxa de redução de 3,0. A coroa possui 75 dentes e gira a 300 rpm, $\phi_n = 20°$, $\psi = 25°$ (hélice à direita), $P_n = 12$ e $b = 1$ in (25,4 mm). Determine N_p, ψ_p (e sentido da hélice), ϕ, P, d_p, d_c, V, relação b/p_a e as forças F_t, F_r e F_a. Faça um esquema como o mostrado na Figura 16.7b mostrando os sentidos das forças atuantes no pinhão se este gira no sentido oposto ao mostrado na Figura 16.7b.

[Resp.: na ordem: 25 dentes, 25° hélice esquerda, 21,88°, 10,88 dentes/in, 2,30 in, 6,90 in, 541,9 ft/min, 1,61, 121,79 lb, 48,91 lb e 56,79 lb (58,42 mm, 175,26 mm, 2,75 m/s, 7,16 N, 541,75 N, 217,56 N e 252,61 N)]

16.15 O redutor de engrenagens helicoidais representado na Figura P16.15 é acionado a 1000 rpm por um motor que desenvolve 15 kW. Os dentes possuem $\psi = 0,50$ rad e $\phi_n = 0,35$ rad. Os diâmetros primitivos são de 70 mm e 210 mm para o pinhão e para a coroa, respectivamente. Determine o valor e o sentido das três componentes de força atuantes no dente da coroa. Faça um esquema como o da figura representando os eixos separadamente na vertical e indique as componentes de força atuantes nos dentes de ambas as engrenagens.

[Resp.: $F_t = 4092$ N, $F_r = 1702$ N, $F_a = 2235$ N]

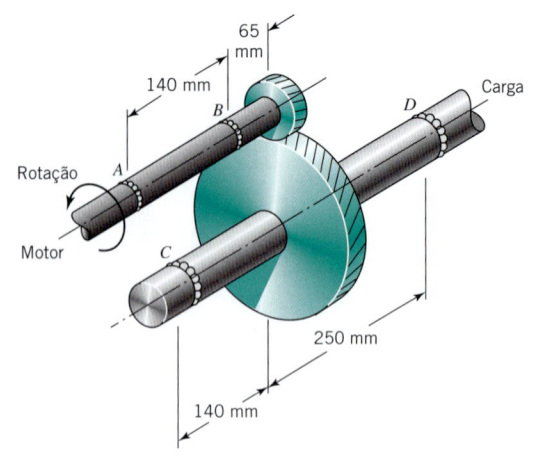

16.16 As quatro engrenagens helicoidais mostradas na Figura P16.16 possuem um módulo de 4 mm no plano normal e um ângulo de pressão de 0,35 rad no plano normal. O motor do eixo gira a 550 rpm e transmite 20 kW de potência. Outros dados são fornecidos na própria figura.

   (a) Qual é a relação de transmissão entre o motor (entrada) e o eixo de saída?

   (b) Determine todas as componentes de força aplicadas pelo pinhão de 20 dentes à coroa de 50 dentes. Faça um esquema indicando essas forças aplicadas à coroa.

   (c) Repita o item (b), desta vez para as componentes de força aplicadas pela coroa de 50 dentes ao pinhão de 25 dentes.

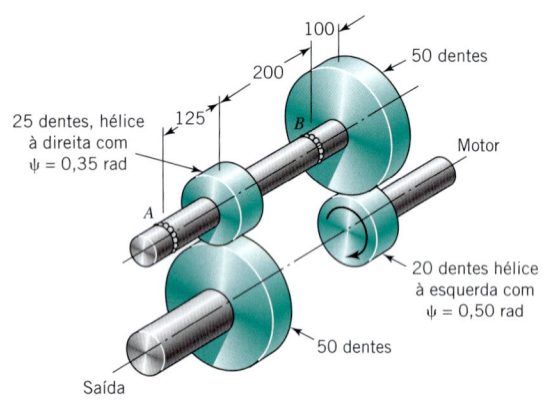

FIGURA P16.16

Seção 16.4

16.17P Reveja o endereço da Internet http://www.bisongear.com. A partir da aba "produtos" (*products*), selecione um redutor de velocidades para um motor de 1/8 hp.

   (a) Liste as relações de transmissão de redução disponíveis para um motor de 1/8 hp.

   (b) Relacione os torques de saída das caixas de redução para cada relação de transmissão.

   (c) Relacione o torque máximo do redutor para cada relação de transmissão.

   (d) Se um torque de sobrecarga três vezes maior que o torque de saída for requerido, qual seria a relação de transmissão máxima do redutor para um motor de 1/8 hp a 1725 rpm?

16.18 Um redutor de engrenagens helicoidais deve ser utilizado com um motor elétrico cuja rotação de saída é de 1500 rpm. A carga

deve girar a 500 rpm e envolve um impacto moderado. O pinhão de 25 dentes possui $P_n = 8$, $b = 1,8$ in (45,72 mm), $\phi_n = 20°$ e $\psi = 26°$. Ambas as engrenagens são fabricadas de aço AISI 8620, com superfícies carburadas para a obtenção das propriedades relacionadas no Apêndice C-7. A precisão de fabricação corresponde à curva B da Figura 15.24. Estime a potência que pode ser transmitida pelo pinhão durante 10^7 revoluções com 99 % de confiabilidade e um fator de segurança de 2. Verifique tanto a fadiga por flexão quanto a fadiga superficial.

16.19 Um par de engrenagens helicoidais montadas sobre eixos paralelos possui $P_n = 6$, $\phi_n = 20°$ e $b = 4$ in (101,6 mm). O pinhão de 32 dentes e a coroa de 48 dentes são feitos de aço com durezas de 400 Bhn e 350 Bhn, respectivamente. A precisão de fabricação corresponde à curva C da Figura 15.24. A distância entre centros é de 7,5 in (190,5 mm).

   (a) Qual é o ângulo de hélice necessário?

   (b) Estime a potência, em hp, que pode ser transmitida para 10^7 revoluções do pinhão com uma confiabilidade de 99 % e um fator de segurança de 2,5 se o motor de acionamento gira a 1200 rpm e envolve um impacto leve, e a carga movida envolve um impacto médio. Verifique tanto a fadiga por flexão quanto a fadiga superficial.

16.20P Sugira um projeto viável para um par de engrenagens helicoidais para transmitir 100 hp entre um motor elétrico a 2400 rpm e uma carga a 800 rpm que, essencialmente, está livre de impacto. Deve-se prever uma operação de quarenta e quatro horas por semana. Estabeleça uma combinação satisfatória dos números de dentes, ângulo de hélice, ângulo de pressão, largura de face, precisão de fabricação, material e dureza.

Seção 16.7

16.21 Um par de engrenagens cônicas de dentes retos montado em eixos perpendiculares transmite uma potência de 35 hp a 1000 rpm através de um pinhão de 36 dentes — veja a Figura P16.21. A coroa gira a 400 rpm. A largura de face é de 2 in (50,8 mm), $P = 6$ e $\phi = 20°$. Faça um esquema do pinhão mostrando (a) um sentido admitido para a rotação, (b) o sentido e o valor do torque aplicado ao pinhão por seu eixo e (c) o sentido e o valor das três componentes de força aplicadas a um dente do pinhão por um dente da coroa. Faça um desenho correspondente da coroa indicando as cargas nela atuantes.

[Resp. parcial: para o pinhão, $F_t = 839$ lb (3732,06 N), $F_a = 113$ lb (502,65 N), $F_r = 283$ lb (1258,85 N)]

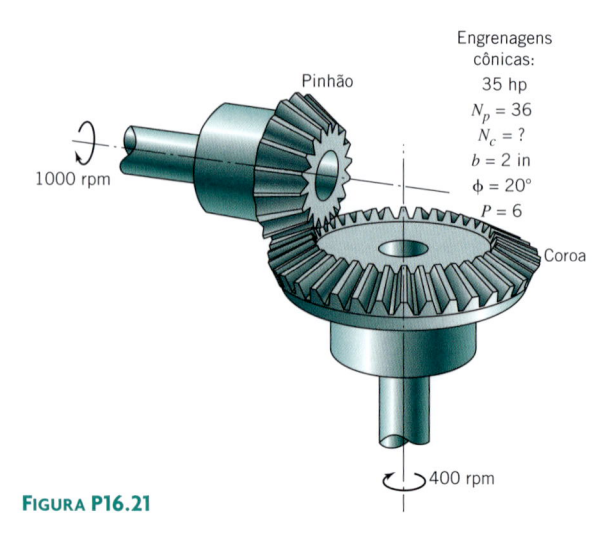

FIGURA P16.21

16.22 Um par de engrenagens cônicas de dentes retos montado em eixos perpendiculares transmite uma potência de 50 hp a 1500 rpm através de um pinhão de 30 dentes. A coroa possui 60 dentes. A largura de face é de 3,0 in (76,20 mm), $P = 6$ e $\phi = 20^\circ$. A coroa é montada no centro de um eixo simplesmente apoiado com 6 in (152,40 mm) de vão entre os mancais. A carga axial é suportada pelo mancal com a menor carga radial. O torque de saída é absorvido por um acoplamento flexível conectado a uma máquina conduzida. Faça um desenho esquemático do conjunto coroa e eixo como um corpo livre em equilíbrio.

Seção 16.8

16.23 Um motor elétrico a 1200 rpm aciona uma correia transportadora (que impõe um carregamento de impacto moderado ao trem de acionamento) através de uma unidade de redução com engrenagens cônicas de dentes retos. $N_p = 20$, $N_c = 50$, $P = 10$, $b = 1$ in (25,4 mm) e $\phi = 20^\circ$. Ambas as engrenagens são fabricadas de aço com dureza de 300 Bhn. A coroa é montada entre dois mancais e o pinhão é montado na extremidade do eixo, propiciando uma montagem considerada como razoavelmente boa do ponto de vista da rigidez. As engrenagens são fabricadas com base em padrões correspondentes à curva B da Figura 15.24 do Capítulo 15. A previsão de vida do projeto é de 7 anos, com 1500 horas/ano de operação. Estime a potência, em hp, que pode ser transmitida com uma confiabilidade de 99 % para a coroa.

[Resp.: Aproximadamente 1,6 hp]

16.24P Determine uma combinação apropriada de materiais, durezas e precisão de fabricação para as engrenagens do Problema 16.21. (Estabeleça quaisquer decisões e hipóteses que julgar necessárias.)

16.25P Determine uma combinação apropriada de materiais, durezas e precisão de fabricação para as engrenagens do Problema 16.22. (Estabeleça quaisquer decisões e hipóteses que julgar necessárias. Baseie-se na Figura P16.25P.)

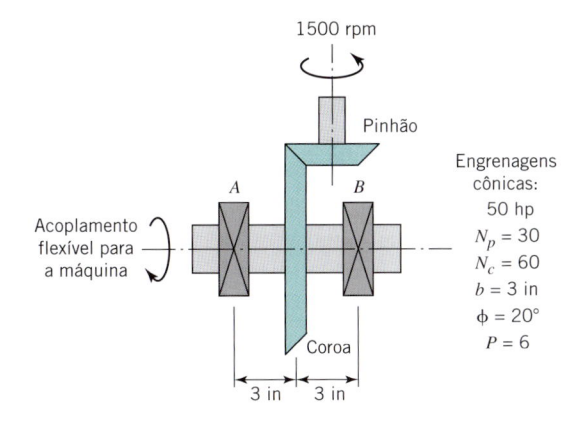

FIGURA P16.25P

16.26P Reveja o endereço da Internet http://www.andantex.com. (a) A partir da aba "produtos" (*products*), selecione um dispositivo de acionamento em ângulo reto que propicie uma relação de transmissão de 2:1 para uma velocidade de saída de 1250 rpm a um torque de saída de 100 in lb (11,30 N · m). (b) Quais as dimensões do dispositivo em ângulo reto que seriam apropriadas para uma aplicação que requer um nível máximo de ruído menor que 80 dB?

16.27P Reveja o endereço da Internet http://www.grainger.com. Realize uma pesquisa de produto para um *conjunto de engrenagens cônicas espirais*. Selecione um conjunto de engrenagens cônicas espirais com engrenagens de passo 14 e relação de transmissão de 2:1. Relacione os fabricantes, a descrição e o preço do conjunto de engrenagens.

16.28P Escreva um relatório revendo o endereço da Internet http://www.pt.rexnord.com. Do ponto de vista do engenheiro mecânico interessado em acionamentos por engrenagens, discuta o conteúdo, a utilidade, a facilidade de uso e a clareza desse site. Identifique as ferramentas de pesquisa disponíveis.

16.29P Repita o Problema 16.28P, desta vez avaliando o endereço da Internet http://www.renold.com.

16.30P Repita o Problema 16.28P, desta vez avaliando o endereço da Internet http://www.cloyes.com.

16.31P Repita o Problema 16.28P, desta vez avaliando o endereço da Internet http://www.lufkin.com.

Seção 16.9

16.32 Um automóvel que dispõe de um diferencial padronizado está atolado em uma pista coberta de neve de tal forma que não tem nenhuma condição de se mover. O motorista frustrado (e não muito inteligente!) pisa no acelerador e nota que o velocímetro indica 75 mph. Que velocidade normal do carro corresponde a esta rotação da roda? (Essa condição ilustra o tipo de "abuso previsível" que o engenheiro precisa levar em conta.)

16.33 Um automóvel com diferencial padronizado realiza uma curva fechada para a esquerda. A roda de tração da esquerda apresenta um trajeto com raio de 20 m. A distância entre as rodas direita e esquerda é de 1,5 m. Quais as velocidades de rotação de cada roda de tração expressas como fração da velocidade do eixo motor?

16.34 Na Figura 16.18, designe por "r" o raio dos eixos de acionamento da força resultante no dente da engrenagem e designe o torque aplicado ao braço como "T". Faça um esquema mostrando, na forma de um corpo livre em equilíbrio (com todas as orientações e valores das cargas indicados):

(a) O conjunto composto do braço, dos dois pinhões P e seus eixos.

(b) A parte mostrada do eixo da direita, com a coroa circular R a ele fixada.

(c) A parte mostrada do eixo da esquerda, com a solar S a ele fixada.

Seção 16.10

16.35 Uma coroa de 50 dentes e $P = 10$ se engrena a um sem-fim de rosca dupla. Determine (a) a relação de transmissão, (b) o diâmetro da coroa, (c) o avanço do sem-fim, (d) o menor diâmetro normalmente recomendado do sem-fim vazado, (e) o correspondente ângulo de avanço do sem-fim e (f) a correspondente distância entre centros.

[Resp.: (a) 25:1, (b) 5,0 in (127,00 mm), (c) 0,6283 in (15,96 mm), (d) 1,854 in (47,09 mm), (e) 6,16°, (f) 3,427 in (87,05 mm)]

16.36 Uma coroa de 55 dentes e um sem-fim de rosca dupla devem ser montados a uma distância entre centros de 8 in (203,2 mm) — veja a Figura P16.36. O diâmetro do sem-fim deve ser tão pequeno quanto a Eq. 16.28 permita e ainda utilizar o passo diametral de uma engrenagem integral. Determine P, d_c, d_w e λ.

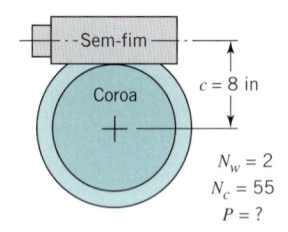

FIGURA P16.36

16.37 Um redutor do tipo sem-fim coroa acionado por um motor a 1200 rpm possui uma coroa de bronze fundido com resfriamento rápido e um sem-fim de aço temperado. $N_w = 3$, $N_c = 45$, $p = 1/2$ in (12,7 mm), $\psi = 4,50$ in (114,3 mm), $b = 1,00$ in (25,4 mm) e $\phi_n = 20°$.

(a) Determine d_c, d_w e L.

(b) O sem-fim corresponde às proporções recomendadas para uma capacidade máxima de potência transmitida? O sem-fim é suficientemente largo para ser vazado e montado separadamente sobre um eixo?

(c) Estime a eficiência utilizando a Eq. 16.34 e compare o resultado com a Figura 10.8. Este redutor é autotravante?

[Resp.: (a) 7,16 in (181,87 mm), 1,84 in (46,74 mm), 1,50 in (38,10 mm), (b) sim, não, (c) aproximadamente 88,6 %, não (o redutor é reversível)]

16.38 Um motor de 1200 rpm fornece 2,5 hp ao sem-fim do Problema 16.37. O coeficiente de atrito é estimado em 0,029. Determine o valor de todas as componentes da força atuante no dente da coroa. Mostre essas forças atuantes em ambos os componentes para um sem-fim de hélice à direita acionado no sentido anti-horário. Utilize um esquema similar ao mostrado na Figura 16.20. Calcule a eficiência da unidade a partir das velocidades relativas de rotação e dos torques indicados pelos esquemas de corpo livre.

16.39 Um redutor de velocidades do tipo sem-fim e coroa possui um sem-fim de rosca tripla e hélice à direita, relação de transmissão de 16:1, $p = 0,25$ in (6,35 mm), $\phi_n = 20°$ e $c = 2,500$ in (63,50 mm). O sem-fim é acionado por um motor que fornece ½ hp (373 W) a 1000 rpm. O sem-fim é de aço temperado e a coroa é de bronze fundido resfriado; $b = 0,5$ in (12,7 mm).

(a) Determine d_w, d_c, N_c e λ. Compare d_w com os valores recomendados para uma capacidade máxima de transmissão de potência.

(b) Estime o coeficiente de atrito e a eficiência das engrenagens.

(c) Baseando-se em seu coeficiente de atrito estimado, determine todas as componentes da força aplicada ao sem-fim e à coroa. Mostre essas forças em um esquema similar ao da Figura 16.20 para uma rotação do motor no sentido horário quando visto do sem-fim.

(d) Calcule o torque no sem-fim, o torque na coroa e a potência de saída na coroa. A partir da potência de saída na coroa, verifique o valor previamente determinado da eficiência.

Seções 16.12 e 16.13

16.40 Estime a potência de entrada em regime permanente e a capacidade de potência de saída do redutor dos Problemas 16.37 e 16.38 (com o sem-fim acionado por um motor a 1200 rpm), baseando-se nas considerações sobre fadiga por flexão e fadiga superficial — veja a Figura P16.40. Qual é a previsão de resfriamento especial (se houver) que seria necessária para a operação com esta capacidade?

[Resp.: Aproximadamente 4,8 hp (3580,8 W) de entrada, 4,3 hp (3207,8 W) de saída; uma ventoinha ou um alojamento com aletas é aconselhável]

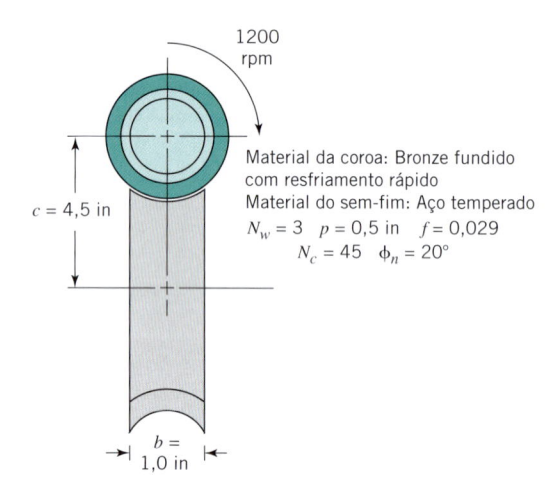

FIGURA P16.40

16.41 Estime o fator de segurança em relação à fadiga por flexão e em relação à fadiga superficial para a operação do redutor do tipo sem-fim e coroa descrito no Problema 16.39. Estime a temperatura do óleo em regime permanente se a temperatura do ar ambiente for de 100°F (37,78°C) e o redutor for equipado com uma ventoinha na extremidade do eixo do sem-fim.

16.42P A lubrificação das engrenagens e dos sistemas de engrenagens é importante para uma operação eficiente bem-sucedida. Pesquise na Internet, identifique e discuta alguns procedimentos típicos de provisão de lubrificação para os sistemas de engrenagens.

16.43 Pesquise por informações sobre danos por desgaste em engrenagens e sem-fins de plástico e liste diversos artigos que tratam desse tópico.

Eixos e Componentes Associados

17.1 Introdução

O termo *eixo* geralmente se refere a um elemento relativamente longo de seção transversal circular que gira e transmite potência. Um ou mais componentes, como engrenagens, rodas dentadas, polias e cames, são usualmente fixados aos eixos através de pinos, chavetas, cavilhas, anéis de pressão e outros elementos de fixação. Esses últimos elementos serão enquadrados neste capítulo como "componentes associados", assim como, os acoplamentos e as juntas universais, que são utilizados para unir os eixos às suas fontes de potência ou cargas.

Um eixo pode possuir uma seção transversal não circular, e não precisa, necessariamente, girar. Ele pode ser estacionário e servir para suportar um elemento girante, como o pequeno eixo que suporta as rodas conduzidas de um automóvel (também denominado *ponta de eixo*). Os eixos de apoio das engrenagens intermediárias (Figuras 15.18 e 15.22) podem ser tanto girantes quanto estacionários, dependendo de a engrenagem ser solidária ao eixo ou suportada por ele por meio de mancais. Os eixos que suportam e acionam as rodas motoras de um veículo são também chamados de *eixos motrizes*.

Fica claro, portanto, que os eixos podem ser submetidos a diversas combinações de cargas torcionais, axiais e de flexão, e que essas cargas podem ser estáticas ou flutuantes. Tipicamente, um eixo girante transmitindo potência fica submetido a um torque constante (produzindo uma tensão torcional média) combinado com uma carga de flexão completamente alternada (produzindo uma tensão de flexão alternada). Os Problemas Resolvidos 8.3 e 8.4 (Seção 8.11) ilustram a aplicação dos procedimentos da análise de fadiga dos eixos submetidos a uma combinação de cargas estáticas e flutuantes.

Além disso, para atender aos requisitos de resistência os eixos devem ser projetados de modo que as deformações fiquem limitadas a níveis aceitáveis. O deslocamento lateral excessivo de um eixo pode dificultar o desempenho da engrenagem e causar ruídos desagradáveis. Os deslocamentos angulares associados podem ser bastante nocivos aos mancais (tanto comuns quanto com roletes) sem autoalinhamento. Os deslocamentos angulares torcionais podem afetar a precisão de um mecanismo de came ou de uma engrenagem motora. Além disso, quanto maior a flexibilidade — lateral ou torcional — menor será a correspondente velocidade crítica.

17.2 Condições a Serem Atendidas pelos Mancais dos Eixos

Os eixos girantes, que têm a eles acopladas engrenagens, polias, cames e outros componentes, devem ser suportados por mancais (Capítulos 13 e 14). Se dois mancais puderem estabelecer um apoio radial suficiente, de modo a limitar a flexão e os deslocamentos a valores aceitáveis, esta será uma condição altamente desejável e simplificará o processo de fabricação. Se três ou mais mancais forem necessários para propiciar as condições de apoio e rigidez do conjunto, deverá ser mantido o alinhamento preciso dos mancais na estrutura de apoio (por exemplo, o caso de três ou mais mancais principais para suportar o eixo de manivelas de um motor à combustão interna).

O posicionamento axial de um eixo e a condição necessária para ele suportar cargas axiais geralmente requer que *um e apenas um* mancal suporte a carga axial em cada sentido. A razão para isto é discutida na Seção 14.8, e exemplos da provisão de resistência axial são ilustrados nas Figuras 14.17, 14.18 e 13.1. Algumas vezes, a carga axial é compartilhada entre dois ou mais mancais de encosto simples (Figura 13.1). Nesse caso, deve haver uma folga axial suficiente para se assegurar de que não haverá "grimpamento" sob qualquer condição de operação. O estabelecimento de tolerâncias pode ser tal que apenas um mancal suporte a carga axial, pelo menos até o início do processo de desgaste.

É importante que os elementos *que suportam* os mancais dos eixos sejam suficientemente resistentes e rígidos.

17.3 Montagem de Componentes nos Eixos Girantes

Em algumas situações, elementos como engrenagens e cames são fabricados de forma integrada aos eixos, porém no caso mais comum (que também inclui polias, rodas dentadas etc.) eles são fabricados separadamente e, em seguida, montados sobre o eixo. Esta é a situação ilustrada nas Figuras 14.17 e 14.18 para engrenagens. A região do elemento montado em contato com o eixo é o *cubo*. Esse cubo é fixado ao eixo de diversas formas. Nas Figuras 14.17 e 14.18 a engrenagem é presa axialmente entre um ressalto no eixo e um espaçador, com o torque sendo transmitido através de uma *chaveta*. A Figura 17.1 mostra diversos tipos de chavetas. Os rasgos realizados no eixo e no cubo onde a chaveta será ajustada são chamados de *rasgos de chaveta*.

Uma fixação mais simples para a transmissão de cargas relativamente baixas é propiciada por *pinos*. Alguns tipos de pinos são ilustrados na Figura 17.2. Este componente oferece um meio relativamente barato de transmissão de cargas tanto axiais quanto circunferenciais.

Os furos radiais cônicos realizados nos cubos permitem a fixação de *parafusos de retenção* sobre o eixo, tendendo, portanto, a evitar o movimento relativo. (Cortes planos ou estrias são geralmente usinados no eixo onde os parafusos de retenção

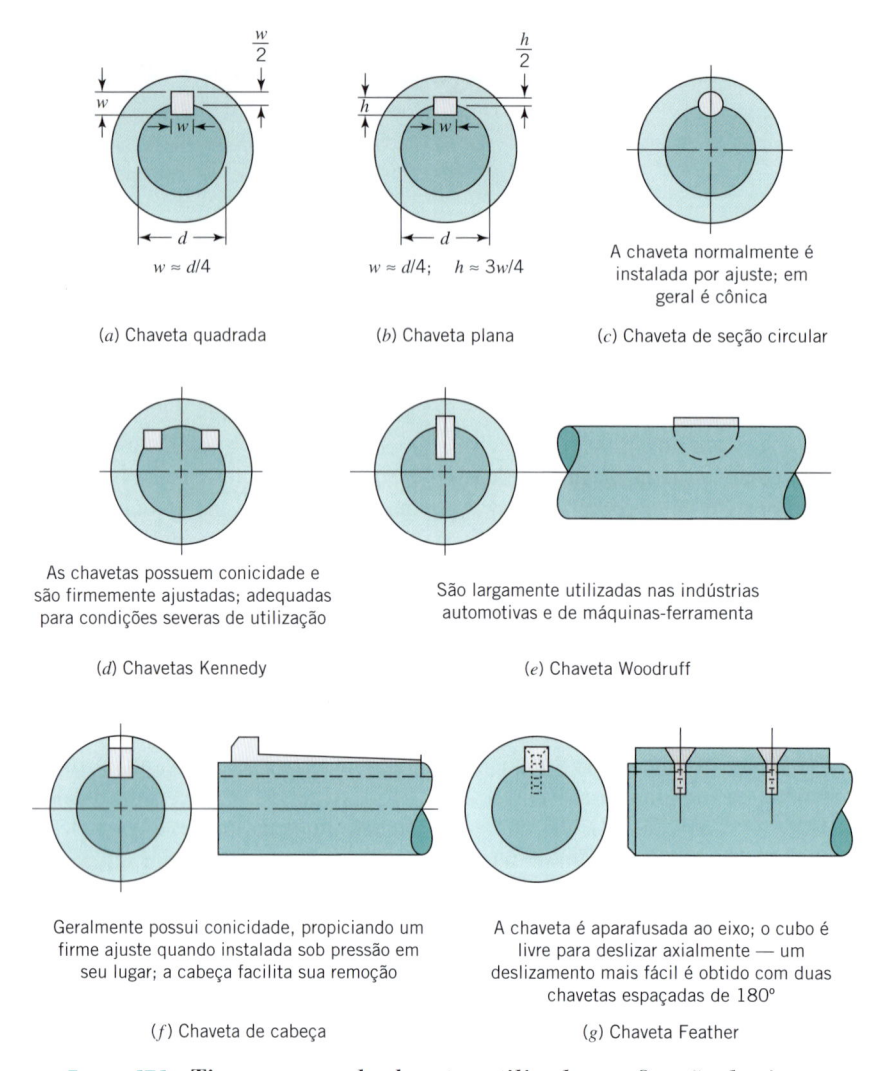

w ≈ d/4

(a) Chaveta quadrada

w ≈ d/4;   h ≈ 3w/4

(b) Chaveta plana

A chaveta normalmente é instalada por ajuste; em geral é cônica

(c) Chaveta de seção circular

As chavetas possuem conicidade e são firmemente ajustadas; adequadas para condições severas de utilização

(d) Chavetas Kennedy

São largamente utilizadas nas indústrias automotivas e de máquinas-ferramenta

(e) Chaveta Woodruff

Geralmente possui conicidade, propiciando um firme ajuste quando instalada sob pressão em seu lugar; a cabeça facilita sua remoção

(f) Chaveta de cabeça

A chaveta é aparafusada ao eixo; o cubo é livre para deslizar axialmente — um deslizamento mais fácil é obtido com duas chavetas espaçadas de 180°

(g) Chaveta Feather

FIGURA 17.1   Tipos comuns de chavetas utilizadas na fixação de eixos.

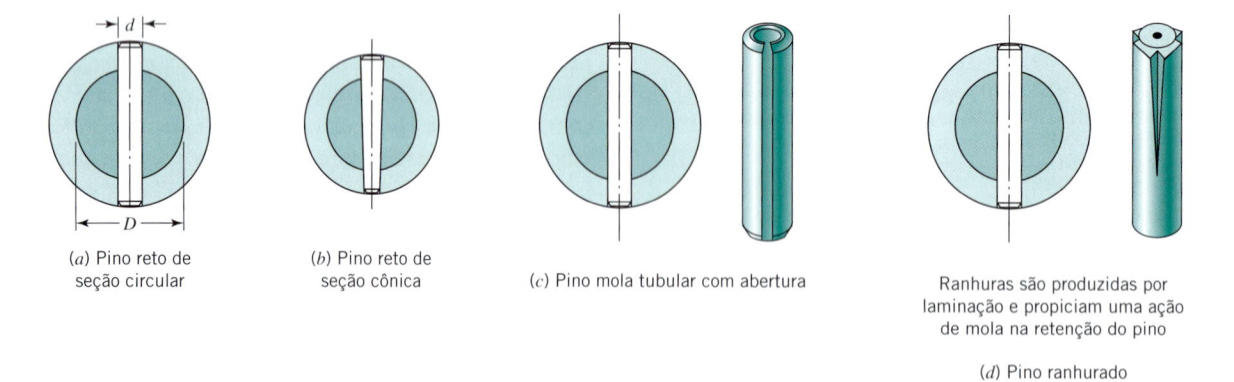

(a) Pino reto de seção circular

(b) Pino reto de seção cônica

(c) Pino mola tubular com abertura

Ranhuras são produzidas por laminação e propiciam uma ação de mola na retenção do pino

(d) Pino ranhurado

FIGURA 17.2   Tipos comuns de pinos utilizados na fixação de eixos. (Todos os pinos são instalados com algum esforço em suas sedes. Por questões de segurança, os pinos não devem avançar além dos limites do cubo.)

serão fixados, de modo que as eventuais rebarbas causadas pelo bloqueio dos parafusos firmemente contra o eixo não evitem as subsequentes remoção e reinstalação do cubo.) O diâmetro do parafuso é tipicamente de cerca de um quarto do diâmetro do eixo. Dois parafusos são comumente utilizados, espaçados de

90° um do outro. Os parafusos de aperto são baratos e, algumas vezes, adequados para serviços relativamente leves. Embora estejam disponíveis alguns projetos especiais que propiciam um aumento da proteção contra o afrouxamento em operação, os parafusos de retenção não devem ser considerados para as

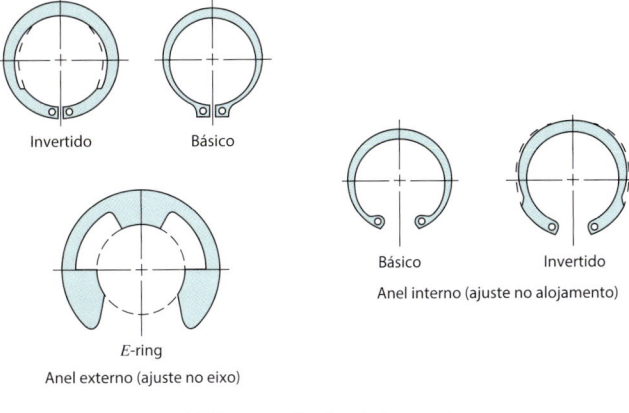

(a) Tipo convencional, se ajusta em ranhuras

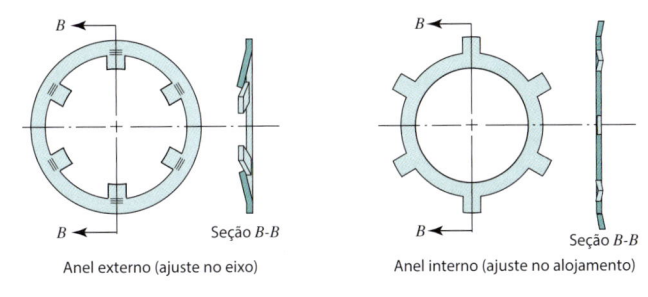

(b) Tipo fixação forçada — não requer ranhuras

Os dentes se defletem quando instalados sob forçamento e resistem à remoção (menos positivos do que os do tipo convencional)

Figura 17.3 Tipos comuns de anéis de retenção (ou de pressão). (Cortesia da Rotor Clip Company, Inc.)

aplicações nas quais um eventual afrouxamento colocaria a segurança em risco. (Lembre-se do exemplo 3 sobre segurança da Seção 1.2.) Os parafusos de retenção são, algumas vezes, utilizados em conjunto com as chavetas. Tipicamente, são utilizados um parafuso fixado à chaveta e outro fixado diretamente ao eixo para evitar o movimento axial.

Um método excelente e barato de posicionamento axial e retenção de cubos e mancais sobre os eixos é a utilização de *anéis de retenção*, também chamados de *anéis de pressão*. A Figura 17.3a ilustra alguns dos numerosos formatos disponíveis desses anéis. A Figura 17.7b mostra um anel utilizado na retenção do mancal A no sentido de evitar qualquer movimento tanto do eixo quanto da caixa. Os anéis de retenção requerem a realização de ranhuras que enfraquecem o eixo, porém esta não é uma desvantagem se eles forem localizados nas regiões onde as

tensões são baixas, como mostrado na Figura 17.7b. O custo do eixo da Figura 17.7b poderia ter sido reduzido pelo posicionamento dos cubos T_1 e T_2 com anéis de retenção, em vez de ressaltos, que requerem um diâmetro maior entre os dois cubos. Os cubos não foram posicionados com anéis de retenção porque as ranhuras iriam enfraquecer o eixo em uma região de altas tensões. A Figura 17.3b ilustra anéis de retenção que não requerem ranhuras. Esses anéis são de baixo custo e representam um meio compacto de montagem de componentes; porém, eles não propiciam a posição e a retenção precisa das partes, o que pode ser obtido com os anéis de retenção convencionais.

Talvez a forma mais simples de união de um eixo a um cubo seja obtida com um *ajuste com interferência*, no qual o corpo do cubo é ligeiramente menor do que o diâmetro do eixo. O conjunto é montado pela ação de uma força exercida por uma prensa, ou por meio da expansão térmica do cubo — algumas vezes também pela contração do eixo através de gelo seco — e uma prensagem rápida das duas partes, uma contra a outra, antes de as temperaturas das partes se igualarem. Algumas vezes é utilizada a combinação de um pino e do ajuste por interferência.

O corte de *estrias* de acoplamento no eixo e no cubo geralmente propicia a junta de conexão mais resistente para a transmissão de torques (Figura 17.4). Tanto as estrias quanto as chavetas podem ser ajustadas para permitir que o cubo deslize axialmente ao longo do eixo.

Mais informações sobre o projeto de chavetas, pinos e estrias são fornecidas na Seção 17.6.

17.4 Dinâmica dos Eixos Girantes

Os eixos girantes, particularmente aqueles com alta rotação, devem ser projetados de modo a evitar operações nas *velocidades críticas*. Normalmente, isso significa o provimento de rigidez lateral suficiente, de forma que a velocidade crítica fique posicionada bem acima da faixa de operação. Quando ocorrem flutuações torcionais (como nos eixos de comando de cames, eixos de manivelas dos motores e compressores etc.), será imposto um requisito dinâmico adicional. As *frequências naturais torcionais* do eixo devem ser situadas bem distantes das frequências presentes no esforço torcional de entrada. Em geral, isto é possível proporcionando-se uma rigidez torcional suficiente (e inércias torcionais suficientemente baixas), que desloque a frequência natural torcional mais baixa significativamente acima da mais alta frequência torcional perturbadora. Essa importante matéria é tratada com detalhes nos livros de vibrações mecânicas, e será apenas citada brevemente no contexto aqui apresentado.

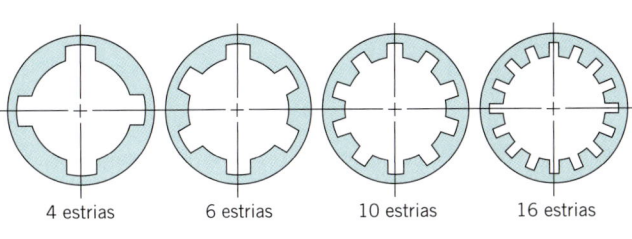

(a) Lados retos

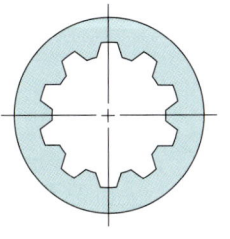

(b) Evolvental

Figura 17.4 Tipos comuns de estrias.

Em relação à vibração lateral e às velocidades críticas, as práticas de fabricação e operação são tais que o centro de massa de um sistema em rotação jamais coincide *exatamente* com o centro de rotação. Assim, quando a rotação do eixo é gradualmente aumentada, as forças centrífugas atuantes no centro de massa tendem a curvar progressivamente o eixo (produzindo uma flexão). Quanto mais o eixo é curvado (fletido), maiores são a excentricidade e a força centrífuga. Abaixo da mais baixa velocidade crítica (*fundamental*) de rotação, as forças elástica e centrífuga do eixo se equilibram a um deslocamento finito do eixo. Na velocidade crítica o equilíbrio requer, teoricamente, um deslocamento infinito do centro de massa. Os amortecimentos dos mancais do eixo devidos ao deslocamento de ar e à histerese interna ao componente girante fazem com que o equilíbrio ocorra a um deslocamento finito. Entretanto, esse deslocamento é geralmente alto o suficiente para quebrar o eixo ou causar forças nos mancais de rotação cujas amplitudes são altamente proibitivas, se não destrutivas. Uma rotação significativamente superior à velocidade crítica resulta em uma posição de equilíbrio satisfatória pelo movimento do centro de massa *no sentido* do centro de rotação. Em situações não muito comuns, como em algumas turbinas de altas velocidades, a operação satisfatória requer a passagem rapidamente pela velocidade crítica, sem que se dê *tempo* suficiente para um deslocamento de equilíbrio ser atingido e, em seguida, o eixo passa a operar bem acima da velocidade crítica.

A velocidade crítica de rotação é numericamente igual àquela da frequência natural lateral de vibração, que é induzida quando a rotação é interrompida e o centro do eixo é deslocado lateralmente e, em seguida, liberado repentinamente. Para todos os casos, exceto para o caso "ideal" simples de eixo com massa desprezível suportando uma única massa concentrada, outras velocidades críticas referentes a frequências mais altas também estão presentes. As equações para a velocidade crítica mais baixa, ou fundamental, são resumidas na Figura 17.5, que apresenta as Eqs. 17.1 até 17.3. As deduções dessas

Configuração	Equação da Velocidade Crítica
(a) Uma única massa 	$$\omega_n = \sqrt{\frac{k}{m}} = \sqrt{\frac{kg}{w}} = \sqrt{\frac{g}{\delta_{est}}} \qquad (17.1)$$ $$n_c = \frac{30}{\pi}\sqrt{\frac{k}{m}} = \frac{30}{\pi}\sqrt{\frac{kg}{w}} = \frac{30}{\pi}\sqrt{\frac{g}{\delta_{est}}} \qquad (17.1a)$$
(b) Múltiplas massas 	$$n_c \approx \frac{30}{\pi}\sqrt{\frac{g(w_1\delta_1 + w_2\delta_2 + \cdots)}{w_1\delta_1^2 + w_2\delta_2^2 + \cdots}}$$ $$n_c \approx \frac{30}{\pi}\sqrt{\frac{g\sum w\delta}{\sum w\delta^2}} \qquad (17.2)$$
(c) Apenas a massa do eixo 	$$\omega_n \approx \sqrt{\frac{5g}{4\delta_{est}}} \qquad (17.3)$$ $$\delta_{est} = \frac{5wL^4}{384EI}$$

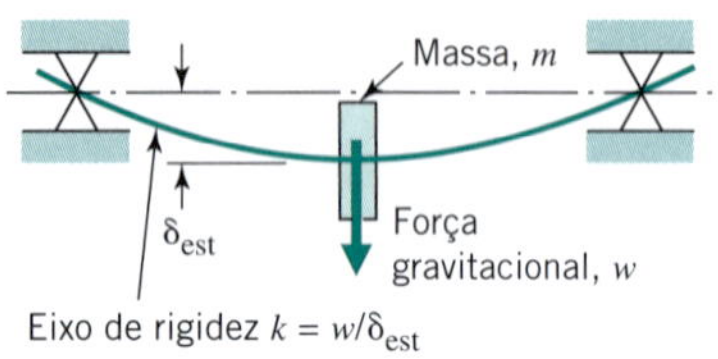

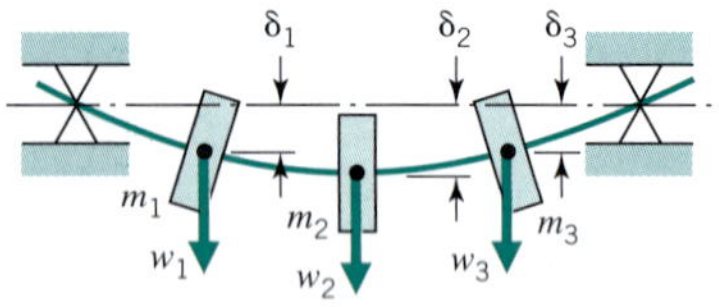

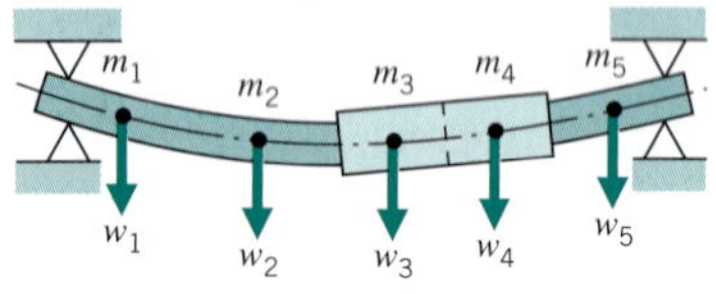

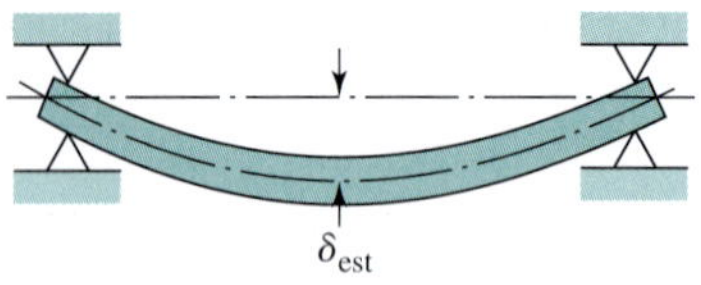

Grandeza	Símbolo	SI	Sistema Gravacional Inglês
Massa	m	kg	lb $\cdot$ s^2/in (slug)
Força gravitacional	w	N	lb
Deslocamento estático	δ_{est}	m	in
Rigidez do eixo	k	N/m	lb/in
Aceleração da gravidade	g	m/s^2	in/s^2
Frequência natural	ω_n	rad/s	rad/s
Velocidade crítica	n_c	rpm	rpm

Figura 17.5 **Velocidades críticas dos eixos (a mais baixa é denominada fundamental).**

equações são apresentadas em textos elementares da literatura sobre vibrações.

A Eq. 17.1 permite o cálculo da frequência natural, ω_n, e a Eq. 17.1a estima a velocidade crítica do eixo, n_c, para uma única massa com deslocamento δ_{est} utilizando um modelo massa-mola para a análise. A Eq. 17.2 determina a velocidade crítica considerando-se múltiplas massas, onde o deslocamento de cada massa é conhecido. Essa equação é desenvolvida igualando-se a energia cinética máxima do sistema à energia potencial máxima e, geralmente, é referenciada como *equação de Rayleigh*. A Eq. 17.3 permite o cálculo da frequência natural referida apenas à massa do eixo.

Para o caso de múltiplas massas, na Eq. 17.2, o deslocamento de cada massa pode ser calculado por superposição. Por exemplo, o deslocamento δ_1 da massa m_1 é igual à soma dos deslocamentos de m_1 causados por cada massa atuante separadamente; isto é, $\delta_1 = \delta_{11} + \delta_{12} + \ldots \delta_{1i}$, onde δ_{1i} é o deslocamento da massa m_1 causado pela massa m_i atuante separadamente. Assim, com a superposição o número de cálculos aumenta com o quadrado do número de massas. Consequentemente, a *equação de Dunkerley* (que estima por valores menores a velocidade crítica) é geralmente utilizada para se calcular a velocidade crítica, n_c, utilizando a velocidade crítica, n_i do eixo com apenas a massa m_i sobre o eixo; isto é, onde n_c é a velocidade crítica do sistema, n_1 é a velocidade crítica que ocorreria se apenas a massa m_1 estivesse presente, ω_2 é a velocidade crítica se apenas m_2 estivesse presente, e assim por diante. A velocidade crítica pode ser estimada utilizando-se as Eqs. 17.4a e 17.4b:

$$\frac{1}{n_c^2} = \sum \frac{1}{n_i^2} = \frac{1}{n_1^2} + \frac{1}{n_2^2} + \frac{1}{n_3^2} \cdots \qquad \textbf{(17.4a)}$$

ou

$$\frac{1}{\omega_c^2} = \sum \frac{1}{\omega_i^2} = \frac{1}{\omega_1^2} + \frac{1}{\omega_2^2} + \frac{1}{\omega_3^2} \cdots \qquad \textbf{(17.4b)}$$

nas quais n é expressa em rpm e ω em rad/s.

Nos casos em que a velocidade crítica do eixo for inaceitável, o diâmetro do eixo poderá ser modificado utilizando-se

$$d_{novo} = d_{antigo} \sqrt{\frac{(n_c)_{novo}}{(n_c)_{antigo}}} \qquad \textbf{(17.5)}$$

A Eq. 17.2 pode ser utilizada para se estimar a velocidade crítica de um eixo com massas distribuídas. A massa distribuída do próprio eixo pode ser discretizada e incluída na análise. Na Figura 17.5 — configuração (*b*) para múltiplas massas — um eixo com massa e múltiplas massas ou elementos de massa a ele fixados é discretizado em cinco partes de massas m_1, m_2, m_3, m_4 e m_5. A massa de cada segmento é concentrada em seu centro de gravidade. Geralmente, bons resultados são obtidos com aproximações grosseiras. Por exemplo, comparando-se a configuração (*a*) de uma única massa, com a configuração (*c*) com apenas a massa do eixo, para deslocamentos δ_{est} idênticos, a Eq. 17.3 mostra que apenas com a massa distribuída do eixo, $n_c \approx (5/4)^{1/2}$, enquanto se essa massa distribuída do eixo é discretizada em uma única massa posicionada no centro geométrico do eixo, $n_c \approx (1)^{1/2}$.

PROBLEMA RESOLVIDO 17.1 Velocidade Crítica de Eixos

A Figura 17.6 mostra duas massas fixadas a um eixo maciço suportado em suas extremidades por mancais. As massas, m_1 e m_2, pesam 70 lb (311,38 N) e 30 lb (133,45 N), respectivamente. Os deslocamentos do eixo foram calculados e os coeficientes de influência (flexibilidades) obtidos são

$$a_{11} = 3,4 \times 10^{-6} \text{ in/lb}$$
$$a_{22} = 20,4 \times 10^{-6} \text{ in/lb}$$
$$a_{21} = a_{12} = 6,8 \times 10^{-6} \text{ in/lb}$$

Note que a_{11} é o deslocamento na posição 1 do eixo resultante de uma massa de 1 lb (4,45 N) localizada na posição 1. O coeficiente a_{12} é igual ao deslocamento na posição 1 do eixo resultante de uma massa de 1 lb localizada na posição 2.

Determine a velocidade crítica utilizando a equação de Dunkerley e a equação de Rayleigh-Ritz. A massa do eixo e sua influência podem ser desprezadas nesse problema.

SOLUÇÃO

Conhecido: Um eixo maciço possui duas massas fixadas ao longo de seu comprimento e é suportado sobre mancais em ambas as suas extremidades. Os valores das massas são conhecidos, bem como os coeficientes de influência para os deslocamentos nas posições das massas. A massa do eixo pode ser desprezada nesta análise.

A Ser Determinado: Determine a velocidade crítica do eixo utilizando a equação de Dunkerley e a equação de Rayleigh.

Esquemas e Dados Fornecidos:
Os coeficientes de influência para os deslocamentos nas posições 1 e 2 — veja a Figura 17.6 — são

$$a_{11} = 3,4 \times 10^{-6} \text{ in/lb}$$
$$a_{22} = 20,4 \times 10^{-6} \text{ in/lb}$$
$$a_{21} = a_{12} = 6,8 \times 10^{-6} \text{ in/lb}$$

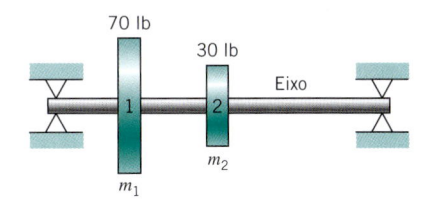

FIGURA 17.6 **Eixo maciço com duas massas para o Problema Resolvido 17.1.**

Hipóteses:

1. A massa do eixo é desprezível e não contribui para o deslocamento do eixo.

2. O eixo permanece elástico e linear.

3. O eixo é simplesmente apoiado em cada uma de suas extremidades.

Análise:

1. Os deslocamentos do eixo em cada posição devidos a cada uma das massas individualmente são:

$$\delta_{11} = w_1 a_{11} = (70\ lb)(3,4 \times 10^{-6}\ in/lb) = 2,38 \times 10^{-4}\ in$$
$$\delta_{22} = w_2 a_{22} = (30\ lb)(20,4 \times 10^{-6}\ in/lb) = 6,12 \times 10^{-4}\ in$$

2. O deslocamento total do eixo para cada posição das massas é

$$\delta_1 = w_1 a_{11} + w_2 a_{12} = 70(3,4 \times 10^{-6}) + 30(6,8 \times 10^{-6}) =$$
$$= 4,42 \times 10^{-4}\ in$$
$$\delta_2 = w_2 a_{22} + w_1 a_{12} = 30(20,4 \times 10^{-6}) + 70(6,8 \times 10^{-6}) =$$
$$= 1,088 \times 10^{-3}\ in$$

3. Pela Eq. 17.1a,

$$\omega_1 = \sqrt{\frac{g}{\delta_{est}}} = \sqrt{\frac{g}{\delta_{11}}} = \sqrt{\frac{386\ \dfrac{in}{s^2}}{2,38\ \times\ 10^{-4}\ in}} = 1273,5\ \frac{rad}{s}$$

$$\omega_2 = \sqrt{\frac{g}{\delta_{22}}} = \sqrt{\frac{386\ \dfrac{in}{s^2}}{6,12\ \times\ 10^{-4}\ in}} = 794,2\ \frac{rad}{s}$$

4. Utilizando-se a equação de Dunkerley, Eq. 17.4,

$$\frac{1}{\omega_c^2} = \frac{1}{\omega_1^2} + \frac{1}{\omega_2^2} = \frac{1}{(1273,5)^2} + \frac{1}{(794,2)^2}$$

tem-se

$$\omega_c = 673,9\ \frac{rad}{s}$$

5. Utilizando-se a equação de Rayleigh, Eq. 17.2, obtém-se

$$\omega_c = \sqrt{\frac{g(w_1\delta_1 + w_2\delta_2)}{(w_1\delta_1^2 + w_2\delta_2^2)}}$$

$$= \sqrt{\frac{386\ \dfrac{in}{s^2}\ [(70\ lb)(4,42\ \times\ 10^{-4}\ in)\ + (30\ lb)(1,088\ \times\ 10^{-3}\ in)]}{(70\ lb)(4,42\ \times\ 10^{-4}\ in)^2 + (30\ lb)(1,088\ \times\ 10^{-3}\ in)^2}}$$

$$= \sqrt{\frac{386\ \dfrac{in}{s^2}\ (6,36\ \times\ 10^{-2}\ lb\ in)}{4,92\ \times\ 10^{-5}\ lb\ in}} = 706,3\ \frac{rad}{s}$$

Comentário: A equação de Dunkerley e a equação de Rayleigh produzem diferentes respostas para a velocidade crítica. A equação de Dunkerley subestima a velocidade crítica e a equação de Rayleigh a superestima. O valor correto, provavelmente, situa-se entre os valores fornecidos por essas duas soluções.

Conforme mostrado no Problema Resolvido 17.1, as velocidades críticas dos eixos podem ser estimadas pelo cálculo dos deslocamentos estáticos em diversos pontos. Alguns programas de computador disponíveis atualmente realizam o cálculo dos deslocamentos estáticos e das velocidades críticas.

17.5 Projeto Global de um Eixo

Os seguintes princípios gerais devem ser sempre considerados.

1. Os eixos devem ser tão curtos quanto possível, com os mancais próximos das cargas aplicadas. Essa condição reduz os deslocamentos e os momentos devido à flexão, e aumenta as velocidades críticas.

2. Se possível, coloque os necessários concentradores de tensões longe das regiões do eixo com as mais altas tensões. Não sendo possível, utilize raios maiores e bons acabamentos superficiais. Considere a utilização de processos que aumentem a resistência superficial local (como jateamento ou laminação a frio).

3. Utilize os aços mais baratos quando os deslocamentos do eixo são críticos, uma vez que todos os aços possuem, essencialmente, o mesmo módulo de elasticidade.

4. Quando o peso é crítico, considere o emprego de eixos vazados. Por exemplo, os eixos de acionamento das rodas dianteiras de um automóvel são vazados de modo a se obter a baixa relação peso-rigidez necessária para se manter as velocidades críticas acima das faixas de operação.

O deslocamento máximo admissível de um eixo é geralmente determinado por requisitos associados à velocidade crítica, às engrenagens ou aos mancais. Os requisitos relacionados à velocidade crítica variam muito com a aplicação específica. Os deslocamentos admissíveis dos eixos para um desempenho satisfatório das engrenagens e dos mancais variam com o projeto desses componentes e com a aplicação, porém as considerações a seguir podem ser utilizadas como guia geral.

1. Os deslocamentos não devem causar uma separação dos dentes das engrenagens superior a 0,13 mm (0,005 in), e também não devem propiciar uma variação na inclinação relativa dos eixos das engrenagens superior a cerca de 0,03°. Os deslocamentos admissíveis recomendados para engrenagens cônicas de 6 a 15 polegadas (152,4 a 381,0 mm) de diâmetro são listados na referência [10].

2. A deflexão do eixo ao longo do plano de um de seus mancais deve ser pequena, comparativamente à espessura do filme de óleo. Caso o deslocamento angular seja excessivo o eixo irá emperrar, a menos que os mancais sejam autoalinhados.

3. Em geral, a deflexão angular do eixo junto aos mancais de esfera ou de roletes não deve exceder a 0,04°, a menos que os mancais sejam autoalinhados.

As deflexões do eixo podem ser calculadas pelos procedimentos apresentados na Seção 5.7 e ilustrados pelo Problema Resolvido 5.2. Além disso, os deslocamentos angulares por torção devem ser considerados com base nos requisitos associados à frequência natural torcional e às limitações das deflexões torcionais.

Em 1985 a ANSI/ASME publicou a norma B106.1M-1985, *Design of Transmission Shafting* (Projeto de Eixos de Transmissão), a qual, de acordo com a ASME, foi suspensa em 1994 e descontinuada. A norma fornece resultados não conservativos, uma vez que admite cargas de momento de flexão totalmente reversa com componente de carga de momento médio igual a zero, e torque médio estacionário com componente de torque alternado igual a zero. O procedimento mais geral para o projeto por fadiga de componentes de máquina discutido neste livro é recomendado.

A determinação da resistência à fadiga de um eixo em rotação geralmente requer uma análise para o caso geral de carregamento bidimensional, conforme resumido na Tabela 8.2, Figura 8.16, e ilustrado pelo Problema Resolvido 17.2P.

Geralmente o projeto de um eixo parte de uma avaliação inicial do fator que será crítico para seu dimensionamento: a resistência ou os deslocamentos. O projeto preliminar se baseia nesse critério; em seguida, o fator remanescente (a resistência ou os deslocamentos) é verificado.

PROBLEMA RESOLVIDO 17.2P Eixo de Acionamento da Roda Dentada de um Veículo para Transporte na Neve

---

A Figura 17.7b mostra o eixo de acionamento da roda dentada de um veículo para transporte na neve. O eixo é suportado pela estrutura do veículo através dos mancais A e B, e é acionado por corrente através da roda dentada C. (O motor e a transmissão estão acima e à frente do eixo; daí o ângulo de 30° da corrente.) As rodas de lagartas T_1 e T_2 acionam a corrente do veículo de neve. As dimensões básicas são fornecidas na Figura 17.7b. Faça um dimensionamento adequado para o eixo, com base na potência máxima de saída do motor de 20 kW a uma velocidade de 72 km/h. Como a roda dentada e a corrente não impõem qualquer requisito de deslocamento e considerando que os mancais possam se autoalinhar, se necessário, o projeto preliminar deve ser baseado na resistência à fadiga.

SOLUÇÃO

Conhecido: Um eixo motriz é acionado por corrente através de uma roda dentada e é suportado pela estrutura de um veículo de neve através de dois mancais. As dimensões básicas do eixo e a localização dos mancais, da roda dentada de acionamento e das rodas de acionamento das lagartas do veículo de neve são fornecidas. A potência do motor de acionamento das correntes e a velocidade do veículo são especificadas.

A Ser Determinado: Determine um dimensionamento adequado para o eixo com base na resistência à fadiga.

Esquemas e Dados Fornecidos: (Veja a Figura 17.7)

Decisões:

1. A Figura 17.7c mostra um leiaute proposto para o eixo. Observe que a roda dentada acionada por corrente é montada externamente às lagartas para propiciar um fácil acesso de manutenção das correntes, e que a porca de retenção na extremidade se prende diretamente ao eixo. (Se a porca fosse presa contra o cubo da roda dentada C, a carga de aperto inicial da porca imporia uma tensão de tração

estática no eixo entre a porca e o suporte S. Isto seria indesejável do ponto de vista da resistência à fadiga do eixo.) Como o mancal B suportará a maior carga, atribui-se ao mancal A a sustentação da carga axial em ambos os sentidos. Observe os anéis de pressão na caixa de apoio e no eixo para reter o mancal A. As cargas axiais serão pequenas, porque ocorrem apenas manobras de quinas e, se desejado, este arranjo permite o uso de mancais de roletes retos em B. O torque é transmitido pela roda dentada através de estrias e para as lagartas através de chavetas.

2. Uma vez que existe um grande momento de flexão atuante no eixo nas vizinhanças da roda T_2, uma tentativa para a localização do suporte do eixo é selecionada conforme mostrado na Figura 17.7c. (Essa dimensão será necessária para se calcular as cargas nesse ponto de concentração de tensão.)

3. Com base no custo, o aço 1020 estirado a frio foi selecionado por tentativa. Suas características são $S_u = 530$ MPa, $S_y = 450$ MPa e suas superfícies são usinadas.

4. Selecione relações de $D/d = 1,25$ e $r/d = 0,03$ no suporte S para fornecer um alto valor conservativo de K_f.

5. Um fator de segurança de 2,5 é escolhido com base nas informações fornecidas na Seção 6.12.

6. Um mancal de dimensão padronizada será selecionado.

Hipóteses:

1. A potência total do motor atinge a lagarta do veículo de neve.

2. Metade da força de tração da lagarta é transmitida a cada uma de suas rodas dentadas de acionamento; isto é, ocorre uma distribuição equitativa do torque.

3. Os mancais A e B são autoalinhados dentro da faixa de deflexões angulares induzidas ao eixo.

4. A concentração de tensão na pista interna do mancal (em B) é idêntica à do bordo do cubo da roda dentada (em S).

Análise:

1. Como foi admitido que a potência disponibilizada pelo motor chega até a lagarta, a força de tração nela atuante, F_T, pode ser calculada como

$$F_T = \frac{\text{potência do motor}}{\text{velocidade do veículo}} = \frac{20.000 \, \text{W}}{20 \, \text{m/s}} = 1000 \, \text{N}$$

Metade dessa força é transmitida a cada roda dentada, T_1 e T_2, de acionamento da lagarta.

2. Pela equação de equilíbrio, fazendo-se o somatório de momentos em relação ao eixo igual a zero determina-se a força de tração na roda dentada da corrente, F_C, como

$$F_C = 1000 \, \text{N} \, (125 \, \text{mm}/50 \, \text{mm}) = 2500 \, \text{N}$$

3. Os diagramas de esforços, forças cisalhantes e momentos fletores para os planos vertical e horizontal são determinados da maneira usual (conforme mostrado na Figura 2.11) e desenhados na Figura 17.7d. Observe que a única carga

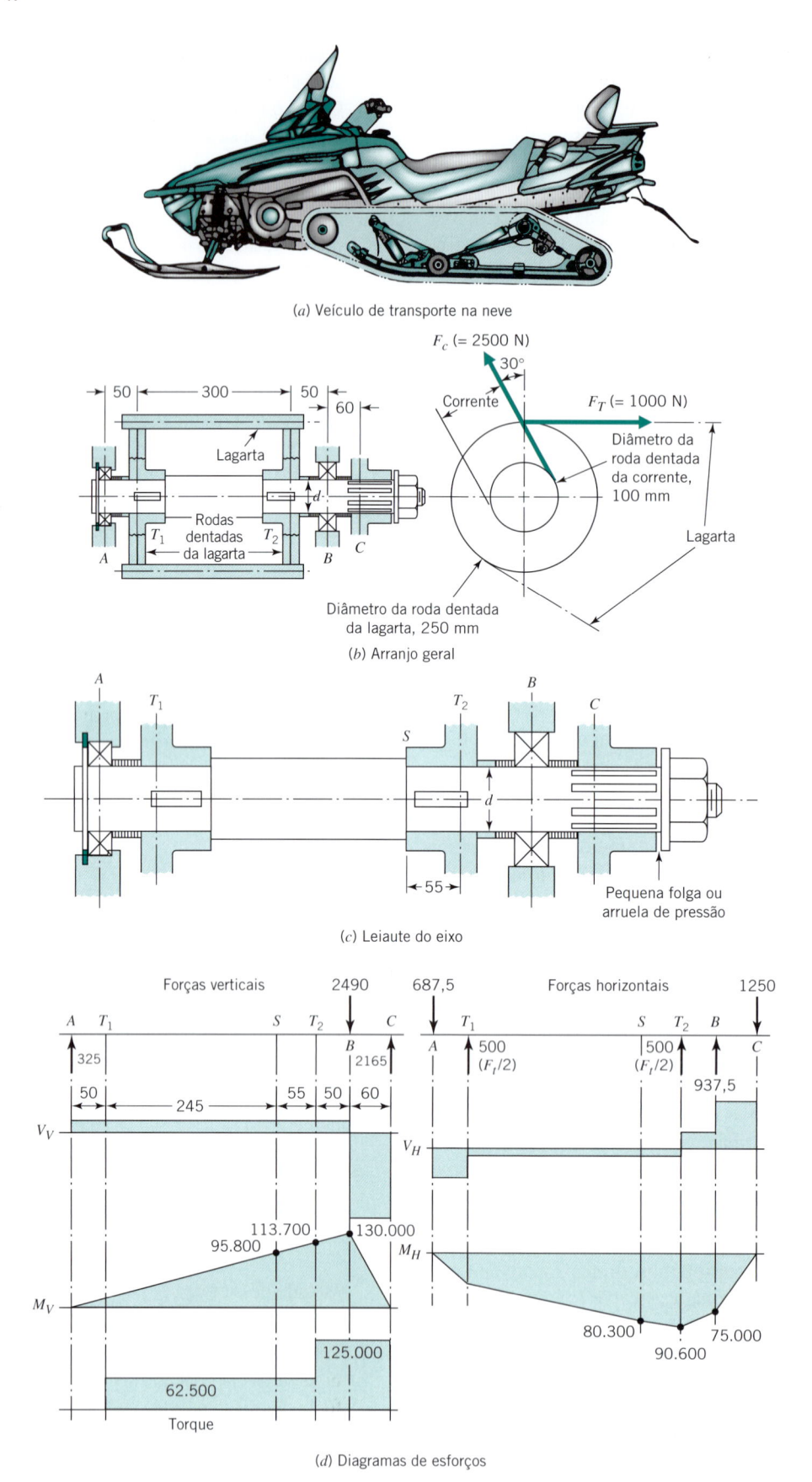

(a) Veículo de transporte na neve

(b) Arranjo geral

(c) Leiaute do eixo

(d) Diagramas de esforços

FIGURA 17.7 Problema Resolvido 17.2P — carro de transporte na neve e eixo de acionamento da lagarta (dimensões em milímetros).

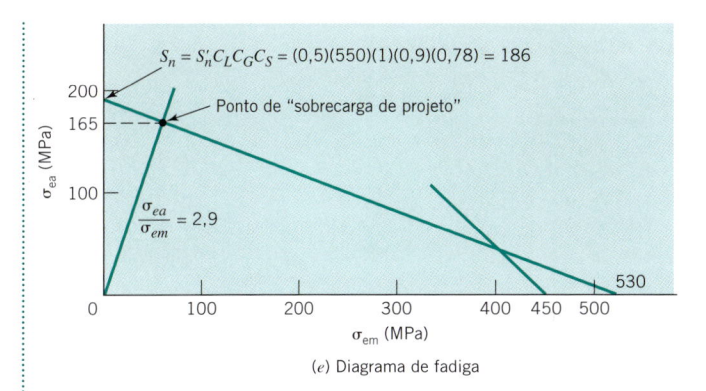

$$S_n = S'_n C_L C_G C_S = (0,5)(550)(1)(0,9)(0,78) = 186$$

Ponto de "sobrecarga de projeto"

$$\frac{\sigma_{ea}}{\sigma_{em}} = 2,9$$

(e) Diagrama de fadiga

Figura 17.7 (*continuação*)

aplicada na vertical é uma componente da força de tração da corrente ($F_C \cos 30°$). As cargas aplicadas na direção horizontal incluem a componente de tração na corrente ($F_C \,\mathrm{sen}\, 30°$) e também as duas forças aplicadas pelas rodas dentadas da lagarta (cada uma igual a $F_T/2$). Não existem momentos atuantes nos mancais A e B; os dois mancais foram admitidos como autoalinhados.

4. O diagrama de torques mostra, conforme admitido, uma distribuição uniforme entre as duas rodas dentadas da lagarta.

5. Pela inspeção dos diagramas de carregamento e pela geometria do eixo fica claro que a seção crítica para a determinação do valor de d será a seção S ou uma seção próxima a B ou C. A concentração de tensão pode fazer com que na seção S ocorra uma falha. A ocorrência da falha precisamente nas seções B ou C é improvável, uma vez que o eixo é reforçado pela pista do mancal e pelo cubo da roda nesses pontos; porém, no bordo do cubo da roda dentada e na pista interna do mancal existe uma concentração de tensão distinta da que ocorre em S, conforme admitido. Portanto, de forma conservadora, o diâmetro d do eixo será calculado com base nas cargas atuantes em B (onde o momento fletor resultante é ligeiramente maior do que em T_2) e os fatores de concentração de tensão estimados são idênticos aos referentes a S.

6. A estimativa de K_f no suporte S depende de informações sobre material, acabamento superficial e proporções geométricas do suporte. O material selecionado é o aço 1020 estirado a frio, que possui $S_u = 530$ MPa, $S_y = 450$ MPa e superfícies usinadas. A geometria do suporte é fornecida e suas relações valem $D/d = 1,25$ e $r/d = 0,03$, conforme decidido. Pela Figura 4.35, $K_t = 2,25$ e $1,8$ para cargas de flexão e torção, respectivamente. Pela Figura 8.23, e admitindo-se que r seja de aproximadamente 1 mm, q é estimado em 0,7. Aplicando-se a Eq. 8.2 têm-se os valores de K_f de 1,9 e 1,6 para carregamentos de flexão e torção.

7. Seguindo-se o procedimento definido para carregamentos bidimensionais gerais na Figura 8.16, a tensão alternada equivalente é devida apenas à flexão:

$$\sigma_{ea} = \sigma = \frac{32M}{\pi d^3}K_{f(b)} = \frac{32\sqrt{130.000^2 + 75.000^2}}{\pi d^3}(1,9) =$$
$$= \frac{2,9 \times 10^6}{d^3}$$

A tensão média equivalente é devida apenas à torção:

$$\sigma_{em} = \tau = \frac{16T}{\pi d^3}K_{f(t)} = \frac{16(125.000)}{\pi d^3}(1,6) = \frac{1,0 \times 10^6}{d^3}$$

Assim, independentemente do valor de d,

$$\sigma_{ea}/\sigma_{em} = 2,9$$

8. A Figura 17.7e mostra o diagrama de resistência à fadiga para este caso, com a "linha de carga" a uma inclinação de 2,9. O diagrama indica que, para uma vida infinita, σ_{ea} é limitada a 165 MPa; porém, este valor refere-se à condição de sobrecarga de projeto, que incorpora um fator de segurança de 2,5 (conforme decidido). Assim,

$$\sigma_{ea} = \frac{2,9 \times 10^6}{d^3}(2,5) = 165 \text{ MPa, ou } d = 35,3 \text{ mm}$$

9. Com o leiaute do eixo mostrado, a dimensão d deve corresponder, conforme decidido, a um corpo de mancal padronizado. A seleção de $d = 35$ mm deve ser satisfatória; para uma escolha um pouco mais conservadora, $d = 40$ mm pode ser preferível. De acordo com a escolha de $r/d = 0,03$, os raios dos filetes devem ser de pelo menos $0,03d$ em S. Um raio mais generoso poderia ser preferível. Especifique, por exemplo, $r = 2$ mm.

Comentários: As deflexões angulares em A e B devem ser verificadas para se determinar a necessidade de mancais autoalinhados.

Os eixos que suportam engrenagens helicoidais ou cônicas são submetidos a cargas que incluem tração ou compressão, bem como torção. Como as tensões axiais são dependentes de d^2, e não de d^3, não existe, para esses casos, uma única razão entre σ_{ea} e σ_{em} para todos os valores de d. O procedimento mais comum a ser adotado é ignorar-se, inicialmente, a tensão axial durante a determinação de d e, em seguida, verificar a influência da tensão axial no diâmetro obtido. Uma ligeira alteração nesse diâmetro pode ou não ser indicada. Se o diâmetro selecionado deve corresponder a uma dimensão padronizada (como no Problema Resolvido 17.2P), é provável que a consideração sobre a tensão axial não altere a escolha final.

17.6 Chavetas, Pinos e Estrias

Talvez a mais comum das conexões entre um eixo e um cubo para transmissão de torque seja a *chaveta* (Figura 17.1). Entre os diversos tipos de chavetas, o mais usual é o de seção quadrada (Figura 17.1a). As proporções geométricas padronizadas estabelecem que a largura de uma chaveta deve ser aproximadamente igual a um quarto do diâmetro do eixo (veja as recomendações de diversas referências e a norma B17.1 da ANSI para maiores detalhes). Geralmente as chavetas são fabricadas de aço de baixo carbono (como SAE ou AISI 1020) e são submetidas a um acabamento a frio, porém nos casos em que é necessária uma maior resistência utilizam-se ligas de aço tratadas termicamente.

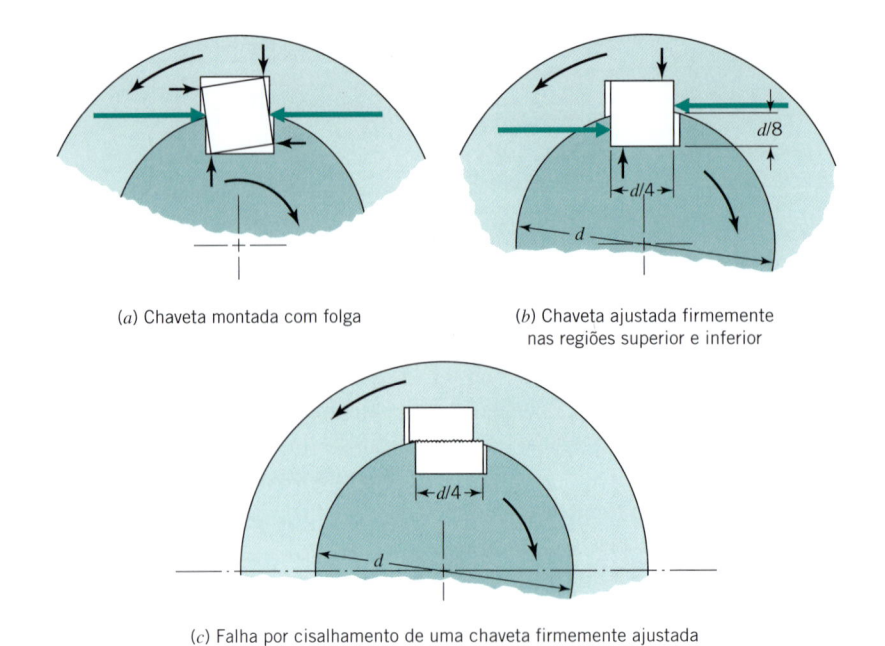

(a) Chaveta montada com folga

(b) Chaveta ajustada firmemente nas regiões superior e inferior

(c) Falha por cisalhamento de uma chaveta firmemente ajustada

FIGURA 17.8 **Carregamento e tensões atuantes em uma chaveta quadrada.**

O carregamento atuante em uma chaveta é uma função complexa das folgas e das flexibilidades estruturais envolvidas. A Figura 17.8a mostra as cargas atuantes em uma chaveta quadrada montada com folgas. O principal carregamento deve-se às altas forças horizontais; porém, estas tendem a girar a chaveta no sentido anti-horário até que um ou ambos os pares de quinas diagonalmente opostas entrem em contato com as laterais do rasgo de chaveta, com suas partes inferiores, ou ambos.

A Figura 17.8b mostra uma chaveta firmemente ajustada em suas partes superior e inferior (algumas vezes, são utilizados parafusos de fixação ao cubo para manter a chaveta firmemente contra a superfície inferior do rasgo no eixo). As forças horizontais mostradas são em geral consideradas como uniformemente distribuídas sobre as superfícies da chaveta, e iguais ao torque do eixo dividido pelo seu raio. (Nenhuma hipótese será rigorosamente correta, porém tendo em vista a complexidade e as incertezas envolvidas as considerações estabelecidas propiciam um embasamento razoável para o projeto e a análise desse componente.)

Como ilustração da definição das dimensões de uma chaveta, considere uma estimativa para o comprimento necessário à chaveta da Figura 17.8b para transmitir um torque igual à capacidade de torque elástico do eixo. Admita que o eixo e a chaveta sejam de materiais dúcteis de mesma resistência e que (de acordo com a teoria da energia de distorção — Seção 6.8) $S_{sy} = 0,58S_y$.

Pela Eq. 4.4, a capacidade de torque do eixo vale

$$T = \frac{\pi d^3}{16}(0,58S_y) \tag{a}$$

O torque que pode ser transmitido pelas forças compressivas atuantes nas laterais da chaveta será igual ao produto da tensão limitante pela área de contato e pelo raio:

$$T = S_y\frac{Ld}{8}\frac{d}{2} = \frac{S_yLd^2}{16} \tag{b}$$

O torque que pode ser transmitido pela chaveta considerando sua resistência ao cisalhamento (Figura 17.8c) também é igual ao produto da tensão limitante pela área e pelo raio:

$$T = (0,58\,S_y)\frac{Ld}{4}\frac{d}{2} = \frac{0,58S_yLd^2}{8} \tag{c}$$

Igualando-se as Eqs. a e b tem-se $L = 1,82d$; igualando-se as Eqs. a e c tem-se $L = 1,57d$. Assim, com base nas hipóteses simplificadoras adotadas, um projeto adequado para a chaveta requer que seu comprimento seja de aproximadamente $1,8d$. Observe que uma chaveta projetada para um balanço teórico entre as resistências à compressão e ao cisalhamento exigiria para a chaveta uma profundidade um pouco maior do que sua largura. As chavetas normalmente se estendem ao longo de toda a largura do cubo e, para uma boa estabilidade, as larguras do cubo em geral estão na faixa de $1,5d$ a $2d$.

Se o diâmetro do eixo é baseado no deslocamento em vez da resistência, uma chaveta menor pode ser totalmente adequada. Se o diâmetro se baseia na resistência, considerando a presença de impacto ou de um carregamento por fadiga, a concentração de tensão gerada pelo rasgo da chaveta deve ser considerada na estimativa da resistência do eixo. A Figura 17.9 ilustra as duas formas usuais de corte do rasgo, com os correspondentes valores aproximados de K_f (fator de concentração de tensão por *fadiga*).

A Figura 17.2a mostra um *pino* de seção circular conectando um cubo e um eixo. A capacidade de torque da conexão é limitada pela resistência do pino, que está sujeito a um cisalhamento duplo (isto é, a eventual falha envolve o cisalhamento de ambas as seções transversais do pino na interface cubo-eixo). Para um pino maciço de diâmetro d e resistência ao cisalhamento S_{sy}, o leitor pode mostrar rapidamente que a capacidade de torque (baseada no escoamento do material do pino) é

$$T = \pi d^2 D S_{sy}/4 \tag{17.6}$$

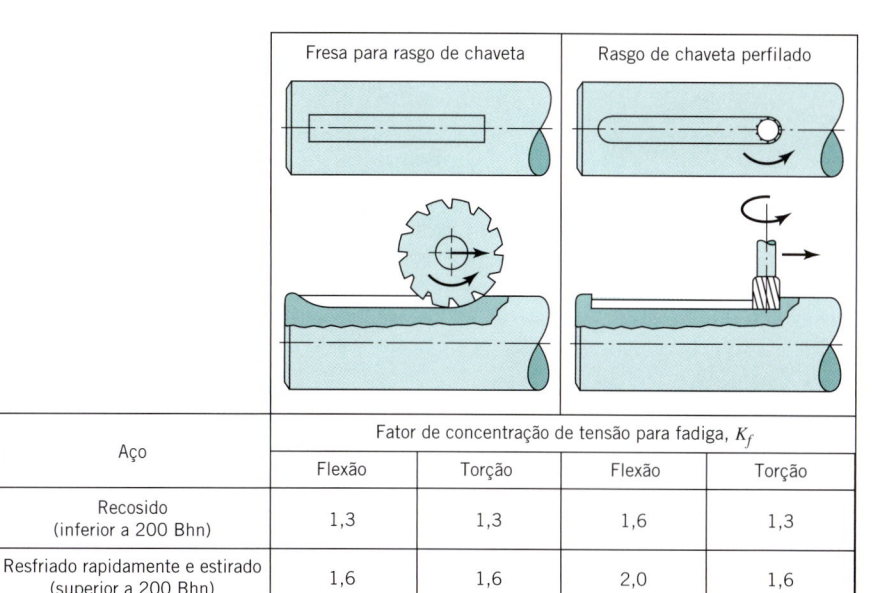

| Fresa para rasgo de chaveta | Rasgo de chaveta perfilado |

Aço	Fator de concentração de tensão para fadiga, K_f			
	Flexão	Torção	Flexão	Torção
Recosido (inferior a 200 Bhn)	1,3	1,3	1,6	1,3
Resfriado rapidamente e estirado (superior a 200 Bhn)	1,6	1,6	2,0	1,6

Figura 17.9 **Tipos de rasgos de chaveta e correspondentes fatores de concentração de tensão para fadiga, K_f. (Com base na tensão nominal referida à seção transversal total do eixo.)**

Algumas vezes os pinos que transmitem torque e estão sujeitos a cargas de cisalhamento (como o da Figura 17.2a) são pequenos e fabricados de material relativamente pouco resistente, de modo a limitar sua capacidade ao torque seguro que pode ser suportado pelo eixo. Assim, o *pino de cisalhamento* serve como um elemento de segurança ou dispositivo de proteção. Um exemplo prático é o pino de cisalhamento utilizado na fixação das hélices à extremidade do eixo propulsor de um motor. No caso de ocorrer qualquer obstrução ao movimento das hélices o pino de cisalhamento falha, evitando assim um possível dano aos componentes mais caros do trem de acionamento.

As *estrias* (Figura 17.4) atuam como múltiplas chavetas. Elas possuem perfis tanto evolventais quanto retos, sendo a ferramenta formadora normalmente utilizada nas máquinas operatrizes modernas. As estrias evolventais em geral possuem ângulo de pressão de 30° e metade da profundidade dos dentes padronizados das engrenagens (outros ângulos de pressão padronizados são de 37,5° e 45°). O ajuste entre estrias que se acoplam é caracterizado como deslizante, fixo ou prensado. (Veja a norma ANSI B92.1, B92.1M e B92.2M, o manual da SAE ou outros manuais para maiores detalhes.) A Figura 17.14 mostra uma estria com ajuste por deslizamento que permite uma ligeira alteração no comprimento do eixo motriz de um automóvel devido ao movimento de suas rodas traseiras. As estrias podem ser cortadas ou laminadas em um eixo (de modo similar às roscas de um parafuso). Em geral, a resistência de um eixo com estrias é considerada igual àquela de um eixo de seção circular com diâmetro igual ao menor diâmetro da estria. Entretanto, para estrias laminadas os efeitos favoráveis do trabalho a frio e as tensões residuais podem tornar a resistência muito próxima daquela do eixo original sem estrias.

17.7 Acoplamentos e Juntas Universais

Os eixos colineares podem ser unidos através de *acoplamentos rígidos*, como o mostrado na Figura 17.10. As duas metades do acoplamento podem ser fixadas às extremidades dos eixos através de chavetas, porém a mostrada na figura transmite torque por atrito através de uma luva cônica ranhurada. (As luvas são firmemente ajustadas como cunhas no local e unidas por parafusos que prendem as duas metades.) Observe que a região flangeada no diâmetro externo exerce uma função de segurança, protegendo as cabeças dos parafusos e as porcas. No projeto desse tipo de acoplamento é utilizado o conceito de fluxo de força (Seção 2.4). Esse conceito leva às seguintes considerações: (1) a capacidade de torque da chaveta ou da conexão por atrito da luva na forma de cunha com o eixo, (2) a resistência da membrana relativamente fina que é produzida na região de acomodação dos parafusos, e (3) a resistência dos parafusos.

Os acoplamentos rígidos são limitados em suas aplicações aos casos *não usuais,* nos quais os eixos são colineares com tolerâncias extremamente apertadas e onde se espera que permaneçam desta forma durante a operação. Se os eixos forem desalinhados lateralmente (isto é, paralelos, porém com certo desvio) ou desalinhados angularmente (com os eixos apresentando um ângulo diferente de zero entre si), a instalação de um acoplamento rígido os *forçará* no sentido do realinhamento. Esta condição sujeita o acoplamento, os eixos e os mancais dos eixos a carregamentos desnecessários, que podem conduzir a uma falha prematura.

O problema de um pequeno desalinhamento dos eixos pode ser eliminado pela utilização de um acoplamento *flexível.* Existe no mercado uma grande quantidade de projetos engenhosos.

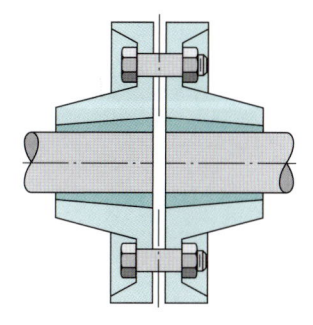

Figura 17.10 **Acoplamento rígido de eixos.**

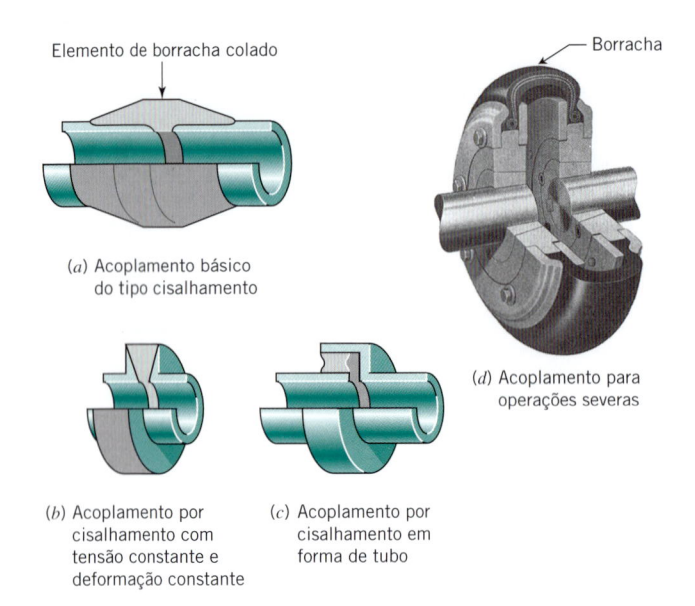

(a) Acoplamento básico do tipo cisalhamento

(b) Acoplamento por cisalhamento com tensão constante e deformação constante

(c) Acoplamento por cisalhamento em forma de tubo

(d) Acoplamento para operações severas

FIGURA 17.11 Elementos de borracha utilizados como acoplamentos flexíveis. (*a*, *b* e *c*, Cortesia da Lord Corporation; *d*, Cortesia da Reliance Electric Company.)

A Figura 17.11 mostra alguns dos muitos projetos que utilizam um material flexível como a borracha. Esses acoplamentos podem ser projetados de modo a propiciar a elasticidade e o amortecimento necessários para o controle das vibrações torcionais, bem como no sentido de permitir certo grau de desalinhamento. Outros acoplamentos flexíveis utilizam todos os componentes metálicos (dois deles são mostrados na Figura 17.12), e estes tendem a possuir uma maior capacidade de transmissão de torques para uma determinada dimensão.

Um projeto engenhoso de origem bem antiga é o *acoplamento de Oldham* (acoplamento deslizante), mostrado na Figura 17.13. O deslizamento do bloco central permite um desvio lateral significativo do eixo, e, se fabricado com uma folga axial, permite também algum desalinhamento angular. Para informações adicionais sobre os acoplamentos utilizados em máquinas, veja o endereço da internet http://pt.rexnord.com.

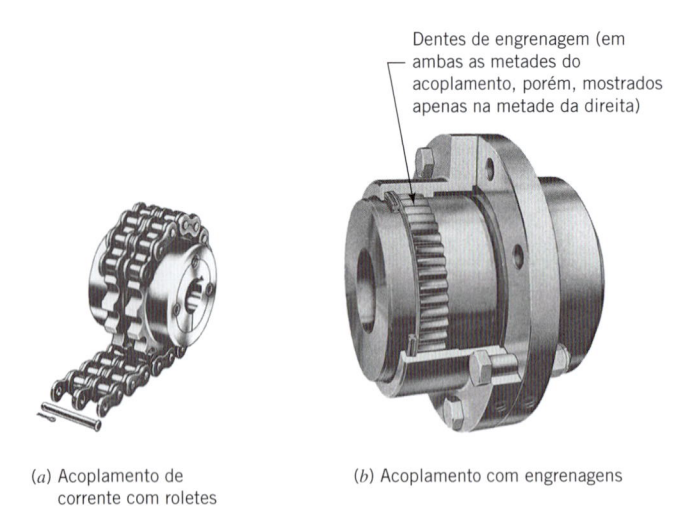

Dentes de engrenagem (em ambas as metades do acoplamento, porém, mostrados apenas na metade da direita)

(a) Acoplamento de corrente com roletes

(b) Acoplamento com engrenagens

FIGURA 17.12 Acoplamentos flexíveis com elementos metálicos. (Cortesia da Reliance Electric Company.)

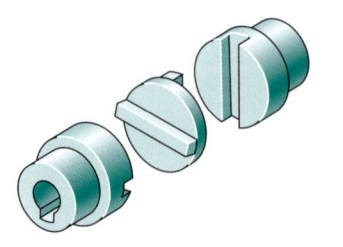 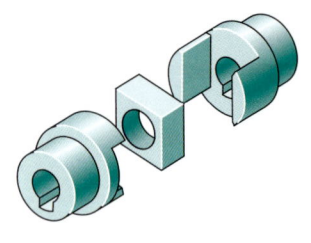

(a) Tipo Oldham básico

(b) Tipo modificado

FIGURA 17.13 Blocos de acoplamento de Oldham, ou deslizantes. Ambas as versões possuem um elemento intermediário deslizante que estabelece um par de superfícies deslizantes orientadas a 90° uma relativamente à outra. Quanto maior o desalinhamento entre os eixos, maior o deslizamento. A lubrificação e o desgaste são fatores que devem ser considerados.

As *juntas universais* permitem um significativo desalinhamento angular dos eixos com linha de centro que se interceptam. A Figura 17.14 mostra o *tipo cruzado* mais comum (conhecido como *junta Cardan* ou *junta de Hooke*), geralmente utilizado nas extremidades dos eixos motrizes das rodas traseiras dos automóveis. Buchas simples ou mancais de agulhas são utilizadas nas conexões da junta. Se a cruzeta de entrada gira a uma velocidade angular constante, a velocidade da cruzeta de saída apresentará uma flutuação de velocidade de até duas vezes a velocidade de rotação. A variação da relação entre as velocidades dos dois eixos aumenta com o ângulo de desalinhamento. Se duas juntas forem utilizadas, *com as cruzetas alinhadas conforme mostrado na Figura 17.14*, as flutuações da velocidade entre as duas juntas se cancelam, fornecendo uma rotação uniforme para a cruzeta de saída *se todos os três eixos, entre as juntas e em cada extremidade das juntas, estiverem em um mesmo plano e se os ângulos de desalinhamento nas duas juntas forem iguais*.

Outros tipos de juntas universais que transmitem velocidades angulares uniformemente através de uma única junta têm sido desenvolvidos, e tais juntas são conhecidas como juntas universais de *velocidade constante*. Uma aplicação comum ocorre no acionamento das rodas motrizes frontais dos veículos, no qual os eixos motrizes são curtos e os ângulos entre os eixos de transmissão (devido ao esterçamento e aos trancos da roda) podem ser relativamente altos.

Com o objetivo de proteger as pessoas contra os componentes em movimento, como juntas universais, acoplamentos e eixos, protetores de máquinas são normalmente necessários. A Figura 17.15 mostra o protetor do acoplamento de uma motobomba. Os protetores do acoplamento e do eixo oferecem uma proteção física contra danos provocados pelos componentes girantes, e quando projetados de modo adequado podem ser abertos ou removidos para manutenção dos equipamentos conectados (após os procedimentos de manuseio terem sido seguidos). Os protetores também podem proteger os acoplamentos e os eixos de danos externos e ambientais. Para informações adicionais, consulte o endereço da Internet http://www.pt.rexnord.com sobre protetores de eixos. Para uma relação de normas de segurança relacionadas aos protetores de máquinas associados aos componentes girantes, consulte a Tabela 17.1.

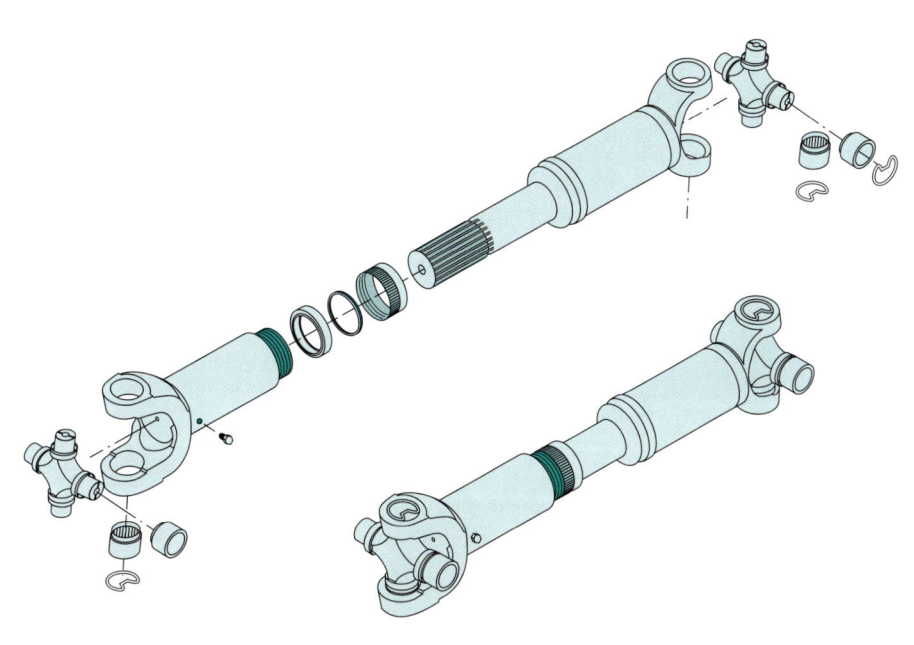

FIGURA 17.14 Juntas universais do tipo cruzado. (Cortesia da Dana Corporation.)

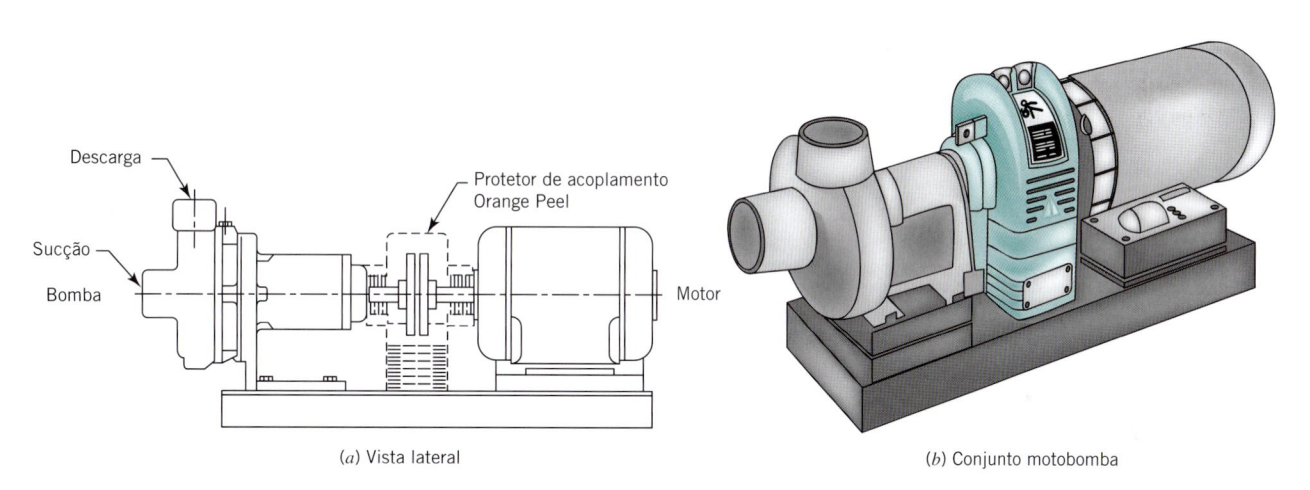

(*a*) Vista lateral

(*b*) Conjunto motobomba

FIGURA 17.15 Protetor de acoplamento Orange Peel, LLC de uma motobomba.

TABELA 17.1 Normas de Segurança Relacionadas aos Acoplamentos, Eixos e Outros Componentes Girantes

Norma	Título
OSHA 1910.219	Dispositivos mecânicos de transmissão de potência
ANSI/ASME B15.1-2000	Norma de segurança para dispositivos mecânicos de transmissão de potência
ANSI Z535.4-2002	Sinais e rótulos para a segurança de produtos
ISO 3864-1:2002	Símbolos gráficos — Cores e sinas de segurança Parte 1: Princípios de projeto para os sinais de segurança nos ambientes de trabalho e nas áreas públicas
ISO 3864-2:2004	Símbolos gráficos — Cores e sinas de segurança Parte 2: Princípios de projeto para os rótulos de segurança dos produtos

Referências

1. Boresi, A. P., O. Sidebottom, F. B. Seely, and J. D. Smith, *Advanced Mechanics of Materials*, 3rd ed., Wiley, New York, 1978. (Also 6th ed. by A. P. Boresi, and R. J. Schmidt, Wiley, New York, 2003.)

2. "Design of Transmission Shafting," Standard ANSI/ASME B106. 1M-1985, American Society of Mechanical Engineers, New York, 1985.

3. Faupel, J. H., and F. E. Fisher, *Engineering Design*, 2nd ed., Wiley, New York, 1980.

4. Horger, O. J. (ed.), *ASME Handbook: Metals Engineering—Design*, 2nd ed., McGraw-Hill, New York, 1965. Part 2, Sec. 7.6, "Grooves, Fillets, Oil Holes, and Keyways," by R. E. Peterson.

5. "Keys and Keyseats," ANSI B17.1, American Society of Mechanical Engineers, New York, 1967.

6. Lehnhoff, T. F., "Shaft Design Using the Distortion Energy Theory," *Mech. Eng. News*, **10**(*1*):41–43 (Feb. 1973).

7. Peterson, R. E., *Stress Concentration Factors*, Wiley, New York, 1974.

8. Soderberg, C. R., "Working Stresses," *J. Appl. Mech.*, **57**:A106 (1935).

9. Young, W. C., and R. G. Budynas, *Roark's Formulas for Stress and Strain*, 7th ed., McGraw-Hill, New York, 2002.

10. Oberg, E. et al., *Machinery's Handbook*, 28th ed., Industrial Press, Inc., New York, 2008.

11. Thomson, W. T., and M. D. Dahleh, *Theory of Vibration with Applications,* 5th ed., Prentice Hall, New Jersey, 1998.

Problemas

Seções 17.1 a 17.4

17.1 O catálogo de mancais da Dodge, que pode ser obtido no endereço http://dodge-pt.com/literature/index.html, discute, como tema geral, os eixos de transmissão. Reveja esse endereço da Internet e explique o que você entende por (a) eixos de transmissão padronizados e (b) eixos de transmissão especiais. Registre também o que é recomendado para (c) fazer o pedido de um eixo de transmissão e (d) especificar as extremidades de um eixo.

17.2 O catálogo de mancais da Dodge, que pode ser obtido no endereço http://dodge-pt.com/literature/index.html, apresenta tabelas e cartas para a seleção de diâmetros de eixos. Discuta como as tabelas de seleção do diâmetro de um eixo são elaboradas.

17.3 O eixo de aço simplesmente apoiado mostrado na Figura P17.3 é conectado a um motor elétrico através de um acoplamento flexível. Determine o valor da velocidade crítica de rotação do eixo.

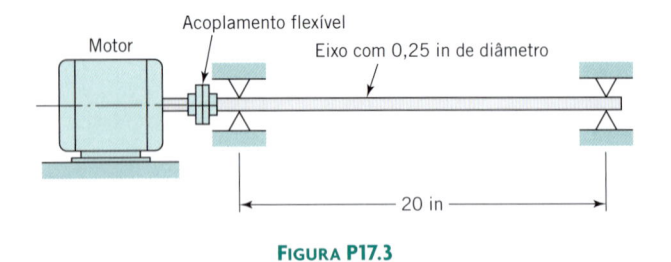

FIGURA P17.3

17.4P Construa, para o sistema do Problema 17.3, um gráfico mostrando a variação de n_c com o diâmetro do eixo entre 0,10 e 3,0 in (2,54 e 76,20 mm).

17.5P Construa, para o sistema do Problema 17.3, um gráfico mostrando a variação de n_c com a distância entre mancais para a faixa de 1 a 20 in (25,4 a 508,0 mm).

17.6 Repita o Problema 17.3, considerando para o eixo um diâmetro de 7 mm e um comprimento de 500 mm.

17.7 Repita o Problema 17.3, considerando que o eixo seja de alumínio.

17.8 Repita o Problema 17.3, considerando para o eixo um diâmetro de 1,0 in (25,4 mm).

17.9 Repita o Problema 17.3, considerando para o eixo um diâmetro de 1,0 in (25,4 mm) e um comprimento de 10 in (254,0 mm) entre mancais.

17.10 Determine a velocidade crítica de rotação para o eixo de aço da Figura P17.10.

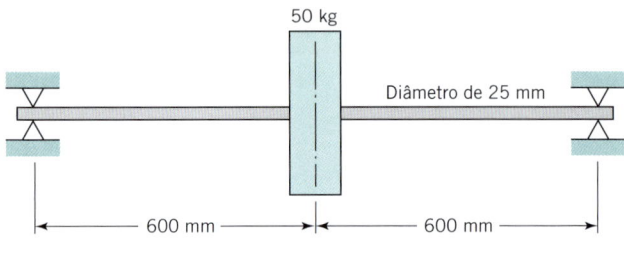

FIGURA P17.10

17.11 Reconsidere o Problema 17.0, porém com um eixo de cobre-berílio ($E = 127$ GPa).

17.12 Repita o Problema 17.10 considerando um diâmetro de 50 mm para o eixo.

17.13 Construa, para o sistema do Problema 17.10, um gráfico mostrando a variação de n_c com o diâmetro do eixo entre 15 e 45 mm.

17.14 Estime o diâmetro do eixo que propicia uma velocidade de rotação crítica de 250 rpm para um eixo de alumínio com comprimento total de 1,0 m que suporta uma carga central de 40 kg, conforme mostrado na Figura P17.14.

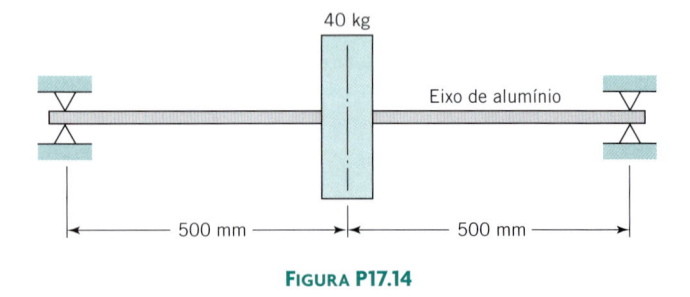

FIGURA P17.14

17.15 Determine a velocidade de rotação crítica do eixo de aço mostrado na Figura P17.15.

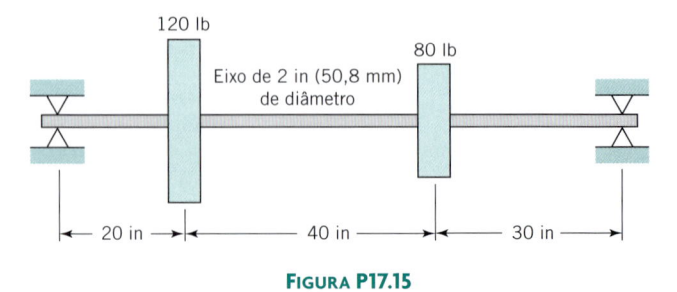

FIGURA P17.15

17.16 Repita o Problema 17.15 considerando um diâmetro de 3 in (78,2 mm) para o eixo.

17.17 Uma massa de 120 lb (533,79 N) na posição 1 e uma massa de 80 lb (355,86 N) na posição 2 são fixadas a um eixo de 2 in (50,8 mm) de diâmetro, conforme mostrado na Figura P17.15. Por meio de uma análise de deslocamentos, os coeficientes de influência (coeficientes de flexibilidade) do eixo foram determinados e valem

$$a_{11} = 0,000308 \text{ in/lb}$$

$$a_{12} = 0,000321 \text{ in/lb}$$

$$a_{21} = 0,000321 \text{ in/lb}$$

$$a_{22} = 0,000510 \text{ in/lb}$$

Observe que, numericamente, a_{11} é o deslocamento na posição 1 causado por uma força de 1 lb (4,45 N) naquela posição, a_{12} é o deslocamento na posição 1 causado por uma força de 1 lb na posição 2, e assim por diante. Considerando a massa do eixo desprezível, determine a primeira velocidade crítica utilizando as equações de Rayleigh e de Dunkerley.

17.18 Uma massa de 120 lb (533,79 N) na posição 1 e uma massa de 80 lb (355,86 N) na posição 2 são fixadas como mostrado na Figura P17.15, porém, desta vez o diâmetro do eixo é de 3,0 in (78,2 mm). Por meio de uma análise de deslocamentos, os coeficientes de influência (coeficientes de flexibilidade) do eixo foram determinados e valem

$$a_{11} = 0,000061 \text{ in/lb}$$

$$a_{12} = 0,000063 \text{ in/lb}$$

$$a_{21} = 0,000063 \text{ in/lb}$$

$$a_{22} = 0,000101 \text{ in/lb}$$

Considerando a massa do eixo desprezível, determine a primeira velocidade crítica utilizando as equações de Rayleigh e de Dunkerley.

17.19 Desenvolva uma relação para mostrar que se um eixo de 2 in (50,8 mm) de diâmetro possui uma velocidade de rotação crítica de 708 rpm, então, um eixo de 3 in (78,2 mm) de diâmetro de mesmo material, comprimento e localização da carga apresentará uma velocidade de rotação crítica de 1593 rpm.

17.20 Estime o diâmetro do eixo que propicia uma velocidade de rotação crítica de 750 rpm a um eixo de aço com comprimento total de 48 in (1219,2 mm) que suporta uma carga central de 100 lb (444,82 N), conforme mostrado na Figura P17.20.

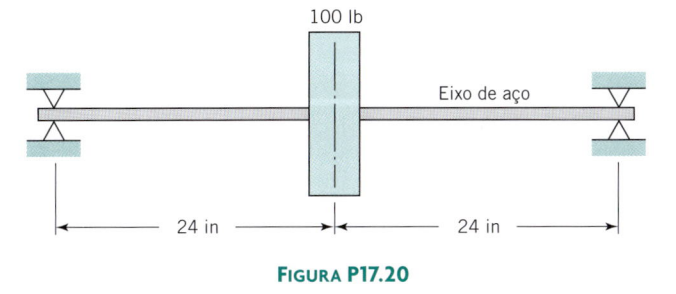

100 lb

Eixo de aço

24 in — 24 in

FIGURA P17.20

17.21 O eixo mostrado na Figura P17.20 possui uma velocidade de rotação crítica de 750 rmp para um diâmetro de 1,256 in

(31,90 mm). Determine a velocidade crítica se o diâmetro for aumentado para 2,512 in (63,80 mm).

17.22 Determine a velocidade de rotação crítica do eixo de aço em balanço de 2 in (50,8 mm) de diâmetro ($E = 29 \times 10^6$ psi) com um rebolo abrasivo de 60 lb (27,22 kg) a ele fixado conforme mostrado na Figura P17.22.

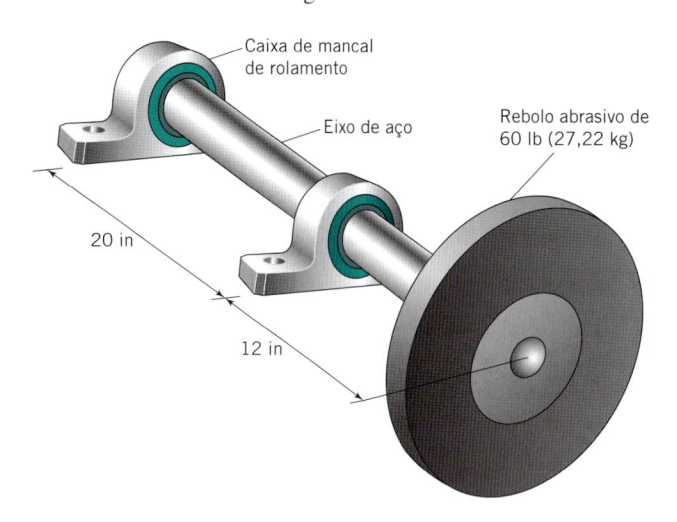

Caixa de mancal de rolamento

Eixo de aço

Rebolo abrasivo de 60 lb (27,22 kg)

20 in

12 in

FIGURA P17.22

17.23 Determine um novo diâmetro para o eixo, caso a velocidade crítica calculada no Problema P17.22 seja inaceitável e a frequência crítica mínima deva ser de pelo menos 75 Hz.

Seção 17.5

17.24 Os seis eixos representados na Figura P17.24 suportam diversas combinações de cargas axiais, de flexão e de torção, estáticas e alternadas. Estabeleça os carregamentos envolvidos em cada um dos eixos e elabore, utilizando uma única frase, uma breve justificativa para a causa do carregamento.

17.25 A Figura P17.25 mostra as componentes de força atuantes em uma engrenagem helicoidal instalada em um eixo simplesmente apoiado. O mancal *B* pode suportar cargas axiais. Um acoplamento flexível para a transmissão de torques é fixado à extremidade direita do eixo. A extremidade esquerda é livre.

(a) Construa os diagramas de forças cisalhantes e de momentos de flexão do eixo referentes aos planos horizontal e vertical. Construa também os diagramas que mostram os carregamentos devidos à torção e às cargas axiais. (Os diagramas solicitados incluem os sete mostrados na Figura 17.7*d*. Acrescente um diagrama similar referente à carga axial, com uma tração indicada como um carregamento positivo e uma compressão como um carregamento negativo.)

(b) Quais são as cargas radiais e axiais aplicadas nos mancais?

(c) Identifique a seção transversal do eixo mais solicitada (crítica) e, para esta seção, determine o diâmetro teoricamente necessário para uma vida infinita. Admita que o eixo seja usinado a partir de um aço com $S_u = 150$ ksi e $S_y = 120$ ksi, e que os fatores $K_f = 2,0$, 1,5 e 2,0 sejam aplicados aos carregamentos de flexão, torção e axial, respectivamente, no ponto crítico.

[Resp.: (b) 233 lb (1036,44 N) radial em *A*; 754 lb (3353,96 N) radial e 400 lb (1779,29 N) axial em *B*, (c) imediatamente à direita da engrenagem; aproximadamente 0,94 in (23,88 mm)]

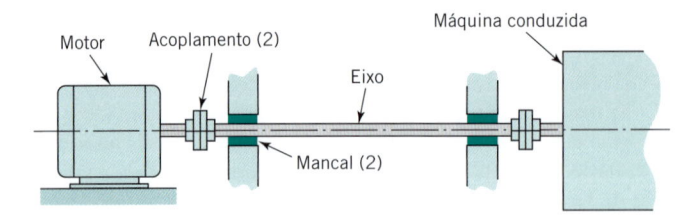

(*a*) Eixo de conexão

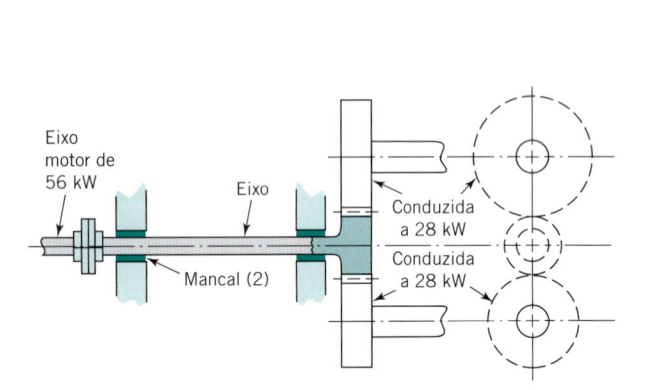

(*b*) Eixo de entrada com engrenagem

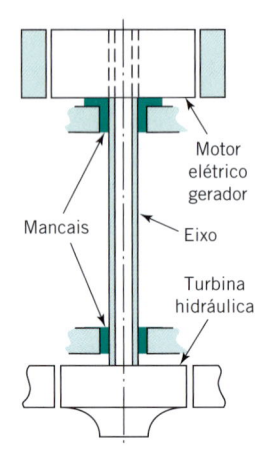

(*c*) Eixo do gerador de uma hidroelétrica

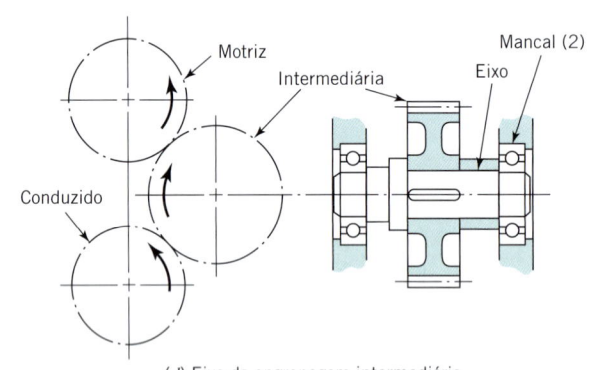

(*d*) Eixo da engrenagem intermediária

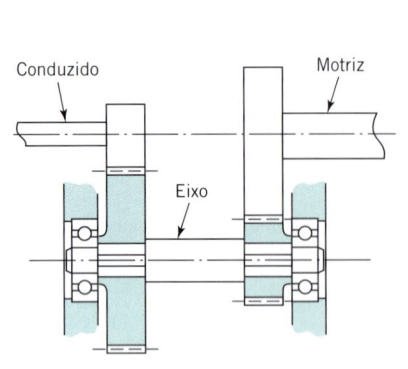

(*e*) Eixo intermediário com engrenagens

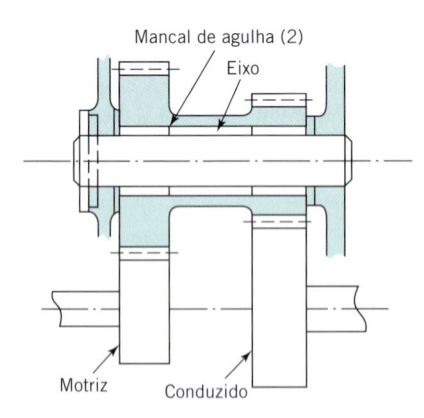

(*f*) Eixo intermediário estacionário

FIGURA P17.24

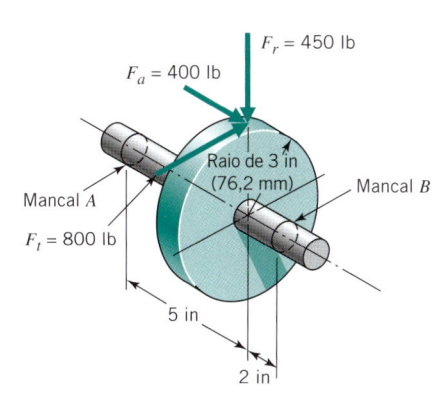

$F_r = 450$ lb

$F_a = 400$ lb

Raio de 3 in
(76,2 mm)

Mancal *A*

Mancal *B*

$F_t = 800$ lb

5 in

2 in

FIGURA P17.25

17.26 Um eixo de aço escalonado (como o mostrado na Figura 4.35 do Capítulo 4) possui a relação $D/d = 1,2$; $d = 30$ mm e $r = 3$ mm. As superfícies são usinadas e o aço possui uma dureza de 200 Bhn e resistências com valores $S_u = 700$ MPa e $S_y = 550$ MPa. O eixo girante de aço é utilizado em um redutor de engrenagens de dentes retos e está sujeito a um momento de flexão constante e a um torque estacionário que resultaram em tensões calculadas de 60 MPa para flexão e 80 MPa para torção. Entretanto, esses são valores nominais e não levam em conta a concentração de tensão causada pelo escalonamento do eixo. O fator de concentração de tensão por fadiga causado pelo escalonamento desse eixo de aço é $K_f = 1,53$ para a flexão e $K_f = 1,28$ para a torção. O limite de resistência à fadiga modificado é de 239 MPa. Determine o fator de segurança desse eixo em relação à fadiga para vida infinita.

17.27 A Figura P17.27 mostra um pinhão cônico montado sobre um eixo. O mancal *A* apresenta resistência axial. A extremidade esquerda do eixo é acoplada a um motor elétrico, e a extremidade direita é livre. As componentes da carga aplicada em decorrência do engrenamento da engrenagem cônica são mostradas.

(a) Construa os diagramas de forças cisalhantes e de momentos de flexão do eixo referentes aos planos horizontal e vertical. Represente também os diagramas que mostram os carregamentos devidos às cargas de torção e às cargas axiais. (Os diagramas solicitados incluem os sete mostrados na Figura 17.7*c* e um diagrama similar referente à carga axial, com uma tração indicada como carregamento positivo.)

(b) Determine as cargas radiais e axiais aplicadas aos dois mancais.

(c) Identifique a seção transversal do eixo mais solicitada (crítica) e estime o fator de segurança em relação a uma

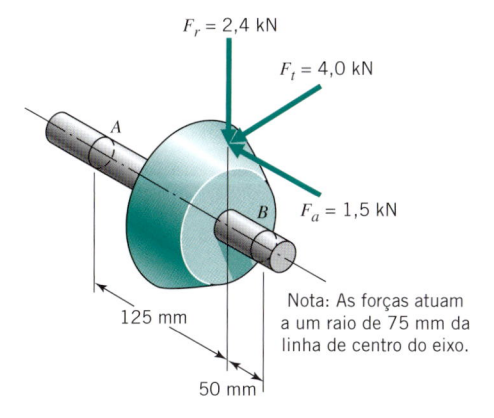

$F_r = 2,4$ kN

$F_t = 4,0$ kN

A

B $F_a = 1,5$ kN

125 mm

50 mm

Nota: As forças atuam a um raio de 75 mm da linha de centro do eixo.

FIGURA P17.27

eventual falha por fadiga utilizando os seguintes dados: diâmetro do eixo de 33 mm, $K_f = 1,3$, 1,2 e 1,3 para os carregamentos de flexão, torção e axial, respectivamente; o material é um aço com $S_u = 900$ MPa e $S_y = 700$ MPa; e as superfícies críticas são polidas.

17.28P A Figura P17.28P mostra duas soluções alternativas para o problema do apoio de uma roda dentada (ou engrenagem de dentes retos ou polia) intermediária a ser montada na extremidade de um eixo. Quais as diferenças básicas entre essas duas alternativas em relação ao carregamento atuante no eixo e ao carregamento dos mancais? Quais seriam as diferenças nessa comparação se a roda dentada fosse substituída por uma engrenagem cônica?

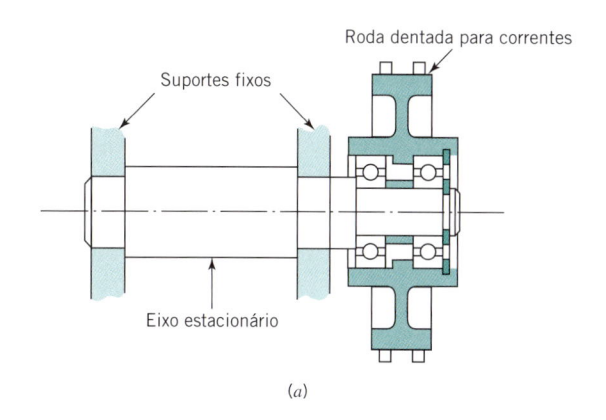

Roda dentada para correntes

Suportes fixos

Eixo estacionário

(*a*)

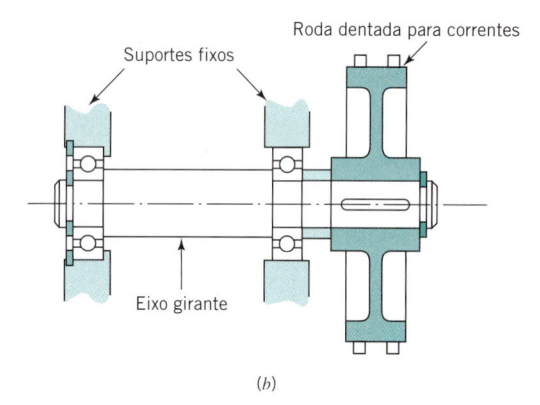

Roda dentada para correntes

Suportes fixos

Eixo girante

(*b*)

FIGURA P17.28P

17.29P O eixo de apoio do pinhão envolvido no Problema 16.15 deve ser projetado.

(a) Construa os diagramas de forças cisalhantes e de momentos de flexão do eixo referentes aos planos horizontal e vertical. Represente também os diagramas que mostram os carregamentos devidos às cargas de torção e às cargas axiais. (Os diagramas solicitados incluem os sete mostrados na Figura 17.7*c* e um diagrama similar referente à carga axial, com uma tração indicada como carregamento positivo e uma compressão indicada como carregamento negativo.)

(b) Quais são as cargas radiais e axiais aplicadas aos mancais?

(c) Faça um desenho preliminar do eixo em proporções aproximadas, com os diâmetros e os apoios indicados de forma apropriada, juntamente com outros componentes para a retenção axial das partes.

(d) Quais os fatores principais a serem considerados na determinação dos valores numéricos apropriados dos diâmetros?

(e) Determine, no(s) local(is) crítico(s) em relação à fadiga, uma combinação apropriada para o diâmetro do eixo (incluindo o raio de filete), material e dureza, e acabamento superficial.

(f) Selecione os mancais apropriados e indique, em seu desenho, as dimensões de todos os diâmetros calculados no item (c).

(g) Determine o deslocamento linear do eixo na posição da engrenagem e as deflexões angulares nos mancais.

[Resposta para o item d: (1) Considerações sobre os mancais — diâmetro suficiente, dimensões padronizadas e possibilidade de utilização dos mancais já disponíveis para outras aplicações. (2) Resistência à fadiga. (3) Deslocamentos — em geral, o deslocamento lateral da engrenagem não deve ser superior à faixa entre 0,05 e 0,10 mm, ou 0,002 a 0,004 in, e a deflexão angular nos mancais normalmente não deve ser superior a cerca de 0,03. Em algumas aplicações as rigidezes lateral e torcional do eixo devem ser verificadas para se assegurar que as frequências naturais estejam fora da faixa de operação.]

17.30P Repita o Problema 17.29P para o eixo intermediário do Problema 16.16.

17.31P Repita o Problema 17.29P para o eixo sem-fim do Problema 16.39, com o sem-fim montado no ponto médio entre mancais espaçados de 5,0 in (127,0 mm).

17.32 Os Problemas 17.29P até 17.31P tratam de eixos de entrada acionados por motor e um eixo intermediário para o qual as cargas foram basicamente conhecidas. Considere agora o problema mais envolvente de se projetar o eixo de saída de um redutor de engrenagens para uso geral. A máquina conduzida pode ser acoplada diretamente ao eixo de saída do redutor, porém ela também pode ser acionada através de engrenagens, correias ou correntes.

(a) Ao projetar o eixo de saída do redutor e os mancais para a condição mais severa da aplicação você deve considerar a maior e a menor engrenagem, roda dentada ou polia que pode ser montada neste eixo? Explique, brevemente.

(b) Sendo os outros fatores idênticos, poderia o mais severo dos carregamentos ser aplicado à engrenagem, à correia ou à corrente? Explique, brevemente.

17.33 Um contraeixo possui uma engrenagem helicoidal (*B*), uma engrenagem cônica (*D*) e dois mancais de apoio (*A* e *C*), como mostrado na Figura P17.33. As cargas atuantes na engrenagem cônica são conhecidas. As forças na engrenagem helicoidal podem ser determinadas. As dimensões do eixo são também conhecidas. Todos os filetes possuem raio de 5 mm. Apenas o mancal *A* resiste a cargas axiais. O eixo é fabricado de um aço temperado com resistências $S_u = 1069$ MPa e $S_y = 896$ MPa. Todas as superfícies importantes são esmerilhadas.

(a) Construa os diagramas de forças cisalhantes e de momentos fletores do eixo para os planos *xy* e *xz*. Construa também os diagramas com as intensidades da força axial e do torque, separadamente, ao longo do comprimento do eixo.

(b) Calcule as tensões equivalentes para os pontos *B*, *C* e *E* do eixo, visando a determinação do fator de segurança contra fadiga. (Nota: Consulte a Figura 8.16 e a Tabela 8.2, quando necessário).

(c) Considerando uma confiabilidade de 99 % (e admitindo $\sigma = 0,08\ S_n$), estime o fator de segurança do eixo nos pontos *B*, *C* e *E*.

17.34P (a) Para uma deflexão torcional máxima de 0,08° por pé, mostre que, para um eixo de seção circular,

$$d = 4,6\left(\frac{\text{hp}}{n}\right)^{0,25}$$

em que *d* é o diâmetro do eixo, em in, hp é a potência e *n* é a velocidade do eixo, em rpm. (O valor máximo de 0,08° para a deflexão torcional é, historicamente, recomendado como seguro.)

(b) Construa um gráfico indicando o diâmetro do eixo (*d* na faixa de 0,5 a 2,5 in (12,7 a 63,5 mm)) em função da velocidade do eixo (*n* na faixa de 100 a 1000 rpm) para diversos valores da potência (na faixa de 1/8 a 20 hp).

Seções 17.6–17.7

17.35P Estime o comprimento da chaveta plana necessária para transmitir um torque igual à capacidade de torque elástico de um eixo de seção circular de diâmetro *d*. Admita que a chaveta e o eixo sejam fabricados do mesmo material dúctil e que a chaveta seja ajustada firmemente em suas regiões superior e inferior. Compare esse resultado com o comprimento necessário a uma chaveta quadrada e sugira uma possível razão pela qual uma chaveta plana pode ser preferível em alguns casos.

[Resp.: $L = 2,4d$]

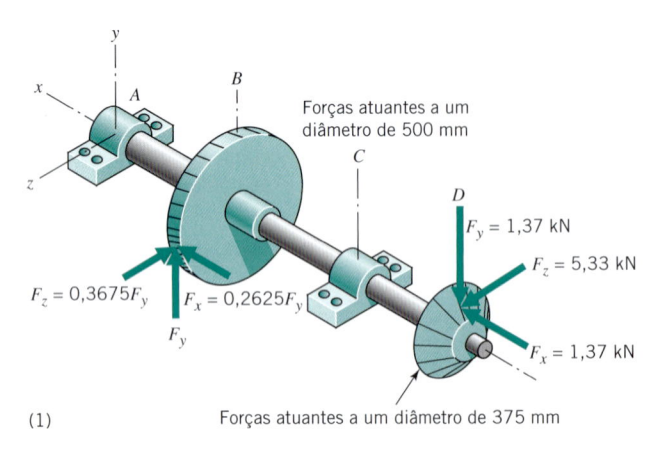

(1) Forças atuantes a um diâmetro de 375 mm

Forças atuantes a um diâmetro de 500 mm

$F_y = 1,37$ kN
$F_z = 5,33$ kN
$F_z = 0,3675F_y$
$F_x = 0,2625F_y$
F_y
$F_x = 1,37$ kN

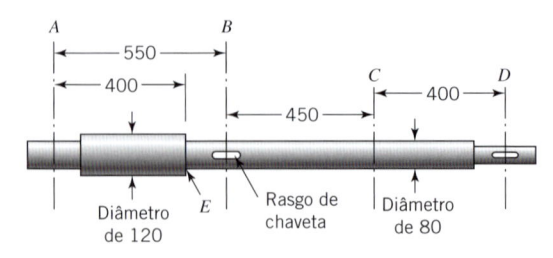

(2)

(Diâmetro de 120, Rasgo de chaveta, Diâmetro de 80)

($K_f = 1,6$ para flexão e torção; 1,0 para qualquer carga axial no rasgo de chaveta. Utilize $C_S = 1$ com esses valores.)

FIGURA P17.33

17.36P Faça uma pesquisa nos endereços da Internet http://www. pddnet.com e http://www.powertransmission.com; identifique e discuta os métodos de acoplamento de eixos girantes. Esses métodos de acoplamento de eixos poderiam utilizar engrenagens internas e externas, pinos, esferas, molas, correntes, correias, estrias e componentes não metálicos para transmitir torque.

17.37P Reveja o endereço da Internet http://www.grainger.com. Realize uma pesquisa de produtos para acoplamentos flexíveis. Localize um acoplamento flexível com um corpo de 1/2 in (12,7 m) indicado para a transmissão de 1/2 hp a 1725 rpm. Faça uma lista com o nome do fabricante, a descrição e o preço do acoplamento de eixos.

17.38P Reveja o endereço da Internet http://www.grainger.com. Realize uma pesquisa de produtos para acoplamentos de eixos. Localize um acoplamento de correntes e roletes com um corpo de 5/8 in (15,88 mm) e uma roda dentada com 16 dentes. Faça uma lista com o nome do fabricante, a descrição e o preço do acoplamento de eixos.

17.39 Um acidente com uma operária resultou em ferimentos graves. Uma plaina industrial, movendo pequenos pedaços de madeira cortada ao longo de roletes, os colava para produzir pedaços maiores visando outras aplicações. Na área da máquina envolvida no acidente havia um eixo exposto que realizava a transição entre uma corrente e uma roda dentada protegida e um eixo horizontal também protegido — veja a Figura P17.39. A região de transição media 1,25 in (31,75 mm) de comprimento e estava a aproximadamente 46,5 in (1181,1 mm) do piso, de acordo com o investigador da OSHA. No instante do acidente, a operária estava procurando na área de acesso limitado por uma chave de alternância do movimento quando seu rabo de cavalo entrou na área de transição e se enroscou no eixo de rotação que aciona uma serra de transporte da plaina industrial, quando então ela foi completamente escalpelada.

Alguns fatos adicionais relacionados a esse acidente incluíram:

1. A operária estava sendo treinada na operação da plaina no dia do acidente e estava trabalhando na máquina no instante do acidente.

2. Antes do acidente, a operária não tinha sido alertada sobre a não adequação da proteção das partes girantes.

3. A operária estava com seus cabelos puxados para trás na forma de um rabo de cavalo no instante do acidente.

4. A proteção era inapropriada para a máquina, uma vez que possibilitava ao cabelo da operária atingir partes girantes (sem a remoção da proteção).

5. A chave de acionamento/parada da máquina estava localizada em uma região insegura.

6. O empregador não possuía uma política para o local exigindo que os empregados mantivessem seus cabelos com certo comprimento ou que os prendessem para trás.

7. A operária não foi alertada sobre os perigos que correria caso não operasse de modo apropriado a máquina.

8. A operária não foi obrigada a ler o manual de operação da máquina.

9. Não havia qualquer placa de aviso localizada nas proximidades das partes girantes ou na proteção das partes girantes onde o cabelo da operária foi puxado.

10. O relatório da OSHA registra: "O empregador estava consciente da necessidade de inspeções prévias dos elementos de proteção dos eixos girantes. A região mais importante do eixo estava guarnecida, porém, uma pequena parte entre a proteção da corrente e da roda dentada e a proteção do eixo horizontal estava desguarnecida no instante do acidente".

Pesquise sobre as regulamentações da OSHA na página http://www.osha.gov e especificamente reveja a regulamentação 29 CFR 1910.212, *General requirements for all machines*. Descreva em poucas palavras a relação entre essa regulamentação e o acidente. Liste também as formas pelas quais esse acidente poderia ter sido evitado.

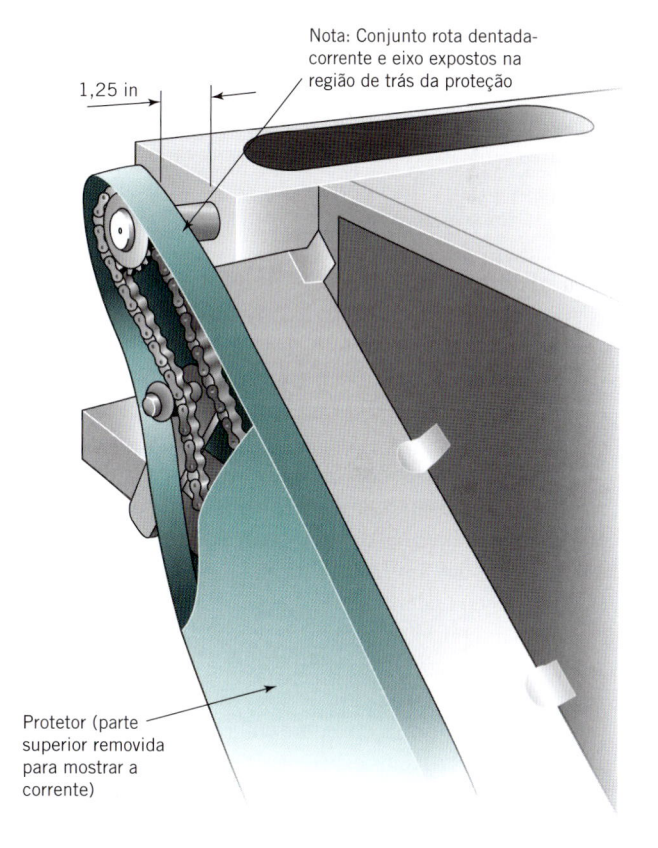

FIGURA P17.39

Embreagens e Freios

18

18.1 Introdução

Com o deslizamento entre superfícies encontrado em grande parte dos componentes de máquinas — em mancais, em engrenagens, em cames e em muitos outros — torna-se desejável a minimização do atrito nas interfaces, de modo a reduzir a perda de energia e o desgaste. Por outro lado, as embreagens e os freios dependem do atrito para funcionar. Nesses elementos, um dos objetivos é *maximizar* o coeficiente de atrito, mantendo-o uniforme em uma ampla faixa de condições de operação e, ao mesmo tempo, minimizar o desgaste.

A função de uma *embreagem* é permitir, de forma suave e gradual, o acoplamento e o desacoplamento de dois componentes tendo um eixo de rotação em comum. Um freio atua de forma análoga, a única diferença é que um dos componentes é fixo. Todas as embreagens e os freios considerados neste texto são do tipo de *atrito*, dependendo do atrito de deslizamento entre superfícies sólidas. Outros tipos utilizam forças magnéticas, corrente de Foucault e forças hidrodinâmicas. Os acoplamentos fluidos e os conversores de torque, que são tratados no Capítulo 19, são exemplos.

Diversos tipos de freios e embreagens de atrito são considerados neste capítulo. Todos devem ser projetados para satisfazer a três requisitos básicos. (1) O torque de atrito requerido deve ser produzido por uma força atuante de módulo aceitável. (2) A energia convertida em calor devido ao atrito (durante a frenagem ou durante o acoplamento da embreagem) deve ser dissipada sem produzir temperaturas altas destrutivas. (3) As características do desgaste das superfícies de atrito devem ser tais que propiciem uma vida aceitável. As Seções 9.8, 9.9, 9.10, 9.12 e 9.15 fornecem os conceitos necessários para a compreensão das características de desgaste das embreagens e dos freios.

O endereço da Internet http://www.machinedesign.com apresenta diversas informações sobre embreagens, freios mecânicos, lona de freios e freios elétricos. O endereço http://www.powertransmission.com relaciona sites de fabricantes de embreagens e de freios.

18.2 Embreagens a Disco

A Figura 18.1 mostra uma embreagem a disco simples com uma superfície condutora e uma superfície conduzida. O atrito motor entre as duas superfícies desenvolve-se quando elas são forçadas uma contra a outra. A realização prática deste princípio é ilustrada nas Figuras 18.2 e 18.3.

A Figura 18.2 mostra uma embreagem automotiva, utilizada com uma transmissão "padrão". O volante, a tampa da embreagem e a placa de pressão giram com o virabrequim. Uma série de molas distribuídas circunferencialmente (ou uma única mola de disco cônica ranhurada internamente — Figura 12.31) força a placa de pressão de encontro ao volante, acoplando a placa da embreagem (disco conduzido) entre eles. O cubo da placa da embreagem é conectado através do eixo estriado de transmissão de entrada. A embreagem é desacoplada pressionando-se o pedal da embreagem, que gira a alavanca com a indicação "Para liberar". Esta operação empurra o rolamento de liberação da embreagem contra uma série de alavancas de liberação orientadas radialmente, que puxam a placa de pressão, afastando-a do volante. Note que o rolamento de liberação da embreagem é um rolamento *de escora*. Seu lado direito se move contra o mecanismo de liberação, o qual não gira; seu lado esquerdo se move contra as alavancas de liberação, que giram com o virabrequim. Essa embreagem possui duas superfícies motoras, uma no volante e uma na placa de pressão, e duas superfícies conduzidas, os dois lados da placa da embreagem.

A Figura 18.3 ilustra o princípio das embreagens de múltiplos discos. Os discos *a* são ligados ao eixo de entrada (assim como por estrias) e, portanto, giram solidários ao eixo de entrada; os discos *b* são, de forma semelhante, ligados ao eixo de saída, de forma a girar solidário com o eixo de saída. Quando a embreagem é desacoplada, os discos ficam livres para deslizar axialmente, separando-se. Quando a embreagem é acoplada, ficam firmemente acoplados entre si, propiciando (no caso ilustrado) seis superfícies condutoras e seis superfícies conduzidas. Os dois discos das extremidades, para os quais apenas as superfícies internas servindo como superfícies ao atrito, devem ser elementos do mesmo conjunto para se evitar que a força de acoplamento seja transmitida para um rolamento de escora. Observe nas Figuras 18.2 e 18.3 que a força de acoplamento da embreagem é localizada na região dos discos, enquanto na Figura 18.1 esta teria que ser transmitida através de um rolamento de escora.

Como qualquer outro elemento de atrito, os discos de embreagem podem ser projetados para operar tanto "a seco" quanto

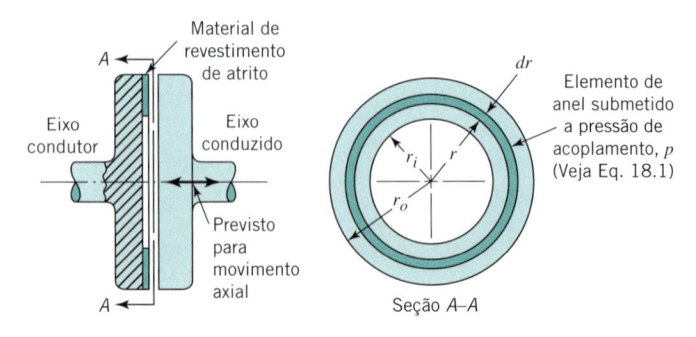

FIGURA 18.1 **Embreagem a disco básica.**

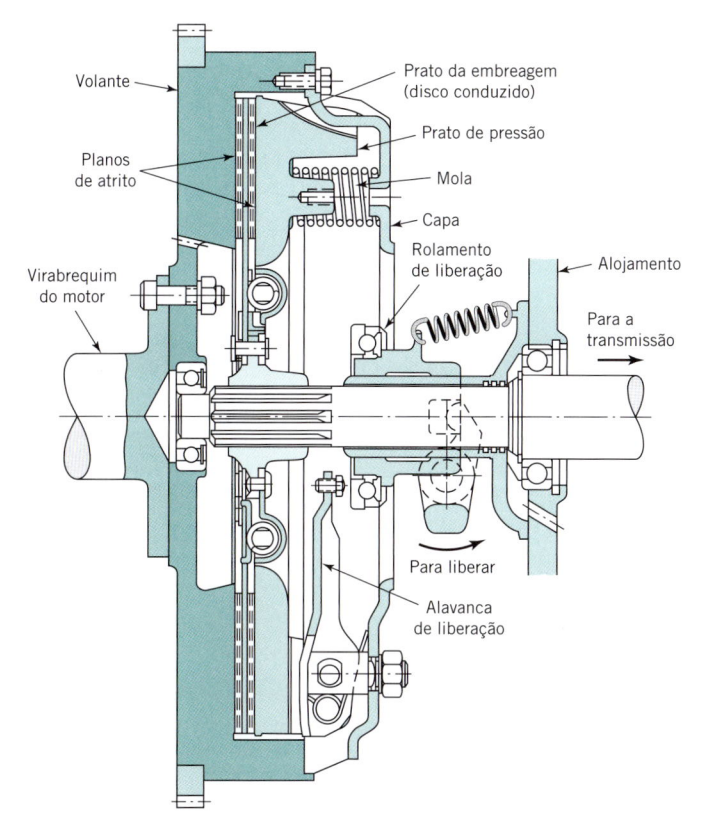

FIGURA 18.2 **Embreagem a disco tipo automotivo. (Cortesia da Borg-Warner Corporation.)**

"molhados" em banho de óleo. As embreagens automotivas, do tipo mostrado na Figura 18.2, são secas; a maioria das embreagens de múltiplos discos, incluindo aquelas utilizadas na transmissão automática de veículos, opera molhadas. O óleo atua como um líquido refrigerante efetivo durante o acoplamento da embreagem, e o uso de múltiplos discos compensa a redução do coeficiente de atrito.

As equações são desenvolvidas em seguida, relacionando as dimensões da embreagem, o coeficiente de atrito, a capacidade de transmitir torque, a força de acoplamento axial e a pressão da interface utilizando cada uma das duas hipóteses básicas. Ao longo do desenvolvimento, o coeficiente de atrito f é admitido como constante.

1. *Admita uma distribuição uniforme para a pressão na interface.* Essa hipótese é válida para uma embreagem não gasta (nova), com alta precisão de fabricação, com discos externos rígidos. Considerando-se a Figura 18.1 como referência, a força normal atuante no elemento de anel infinitesimal, de raio r, é

$$dF = (2\pi r\, dr)p \qquad \textbf{(a)}$$

em que p é o nível de pressão uniforme na interface. A força normal total agindo na área de contato é

$$F = \int_{r_i}^{r_o} 2\pi pr\, dr = \pi p(r_o^2 - r_i^2) \qquad \textbf{(18.1)}$$

em que F é também a força axial de acoplamento de ambos os discos, condutores e conduzidos. O torque de atrito que pode ser desenvolvido em um elemento de anel é o produto da força normal, coeficiente de atrito e raio,

$$dT = (2\pi r\, dr)pfr$$

e o torque total que pode ser desenvolvido ao longo de toda a interface

$$T = \int_{r_i}^{r_o} 2\pi pfr^2\, dr = \tfrac{2}{3}\pi pf(r_o^3 - r_i^3) \qquad \textbf{(b)}$$

A Eq. b representa a capacidade de torque de uma embreagem com uma interface de atrito (um disco condutor acoplado a um disco conduzido, conforme ilustrado na Figura 18.1).

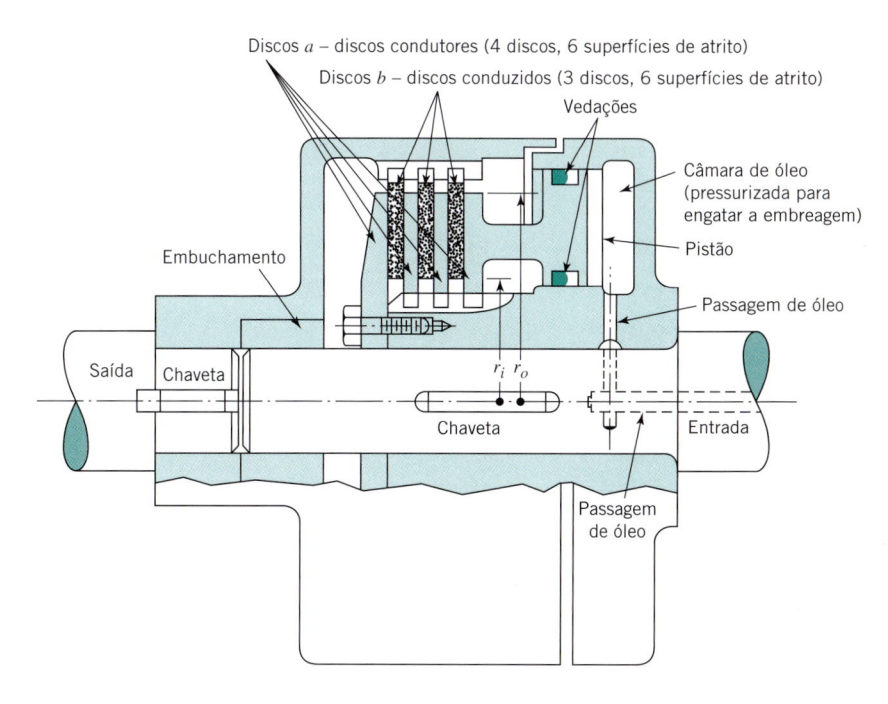

FIGURA 18.3 **Embreagem de múltiplos discos, operada hidraulicamente.**

As embreagens reais (como as mostradas nas Figuras 18.2 e 18.3) empregam N interfaces de atrito, transmitindo torques em paralelo, onde N é um número *par* (dois na Figura 18.2; seis na Figura 18.3). Para embreagens com N interfaces de atrito, a Eq. b é modificada, para obter-se

$$T = \tfrac{2}{3}\pi p f(r_o^3 - r_i^3)N \qquad \textbf{(18.2)}$$

Resolvendo-se a Eq. 18.1 para p e substituindo-se seu valor na Eq. 18.2, gera-se uma equação para a capacidade de torque em função da força axial de acoplamento:

$$T = \frac{2Ff(r_o^3 - r_i^3)}{3(r_o^2 - r_i^2)}N \qquad \textbf{(18.3)}$$

2. *Admita uma taxa de desgaste uniforme na interface.* Conforme estabelecido pela Eq. 9.1, a taxa de desgaste geralmente é proporcional à taxa de trabalho de atrito — isto é, o produto da força de atrito vezes a velocidade de atrito. Com um coeficiente de atrito constante, a taxa de desgaste é proporcional ao produto da pressão e a velocidade de deslizamento. (Considere, por exemplo, a experiência usual do desgaste de um pedaço de madeira por uma lixa d'água a uma taxa proporcional tanto à pressão quanto à velocidade de atrito.) Na superfície do disco de embreagem, a velocidade é proporcional ao raio; portanto, a taxa de trabalho é proporcional ao produto da pressão e o raio. Assim, uma embreagem nova (com uma distribuição uniforme da pressão na interface) poderia apresentar o seu maior desgaste inicial na região do raio mais externo. Após essa fase de desgaste inicial, o atrito do revestimento da embreagem tende a desgastar-se a uma taxa uniforme, entre pratos externos supostos rígidos e paralelos. Essa taxa de desgaste uniforme é admitida como consequência de uma taxa de trabalho de atrito uniforme — isto é, um produto constante da pressão e a velocidade, ou um produto constante da pressão e o raio. Assim,

$$pr = C \quad \text{(onde } C \text{ é uma constante)}$$

A maior pressão, $p_{máx}$, ocorre obviamente na região do raio interno, e possui um valor admissível determinado pelas características de atrito do material de revestimento. Portanto, para uma embreagem com raio interno r_i e com pressão admissível no revestimento $p_{máx}$, o projeto da embreagem se baseia em

$$pr = C = p_{máx} r_i \qquad \textbf{(18.4)}$$

Utilizando a Eq. 18.4 e procedendo-se como na dedução das Eqs. 18.1 até 18.3, tem-se

$$F = \int_{r_i}^{r_o} 2\pi p_{máx} r_i \, dr = 2\pi p_{máx} r_i (r_o - r_i) \quad \textbf{(18.5)}$$

$$T = \int_{r_i}^{r_o} 2\pi p_{máx} r_i f r \, dr \, N = \pi p_{máx} r_i f(r_o^2 - r_i^2)N \quad \textbf{(18.6)}$$

$$T = Ff\left(\frac{r_o + r_i}{2}\right)N \qquad \textbf{(18.7)}$$

em que N é o número de interfaces de atrito. Observe a fácil interpretação física da Eq. 18.7.

A hipótese de uma taxa de desgaste uniforme fornece uma capacidade calculada menor para a embreagem do que a hipótese de uma pressão uniforme. (Isso ocorre porque o desgaste inicial maior na direção do diâmetro externo desloca o centro de pressão em direção à região mais interna, propiciando um braço de torque menor.) Assim, as embreagens geralmente são projetadas com base no desgaste uniforme, e possuem uma pequena capacidade de torque extra quando novas.

Dados aproximados relativos aos coeficientes de atrito e as pressões admissíveis para diversos materiais de revestimento das superfícies de atrito são fornecidos nas Tabelas 18.1 e 18.2.

TABELA 18.1   Propriedades Representativas dos Materiais de Atrito Operando Secos

Material de Atrito[a]	Coeficiente de Atrito Dinâmico f[b]	Pressão Máxima[c]		Temperatura Máxima do Material	
		psi	kPa	°F	°C
Moldado	0,25-0,45	150-300	1030-2070	400-500	204-260
Trançado	0,25-0,45	50-100	345-690	400-500	204-260
Metal sinterizado	0,15-0,45	150-300	1030-2070	400-1250	232-677
Cortiça	0,30-0,50	8-14	55-95	180	82
Madeira	0,20-0,30	50-90	345-620	200	93
Ferro fundido, aço de alta dureza	0,15-0,25	100-250	690-1720	500	260

[a]Quando atritado contra ferro fundido ou aço de superfícies lisas.
[b]Os valores experimentais de f variam com a composição, a velocidade de atrito, a pressão, a temperatura e a umidade. Consulte o fabricante ou obtenha os dados a partir de ensaios. Para efeito de projeto, utilize, em geral, 50 % a 75 % dos valores de testes para propiciar um fator de segurança.
[c]O uso dos valores mais baixos fornecerá uma vida mais longa. Consulte o fabricante ou obtenha dados de ensaios. Calcule a pressão média nas superfícies cilíndricas com base na área de contato projetada (como ocorreu para as tensões nos mancais e para as pressões nos mancais de deslizamento — veja a Seção 13.3).

TABELA 18.2 Valores Representativos do Coeficiente de Atrito para Materiais de Atrito Operando em Óleo

Material de Atrito[a]	Coeficiente de Atrito Dinâmico f
Moldado	0,06-0,09
Trançado	0,08-0,10
Metal sinterizado	0,05-0,08
Papel	0,10-0,14
Grafítico	0,12 (méd.)
Polimérico	0,11 (méd.)
Cortiça	0,15-0,25
Madeira	0,12-0,16
Ferro fundido, aço de alta dureza	0,03-0,06

[a]Quando atritado contra ferro fundido ou aço, ambos de superfícies lisas.

Um parâmetro no projeto de embreagens é a relação entre os raios interno e externo. É deixado para o leitor mostrar, a partir da Eq. 18.6, que o torque máximo para um determinado raio externo é obtido quando

$$r_i = \sqrt{\tfrac{1}{3}}r_o = 0,58r_o \qquad \textbf{(18.8)}$$

As proporções comumente utilizadas variam de $r_i = 0,45r_o$ a $r_i = 0,80r_o$.

PROBLEMA RESOLVIDO 18.1P Embreagem Multidiscos Molhada

Uma embreagem multidiscos molhada deve ser projetada para transmitir um torque de 85 N · m. As restrições de espaço limitam o diâmetro externo do disco a 100 mm. Os valores de projeto para o material de atrito moldado e para os discos de aço a serem utilizados são $f = 0,06$ (molhado) e $p_{máx} = 1400$ kPa. Determine os valores apropriados para o diâmetro interno do disco, o número total de discos e a força de acoplamento.

SOLUÇÃO

Conhecido: Uma embreagem multidiscos com diâmetro externo do disco, $d_o \le 100$ mm, coeficiente de atrito dinâmico, $f = 0,06$ (molhado) e pressão máxima admissível para o disco, $p_{máx} = 1400$ kPa, transmite um torque de, $T = 85$ N · m.

A Ser Determinado: Determine o diâmetro interno do disco, d_i, o número total de discos, N, e a força de acoplamento F.

Esquemas e Dados Fornecidos: Veja a Figura 18.3.

Decisões e Hipóteses:

1. Utilize o maior diâmetro externo permitido, $d_o = 100$ mm ($r_o = 50$ mm).

2. Selecione $r_i = 29$ mm.

3. Com uma embreagem superdimensionada, opte por reduzir $p_{máx}$ e F para obter a capacidade de torque do projeto.

4. O coeficiente de atrito f é uma constante.

5. A taxa de desgaste na interface é uniforme.

6. O carregamento do torque é igualmente compartilhado entre os discos.

Análise do Projeto:

1. Utilizando a Eq. 18.6 tem-se $N = T/[\pi\, p_{máx} r_i\, f(r_o^2 - r_i^2)] = 6,69$ discos.

2. Como N deve ser um inteiro *par*, utilize $N = 8$. A Figura 18.3 mostra que isto requer um total de $4 + 5$, ou nove discos (lembre-se que os dois discos mais externos possuem superfície de atrito em apenas um dos lados).

3. Sem nenhuma outra alteração, esta condição fornecerá uma embreagem que está superdimensionada por um fator de $8/6,69 = 1,19$. Outras possíveis alternativas incluem (a) aceitar o superdimensionamento de 19 %, (b) aumentar o raio r_i, (c) diminuir o raio r_o e (d) não alterar nenhum dos raios e reduzir tanto $p_{máx}$ quanto F por um fator de 1,19.

4. Com a escolha da alternativa d, a força de acoplamento é calculada pela Eq. 18.7 como apenas suficiente para produzir o torque desejado:

$$T = Ff\left(\frac{r_o + r_i}{2}\right)N = 85\ \text{N·m} = F(0,06)\left(\frac{0,050 + 0,029}{2}\ \text{m}\right)8,$$

$$F = 4483\ \text{N}$$

5. Arredondando-se para cima o valor calculado de F, chega-se às respostas propostas finais: (a) diâmetro interno = 58 mm, (b) força de acoplamento = 4500 N e (c) um total de nove discos.

Comentário: O valor escolhido para r_i está na faixa de uso comum de $0,45r_o \le r_i \le 0,80r_o$.

18.3 Freios a Disco

Conforme observado anteriormente, um freio é similar a uma embreagem; a diferença está no fato de um dos eixos ser substituído por um componente fixo. Assim, com pequenas modificações os desenhos ilustrados nas Figuras 18.2 e 18.3 podem ser convertidos para freios a disco. Tais freios seriam insatisfatórios para uso geral porque sua refrigeração seria inadequada. Por essa razão, os *freios a disco de pinça* são comumente utilizados. Os freios de bicicletas são, sem nenhuma dúvida, os melhores exemplos conhecidos. O aro da roda constitui o disco. O revestimento de atrito da pinça entra em contato apenas com uma pequena região da superfície do disco, deixando o restante da superfície exposta ao ambiente para dissipar calor. A Figura 18.4 mostra um freio a disco de pinça acionado hidraulicamente que utiliza um disco ventilado. A circulação de ar através das passagens interiores propicia um significativo resfriamento adicional. Os freios a disco podem ser observados

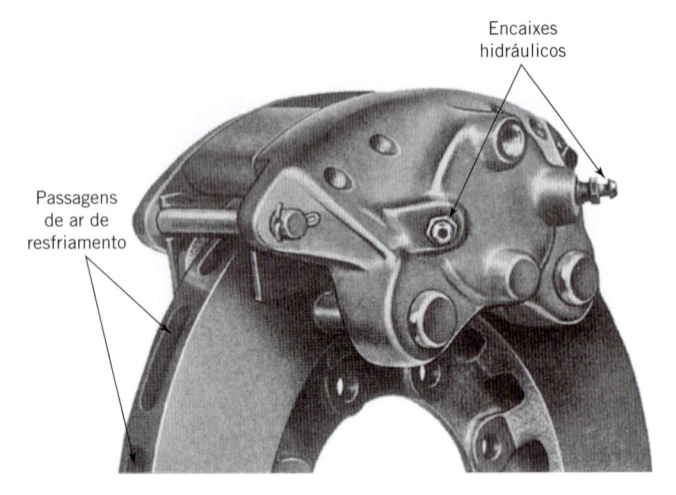

Figura 18.4 **Freio a disco de pinça, operado hidraulicamente. (Cortesia da Auto Specialities Manufacturing Company.)**

de forma conveniente nas rodas dianteiras da maioria das motocicletas de grande porte.

A capacidade de torque e os requisitos de força de fechamento dos freios a disco de pinça podem ser determinados utilizando-se os procedimentos da seção anterior. As características de resfriamento ou de dissipação de calor dos freios são discutidas a seguir.

18.4 Absorção de Energia e Resfriamento

A função básica de um freio é absorver energia, isto é, converter energias cinética e potencial em calor por atrito, e dissipar o calor resultante sem desenvolver temperaturas destrutivamente altas. As embreagens também absorvem energia e dissipam calor, porém geralmente a uma taxa mais baixa. Nas aplicações em que os freios (ou as embreagens) são utilizados de forma aproximadamente contínua por longos períodos de tempo, deve-se prover um meio rápido de transferir calor para o ambiente circundante. Para as operações intermitentes, a capacidade térmica dos componentes deve permitir o armazenamento de boa parte do calor e, em seguida, dissipado durante um longo período de tempo. Os componentes dos freios e das embreagens devem ser projetados para evitar tensões e distorções térmicas danosas ao sistema (Seção 4.16).

A equação básica da transferência de calor é a Eq. 13.13, obtida anteriormente para os mancais de deslizamento e os pares coroa/sem-fim. Com uma notação ligeiramente modificada, esta equação fica

$$H = CA(t_s - t_a) \qquad \textbf{(18.9)}$$

em que

 H = taxa temporal de dissipação de calor (W ou hp)
 C = coeficiente global de transferência de calor (W por m² por °C, ou hp por in² por °F)
 A = área superficial exposta de dissipação de calor (m² ou in²)

 t_s = temperatura média das superfícies de dissipação de calor (°C ou °F)
 t_a = é a temperatura do ar nas vizinhanças das superfícies de dissipação de calor (°C ou °F)

A capacidade dos freios de absorver grandes quantidades de energia sem atingir temperaturas destrutivas pode ser melhorada (1) aumentando-se as áreas de superfície expostas, introduzindo-se palhetas e nervuras, (2) aumentando-se o fluxo de ar que passa pelas superfícies através da minimização das restrições ao fluxo de ar e maximizando-se a ação de bombeamento de ar dos componentes girantes e (3) aumentando-se a massa e o calor específico dos componentes em contato imediato com as superfícies de atrito, propiciando-se, portanto, aumento da capacidade de armazenamento de calor durante curtos períodos de pico da carga de frenagem.

As fontes de energia a serem absorvidas são principalmente três.

1. Energia cinética de translação:

$$\text{KE} = \tfrac{1}{2}MV^2 \qquad \textbf{(18.10)}$$

2. Energia cinética de rotação:

$$\text{KE} = \tfrac{1}{2}I\omega^2 \qquad \textbf{(18.11)}$$

3. Energia potencial (gravitacional), como em um elevador sendo baixado ou um automóvel descendo uma colina:

$$\text{PE} = Wd \quad \text{(peso vezes distância vertical)} \quad \textbf{(18.12)}$$

Para se ter uma ideia da magnitude da taxa de energia a que os freios são, por vezes, submetidos; ela pode ser obtida quando é considerada uma "parada brusca" de um automóvel em alta velocidade: a potência de frenagem instantânea é a mesma da potência que seria necessária para "travar" bruscamente todas as rodas, durante a aceleração das quatro rodas motrizes, em alta velocidade!

Um exemplo dramático da capacidade de potência dos freios de veículos está na parada de um avião a jato comercial durante a "interrupção de uma decolagem". O avião plenamente carregado está na velocidade de decolagem quando, no último instante, os freios são acionados para uma parada de emergência. Para um Boeing 707, isso significa a parada de um veículo de 260.000 lbf a 185 mph. Oitenta por cento da energia cinética é absorvida pelos freios, e eles são projetados para realizar essa operação *uma vez*. No evento improvável em que uma decolagem deve ser abortada, os freios atingem uma temperatura destrutiva e devem ser substituídos antes de o avião ser utilizado novamente. Isso representa um bom projeto de engenharia, ou seja, é mais econômico substituir os freios que carregar o peso extra de freios que poderiam efetuar esta parada de emergência sem danos.

A taxa com a qual o calor é gerado em uma área unitária de interface de atrito é igual ao produto da pressão normal (de fechamento) e o coeficiente de atrito e a velocidade de atrito. Os fabricantes de freios e dos materiais de revestimento têm realizado ensaios e acumulado experiência que os habilitam a

TABELA 18.3 Valores Típicos do Produto da Pressão e a Velocidade de Atrito Utilizado em Freios de Sapata Industriais

Condições Operacionais	pV	
	(psi)(ft/mm)	(kPa)(m/s)
Contínua, dissipação de calor deficiente	30.000	1050
Ocasional, dissipação de calor deficiente	60.000	2100
Contínua, boa dissipação de calor como em banho de óleo	85.000	3000

obter valores empíricos de *pV* (produto da pressão normal e a velocidade de atrito) e da potência por unidade de área de superfície de atrito (como hp por polegada quadrada ou quilowatt por milímetro quadrado) que são apropriados para tipos específicos de projeto de freios, para o material de revestimento de freio e para as condições de operação. A Tabela 18.3 relaciona alguns valores típicos de *pV* utilizados industrialmente.

18.5 Embreagens e Freios Cônicos

A Figura 18.5*a* mostra uma embreagem cônica. Ela é similar à embreagem a disco e pode ser considerada como um *caso geral*, no qual a embreagem a disco é um caso particular com cone de ângulo α de 90°. O aspecto construtivo de uma embreagem cônica torna impraticável a presença de mais de uma interface de atrito; portanto, $N = 1$. Conforme observado previamente, essa configuração requer que os mancais dos eixos suportem uma carga axial igual à força de acoplamento. Essa condição é aceitável porque a inerente ação de forma de uma embreagem cônica típica permite que a força de acoplamento seja reduzida a apenas um quinto da força correspondente da embreagem a disco com $N = 1$.

A Figura 18.5*b* mostra que a área superficial de um anel elementar vale

$$dA = 2\pi r\, dr/\text{sen}\,\alpha$$

A força normal atuante no elemento é

$$dN = (2\pi r\, dr)p/\text{sen}\,\alpha$$

A correspondente força de acoplamento é

$$dF = dN\,\text{sen}\,\alpha = (2\pi r\, dr)p$$

que é exatamente igual à que atua no anel elementar de uma embreagem a disco (Eq. a). O torque que pode ser transmitido pelo elemento é

$$dT = dN\,fr = 2\pi pfr^2\, dr/\text{sen}\,\alpha$$

A partir deste ponto, as equações para a força de acoplamento e para a capacidade de transmissão de torque são deduzidas exatamente como feito para a embreagem a disco. A Eq. 18.4 aplica-se para a hipótese de que a taxa de desgaste é uniforme. As equações resultantes indicam que as Eqs. 18.1 e 18.5 também são válidas para a força de acoplamento nas embreagens cônicas, e que a capacidade de transmitir torque de uma embreagem cônica é expressa pelas equações de embreagens a disco divididas por sen α. Assim, para a hipótese de *pressão uniforme* tem-se

$$T = \tfrac{2}{3}\pi pf(r_o^3 - r_i^3)/\text{sen}\,\alpha \qquad \textbf{(18.2a)}$$

$$T = \frac{2Ff(r_o^3 - r_i^3)}{3(r_o^2 - r_i^2)}\Big/\text{sen}\,\alpha \qquad \textbf{(18.3a)}$$

e para a hipótese de *taxa de desgaste uniforme* tem-se

$$T = \pi p_{\text{máx}} r_i f(r_o^2 - r_i^2)/\text{sen}\,\alpha \qquad \textbf{(18.6a)}$$

$$T = Ff\left(\frac{r_o + r_i}{2}\right)\Big/\text{sen}\,\alpha \qquad \textbf{(18.7a)}$$

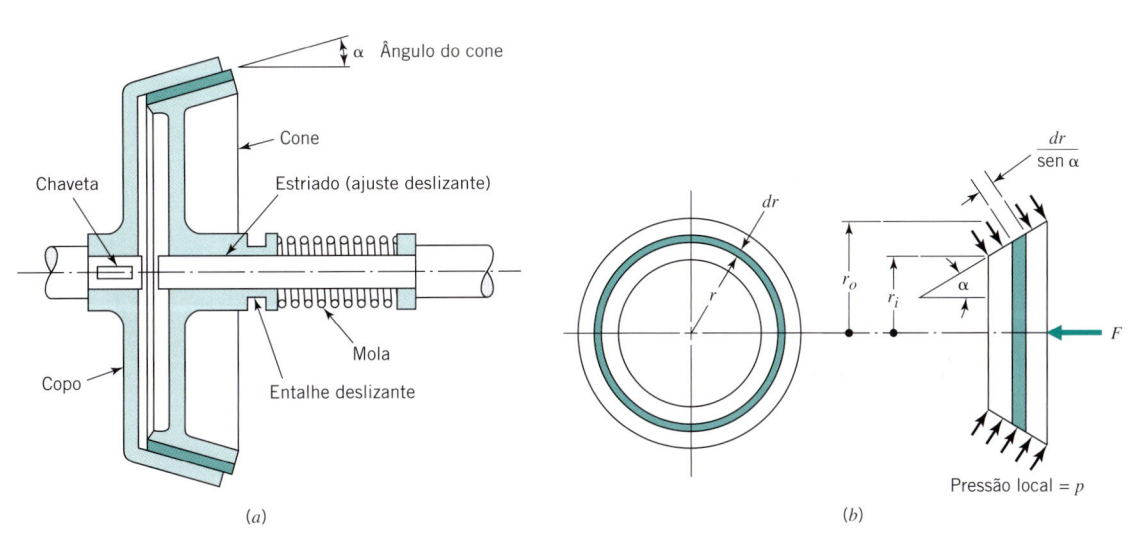

(a)

(b)

FIGURA 18.5 Embreagem cônica — os desenhos *a* e *b* não estão na mesma escala.

Essas equações recebem uma letra após a numeração correspondente às equações das embreagens a disco, porque elas representam, simplesmente, o caso geral das equações embreagens a disco, com $N = 1$.

Quanto menor o ângulo α, menor a força teórica necessária ao acoplamento. Esse ângulo não pode ser menor que cerca de 8° ou a embreagem pode tender a "grimpar" quando acoplada. Além disso, as embreagens cônicas com $\alpha < 8°$ tendem a ser de difícil desacoplamento. Um ângulo de 12° geralmente é considerado como ótimo, sendo os valores de α entre 8° e 15° comumente utilizados.

A embreagem da Figura 18.5a é desacoplada por um garfo ajustado ao entalhe deslizante. Como o garfo não gira, um rolamento axial deve ser utilizado (como no caso das embreagens a disco — Figura 18.2).

18.6 Freios a Tambor de Sapata Curta

Os freios a tambor são de dois tipos: (1) aqueles de sapatas *externas* que contraem-se contra a superfície externa (cilíndrica) de um tambor e (2) aqueles de sapatas *internas* que expandem-se para entrar em contato com a superfície interna do tambor. A Figura 18.6 mostra a representação esquemática de um freio a tambor externo simples de uma "sapata curta" — isso é, uma sapata que entra em contato com apenas um pequeno segmento da periferia do tambor. A força F atuante na extremidade da alavanca aplica a frenagem. Embora a força normal (N) e a força de atrito (fN) atuantes entre o tambor e a sapata sejam continuamente distribuídas sobre as superfícies de contato, a análise das

sapatas curtas admite que estas forças sejam concentradas no centro do contato. A montagem completa do freio é mostrada na Figura 18.6a. Os diagramas de corpo livre dos componentes básicos são mostrados nas Figuras 18.6b e c. A rotação do tambor é orientada no *sentido horário*.

Tomando os momentos em relação à articulação A, para a montagem da sapata e da alavanca, fornece

$$Fc + fNa - bN = 0 \qquad \textbf{(c)}$$

O somatório de momentos em relação a 0 para o tambor fornece,

$$T = fNr \qquad \textbf{(d)}$$

Resolvendo-se a Eq. c para N e substituindo-se na Eq. d, obtém-se

$$N = Fc/(b - fa)$$
$$T = fFcr/(b - fa) \quad \text{(autoenergizante)} \qquad \textbf{(18.13)}$$

O torque T representa uma combinação do torque inercial e do torque devido à carga necessários para o equilíbrio, e este é numericamente igual ao torque de atrito desenvolvido pelo freio.

A Eq. 18.13 é rotulada de "autoenergizante" porque o momento da força de atrito (fNa) *auxilia* a força aplicada (F) na aplicação do freio. Para o sentido anti-horário de rotação do tambor, a orientação da força de atrito deve ser invertida. Isto irá causar a força de atrito *opor-se* ao da força de aplicação do freio, tornando-o *autodesenergizante*. A dedução da equação para o freio desenergizante é idêntica à do freio autoenergi-

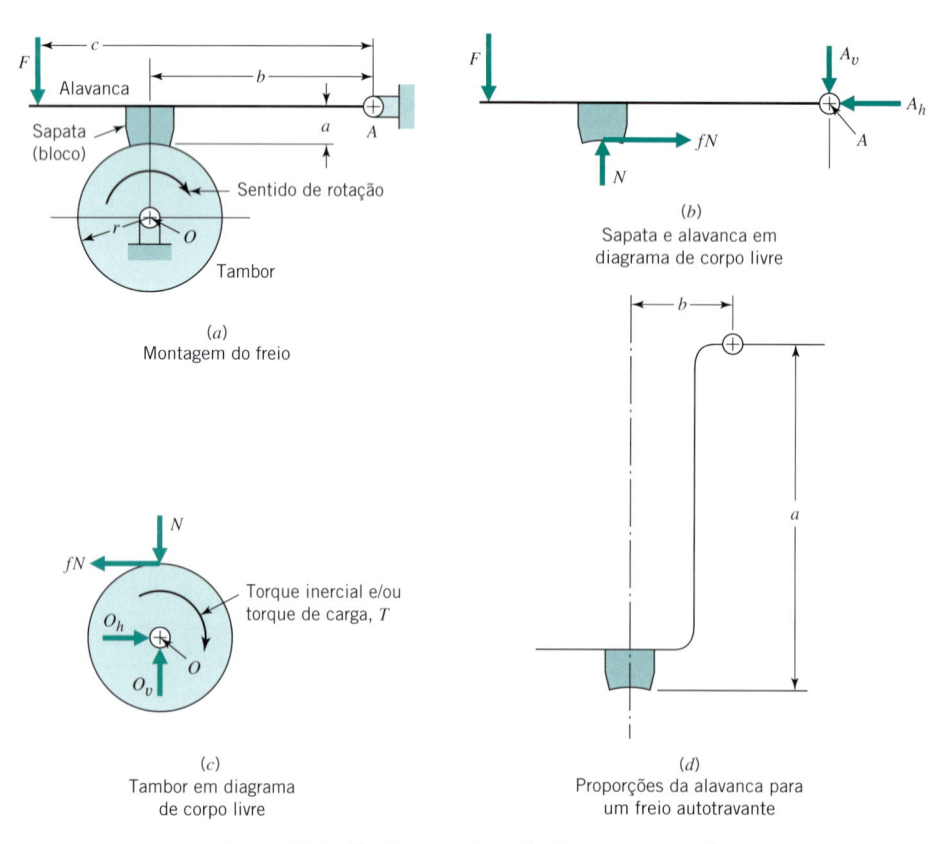

FIGURA 18.6 Freio a tambor de "sapata curta".

zante, exceto pelo sinal do termo da força de atrito, que deve ser invertido:

$$T = fFcr/(b + fa) \quad \text{(autodesenergizante)} \quad (18.14)$$

Considerando-se ainda a frenagem autoenergizada (rotação do tambor no sentido horário), note que o freio será *autotravante* se o denominador da Eq. 18.13 for nulo ou negativo. Assim, para um freio autotravante,

$$b \leq fa \quad (18.15)$$

Por exemplo, se $f = 0,3$, o autotravamento (para rotação do tambor no sentido horário) será obtido se $b = 0,3a$. Essa condição é ilustrada na Figura 18.6d. Um freio autotravante requer apenas que a sapata seja colocada em contato com o tambor (com $F = 0$) para que o tambor seja "travado" em relação à rotação em um dos sentidos.

Como o freio ilustrado na Figura 18.6 possui apenas uma sapata (bloco), a força total exercida sobre o tambor pela sapata deve ser equilibrada pela reação dos mancais do eixo. Em parte por essa razão, quase sempre são utilizadas duas sapatas opostas, como mostrado na Figura 18.7. Embora raramente as forças opostas das sapatas estejam em perfeito equilíbrio, as cargas resultantes atuantes nos mancais são geralmente pequenas.

PROBLEMA RESOLVIDO 18.2 · Freio a Tambor de Duas Sapatas Externas

O freio a tambor de duas sapatas externas, mostrado na Figura 18.7, possui sapatas de 80 mm de largura que estabelecem um contato de 90° com a superfície do tambor. Para um coeficiente de atrito de 0,20 e uma pressão de contato admissível de 400 kN por metro quadrado de área projetada, estime (a) a força máxima da alavanca F que pode ser utilizada, (b) o torque de frenagem resultante, e (c) a carga radial imposta aos mancais do eixo. Utilize as equações deduzidas para sapatas curtas.

SOLUÇÃO

Conhecido: Um freio a tambor de duas sapatas externas com largura, coeficiente de atrito, pressão admissível de contato e ângulo de contato com a superfície do tambor fornecidos, deve propiciar um torque de frenagem.

A Ser Determinado: Determine (a) a força na alavanca de atuação, (b) o torque de frenagem e (c) a carga radial nos mancais do eixo.

Esquemas e Dados Fornecidos:

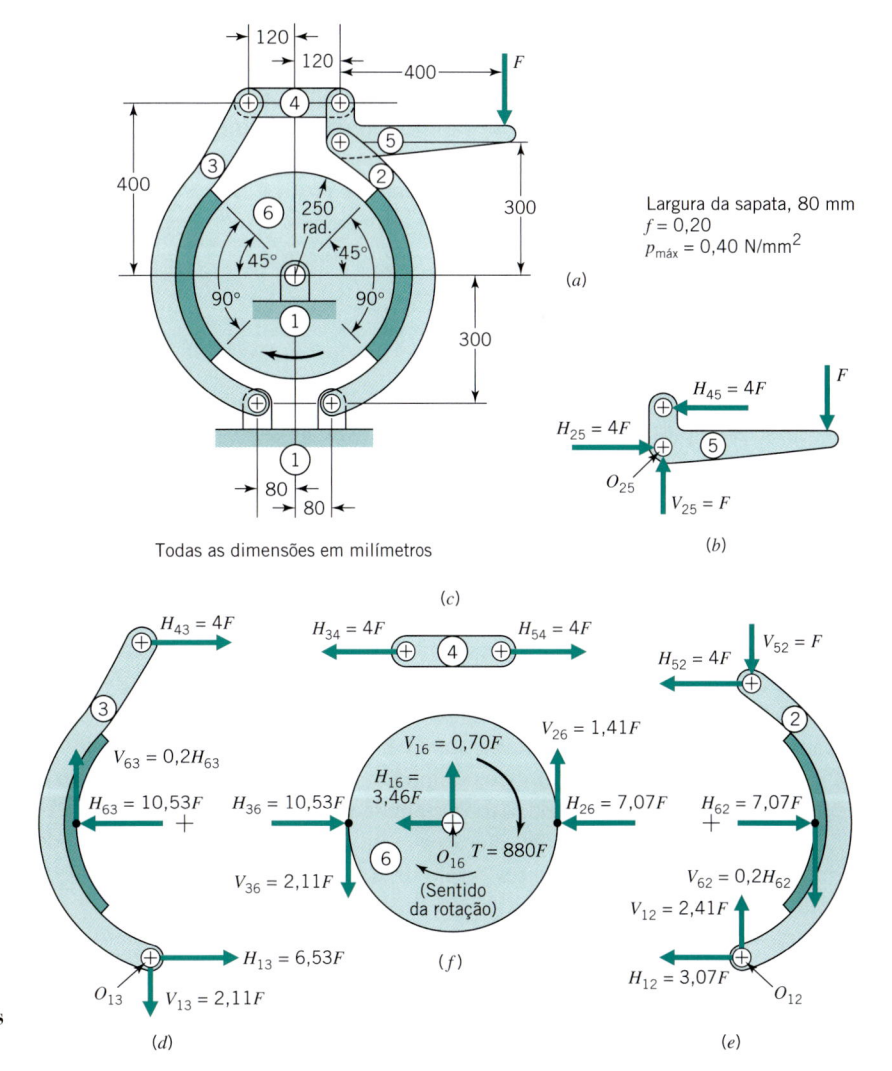

Todas as dimensões em milímetros

FIGURA 18.7 Freio a tambor de duas sapatas externas (Problema Resolvido 18.2).

Hipóteses:

1. A largura do tambor é igual ou maior que a largura da sapata.

2. A alavanca, bem como os demais componentes do freio a tambor, suportam as cargas.

3. O tambor gira a uma velocidade angular constante e o freio a tambor está na condição de regime permanente.

Análise:

1. As Figuras 18.7b até f mostram cada componente do freio como um corpo livre. A análise de forças começa com a alavanca flutuante 5, uma vez que ela recebe a força aplicada F. Observe a convenção utilizada na representação das demais forças: H_{45} é a força horizontal que o componente 4 aplica no componente 5 (como a barra de ligação 4 pode suportar apenas uma força axial de tração ou de compressão, não pode haver uma força vertical V_{45}). O pino de conexão na rótula flutuante O_{25} transmite forças horizontal e vertical à barra de ligação 5 (H_{25} e V_{25}). O equilíbrio de momentos em relação a O_{25} estabelece que $H_{45} = 4F$; o somatório das forças estabelece que $V_{25} = F$ e $H_{25} = 4F$.

2. Analisando-se a barra de ligação 4, obtém-se que H_{54} (força horizontal de 5 em 4) é igual e oposta a H_{45}; o somatório das forças estabelece que H_{34} seja igual e oposta a H_{54}.

3. Na sapata esquerda (componente 3) a força aplicada é H_{43} (que é igual e oposta a H_{34}). A análise da sapata curta admite que as forças normal e de atrito aplicadas pelo tambor 6 atuam no centro geométrico da sapata, conforme mostrado. A força normal é H_{63} e a força de atrito é H_{63} multiplicada pelo coeficiente de atrito fornecido de 0,2. O somatório dos momentos em relação a O_{13} fornece

$$4F(700) + 0,2H_{63}(170) - H_{63}(300) = 0,$$
$$\text{ou}\quad H_{63} = 10,53F$$

As forças H_{13} e V_{13} atuantes na rótula fixa O_{13} são determinadas a partir das equações de equilíbrio de forças.

4. As forças normal e de atrito H_{62} e V_{62} atuantes na sapata 2 são determinadas do mesmo modo. A equação de momentos possui um termo adicional devido às forças horizontal e vertical estarem aplicadas pelo componente 2:

$$4F(600) - F(40) - H_{62}(300) - 0,2H_{62}(170) = 0,$$
$$\text{ou}\quad H_{62} = 7,07F$$

5. As forças horizontal e vertical aplicadas ao tambor 6 são iguais e opostas às forças correspondentes aplicadas às sapatas. Se, conforme admitido por hipótese, a aceleração angular do tambor for nula, o torque atuante T (que tende a continuar a orientação de rotação no sentido horário) é igual a $(2,11F + 1,41F)$ vezes o raio do tambor, ou seja, $880F$ N · mm. As forças aplicadas à rótula fixa O_{16} são $H_{16} = 3,46F$ e $V_{16} = 0,70F$.

6. O valor admissível de F é definido pela pressão admissível atuante sobre a sapata autoenergizada. A área projetada da sapata é igual ao produto dos 80 mm de largura e o comprimento da corda referente ao arco de 90° do raio de 250 mm do tambor:

$$A = 80[2(250 \operatorname{sen} 45°)] = 28.284 \text{ mm}^2$$

A pressão normal atuante na sapata 3 vale

$$p = 10,53F/28.284 = 0,0003723F \text{ N/mm}^2$$

Igualando-se o valor desta pressão ao valor admissível $p_{\text{máx}} = 0,40$ N/mm², tem-se

$$F = 1074 \text{ N}$$

7. O torque de frenagem correspondente é

$$T = 880(1074) = 945 \times 10^3 \text{ N} \cdot \text{mm}, \quad \text{ou}\quad 945 \text{ N} \cdot \text{m}$$

8. A carga radial resultante transmitida aos mancais será

$$\sqrt{(0,70)^2 + (3,46)^2}\, F = 3,53F = 3791 \text{ N}$$

Comentário: Observe que as cargas aplicadas ao tambor pela sapata à esquerda (3) são maiores porque esta sapata é autoenergizante, enquanto a sapata à direita (2) é desenergizante. Se o sentido de rotação do tambor for invertido, a sapata 2 se tornará autoenergizante. (A sapata autoenergizante se desgasta mais rapidamente, porém se o freio for utilizado de forma praticamente idêntica em ambos os sentidos de rotação do tambor, as sapatas irão desgastar-se aproximadamente da mesma forma.)

18.7 Freios a Tambor de Sapatas Longas Externas

Se uma sapata de freio ou bloco entra em contato com um tambor ao longo de um arco de cerca de 45° ou mais, os erros introduzidos pelas equações referentes às sapatas curtas são geralmente significativos. Para essa situação a análise a seguir para "sapatas longas" é mais apropriada.

18.7.1 Sapatas Longas Não Rotuladas

A Figura 18.8 mostra uma sapata de freio em contato com seu tambor, representado por um círculo cheio. A medida que a sapata desgasta-se, esta rotula em relação a O_2. Entretanto, o padrão de desgaste pode ser representado de forma mais adequada mantendo-se a sapata fixa e mostrando o tambor rotulando por um ângulo α em torno de O_2, conforme representado pelo círculo tracejado. Para a quantidade um pouco exagerada de desgaste mostrada, o centro O_3 move-se para O'_3, e um ponto de contato arbitrário A move-se para A'. O desgaste no ponto A normal à superfície de contato é representado pela distância δ_n, em que

$$\delta_n = AA' \operatorname{sen} \beta = O_2 A \alpha \operatorname{sen} \beta \qquad \textbf{(e)}$$

Para a geometria mostrada na figura,

$$\operatorname{sen} \beta = O_2 B / O_2 A$$
$$O_2 B = O_2 O_3 \operatorname{sen}(180° - \theta) = O_2 O_3 \operatorname{sen} \theta \qquad \textbf{(f)}$$

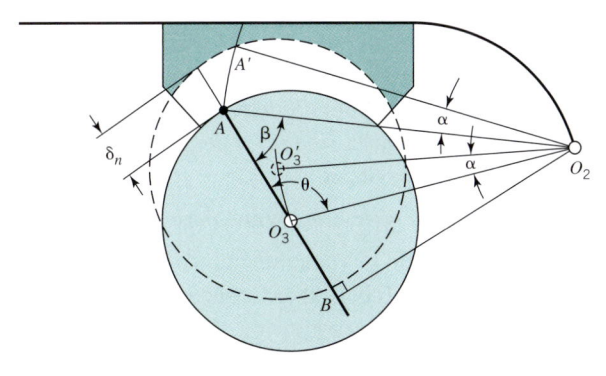

<figure>**FIGURA 18.8** Distribuição de desgaste em uma sapata de freio.</figure>

Substituindo-se a Eq. f na Eq. e, tem-se

$$\delta_n = O_2O_3\alpha \operatorname{sen}\theta \qquad \text{(g)}$$

Admite-se que o desgaste normal seja proporcional ao trabalho de atrito, o qual, para diversos locais da superfície de contato da sapata, é proporcional à pressão local,

$$p \propto \delta_n \propto \operatorname{sen}\theta \qquad \text{(h)}$$

e

$$p = p_{\text{máx}} \operatorname{sen}\theta/(\operatorname{sen}\theta)_{\text{máx}} \qquad \text{(18.16)}$$

O valor máximo de sen θ ocorre, obviamente, para $\theta = 90°$. Logo, a pressão máxima e o desgaste máximo ocorrem em $\theta = 90°$. Se, como é usualmente o caso, a geometria é tal que os ângulos de contato incluam o ângulo $\theta = 90°$,

$$p = p_{\text{máx}} \operatorname{sen}\theta \qquad \text{(18.17)}$$

Note que este desenvolvimento se baseou nas hipóteses de que não ocorre nenhuma deformação na sapata ou no tambor, que o tambor não desgasta-se e o desgaste da sapata é proporcional ao trabalho do atrito, que, por sua vez, é proporcional à pressão local.

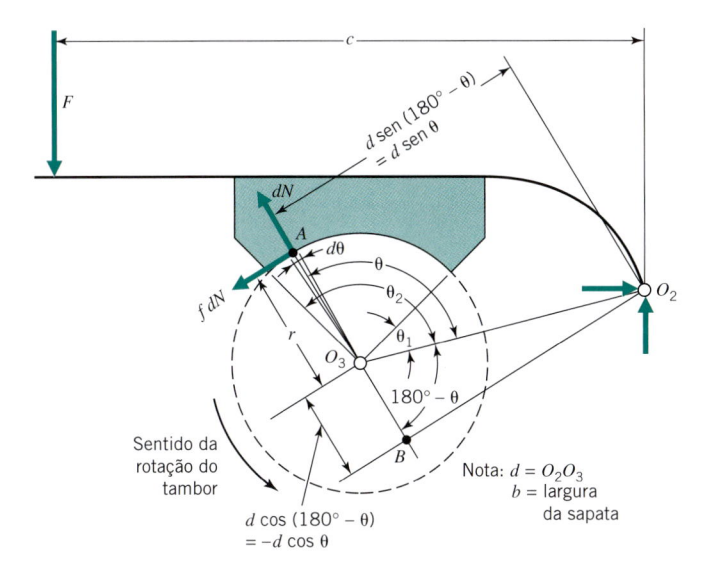

<figure>**FIGURA 18.9** Forças atuantes em uma sapata de freio.</figure>

A Figura 18.9 mostra as forças aplicadas à uma sapata de freio (incluindo sua alavanca associada).

1. Considerando a sapata como um corpo livre, $\Sigma\, M_{O_2} = 0$, tem-se

$$Fc + M_n + M_f = 0 \qquad \text{(18.18)}$$

em que M_n é o *momento das forças normais*,

$$M_n = -\int_{\theta_1}^{\theta_2} dN\,(d\operatorname{sen}\theta) \qquad \text{(i)}$$

e

$$dN = p(r\,d\theta)b$$

2. Aplicando a Eq. 18.16 fornece

$$dN = p_{\text{máx}}\,br\operatorname{sen}\theta\,d\theta/(\operatorname{sen}\theta)_{\text{máx}} \qquad \text{(j)}$$

3. Combinando-se as Eqs. i e j, tem-se

$$M_n = -\int_{\theta_1}^{\theta_2} \frac{p_{\text{máx}}brd\operatorname{sen}^2\theta}{(\operatorname{sen}\theta)_{\text{máx}}}\,d\theta = -\frac{p_{\text{máx}}brd}{(\operatorname{sen}\theta)_{\text{máx}}}\int_{\theta_1}^{\theta_2}\operatorname{sen}^2\theta\,d\theta$$

$$= -\frac{p_{\text{máx}}brd}{4(\operatorname{sen}\theta)_{\text{máx}}}[2(\theta_2 - \theta_1) - \operatorname{sen}2\theta_2 + \operatorname{sen}2\theta_1]$$

$$\text{(18.19)}$$

4. Analogamente, para o *momento das forças de atrito*, M_f, tem-se

$$M_f = \int_{\theta_1}^{\theta_2} f\,dN\,(r - d\cos\theta)$$

$$= \int_{\theta_1}^{\theta_2} \frac{fp_{\text{máx}}\operatorname{sen}\theta\,r\,d\theta\,b(r - d\cos\theta)}{(\operatorname{sen}\theta)_{\text{máx}}}$$

5. Substituindo-se a relação sen θ cos $\theta = \frac{1}{2}$ sen 2θ, obtém-se

$$M_f = \frac{fp_{\text{máx}}rb}{(\operatorname{sen}\theta)_{\text{máx}}}\int_{\theta_1}^{\theta_2}\left(r\operatorname{sen}\theta - \frac{d}{2}\operatorname{sen}2\theta\right)d\theta$$

$$= \frac{fp_{\text{máx}}br}{(\operatorname{sen}\theta)_{\text{máx}}}\left[r(\cos\theta_1 - \cos\theta_2) + \frac{d}{4}(\cos2\theta_2 - \cos2\theta_1)\right]$$

$$\text{(18.20)}[1]$$

6. Para o *equilíbrio dos momentos atuantes no tambor*,

$$T + \int_{\theta_1}^{\theta_2} rf\,dN = 0$$

$$T = -\int_{\theta_1}^{\theta_2}\frac{r^2fbp_{\text{máx}}\operatorname{sen}\theta\,d\theta}{(\operatorname{sen}\theta)_{\text{máx}}} = -\frac{r^2fbp_{\text{máx}}}{(\operatorname{sen}\theta)_{\text{máx}}}\int_{\theta_1}^{\theta_2}\operatorname{sen}\theta\,d\theta$$

$$= -\frac{r^2fbp_{\text{máx}}}{(\operatorname{sen}\theta)_{\text{máx}}}(\cos\theta_1 - \cos\theta_2) \qquad \text{(18.21)}$$

---

[1]Quando substituir na Eq. 18.18, utilize o negativo desta expressão se a superfície do tambor em contato com a sapata estiver movendo-se em direção a rótula O_2 (como seria o caso na Figura 18.9 para rotação do tambor no sentido horário).

7. As forças de reação em O_2 e em O_3 podem ser prontamente obtidas a partir das equações de equilíbrio de forças nas direções horizontal e vertical.

Em relação à Eq. 18.18, fica evidente que um freio autoenergizante será autotravante se $M_f \geq M_n$. Geralmente, deseja-se fabricar uma sapata de freio fortemente autoenergizante enquanto mantendo-se longe da condição de autotravamento. Isto pode ser conseguido projetando-se o freio de modo que o valor de M_f, calculado utilizando um valor de f que seja 25 % a 50 % maior do que o valor verdadeiro, seja igual ao valor de M_n.

PROBLEMA RESOLVIDO 18.3 Freio a Tambor de Duas Sapatas Externas

A Figura 18.10 representa um freio a tambor de duas sapatas com uma mola que aplica uma força F por uma distância $c = 500$ mm para ambas as sapatas. (O freio é liberado por um solenoide, não mostrado.) Os valores de projeto do coeficiente de atrito e da pressão admissível são de 0,3 e 600 kPa, respectivamente. Considerando uma utilização industrial ocasional, determine um valor apropriado para a força da mola, o torque de frenagem resultante e a absorção de potência para uma rotação do tambor de 300 rpm, em ambos os sentidos.

SOLUÇÃO

Conhecido: Um freio a tambor de duas sapatas externas gira a 300 rpm em ambos os sentidos e tem sapatas de largura, coeficiente de atrito, pressão de contato admissível e ângulo de contato da superfície do tambor dados.

A Ser Determinado: Determine a força da mola, o torque de frenagem e a absorção de potência.

Esquemas e Dados Fornecidos:

Hipóteses:

1. A análise do freio a tambor de sapatas longas é apropriada: (a) tanto a sapata quanto o tambor não deformam-se, (b) o tambor não desgasta-se e (c) o desgaste normal é proporcional à pressão local.

2. O freio a tambor opera em regime permanente.

3. O freio é acionado ocasionalmente, com uma dissipação de calor pobre; a Tabela 18.3 fornece o valor apropriado $pV = 2,1$ MPa · m/s.

Análise:

1. Em relação à sapata da direita, conforme mostrado na Figura 18.10b, $\phi = \tan^{-1}(200/150) = 53,13°$, portanto, $\theta_1 = 8,13°$ e $\theta_2 = 98,13°$.

2. $d = \sqrt{200^2 + 150^2} = 250$ mm.

3. Como $\theta_2 > 90°$, $(\text{sen }\theta)_{\text{máx}} = 1$.

4. Da Eq. 18.19,

$$M_n = -\frac{p_{\text{máx}}brd}{4(\text{sen }\theta)_{\text{máx}}}[2(\theta_2 - \theta_1) - \text{sen }2\theta_2 + \text{sen }2\theta]$$

$$M_n = -(p_{\text{máx}}/4)(50)(150)(250)[2(\pi/2) - \text{sen }196,26° + \text{sen }16,26°]$$

$$= -1735 \times 10^3 p_{\text{máx}}$$

5. Da Eq. 18.20,

$$M_f = \frac{fp_{\text{máx}}br}{(\text{sen }\theta)_{\text{máx}}}\left[r(\cos \theta_1 - \cos \theta_2) + \frac{d}{4}(\cos 2\theta_2 - \cos 2\theta_1)\right]$$

$$M_f = fp_{\text{máx}}(50)(150)[150(\cos 8,13° - \cos 98,13°) + (250/4)(\cos 196,26° - \cos 16,26°)]$$

$$= 373 \times 10^3 fp_{\text{máx}}$$

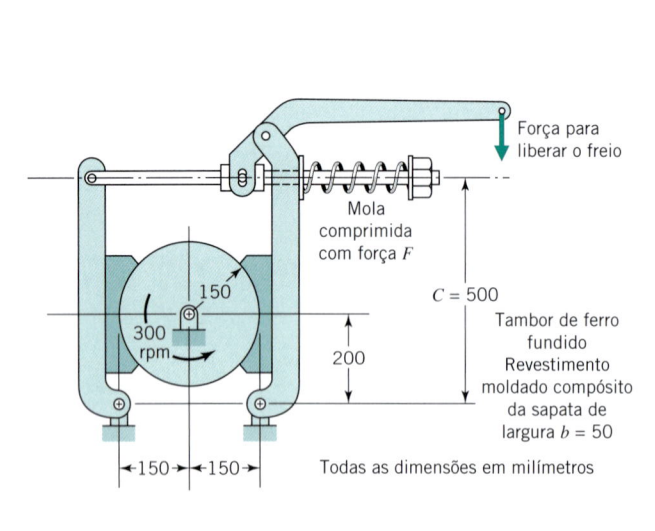

(*a*) Freio completo

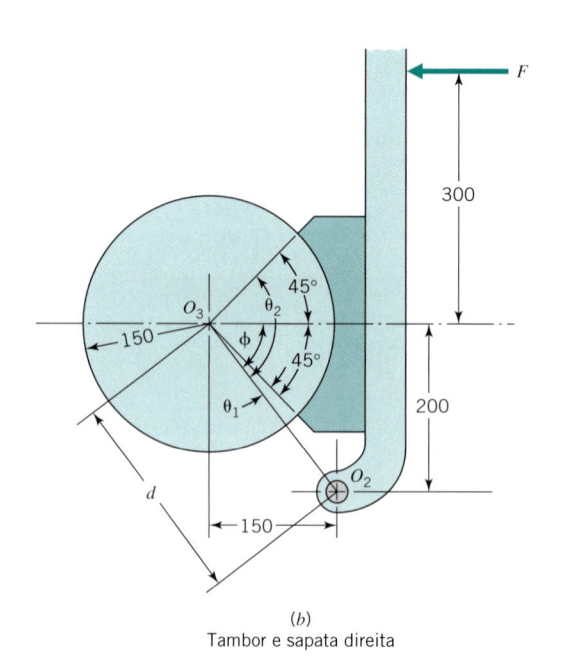

(*b*)
Tambor e sapata direita

FIGURA 18.10 **Freio a tambor de duas sapatas (Problema Resolvido 18.3).**

6. Da Eq. 18.21,

$$T = -\frac{r^2 fbp_{máx}}{(\text{sen }\theta)_{máx}}(\cos\theta_1 - \cos\theta_2)$$

$$T = -(150)^2(50)fp_{máx}(\cos 8,13° - \cos 98,13°)$$

O valor absoluto do torque de frenagem T é de 1273×10^3 $fp_{máx}$.

7. Da Tabela 18.3, para a condição de operação admitida, $p_{máx}V = 2,1$ MPa · m/s; $V = 0,3\pi(300/60) = 4,71$ m/s. Assim, $p_{máx} = 2,1/4,71 = 0,446$ MPa. (Esse valor é aceitável, uma vez que está significativamente abaixo ao valor admissível fornecido de 0,600 MPa.)

8. Da Eq. 18.18,

$$Fc + M_n + M_f = 0$$

$$500F - 1735 \times 10^3(0,446) + 373 \times 10^3(0,3)(0,446) = 0$$

ou

$$F = 1448 \text{ N} \quad \text{(força da mola)}$$

9. A força da mola apropriada foi determinada anteriormente com base na pressão admissível atuante sobre a sapata *direita*, que se mostrou ligeiramente autoenergizante. Essa mesma força da mola produzirá um valor mais baixo de $p_{máx}$ na sapata esquerda. Aplicando-se a Eq. 18.18 à sapata esquerda, a única alteração é o sinal do termo do momento de atrito:

$$Fc + M_n - M_f = 0$$

$$500(1448) - 1735 \times 10^3 p_{máx} - 373 \times 10^3(0,3)p_{máx} = 0$$

ou

$$p_{máx} = 0,392 \text{ MPa}$$

10. Da equação na etapa 6, o torque de frenagem total (sapatas direita e esquerda) é

$$1273 \times 10^3(0,3)(0,446 + 0,392) = 320.032 \text{ N·mm} \approx 320 \text{ N·m}$$

11. Pela Eq. 1.2, a potência correspondente a 300 rpm é

$$\dot{W} = nT/9549 = 300(320)/9549 = 10,1 \approx 10 \text{ kW}$$

Comentários:

1. As respostas fornecidas no desenvolvimento aplicam-se a ambos os sentidos de rotação do tambor; a inversão do sentido apenas alterna os valores de $p_{máx}$ e T das duas sapatas.

2. Se a análise referente às sapatas curtas fosse utilizada, nenhuma das sapatas seria autoenergizante ou desenergizante. Para $F = 1448$ N, as equações para sapatas curtas estimariam um torque para cada sapata de

$$T = Nfr = [1448(500/200)](0,3)(0,150) = 162,9 \text{ N·m}$$

ou um torque de frenagem total de 325,8 N · m. A ação real de autoenergização e desenergização é determinada pelo raio r_f da força de atrito resultante (veja as Figuras 18.11 e 18.12).

3. As equações para sapatas longas indicam que o material de atrito na extremidade das sapatas (extremidade mais próxima da rótula O_2) contribui muito pouco; assim, pode ser desejável aumentar θ_1. Analogamente, poder-se-ia aumentar a capacidade de frenagem aumentando-se o valor de θ_2.

18.7.2 Sapata Longa Rotulada

A Figura 18.11 mostra um freio de sapata longa *rotulada*. Se a rótula P estiver localizada na interseção das forças resultantes normal e de atrito que agem na sapata (designadas por N e fN, respectivamente), não há uma tendência da sapata de girar em torno da rótula. Essa condição é desejável para igualar o desgaste. As sapatas rotuladas geralmente não são práticas porque a rótula move-se progressivamente, ficando mais próxima do tambor à medida que ocorre o desgaste. A sapata, então, tende a girar em torno de P, resultando em um rápido desgaste em uma ou outra de suas *extremidades* (extremidade mais distante ou mais próxima a rótula O_2).

A integração ao longo da superfície de uma sapata carregada simetricamente mostra que a interseção das forças resultantes, normal e de atrito, ocorre no "raio de atrito" r_f, em que

$$r_f = r\frac{4\,\text{sen}(\theta/2)}{\theta + \text{sen }\theta} \qquad (18.22)$$

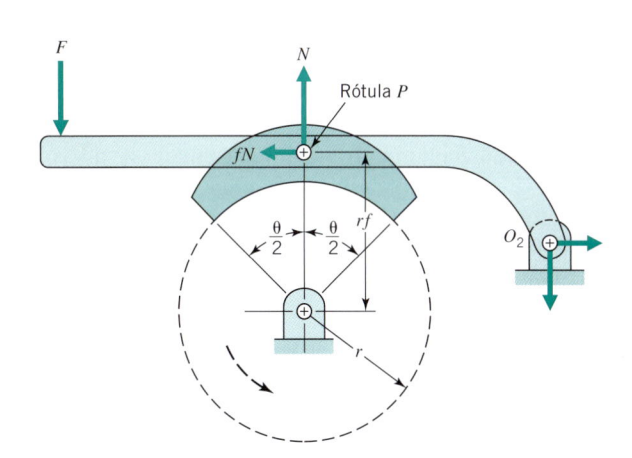

FIGURA 18.11 Freio de sapata rotulada.

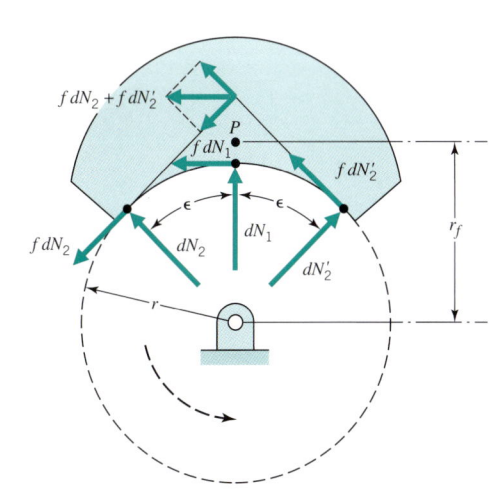

FIGURA 18.12 Vetores de força de atrito resultante, ilustrando porque $r_f > r$.

e que o torque de frenagem resultante é

$$T = fNr_f \qquad \textbf{(18.23)}$$

A Figura 18.12 mostra porque $r_f > r$: a resultante das forças de atrito atuantes sobre qualquer par simétrico de elementos é localizada acima da superfície do tambor.

18.8 Freios a Tambor de Sapatas Longas Internas

Os freios a tambor de sapatas longas internas são caracterizados pela sua aplicação convencional nos freios a tambor automotivos. A Figura 18.13 mostra sua construção básica. Ambas as sapatas rotulam em torno de pinos de ancoragem e são forçadas contra as superfícies internas do tambor através de um pistão em cada extremidade do cilindro hidráulico da roda. A mola de retorno exerce apenas uma força suficiente para retrair as sapatas contra os cames de ajuste, que servem como "batentes". Uma regulagem adequada dos cames, minimizando a folga entre as sapatas e o tambor, faz com que seja apenas necessário um movimento mínimo do pistão hidráulico para colocar as sapatas em contato com o tambor. As Eqs. 18.16 até 18.23 são também aplicáveis aos freios a tambor de sapatas internas. A notação é fornecida na Figura 18.13.

O caráter energizante e a desenergizante de qualquer sapata e o sentido de rotação do tambor podem ser prontamente visualizados (1) notando-se o sentido da atuação da força de atrito na região da superfície da sapata e (2) determinando-se se esta força tende a aumentar ou diminuir o contato da sapata com o tambor. Na Figura 18.13 a sapata esquerda é autoenergizante e a sapata direita desenergizante para o sentido de rotação indicado para o tambor.

Nos freios automotivos, é necessária uma ação autoenergizante significativa para reduzir a pressão do pedal, porém o autotravamento (para qualquer coeficiente de atrito que possa ser encontrado em operação) deve, obviamente, ser evitado. Um método que tem sido utilizado para obter-se uma maior ação

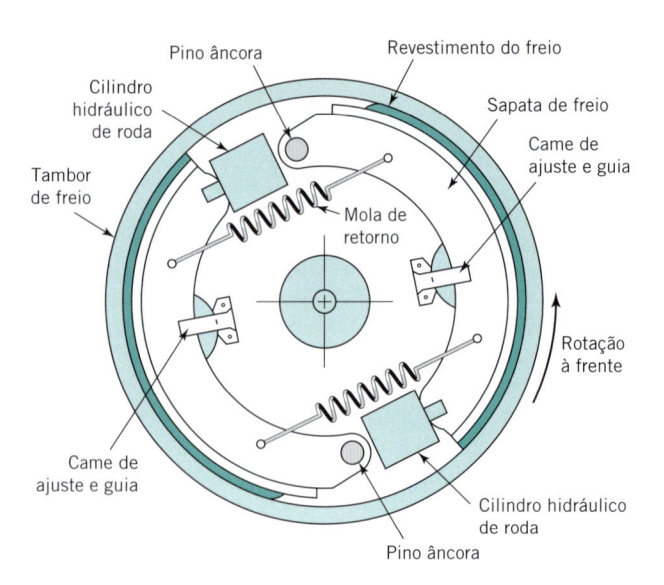

FIGURA 18.14 **Freio automotivo com dois cilindros hidráulicos de roda. Ambas as sapatas são autoenergizantes para o movimento para frente do veículo. (Cortesia da Chrysler Group LLC.)**

autoenergizante para o movimento à frente de um automóvel é mostrada na Figura 18.14. Utilizando dois cilindros hidráulicos de roda (cada um com um único pistão), consegue-se fazer com que ambas as sapatas tornem-se autoenergizantes para a rotação do tambor à frente. Essa configuração tem sido utilizada nos freios das rodas dianteiras, com o tipo mostrado na Figura 18.13 sendo utilizado nas rodas traseiras. O resultado é um veículo com seis sapatas que são autoenergizantes para o movimento do veículo à frente e duas para o movimento à ré. Inicialmente por considerações de custo, o freio dianteiro de dois cilindros foi substituído amplamente por um projeto de apenas um único cilindro que atinge a ação autoenergizante à frente com ambas as sapatas pela fixação dos pinos de ancoragem em uma placa que ela própria é livre para bascular através de um pequeno arco.

Em anos recentes, os freios a disco de pinça têm substituídos os freios a tambor dianteiros na maioria dos carros de passageiros devido à sua maior capacidade de refrigeração e da consequente resistência a *vitrificação*, que é a redução do coeficiente de atrito a altas temperaturas. Os discos dos freios a disco também tendem a se distorcer intrinsecamente menos com o calor e com grandes forças na interface do que os freios a tambor.

18.9 Freios de Cinta

Talvez o mais simples entre muitos dispositivos de frenagem seja o freio de cinta, mostrado na Figura 18.15. A cinta, em si, geralmente é feita de aço, revestida com material trançado de atrito para propiciar flexibilidade. Para o tambor girando no sentido horário, como mostrado, as forças de atrito atuando na cinta aumentam a força P_1 e diminuem a força P_2. A região do tambor e da cinta acima do plano de corte (Figura 18.15) é considerada como um corpo livre, e o torque de frenagem T é igual a

$$T = (P_1 - P_2)r \qquad \textbf{(18.24)}$$

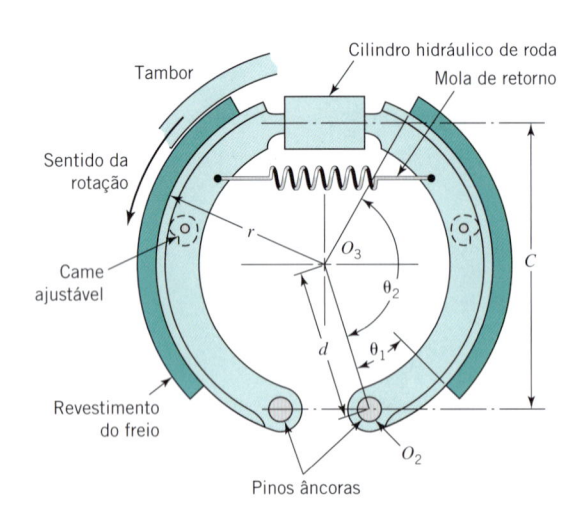

FIGURA 18.13 **Freio a tambor do tipo automotivo (sapatas internas).**

Com as regiões da alavanca e da cinta abaixo do plano de corte consideradas como um corpo livre, a força de alavanca aplicada F é

$$F = P_2 a/c \qquad (18.25)$$

A Figura 18.16 mostra as forças atuantes em um elemento da cinta. Para pequenos ângulos $d\theta$,

$$dP = f\,dN \qquad (\mathbf{k})$$

e

$$dN = 2(P\,d\theta/2) = P\,d\theta \qquad (\mathbf{l})$$

Também por definição,

$$dN = pbr\,d\theta \qquad (\mathbf{m})$$

em que p é a pressão de contato local entre o tambor e a cinta. Substituindo-se a Eq. l na Eq. k, obtém-se

$$dP = fP\,d\theta, \qquad \text{ou} \quad \frac{dP}{P} = f\,d\theta \qquad (\mathbf{n})$$

A força na cinta P varia de P_1 até P_2 ao longo da região entre $\theta = 0$ e $\theta = \phi$. Assim, integrando-se a Eq. n ao longo do comprimento de contato, tem-se

$$\int_{P_2}^{P_1} \frac{dP}{P} = f \int_0^\phi d\theta$$

$$\ln P_1 - \ln P_2 = \ln \frac{P_1}{P_2} = f\theta$$

$$\frac{P_1}{P_2} = e^{f\phi} \qquad (18.26)$$

A pressão normal máxima, $p_{máx}$, atuante na cinta ocorre em $\theta = \phi$, em que $P = P_1$. Aplicando-se as Eqs. l e m a este ponto, tem-se

$$dN = P_1\,d\theta \qquad \text{e} \qquad dN = p_{máx}br\,d\theta$$

Assim,

$$P_1 = p_{máx} rb \qquad (18.27)$$

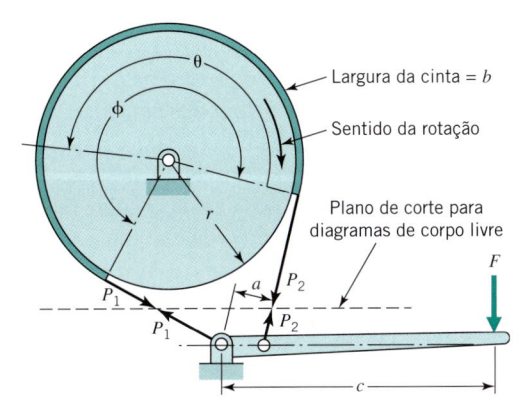

FIGURA 18.15 Freio de cinta.

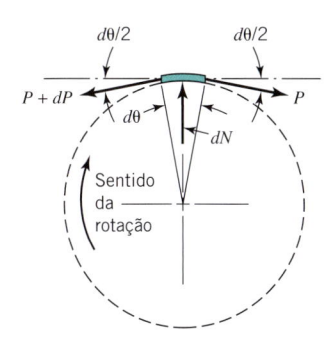

FIGURA 18.16 Forças atuantes em um elemento de cinta (largura = b).

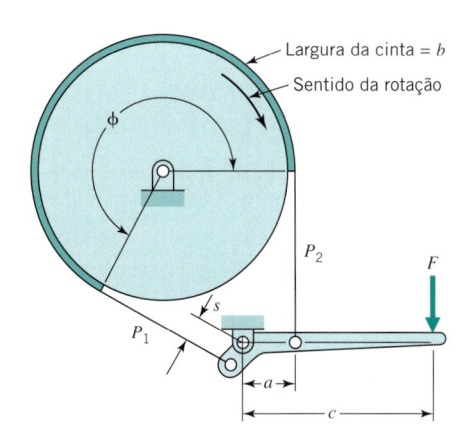

FIGURA 18.17 Freio de cinta diferencial.

O freio mostrado na Figura 18.15 é autoenergizante para rotação do tambor no sentido horário. Uma ação autoenergizante maior pode ser obtida fazendo-se com que a extremidade da cinta previamente fixada seja presa à alavanca no lado oposto a rótula, conforme mostrado na Figura 18.17. A força de tração devida a esta fixação serve, agora, para *auxiliar* na aplicação do freio. Observe também que a distância s deve ser menor que a distância a, de modo que o acionamento da alavanca com a força F estique a extremidade da cinta fixada na distância a mais do que libera a extremidade fixada à distância s. Um estudo de movimentos e forças envolvidas nos dois pontos de fixação da cinta mostra porque o nome *freio de cinta diferencial* é apropriado. Para um freio de cinta diferencial, a Eq. 18.25 é substituída por

$$F = (P_2 a - P_1 s)/c \qquad (18.28)$$

> **PROBLEMA RESOLVIDO 18.4** Freio de Cinta Diferencial
>
> Um freio de cinta diferencial, mostrado na Figura 18.18, utiliza um revestimento trançado que propicia um valor de projeto de $f = 0,20$. As dimensões são $b = 80$ mm, $r = 250$ mm, $c = 700$ mm, $a = 150$ mm, $s = 35$ mm e $\phi = 240°$. Determine (a) o torque de frenagem se a pressão máxima no revestimento é de 0,5 MPa, (b) a força atuante correspondente F, e (c) os valores

da dimensão s que poderiam causar o autotravamento do freio.

SOLUÇÃO

Conhecido: Um freio de cinta diferencial com dimensões e ângulo de abraçamento da cinta conhecidos, utiliza um revestimento de cinta com um dado coeficiente de atrito e uma pressão máxima admissível para o revestimento.

A Ser Determinado: Determine o torque de frenagem, a força atuante, os valores das dimensões s que causariam o autotravamento.

Esquemas e Dados Fornecidos:

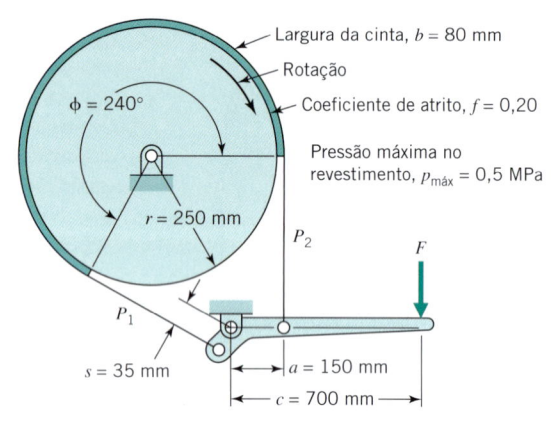

Largura da cinta, $b = 80$ mm
Rotação
Coeficiente de atrito, $f = 0,20$
Pressão máxima no revestimento, $p_{máx} = 0,5$ MPa
$\phi = 240°$
$r = 250$ mm
P_2
F
P_1
$s = 35$ mm
$a = 150$ mm
$c = 700$ mm

FIGURA 18.18   Freio de cinta diferencial para o Problema Resolvido 18.4.

Hipóteses:

1. O coeficiente de atrito é constante.
2. A alavanca, assim como os demais componentes do freio de cinta suportarão a carga.
3. A largura do tambor é igual ou maior à largura da cinta.
4. A alavanca e a cinta operam em regime permanente.

Análise:

1. Da Eq. 18.27: $P_1 = (0,5)(250)(80) = 10.000$ N (lado tenso).

2. Da Eq. 18.26: $P_2 = \dfrac{P_1}{e^{(0,2)(1,33\pi)}} = 4328$ N (lado frouxo).

3. Da Eq. 18.24: $T = (10.000 - 4328)(0,250) = 1418$ N · m.

4. Da Eq. 18.28: $F = \dfrac{4328(150) - 10.000(35)}{700} = 427$ N.

5. Da Eq. 18.28: $F = 0$ para $s = 4328(150)/10.000 = 64,9$ mm.
   O freio é autotravante (para $f = 0,2$) se $s \geq 64,9$ mm.

18.10   Materiais

No projeto de freios e embreagens a seleção de materiais para as superfícies de atrito na interface é crítica. Uma das superfícies que se acoplam, normalmente metálica — em geral de ferro fundido ou aço — deve possuir boas características de atrito, as

quais são relativamente estáveis na faixa de temperaturas utilizáveis, quando em contato com o material de acoplamento. Os materiais devem, também, ter boa condutividade térmica e boa resistência ao desgaste e à fadiga térmica. O acabamento superficial do elemento metálico deve ser suficientemente liso para minimizar o desgaste do material de atrito do acoplamento.

A fadiga térmica deve-se às tensões internas resultantes da expansão e da contração do material da superfície em relação à subsuperfície durante o uso (veja a Seção 4.16). Um ciclo de fadiga é acumulado cada vez que o freio (ou a embreagem) é utilizado e posteriormente resfriado. O escoamento e tensões residuais associadas podem ocorrer. Essa condição acelera o dano por fadiga e causa empenamento. As trincas iniciais de fadiga, resultantes da ciclagem térmica, são geralmente denominadas "trincas por calor" ou "trincas por temperatura". A resistência à fadiga térmica é melhorada utilizando-se um material com condutividade térmica maior (reduzindo, portanto, os gradientes de temperatura da superfície), um coeficiente de expansão térmica menor, e uma maior resistência ao escoamento e da fadiga à altas temperaturas.

O principal requisito dos materiais de atrito são um alto coeficiente de atrito dinâmico que seja relativamente estável na faixa de temperatura de operação e relativamente pouco afetado pela umidade e por pequenas quantidades de sujeiras e óleo; um coeficiente de atrito estático que exceda ao dinâmico de um valor tão pequeno quanto possível (para evitar o "cola-desliza" e problemas de ruído); alta resistência à abrasão e ao desgaste adesivo (veja as Seções 9.9 e 9.19); boa condutividade térmica; e resiliência suficiente para promover uma boa distribuição da pressão na interface. A estabilidade do coeficiente de atrito em relação à temperatura é geralmente expressa como sua resistência a vitrificação.

A Tabela 18.1 relaciona os materiais de atrito comuns utilizados secos nos freios e nas embreagens. Alguns freios industriais têm utilizado madeira como elemento de atrito, e o freio de muitos vagões utiliza sapatas de ferro fundido atuando em rodas de ferro fundido ou aço.

Grande parte das aplicações utiliza materiais de atrito classificados como moldados, trançados ou metais sinterizados. Os materiais *moldados* são os mais comuns e mais baratos. Eles consistem, basicamente, em um aglutinante, fibras de reforço, aditivos modificadores de atrito e cargas. O aglutinante em geral é uma resina termofixa ou borracha que serve para unir os demais ingredientes, formando um composto resistente ao calor. As fibras de reforço eram, no passado, quase sempre de asbesto, porém atualmente outros materiais estão sendo utilizados de forma gradualmente crescente. Os materiais *trançados* possuem uma maior flexibilidade, como requerido pelos freios de cinta, e geralmente apresentam um melhor desempenho, em particular quando contaminantes como lama, graxa e impurezas estão presentes. Estes são produzidos torcendo as fibras em fios, e torcendo os fios para recobrir fios de zinco, cobre ou latão para aumentar a resistência e a condutividade térmica, tecendo o fio em mantas ou fitas, saturando-o com resinas e modificadores das propriedades de atrito e, finalmente, curando-o sob calor e pressão. Os materiais de atrito *metálicos sinterizados* são os mais caros, mas também os melhores disponíveis para aplicações em serviços pesados, particularmente quando a operação é contínua a temperaturas acima de 260°C (500°F). Esses materiais são compostos de pó de metais e cargas inorgânicas que são moldadas sob alta pressão e, em seguida, "sinterizadas". Durante o processo de sinterização as partículas metálicas são aquecidas para se fundir termicamente sem uma fusão completa destas. Os materiais de atrito sinterizados metal-cerâmicos são similares, exceto pelo fato de as partículas cerâmicas serem adicionadas antes da sinterização.

A Tabela 18.2 relaciona os coeficientes de atrito para a operação molhada em óleo de diversos materiais de atrito. Os chamados materiais de papel são os de menor custo. Eles são elaborados a partir de folhas fibrosas, saturadas com resina, preenchidas com cargas e modificadores de atrito adicionados, curadas a altas temperaturas e unidas a um suporte, usualmente aço. Devido aos seus altos coeficientes de atrito e ao baixo custo, são utilizados extensivamente em embreagens de múltiplos discos, como nas transmissões automáticas dos automóveis. O alto coeficiente de atrito permite o uso de uma quantidade menor de discos. Os materiais grafíticos são moldados em compostos de grafite e resinas aglutinantes. Eles possuem boa capacidade térmica para aplicações envolvendo altas energias. Os poliméricos são de uma classe relativamente nova de materiais de atrito, que são altamente resilientes e possuem alta capacidade de armazenamento de energia térmica.

O reconhecimento dos riscos à saúde associados ao asbesto e as regulamentações governamentais para o controle de sua utilização tem resultado em um esforço não usual para se desenvolver materiais de atrito alternativos. Esse é um bom exemplo da influência dos fatores relacionados à saúde, ecológicos e legais no projeto de engenharia moderno.

Referências

1. Baker, A. K., *Vehicle Braking*, Pentech Press Limited, London, 1987.

2. Burr, A. H. e J. B. Cheatham, *Mechanical Analysis and Design*, 2ª edição, Prentice-Hall, Englewood Cliffs, Nova Jersey, 1995.

3. Crouse, W. H., "Automotive Brakes," *Automotive Chassis and Body*, 5ª edição, McGraw-Hill, Nova York, 1977.

4. Fazekas, G. A., "On Circular Spot Brakes," *ASME Trans., J. Eng. Ind.*, Series B, **94**(3); 859-863 (Aug. 1972).

5. Gagne, A. F. Jr., "Torque Capacity and Design of Cone and Disk Clutches," *Prod. Eng.* **24**: (Dec. 1953).

6. Neale, M. J. (ed.), *Tribology Handbook*, 2ª edição, Butterworth-Heinemann, Oxford, 1995.

7. Newton, K. W. Steeds, and T. K. Garrett, *The Motor Vehicle*, 13ª edição, Butterworth-Heinemann, Oxford, 2001.

8. Proctor, J., "Selecting Clutches for Mechanical Drives," *Prod. Eng.* **32**: 43-58 (Jun. 1961).

9. Remling, J., *Brakes*, 2ª edição, Wiley, Nova York, 1984.

10. Sedov, F., "The Self-Energizing Effect in Certain Pin-Disc Wear Test Machines", *Wear*, **71**: 259-262 (1981).

Problemas

Seção 18.2

18.1 Um torque de 14,0 N · m deve ser transmitido através de uma embreagem a disco básica. O diâmetro do anel externo deve

ser de 120 mm. Os valores de projeto para o disco de aço e para o material de atrito moldado a serem utilizados são $p_{máx}$ = 1,55 MPa e f = 0,28. Determine os valores apropriados para o diâmetro interno do anel e a força de acoplamento.

18.2 Uma embreagem a disco básica deve ser projetada para transmitir um torque de 100 lbf · in. O diâmetro do anel externo deve ser de 4 in. Os valores de projeto para o disco de aço e o material de atrito moldado a serem utilizados são $p_{máx}$ = 200 psi e f = 0,25. Determine os valores apropriados para o diâmetro do anel interno e a força de acoplamento.

18.3 Um disco plano de diâmetro 6 in. mostrado em P18.3 tem uma velocidade de rotação de 500 rpm. O coeficiente de atrito entre o disco e a superfície de metal plana que está sendo polida é de 0,2. A força no disco é de 15 lbf. Suponha que a pressão normal criada pela força de 15 lbf seja uniformemente distribuída sobre a superfície do disco e que a força da pressão tangencial no disco seja $q = fp$, em que f é o coeficiente de atrito. Determine (a) o torque para girar o disco, e (b) a potência transmitida ao disco.

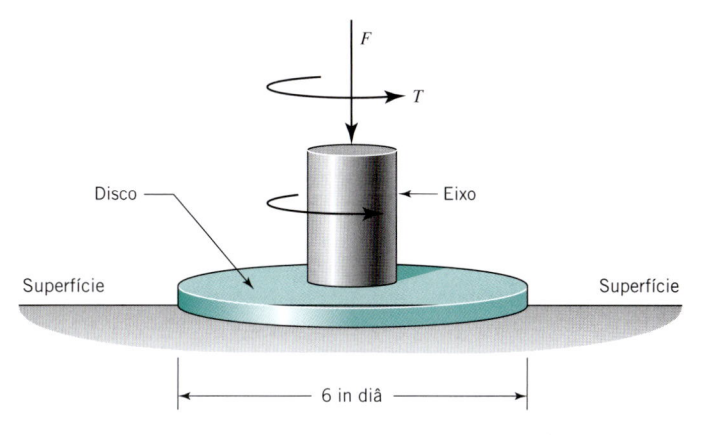

FIGURA P18.3

18.4 Uma embreagem de múltiplos discos molhados deve ser projetada para transmitir um torque de 700 lbf · in. O diâmetro externo dos discos deve ser de 4 in. Os valores de projeto para os discos de aço e o material de atrito moldado a ser utilizado são $p_{máx}$ = 200 psi e f = 0,06 (molhado). Determine os valores apropriados para o diâmetro interno dos discos, o número de discos, e a força de acoplamento.

18.5 Reconsidere o Problema 18.4, utilizando f = 0,09 (molhado). Responda às mesmas questões colocadas no Problema 18.4.

18.6 Uma embreagem de múltiplos discos deve operar em óleo e ser capaz de transmitir um torque de sobrecarga de projeto de 800 N · m. Os discos são, alternadamente, de aço de alto-carbono e de asbesto moldado, com diâmetros interno e externo de 90 e 150 mm, respectivamente. Os valores de projeto com base em testes experimentais para esta aplicação são $p_{máx}$ = 1000 kPa e f = 0,10. Qual é o número total de discos necessários?

[Resp.: 17 (8 discos em um conjunto e 9 no outro conjunto, perfazendo um total de 16 interfaces de atrito)]

18.7 Reconsidere o Problema 18.6, porém utilize um torque de sobrecarga de projeto de 400 N · m. Responda às mesmas questões colocadas no Problema 18.6. Todas as demais condições são as mesmas.

18.8P Necessita-se de uma embreagem de múltiplos discos molhados que forneça uma capacidade de torque de 150 lbf · ft. Os valores de projeto de $p_{máx}$ = 150 psi e de f = 0,15 devem ser utilizados. Os diâmetros interno e externo dos discos são de 3 in e 4 in, respectivamente.

(a) Qual deve ser o número total de discos a serem utilizados? Faça um esboço simplificado mostrando como deve ser o arranjo destes discos em relação aos componentes de entrada e de saída.

(b) Utilizando a sua resposta ao item (a), qual é o menor valor da força axial de acoplamento que forneceria a capacidade de torque necessária?

(c) Admitindo que a sua solução tenha sido (apropriadamente) baseada na taxa uniforme de desgaste das superfícies de atrito, explique sucintamente o que acontecerá quando a embreagem for nova e a distribuição da pressão for uniforme.

18.9P Uma embreagem de múltiplos discos secos para uma aplicação industrial deve transmitir 6 hp a 200 rpm. Considerando as limitações de espaço, os diâmetros dos discos interno e externo devem ser de 5 e 7 in, respectivamente. Os materiais são aço de alta dureza e bronze sinterizado. Ensaios indicaram que os valores de projeto $p_{máx} = 225$ psi e $f = 0{,}20$ são apropriados.

(a) Para um fator de segurança de 2,0 em relação ao escorregamento da embreagem, qual seria o número total de discos necessários?

(b) Utilizando este número de discos, qual é a força de acoplamento mínima que propiciará a capacidade de torque desejada?

(c) Utilizando esta força de acoplamento, qual é a pressão da interface nos raios de contato interno e externo? (Suponha que o "desgaste inicial" já tenha ocorrido.)

[Resp.: (a) 3, (b) 3150 lbf, (c) 200 e 143 psi, respectivamente]

18.10 Uma embreagem do tipo utilizado em automóveis, como mostrado na Figura 18.2, possui diâmetros interno e externo de 160 mm e 240 mm, respectivamente. A força de acoplamento é provida por nove molas, cada uma comprimida de 5 mm para fornecer uma força de 900 N quando a embreagem é nova. O material de atrito moldado possui um coeficiente de atrito, estimado de modo conservador, em 0,40 quando em contato com o volante e a placa de pressão. O torque máximo do motor é de 280 N · m.

(a) Qual é o fator de segurança em relação ao escorregamento de uma embreagem nova em folha?

(b) Qual é o fator de segurança após o "desgaste inicial" ter ocorrido?

(c) Qual o nível de desgaste que o material de atrito pode sofrer antes da embreagem deslizar (admitindo que não haja qualquer modificação no coeficiente de atrito)?

[Resp.: (a) 2,34; (b) 2,31 (admitindo uma variação desprezível na força da mola durante o desgaste inicial) e (c) 2,83 mm]

18.11 Uma embreagem automotiva, similar à mostrada na Figura 18.2, deve ser projetada para uso juntamente com um motor cujo torque máximo é de 275 N · m. Deve-se utilizar um material de atrito para o qual os valores de projeto são $f = 0{,}35$ e $p_{máx} = 350$ kPa. Deve ser utilizado um fator de segurança de 1,3 em relação ao escorregamento à torque pleno do motor, e o diâmetro externo deve ser o menor possível. Determine os valores apropriados de r_o, r_i e F.

18.12 Quando em uso, o motor e o volante de uma prensa de estampagem giram continuamente. Uma embreagem de múltiplos

discos, atuada por ar comprimido, conecta o volante ao eixo secundário cada vez que a prensa for acionada para estampar. O torque necessário à embreagem é de 600 N · m. Discos de metal sinterizado e de ferro fundido devem ser utilizados alternadamente. Para efeito de projeto decidiu-se utilizar 75 % do valor médio de f e um terço do valor médio de p dados na Tabela 18.1. Além disso, um fator de segurança de 1,20 deve ser adotado em relação à capacidade de torque. Os limites de espaço impõem um diâmetro externo para o disco de 250 mm.

(a) Determine o número de discos mínimo satisfatório.

(b) Utilizando este número de discos, determine a área mínima da superfície, atuada por ar comprimido, que deve ser fornecida se o ar estará sempre à pressão de no mínimo 0,40 MPa.

Seção 18.3

18.13 As rodas de uma bicicleta-padrão de adulto possuem um raio de rolamento de aproximadamente 13,5 in e um raio até o centro das pastilhas do freio de pinça a disco de 12,5 in. O peso combinado da bicicleta e do ciclista é de 225 lbf, igualmente distribuído entre as duas rodas. Se o coeficiente de atrito entre os pneus e a superfície da pista é igual ao dobro do coeficiente de atrito entre as pastilhas de freio e o anel metálico da roda, qual é o valor da força de acoplamento que deve ser exercida pela pinça de modo que as rodas deslizem?

[Resp.: 121,5 lbf]

18.14 Um freio a disco similar ao mostrado na Figura 18.4 e ilustrado na Figura P18.14, utiliza uma pinça dupla. Cada metade possui uma pastilha circular com 60 mm de diâmetro de cada lado do disco. O centro de contato de cada uma das quatro pastilhas está a um raio de 125 mm. O diâmetro externo do disco é de 320 mm. As pastilhas possuem um revestimento trançado que propicia um coeficiente de atrito de aproximadamente 0,30. A pressão média nas pastilhas deve ser limitada a 500 kPa.

(a) Qual o valor da força de fechamento que deve ser aplicada de modo a se desenvolver a pressão-limite nas pastilhas?

(b) Com esta força de fechamento, qual seria o torque aproximado obtido?

[Resp.: 1414 N/pastilha ou 2828 N no total e (b) 212 N · m]

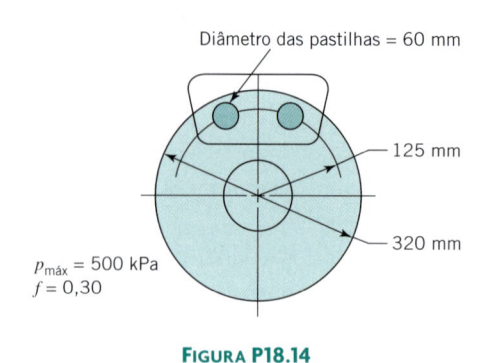

Diâmetro das pastilhas = 60 mm
125 mm
320 mm
$p_{máx} = 500$ kPa
$f = 0{,}30$

FIGURA P18.14

Seção 18.4

18.15 O freio do Problema 18.14 é utilizado para parar um conjunto de elementos girantes com um momento de inércia de massa de 6,5 N · m · s² que gira a uma rotação de 600 rpm.

(a) Admitindo uma aplicação plena e instantânea do freio, e um coeficiente de atrito constante, em quanto tempo irá levar? Resolva o problema e verifique sua solução utilizando dois procedimentos alternativos: (1) através da relação da energia cinética do sistema com a energia absorvida pelo freio por rotação, e (2) através da determinação da aceleração negativa produzida pelo torque de frenagem.

(b) De que modo o valor médio do produto pV durante a parada se compara aos valores representativos listados na Tabela 18.3?

18.16 A Figura P18.16 mostra uma massa de 1000 kg sendo baixada por um cabo a uma velocidade uniforme de 4 m/s de um tambor de diâmetro de 550 mm, pesando 2,5 kN, e tendo um raio de giração de 250 mm.

(a) Qual é a energia cinética do sistema?

(b) A velocidade descendente uniforme é mantida por um freio que aplica um torque de 2698 N · m ao tambor. Qual o valor do torque adicional é necessário para levar o sistema ao repouso em 0,60 s?

[Resp.: (a) 9673 J, (b) 2218 N · m]

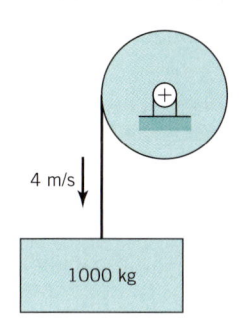

FIGURA P18.16

18.17 O automóvel do Problema Resolvido 2.2 acelera até 80 mph e, em seguida, realiza uma parada de emergência. Se os freios são aplicados de forma a aproveitar plenamente de um coeficiente de atrito de 0,8 entre os pneus e o pavimento, qual é a potência média, em hp, absorvida pelos freios durante a desaceleração de 80 a 70 mph?

[Resp.: 515 hp]

18.18 Um motor a diesel industrial é acoplado a um redutor de engrenagens com relação de transmissão de 4:1, que é acoplado, por meio de uma embreagem de atrito, a uma máquina cujo momento de inércia de massa é de 15 N · m · s². Admita que a embreagem seja controlada de modo que, durante seu acoplamento, o motor opere continuamente a 2800 rpm, desenvolvendo um torque de 127,5 N · m:

(a) Qual é, aproximadamente, o tempo necessário para a embreagem acelerar a máquina conduzida do repouso até a velocidade de 700 rpm?

(b) Quanta energia é fornecida à máquina conduzida ao aumentar sua velocidade até 700 rpm?

(c) Quanta energia, na forma de calor, gerada na embreagem durante este acoplamento?

18.19 Um redutor de engrenagens integrado a um motor elétrico é acoplado, por meio de uma embreagem de atrito, a uma máquina conduzida que possui um momento de inércia de massa efetivo de 0,7 N · m · s² (veja a Figura P18.19). A embreagem é controlada de modo que durante o seu acoplamento o eixo de saída do redutor de engrenagens opera continuamente a 600 rpm, fornecendo um torque de 6 N · m.

(a) Qual é, aproximadamente, o tempo necessário para a embreagem acelerar a máquina conduzida do repouso até a velocidade de 600 rpm?

(b) Quanta energia é fornecida à máquina conduzida ao aumentar sua velocidade até 600 rpm?

(c) Quanta energia, na forma de calor, é gerada na embreagem durante este acoplamento?

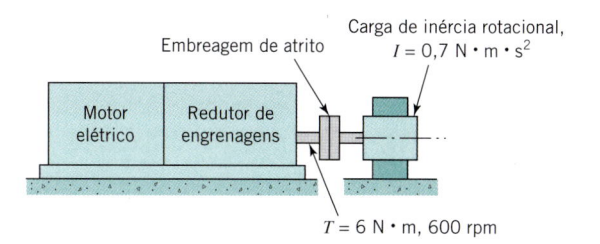

FIGURA P18.19

18.20 Um redutor de engrenagens com relação de transmissão de 4:1, ligado a um motor diesel, é acoplado através de uma embreagem de atrito a uma máquina cujo momento de inércia de massa é de 10 lbf · ft · s². Admita que a embreagem seja controlada de modo que, durante seu acoplamento, o motor opere continuamente a 2200 rpm, fornecendo um torque de 115 lbf · ft.

(a) Qual é, aproximadamente, o tempo necessário para a embreagem acelerar a máquina conduzida do repouso até a velocidade de 550 rpm?

(b) Quanta energia é fornecida à máquina conduzida ao aumentar sua velocidade até 550 rpm?

(c) Quanta energia é gerada, na forma de calor, na embreagem durante este acoplamento?

Seção 18.6

18.21 Considere as seguintes dimensões para o freio a tambor de sapata curta da Figura 18.6: raio do tambor = 5 in, largura da sapata = 2 in, comprimento da sapata = 4 in, $c = 10$ in, $b = 6$ in, $a = 1,5$ in, $p = 100$ psi e $f = 0,3$. Determine o valor da força atuante F.

18.22 A Figura P18.22 mostra um freio com apenas uma sapata, sendo atuado por uma força de 1,5 kN. (O freio completo teria normalmente uma segunda sapata de modo a equilibrar as forças, porém apenas uma sapata é considerada neste caso para simplificar o problema.) Quatro segundos após a força F ser aplicada, o tambor para. Durante este tempo o tambor realiza 110 rotações. Utilize a aproximação de sapata curta e um coeficiente de atrito estimado de 0,35.

(a) Desenhe o conjunto sapata de freio e braço como um corpo livre em equilíbrio.

(b) Considerando o sentido da rotação do tambor, este freio é autoenergizante ou desenergizante?

(c) Qual é a magnitude do torque desenvolvido pelo freio?

(d) Quanto trabalho é realizado pelo freio para levar o tambor a uma parada?

(e) Qual é a potência de parada média durante o intervalo de 4 segundos?

(f) Quão abaixo do centro do tambor o braço da rótula precisaria estar para tornar o freio autotravante para $f = 0,35$?

[Resp.: (b) Autoenergizante, (c) 236 N · m, (d) 163 kJ, (e) 41 kW e (f) 973 mm]

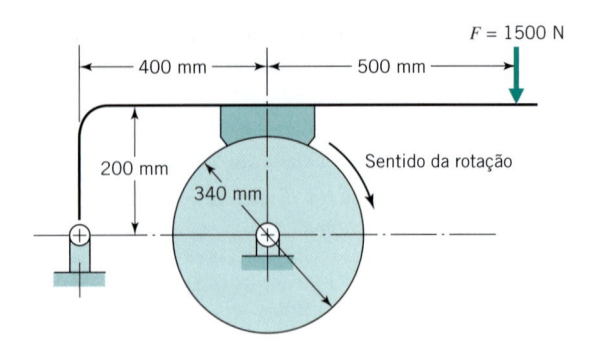

FIGURA P18.22

18.23 Repita o Problema 18.22, desta vez considerando que a força atuante seja de 1000 N e o diâmetro do tambor seja de 300 mm.

18.24 A Figura P18.24 mostra um freio com uma sapata (uma segunda sapata normalmente seria utilizada para equilibrar as forças, porém apenas uma sapata é mostrada neste caso para manter o problema simples). A largura de contato da sapata com o tambor é de 40 mm. O material de atrito fornece um coeficiente de atrito de 0,3 e permite uma pressão média de 600 kPa, baseada na área de contato *projetada*. Utilize as relações aproximadas para sapatas curtas. A velocidade inicial do tambor é de 1200 rpm.

(a) Qual é o valor da força F que pode ser aplicada sem que a pressão de contato admissível seja excedida?

(b) Qual é o torque de frenagem resultante?

(c) Este freio é autoenergizante ou desenergizante para o sentido de rotação indicado?

(d) Que força radial é aplicada ao mancal da rótula A?

(e) Se a aplicação plena do freio traz o tambor de 240 rpm até uma parada em 6 segundos, quanto calor é gerado?

(f) Qual é a potência média desenvolvida pelo freio durante a parada?

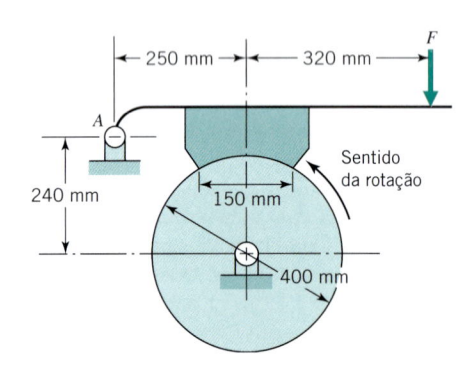

FIGURA P18.24

18.25 O freio mostrado na Figura P18.25 é aplicado pela mola e liberado por um cilindro hidráulico (não mostrado). Utilize as equações para sapatas curtas e um coeficiente de atrito estimado de 0,3.

(a) Desenhe, na forma de corpos livres em equilíbrio, cada um dos conjuntos de sapata e braço de freio, a mola e o tambor. Mostre as forças expressas em função da força da mola F_s.

(b) Que força de mola é necessária para produzir um torque de frenagem de 1200 N · m?

[Resp.: (b) 6116 N]

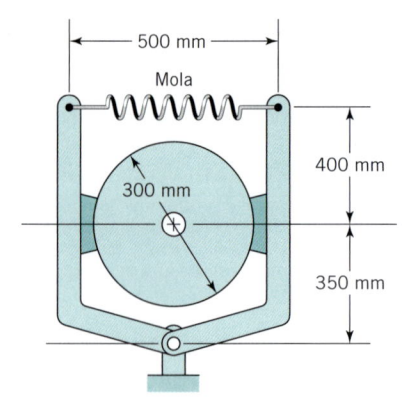

FIGURA P18.25

18.26 Pode-se admitir que as sapatas de freio a tambor mostrado na Figura P18.26 sejam curtas. Uma força de 150 lbf é aplicada conforme indicado. Utilize o valor mínimo de f (seco) da Tabela 18.1.

(a) Desenhe cada um dos seis elementos numerados como um corpo livre em equilíbrio.

(b) Que torque é desenvolvido pelo freio?

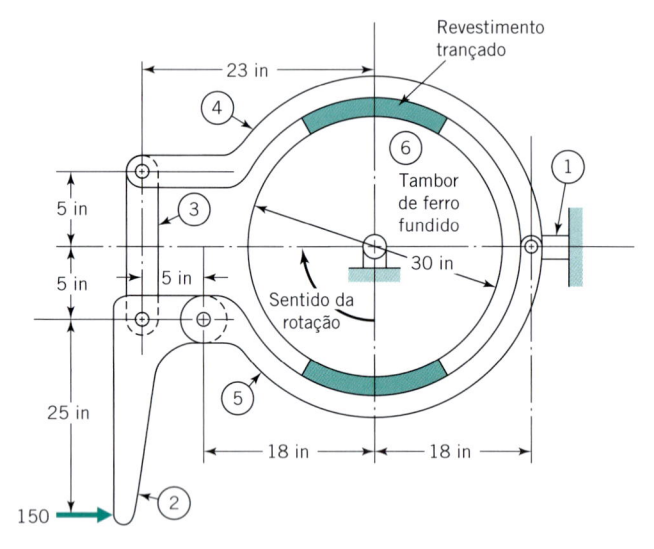

FIGURA P18.26

Seção 18.7

18.27 Se a sapata de freio do Problema 18.22 estende-se por 45° de cada lado da linha de centro,

(a) Estime o torque de frenagem utilizando as equações de sapatas longas.

(b) Determine a largura necessária à sapata para uma pressão admissível igual ao valor médio listado para o material de atrito trançado com ferro fundido apresentado na Tabela 18.1.

18.28 Estime o torque de frenagem do Problema 18.24 utilizando as equações para sapatas longas.

18.29 Se as sapatas do Problema 18.25 estendem-se por 45° de cada lado da linha de centro,

(a) Determine a força da mola necessária, utilizando as equações para sapatas longas.

(b) Determine a largura necessária à sapata para uma pressão admissível igual ao valor mínimo listado para aço de alta dureza em contato com ferro fundido apresentado na Tabela 18.1.

18.30 Se as sapatas do Problema 18.26 estendem-se por 60° de cada lado da linha de centro,

(a) Determine o torque de frenagem utilizando as equações para sapatas longas.

(b) Determine a largura necessária à sapata para uma pressão admissível igual ao valor máximo listado para o material de atrito trançado em contato com ferro fundido apresentado na Tabela 18.1.

Seções 18.9-18.10

18.31 Considere as seguintes dimensões para o freio de cinta diferencial mostrado na Figura 18.17, que utiliza um revestimento trançado de valor de projeto $f = 0{,}20$. Raio do tambor = 4 in, largura da cinta = 1 in, $c = 9$ in, $a = 2$ in, $s = 0{,}5$ in e $\phi = 270°$. Determine (a) o torque de frenagem se a pressão máxima admissível do revestimento é de 75 psi, (b) a correspondente força de atuação F, e (c) os valores da dimensão s que tornariam o freio autotravante.

18.32 Um freio de cinta diferencial similar ao mostrado na Figura 18.17 utiliza um revestimento trançado tendo um valor de projeto de $f = 0{,}30$. As dimensões são $b = 2{,}0$ in, $r = 7$ in, $c = 18$ in, $a = 4$ in, $s = 1$ in e $\phi = 270°$. A pressão máxima do revestimento é de 100 psi. Determine (a) o torque de frenagem, (b) a correspondente força de atuação F e (c) os valores da dimensão s que tornariam o freio autotravante.

18.33 A Figura P18.33 mostra um freio de cinta simples operado por um cilindro de ar que aplica uma força F de 300 N. O raio do tambor é de 500 mm. A cinta possui 30 mm de largura e é revestida com um material trançado cujo coeficiente de atrito é de 0,45.

(a) Qual ângulo de abraçamento ϕ é necessário para obter-se um torque de frenagem de 800 N · m?

(b) Qual é a pressão máxima correspondente no revestimento?

[Resp.: (a) 235°, (b) 127 kPa]

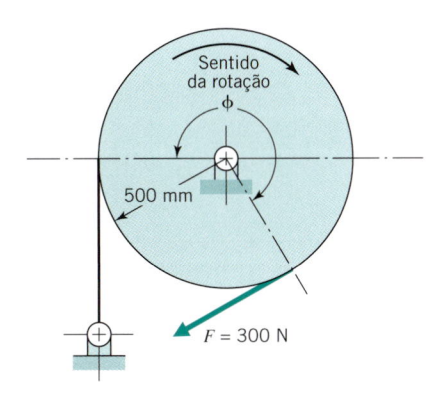

FIGURA P18.33

18.34 Um freio de cinta diferencial similar a aquele mostrado na Figura 18.17 está sendo considerado para uso com o tambor de um guincho. Com o guincho operando com carga nominal, é necessário um torque de frenagem de 4000 N · m para evitar o deslizamento do tambor. O freio deve ser projetado para deslizar com uma sobrecarga de 15 %. O espaço disponível limita o diâmetro do tambor do freio de ferro fundido

a 650 mm, com o contato da cinta do freio se estendendo por um ângulo de 250°. Os valores de projeto para o revestimento selecionado são $f = 0{,}40$ e $p_{máx} = 1{,}1$ MPa.

(a) Determine as forças P_1 e P_2 correspondentes ao torque de frenagem máximo e selecione um valor apropriado para a largura da cinta do freio.

(b) Se a distância a (Figura 18.17) for de 120 mm, qual o valor da distância s permitiria o freio operar com uma força F de 200 N na extremidade de uma alavanca de comprimento $c = 650$ mm?

(c) Utilizando as dimensões obtidas no item (b), qual seria o valor do coeficiente de atrito que tornaria o freio autotravante?

18.35 A Figura P18.35 mostra um freio de cinta utilizado em uma prensa de estampagem como a descrita no Problema 18.12. Quando em uso, a embreagem (Problema 18.12) é liberada quando a manivela está posicionada a 130° após o ponto morto inferior. O freio deve ser fechado neste instante, e conduzir a manivela ao repouso no ponto morto superior. O conjunto da manivela possui um momento de inércia de massa de aproximadamente 15 N · m · s² e gira a uma velocidade de rotação de 40 rpm quando o freio é acionado. O freio será utilizado cerca de três vezes por minuto, assim a pressão máxima no revestimento da cinta seria limitada a cerca de 0,20 MPa para uma vida longa. O coeficiente de atrito pode ser considerado como 0,30.

(a) Determine a largura necessária à cinta.

(b) Determine a força necessária F.

(c) Qualquer combinação do sentido de rotação e no valor do coeficiente de atrito tornariam o freio autotravante? Explique sucintamente.

[Resp.: (a) 71 mm, (b) 294 N]

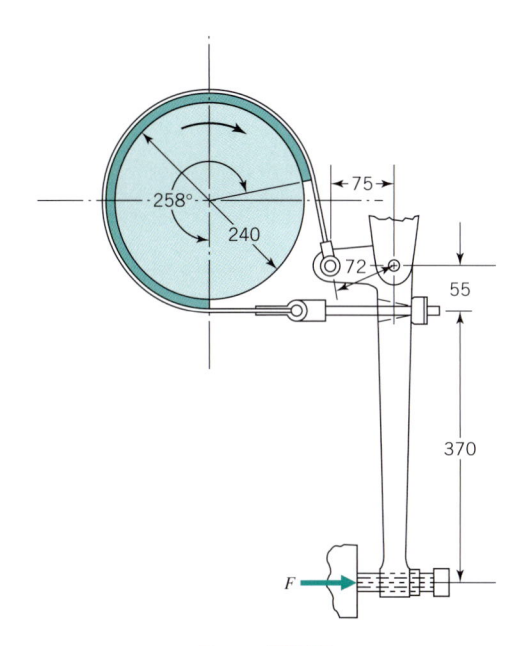

FIGURA P18.35

18.36 A Figura P18.36 mostra um freio de cinta diferencial com uma articulação modificada a partir da Figura 18.17 para permitir um maior ângulo de abraçamento da cinta. Este freio em particular deve ser autotravante para uma rotação no sentido anti-horário. O peso ajustável é colocado na extremidade da alavanca para atender a este requisito. Sua função é apenas assegurar que a cinta esteja em contato com o tambor; qualquer peso em excesso aumenta o torque de arrasto durante a rotação do tambor no sentido horário. Se a ação autotravante deve ser obtida para coeficientes de atrito tão pequenos quanto 0,25, qual relação deve existir entre as dimensões a e s?

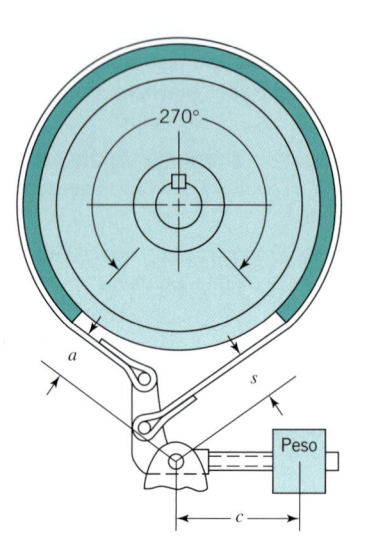

FIGURA P18.36

18.37 Reveja o endereço da Internet http://www.sepac.com ou um outro site que ofereça informações sobre embreagens e freios.

(a) Liste os fatores de seleção a serem considerados antes de escolher-se uma embreagem e um freio.

(b) Discuta e liste as diferenças entre uma embreagem, um acoplamento de embreagem e um freio.

Outros Componentes de Máquinas

19

19.1 Introdução

A transmissão de potência entre eixos pode ser realizada de diversos modos. Além das engrenagens (Capítulos 15 e 16), os *elementos flexíveis*, como correias e correntes, são de uso comum. Esses elementos permitem que a potência seja transmitida entre eixos relativamente afastados um do outro, propiciando assim ao engenheiro uma maior flexibilidade no posicionamento relativo dos elementos motrizes e das máquinas conduzidas.

As correias são relativamente silenciosas durante sua operação. Exceto no caso das correias dentadas (Figura 19.5), o escorregamento entre as correias e as polias faz com que as razões de transmissão sejam pouco precisas. Esse escorregamento é algumas vezes considerado vantajoso por permitir que as polias se movam mais próximas umas das outras, facilitando o desacoplamento da polia motriz, como em um veículo de transporte na neve e nos cortadores de grama autopropulsados. Essa característica pode evitar os custos relativamente altos e os grandes pesos associados ao projeto de uma embreagem em separado. A flexibilidade e o amortecimento inerentes às correias servem para reduzir a transmissão das cargas de impacto e vibrações (o que não é tão evidenciado nas correntes).

O projeto de correntes ilustra a proposição geral de que se um componente com características desejadas ainda não está disponível, um engenheiro deve considerar a possibilidade de inventar algo novo. Por exemplo, as correntes convencionais de roletes e dentes invertidos, discutidas nas Seções 19.5 e 19.6, requerem que todas as rodas dentadas se acoplem em uma única corrente apoiada em um plano comum. Suponha que seja necessário um acionamento flexível positivo entre rodas dentadas que se apoiam em planos distintos. Caso uma pequena potência seja necessária, uma "corrente simples" (similar a um cabo puxado em um plano) pode ser utilizada. Um tipo mais resistente de corrente incorpora cabos de aço paralelos unidos às laterais de cilindros plásticos que simulam os roletes de uma corrente convencional de roletes. Uma corrente que incorpora este segundo conceito foi utilizada entre o pedal e os eixos de propulsão do Gossamer Albatross, o avião acionado pelo homem que voou cruzando o canal da Mancha.

Para a transmissão de um pequeno torque, os eixos flexíveis geralmente oferecem soluções mais baratas. O acionamento do velocímetro comum de um automóvel é um exemplo familiar.

Para a transmissão de potência entre eixos nominalmente colineares os acoplamentos flexíveis, as juntas universais e as embreagens de fricção já foram apresentados. Outra importante classe de componentes colineares capazes de transmitir potência utiliza a ação *hidrodinâmica*, e consiste nos acoplamentos fluidos (também chamados de embreagens fluidas) e nos conversores de torque hidrodinâmicos.

Outros tipos de dispositivos de transmissão de potência utilizam cordas ou cabos que movem ou elevam pesos utilizando a potência fornecida por um eixo em rotação. Como exemplos têm-se, guindastes, elevadores e talhas tipo cabrestante. O endereço da Internet http://www.machinedesign.com, na seção de sistemas mecânicos, apresenta informações sobre cabos e cordas mecânicas, correias planas, correias em V, correias metálicas e correntes.

19.2 Correias Planas

Uma correia de acionamento transmite potência entre eixos por meio de polias de conexão fixadas sobre os eixos. Correias de couro planas e largas foram comumente utilizadas durante algumas décadas no passado, quando grandes motores elétricos ou a combustão geralmente eram usados para acionar diversos componentes de máquinas. Nos dias atuais, com o uso mais limitado, correias planas, leves e finas frequentemente acionam máquinas de alta velocidade. Em geral a capacidade de isolamento de vibração da correia é um aspecto a ser considerado.

As equações básicas para o torque máximo que pode ser transmitido por uma correia plana são as mesmas utilizadas para o cálculo do torque de uma cinta de freio,

$$T = (P_1 - P_2)r \qquad (18.24)$$

e

$$P_1/P_2 = e^{f\phi} \qquad (18.26)$$

em que P_1 e P_2 são as forças de tração dos lados tenso e frouxo da correia, f é o coeficiente de atrito e ϕ é o ângulo de contato com a polia (veja a Figura 18.15). Assim, pode-se determinar P_1 e P_2 para qualquer combinação de T, f e ϕ. A tração inicial requerida pela correia, P_i, depende de suas características elásticas, porém geralmente é satisfatório admitir que

$$P_i = (P_1 + P_2)/2 \qquad (19.1)$$

Observe que a capacidade de acionamento da correia é determinada pelo ângulo de envolvimento ϕ no entorno da polia

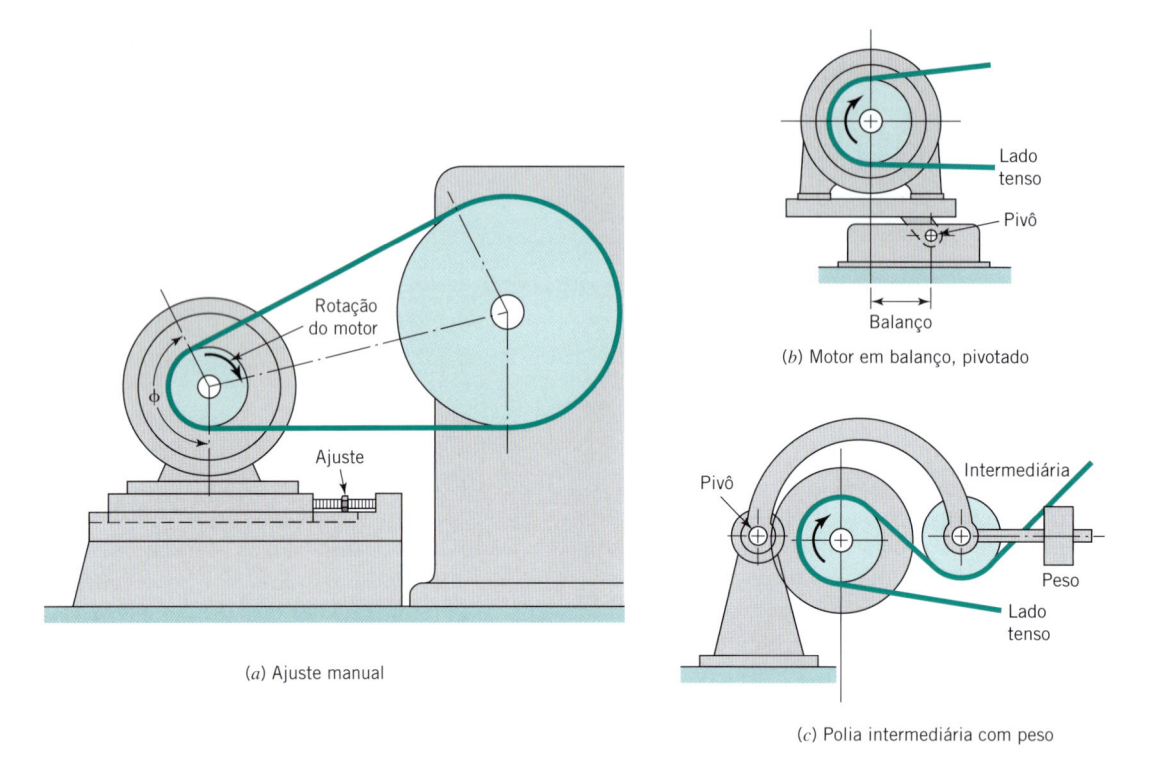

(a) Ajuste manual

(b) Motor em balanço, pivotado

(c) Polia intermediária com peso

Figura 19.1 **Meios alternativos de se manter uma determinada tração na correia.**

menor e que isso é particularmente crítico para acionamentos em que as polias são de dimensões muito diferentes e posicionadas muito próximas uma da outra. Uma consideração prática importante é que a tração inicial necessária à correia não deve ser perdida quando esta se alonga ligeiramente por um determinado período de tempo. Obviamente, uma solução pode ser a realização da instalação inicial com uma tração inicial excessiva, porém isso poderá sobrecarregar os mancais e os eixos, bem como reduzir a vida da correia. Três procedimentos para se manter a tração da correia são ilustrados na Figura 19.1. Observe que todos os três mostram o lado frouxo da correia como o superior, de modo que a tendência de se curvar atua no sentido de aumentar o ângulo de envolvimento.

O coeficiente de atrito entre a correia e a polia varia com os fatores ambientais usuais e com a extensão do deslizamento. Além do "torque de transmissão por deslizamento", as correias ficam sujeitas a um tipo de deslizamento comumente denominado *creep*, devido a um pequeno alongamento ou contração da correia quando sua força de tração varia entre P_1 e P_2 no trecho referente ao ângulo ϕ de contato com a polia. Para correias de couro e polias de ferro fundido ou aço, um fator de atrito $f = 0,3$ é geralmente utilizado para efeito de projeto. Correias revestidas de borracha em geral fornecem um valor mais baixo (por exemplo, $f = 0,25$), enquanto as polias plásticas geralmente apresentam um valor um pouco maior. É sempre recomendado o uso dos valores do coeficiente de atrito fornecidos por ensaios experimentais ou pelos fabricantes de correias.

O valor admissível da força de tração P_1, atuante no lado tenso, depende da seção transversal da correia e da resistência do material. Quando a correia realiza uma volta completa ela se submete a um ciclo de carregamento por fadiga bastante complexo. Além da flutuação da força de tração entre P_1 e P_2, a correia fica sujeita a tensões de flexão quando em contato com as polias. A maior tensão de flexão ocorre na menor polia e, por essa razão, existe um diâmetro mínimo de polia a ser adotado para uma correia em particular. Para o couro utilizado em correias a tensão de tração no lado tenso (P_1/A) geralmente é especificada entre 250 e 400 psi.

A discussão anterior se refere a correias cujo movimento é suficientemente lento, de modo que as cargas centrífugas podem ser desprezadas. Para uma capacidade de transmissão de potência mais alta a maioria dos acionamentos por correia opera a velocidades relativamente altas. A força centrífuga atuante em uma correia gera uma tração P_c de

$$P_c = m'V^2 = m'\omega^2 r^2 \qquad \textbf{(19.2)}$$

em que m' é a massa por unidade de comprimento da correia, V é a velocidade da correia e r é o raio da polia. A força P_c (nas situações em que precisa ser considerada) deve ser superposta tanto a P_1 quanto a P_2 nas Eqs. 18.24 e 18.26. Como resultado, a Eq. 18.24 não é alterada e a Eq. 18.26 fica

$$\frac{P_1 - P_c}{P_2 - P_c} = e^{f\phi} \qquad \textbf{(19.3)}$$

Deve também ser notado que a força centrífuga tende a reduzir os ângulos de contato ϕ.

Quando a força centrífuga não está presente, o torque de transmissão limitado pelo atrito será constante e a potência transmitida aumentará linearmente com a velocidade. Por outro lado, se uma correia descarregada for acionada a uma velocidade suficientemente alta a força centrífuga isoladamente poderá solicitar a correia até sua capacidade de tração. Assim, existe uma velocidade para a qual a capacidade de transmissão de potência é máxima. Para uma correia de couro essa velocidade, em geral, é da ordem de 30 m/s (6000 ft/min), sendo uma velocidade de cerca de 20 m/s considerada "ideal" para operação, com todos os demais fatores, como ruído e vida, sendo computados.

Da mesma forma que na determinação das dimensões apropriadas aos mancais e às engrenagens, uma grande variedade de "fatores experimentais" deve ser levada em conta na seleção das dimensões de uma correia. Esses fatores incluem as flutuações de torque nos eixos motriz e conduzido, sobrecargas de partida, diâmetros das polias e contaminações ambientais, como umidade, sujeira e óleo.

19.3 Correias em V

As correias em V são utilizadas com motores elétricos para acionar sopradores, compressores, ferramentas, ferramentas de máquina, máquinas agrícolas e industriais, e outros. Uma ou mais correias em V são utilizadas para acionar os acessórios de um automóvel e a maioria dos componentes dos motores de combustão interna. Elas são fabricadas em comprimentos padronizados e com as dimensões de seção transversal padronizadas mostradas na Figura 19.2. As polias entalhadas com as quais as correias operam são também chamadas de *roldanas*. Elas geralmente são fabricadas de ferro fundido, aço prensado ou metal fundido moldado. As correias em V operam bem com pequenas distâncias entre centros. Devido à resistência ao alongamento de seus cabos internos sujeitos à tração, as correias em V não requerem o ajuste frequente da tração inicial.

Quando uma única correia em V é insuficiente para um determinado trabalho, múltiplas correias podem ser utilizadas, conforme mostrado na Figura 19.3. Cerca de 12 ou até mais correias podem ser utilizadas nas aplicações mais pesadas. É importante que estas sejam arranjadas na forma de conjuntos acoplados, de modo que a carga seja compartilhada igualmente entre as correias. Quando houver necessidade de substituição de uma das correias, um novo conjunto completo deverá ser instalado.

A Figura 19.4a mostra o assentamento de uma correia em V na abertura da polia, ilustrando o contato nas laterais e a folga na parte inferior da correia. Esta "ação de cunha" aumenta a força normal ao elemento de correia de um valor dN (conforme ilustrado nas Figuras 18.16 ou 19.4b) para um valor $dN/$sen β, que é aproximadamente igual a 3,25 dN. Como a força de atrito disponível para a transmissão de torque é admitida como proporcional à força normal, a capacidade de transmissão de torque é aumentada mais de três vezes. As equações para correia plana podem ser modificadas de modo a considerar esta

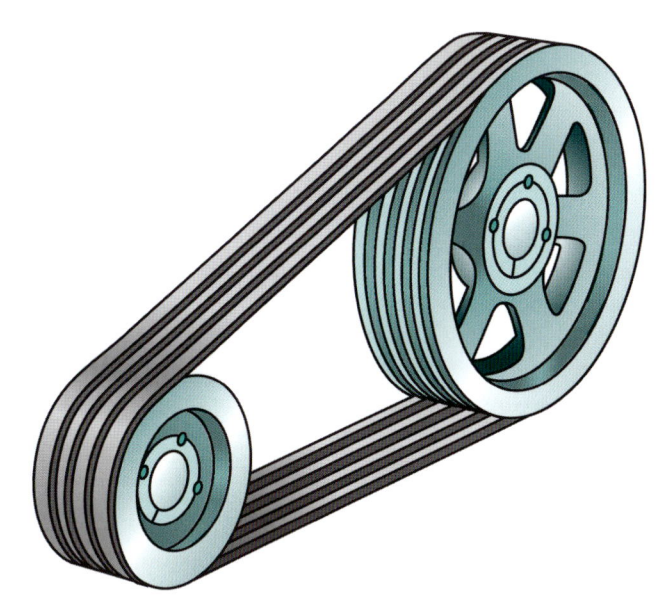

FIGURA 19.3 **Acionamento com correia em V múltipla. (Cortesia da Reliance Electric Company.)**

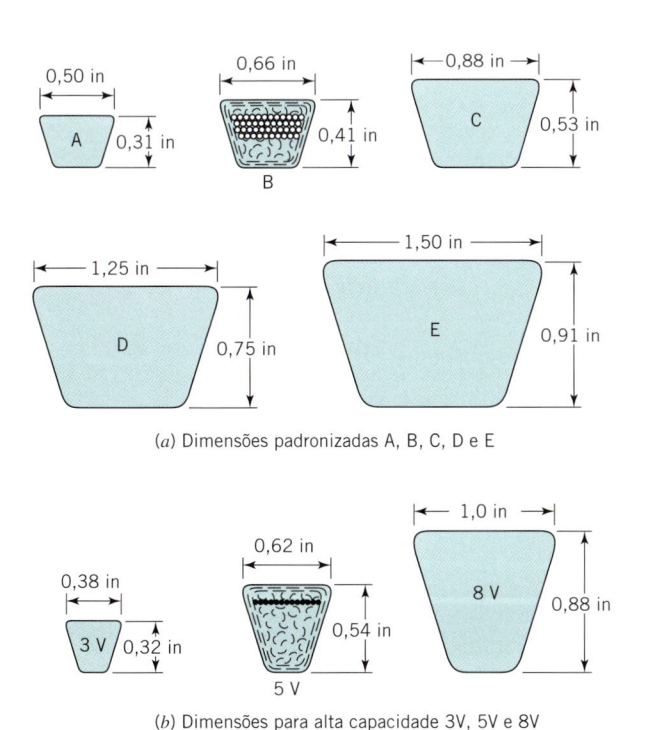

(*a*) Dimensões padronizadas A, B, C, D e E

(*b*) Dimensões para alta capacidade 3V, 5V e 8V

FIGURA 19.2 **Padronização da seção transversal das correias em V. Todas as correias possuem um revestimento de tecido impregnado em borracha com fios internos sob tração sobre um colchão de borracha.**

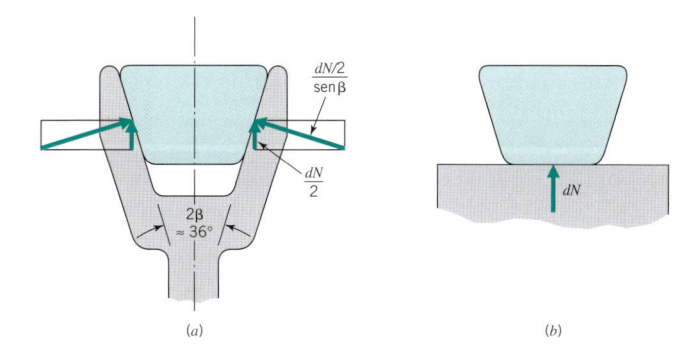

FIGURA 19.4 **Correia em V ajustada ao entalhe de uma polia e sobre o aro de uma polia plana.**

configuração simplesmente pela substituição do coeficiente de atrito f pela grandeza $f/\operatorname{sen}\beta$. Assim, a Eq. 19.3 pode ser expressa como

$$\frac{P_1 - P_c}{P_2 - P_c} = e^{f\phi/\operatorname{sen}\beta} \qquad \textbf{(19.3a)}$$

Como a capacidade de acionamento de uma correia normalmente é limitada pela condição de deslizamento ocorrente na *menor* das polias, os acionamentos que utilizam uma correia em V podem, algumas vezes, ser realizados por uma polia plana mais larga (como a mostrada na Figura 19.4b) sem nenhuma perda de capacidade. Por exemplo, a correia em V de acionamento do tambor de uma secadora de roupas doméstica ou do volante de uma prensa de grande capacidade em geral atua diretamente sobre um tambor plano ou sobre a superfície livre do volante.

Algumas polias são fabricadas com um dispositivo de ajuste da largura da abertura. Esta regulagem modifica o diâmetro primitivo efetivo e permite uma variação moderada da razão de transmissão. Um exemplo familiar é o acionamento da correia em V do soprador de uma fornalha doméstica que possui a característica de permitir uma regulagem da velocidade de descarga de ar. Uma extensão desse princípio é utilizada nos acionamentos onde se deseja uma velocidade ajustável, os quais podem ser projetados para variar continuamente. Esses acionamentos empregam correias em V especiais extralargas, que utilizam pares de acoplamento com polias de largura variável ajustáveis simultaneamente (com a operação da máquina) para se adequar ao comprimento fixo da correia.

Existe uma variação significativa nas propriedades de resistência e atrito das correias em V comerciais, de modo que sua seleção para uma aplicação específica deve ser confirmada após uma consulta aos resultados de ensaios e aos detalhes das experiências em operação descritos pela literatura dos fabricantes. Em geral é recomendado que, quando possível, as velocidades da correia na faixa de 20 m/s (4000 ft/min) sejam adotadas.

A vida das correias em V é fortemente afetada pela temperatura. Nas situações em que seja necessária a operação em temperaturas elevadas (por exemplo, acima de 200°F ou 93°C, para correias convencionais), a vida da correia pode ser aumentada significativamente instalando-se ventiladores nas proximidades das polias para aumentar a circulação do ar.

PROBLEMA RESOLVIDO 19.1 Seleção de uma Correia em V para o Acionamento de uma Máquina

Um motor elétrico de 25 hp, a uma rotação de 1750 rpm, aciona uma máquina por meio de um sistema de transmissão constituído por múltiplas correias em V. Utilizam-se correias do tipo 5 V com ângulo β de 18° e peso por unidade de comprimento de 0,012 lb/in (2,10 N/m). A polia do eixo do motor possui um diâmetro primitivo de 3,7 in (9,40 cm) (uma dimensão padronizada), e a geometria é tal que o ângulo de contato da correia é de 165°. Admite-se, de modo conservador, que a tração máxima na correia deve ser limitada a 150 lb (667,2 N) e que o coeficiente de atrito deve ser de pelo menos 0,20. Quantas correias são necessárias?

SOLUÇÃO

Conhecido: Um motor cuja potência e rotação são conhecidas aciona uma polia de entrada de diâmetro e ângulo de contato fornecidos. As correias do tipo 5 V possuem um peso por unidade de comprimento e ângulo β conhecidos. A tração máxima na correia é de 150 lb e o coeficiente de atrito é de 0,20.

A Ser Determinado: Determine o número necessário de correias.

Esquemas e Dados Fornecidos:

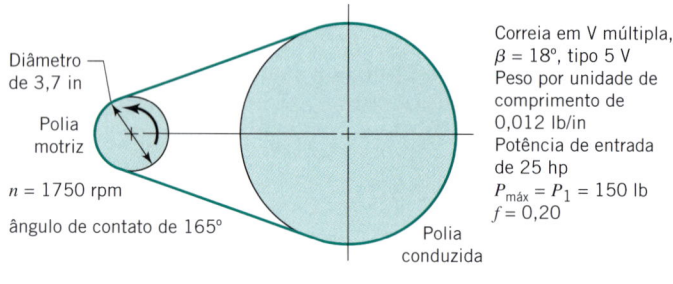

Diâmetro de 3,7 in
Polia motriz
$n = 1750$ rpm
ângulo de contato de 165°
Polia conduzida

Correia em V múltipla, $\beta = 18°$, tipo 5 V
Peso por unidade de comprimento de 0,012 lb/in
Potência de entrada de 25 hp
$P_{máx} = P_1 = 150$ lb
$f = 0,20$

Número de correias = ?

Hipóteses:

1. A tração máxima atuante na correia é limitada a 150 lb.
2. O coeficiente de atrito será de pelo menos 0,20.
3. A potência é igualmente compartilhada por cada correia.

Análise:

1. Inicialmente, calculam-se os termos da Eq. 19.3a.

$$\frac{P_1 - P_c}{P_2 - P_c} = e^{f\phi/\operatorname{sen}\beta}$$

2. Com a Eq. 19.2, $P_c = mV^2$, em que $V = 3,7(\pi)(1750/60) = 339$ in/s

$$P_c = \frac{0,012}{386}(339)^2 = 3,57 \text{ lb}$$

3. Tem-se também que $e^{(f\phi/\operatorname{sen}\beta)} = e^{((0,2)(2,88)/\operatorname{sen}\beta)} = 6,45$

4. Substituindo-se este resultado na Eq. 19.3a e resolvendo-se para P_2, obtém-se

$$\frac{150 - 3,57}{P_2 - 3,57} = 6,45 \quad \text{ou} \quad 146,4 = 6,45\,P_2 - 23,0$$

Portanto, $P_2 = 26,3$ lb.

5. Pela Eq. 18.24, $T = (P_1 - P_2)\,r = (150 - 26,3)\dfrac{3,7}{2} = 229$ lb · in

6. Pela Eq. 1.3, $\dot{W}$ por correia $= \dfrac{Tn}{5252} = \dfrac{1750(229)}{5252(12)} = 6,36$ hp/correia

7. Para 25 hp, $\dfrac{25}{6,36} = 3,93$ e 4 correias são necessárias.

Comentário: Se fosse utilizado um motor de 30 hp seriam necessárias 5 correias. Entretanto, quanto mais correias são necessárias mais importantes se tornam os efeitos de desalinhamento nos eixos (e, provavelmente, não haverá uniformidade no compartilhamento da carga).

19.4 Correias Dentadas

A Figura 19.5 ilustra uma correia dentada, também conhecida como *correia de sincronização* ou *correia de regulação*. Nesse caso, como o acionamento é realizado por meio de dentes, em vez de por atrito, não ocorre deslizamento e os eixos motriz e conduzido permanecem sincronizados. Esta condição faz com que as correias dentadas sejam utilizadas em muitas aplicações, como, por exemplo, o acionamento do eixo de cames de um motor a combustão, a partir do eixo de manivelas, para o qual o uso de outros tipos de correias seria impraticável. A instalação dos acionamentos dentados, cujos elementos de transmissão suportam uma carga de tração apresentando um alongamento mínimo, é realizada com uma tração inicial mínima. Isso reduz o carregamento sobre mancais e as cargas de flexão sobre os eixos.

As correias dentadas permitem o uso de pequenas polias e pequenos arcos de contato. O contato de apenas seis dentes é suficiente para que toda a capacidade de carga seja desenvolvida. As correias dentadas são relativamente leves e podem apresentar grande eficiência operacional a velocidades de até 80 m/s (16.000 ft/min). Sua principal desvantagem é o maior custo, tanto da correia quanto das polias dentadas. Da mesma forma que com as demais correias, uma longa vida em operação pode ser obtida, porém não tão longa quanto a vida dos elementos metálicos de transmissão de potência (engrenagens e correntes). Por exemplo, os motores de automóveis que utilizam correias para o acionamento do eixo de cames geralmente requerem a substituição da correia após percorrerem cerca de 60.000 milhas (100.000 km), enquanto a vida dos acionamentos do eixo de cames através de engrenagens e correntes usualmente termina com a vida do próprio motor.

19.5 Correntes de Roletes

Existem diversos tipos de transmissão de potência por correntes, porém o mais amplamente utilizado é o de *correntes de roletes*. Dentre suas muitas aplicações, a mais familiar é a corrente de acionamento de uma bicicleta. A Figura 19.6 ilustra os elementos básicos de uma corrente. Observe a alternância das ligações por pinos e por roletes. Para a análise da carga que pode ser suportada por uma determinada corrente, o conceito de fluxo de força da Seção 2.4 é bastante apropriado. O procedimento se inicia com a parcela da carga (dependendo de sua distribuição entre os dentes em contato da roda dentada de acionamento) aplicada a um rolete da corrente por um dente da roda dentada. A partir do rolete a carga é transmitida, na sequência, a uma bucha, ao pino e ao par de placas de ligação. Movendo-se ao longo da corrente, esta carga é adicionada às cargas relativas aos demais dentes da roda dentada. Finalmente, pinos, buchas e placas de ligação sucessivas transmitem toda a carga ao longo do lado tenso da corrente. Para velocidades da corrente acima de cerca de 3000 pés por minuto (15,24 metros por segundo) as forças centrífugas apresentam um efeito significativo, alterando o carregamento de tração das placas e o carregamento sobre os mancais entre os pinos e as buchas.

Ao longo da trajetória de forças existem diversos locais potencialmente críticos. Na interferência entre o dente da roda dentada e o rolete da corrente ocorre uma tensão de contato de Hertz, como ocorreu com os dentes das engrenagens. Também como nas engrenagens ocorre um impacto quando cada novo dente entra em contato, e a intensidade desse impacto aumenta significativamente com a velocidade. Como o rolete gira livremente em sua bucha, o deslizamento entre o dente da roda dentada e o rolete é desprezível. A lubrificação e o desgaste devem ser considerados em ambas as interfaces da bucha — externamente com o rolete e internamente com o pino. O desgaste ocorrente na interface com o pino é mais crítico, porque a área de sustentação da carga é muito menor e ali o carregamento centrífugo é superposto. As placas de ligação ficam sujeitas, essencialmente, a uma carga de fadiga por tração variando de zero até um valor máximo, com uma concentração de tensões nos furos dos pinos.

Um importante fator que afeta a suavidade da operação de um acionamento por corrente com roletes, particularmente em altas velocidades, é a *ação cordal*, ilustrada na Figura 19.7. Na Figura 19.7*a* o rolete *A* acabou de se ajustar à roda dentada e a

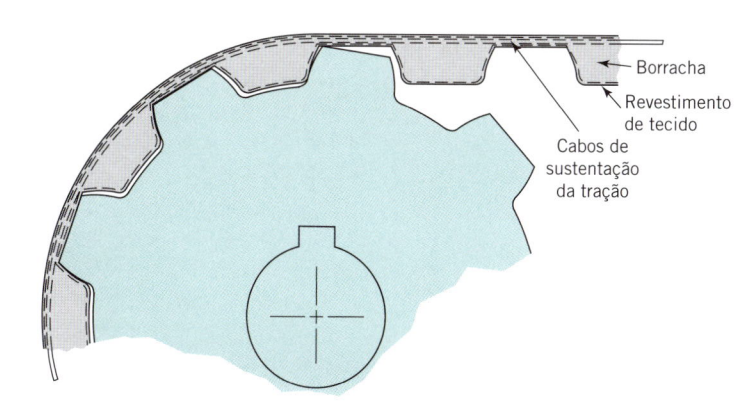

FIGURA 19.5 Correia dentada ou de sincronização.

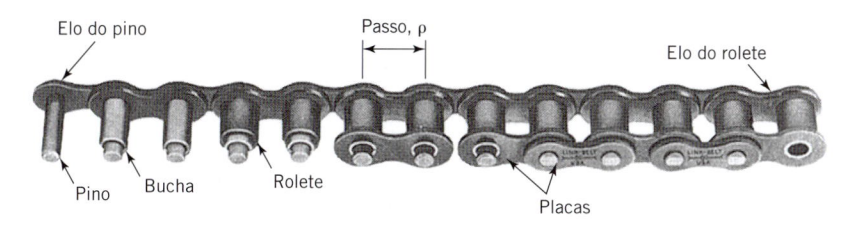

FIGURA 19.6 Elementos constituintes de uma corrente de roletes. (Cortesia da Rexnord Corporation, Link-Belt Chain Division.)

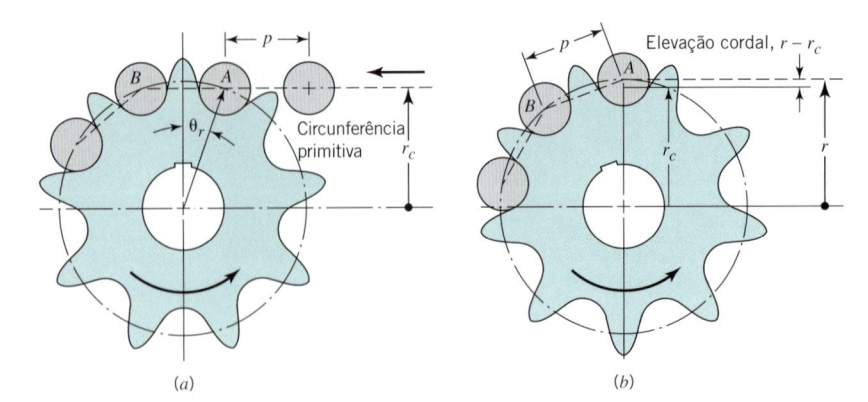

(a)   (b)

FIGURA 19.7 Ação cordal de uma corrente de roletes.

linha de centro da corrente está localizada a um raio cordal r_c. Após o giro da roda dentada de um ângulo θ, a corrente fica na posição mostrada na Figura 19.7b. Nessa posição a linha de centro da corrente está localizada no raio primitivo r da roda dentada. Portanto, o deslocamento da linha de centro da corrente (elevação e abaixamento da corrente) é

$$\Delta r = r_c - r = r(1 - \cos\theta) = r[1 - \cos(180°/N_t)] \quad \textbf{(19.4)}$$

em que N_t é o número de dentes da roda dentada. Juntamente com a elevação e o abaixamento da corrente, a ação cordal torna a relação de transmissão não uniforme, variando efetivamente o raio primitivo da roda dentada entre r e r_c. Felizmente, a elasticidade da corrente absorve boa parte dessa pequena flutuação de velocidades quando o acionamento é projetado de forma adequada. Devido à ação cordal, o acionamento por corrente é análogo ao acionamento por correia quando se utilizam polias poligonais (com lados planos). Se o número de lados do polígono for suficientemente grande, esse efeito dificilmente poderá ser observado.

As correntes de roletes são projetadas de modo que raramente se rompem, porém eventualmente elas precisam ser substituídas devido ao desgaste entre os pinos e as buchas. Esse desgaste faz com que o passo, a distância entre os centros de roletes adjacentes, aumente. Uma parte desse desgaste pode ser compensada aumentando-se a distância entre as rodas dentadas ou por ajustes, ou ainda carregando-se, através de uma mola, uma roda dentada intermediária. Quando o desgaste alonga a correia de aproximadamente 3 %, o passo aumentado faz com que os roletes se movam, de forma indesejável, para cima dos dentes da roda dentada, fazendo com que a corrente (e também a roda dentada, se apresentar desgaste) precise ser substituída. Uma corrente projetada de modo conservador e lubrificada de forma adequada normalmente possui uma vida útil de cerca de 15.000 horas. Se uma vida menor for suficiente, uma correia mais econômica e mais leve poderá ser utilizada.

Na condição de baixas velocidades, o carregamento por tração atuante na corrente que produzirá um desgaste indesejável em 15.000 horas pode ser alto o suficiente para causar prematuramente uma falha por fadiga nas placas. Nos casos de velocidades suficientemente altas o carregamento nos pinos, devido às forças centrífugas e de impacto, pode ser tão alto que nenhuma carga útil possa ser transmitida.

A ASME (American Society of Mechanical Engineers) estabeleceu a norma ASME B29.100-2000, que fornece as dimensões padronizadas de correntes e rodas dentadas (com passos na faixa de $\frac{1}{2}$ e 3 in (12,7 e 7,6 mm)) de modo que esses componentes, fabricados por diversos fornecedores, possam ser intercambiáveis. As capacidades de carga padronizadas também são fornecidas. Entretanto, os detalhes dos materiais e dos processos de fabricação variam, e por essa razão, é conveniente verificar as capacidades de carga com os fabricantes de correntes. Todos os fabricantes fornecem tabelas com as faixas básicas de capacidade para diversas velocidades da corrente e número de dentes da roda dentada menor (quanto menor o número de dentes, menor a capacidade). Essas faixas consideram tanto o desgaste quanto a falha por fadiga. Elas são baseadas em uma potência de entrada uniforme (como a de um motor elétrico ou de um motor com acoplamento hidráulico, ou ainda do acionamento de um conversor de torque) e uma carga uniforme (como a de um soprador ou de uma bomba centrífuga). Para condições menos favoráveis são fornecidos fatores que devem multiplicar a carga nominal para a seleção de uma corrente. Esses fatores variam até 1,7 para a condição de fortes impactos tanto no eixo de entrada quanto no eixo de saída. Se forem utilizadas múltiplas fileiras (Figura

FIGURA 19.8 Corrente de rolete com múltiplas fileiras (no caso mostrado, uma corrente de quatro fileiras) e as correspondentes rodas dentadas. (Cortesia da Rexnord Corporation, Link-Belt Chain Division.)

19.8), a taxa referente à fileira única deve ser multiplicada por 1,7, 2,5 e 3,3 para correntes com filas dupla, tripla ou quádrupla, respectivamente.

O número de dentes da menor roda dentada geralmente fica entre 17 e 25. Um número menor de dentes pode ser aceito se a velocidade for muito baixa; um número maior pode ser desejável se a velocidade for muito alta. Geralmente o número de dentes da maior roda dentada é limitado a cerca de 120 (as relações de transmissão usualmente são limitadas a 12, mesmo para baixas velocidades).

19.6 Correntes de Dentes Invertidos

As correntes de dentes invertidos (Figura 19.9), também chamadas de *correntes silenciosas* devido à sua operação relativamente

sem ruído, consistem em uma série de placas de ligação dentadas que são conectadas por pinos para permitir a articulação. Os "dentes" de ligação geralmente possuem lados retos. Os dentes correspondentes das rodas dentadas também possuem lados retos, com o ângulo entre os lados dos dentes aumentando com o número de dentes da roda dentada. A parte mais crítica da corrente é a conexão por pinos. Diferentes fabricantes têm desenvolvido uma grande variedade de projetos para os detalhes das juntas, de modo a aumentar a vida por desgaste.

Dispositivos devem ser elaborados para evitar que a corrente deixe de se acoplar às rodas dentadas. A Figura 19.9*b* mostra uma corrente com elementos-guia centrais que se engatam às ranhuras centrais da roda dentada. A Figura 19.9*c* mostra uma corrente com elementos-guia laterais que se encaixam nas faces da roda dentada. A Figura 19.9*d* mostra uma *corrente duplex*,

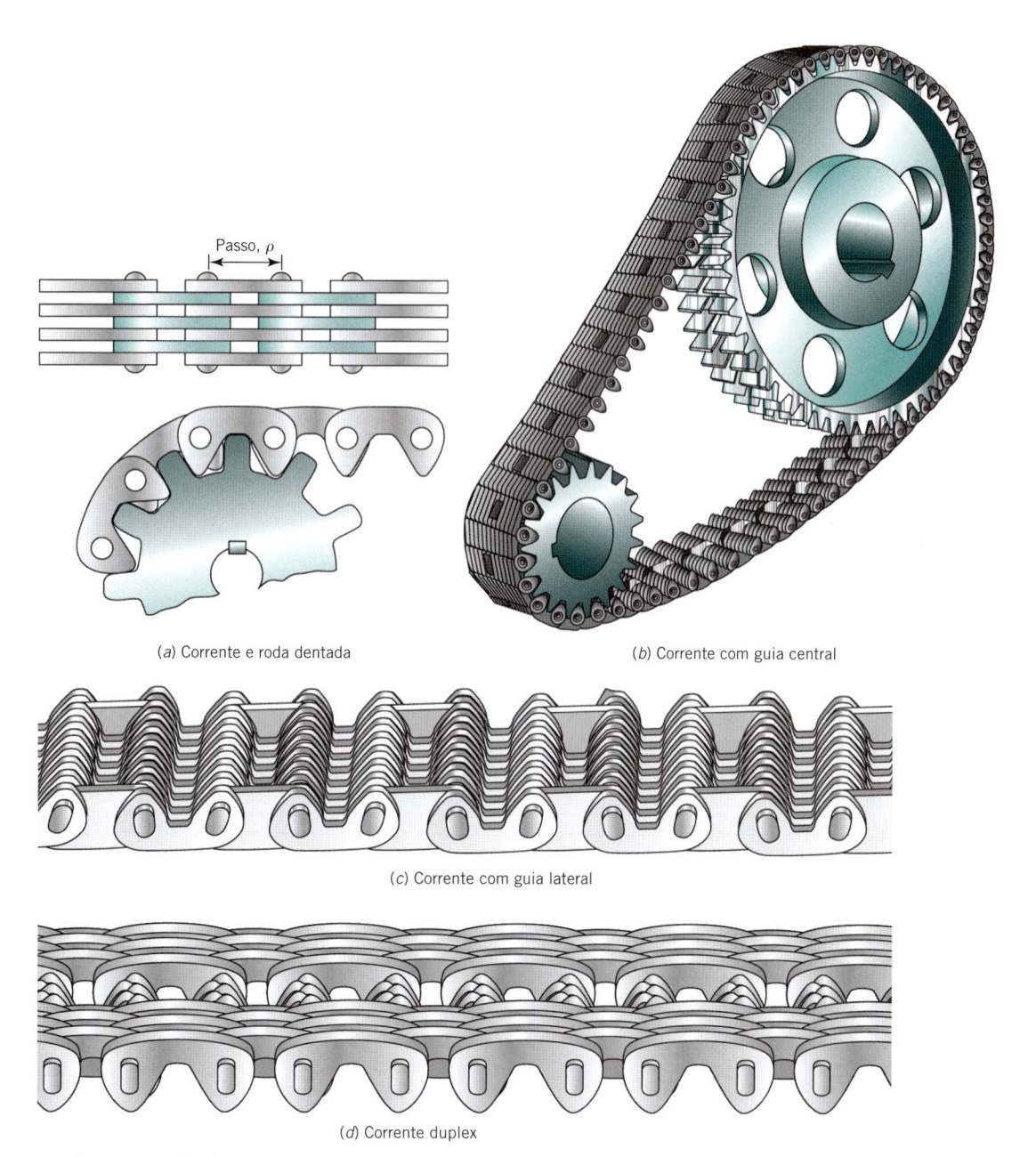

(*a*) Corrente e roda dentada

(*b*) Corrente com guia central

(*c*) Corrente com guia lateral

(*d*) Corrente duplex

FIGURA 19.9 **Correntes de dentes invertidos ("correntes silenciosas"). (Cortesia da Ramsey Products Corporation.)**

utilizada nos acionamentos por "serpentina", onde a roda dentada é conduzida por ambos os lados da corrente.

As correntes e rodas dentadas de dentes invertidos são padronizadas [ANSI/ASME B29.2M-1982, reiterada em 2004]. A maioria das considerações apresentadas na seção anterior é também aplicável às correntes e rodas dentadas de dentes invertidos. Os passos padronizados estão na faixa entre 3/8 e 2 in (9,5 e 50,8 mm), e as capacidades são ordenadas por polegada de largura da corrente. Devido à sua operação mais suave e silenciosa, as correntes de dentes invertidos podem operar a velocidades maiores do que as correntes de roletes. A lubrificação é muito importante, e as correntes, em geral, devem operar em ambientes herméticos.

19.7 História dos Acionamentos Hidrodinâmicos

Ao contrário dos outros meios de transmissão de potência, os acionamentos hidrodinâmicos (isto é, os *acoplamentos fluidos* e os *conversores de torque*) são dispositivos estritamente desenvolvidos no século XX. O Dr. H. Föttinger, da Alemanha, construiu o primeiro acionamento hidrodinâmico em 1905. Naquela época as turbinas a vapor tinham acabado de ser introduzidas para a propulsão naval, e nenhum meio prático que propiciasse a redução de velocidades estava disponível. O acoplamento direto do motor à hélice produzia em ambos uma operação ineficiente — a turbina girava muito lentamente e a hélice muito rapidamente. Föttinger estava associado à Vulcan-Werke A. G. quando sua invenção foi desenvolvida de modo a propiciar uma taxa de redução de 5:1 para acionamentos de até 15.000 hp. O aumento das eficiências da turbina e do sistema propulsor mais do que compensou os 15 % ou mais das perdas hidráulicas no conversor. Os conversores de Föttinger foram utilizados com muito sucesso até que as engrenagens helicoidais foram desenvolvidas para uso nas turbinas dos navios. A eficiência bem superior dos acionamentos por engrenagens, associada a seu baixo custo, disponibilidade de grandes relações de transmissão e construção compacta, fez com que eles rapidamente substituíssem os conversores de torque hidráulicos.

Novos desenvolvimentos relacionados aos acionamentos hidrodinâmicos não ocorreram até o final da Primeira Guerra Mundial, quando, juntamente com os esforços para aumentar a eficiência dos conversores hidráulicos, verificou-se que o acoplamento fluido mais simples (o qual não oferecia nenhum aumento de torque) poderia operar com eficiências superiores a 95 %. Esta condição sugeriu ao Dr. Bauer, então diretor da Vulcan-Werke, que os motores a diesel, recentemente desenvolvidos para altas velocidades, poderiam se adaptar aos serviços navais utilizando-se um engrenamento helicoidal para a redução da velocidade, juntamente com um acoplamento fluido para isolar o significativo choque torcional do motor a partir do engrenamento e do eixo propulsor. Os únicos motores a diesel utilizados anteriormente para a propulsão de navios eram motores de baixa velocidade diretamente acoplados. A solução do Dr. Bauer logrou muito êxito.

Os acionamentos hidrodinâmicos continuaram a ser desenvolvidos na Inglaterra e na Alemanha. Em 1926, Harold Sinclair,

da Companhia de Engenharia e Acoplamentos Hidráulicos, sentiu-se incomodado pelo "*jerk*" produzido no engate das engrenagens dos ônibus de Londres, nos quais ele frequentemente viajava. Esse fato motivou o desenvolvimento dos primeiros acoplamentos fluidos para automóveis, que foram utilizados em diversos veículos britânicos durante os anos subsequentes.

Na década de 1930 a Chrysler Corporation começou seus experimentos com acoplamentos fluidos, e então comprou os direitos da patente de Harold Sinclair. Esta iniciativa levou à introdução do "Acionamento Fluido" nos veículos Chrysler em 1939. Também no início da década de 1930 a American Blower Company desenvolveu e fabricou os acionamentos hidrodinâmicos para uso com ventiladores de indução de arrasto. Enquanto isto, a General Motors introduziu uma transmissão semiautomática de quatro velocidades no Oldsmobile de 1937, porém retirou-a em 1939. Essa transmissão foi modificada e integrada a um acoplamento fluido para se tornar o original "Acoplamento Hidra-Matic", instalado no Oldsmobile de 1940.

Desde meados de 1950, todos os carros produzidos nos Estados Unidos possuem transmissões automáticas incorporando conversores de torque hidráulicos. Os acionamentos hidrodinâmicos têm apresentado grande aceitação em nível mundial em uma grande variedade de aplicações industriais e navais.

19.8 Acoplamentos Fluidos

A Figura 19.10 mostra as partes mais importantes de um acoplamento fluido. O rotor solidário ao eixo de entrada é chamado de *impulsor*, e também é aparafusado à caixa. Essas duas unidades formam a carcaça que contém o fluido hidráulico (geralmente um óleo mineral de baixa viscosidade). O eixo de saída é suportado pela carcaça através de dois mancais. Fixado a ele está a *turbina*, que é acionada por óleo descarregado pelo impulsor. O selo de óleo entre a carcaça e o eixo de saída representa o desenvolvimento de um trabalho extensivo. Ele deve permitir apenas o "vazamento" microscópico necessário para a lubrificação do próprio selo. Cada rotor ocupa um espaço semitoroidal que é dividido em compartimentos através de placas planas uniformemente espaçadas, as *aletas* radiais (também chamadas de pás ou palhetas). Geralmente é utilizado um núcleo ou aro interior opcional, fixado às aletas de ambos os rotores. Esses aros guiam o fluido circulante em uma trajetória aproximadamente circular. Conforme será mostrado adiante, *nenhum acionamento hidrodinâmico consegue transmitir potência com 100 % de eficiência*. Aletas são geralmente adicionadas à carcaça para propiciar a circulação de ar e auxiliar a dissipação do calor gerado. Em muitas aplicações pesadas, o fluido é continuamente removido, resfriado por um trocador de calor externo e realimentado.

A rotação do impulsor gera forças centrífugas no óleo retido entre palhetas adjacentes, causando seu escoamento radial para fora; observe o sentido das setas na trajetória de "circulação do fluido", indicadas na Figura 19.10. Quando o escoamento passa por sobre a turbina o óleo atinge as palhetas da turbina, transmitindo boa parte de sua energia cinética (no plano de rotação do impulsor e da turbina). A pressão do óleo (na parte de trás) orienta o escoamento radialmente para dentro através

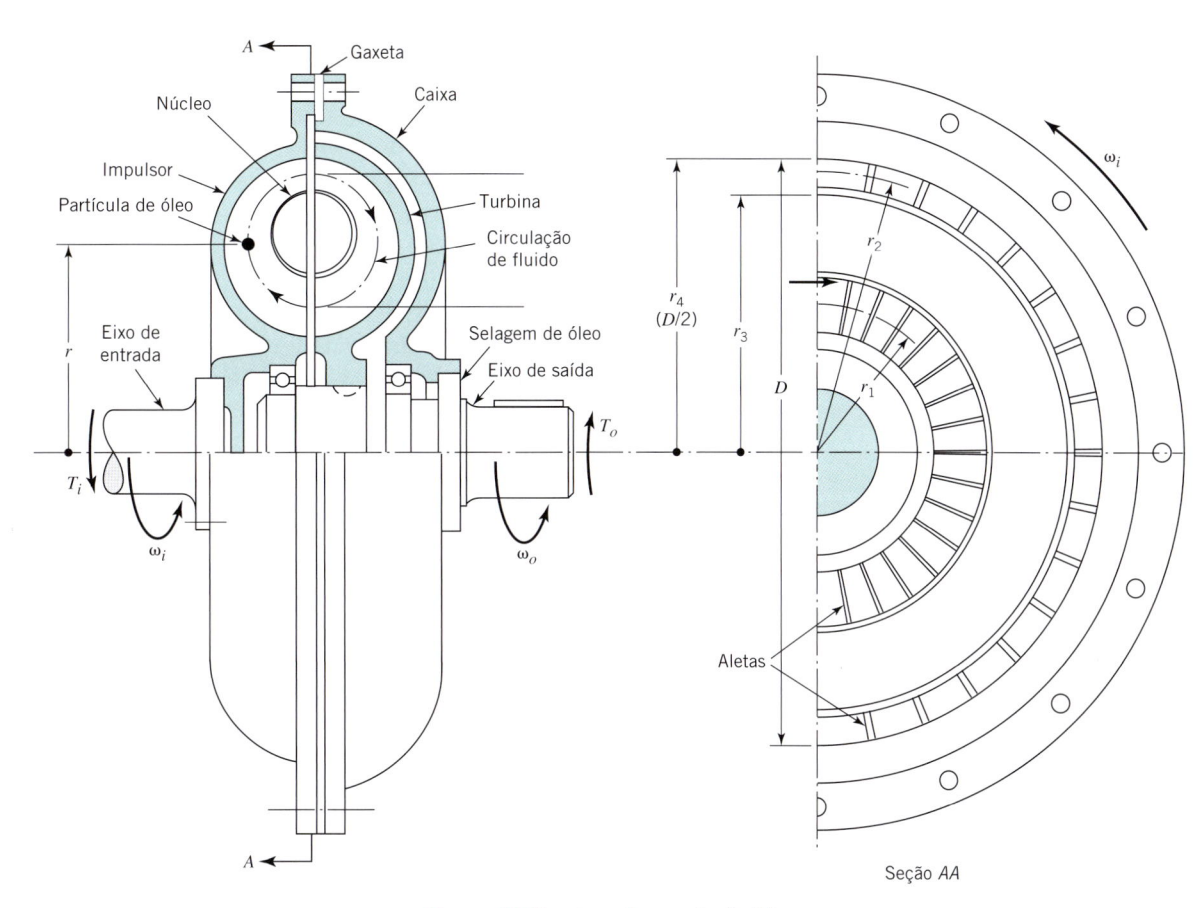

FIGURA 19.10 Acoplamento fluido.

dos espaços entre aletas adjacentes da turbina, onde ele fornece uma energia cinética adicional. Na condição de operação normal, a rotação da turbina só pode ser ligeiramente menor do que a do impulsor. As forças centrífugas desenvolvidas pelo óleo sobre o lado da turbina oposto àquele do impulsor, portanto, reduzem a velocidade do escoamento no entorno da trajetória transversal do "fluido de circulação". Se o sentido do acionamento for invertido e o eixo de saída girar mais rápido do que o de entrada, o sentido do escoamento do fluido também se inverterá. Este é o fenômeno que ocorre quando um veículo, possuindo acoplamento fluido (ou conversor de torque), sofre a ação do "freio motor". Durante uma operação normal o eixo de saída gira mais lentamente do que o de entrada de um fator chamado *deslize*. Representando-se as velocidades de entrada e de saída por ω_i e ω_o, respectivamente, o deslize S é definido como

$$S = (\omega_i - \omega_o)/\omega_i \qquad (19.5)$$

Um conceito fundamental é que *sem o deslize não pode haver circulação de fluido e, portanto, não haverá transmissão de potência*.

Um segundo conceito fundamental pode ser obtido a partir da consideração do acoplamento fluido como um corpo livre em equilíbrio. As únicas ligações externas ao fluido são com os eixos de entrada e de saída. Para que a equação de equilíbrio de momentos em relação ao eixo de rotação seja atendida,

os torques de entrada e de saída devem ser exatamente iguais. Assim, cada acoplamento fluido transmite sempre 100 % do torque de entrada. Esta condição é verdadeira mesmo se o acoplamento não possuir óleo. Neste caso, ambos os torques, de entrada e de saída, são nulos, isto é, o acoplamento não fornece carga ao motor de acionamento. Esse resultado sugere que a possibilidade de drenagem e recompletamento do óleo de acoplamento enquanto o motor está em operação pode prover a função suave de embrear e desembrear.

Para se desenvolver as relações fundamentais entre os parâmetros de um acoplamento fluido, considere uma partícula típica de óleo a um raio r (Figura 19.10) que tenha um volume unitário, uma massa específica ρ e viscosidade desprezível. Admita que o eixo de entrada esteja girando a uma velocidade ω e o eixo de saída seja estacionário (como se fosse uma operação de "partida"). A força centrífuga atuante na partícula de óleo vale

$$F = mr\omega^2 = \rho r\omega^2 \qquad \textbf{(a)}$$

Uma vez que os acoplamentos fluidos são, em geral, geometricamente similares, é desejável desenvolver as equações em função do diâmetro externo da cavidade fluida D, conforme mostrado na Figura 19.10. Todas as demais dimensões podem ser expressas como $k_n D$, onde k_n representa constantes numéricas k_1, k_2, k_3 ... Assim, a Eq. a pode ser expressa como

$$F = \rho k_1 D\omega^2 \qquad \textbf{(b)}$$

Pela segunda lei de Newton ($F = ma$) e pelo fato de a partícula possuir uma massa específica ρ,

$$a = k_1 D\omega^2 \qquad \text{(c)}$$

Com o eixo de saída estacionário, uma partícula de óleo entra no impulsor a um raio r_1 basicamente com velocidades tangencial e radial nulas. Admitindo, como aproximação, que a partícula fique sujeita a uma aceleração constante ao longo da distância $r_2 - r_1 = k_2 D$, sua velocidade terminal (utilizando as equações elementares do movimento uniformemente acelerado) será

$$V = \sqrt{k_2 Da} = \sqrt{k_2 Dk_1 D\omega^2} = k_3 D\omega \qquad \text{(d)}$$

Admitindo que a velocidade do fluido ao se mover através da pequena folga entre o impulsor e a turbina seja dada pela Eq. d, tem-se que o fluxo de massa Q do óleo que entra na turbina vale

$$Q = \rho VA$$

na qual a área A pode ser obtida por $\pi(r_4^2 - r_3^2) = k_4 D^2$. Portanto,

$$Q = \rho k_3 D\omega k_4 D^2 = k_5 D^3 \rho\omega \qquad \text{(e)}$$

A quantidade de movimento do óleo no plano de rotação do fluido quando ele entra na turbina é igual ao produto da massa pela velocidade no plano de rotação, ou $mr_2\omega$, e a quantidade de movimento angular vale $mr_2^2\omega = m(k_6 D)^2\omega$.

O torque aplicado à turbina é igual à variação da quantidade de movimento angular com o tempo:

$$T = Q(k_6 D)^2\omega = (k_5 D^3\rho\omega)(k_6 D)^2\omega = k_7\rho\omega^2 D^5 \qquad \text{(f)}$$

Como a massa específica dos fluidos hidráulicos varia muito pouco, ρ pode ser combinado com outras constantes para definir uma única constante k, fazendo com que a Eq. f possa ser expressa por

$$T = k\omega^2 D^5 \qquad \textbf{(19.6)}$$

Esta equação fornece o *torque de stall* do acoplamento, para o qual o deslize S é unitário. Quando a *potência* é transmitida o deslize deve ser, obviamente, inferior à unidade. Nesse caso, o torque transmitido é aproximadamente proporcional ao deslize. Com o fator de deslize incluído, a Eq. 19.6 se torna a equação para o *torque de operação* do acoplamento:

$$T = k\omega^2 D^5 S \qquad \textbf{(19.7)}$$

Para um torque expresso em libras-pés, ω em revoluções por minuto e D em polegadas, os ensaios dos acoplamentos do tipo automotivo indicam que na faixa de deslize de 30 % a 100 %, em uma aproximação grosseira,

$$T \approx 5 \times 10^{-10}\omega^2 D^5 S \qquad \textbf{(19.7a)}$$

Esta equação permite o registro de duas importantes conclusões.

1. A capacidade de transmissão de torque e de potência de um acoplamento fluido varia com a *quinta potência do diâmetro*. Este é um fato digno de cuidadosa observação — dobrando-se o diâmetro, aumenta-se a capacidade de transmissão de um fator igual a 32.

2. A capacidade de transmissão de torque varia com o *quadrado da rotação*, enquanto a capacidade de transmissão de potência varia com o *cubo da rotação*. Essas duas características explicam porque um acoplamento fluido pode transmitir toda a saída de um motor na rotação de operação e ainda transmitir um torque quase desprezível (essencialmente um desembreamento) à velocidade intermediária.

Pela Eq. 19.5, a rotação do eixo de saída do acoplamento é

$$\omega_o = \omega_i(1 - S) \qquad \textbf{(19.5, mod.)}$$

Como os torques de entrada e de saída são iguais, a eficiência da transmissão de potência pelo acoplamento pode ser obtida por

$$e = \frac{\omega_o}{\omega_i} = 1 - S \qquad \textbf{(19.8)}$$

Durante uma condição normal de operação, um acoplamento bem projetado e apropriadamente aplicado geralmente opera na faixa de 95 % a 98 % de eficiência.

As curvas representativas do desempenho dos acoplamentos fluidos são ilustradas na Figura 19.11. Observe que na razão torque e velocidade do motor o deslizamento no acoplamento é de apenas 3,5 % (uma eficiência de 96,5 %).

Os acoplamentos fluidos são particularmente interessantes no isolamento dos impulsos torcionais dos motores diesel. Quando um acoplamento fluido é interposto entre o motor e um redutor de engrenagens podem ser utilizados eixos e engre-

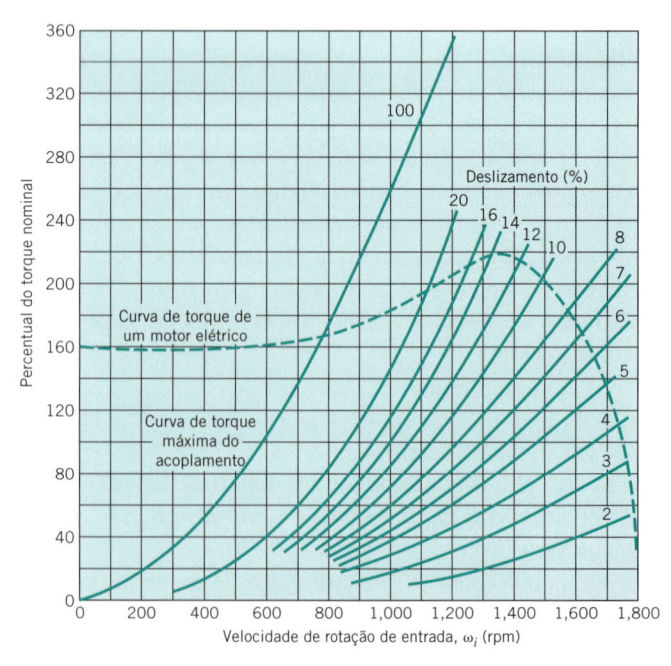

FIGURA 19.11 Curvas típicas de torque *versus* velocidade de deslizamento para um acoplamento fluido.

nagens mais leves e mais econômicos. Outro importante uso está associado aos equipamentos de elevação de cargas pesadas. O movimento suave, aumentando gradualmente o torque de saída propiciado pelo acoplamento, permite que cargas pesadas possam ser manuseadas com impactos mínimos.

19.9 Conversores de Torque Hidrodinâmicos

Com referência ao acoplamento hidráulico mostrado na Figura 19.10, observou-se que para garantir o equilíbrio de momentos em relação ao eixo de rotação os torques de entrada e de saída devem ser exatamente iguais. A única possibilidade de o torque de saída ser superior ao torque de entrada é *adicionar-se um terceiro torque através de um medidor com contribuição de torque* (geralmente um *elemento de reação estacionário* que contribui com um torque reativo T_r). Nesse caso, a equação de equilíbrio se torna

$$T_i + T_o + T_r = 0 \qquad (19.9)$$

A Figura 19.12 mostra uma maneira de se adicionar um elemento de reação a um acoplamento fluido para torná-lo um conversor de torques. As aletas do reator estacionário, bem como aquelas do impulsor e da turbina, são curvas e instaladas a um determinado ângulo. Quando o fluido circulante atinge as aletas do reator um torque externo T_r deve ser aplicado para evitar a rotação do reator. As aletas do reator *redirecionam* o fluido circulante de modo que um aumento de torque é fornecido para a turbina de acordo com a Eq. 19.9.

Como as aletas do reator são estacionárias e não realizam trabalho, o torque aumentado da turbina deve ser acompanhado de uma diminuição proporcional da velocidade de saída ω_o.

Nas aplicações que requerem uma multiplicação do torque apenas nas operações de partida e para levar a carga a uma determinada velocidade o reator "fixo" é montado através de uma "marcha em roda livre" ou embreagem de "uma via", como mostrado na Figura 19.13. Ao se aproximar da velocidade normal de operação o reator de "roda livre" — girando sem res-

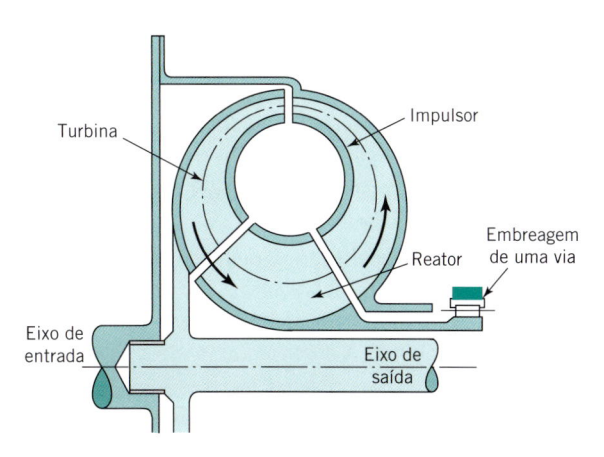

Figura 19.13 Conversor de torque com reator controlado por embreagem de uma via.

trição no sentido permitido pela embreagem com marcha em roda livre — e o conversor de torque se comportam como um acoplamento fluido. Isto é o que ocorre, por exemplo, com os conversores de torque incorporados nas transmissões automáticas dos automóveis. Tipicamente, esses conversores fornecem uma relação de multiplicação de torque da ordem de 3 com um eixo de saída na condição-limite. A partir dessa condição, quando o eixo de saída se acelera a razão de transmissão diminui rapidamente. Quando a razão atinge a unidade a embreagem de marcha em roda livre permite que o reator comece a girar livremente no sentido oposto àquele para o qual estava previamente impedido de girar pela embreagem de uma via. As características de desempenho de um conversor de torque típico, comparadas com aquelas de um acoplamento fluido de mesmo diâmetro, são mostradas na Figura 19.14.

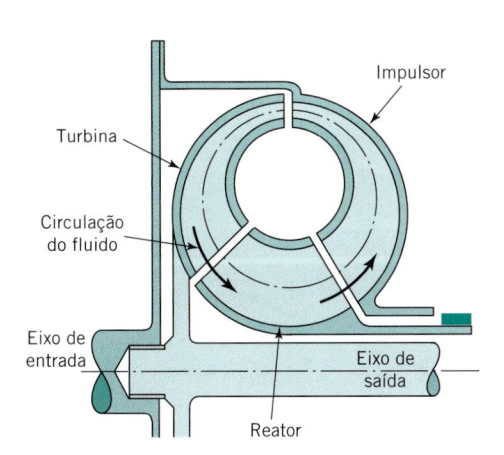

Figura 19.12 Conversor de torque com reator de aletas fixas.

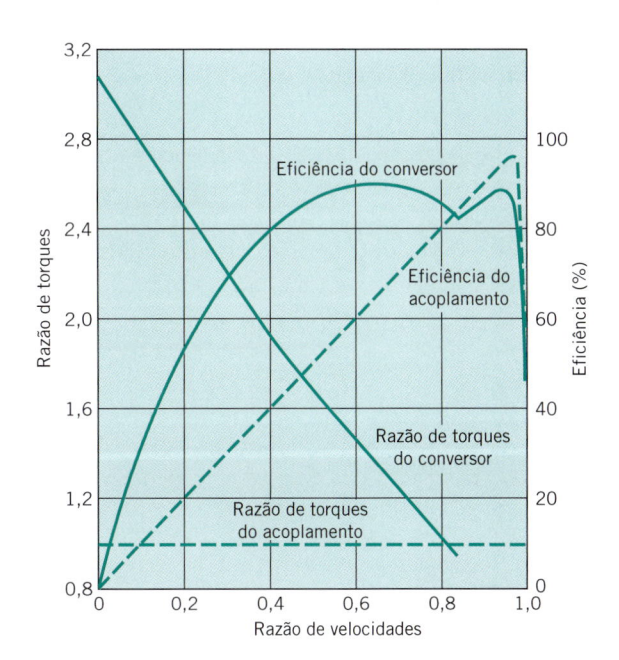

Figura 19.14 Curvas representativas do desempenho de um conversor de torque e de um acoplamento fluido.

Referências

1. American Chain Association, *Standard Handbook of Chains: Chains for Power Transmission and Material Handling*, 2nd ed., CRC Press, Boca Raton, Fl., 2006.

2. Binder, R. C., *Mechanics of the Roller Chain Drive*, Prentice Hall, Englewood Cliffs, N.J., 1956.

3. Burr, A. H., *Mechanical Analysis and Design*, 2nd ed., Prentice Hall, Englewood Cliffs, N.J., 1995.

4. Greenwood, D. C., *Mechanical Power Transmission*, McGraw-Hill, New York, 1962.

5. "Inverted Tooth (Silent) Chains and Sprocket Teeth," ANSI B29.2-1957, American Society of Mechanical Engineers, New York (Reaffirmed 1971).

6. Koyama, T., and K. M. Marshek, "Toothed Belts—Past, Present, and Future," *Mech. Machine Theory*, **23**(3):227–239 (1988).

7. Marshek, K. M., "Chain Drives," in *Standard Handbook of Machine Design*, J. Shigley and C. Mischke (eds.), McGraw-Hill, New York, 1986, Chapter 32.

8. Marshek, K. M., "On the Analyses of Sprocket Load Distribution," *Mech. Machine Theory*, **14**(2):135–139 (1979).

9. Naji, M. R., and K. M. Marshek, "Experimental Determination of the Roller Chain Load Distribution," *ASME Trans. J. Mech., Transmiss., Automat. Des.*, **105**:331–338 (1983).

10. Naji, M. R., and K. M. Marshek, "Toothed Belt-Load Distribution," *ASME Trans., J. Mech., Transmiss. Automat. Des.*, **105**:339–347 (1983).

11. O'Connor, J. J. (ed.), *Standard Handbook of Lubrication Engineering*, McGraw-Hill, New York, 1968.

12. "Precision Power Transmission, Double-Pitch Power Transmission, Double-Pitch Conveyor Roller Chains, Attachments and Sprockets," ASME B29.100-2002, American Society of Mechanical Engineers, New York, 2002.

13. "Specifications for Drives Using Classical V-Belts and Sheaves," American National Standard, IP-20, The Rubber Manufacturers Association, Inc., Washington, D.C., 1988.

14. "Specifications for Drives Using Narrow V-Belts and Sheaves," American National Standard, IP-22, The Rubber Manufacturers Association, Inc., Washington, D.C., 1991.

15. "Specifications for Drives Using Synchronous Belts," American National Standard, ANSI/RMA, IP-24, The Rubber Manufacturers Association, Inc., Washington, D.C., 2001.

16. "Specifications for Drives Using V-Ribbed Belts," American National Standard, IP-26, The Rubber Manufacturers Association, Inc., Washington, D.C., 2000.

Problemas

Seção 19.2

19.1 Um acidente em um equipamento de fabricação de paletes causou a amputação do braço de uma jovem mulher. O sistema transportador de correias mostrado na Figura P19.1 estava sendo utilizado para conduzir resíduos de madeira de uma grande serra de corte transversal para um triturador. O sistema transportador consistia de duas correias em série. Os transportadores de correia teriam sido comprados usados em um leilão. O acidente ocorreu em um local sem proteção, onde a primeira correia transportadora deixa cair o resíduo de madeira (pequenos blocos) na segunda correia. No instante do acidente, a mulher estava removendo alguns detritos de madeira de um rolete desguarnecido sobre a correia transportadora quando seu braço foi puxado. Esse acidente resultou na amputação de seu braço.

Algumas informações adicionais sobre esse acidente incluem:

1. No instante do acidente a operária estava vestindo luvas e tentando realizar seus afazeres mantendo a área e as correias transportadoras limpas de detritos.

2. Antes do acidente, ela havia tentado, utilizando uma vara (um longo e fino pedaço de madeira), desalojar um bloco de madeira preso, sem sucesso.

3. O rolete da correia transportadora estava desguarnecido. (relato da OSHA).

4. O local onde a primeira e a segunda correia transportadora se juntam, estava desguarnecido. (relato da OSHA).

5. Era recomendado um aviso para as partes girantes desguarnecidas 1910.219(a)(1). (relato da OSHA).

6. Não havia nenhum aviso alertando os usuários sobre o movimento das correias transportadores e/ou sobre o

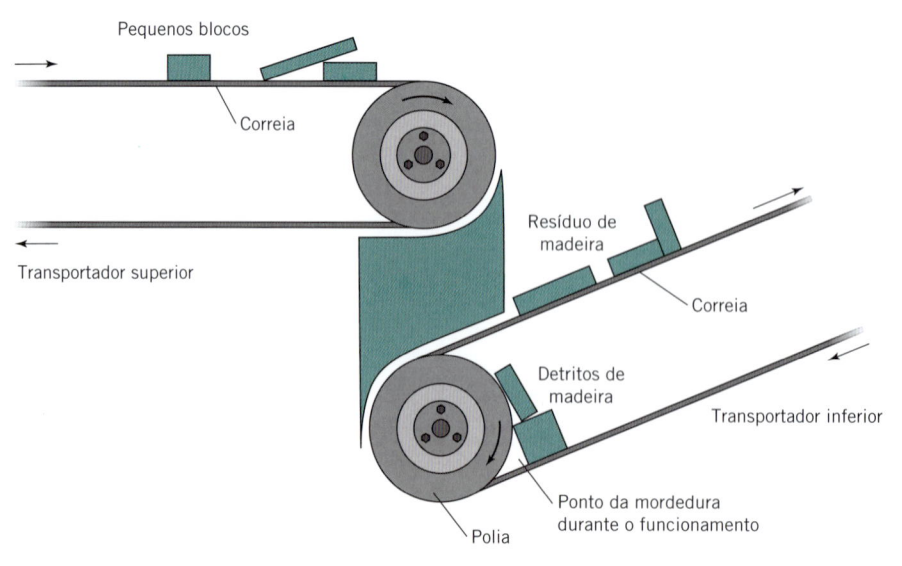

perigo de ser puxado pelos roletes e/ou pelo laço da correia.

7. A operária não foi informada sobre o possível risco associado ao acidente no sistema transportador.

8. Não havia nenhuma proteção no sistema transportador para evitar que a operária colocasse sua mão no local onde ela sofreu o acidente.

Pesquise as normas reguladoras da OSHA no endereço http://www.osha.gov, especificamente a norma 29 CFR 1910.219. Escreva um parágrafo explicando como essa norma seria aplicada a esse acidente. Liste também as formas pelas quais esse acidente teria sido evitado.

19.2 As pás do ventilador mostrado na Figura P19.2, soldadas a uma polia com 0,3 m de diâmetro, é posto a girar a 1800 rpm por uma polia idêntica fixada ao eixo de um motor elétrico. Durante a operação, o lado mais tenso da correia é carregado por uma força de tração de 2000 N e o lado menos tenso por 200 N em tração. Determine o torque aplicado à correia na polia de fixação das pás em N · m e a potência transmitida em kW.

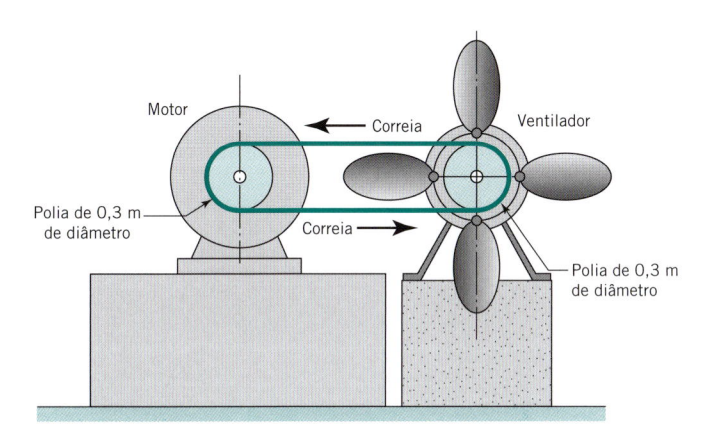

FIGURA P19.2

19.3 O acionamento por correia mostrado na Figura 19.1a possui um ângulo de contato de 150° na polia menor. A tração no lado frouxo é $P_2 = 40$ N, a polia motriz tem um diâmetro de 100 mm, a força centrífuga é desprezível e $f = 0,33$. Qual é a capacidade de transmissão de torque da polia?

19.4 Repita o Problema 19.3, desta vez considerando que o ângulo de contato da polia menor é de 160°.

19.5 A Figura 19.1a mostra um acionamento por correia com um ângulo de contato de 150° na polia menor. A força centrífuga é desprezível, a polia motriz possui um diâmetro de 4 in (10,16 cm), a tração no lado frouxo é de 9 lb (40,0 N) e $f = 0,30$. Qual é a capacidade de transmissão de torque da polia?

19.6 Um acionamento por correia, como o mostrado na Figura 19.1a, possui um ângulo de contato de 160° na polia menor. A inserção de uma polia intermediária, como ilustrado na Figura 19.1c, aumenta este ângulo para 200°. Se a tração no lado frouxo é a mesma nos dois casos e se a força centrífuga é desprezível, qual é o aumento percentual da capacidade de transmissão de torque pela inserção da polia intermediária quando $f = 0,3$?

[Resp.: 41 %]

19.7 Utilizando a Figura P19.7, desenvolva uma equação para o comprimento da correia L em função de c, r_1, r_2 e α.

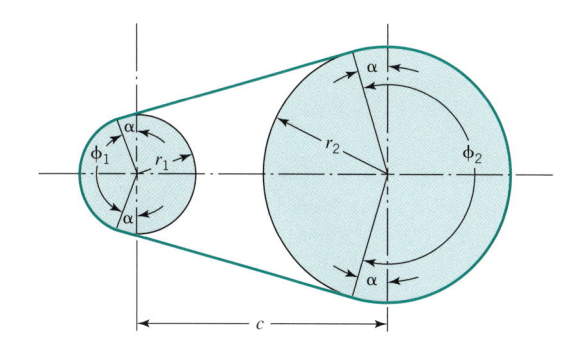

FIGURA P19.7

19.8 Embora a distância entre centros c possa ser calculada utilizando uma equação desenvolvida a partir da Figura P19.7, essa equação é difícil de ser utilizada porque envolve c, L e α. A Figura P19.8 sugere um comprimento aproximado $ABCD$ que será igual à metade do comprimento da correia. Com base na aproximação da metade do comprimento, desenvolva uma equação que relacione a distância entre centros c, o comprimento da correia L e os raios das polias r_1 e r_2.

[Resp.: $c^2 = 0,25[L - \pi(r_1 + r_2)]^2 - (r_1 - r_2)^2$]

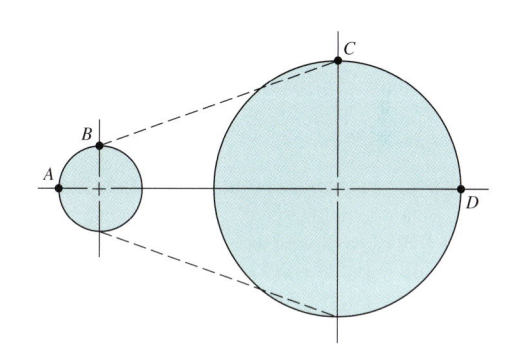

FIGURA P19.8

19.9 A Figura P19.5 mostra que os ângulos de contato ϕ_1 e ϕ_2 são iguais a $\pi - 2\alpha$ e $\pi + 2\alpha$, respectivamente. Deduza uma equação que relacione α a r_1, r_2 e c.

[Resp.: sen $\alpha = (r_2 - r_1)/c$]

Seções 19.3–19.5

19.10 Um motor elétrico de 25 hp, com rotação de 1750 rpm, aciona uma máquina por meio de uma correia em V múltipla. A polia fixa ao eixo do motor possui um diâmetro de 3,7 in (9,40 cm) (uma dimensão padronizada), e a geometria é tal que o ângulo de contato é de 165°. As correias do tipo 5 V utilizadas possuem um ângulo β de 18° e um peso por unidade de comprimento de 0,012 lb/in (2,10 N/m). Admite-se, de forma conservativa, que a tração máxima na correia deve ser limitada a 150 lb (667,2 N) e que o coeficiente de atrito seja de no mínimo 0,20. Quantas correias são necessárias?

[Resp.: Quatro]

19.11 Uma correia em V padronizada com $\beta = 18°$ é utilizada com uma polia motriz de diâmetro primitivo de 40 mm e um tambor cilíndrico plano de 120 mm de diâmetro. A distância entre centros é de 120 mm. Qual é a relação aproximada entre as capacidades de transmissão de potência limitada por deslizamento na polia e no tambor?

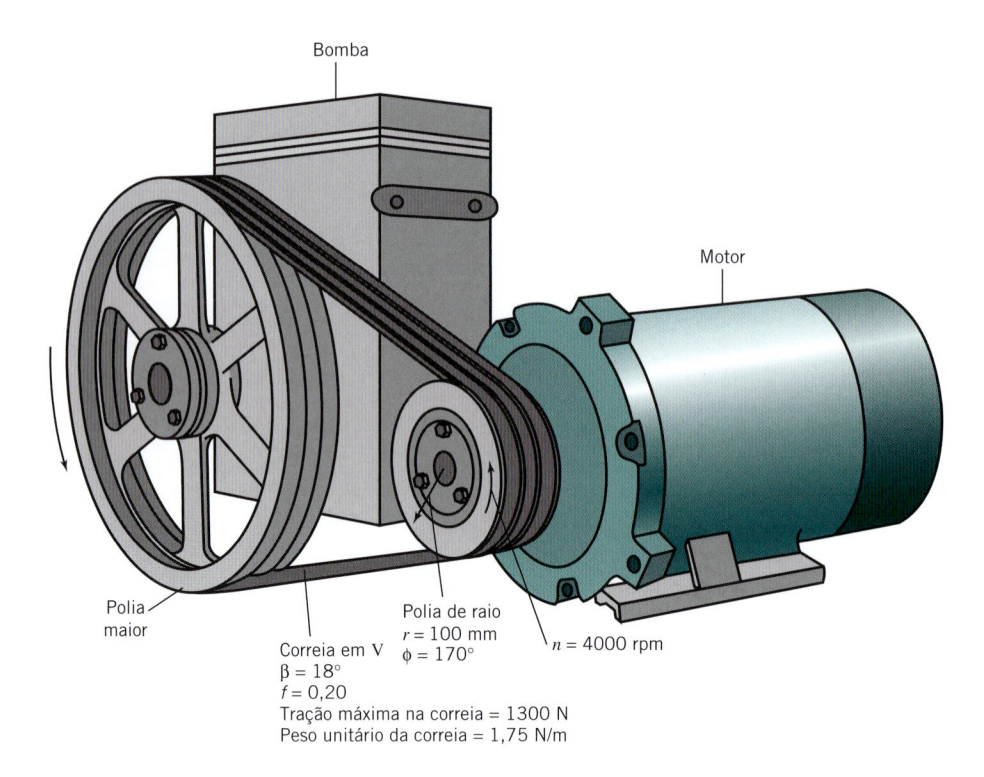

Bomba

Motor

Polia
maior

Correia em V
β = 18°
f = 0,20
Tração máxima na correia = 1300 N
Peso unitário da correia = 1,75 N/m

Polia de raio
r = 100 mm
φ = 170°

n = 4000 rpm

FIGURA P19.12

19.12   Determine a potência máxima que pode ser transmitida pela polia menor do acionamento por correia em V mostrado na Figura P19.12 sujeito às seguintes condições: velocidade de rotação da polia de 4000 rpm, $r = 100$ mm, $\beta = 18°$, $\phi = 170°$, $f = 0,20$, tração máxima na correia de 1300 N e peso por unidade de comprimento da correia de 1,75 N/m.

19.13   Qual é o valor da potência que poderia ser transmitida pela polia do Problema 19.12 se (a) duas correias, idênticas à correia do Problema 19.12, fossem utilizadas, e (b) uma única correia fosse utilizada, com o dobro da seção transversal da correia do Problema 19.12 e, portanto, com o dobro da tração máxima admissível?

19.14   Uma correia em V com $\beta = 18°$ e peso por unidade de comprimento de 0,012 lb/in (2,10 N/m) deve ser utilizada para transmitir potência de uma polia motriz a 3500 rpm com diâmetro de 6 in (15,2 cm) para uma polia conduzida com diâmetro de 12 in (30,5 cm). O ângulo de contato da polia menor é $\phi = 170°$, $f = 0,20$ e a tração máxima da correia é de 250 lb (1112 N). Determine a potência máxima que pode ser transmitida pela polia menor.

19.15   Uma correia em V com $\beta = 18°$ e peso por unidade de comprimento de 2,2 N/m deve ser utilizada para transmitir uma potência de 12 kW de uma polia motriz a 1750 rpm, com diâmetro de 180 mm, para uma polia conduzida a 1050 rpm. A distância entre centros é de 400 mm.

(a)   Considerando que o coeficiente de atrito é de 0,20 e que a tração inicial da correia é adequada para evitar o escorregamento, determine os valores de P_1 e P_2.

(b)   Determine as cargas torcionais e radial resultante aplicadas pela correia a cada eixo.

(c)   Determine a tração inicial na correia quando o acionamento não está em operação.

(d)   Determine os valores de P_1 e P_2 quando o acionamento estiver operando na velocidade normal, porém transmitindo apenas 6 kW.

[Resp.: (a) 926 N, 199 N; (b) torques de 65,6 N · m e 109,2 N · m aos eixos motriz e conduzido e carga radial de 1118 N a cada eixo; (c) 562,5 N; (d) 744 N, 381 N]

19.16   Uma correia em V com $\beta = 18°$ e peso por unidade de comprimento de 0,012 lb/in (2,10 N/m) transmite a potência de 12 hp de uma polia motriz a 1750 rpm com diâmetro de 6 in (15,2 cm) para uma polia conduzida com diâmetro de 12 in (30,5 cm). A distância entre centros deve ser de 20 in (50,8 cm).

(a)   Considerando que o coeficiente de atrito é de 0,20 e que a tração inicial da correia é exatamente a adequada para evitar o escorregamento, determine os valores de P_1 e P_2.

(b)   Determine as cargas torcionais e radial resultante aplicadas pela correia a cada eixo.

(c)   Determine os valores de P_1 e P_2 quando o acionamento estiver operando na velocidade normal, porém transmitindo apenas 3 hp.

19.17   A Figura P19.17 mostra uma correia modular cujas extremidades são reforçadas com elos de aço. O sistema de correias pode ser analisado utilizando um modelo de molas. Cada um dos elos de aço possui uma rigidez $k_s = 5,2 \times 10^5$ lb/in. A rigidez dos elos de plástico $k_p = 5,6 \times 10^4$ lb/in. Os elos podem ser idealizados como oito (8) elementos plásticos sujeitos à tração; isto é, o elo de plástico é composto de oito elementos em paralelo. Se a correia modular reforçada com elos de aço suporta uma carga F, qual é a carga supor-

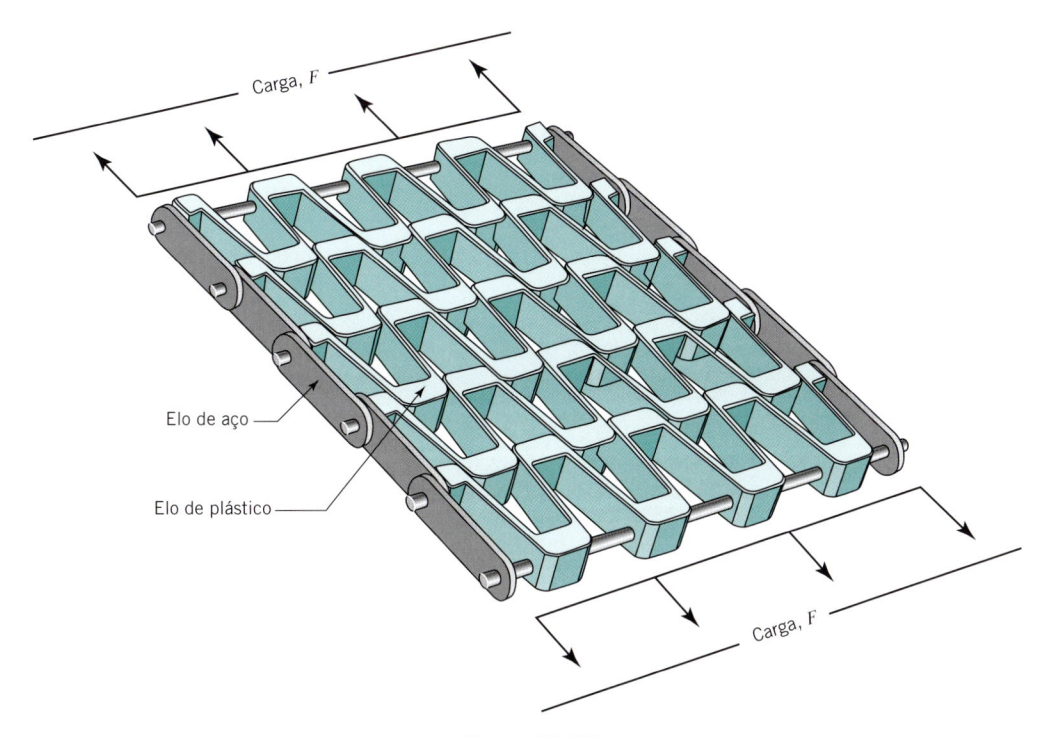

FIGURA P19.17

tada pelos elos de aço? Qual é a carga suportada por cada elo da correia modular?

19.18 Realize uma pesquisa de produto na Internet para correias modulares. Cite um fabricante, elabore uma descrição física do produto e liste o uso desse tipo de corrente ou correia.

19.19 Repita o Problema 19.18 para correntes do tipo MatTop®.

19.20 Repita o Problema 19.18 para correntes do tipo FlatTop®.

19.21 Repita o Problema 19.18 para correntes do tipo TableTop®.

19.22 Escreva alguns parágrafos descrevendo a diferença entre correias modulares, correntes do tipo MatTop®, correntes do tipo FlatTop® e correntes do tipo TableTop®.

19.23P Reveja o endereço da Internet http://www.grainger.com. Realize uma pesquisa de produtos para correias em V. Selecione uma correia em V do tipo A com comprimento de 32 in (81,3 cm). Relacione o fabricante, uma descrição do produto e o preço.

19.24P Reveja o endereço da Internet http://www.grainger.com. Realize uma pesquisa de produtos para correntes de roletes. Selecione uma corrente de rolete de aço rebitada simples padronizada ANSI #40. Relacione o fabricante, uma descrição do produto e o preço.

19.25 Uma corrente de elos carregada conforme mostrado na Figura P19.25 é constituída de dois tipos de elos que são conectados por pinos. Admita que os elos mais espessos possuam uma

espessura igual ao dobro da dos elos mais finos. Para esse problema:

(a) Copie o desenho da figura e esquematize as trajetórias de fluxo de forças através da corrente.

(b) Utilizando o conceito de fluxo de forças, localize e identifique as seções críticas para (1) o elo mais espesso, (2) o elo mais fino e (3) o pino.

Seção 19.8

19.26 Um acoplamento fluido do tipo mostrado na Figura 19.10 possui seus eixos de entrada e de saída diretamente acoplados a um motor elétrico e a uma máquina conduzida, respectivamente — veja a Figura P19.26. As características do motor e do acoplamento estão em conformidade com as curvas de desempenho mostradas na Figura 19.11.

(a) Durante a operação normal, o motor gira a 1780 rpm e aciona a máquina com 55 % de sua potência nominal. Qual é a rotação do eixo de entrada da máquina? Qual é o percentual do torque do motor que chega até a máquina? Qual é o percentual da potência de saída do motor convertido em calor no acoplamento fluido?

(b) Quanto da potência nominal plena do motor é requerido pelo deslizamento do acoplamento durante a operação de sobrecarga?

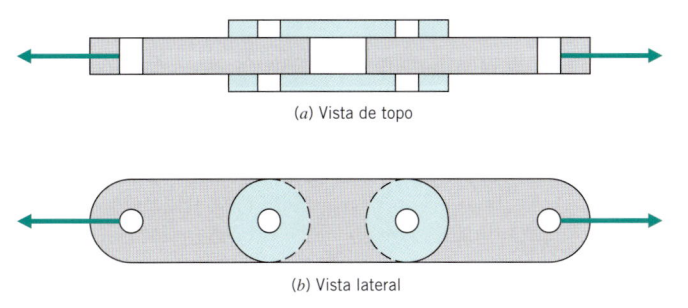

(a) Vista de topo

(b) Vista lateral

FIGURA P19.25

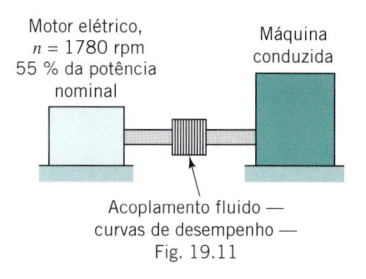

FIGURA P19.26

(c)   Qual é a rotação do motor na condição em que a máquina é sobrecarregada até o ponto em que o motor não mais pode acioná-la e para? Nessas condições, qual é a fração da potência nominal do motor que é convertida em calor no acoplamento fluido?

19.27   Admita que as características do motor e do acoplamento representadas na Figura 19.11 correspondam a uma instalação bem realizada, do ponto de vista da engenharia, e que incorporem um motor de 10 kW a 1750 rpm. Uma instalação similar, porém menor, está sendo considerada. Esta instalação requer uma potência 50 % menor. Dessa forma, será utilizado um motor de 5 kW a 1750 rpm e um acoplamento fluido menor, porém geo- metricamente similar. Nessas condições, de que fator poderia ser reduzido o diâmetro do acoplamento fluido? Se a fonte de potência de 5 kW, utilizada na nova instalação, girar a 3500 rpm, de que fator poderia o diâmetro do acoplamento ser reduzido?

Seção 19.9

19.28   Um conversor de torque hidrodinâmico como o representado na Figura 19.13 fornece uma multiplicação de torque de 2,4 quando opera com um motor de acionamento que desenvolve um torque de 100 N · m. Qual é o torque aplicado a uma embreagem de uma via?

APÊNDICE

Unidades

Fatores de Conversão de Unidades dos Sistemas Gravitacional Inglês, Inglês de Engenharia e SI

Grandeza	Gravitacional Inglês e Inglês de Engenharia	Unidade do SI[a]	Fatores de Conversão
Comprimento	polegada (in ou ″) <u>pés</u> (ft ou ′) <u>milha</u> (mi, EUA)	<u>metro</u> (m) <u>metro</u> (m) quilômetro (km)	*1 in = 0,0254 m = 25,4 mm *1 ft = 0,3048 m = 304,8 mm 1 milha = 1,609 km = 1609 m
Volume	galão (gal, EUA)	<u>metro^3</u> (m^3)	1 gal = 0,003785 m^3 = 3,785 litros
Força (peso)	<u>libra</u> (lb)	newton[d] (N)	1 lb = 4,448 N
Torque	<u>libra-pé</u> (lb · ft)	newton-metro (N · m)	1 lb · ft = 1,356 N · m
Trabalho, Energia	<u>pé-libra</u> (ft · lb)	joule[c] (J)	1 ft · lb = 1.356 J
Potência	<u>pé-libra/segundo</u> (ft · b/s) cavalo-vapor[b] (hp)	watt[g] (W) <u>quilowatt</u> (kW)	1 ft · lb/s = 1,356 W 1 hp = 0,746 kW
Tensão, Pressão	<u>libra/in^2</u> (psi) <u>milhares de libras/in^2</u> (ksi)	pascal[e] (Pa) megapascal (MPa)	1 psi = 6895 Pa 1 ksi = 6,895 MPa
Massa (Inglesa)	<u>slug</u>[f]	quilograma (kg)	1 slug = 14,59 kg
Massa (Americana)	lbm[h]	<u>quilograma</u> (kg)	1 lbm = 0,454 kg = 454 gramas

[a]As unidades *maiores* estão <u>sublinhadas</u>.
[b]1 hp = 550 ft · lb/s; [c]1 J = 1 N · m; [d]1 N = 1 kg · m/s^2; [e]1 Pa = 1 N/m^2; [f]1 slug = 1 lb · s^2/ft; [g]1 W = 1 J/s; [h]1 slug = 32,2 lbm.
*Uma definição exata.

APÊNDICE A-1b Fatores de Conversão Relacionados por Grandeza Física

ACELERAÇÃO
*1 pé/segundo^2 = 3,048 × 10^{-1} metros/segundo^2
*1 aceleração da gravidade padrão = 9,806 65 metros/segundo^2
*1 polegada/segundo^2 = 2,54 × 10^{-2} metros/segundo^2
ÁREA
*1 acre = 4,046 856 422 4 × 10^3 metros^2
*1 pé^2 = 9,290 304 × 10^{-2} metros^2
*1 hectare = 1,00 × 10^4 metros^2
*1 polegada^2 = 6,4516 × 10^{-4} metros^2
*1 milha^2 (EUA) = 2,589 988 110 336 × 10^6 metros^2
*1 jarda^2 = 8,361 273 6 × 10^{-1} metros^2
MASSA ESPECÍFICA
*1 grama/centímetro^3 = 1,00 × 10^3 quilogramas/metro^3
 1 lbm/polegada^3 = 2,767 990 5 × 10^4 quilogramas/metro^3
 1 lbm/pé^3 = 1,601 846 3 × 10^1 quilogramas/metro^3
 1 slug/pé^3 = 5,153 79 × 10^2 quilogramas/metro^3
ENERGIA
 1 Btu (média) = 1,055 87 × 10^3 joules
*1 erg = 1,00 × 10^{-7} joule
 1 pé-lb = 1,355 817 9 joules
*1 quilowatt-hora = 3,60 × 10^6 joules
 1 ton (equivalente nuclear da TNT) = 4,20 × 10^9 joules
*1 watt-hora = 3,60 × 10^3 joules
FORÇA
*1 dina = 1,00 × 10^{-5} newton
*1 quilograma-força (kgf) = 9,806 65 newtons
*1 quilolibra-força = 9,806 65 newtons
*1 kip = 4,448 221 615 260 5 × 10^3 newtons
*1 lb (libra-força, *avoirdupois*) = 4,448 221 615 260 5 newtons
 1 onça-força (*avoirdupois*) = 2,780 138 5 × 10^{-1} newton
*1 libra-força, lb (*avoirdupois*) = 4,448 221 615 260 5 newtons
*1 poundal = 1,382 549 543 76 × 10^{-1} newton
COMPRIMENTO
*1 angström = 1,00 × 10^{-10} metro
*1 cúbito = 4,572 × 10^{-1} metro
*1 braça = 1,8288 metro
*1 pé = 3,048 × 10^{-1} metro
*1 polegada = 2,54 × 10^{-2} metro
*1 légua (náutica internacional) = 5,556 × 10^3 metros
 1 ano-luz = 9,460 55 × 10^{15} metros
*1 metro = 1,650 763 73 × 10^6 comprimentos de onda do Kr 86
*1 mícron = 1,00 × 10^{-6} metro
*1 milha = 2,54 × 10^{-5} metro
*1 milha (EUA) = 1,609 344 × 10^3 metros
*1 milha náutica (EUA) = 1,852 × 10^3 metros
*1 jarda = 9,144 × 10^{-1} metro
MASSA
*1 quilate (métrico) = 2,00 × 10^{-4} quilograma
*1 grão = 6,479 891 × 10^{-5} quilograma
*1 lbm (libra-massa, *avoirdupois*) = 4,535 923 7 × 10^{-1} quilograma
*1 onça-massa (*avoirdupois*) = 2,834 952 312 5 × 10^{-2} quilograma
 1 slug = 1,459 390 29 × 10^1 quilogramas
*1 ton (longa) = 1,016 046 908 8 × 10^3 quilogramas
*1 ton (métrica) = 1,00 × 10^3 quilogramas
 1 ton (curta, 2000 libras-massa) = 9,071 847 4 × 10^2 quilogramas
POTÊNCIA
 Btu (termoquímica)/segundo = 1,054 350 264 488 × 10^3 watts
*1 caloria (termoquímica)/segundo = 4,184 watts
 1 pé-lb/minuto = 2,259 696 6 × 10^{-2} watt
 1 pé-lb/segundo = 1,355 817 9 watts
 1 cavalo-vapor (550 pé-lb/segundo) = 7,456 998 7 × 10^2 watts
*1 cavalo-vapor (elétrico) = 7,46 × 10^2 watts
PRESSÃO
*1 atmosfera = 1,013 25 × 10^5 newtons/metro^2

*1 bar = 1,00 × 10^5 newtons/metro^2
 1 centímetro de mercúrio (0ºC) = 1,333 22 × 10^3 newtons/metro^2
 1 centímetro de água (4ºC) = 9,806 38 × 10^1 newtons/metro^2
*1 dina/centímetro^2 = 1,00 × 10^{-1} newton/metro^2
 1 polegada de mercúrio (60ºF) = 3,376 85 × 10^3 newtons/metro^2
 1 polegada de água (60ºF) = 2,4884 × 10^2 newtons/metro^2
*1 kgf/metro^2 = 9,806 65 newtons/metro^2
 1 lb/pé^2 = 4,788 025 8 × 10^1 newtons/metro^2
 1 lb/polegada^2 (psi) = 6,894 757 2 × 10^3 newtons/metro^2
*1 milibar = 1,00 × 10^2 newtons/metro^2
 1 milímetro de mercúrio (0ºC) = 1,333 224 × 10^2 newtons/metro^2
*1 pascal = 1,00 newton/metro^2
 1 psi (lb/polegada^2) = 6,894 757 2 × 10^3 newtons/metro^2
 1 torr (0ºC) = 1,333 22 × 10^2 newtons/metro^2
VELOCIDADE
*1 pé/minuto = 5,08 × 10^{-3} metro/segundo
*1 pé/segundo = 3,048 × 10^{-1} metro/segundo
*1 polegada/segundo = 2,54 × 10^{-2} metro/segundo
 1 quilômetro/hora = 2,777 777 8 × 10^{-1} metro/segundo
 1 nó (internacional) = 5,144 444 444 × 10^{-1} metro/segundo
*1 milha/hora (EUA) = 4,4704 × 10^{-1} metro/segundo
TEMPERATURA
 Celsius = kelvin – 273,15
 Fahrenheit = $\frac{9}{5}$ kelvin – 459,67
 Fahrenheit = $\frac{9}{5}$ Celsius + 32
 Rankine = $\frac{9}{5}$ kelvin
TEMPO
*1 dia (médio solar) = 8,64 × 10^4 segundos (médios solares)
*1 hora (média solar) = 3,60 × 10^3 segundos (médios solares)
*1 minuto (médio solar) = 6,00 × 10^1 segundos (médios solares)
*1 mês (calendário médio) = 2,628 × 10^6 segundos (médios solares)
*1 ano (calendário) = 3,1536 × 10^7 segundos (médios solares)
VISCOSIDADE
*1 centistoke = 1,00 × 10^{-6} metro^2/segundo
*1 stoke = 1,00 × 10^{-4} metro^2/segundo
*1 pé^2/segundo = 9,290 304 × 10^{-2} metro^2/segundo
*1 centipoise = 1,00 × 10^{-3} newton-segundo/metro^2
 1 lbm/pé-segundo = 1,488 163 9 newton-segundo/metro^2
 1 lb-segundo/pé^2 = 4,788 025 8 × 10^1 newton-segundo/metro^2
*1 poise = 1,00 × 10^{-1} newton-segundo/metro^2
 1 slug/pé-segundo = 4,788 025 8 × 10^1 newton-segundo/metro^2
VOLUME
 1 barril (de petróleo, 42 galões) = 1,589 873 × 10^{-1} metro^3
*1 board foot (1 ft × 1 ft × 1 in) = 2,359 737 216 × 10^{-3} metro^3
*1 alqueire (EUA) = 3,523 907 016 688 × 10^{-2} metro^3
 1 corda = 3,624 556 3 metros^3
*1 copo = 2,365 882 365 × 10^{-4} metro^3
*1 onça (fluida, EUA) = 2,957 352 956 25 × 10^{-5} metro^3
*1 pé^3 = 2,831 684 659 2 × 10^{-2} metro^3
*1 galão (seco, EUA) = 4,404 883 770 86 × 10^{-3} metro^3
*1 galão (líquido, EUA) = 3,785 411 784 × 10^{-3} metro^3
*1 polegada^3 = 1,638 706 4 × 10^{-5} metro^3
*1 litro = 1,00 × 10^{-3} metro^3
*1 onça (fluida, EUA) = 2,957 352 956 25 × 10^{-5} metro^3
*1 peck (EUA) = 8,809 767 541 72 × 10^{-3} metro^3
*1 pint (seco, EUA) = 5,506 104 713 575 × 10^{-4} metro^3
*1 pint (molhado, EUA) = 4,731 764 73 × 10^{-4} metro^3
*1 quart (seco, EUA) = 1,101 220 942 715 × 10^{-3} metro^3
 1 quart (líquido, EUA) = 9,463 529 5 × 10^{-4} metro^3
*1 estéreo = 1,00 metro^3
*1 colher de sopa = 1,478 676 478 125 × 10^{-5} metro^3
*1 colher de chá = 4,928 921 593 75 × 10^{-6} metro^3
*1 t (registrada) = 2,831 684 659 2 metros^3
*1 jarda^3 = 7,654 548 579 84 × 10^{-1} metro^3

---

*Uma definição exata.

Nota: Algumas vezes são utilizados espaços a cada grupo de três algarismos à direita da vírgula. Isso evita erros na prática em alguns países da Europa e América do Sul.

Fonte: E. A. Mechtly, *The International System of Units, Physical Constants and Conversion Factors*, NASA SP-7012, Escritório de Informações Técnicas e Científicas, National Aeronautics and Space Administration, Washington, D.C., 1973.

Apêndice A-2a   Prefixos SI Padronizados

Categoria	Nome	Símbolo	Fator
Recomendado e importante para este curso.	giga	G	$1\ 000\ 000\ 000 = 10^9$
	mega	M	$1\ 000\ 000 = 10^6$
	quilo	k	$1\ 000 = 10^3$
	mili	m	$0,001 = 10^{-3}$
	micro	μ	$0,000\ 001 = 10^{-6}$
Não recomendado, porém algumas vezes encontrado.	hecto	h	$100 = 10^2$
	deca	da	$10 = 10^1$
	deci	d	$0,1 = 10^{-1}$
	centi	c	$0,01 = 10^{-2}$
Não encontrado neste curso.	tera	T	$1\ 000\ 000\ 000\ 000 = 10^{12}$
	nano	n	$0,000\ 000\ 000 = 10^{-9}$
	pico	p	$0,000\ 000\ 000\ 000 = 10^{-12}$
	femto	f	$0,000\ 000\ 000\ 000\ 000 = 10^{-15}$
	ato	a	$0,000\ 000\ 000\ 000\ 000\ 000 = 10^{-18}$

Nota: Algumas vezes são utilizados espaços a cada grupo de três algarismos à direita da vírgula. Isso evita erros na prática em alguns países da Europa e América do Sul.

Apêndice A-2b   Unidades e Símbolos do Sistema SI

Grandeza	Nome	Símbolo	Expressa em Outras Unidades
Comprimento[a]	metro	m	
Massa[a]	quilograma	kg	
Tempo[a]	segundo	s	
Temperatura[a,b]	kelvin	K	
Ângulo plano[c]	radianos	rad	
Aceleração	metro por segundo ao quadrado	m/s^2	
Aceleração angular	radianos por segundo ao quadrado	rad/s^2	
Área	metros quadrados	m^2	
Capacidade calorífica específica	joule por quilograma kelvin	$J/(kg \cdot K)$	
Condutividade térmica	watt por metro kelvin	$W/(m \cdot K)$	
Energia	joule	J	$N \cdot m$
Força	newton	N	$m \cdot kg \cdot s^{-2}$
Frequência	hertz	Hz	s^{-1}
Massa específica	quilograma por metro cúbico	kg/m^3	
Momento de uma força	newton-metro	$N \cdot m$	
Potência	watt	W	J/s
Pressão	pascal	Pa	N/m^2
Quantidade de calor	joule	J	$N \cdot m$
Trabalho	joule	J	$N \cdot m$
Velocidade	metro por segundo	m/s	
Velocidade angular	radianos por segundo	rad/s	
Viscosidade dinâmica	pascal-segundo	$Pa \cdot s$	
Volume	metro cúbico	m^3	

[a]Unidade fundamental do SI.
[b]A temperatura Celsius é expressa em graus Celsius (símbolo °C).
[c]Unidade suplementar.
Fonte: Chester H. Page e Paul Vigoureux, eds., *The International System of Units (SI)*, Superintendência de Documentos, Escritório de Impressão do Governo dos Estados Unidos, Washington, D.C. 20402 (Pedidos pelo Catálogo SD No. C13.10 : 330/2). Departamento Nacional de Publicações Especiais sobre Padrões (National Bureau of Standards Special Publications) 330, 1972, p. 12.

APÊNDICE A-3 **Prefixos do SI Sugeridos para o Cálculo das Tensões**

$$\sigma = \frac{P}{A}, \frac{Mc}{I}, \frac{M}{Z}; \tau = \frac{P}{A}, \frac{V}{A}, \frac{Tr}{J}, \frac{T}{Z'}, \frac{V}{Ib} \int dA$$

σ, τ	P,V	M,T	A	I,J	c, r, b, y	Z, Z'
Pa	N	$N \cdot m$	m^2	m^4	m	m^3
kPa	kN	$kN \cdot m$	m^2	m^4	m	m^3
MPa	N	$N \cdot mm$	mm^2	mm^4	mm	mm^3
GPa	kN	$N \cdot m$	mm^2	mm^4		mm^3

APÊNDICE A-4 **Prefixos do SI Sugeridos para o Cálculo dos Deslocamentos Lineares**

$$\delta = \frac{PL}{AE}^a; \delta \propto \frac{PL^3}{EI}^a, \frac{wL^4}{EI}, \frac{ML^2}{EI}^a$$

δ	P	w	M	L	A	E	I
μm	N	N/m	$N \cdot m$	m	m^2	MPa	m^4
μm	N	N/mm	$N \cdot mm$	mm	mm^2	GPa	mm^4
μm	kN	N/m	$kN \cdot m$	m	m^2	GPa	m^4

[a]Ilustrado na Tabela 5.1.

APÊNDICE A-5 **Prefixos do SI Sugeridos para o Cálculo dos Deslocamentos Angulares**

$$\theta = \frac{TL^a}{K'G}, \frac{ML^a}{IE}$$

θ	T,M	L	K',I	E,G
rad	$N \cdot m$	m	m^4	Pa
μrad	$N \cdot m$	m	m^4	MPa
mrad	$N \cdot mm$	mm	mm^4	GPa
μrad	$kN \cdot m$	m	m^4	GPa

[a]Ilustrado na Tabela 5.1.

Propriedades das Áreas e dos Sólidos

APÊNDICE B-1a   Propriedades das Áreas

A = área, in^2 Z = módulo de resistência da seção, in^3
I = momento de inércia, in^4 ρ = raio de giração, in
J = momento polar de inércia, in^4 $\bar{y}$ = distância centroidal, in

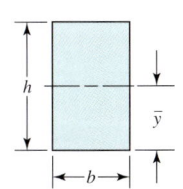

$$A = bh$$

$$I = \frac{bh^3}{12}$$

$$Z = \frac{bh^2}{6}$$

$$\rho = 0{,}289h$$

$$\bar{y} = \frac{h}{2}$$

Retângulo

$$A = \frac{bh}{2}$$

$$I = \frac{bh^3}{36}$$

$$Z = \frac{bh^2}{24}$$

$$\rho = 0{,}236h$$

$$\bar{y} = \frac{h}{3}$$

Triângulo qualquer

$$A = \frac{h}{2}(a + b)$$

$$I = \frac{h^3(a^2 + 4ab + b^2)}{36(a + b)}$$

$$Z = \frac{h^2}{12}\frac{(a^2 + 4ab + b^2)}{(a + 2b)}$$

$$\rho = \frac{h}{6}\sqrt{2 + \frac{4ab}{(a + b)^2}}$$

$$\bar{y} = \frac{h}{3}\frac{(2a + b)}{(a + b)}$$

Trapézio qualquer

$$A = \frac{\pi d^2}{4}$$

$$I = \frac{\pi d^4}{64}$$

$$Z = \frac{\pi d^3}{32}$$

$$J = \frac{\pi d^4}{32}$$

$$\rho = \frac{d}{4}$$

Círculo

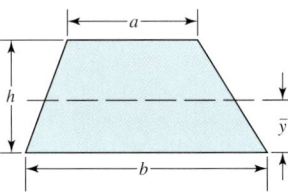

$$A = \frac{\pi}{4}(d^2 - d_i^2)$$

$$I = \frac{\pi}{64}(d^4 - d_i^4)$$

$$Z = \frac{\pi}{32d}(d^4 - d_i^4)$$

$$J = \frac{\pi}{32}(d^4 - d_i^4)$$

$$\rho = \sqrt{\frac{d^2 + d_i^2}{16}}$$

Anel

APÊNDICE B-1b   Dimensões e Propriedades dos Tubos e das Seções Tubulares de Aço

A = área, in^2	Z = módulo de resistência da seção, in^3
I = momento de inércia, in^4	ρ = raio de giração, in

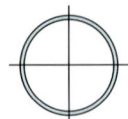

**Dimensões e Propriedades
dos Tubos Padronizados**

	Dimensões				Propriedades			
Diâmetro Nominal (in)	**Diâmetro Externo (in)**	**Diâmetro Interno (in)**	**Espessura da Parede (in)**	**Peso por Pé (lb) Extremidades Planas**	**A (in^2)**	**I (in^4)**	**Z (in^3)**	**ρ (in)**
$\frac{1}{2}$	0,840	0,622	0,109	0,85	0,250	0,017	0,041	0,261
$\frac{3}{4}$	1,050	0,824	0,113	1,13	0,333	0,037	0,071	0,334
1	1,315	1,049	0,133	1,68	0,494	0,087	0,133	0,421
$1\frac{1}{4}$	1,660	1,380	0,140	2,27	0,669	0,195	0,235	0,540
$1\frac{1}{2}$	1,900	1,610	0,145	2,72	0,799	0,310	0,326	0,623
2	2,375	2,067	0,154	3,65	1,07	0,666	0,561	0,787
$2\frac{1}{2}$	2,875	2,469	0,203	5,79	1,70	1,53	1,06	0,947
3	3,500	3,068	0,216	7,58	2,23	3,02	1,72	1,16
4	4,500	4,026	0,237	10,79	3,17	7,23	3,21	1,51
5	5,563	5,047	0,258	14,62	4,30	15,2	5,45	1,88

APÊNDICE B-1b *(continuação)*

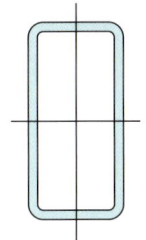

**Dimensões e Propriedades das Seções
Tubulares Quadradas e Retangulares**

Dimensões			Propriedades[b]						
Dimensões Nominais[a] (in)	Espessura da Parede (in)	Peso por Pé (lb)	A (in²)	I_x (in⁴)	Z_x (in³)	ρ_x (in)	I_y (in⁴)	Z_y (in³)	ρ_y (in)
2 × 2	$\frac{3}{16}$	4,32	1,27	0,668	0,668	0,726			
	$\frac{1}{4}$	5,41	1,59	0,766	0,766	0,694			
2,5 × 2,5	$\frac{3}{16}$	5,59	1,64	1,42	1,14	0,930			
	$\frac{1}{4}$	7,11	2,09	1,69	1,35	0,899			
3 × 2	$\frac{3}{16}$	5,59	1,64	1,86	1,24	1,06	0,977	0,977	0,771
	$\frac{1}{4}$	7,11	2,09	2,21	1,47	1,03	1,15	1,15	0,742
3 × 3	$\frac{3}{16}$	6,87	2,02	2,60	1,73	1,13			
	$\frac{1}{4}$	8,81	2,59	3,16	2,10	1,10			
4 × 2	$\frac{3}{16}$	6,87	2,02	3,87	1,93	1,38	1,29	1,29	0,798
	$\frac{1}{4}$	8,81	2,59	4,69	2,35	1,35	1,54	1,54	0,770
4 × 4	$\frac{3}{16}$	9,42	2,77	6,59	3,30	1,54			
	$\frac{1}{4}$	12,21	3,59	8,22	4,11	1,51			
	$\frac{3}{8}$	17,27	5,08	10,7	5,35	1,45			
	$\frac{1}{2}$	21,63	6,36	12,3	6,13	1,39			
5 × 3	$\frac{3}{16}$	9,42	2,77	9,1	3,62	1,81	4,08	2,72	1,21
	$\frac{1}{4}$	12,21	3,59	11,3	4,52	1,77	5,05	3,37	1,19
	$\frac{3}{8}$	17,27	5,08	14,7	5,89	1,70	6,48	4,32	1,13
	$\frac{1}{2}$	21,63	6,36	16,9	6,75	1,63	7,33	4,88	1,07
5 × 5	$\frac{3}{16}$	11,97	3,52	13,4	5,36	1,95			
	$\frac{1}{4}$	15,62	4,59	16,9	6,78	1,92			
	$\frac{3}{8}$	22,37	6,58	22,8	9,11	1,86			
	$\frac{1}{2}$	28,43	8,36	27,0	10,8	1,80			

[a] Dimensões externas entre as superfícies planas.
[b] As propriedades são baseadas em um raio nominal externo aos vértices igual ao dobro da espessura da parede.
Fonte: Manual of Steel Construction. American Institute of Steel Construction, Chicago, Illinois, 1980.

APÊNDICE B-2 Massa e Momento de Inércia de Massa de Corpos Homogêneos

ρ = massa específica

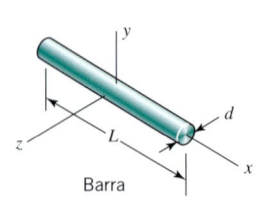

Barra

$$m = \frac{\pi d^2 L\rho}{4}$$

$$I_y = I_z = \frac{mL^2}{12}$$

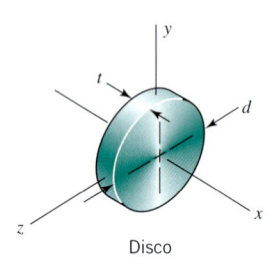

Disco

$$m = \frac{\pi d^2 t\rho}{4}$$

$$I_x = \frac{md^2}{8}$$

$$I_y = I_z = \frac{md^2}{16}$$

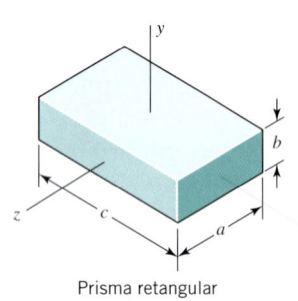

Prisma retangular

$$m = abc\rho$$

$$I_x = \frac{m}{12}(a^2 + b^2)$$

$$I_y = \frac{m}{12}(a^2 + c^2)$$

$$I_z = \frac{m}{12}(b^2 + c^2)$$

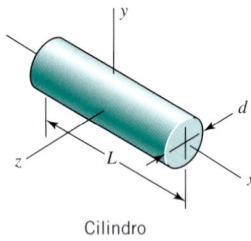

Cilindro

$$m = \frac{\pi d^2 L\rho}{4}$$

$$I_x = \frac{md^2}{8}$$

$$I_y = I_z = \frac{m}{48}(3d^2 + 4L^2)$$

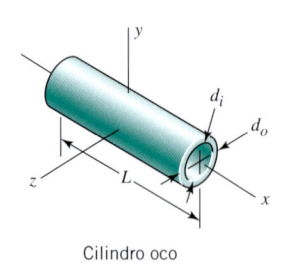

Cilindro oco

$$m = \frac{\pi L\rho}{4}(d_o^2 - d_i^2)$$

$$I_x = \frac{m}{8}(d_o^2 + d_i^2)$$

$$I_y = I_z = \frac{m}{48}(3d_o^2 + 3d_i^2 + 4L^2)$$

Propriedades dos Materiais e Suas Aplicações

APÊNDICE C-1 Propriedades Físicas dos Metais Comuns

Metal	Módulo de Elasticidade, E		Módulo de Elasticidade Transversal, G		Coeficiente de Poisson, v	Peso Específico, w (lb/in³)	Massa Específica, ρ (Mg/m³)	Coeficiente de Expansão Térmica, α		Condutividade Térmica		Calor Específico	
	Mpsi	GPa	Mpsi	GPa				$10^{-6}/°F$	$10^{-6}/°C$	Btu/h-ft-°F	W/m-°C	Btu/lbm-°F	J/kg-°C
Aço-carbono	30	207	11,5	79	0,30	0,28	7,7	6,7	12	27	47	0,11	460
Aço inoxidável	27,5	190	10,6	73	0,30	0,28	7,7	8,0	14	12	21	0,11	460
Berílo, cobre	18,5	127	7,2	50	0,29	0,30	8,3	9,3	17	85	147	0,10	420
Cobre	17,5	121	6,6	46	0,33	0,32	8,9	9,4	17	220	381	0,10	420
Ferro fundido cinzento[b]	15	103	6,0	41	0,26	0,26	7,2	6,4	12	29	50	0,13	540
Latão, bronze	16	110	6,0	41	0,33	0,31	8,7	10,5	19	45	78	0,10	420
Liga de aço	30	207	11,5	79	0,30	0,28	7,7	6,3	11	22	38	0,11	460
Liga de alumínio	10,4[a]	72	3,9	27	0,32	0,10	2,8	12,0	22	100	173	0,22	920
Liga de magnésio	6,5	45	2,4	17	0,35	0,065	1,8	14,5	26	55	95	0,28	1170
Liga de níquel	30	207	11,5	79	0,30	0,30	8,3	7,0	13	12	21	0,12	500
Liga de titânio	16,5	114	6,2	43	0,33	0,16	4,4	4,9	9	7	12	0,12	500
Liga de zinco	12	83	4,5	31	0,33	0,24	6,6	15,0	27	64	111	0,11	460

[a]Os valores fornecidos são representativos. Os valores exatos podem variar, por vezes significativamente, com a composição e o processo utilizado.
[b]Veja o Apêndice C-3 para mais detalhes sobre as propriedades elásticas dos ferros fundidos.
Nota: Veja o Apêndice C-18 para as propriedades físicas de alguns plásticos.

APÊNDICE **C-2**   Resistências à Tração de Alguns Metais

Material	Limite de Resistência, S_u		Resistência ao Escoamento, S_y		σ_0[a]		m[a]	ϵ_{Tf}[a]
	ksi	MPa	ksi	MPa	ksi	MPa		
Aços-carbono e ligas de aço								
1002 A[b]	42	290	19	131	78	538	0,27	1,25
1010 A	44	303	29	200	82	565	0,23	1,20
1018 A	49,5	341	32	221	90	621	0,25	1,05
1020 HR	66	455	42	290	115	793	0,22	0,92
1045 HR	92,5	638	60	414	140	965	0,14	0,58
1212 HR	61,5	424	28	193	110	758	0,24	0,85
4340 HR	151	1041	132	910	210	1448	0,09	0,45
52100 A	167	1151	131	903	210	1448	0,07	0,40
Aços inoxidáveis								
302 A	92	634	34	234	210	1448	0,48	1,20
303 A	87	600	35	241	205	1413	0,51	1,16
304 A	83	572	40	276	185	1276	0,45	1,67
440C A	117	807	67	462	180	1241	0,14	0,12
Ligas de alumínio								
1100-0	12	83	4,5	31	22	152	0,25	2,30
2024-T4	65	448	43	296	100	690	0,15	0,18
7075-0	34	234	14,3	99	61	421	0,22	0,53
7075-T6	86	593	78	538	128	883	0,13	0,18
Ligas de magnésio								
HK31XA-0	25,5	176	19	131	49,5	341	0,22	0,33
HK31XA-H24	36,2	250	31	214	48	331	0,08	0,20
Ligas de cobre								
Latão A 90-10	36,4	251	8,4	58	83	572	0,46	—
Latão A 80-20	35,8	247	7,2	50	84	579	0,48	—
Latão A 70-30	44	303	10,5	72	105	724	0,52	1,55
Latão Naval A	54,5	376	17	117	125	862	0,48	1,00

[a]Definido na Seção 3.4.
[b]A = recozido, HR = laminado a quente.
Nota: Os valores referem-se a ensaios simples e são tidos como típicos. Os valores reais podem apresentar pequenas diferenças em função da composição e do processo, portanto alguns valores aqui registrados não estão de acordo com os valores encontrados em outras tabelas do Apêndice C.
Fonte: J. Datsko, *Materials in Design and Manufacturing*, Mallory, Inc., Ann Arbor, Mich. 1977.

Classe ASTM[a]	Resistência à Tração		Resistência ao Cisalhamento por Torção		Resistência à Compressão		Limite de Resistência à Fadiga por Flexão		Dureza Brinell	Módulo de Elasticidade		Módulo de Elasticidade Transversal por Torção		Aplicações Típicas
	MPa	ksi[a]	MPa	ksi	MPa	ksi	MPa	ksi	H_B	GPa	10^6 psi	GPa	10^6 psi	
20	152	22	179	26	572	83	69	10	156	66 a 97	9,6 a 14,0	27 a 39	3,9 a 5,6	Várias aplicações de ferro fundido doce
25	179	26	220	32	669	97	79	11,5	174	79 a 102	11,5 a 14,8	32 a 41	4,6 a 6,0	Cabeça dos cilindros e blocos, cárter
30	214	31	276	40	752	109	97	14	210	90 a 113	13,0 a 16,4	36 a 45	5,2 a 6,6	Tambores de freios, placas de embreagem, volantes
35	252	36,5	334	48,5	855	124	110	16	212	100 a 119	14,5 a 17,2	40 a 48	5,8 a 6,9	Tambores de freios para trabalhos pesados, placas de embreagem
40	293	42,5	393	57	965	140	128	18,5	235	110 a 138	16,0 a 20,0	44 a 54	6,4 a 7,8	Camisa de cilindros, eixo de cames
50	362	52,5	503	73	1130	164	148	21,5	262	130 a 157	18,8 a 22,8	50 a 55	7,2 a 8,0	Fundidos especiais de alta resistência
60	431	62,5	610	88,5	1293	187,5	169	24,5	302	141 a 162	20,4 a 23,5	54 a 59	7,8 a 8,5	Fundidos especiais de alta resistência

[a]Os valores mínimos de S_u (em ksi) são fornecidos pelo número da classe.

APÊNDICE C-3b Propriedades Mecânicas e Aplicações Típicas dos Ferros Fundidos Maleáveis[a]

Número de Especificação	Classe ou Grau	Limite de Resistência à Tração		Resistência ao Escoamento		Dureza Brinell, H_B	Elongação[b] (%)	Aplicações Típicas
		MPa	ksi	MPa	ksi			
Ferríticos								
ASTM A47, A338; ANSI G48.1; FED QQ-1-666c	32510	345	50	224	32	156 máx	10	Utilização geral a temperaturas normais e elevadas; boa usinabilidade, excelente resistência ao impacto
	35018	365	53	241	35	156 máx	18	
ASTM A 197	—	276	40	207	30	156 máx	5	Flanges de tubulações e componentes de válvulas
Perlíticos e Martensíticos								
ASTM A220; ANSI G48.2; MIL-I-1 11444B	40010	414	60	276	40	149-197	10	Operações gerais de engenharia a temperaturas normais e elevadas
	45008	448	65	310	45	156-197	8	
	45006	448	65	310	45	156-207	6	
	50005	483	70	345	50	179-229	5	
	60004	552	80	414	60	197-241	4	
	70003	586	85	483	70	217-269	3	
	80002	655	95	552	80	241-285	2	
	90001	724	105	621	90	269-321	1	
Automotivos								
ASTM A602; SAE J158	M3210[c]	345	50	224	32	156 máx	10	Caixa de engrenagens do sistema de direção e suporte de montagem
	M4504[d]	448	65	310	45	163-217	4	Eixo de manivelas de compressores e cubos de rodas
	M5003[d]	517	75	345	50	187-241	3	Componentes que requerem um endurecimento seletivo, como as engrenagens
	M5503[e]	517	75	379	32	187-241	3	Para usinagem e tratamento de endurecimento por indução
	M7002[e]	621	90	483	70	229-269	2	Bielas e juntas universais yoke
	M8501[e]	724	105	586	85	269-302	1	Engrenagens de alta resistência mecânica e boa resistência ao desgaste

[a]Resumido da referência ASM *Metals Reference Book*. American Society for Metals, Metals Park, Ohio, 1981.
[b]Mínima em 50 mm (2 in).
[c]Recozido.
[d]Resfriado rapidamente a ar e temperado.
[e]Resfriado rapidamente a líquido e temperado.

APÊNDICE C-3c Propriedades Mecânicas Médias e Aplicações Típicas dos Ferros Dúcteis (Nodulares)

Grau[a]	Dureza Brinel, H_B	Elongação (%) (em 50 mm)	Coeficiente de Poisson	Módulo de Elasticidade GPa	Módulo de Elasticidade 10^6 psi	Aplicações Típicas
60-40-18	167	15,0	0,29	169	24,5	Válvulas e acessórios para instalações de vapor e de produtos químicos
65-45-12	167	15,0	0,29	168	24,4	Componentes de máquinas sujeitos a impacto e fadiga
80-55-06	192	11,2	0,31	168	24,4	Eixos de manivelas, engrenagens e roletes
120-90-02	331	1,5	0,28	164	23,8	Pinhões, engrenagens, roletes e cursores

Grau	Resistência à Tração — Limite de Resistência MPa	Limite de Resistência 10^6 psi	Resistência ao Escoamento MPa	Resistência ao Escoamento 10^6 psi	Limite de Resistência à Compressão MPa	à Compressão 10^6 psi	Resistência ao Cisalhamento por Torção — Limite de Resistência MPa	Limite de Resistência 10^6 psi	Resistência ao Escoamento MPa	Escoamento 10^6 psi
60-40-18	461	66,9	329	47,7	359	52,0	472	68,5	195	28,3
65-45-12	464	67,3	332	48,2	362	52,5	475	68,9	297	30,0
80-55-06	559	81,8	362	52,5	386	56,0	504	73,1	193	28,0
120-90-02	974	141,3	864	125,3	920	133,5	875	126,9	492	71,3

[a]Os dois primeiros números especificados no grau indicam os valores mínimos (em ksi) do limite de resistência e da resistência ao escoamento.
Fonte: ASM Metals Reference Book, American Society for Metals, Metals Park, Ohio, 1981.

APÊNDICE **C-4a** Propriedades Mecânicas dos Aços-carbono e Ligas de Aço Selecionadas

I: Número AISI[a]	Tratamento	Limite de Resistência à Tração		Resistência ao Escoamento		Elongação (%)	Redução de Área (%)	Dureza Brinell, H_B	Resistência ao Impacto Izod	
		MPa	ksi	MPa	ksi				J	ft · lb
1015	Laminado	420,6	61,0	313,7	45,5	39,0	61,0	126	110,5	81,5
	Normalizado	424,0	61,5	324,1	47,0	37,0	69,6	121	115,5	85,2
	Recozido	386,1	56,0	284,4	41,3	37,0	69,7	111	115,0	84,8
1020	Laminado	448,2	65,0	330,9	48,0	36,0	59,0	143	86,8	64,0
	Normalizado	441,3	64,0	346,5	50,3	35,8	67,9	131	117,7	86,8
	Recozido	394,7	57,3	294,8	42,8	36,5	66,0	111	123,4	91,0
1030	Laminado	551,6	80,0	344,7	50,0	32,0	57,0	179	74,6	55,0
	Normalizado	520,6	75,5	344,7	50,0	32,0	60,8	149	93,6	69,0
	Recozido	463,7	67,3	341,3	49,5	31,2	57,9	126	69,4	51,2
1040	Laminado	620,5	90,0	413,7	60,0	25,0	50,0	201	48,8	36,0
	Normalizado	589,5	85,5	374,0	54,3	28,0	54,9	170	65,1	48,0
	Recozido	518,8	75,3	353,4	51,3	30,2	57,2	149	44,3	32,7
1050	Laminado	723,9	105,0	413,7	60,0	20,0	40,0	229	31,2	23,0
	Normalizado	748,1	108,5	427,5	62,0	20,0	39,4	217	27,1	20,0
	Recozido	636,0	92,3	365,4	53,0	23,7	39,9	187	16,9	12,5
1095	Laminado	965,3	140,0	572,3	83,0	9,0	18,0	293	4,1	3,0
	Normalizado	1013,5	147,0	499,9	72,5	9,5	13,5	293	5,4	4,0
	Recozido	656,7	95,3	379,2	55,0	13,0	20,6	192	2,7	2,0
1118	Laminado	521,2	75,6	316,5	45,9	32,0	70,0	149	108,5	80,0
	Normalizado	477,8	69,3	319,2	46,3	33,5	65,9	143	103,4	76,3
	Recozido	450,2	65,3	284,8	41,3	34,5	66,8	131	106,4	78,5

I: Número AISI[a]	Tratamento	Limite de Resistência à Tração		Resistência ao Escoamento		Elongação (%)	Redução de Área (%)	Dureza Brinell, H_B	Resistência ao Impacto Izod	
		MPa	ksi	MPa	ksi				J	ft · lb
3140	Normalizado	891,5	129,3	599,8	87,0	19,7	57,3	262	53,6	39,5
	Recozido	689,5	100,0	422,6	61,3	24,5	50,8	197	46,4	34,2
4130	Normalizado	668,8	97,0	436,4	63,3	25,5	59,5	197	86,4	63,7
	Recozido	560,5	81,3	360,6	52,3	28,2	55,6	156	61,7	45,5
4140	Normalizado	1020,4	148,0	655,0	95,0	17,7	46,8	302	22,6	16,7
	Recozido	655,0	95,0	417,1	60,5	25,7	56,9	197	54,5	40,2
4340	Normalizado	1279,0	185,5	861,8	125,0	12,2	36,3	363	15,9	11,7
	Recozido	744,6	108,0	472,3	68,5	22,0	49,9	217	51,1	37,7
6150	Normalizado	939,8	136,3	615,7	89,3	21,8	61,0	269	35,5	26,2
	Recozido	667,4	96,8	412,3	59,8	23,0	48,4	197	27,4	20,2
8650	Normalizado	1023,9	148,5	688,1	99,8	14,0	40,4	302	13,6	10,0
	Recozido	715,7	103,8	386,1	56,0	22,5	46,4	212	29,4	21,7
8740	Normalizado	929,4	134,8	606,7	88,0	16,0	47,9	269	17,6	13,0
	Recozido	695,0	100,8	415,8	60, 3	22,2	46,4	201	40,0	29,5
9255	Normalizado	932,9	135,3	579,2	84,0	19,7	43,4	269	13,6	10,0
	Recozido	774,3	112,3	486,1	70,5	21,7	41,1	229	8,8	6,5

[a]Todos os graus possuem granulação fina, exceto os da série 1100, que possuem granulação grossa. A menos que indicado de outra forma, o tratamento térmico dos corpos de prova foi o de resfriamento rápido por óleo.
Nota: Os valores tabulados correspondem às médias aproximadas esperadas para seções circulares de 1 in. Resultados de testes isolados podem apresentar diferenças consideráveis.
Fonte: *ASM Metals Reference Book*, American Society for Metals, Metals Park, Ohio, 1981.

APÊNDICE C-4b Aplicações Típicas dos Aços-carbono Comuns

Carbono (%)	Aplicações Típicas
0,05–0,10	Estampagem, rebites, fios e componentes estirados a frio
0,10–0,20	Perfis estruturais, componentes de máquina e componentes carburados
0,20–0,30	Engrenagens, eixos, alavancas, componentes forjados a frio, tubos soldados, componentes carburados
0,30–0,40	Eixos, engrenagens, bielas, ganchos de guindaste, tubos sem costuras (estes e os de durezas maiores podem ser tratados termicamente)
0,40–0,50	Engrenagens, eixos, parafusos e peças forjadas
0,60–0,70	Arame de mola estirado a frio, arruelas de aperto, recobrimento de rodas de locomotiva
0,70–0,90	Lâmina de arado, escavadeiras, feixe de molas e ferramentas manuais
0,90–1,20	Molas, facas, brocas, machos de abertura de roscas e ferramentas de fresa
1,20–1,40	Limas, facas, navalhas, serras e matrizes de trefilação

APÊNDICE C-5a Propriedades de Alguns Aços Temperados e Resfriados Rapidamente por Água

Aço	Diâmetro Tratado (in)	Diâmetro Testado (in)	Temperatura de Normalização (°F)	Temperatura de Reaquecimento (°F)	H_B, Quando Resfriado Rapidamente
1030	1,0	0,505	1700	1600	514
1040	1,0	0,505	1650	1550	534
1050	1,0	0,505	1650	1525	601
1095	1,0	0,505	1650	1450	601
4130	0,53	0,505	1600	1575	495

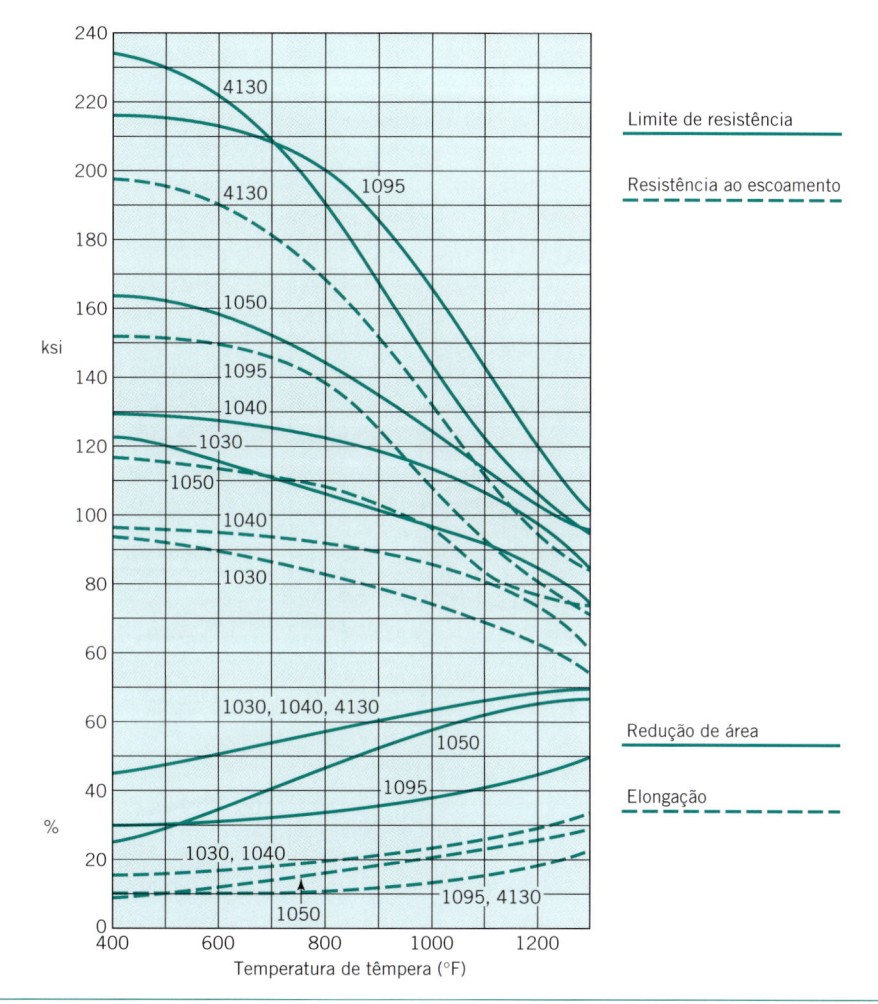

Fonte: *Modern Steels and Their Properties*, Bethlehem Steel Corporation, Bethlehem, Pa., 1972.

Apêndice C-5b **Propriedades de Alguns Aços-carbono Temperados e Resfriados Rapidamente por Óleo**

Aço	Diâmetro Tratado (in)	Diâmetro Testado (in)	Temperatura de Normalização (°F)	Temperatura de Reaquecimento (°F)	H_B, Quando Resfriado Rapidamente
1040	1,0	0,505	1650	1575	269
1050	1,0	0,505	1650	1550	321
1095	1,0	0,505	1650	1475	401

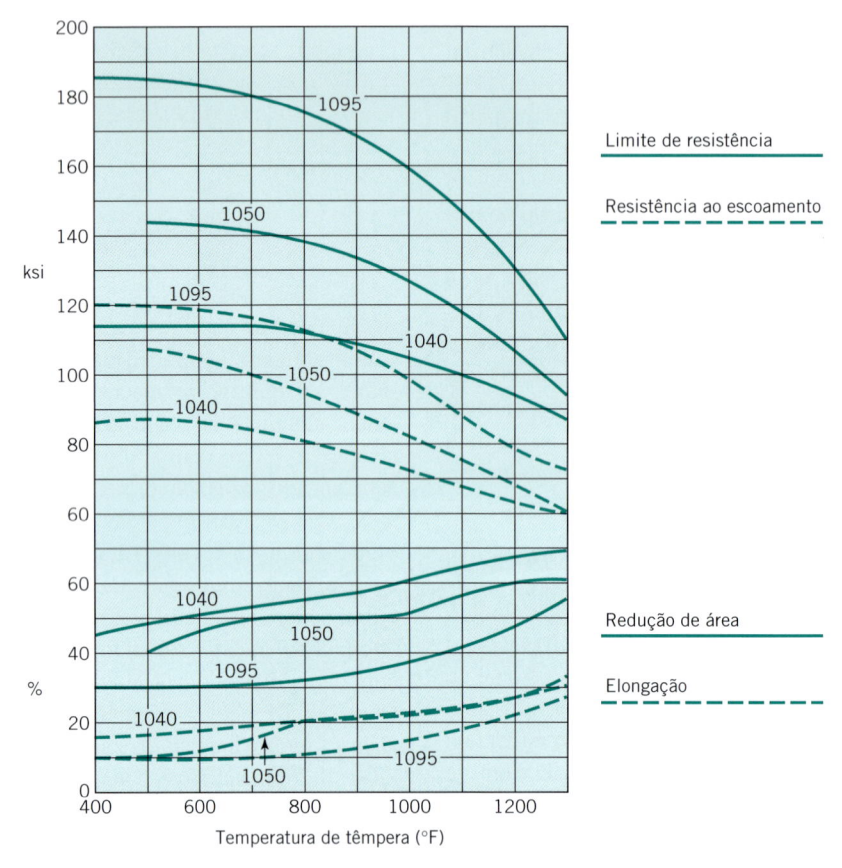

Fonte: Modern Steels and Their Properties, Bethlehem Steel Corporation, Bethlehem, Pa., 1972.

APÊNDICE C-5c   Propriedades de Algumas Ligas de Aço Temperadas e Resfriadas Rapidamente por Óleo

Aço	Diâmetro Tratado (in)	Diâmetro Testado (in)	Temperatura de Normalização (°F)	Temperatura de Reaquecimento (°F)	H_B, Quando Resfriado Rapidamente
4140	0,54	0,505	1600	1525	555
4340	0,53	0,505	1600	1550	601
9255	1,0	0,505	1650	1625	653

Fonte: *Modern Steels and Their Properties*, Bethlehem Steel Corporation, Bethlehem, Pa., 1972.

Apêndice C-6   Efeito da Massa nas Propriedades de Resistência de um Aço

Todos os corpos de prova foram temperados a 1000°F (538°C) e resfriados rapidamente por óleo

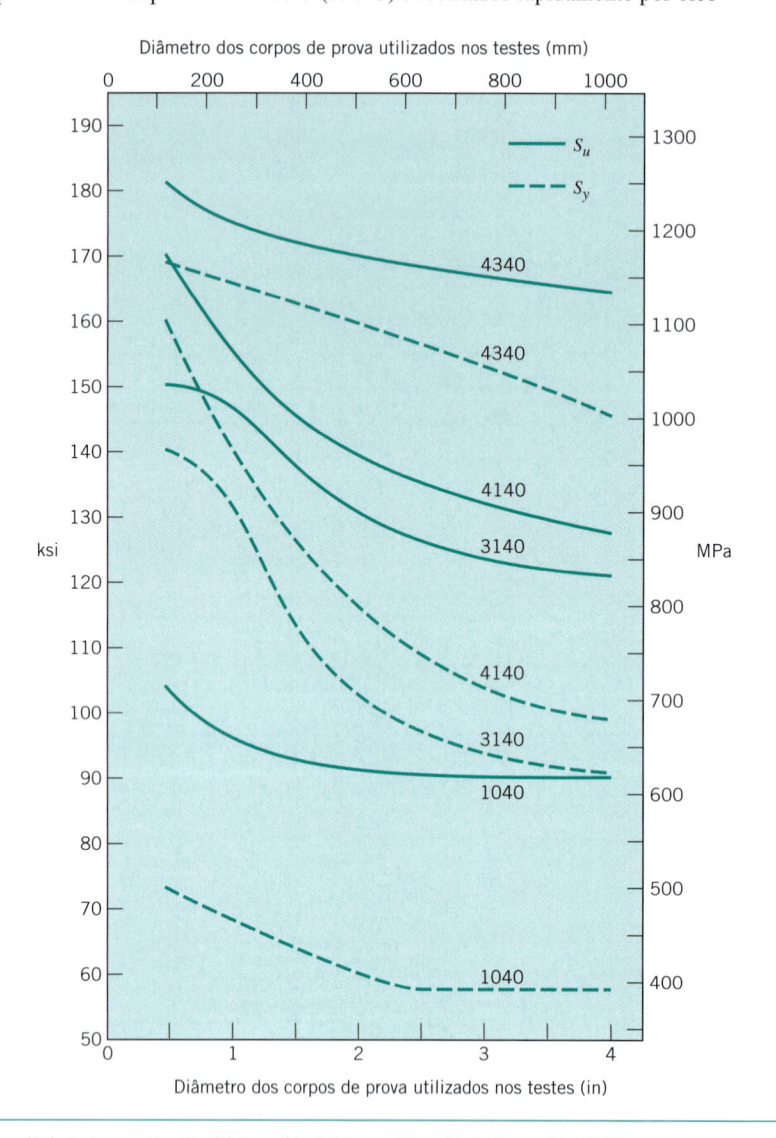

Fonte: *Modern Steels and Their Properties*, Bethlehem Steel Corporation, Bethlehem, Pa., 1972.

Propriedades Mecânicas de Alguns Aços Carburados

Aço AISI	Dureza, H_B	Núcleo								Corpo		
		Resistência à Tração				Ductilidade		Resistência ao Impacto Izod		Dureza, R_C	Espessura	
		Limite de Resistência, S_u		Resistência ao Escoamento, S_y		Elongação em 2 in (%)	Redução de Área (%)					
		ksi	MPa	ksi	MPa			ft · lb	J		in	mm
1015[a]	149	73	503	46	317	32	71	91	123	62	0,048	1,22
1022[a]	163	82	565	47	324	27	66	81	110	62	0,046	1,17
1117[a]	192	96	662	59	407	23	53	33	45	65	0,045	1,14
1118[a]	229	113	779	76	524	17	45	16	22	61	0,065	1,65
4320[b]	293	146	1006	94	648	22	56	48	65	59	0,075	1,91
4620[b]	235	115	793	77	531	22	62	78	106	59	0,060	1,52
8620[b]	262	130	896	77	531	22	52	66	89	61	0,070	1,78
E9310[b]	352	169	1165	138	952	15	62	63	85	58	0,055	1,40

[a]Seção circular tratada de 1 in, seção circular testada de 0,505 in. Resfriado rapidamente em água uma única vez, temperado a 350°F (177°C).
[b]Seção circular tratada de 0,565 in, seção circular testada de 0,505 in. Resfriado rapidamente em óleo duas vezes, temperado a 450°F (232°C). (A têmpera a 300°F propicia uma maior dureza ao corpo, porém diminui a tenacidade do núcleo.)
Nota: Os valores listados representam estimativas médias aproximadas.
Fonte: *Modern Steels and Their Properties*, Bethlehem Steel Corporation, Bethlehem, Pa., 4ª edição, 1958, e 7ª edição, 1972.

APÊNDICE C-8 Propriedades Mecânicas de Alguns Aços Inoxidáveis Forjados (Valores Médios Esperados)

Tipo AISI	Limite de Resistência, S_u (ksi)			Resistência ao Escoamento, S_y (ksi)			Elongação (%)			Impacto Izod (ft · lb)			Habilidade ao Estiramento	Usinabilidade	Soldabilidade	Aplicações Típicas
	An.	CW	H&T	An.	CW	H&T	An.	CW	H&T	An.	CW	H&T				
Austeníticos																
302	85	110		35	75		60	35		110	90		VG	P	G	Utilização geral; molas
303	90	110		35	80		50	22		85	35		G	G	P	Parafusos, porcas, rebites, acessórios de aviões
304	85	110		35	75		60	55		110	90		VG	P	G	Utilização geral; estruturas soldadas
310, 310S	95			45			50			110			G	P	G	Componentes de turbinas, fornos e trocadores de calor
347, 348	90	110		35	65		50	40		110			VG	P	G	Componentes de motores a jato e de usinas nucleares
384 (fio)	75			35			55						E			Componentes severamente trabalhados a frio; fixadores
Martensíticos																
410	75	105	115	40	85	85	35	17	23	90	75	80	F	F−	F	Componentes de máquinas, eixos, parafusos e cutelaria
414	115	130[a]	160	90	110[a]	125	20	15[a]	17	50		45		F	F	Componentes de máquinas, molas, parafusos e cutelaria
416, 416Se	75	100[b]	110	40	85[b]	85	30	13[b]	18	70	20[b]	25	P	G	P	Cutelaria, fixadores, ferramentas, componentes de máquinas aparafusados
431	125	130[a]	165	95	110[a]	125	20	15[a]	17	50		40		P−	F	Parafusos de alta resistência e acessórios de aviões
440 A,B,C	105	115[a]	260	60	90[a]	240	14	7[a]	3	2	2[a]	2		VP	P	Esferas, partes de mancais, bocais, cutelaria (a mais alta dureza H&T de qualquer inoxidável)
Ferríticos																
430, 430F	75	83		43	63		27	20					G	F–G	F	Estruturas decorativas, silenciosos e componentes de máquinas aparafusados
446	83	85		53	70		23	20		2			P	F	F	Componentes sujeitos à corrosão a altas temperaturas

[a]Recozido e estirado a frio.
[b]Temperado e estirado a frio.
Nota: An., CW e H&T significam, respectivamente, recozido, trabalhado a frio e endurecido e temperado.
E, VG, G, F, P e VP significam, respectivamente, excelente, muito bom, bom, razoável, pobre e muito pobre.
Fontes: *Metal Progress Databook 1980*, American Society for Metals, Metals Park, Ohio, Vol. 118, N.º 1 (meados de junho de 1980); *ASME Handbook Metal Properties*, McGraw-Hill, Nova York, 1954;
Materials Engineering, 1981 Materials Selector Issue, Penton/IPC, Cleveland, Vol. 92, N.º 6 (dezembro de 1980); *Machine Design*, 1981 Materials Reference Issue, Penton/IPC, Cleveland, Vol. 53, N.º 6 (19 de março de 1981).

Grau AISI	Limite de Resistência, S_u (ksi)		Resistência ao Escoamento, S_y (ksi)		Elongação (%)		Resistência à Ruptura, 100 h @ 1000°F (ksi)	Resistência ao *Creep*, 0,0001%/h @ 1000°F (ksi)	Resistência ao Impacto por Charpy, @ 70°F (ft · lb)
	70°F	1000°F	70°F	1000°F	70°F	1000°F			
Martensíticos									
604 (Liga de cromo)	125–138	110	95–108	85	7	—	75	—	—
610 (H-11)	135–310	180	100–240	140	3–17	11	95–115	—	10–32
Austeníticos									
635 (Inoxidável W)	220–225	75–80	215–290	37–50	1–5	47–58	32	—	4–106
650 (16-12-G)	110–140	90	50–100	33	20–45	58	78	26	15
653 (17-24 CuMo)	86–112	65	40–90	29	30–45	37	48	10	8–26
665 (W-545)	176–187	154	123–142	120	19	13	120	—	—

Nota: Os valores listados representam médias aproximadas esperadas.
Fonte: *Machine Design*, 1981 Materials Reference Issue, Penton/IPC, Cleveland, Vol. 53, N° 6 (19 de março de 1981).

Apêndice C-10 Propriedades Mecânicas, Características e Aplicações Típicas de Algumas Ligas de Alumínio Forjado

Liga	Dureza Brinell, H_B	Resistência à Tração				Elongação em 2 in (%)	Resistência à Corrosão	Trabalho a Frio	Usina-bilidade	Soldagem com Latão	Soldagem à Gás	Arco de Solda	Resistência à Solda	Aplicações Típicas
		Limite de Resistência, S_u		Resistência ao Escoamento, S_y										
		ksi	MPa	ksi	MPa									
1100-0	23	13	90	5	34	45	A	A	E	A	A	A	B	Estampagem, perfis estirados,
-H14	32	18	125	17	115	20	A	A	D	A	A	A	A	trocadores de calor, utensílios
-H18	44	24	165	22	150	15	A	B	D	A	A	A	A	de cozinha e tanques
2011-T3	95	55	380	43	295	15	D	C	A	D	D	D	D	Componentes de máquinas
-T8	100	59	405	45	310	15	D	D	A	D	D	D	D	aparafusados
2014-0	45	27	185	14	97	18	—	—	D	D	D	D	B	Forjados para trabalhos pesados,
-T4	105	62	425	42	290	20	D	C	B	D	D	B	B	estruturas e acessórios de aviões
-T6	135	70	485	60	415	13	D	D	B	D	D	B	B	e estruturas de caminhões
2024-0	47	27	185	11	76	22	—	—	D	D	D	D	D	Estruturas de aviões, rodas de caminhões
-T4	120	68	470	47	325	19	D	C	B	D	C	B	B	e componentes de máquinas aparafusados
6061-0	30	18	125	8	55	30	B	A	D	A	A	A	B	Barcos, vagões, tubulações, flanges e
-T6	95	45	310	40	275	17	B	C	C	A	A	A	A	*trailers*
6063-0	25	13	90	7	48	—	A	A	—	A	A	A	A	Estruturas tubulares, portas, janelas,
-T6	73	35	240	31	215	12	A	C	C	A	A	A	A	tubulações e tanques de combustível
7075-0	60	38	230	15	105	16	—	—	D	D	D	C	B	Estrutura e fuselagem de aviões,
-T6	150	83	570	13	505	11	C	D	B	D	D	C	B	esquis e grades

Nota: Os valores listados representam médias aproximadas esperadas para dimensões de cerca de $\frac{1}{2}$ in. Os valores de H_B foram obtidos a partir de uma carga de 500 kg e esferas de 10 mm. As letras A, B, C e D indicam a classificação relativa em ordem decrescente de mérito.

Fonte: ASM Metals Reference Book, American Society for Metals, Metals Park, Ohio, 1981.

Liga	Tipo de Fundição	Resistência à Tração				Elongação (%)	Resistência à Corrosão	Usinabi-lidade	Soldabi-lidade	Aparência após Recozido	Aplicações Típicas
		Limite de Resistência, S_u		Resistência ao Escoamento, S_y							
		MPa	ksi	MPa	ksi						
201-T4	Areia	365	53	215	31	20					Componentes de aviões
-T6	Areia	485	70	435	63	7					
208-F	Areia	145	21	97	14	2,5	4	3	2	3	Tubulações de distribuição, corpos de válvulas e componentes
295-T4	Areia	220	32	110	16	8,5	4	3	2	2	ajustados sob pressões
-T6	Areia	250	36	165	24	5,0					Cárter, rodas, caixas de mancais, suspensor de molas e acessórios
355-T6	Areia	240	35	175	25	3,0	3	3	1	4	Cabeças de cilindros, camisa d'água, caixa de engrenagens, impelidores, engrenagens de distribuição e componentes
-T6	Molde permanente	290	42	190	27	4,0					de medidores
356-T6	Areia	230	33	165	24	3,5	2	3	1	4	Caixa de transmissão de automóveis, acessórios de aviões e
-T6	Molde permanente	265	38	185	27	5,0					embarcações e fundidos de uso geral
A390-F	Areia	180	26	180	26	<1,0					Blocos de motores de automóveis, bombas, polias e sapatas
-T6	Areia	280	40	280	40	<1,0					de freios
-F	Molde permanente	200	29	200	29	<1,0					
-T6	Molde permanente	310	45	310	45	<1,0					
520-T4	Areia	330	48	180	26	16	1	1	4	1	Acessórios de aviões, alavancas, suportes, componentes que requerem resistência ao impacto

Nota: Os valores listados representam médias aproximadas esperadas para dimensões de cerca de $\frac{1}{2}$ in. As características são ordenadas de 1 até 5; o nível 1 é o mais alto ou o melhor possível.
Fontes: ASM Metals Reference Book, American Society for Metals, Metals Park, Ohio, 1981. *1981 Materials Selector*, Materials Engineering, Penton/IPC, Cleveland, Vol. 92, N.º 6 (dezembro de 1980).

APÊNDICE C-12 **Designações de Têmpera para Ligas de Alumínio e Magnésio**

Têmpera	Processo
F	Fundição
0	Recozimento
Hxx	Endurecido por deformação. O primeiro dígito indica a combinação específica de operações, o segundo dígito indica o grau de endurecimento por deformação; assim, H18 indica um grau de endurecimento maior que H14 ou H24
T3	Solução tratada termicamente, trabalhada a frio e envelhecida naturalmente
T4	Solução tratada termicamente e envelhecida naturalmente
T5	Resfriado a partir de um processo de estampagem a temperaturas elevadas e envelhecido artificialmente
T6	Solução tratada termicamente e envelhecida artificialmente
T8	Solução tratada termicamente, trabalhada a frio e envelhecida artificialmente

	Liga	Designação UNS	Composição	Resistência à Tração				Elongação em 2 in (%)
				Limite de Resistência, S_u		Resistência ao Escoamento, S_y		
				ksi	MPa	ksi	MPa	
↑ Ligas Forjadas ↓	Cobre-berílio com chumbo	C17300		68–200	469–1379	25–178	172–1227	43–3
	Latão com chumbo	C34000	(65Cu–34Zn)	50–55	345–379	19–42	131–290	60–40
	Latão de corte livre	C36000		49–68	338–469	18–45	124–310	53–18
	Bronze fosforoso com chumbo	C54400	(88Cu–4Zn)	68–75	469–517	57–63	393–434	20–15
	Silício-bronze com alumínio	C64200	(91Cu–7A1–2Si)	75–102	517–703	35–68	241–469	32–22
	Bronze ao silício	C65500	(97Cu–3Si)	58–108	400–745	22–60	152–414	60–13
	Bronze ao magnésio	C67500		65–84	448–579	30–60	207–414	33–19
↑ Ligas Fundidas ↓	Latão vermelho com chumbo	C83600	(85Cu–5Zn–5Sn–5Pb)	37	255	17	117	30
	Latão com chumbo	C85200		38	262	13	90	35
	Bronze ao magnésio	C86200		95	655	48	331	20
	Bronze naval M	C92200		40	276	20	138	30
	Bronze Ni-Sn com chumbo	C92900		47	324	26	179	20
	Liga de bronze para mancal	C93200		35	241	18	124	20
	Bronze ao alumínio	C95400		85–105	586–724	35–54	241–372	18–8
	Cobre-Níquel	C96200	(90Cu-10Ni)	45	310	25	172	20

Nota: Os valores listados representam médias aproximadas esperadas.
Fonte: *Machine Design,* 1981 Materials Reference Issue, Penton/IPC, Cleveland, Vol. 53, N.º 6 (19 de março de 1981).

APÊNDICE C-14   **Propriedades Mecânicas de Algumas Ligas de Magnésio**

| Liga | Forma | Resistência à Tração | | | | Elongação em 2 in (%) |
| | | Limite de Resistência, S_u | | Resistência ao Escoamento, S_y | | |
		ksi	MPa	ksi	MPa	
AZ91B-F	Fundido em molde	34	234	23	159	3
AZ31B-F	Extrudado	38–53	262–365	28–44	193–303	11–15
ZK60A-T5						
AZ31B-F	Forjado	34–50	234–345	22–39	152–269	6–11
HM21A-T5						
AZ80A-T5						
ZK60A-T6						
AZ31B-H24	Chapa, placa	33–42	228–290	21–32	145–221	9–21
HK31A-H24						
HM21A-T8						

Nota: Os valores listados representam médias aproximadas esperadas.
Fonte: *Machine Design,* 1981 Materials Reference Issue, Penton/IPC, Cleveland, Vol. 53, Nº 6 (19 de março de 1981).

APÊNDICE C-15   Propriedades Mecânicas de Algumas Ligas de Níquel

| Liga | Forma | Resistência à Tração | | | | | | Elongação em 2 in (%) | Resistência ao Impacto (Ensaio de Charpy c/Entalhe) | |
| | | Limite de Resistência, S_u | | Resistência ao Escoamento, S_y | | Resistência ao *Creep*, 0,0001%/h | | | | |
		ksi	MPa	ksi	MPa	ksi	MPa		ft · lb	J
Níquel forjado	Barra estirada a frio e recozida	55–80	379–552	15–30	103–207	12	83	55–40	228	309
Duraníquel 301	Barra estirada a frio e recozida	90–120	621–827	30–60	207–414			55–35		
	Barra estirada a frio e envelhecida	170–210	1172–1448	125–175	862–1207			25–15		
Monel 400	Barra recozida	70–90	483–621	25–50	173–345	24	165	60–35	216	293
	Barra laminada a quente	80–110	552–758	40–100	276–690	25	172	60–30	219	297
Monel K-500	Barra envelhecida	140–190		110–150		87		30–20	39	53
Hastelloy B[a]	Como barra fundida	134	924	67	462			52		
Udimet HX[a]	Folha (0,109 in)	114 (70°F)	786	52 (70°F)	359			43 (70°F)		
Unitemp HK[a]		13 (2000°F)	89	8 (2000°F)	55			50 (2000°F)		
Hastelloy X[a]										
Rene 95[a]	Forjada	235 (70°F)	1620	190 (70°F)	1310			15 (70°F)		
		225 (1000°F)	1551	182 (1000°F)	1255			13 (1000°F)		
Inconel 600[a]	Barra recozida	96 (70°F)	662	41 (70°F)	283	40 (800°F)	276	45 (70°F)	180	244
		37 (1400°F)	255	25 (1400°F)	172	2,0 (1600°F)	14	68 (1400°F)		
Inconel 625[a]	Barra recozida	140 (70°F)	965	71 (70°F)	490	12 (1400°F)	83	50 (70°F)	49	66
		78 (1400°F)	538	61 (1400°F)	421	3,9 (1600°F)	27	45 (1400°F)		
Inconel X-750[a]	Barra envelhecida	184 (70°F)	1269	126 (70°F)	869	63 (1200°F)	434	25 (70°F)	37	50
		143 (1200°F)	986	110 (1200°F)	758			7 (1200°F)		
Incoloy 800[a]	Barra recozida	87 (70°F)	600	43 (70°F)	296	6,0 (1400°F)	41	44 (70°F)	107	145
		33 (1400°F)	228	23 (1400°F)	159	3,5 (1600°F)	41	84 (1400°F)		

[a] "Superligas" apresentam resistência mecânica a altas temperaturas e são resistentes à corrosão. Utilizadas nos motores a jato e em fornos.
Nota: Os valores listados representam médias aproximadas esperadas.
Fonte: *Machine Design*, 1981 Materials Reference Issue, Penton/IPC, Cleveland, Vol. 53, Nº 6 (19 de março de 1981).

APÊNDICE C-16 Propriedades Mecânicas de Algumas Ligas Forjadas de Titânio

| | | Resistência à Tração | | | | | | Resistência ao Impacto Charpy | |
| | | Limite de Resistência, S_u | | Resistência ao Escoamento, S_y | | Elongação em 2 in (%) | | | |
Liga	Designação	ksi	MPa	ksi	MPa		ft · lb	J
Comercialmente pura alfa em Ti	Ti-35A	35	241	25	172	24	11–40	15–54
Comercialmente pura alfa em Ti	Ti-50A	50	345	40	276	20	11–40	15–54
Comercialmente pura alfa em Ti	Ti-65A	65	448	55	379	18	11–40	15–54
Liga alfa	Ti-0.2Pd	50	345	40	276	20	—	—
Liga alfa-beta	Ti-6Al-4V	130–160[a]	896–1103[a]	120–150[a]	827–1034[a]	10–7	10–20	14–27
Liga beta	Ti-3Al-13V-11Cr	135–188[a]	931–1296[a]	130–175[a]	896–1207[a]	16–6	5–15	7–20

[a]Dependendo do tratamento térmico.

Nota: Os valores listados representam médias aproximadas esperadas.

Fonte: Machine Design, 1981 Materials Reference Issue, Penton/IPC, Cleveland, Vol. 53, N.º 6 (19 de março de 1981).

APÊNDICE C-17   Propriedades Mecânicas de Algumas Ligas Fundidas de Zinco

Designação da Liga			Resistência à Tração				Elongação em 2 in (%)	Resistência ao Impacto Charpy		Dureza Brinell, H_B
			Limite de Resistência, S_u		Resistência ao Escoamento, S_y					
ASTM	SAE	ADCI	ksi	MPa	ksi	MPa	(%)	ft · lb	J	H_B
AG40[a]	903	No. 3	41	283			10	43	58	82
AC414[a]	925	No. 5	47	324			7	48	65	91
ZA–12										
Fundição em areia			40–45	276–310	30	207	1–3			105–120
Molde permanente			45–50	310–345	31	214	1–3			105–125
Fundição em molde			57	393	46	317	2			110–125

[a]Fundição em molde.

Nota: Os valores listados representam médias aproximadas esperadas.

Fontes: *Machine Design,* 1981 Materials Reference Issue, Penton/IPC, Cleveland, Vol. 53, N.º 6 (19 de março de 1981); *Metal Progress, Databook 1980,* American Society for Metals, Metals Park, Ohio, Vol. 118, N.º 1 (meados de junho de 1980).

APÊNDICE C-18a Propriedades Mecânicas Representativas de Alguns Plásticos Comuns

Plástico	Resistência à Tração, S_u		Elongação em 2 in (%)	Resistência ao Impacto Izod		Coeficiente de Atrito	
	ksi	MPa		ft · lb	J	Com o Mesmo Material	Com Aço
ABS							
(uso geral)	6	41	5–20	6,5	8,8		
Acrílico							
(molde-padrão)	10,5	72	6	0,4	0,5		
Celulósico							
(acetato de celulose)	2–7	10–48		1–7	1,4–9,5		
Epóxi							
(preenchimento com vidro)	10–20	69–138	4	2–30	2,7–41		
Fluorocarbono							
(PTFE)	3,4	23	300	3	4,1		0,05
Náilon							
(6/6)	12	83	60	1	1,4	0,04–0,13	
Fenólico							
(preenchido com serragem)	7	48	0,4–0,8	0,3	0,4		
Policarbonato							
(uso geral)	9–10,5	62–72	110–125	12–16	16–22	0,52	0,39
Poliéster							
(preenchido com 20 a 30% de vidro)	16–23	110–90	1–3	1,0–1,9	1,4–2,6	0,12–0,22	0,12–0,13
Polipropileno							
(resina sem modificação)	5	34	10–20	0,5–2,2	0,7–3,0		

Nota: Os valores mostrados são típicos; valores maiores e menores podem ser obtidos comercialmente. Veja também o Apêndice C-18b.

Fontes: *Machine Design*, 1981 Materials Reference Issue, Penton/IPC, Cleveland, Vol. 53, N.º 6 (19 de março de 1981); *Materials Engineering*, 1981 Materials Selector Issue, Penton/IPC, Cleveland, Vol. 92, N.º 6 (dezembro de 1980).

APÊNDICE C-18b Propriedades de Algumas Resinas Termoplásticas Comuns com e sem Reforços com Vidro

Ensaio ASTM Resina de Base →	Resistência à Tração, ksi D638	Módulo de Flexão, Mpsi D790	Resistência ao Impacto Izod, ft·lb/in		Gravidade Específica D792	Contração do Molde (%) D955	Absorção de Água (em 24 h) D570	Expansão Térmica, $10^{-5}/°F$ D696	Desvio na Temperatura, °F (264 psi) D648
			Com Entalhe D256	Sem Entalhe					
ABS	14.5 (6.0)	1.10 (0.32)	1.4 (4.4)	6–7	1.28 (1.05)	0.1 (0.6)	0.14 (0.30)	1.6 (5.3)	220 (195)
Acetal	19.5 (8.8)	1.40 (0.40)	1.8 (1.3)	8–10	1.63 (1.42)	0.3 (2.0)	0.30 (0.22)	2.2 (4.5)	325 (230)
Fluorocarbono / PTFE	14.0 (6.5)	1.10 (0.20)	7.5	17–18 (>40)	1.89 (1.70)	3.0 (2.0)	0.20 (0.02)	1.6 (4.0)	460 (160)
Náilon 6/12	22.0 (8.8)	1.20 (0.295)	2.4 (1.0)	20	1.30 (1.06)	0.4 (1.1)	0.21 (0.25)	1.5 (5.0)	415 (194)
Policarbonato	18.5 (9.0)	1.20 (0.33)	3.7 (2.7)	17 (60)	1.43 (1.20)	0.1 (0.6)	0.07 (0.15)	1.3 (3.7)	300 (265)
Poliéster[a]	19.5 (8.5)	1.40 (0.34)	2.5 (1.2)	16–18	1.52 (1.31)	0.3 (2.0)	0.06 (0.08)	1.2 (5.3)	430 (130)
Polietileno[b]	10.0 (2.6)	0.90 (0.20)	1.1 (0.4)	8–9	1.17 (0.95)	0.3 (2.0)	0.02 (0.02)	2.7 (6.0)	260 (120)
Polipropileno[c]	9.7 (4.9)	0.55 (0.18)	3.0 (0.4)	11–12	1.12 (0.91)	0.4 (1.8)	0.03 (0.01)	2.0 (4.0)	195 (135)
Poliestireno	13.5 (7.0)	1.30 (0.45)	1.0 (0.45)	2–3	1.28 (1.07)	0.1 (0.4)	0.05 (0.10)	1.9 (3.6)	215 (180)

[a] Resina de tereftalato de polibutileno.
[b] Alta densidade (HD).
[c] Grau de impacto modificado.

Nota: Os valores entre parênteses referem-se a resinas sem reforço. Outros valores são típicos de fórmulas com 30% de reforço com vidro. Todos os valores mostrados são típicos; tanto valores mais altos quanto mais baixos podem ser obtidos comercialmente.

Fonte: Machine Design, 1981 Materials Reference Issue, Penton/IPC, Cleveland, Vol. 53, N° 6 (19 de março de 1981).

APÊNDICE C-18c   Aplicações Típicas dos Plásticos Comuns

Aplicações	Plásticos	ABS	Acetal	Acrílico	Celulósicos	Fluoroplásticos	Náilon	Óxido fenileno	Policarbonato	Poliéster	Polietileno	Poli-imido	Sulfeto de polifenileno	Polipropileno	Poliestireno	Polissulfono	Poliuretano	Cloreto de polivinilo	Fenólico	Poliéster	Poliuretano
						Termoplásticos													Termoplásticos Irreversíveis		
Estruturas, engrenagens mecânicas, cames, pistões, roletes, válvulas, bombas, impulsores, pás de ventiladores, rotores, agitadores de máquinas de lavar roupa			X				X							X					X		
Componentes mecânicos e decorativos leves e fortes puxadores de gavetas, maçanetas, estojos de câmaras, acoplamentos de tubos, invólucros de bateria, volantes de direção, molduras de guarnições, estruturas de óculos, ferramentas manuais		X		X	X							X			X	X		X	X		
Pequenos recipientes e perfis ocos estruturas de telefone e lanternas, capacetes; compartimentos para equipamentos elétricos de potência, bombas e pequenos aparelhos		X			X			X	X	X					X	X			X	X	
Grandes compartimentos e perfis ocos cascos de barcos, compartimentos para grandes aparelhos, tanques, tubos, dutos, linhas fluidas de refrigeradores		(Espuma)						(Espuma)		(Espuma)	(Espuma H.D.)			(Espuma)	(Espuma)		(Espuma)		(Preenchido com vidro)	(Espuma)	
Componentes transparentes e óticos vidros de segurança, lentes, envidraçamento seguro e resistente ao vandalismo, para-brisas contra neve, semáforos, prateleiras de refrigeradores				X	X				X							X	X				
Componentes para aplicações com desgaste, engrenagens, buchas, mancais, trilhos, camisas de dutos, rodas de patins, tiras de desgaste			X			X	X				(UHMW)		X			X			X	X	

Nota: H.D. significa alta densidade; UHMW significa peso molecular ultra-alto.

Fonte: Machine Design, 1987 Materials Reference Issue, Penton/IPC, Cleveland, Vol. 59, N.º 8 (16 de abril de 1987).

APÊNDICE C-19   Classificação dos Materiais e Elementos Selecionados de Cada Classe

Classificação	Elementos	Abreviação
Ligas de Engenharia (Metais e ligas de engenharia)	Ligas de alumínio Ferros fundidos Ligas de cobre Ligas de chumbo Ligas de magnésio Ligas de molibdênio Ligas de níquel Aços Ligas de estanho Ligas de titânio Ligas de tungstênio Ligas de zinco	Ligas de Al Ferros fundidos Ligas de Cu Ligas de chumbo Ligas de Mg Ligas de Mo Ligas de Ni Aços Ligas de estanho Ligas de Ti Ligas de W Ligas de Zn
Polímeros de Engenharia (Termoplásticos e termoplásticos irreversíveis de engenharia)	Epóxis Melaminas Policarbonato Poliésteres Polietileno, alta densidade Polietileno, baixa densidade Poliformaldeído Polimetilmetacrilato Polipropileno Politetrafluoretileno Polivinilclorido	EP MEL PC PEST HDPE LDPE PF PMMA PP PTFE PVC
Cerâmicas de Engenharia (Cerâmicas finas indicadas para aplicações em mancais de carga)	Alumina Diamante Sialon Carboneto de silício Nitreto de silício Bióxido de zircônio	Al_2O_3 C Sialon $(Si_{6-x}Al_xO_xN_{8-x})$ SiC Si_3N_4 ZrO_2
Compósitos de Engenharia (Deve-se estabelecer uma distinção entre as propriedades de um dobrado – "UNIPLY" – e de um laminado – "LAMINATES")	Fibra de carbono reforçada com polímero Fibra de vidro reforçada com polímero Fibra de Kevlar reforçada com polímero	CFRP GFRP KFRP
Cerâmicas Porosas (Cerâmicas tradicionais, cimentos, rochas e minerais)	Tijolo Cimento Rocha comum Concreto Porcelana Louça de barro	
Vidros (Silicato de vidro comum)	Vidro borossilicato Solda de vidro Sílica	Vidro B Vidro Na SiO_2
Madeiras (Grupos separados descrevem propriedades paralelas e normais ao grão e os produtos de madeira)	Freixo Balsa Abeto Carvalho Pinho Produtos de madeira (madeira compensada etc.)	
Elastômeros (Borrachas naturais e artificiais)	Borracha natural Borracha butílica dura Poliuretanos Borracha siliconada Borracha butílica macia	Borracha Butil duro PU Silicone Butil macio
Espuma de Polímero (Polímeros espumantes de engenharia)	Cortiça Poliéster Poliestireno Poliuretano	Cortiça PEST PS PU

Fonte: Ashby, M. F., *Materials Selection in Mechanical Design,* Pergamon Press, 1992.

APÊNDICE C-20 Subconjunto dos Materiais de Engenharia para Efeito de Projeto

Metais — aços e ferros fundidos

Aços-carbono:	B1112, 1010, 1020, 1040, 1050, 1090
Ligas de aço:	4140, 4340, 4620, 9310
Aços inoxidáveis:	302, 303, 304, 316, 410, 414,
	416, 420, 431, 440
Aços-ferramenta:	A2, D2, M2, S1, S7
Ferros fundidos:	Classe 20, Classe 30, Classe 35,
	Dúctil 60-40-18, Dúctil 60-45-10,
	Dúctil 80-55-06, Dúctil 120-90-06

Outros metais

Ligas de alumínio:	1100, 2011, 2014, 2024, 6061, 7075, 355, 390
Ligas de cobre:	Cobre berílio ligado a chumbo (C17300),
	Latão de corte livre (C36000),
	Bronze fosfórico ligado a chumbo (C54400),
	Bronzina (C93200),
	Bronze-alumínio (C95400),
Ligas de níquel:	Duraníquel, Hastelloy, Inconel,
	Monel, níquel forjado
Zinco:	AG40A, ZA-12
Magnésio:	AZ31, AZ91
Titânio:	Ti Puro (Ti-50A), Ti-6Al-4V

Plásticos

Acetal
Acrílico
Náilon
Fenólico
Policarbonato
Polietileno
Poli-imido
Teflon
Cloreto de polivinilo

Elastômeros

Neopreme
Silicones
Uretanos

Cerâmicos

Óxido de alumínio
Carboneto cementado
Carboneto de silício
Nitreto de silício

APÊNDICE C-21 **Métodos de Processamento Utilizados Mais Frequentemente com Materiais Diferentes**

Molde	Ferros	Aços (ligas de baixo carbono)	Ligas resistentes ao calor e à corrosão	Ligas de alumínio	Ligas de cobre	Ligas de chumbo	Ligas de magnésio	Ligas de níquel	Metais preciosos	Ligas de estanho	Ligas de titânio	Ligas de zinco
Fundição em areia	■	■	■	■	■	□	■	■		□		□
Fundição em molde de casca	■	□	□	■	■			□				
Fundição em molde completo	■	■	□	□	□	□		■				
Fundição em molde permanente	■	□		■	□	□	■	□		□		□
Fundição em molde sob pressão				■	□	■	■			□		■
Fundição em molde de gesso				■	■							
Fundição em molde cerâmico	■	■	■	□	□		□	■				□
Fundição de alta pressão para peças pequenas		■	□	■	■		□	■	□			
Fundição centrífuga	■	■	■	□	□			□				
Fundição contínua		□		■	■[d]	□						
Forjamento em matriz aberta	□	■	■	□	□		□	□			□	
Forjamento em matriz fechada tipo bloco		■	■	□	□		□	□			□	
Tipo convencional		■	■	□	□		□	□			□	
Forjamento de recalque		■	■	□	□		□	□			□	
Partes com cabeçote resfriado		■	□	■	■	□		□	□			
Estampagem, partes desenhadas		■	□	■	■		□	■	□			□
Repuxamento		■	□	■	■	□	□	■	□		□	□
Partes aparafusadas de máquinas	□	■	□	■	■		□	■	□		□	□
Partes metalurgicamente pulverizadas[b]	■	■	□	□	■			□	□		□	
Partes eletromoldadas[c]	□			□	■	□		■	□	□		□
Corte por extrusão		□		■	■	□	■	□		□	□	
Tubulação selecionada		■	■	■	■		■	■			■	
Componentes fotofabricados		■	□	■	■	□	■	■	■	□	■	■

[a]■ = Materiais utilizados com mais frequência.
□ = Materiais também utilizados na prática corrente.

[b]Ferro-cobre e ferro-cobre-carbono mais utilizados.
[c]Os materiais mais frequentemente utilizados são o níquel puro e o cobre.
[d]Particularmente o bronze-estanho e o bronze-chumbo-estanho.

Fonte: Material Selector, Material Engineering Magazine, Penton/IPC, Cleveland, Ohio.

APÊNDICE C-22 Capacidade de União dos Materiais

Material	Soldagem a arco	Soldagem a oxiacetileno	Resistência à soldagem	Brasagem (solda forte)	Solda fraca	União por adesivo (termoplásticos, termoplásticos irreversíveis e elastômeros)	União por adesivo (comp. modificado — epóxi etc.)	Elementos de fixação rosqueados	Rebitagem e ponteados metálicos
Ferro fundido						TS TP			
Aço-carbono						TS TP			
Aços inoxidáveis						TS TP			
Alumínio, magnésio						TS			
Cobre						TS TP			
Níquel						TS TP			
Titânio						TS TP			
Chumbo, zinco			Chumbo / Zinco						
Termoplásticos									
Termoplásticos irreversíveis						TS			
Elastômeros									
Cerâmicos									
Vidros						TS Elast			
Madeira									
Couro						Elast TS			
Tecido						Elast			
Metais distintos						TS			
Metais com não metais									
Não metais distintos									
Espessuras distintas									

Legenda: Recomendado   Comuns   Difícil   Raramente utilizado   Não utilizado

Fonte: Hill, P. H., *The Science of Engineering Design*, Holt, Rinehart and Winston, New York, 1970.

APÊNDICE C-23   Subconjunto dos Materiais de Engenharia para Efeito de Projeto

Componente ou Equipamento	Materiais Candidatos
Esferas	Aço inoxidável 440
Placas brutas	Ferro fundido cinzento ASTM classe 25, 1020
Partes de mancais	Aço inoxidável 440
Mancais	Acetal, Fluoroplásticos, Náilon, Polietileno UHMW, Poli-imido, Poliuretano
Parafusos	Acetal, aços inoxidáveis 303, 410, 414 e 431, 1020, 1040, 4140, 4340
Suportes	Alumínio 6061 T6, Ferro fundido maleável recozido classe M3210
Tambores de freio	Ferro fundido cinzento ASTM classes 30 e 35
Buchas	Acetal, Fluoroplásticos (PTFE), Náilon, Polietileno UHMW, Poli-imido, Poliuretano, Náilon preenchido PTFE, Tecido–fenólico reforçado, Bronze P/M
Cames	Acetal, Náilon e Fenólicos
Eixo de cames	Ferro fundido cinzento ASTM classe 40
Calhas de escoamento	PVC, aço inoxidável 304, 1020
Camisas de calhas de escoamento	Acetal, Fluoroplásticos, Náilon, Polietileno UHMW, Poli-imido, Poliuretano
Discos de embreagem	Ferro fundido cinzento ASTM classes 30 e 35
Bielas	Ferro fundido maleável tratado termicamente classe M7002, 1030, 1040
Ganchos de guindaste	1030, 1040
Eixos de manivela	Ferro fundido maleável tratado termicamente classe M4504, ferro dúctil (nodular) grau 80-55-06
Bloco de cilindros	Ferro fundido cinzento ASTM classe 25
Cabeça de cilindros	Ferro fundido cinzento ASTM classe 25
Camisas de cilindros	Ferro fundido cinzento ASTM classe 40
Moldes	Aços-ferramenta A2, D2, M2, S1 e S7
Brocas	1090, 10100, 10120; aços-ferramenta M2
Pás de ventiladores	Acetal, Náilon, Fenólico
Fixadores	Aços inoxidáveis 384 e 416
Limas	10120, 10130
Guarnições	Ferro dúctil (nodular) grau 60-40-18
Flanges	Alumínio 6061
Volantes	Ferro fundido cinzento ASTM classe 30
Forjados	1040, 1050
Engrenagens	Acetal, Náilon, Fenólico, Fluoroplásticos, Polietileno, Poli-imida, Poliuretano, MoS_2 preenchido de Náilon, Ferros fundidos maleáveis tratados termicamente classes M5003 e M8501, 1020, 1030, 1040, 1050, 4340, aço 4615 carbonado, Ferro dúctil (nodular) grau 80-55-06, Ferro dúctil (nodular) grau 120-90-02
Protetores	Acrílico, Policarbonato, 1020, metal expandido
Martelos	1080, aço-ferramenta S7
Equipamentos manuais	1070, 1080 , 1090
Alojamentos	Ferro fundido cinzento ASTM classe 25
Cubos de roda	Ferro fundido maleável tratado termicamente classe M4504
Facas	1090, 10100, 10120, 10130; aços-ferramenta A2, D2, M2, S1 e S7
Feixes de molas	1070, 1080, 1090
Alavancas	1020, 1030
Arruelas de aperto	1060, 1070
Ferramentas de fresa	1090, 10100, 10120
Bocais	Aço inoxidável 440
Porcas	Aço inoxidável 303
Tubos	Alumínios 6061 e 6030
Impulsores de bombas	Acetal, Náilon, Fenólico
Bombas	ABS, Policarbonatos, Polietileno e Fenólicos
Navalhas de barbear	10120, 10130
Rebites	Aço inoxidável 303, 1005, 1010
Roletes	Acetal, Náilon, Fenólicos, ferro dúctil (nodular) grau 80-55-06, ferro dúctil (nodular) grau 120-90-02
Rolos, tambores	Alumínio 6061 T6, 1020, 4340, aço-ferramenta D2
Serras	10120, 10130

APÊNDICE C-23 *(Continuação)*

Componente ou Equipamento	Materiais Candidatos
Parafusos	1040, 1050,
Eixos	Aço inoxidável 410, 1020, 1030, 1040, 1050, 4140, 4340
Pás escavadeiras	1070, 1080, 1090
Cursores	Ferro dúctil (nodular) grau 120-90-02
Pequenos alojamentos	ABS, Policarbonato, Polietileno e Fenólicos
Arames de mola	1060, 1070
Molas	Aços inoxidáveis 302 e 414, 1080, 1090, 6150, 10100, 10120
Lâminas para estampagem	1005, 1010
Caixas de engrenagens da direção	Ferro fundido maleável recozido classe M3210
Reservatórios	Alumínio 1100
Torneiras	1090, 10100, 10120
Ferramentas	Aço inoxidável 416, 1050; aços-ferramenta S1 e S7
Estruturas de caminhões	Alumínio 2014
Rodas de caminhões	Alumínio 2024
Juntas universais yoke	Ferro fundido maleável tratado termicamente classe M7002
Válvulas	Ferro dúctil (nodular) grau 60-40-18
Tiras de proteção	Acetal, Fluoroplásticos, Náilon, Polietileno UHMW, Poli-imida, Poliuretano
Tubulações soldadas	1020, 1030
Para-brisas	Policarbonato
Fios	1005, 1010
Material trefilado	10120, 10130
Engrenagens sem-fim	Bronze-alumínio, Bronze fosforoso

APÊNDICE C-24   **Relações entre os Modos de Falha e as Propriedades dos Materiais**

Modo de falha	Propriedade dos materiais													
	Limite de resistência ou resistência última	Resistência ao escoamento	Resistência ao escoamento por compressão	Resistência ao escoamento por cisalhamento	Propriedades de fadiga	Ductilidade	Energia de impacto	Temperatura de transição	Módulo de elasticidade	Taxa de deformação por creep	K_{Ic}	Potencial eletroquímico	Dureza	Coeficiente de expansão
Escoamento bruto		■		■										
Flambagem			■						■					
Creep										■				
Fratura frágil							■				■			
Fadiga de baixo ciclo					■	■								
Fadiga de alto ciclo	■				■									
Fadiga de contato			■											
Corrosão superficial			■									■		
Corrosão												■		
Trinca tensão-corrosão	■											■		
Corrosão galvânica												■		
Fragilização por hidrogênio	■													
Desgaste													■	
Fadiga térmica										■				■
Fadiga por corrosão					■							■		

Os quadrados sombreados na interseção entre uma propriedade do material e um modo de falha indicam que uma propriedade em particular do material tem influência no controle de um modo específico de falha.

Fonte: Smith, C. O. e B. E. Boardman, *Metals Handbook*, American Society for Metals, Metals Park, Ohio, 9ª edição, Vol. I, p. 828, 1980.

APÊNDICE D

Diagramas de Forças Cisalhantes e Momentos Fletores, e Equações de Deslocamentos Lineares e Angulares de Vigas

APÊNDICE D-1 Diagramas de Forças Cisalhantes e Momentos Fletores, e Equações de Deslocamentos Lineares e Angulares para Vigas Engastadas Livres

	Inclinação na Extremidade Livre	Deslocamento Máximo	Deslocamento δ em um Ponto x Qualquer
1. Carga concentrada na extremidade	$\theta = \dfrac{PL^2}{2EI}$	$\delta_{máx} = \dfrac{PL^3}{3EI}$	$\delta = \dfrac{Px^2}{6EI}(3L - x)$
2. Carga concentrada em uma seção qualquer	$\theta = \dfrac{Pa^2}{2EI}$	$\delta_{máx} = \dfrac{Pa^2}{6EI}(3L - a)$	Para $0 \le x \le a$: $\delta = \dfrac{Px^2}{6EI}(3a - x)$ Para $a \le x \le L$: $\delta = \dfrac{Pa^2}{6EI}(3x - a)$
3. Carga uniformemente distribuída	$\theta = \dfrac{wL^3}{6EI}$	$\delta_{máx} = \dfrac{wL^4}{8EI}$	$\delta = \dfrac{wx^2}{24EI}(x^2 + 6L^2 - 4Lx)$
4. Momento concentrado na extremidade livre	$\theta = \dfrac{M_b L}{EI}$	$\delta_{máx} = \dfrac{M_b L^2}{2EI}$	$\delta = \dfrac{M_b x^2}{2EI}$

APÊNDICE D-2 **Diagramas de Forças Cisalhantes e Momentos Fletores, e Equações de Deslocamentos Lineares e Angulares para Vigas Biapoiadas**

	Inclinação nas Extremidades, θ	Deslocamento Máximo, $\delta_{máx}$	Deslocamento δ em um Ponto x Qualquer
1. Carga concentrada na seção média do vão	$\dfrac{PL^2}{16EI}$	No centro: $\dfrac{PL^3}{48EI}$	Para $0 \le x \le L/2$: $\dfrac{Px}{12EI}\left(\dfrac{3L^2}{4} - x^2\right)$
2. Carga concentrada em uma seção qualquer	Na extremidade esquerda: $\dfrac{Pb(L^2 - b^2)}{6LEI}$	Em $x = \sqrt{\dfrac{L^2 - b^2}{3}}$: $\dfrac{Pb(L^2 - b^2)^{3/2}}{9\sqrt{3}LEI}$	Para $0 \le x \le a$: $\dfrac{Pbx}{6LEI}(L^2 - x^2 - b^2)$
3. Carga uniformemente distribuída	$\dfrac{wL^3}{24EI}$	$\dfrac{5wL^4}{384EI}$	$\dfrac{wx}{24EI}(L^3 - 2Lx^2 + x^3)$

	Inclinação nas Extremidades, θ	**Deslocamento Máximo, $\delta_{máx}$**	**Deslocamento δ em um Ponto x Qualquer**
4. Carga concentrada na extremidade em balanço	No apoio da esquerda: $\dfrac{Pab}{6EI}$ No apoio da direita: $\dfrac{Pab}{3EI}$ Na seção de aplicação da carga: $\dfrac{Pb}{6EI}(2L + b)$	$\delta_{máx} = \dfrac{Pb^2L}{3EI}$	Para $0 \leq x \leq a$: $\dfrac{Pbx}{6aEI}(x^2 - a^2)$ Para $0 \leq z \leq b$: $\dfrac{P}{6EI}[z^3 - b(2L + b)z + 2b^2L]$
5. Momento concentrado entre os apoios	No apoio da esquerda: $\dfrac{-M_0}{6EIL}(2L^2 - 6aL + 3a^2)$ Na seção de aplicação da carga: $\dfrac{M_0}{EI}\left(\dfrac{L}{3} + \dfrac{a^2}{L} - a\right)$ No apoio da direita: $\dfrac{M_0}{6EIL}(L^2 - 3a^2)$	Na seção de aplicação da carga: $\dfrac{M_0a}{3EIL}(2a^2 - 3aL + L^2)$	Para $0 \leq x \leq a$: $\dfrac{M_0x}{6EIL}(x^2 + 3a^2 - 6aL + 2L^2)$
6. Momento aplicado na extremidade em balanço	No apoio da esquerda: $\dfrac{M_0a}{6EI}$ No apoio da direita: $\dfrac{M_0a}{3EI}$ Na seção de aplicação da carga: $\dfrac{M_0(a + 3b)}{3EI}$	$\delta_{máx} = \dfrac{M_0b}{6EI}(2L + b)$	Para $0 \leq x \leq a$: $-\dfrac{M_0x}{6aEI}(a^2 - x^2)$ Para $0 \leq x' \leq b$: $\dfrac{M_0}{6EI}(2ax' + 3x'^2)$

APÊNDICE D-3 **Diagramas de Forças Cisalhantes e Momentos Fletores, e Equações de Deslocamentos Lineares e Angulares para Vigas Engastadas em Ambas as Extremidades**

	Deslocamento δ	Deslocamento δ em um Ponto x Qualquer
1. Carga concentrada na seção média do vão	No centro: $$\delta_{máx} = \frac{PL^3}{192EI}$$	Para $0 \leq x \leq L/2$: $$\delta = \frac{Px^2}{48EI}(3L - 4x)$$
2. Carga concentrada em uma seção qualquer	Na seção de aplicação da carga: $$\delta = \frac{Pb^3a^3}{3EIL^3}$$	Para $0 \leq x \leq a$: $$\delta = \frac{Pb^2x^2}{6EIL^3}[3aL - (3a + b)x]$$
3. Carga uniformemente distribuída	No centro: $$\delta_{máx} = \frac{wL^4}{384EI}$$	Para $0 \leq x \leq L$: $$\delta = \frac{wx^2}{24EI}(L - x)^2$$

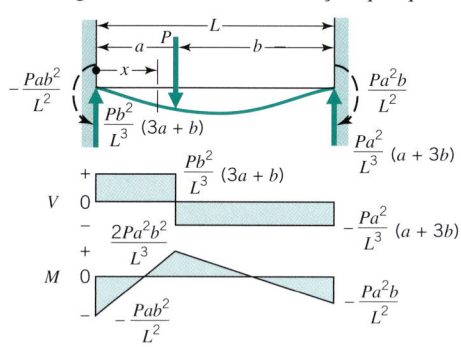

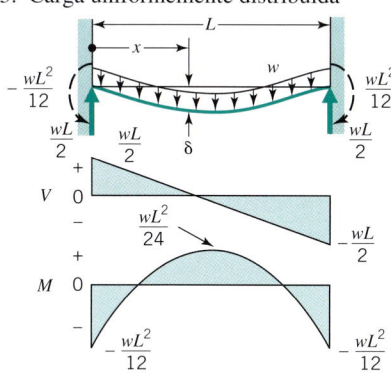

APÊNDICE

E

Tolerâncias e Ajustes

Os *ajustes* entre componentes, com um elemento cilíndrico ajustando-se a um furo cilíndrico, influenciam a precisão do posicionamento relativo dos elementos, isto é, a facilidade com a qual os elementos podem ser acoplados e desacoplados, a facilidade com a qual eles podem deslizar um relativamente ao outro (ajuste com folga) e a carga que eles podem suportar sem que ocorra um movimento relativo (ajuste com interferência). A expansão térmica diferencial geralmente é um fator a ser considerado na determinação dos ajustes apropriados. A *tolerância*, ou variação permitida a cada dimensão, influencia tanto a função quanto o custo. Tolerâncias desnecessariamente apertadas representam um fator importante que causa um custo excessivo.

Os ajustes e as tolerâncias geralmente são especificados com base na experiência com a aplicação específica envolvida. A norma USAS (ANSI) B4.1-1967 contém recomendações detalhadas, caracterizando-se como um guia de grande valor. Sua precedente original, ASA B4a-1925, representa um guia mais simples, que se torna útil para uma compreensão introdutória

do tema. Ela é resumida no apêndice E-1. As classes 1 a 4 são os *ajustes com folga*, as Classes 7 e 8 referem-se aos *ajustes com interferência* e as Classes 5 e 6 são conhecidas como *ajustes de transição*, porque podem apresentar tanto ajustes com folga quanto com interferência, dependendo da aleatoriedade na montagem dos componentes.

O Apêndice E-1 ilustra o *sistema básico de furos*, no qual a dimensão mínima do furo é escolhida como a dimensão nominal padronizada para todas as classes de ajustes. Neste caso,

d = diâmetro nominal

h = tolerância do diâmetro do furo = $C_h\sqrt[3]{d}$

s = tolerância do eixo = $C_s\sqrt[3]{d}$

a = tolerância (menor folga diametral, obtida com a dimensão máxima do eixo e a dimensão mínima do furo) = $C_a\sqrt[3]{d^2}$

i = interferência média, obtida com os diâmetros médios do eixo e do furo = $C_i d$

Os gráficos de barras são representados para $d = 25$ mm, ou 1 in.

APÊNDICE E-1 Ajustes e Tolerâncias para Furos e Eixos

Classe de ajuste	1	2	3	4	5	6	7	8
Gráfico de barras (sistema furo-base)	Ajuste folgado	Ajuste livre	Ajuste médio	Ajuste sem folga justo	Ajuste sem folga	Ajuste apertado	Ajuste com força média	Ajuste com força alta e contração
C_h	0,0216 (0,0025)	0,0112 (0,0013)	0,0069 (0,0008)	0,0052 (0,0006)	0,0052 (0,0006)	0,0052 (0,0006)	0,0052 (0,0006)	0,0052 (0,0006)
C_s	0,0216 (0,0025)	0,0112 (0,0013)	0,0069 (0,0008)	0,0035 (0,0004)	0,0035 (0,0004)	0,0052 (0,0006)	0,0052 (0,0006)	0,0052 (0,0006)
C_a	0,0073 (0,0025)	0,0041 (0,0014)	0,0026 (0,0009)	0 (0)				
C_i					0 (0)	0,00025 (0,00025)	0,0005 (0,0005)	0,0010 (0,0010)

Nota: Os números apresentados na tabela devem ser utilizados com todas as dimensões em milímetros, exceto para aqueles entre parênteses, que se referem às dimensões em *polegadas*.

O Apêndice E-2 fornece os valores de tolerância para furos e eixos para diversas dimensões e graus. O Apêndice E-3 estabelece a faixa antecipada de grau (e, portanto, das tolerâncias) propiciada para um processo de usinagem específico. O Padrão Nacional Americano oficial do qual as informações nos Apêndices E-2 e E-3 foram retiradas é o ANSI (American National Standards Institute) B4.1-1967(R1999), publicado pela Sociedade Americana de Engenheiros Mecânicos (ASME – *American Society of Mechanical Engineers*) e patrocinado pela ASME.

APÊNDICE E-2   Tolerâncias Padronizadas para Componentes Cilíndricos

Faixa de Dimensão Nominal (in)		Grau de Tolerância									
De	Até	4	5	6	7	8	9	10	11	12	13
0 – 0,12		0,12	0,15	0,25	0,4	0,6	1,0	1,6	2,5	4	6
0,12 – 0,24		0,15	0,20	0,3	0,5	0,7	1,2	1,8	3,0	5	7
0,24 – 0,40		0,15	0,25	0,4	0,6	0,9	1,4	2,2	3,5	6	9
0,40 – 0,71		0,2	0,3	0,4	0,7	1,0	1,6	2,8	4,0	7	10
0,71 – 1,19		0,25	0,4	0,5	0,8	1,2	2,0	3,5	5,0	8	12
1,19 – 1,97		0,3	0,4	0,6	1,0	1,6	2,5	4,0	6	10	16
1,97 – 3,15		0,3	0,5	0,7	1,2	1,8	3,0	4,5	7	12	18
3,15 – 4,73		0,4	0,6	0,9	1,4	2,2	3,5	5	9	14	22
4,73 – 7,09		0,5	0,7	1,0	1,6	2,5	4,0	6	10	16	25
7,09 – 9,85		0,6	0,8	1,2	1,8	2,8	4,5	7	12	18	28
9,85 – 12,41		0,6	0,9	1,2	2,0	3,0	5,0	8	12	20	30
12,41 – 15,75		0,7	1,0	1,4	2,2	3,5	6	9	14	22	35
15,75 – 19,69		0,8	1,0	1,6	2,5	4	6	10	16	25	40
19,69 – 30,39		0,9	1,2	2,0	3	5	8	12	20	30	50
30,09 – 41,49		1,0	1,6	2,5	4	6	10	16	25	40	60
41,49 – 56,19		1,2	2,0	3	5	8	12	20	30	50	80
56,19 – 76,39		1,6	2,5	4	6	10	16	25	40	60	100
76,39 – 100,9		2,0	3	5	8	12	20	30	50	80	125
100,9 – 131,9		2,5	4	6	10	16	25	40	60	100	160
131,9 – 171,9		3	5	8	12	20	30	50	80	125	200
171,9 – 200		4	6	10	16	25	40	60	100	160	250

Nota: Adaptado de ANSI B4.1-1967(R1999). Os valores de tolerância estão expressos em milhares de polegada. Os valores em negrito atendem aos acordos ABC (Americano – Inglês – Canadense).

APÊNDICE E-3 Graus de Tolerância Produzidos pelos Processos de Usinagem

Processo de Usinagem	Grau de Tolerância									
	4	5	6	7	8	9	10	11	12	13
Abrasivo & Esmerilhamento	■	■								
Retificação cilíndrica		■	■							
Retificação de superfície		■	■	■	■					
Torneamento com diamante		■	■							
Ferramenta com diamante rotativo		■	■							
Brochamento		■	■	■						
Escareamento			■	■	■	■				
Torneamento				■	■	■	■	■	■	■
Furação					■	■	■	■	■	■
Fresagem							■	■	■	■
Plaina Limadora & Moldador							■	■	■	■
Perfuração							■	■	■	■

Nota: Adaptado de ANSI B4.1-1967(R1999).

MIL-HDBK-5J, Manual do Departamento de Defesa dos Estados Unidos: Materiais Metálicos e Componentes Utilizados nas Estruturas de Veículos Aeroespaciais

F.1 Introdução

Um dos grandes desafios relacionados com o projeto de uma máquina é a identificação das propriedades mecânicas apropriadas a serem utilizadas no processo de análise. No início dos anos 1930, diversas entidades governamentais dos Estados Unidos formaram o Comitê Comercial Exército-Marinha sobre os Requisitos de Aeronaves. Esse grupo fomentou o desenvolvimento de uma base de dados, designada por ANC-5, sobre propriedades dos materiais utilizados no projeto de aeronaves; esta base concentrou-se em materiais como as ligas de aço, alumínio e magnésio. Em 1959, a ANC-5 foi modificada e caracterizada na forma do manual militar designado por *MIL-HDBK-5*; as propriedades do titânio foram também incluídas nessa primeira versão [1]. O manual *MIL-HDBK-5* sofreu diversas atualizações desde aquela época; sua versão mais recente foi a J, publicada em 2003, com um total de 1733 páginas [2].

O *MIL-HDBK-5J* foi substituído em 2004 por um documento baseado em taxas, "Desenvolvimento e Padronização das Propriedades dos Materiais Metálicos" (MMPDS — *Metalic Materials Properties Development and Standardization*). Mesmo assim, o *MIL-HDBK-5J* permanece disponível na Internet através do banco de dados ASSIST, a fonte oficial para especificações e padrões utilizada pelo Departamento de Defesa dos Estados Unidos. As versões anteriores, bem como as notas descrevendo o cancelamento do *MIL-HDBK-5J*, também podem ser baixadas.

F.2 Visão Geral dos Dados no Manual *MIL-HDBK-5J*

O objetivo do *MIL-HDBK-5J* talvez seja melhor resumido em seu parágrafo introdutório:

Como muitas companhias de aeronaves fabricam tanto produtos comerciais como militares, a padronização dos dados de projeto dos materiais metálicos, os quais são aceitos pelas agências governamentais de certificação ou aquisição, é muito benéfica para aqueles fabricantes e para as próprias agências. Embora os requisitos de projeto dos produtos militares e comerciais possam diferir significativamente, os valores requeridos, para efeito de projeto, para a resistência dos materiais e dos componentes, e outras características necessárias ao material, são geralmente as mesmas. Portanto, essa publicação fornece os valores padronizados para projeto e as informações relacionadas ao projeto referentes aos materiais metálicos e aos componentes estruturais utilizados nas estruturas aeroespaciais.

As propriedades dos materiais apresentadas no *MIL-HDBK-5J* (veja a Tabela F.1) representam uma coletânea de dados obtidos por meio de extensivos testes realizados pelas agências e laboratórios de pesquisa governamentais, companhias aeroespaciais, fabricantes de materiais, grupos comerciais e publicações acadêmicas. Os dados contidos no *MIL-HDBK-5J* foram exaustivamente examinados ao longo de muitos anos e aceitos como fonte de propriedades de materiais estatisticamente confiável [3], até o seu cancelamento ou substituição pelas entidades governamentais e militares.

Os dados apresentados para cada material seguem uma disposição similar. Por exemplo, considere a liga de alumínio 2024 (*MIL-HDBK-5J*, Seção 3.2.3), que se inicia com uma visão global da liga, suas diversas configurações de têmpera e propriedades básicas (condutividade térmica, calor específico, coeficiente de expansão térmica) em função da temperatura. Ela continua com as tabelas de "Propriedades Mecânicas e Físicas de Projeto" que são organizadas por tipo de têmpera, formação, espessura e base estatística; esta fornece as propriedades de resistência (resistência ao escoamento, limite de resistência, elongação), propriedades elásticas (módulo de elasticidade, módulo de cisalhamento, coeficiente de Poisson), e outras propriedades físicas, como densidade, todas à temperatura

TABELA F.1 Tópicos Cobertos pelo Manual *MIL-HDBK-5J*

MIL-HDBK-5J	Tópico Coberto
Capítulo 1	Fornece o embasamento, a nomenclatura, as fórmulas úteis, os princípios e fórmulas básicas da mecânica dos materiais, e as definições das propriedades dos materiais
Capítulos 2–7	Contém dados para aço, alumínio, magnésio, titânio, ligas resistentes ao calor e outras ligas, respectivamente
Capítulo 8	Apresenta informações sobre as juntas estruturais utilizando rebites, fixações aparafusadas e juntas soldadas e soldagem forte
Capítulo 9	Apresenta os procedimentos utilizados para incorporar dados ao manual *MIL-HDBK-5J*, incluindo os requisitos de testes e de dados, e os métodos estatísticos de análise
Apêndices	Fornece um glossário e os fatores de conversão para unidades do SI além de diversos índices

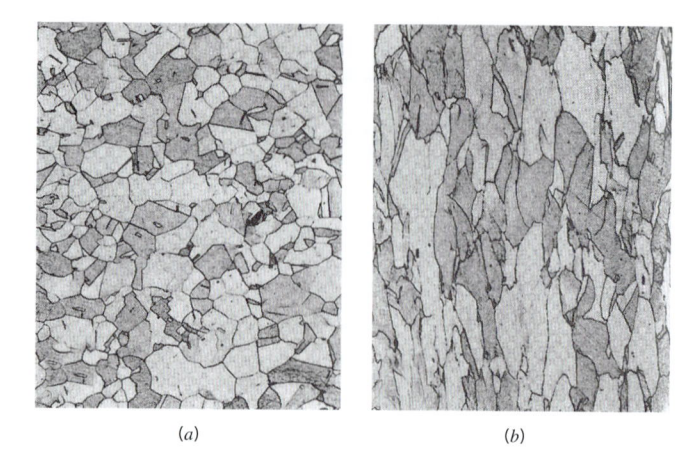

(a) (b)

FIGURA F.1 Alteração da estrutura do grão de um metal policristalino como resultado de uma deformação plástica. (*a*) Antes da deformação os grãos são equiaxiais. (*b*) A deformação produz a elongação dos grãos. 170×. Da referência W. G. Moffatt, G. W. Pearsall, e J. Wulff, *The Structure and Properties of Metals, Vol. 1, Structure*, p. 140. Copyright 1964 da John Wiley & Sons, Nova Iorque. Reimpressa com a permissão de W. G. Moffatt.

ambiente. As figuras subsequentes fornecem os ajustes necessários em decorrência do efeito da temperatura para a resistência e as propriedades elásticas, para as curvas típicas de tensão *versus* deformação passando pelo escoamento, para os dados de fadiga e os ajustes da curva *S–N* associada, para as taxas de crescimento de trincas e os efeitos da duração da exposição à temperatura nas propriedades de resistência. Note que a liga de alumínio 2024 é um material importante no projeto de aeronaves; a maioria dos materiais não são descritos a esse nível de detalhe.

F.3 Fórmulas e Conceitos Avançados Utilizados no Manual *MIL-HDBK-5J*

Esta seção introduz diversas fórmulas e conceitos importantes apresentados no manual *MIL-HDBK-5J*; explicações e utilizações adicionais podem ser encontradas no próprio manual.

F.3.1 Direcionalidade das Propriedades dos Materiais

Tipicamente, os metais utilizados nos componentes de máquinas são admitidos como sendo isotrópicos; o que significa que as propriedades dos materiais são idênticas em todas as direções. Esta normalmente é uma boa hipótese para propriedades como o módulo de elasticidade. Entretanto, frequentemente ocorre uma dependência direcional para as propriedades de resistência, em decorrência dos processos realizados no material. Uma das razões dessa ocorrência é a presença de grãos com metais e ligas metálicas. As operações que envolvem trabalho mecânico, como laminação, extrusão, forjamento etc., distorcem os grãos em determinadas direções (veja a Figura F.1). Essas operações produzem anisotropias nas propriedades

de resistência. Elas podem também desempenhar um papel crítico na falha induzida por uma combinação de tensão e corrosão (tensão induzida por trinca devida à corrosão).

As direções relacionadas às propriedades elásticas e de resistência usualmente referem-se às letras *L*, *ST* e *LT* para longitudinal, curta transversal (normalmente na direção da espessura) e longa transversal (normalmente no plano do componente), respectivamente. Exemplos indicando as direções típicas para diversos tipos de componente são mostrados na Figura F.2. As propriedades de resistência à fratura tipicamente referem-se a duas direções, indicando a direção na qual ocorre a abertura da trinca, bem como a direção na qual a ponta da trinca se propaga (veja *MIL-HDBK-5J*, Figura 1.4.12.3).

Outra hipótese comumente adotada para os metais de uso em engenharia é que o módulo de elasticidade é igual para os efeitos de tração e de compressão. Na realidade, o material responde de forma ligeiramente mais rígida quando submetido à compressão. Como resultado, tanto o módulo de elasticidade para tração (E) quanto para compressão (E_c) são fornecidos na maioria das tabelas; analogamente, algumas figuras podem também fornecer o gráfico tensão × deformação tanto para tração quanto para compressão.

F.3.2 Curva Tensão-Deformação Elastoplástica e Definição de Módulo

Considere um material sujeito a uma tensão normal uniaxial σ aplicada, com uma deformação normal uniaxial resultante ϵ; por simplicidade, admita que não haja qualquer efeito decorrente de deformação térmica, uma vez que este poderia ser facilmente incorporado posteriormente. Se o material permanece na faixa linear elástica, a relação entre tensão e deformação será simplesmente $\sigma = E\epsilon$ (ou E_c se for compressão). Todavia, se a tensão for superior ao limite de proporcionalidade, ocorrerá a deformação plástica, a qual conduzirá a uma

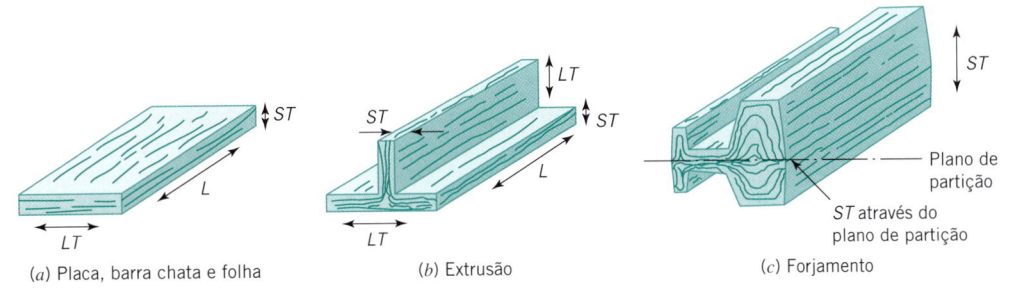

(a) Placa, barra chata e folha　　(b) Extrusão　　(c) Forjamento

Figura F.2 Direção dos grãos no material para diversos tipos de componentes. (Adaptado da referência [4] com permissão.)

deformação permanente após a remoção da tensão. Neste caso, a resposta tensão-deformação não mais se mostrará linear e o valor único do módulo de elasticidade não será suficiente para descrever a resposta do material.

O manual *MIL-HDBK-5J* introduz dois novos valores, denominados módulo tangente (E_t) e módulo secante (E_s) conforme ilustrado na Figura F.3 para caracterizar a resposta tensão-deformação além da faixa linear. O módulo tangente para um dado nível de tensão é a derivada da curva tensão-deformação naquele ponto. Ele fornece uma medida da rigidez em função do nível de tensão; como resultado, ele pode ser utilizado na análise da flambagem de colunas como aproximação conservativa [veja *MIL-HDBK-5J*, Eq. 1.3.8(a)]. O módulo secante em um dado nível de tensão é a inclinação da linha que une a origem ao par tensão deformação em questão. Ele fornece a razão entre a tensão e a deformação total (a soma das deformações elástica e plástica).

Outro procedimento é o modelo de Ramberg-Osgood, que fornece uma equação relacionando a tensão e a deformação apropriada para ambas as regiões, linear e não linear (plástica). Matematicamente, ela é expressa por:

$$\epsilon = \left(\frac{\sigma}{E}\right) + 0{,}002\left(\frac{\sigma}{S_y}\right)^n \qquad \textbf{(F.1)}$$

na qual, S_y é a resistência ao escoamento identificado pelo método do desvio de 0,2 % e n é conhecido como parâmetro de Ramberg-Osgood. O valor de n é fornecido em muitas das figuras do *MIL-HDBK-5J*. Este método não é bem definido para materiais com ponto de escoamento definido no qual a tensão permanece constante (ou decrescente) para um período de deformação, fator este comum para o caso de muitas ligas de aço.

F.3.3 Definições Básicas, Coeficiente de Variação

As propriedades mecânicas à temperatura ambiente, como a resistência, são apresentadas juntamente com a indicação de suas significâncias estatísticas. Esta indicação é realizada pela categorização da "base" dos dados em uma das quatro categorias (A, B, S, típica). As propriedades dos materiais com um valor da base "A" indicam que pelo menos 95 % do lote das amostras possuirá o valor real da propriedade maior do que o valor fornecido com um nível de confiança de 99 %. Analogamente, um valor da base "B", menos conservativa, indica que 90 % do lote das amostras possuirá o valor real da propriedade maior do que o valor fornecido com um nível de confiança de 90 %. Os valores das bases "A" e "B" podem ser considerados como propriedades estatísticas mínimas. As propriedades da base "S" representam o valor mínimo de acordo com a especificação aplicável; todavia, a significância estatística dos dados é desconhecida. Os valores da base "Típica" representam uma média sem significância estatística. Outros detalhes da definição desses termos estatísticos podem ser encontrados no Capítulo 9 do *MIL-HDBK-5J* ou em qualquer livro introdutório sobre probabilidade e estatística.

Em relação à estrutura de aeronaves, os valores da base "A" são utilizados para projetar estruturas para as quais não há uma alternativa para o tipo de carregamento relacionado ao evento da falha do componente. A maioria dos componentes de aeronaves é projetada com uma alternativa para o tipo de carregamento relacionado ao evento da falha (estrutura redundante); neste caso, os valores da base "B", tipicamente superiores aos valores da base "A", são normalmente utilizados [4]. Os cálculos de projeto não devem utilizar os valores das bases "S" ou "típica", uma vez que sua significância estatística não é conhecida. Entretanto, desde 1975 os valores da base "S" incorporaram características estatísticas que resultaram dos requisitos de exigência de qualidade nas especificações fornecidas dos materiais; neste caso, os valores da base "S" podem ser considerados como valores estimados da base "A" (veja as Seções 9.1.6 e 9.4 do *MIL-HDBK-5J* para uma discussão detalhada).

No *MIL-HDBK-5J*, certas propriedades, como a resistência à fratura no estado plano de deformações, são fornecidas para

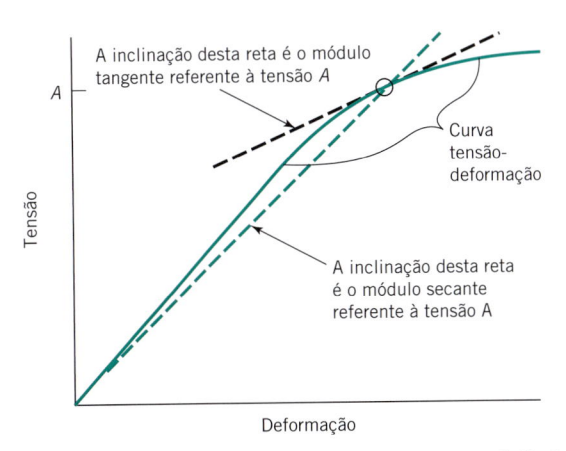

Figura F.3 Resposta tensão × deformação e as definições de módulo secante e módulo tangente no ponto *A*. Adaptado de *MIL-HDBK-5J*, Figura 9.8.4.2(a).

um dado conjunto de dados de testes. Neste caso, os valores médio, mínimo e máximo são apresentados na forma de um item denominado coeficiente de variação. Ele é simplesmente o desvio padrão do conjunto de dados dividido pelo valor médio do conjunto de dados, e o resultado multiplicado por 100. Desta forma, ele expressa o desvio padrão como um percentual do valor médio (uma grandeza sem unidades).

F.3.4 Resistência ao Esmagamento e Margem de Bordo

Para determinar a resistência ao esmagamento, considere um pino de diâmetro D passando através de uma placa de espessura t. Admita que a carga P seja aplicada ao pino no plano da placa, fazendo com que a ele esmague o material da placa na região do furo. A tensão de esmagamento atuante na placa (calculada utilizando a área projetada do suporte) é $\sigma_b = P/Dt$. A resistência ao esmagamento da placa depende da *margem de bordo*, que é definida como a razão entre a distância do bordo e (distância do centro do furo até o bordo da placa na direção da carga) e o diâmetro D do furo (veja a Figura F.4). Para valores muito altos da margem de bordo (e/D), o modo de falha no suporte será pelo esmagamento do material da placa. Quando a relação e/D é reduzida, o modo de falha, eventualmente, será alterado rasgando o material da placa entre o pino e o bordo da placa. O valor comum de e/D para efeito de projeto é 2,0, com $e/D = 1,5$, geralmente, é encarado como um valor mínimo aceitável.

F.3.5 Modelo de Fadiga pela Tensão Equivalente

O manual *MIL-HDBK-5J* apresenta os dados de fadiga na forma dos diagramas S–N para tensões cíclicas nos casos em que não exista tensão média (carregamento totalmente reversível) ou que exista uma tensão média diferente de zero. Em vez de relacionar os valores da tensão média (σ_m) e da tensão alternada (σ_a), o *MIL-HDBK-5J* apresenta o valor da tensão cíclica ($\sigma_{máx}$) e o da razão de tensão R:

$$R = \frac{\sigma_{mín}}{\sigma_{máx}} \qquad \text{(F.2)}$$

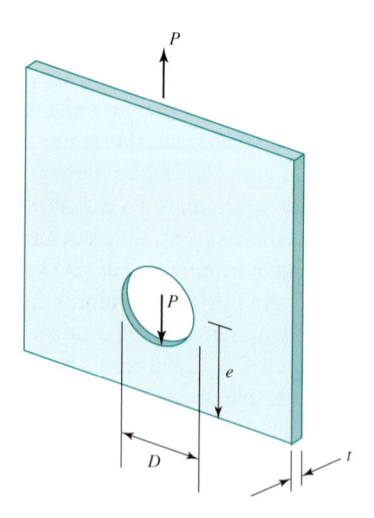

FIGURA F.4 Definição da distância de bordo e para uma junta carregada por um pino de diâmetro D com carga P aplicada.

na qual $\sigma_{mín}$ é o valor mínimo da tensão cíclica. Para um ensaio de fadiga totalmente reverso, R vale –1. O valor de R permanece finito se $\sigma_{máx} > 0$ (típico para os ensaios de fadiga).

Em vez de utilizar um diagrama de Goodman modificado para prever a fadiga para os casos de tensão média não nula, um "modelo de tensão equivalente" é identificado de modo a se ajustar a todo o conjunto de dados de teste para uma dada liga e configuração do corpo de prova. Esse conjunto de dados consiste em pontos ($\sigma_{máx}$, N), obtidos para diversas razões R, onde N é o número de ciclos até a ocorrência da falha decorrente do ciclo de tensão aplicado (faixas de $\sigma_{máx}$ até $\sigma_{mín} = R\,\sigma_{máx}$). O modelo pode então ser utilizado para prever os ciclos de fadiga devido a uma grande diversidade de combinações do par (tensão máxima, razão de tensão). Ele utiliza $\sigma_{máx}$ e R para estimar uma tensão equivalente (σ_{eq}). Em seguida se utiliza de uma segunda equação para determinar o número de ciclos até a falha. Para a maioria dos dados apresentados no manual *MIL-HDBK-5J* esse modelo é estabelecido por meio de quatro constantes (A, B, C e D; uma ou mais podendo ser nulas) como:

$$\log(N) = A - B \log(\sigma_{eq} - C) \qquad \text{(F.3)}$$

$$\sigma_{eq} = \sigma_{máx} (1 - R)^D \qquad \text{(F.4)}$$

Esta forma matemática indica que os dados de fadiga ($\sigma_{máx}$, N) para diversas razões R preveem o colapso do componente segundo uma linha reta quando representados graficamente como $\log(\sigma_{eq} - C) \times \log N$ [5]. Este modelo pode ser rearranjado de modo a fornecer a tensão máxima para um dado número de ciclos antes da falha e a razão R como:

$$\sigma_{máx} = \left[\left(\frac{10^A}{N}\right)^{1/B} + C\right](1 - R)^{-D} \qquad \text{(F.5)}$$

O grau de ajuste entre o modelo e os dados utilizados para gerá-lo é registrado em cada figura via medidas estatísticas. Observa-se também em cada figura que o modelo pode conduzir a resultados absurdos para razões R fora daquelas utilizadas para gerar o modelo. Analogamente, o valor da tensão prevista para um dado número de ciclos poderá ser absurdo se o número de ciclos de interesse não estiver representado no conjunto de dados. Por exemplo, utilizando o modelo de tensão equivalente para prever a resistência correspondente a 10 ciclos conduziria a um valor de tensão excessivamente distante do limite de resistência (tensão última) do material (um resultado, obviamente, incorreto). Portanto, alguns cuidados e critérios de decisão devem ser empregados para se assegurar de que o modelo de predição é realístico e com limites dentro dos valores referentes ao conjunto de dados disponíveis.

Os dados de teste de fadiga no manual *MIL-HDBK-5J* são apresentados para diversas situações de corpos de prova, com e sem entalhe. Em todos os casos, o fator de concentração teórico (K_t) é registrado e a geometria do entalhe utilizado é especificada. A partir dessas informações, o usuário pode identificar o fator de sensibilidade ao entalhe (q) e o correspondente fator de concentração de tensão para fadiga (K_f), se desejado. Entretanto, os dados de tensão reportados no *MIL-HDBK-5J* são baseados na seção líquida; isto significa que as tensões são calculadas utilizando a área mínima da seção transversal, e *não são* ajustadas de modo a considerar o fator de concentração de tensão. Por exemplo, se a tensão atuante na área líquida é 10 ksi para um corpo de prova com $K_t = 2{,}0$, a tensão no gráfico *S–N* será reportada como 10 ksi, e não 20 ksi ($= K_t \cdot 10$ ksi).

F.4 Propriedades Físicas e Mecânicas da Liga de Alumínio 2024

As seções a seguir ilustram as informações básicas apresentadas no manual *MIL-HDBK-5J* e como as tabelas e figuras podem ser utilizadas para determinar as propriedades das ligas de alumínio 2024. As informações contidas no *MIL-HDBK-5J* referentes à folha de dados da liga de alumínio 2024 começam na página 3-68.

F.4.1 Propriedades Mecânicas à Temperatura Ambiente

Para cada material apresentado no *MIL-HDBK-5J* são apresentadas as propriedades física e o projeto mecânico à temperatura ambiente (70°F) — veja a Tabela F.2 para um exemplo específico das propriedades de uma placa de 2024-T351 com espessura na faixa de 0,250 in a 1,000 in.

TABELA F.2 Propriedades Físicas e Projeto Mecânico de uma Placa de Liga de Alumínio 2024-T351

MAS 4037 e MAS-QQ-A-250/4				
Placa				
T351				
Espessura, in	0,250–0,499		0,500–1,000	
Base	A	B	A	B
Propriedades Mecânicas:				
F_{tu}, ksi:				
L	64	66	63	65
LT	64	66	63	65
ST	—	—	—	—
F_{ty}, ksi:				
L	48	50	48	50
LT	42	44	42	44
ST	—	—	—	—
F_{cy}, ksi:				
L	39	41	39	41
LT	45	47	45	47
ST	—	—	—	—
F_{su}, ksi:	38	39	37	38
F_{bru}, ksi:				
($e/D = 1{,}5$)	97	100	95	98
($e/D = 2{,}0$)	119	122	117	120

F_{bry}, ksi:				
($e/D = 1{,}5$)	72	76	72	76
($e/D = 2{,}0$)	86	90	86	90
e, percentual (Base S):				
LT	12	...	8	...
E, 10^3 ksi	10,7			
E_c, 10^3 ksi	10,9			
G, 10^3 ksi	4,0			
μ	0,33			
Propriedades Físicas:				
ρ, lb/in^3	0,100			
C, K, e α	Veja a Figura 3.2.3.0			

Fonte: Adaptado do *MIL-HDBK-5J*, Tabela 3.2.3.0(b_1).

A tabela é encabeçada pelas especificações principais de comportamento, tipicamente uma especificação de materiais para a indústria aeroespacial (AMS — Aerospace Material Specification) estabelecida pela Divisão de Materiais Aeroespaciais da SAE. As especificações ASTM ou governamentais (militar, federal) também são utilizadas em alguns casos. A forma do material (folha, placa, barra etc.) e a condição do material ou têmpera são estabelecidas. As propriedades individuais são então apresentadas para diversas espessuras de material e a base dos valores ("A", "B", "S"). Os itens em cada tabela e suas respectivas definições são mostrados na Tabela F.3.

Como esperado, os valores da base "A" são ligeiramente inferiores aos da base "B" devido aos requisitos de diferença de significância estatística (note que, ocasionalmente, eles são iguais a outro). Geralmente, essas tabelas do *MIL-HDBK-5J* também contêm comentários de rodapé que fornecem informações adicionais para certas propriedades. Por exemplo, um rodapé indica que a aplicação da tensão na direção curta transversal (*ST*) para placa grossa de 2024-T351 não é ideal caso possa ocorrer corrosão; neste caso, a resistência na direção *ST* é dramaticamente reduzida em decorrência do fenômeno conhecido como trinca por tensão de corrosão (veja a Seção F.5).

F.4.2 Resistência e Outras Propriedades *versus* Temperatura

Diversas propriedades de resistência também são fornecidas em função da temperatura. Por exemplo, um fator de ajuste para o limite de resistência à tração para uma temperatura desejada é apresentado na Figura F.5. Esse fator de ajuste (na faixa de 0 a 100) é utilizado da seguinte forma:

$$F_{\text{tu temperatura desejada}} = \frac{\text{fator de ajuste}}{100} \times F_{\text{tu temperatura ambiente}}$$

(F.6)

na qual F_{tu} na temperatura ambiente é obtido pela Tabela F.3. Para o 2024-T3 e o 2024-T351, a exposição por longo tempo à temperatura elevada altera as características do tratamento térmico do material. Assim, a Figura F.5 fornece os fatores de

TABELA F.3 Símbolos e Definições das Propriedades Mecânicas e Físicas Fornecidas no *MIL-HDBK-5J* (Veja a Tabela F.2.)

Nomenclatura	Definição	Nomenclatura	Definição
F_{tu}	Limite de resistência à tração (resistência última)	E	Módulo de elasticidade (tração)
F_{ty}	Resistência ao escoamento por tração	E_c	Módulo de elasticidade (compressão)
F_{cy}	Resistência ao escoamento por compressão	G	Módulo de cisalhamento (módulo de elasticidade transversal)
F_{su}	Limite de resistência ao cisalhamento	μ	Coeficiente de Poisson
F_{bru}	Limite de resistência ao esmagamento	ρ	Massa específica
F_{bry}	Resistência ao escoamento por esmagamento	C	Calor específico
e	Elongação percentual na ruptura	K	Condutividade térmica
		α	Coeficiente de expansão térmica

ajuste dependentes da duração do tempo de exposição a temperaturas elevadas a que o componente tenha se submetido. Outras propriedades físicas, como a expansão térmica, a condutividade térmica e o calor específico, também são fornecidas em função da temperatura. Um exemplo é apresentado na Figura F.6.

F.4.3 Curvas Tensão × Deformação e Módulo Tangente

Um exemplo de curvas tensão × deformação e as correspondentes curvas do módulo tangente para folhas de alumínio 2024-T3 é mostrado na Figura F.7 para a direção L. O expoente de Ramberg-Osgood (n) para cada curva tensão × deformação é indicado. As curvas do módulo tangente (E_t) representam a inclinação local da curva tensão × deformação ao nível de tensão indicado. O módulo tangente começa como uma reta vertical cujo valor é E (ou E_c na compressão) até o limite de proporcionalidade ser atingido. Para valores de tensão maiores, o valor do módulo tangente diminui, indicando que a inclinação local da curva tensão × deformação (E_t) é menor do que

E (ou E_c). A principal aplicação do módulo tangente é na determinação das cargas de flambagem estrutural e, portanto, só é mostrado para o caso de compressão.

Lembre-se de que as equações da carga crítica (P_{cr}) e da tensão crítica (σ_{cr}) de Euler para a flambagem de colunas são expressas por:

$$P_{cr} = \frac{\pi^2 EI}{L_c^2} \rightarrow \sigma_{cr} = \frac{P_{cr}}{A} \qquad \textbf{(F.3)}$$

em que I é o momento de inércia, A é a área da seção transversal e L_e é o comprimento efetivo (ou equivalente) da coluna. Caso a tensão crítica seja inferior ao valor do limite de proporcionalidade, E_c e E_t serão idênticos e conduzirão ao mesmo resultado. Todavia, quando a tensão crítica é superior ao limite de proporcionalidade, é melhor utilizar o módulo tangente para efeito de projeto; não apenas a solução será mais conservativa (uma vez que $E_t < E_c$), como também o resultado refletirá melhor a rigidez local da coluna ao nível de tensão considerado. Para mais discussões sobre este tema, consulte *MIL-HDBK-5J*, Seção 1.6 ("Colunas").

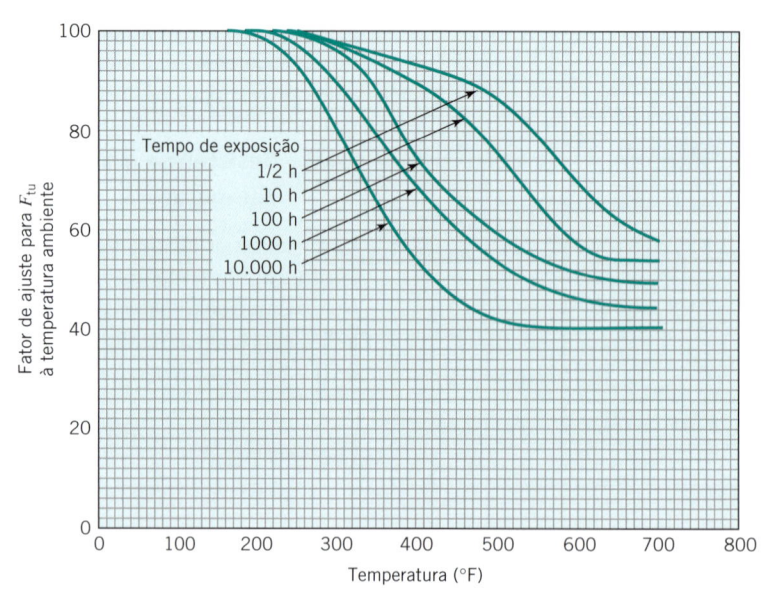

FIGURA F.5 Efeito da temperatura e do tempo de exposição no limite de resistência por tração para as ligas de alumínio 2024-T3 e 2024-T351, excluindo as extrusões da espessura. Adaptado do *MIL-HDBK-5J*, Figura 3.2.3.1.1 (e).

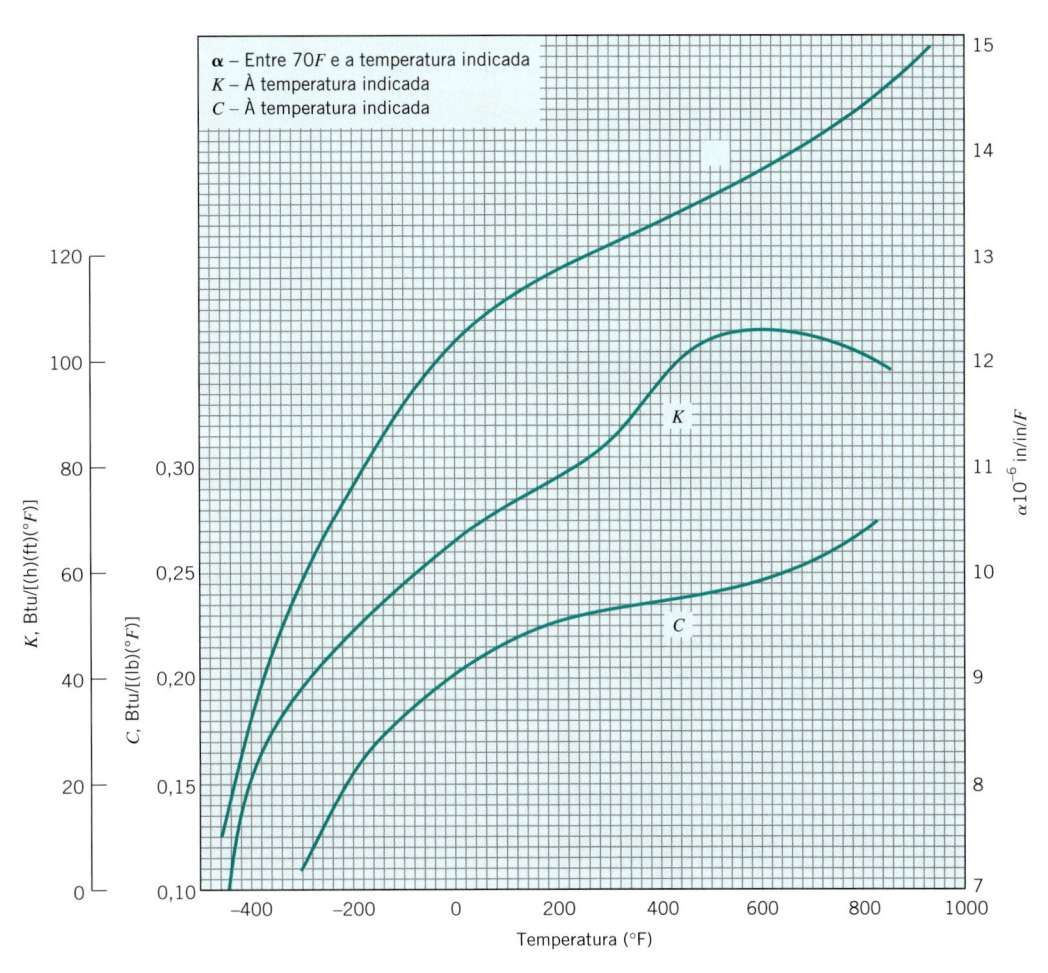

FIGURA F.6 Expansão térmica ($\propto$), condutividade térmica (K) e calor específico (C) das ligas 2024 *versus* temperatura. Adaptado do *MIL-HDBK-5J*, Figura 3.2.3.0.

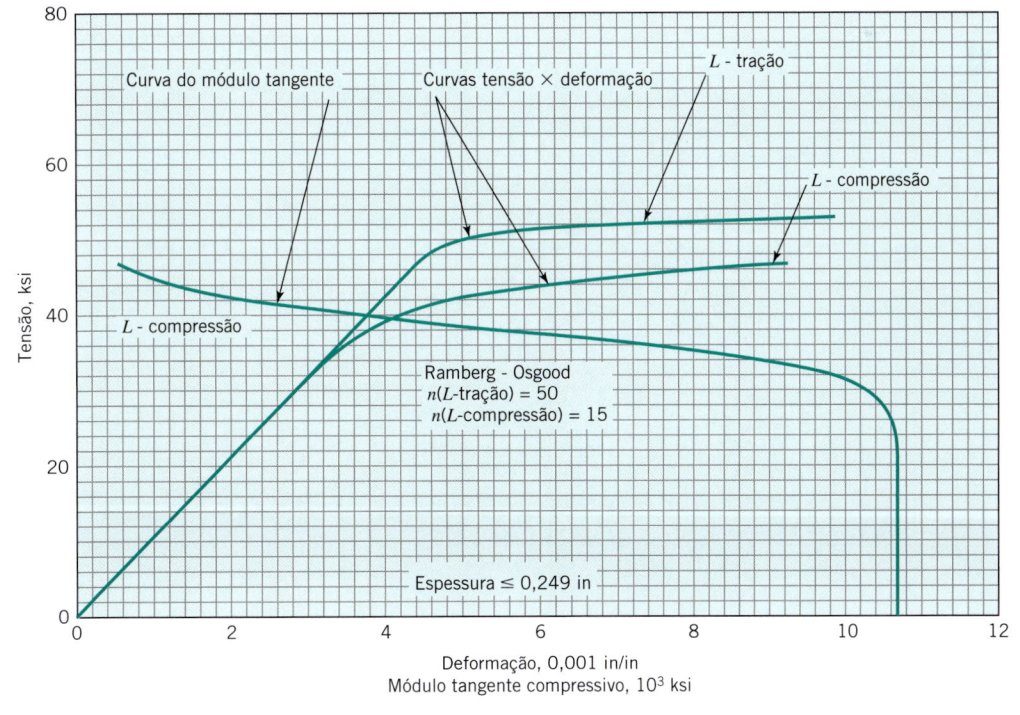

FIGURA F.7 Curvas tensão × deformação e do módulo tangente típicas para a folha de alumínio 2024-T3 na direção L à temperatura ambiente. Adaptado do *MIL-HDBK-5J*, Figura 3.2.3.1.6(a).

F.4.4   Dados da Curva *S–N* de Fadiga e Modelo da Tensão Equivalente

Um exemplo dos dados de fadiga (indicados por símbolos) e as curvas de ajuste do modelo das tensões equivalentes correspondentes (linhas contínuas) é mostrado na Figura F.8 para corpos de prova de alumínio 2024-T4 na forma de barras laminadas testadas axialmente na condição sem entalhe ($K_t = 1{,}0$). Os pontos com valores fora dos dados de teste são aqueles para os quais não haverá falha a partir de um determinado número de ciclos; esses são indicados por símbolos para um correspondente número de ciclos com setas orientadas para a direita.

Os detalhes dos testes utilizados na obtenção dos dados apresentados na Figura F.8 são mostrados na Tabela F.4 juntamente com os parâmetros que descrevem o modelo da tensão equivalente. Conforme discutido anteriormente, o modelo da tensão equivalente pode ser utilizado para prever o número de ciclos para que ocorra a falha a um nível de tensão de fadiga máxima especificada ($S_{máx}$) e a uma razão de tensão (R). O modelo também pode ser utilizado para predizer a tensão máxima associada a um determinado número de ciclos para que ocorra a falha (veja a Equação F.6). Caso o modelo seja estendido para além do conjunto de dados utilizados para criá-lo, ele deve ser utilizado com cautela. Por exemplo, o uso da Figura F.8 para determinar a tensão máxima para uma razão R de 0,50 a 10^3 ciclos, claramente, será inválido, uma vez que a previsão seria bem acima de 75 ksi (a tensão mais alta que ocorreu no corpo de prova, segundo o conjunto de dados de ensaios).

Além das curvas *S–N*, os dados de crescimento da trinca por fadiga para certos alumínios também são apresentados e representam o comprimento da trinca (a) em função do número de ciclos de fadiga aplicados (N). Estas informações, obtidas experimentalmente, podem ser utilizadas na equação de Paris para o material. Por exemplo, os dados para a placa de alumínio 2124-T851 podem ser obtidos no *MIL-HDBK-5J*, Figuras 3.2.7.1.9(a)–(e).

 ### F.5   Tenacidade à Fratura e Outras Propriedades Gerais

O manual *MIL-HDBK-5J* apresenta um conjunto limitado de valores da tenacidade à fratura no estado plano de deformações (K_{Ic}). As configurações são apresentadas para ligas de aço, alumínio e titânio, representando diferentes ligas, tratamentos térmicos e orientações de trinca. Esses valores são fornecidos "apenas como informação", uma vez que as propriedades de projeto mecânico anteriormente apresentadas (isto é, as das bases "A", "B" e "S") não apresentam confiabilidade estatística. Um subconjunto dessas propriedades é mostrado na Tabela F.5. Detalhes adicionais dos testes, limitações de uso das propriedades e especificações das condições plenas dos tratamentos térmicos podem ser encontradas no *MIL-HDBK-5J*.

Diversos outros tópicos relacionados ao comportamento dos materiais são apresentados nos Capítulos 2–7, e são grupados sob títulos de seções comuns ao longo do *MIL-HDBK-5J*. Esses títulos podem ser consultados para cada material de interesse.

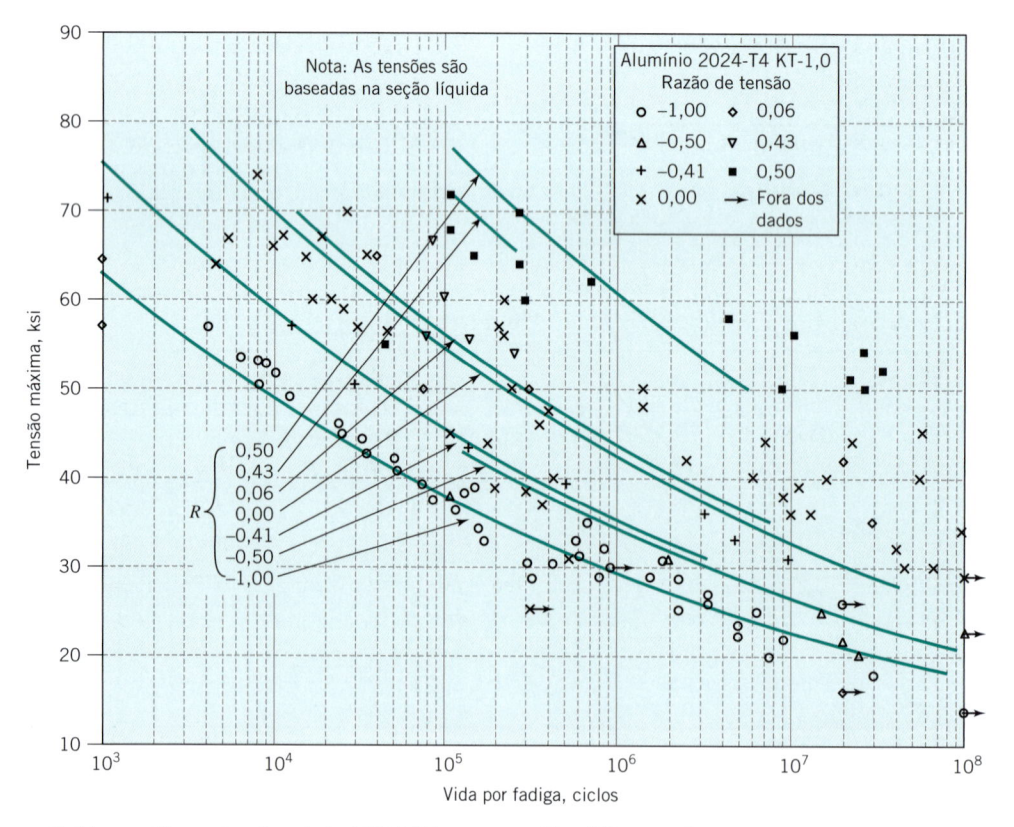

Figura F.8   Curvas *S–N* para ligas de alumínio 2024-T4 sem entalhe (direção longitudinal) com os parâmetros do modelo de tensão equivalente mostrados. Adaptado do *MIL-HDBK-5J*, Figura 3.2.3.1.8(a).

TABELA F.4 Detalhes do Teste de Fadiga e Parâmetros do Modelo de Tensão Equivalente Utilizados no Desenvolvimento das Curvas S–N Mostradas na Figura F.8, Referentes à Liga de Alumínio 2024-T4 Sem Entalhe (Direção Longitudinal)

Forma do Produto	Detalhes do Corpo de Prova
Barra laminada, 0,75 a 1,25 in de diâmetro	Sem entalhe
Barra estirada, 0,75 in de diâmetro	Diâmetro de 0,160 a 0,400 in
Barra estrudada, 1,25 in de diâmetro	Superfície polida longitudinalmente
Barra estrudada, 1,24 in × 4 in	
Propriedades Mecânicas à Temp. Ambiente	**Parâmetros do Teste**
F_{tu} = 69 ksi F_{ty} = 45 ksi (laminada)	Carregamento – axial
F_{tu} = 71 ksi F_{ty} = 44 ksi (estirada)	Frequência – 1800 até 3600 ciclos/min
F_{tu} = 85 ksi F_{ty} = 65 ksi (estrudada)	Temperatura ambiente do ar
	Tensão Equivalente
	$\log (N_f) = 20,83 - 9,09 \log (S_{eq})$
	$S_{eq} = S_{máx} (1 - R)^{0,52}$

Fonte: Adaptado do *MIL-HDBK-5J*, Figura 3.2.3.1(a).

Uma síntese dos títulos, bem como uma breve discussão de cada um com exemplos, é apresentada na Tabela F.6.

Uma situação de interesse para muitos materiais é a ocorrência de *trinca por tensão* devida à corrosão, em que a exposição a certos meios (como água salgada) na presença de tensões pode provocar a formação de trincas. Esta situação pode conduzir a reduções dramáticas nas propriedades relacionadas às características mecânicas originais dos componentes. Uma demonstração do impacto do tempo de exposição à água salgada para aços de alta liga é mostrada na Figura F.9. Uma relação extensa de redução de propriedades para as ligas de alumínio expostas a ambientes corrosivos e sujeitas a tensões

aplicadas pode ser encontrada no *MIL-HDBK-5J* nas Tabelas 3.1.2.3.1(a)–(e). A proteção apropriada contra corrosão por meio de tintas, galvanoplastia, etc. é crítica para materiais propensos ao aparecimento de trincas por tensões devidas à corrosão.

Como mencionado na introdução, o Capítulo 8 do *MIL-HDBK-5J* apresenta também dados para juntas estruturais. Uma das seções é dedicada à resistência das juntas elaboradas com diversos tipos de elementos de fixação (rebites, fixadores para blindagem, colares fixadores estampados, uniões por parafusos etc.) em diferentes configurações (cabeça saliente, cabeça embutida etc.). Todos os dados referentes a juntas admitem

TABELA F.5 Tenacidade à Fratura no Estado Plano de Deformações de Ligas de Aço Selecionadas (Região Superior), Ligas de Alumínio (Meio) e Ligas de Titânio (Região Inferior). *MIL-HDBK-5J*, Subconjunto das Tabelas 2.1.2.1.3 (Aço), 3.1.2.1.6 (Alumínio) e 5.1.2.1.1 (Titânio)

Liga	Condição de Tratamento Térmico/ Têmpera	Forma do Produto	Orientação	Faixa de F_{ty} (ksi)	Faixa da Espessura do Corpo de Prova (in)	K_{Ic} (ksi $\sqrt{in}$)			Coeficiente de Variação
						Máx	**Méd**	**Mín**	
D6AC	Q&T sal	Placa	L–T	217	0,6	88	62	40	22,5
D6AC	Q&T óleo	Placa	L–T	217	0,6 – 0,8	101	92	64	8,9
9Ni-4Co-0,20C	Q&T óleo	Forjado	L–T	186 – 192	1,5 – 2,0	147	134	120	8,5
PH13-8Mo	H1000	Forjado	L–T	205 – 212	0,7 – 2,0	104	90	49	21,5
2024	T351	Placa	L–T	—	0,8 – 2,0	43	31	27	16,5
2024	T851	Placa	L–S	—	0,5 – 0,8	32	25	20	17,8
2024	T851	Placa	L–T	—	0,4 – 1,4	32	23	15	10,1
2024	T851	Placa	T–L	—	0,4 – 1,4	25	20	18	8,8
Ti-6Al-4V	Recozido	Barra forjada	L–T	121 – 143	0,6 – 1,1	77	60	38	10,5
Ti-6Al-4V	Recozido	Barra forjada	T–L	124 – 145	0,5 – 1,3	81	57	33	11,7

TABELA F.6 Seções Comuns no Manual *MIL-HDBK-5J* e Exemplos de Informações Associadas

Título	Informações Apresentadas
Propriedades do material	Discussão relativa ao material em análise no início de cada capítulo. Exemplos: estrutura granular (martensítica, austenítica etc.) para aço; revisão da têmpera de alumínio.
Propriedades mecânicas	Características relacionadas à resistência e outras propriedades mecânicas. Exemplo: variação da propriedade e dependência direcional para componentes de aço espesso, especialmente quando tratado termicamente para alta resistência.
Considerações metalúrgicas	Características relacionadas à metalurgia do material. Exemplos: tratamento térmico para aço-carbono; o efeito das ligas nos aços de baixa liga, média liga e alta liga; composição das superligas.
Considerações de fabricação	Características relacionadas aos métodos de fabricação. Exemplos: formabilidade dos aços por forjamento, estampagem, extrusão etc.; usinagem; disponibilidade de uniões por solda, solda forte etc.
Considerações ambientais	Características relacionadas à exposição ao meio e corrosão. Exemplos: Resistência à oxidação para diversos materiais; transformação dúctil-frágil dos aços; trinca por corrosão sob tensão.

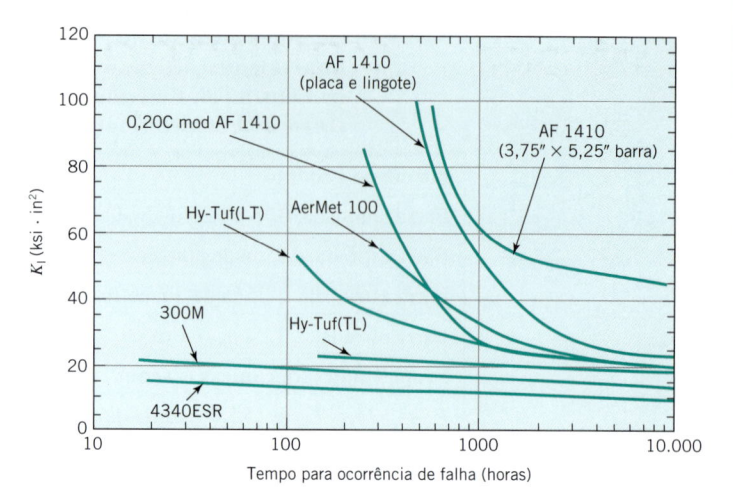

FIGURA F.9 Fator de intensidade de tensão crítico (K_{Ic}) para aços de alta liga após exposição, pelo período indicado, a um ambiente com 3,5 % de NaCl. Adaptado do *MIL-HDBK-5J*, Figura 2.5.0.2(a).

é mais de uso corrente e seus usuários devem ficar atentos às subsequentes revisões no *MMPDS*. Para muitas aplicações gerais, os valores apresentados no *MIL-HDBK-5J* ainda podem servir como fonte de grande utilidade. Todavia, independentemente da propriedade de material a ser utilizada, testes e uma criteriosa avaliação devem ser conduzidos para estabelecer o desempenho apropriado e seguro do componente de máquina.

Referências

1. "History," http://projects.battelle.org/mmpds/history.pdf (acesso em: 5 nov 2010).

2. *MIL-HDBK-5J* (Military Handbook—Metallic Materials and Elements for Erospace Vehicle Structures), 1 jan., 2003, U.S. Government Printing Office,Washington, DC.

3. Hempe, D.W. "Memorandum—Information: Policy Statement on Use of Metallic Materials Properties Development and Standardization (*MMPDS*) Handbook," 25 julho, 2006, Federal Aviation Administration, Washington, D.C. http://projects.battelle.org/mmpds/MMPDS%20Handbook%20Memo.pdf (acesso em: 5 nov 2010).

4. Niu, M.C.Y., Airframe Structural Design: Practical Design Information and Data on Aircraft Structure, Second Edition, Adaso Adastra Engineering, 2006.

5. Walker, K. "The effect of stress ratio during crack propagation and fatigue for 2024-T3 and 7075-T6 aluminum," *Effects of Environment and Complex Load History on Fatigue Lift. ASTM STP 462*, ASTM, 1970, pp. 1–14.

uma margem de bordo (e/D) de 2,0. Outra seção é dedicada às juntas que envolvem questões metalúrgicas, formadas por soldagem ou solda forte, e apresenta dados extensivos da resistência estática e de fadiga das juntas soldadas por pontos, com dados limitados para outros itens, como soldagem por fusão, soldagem a arco e solda forte.

 F.6 Conclusão

O manual *MIL-HDBK-5J* representa um extenso banco de dados de propriedades de materiais para metais comumente utilizados no projeto de componente de máquinas. Ele está disponível para *download* gratuito e pode servir como fonte alternativa para os estudantes em seus estudos acadêmicos e, posteriormente, para a prática da engenharia. O *MIL-HDBK-5J* foi cancelado em maio de 2004 e substituído pelo *MMPDS*, um documento comercializado. Assim, o *MIL-HDBK-5J* não

Equilíbrio de Forças: Análise Vetorial

Neste Apêndice, será ilustrado como podem ser resolvidos os problemas de equilíbrio de forças e de momentos por meio de uma análise vetorial.

G.1 Vetores: Uma Revisão

Grandezas como posições, forças e momentos podem ser representadas por meio de vetores, e são aqui designadas por caracteres em negrito, como $\mathbf{p}$, $\mathbf{F}$ e $\mathbf{M}$. Por exemplo, na Figura G.1, $\mathbf{p} = 0\hat{i} + 4\hat{j} + 3\hat{k}$ é um vetor posição apoiado no plano xy, e os vetores unitários ($\hat{i}, \hat{j}, \hat{k}$) representam os três eixos coordenados; de forma equivalente, o vetor $\mathbf{p} = 0\hat{i} + 4\hat{j} + 3\hat{k}$ pode ser expresso no formato compacto como $\mathbf{p} = (0,4,3)$.

Dado qualquer vetor $\mathbf{p} = (p_x, p_y, p_z)$, sua *magnitude* é definida como:

$$\|\mathbf{p}\| = \sqrt{p_x^2 + p_y^2 + p_z^2} \qquad \textbf{(G.1)}$$

e sua *direção* e *sentido* são definidos pelo vetor unitário:

$$\hat{\mathbf{p}} = \frac{\mathbf{p}}{\|\mathbf{p}\|} \qquad \textbf{(G.2)}$$

Por exemplo, a magnitude do vetor $\mathbf{p} = (0,4,3)$ é $\|\mathbf{p}\| = \sqrt{0 + 16 + 9} = 5$, enquanto sua direção é obtida por $\hat{\mathbf{p}} = (0,4,3)/5$, isto é, $\hat{\mathbf{p}} = (0, 0,8, 0,6)$. Observe também, pela Equação (G.2) que, dada a magnitude $\|\mathbf{p}\|$ e a direção $\hat{\mathbf{p}}$, o vetor correspondente é expresso por:

$$\mathbf{p} = \|\mathbf{p}\|\hat{\mathbf{p}} \qquad \textbf{(G.3)}$$

Por exemplo, suponha que a magnitude de um vetor seja 3 e que sua direção é dada pelo vetor unitário $(0, -0,6, 0,8)$. Neste caso, o correspondente vetor é $\mathbf{p} = 3(0, -0,6, 0,8) = (0, -1,8, 2,4)$.

Dados quaisquer dois vetores $\mathbf{p}$ e $\mathbf{q}$, sua *soma* é definida como:

$$\mathbf{p} + \mathbf{q} = (p_x + q_x, p_y + q_y, p_z + q_z) \qquad \textbf{(G.4)}$$

Além disso, seu *produto escalar* (resultando em uma grandeza escalar) é definido como:

$$\mathbf{p} \cdot \mathbf{q} = p_x q_x + p_y q_y + p_z q_z \qquad \textbf{(G.5)}$$

O produto escalar é particularmente útil na determinação da componente de um vetor ao longo de uma direção específica. Por exemplo, a componente de $\mathbf{p} = (0,4,3)$ ao longo da direção unitária $\mathbf{d} = (0, 0,8, 0,6)$ é expressa por $\mathbf{p} \cdot \hat{\mathbf{d}} = 5.0$.

Finalmente, o *produto cruzado* de dois vetores $\mathbf{p}$ e $\mathbf{q}$ (resultando em uma grandeza vetorial) é definido por meio de um determinante como segue:

$$\mathbf{p} \otimes \mathbf{q} = \det\begin{bmatrix} \hat{i} & \hat{j} & \hat{k} \\ p_x & p_y & p_z \\ q_x & q_y & q_z \end{bmatrix} \qquad \textbf{(G.6)}$$

Calculando-se o determinante, tem-se:

$$\mathbf{p} \otimes \mathbf{q} = (p_y q_z - q_y p_z)\hat{i} \\ + (p_z q_x - q_z p_x)\hat{j} + (p_x q_y - q_x p_y)\hat{k} \qquad \textbf{(G.7)}$$

isto é, em notação compacta:

$$\mathbf{p} \otimes \mathbf{q} = ((p_y q_z - q_y p_z), (p_z q_x - q_z p_x), (p_x q_y - q_x p_y)) \qquad \textbf{(G.8)}$$

O produto vetorial é particularmente útil no cálculo dos momentos devidos a forças externas, conforme mostrado na seção a seguir.

G.2 Equilíbrio de Forças e de Momentos

Considere o esquema ilustrado na Figura G.2a, na qual uma força externa atua em uma das extremidades de um componente estrutural. Segundo o sistema de coordenadas indicado, a força pode ser representada pelo vetor $\mathbf{F}_{ext} = F(0,0,-1) = (0,0,-F)$, onde F é a magnitude da força.

A Figura G.2b ilustra um diagrama de corpo livre depois de realizado um corte na seção transversal AA do componente. No Problema Resolvido 2.5, o diagrama de corpo livre foi analisado por meio de uma inspeção visual, e as forças, momentos e torque de reação nessa seção transversal foram determinados (como mostrado). O objetivo neste Apêndice é confirmar esses resultados por meio de uma análise vetorial. A motivação para esta análise é que, para problemas mais complexos, nos quais múltiplas forças são envolvidas, a inspeção visual pode induzir

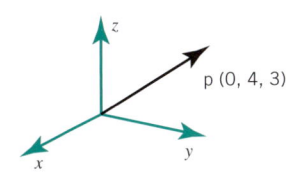

FIGURA G.1 Vetor posição

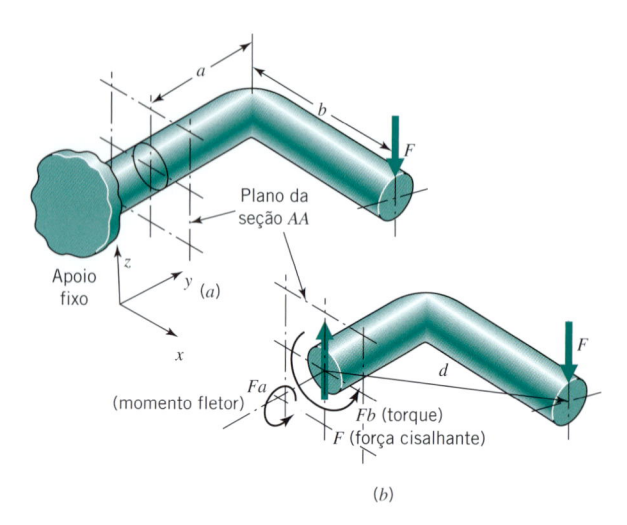

Figura G.2 Força atuante em um componente e diagrama de corpo livre.

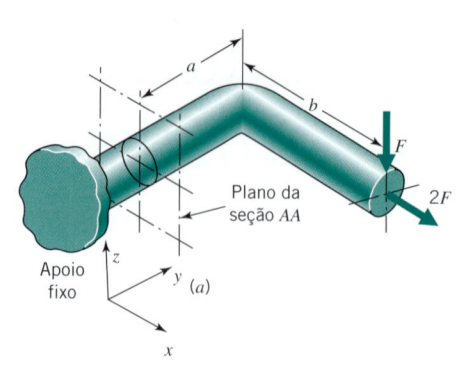

Figura G.3 Forças atuantes em um componente estrutural e diagrama de corpo livre.

a erros, enquanto a análise vetorial é simples e mais confiável.

O procedimento da análise vetorial para a determinação das forças e momentos (ou torques) reativos é o seguinte:

1. A primeira etapa é identificar todas as forças e momentos externos. Neste exemplo, a força externa é $\mathbf{F}_{ext} = (0,0,-F)$, e não há qualquer momento externo, isto é, $\mathbf{M}_{ext} = (0,0,0)$.

2. Em seguida, são designados dois vetores referentes às reações *internas* incógnitas $\mathbf{F}_{int}$ e $\mathbf{M}_{int}$ na seção transversal de interesse; $\mathbf{F}_{int}$ é o vetor força de reação incógnito e $\mathbf{M}_{int}$ é o vetor momento generalizado incógnito. O significado do momento generalizado é discutido brevemente. O objetivo é a determinação de $\mathbf{F}_{int}$ e $\mathbf{M}_{int}$.

3. Na terceira etapa, cria-se um vetor $\mathbf{d}$ com origem no centro geométrico da seção transversal de interesse e extremidade no ponto de aplicação da força, conforme ilustrado na Figura G.2*b*. Observe, pelas dimensões indicadas na Figura G.2*a*, que $\mathbf{d} = b\hat{i} + a\hat{j} = (b,a,0)$.

4. Finalmente, são estabelecidas as duas equações de equilíbrio que um corpo livre deve atender:

Equilíbrio de forças: $\mathbf{F}_{ext} + \mathbf{F}_{int} = \mathbf{0}$ **(G.9)**

Equilíbrio de momentos: $\mathbf{d} \otimes \mathbf{F}_{ext} + \mathbf{M}_{ext} + \mathbf{M}_{int} = \mathbf{0}$ **(G.10)**

Pela equação de equilíbrio de forças, tem-se:

$$\mathbf{F}_{int} = -\mathbf{F}_{ext} = -(0,0,-F) = (0,0,F) \qquad \textbf{(G.11)}$$

Em outras palavras, a força de reação é a força de cisalhamento atuante na direção z positiva, como confirmado na Figura G.2*b*.

Como não há nenhum momento externo, pela equação de equilíbrio de momentos tem-se:

$$\mathbf{M}_{int} = -\mathbf{d} \otimes \mathbf{F}_{ext} \qquad \textbf{(G.12)}$$

Como $\mathbf{F}_{ext} = (0,0,-F)$ e $\mathbf{d} = (b,a,0)$, pela Equação (G.10) e Equação (G.6),

$$\mathbf{M}_{int} = -\det\begin{bmatrix} \hat{i} & \hat{j} & \hat{k} \\ b & a & 0 \\ 0 & 0 & -F \end{bmatrix} \qquad \textbf{(G.13)}$$

isto é, $\mathbf{M}_{int} = (aF, -bF, 0)$. Em outras palavras, a componente x do momento generalizado é aF; esta é interpretada como um momento fletor na Figura G.2b. A componente y do momento generalizado é $-bF$; esta é interpretada como um torque na Figura G.2b (na direção y negativa). Não haverá nenhum componente de momento na direção z.

Para ilustrar a generalidade do procedimento da análise vetorial, considere o esquema mostrado na Figura G.3, no qual uma força adicional $2F$ atua na direção x positiva, conforme ilustrado. O objetivo novamente é a determinação da força $\mathbf{F}_{int}$ e do momento $\mathbf{M}_{int}$ internos (reações) na seção transversal AA.

Observe que agora a força *externa* é expressa por $\mathbf{F}_{ext} = (2F,0,-F)$, enquanto $\mathbf{d} = (b,a,0)$ como anteriormente, e que não há nenhum momento externo atuante. Pela equação de equilíbrio de forças, tem-se:

$$\mathbf{F}_{int} = -\mathbf{F}_{ext} = (-2F,0,F) \qquad \textbf{(G.14)}$$

isto é, existem duas componentes de cisalhamento na seção transversal AA. Por outro lado, o vetor momento interno é expresso por $\mathbf{M}_{int} = -(b,a,0) \otimes (2F,0,-F)$, isto é, $\mathbf{M}_{int} = (aF, -bF, 2aF)$. Em outras palavras, haverá um momento reativo *adicional* $M_z = 2aF$ na seção transversal.

Distribuições Normais

Neste Apêndice, será mostrado como os problemas que envolvem conceitos estatísticos (como o Problema Resolvido 6.4) podem ser resolvidos utilizando a tabela de distribuição Normal.

H.1 Tabela da Distribuição Normal Padronizada

Diversas grandezas, como o módulo de Young (módulo de elasticidade) e a resistência ao escoamento, possuem natureza estatística. Além disso, tipicamente, admite-se que seus valores apresentem uma distribuição normal com média μ e desvio padrão σ. O principal objetivo nos cenários estatísticos é calcular a *probabilidade* da grandeza de interesse ser superior a certo valor limite.

Como caso especial, considera-se, inicialmente, uma variável aleatória z que apresenta uma distribuição normal com média igual a 0 e desvio padrão de 1, isto é, $z \sim N(0,1)$, cuja curva é representa na forma de um sino, como mostrado na Figura H.1. Dada essa distribuição, a *probabilidade* de $z \leq z_0$ pode ser calculada utilizando a distribuição Normal padronizada, Tabela H.1, conforme descrito a seguir.

Por exemplo, a probabilidade $P(z \leq 0{,}68)$ pode ser obtida na Tabela H.1 entrando-se com a linha referente ao valor de 0,6 e a coluna de 0,08, isto é, $P(z \leq 0{,}68) = 0{,}75175$, conforme destacado. Esse valor é equivalente à área sob a curva à esquerda de $z = z_0$, conforme ilustrado na Figura H.1.

Por outro lado, suponha que se queira calcular $P(z \geq 0{,}68)$ utilizando-se do fato de o valor da área total sob a curva de distribuição Normal ser igual a 1,0. Desta forma, $P(z \geq 0{,}68) = 1 - P(z \leq 0{,}68)$, isto é, $P(z \geq 0{,}68) = 1 - 0{,}75175 = 0{,}24825$. Finalmente, suponha que se queira calcular $P(z \leq -0{,}68)$. Neste caso não é possível utilizar a tabela diretamente. Entretanto, pode-se utilizar a simetria para mostrar que $P(z \leq -0{,}68) = P(z \geq 0{,}68)$ e, portanto, $P(z \leq -0{,}68) = 0{,}24825$.

H.2 Conversão para a Distribuição Normal Padronizada

A seção anterior apresentou a questão do cálculo das probabilidades quando a variável básica z apresenta uma distribuição normal com média 0 e desvio padrão de 1. Agora considere uma variável com distribuição normal x com média μ e desvio padrão σ, isto é, $x \sim N(\mu,\sigma)$.

Para se calcular a probabilidade $P(x \leq x_0)$, utiliza-se o seguinte resultado fundamental

$$P(x \leq x_0) = P(z \leq z_0)$$
$$P(x \geq x_0) = P(z \geq z_0) \tag{H.1}$$

na qual z apresenta distribuição normal com média 0 e desvio padrão 1, e

$$z_0 = (x_0 - \mu)/\sigma \tag{H.2}$$

Como exemplo específico, suponha que a tensão cisalhante referente à torção de uma barra apresente distribuição normal com $\mu = 55\,\text{MPa}$ e $\sigma = 3\,\text{MPa}$, isto é, $\tau \sim N(55,3)\,\text{MPa}$. Suponha ainda que haja interesse em calcular a probabilidade $P(\tau \geq 63\,\text{MPa})$.

Pelo resultado acima, $P(\tau \geq 63\,\text{MPa}) = P(z \geq z_0)$, com $z_0 = (63 - 55)/2{,}5 = 2{,}67$. Consultando-se a tabela de distribuição Normal, tem-se que $P(z \geq 2{,}67) = 1 - P(z \leq 2{,}67) = 0{,}00379$. Conclusão: a probabilidade da tensão cisalhante ser superior a 63 *MPa* é menor que 0,4 %.

H.3 Combinação Linear de Distribuições Normais

Pode-se utilizar o resultado da seção anterior por mais uma vez. Especificamente, considere duas variáveis que apresentem distribuição normal, $x \sim N(\mu_x, \sigma_x)$ e $y \sim N(\mu_y, \sigma_y)$, estatisticamente independentes, isto é, x e y não estão correlacionadas. Seja ainda w outra variável tal que $w = ax + by$, onde a e b são constantes escalares.

Pode-se, assim, mostrar que w também apresenta distribuição normal com média $a\mu_x + b\mu_y$, e desvio padrão $\sqrt{(a\sigma_x)^2 + (b\sigma_y)^2}$, isto é,

$$w \sim N\left(a\mu_x + b\mu_y, \sqrt{(a\sigma_x)^2 + (b\sigma_y)^2}\right) \tag{H.3}$$

Seja, por exemplo, $x_1 \sim N(10, 0{,}7)$ e $x_2 \sim N(5, 0{,}5)$ duas variáveis aleatórias independentes. Considere ainda que $y = 2x_1 + 2x_2$. Utilizando o resultado acima, o leitor pode verificar que

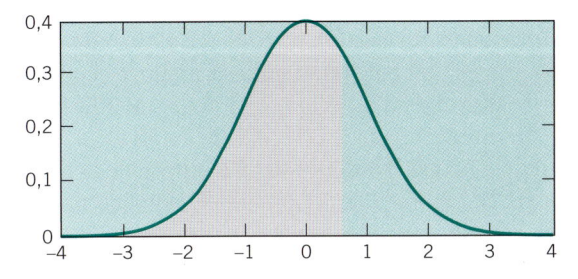

Figura H.1 Curva da distribuição normal.

TABELA H.1 Tabela da Distribuição Normal Padronizada

	Probabilidade de uma Variável Normal Padronizada									
	0,00	**0,01**	**0,02**	**0,03**	**0,04**	**0,05**	**0,06**	**0,07**	**0,08**	**0,09**
0,00	0,50000	0,50399	0,50798	0,51197	0,51595	0,51994	0,52392	0,52790	0,53188	0,53586
0,10	0,53983	0,54380	0,54776	0,55172	0,55567	0,55962	0,56356	0,56749	0,57142	0,57535
0,20	0,57926	0,58317	0,58706	0,59095	0,59483	0,59871	0,60257	0,60642	0,61026	0,61409
0,30	0,61791	0,62172	0,62552	0,62930	0,63307	0,63683	0,64058	0,64431	0,64803	0,65173
0,40	0,65542	0,65910	0,66276	0,66640	0,67003	0,67364	0,67724	0,68082	0,68439	0,68793
0,50	0,69146	0,69497	0,69847	0,70194	0,70540	0,70864	0,71226	0,71566	0,71904	0,72240
0,60	0,72575	0,72907	0,73237	0,73565	0,73891	0,74215	0,74537	0,74857	**0,75175**	0,75490
0,70	0,75804	0,76115	0,76424	0,76730	0,77035	0,77337	0,77637	0,77935	0,78230	0,78524
0,80	0,78814	0,79103	0,79389	0,79673	0,79955	0,80234	0,80511	0,80785	0,81057	0,81327
0,90	0,81594	0,81859	0,82121	0,82381	0,82639	0,82894	0,83147	0,83398	0,83646	0,83891
1,00	0,84134	0,84375	0,84614	0,84849	0,85083	0,85314	0,85543	0,85769	0,85993	0,86214
1,10	0,86433	0,86650	0,86864	0,87076	0,87286	0,87493	0,87698	0,87900	0,88100	0,88298
1,20	0,88493	0,88686	0,88877	0,89065	0,89251	0,89435	0,89617	0,89796	0,89973	0,90147
1,30	0,90320	0,90490	0,90658	0,90824	0,90988	0,91149	0,91309	0,91466	0,91621	0,91774
1,40	0,91924	0,92073	0,92220	0,92364	0,92507	0,92647	0,92785	0,92922	0,93056	0,93189
1,50	0,93319	0,93448	0,93574	0,93699	0,93822	0,93943	0,94052	0,94179	0,94295	0,94408
1,60	0,94520	0,94630	0,94738	0,94845	0,94950	0,95053	0,95154	0,95254	0,95352	0,95449
1,70	0,95543	0,95637	0,95728	0,95818	0,95907	0,95994	0,96080	0,96164	0,96246	0,96327
1,80	0,95407	0,96485	0,96562	0,96638	0,96712	0,96784	0,96856	0,95926	0,96995	0,97062
1,90	0,97128	0,97193	0,97257	0,97320	0,97381	0,97441	0,97500	0,97558	0,97615	0,97670
2,00	0,97725	0,97778	0,97831	0,97882	0,97932	0,97982	0,98030	0,98077	0,98124	0,98169
2,10	0,98214	0,98257	0,98300	0,98341	0,98382	0,98422	0,98461	0,98500	0,98537	0,98574
2,20	0,98610	0,98645	0,98679	0,98713	0,98745	0,98778	0,98809	0,98840	0,98870	0,98899
2,30	0,98928	0,98956	0,98983	0,99010	0,99036	0,99061	0,99086	0,99111	0,99134	0,99158
2,40	0,99180	0,99202	0,99224	0,99245	0,99266	0,99286	0,99305	0,99324	0,99343	0,99361
2,50	0,99379	0,99396	0,99413	0,99430	0,99446	0,99461	0,99477	0,99492	0,99506	0,99520
2,60	0,99534	0,99547	0,99560	0,99573	0,99585	0,99598	0,99609	0,99621	0,99632	0,99643
2,70	0,99653	0,99664	0,99674	0,99683	0,99693	0,99702	0,99711	0,99720	0,99728	0,99736
2,80	0,99744	0,99752	0,99760	0,99767	0,99774	0,99781	0,99788	0,99795	0,99801	0,99807
2,90	0,99813	0,99819	0,99825	0,99831	0,99836	0,99841	0,99846	0,99851	0,99856	0,99861
3,00	0,99865	0,99869	0,99874	0,99878	0,99882	0,99886	0,99889	0,99893	0,99896	0,99900
4,00	0,99997	0,99997	0,99997	0,99997	0,99997	0,99997	0,99998	0,99998	0,99998	0,99998

$y \sim N(30, 1{,}72)$. A partir de agora, pode-se estabelecer e resolver questões de probabilidade como $P(y \leq 28)$, e outras.

Considere agora o Problema Resolvido 6.4; o problema estabelece que os parafusos em questão apresentam distribuição normal, tendo um torque resistente médio de 20 N · m e desvio padrão de 1 N · m, isto é, $x \sim N(20,1)$ N · m. Por outro lado, o torque desenvolvido pelas chaves utilizadas no aperto desses parafusos também apresentam distribuição normal, possuindo um desvio padrão de 1,5 N · m, enquanto o valor médio desejado deve ser determinado, isto é, $y \sim N(\mu_y, 1{,}5)$.

Os parafusos falharão se o torque desenvolvido for superior à sua capacidade. Seria desejável limitar a probabilidade desse evento a menos de 1 em 500; impõe-se, assim, a condição $P(x \leq y) = 1/500 = 0{,}002$, isto é, $P(x - y \leq 0) = 0{,}002$. Seja $w = x - y$. Assim, pela Equação (H.3), $w \sim N(20 - \mu_y, 1{,}8028)$. Como deseja-se que $P(w \leq 0) = 0{,}002$, utilizando as Equações (H.1) e (H.2), tem-se: $P(z \leq z_0) = 0{,}002$, em que $z_0 = (\mu_y - 20)/1{,}8028$. Pela tabela essa condição corresponde a $z_0 = -2{,}88$. Resolvendo-se para μ_y, tem-se $\mu_y = 14{,}8$ N · m.

 Fórmula da Curva S-N

Neste Apêndice, será mostrado como as curvas S-N, como as mostradas na Figura 8.22, podem ser interpretadas matematicamente, e de que modo problemas como o Problema Resolvido 8.1 podem ser resolvidos utilizando a fórmula generalizada da curva S-N.

I.1 Fórmula da Curva S-N

Inicialmente, observe que nas curvas S-N (por exemplo, veja a Figura 8.22), é representado o *logaritmo da resistência* no eixo y, enquanto no eixo x é representado o logaritmo do número de ciclos (N). Como o gráfico representa uma curva linear, tem-se:

$$\log_{10}(S) = A \log_{10}(N) + B \qquad \textbf{(I.1)}$$

As duas constantes A e B são incógnitas, e podem ser determinadas da forma a seguir. Suponha que a resistência a um número de ciclos $N = 10^6$ seja $S = S_n$ (limite de fadiga), e seja a resistência referente a $N = 10^3$, $S = S_3$. Substituindo esses valores na Equação (I.1), obtém-se:

$$\log_{10}(S_n) = A \log_{10}(10^6) + B$$
$$\log_{10}(S_3) = A \log_{10}(10^3) + B$$

Lembre-se de que $\log_{10}(10^m) = m$. Assim,

$$\log_{10}(S_n) = 6A + B$$
$$\log_{10}(S_3) = 3A + B$$

Resolvendo-se para A e B, obtém-se:

$$A = \frac{1}{3}\log_{10}\left(\frac{S_n}{S_3}\right); \quad B = \log_{10}\left(\frac{S_3^2}{S_n}\right)$$

Assim, a fórmula geral da curva S-N é expressa por

$$\log_{10}(S) = \frac{1}{3}\log_{10}\left(\frac{S_n}{S_3}\right)\log_{10}(N) + \log_{10}\left(\frac{S_3^2}{S_n}\right) \qquad \textbf{(I.2)}$$

Com essa fórmula pode-se fornecer um valor qualquer de N e obter a correspondente resistência, e vice-versa.

I.2 Exemplo Ilustrativo

Considere agora o Problema Resolvido 8.1, no qual é fornecido que $S_n = 61$ ksi e $S_3 = 112$ ksi. O objetivo é determinar a resistência correspondente a $N = 104$ ciclos. Pelas Equação (I.2), tem-se:

$$\log_{10}(S) = \frac{1}{3}\log_{10}\left(\frac{61}{112}\right)\log_{10}(N) + \log_{10}\left(\frac{112^2}{61}\right)$$

isto é,

$$\log_{10}(S) = \frac{(-0,2639)}{3}\log_{10}(N) + 2,3131$$

Para $N = 10^4$ ciclos, tem-se:

$$\log_{10}(S) = \frac{(-0,2639)4}{3} + 2,3131 = 1,9612$$

Assim, em $N = 10^4$ ciclos, $S = 10^{1,9612} = 91,45$ ksi.

Terminologia de Engrenagens e Análise da Razão de Contato

Neste Apêndice, as relações matemáticas entre diversas grandezas associadas às engrenagens de dentes retos são resumidas (veja a Figura J.1).

J.1 Grandezas Nominais das Engrenagens de Dentes Retos

Diversas grandezas associadas a uma engrenagem de dentes retos são listadas na Tabela J.1 a seguir. Nesta tabela,

- A coluna 1 apresenta o nome da grandeza descrita de acordo com o Capítulo 15.
- A coluna 2 apresenta o símbolo associado (veja a convenção abaixo).
- A coluna 3 apresenta a unidade (se for o caso) associada à grandeza.
- A coluna 4 apresenta a relação da grandeza em questão com as grandezas previamente definidas.
- A coluna 5 apresenta um estudo de caso específico (veja o exemplo a seguir).

Como no Capítulo 15, são utilizadas as seguintes convenções:

- Um subscrito p é utilizado para designar a menor engrenagem (o pinhão), enquanto c é utilizado para se referir à engrenagem maior (a coroa). Assim, por exemplo, N_p é o número de dentes no pinhão, enquanto N_c é o número de dentes na coroa. Para grandezas como o ângulo de pressão ϕ, que é comum ao pinhão e à coroa, os subscritos não são utilizados.
- Além disso, o subscrito b é utilizado para o raio de base, a para o raio do adendo e d para o raio do dedendo. Assim, por exemplo, o símbolo r_{bp} é o raio de base do pinhão, enquanto r_{ac} é o raio do adendo da coroa.

Considere agora um conjunto de engrenagens que consiste em um pinhão de 16 dentes e uma coroa de 40 dentes; passo diametral de 2, com ângulo de pressão de 20°. Na quinta coluna da Tabela J.1, esses dados foram inseridos nas três primeiras linhas, enquanto nas linhas restantes da quinta coluna foram calculadas as grandezas que utilizam a relação fornecida. Observe na tabela, que os raios de adendo padrão foram utilizados para o pinhão e para a coroa, uma vez que eles são menores do que os correspondentes raios máximos permitidos para o adendo. Com os raios dos adendos, chega-se à razão de contato nominal de 1,58; esses cálculos são realizados de forma

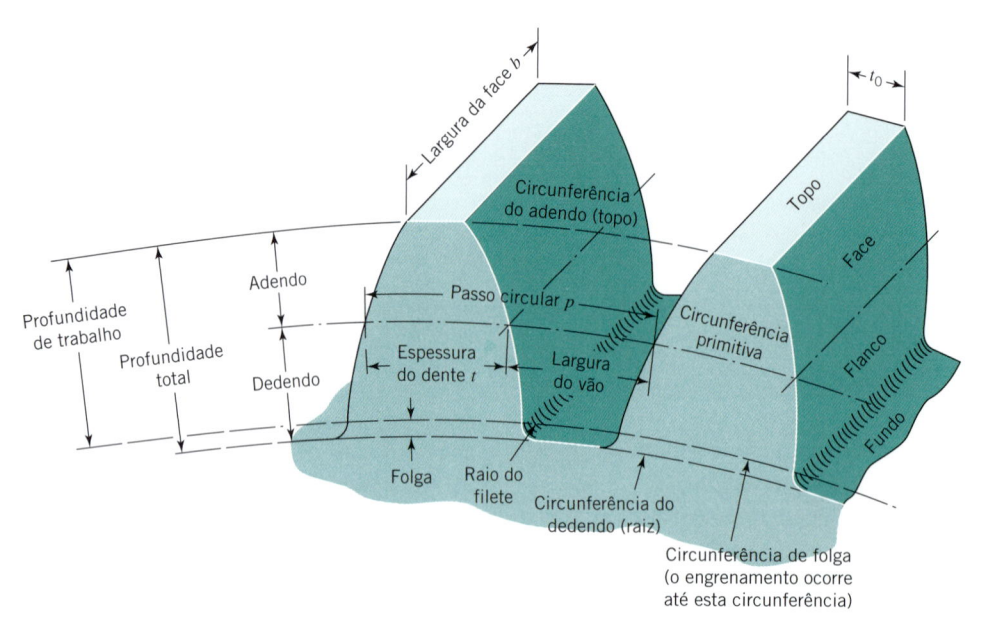

Figura J.1 Nomenclatura do dente da engrenagem.

TABELA J.1 Grandezas Nominais Associadas a um Par de Engrenagens de Dentes Retos

Nome	Símbolo	Unidades	Relações	Exemplo
Número de dentes	N_p N_c			$N_p = 16$ $N_c = 32$
Passo diametral nominal	P	por in		$P = 2$
Ângulo de pressão	ϕ	graus		$\phi = 20$
Relação de transmissão	η	–	$\eta = N_c/N_p$	$\eta = 2$
Largura na base	b	in	$9/P < b < 14/P$	$4,5 < b < 7$
Raio primitivo nominal	r_p r_c	in	$r_p = N_p/(2P)$ $r_c = N_c/(2P)$	$r_p = 4$ $r_c = 8$
Raio da base	r_{bp} r_{bc}	in	$r_{bp} = r_p \cos \phi$ $r_{bc} = r_c \cos \phi$	$r_{bp} = 3,76$ $r_{bc} = 7,52$
Distância entre centros	c	in	$c = \dfrac{(N_p + N_c)}{(2P)}$	$c = 12$
Raio do adendo máximo para evitar interferência	$r_{ap}^{máx}$ $r_{ac}^{máx}$	in	$r_{ap}^{máx} = \sqrt{r_{bp}^2 + c^2 \, \text{sen}^2 \, \varphi}$ $r_{ag}^{máx} = \sqrt{r_{bg}^2 + c^2 \, \text{sen}^2 \, \varphi}$	$r_{ap}^{máx} = 5,57$ $r_{ac}^{máx} = 8,56$
Raio do adendo	r_{ap} r_{ac}	in	$r_{ap} = (N_p + 2)/(2P)$ $r_{ac} = (N_g + 2)/(2P)$ (padrão)	$r_{ap} = 4,5$ $r_{ac} = 8,5$
Raio do dedendo	r_{ap} r_{dc}	in	$r_{dp} = (N_p - 2,5)/(2P)$ $r_{dc} = (N_c - 2,5)/(2P)$ (padrão)	$r_{dp} = 3,375$ $r_{dc} = 7,375$
Módulo	m	mm	$m = 25,4/P$	$m = 12,7$
Passo circular	p	in	$p = \pi/P$	$p = 1,57$
Espessura do dente	t	in	$t = \pi/(2P)$	$t = 0,785$
Razão de contato	RC	–	$\Delta_p = \sqrt{r_{ap}^2 - r_{bp}^2}$ $\Delta_c = \sqrt{r_{ac}^2 - r_{bc}^2}$ $RC = \dfrac{\Delta_p + \Delta_g - c \, \text{sen} \, \phi}{p \cos \phi}$	$\Delta_p = 2,70$ $\Delta_c = 3,96$ $RC = 1,58$

mais conveniente utilizando-se uma planilha do programa Excel®.

J.2 Grandezas Reais

As grandezas mostradas na Tabela J.1 são nominais, isto é, são válidas quando as duas engrenagens estão a uma distância entre centros nominal. Na prática, a distância entre centros será maior do que a distância entre centros nominal e diversas das grandezas anteriores serão modificadas. Essa situação é caracterizada na Tabela J.2.

Na Tabela J.2, são identificadas as grandezas específicas que são alteradas quando a distância entre centros aumenta. As grandezas como o número de dentes e a razão de transmissão não dependem da distância entre centros e, portanto, não são listadas a seguir.

Para se distinguir as grandezas reais de suas contrapartes nominais na Tabela J.1, utiliza-se uma barra acima do símbolo na Tabela J.2. Por exemplo, como c é a distância entre centros

nominal, $\bar{c}$ será a distância entre centros real. Analogamente, $\bar{\phi}$ será o ângulo de pressão real.

Continuando com o exemplo da seção anterior, suponha que a distância entre centros das engrenagens seja 0,05 polegada maior do que a nominal; qual será a razão de contato e a folga?

Na quinta coluna da Tabela J.2, entra-se com os dados fornecidos na primeira linha, enquanto nas linhas posteriores as grandezas são calculadas utilizando as relações fornecidas. Observe que a razão de contato diminuiu de 1,58 na Tabela J.1 para 1,49 na Tabela J.2.

J.3 Exemplo Ilustrativo

Retrabalha-se agora o Problema Resolvido 15.1P (reproduzido abaixo por conveniência) utilizando as duas tabelas anteriores.

Problema Resolvido 15.1P

Dois eixos paralelos com distância entre centros (nominal) de 4 in devem ser conectados através de engrenagens de dentes

TABELA J.2 **Razão de Contato e Outras Grandezas para Distância entre Centros Real**

Nome	Símbolo	Unidades	Relações	Exemplo
Distância de trabalho real	$\bar{c}$	in		$\bar{c} = 12,05$
Razão de distâncias entre centros	λ		$\lambda = \bar{c}/c$	$\lambda = 1,004$
Ângulo de pressão real	$\bar{\phi}$	graus	$\cos\bar{\phi} = \cos\bar{\phi}/\lambda$	$\bar{\phi} = 20,64°$
Passo real	$\bar{P}$	por in	$\bar{P} = P/\lambda$	$\bar{P} = 1,99$
Raio primitivo real	$\bar{r}_p$ $\bar{r}_c$	in	$\bar{r}_p = r_p\lambda$ $\bar{r}_c = r_c\lambda$	$\bar{r}_p = 4,0167$ $\bar{r}_c = 8,0333$
Passo circular real	$\bar{p}$	in	$\bar{p} = p\lambda$	$p = 1,5773$
Raio do adendo máximo para evitar interferência	$\bar{r}\,^{máx}_{ap}$ $\bar{r}\,^{máx}_{ac}$	in	$\bar{r}^{máx}_{ap} = \sqrt{r^2_{bp} + \bar{c}^2\,\text{sen}^2\,\bar{\varphi}}$ $\bar{r}^{máx}_{ac} = \sqrt{r^2_{bc} + \bar{c}^2\,\text{sen}^2\,\bar{\varphi}}$	$\bar{r}^{máx}_{ap} = 5,67$ $\bar{r}^{máx}_{ac} = 8,63$
Razão de contato real	$\overline{RC}$	–	$\Delta_p = \sqrt{r^2_{ap} - r^2_{bp}}$ $\Delta_c = \sqrt{r^2_c - r^2_{bp}}$ $\overline{RC} = \dfrac{\Delta_p + \Delta_c - \bar{c}\,\text{sen}\,\bar{\phi}}{\bar{p}\cos\bar{\phi}}$	$\overline{RC} = 1,49$
Folga (medida na circunferência primitiva)	$\bar{B}$	in	$\bar{B} = 2(\bar{c} - c)\tan\bar{\phi}$	$\bar{B} = 0,0377$

retos com passo de 6 e ângulo de pressão de 20°, propiciando uma relação de transmissão de velocidades de –3,0. (a) Determine os diâmetros primitivos e os números de dentes do pinhão e da coroa. (b) Determine se haverá interferência quando os dentes padronizados com profundidade plena forem utilizados. (c) Determine a razão de contato.

Solução: Observe que, nesse exemplo, o número de dentes do pinhão e o número de dentes da coroa não são fornecidos; em vez disso, são informadas a relação de transmissão e a distância entre centros nominal. O primeiro objetivo é a determinação do número de dentes com base nos dados fornecidos.

(a) Com base na expressão para a razão de transmissão e para a distância entre centros na Tabela J.1, tem-se $N_c/N_p = 3$

e $(N_p + N_c)/(2P) = 4$. Além disso, como o passo P é igual a 6, tem-se $N_c = 36$ e $N_p = 12$. Pode-se agora entrar com os dados na Tabela J.3, e calcular grandezas, como raio nominal etc.

(b) O raio do adendo padrão para a coroa é $r_{ac} = (N_c + 2)/(2P) = 3,17$. Como este valor é maior do que o raio de adendo máximo permitido $r^{máx}_{ac} = 3,13$ (veja a Tabela J.3), haverá interferência se os dentes com profundidade plena padrão forem utilizados. Em vez disso, conforme explicado no Problema Resolvido 15.1P, será utilizado um adendo não padronizado $r_{ac} = r_c + 0,06 = 3,06$ e $r_{ap} = r_p + 0,29 = 1,29$.

(c) Com essa escolha, pode-se agora calcular a razão de contato conforme ilustrado na Tabela J.3.

Tabela J.3 Solução para o Problema Resolvido 15.1P

Nome	Símbolo	Unidades	Relações	Exemplo
Número de dentes	N_p N_c			$N_p = 12$ $N_c = 36$
Passo diametral nominal	P	por in		$P = 6$
Ângulo de pressão nominal	ϕ	graus		$\phi = 20$
Relação de transmissão	η		$\eta = N_c/N_p$	$\eta = 3$
Largura na base	b	in	$9/P < b < 14/P$	$1,5 < b < 2,33$
Raio primitivo nominal	r_p r_c	in	$r_p = N_p/(2P)$ $r_c = N_c/(2P)$	$r_p = 1$ $r_c = 3$
Raio da base nominal	r_{bp} r_{bc}	in	$r_{bp} = r_p \cos \phi$ $r_{bc} = r_c \cos \phi$	$r_{bp} = 0,939$ $r_{bc} = 2,82$
Distância entre centros nominal	c	in	$c = \dfrac{(N_p + N_c)}{(2P)}$	$c = 4$
Raio do adendo máximo para evitar interferência	$r_{ap}^{máx}$ $r_{ac}^{máx}$	in	$r_{ap}^{máx} = \sqrt{r_{bp}^2 + c^2 \operatorname{sen}^2 \varphi}$ $r_{ac}^{máx} = \sqrt{r_{bc}^2 + c^2 \operatorname{sen}^2 \varphi}$	$r_{ap}^{máx} = 1,66$ $r_{ac}^{máx} = 3,13$
Raio do adendo padrão	r_{ap} r_{ac}	in	$r_{ap} = (N_p + 2)/(2P)$ $r_{ac} = (N_c + 2)/(2P)$	$r_{ap} = 1,17$ $r_{ac} = 3,17$ *(Interferência)*
Raio do adendo	r_{ap} r_{ac}	in	*(Não padronizado)*	$r_{ap} = 1,29$ $r_{ac} = 3,06$
Raio do dedendo padrão	r_{dp} r_{dc}	in	$r_{dp} = (N_p - 2,5)/(2P)$ $r_{dc} = (N_c - 2,5)/(2P)$ *(Padronizado)*	$r_{dp} = 0,792$ $r_{dc} = 2,792$
Módulo nominal	m	mm	$m = 25,4/P$	$m = 4,23$
Passo circular nominal	p	in	$p = \pi/P$	$p = 0,523$
Espessura do dente nominal	t	in	$t = \pi/(2P)$	$t = 0,262$
Razão de contato nominal	RC		$\Delta_p = \sqrt{r_{ap}^2 - r_{bp}^2}$ $\Delta_c = \sqrt{r_{ac}^2 - r_{bc}^2}$ $RC = \dfrac{\Delta_p + \Delta_p - c \operatorname{sen} \phi}{p \cos \phi}$	$RC = 1,43$

Índice

Pré-impressão, impressão e acabamento

GRÁFICA
SANTUÁRIO

grafica@editorasantuario.com.br
www.graficasantuario.com.br

Aparecida-SP

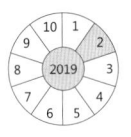

A = área, in^2
I = momento de inércia, in^4
J = momento polar de inércia, in^4

Z = módulo de resistência da seção, in^3
ρ = raio de giração, in
$\bar{y}$ = distância centroidal, in

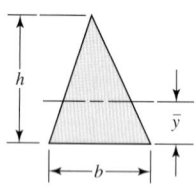

Retângulo

$$A = bh$$
$$I = \frac{bh^3}{12}$$
$$Z = \frac{bh^2}{6}$$

$$\rho = 0{,}289h$$
$$\bar{y} = \frac{h}{2}$$

Triângulo qualquer

$$A = \frac{bh}{2}$$
$$I = \frac{bh^3}{36}$$
$$Z = \frac{bh^2}{24}$$

$$\rho = 0{,}236h$$
$$\bar{y} = \frac{h}{3}$$

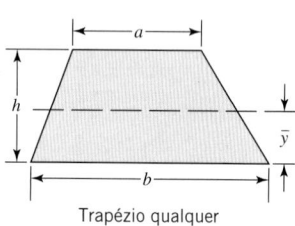

Trapézio qualquer

$$A = \frac{h}{2}(a + b)$$
$$I = \frac{h^3(a^2 + 4ab + b^2)}{36(a + b)}$$
$$Z = \frac{h^2}{12}\frac{(a^2 + 4ab + b^2)}{(a + 2b)}$$

$$\rho = \frac{h}{6}\sqrt{2 + \frac{4ab}{(a + b)^2}}$$
$$\bar{y} = \frac{h}{3}\frac{(2a + b)}{(a + b)}$$

Círculo

$$A = \frac{\pi d^2}{4}$$
$$I = \frac{\pi d^4}{64}$$
$$Z = \frac{\pi d^3}{32}$$

$$J = \frac{\pi d^4}{32}$$
$$\rho = \frac{d}{4}$$

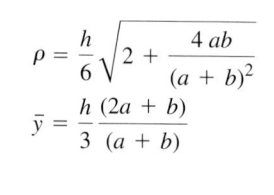

Anel

$$A = \frac{\pi}{4}(d^2 - d_i^2)$$
$$I = \frac{\pi}{64}(d^4 - d_i^4)$$
$$Z = \frac{\pi}{32d}(d^4 - d_i^4)$$

$$J = \frac{\pi}{32}(d^4 - d_i^4)$$
$$\rho = \sqrt{\frac{d^2 + d_i^2}{16}}$$

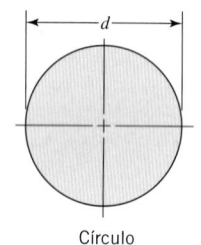